ALGUMAS PROPRIEDADES FÍSICAS

Ar (seco, a 20°C e 1 atm)	
Massa específica	1,21 kg/m^3
Calor específico a pressão constante	1010 J/kg · K
Razão dos calores específicos	1,40
Velocidade do som	343 m/s
Rigidez dielétrica	3×10^6 V/m
Massa molar efetiva	0,0289 kg/mol
Água	
Massa específica	1000 kg/m^3
Velocidade do som	1460 m/s
Calor específico a pressão constante	4190 J/kg · K
Calor de fusão (0°C)	333 kJ/kg
Calor de vaporização (100°C)	2260 kJ/kg
Índice de refração (λ = 589 nm)	1,33
Massa molar	0,0180 kg/mol
Terra	
Massa	$5{,}98 \times 10^{24}$ kg
Raio médio	$6{,}37 \times 10^6$ m
Aceleração de queda livre na superfície da Terra	9,81 m/s^2
Atmosfera padrão	$1{,}01 \times 10^5$ Pa
Período de satélite a 100 km de altitude	86,3 min
Raio de órbita geossíncrona	42.200 km
Velocidade de escape	11,2 km/s
Momento de dipolo magnético	$8{,}0 \times 10^{22}$ A · m^2
Campo elétrico médio na superfície	150 V/m, para baixo
Distância média do centro da Terra à/ao:	
Lua	$3{,}82 \times 10^8$ m
Sol	$1{,}50 \times 10^{11}$ m
Estrela mais próxima	$4{,}04 \times 10^{16}$ m
Centro de galáxia	$2{,}2 \times 10^{20}$ m
Galáxia de Andrômeda	$2{,}1 \times 10^{22}$ m
Borda do universo observável	$\sim 10^{26}$ m

FÍSICA 1

FÍSICA 1

Quinta Edição

ROBERT RESNICK
Professor de Física — Rensselaer Polytechnic Institute

DAVID HALLIDAY
Professor de Física — University of Pittsburgh

KENNETH S. KRANE
Professor de Física — Oregon State University

Com a colaboração de

Paul Stanley
California Lutheran University

Tradução

Pedro Manuel Calas Lopes Pacheco, D.Sc.
Professor do Departamento de Engenharia Mecânica — CEFET/RJ

Marcelo Amorim Savi, D.Sc.
Professor do Departamento de Engenharia Mecânica da
COPPE — Universidade Federal do Rio de Janeiro (UFRJ)

Leydervan de Souza Xavier, D.C.
Professor do Departamento de Disciplinas Básicas e Gerais — CEFET/RJ

Fernando Ribeiro da Silva, D.Sc.
Professor do Departamento de Engenharia Mecânica e de
Materiais — Instituto Militar de Engenharia (IME)

gen | LTC

Travessa do Ouvidor, 11
Rio de Janeiro, RJ — CEP 20040-040
Tels.: 21-3543-0770 / 11-5080-0770
Fax: 21-3543-0896
faleconosco@grupogen.com.br
www.grupogen.com.br

CIP-BRASIL. CATALOGAÇÃO-NA-FONTE
SINDICATO NACIONAL DOS EDITORES DE LIVROS, RJ.

R342f
v.1

Resnick, Robert, 1923-
Física 1 / Robert Resnick, David Halliday, Kenneth S. Krane ; com a colaboração de Paul Stanley ; tradução Pedro Manuel Calas Lopes Pacheco... [et al.]. - [Reimpr.]. - Rio de Janeiro : LTC, 2019.
390p. : il.

Tradução de: Physics, volume one, 5th ed
Contém questões, exercícios, problemas e respectivas respostas
ISBN 978-85-216-1352-7

1. Física. I. Halliday, David, 1916-. II. Krane, Kenneth S. III. Stanley, Paul. IV. Título.

08-2964. CDD: 530
CDU: 53

PREFÁCIO

Esta é a quinta edição do livro-texto publicado pela primeira vez em 1960 como *Física para Estudantes de Ciência e Engenharia*, de David Halliday e Robert Resnick. Por quatro décadas este livro tem sido a referência para cursos introdutórios baseados em cálculo, sendo reconhecido pela sua apresentação clara e completa. Esta edição tem por fim torná-lo mais acessível sem comprometer o nível ou o rigor do seu conteúdo. O texto foi em grande parte reescrito, para estabelecer uma maior continuidade ao fluxo do material e facilitar a introdução do estudante a assuntos novos. Procurou-se fornecer exemplos de cunho mais prático e, ao introduzir novos tópicos, seguir do caso particular para o geral.

Nesta edição são apresentadas mudanças significativas tanto na forma pedagógica como na ordem dos capítulos. Os leitores que têm familiaridade com a quarta edição deste texto encontrarão os mesmos tópicos mas em uma ordem revista. (Ver Sumário Geral.) Conselhos de usuários das edições anteriores e resultados de pesquisas em ensino de física foram considerados nesta revisão. Entre as mudanças feitas nesta edição podem ser destacadas as seguintes:

1. Deu-se continuidade ao esforço (iniciado na edição anterior) para obter uma abordagem mais coerente em relação a energia, especialmente no que diz respeito à parte que liga a mecânica à termodinâmica. Diversas fontes têm indicado a necessidade de uma nova maneira de se abordar energia. Pesquisas no ensino de física revelam dificuldades dos estudantes em relação aos conceitos de energia (por exemplo, ver o trabalho de Lillian McDermott e co-autores*). A necessidade de promover uma melhor compreensão das leis de Newton levou Priscilla Laws** a propor uma reordenação dos tópicos da mecânica introdutória, na qual a conservação da energia mecânica é apresentada somente após um estudo completo da mecânica vetorial, incluindo sistemas de partículas e conservação da quantidade de movimento. Arnold Arons*** desenvolveu um estudo que apontou algumas dificuldades associadas à forma convencional da apresentação da conservação da energia. Com base em parte nessas idéias, nesta edição optou-se por desenvolver o conceito de energia após a apresentação da mecânica vetorial (nas formas de translação e de rotação). Esta abordagem permite um tratamento mais unificado e coerente de energia e da lei de conservação de energia, além de permitir uma abordagem em "espiral" na qual as técnicas de energia podem ser aplicadas a problemas já resolvidos através das leis da mecânica vetorial. Os conceitos de energia são apresentados desta vez nos Caps. 11 a 13, os quais fornecem então a base crítica necessária para o uso extensivo da energia e da sua conservação no restante deste volume.

2. O capítulo da quarta edição sobre vetores foi eliminado. Assim, as técnicas vetoriais são apresentadas conforme forem se tornando necessárias, iniciando-se no Cap. 2 (cinemática) com a adição vetorial e as componentes de vetores, e prosseguindo-se com o produto vetorial nos Caps. 8 e 9 (cinemática rotacional e dinâmica) e o produto escalar no Cap. 11 (trabalho e energia). Deste modo, os estudantes encontram a apresentação das técnicas vetoriais à medida que são necessárias, sendo estas imediatamente aplicadas. Em cada caso são fornecidos exercícios no fim do capítulo para que os estudantes se familiarizem com os conceitos e técnicas. Um novo apêndice fornece um resumo dos conceitos vetoriais e fórmulas importantes.

3. Mais uma vez, com base em parte nas descobertas de Priscilla Laws e outros pesquisadores do ensino da física, alterou-se a ordem de tópicos introdutórios para: cinemática unidimensional, dinâmica unidimensional e, então, dinâmica e cinemática bidimensionais. Não é preciso reproduzir aqui os muitos argumentos que sustentam esta mudança, mas acredita-se que ela tenta eliminar a confusão freqüente dos estudantes em associar a aceleração com a velocidade em vez de com a força; por exemplo, a nova seqüência permite que

*"Student Understanding of the Work-Energy and Impulse-Momentum Theorems", de Ronald A. Lawson e Lillian C. McDermott, *American Journal of Physics*, setembro de 1987, p. 811.

**"A New Order for Mechanics", de Priscilla W. Laws, em *Conference on the Introductory Physics Course*, John Wiley & Sons, 1997, p. 125.

***"Development of Energy Concepts in Introductory Physics Courses", de Arnold Arons, *American Journal of Physics*, dezembro de 1999, p. 1063; ver também *Teaching Introductory Physics*, de Arnold Arons, John Wiley & Sons, 1997, capítulo 5.

a força centrípeta seja introduzida durante a primeira apresentação do movimento circular uniforme (e não um ou dois capítulos mais tarde, conforme a seqüência anterior), e permite também que a associação entre a força gravitacional e a aceleração gravitacional seja feita em um estágio anterior, de modo a dissipar alguns erros que os estudantes freqüentemente cometem ao identificar a magnitude, a direção e o sentido da aceleração no movimento de projéteis.

4. O capítulo sobre oscilações, que precede a mecânica gravitacional e a mecânica dos fluidos na edição anterior, agora segue estes tópicos e serve como uma introdução natural ao movimento ondulatório.

5. O material da quarta edição sobre o equilíbrio (Cap. 14) foi amplamente incorporado no capítulo de dinâmica rotacional (Cap. 9) da presente edição.

6. A termodinâmica, que ocupava cinco capítulos na edição anterior, foi remodelada para quatro capítulos nesta edição. Um novo capítulo (22) sobre as propriedades moleculares dos gases incorpora tópicos da teoria cinética e da mecânica estatística (Caps. 23 e 24 da quarta edição), uma vez que eles estão relacionados com as propriedades do gás ideal. Dessa forma, tópicos relacionados com trabalho e energia em um gás ideal têm uma continuidade natural no Cap. 23 desta edição (a primeira lei da termodinâmica). O Cap. 24 (entropia e a segunda lei) difere consideravelmente do capítulo correspondente na quarta edição e dá à entropia um papel mais apropriado e mais proeminente, fundamental para a compreensão da segunda lei.

7. Na quarta edição tópicos da física moderna foram espalhados ao longo do texto, geralmente em seções identificadas como "opcionais". Nesta edição, continua-se a utilizar exemplos da física moderna ao longo do texto quando é apropriado, mas as seções separadas sobre física moderna foram consolidadas no Cap. 20 (relatividade especial) do volume 2 e nos Caps. 45 a 52 do volume 4 (que trata de tópicos da física quântica e de sua aplicação a átomos, sólidos e núcleos). Acredita-se que a relatividade e a física quântica sejam partes essenciais em um curso introdutório neste nível, mas que uma apresentação coerente e unificada faça mais justiça a estes tópicos do que um conjunto de exposições isoladas. Como ocorreu na quarta edição, o capítulo sobre relatividade especial permanece entre os capítulos da mecânica clássica dos volumes 1 e 2, o que reflete a sólida crença de que a relatividade especial pertence aos tópicos associados aos capítulos de cinemática e de mecânica que tratam da física clássica. (Entretanto, os professores que desejem retardar a apresentação deste material podem facilmente adiar a abordagem do Cap. 20 para o final do curso.)

O material que consta no final dos capítulos desta edição difere significativamente do material da edição anterior. Os conjuntos de problemas anteriores (que estavam todos agrupados às seções dos capítulos) foram cuidadosamente editados e dispostos em dois grupos: exercícios e problemas. Os exercícios, que estão agrupados às seções do texto, geralmente representam aplicações diretas do material da seção associada. A sua função é ajudar os estudantes a ficarem familiarizados com os conceitos, fórmulas importantes, unidades e dimensões, e assim por diante. Os problemas não estão associados às seções do texto e, freqüentemente, requerem o emprego de conceitos de diferentes seções ou mesmo de capítulos anteriores. Em alguns problemas o estudante deve estimar ou localizar de forma independente os dados necessários para resolver o problema. Alguns problemas da edição anterior foram eliminados com a edição e o agrupamento dos exercícios e problemas. Da mesma forma que antes, as respostas para os exercícios e problemas ímpares são fornecidas no texto.

Ao final do material de cada capítulo também foram adicionados questões de múltipla escolha e problemas sobre computador. As questões de múltipla escolha são geralmente de natureza conceitual e freqüentemente requerem percepções mais apuradas sobre o material. Os problemas sobre computador podem requerer familiaridade com técnicas associadas a planilhas ou rotinas de manipulação simbólica como o *Maple* ou o *Mathematica.*

Os esforços foram concentrados para desenvolver um livro-texto que ofereça um estudo introdutório de física o mais completo e rigoroso possível para este nível. Porém, é importante afirmar que *poucos instrutores (caso haja algum) irão querer seguir o texto inteiro do começo ao fim,* especialmente em um curso de um ano. Existem muitos caminhos alternativos ao longo deste texto. O instrutor que desejar tratar menos tópicos com maior profundidade (freqüentemente chamado de uma abordagem de "menos é mais") será capaz de selecionar um desses caminhos. Algumas seções ou subseções estão explicitamente identificadas como "opcional", indicando que podem ser omitidas sem perda da continuidade. Dependendo da forma escolhida para o curso, outras seções ou mesmo capítulos inteiros podem ser omitidos ou tratados de uma forma mais superficial. Ainda assim, a apresentação completa permanece no texto e o estudante mais curioso poderá procurar os tópicos omitidos e ser recompensado com uma visão mais extensa do assunto. Espera-se, então, que o texto possa ser visto como um "mapa rodoviário" através da física; muitas estradas podem ser percorridas diretamente ou através de diferentes cenários, e nem todas as estradas precisam ser utilizadas em uma primeira viagem. O viajante mais ambicioso pode ser estimulado a retornar ao mapa para explorar áreas não visitadas em viagens anteriores.

Este texto está disponível em quatro volumes. Os dois primeiros volumes cobrem cinemática, dinâmica e termodinâmica; os volumes 3 e 4 cobrem eletromagnetismo, óptica e física quântica e suas aplicações.

Na preparação desta edição, contou-se com o aconselhamento de uma equipe dedicada de revisores que, individual ou coletivamente, ofereceram de forma cuidadosa comentários e críticas em quase todas as páginas do texto:

Richard Bukrey, Loyola University
Duane Carmony, Purdue University

J. Richard Christman, U. S. Coast Guard Academy
Paul Dixon, California State University-San Bernadino
John Federici, New Jersey Institute of Technology
David Gavenda, University of Texas-Austin
Stuart Gazes, University of Chicago
James Gerhart, University of Washington
John Gruber, San Jose State University
Martin Hackworth, Idaho State University
Jonathan Hall, Pennsylvania State University, Behrend
Oshri Karmon, Diablo Valley College
Jim Napolitano, Rensselaer Polytechnic Institute
Donald Naugle, Texas A&M University
Douglas Osheroff, Stanford University
Harvey Picker, Trinity College
Anthony Pitucco, Pima Community College
Robert Scherrer, Ohio State University
Paul Stanley, California Lutheran University
John Toutonghi, Seattle University

Estamos profundamente agradecidos a essas pessoas pelos seus esforços e pelas contribuições que deram aos autores. Também gostaríamos de agradecer os conselhos do Grupo de Ensino de Física (*Physics Education Group*) da Washington University, especialmente Paula Heron e Lillian McDermott.

Gostaríamos de estender um reconhecimento especial a dois indivíduos cujos esforços incansáveis e contribuições excepcionais foram essenciais para o sucesso deste projeto e que estabeleceram altos padrões para a qualidade do produto final. J. Richard Christman tem sido um colaborador de longa data, cuja revisão cuidadosa do texto e contribuições aos suplementos agora se estenderam por três edições. A sua insistência em explicações cuidadosas e na correta pedagogia em muitas situações ao longo do texto nos manteve no caminho correto. Paul Stanley é uma nova incorporação à equipe cuja principal responsabilidade tem sido as questões e os problemas no final dos capítulos. Ele trouxe ao projeto a riqueza de idéias criativas e percepções mais claras que irão desafiar os estudantes (assim como os professores) a estender a sua compreensão do material.

A equipe da John Wiley & Sons forneceu um suporte constante para este projeto, em relação ao qual estamos excepcionalmente gratos. Gostaríamos de agradecer especialmente a Stuart Johnson pelo gerenciamento e pela dedicação à finalização deste projeto. Contribuições essenciais para a qualidade deste texto foram feitas pela editora de produção Elizabeth Swain, pela editora de fotografia Hilary Newman, pela editora de ilustrações Anna Melhorn e pela desenhista Karin Kincheloe. Sem a competência e os esforços destes profissionais, este projeto não teria sido possível.

SUMÁRIO GERAL

VOLUME 1

VOLUME 2

VOLUME 3

VOLUME 4

SUMÁRIO DESTE VOLUME

FÍSICA 1

CAPÍTULO 1

MEDIÇÃO

Apesar da beleza matemática de algumas das suas teorias mais complexas e abstratas, a física é acima de tudo uma ciência experimental. Portanto, é essencial que aqueles que realizam medições precisas adotem padrões aceitos por todos para representar os resultados dessas medições, de modo que tais resultados possam ser transmitidos de um laboratório para o outro e verificados.

Neste capítulo inicia-se o estudo da física, com a introdução de algumas das unidades básicas das grandezas físicas e dos padrões já estabelecidos para a sua medição. A forma adequada para expressar os resultados de cálculos e medições é abordada, incluindo as dimensões e o número de algarismos significativos apropriados. Além disso, é discutida e ilustrada a importância de se dar atenção às dimensões das grandezas que aparecem nas equações. Por fim, à medida que for necessário, são apresentadas outras unidades básicas e diversas unidades derivadas.

1-1 GRANDEZAS FÍSICAS, PADRÕES E UNIDADES

As leis da física são expressas em termos de várias grandezas diferentes: massa, comprimento, tempo, força, velocidade, massa específica, resistência, temperatura, intensidade luminosa, intensidade do campo magnético e muitas mais. Cada um destes termos possui um significado preciso e faz parte da linguagem que físicos e outros cientistas usam para se comunicar entre si — quando um físico usa um termo como "energia cinética", todos os outros físicos entendem imediatamente o seu significado. Cada um desses termos também representa uma grandeza que pode ser medida no laboratório e, assim como deve existir um consenso no significado desses termos, deve existir ainda um consenso em relação às unidades usadas para expressar os seus valores. Sem esse consenso, não seria possível para os cientistas transmitirem os seus resultados um ao outro ou comparar os resultados de experimentos de diferentes laboratórios.

Essas comparações requerem o desenvolvimento e a aceitação de um conjunto de *padrões* para as unidades de medição. Por exemplo, se uma medida de comprimento é cotada como 4,3 metros, significa que o valor medido é 4,3 vezes maior do que o valor aceito para o padrão de comprimento definido como "um metro". Se dois laboratórios baseiam as suas medições no mesmo padrão aceito para o metro, então, a princípio, os seus resultados podem ser facilmente comparados. Para que isto seja possível, é necessário que os padrões aceitos sejam *acessíveis* àqueles que precisem calibrar os seus padrões secundários, e devem ser *invariáveis* a mudanças com o passar do tempo ou a mudanças no ambiente (temperatura, umidade, etc.).

A manutenção e o desenvolvimento de padrões de medida é um ramo ativo da ciência. Nos Estados Unidos, o Instituto Nacional de Padrões e Tecnologia[1] (NIST — *National Institute of Standards and Technology*) é o principal responsável por esse desenvolvimento.* *Entretanto, também é necessário estabelecer um consenso internacional em relação aos padrões, o que tem sido alcançado através de uma série de encontros internacionais da Conferência Geral de Pesos e Medidas (*General Conference on Weights and Measures* — conhecido pela sigla francesa CGPM) que tiveram início em 1889. O vigésimo segundo encontro foi realizado em 1999.[2]

Felizmente, não é necessário estabelecer um padrão de medida para todas as grandezas físicas — algumas podem ser consideradas fundamentais e servir de base para as outras. Por exemplo, comprimento e tempo já foram considerados grandezas fundamentais, com os seus padrões fundamentais individuais estabelecidos (respectivamente o metro e o segundo). O padrão de medida para velocidade (= comprimento/tempo) pode, então, derivar desses padrões. Contudo, atualmente é possível medir a velocidade da luz com uma precisão superior à do antigo metro padrão. Dessa forma, continua-se a utilizar um padrão fundamental de medida para o segundo, mas o padrão para o comprimento (o metro) é definido em termos da velocidade da luz e do segundo (ver Seção 1-4). Este caso ilustra como medições com uma maior precisão podem mudar os padrões estabelecidos, e como esses padrões evoluem rapidamente. Desde a publicação da primeira edição deste livro-texto, a precisão do padrão da unidade do tempo (o segundo) aumentou de acordo com um fator superior a 1000.

Assim, o problema básico consiste em escolher um sistema que envolva o menor número possível de grandezas físicas fundamentais, e estabelecer padrões acessíveis e invariantes para a sua medição. Nas próximas seções deste capítulo, são discutidos os sistemas internacionalmente aceitos e algumas das suas grandezas fundamentais.

[1]Ver http://physics.nist.gov/cuu para informações sobre a função do NIST na manutenção de padrões.

*No Brasil, o Inmetro (Instituto Nacional de Metrologia, Normalização e Qualidade Industrial) é o órgão responsável por questões relativas a padrões e unidades. Ver http://www.inmetro.gov.br (N.T.)

[2]Ver http://www.bipm.fr para as recomendações dessa conferência.

1-2 O SISTEMA INTERNACIONAL DE UNIDADES[3]

Em seus diversos encontros, a Conferência Geral de Pesos e Medidas selecionou as sete grandezas listadas na Tabela 1-1 como *unidades de base*. Esta é a base do *Sistema Internacional de Unidades*, abreviado por SI, do francês *Le Système International d'Unités*. O termo SI é a forma moderna do que é geralmente conhecido como o sistema métrico.

Ao longo deste livro são fornecidos vários exemplos de unidades do SI, derivadas das unidades de base do SI listadas da Tabela 1-1, como velocidade, força e resistência elétrica. Por exemplo, a unidade de força no SI, chamada de *newton* (abreviação N), é definida em termos das unidades de base do SI como

$$1\ \text{N} = 1\ \text{kg} \cdot \text{m/s}^2,$$

conforme é explicado no Cap. 3.

Números muito grandes, ou muito pequenos, podem ser obtidos se propriedades físicas, como a potência gerada em uma usina elétrica ou o intervalo de tempo entre dois eventos nucleares, forem expressas em unidades do SI. Por conveniência, a Conferência Geral de Pesos e Medidas recomendou a utilização dos prefixos mostrados na Tabela 1-2.

Logo, é possível escrever a potência gerada em uma usina elétrica típica, $1{,}3 \times 10^9$ watts, como 1,3 gigawatts ou 1,3 GW. Da mesma maneira, é possível escrever um intervalo de tempo com uma duração observada em física nuclear, $2{,}35 \times 10^{-9}$ segundos, como 2,35 nanossegundos ou 2,35 ns. De acordo com a Tabela 1-1, o quilograma é a única unidade de base do SI que *já* incorpora um dos prefixos listados na Tabela 1-2. Assim, 10^3 kg não é expresso como 1 quiloquilograma; em vez disso, 10^3 kg = 10^6 g = 1 Mg (megagrama).

Para que a Tabela 1-1 possa ser utilizada, são necessários sete conjuntos de procedimentos operacionais que indiquem como produzir as sete unidades de base do SI em laboratório. Os conjuntos referentes a tempo, comprimento e massa são explorados nas próximas seções.

Tabela 1-1 Unidades de Base do SI

	Unidade SI	
Grandeza	*Nome*	*Símbolo*
Tempo	segundo	s
Comprimento	metro	m
Massa	quilograma	kg
Quantidade de substância	mol	mol
Temperatura termodinâmica	kelvin	K
Corrente elétrica	ampère	A
Intensidade luminosa	candela	cd

Tabela 1-2 Prefixos SI[a]

Fator	*Prefixo*	*Símbolo*	*Fator*	*Prefixo*	*Símbolo*
10^{24}	iota	Y	10^{-1}	deci-	d
10^{21}	zeta	Z	10^{-2}	**centi-**	c
10^{18}	exa-	E	10^{-3}	**mili-**	m
10^{15}	peta-	P	10^{-6}	**micro-**	μ
10^{12}	tera-	T	10^{-9}	**nano-**	n
10^{9}	**giga-**	G	10^{-12}	**pico-**	p
10^{6}	**mega-**	M	10^{-15}	femto-	f
10^{3}	**kilo-**	k	10^{-18}	ato-	a
10^{2}	hecto-	h	10^{-21}	zepto-	z
10^{1}	deca-	da	10^{-24}	iocto-	y

[a]Os prefixos comumente usados neste livro-texto são mostrados em negrito.

Outros dois grandes sistemas de unidades concorrem com o Sistema Internacional (SI). Um deles é o sistema gaussiano, em relação ao qual é expressa grande parte dos trabalhos de física, que não é utilizado neste livro. O Apêndice G fornece os fatores de conversão para as unidades do SI.

O outro é o sistema de unidades inglesas, ainda bastante usado nos Estados Unidos. As unidades de base em mecânica são comprimento (pé), força (libra) e tempo (segundo). Mais uma vez, o Apêndice G fornece os fatores de conversão para as unidades do SI. Neste livro, são utilizadas unidades do SI; no entanto, em algumas situações são fornecidas as unidades inglesas equivalentes para ajudar quem não está acostumado com as unidades do SI a adquirir uma maior familiaridade com elas. Os Estados Unidos continuam a ser o único país desenvolvido que, até o momento, não adotou o SI como o sistema de unidades oficial. Todavia, o SI é padrão em todos os laboratórios do governo e em muitas indústrias, principalmente as envolvidas com comércio exterior. A causa da perda da espaçonave *Mars Climate Orbiter*, em setembro de 1999, foi atribuída ao fato de o fabricante ter especificado algumas características em unidades inglesas, as quais a equipe de navegação da NASA erradamente supôs que estivessem em unidades SI. As unidades merecem uma atenção especial!

Problema Resolvido 1-1.

Qualquer grandeza física pode ser multiplicada por 1 sem que o seu valor seja alterado. Por exemplo, 1 min = 60 s, logo 1 = 60 s/1 min; da mesma forma, 1 ft = 12 in, então 1 = 1 ft/ 12 in. Com o uso de fatores de conversão apropriados, determine (*a*) a

[3]Ver "SI: The International System of Units", de Robert A. Nelson (Associação Americana de Professores de Física — *American Association of Physics Teachers*, 1981). O guia americano do SI pode ser encontrado na Publicação Especial 811 (*Special Publication 811*) do Instituto Nacional de Padrões e Tecnologia (edição de 1995).

velocidade, em metros por segundo, equivalente a 55 milhas por hora, e (*b*) o volume, em centímetros cúbicos, de um tanque com capacidade para 16 galões de gasolina.

Solução (*a*) Os seguintes fatores de conversão são necessários (ver Apêndice G): 1 mi = 1609 m (assim, 1 = 1609 m/1 mi) e 1 h = 3600 s (assim, 1 = 1 h/3600 s). Por conseguinte,

$$\text{velocidade} = 55\,\frac{\cancel{\text{mi}}}{\cancel{\text{h}}} \times \frac{1609\ \text{m}}{1\ \cancel{\text{mi}}} \times \frac{1\ \cancel{\text{h}}}{3600\ \text{s}} = 25\ \text{m/s}.$$

(*b*) Um galão de fluido é igual a 231 polegadas cúbicas e 1 in = 2,54 cm. Então,

$$\text{volume} = 16\ \cancel{\text{gal}} \times \frac{231\ \cancel{\text{in}}^3}{1\ \cancel{\text{gal}}} \times \left(\frac{2{,}54\ \text{cm}}{1\ \cancel{\text{in}}}\right)^3 = 6{,}1 \times 10^4\ \text{cm}^3.$$

Observe nesses dois cálculos como os fatores de conversão de unidades são inseridos, de modo que as unidades não desejadas aparecem no numerador e no denominador, cancelando-se dessa maneira.

1-3 O PADRÃO DE TEMPO

A medição do tempo apresenta-se sob dois aspectos. Para fins civis e algumas atividades científicas, é preciso conhecer a hora do dia, com o objetivo de ordenar os eventos em seqüência. Na maioria dos trabalhos científicos, é necessário conhecer quanto tempo dura um evento (o intervalo de tempo). Portanto, qualquer padrão de tempo deve ser capaz de responder as questões "Em que momento ocorreu?" e "Por quanto tempo durou?" A Tabela 1-3 mostra a faixa dos intervalos de tempo que podem ser medidos, os quais variam por um fator de cerca de 10^{63}.

É possível usar qualquer fenômeno que se repita como uma medida de tempo. A medição consiste em contar as repetições, incluindo as frações. Pode-se utilizar, por exemplo, um pêndulo, um sistema massa-mola ou um cristal de quartzo. Dos diversos fenômenos repetitivos observados na natureza, a rotação da Terra em torno do próprio eixo, que determina a duração do dia, serviu como padrão de tempo por vários séculos. Um segundo (solar médio) foi definido como 1/86.400 de um dia (solar médio).

Relógios de cristal de quartzo, que operam com base nas vibrações periódicas de um cristal de quartzo mantidas por meio

Tabela 1-3 Alguns Intervalos de Tempo Medidos[a]

Intervalo de Tempo	*Segundos*
Tempo de vida do próton	$> 10^{40}$
Meia-vida da desintegração beta dupla do ^{82}Se	3×10^{27}
Idade do universo	5×10^{17}
Idade da pirâmide de Quéops	1×10^{11}
Expectativa de vida humana (Estados Unidos)	2×10^{9}
Duração da órbita da Terra em torno do Sol (1 ano)	3×10^{7}
Duração da rotação da Terra em torno do próprio eixo (1 dia)	9×10^{4}
Período de uma órbita baixa típica de um satélite da Terra	5×10^{3}
Intervalo de tempo entre batidas normais do coração	8×10^{-1}
Período de um diapasão de lá fundamental	2×10^{-3}
Período de oscilação das microondas de 3 cm	1×10^{-10}
Período típico de rotação de uma molécula	1×10^{-12}
Duração do mais curto pulso de luz produzido (1990)	6×10^{-15}
Tempo de vida das partículas menos estáveis	$< 10^{-23}$

[a]Valores aproximados.

Fig. 1-1 O Padrão de Freqüência dos Estados Unidos (*National Frequency Standard* NIST-F1), chamado de *fonte de césio* e desenvolvido no Instituto Nacional de Padrões e Tecnologia (NIST). Esse padrão é apresentado junto com os seus inventores, Steve Jefferts e Dawn Meekhof. Neste dispositivo, átomos de césio, se movimentando com velocidade extremamente baixa, são projetados para cima e percorrem uma distância de cerca de um metro antes de cair, sob o efeito da gravidade, de volta para a sua posição de lançamento, em cerca de 1 segundo. Daí o nome *fonte*. A baixa velocidade desses átomos projetados torna possível realizar observações precisas da freqüência da radiação atômica que eles emitem. Para maiores informações, ver http://www.nist.gov/public_affairs/releases/n99-22.htm.

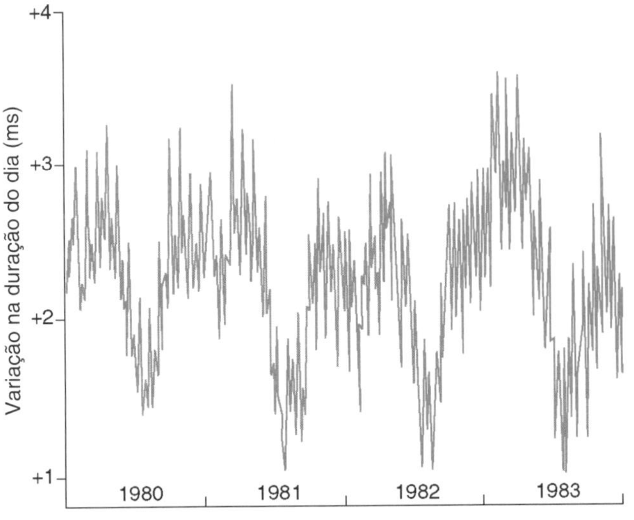

Fig. 1-2 A variação da duração do dia durante um período de 4 anos. Observe que a escala vertical é de apenas 3 ms = 0,003 s. Ver "The Earth's Rotation Rate", de John Wahr, *American Scientist*, janeiro-fevereiro de 1985, p. 41.

de energia elétrica, podem ser usados como padrões secundários de tempo. Um relógio de quartzo pode ser calibrado pela rotação da Terra, através de observações astronômicas, e empregado para medição do tempo em um laboratório. Os melhores conseguem medir o tempo com uma precisão de cerca de 1 segundo em 200.000 anos. Porém, esta precisão não é suficiente para as demandas da ciência, tecnologia e comércio atuais.

Em 1967, a 13.ª Conferência Geral de Pesos e Medidas adotou a definição do segundo de acordo com a freqüência característica da radiação emitida por um átomo de césio. Em particular, foi estabelecido que:

> *O segundo é a duração de 9.192.631.770 vibrações da radiação (de um determinado comprimento de onda) emitida por um (determinado) isótopo do átomo de césio.*

A Fig. 1-1 mostra o padrão de freqüência atual dos Estados Unidos, chamado de *fonte de césio* e desenvolvido no Instituto Nacional de Padrões e Tecnologia (NIST). Sua precisão é de cerca de 1 segundo em 20 milhões de anos.

Relógios de césio colocados em satélites formam a base do Sistema de Posicionamento Global (GPS — *Global Positioning System*). É possível comprar relógios de césio portáteis, do tamanho de uma maleta de mão. Também é possível comprar relógios de mesa ou de pulso que, automática e periodicamente atualizados através de sinais de rádio enviados pelo NIST, apresentam no mostrador a "hora atômica" ("*atomic time*"). A Fig. 1-2 mostra, por intermédio de comparações com um relógio atômico, variações na taxa de rotação da Terra durante um período de quatro anos. Segundo esses dados, a taxa de rotação da Terra é um padrão de tempo inadequado para um trabalho preciso. A Fig. 1-3 demonstra um registro impressionante do progresso que ocorreu nos últimos 300 anos, na medição do tempo, começando com a invenção do relógio de pêndulo por Christian Huygens em 1665.

A manutenção de padrões de medição do tempo nos Estados Unidos é responsabilidade do Observatório Naval dos Estados Unidos (*U.S. Naval Observatory* — USNO) em Washington, DC. O Relógio Principal do USNO representa a leitura combinada de um conjunto de relógios de césio e masers de hidrogênio, colocados em 20 depósitos separados e com o ambiente controlado.[4]

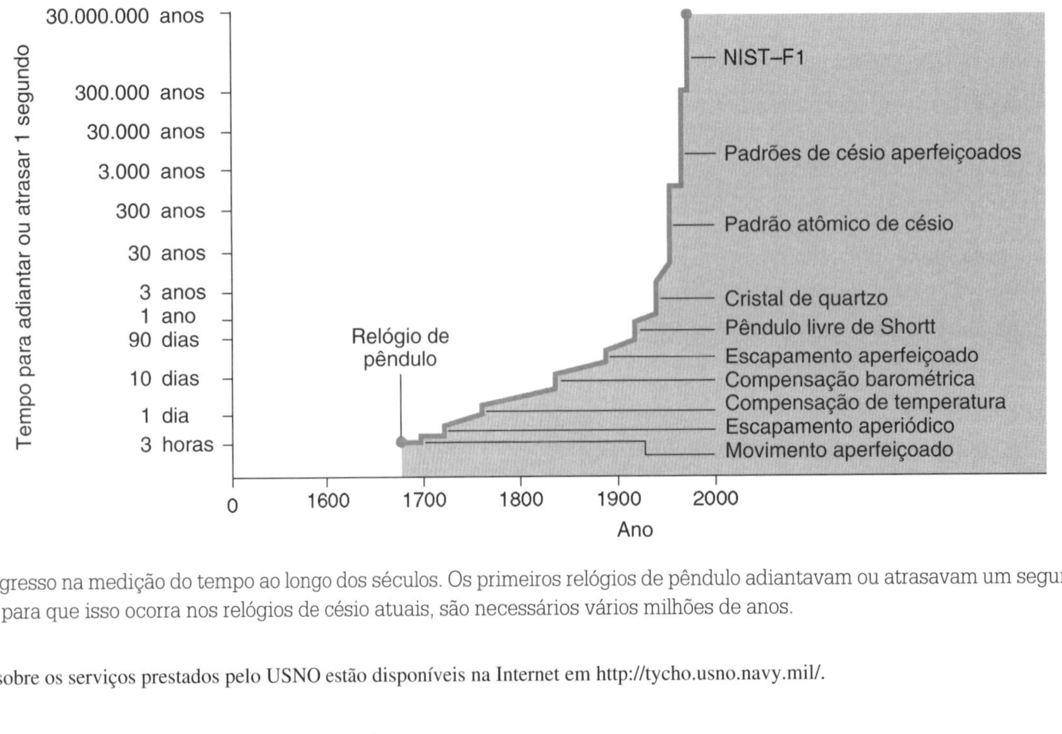

Fig. 1-3 O progresso na medição do tempo ao longo dos séculos. Os primeiros relógios de pêndulo adiantavam ou atrasavam um segundo em algumas poucas horas; para que isso ocorra nos relógios de césio atuais, são necessários vários milhões de anos.

[4]Informação sobre os serviços prestados pelo USNO estão disponíveis na Internet em http://tycho.usno.navy.mil/.

1-4 O PADRÃO DE COMPRIMENTO[5]

O primeiro padrão internacional de comprimento foi uma barra de uma liga de platina-irídio, chamada de metro padrão, mantida na Agência Internacional de Pesos e Medidas (*International Bureau of Weights and Measures*), localizado nas proximidades de Paris. O metro foi definido como a distância entre dois traços finos gravados perto das extremidades da barra, quando esta se encontra na temperatura de 0°C e está suportada mecanicamente de uma forma preestabelecida. Historicamente, o metro foi definido com a intenção de representar a décima milionésima parte da distância do Pólo Norte ao Equador, ao longo da linha do meridiano que passa por Paris. Contudo, medições precisas mostraram que a barra do metro padrão difere ligeiramente (cerca de 0,023%) deste valor.

Como o metro padrão não é muito acessível, cópias precisas foram feitas e enviadas a laboratórios padronizados em diversas partes do mundo. Estes padrões secundários serviram para calibrar outros padrões ainda mais acessíveis. Desta forma, até recentemente, todo dispositivo de medida derivava o seu valor oficial do metro padrão através de uma complicada cadeia de comparações, fazendo uso de microscópios e máquinas divisoras. Desde 1959, este mesmo processo também tem sido utilizado para a jarda, cuja definição legal nos Estados Unidos foi adotada, nesse ano, como

$$1 \text{ jarda} = 0{,}9144 \text{ metro} \qquad \text{(exatamente)},$$

que é equivalente a

$$1 \text{ polegada} = 2{,}54 \text{ centímetros} \qquad \text{(exatamente)}.$$

A precisão associada à medição de comprimentos pela técnica da comparação de traços finos, com a ajuda de um microscópio, não é mais satisfatória para a ciência e a tecnologia modernas. Um padrão de comprimento mais preciso e mais fácil de ser reproduzido foi obtido pelo físico americano Albert A. Michelson em 1893, quando ele comparou o comprimento do metro padrão com o comprimento de onda da luz vermelha emitida por átomos de cádmio. Michelson mediu cuidadosamente o comprimento da barra do metro padrão e descobriu que este é igual a 1.553.163,5 comprimentos de onda daquela radiação. Lâmpadas de cádmio idênticas podem ser facilmente obtidas em qualquer laboratório. Dessa forma, Michelson encontrou um meio para que os cientistas do mundo pudessem ter acesso a um padrão preciso de comprimento, sem que seja necessário se reportar ao metro padrão.

Apesar desse avanço tecnológico, a barra do metro padrão permaneceu o padrão oficial até 1960 quando a 11.ª Conferência Geral de Pesos e Medidas adotou o padrão atômico para o metro. Esse padrão tomou por base o comprimento de onda, no vácuo, de uma determinada luz vermelho-alaranjada emitida por átomos do isótopo de criptônio, com número de massa 86, identificado pelo símbolo ^{86}Kr.[6] Especificamente, um metro foi definido como sendo 1.650.763,73 comprimentos de onda dessa luz. Por este padrão, tornou-se possível comparar comprimentos com um erro inferior a uma parte em 10^9.

Em 1983, a demanda por padrões de maior precisão atingiu um tal ponto que nem mesmo o padrão de ^{86}Kr conseguia satisfazer. Nesse ano, tomou-se a decisão radical de redefinir o metro como sendo a distância percorrida por uma onda de luz em um intervalo de tempo especificado. Nas palavras da 17.ª Conferência Geral de Pesos e Medidas:

O metro é a distância percorrida pela luz no vácuo, durante o intervalo de tempo de 1/299.792.458 do segundo.

Isto é equivalente a dizer que a velocidade da luz, *c*, é agora definida como

$$c = 299.792.458 \text{ m/s} \qquad \text{(exatamente)}.$$

Esta nova definição do metro era necessária porque as medições da velocidade da luz tornaram-se tão precisas, que a reprodutibilidade do metro de ^{86}Kr tornou-se o fator limitante. Em função disso, era mais sensato redefinir o metro adotando-se a velocidade da luz como uma grandeza definida, e usá-la junto com o padrão de tempo (segundo), já definido com precisão.

A Tabela 1-4 mostra a faixa de distâncias medidas que podem ser comparadas com o padrão.

TABELA 1-4 Alguns Comprimentos Medidos[a]

Comprimento	*Metros*
Distância ao mais distante quasar observado	2×10^{26}
Distância à galáxia de Andrômeda	2×10^{22}
Raio da nossa galáxia	6×10^{19}
Distância à estrela mais próxima (*Proxima Centauri*)	4×10^{16}
Raio médio da órbita do planeta mais distante (Plutão)	6×10^{12}
Raio do Sol	7×10^{8}
Raio da Terra	6×10^{6}
Altura do Monte Everest	9×10^{3}
Altura típica de uma pessoa	2×10^{0}
Espessura de uma página deste livro	1×10^{-4}
Tamanho típico de um vírus	1×10^{-6}
Raio do átomo de hidrogênio	5×10^{-11}
Raio efetivo do próton	1×10^{-15}

[a]Valores aproximados.

[5]Ver "The New Definition of the Meter", de P. Giacomo, *American Journal of Physics*, julho de 1984, p. 607.

[6]O número de massa é o número de prótons mais nêutrons no núcleo. O criptônio, que é encontrado na natureza, possui diferentes tipos de isótopos que correspondem a átomos com diferentes números de massa. É importante especificar um determinado isótopo para o padrão, uma vez que o comprimento de onda da radiação escolhida varia de um isótopo para o outro, em torno de uma parte em 10^5, o que é inaceitavelmente grande em comparação com a precisão do padrão.

PROBLEMA RESOLVIDO 1-2.

Um ano-luz é uma medida de comprimento (não uma medida de tempo) igual à distância percorrida pela luz em um ano. Calcule o fator de conversão entre anos-luz e metros, e encontre a distância à estrela *Proxima Centauri* (4×10^{16} m) em anos-luz.

Solução O fator de conversão de anos para segundos é

$$1 \text{ a} = 1 \text{ a} \times \frac{365,25 \text{ d}}{1 \text{ a}} \times \frac{24 \text{ h}}{1 \text{ d}} \times \frac{60 \text{ min}}{1 \text{ h}} \times \frac{60 \text{ s}}{1 \text{ min}}$$

$$= 3,16 \times 10^7 \text{ s}.$$

A velocidade da luz, para três algarismos significativos, é igual a $3,00 \times 10^8$ m/s. Então, em um ano, a luz percorre a distância de

$$(3,00 \times 10^8 \text{ m/s})(3,16 \times 10^7 \text{ s}) = 9,48 \times 10^{15} \text{ m},$$

então

$$1 \text{ ano-luz} = 9,48 \times 10^{15} \text{ m}.$$

A distância à estrela *Proxima Centauri* é

$$(4,0 \times 10^{16} \text{ m}) \times \frac{1 \text{ ano-luz}}{9,48 \times 10^{15} \text{ m}} = 4,2 \text{ anos-luz}.$$

A luz de *Proxima Centauri* demora cerca de 4,2 anos para percorrer a distância até a Terra.

1-5 O PADRÃO DE MASSA

O padrão de massa do SI é um cilindro de platina-irídio mantido na Agência Internacional de Pesos e Medidas, cuja massa, atribuída em acordo internacional, é de 1 quilograma. Padrões secundários são enviados para laboratórios em outros países, onde as massas de outros corpos podem ser encontradas através da técnica da balança de braços iguais, com uma precisão de até uma parte em 10^8.

A cópia americana do padrão internacional de massa, conhecido como Quilograma Protótipo N.º 20, está guardada em um cofre no NIST (ver Fig. 1-4). Ele é removido, não mais que uma vez por ano, para checar o valor de padrões terciários. Desde 1889, o Protótipo N.º 20 foi levado à França por duas vezes, para ser verificado em relação ao quilograma primário. Quando é removido do cofre, duas pessoas estão sempre presentes: uma para carregar o quilograma com um par de fórceps, e a outra para pegar o quilograma caso a primeira pessoa caia.

A Tabela 1-5 mostra algumas massas medidas. Observe que elas variam segundo um fator de cerca de 10^{83}. A maioria das massas foi medida em termos do quilograma padrão através de métodos indiretos. Por exemplo, é possível medir a massa da Terra (ver Seção 14-3), medindo no laboratório a força de atração gravitacional entre duas esferas de chumbo e comparando-a com a atração da Terra por uma massa conhecida. A massa das esferas deve ser conhecida por intermédio da comparação direta com o quilograma padrão.

Na escala atômica, existe um segundo padrão de massa que não é uma unidade do SI. É a massa do átomo ^{12}C, ao qual, por

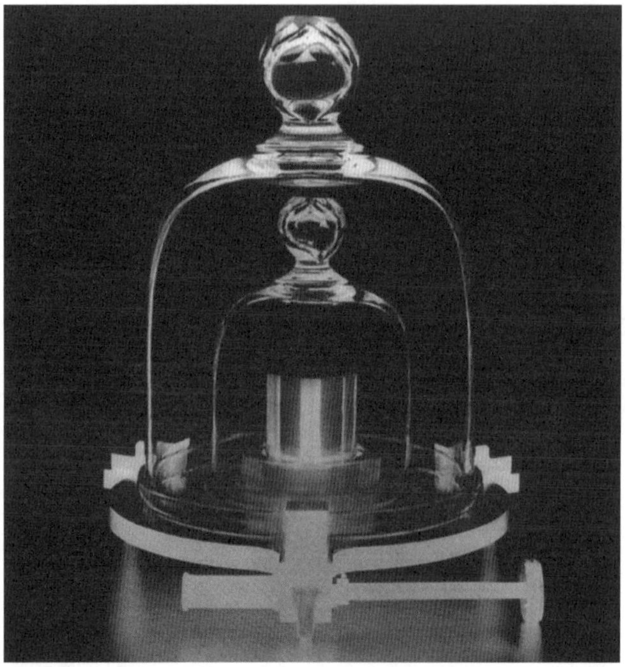

Fig. 1-4 O Padrão de Massa dos Estados Unidos, Protótipo N.º 20, mantido em sua dupla campânula de vidro no Instituto Nacional de Padrões e Tecnologia (NIST).

TABELA 1-5 Algumas Massas Medidas[a]

Objeto	*Quilogramas*
Universo conhecido (estimado)	10^{53}
Nossa galáxia	2×10^{43}
Sol	2×10^{30}
Terra	6×10^{24}
Lua	7×10^{22}
Transatlântico	7×10^{7}
Elefante	4×10^{3}
Pessoa	6×10^{1}
Uva	3×10^{-3}
Partícula de poeira	7×10^{-10}
Vírus	1×10^{-15}
Molécula de penicilina	5×10^{-17}
Átomo de urânio	4×10^{-26}
Próton	2×10^{-27}
Elétron	9×10^{-31}

[a]Valores aproximados.

Tabela 1-6 Algumas Massas Atômicas Medidas

Isótopo	*Massa* (*u*)	*Incerteza* (*u*)
^{1}H	1,00782503214	0,00000000035
^{12}C	12,00000000	(exata)
^{64}Cu	63,9297679	0,0000015
^{109}Ag	108,9047551	0,0000032
^{137}Cs	136,9070836	0,0000032
^{208}Pb	207,9766358	0,0000031
^{238}Pu	238,0495534	0,0000022

um acordo internacional, foi atribuída de forma exata e por definição uma massa atômica de 12 unidades de massa atômica unificada (abreviação u). É possível determinar as massas de outros átomos com uma exatidão considerável, com um espectrômetro de massa (ver Seção 32-2). A Tabela 1-6 mostra algumas massas atômicas selecionadas, incluindo as incertezas estimadas das medidas. Um segundo padrão de massa é necessário, visto que as técnicas laboratoriais atuais permitem comparar massas atômicas entre si, com uma precisão superior à que atualmente se consegue, comparando-as com o quilograma padrão. Entretanto, já está em desenvolvimento um padrão de massa atômico para substituir o quilograma padrão. A relação entre o padrão atômico atual e o padrão primário é, aproximadamente,

$$1 \text{ u} = 1{,}661 \times 10^{-27} \text{ kg}.$$

Uma unidade correlata do SI é o *mol*, que mede a quantidade de uma substância. Um mol de átomos de ^{12}C possui a massa exata de 12 gramas e contém um número de átomos numericamente igual à constante do Avogadro N_A:

$$N_A = 6{,}02214199 \times 10^{23} \text{ por mol}$$

Este número é determinado experimentalmente, com uma incerteza de cerca de uma parte em um milhão. Um mol de qualquer outra substância contém o mesmo número de entidades elementares (átomos, moléculas, ou qualquer outra coisa). Dessa forma, 1 mol de gás hélio contém N_A átomos de He, 1 mol de oxigênio contém N_A moléculas de O_2 e 1 mol de água contém N_A moléculas de H_2O.

Para relacionar uma unidade atômica de massa a uma unidade de volume, é necessário usar a constante de Avogadro. A substituição do quilograma padrão por um padrão atômico requer um aperfeiçoamento de pelo menos duas ordens de grandeza na precisão no valor medido de N_A, para obter massas com precisão de uma parte em 10^8.

1-6 PRECISÃO E ALGARISMOS SIGNIFICATIVOS

À medida que a qualidade dos instrumentos de medida e a sofisticação das técnicas evoluem, é possível desenvolver experimentos com um maior grau de precisão; isto é, podem-se obter resultados medidos com cada vez mais *algarismos significativos* e, assim, reduzir a *incerteza experimental* do resultado. O número de algarismos significativos e a incerteza dizem alguma coisa sobre a estimativa da precisão do resultado. Quer dizer, o resultado $x = 3$ m implica que se conhece menos acerca de x do que o valor $x = 3{,}14159$ m. Quando se afirma que $x = 3$ m, significa que se está razoavelmente certo de que x está entre 2 m e 4 m, ao passo que escrever x como 3,14159 m significa que, provavelmente, x está entre 3,14158 m e 3,14160 m. Se x for expresso como 3 m, quando na realidade se acredita que $x = 3{,}14159$ m, se está ocultando uma informação que pode ser importante. Por outro lado, se x for expresso como 3,14159 m, sem base para que se conheça coisa alguma além de $x = 3$ m, não se está sendo honesto porque é alegada mais informação do que se tem na verdade. Ao apresentar os resultados de medições e cálculos, é importante prestar atenção aos algarismos significativos por ser igualmente errado incluir algarismos a mais ou a menos.

Na hora de decidir quantos algarismos significativos devem ser mantidos, existem algumas poucas regras simples a seguir:

Regra 1. Ao se contar da esquerda para a direita e ignorar os primeiros zeros, conservam-se todos os dígitos até ao primeiro duvidoso. Ou seja, $x = 3$ m possui apenas um algarismo significativo, e escrevendo este valor como $x = 0{,}003$ km não muda o número de algarismos significativos. Se, em vez disso, escrever-se $x = 3{,}0$ m (ou, de modo equivalente, $x = 0{,}0030$ km), é possível que se conheça o valor de x com até dois algarismos significativos. Não se deve escrever todos os nove ou dez dígitos apresentados no mostrador da calculadora se eles não forem justificados pela precisão dos dados de entrada! A maioria dos cálculos neste texto é efetuada com dois ou três algarismos significativos.

É importante estar atento a notações ambíguas: $x = 300$ m não indica se há um, dois ou três algarismos significativos; não está explícito se os zeros estão carregando informação ou servindo apenas para indicar a ordem de grandeza. No lugar disso, deve-se escrever $x = 3 \times 10^2$, ou $3{,}0 \times 10^2$, ou $3{,}00 \times 10^2$, para especificar a precisão de uma maneira mais clara.

Regra 2. Ao multiplicar ou dividir, o número de algarismos significativos no produto, ou no quociente, não deve ser maior do que o número de algarismos significativos do fator com a menor precisão. Assim,

$$2{,}3 \times 3{,}14159 = 7{,}2.$$

Às vezes, ao aplicar esta regra, é necessário um pouco de bom senso:

$$9{,}8 \times 1{,}03 = 10{,}1$$

porque, mesmo que 9,8 tecnicamente só tenha dois algarismos significativos, está bastante próximo de ser um número com três algarismos significativos. Dessa forma, o produto deve ser expresso com três algarismos significativos.

Regra 3. Ao somar ou subtrair, o dígito menos significativo da soma, ou da diferença, deve ocupar a mesma posição relativa associada ao dígito menos significativo das grandezas que está sendo somado ou subtraído. Neste caso, o *número* de algarismos significativos não é importante; é a *posição* que importa. Por exemplo, caso se deseje encontrar a massa total de três objetos conforme mostrado a seguir:

$$\begin{array}{r l} 103{,}\mathbf{9} & \text{kg} \\ 2{,}1\mathbf{0} & \text{kg} \\ 0{,}31\mathbf{9} & \text{kg} \\ \hline 106{,}\mathbf{319} & \text{ou} \quad 106{,}\mathbf{3}\ \text{kg} \end{array}$$

O dígito menos significativo, ou o primeiro dígito duvidoso, é mostrado em **negrito**. Pela regra 1, deve-se incluir apenas um dígito duvidoso; assim, o resultado deve ser escrito como 106,3 kg. Já que o "3" é duvidoso, o "19" que se segue não fornece nenhuma informação e é inútil.

PROBLEMA RESOLVIDO 1-3.

Suponha que uma pessoa deseja pesar o seu gato de estimação, mas só dispõe de uma balança de banheiro com um mostrador digital que mostra o peso como um número inteiro em libras. Primeiro, a pessoa determinou o próprio peso como sendo igual a 119 lbs. Em seguida, segurando o gato, a pessoa determinou um peso combinado de 128 lbs. Qual é a fração ou o percentual de incerteza no peso da pessoa e do gato?

Solução O dígito menos significativo é o dígito da casa decimal das unidades e, desse modo, o peso da pessoa apresenta uma incerteza de cerca de 1 libra. Assim, a balança lê 119 lb para qualquer peso entre 118,5 e 119,5 lb. A incerteza percentual é, dessa forma

$$\frac{1\ \text{lb}}{119\ \text{lb}} = 0{,}008 \quad \text{ou} \quad 0{,}8\%.$$

O peso do gato é 128 lb − 119 lb = 9 lb. Porém, a incerteza no peso do gato continua sendo por volta de 1 lb, e a incerteza percentual é

$$\frac{1\ \text{lb}}{9\ \text{lb}} = 0{,}11 = 11\%.$$

Embora a incerteza *absoluta* no peso da pessoa e do gato seja a mesma (1 lb), a incerteza *relativa* no peso da pessoa é uma ordem de grandeza menor do que a incerteza relativa no peso do gato. Se este método for usado para pesar um gatinho de 1 lb, a incerteza relativa no peso dele será de 100%. Isto ilustra um perigo comum que ocorre quando se subtraem dois números que são aproximadamente iguais: a incerteza percentual ou relativa na diferença pode ser bastante elevada.

1-7 ANÁLISE DIMENSIONAL

A toda grandeza medida ou calculada está associada uma *dimensão*. Como exemplo, tanto a absorção de som em uma sala fechada quanto a probabilidade de reações nucleares possuem dimensões de uma área. As unidades nas quais as grandezas são expressas não afetam a dimensão das grandezas: uma área continua sendo uma área se é expressa em m^2, ou ft^2, ou acres, ou sabins (absorção de som), ou barns (reações nucleares).

Assim como foram definidos neste capítulo os padrões de medida como grandezas fundamentais, pode-se escolher um conjunto de dimensões fundamentais com base em padrões de medição independentes. As grandezas mecânicas, massa, comprimento e tempo são elementares e independentes e, dessa maneira, servem como dimensões fundamentais. Elas são representadas, respectivamente, como M, L e T.

Todas as equações devem ser *dimensionalmente consistentes*; ou seja, as dimensões nos dois lados de uma equação devem ser as mesmas. Freqüentemente, a atenção em relação às dimensões evita erros na hora de escrever as equações. Por exemplo, no próximo capítulo é mostrado que a distância x percorrida em um intervalo de tempo t, por um objeto que parte do repouso e se move com uma aceleração constante a, é igual a $x = \frac{1}{2}at^2$. A aceleração é medida em unidades como m/s^2. Colchetes [ ] são usados para denotar "a dimensão de", de modo que $[x] = L$, ou $[t] = T$. Segue que $[a] = L/T^2$, ou LT^{-2}. Se forem mantidas as unidades, e portanto a dimensão, da aceleração em mente, uma pessoa não será tentada a escrever $x = \frac{1}{2}at$ ou $x = \frac{1}{2}at^3$.

A análise das dimensões pode sempre ajudar na montagem das equações. Os exemplos a seguir ilustram este procedimento.

PROBLEMA RESOLVIDO 1-4.

Para manter um objeto em movimento circular com uma velocidade constante, é necessária uma força denominada "força centrípeta". (O movimento circular é descrito no Cap. 4.) Desenvolva uma análise dimensional da força centrípeta.

Solução Inicia-se perguntando "De que variáveis mecânicas depende a força centrípeta, F?" O objeto em movimento possui apenas três propriedades que parecem ser importantes: sua massa m, sua velocidade v e o raio r da sua trajetória circular. A força centrípeta F deve ser expressa, independentemente de constantes adimensionais, por uma equação da seguinte forma

$$F \propto m^a v^b r^c,$$

em que o símbolo $\propto$ significa "é proporcional a" e em que a, b e c são expoentes numéricos a serem determinados da análise das dimensões. Da maneira como foi escrito na Seção 1-2 (e conforme será discutido no Cap. 3), a força tem unidades de $kg \cdot m/s^2$ e, assim, as suas dimensões são $[F] = MLT^{-2}$. Portanto, é possível escrever a equação da força centrípeta, em termos das dimensões, como

$$\begin{aligned} [F] &= [m^a]\,[v^b]\,[r^c] \\ MLT^{-2} &= M^a\,(L/T)^b\,L^c \\ &= M^a\,L^{b+c}\,T^{-b}. \end{aligned}$$

A consistência dimensional significa que as dimensões fundamentais devem ser as mesmas nos dois lados. Então, equacionando os expoentes,

expoentes de M: $a = 1$;
expoentes de T: $b = 2$;
expoentes de L: $b + c = 1$, então $c = -1$.

A expressão resultante é

$$F \propto \frac{mv^2}{r}.$$

A expressão real para a força centrípeta, derivada das leis de *Newton* e da geometria do movimento circular, é $F = mv^2/r$. A análise dimensional forneceu a dependência exata das variáveis mecânicas! Isto é realmente um acidente feliz, pois a análise dimensional não pode informar nada sobre as constantes que não possuem dimensões. Neste caso, a constante é igual a 1.

PROBLEMA RESOLVIDO 1-5.

Um marco importante na evolução do universo logo após o *Big Bang* é o tempo de Planck, t_p, cujo valor depende de três constantes fundamentais: (1) a velocidade da luz (constante fundamental da relatividade), $c = 3{,}00 \times 10^8$ m/s; (2) a constante gravitacional de *Newton* (constante fundamental da gravitação), $G = 6{,}67 \times 10^{-11}$ m³/s²·kg; e (3) a constante de Planck (constante fundamental da mecânica quântica), $h = 6{,}63 \times 10^{-34}$ kg·m²/s. Com base em uma análise dimensional, encontre o valor do tempo de Planck.

Solução É possível obter as suas dimensões usando as unidades fornecidas para as três constantes:

$$[c] = [\text{m/s}] = \text{LT}^{-1}$$

$$[G] = [\text{m}^3/\text{s}^2\cdot\text{kg}] = \text{L}^3\text{T}^{-2}\text{M}^{-1}$$

$$[h] = [\text{kg}\cdot\text{m}^2/\text{s}] = \text{ML}^2\text{T}^{-1}$$

Pode-se considerar que o tempo de Planck depende dessas constantes, da seguinte forma

$$t_P \propto c^i\, G^j\, h^k,$$

em que i, j e k são expoentes a serem determinados. As dimensões desta expressão são

$$[t_P] = [c^i]\,[G^j]\,[h^k]$$

$$\text{T} = (\text{LT}^{-1})^i\,(\text{L}^3\text{T}^{-2}\text{M}^{-1})^j\,(\text{ML}^2\text{T}^{-1})^k$$

$$= \text{L}^{i+3j+2k}\,\text{T}^{-i-2j-k}\,\text{M}^{-j+k}.$$

Ao se igualar as potências nos dois lados, o resultado é

expoentes de L: $0 = i + 3j + 2k$
expoentes de T: $1 = -i - 2j - k$
expoentes de M: $0 = -j + k$

e resolvendo estas três equações, para as três incógnitas, obtém-se

$$i = -\tfrac{5}{2}, \quad j = \tfrac{1}{2}, \quad k = \tfrac{1}{2}.$$

Assim

$$t_P \propto c^{-5/2}G^{1/2}h^{1/2}$$

$$= \sqrt{\frac{Gh}{c^5}} = \sqrt{\frac{(6{,}67 \times 10^{-11}\ \text{m}^3/\text{s}^2\cdot\text{kg})(6{,}63 \times 10^{-34}\ \text{kg}\cdot\text{m}^2/\text{s})}{(3{,}00 \times 10^8\ \text{m/s})^5}}$$

$$= 1{,}35 \times 10^{-45}\ \text{s}.$$

A definição comum para o tempo de Planck difere deste valor por um fator de $(2\pi)^{-1/2}$. Esses fatores adimensionais não podem ser encontrados por esta técnica.

De modo similar, é possível determinar o comprimento de Planck e a massa de Planck, os quais também possuem interpretações bastante fundamentais (ver Exercícios 32 e 33).

MÚLTIPLA ESCOLHA

1-1 Grandezas Físicas, Padrões e Unidades

1-2 O Sistema Internacional de Unidades

1-3 O Padrão de Tempo

1-4 O Padrão de Comprimento

1-5 O Padrão de Massa

1-6 Precisão e Algarismos Significativos

1. Um estudante está calculando a área superficial de uma folha de papel. Ele mede o comprimento como sendo $l = 27{,}9$ cm; ele mede a largura como sendo $w = 21{,}6$ cm. O estudante deve expressar a área do papel como

(A) 602,64 cm². (B) 602,6 cm².
(C) 602 cm². (D) 603 cm².

2. Uma estudante está calculando a espessura de uma folha de papel. Ela mede a espessura de uma pilha de 80 folhas de papel com um paquímetro, e descobre que a espessura é $l = 1{,}27$ cm. Para calcular a espessura de uma folha, ela divide. Das respostas abaixo, qual possui o número correto de dígitos significativos?

(A) 0,15875 mm. (B) 0,159 mm.
(C) 0,16 mm. (D) 0,2 mm.

1-7 Análise Dimensional

3. O período de oscilação de um oscilador não-linear depende da massa m, com dimensões de M; uma constante k associada à força de restauração, com dimensões de $\text{ML}^{-2}\text{T}^{-2}$ e a amplitude A, com dimensões de L. Uma análise dimensional mostra que o período de oscilação deve ser proporcional a

(A) $A\sqrt{m/k}$. (B) A^2m/k.
(C) $A^{-1}\sqrt{m/k}$. (D) A^2k^3/m.

QUESTÕES

1. Como se pode criticar a seguinte colocação: "Uma vez escolhido um padrão, pela própria definição de 'padrão', ele é invariante"?

2. Liste características, além de acessibilidade e invariabilidade, que podem ser consideradas desejáveis para um padrão físico.

3. É possível um sistema de unidades de base (Tabela 1-1), no qual o tempo não está incluído?

4. Das sete unidades de base listadas na Tabela 1-1, somente uma — o quilograma — possui um prefixo (ver Tabela 1-2). Seria interessante redefinir a massa do cilindro de platina-irídio, mantido na Agência Internacional de Pesos e Medidas, como sendo 1 g em vez de 1 kg?

5. O que o prefixo "micro" significa no termo "forno de microondas (*microwave oven*)"? Foi proposto que a comida irradiada por raios gama, com o objetivo de prolongar o seu prazo de validade nas prateleiras, seja identificada como "*picowaved*". O que significa isso?

6. Muitos investigadores competentes acreditam na realidade da percepção extra-sensorial (ESP — *extrasensory perception*). Ao assumir que a ESP é um fato da natureza, qual(is) grandeza(s) física(s), deveria(m) ser considerada(s) para descrever quantitativamente este fenômeno?

7. Nomeie vários fenômenos repetitivos da natureza que poderiam servir como padrões de tempo razoáveis.

8. Seria possível definir "1 segundo" como sendo um pulso da batida do coração do atual presidente da Associação Americana dos Professores de Física (*American Association of Physics Teachers*). Galileu usou o próprio pulso em alguns dos seus trabalhos. Por que a definição com base no relógio atômico é melhor?

9. Que critérios um bom relógio deve satisfazer?

10. Cinco relógios estão sendo testados em um laboratório. Exatamente ao meio-dia, de acordo com o sinal obtido por ondas de rádio do NIST, os relógios apresentaram as seguintes leituras, para dias sucessivos da semana:

Relógio	Dom.	Seg.	Ter.	Qua.
A	12:36:40	12:36:56	12:37:12	12:37:27
B	11:59:59	12:00:02	11:59:57	12:00:07
C	15:50:45	15:51:43	15:52:41	15:53:39
D	12:03:59	12:02:52	12:01:45	12:00:38
E	12:03:59	12:02:49	12:01:54	12:01:52

Relógio	Qui.	Sex.	Sáb.
A	12:37:44	12:37:59	12:38:14
B	12:00:02	11:59:56	12:00:03
C	15:54:37	15:55:35	15:56:33
D	11:59:31	11:58:24	11:57:17
E	12:01:32	12:01:22	12:01:12

Como os relógios poderiam ser classificados em relação ao seu valor relativo como bons instrumentos de medição de tempo? Justifique a escolha.

11. A partir do que sabe sobre pêndulos, cite os inconvenientes de se valer do período de um pêndulo como um padrão de tempo.

12. Como Galileu descobriu que o pêndulo oscila em uma mesma freqüência, independentemente do valor da sua amplitude? Observação: uma vez que os pêndulos eram fundamentais na construção dos primeiros relógios, Galileu não poderia utilizar um relógio para encontrar a resposta!

13. Qual é a incerteza de uma ampulheta daquelas de areia de 3 minutos (usada para marcar o tempo de cozimento de ovos) de boa qualidade? E de uma ampulheta? E das velas usadas para marcar o tempo à noite?

14. Em 30 de junho de 1981, o minuto entre 10:59 e 11:00 foi arbitrariamente estendido para conter 61 s. O último dia de 1989 também foi estendido em 1 s. Esses *segundos adicionais* são ocasionalmente introduzidos para compensar o fato de que a rotação da Terra, medida pelo padrão atômico, está diminuindo lentamente. Por que este reajuste nos nossos relógios é importante?

15. Uma estação de rádio anuncia que ela está em 89,5 na faixa de FM. O que esse número significa?

16. Por que não existem unidades de base do SI para área e volume?

17. O metro foi originalmente proposto com a intenção de representar a décima milionésima parte da distância do Pólo Norte ao equador, ao longo da linha do meridiano que passa por Paris. Esta definição difere da barra do metro padrão (o padrão de comprimento dessa época) em 0,023%. Isto significa que a barra do metro padrão apresenta uma imprecisão deste montante?

18. A definição original do metro *não* envolvia a medição direta da distância do Pólo Norte ao equador. Como, então, isso foi feito? Discuta as incertezas experimentais.

19. É possível medir um comprimento ao longo de uma linha curva? Se for possível, explique como.

20. Quando a barra do metro padrão foi tomada para ser o padrão de comprimento, especificou-se a sua temperatura. É possível denominar o comprimento uma propriedade fundamental se, para estabelecer um padrão, é necessário especificar uma outra grandeza física, como a temperatura?

21. Quando o metro foi redefinido em termos da velocidade da luz, por que os delegados da Conferência Geral de Pesos e Medidas de 1983, para simplificar, não definiram a velocidade da luz como sendo exatamente 3×10^8 m/s? E por que não a definiram como sendo exatamente 1 m/s? Essas possibilidades eram factíveis de serem adotadas? Se eram, por que foram rejeitadas?

22. O quilograma foi originalmente definido para que a massa específica da água fosse 1000 em unidades métricas. É possível redefinir uma versão "métrica" de $\pi = 3{,}1415926535\ldots$ de modo que seja exatamente igual a 22/7? E definir $\pi = 3$, de modo a reduzir significativamente erros de cálculo?

23. Sugira uma forma de medir (*a*) o raio da Terra, (*b*) a distância entre o Sol e a Terra e (*c*) o raio do Sol.

24. Sugira uma forma de medir (*a*) a espessura de uma folha de papel, (*b*) a espessura da parede de uma bolha de sabão e (*c*) o diâmetro de um átomo.

25. Se alguém dissesse que todas as dimensões de todos os objetos tivessem sido reduzidas à metade, durante a noite, como seria possível refutar esta colocação?

26. O atual padrão de massa pode ser considerado acessível, invariável, reprodutível e indestrutível? Ele é simples para efeitos de comparação? Um padrão atômico seria melhor em algum aspecto? Qual é a razão de não se adotar um padrão atômico, como já ocorre para o comprimento e o tempo?

27. Qual é a razão para se considerar útil ter dois padrões de massa, o quilograma e o átomo ^{12}C?

28. Como é possível obter a relação entre a massa do quilograma padrão e a massa do átomo ^{12}C?

29. Sugira metodologias práticas para determinar as massas dos vários objetos listados na Tabela 1-5.

30. Sugira objetos cujas massas estão contidas na vasta faixa entre um transatlântico e a Lua, e estime as suas massas.

31. Os críticos do sistema métrico costumam tornar o assunto mais obscuro dizendo coisas como: "No lugar de pedir 1 lb de manteiga, será necessário pedir 0,454 kg de manteiga." A implicação é que a vida será mais complicada. Como seria possível refutar isto?

EXERCÍCIOS

1-1 Grandezas Físicas, Padrões e Unidades

1-2 O Sistema Internacional de Unidades

1. Use os prefixos listados na Tabela 1-2 para expressar (*a*) 10^6 telefones, (*b*) 10^{-6} telefones, (*c*) 10^1 cartões, (*d*) 10^9 graves, (*e*) 10^{12} touros, (*f*) 10^{-1} companheiros, (*g*) 10^{-2} pés, (*h*) 10^{-9} Nannettes, (*i*) 10^{-12} vaias, (*j*) 10^{-18} rapazes, (*k*) 2×10^2 vivas e (*l*) 2×10^3 pássaros. Agora invente mais algumas expressões similares (ver p. 61 do livro *A Random Walk in Science*, compilado por R.L. Weber; Crane, Russak & Co., Nova York, 1974).

2. Alguns dos prefixos das unidades do SI caíram em uso comum. (*a*) Qual é o equivalente semanal a um salário anual de 36 K (= 36 k\$)? Um prêmio de loteria de 10 megarreais é pago ao longo de 20 anos. Qual é o valor a ser recebido por mês? (*c*) O disco rígido de um computador possui 30 GB (= 30 gigabytes) de capacidade. Ao se considerar 8 bytes/palavra, quantas palavras podem ser armazenadas?

1-3 O Padrão de Tempo

3. Enrico Fermi certa vez observou que a duração padrão de uma aula (50 min) é aproximadamente igual a 1 microsséculo. Qual é a duração, em minutos, de um microsséculo, e qual é a diferença percentual em relação à aproximação de Fermi?

4. As cidades de Nova York e Los Angeles estão separadas aproximadamente por 3000 mi; a diferença de tempo entre as duas cidades é de 3 h. Calcule a circunferência da Terra.

5. Uma substituição conveniente para o número de segundos em um ano é π vezes 10^7. Dentro de que erro percentual isto está correto?

6. (*a*) O *shake* é uma unidade de tempo utilizada em física microscópica. Um shake é igual a 10^{-8} s. Existem mais shakes em um segundo do que existem segundos em um ano? (*b*) Os seres humanos existem há cerca de 10^6 anos, enquanto o universo tem uma idade de cerca de 10^{10} anos. Se a idade do universo for tomada como um dia, há quantos segundos existiriam os seres humanos?

7. Em dois eventos esportivos de atletismo, os vencedores da corrida da milha correram em 3 min 58,05 s e 3 min 58,20 s. Qual é o erro máximo tolerável na distância percorrida, em pés, para que se possa concluir que o corredor com o menor tempo é o mais rápido?

8. Um determinado relógio de pêndulo (com um mostrador de 12 horas) adianta 1 min/dia. Após colocar o relógio na hora correta, por quanto tempo se deve esperar até que ele indique de novo a hora correta?

9. A idade do universo é de aproximadamente 5×10^{17} s; o menor pulso de luz produzido em laboratório (1990) durou apenas 6×10^{-15} s (ver Tabela 1-3). Identifique um intervalo de tempo que possua sentido físico e esteja posicionado aproximadamente no meio destes dois eventos, considerando uma escala logarítmica.

10. Se for estabelecido que a duração do dia aumenta uniformemente em 0,001 s a cada século, calcule o efeito cumulativo na medição do tempo em 20 séculos. Observações da ocorrência de eclipses solares, durante este período, indicam essa diminuição na rotação da Terra.

11. Denomina-se mês sideral o tempo de 27,3 dias que a Lua leva para retornar a uma determinada posição, quando observada em relação às estrelas fixas. O intervalo de tempo entre duas fases da Lua idênticas é denominado mês lunar. O mês lunar é maior do que o sideral. Por que e por quanto?

1-4 O Padrão de Comprimento

12. O seu amigo francês escreve dizendo que ele mede 1,9 m de altura. Qual é a sua altura em unidades inglesas?

13. (*a*) Ambas as distâncias de 100 jardas e 100 metros são usadas para a colocação de barreiras, em provas de corrida. Qual das duas é maior? Por quantos metros é maior? Por quantos pés? (*b*) Existem corridas da milha e da chamada milha métrica (1500 m). Compare estas distâncias.

14. A estabilidade do relógio de césio utilizado como padrão de tempo atômico é tal que dois relógios de césio adiantam ou atrasam entre si 1 s em cerca de 300.000 anos. Se a mesma precisão for aplicada à distância entre Nova York e São Francisco (2572 mi), por quanto tenderão a diferir medidas sucessivas desta distância?

15. A Antártica tem uma forma praticamente semicircular, com um raio de 2000 km. A espessura média da camada de gelo é de 3000 m. A Antártica contém quantos centímetros cúbicos de gelo? (Ignorar a curvatura da Terra.)

16. O *hectare* é uma unidade de área freqüentemente usada para representar áreas de terra, sendo definido como 10^4 m^2. Uma mina de carvão a céu aberto consome a cada ano 77 hectares de terra, até uma profundidade de 26 m. Nesse período, qual é o volume de terra removido, em quilômetros cúbicos?

17. A Terra é aproximadamente uma esfera de raio $6{,}37 \times 10^6$ m. (*a*) Qual é a sua circunferência em quilômetros? (*b*) Qual é a sua área superficial em quilômetros quadrados? (*c*) Qual é o seu volume em quilômetros cúbicos?

18. A seguir são apresentadas as velocidades máximas aproximadas de alguns animais, em diferentes unidades de velocidade. Converta esses dados para m/s e organize os animais em ordem crescente de velocidade: esquilo, 19 km/h; coelho, 30 nós; caracol, 0,030 mi/h; aranha, 1,8 ft/s; chita, 1,9 km/min; homem, 1000 cm/s; raposa, 1100 m/min; leão 1900 km/dia.

19. Uma determinada nave espacial possui uma velocidade de 19.200 mi/h. Qual é a sua velocidade em anos-luz por século?

20. Um novo carro é equipado com um mostrador que indica o consumo de combustível em tempo real. Uma chave permite ao motorista escolher entre unidades inglesas e do SI. No entanto, as unidades inglesas são mostradas em mi/gal, enquanto a versão do SI apresenta as unidades na forma inversa, L/km. Qual é a leitura na versão SI correspondente a 30,0 mi/gal?

21. As distâncias astronômicas são muito maiores que as terrestres. Dessa forma, para facilitar o entendimento das distâncias relativas entre objetos astronômicos, as unidades de comprimento usadas são também muito maiores. Uma *unidade astronômica* (AU — *astronomical unit*) é igual à distância média da Terra ao Sol, $1{,}50 \times 10^8$ km. Um *parsec* (pc) é a distância na qual 1 AU subtende um ângulo de 1 segundo de arco. O *ano-luz* (ly — *light-year*) é a distância que a luz, viajando no vácuo com uma velocidade de $3{,}00 \times 10^5$ km/s, percorre em um ano. (*a*) Expresse a distância da Terra ao Sol em parsecs e em anos-luz. (*b*) Expresse um ano-luz e um parsec em quilômetros. Embora o ano-luz seja muito mais usado em textos populares, o parsec é a unidade preferida dos astrônomos.

22. O raio efetivo do próton é de cerca de 1×10^{-15} m; o raio do universo observável (dado pela distância ao quasar visível mais afastado) é 2×10^{26} m (ver Tabela 1-4). Identifique uma distância que possua sentido físico e esteja posicionada aproximadamente no meio destes dois extremos, considerando uma escala logarítmica.

1-5 O Padrão de Massa

23. Determine o número de átomos de hidrogênio necessários para obter 1,00 kg de hidrogênio, usando conversões e dados deste capítulo.

24. Uma molécula de água (H_2O) contém dois átomos de hidrogênio e um átomo de oxigênio. Um átomo de hidrogênio tem a massa de 1,0 u e um átomo de oxigênio tem a massa de 16 u. (*a*) Qual é a massa, em quilogramas, de uma molécula de água? (*b*) Quantas moléculas de água existem nos oceanos do mundo? Os oceanos possuem uma massa total de $1{,}4 \times 10^{21}$ kg.

25. Na Europa continental, uma libra é metade de um quilograma. O que é melhor comprar: uma libra de café, em Paris, por $9,00 ou uma libra de café, em Nova York, por $7,20?*

26. Um quarto possui as seguintes dimensões: 21 ft × 13 ft × 12 ft. Qual é a massa de ar que o quarto contém? A massa específica do ar, na temperatura ambiente e pressão atmosférica normal, é de 1,21 kg/m^3.

27. Um cubo de açúcar típico possui uma aresta de 1 cm. Qual seria o tamanho da aresta de uma caixa cúbica que contém 1 mol de cubos de açúcar?

28. Uma pessoa que está seguindo uma dieta, perde 0,23 kg (correspondente a cerca de 0,5 lb) por semana. Expresse a taxa de perda de massa em miligramas por segundo.

1-6 Precisão e Algarismos Significativos

29. Entre o período de 1960-1983, o metro foi definido como 1.650.763,73 comprimentos de onda de uma determinada luz vermelho-alaranjada emitida por átomos de criptônio. Calcule a distância em nanômetros correspondente a um comprimento de onda. Expresse o resultado usando o número de algarismos significativos apropriado.

30. (*a*) Calcule 37,76 + 0,132 com o número correto de algarismos significativos. (*b*) Calcule 16,264 − 16,26325 com o número correto de algarismos significativos.

1-7 Análise Dimensional

31. Um aqüífero é o termo usado para identificar uma formação de rocha porosa por onde o lençol de água pode se movimentar no subsolo. O volume V da água que, em um tempo t, se movimenta através da seção transversal A do aqüífero é dado por

$$V/t = KAH/L,$$

em que H é a queda vertical do aqüífero ao longo da distância horizontal L; ver Fig. 1-5. Esta relação é chamada de lei de Darcy. A grandeza K é a condutividade hidráulica do aqüífero. Quais são as unidades do SI para K?

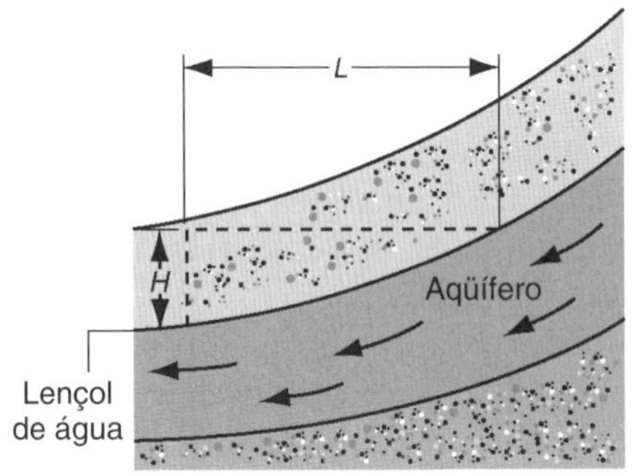

Fig. 1-5 Exercício 31.

32. No Problema Resolvido 1-5, as constantes h, G e c foram combinadas para obter uma grandeza com as dimensões de tempo. Repita a dedução para obter a grandeza com as dimensões de comprimento, e calcule o resultado numericamente. Ignore qualquer constante adimensional. Este é o comprimento de Planck, o tamanho do universo observável no tempo de Planck.

33. Repita o procedimento do Exercício 32 para obter a grandeza com dimensões de massa. Isto resulta na massa de Planck, a massa do universo observável no tempo de Planck.

PROBLEMAS

1. Logo após a Revolução Francesa, a Convenção Revolucionária fez uma tentativa para introduzir o tempo decimal como parte da adoção do sistema métrico. Neste plano, que não obteve sucesso, o dia — começando à meia-noite — foi dividido em dez horas decimais, as quais consistiam em 100 minutos decimais. Os ponteiros de um relógio de bolso decimal pararão às 8 horas decimais e 22,8 minutos decimais. Qual é a hora? Ver Fig. 1-6.

Fig. 1-6 Problema 1.

2. A distância média do Sol à Terra é 390 vezes a distância média da Lua à Terra. Agora, considere um eclipse total do

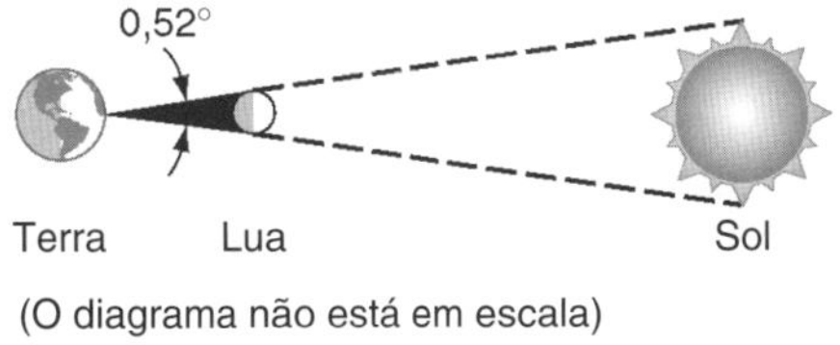

Fig. 1-7 Problema 2.

*Nos Estados Unidos, a libra corresponde a 0,454 kg. (N.T.)

Sol (a Lua entre a Terra e o Sol; ver Fig. 1-7) e calcule (*a*) a razão entre o diâmetro do Sol e o diâmetro da Lua e (*b*) a razão entre o volume do Sol e o volume da Lua; (*c*) o ângulo observado, ao olhar para a Lua, é de 0,52° e a distância entre a Terra e a Lua é $3{,}82 \times 10^5$ km. Calcule o diâmetro da Lua.

3. O navegador de um petroleiro usa os satélites do Sistema Global de Posicionamento (GPS/NAVSTAR) para determinar a latitude e a longitude; ver Fig. 1-8. Esses valores são 43°36′25,3″ N e 77°31′48,2″ O. Se a exatidão dessas leituras é ±0,5″, qual é a incerteza na posição do petroleiro, medida ao longo de (*a*) uma linha norte-sul (meridiano da longitude) e (*b*) uma linha leste-oeste (paralelo da latitude)? (*c*) Onde está o petroleiro?

4. Em outubro de 1707, quatro navios de guerra britânicos encalharam em função de erro na determinação das suas posições. Este acontecimento disparou um esforço com vistas a produzir um relógio naval que fosse suficientemente exato para localizar a posição dentro de 30 milhas, após velejar da Inglaterra para as Índias Ocidentais e depois voltar. (*a*) Qual é a exatidão diária necessária para este relógio? (*b*) Qual é a exatidão diária necessária para um relógio, de modo a ser capaz de identificar a posição dentro de 0,5 milha após um ano no mar? (Ver *Longitude*, de Dava Sobel, Penguin, Baltimore, 1995.)

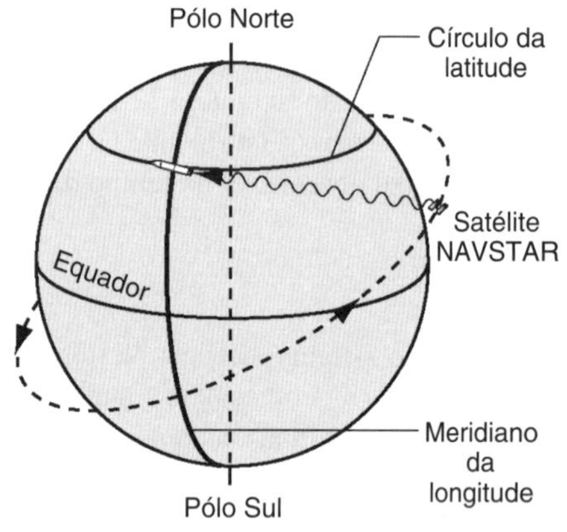

Fig. 1-8 Problema 3.

5. Durante a noite, cada inspiração contém cerca de 0,3 L de oxigênio (O_2, 1,43 g/L à temperatura e pressão ambiente). Cada expiração contém 0,3 L de dióxido de carbono (CO_2, 1,96 g/L à temperatura e pressão ambiente). Durante um repouso de oito horas, qual é o peso perdido pela respiração em libras?

6. Suponha que são necessárias 12 h para esvaziar um contêiner de 5700 m^3 de água. Qual é a taxa de fluxo de massa (em kg/s) de água retirada do contêiner? A massa específica da água é 1000 kg/m^3.

7. Os grãos da areia fina das praias da Califórnia possuem um raio médio de 50 μm. Qual é a massa de grãos de areia que possuem uma área superficial total igual à superfície de um cubo com exatamente 1 m de aresta? A areia é feita de dióxido de silício, que apresenta uma massa de 2600 kg em 1 m^3.

8. O quilograma padrão (ver Fig. 1-4) possui a forma de um cilindro circular com a sua altura igual ao seu diâmetro. Mostre que, para um cilindro circular de volume fixo, esta igualdade resulta na menor área superficial, o que minimiza efeitos de contaminação e desgaste da superfície.

9. A distância entre átomos vizinhos, ou moléculas, em uma substância sólida, pode ser estimada calculando-se o dobro do raio de uma esfera com volume igual ao volume por átomo do material. Calcule a distância entre átomos vizinhos para (*a*) ferro e (*b*) sódio. As massas específicas do ferro e do sódio são 7870 kg/m^3 e 1013 kg/m^3, respectivamente; a massa de um átomo de ferro é igual a $9{,}27 \times 10^{-26}$ kg e a massa de um átomo de sódio é igual a $3{,}82 \times 10^{-26}$ kg.

10. (*a*) Uma placa retangular de metal possui um comprimento de 8,43 cm e uma largura de 5,12 cm. Calcule a área da placa com o número correto de algarismos significativos. (*b*) Uma placa circular de metal possui um raio de 3,7 cm. Calcule a área da placa com o número correto de algarismos significativos.

CAPÍTULO 2

MOVIMENTO EM UMA DIMENSÃO

A Mecânica, que é a mais antiga das ciências físicas, estuda o movimento de objetos. O cálculo da trajetória de uma bola de beisebol, ou de uma sonda espacial enviada a Marte, está entre os seus problemas, assim como a análise do rastro de partículas elementares formadas após a colisão em grandes aceleradores de partículas. A descrição do movimento é feita na parte da mecânica chamada cinemática (de uma palavra grega para movimento, assim como cinema). A análise das causas do movimento está associada à dinâmica (de uma palavra grega para força, assim como dinamite). Neste capítulo, considera-se a cinemática em uma dimensão. O Cap. 3 trata a dinâmica unidimensional e o 4 estende estes conceitos para duas e três dimensões.

2-1 CINEMÁTICA COM VETORES

Um grupo de escoteiros ficou preso em uma floresta distante do acampamento (Fig. 2-1). Com base em suas explorações, os escoteiros sabem que eles estão a 2,0 km do acampamento em uma direção de 30° a noroeste. Eles também sabem que o acampamento está localizado a 3,0 km da base, em uma direção de 45° a nordeste. Eles precisam passar a posição para a base a fim de que comida e suprimentos possam ser lançados pelo ar, o mais próximo possível da posição deles. Como eles podem descrever a localização em relação à base?

Muito embora existam inúmeras maneiras de resolver este problema, a forma mais compacta é utilizando *vetores*. Vetores são entes que possuem tanto intensidade quanto direção, e seguem um conjunto de regras matemáticas para efetuar operações como adição e multiplicação. Na Fig. 2-1, o vetor posição $\vec{\mathbf{r}}_1$ (de comprimento 3,0 km e direção 45° NL) localiza o acampamento em relação à base. O vetor posição $\vec{\mathbf{r}}_2$ (de comprimento 2,0 km e direção 30° NO) localiza o grupo de escoteiros em relação ao acampamento.

Deseja-se encontrar o vetor $\vec{\mathbf{r}}$ que localiza o grupo de escoteiros em relação à base. Matematicamente, escreve-se a relação $\vec{\mathbf{r}} = \vec{\mathbf{r}}_1 + \vec{\mathbf{r}}_2$, em que o sinal + possui um significado diferente do utilizado na aritmética usual ou na álgebra. Certamente, este sinal não significa que se pode somar 3,0 km + 2,0 km para obter a distância desde a base até o grupo de escoteiros; além disso, essa equação deve conter alguma informação sobre a direção, com o objetivo de ser útil na localização do grupo de escoteiros. Observe que a equação $\vec{\mathbf{r}} = \vec{\mathbf{r}}_1 + \vec{\mathbf{r}}_2$ *não* diz que a distância da base até o grupo de escoteiros, medido sobre $\vec{\mathbf{r}}$, é a mesma que a soma das distâncias medidas sobre $\vec{\mathbf{r}}_1$ e $\vec{\mathbf{r}}_2$. Em vez disso, essa equação informa que é possível

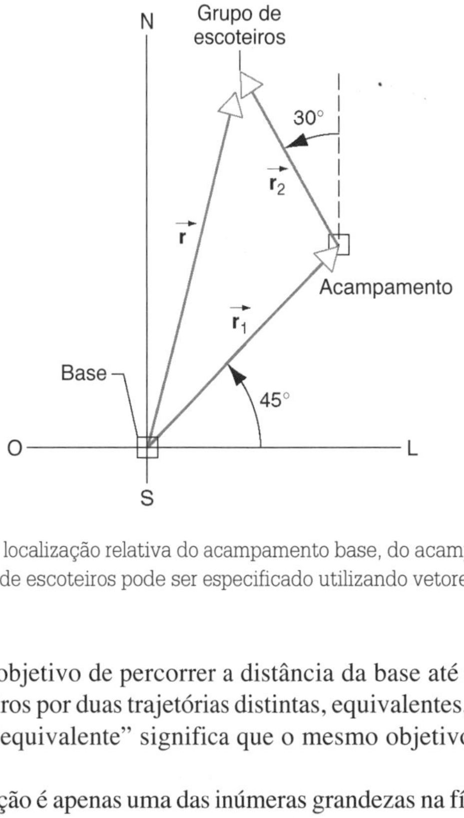

Fig. 2-1. A localização relativa do acampamento base, do acampamento, e do grupo de escoteiros pode ser especificado utilizando vetores.

atingir o objetivo de percorrer a distância da base até o grupo de escoteiros por duas trajetórias distintas, equivalentes, em que o termo "equivalente" significa que o mesmo objetivo final é atingido.

A posição é apenas uma das inúmeras grandezas na física que podem ser representadas por vetores. Outras grandezas incluem velocidade, aceleração, força, quantidade de movimento e campos eletromagnéticos. Em contraste com os vetores, as grandezas que podem ser completamente descritas através da especificação de um único número (e sua unidade) são chamadas *escalares*. Exemplos de grandezas escalares incluem massa, tempo, temperatura e energia.

CINEMÁTICA

Neste capítulo, inicia-se o estudo do movimento de objetos com a introdução dos termos utilizados para descrever o movimento e as relações entre eles. Esta parte da física é chamada *cinemática*. Quando se especifica a *posição*, a *velocidade* e a *aceleração* de um objeto, pode-se descrever como esse objeto se move, incluindo a direção deste movimento, como esta direção se modifica com o tempo, se a velocidade aumenta ou diminui, e assim por diante.

Com o objetivo de apresentar um estudo simplificado, este capítulo trata apenas do movimento de *partículas*. Entende-se "partícula" como um único ponto material, com massa, como um elétron. No entanto, pode-se usar o termo "partícula" para descrever um objeto cujas partes se movimentam da mesma maneira. Mesmo um objeto complexo pode ser tratado como uma partícula, desde que não existam movimentos internos como rotações ou vibrações de suas partes. Por exemplo, uma roda girando não pode ser considerada uma partícula já que um ponto em sua superfície se move de modo diferente de um ponto em seu eixo central. (Contudo, uma roda *deslizando pode* ser tratada como uma partícula.) Portanto, um objeto pode ser visto como uma partícula para cálculos relacionados a algumas aplicações e para outras não. Neste momento, desprezam-se todos os movimentos internos e considera-se um elétron e um trem de carga da mesma forma — como exemplos de movimento de uma partícula. Com esta aproximação, as partículas podem executar uma grande variedade de movimentos: velocidade aumentando ou diminuindo, parar e inverter o sentido do movimento, mover-se em trajetórias curvas como círculos ou parábolas. Desde que se imaginem os objetos como partículas, pode-se utilizar o mesmo conjunto de equações cinemáticas para descrever os seus movimentos.

Muitas leis da física podem ser expressas de um jeito mais compacto, a partir de relações entre grandezas expressas como vetores. Quando uma lei é escrita em termos vetoriais, torna-se mais fácil entendê-la e manipulá-la. As grandezas cinemáticas, posição, velocidade e aceleração, são quantidades vetoriais e as regras que as definem e que as relacionam são leis vetoriais. Neste capítulo estas leis são desenvolvidas, aplicando-as ao movimento retilíneo. Uma demonstração mais completa da aplicabilidade destas leis vetoriais é apresentada no Cap. 4, no qual se consideram os movimentos bidimensional e tridimensional em trajetórias curvas.

Na próxima seção apresentam-se algumas das propriedades básicas dos vetores, necessárias no estudo da cinemática. Maiores detalhes sobre as propriedades dos vetores podem ser encontrados no Apêndice H.

2-2 PROPRIEDADES DOS VETORES

Para representar um vetor em um diagrama, desenha-se uma seta. O comprimento desta seta é proporcional à intensidade do vetor, usando uma escala conveniente. Outros vetores, que fazem parte do mesmo problema, são desenhados por meio da mesma escala de tal forma que os tamanhos relativos das setas são os mesmos que os tamanhos relativos dos vetores. (Por exemplo, o vetor $\vec{\mathbf{r}}_1$ da Fig. 2-1, que representa 3,0 km, está desenhado como sendo 1,5 vez maior que o vetor $\vec{\mathbf{r}}_2$, que representa 2,0 km.) A direção da seta corresponde à direção do vetor e sua extremidade define o sentido da direção. Os vetores são representados neste livro por símbolos em negrito **com uma seta**, $\vec{\mathbf{a}}$ ou $\vec{\mathbf{b}}$. Em trabalhos manuscritos, pode-se utilizar os símbolos com as setas em cima, $\vec{a}$ ou $\vec{b}$.

A intensidade ou o comprimento de um vetor é indicado por $|\vec{\mathbf{a}}|$, que não fornece nenhuma informação sobre a direção e o sentido do vetor $\vec{\mathbf{a}}$. Geralmente, denota-se a intensidade de um vetor através de uma letra itálica, a, que possui o mesmo significado de $|\vec{\mathbf{a}}|$.

COMPONENTES DE VETORES

Um vetor pode ser especificado através de seu comprimento e de sua direção, como por exemplo, os vetores posição da Fig. 2-1. Todavia, freqüentemente é mais útil descrever um vetor em termos de suas *componentes*. A Fig. 2-2a mostra o vetor $\vec{\mathbf{a}}$. Sua intensidade ou comprimento é a e sua direção é especificada através do ângulo ϕ, medido em relação à parte positiva do eixo x. As componentes x e y de $\vec{\mathbf{a}}$ são definidas por

$$a_x = a\cos\phi \qquad \text{e} \qquad a_y = a\,\text{sen}\,\phi. \qquad (2\text{-}1)$$

Muito embora a intensidade a seja sempre positiva, as componentes a_x e a_y podem ser positivas ou negativas dependendo do ângulo ϕ. Por exemplo, conforme mostrado na Fig. 2-2b, o vetor $\vec{\mathbf{b}}$ é localizado por um ângulo ϕ que é maior que 90°, mas menor que 180° (ϕ é sempre medido a partir do eixo positivo de x). Assim sendo, b_x é negativo e b_y é positivo.

Ao se conhecer a e ϕ, é possível determinar as componentes do vetor de acordo com as Eqs. 2-1. Pode-se inverter este processo — dados a_x e a_y, é determinada a intensidade do vetor e o ângulo ϕ,

$$a = \sqrt{a_x^2 + a_y^2} \qquad \text{e} \qquad \text{tg}\,\phi = a_y/a_x. \qquad (2\text{-}2)$$

O quadrante em que $\vec{\mathbf{a}}$ está localizado, e portanto o ângulo ϕ, pode ser determinado a partir dos sinais de a_x e a_y. Por exemplo, tanto −45° (ou 315°) quanto 135° possuem tangentes iguais a −1, e então, $a_y/a_x = -1$, nos dois casos. Para $\phi = -45°$, a_x é positivo e a_y é negativo. Por outro lado, para $\phi =$

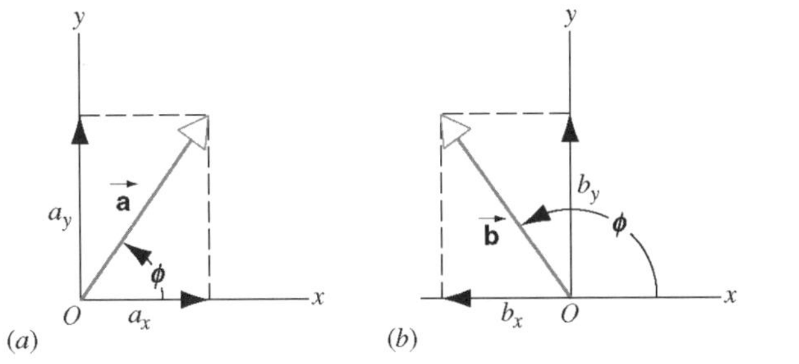

Fig. 2-2. (a) O vetor $\vec{a}$ possui o componente a_x na direção x e a_y na direção y. (b) O vetor $\vec{b}$ possui um componente x negativo.

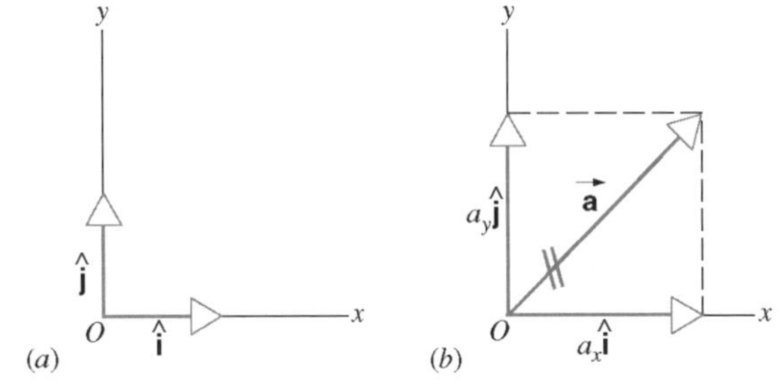

Fig. 2-3. (a) Os vetores unitários $\hat{i}$ e $\hat{j}$. (b) Os componentes do vetor $\vec{a}$. Quando se deseja substituir $\vec{a}$ por seus componentes, é interessante representar uma linha dupla no vetor original, conforme indicado; isso serve para lembrar que não se deve mais considerar o vetor original.

135°, a_x é negativo e a_y é positivo. Assim, conhecendo-se os sinais de a_x e a_y é possível distinguir entre estas duas possibilidades. (Veja Problema Resolvido 2-3 para outra discussão sobre este problema.)

Uma maneira mais formal de escrever um vetor em termos de suas componentes baseia-se em um conjunto de *vetores unitários*. Vetores unitários possuem comprimento 1, na direção de cada eixo coordenado. No sistema de coordenadas Cartesiano, os vetores unitários associados a *x* e *y* são representados por $\hat{i}$ e $\hat{j}$, como mostrado na Fig. 2-3a. Com a ajuda dos vetores unitários, escreve-se o vetor $\vec{a}$ da seguinte forma

$$\vec{a} = a_x\hat{i} + a_y\hat{j}. \tag{2-3}$$

Os vetores unitários são adimensionais; as dimensões de $\vec{a}$ na Eq. 2-3 são dadas pelas componentes a_x e a_y.

A relação vetorial da Eq. 2-3 é exatamente equivalente às duas relações escalares da Eq. 2-1. Por vezes, refere-se a $a_x\hat{i}$ e $a_y\hat{j}$ como as *componentes vetoriais* de $\vec{a}$. A Fig. 2-3b mostra o vetor $\vec{a}$ e suas componentes. Uma vez que o efeito físico de um vetor é idêntico aos efeitos físicos combinados de suas componentes vetoriais, é possível analisar problemas pela substituição do vetor por suas componentes vetoriais. No entanto, é usual associar o termo componentes às componentes escalares da Eq. 2-1.

Quando é escrita uma equação que envolve vetores, tal como $\vec{a} = \vec{b}$, isto significa que os dois vetores são os mesmos: eles possuem a mesma intensidade, mesma direção e mesmo sentido. Isso só pode acontecer se $a_x = b_x$ e $a_y = b_y$. Ou seja,

Dois vetores são iguais somente se suas componentes correspondentes forem iguais.

Soma de Vetores

Exatamente como no caso da Fig. 2-1, deseja-se somar dois ou mais vetores para encontrar sua soma. Sejam então, os dois vetores $\vec{a}$ e $\vec{b}$ da Fig. 2-4a. Deseja-se encontrar o vetor $\vec{s}$ tal que $\vec{s} = \vec{a} + \vec{b}$.

A Fig. 2-4b mostra uma construção gráfica que permite encontrar $\vec{a} + \vec{b}$. Primeiro, desenha-se o vetor $\vec{a}$. Em vez de desenhar $\vec{b}$ partindo da origem, como na Fig. 2-4a, move-se $\vec{b}$ de modo que ele parta da extremidade de $\vec{a}$. Esta movimentação de um vetor pode ser feita desde que a intensidade, a direção e o sentido não sejam modificados. O vetor $\vec{s}$, que representa a soma $\vec{a} + \vec{b}$, pode então ser desenhado desde a origem de $\vec{a}$ até a extremidade de $\vec{b}$. No caso de se somar mais de dois vetores, continua-se o processo de localizar a origem e a extremidade dos vetores e o vetor soma é desenhado desde a origem do primeiro vetor até à extremidade do último. Freqüentemente, é possível utilizar relações geométricas ou trigonométricas para determinar a intensidade e a direção do vetor soma.

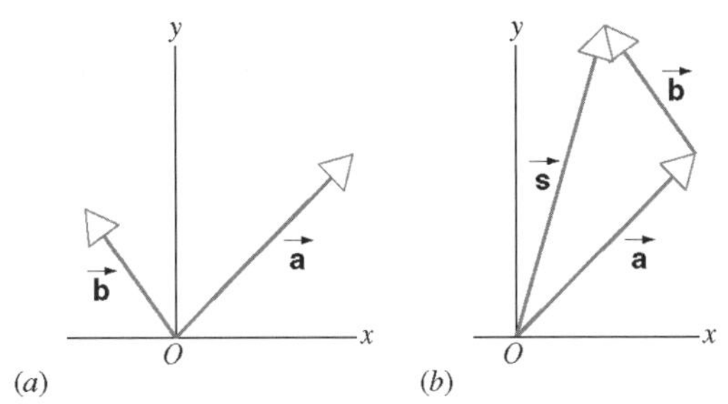

Fig. 2-4. (a) Vetores $\vec{a}$ e $\vec{b}$. (b) Para encontrar a soma $\vec{s}$ dos vetores $\vec{a}$ e $\vec{b}$, desliza-se $\vec{b}$ sem alterar sua intensidade e direção, até que sua origem coincida com a extremidade de $\vec{a}$. Então, o vetor $\vec{s} = \vec{a} + \vec{b}$ é desenhado desde a origem de $\vec{a}$ até a extremidade de $\vec{b}$.

Uma outra maneira de somar vetores é a partir da soma de suas componentes. Ou seja, $\vec{s} = \vec{a} + \vec{b}$, significa

$$s_x\hat{\mathbf{i}} + s_y\hat{\mathbf{j}} = (a_x\hat{\mathbf{i}} + a_y\hat{\mathbf{j}}) + (b_x\hat{\mathbf{i}} + b_y\hat{\mathbf{j}})$$
$$= (a_x + b_x)\hat{\mathbf{i}} + (a_y + b_y)\hat{\mathbf{j}}.$$

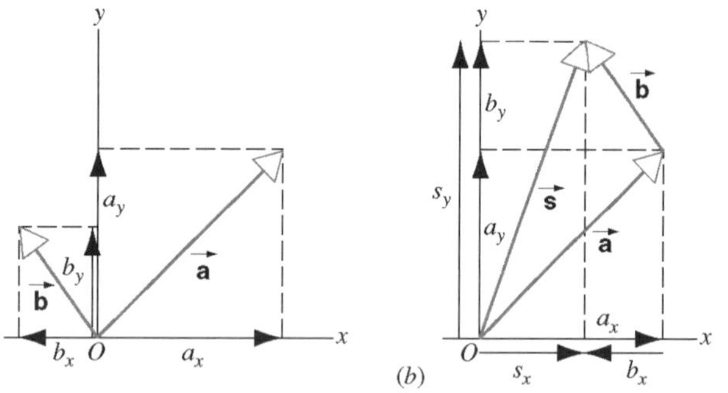

Fig. 2-5. (*a*) Os componentes dos vetores $\vec{a}$ e $\vec{b}$. (*b*) O vetor soma $\vec{s} = \vec{a} + \vec{b}$ pode ser determinado a partir da soma dos componentes de $\vec{a}$ e de $\vec{b}$. Note que b_x é negativo e, portanto, $s_x = a_x + b_x$ envolve uma subtração.

Ao definir que as componentes em x do lado esquerdo da equação sejam iguais às do lado direito, e ao fazer o mesmo para as componentes em y, obtém-se

$$s_x = a_x + b_x \quad \text{e} \quad s_y = a_y + b_y. \qquad (2\text{-}4)$$

Para somar vetores dessa forma, decompõe-se cada vetor em suas componentes e, então, somam-se as componentes (considerando os sinais algébricos) para encontrar as componentes do vetor soma. A Fig. 2-5 ilustra esta adição. Depois que as componentes do vetor soma são conhecidas, sua intensidade e sua direção são facilmente avaliadas a partir da Eq. 2-2.

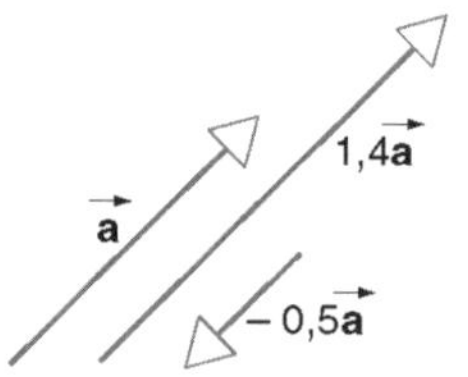

Fig. 2-6. A multiplicação de um vetor $\vec{a}$ por um escalar c fornece um vetor $c\vec{a}$ cuja intensidade é c vezes a intesidade de $\vec{a}$. O vetor $c\vec{a}$ possui o mesmo sentido de $\vec{a}$ se c for positivo e sentido oposto se c for negativo. Exemplos são ilustrados para $c = +1{,}4$ e $c = -0{,}5$.

Multiplicação de um Vetor por um Escalar

O produto de um escalar c e um vetor $\vec{a}$, representado por $c\vec{a}$, é definido como um novo vetor em que a sua intensidade é c vezes a intensidade de $\vec{a}$. De maneira equivalente, as componentes deste novo vetor são ca_x e ca_y. O escalar pode ser um número ou uma quantidade física com dimensão e unidade. Assim, o novo vetor $c\vec{a}$ representa uma quantidade física que é diferente de $\vec{a}$. Para dividir um vetor por um escalar, como $\vec{a}/c$, basta multiplicar o vetor $\vec{a}$ por $1/c$.

A multiplicação por um escalar não modifica a direção de um vetor, excetuando-se a inversão de seu sentido caso o escalar seja negativo. A Fig. 2-6 mostra o efeito da multiplicação de um vetor $\vec{a}$ por um escalar positivo e outro negativo.

Ao multiplicar um vetor $\vec{b}$ por um escalar -1, obtém-se o vetor $-\vec{b}$ que possui a mesma intensidade de $\vec{b}$ mas com sentido oposto. As componentes de $-\vec{b}$ são $-b_x$ e $-b_y$. Esta propriedade pode ser utilizada para determinar a diferença entre dois vetores, $\vec{d} = \vec{a} - \vec{b}$. Primeiro, escreve-se $\vec{d} = \vec{a} + (-\vec{b})$, e então, efetua-se a soma dos vetores $\vec{a}$ e $-\vec{b}$. A Fig. 2-7 ilustra o método gráfico para somar $\vec{a}$ e $-\vec{b}$, determinando $\vec{d} = \vec{a} + (-\vec{b})$. De maneira análoga à Eq. 2-4, as componentes de $\vec{d}$ são $d_x = a_x - b_x$ e $d_y = a_y - b_y$.

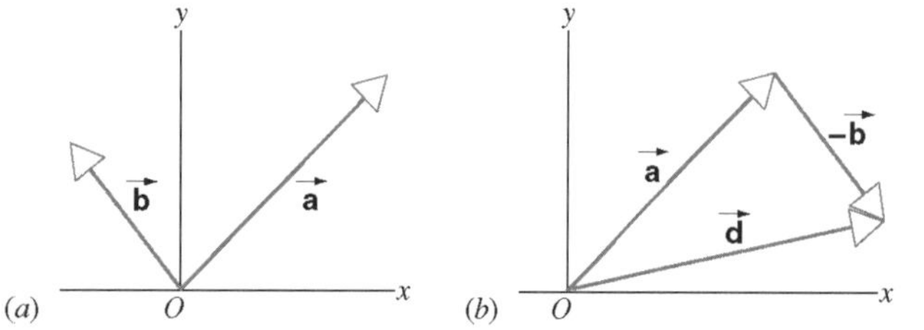

Fig. 2-7. (*a*) Vetores $\vec{a}$ e $\vec{b}$. (*b*) A diferença $\vec{d} = \vec{a} - \vec{b}$ é obtida pela soma de $-\vec{b}$ a $\vec{a}$.

Problema Resolvido 2-1.

Um avião percorre 209 km em linha reta, fazendo um ângulo de 22,5° a nordeste. A que distância ao norte e ao leste o avião viajou desde seu ponto de partida.

Soluçao Inicialmente escolhe-se a direção positiva de x apontando para o leste, enquanto a direção positiva de y aponta para o norte. A seguir, desenha-se um vetor deslocamento (Fig. 2-8) desde a origem (ponto de partida), fazendo um ângulo de 22,5° com o eixo y (norte) inclinado sobre a direção positiva de x (leste). O comprimento do vetor representa a intensidade de 209 km. Uma vez que se chama esse vetor de $\vec{d}$, d_x fornece a distância percorrida desde o ponto de partida até o leste e d_y fornece a distância percorrida desde o ponto de partida até o norte. Logo,

$$\phi = 90{,}0° - 22{,}5° = 67{,}5°,$$

com isso (ver Eqs. 2-1)

$$d_x = d\cos\phi = (209\text{ km})(\cos 67{,}5°) = 80{,}0\text{ km},$$

e

$$d_y = d\,\text{sen}\,\phi = (209\text{ km})(\text{sen}\,67{,}5°) = 193\text{ km}.$$

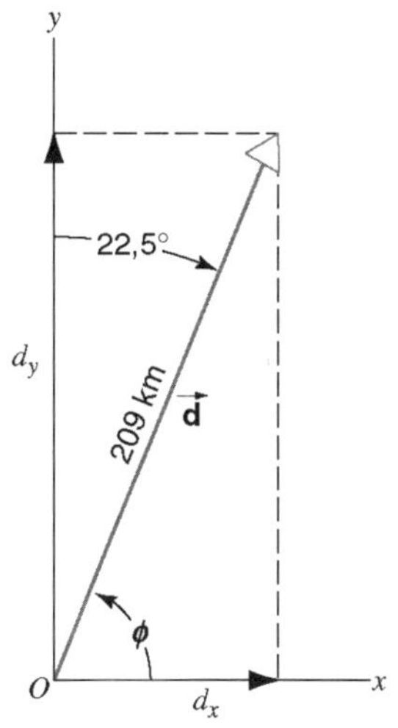

Fig. 2-8. Problema Resolvido 2-1.

Na solução deste problema, assumiu-se que a superfície da Terra pode ser representada por um plano xy. Porém, sabe-se que a superfície da Terra não é plana e sim curva, com um raio de aproximadamente 6400 km. Para distâncias pequenas, a superfície da Terra pode ser tida como aproximadamente plana, o que permite o uso de coordenadas xy. Estime a distância d que o avião deve voar, admitindo que o uso do sistema de coordenadas Cartesiano introduz um erro de 5% no cálculo da distância que o avião percorre para norte e para leste desde o ponto de partida.

PROBLEMA RESOLVIDO 2-2.

Um carro viaja para o leste em uma estrada plana por 32 km. Então, ele passa a viajar para o norte, andando 47 km até parar. Encontre o vetor que indica a localização do carro.

Soluçao Considere um sistema de coordenadas fixo à Terra, com a direção positiva de x apontando para o leste e a direção positiva de y apontando para o norte. Os dois trechos das duas viagens sucessivas, representadas pelos vetores $\vec{a}$ e $\vec{b}$, estão mostrados na Fig. 2-9. A resultante $\vec{s}$ é obtida por $\vec{s} = \vec{a} + \vec{b}$. Como $\vec{b}$ não possui componente x e $\vec{a}$ não possui componente y, a partir da Eq. 2-4 obtém-se,

$$s_x = a_x + b_x = 32 \text{ km} + 0 = 32 \text{ km},$$

$$s_y = a_y + b_y = 0 + 47 \text{ km} = 47 \text{ km}.$$

A intensidade e a direção de $\vec{s}$ são (ver Eq. 2-2)

$$s = \sqrt{s_x^2 + s_y^2} = \sqrt{(32 \text{ km})^2 + (47 \text{ km})^2} = 57 \text{ km},$$

$$\text{tg } \phi = \frac{s_y}{s_x} = \frac{47 \text{ km}}{32 \text{ km}} = 1,47, \qquad \phi = \text{tg}^{-1}(1,47) = 56°.$$

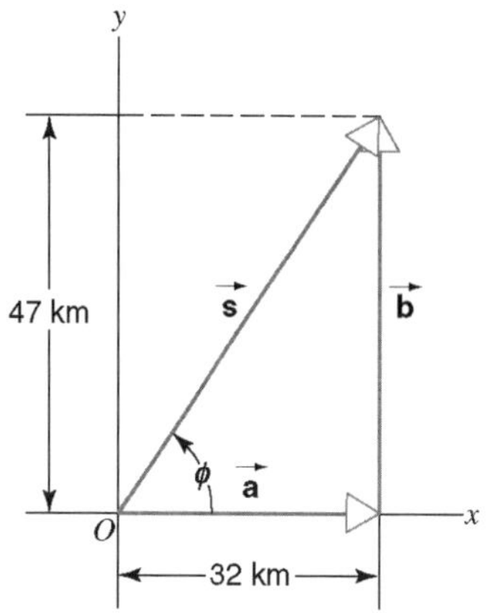

Fig. 2-9. Problema Resolvido 2-2.

O vetor resultante $\vec{s}$ possui uma intensidade de 57 km e faz um ângulo de 56°, nordeste.

PROBLEMA RESOLVIDO 2-3.

Três vetores no plano xy são expressos com relação ao sistema de coordenadas da seguinte forma

$$\vec{a} = 4,3\hat{\mathbf{i}} - 1,7\hat{\mathbf{j}},$$

$$\vec{b} = -2,9\hat{\mathbf{i}} + 2,2\hat{\mathbf{j}},$$

e

$$\vec{c} = -3,6\hat{\mathbf{j}},$$

em que as componentes são dadas em unidades arbitrárias. Encontre o vetor $\vec{s}$, que é definido como sendo a soma destes vetores.

Soluçao Generalizando a Eq. 2-4 para o caso de três vetores, têm-se

$$s_x = a_x + b_x + c_x = 4,3 - 2,9 + 0 = 1,4,$$

e

$$s_y = a_y + b_y + c_y = -1,7 + 2,2 - 3,6 = -3,1.$$

Com isso

$$\vec{s} = s_x\hat{\mathbf{i}} + s_y\hat{\mathbf{j}} = 1,4\hat{\mathbf{i}} - 3,1\hat{\mathbf{j}}.$$

A Fig. 2-10 mostra os quatro vetores. Da Eq. 2-2, pode-se calcular a intensidade de $\vec{s}$, que é 3,4, e o ângulo ϕ que $\vec{s}$ faz com o eixo positivo de x, medido no sentido anti-horário desde esse eixo, que é dado por

$$\phi = \text{tg}^{-1}(-3,1/1,4) = 294°.$$

A maior parte das calculadoras fornece ângulos entre +90° e −90° para avaliar o arco-tangente (tg^{-1}). Neste caso, −66° (fornecido pela calculadora) é equivalente a 294°. Todavia, deve-se obter o mesmo ângulo para avaliar $tg^{-1}(3,1/-1,4)$, que deve estar no segundo quadrante (superior esquerdo). Quando se aplica a Eq. 2-2 para encontrar ϕ, os sinais das componentes devem ser levados em conta — não é suficiente considerar apenas o sinal da relação. A partir de um desenho semelhante à Fig. 2-10, pode impedir que se cometam erros e, se necessário, pode-se converter o valor obtido na calculadora para o quadrante correto utilizando a identidade $tg(-\phi) = tg(180° - \phi)$.

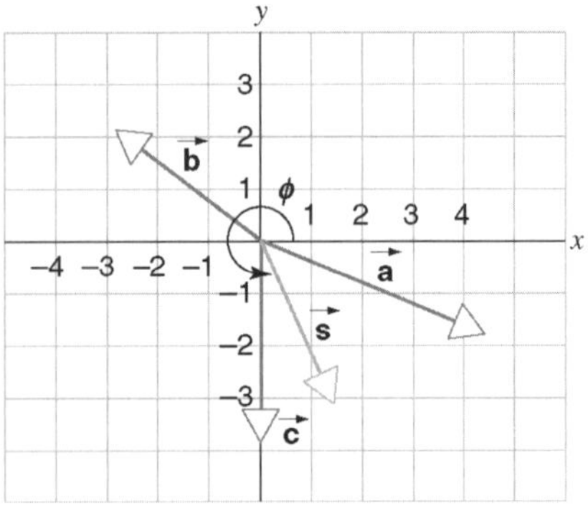

Fig. 2-10. Problema Resolvido 2-3.

2-3 VETORES POSIÇÃO, VELOCIDADE E ACELERAÇÃO

Na cinemática, descreve-se o movimento de uma partícula utilizando vetores para especificar sua posição, velocidade e aceleração. Até agora, os exemplos considerados estão em duas dimensões (no plano xy). A partir de agora, considere o movimento em três dimensões (usando um sistema de coordenadas xyz).

A Fig. 2-11 mostra uma partícula que se move ao longo de uma trajetória arbitrária, em três dimensões. Em um tempo t, a partícula pode ser localizada a partir de suas coordenadas x, y e z, que representam as componentes do *vetor posição*, $\vec{\mathbf{r}}$:

$$\vec{\mathbf{r}} = x\hat{\mathbf{i}} + y\hat{\mathbf{j}} + z\hat{\mathbf{k}}, \tag{2-5}$$

em que $\hat{\mathbf{i}}$, $\hat{\mathbf{j}}$ e $\hat{\mathbf{k}}$ são os vetores unitários do sistema Cartesiano, conforme mostrado na Fig. 2-11.

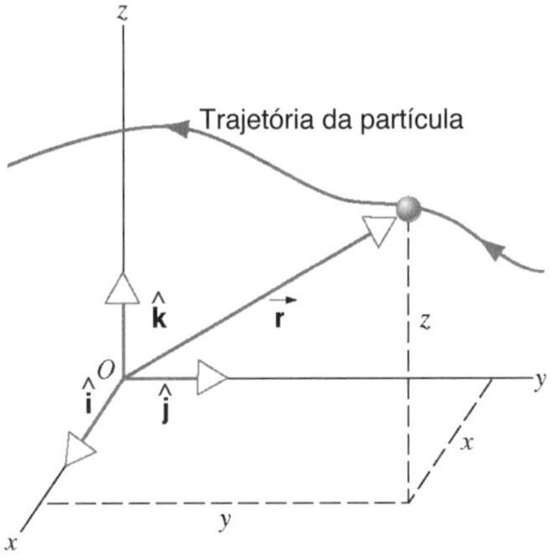

Fig. 2-11. A posição de uma partícula movendo-se em uma trajetória é localizada através do vetor posição $\vec{\mathbf{r}}$, que possui componentes x, y e z. Note os três vetores unitários do sistema Cartesiano, $\hat{\mathbf{i}}$, $\hat{\mathbf{j}}$, $\hat{\mathbf{k}}$.

Suponha que a partícula está localizada na posição $\vec{\mathbf{r}}_1$ no tempo t_1, e se move ao longo de sua trajetória para a posição $\vec{\mathbf{r}}_2$ no tempo t_2, como é mostrado na Fig. 2-12a. Define-se o *vetor deslocamento* $\Delta\vec{\mathbf{r}}$ como a mudança de posição que ocorre neste intervalo:

$$\Delta\vec{\mathbf{r}} = \vec{\mathbf{r}}_2 - \vec{\mathbf{r}}_1. \tag{2-6}$$

Os três vetores $\vec{\mathbf{r}}_1$, $\Delta\vec{\mathbf{r}}$ e $\vec{\mathbf{r}}_2$ possuem a mesma relação que os vetores $\vec{\mathbf{a}}$, $\vec{\mathbf{b}}$ e $\vec{\mathbf{s}}$ da Fig. 2-4b. Quer dizer, utilizando o método gráfico que une a origem de um vetor à extremidade do outro, a soma de $\Delta\vec{\mathbf{r}}$ e $\vec{\mathbf{r}}_1$ fornece $\vec{\mathbf{r}}_2$. Então, $\vec{\mathbf{r}}_2 = \vec{\mathbf{r}}_1 + \Delta\vec{\mathbf{r}}$, que resulta na Eq. 2-6.

A partir da Fig. 2-12a, nota-se que o deslocamento não representa a distância percorrida pela partícula. O deslocamento é definido apenas pelos pontos da origem e da posição final do intervalo e não pela trajetória percorrida entre eles.

VELOCIDADE

A *velocidade média* em um intervalo é definida como a relação entre o deslocamento (mudança de posição) e o intervalo de tempo durante o qual o deslocamento ocorre, ou seja,

$$\vec{\mathbf{v}}_{med} = \frac{\Delta\vec{\mathbf{r}}}{\Delta t}, \tag{2-7}$$

em que $\Delta t = t_2 - t_1$. Nesta equação, o vetor $\Delta\vec{\mathbf{r}}$ é multiplicado pelo escalar positivo $1/\Delta t$, e portanto, $\vec{\mathbf{v}}_{med}$ *possui a mesma direção de* $\Delta\vec{\mathbf{r}}$.

Assim como o deslocamento, a velocidade média em qualquer intervalo depende somente da posição da partícula no início e no fim do intervalo; ela não depende do fato de a velocidade aumentar

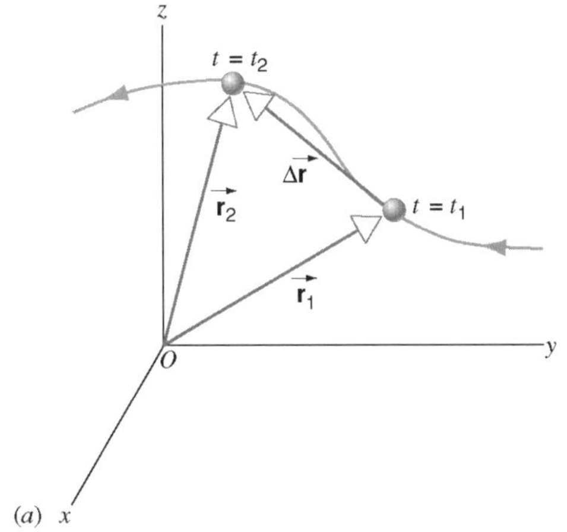

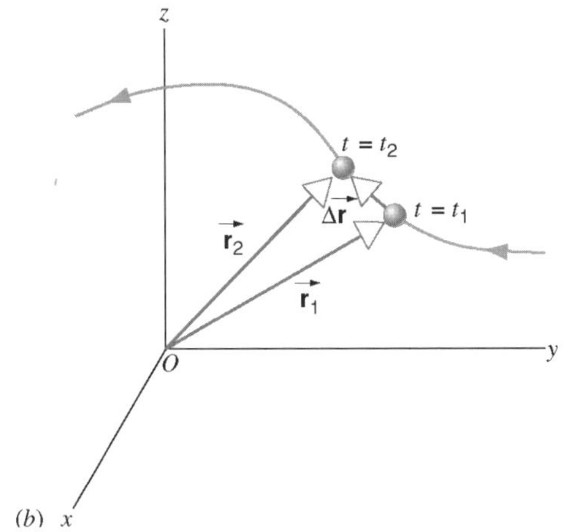

Fig. 2-12. (a) No intervalo Δt de t_1 a t_2, a partícula se move da posição $\vec{\mathbf{r}}_1$ até a posição $\vec{\mathbf{r}}_2$. O deslocamento neste intervalo é $\Delta\vec{\mathbf{r}} = \vec{\mathbf{r}}_2 - \vec{\mathbf{r}}_1$. (b) À medida que o intervalo se torna menor, o vetor deslocamento tende para a trajetória real da partícula.

ou diminuir, ou mesmo de haver uma reversão de movimento dentro deste intervalo. Observe que se uma partícula retornar ao seu ponto de partida, de acordo com a definição da Eq. 2-7 sua velocidade média é nula. Segundo esta definição, a velocidade média de um carro de corrida nas 500 milhas de Indianápolis é zero!

A velocidade média pode ser útil para considerar o comportamento global de uma partícula durante um determinado intervalo. No entanto, para descrever detalhes de seu movimento é mais útil ter uma função matemática que forneça a velocidade em cada ponto do movimento, o que é definido como *velocidade instantânea* $\vec{\mathbf{v}}$. Quando é utilizado o termo *velocidade*, isto significa *velocidade instantânea*.

Para determinar a velocidade instantânea, reduz-se o tamanho do intervalo Δt; desta forma, o vetor $\Delta\vec{\mathbf{r}}$ tende para a trajetória real (como é mostrado na Fig. 2-12b) e se torna, com isso, tangente à trajetória no limite em que $\Delta t \to 0$. Neste caso, a velocidade média se aproxima da velocidade instantânea $\vec{\mathbf{v}}$:

$$\vec{\mathbf{v}} = \lim_{\Delta t \to 0} \frac{\Delta\vec{\mathbf{r}}}{\Delta t}. \qquad (2\text{-}8)$$

A direção de $\vec{\mathbf{v}}$ é tangente à trajetória da partícula, indicando a direção em que a partícula está se movendo em cada instante de tempo.

A Eq. 2-8 representa a definição de derivada, portanto pode-se escrever

$$\vec{\mathbf{v}} = \frac{d\vec{\mathbf{r}}}{dt}. \qquad (2\text{-}9)$$

A derivada de um vetor é avaliada por intermédio da derivada de cada uma de suas componentes:

$$\frac{d\vec{\mathbf{r}}}{dt} = \frac{d}{dt}(x\hat{\mathbf{i}} + y\hat{\mathbf{j}} + z\hat{\mathbf{k}}) = \frac{dx}{dt}\hat{\mathbf{i}} + \frac{dy}{dt}\hat{\mathbf{j}} + \frac{dz}{dt}\hat{\mathbf{k}}. \qquad (2\text{-}10)$$

Os vetores unitários $\hat{\mathbf{i}}$, $\hat{\mathbf{j}}$, $\hat{\mathbf{k}}$ possuem intensidade, direção e sentido constantes e, com isso, suas derivadas são nulas; em outros sistemas de coordenadas (tais como o sistema cilíndrico ou esférico) os vetores unitários podem variar a direção com o tempo e, assim, suas derivadas não são nulas.

O vetor $\vec{\mathbf{v}}$ pode ser expresso em termos de suas componentes conforme a seguir

$$\vec{\mathbf{v}} = v_x\hat{\mathbf{i}} + v_y\hat{\mathbf{j}} + v_z\hat{\mathbf{k}}. \qquad (2\text{-}11)$$

Para que dois vetores sejam iguais, suas componentes devem ser iguais. Dessa forma, as Eqs. 2-10 e 2-11 fornecem três equações,

$$v_x = \frac{dx}{dt}, \qquad v_y = \frac{dy}{dt}, \qquad v_z = \frac{dz}{dt}. \qquad (2\text{-}12)$$

A relação vetorial tridimensional da Eq. 2-9 é equivalente às três relações unidimensionais da Eq. 2-12.

Em inglês, existe o termo *speed** utilizado para denotar a intensidade da velocidade instantânea, sem oferecer nenhuma informação sobre a direção; ou seja, a intensidade da velocidade de v é o mesmo que $|\vec{\mathbf{v}}|$. O velocímetro de um carro indica a intensidade da velocidade (*speed*) e não o vetor velocidade (*velocity*), pois não especifica a direção. A intensidade da velocidade é um escalar, tendo em vista que não contém informações sobre direção. A média da intensidade da velocidade pode ser definida por:

$$\begin{array}{l}\text{intensidade}\\ \text{da velocidade}\\ \text{média}\end{array} = \frac{\text{distância total percorrida}}{\text{tempo transcorrido}} \qquad (2\text{-}13)$$

É importante verificar que a média da intensidade da velocidade, de uma maneira geral, *não* está relacionada à intensidade da velocidade média. Por exemplo, a corrida das 500 milhas

*Em português, não existe uma palavra para denotar a intensidade da velocidade. O termo velocidade é empregado para denotar a intensidade e/ou o vetor velocidade. Em inglês, existem duas palavras associadas, respectivamente, à intensidade da velocidade e ao vetor velocidade: *speed* e *velocity*. (N.T.)

de Indianápolis, na qual a velocidade média é nula (uma vez que a corrida se inicia e termina no mesmo ponto), certamente não possui uma média da intensidade de velocidade nula! A Eq. 2-12 é uma equação escalar — a distância total percorrida não fornece nenhuma informação sobre a direção da viagem.

Tanto a intensidade quanto o vetor da velocidade possuem dimensões de comprimento por unidade de tempo, então em unidades do SI tem-se metros por segundo (m/s). Outras unidades convenientes são milhas por hora (mi/h ou mph), quilômetros por hora (km/h), e daí por diante.

ACELERAÇÃO

Conforme uma partícula se move, sua velocidade pode variar a intensidade ou a direção. A mudança da velocidade com o tempo é chamada de *aceleração*. De maneira análoga à Eq. 2-7, pode-se definir *aceleração média* em um intervalo como a variação de velocidade por unidade de tempo, ou seja,

$$\vec{a}_{med} = \frac{\Delta\vec{v}}{\Delta t}. \qquad (2\text{-}14)$$

A variação da velocidade $\Delta\vec{v}$ significa $\vec{v}_{final} - \vec{v}_{inicial}$. Assim como no caso da velocidade média, a aceleração média não traz nenhuma informação sobre a variação de $\vec{v}$ ao longo do intervalo Δt. A direção de $\vec{a}_{med}$ é a mesma de $\Delta\vec{v}$.

A *aceleração instantânea* $\vec{a}$ é obtida a partir do limite da Eq. 2-14 para intervalos de tempo que tendem a zero:

$$\vec{a} = \lim_{\Delta t \to 0} \frac{\Delta\vec{v}}{\Delta t}. \qquad (2\text{-}15)$$

Mais uma vez, isto pode ser expresso em termos de uma derivada:

$$\vec{a} = \frac{d\vec{v}}{dt} \qquad (2\text{-}16)$$

e, de maneira análoga às Eqs. 2-10 e 2-11, escrevem-se as componentes do vetor da aceleração instantânea como,

$$a_x = \frac{dv_x}{dt}, \qquad a_y = \frac{dv_y}{dt}, \qquad a_z = \frac{dv_z}{dt}. \qquad (2\text{-}17)$$

Equações vetoriais tais como a Eq. 2-16 podem simplificar a notação e, também, mostrar como separar as componentes (por exemplo, a_x não afeta v_y e v_z).

Em geral, a direção da aceleração não possui nenhuma relação com a direção de $\vec{v}$. É possível que $\vec{v}$ e $\vec{a}$ sejam paralelos, perpendiculares ou façam um ângulo qualquer um em relação ao outro, ou ainda podem apresentar qualquer ângulo relativo entre eles.

Uma vez que $\vec{v}$ é uma grandeza vetorial, uma variação em sua direção acarreta uma aceleração mesmo quando sua intensidade permanece inalterada. Logo, um movimento com intensidade de velocidade constante pode ser um movimento acelerado. Por exemplo, as componentes de $\vec{v}$ podem variar de tal forma que a sua intensidade $\vec{v}\,(=\sqrt{v_x^2 + v_y^2 + v_z^2})$ permaneça inalterada. Esta situação é normalmente encontrada em movimentos circulares uniformes, discutidos na Seção 4-5.

Uma vez que aceleração é definida como velocidade dividida por tempo, sua dimensão é comprimento/tempo². Em unidades do SI, a aceleração é em m/s². Às vezes pode-se ver escrito m/s/s, que é lido como "metro por segundo por segundo". Isto enfatiza que a aceleração é uma variação da velocidade por unidade de tempo.

PROBLEMA RESOLVIDO 2-4.

Uma partícula se move no plano *xy* de tal modo que suas coordenadas *x* e *y* variam com o tempo de acordo com as expressões, $x(t) = At^3 + Bt$ e $y(t) = Ct^2 + D$, em que $A = 1{,}00$ m/s³, $B = -32{,}0$ m/s, $C = 5{,}0$ m/s², e $D = 12{,}0$ m. Determine a posição, a velocidade e a aceleração da partícula quando t = 3 s.

Soluçao A posição é dada pela Eq. 2-5, com as expressões dadas para $x(t)$ e $y(t)$:

$$\vec{r} = x\hat{i} + y\hat{j} = (At^3 + Bt)\hat{i} + (Ct^2 + D)\hat{j}.$$

Ao se avaliar esta expressão em $t = 3$s, obtém-se

$$\vec{r} = (-69\text{ m})\hat{i} + (57\text{ m})\hat{j}.$$

As componentes da velocidade são obtidas a partir da Eq. 2-12:

$$v_x = \frac{dx}{dt} = \frac{d}{dt}(At^3 + Bt) = 3At^2 + B$$

$$v_y = \frac{dy}{dt} = \frac{d}{dt}(Ct^2 + D) = 2Ct.$$

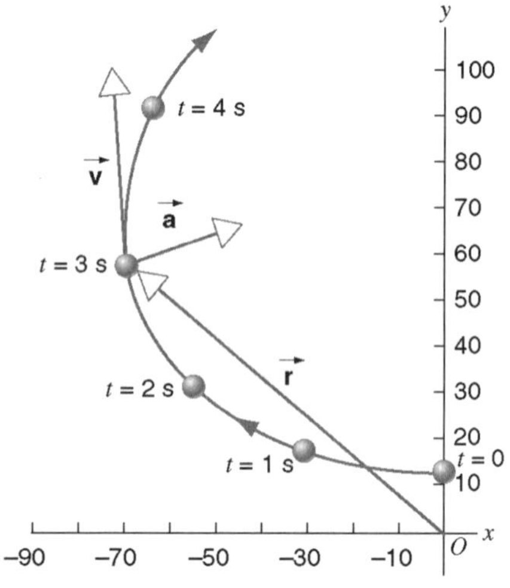

Fig. 2-13. Problema Resolvido 2-4. A trajetória da partícula que se movimenta está mostrada, indicando sua posição em t = 0, 1, 2, 3 e 4 s. Em t = 3 s, mostram-se os vetores que representam sua posição, velocidade e aceleração. Não existe nenhuma relação particular entre as direções de $\vec{r}$, $\vec{v}$ e $\vec{a}$ ou mesmo entre os comprimentos dos vetores que os representam.

Ao se avaliar as componentes em $t = 3$s e usando a Eq. 2-11, tem-se

$$\vec{\mathbf{v}} = v_x\hat{\mathbf{i}} + v_y\hat{\mathbf{j}} = (-5\ \text{m/s})\hat{\mathbf{i}} + (30\ \text{m/s})\hat{\mathbf{j}}.$$

As componentes da aceleração são

$$a_x = \frac{dv_x}{dt} = \frac{d}{dt}(3At^2 + B) = 6At$$

$$a_y = \frac{dv_y}{dt} = \frac{d}{dt}(2Ct) = 2C.$$

Em $t = 3$s, a aceleração é a seguinte

$$\vec{\mathbf{a}} = a_x\hat{\mathbf{i}} + a_y\hat{\mathbf{j}} = (18\ \text{m/s}^2)\hat{\mathbf{i}} + (10\ \text{m/s}^2)\hat{\mathbf{j}}.$$

A Fig. 2-13 mostra a trajetória da partícula desde $t = 0$ até $t = 4$s. Os vetores posição, velocidade e aceleração, em $t = 3$s, estão representados na figura. (Em vista de $\vec{\mathbf{r}}$, $\vec{\mathbf{v}}$ e $\vec{\mathbf{a}}$ estarem expressos em diferentes unidades, os comprimentos dos vetores desenhados na Fig. 2-13 não possuem nenhuma relação entre eles.) O vetor $\vec{\mathbf{r}}$ localiza partícula com relação à origem. O vetor $\vec{\mathbf{v}}$ é tangente à trajetória da partícula, como mostrado em $t = 3$s. A aceleração $\vec{\mathbf{a}}$ representa a variação da velocidade, e a direção de $\vec{\mathbf{a}}$ em $t = 3$s baseia-se na forma como $\vec{\mathbf{v}}$ varia sua direção no intervalo na vizinhança de $t = 3$s.

2-4 CINEMÁTICA UNIDIMENSIONAL

Agora que as definições das grandezas importantes para descrever o movimento já foram estabelecidas, podem ser vistos alguns exemplos de como elas podem ser aplicadas. Por simplicidade, considera-se o movimento unidimensional e, portanto, utiliza-se apenas uma componente das Eqs. 2-5, 2-12 e 2-17.

Na cinemática unidimensional, uma partícula pode se mover apenas sobre uma linha reta. Ela pode variar a intensidade de sua velocidade ou mesmo inverter o sentido, mas seu movimento é sempre sobre uma linha. Nesta limitação, podem-se considerar muitas situações físicas diferentes tais como uma pedra em queda livre, um trem acelerando, um carro freando, um disco de hóquei deslizando no gelo, um pacote sendo transportado em uma esteira rolante, ou um elétron movendo-se em um tubo de raios X.

O movimento de uma partícula pode ser descrito de duas maneiras: a partir de equações matemáticas ou a partir de gráficos. As duas formas fornecem informações sobre o problema e, freqüentemente, utilizam-se os dois métodos. A abordagem matemática é, usualmente, melhor para resolver problemas, uma vez que fornece resultados mais precisos do que o método gráfico. Por outro lado, a abordagem gráfica possibilita mais interpretações físicas do que o conjunto de equações.

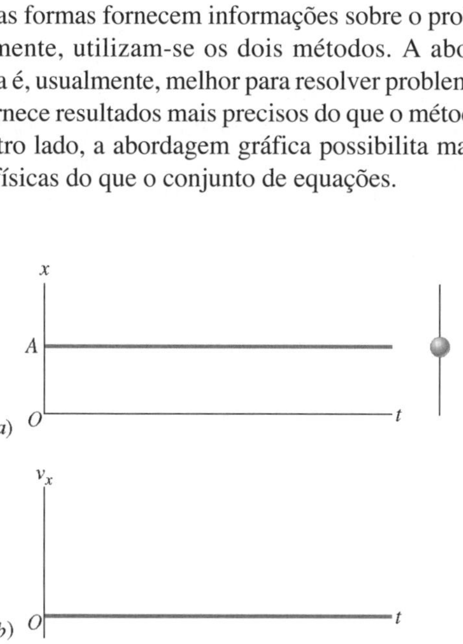

Fig. 2-14. (*a*) A posição e (*b*) a velocidade de uma conta em repouso em $x = A$ em um fio.

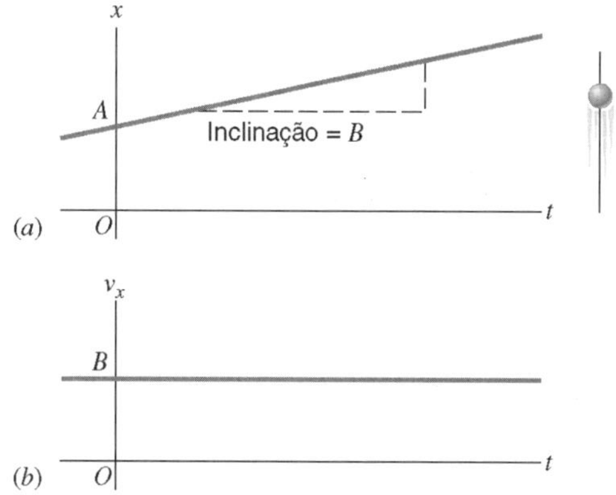

Fig. 2-15. (*a*) A posição e (*b*) a velocidade de uma conta deslizando em uma dimensão com velocidade constante sobre um fio. A velocidade é igual à inclinação B do gráfico $x(t)$. O gráfico $v_x(t)$ é a linha horizontal $v_x = B$.

Seguem-se alguns tipos de movimento com as respectivas equações e gráficos que os descrevem.

1. *Repouso*. A partícula ocupa a mesma posição para todos os instantes de tempo. Suponha que a partícula esteja sobre o eixo x, em uma coordenada A, então (para todos os instantes)

$$x(t) = A. \qquad (2\text{-}18)$$

Um gráfico deste "movimento" aparece na Fig. 2-14a. A velocidade, que permanece constante em zero, está mostrada na Fig. 2-14b. A situação física representada aqui deve ser, por exemplo, uma conta (ou uma pérola) que está livre para deslizar sobre um fio esticado. Neste caso, a conta está em repouso em $x = A$.

Em problemas de cinemática, freqüentemente deseja-se saber como a posição e a velocidade se relacionam com o tempo à medida que a partícula se move. Por este motivo, escreveu-se a coordenada da posição como uma função do tempo, $x(t)$. Pela mesma razão, o gráfico da Fig. 2-14 é traçado com x sendo uma variável dependente (no eixo vertical) e t como uma variável independente (no eixo horizontal). Colocar x no eixo vertical *não*

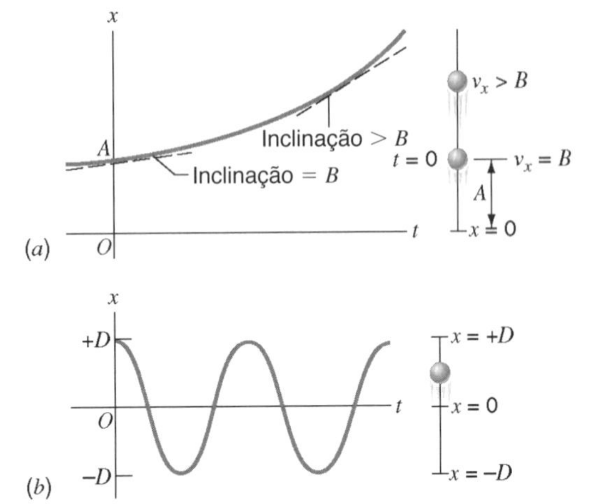

Fig. 2-16. (*a*) Uma conta deslizando por um fio em uma dimensão move-se na direção positiva de *x*, aumentando a velocidade. A velocidade é igual à inclinação da curva e descreve o movimento da partícula; observe que a inclinação da curva aumenta continuamente. (*b*) Uma conta deslizando por um fio em uma dimensão, oscilando entre $x = +D$ e $x = -D$.

significa que a partícula se move na vertical; nesta situação, o fio no qual a conta desliza pode estar em qualquer direção.

2. *Movimento com velocidade constante.* Para o movimento em uma dimensão (escolhido para ser na direção *x*), a velocidade v_x é positiva se a partícula estiver se movendo no sentido positivo de *x*, e negativa se estiver se movendo em sentido oposto. Quando a velocidade é constante, o gráfico da posição contra o tempo é uma linha reta. Como a Eq. 2-12 mostra ($v_x = dx/dt$), a razão da variação da posição é a velocidade. No gráfico de *x* versus *t*, a razão de variação é a inclinação da curva; quanto maior a velocidade, maior a inclinação. A Fig. 2-15a mostra este gráfico, cuja forma matemática pode ser expressa por

$$x(t) = A + Bt, \tag{2-19}$$

que está na forma padrão da equação de uma reta (usualmente expressa como $y = mx + b$) com uma inclinação *B*. Note que $v_x = dx/dt = B$; a Fig. 2-15b mostra a velocidade constante.

Segundo a Fig. 2-15 e também na Eq. 2-19, a partícula está na posição $x = A$ quando $t = 0$. Ela está se movendo no sentido positivo de *x*, e portanto a inclinação *B* (e conseqüentemente a velocidade v_x) é positiva.

3. *Movimento acelerado.* Em razão de a aceleração ser definida como a razão da variação da velocidade, o movimento acelerado corresponde a um movimento no qual a velocidade varia. Uma vez que a velocidade é a inclinação do gráfico $x(t)$, esta inclinação deve variar no movimento acelerado. Logo, estes gráficos são curvas em vez de retas. Dois exemplos de movimentos acelerados são:

$$x(t) = A + Bt + Ct^2, \tag{2-20}$$

$$x(t) = D\cos\omega t. \tag{2-21}$$

No primeiro caso (Fig. 2-16a), assumindo que *C* é positivo, a inclinação está aumentando na mesma proporção em que a par-

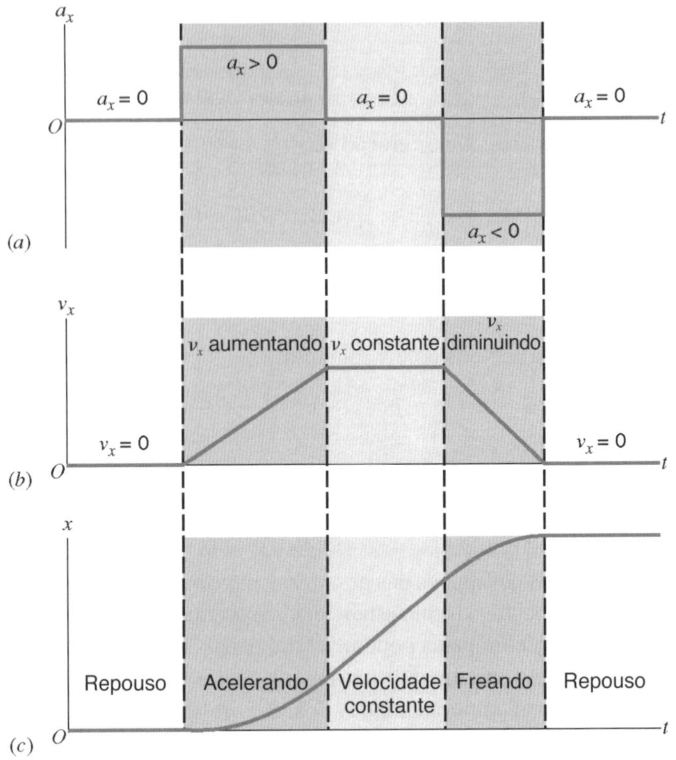

Fig. 2-17. (*a*) A aceleração, (*b*) a velocidade, e (*c*) a posição de um carro que parte do repouso, acelera por um intervalo de tempo, move-se com velocidade constante, e depois freia, com aceleração negativa, para chegar ao repouso novamente. De fato, não se pode variar instantaneamente a aceleração de um carro de um valor para outro; tanto $a_x(t)$ quanto $v_x(t)$ de um carro real devem ser suaves e contínuos. Curvas contínuas deveriam conectar os segmentos horizontais de $a_x(t)$ e os cantos vivos de $v_x(t)$ deveriam ser arredondados.

tícula se move, o que corresponde a um aumento na velocidade positiva da partícula. De acordo com as Eqs. 2-12 e 2-17, $a_x = dv_x/dt = d^2x/dt^2$. A partir da Eq. 2-20, $d^2x/dt^2 = 2C$, e assim a aceleração é constante. No segundo caso (Fig. 2-16b), a partícula oscila entre $x = +D$ e $x = -D$; sua velocidade varia de positiva a negativa à medida que o sinal da derivada da Eq. 2-21 modifica seu sinal.

Muitas vezes, a descrição completa do movimento é mais complicada do que a destes exemplos simples. Seguem alguns exemplos adicionais:

4. *Carro acelerando e freando.* Um carro está em repouso em um instante e, então, começa a acelerar até atingir uma determinada velocidade. O carro se move por um tempo com esta velocidade e em seguida, o carro é freado até atingir o repouso novamente. A Fig. 2-17a mostra a aceleração nos diversos intervalos de tempo; para simplificar, assume-se que a aceleração é constante durante os intervalos em que o carro está aumentando ou diminuindo a velocidade. A aceleração é nula quando o carro está em repouso ou quando está se movendo com velocidade constante (como sugere a Eq. 2-17, quando v_x é constante, então $a_x = dv_x/dt = 0$).

A Fig. 2-17b exibe a velocidade em cada intervalo de tempo, quando $a_x = 0$, v_x é constante. Quando a_x é uma constante positiva

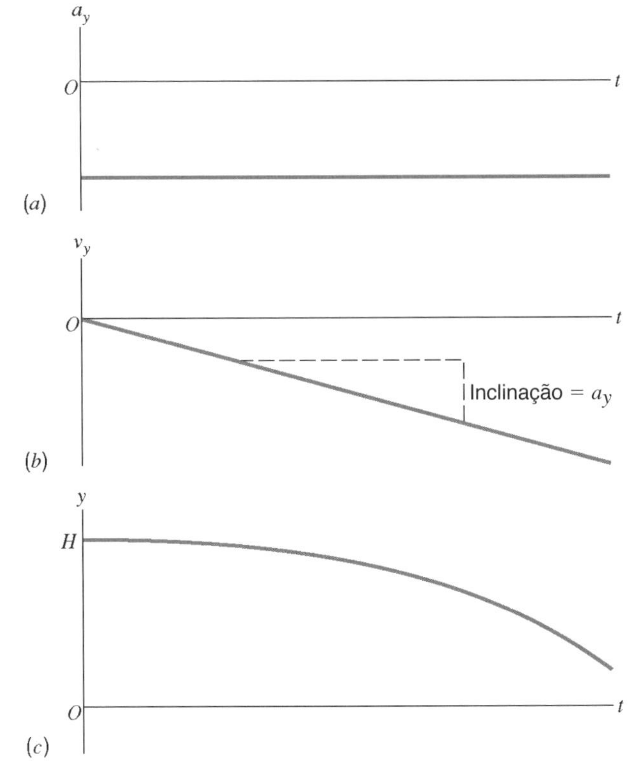

Fig. 2-18. (a) A aceleração, (b) a velocidade, e (c) a posição de um objeto largado desde o repouso e acelerado para baixo pela gravidade da Terra. A aceleração é negativa e constante, que é igual à inclinação de $v_y(t)$.

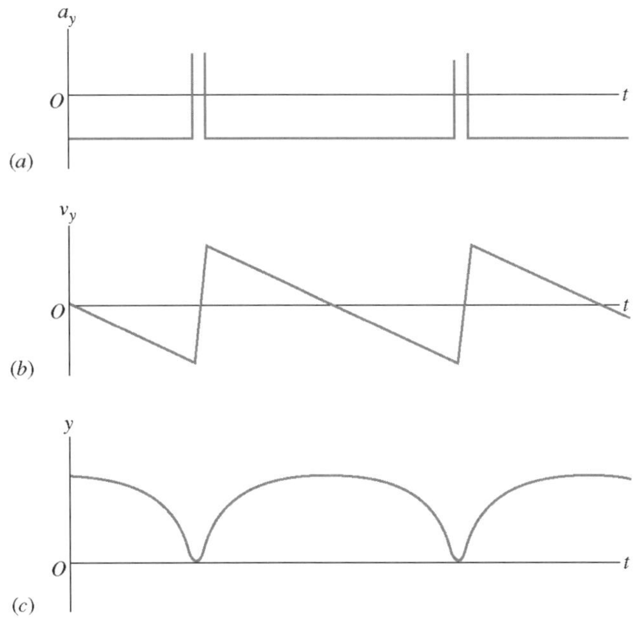

Fig. 2-19. (a) A aceleração, (b) a velocidade, e (c) a posição de uma esfera que cai e ricocheteia em uma superfície rígida. Os saltos bruscos em $v_y(t)$, correspondem aos curtos intervalos quando a esfera está em contato com a superfície, e foram traçados considerando a ação de uma grande aceleração, constante e positiva, durante este intervalo. Observe que $y(t)$ atinge seu valor máximo e que a tangente a $y(t)$ é horizontal quando $v_y(t)$ se anula.

ou negativa, v_x é uma linha reta com uma inclinação correspondente, positiva ou negativa. Em qualquer ponto, o valor de a_x pode ser determinado a partir da inclinação do gráfico de v_x *versus* t.

De maneira análoga, pode-se obter o gráfico da posição *versus* tempo, $x(t)$, mostrado na Fig. 2-17c. Observe que a inclinação de $x(t)$ fornece $v(t)$, conforme estabelecido pela Eq. 2-12 ($v_x = dx/dt$). Por exemplo, no intervalo em que a velocidade do carro está aumentando, a inclinação de $x(t)$ está gradualmente aumentando, o que corresponde ao aumento da velocidade. No intervalo em que o carro está se movendo com uma velocidade constante, $x(t)$ é representado por uma linha reta com uma inclinação constante.

Estes gráficos são idealizados; um carro real não consegue ir, instantaneamente, desde o estado de repouso até o estado de aceleração constante. Na prática, os saltos bruscos em $a_x(t)$ deveriam ser conectados por curvas contínuas e os cantos vivos no gráfico de $v_x(t)$ deveriam ser arredondados.

5. *Um objeto em queda livre.* Como será discutido mais adiante neste capítulo, quando um objeto está em queda livre próximo da superfície da Terra, ele experimenta uma aceleração constante, para baixo, devido à gravidade. Neste problema, toma-se o eixo y como sendo vertical e adota-se o sentido positivo apontando para cima, tal que a aceleração possua uma componente y negativa, a_y. A Fig. 2-18a mostra a aceleração $a_y(t)$ com um valor constante, negativo.

Se um objeto é largado desde o repouso, sua velocidade para baixo (negativa) aumenta em intensidade devido à sua aceleração. Uma vez que a_y é uma constante, $v_y(t)$ deve ser uma linha reta cuja inclinação (negativa) é igual a a_y, como pode ser visto na Fig. 2-18b. A coordenada vertical y se inicia em algum valor positivo correspondente à altura H de onde o objeto é largado, e $y(t)$ decresce gradualmente até zero, quando o objeto atinge o solo, conforme mostra a Fig. 2-18c. Inicialmente, a inclinação de $y(t)$ é nula, pois $v_y(t)$ é inicialmente zero. À medida que $v_y(t)$ se torna mais negativo, a inclinação correspondente de $y(t)$ torna-se mais negativa, como pode ser confirmado na avaliação das linhas tangentes à curva $y(t)$ em diversas posições.

6. *Uma esfera ricocheteando.* Considere uma pequena esfera de aço solta desde o repouso sobre uma superfície rígida na qual ela ricocheteia. Mais uma vez, considera-se o eixo y como sendo vertical e adota-se o sentido positivo apontando para cima.

Depois que a esfera toca a superfície, ela ricocheteia para cima. Assume-se que a velocidade apenas muda de direção quando toca a superfície — sua intensidade permanece inalterada. (Na realidade, existe uma pequena perda de velocidade em virtude de a esfera e a superfície não serem perfeitamente elásticas.)

Durante o curto intervalo de tempo em que a esfera está em contato com a superfície, uma grande aceleração atua para cima (positiva), revertendo o sentido da velocidade. Observe que a aceleração está presente mesmo que a intensidade da velocidade não se altere; uma aceleração deve ocorrer sempre que a intensidade *ou a direção* de uma velocidade varia.

Como a esfera sobe após o toque, existe, novamente, uma aceleração para baixo (constante) devido à ação da gravidade, o que, eventualmente, leva a esfera ao repouso por um instante para, logo após, iniciar novamente a sua queda na direção da superfície.

Na Fig. 2-19 são exibidas a aceleração, a velocidade e a posição da esfera. Mais uma vez, $a_y(t)$ corresponde à inclinação de $v_y(t)$ e $v_y(t)$ corresponde à inclinação de $y(t)$.

Isto é uma representação idealizada deste movimento. O comportamento real durante o instante da colisão é muito complexo e, certamente, não é caracterizado por uma aceleração constante, conforme assumido aqui. Todavia, o comportamento global deve ser semelhante ao da Fig. 2-19.

EQUAÇÕES DA CINEMÁTICA UNIDIMENSIONAL

As equações vetoriais da Seção 2-3 podem ser diretamente aplicadas ao movimento em uma dimensão, tida como sendo a direção x. Considere uma partícula que se movimenta desde o ponto de partida x_1 em t_1 até o ponto x_2 em t_2. Durante este intervalo de tempo, $\Delta t = t_2 - t_1$, o deslocamento da partícula é $\Delta x = x_2 - x_1$. De acordo com a Eq. 2-7, a velocidade média é

$$v_{\text{med},x} = \frac{\Delta x}{\Delta t} = \frac{x_2 - x_1}{t_2 - t_1}. \tag{2-22}$$

A velocidade média traz informações sobre o comportamento médio durante o intervalo Δt. Ela depende apenas das localizações inicial e final da partícula e não da sua trajetória entre x_1 e x_2. Ao se estabelecer que Δt é positivo (ou seja, o relógio anda para a frente), e de acordo com a Eq. 2-22 e a regra para multiplicar um vetor por um escalar, o sinal de $v_{\text{med},x}$ é determinado pelo sinal de Δx. Se $v_{\text{med},x} > 0$, então a partícula se move do menor para o maior valor da coordenada x (ou seja, ela se move no sentido positivo do eixo x). Por exemplo, a partícula deve mover-se desde $x_1 = -8$ m até $x_2 = -4$ m, ou desde $x_1 = -3$ m até $x_2 = +1$ m, ou ainda desde $x_1 = +2$ m até $x_2 = +6$ m. Em cada caso, $\Delta x = +4$ m, e portanto $v_{\text{med},x} > 0$. Se $v_{\text{med},x} < 0$, na média, a partícula move-se no sentido negativo do eixo x, por exemplo, desde $x_1 = +5$ m até $x_2 = +2$ m, ou desde $x_1 = -3$ m até $x_2 = -6$ m (nos dois casos tem-se que $\Delta x = -3$ m).

A velocidade instantânea é obtida a partir da Eq. 2-12:

$$v_x = \frac{dx}{dt}. \tag{2-23}$$

A Eq. 2-23 permite que se analisem exemplos de movimentos unidimensionais discutidos anteriormente. Por exemplo, para o movimento com velocidade constante da Fig. 2-15a, tomando $x(t) = A + Bt$ fornece $v_x = dx/dt = B$, conforme mostrado na Fig. 2-15b.

No caso do movimento acelerado, no qual a partícula está se movendo com uma velocidade v_{1x} no instante t_1 e acelera-se para a velocidade v_{2x} no instante t_2, a Eq. 2-14 fornece,

$$a_{\text{med},x} = \frac{\Delta v_x}{\Delta t} = \frac{v_{2x} - v_{1x}}{t_2 - t_1}. \tag{2-24}$$

O sinal da aceleração média é determinado pelo sinal de Δv_x; por exemplo, variações de velocidade desde $v_{1x} = -9$ m/s até $v_{2x} = -4$ m/s, ou desde $v_{1x} = +4$ m/s até $v_{2x} = +9$ m/s, correspondem a $\Delta v_x = +5$ m/s, e portanto $a_{\text{med},x}$ é positivo. Por outro lado, variações desde $v_{1x} = +9$ m/s até $v_{2x} = +4$ m/s, ou desde $v_{1x} = -4$ m/s até $v_{2x} = -9$ m/s, correspondem a $\Delta v_x = -5$ m/s, e portanto $a_{\text{med},x}$ é negativo.

Assim como no caso da velocidade média, a aceleração média depende apenas da diferença entre velocidades inicial e final do intervalo e não de detalhes do movimento durante este intervalo. Todos os movimentos que resultem no mesmo Δv_x durante um intervalo Δt fornecem a mesma aceleração média.

A aceleração instantânea é avaliada a partir da Eq. 2-17:

$$a_x = \frac{dv_x}{dt}. \tag{2-25}$$

Por exemplo, no caso exibido na Fig. 2-16a, com $x(t)\ A = +Bt + Ct^2$, a Eq. 2-23 fornece $v_x = B + 2Ct$ e a Eq. 2-25 fornece $a_x = 2C$.

Nas Eqs. 2-23 e 2-25, podem ser analisados os movimentos apresentados, de forma gráfica, nas Figs. 2-17, 2-18 e 2-19, verificando como a posição, a velocidade e a aceleração estão relacionadas. Atenção especial deve ser garantida ao fato de a aceleração ser dada pela inclinação do gráfico $v(t)$. Compare as Figs. 2-17a e b para ver que, quando a inclinação de $v_x(t)$ é nula (segmentos de linhas horizontais), então $a_x = 0$; quando $v_x(t)$ está aumentando (segmentos com inclinação positiva), a_x é uma constante positiva.

A aceleração pode ser positiva ou negativa, independente de a velocidade ser positiva ou negativa. Por exemplo, considere um elevador que se move na vertical; considera-se este eixo como y e adota-se o sentido positivo apontando para cima. Se o elevador está se movendo para cima mas parando, v_y é positivo mas a_y é negativo; neste caso, o vetor velocidade aponta no sentido de $+y$ enquanto a aceleração aponta para $-y$. Se o elevador está se movendo para baixo e freando, então v_y é negativo mas a_y é positivo. Estes dois casos em que os vetores velocidade e aceleração possuem sentidos opostos, de tal forma que a intensidade da velocidade está diminuindo, são normalmente chamados de *desaceleração*.

O PROCESSO LIMITE

É interessante perceber como a velocidade média se aproxima da velocidade instantânea na proporção exata em que Δt tende a zero. Como um exemplo, tem-se o caso em que $x(t) = 5{,}0 + 1{,}0t + 6{,}0t^2$ com x em metros e t em segundos. Arbitrariamente, seleciona-se o ponto $x_1 = 12$ m, $t_1 = 1{,}0$ e calcula-se o valor de $v_{med,x}$ a partir da Eq. 2-22 utilizando uma série de pontos x_2, t_2 que se aproxima de x_1, t_1, simulando um processo limite. Os valores calculados estão listados na Tabela 2-1. Observe que os valores tendem para $v_{med,x} = 13$ m/s. Para comparar este valor limite de $v_{med,x}$ com o valor da velocidade instantânea, utiliza-se a Eq. 2-23, resultando em $v_x(t) = 1{,}0 + 12{,}0t$ e significando que $v_x = 13$ m/s quando $t = 1{,}0$s.

A Fig. 2-20 oferece uma ilustração gráfica deste processo limite. À medida que o ponto 2 se aproxima do ponto 1, a linha que une estes pontos, cuja tangente representa a velocidade média deste intervalo, se aproxima da tangente do ponto 1. Isto indica que, neste limite, a velocidade média tende para a velocidade instantânea, como mostram os cálculos matemáticos.

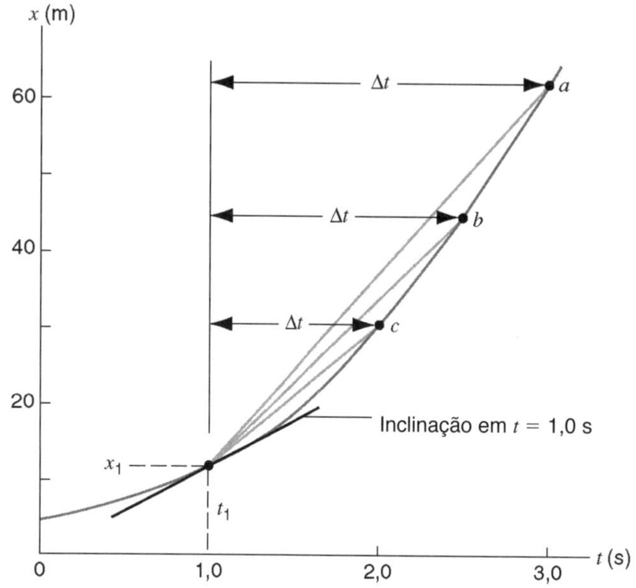

Fig. 2-20. O intervalo Δt torna-se menor, neste caso, à medida que mantém-se t_1 fixo e move-se a outra extremidade, t_2, para próximo de t_1. No limite, o intervalo tende a zero e a corda torna-se uma tangente. Os três valores de x_2 e t_2 mostrados, identificados por a, b e c, correspondem às três primeiras linhas da Tabela 2-1.

PROBLEMA RESOLVIDO 2-5.

Você dirige sua BMW por uma estrada em linha reta por 5,2 milhas a 43 mi/h, quando sua gasolina acaba. Então, você caminha 1,2 milha a mais até o posto de gasolina mais próximo, em 27 minutos. Qual a sua velocidade média desde o instante em que o carro partiu até a sua chegada ao posto de gasolina?

Soluçao É possível determinar a velocidade média a partir da Eq. 2-22 conhecendo-se Δx, o deslocamento, e Δt, o tempo decorrido. Estas quantidades são

$$\Delta x = 5{,}2 \text{ mi} + 1{,}2 \text{ mi} = 6{,}4 \text{ mi}$$

e

$$\Delta t = \frac{5{,}2 \text{ mi}}{43 \text{ mi/h}} + 27 \text{ min}$$

$$= 7{,}3 \text{ min} + 27 \text{ min} = 34 \text{ min} = 0{,}57 \text{ h}.$$

A partir da Eq. 2-22, tem-se

$$v_{med,x} = \frac{\Delta x}{\Delta t} = \frac{6{,}4 \text{ mi}}{0{,}57 \text{ h}} = 11{,}2 \text{ mi/h}.$$

A curva $x(t)$ da Fig. 2-21 permite visualizar o problema. Os pontos O e P definem o intervalo para o qual se deseja avaliar a velocidade média, definida pela inclinação da linha reta que une esses pontos.

TABELA 2-1 O Processo Limite

Ponto Inicial		Ponto Final		Velocidade Média
x_1 (m)	t_1 (s)	x_2 (m)	t_2 (s)	$\Delta x/\Delta t$ (m/s)
12	1,0	62	3,0	25
12	1,0	45	2,5	22
12	1,0	31	2,0	19
12	1,0	20	1,5	16
12	1,0	13,4	1,1	13,6
12	1,0	12,7	1,05	13,3
12	1,0	12,1	1,01	13,06

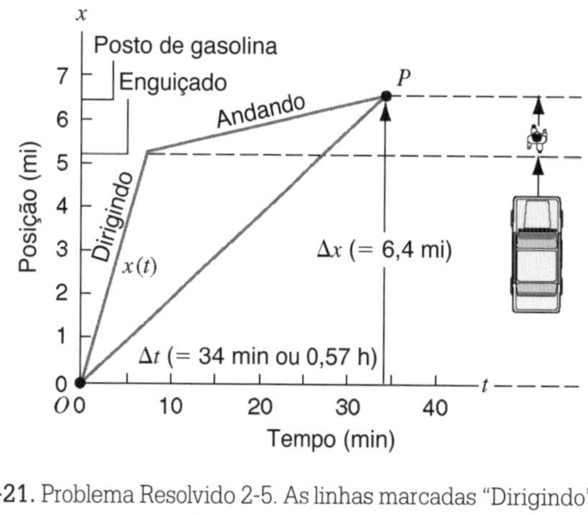

Fig. 2-21. Problema Resolvido 2-5. As linhas marcadas "Dirigindo" e "Andando" mostram movimentos com velocidades diferentes para duas partes da viagem. A velocidade média é a inclinação da linha *OP*.

PROBLEMA RESOLVIDO 2-6.

A Fig. 2-22a mostra seis instantes sucessivos associados ao movimento de uma partícula sobre o eixo x. Em $t = 0$, ela está na posição $x = +1{,}0$ m à direita da origem; em $t = 2{,}5$ s ela atinge o repouso em $x = +5{,}00$ m; em $t = 4{,}0$ s, ela retorna para $x = 1{,}4$ m. A Fig. 2-22b mostra uma curva da posição x *versus* tempo t para este movimento, e as Figs. 2-22c e 2-22d mostram a velocidade e a aceleração correspondentes da partícula. (a) Determine a velocidade média para os intervalos AD e DF. (b) Estime a inclinação de $x(t)$ nos pontos B e F e compare com os pontos correspondentes da curva $v_x(t)$. (c) Encontre a aceleração média nos intervalos AD e AF. (d) Estime a inclinação de $v_x(t)$ no ponto D e compare com os valores correspondentes de $a_x(t)$.

Soluçao (*a*) A partir da Eq. 2-22,

$$AD: \quad v_{\text{med},x} = \frac{\Delta x_{AD}}{\Delta t_{AD}} = \frac{x_D - x_A}{t_D - t_A} = \frac{5{,}0\text{ m} - 1{,}0\text{ m}}{2{,}5\text{ s} - 0{,}0\text{ s}} = +1{,}6\text{ m/s}$$

$$DF: \quad v_{\text{med},x} = \frac{\Delta x_{DF}}{\Delta t_{DF}} = \frac{x_F - x_D}{t_F - t_D} = \frac{1{,}4\text{ m} - 5{,}0\text{ m}}{4{,}0\text{ s} - 2{,}5\text{ s}} = -2{,}4\text{ m/s}$$

No intervalo AD, o sinal positivo de $v_{\text{med},x}$ informa que, na média, a partícula se move na direção positiva de x (ou seja, para o lado direito da Fig. 2-22a) durante o intervalo. O sinal negativo para $v_{\text{med},x}$ no intervalo DF informa que, na média, a partícula está se movendo na direção negativa de x durante este intervalo (para o lado esquerdo na Fig. 2-22a).

(*b*) A partir das tangentes de $x(t)$ traçadas nos pontos B e F da Fig. 2-22b, estima-se o seguinte:

$$\text{ponto } B: \quad \text{inclinação} = \frac{4{,}5\text{ m} - 2{,}8\text{ m}}{1{,}5\text{ s} - 0{,}5\text{ s}} = +1{,}7\text{ m/s}$$

$$\text{ponto } F: \quad \text{inclinação} = \frac{1{,}4\text{ m} - 4{,}5\text{ m}}{4{,}0\text{ s} - 3{,}5\text{ s}} = -6{,}2\text{ m/s}$$

A partir de $v_x(t)$ na Fig. 2-22c, estima-se $v_x = +1{,}7$ m/s no ponto B e $v_x = -6{,}2$ m/s no ponto F, o que está de acordo com a inclinação de $x(t)$. Conforme esperado, $v_x(t) = dx/dt$.

(*c*) A partir da Eq. 2-24,

$$AD: \quad a_{\text{med},x} = \frac{\Delta v_{AD}}{\Delta t_{AD}} = \frac{v_D - v_A}{t_D - t_A} = \frac{0{,}0\text{ m/s} - 4{,}0\text{ m/s}}{2{,}5\text{ s} - 0{,}0\text{ s}} = -1{,}6\text{ m/s}^2$$

$$AF: \quad a_{\text{med},x} = \frac{\Delta v_{AF}}{\Delta t_{AF}} = \frac{v_F - v_A}{t_F - t_A} = \frac{-6{,}2\text{ m/s} - 4{,}0\text{ m/s}}{4{,}0\text{ s} - 0{,}0\text{ s}} = -2{,}6\text{ m/s}^2$$

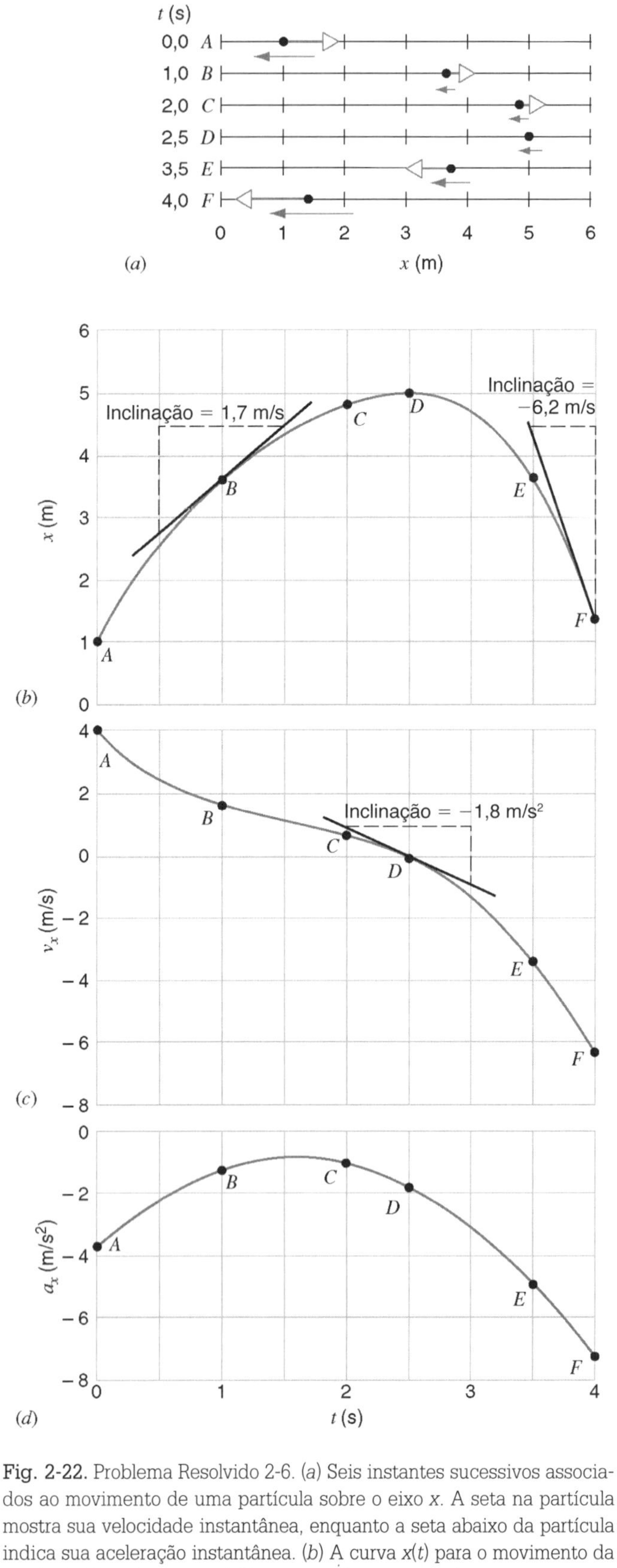

Fig. 2-22. Problema Resolvido 2-6. (*a*) Seis instantes sucessivos associados ao movimento de uma partícula sobre o eixo x. A seta na partícula mostra sua velocidade instantânea, enquanto a seta abaixo da partícula indica sua aceleração instantânea. (*b*) A curva $x(t)$ para o movimento da partícula. Os seis pontos *A-F* correspondem aos seis instantes em questão. (*c*) A curva $v_x(t)$. (*d*) A curva $a_x(t)$.

(*d*) A partir da linha tangente a $v_x(t)$ em D, estima-se o seguinte:

$$\text{inclinação} = \frac{-0{,}9\ \text{m/s} - 0{,}9\ \text{m/s}}{3{,}0\ \text{s} - 2{,}0\ \text{s}} = -1{,}8\ \text{m/s}^2.$$

No ponto D do gráfico $a_x(t)$ vê-se que $a_x = -1{,}8$ m/s². Então, $a_x = dv_x/dt$. Ao analisar o gráfico $v_x(t)$ na Fig. 2-22c, observa-se que a sua inclinação é negativa para todos os instantes do gráfico, e portanto $a_x(t)$ é negativo. A Fig. 2-22d confirma essa constatação.

2-5 MOVIMENTO COM ACELERAÇÃO CONSTANTE

O movimento com aceleração constante (ou aproximadamente constante) é freqüentemente encontrado. Os exemplos já mencionados de objetos em queda livre próximos à superfície da Terra ou de carros freando são típicos. Nesta seção, deriva-se um conjunto de equações para analisar este caso especial da cinemática unidimensional, com aceleração constante. Deve-se ressaltar, no entanto, que este resultado pode ser aplicado *apenas* quando a aceleração é constante e, portanto, não é aplicável a situações tais como o pêndulo, um foguete saindo da órbita da Terra, ou uma gota de chuva caindo e sofrendo os efeitos da resistência do ar. (Mais tarde, neste livro, discutem-se métodos para analisar estas situações.)

Considere um movimento na direção x. Admita que a_x represente a componente x do vetor aceleração; assim, a_x pode ser positiva ou negativa. A velocidade inicial da partícula ($t = 0$) é v_{0x} e sua posição inicial é x_0. Estes dois valores são as componentes x de vetores, que podem ser positivas ou negativas. Em um instante de tempo subseqüente, t, a partícula possui velocidade v_x e está localizada em uma posição x. Deseja-se determinar a posição e a velocidade em um tempo t.

Haja vista que a aceleração é constante, as acelerações instantânea e média são iguais em todos os instantes, e então utiliza-se a Eq. 2-14 para escrever

$$a_x = a_{\text{med},x} = \frac{\Delta v_x}{\Delta t} = \frac{v_x - v_{0x}}{t - 0}$$

ou isolando v_x,

$$v_x = v_{0x} + a_x t. \quad (2\text{-}26)$$

Este resultado permite que se determine a velocidade para todos os instantes de tempo, mas *somente para aceleração constante*. A Eq. 2-26 fornece a velocidade como uma função do tempo que pode ser escrita como $v_x(t)$, mas que usualmente é escrita simplesmente como v_x. Observe que a Eq. 2-26 possui a forma $y = mx + b$, que representa uma linha reta. Assim, a curva v_x contra t fornece uma linha reta com inclinação a_x e que intercepta o eixo vertical em v_{0x} (o valor de v_x em $t = 0$). Esta reta está traçada na Fig. 2-23b. Observa-se ainda que a Eq. 2-26 satisfaz a Eq. 2-25 ($a_x = dv_x/dt$).

Neste momento, deseja-se avaliar como a posição varia com o tempo. No caso em que $v_x(t)$ é uma linha reta, a velocidade média em qualquer intervalo (conforme definido na Eq. 2-22) também é igual à média entre os valores inicial e final da velocidade neste intervalo. Durante o intervalo de 0 a t,

$$v_{\text{med},x} = \tfrac{1}{2}(v_x + v_{0x}). \quad (2\text{-}27)$$

Vê-se, a partir da linha reta da Fig. 2-23b, que este comportamento é coerente. Quando se combinam as Eqs. 2-22, 2-26, e 2-27, é possível eliminar v_x, isolando o valor de x para obter,

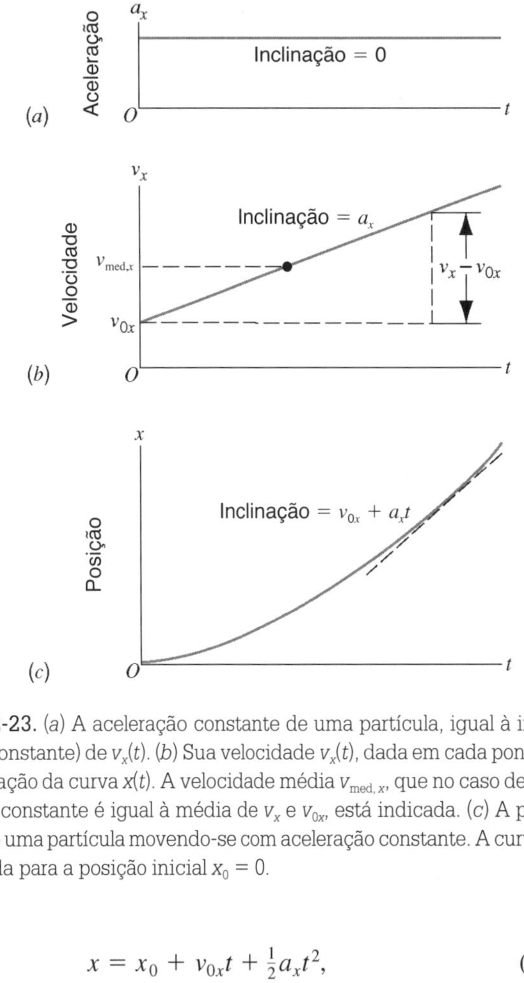

Fig. 2-23. (*a*) A aceleração constante de uma partícula, igual à inclinação (constante) de $v_x(t)$. (*b*) Sua velocidade $v_x(t)$, dada em cada ponto pela inclinação da curva $x(t)$. A velocidade média $v_{\text{med},x}$, que no caso de aceleração constante é igual à média de v_x e v_{0x}, está indicada. (*c*) A posição $x(t)$ de uma partícula movendo-se com aceleração constante. A curva está traçada para a posição inicial $x_0 = 0$.

$$x = x_0 + v_{0x}t + \tfrac{1}{2}a_x t^2, \quad (2\text{-}28)$$

que fornece a posição x para todos os instantes de tempo. A Eq. 2-28 também pode ser usada para determinar o deslocamento $x - x_0$ (a variação da posição no intervalo). A Fig. 2-23c mostra um gráfico de x contra t, que possui a forma de uma parábola. As Eqs. 2-27 e 2-28 são válidas *apenas para aceleração constante*.

A velocidade e a posição instantâneas são relacionadas por $v_x = dx/dt$. A Eq. 2-28 satisfaz a esta relação, como se comprova a seguir

$$\frac{dx}{dt} = \frac{d}{dt}(x_0 + v_{0x}t + \tfrac{1}{2}a_x t^2) = v_{0x} + a_x t = v_x.$$

Os leitores familiarizados com o cálculo integral vão identificar que, assim como a Eq. 2-26 pode ser obtida a partir da Eq. 2-28 através da diferenciação, a Eq. 2-28 pode ser obtida a partir da Eq. 2-26 através da integração. Este processo é demonstrado no final desta seção.

As Eqs. 2-26 e 2-28 são básicas para analisar o movimento com aceleração constante. Na especificação das *condições iniciais* (os valores iniciais da posição, x_0, e da velocidade, v_0) e a aceleração (que mais tarde será associada à interação como o seu ambiente), pode-se determinar a posição e a velocidade para todos os valores do tempo t.

Nestas equações, v_x e x representam as componentes x dos vetores velocidade e posição. Como sempre é o caso em problemas que envolvem vetores, os eixos do sistema de coordenadas podem ser posicionados no local mais conveniente e com qualquer orientação. Nestes problemas, deve-se identificar a origem do sistema de coordenadas (freqüentemente escolhido de tal forma que $x_0 = 0$, o que simplifica o problema) e o sentido positivo do eixo x, de maneira que todos os deslocamentos, velocidades e acelerações são positivos neste sentido, e negativos no sentido oposto. Após escolhidos, a origem e o sentido do sistema de coordenadas devem ser mantidos durante a solução do problema.

INTEGRAÇÃO DAS EQUAÇÕES DE MOVIMENTO (OPCIONAL)[1]

As Eqs. 2-26 e 2-28, expressões básicas da cinemática com aceleração constante, podem ser obtidas com a utilização de métodos do cálculo integral. Para iniciar, considere a definição de aceleração, $a_x = dv_x/dt$, que pode ser escrita da seguinte forma,

$$dv_x = a_x dt.$$

Quando são integrados os dois lados desta equação:

$$\int dv_x = \int a_x dt = a_x \int dt,$$

em que a última etapa, passando a aceleração para fora da integral, pode ser feita porque a aceleração é constante. Depois de efetuar estas integrações, obtém-se

$$v_x = a_x t + C,$$

em que C é uma constante de integração. Esta constante pode ser determinada a partir de uma das condições iniciais: em $t = 0$, a velocidade é v_{0x}. Ao substituir esta condição na equação anterior, tem-se que $C = v_{0x}$, de onde obtém-se $v_x = v_{0x} + a_x t$, o que está de acordo com a Eq. 2-26.

Para encontrar $x(t)$ a partir da integração, utiliza-se a definição de velocidade, $v_x = dx/dt$, que pode ser escrita da seguinte forma,

$$dx = v_x dt.$$

A seguir, substitui-se a Eq. 2-26 por v_x para integrar os dois lados da equação:

$$\int dx = \int (v_{0x} + a_x t)\, dt = v_{0x} \int dt + a_x \int t\, dt.$$

Assim, obtém-se

$$x = v_{0x} t + \tfrac{1}{2} a_x t^2 + C',$$

em que C' é outra constante de integração. Para determinar esta constante, utiliza-se uma segunda condição inicial: em $t = 0$, $x = x_0$. Ao substituir estes valores, encontra-se $C' = x_0$ que fornece a expressão para $x(t)$, de acordo com a Eq. 2-28. ■

PROBLEMA RESOLVIDO 2-7.

Uma partícula alfa (do núcleo de um átomo de Hélio) move-se no interior de um tubo de vácuo, reto, de 2,0 m de comprimento, que é parte de um acelerador de partículas. A partícula alfa entra no tubo (em $t = 0$) movendo-se com uma velocidade de $9{,}5 \times 10^5$ m/s e sai, na outra extremidade do tubo, em $t = 8{,}0 \times 10^{-7}$ s. (*a*) Qual a aceleração da partícula admitindo que ela é constante? (*b*) Qual a sua velocidade quando ela deixa o tubo?

Soluçao (*a*) O eixo x é posicionado ao longo do tubo, assumindo o sentido positivo como sendo aquele do movimento da partícula. Além disso, considera-se que a origem está posicionada na entrada do tubo de modo que $x_0 = 0$. A aceleração pode ser determinada a partir da Eq. 2-28, avaliando a_x:

$$a_x = \frac{x - v_{0x} t}{\frac{1}{2} t^2}$$

$$= \frac{2{,}0 \text{ m} - (9{,}5 \times 10^5 \text{ m/s})(8{,}0 \times 10^{-7} \text{ s})}{0{,}5(8{,}0 \times 10^{-7} \text{ s})^2}$$

$$= +3{,}9 \times 10^{12} \text{ m/s}^2.$$

O sinal positivo indica que a intensidade da velocidade da partícula está aumentando na proporção em que ela se movimenta no tubo.

(*b*) Para avaliar a velocidade com que a partícula deixa o tubo, utiliza-se a Eq. 2-26:

$$v_x = v_{0x} + a_x t$$

$$= (9{,}5 \times 10^5 \text{ m/s}) + (3{,}9 \times 10^{12} \text{ m/s}^2)(8{,}0 \times 10^{-7} \text{ s})$$

$$= +4{,}1 \times 10^6 \text{ m/s}.$$

A velocidade da partícula aumentou, o que está consistente com a aceleração positiva.

PROBLEMA RESOLVIDO 2-8.

Você freia o seu Porsche com uma aceleração constante desde a velocidade de 23,6 m/s (aproximadamente 53 mph ou 85 km/h, abaixo da velocidade permitida, é claro!) para 12,5 m/s em uma distância de 105 m. (*a*) Quanto tempo transcorre neste interva-

[1]Os estudantes que ainda não estiverem familiarizados com o cálculo integral poderão deixar a leitura desta seção para mais tarde.

lo? (*b*) Qual a aceleração? (*c*) Se você continuar freando com a mesma aceleração constante, quanto tempo leva até que o carro pare e qual a distância percorrida?

Soluçao (*a*) O sistema de coordenadas é posicionado tal que o seu sentido positivo está na mesma direção da velocidade e a origem está posicionada de modo que $x_0 = 0$ quando se inicia a frenagem. Logo, a velocidade inicial é $v_{0x} = +23,6$ m/s em $t = 0$, e o instante final t está associado à velocidade $v_x = +12,5$ m/s e a uma posição $x = 105$ m. Uma vez que a aceleração é constante, a velocidade média no intervalo é determinada a partir da média da velocidade inicial e final, conforme sugere a Eq. 2-27:

$$v_{\text{med},x} = \tfrac{1}{2}(v_x + v_{0x}) = \tfrac{1}{2}(12{,}5 \text{ m/s} + 23{,}6 \text{ m/s}) = 18{,}05 \text{ m/s}.$$

A velocidade média também pode ser expressa por $v_{\text{med},x} = \Delta_x/\Delta_t$. Como $\Delta x = 105$ m e $\Delta t = t - 0$, avalia-se t da seguinte forma:

$$t = \frac{\Delta x}{v_{\text{med},x}} = \frac{105 \text{ m}}{18{,}05 \text{ m/s}} = 5{,}81 \text{ s}.$$

(*b*) A aceleração é avaliada a partir da Eq. 2-26:

$$a_x = \frac{v_x - v_{0x}}{t} = \frac{12{,}5 \text{ m/s} - 23{,}6 \text{ m/s}}{5{,}81 \text{ s}} = -1{,}91 \text{ m/s}^2.$$

A aceleração é negativa, o que significa que, como já esperado, a intensidade da velocidade diminui conforme você freia.

(*c*) Neste momento, após avaliar a aceleração, pode-se determinar o tempo decorrido para que o carro varie a velocidade de $v_{0x} = 2{,}6$ m/s a $v_x = 0$. Quando se resolve a Eq. 2-26 para t, tem-se que

$$t = \frac{v_x - v_{0x}}{a_x} = \frac{0 - 23{,}6 \text{ m/s}}{-1{,}91 \text{ m/s}^2} = 12{,}4 \text{ s}.$$

A distância total percorrida é encontrada na Eq. 2-28 para este intervalo de tempo com $x_0 = 0$:

$$\begin{aligned} x &= v_{0x}t + \tfrac{1}{2}a_x t^2 \\ &= (23{,}6 \text{ m/s})(12{,}4 \text{ s}) + \tfrac{1}{2}(-1{,}91 \text{ m/s}^2)(12{,}4 \text{ s})^2 = 146 \text{ m}. \end{aligned}$$

Desde o instante em que você iniciou a frenagem até o instante em que o carro atinge o repouso, você percorre uma distância de 146 m em um tempo de 12,4 s. Inicialmente, tem-se uma variação desde 23,6 m/s até 12,5 m/s, percorrendo uma distância de 105 m em 5,8 s; depois, a variação desde 12,5 m/s até 0, percorrendo uma distância de 146 m − 105 m = 41 m e totalizando um tempo de 12,4 s − 5,8 s = 6,6 s.

2-6 CORPOS EM QUEDA LIVRE

O exemplo mais comum de movimento com aceleração (aproximadamente) constante é a queda de um corpo próximo à superfície da Terra. Se for desprezada a resistência do ar, tem-se um fato relevante: para qualquer ponto próximo à superfície da Terra, *todos os corpos, independente de seu tamanho, forma, ou composição, caem com a mesma aceleração*. Esta aceleração, simbolizada pela letra g, é chamada de *aceleração de queda livre* (ou, às vezes, *aceleração devida à gravidade*). Embora a aceleração dependa da distância ao centro da Terra (conforme será mostrado no Cap. 14), é possível assumir essa aceleração como constante durante a queda, desde que a distância de queda seja pequena em comparação ao raio da Terra (6400 km).

Próximo à superfície da Terra, a intensidade de g é de aproximadamente 9,8 m/s², valor utilizado em todo o texto, a menos que se especifique o contrário. O sentido da aceleração para queda livre em um ponto qualquer estabelece o significado do termo "para baixo" naquele ponto.

Ainda que se faça referência a corpos *caindo*, os corpos em movimento para cima experimentam a mesma aceleração da queda livre (intensidade e direção). Então, não importa se uma partícula está se movendo para cima ou para baixo, o sentido de sua aceleração sob a influência da gravidade da Terra é sempre para baixo.

O valor exato da aceleração de queda livre varia com a latitude e a altitude. Existem também variações significativas causadas por diferenças locais da densidade da crosta terrestre. Estas variações são discutidas no Cap. 14.

As equações com aceleração constante (Eqs. 2-26 e 2-28) podem ser aplicadas à queda livre. Para isso, consideram-se duas pequenas diferenças: (1) Posiciona-se o eixo y na direção de queda livre, adotando-se seu sentido positivo para cima. No Cap. 4, considera-se o movimento em duas dimensões e, neste caso, considera-se o eixo x associado ao movimento horizontal. (2) Substitui-se a aceleração constante a por $-g$, uma vez que a escolha do sentido positivo do eixo y para cima implica que a aceleração para baixo é negativa. A escolha de $a_y = -g$ implica que g seja sempre um número positivo.

A partir dessas pequenas modificações, as equações que descrevem a queda livre de corpos são dadas por

$$v_y = v_{0y} - gt, \tag{2-29}$$

$$y = y_0 + v_{0y}t - \tfrac{1}{2}gt^2. \tag{2-30}$$

Da mesma forma que as Eqs. 2-26 e 2-28 são utilizadas para resolver problemas que envolvem a aceleração constante, as Eqs. 2-29 e 2-30 são básicas para resolver problemas associados à queda livre.

PROBLEMA RESOLVIDO 2-9.

Um corpo é solto do repouso e colocado em queda livre. Determine a posição e a velocidade do corpo após decorridos 1,0, 2,0, 3,0 e 4,0 s.

Soluçao Assume-se que a origem coincide com o ponto de partida de tal forma que $y_0 = 0$. Além disso, conhece-se a velocidade (nula) e a aceleração iniciais, e fornece-se o tempo. Para encontrar a posição, utiliza-se a Eq. 2-30 com $y_0 = 0$ e $v_{0y} = 0$:

$$y = -\tfrac{1}{2}gt^2.$$

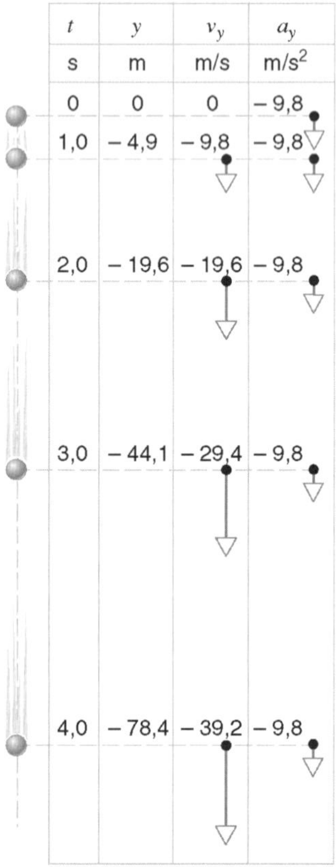

Fig. 2-24. Problema Resolvido 2-9. A altura, a velocidade e a aceleração de um corpo em queda livre.

Se for determinado que $t = 1{,}0$ s, obtém-se

$$y = -\tfrac{1}{2}(9{,}8\ \text{m/s}^2)(1{,}0\ \text{s})^2 = -4{,}9\ \text{m}.$$

Para determinar a velocidade utiliza-se a Eq. 2-29, novamente com $v_{0y} = 0$:

$$v_y = -gt = -(9{,}8\ \text{m/s}^2)(1{,}0\ \text{s}) = -9{,}8\ \text{m/s}.$$

Após cair por 1,0 s, o corpo está a 4,9 m *abaixo* (y é negativo) com uma velocidade de 9,8 m/s. Da mesma forma, encontram-se as posições e as velocidades para $t = 2{,}0$, 3,0 e 4,0 s, mostradas na Fig. 2-24.

Observe que a variação da velocidade em cada segundo é de $-9{,}8$ m/s, e que a velocidade média durante cada intervalo de um segundo (igual ao deslocamento desse intervalo dividido pelo tempo decorrido) é igual à metade da soma das velocidades inicial e final do intervalo, como estabelece a Eq. 2-27.

PROBLEMA RESOLVIDO 2-10.

Uma bola é jogada verticalmente para cima, desde o chão, com uma velocidade de 25,2 m/s. (*a*) Quanto tempo ela leva para atingir o ponto mais alto da trajetória? (*b*) A que altura ela sobe? (*c*) Em que instante de tempo ela está a 27,0 m do chão?

Soluçao (*a*) Na posição mais alta, a velocidade atinge um valor nulo. Assim, dados v_{0y} e v_y (=0), deseja-se determinar t. A partir da Eq. 2-29, t é avaliado conforme a seguir

$$t = \frac{v_{0y} - v_y}{g} = \frac{25{,}2\ \text{m/s} - 0}{9{,}8\ \text{m/s}^2} = 2{,}57\ \text{s}.$$

(*b*) Agora que o tempo necessário para que a bola atinja sua máxima altura foi determinado, a Eq. 2-30 permite que se avalie y, assumindo que y_0 é 0,

$$y = v_{0y}t - \tfrac{1}{2}gt^2$$
$$= (25{,}2\ \text{m/s})(2{,}57\ \text{s}) - \tfrac{1}{2}(9{,}8\ \text{m/s}^2)(2{,}57\ \text{s})^2 = 32{,}4\ \text{m}.$$

(*c*) Uma vez que t é a única incógnita, utiliza-se a Eq. 2-30 para este caso. Como se deseja avaliar t, a Eq. 2-30 é reescrita na forma usual de uma equação de segundo grau, assumindo que $y_0 = 0$:

$$\tfrac{1}{2}gt^2 - v_{0y}t + y = 0,$$

ou empregando os valores numéricos,

$$(4{,}9\ \text{m/s}^2)t^2 - (25{,}2\ \text{m/s})t + 27{,}0\ \text{m} = 0.$$

Após solucionada essa equação do segundo grau, obtém-se $t = 1{,}52$ s e $t = 3{,}62$ s. Em $t = 1{,}52$ s, a velocidade da bola é

$$v_y = v_{0y} - gt = 25{,}2\ \text{m/s} - (9{,}8\ \text{m/s}^2)(1{,}52\ \text{s}) = 10{,}3\ \text{m/s}.$$

Em $t = 3{,}62$ s, a velocidade da bola é

$$v_y = v_{0y} - gt = 25{,}2\ \text{m/s} - (9{,}8\ \text{m/s}^2)(3{,}62\ \text{s}) = -10{,}3\ \text{m/s}.$$

As duas velocidades possuem as mesmas intensidades, mas sentidos opostos. Você deve estar preparado para admitir que, na ausência de resistência do ar, a bola vai levar o mesmo tempo para atingir sua máxima altura e para cair a mesma distância. Além disso, para cada ponto do percurso, a bola possui a mesma intensidade de velocidade, seja quando está subindo ou descendo. Observe que a resposta da parte (*a*), o tempo necessário para atingir o ponto mais alto, 2,57 s, é exatamente o meio do caminho percorrido entre os instantes de tempo avaliados na parte (*c*). Você pode explicar isto? Você pode prever, de um ponto de vista qualitativo, o efeito da resistência do ar nos instantes de subida e descida?

A Fig. 2-25 ilustra o movimento da bola. Observe a simetria nos movimentos de subida e descida.

PROBLEMA RESOLVIDO 2-11.

Um foguete é lançado de uma base submarina a uma distância de 125 m abaixo da superfície da água. Ele se move verticalmente para cima com uma aceleração desconhecida, assumida constante (uma combinação dos efeitos dos motores, gravidade da Terra, flutuação e arrasto da água), e atinge a superfície da água em 2,15 s. No momento em que cruza a superfície, seus motores são automaticamente desligados (para que seja mais difícil de detectar), prosseguindo a subida. Qual a altura máxima atingida? (Despreze qualquer efeito na superfície da água.)

Soluçao Como qualquer projétil em queda livre, o movimento do foguete no ar pode ser analisado a partir da velocidade inicial

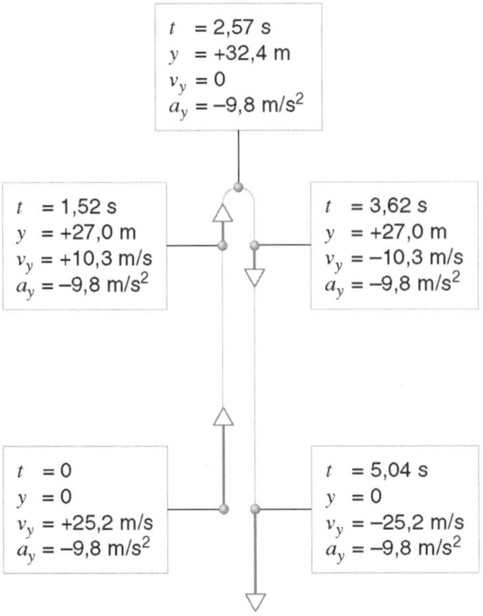

Fig. 2-25. Problema Resolvido 2-10. A altura, a velocidade e a aceleração de vários pontos.

dessa etapa do movimento. Assim, este problema é abordado a partir da análise do movimento na água com o objetivo de determinar a velocidade com que o foguete atinge a superfície. Esta velocidade será, então, utilizada como velocidade inicial de um corpo em queda livre no ar. Estas etapas são analisadas separadamente, uma vez que a aceleração varia na superfície da água.

Para o movimento sob a água, que é acelerado mas não está em queda livre, a aceleração é determinada pela Eq. 2-28 (substituindo x por y) e usando $y - y_0 = 125$ m e $v_{0y} = 0$:

$$a_y = \frac{2(y - y_0)}{t^2} = \frac{2(125\text{ m})}{(2{,}15\text{ s})^2} = 54{,}1\text{ m/s}^2.$$

A Eq. 2-26 (mais uma vez substituindo x por y) fornece a velocidade final para esta parte do movimento:

$$v_y = v_{0y} + a_y t = 0 + (54{,}1\text{ m/s}^2)(2{,}15\text{ s}) = 116\text{ m/s}.$$

A velocidade na superfície é de 116 m/s, para cima. Neste ponto é analisada a etapa do movimento associada à queda livre, tomando a velocidade final da primeira etapa do movimento como sendo a velocidade inicial, v_{0y}. No ponto mais alto, o foguete atinge o repouso por um instante ($v_y = 0$). A Eq. 2-29 é utilizada para avaliar o instante em que isso ocorre:

$$t = -\frac{v_y - v_{0y}}{g} = -\frac{(0 - 116\text{ m/s})}{9{,}8\text{ m/s}^2} = 11{,}8\text{ s}.$$

A partir da Eq. 2-30 determina-se a altura neste instante, com $y_0 = 0$:

$$y = v_{0y}t - \tfrac{1}{2}gt^2 = (116\text{ m/s})(11{,}8\text{ s}) - \tfrac{1}{2}(9{,}8\text{ m/s}^2)(11{,}8\text{ s})^2$$
$$= 687\text{ m}.$$

Para avaliar se entendeu este problema, você pode desenhar gráficos de $y(t)$, $v_y(t)$ e $a_y(t)$ de maneira semelhante à Fig. 2-17. Analise quais variáveis mudam continuamente, de forma suave, e as que não mudam desta forma, neste problema idealizado. Como o movimento de um foguete real seria diferente desta situação?

MEDIÇÃO DA ACELERAÇÃO DE QUEDA LIVRE (OPCIONAL)

A natureza do movimento de um objeto em queda livre tem sido de interesse de cientistas e filósofos por muito tempo. Aristóteles (384-322 a.C.) pensava que objetos mais pesados deveriam cair mais rapidamente por causa de seu peso. Este pensamento prevaleceu por dois milênios, até que Galileu Galilei (1564-1642) fez a devida correção ao afirmar que, na ausência de resistência do ar, todos os objetos caem com a mesma velocidade. É possível testar esta afirmação jogando uma pluma e uma bola de chumbo no vácuo, e verificando que elas realmente caem da mesma forma. Em 1971, o astronauta David Scott largou uma pluma e um martelo na Lua (sem atmosfera), observando que elas atingiram a superfície aproximadamente no mesmo instante.

Na época de Galileu não havia maneira de obter um vácuo e tampouco equipamentos capazes de efetuar medições precisas de intervalos de tempo. (A famosa história em que Galileu jogava diferentes objetos do alto da Torre de Pisa e ficava assistindo à queda até atingir o solo no mesmo instante é, provavelmente, apenas lenda. Para uma torre desta altura, a resistência do ar deve ter uma influência significativa nos objetos a menos que eles possuam o mesmo peso e a mesma forma.) Galileu reduziu a aceleração (tornando mais fácil a medição dos intervalos de tempo e também reduzindo os efeitos da resistência do ar) fazendo uma bola rolar em um plano inclinado em vez de jogá-la. Ele mostrou que, em intervalos de tempo iguais, a bola percorria distâncias proporcionais a inteiros ímpares 1, 3, 5, 7, ... Assim, as distâncias totais percorridas por intervalos consecutivos eram proporcionais a 1, 1 + 3 (= 4), 1 + 3 + 5 (= 9), 1 + 3 + 5 + 7 (= 16), e daí por diante. Ele então concluiu que as distâncias aumentavam com o *quadrado* do tempo, o qual, se sabe agora, ocorre *apenas* nos casos com aceleração constante. Ele também mostrou que os mesmos resultados eram obtidos independente da massa das bolas, e, portanto, (na terminologia atual) ele deduziu que a aceleração de queda livre é independente da massa do objeto.

Atualmente, a medição de g é um exercício padrão de laboratório. Ao se medir o tempo de queda de um objeto que percorre uma distância de um metro ou dois (o que leva aproximadamente 0,5 s), é possível determinar g com uma exatidão de alguns por cento. Com o uso de um pêndulo simples (que diminui a velocidade do movimento de maneira análoga ao plano inclinado de Galileu) e medindo o tempo de um ciclo completo (como se discute no Cap. 7), determina-se g com uma exatidão de cerca de 0,1%. Este nível de exatidão é suficiente para observar a variação de g entre o nível do mar e o alto de uma montanha (3 km ou 10.000 pés), ou ainda entre o equador e os pólos da Terra.

A partir de um aparato cuidadosamente projetado, a exatidão do método do pêndulo pode ser estendida para uma parte em 10^6, o que é suficiente para detectar a variação de g entre dois andares de um prédio. Para obter uma exatidão ainda maior, o método da queda livre pode ser apurado. Quando se larga um objeto em queda livre no vácuo, o qual reflete um feixe de laser conforme vai caindo, o valor de g pode ser avaliado com uma exatidão de uma parte em 10^9, o que permite observar variações de g em uma distância vertical de 1 cm. Da mesma maneira, este medidor de gravidade pode detectar o efeito gravitacional de um cientista que esteja em pé a 1 m do aparato!

Os medidores gravitacionais que servem para efetuar medidas com esta precisão estão comercialmente disponíveis hoje em dia. No modelo descrito anteriormente, o objeto é lançado em uma caixa de vácuo, projetado para cima, de tal modo que as medições podem ser feitas durante a subida e a descida, como discutido no Problema 33. A Fig. 2-26 mostra uma versão portátil desse aparato.

Estas medições precisas da aceleração de queda livre permitem estudos detalhados sobre a gravidade da Terra, que possui conseqüências práticas importantes. As variações de g de local para local podem revelar a presença de óleo ou minerais sob a superfície da Terra, enquanto as variações de g com o tempo podem revelar o movimento de placas da Terra ou atividade sísmica. O conhecimento de pequenas variações de g, devidas a irregularidades na gravidade da Terra, permite cálculos precisos da trajetória de mísseis balísticos ou de satélites. Além dessas aplicações práticas, medições precisas de g proporcionam testes detalhados da compreensão da teoria gravitacional, uma das forças básicas do Universo. ■

Fig. 2-26. Um medidor gravitacional portátil. Sua utilização inclui pesquisa geofísica, exploração mineral e de óleo, além de navegação inercial. Foto fornecida por cortesia do Dr. T. M. Niebauer, *Micro-g Solutions*. (Ver http://www.microgsolutions.com.)

MÚLTIPLA ESCOLHA

2-1 Cinemática com Vetores

2-2 Propriedades dos Vetores

2-3 Vetores Posição, Velocidade e Aceleração

1. Um objeto movimenta-se com uma velocidade dada por $\vec{\mathbf{v}}(t) = v_x(t)\ \hat{\mathbf{i}} + v_y(t)\ \hat{\mathbf{j}} + v_z(t)\ \hat{\mathbf{k}}$ em que $v_z(t) = 0$. A partir daí, pode-se concluir

(*a*) que a aceleração $\vec{\mathbf{a}}(t)$

(A) não possui nenhuma componente nula.

(B) pode possuir algumas componentes nulas.

(C) possui apenas a componente z nula.

(D) possui a componente z nula, e talvez uma componente nula nas direções x e y.

(*b*) e que a posição $\vec{\mathbf{r}}(t)$

(A) não possui nenhuma componente nula.

(B) pode possuir algumas componentes nulas.

(C) possui apenas a componente z nula.

(D) possui a componente z nula, e talvez uma componente nula nas direções x e y.

2. Um objeto movimenta-se no plano xy com a posição descrita como uma função do tempo dada por $\vec{\mathbf{r}} = x(t)\ \hat{\mathbf{i}} + y(t)\ \hat{\mathbf{j}}$. O ponto O está em $\vec{\mathbf{r}} = 0$. O objeto movimenta-se na direção de O quando

(A) $v_x > 0,\ v_y > 0$.

(B) $v_x < 0,\ v_y < 0$.

(C) $xv_x + yv_y < 0$.

(D) $xv_x + yv_y > 0$.

2-4 Cinemática Unidimensional

3. Um objeto é lançado do solo para cima, no ar, com uma velocidade inicial vertical de 30 m/s. O objeto sobe até o seu ponto mais alto, a aproximadamente 45 m do solo, em 3 segundos; então, ele cai ao solo em mais 3 segundos, chocando-se com uma velocidade de 30 m/s.

(*a*) A média da *intensidade* da velocidade do objeto durante o intervalo de 6 segundos está mais próxima de

(A) 0 m/s.

(B) 5 m/s.

(C) 15 m/s.

(D) 30 m/s.

(*b*) A intensidade da *velocidade* média durante o intervalo de 6 segundos está mais próxima de

(A) 0 m/s.

(B) 5 m/s.

(C) 15 m/s.

(D) 30 m/s.

4. Um carro viaja 15 milhas para leste com uma intensidade de velocidade constante de 20 mi/h, então prossegue mais 20 milhas com uma velocidade de 30 mi/h. O que se pode concluir sobre a intensidade da velocidade média?

(A) $v_{med} < 25$ mi/h.

(B) $v_{med} = 25$ mi/h.

(C) $v_{med} > 25$ mi/h.

(D) Mais informações são necessárias para responder a esta questão.

5. Um objeto movimenta-se sobre o eixo x com a posição como uma função do tempo, descrita por $x = x(t)$. O ponto O está em $x = 0$. O objeto está se movendo na direção de O quando

(A) $dx/dt < 0$.

(B) $dx/dt > 0$.

(C) $d(x^2)/dt < 0$.

(D) $d(x^2)/dt > 0$.

6. Um objeto parte do repouso em $x = 0$ quando $t = 0$. Ele movimenta-se na direção x com velocidade positiva depois de $t = 0$. A velocidade instantânea e a velocidade média estão relacionadas por

(A) $dx/dt < x/t$.

(B) $dx/dt = x/t$.

(C) $dx/dt > x/t$.

(D) dx/dt pode ser maior que, menor que ou igual a x/t.

7. A Fig. 2-27 mostra uma série de gráficos sem legendas nos eixos. (*a*) Qual a curva que melhor representa a velocidade como uma função do tempo para um objeto que se move com uma intensidade de velocidade constante? (*b*) Qual a curva que melhor representa a velocidade como uma função do tempo para uma aceleração dada por $a = +3t$? (*c*) Qual a curva que melhor representa a distância como uma função do tempo para uma aceleração negativa, constante? (*d*) Qual a curva que melhor representa a velocidade como uma função do tempo se a curva E indica a distância como uma função do tempo?

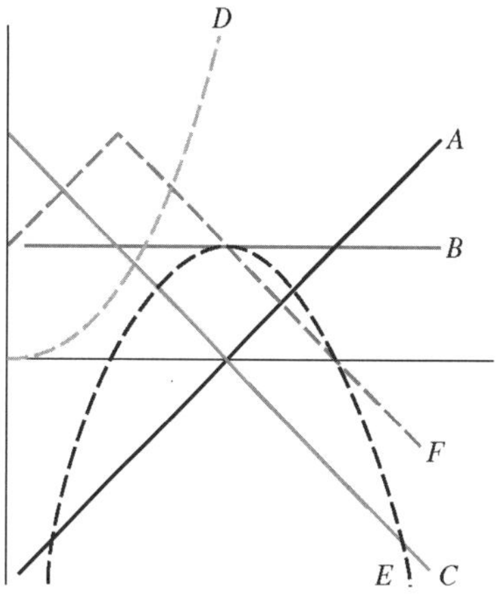

Fig. 2-27. Múltipla Escolha, Questão 7.

2-5 Movimento com Aceleração Constante

8. Um objeto movimenta-se na direção x com uma velocidade $v_x(t)$, e dv_x/dt é uma constante não-nula. Se $v_x = 0$ em $t = 0$, então para $t > 0$, a quantidade $v_x \, dv_x/dt$ é

(A) negativa.

(B) zero.

(C) positiva.

(D) não é determinada pelas informações fornecidas.

2-6 Corpos em Queda Livre

9. Um estudante faz o seguinte comentário em sessão de estudo: "Um objeto em queda livre percorre uma distância maior durante cada segundo do que a distância total percorrida durante todos os segundos anteriores." Esta afirmativa

(A) é sempre verdadeira.

(B) é verdadeira apenas para intervalos de tempo suficientemente pequenos.

(C) é verdadeira para intervalos de tempo suficientemente longos.

(D) nunca é verdadeira.

10. Um objeto é arremessado verticalmente no ar com uma velocidade inicial de 8 m/s. Pela convenção de sinais de que *para cima é positivo*, como a componente vertical da aceleração do objeto, a_y (após ter sido lançado) varia durante o vôo do objeto?

(A) Durante a subida $a_y > 0$, e durante a descida $a_y > 0$.

(B) Durante a subida $a_y < 0$, e durante a descida $a_y > 0$.

(C) Durante a subida $a_y > 0$, e durante a descida $a_y < 0$.

(D) Durante a subida $a_y < 0$, e durante a descida $a_y < 0$.

11. Um menino salta de um trampolim em uma piscina. Na metade do percurso entre o trampolim e a água, ele arremessa uma bola para cima. Quando se despreza a resistência do ar, a componente vertical da aceleração da bola no instante em que ela é lançada

(A) é positiva, mas decresce desde zero até $-9{,}8$ m/s^2.

(B) é zero, mas decresce até $-9{,}8$ m/s^2.

(C) está entre zero e $-9{,}8$ m/s^2, mas decresce até $-9{,}8$ m/s^2.

(D) é $-9{,}8$ m/s^2.

12. Um pequeno brinquedo consiste em um tubo que atira bolas de suas extremidades. O brinquedo é solto do alto de uma árvore e atira na metade do percurso até o solo. Uma bola é lançada para cima e a outra, para baixo. Considere a componente vertical da aceleração das bolas, a_y, imediatamente após elas deixarem o brinquedo, desprezando qualquer resistência do ar.

(A) A bola lançada para cima possui $a_y < -9{,}8$ m/s^2.

(B) A bola lançada para cima possui $a_y = -9{,}8$ m/s^2.

(C) A bola lançada para cima possui $a_y > -9{,}8$ m/s^2.

(D) A bola lançada para baixo possui $a_y > -9{,}8$ m/s^2.

QUESTÕES

1. É possível que dois vetores com intensidades diferentes sejam combinados para apresentar uma resultante nula? E três vetores?

2. É possível um vetor ter intensidade nula se uma de suas componentes não é nula?

3. É possível a soma das intensidades de dois vetores ser sempre igual à intensidade da soma desses dois vetores?

4. É possível a intensidade da diferença entre dois vetores ser sempre maior do que a intensidade de cada vetor? É possível que essa intensidade seja maior do que a intensidade da soma? Forneça exemplos.

5. Suponha que $\vec{\mathbf{d}} = \vec{\mathbf{d}}_1 + \vec{\mathbf{d}}_2$. Isso significa que se deve ter $d \geq d_1$ ou $d \geq d_2$? Se não, explique por quê?

6. É possível que a velocidade de uma partícula seja sempre negativa? Em caso afirmativo, forneça um exemplo; do contrário, explique por quê.

7. A velocidade média possui uma direção associada a ela?

8. A cada segundo, um coelho movimenta-se metade da distância que falta desde o seu nariz até uma alface. O coelho sempre pega a alface? Qual é o valor limite da velocidade média do coelho? Esboce gráficos que mostrem a velocidade e a posição do coelho ao longo do tempo.

9. No lugar da definição apresentada na Eq. 2-13, a média da intensidade da velocidade deveria ter sido definida como a intensidade da velocidade média. Estas definições são diferentes? Dê exemplos que respaldem sua resposta.

10. Um carro de corrida, durante duas voltas para qualificação, percorre a primeira volta com uma média de intensidade de velocidade de 90 mi/h. O piloto necessita aumentar a intensidade da velocidade durante a segunda volta de tal forma que a média das duas voltas seja 180 mi/h. Mostre que isso não pode ser feito.

11. Bob superou Judy por 10 m em uma corrida de 100 m. Com o objetivo de concorrer em igualdade de condições com Judy, Bob concorda em correr novamente partindo 10 m antes da linha de partida. Isso realmente deixa a disputa em igualdade de condições?

12. Quando a velocidade é constante, é possível que a velocidade média de qualquer intervalo de tempo seja diferente da velocidade instantânea de um instante qualquer? Em caso afirmativo, forneça um exemplo; do contrário, explique por quê.

13. É possível que a velocidade média de uma partícula que se movimenta ao longo do eixo x seja $1/2\ (v_{0x} + v_x)$ se a aceleração não é constante? Prove sua resposta através de gráficos.

14. (*a*) É possível um objeto possuir velocidade nula e permanecer acelerando? (*b*) É possível um objeto possuir uma velocidade constante e a intensidade da velocidade ser variável? Em cada caso, forneça um exemplo se sua resposta for afirmativa e explique por que em caso negativo.

15. É possível que a velocidade de um objeto reverta o sentido do movimento quando sua aceleração é constante? Em caso afirmativo, forneça um exemplo; do contrário, explique por quê.

16. A Fig. 2-28 mostra o Coronel John P. Stapp em seu acento jato-propulsado; veja Exercício 45. (*a*) O seu corpo é um acelerômetro, e não um velocímetro. Explique. (*b*) Você pode dizer a direção da aceleração a partir da figura a seguir?

Fig. 2-28. Questão 16 e Exercício 45.

17. É possível que um objeto aumente a intensidade da velocidade enquanto a intensidade da aceleração diminui? Em caso afirmativo, forneça um exemplo; do contrário, explique por quê.

18. Das situações seguintes, qual delas é impossível? (*a*) Um corpo possui velocidade para leste e aceleração para leste; (*b*) Um corpo possui velocidade para leste e aceleração para oeste; (*c*) Um corpo possui velocidade nula e aceleração não-nula; (*d*) Um corpo possui aceleração constante e velocidade variável; (*e*) Um corpo possui velocidade constante e aceleração variável.

19. Se uma partícula é lançada desde o repouso ($v_{0x} = 0$) em $x_0 = 0$ e em $t = 0$, a Eq. 2-28 para uma aceleração constante estabelece que na posição x existem dois instantes de tempo diferentes, $+\sqrt{2x/a_x}$ e $-\sqrt{2x/a_x}$. Qual o significado da raiz negativa da equação do segundo grau?

20. O que acontece com as equações cinemáticas (Eqs. 2-26 ou 2-28), considerando uma operação de tempo reverso, ou seja, substituindo t por $-t$? Explique.

21. Espera-se que uma relação geral, assim como as Eqs. 2-26 e 2-28, seja válida independente da escolha do sistema de coordenadas. Pela necessidade de que essas equações gerais sejam dimensionalmente consistentes, deve-se garantir que essas equações sejam válidas independente da escolha de unidades. Assim sendo, existe necessidade de sistemas de unidades e de coordenadas?

22. Quais são alguns exemplos de objetos em queda livre em que não é razoável desprezar a resistência do ar?

23. A Fig. 2-29 mostra uma chaminé em Baltimore, Maryland, construída em 1829. Ela é utilizada para fabricar bolas de chumbo derramando chumbo liqüefeito por uma peneira no topo da chaminé. As bolas de chumbo solidificam quando caem em um tanque de água na base da chaminé, 230 ft abaixo. Qual é a vantagem de fabricar bolas de chumbo dessa maneira?

Fig. 2-29. Questão 23.

24. Uma pessoa em pé à beira de um penhasco, a uma determinada altura do solo, arremessa uma bola para cima com uma velocidade inicial de intensidade v_0, e depois arremessa outra bola para baixo com a mesma velocidade inicial. Qual bola possui a maior intensidade de velocidade quando atinge o solo? Despreze a resistência do ar.

25. Qual é a aceleração, para baixo, de um projétil que é liberado de um míssil com uma aceleração de 9,8 m/s^2, para cima?

26. Em um outro planeta, o valor de g é a metade do valor da Terra. Qual é o tempo necessário para um objeto em queda livre atingir o solo deste planeta, partindo do repouso, em relação ao tempo necessário para cair a mesma distância na Terra?

27. (*a*) Uma pedra é lançada para cima com uma certa velocidade em um planeta onde a aceleração de queda livre é o dobro da aceleração da Terra? (*b*) Se a velocidade inicial for dobrada, que mudança isso causa?

28. Considere uma bola arremessada na vertical, para cima. Se levada em conta a resistência do ar, você espera que o tempo decorrido durante a subida é maior ou menor do que o tempo decorrido durante a descida? Por quê?

29. Faça um gráfico qualitativo da intensidade da velocidade v versus tempo t para um objeto em queda livre (*a*) quando a resistência do ar pode ser desprezada e (*b*) quando a resistência do ar não pode ser desprezada.

30. Uma segunda bola é lançada desde um elevador, para baixo, 1 s após o lançamento da primeira bola. (*a*) O que acontece com a distância entre as duas bolas à medida que o tempo passa? (*b*) Como a relação v_1/v_2, entre as intensidades das velocidades da primeira e da segunda bola, varia com o passar do tempo? Despreze a resistência do ar e forneça respostas qualitativas.

31. Repita a Questão 30 levando em consideração a resistência do ar. Novamente, forneça respostas qualitativas.

32. Se m é uma pedra leve e M uma pedra pesada, de acordo com Aristóteles, M deve cair mais rápido do que m. Galileu tentou mostrar que a idéia de Aristóteles possui uma inconsistência lógica a partir do seguinte argumento. Amarre m e M de modo que elas formem uma pedra dupla. Então, durante a queda, m deveria retardar M, uma vez que ela tende a cair mais lentamente e, assim, o conjunto deve cair mais rápido do que m e mais lento do que M; contudo, de acordo com Aristóteles, o corpo duplo (M + m) é mais pesado do que M e, portanto, deveria cair mais rápido do que M. Se você aceita o raciocínio de Galileu, pode concluir que M e m devem cair da mesma forma? O que é necessário para um experimento desse caso? Se você acredita que o raciocínio de Galileu está incorreto, explique por quê.

EXERCÍCIOS

2-1 Cinemática com Vetores

2-2 Propriedades dos Vetores

1. Considere dois deslocamentos, um com 3 m de intensidade e o outro com 4 m. Mostre como os vetores deslocamentos podem ser combinados para dar um deslocamento resultante de intensidade (*a*) 7 m, (*b*) 1 m e (*c*) 5 m.

2. Uma pessoa caminha com o seguinte padrão: 3,1 km para norte, 2,4 km para oeste e, finalmente, 5,2 km para sul. (*a*) Construa um diagrama vetorial que represente este movimento. (*b*) Qual a distância e qual a direção que um pássaro ao voar em linha reta percorrerá para chegar ao mesmo ponto final?

3. O vetor $\vec{\mathbf{a}}$ possui 5,2 unidades de intensidade e está na direção leste. O vetor $\vec{\mathbf{b}}$ possui uma intensidade de 4,3 unidades e sua direção está a 35° noroeste. A partir da construção de diagramas vetoriais, determine as intensidades e direções de (*a*) $\vec{\mathbf{a}} + \vec{\mathbf{b}}$, e (*b*) $\vec{\mathbf{a}} - \vec{\mathbf{b}}$.

4. (*a*) Quais são as componentes de um vetor $\vec{\mathbf{a}}$ no plano xy se sua direção é de 252°, medida a partir do eixo positivo de x no sentido anti-horário, e sua intensidade é de 7,34 unidades? (*b*) A componente x de um certo vetor é de −25 unidades e sua componente y, +43 unidades. Qual é a intensidade deste vetor e qual é o ângulo entre sua direção e o sentido positivo do eixo x?

5. Uma pessoa deseja alcançar um ponto que está a 3,42 km de sua localização atual e em uma direção de 35,0° a nordeste. Todavia, ela deve percorrer ruas que estão tanto na direção norte-sul quanto leste-oeste. Qual é a distância mínima que esta pessoa pode percorrer para atingir seu destino?

6. Uma embarcação parte para velejar para um ponto que está 124 km ao norte. Uma tempestade inesperada leva o barco para um ponto 72,6 km ao norte e 31,4 km a leste de seu ponto de partida. Qual a distância, e em que direção se deve velejar agora para atingir o destino original?

7. (*a*) Qual é a soma, usando a notação dos vetores unitários, dos dois vetores $\vec{\mathbf{a}} = 5\hat{\mathbf{i}} + 3\hat{\mathbf{j}}$ e $\vec{\mathbf{b}} = -3\hat{\mathbf{i}} + 2\hat{\mathbf{j}}$? (*b*) Qual é a intensidade e a direção de $\vec{\mathbf{a}} + \vec{\mathbf{b}}$?

8. Dois vetores são dados por $\vec{\mathbf{a}} = 4\hat{\mathbf{i}} - 3\hat{\mathbf{j}} + \hat{\mathbf{k}}$ e $\vec{\mathbf{b}} = -\hat{\mathbf{i}} + \hat{\mathbf{j}} + 4\hat{\mathbf{k}}$. Determine (*a*) $\vec{\mathbf{a}} + \vec{\mathbf{b}}$, (*b*) $\vec{\mathbf{a}} - \vec{\mathbf{b}}$ e (*c*) um vetor $\vec{\mathbf{c}}$ tal que $\vec{\mathbf{a}} - \vec{\mathbf{b}} + \vec{\mathbf{c}} = 0$.

9. Dados dois vetores, $\vec{\mathbf{a}} = 4{,}0\hat{\mathbf{i}} - 3{,}0\hat{\mathbf{j}}$ e $\vec{\mathbf{b}} = 6{,}0\hat{\mathbf{i}} + 8{,}0\hat{\mathbf{j}}$, determine as intensidades e as direções (avaliadas a partir do sentido positivo do eixo x) de (*a*) $\vec{\mathbf{a}}$, (*b*) $\vec{\mathbf{b}}$, (*c*) $\vec{\mathbf{a}} + \vec{\mathbf{b}}$, (*d*) $\vec{\mathbf{b}} - \vec{\mathbf{a}}$, (*e*) $\vec{\mathbf{a}} - \vec{\mathbf{b}}$.

10. Dois vetores $\vec{\mathbf{a}}$ e $\vec{\mathbf{b}}$ possuem intensidades iguais de 12,7 unidades. Eles estão orientados segundo é mostrado na Fig. 2-30 e o vetor soma é $\vec{\mathbf{r}}$. Determine (*a*) as componentes x e

y de $\vec{\mathbf{r}}$, (*b*) a intensidade de $\vec{\mathbf{r}}$, e (*c*) o ângulo que $\vec{\mathbf{r}}$ faz com o eixo $x+$.

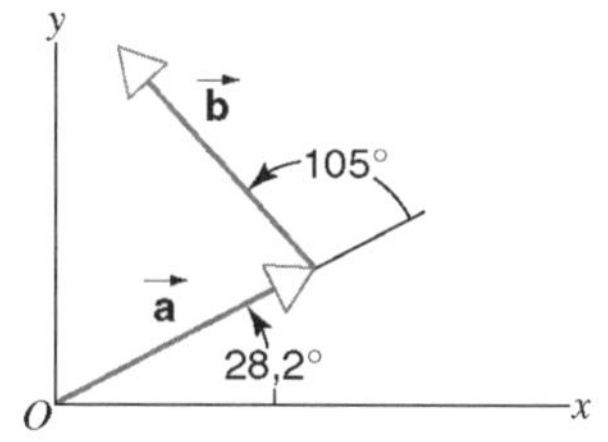

Fig. 2-30. Exercício 10.

2-3 Vetores Posição, Velocidade e Aceleração

11. Uma mulher caminha 250 m na direção 35° para noroeste, e então 170 m diretamente a leste. (*a*) Com a utilização de métodos gráficos, encontre seu deslocamento final, avaliado desde o ponto de partida. (*b*) Compare a intensidade de seu deslocamento com a distância percorrida.

12. Um carro é dirigido para o leste por uma distância de 54 km e, então, para norte por mais 32 km e, finalmente, para uma direção 28° a noroeste por 27 km. Desenhe o diagrama de vetores e determine o deslocamento total do carro a partir de seu ponto de partida.

13. O ponteiro dos minutos de um relógio de parede possui 11,3 cm medidos desde o eixo até a extremidade. Qual é o vetor deslocamento até a sua extremidade (*a*) desde 1/4 de hora até meia hora, (*b*) na próxima meia hora e (c) na próxima hora?

14. Uma partícula passa por três deslocamentos sucessivos em um plano, como se segue: 4,13 m a sudoeste, 5,26 m a leste e 5,94 m na direção 64,0° a nordeste. Escolha o eixo x apontando para o leste e o eixo y apontando para o norte e determine (*a*) as componentes de cada deslocamento, (*b*) as componentes do deslocamento resultante, (*c*) a intensidade, e a direção do deslocamento resultante e (*d*) o deslocamento necessário para levar a partícula de volta ao ponto de partida.

15. Um radar detecta um míssil se aproximando desde o leste. No primeiro contato, a distância do míssil é de 12.000 pés a 40,0° sobre o horizonte. O míssil é seguido e, no contato final, ele está a 25.800 pés a 123° no plano leste-oeste (ver Fig. 2-31). Determine o deslocamento do míssil durante o período de contato do radar.

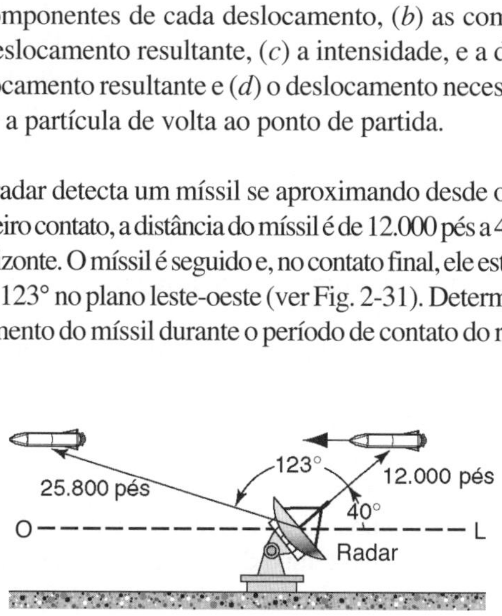

Fig. 2-31. Exercício 15.

16. Um avião voa 410 mi para leste, desde a cidade A até a cidade B, em 45 min e então voa mais 820 mi para sul, desde a cidade B até a cidade C, em 1 h 30 min. (*a*) Qual é a intensidade e a direção do vetor deslocamento que representa a viagem total? Qual é (*b*) o vetor velocidade média e (*c*) a média da intensidade da velocidade durante a viagem?

17. A posição de uma partícula que se movimenta no plano xy é dada por $\vec{\mathbf{r}} = [(2\text{ m/s}^3)\,t^3 - (5\text{ m/s})\,t]\,\hat{\mathbf{i}} + [(6\text{ m}) - (7\text{ m/s}^4)\,t^4]\,\hat{\mathbf{j}}$. Calcule (*a*) $\vec{\mathbf{r}}$, (*b*) $\vec{\mathbf{v}}$, e (*c*) $\vec{\mathbf{a}}$ quando $t = 2$ s.

18. Em 3 h 24 min um balão flutua 8,7 km para norte, 9,7 km para leste, e eleva-se 2,9 km em relação a seu ponto de partida no solo. Determine (*a*) a intensidade de sua velocidade média e (*b*) o ângulo que sua velocidade faz com a horizontal.

19. A velocidade de uma partícula que se move no plano xy é dada por $\vec{\mathbf{v}} = [(6{,}0\text{ m/s}^2)\,t - (4{,}0\text{ m/s}^3)\,t^2]\,\hat{\mathbf{i}} + (8{,}0\text{ m/s})\,\hat{\mathbf{j}}$. Assuma que $t > 0$. (*a*) Qual é a aceleração quando $t = 3$ s? (*b*) Quando (se acontecer) a aceleração é nula? (*c*) Quando (se acontecer) a velocidade é nula? (*d*) Quando (se acontecer) a intensidade da velocidade é de 10 m/s?

20. Uma partícula movimenta-se no plano xy com uma velocidade $\vec{\mathbf{v}}(t) = v_x(t)\,\hat{\mathbf{i}} + v_y(t)\,\hat{\mathbf{j}}$ e uma aceleração $\vec{\mathbf{a}}(t) = a_x(t)\,\hat{\mathbf{i}} + a_y(t)\,\hat{\mathbf{j}}$. Por meio da apropriada avaliação da derivada, mostre que a intensidade de $\vec{\mathbf{v}}$ pode ser constante somente se $a_x v_x + a_y v_y = 0$.

2-4 Cinemática Unidimensional

21. Um avião faz um vôo "circular" entre *Los Angeles* e *Namulevu, Vanuavinaka*. O avião decola às 12 h 50 min no horário de *Los Angeles* e pousa às 18 h 50 min, horário de *Namulevu*. Na viagem de retorno, ele decola à 1 h 50 min, horário de *Namulevu*, e pousa às 18 h 50 min, horário de *Los Angeles*. Se for estabelecido que o horário do avião é o mesmo nos dois trechos da viagem, e que o avião viaja em linha reta com uma média de intensidade de velocidade de 520 mi/h: (*a*) Quanto tempo dura o vôo (um trecho, conforme medido pelos passageiros)? (*b*) Qual a diferença de horário entre *Namulevu* e *Los Angeles*? (*c*) Aproximadamente em que local *Namulevu* está localizado no globo terrestre?

22. Em 15 de abril, um avião decola às 16 h 40 min de *Belém*, Brasil, com destino a *Villamil*, Equador (Galápagos). O avião pousa às 20 h 40 min no horário de *Villamil*. O Sol se põe às 18 h 15 min em *Belém* (horário local), e às 19 h 06 min em *Villamil* (horário local). A que horas, durante o vôo, os passageiros vêem o pôr-do-sol?

23. Qual a distância percorrida pelo seu carro, movendo-se a 70 mi/h (= 112 km/h), durante o intervalo de 1 s em que você observa um acidente ocorrido na beira da estrada?

24. O arremessador do *New York Yankees* Roger Clemens lança uma bola rápida com uma velocidade horizontal de 160 km/h, como verificado por um radar. Qual o tempo necessário para que essa bola alcance uma placa que está a 18,4 m de distância?

25. A Fig. 2-32 mostra a relação entre a idade do sedimento mais antigo, em milhões de anos, e a distância, em quilômetros, de uma determinada montanha submarina. O material do fundo do mar é extrudado desta montanha e movimenta-se para longe a uma velocidade aproximadamente constante. Determine a intensidade da velocidade, em centímetros por ano, com que este material se afasta da montanha.

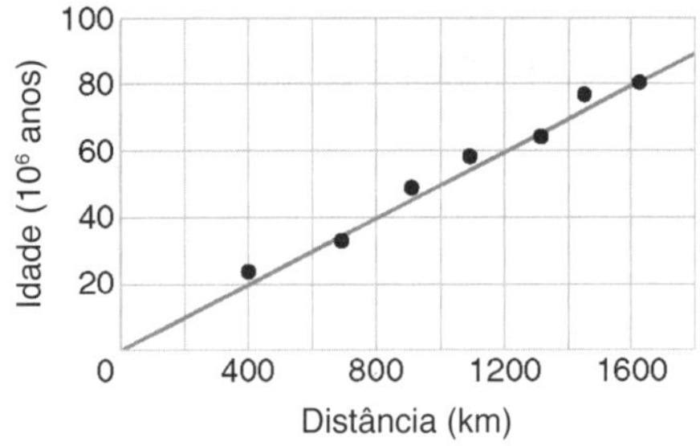

Fig. 2-32. Exercício 25.

26. Maurice Greene correu os 100 m rasos em 9,81 s (o vento estava a seu favor), e Khalid Khannouchi correu a maratona (26 mi, 385 yd) em 2:05:42. (*a*) Qual é a média da intensidade da velocidade deles? (*b*) Se Maurice Greene conseguisse manter o seu ritmo durante a maratona, em quanto tempo ele chegaria ao fim?

27. A velocidade máxima permitida em uma estrada é modificada de 55 mi/h (= 88,5 km/h) para 65 mi/h (104,6 km/h). Quanto tempo é economizado em uma viagem desde a entrada de *Buffalo* até a cidade de Nova York, saída do Estado de Nova York, por alguém que viaja no limite da velocidade permitida por todo o percurso de 435 mi (= 700 km) da estrada?

28. Um avião de alto desempenho, que está praticando uma manobra para não ser detectado por radares, está em um vôo horizontal 35 m acima do nível do solo. De repente o avião encontra um terreno que está suavemente inclinado em 4,3°, sendo difícil de detectar; veja a Fig. 2-33. Quanto tempo o piloto possui para fazer uma correção no vôo de forma a evitar que o avião colida com o solo? A velocidade é de 1300 km/h.

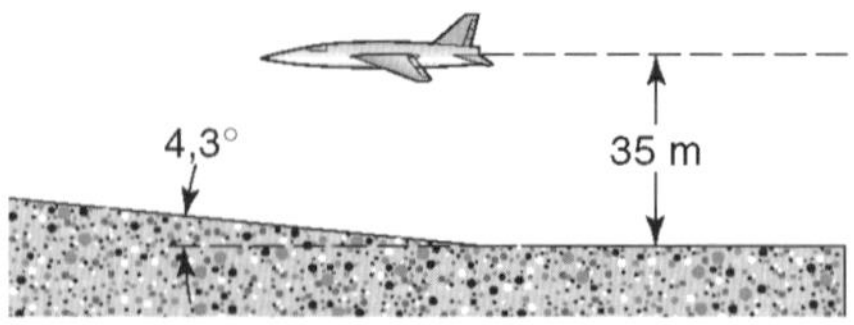

Fig. 2-33. Exercício 28.

29. Um carro sobe uma montanha com uma velocidade constante de 40 km/h e retorna para baixo com uma velocidade de 60 km/h. Calcule a média da intensidade da velocidade para toda a viagem.

30. Avalie sua média da intensidade de velocidade nos dois casos seguintes. (*a*) Você caminha 240 pés com uma velocidade de 4,0 pés/s e então corre 240 pés com uma velocidade de 10 pés/s por uma estrada reta. (*b*) Você caminha por 1 min com uma velocidade de 4,0 pés/s e então corre por 1,0 min com uma velocidade de 10 pés/s por uma estrada reta.

31. Qual a distância percorrida por um corredor, cujo gráfico velocidade-tempo aparece na Fig. 2-34, durante o intervalo de 16 s?

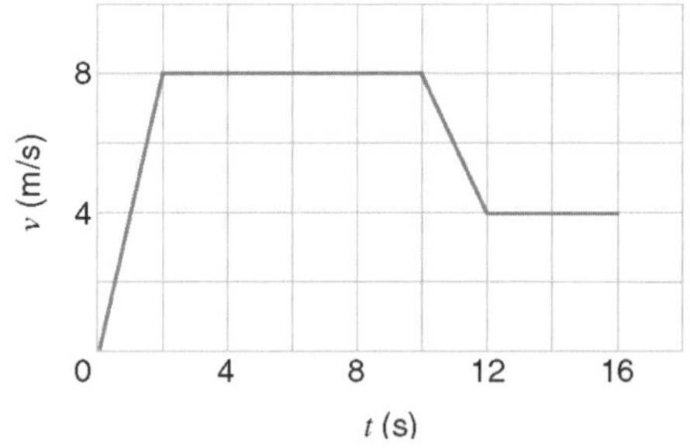

Fig. 2-34. Exercícios 31 e 32.

32. Qual é a aceleração do corredor do Exercício 31 em $t = 11$ s?

33. Uma partícula possuía uma velocidade de 18 m/s na direção positiva de x e, 2,4 s depois, sua velocidade foi para 30 m/s no sentido oposto. Qual foi a aceleração média da partícula durante esse intervalo de 2,4 s?

34. Um objeto movimenta-se em linha reta, como descrito pelo gráfico velocidade-tempo da Fig. 2-35. Esboce um gráfico que representa a aceleração do objeto como uma função do tempo.

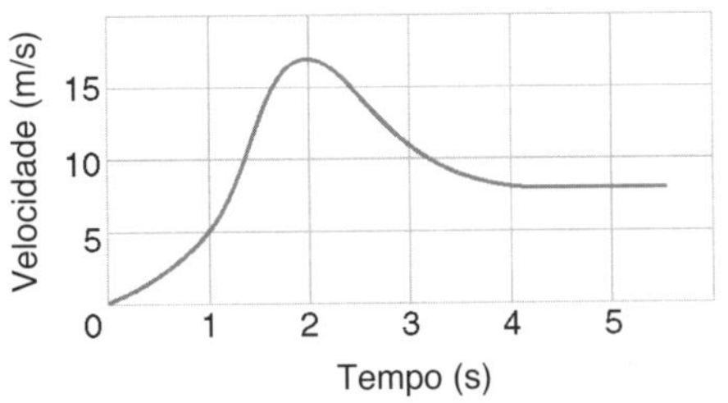

Fig. 2-35. Exercício 34.

35. O gráfico x versus t da Fig. 2-36a é de uma partícula com movimento em linha reta. (*a*) Estabeleça, para cada intervalo, quando a velocidade v_x é +, −, ou 0, e quando a aceleração a_x é +, −, ou 0. Os intervalos são OA, AB, BC, e CD. (*b*) A partir da curva, avalie se existe um intervalo no qual a aceleração é, obviamente, variável? (Ignore o comportamento nas extremidades dos intervalos.)

36. Responda as questões anteriores para um movimento descrito pelo gráfico da Fig. 2-36b.

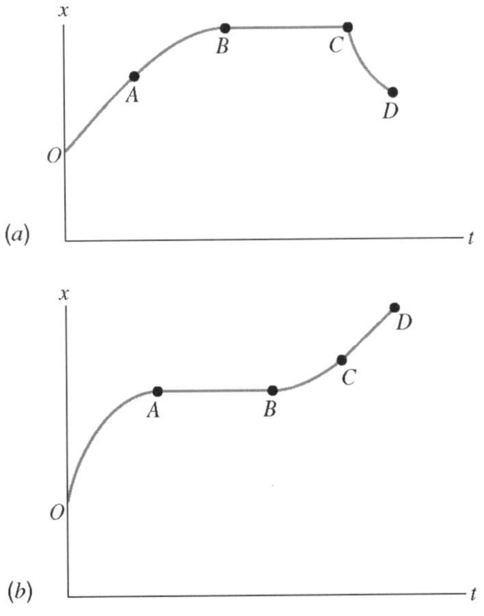

Fig. 2-36. (*a*) Exercício 35 e (*b*) Exercício 36.

37. Uma partícula movimenta-se sobre o eixo x com um deslocamento versus tempo como é exibido na Fig. 2-37. Esboce curvas de velocidade versus tempo e aceleração versus tempo para esse movimento.

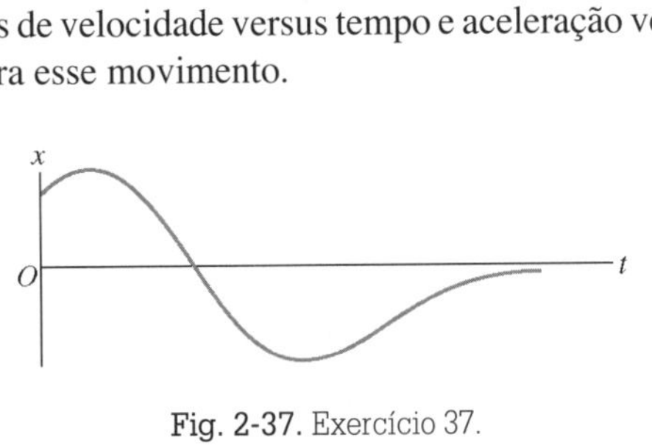

Fig. 2-37. Exercício 37.

38. Uma partícula que se movimenta ao longo do sentido positivo de x possui as seguintes posições para vários instantes de tempo:

x(m)	0,080	0,050	0,040	0,050	0,080	0,13	0,20
t(s)	0	1	2	3	4	5	6

(*a*) Trace o deslocamento (não é posição) versus tempo. (*b*) Encontre a velocidade média da partícula nos intervalos de 0 a 1 s, 0 até 2 s, 0 até 3 s, 0 até 4 s. (*c*) Encontre a inclinação da curva traçada na parte (*a*) nos pontos t = 0, 1, 2, 3, 4, e 5 s. (*d*) Trace a inclinação (unidades?) versus tempo. (*e*) A partir da curva da parte (*d*), determine a aceleração da partícula nos instantes t = 2, 3, e 4 s.

39. A posição de uma partícula ao longo do eixo x depende do tempo de acordo com a equação $x = At^2 - Bt^3$, onde x está em metros e t em segundos. (*a*) Em quais unidades SI devem estar A e B? A partir de agora, admita que os valores numéricos, em unidades SI, são 3,0 e 1,0, respectivamente. (*b*) Em quanto tempo a partícula alcança sua máxima posição x positiva? (*c*) Qual o comprimento total da trajetória percorrida pela partícula nos primeiros 4 segundos? (*d*) Qual é o seu deslocamento durante os primeiros 4 segundos. (*e*) Qual é a velocidade da partícula ao final de cada um dos 4 primeiros segundos? (*f*) Qual é a aceleração da partícula ao final de cada um dos 4 primeiros segundos? (*g*) Qual é a velocidade média para o intervalo de tempo compreendido entre t = 2 e t = 4 s?

2-5 Movimento com Aceleração Constante

40. Um jumbo necessita atingir uma velocidade de 360 km/h (= 224 mi/h) para decolar. De acordo com uma aceleração constante e uma pista de 1,8 km (= 1,1 mi) de comprimento, qual a aceleração mínima necessária partindo do repouso?

41. Um foguete no espaço movimenta-se com aceleração constante de 9,8 m/s^2. (*a*) Se ele parte desde o repouso, quanto tempo é necessário para que atinja uma velocidade de 1/10 da velocidade da luz? (*b*) Qual a distância percorrida desta forma? (A velocidade da luz é $3,0 \times 10^8$ m/s.)

42. A cabeça de uma cascavel pode acelerar 50 m/s^2 ao atacar uma vítima. Se um carro pudesse fazer o mesmo, quanto tempo ele levaria para atingir a velocidade de 100 km/h, partindo do repouso?

43. Um *muon* (uma partícula elementar) é lançado com uma velocidade inicial de $5,20 \times 10^6$ m/s em uma região onde um campo elétrico produz uma aceleração de $1,30 \times 10^{14}$ m/s^2 em sentido oposto à velocidade inicial. Qual a distância percorrida pelo *muon* antes de atingir o repouso?

44. Um elétron com velocidade inicial $v_0 = 1{,}5 \times 10^5$ m/s entra em uma região de 1,2 cm de comprimento onde é eletricamente acelerado (veja Fig. 2-38). Ele sai dessa região com uma velocidade $v = 5{,}8 \times 10^6$ m/s. Qual é a sua aceleração, assumida constante? (Este processo ocorre em um feixe de elétrons de um tubo de raio catódico, utilizado em aparelhos de televisão e monitores de computadores.)

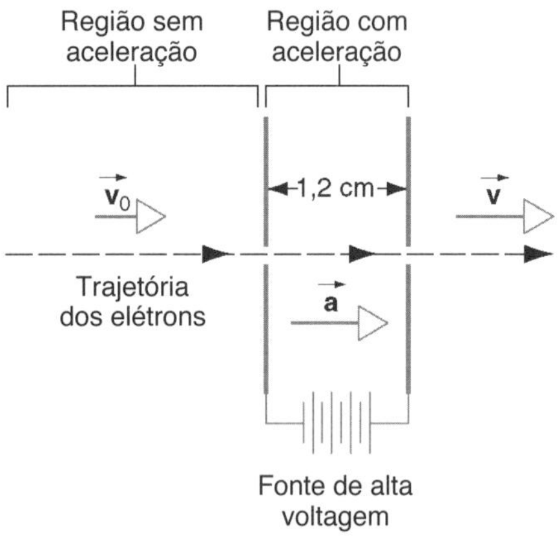

Fig. 2-38. Exercício 44.

45. A maior velocidade já registrada em Terra foi alcançada pelo Coronel John P. Stapp quando, em 19 de março de 1954, foi tripulante de um acento jato-propulsado, sobre trilhos, que se movia para baixo a 1020 km/h. Ele e o foguete são freiados em 1,4 s (ver Fig. 2-28). Qual a aceleração experimentada por ele? Expresse sua resposta em termos de g (= 9,8 m/s^2), a aceleração devida à gravidade. (Observe que seu corpo age como um acelerômetro e não como um velocímetro.)

46. Os freios de seu carro são capazes de criar uma desaceleração de 17 pés/s^2. Se você está andando a 85 mi/h e, de repente, vê a polícia, qual o tempo mínimo necessário para levar o seu carro para baixo do limite de velocidade de 55 mi/h?

47. Em uma pista seca, um carro com pneus bons pode ser capaz de freiar com uma desaceleração de 11,0 mi/h/s (= 4,92 m/s^2). (*a*) Qual a distância percorrida por esse carro que, inicialmente, estava viajando a 55 mi/h (= 24,6 m/s), até o repouso? (*b*) Qual a distância percorrida durante este tempo?

48. Uma flecha é atirada para cima, no ar, e retorna direto ao solo a 260 pés/s, penetrando 9,0 polegadas no solo. Determine (*a*) a aceleração (assumida constante) necessária para parar a flecha, e (*b*) o tempo necessário para que o solo leve a flecha ao repouso.

49. Um elevador de cabo no *New York Marriot Marquis* (veja Fig. 2-39) possui um trajeto total de 624 pés. Sua velocidade máxima é de 1000 pés/min e sua aceleração (constante) é de 4,00 pés/s^2. (*a*) Qual a distância percorrida enquanto existe aceleração desde a velocidade máxima até o repouso?

Fig. 2-39. Exercício 49.

50. Um carro que viaja a 35 mi/h (= 56 km/h) está a 110 pés (= 34 m) de uma barreira quando o motorista pisa no freio. Quatro segundos depois, o carro bate na barreira. (*a*) Qual era a desaceleração constante do carro antes do impacto? (*b*) Qual a velocidade do carro antes do impacto?

2-6 Corpos em Queda Livre

51. Pingos de chuva caem de uma nuvem até o solo a 1700 m acima da superfície da Terra. Se a rapidez deles não for reduzida pela resistência do ar, quão rápido os pingos movimentam-se quando tocam o solo? Seria seguro caminhar ao ar livre durante uma tempestade?

52. O único cabo que sustenta um elevador de uma construção desocupada quebra quando o elevador está em repouso no alto de um prédio de 120 m de altura. (*a*) Qual a velocidade com que o elevador toca o solo? (*b*) Por quanto tempo ele cai? (*c*) Qual a velocidade do elevador quando ele passa no ponto na metade do caminho de queda? (*d*) Por quanto tempo o elevador estava caindo quando passou no ponto na metade do caminho?

53. Em uma construção, uma chave inglesa cai no solo com uma velocidade de 24,0 m/s. (*a*) De qual altura a chave foi inadvertidamente largada? (*b*) Por quanto tempo ela esteve caindo?

54. (*a*) Com que velocidade uma bola deve ser jogada verticalmente para cima para atingir uma altura máxima de 53,7 m? (*b*) Por quanto tempo a bola estará no ar?

55. Uma rocha é lançada de um penhasco de 100 m de altura. Quanto tempo ela leva caindo (*a*) os primeiros 50,0 m e (*b*) os últimos 50,0 m?

56. Exploradores do espaço caminham em um planeta de nosso sistema solar. Eles notam que uma pequena rocha arremessada para cima, na vertical, a 14,6 m/s leva 7,72 s para retornar ao solo. Em que planeta os exploradores estão? (Sugestão: veja Apêndice C.)

57. Uma bola lançada para cima leva 2,25 s para atingir uma altura de 36,8 m. (*a*) Qual é a intensidade da velocidade inicial? (*b*) Qual é a intensidade da velocidade nessa altura? (*c*) Qual é a altura que a bola atinge?

58. Uma bola é lançada desde 2,2 m de altura e ricocheteia no solo, atingindo 1,9 m de altura acima do solo. Assuma que a bola esteve em contato com o solo por 96 ms e determine a aceleração média (intensidade e direção) da bola durante o contato com o solo.

59. Dois objetos iniciam uma queda livre desde o repouso, de uma mesma altura, e defasados de 1,00 s. Quanto tempo após o lançamento do primeiro objeto os dois objetos estarão separados de 10,0 m?

60. Um balão está subindo a 12,4 m/s a uma altura de 81,3 m acima do nível do solo, quando um pacote é lançado. (*a*) Com que velocidade o pacote toca o solo? (*b*) Quanto tempo leva para que ele atinja o solo?

61. Um cachorro vê um vaso de plantas passar subindo e a seguir descendo por uma janela com 1,1 m de altura. Se o tempo total em que o vaso é visto é de 0,54 s, determine a que altura acima da janela o vaso subiu.

PROBLEMAS

1. *Falhas* em rochas são rupturas ao longo das quais faces opostas das rochas se moveram no passado, uma em relação à outra, em paralelo à superfície de fratura. Freqüentemente, estes movimentos são acompanhados de terremotos. Na Fig. 2-40, os pontos *A* e *B* coincidem antes da falha. Uma das componentes do deslocamento, *AB*, é paralela à superfície da falha, na horizontal (*strike-slip*) (*AC*). A outra componente desse deslocamento, ao longo da linha vertical do plano de falha, é (*AD*) (*dip-slip*). (*a*) Qual é o deslocamento se o deslizamento horizontal *AC* é de 22 m e o deslizamento vertical *AD* é de 17 m? (*b*) Se o plano de falha está inclinado 52° em relação à horizontal, qual é o deslocamento *vertical* de *B* causado pela falha descrita em (*a*)?

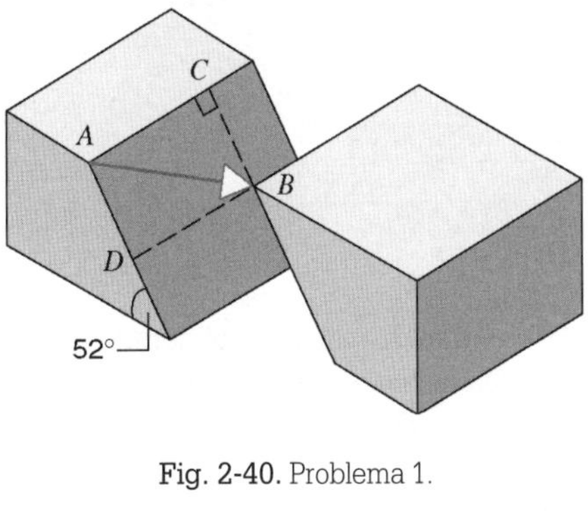

Fig. 2-40. Problema 1.

2. Uma roda de raio 45 cm rola sem deslizar sobre o solo, horizontal, conforme mostrado na Fig. 2-41. P é um ponto localizado no raio externo da roda. No instante de tempo t_1, P está no ponto de contato entre a roda e o solo. Em um instante subseqüente, t_2, a roda rolou, dando metade de uma volta. Qual é o deslocamento de P durante este intervalo de tempo?

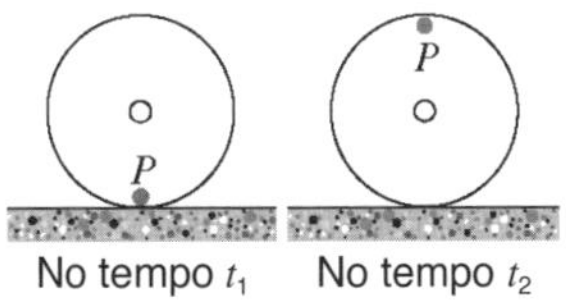

Fig. 2-41. Problema 2.

3. Uma sala possui as seguintes dimensões: 10 pés × 12 pés × 14 pés. Uma mosca voa de um canto a outro, diametralmente oposto. (*a*) Determine o vetor deslocamento em um sistema com os eixos coordenados paralelos às bordas da sala. (*b*) Qual a intensidade do deslocamento? (*c*) O comprimento da trajetória percorrida pela mosca poderia ser menor do que essa distância? (*d*) Se a mosca caminhasse em vez de voar, qual é a menor distância possível?

4. Dois vetores de intensidade *a* e *b* formam um ângulo θ entre eles quando medidos a partir de sua extremidade inferior. Prove, considerando componentes ao longo de dois eixos perpendiculares, que a intensidade da soma é

$$r = \sqrt{a^2 + b^2 + 2ab\cos\theta}.$$

5. Você dirige por uma estrada interestadual desde *San Antonio* até *Houston*, metade do tempo a 35,0 mi/h (= 56,3 km/h) e a outra metade a 55,0 mi/h (= 88,5 km/h). Na viagem de retorno, você dirige a primeira metade a 35,0 mi/h e a outra metade a 55,0 mi/h. Qual é a média da intensidade de velocidade (*a*) desde *San Antonio* até *Houston*, (*b*)

no retorno de *Houston* até *San Antonio*, e (*c*) de toda a viagem.

6. A posição de um objeto que se move em linha reta é dada por $x = At + Bt^2 + Ct^3$, onde $A = 3{,}0$ m/s, $B = -4{,}0$ m/s^2, e $C = 1{,}0$ m/s^3. (*a*) Qual é a posição do objeto em $t = 0, 1, 2, 3$, e 4 s? (*b*) Qual é o deslocamento do objeto entre $t = 0$ e $t = 2$ s? Entre $t = 0$ e $t = 4$ s? (*c*) Qual é a velocidade média no intervalo desde $t = 2$ até $t = 4$ s? Desde $t = 0$ até 3 s?

7. Dois trens, cada um com uma intensidade de velocidade de 34 km/h, movimentam-se em sentidos contrários sobre o mesmo trilho. Um pássaro que voa a 58 km/h parte da frente de um dos trens quando a distância entre eles é de 102 km, voando direto para o outro trem. Ao atingir o outro trem, ele voa de volta para o primeiro trem, e assim sucessivamente. (*a*) Quantas viagens o pássaro pode fazer desde um trem até o outro antes que eles batam? (*b*) Qual é a distância total percorrida pelo pássaro?

8. Um objeto, cujo movimento na direção x está restringido, percorre uma distância d_1 com uma velocidade constante v_1 durante um tempo t_1. Então, instantaneamente varia a sua velocidade para uma constante v_2 por um tempo t_2, percorrendo uma distância d_2. (*a*) Mostre que

$$\frac{v_1 d_1 + v_2 d_2}{d_1 + d_2} \geq \frac{v_1 t_1 + v_2 t_2}{t_1 + t_2}.$$

(*b*) Sob que condições esta expressão se torna uma igualdade?

9. A posição de uma partícula que se move ao longo do eixo x é dada por $x = A + Bt^3$, onde $A = 9{,}75$ cm e $B = 1{,}50$ cm/s^3. Considere o intervalo de tempo $t = 2$ até $t = 3$ s e calcule (*a*) a velocidade média; (*b*) a velocidade instantânea em $t = 2$ s; (*c*) a velocidade instantânea em $t = 3$ s; (*d*) a velocidade instantânea em $t = 2{,}5$ s; e (*e*) a velocidade instantânea quando a partícula está na metade do caminho entre as posições de $t = 2$ e $t = 3$ s.

10. Para cada uma das situações a seguir, esboce um gráfico que represente a descrição da posição como uma função do tempo de uma partícula que se move ao longo do eixo x. Em $t = 1$ s, a partícula possui (*a*) velocidade nula e aceleração positiva; (*b*) velocidade nula e aceleração negativa; (*c*) velocidade negativa e aceleração positiva; (*d*) velocidade negativa e aceleração negativa e (*e*) para qual dessas situações a intensidade da velocidade da partícula está crescendo em $t = 1$ s?

11. Se a posição de um objeto é dada por x (2,0 m/s^3)t^3, determine (*a*) a velocidade média e a aceleração média entre $t = 1$ e $t = 2$ s e (*b*) a velocidade instantânea e a aceleração instantânea em $t = 1$ e $t = 2$ s. (*c*) Compare as quantidades médias e instantâneas e, em cada caso, explique por que a maior delas é maior.

12. Um elétron, partindo do repouso, possui aceleração que aumenta linearmente com o tempo; ou seja, $a = kt$, em que $k = 1{,}5$ m/s^2. (*a*) Trace a versus t durante o intervalo dos primeiros 10 s. (*b*) A partir da curva da parte (*a*), trace a curva correspondente v versus t e estime a velocidade do elétron 5 s após o início do movimento. (*c*) A partir da curva v versus t da parte (*b*), trace a curva correspondente x versus t e estime a qual a distância percorrida pelo elétron durante os primeiros 5 s do movimento.

13. Suponha que você foi chamado por um advogado para opinar sobre a física de um dos casos em que ele está envolvido. A questão é se um motorista estava excedendo o limite de velocidade de 30 mi/h antes de uma parada de emergência, quando pisou nos freios e travou as rodas. O comprimento das marcas de pneu no chão é de 19,2 pés. O policial considerou que a desaceleração máxima do carro não poderia exceder a aceleração de queda livre (= 32 pés/s^2) e não multou o motorista. O motorista estava correndo? Explique.

14. Um trem parte do repouso e movimenta-se com uma aceleração constante. Em um determinado instante ele estava a 33,0 m/s, e 160 m depois estava a 54,0 m/s. Calcule (*a*) a aceleração, (*b*) o tempo necessário para percorrer 160 m, (*c*) o tempo necessário para alcançar a velocidade de 33,0 m/s, e (*d*) a distância percorrida desde o repouso até o instante em que o trem possui uma velocidade de 33,0 m/s.

15. Quando um motorista faz um carro parar, pisando o mais forte possível no freio, a distância de frenagem pode ser considerada como a soma de uma "distância de reação", que é a velocidade inicial vezes o tempo de reação, e "distância de frenagem", que é a distância percorrida durante a frenagem. A seguinte tabela fornece alguns valores típicos:

Velocidade Inicial (m/s)	Distância de Reação (m)	Distância de Frenagem (m)	Distância de Parada (m)
10	7,5	5,0	12,5
20	15	20	35
30	22,5	45	67,5

(*a*) Qual é o tempo de reação considerado para o motorista? (*b*) Qual é a distância de parada de um carro que possui uma velocidade inicial de 25 m/s?

16. No instante em que o sinal de trânsito fica verde, um carro parte com uma aceleração constante de 2,2 m/s^2. No mesmo instante, um caminhão, em uma velocidade constante de 9,5 m/s, ultrapassa o carro. (*a*) A que distância do sinal o carro irá ultrapassar o caminhão? (*b*) Qual a velocidade do carro neste instante? (É instrutivo traçar um gráfico qualitativo de x versus t para cada veículo.)

17. Um corredor de 100 m rasos acelera, desde o repouso até a velocidade máxima, com uma aceleração (constante) de 2,80 m/s^2 e mantém esta velocidade até o final da corrida. (*a*) Qual o tempo decorrido e (*b*) qual a distância percorrida durante a fase de aceleração se o tempo total da corrida é de 12,2s?

18. Uma bola é lançada verticalmente no ar com uma velocidade inicial que está entre $(25 - \epsilon)$ m/s e $(25 + \epsilon)$ m/s, em que ϵ é um número pequeno comparado com 25. O tempo total de vôo até que a bola retorne ao solo está entre $t - \tau$ e $t + \tau$. Determine t e τ.

19. A Fig. 2-42 mostra um dispositivo simples para medir o seu tempo de reação. Ele consiste em uma tira de papelão marcada por uma escala e dois pontos. Uma pessoa segura a tira na vertical, segurando no ponto superior com o polegar e o indicador, enquanto você posiciona seu polegar e o indicador no ponto inferior com cuidado para não tocá-lo. A pessoa solta a tira, e você deve tentar segurá-la o mais rapidamente possível depois de observar que ele começou a cair. A posição na qual você segurou a tira fornece o seu tempo de reação. A que distância do ponto inferior devem ser colocadas as marcas de 50, 100, 150, 200 e 250 ms?

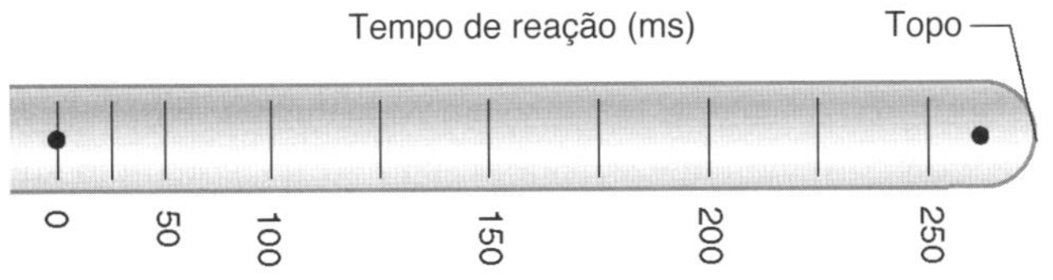

Fig. 2-42. Problema 19.

20. Enquanto pensava em Isaac Newton, uma pessoa em pé em uma ponte e observando a estrada abaixo dessa ponte, inadvertidamente solta uma maçã sobre a pista no instante em que a frente de um caminhão passa embaixo da ponte. Se o veículo está se movimentando a 55 km/h (= 34 mi/h) e está a 12 m (= 39 pés) de distância, a que distância acima do caminhão deve estar a pessoa se a maçã acerta a parte traseira do caminhão?

21. Um foguete é lançado verticalmente, ascendendo com uma aceleração vertical constante de 20 m/s^2 por 1,0 min. Então, o combustível está totalmente consumido e o movimento continua como uma partícula em queda livre. (*a*) Qual é a máxima altitude alcançada? (*b*) Qual é o tempo total decorrido desde o lançamento até que o foguete toque a Terra? (Despreze a variação de g com a altitude.)

22. Um jogador de basquete, para "enterrar" uma bola, salta 76 cm na vertical. Quanto tempo o jogador gasta (*a*) nos 15 cm mais altos deste salto e (*b*) nos 15 cm mais baixos? Isto explica por que esses jogadores aparentam pairar no ar, no alto, durante estes saltos? Veja a Fig. 2-43.

Fig. 2-43. Problema 22.

23. Uma pedra é lançada verticalmente para cima. Durante a subida, ela passa pelo ponto A com uma velocidade v, e pelo ponto B, 3,00 m acima de A, com uma velocidade $v/2$. Calcule (*a*) a velocidade v e (*b*) a altura máxima alcançada pela pedra sobre o ponto B.

24. Os dispositivos para pesquisa em gravidade nula, no Centro de Pesquisas Lewis, NASA, inclui uma torre de 145 m. Este é uma torre vertical através da qual, dentre outras possibilidades, pode-se lançar uma esfera de 1 m de diâmetro com um aparato experimental. (*a*) Por quanto tempo o aparato experimental está em queda livre? (*b*) Qual a intensidade da velocidade na extremidade inferior da torre? (*c*) Na extremidade inferior da torre, a esfera experimenta uma aceleração média de 25g quando sua velocidade é reduzida a zero. Qual a distância percorrida até atingir o repouso?

25. Uma mulher cai por 144 pés desde o alto de um prédio, atingindo o topo de uma caixa de um ventilador de metal, que ela esmaga até uma profundidade de 18 polegadas. Ela sobrevive sem grandes danos. Qual a aceleração (assumida uniforme) que ela experimenta durante a colisão? Expresse sua resposta em termos de g.

26. Um determinado disco rígido de computador é projetado para resistir a uma aceleração de $100g$, sem danos. Como o disco desacelera por uma distância de 2 mm quando atinge o solo, de que altura você pode lançar o disco sem comprometê-lo?

27. Conforme mostrado na Fig. 2-44, Clara salta de uma ponte e é seguida de perto por Jim. Por quanto tempo Jim espera após o salto de Clara? Assuma que Jim possui 1,70 m de altura e que o nível do salto está no topo da figura. Faça as medidas diretamente da figura.

Fig. 2-44. Problema 27.

28. Uma pára-quedista salta, caindo 52,0 m sem atrito. Quando o pára-quedas abre, acontece uma desaceleração de 2,10 m/s^2 e ela atinge o solo com uma velocidade de 2,90 m/s. (*a*) Por quanto tempo o pára-quedista permanece no ar? (*b*) Em que altura a queda se inicia?

29. Uma bilha de aço é lançada do telhado de um edifício (a velocidade inicial é nula). Um observador em pé em frente a uma janela com 120 cm de altura nota que a bilha leva 0,125 s para cruzar a extensão da janela, desde a parte inferior até a superior. A bilha continua a cair, apresentando uma colisão perfeitamente elástica com o solo, horizontal, e reaparece na parte inferior da janela 2,0 s após ter passado por esse ponto durante a queda. Qual a altura do prédio? (A bilha terá a mesma intensidade de velocidade em um ponto durante a queda e a subida após uma colisão perfeitamente elástica.)

30. Um malabarista lança 5 bolas com as duas mãos. Cada bola sobe 2 metros sobre suas mãos. Aproximadamente, quantas vezes cada mão lança uma bola ao longo de um minuto?

31. Qual a estimativa razoável para o número máximo de objetos que um malabarista pode manusear com as duas mãos se os objetos são lançados a uma altura h, medida desde suas mãos?

32. Considere que Galileu tenha lançado dois objetos da Torre de Pisa. (*a*) Se ele lançou os objetos de suas mãos, mas soltou um pouco antes do outro, com uma defasagem de $\Delta t = 0,1$ s, qual seria a separação dos dois objetos no instante que antecede o contato com o solo? (*b*) Qual a exatidão que Δt deveria ter, de modo que os objetos apresentassem uma separação vertical menor que 1 cm no instante que antecede o contato com o solo? (Despreze qualquer efeito de resistência do ar.)

33. No *Laboratório Nacional de Física*, Inglaterra — "*National Physical Laboratory*" o equivalente Britânico do Instituto Nacional de Padrão e Tecnologia ("*National Institute of Standards and Technology*") americano, faz-se uma medida da aceleração g lançando uma bola de vidro em um tubo de vácuo, aguardando o seu retorno, como mostra a Fig. 2-45. Seja Δt_L o intervalo de tempo entre as duas passagens no nível inferior, Δt_U o intervalo de tempo entre as passagens pelo nível superior, e H a distância entre os dois níveis. Mostre que

$$g = \frac{8H}{(\Delta t_L)^2 - (\Delta t_U)^2}.$$

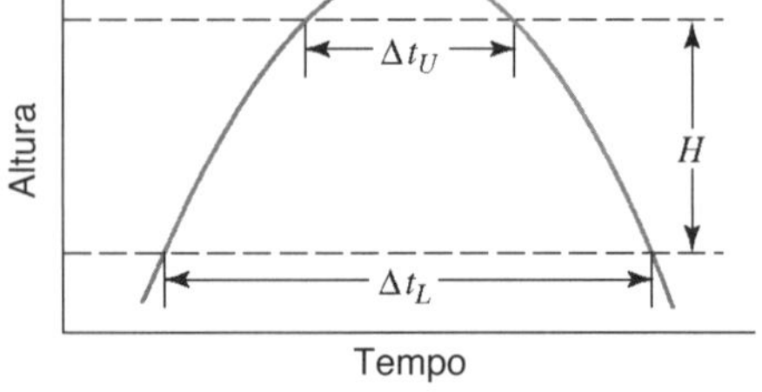

Fig. 2-45. Problema 33.

PROBLEMA COMPUTACIONAL

1. A velocidade de um objeto é dada por

$$v_x(t) = e^{-t^2/100}\,(t + 10 \operatorname{sen} \pi t).$$

Tanto v_x quanto x são nulos quando $t = 0$. (*a*) Numericamente, determine o primeiro instante quando v_x se anula após o início e avalie a distância percorrida desde a origem. (*b*) Determine a posição final de um objeto com $t \to \infty$.

Capítulo 3

FORÇA E LEIS DE NEWTON

No Cap. 2, estudou-se o movimento da partícula. A questão sobre o que "causa" o movimento não foi considerada; o movimento da partícula foi descrito, simplesmente, em termos de posição, velocidade e aceleração. Neste capítulo são discutidas as causas do movimento, um campo de estudo chamado de dinâmica.

A abordagem da dinâmica em questão aqui, conhecida como mecânica clássica, foi desenvolvida e aplicada com êxito nos séculos XVII e XVIII. Teorias mais recentes (relatividade especial e geral e mecânica quântica) tratam de alguns comportamentos distantes das nossas experiências cotidianas, nas quais a mecânica clássica fornece predições que não estão de acordo com os experimentos. No entanto, estas novas teorias acabam se reduzindo à mecânica clássica para os objetos comuns.

Sem considerar a relatividade especial ou geral, ou a mecânica quântica, é possível construir grandes arranha-céus e estudar as propriedades de seus materiais; construir aviões capazes de transportar centenas de pessoas e voar por todo o mundo; enviar sondas espaciais em missões complexas a cometas, planetas e além. Este é o objeto de estudo da mecânica clássica.

3-1 MECÂNICA CLÁSSICA

Os filósofos da antigüidade ficavam perplexos com o movimento dos objetos. Eles discutiam sobre questões como: Todos os movimentos necessitam de uma causa? E se isso estiver correto, qual é a natureza dessa causa? A confusão sobre estas questões persistiu até o século XVII, quando Galileu (1564-1642) e Isaac Newton (1642-1727) desenvolveram uma abordagem para estudar estes movimentos, conhecida como "mecânica clássica". Newton apresentou as suas três leis de movimento em 1687 em seu trabalho *Philosophiae Naturalis Principia Mathematica*, normalmente chamado de *Principia*. As leis de Newton formaram a base do nosso entendimento sobre o movimento e suas causas, até que as suas limitações foram reveladas pelas descobertas, no século XX, da física quântica (que governa o comportamento das partículas microscópicas, como elétrons e átomos) e da relatividade especial (que governa o comportamento de objetos se movimentando com altas velocidades).

Na mecânica clássica, o interesse principal está no movimento de um objeto particular que, ao interagir com os objetos à sua volta (de sua *vizinhança*), tem sua velocidade alterada — e uma aceleração produzida. A Tabela 3-1 mostra alguns movimentos acelerados comuns e o objeto na sua vizinhança que é o principal responsável pela aceleração. O problema central da mecânica clássica pode ser descrito da seguinte forma: (1) Um objeto, com propriedades físicas conhecidas (massa, volume, carga elétrica, etc.), é colocado em uma determinada posição com uma determinada velocidade inicial. (2) Todas as interações do objeto com a vizinhança são conhecidas (ou podem ser medidas). (3) É possível predizer o movimento subseqüente do corpo? Quer dizer, é possível determinar a sua posição e velocidade para todos os instantes de tempo subseqüentes?

Para esta análise, inicia-se o estudo tratando os objetos físicos como *partículas*. Assim, considera-se que as estruturas internas ou os movimentos internos do objeto podem ser ignorados e as suas partes movimentam-se exatamente da mesma forma. Freqüentemente, é necessário analisar o movimento de objetos extensos, cujas diferentes partes podem ter interações distintas com a vizinhança. Por exemplo, um trabalhador pode empurrar a lateral de um caixote pesado e, ao mesmo tempo, o fundo experimentar atrito à medida que desliza pelo chão. Se todas as partes do caixote se movimentam da mesma maneira, ele pode ser tratado como uma partícula. Como resultado, não importa onde a ação da vizinhança está atuando no objeto; a

Tabela 3-1 Alguns Movimentos Acelerados e as Suas Causas Principais

Objeto	*Alteração no Movimento*	*Objeto na Vizinhança*	*Tipo de Força*
Maçã	Cai da árvore	Terra	Gravitacional
Carro	Pára	Estrada	Atrito
Agulha de Bússola	Gira na direção norte	Terra	Magnética
Feixe de gotas de tinta de uma impressora	Deflete	Capacitor	Elétrica
Balão de hélio	Sobe do solo	Ar	Flutuação

principal preocupação é o *efeito resultante* de todas as interações com a vizinhança (mais adiante são abordadas situações nas quais é importante levar em conta onde as forças são aplicadas em um objeto extenso, mas, por enquanto, os objetos são tratados como partículas).

A interação de um corpo com a sua vizinhança é descrita em termos de uma *força* $\vec{\mathbf{F}}$. Uma força representa a ação de empurrar ou puxar em uma determinada direção. As forças são descritas por meio de vetores — para qualquer força é necessário especificar a direção na qual ela atua, e as forças são combinadas utilizando-se as regras de adição de vetores. Neste capítulo são consideradas basicamente situações que envolvam o movimento unidimensional, para as quais é necessário especificar a componente da força (positiva ou negativa) relativa àquela direção.

Cada força exercida em um objeto é causada por um determinado corpo da sua vizinhança. No estudo da mecânica clássica, quando as forças em um determinado problema estão sendo analisadas, é interessante identificar cada força pelo corpo sobre o qual ela atua e pelo corpo, presente na vizinhança, responsável por essa força. Por exemplo, "força *sobre* o caixote exercida *pelo* trabalhador" ou "força de atrito *sobre* o caixote exercida *pelo* chão" ou "força gravitacional *sobre* o caixote exercida *pela* Terra". Esta técnica é bastante útil, especialmente quando é discutida a terceira lei de Newton mais adiante neste capítulo.

Com o intuito de estabelecer um método de análise para a mecânica clássica, define-se primeiro a intensidade de uma força em termos da aceleração de um determinado corpo padrão sobre o qual essa força age. Então, atribui-se a *massa m* a um corpo comparando a sua aceleração com a aceleração do corpo padrão, quando a mesma força é aplicada. Finalmente, estabelecem-se *leis de força* com base nas propriedades do corpo e a sua vizinhança. Deste modo, a força aparece tanto nas leis do movimento (que predizem qual é a aceleração que um objeto experimenta sob a ação de uma determinada força) quanto nas leis de força (que mostram como calcular a força que age sobre um corpo, em uma determinada vizinhança). Juntas, as leis do movimento e as leis de força constituem as leis da mecânica clássica, conforme mostra a Fig. 3-1.

Este sistema da mecânica não pode ser verificado em separado. Deve ser visto em conjunto e o seu sucesso avaliado a partir das respostas às duas questões: (1) O sistema fornece resultados que estão de acordo com os experimentos? (2) As leis de força são simples e razoáveis na sua forma? A glória que coroa a mecânica clássica é que as respostas a essas questões é um entusiástico "sim".

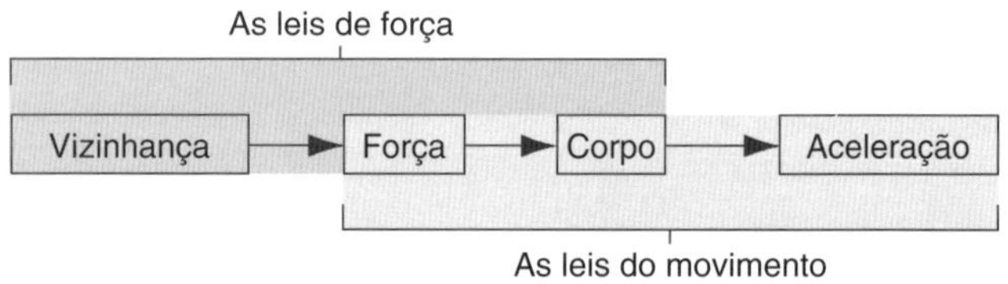

Fig. 3-1 Sistema da mecânica. As três caixas à esquerda indicam que a força é uma interação entre um corpo e a sua vizinhança. As três caixas à direita indicam que uma força está agindo sobre um corpo e irá acelerá-lo.

3-2 PRIMEIRA LEI DE NEWTON

Antes da era de Galileu, a maioria dos filósofos pensava que para manter um corpo em movimento era necessária a ação de uma determinada influência ou "força". Achavam que quando um corpo estava em repouso, ele estava no seu "estado natural". Acreditava-se, por exemplo, que para um corpo se movimentar em linha reta com uma velocidade constante, era preciso que algum agente externo o impelisse continuamente; caso contrário, ele "naturalmente" cessaria o movimento.

Para testar estas idéias experimentalmente, primeiro deve-se encontrar uma forma de isolar um corpo de todas as influências da sua vizinhança, ou seja, de todas as forças. Isto é difícil de fazer, mas em alguns casos pode-se tornar as forças muito pequenas. É possível ter-se uma idéia de como o movimento seria se as forças externas fossem realmente nulas, fazendo com que as forças sejam cada vez menores.

Considere um bloco sobre um plano rígido horizontal como um corpo de teste. Se esse bloco for colocado para deslizar sobre o plano, observa-se que, gradualmente, ele desacelera e finalmente pára. De fato, esta observação foi usada para sustentar a idéia de que o movimento pára quando a força externa, neste caso a mão que inicialmente empurrou o bloco, cessa. Entretanto, é possível argumentar contra esta idéia, empregando o raciocínio descrito em seguida. Repete-se o experimento usando um bloco e um plano mais lisos e utilizando um lubrificante. Neste novo experimento, pode-se notar que a desaceleração é menor em comparação ao caso anterior. Se for efetuado mais um experimento, com superfícies ainda mais lisas e um lubrificante melhor, a desaceleração fica ainda menor e o bloco percorrerá uma distância maior antes de parar. É possível chegar, ainda, mais perto do limite da ausência de atrito usando um colchão de ar, sobre o qual os objetos flutuam em uma camada de ar. O mais leve empurrão em um bloco pode fazer com que ele se mova com uma velocidade pequena e quase constante. Agora, é possível extrapolar e afirmar que, se todo o atrito for eliminado, o corpo continuará indefinidamente em movimento retilíneo com velocidade constante. Uma força externa é necessária para colocar um corpo em movimento, mas *nenhuma força externa é necessária para manter um corpo em movimento com velocidade constante.*

É difícil encontrar uma situação em que nenhuma força externa atua sobre um corpo. A força da gravidade atua sobre um objeto que esteja sobre a Terra ou perto dela, e forças resistivas, como o atrito ou a resistência do ar, atuam de modo a se opor ao movimento no solo ou no ar. Felizmente, não é preciso ir para o vácuo do espaço distante para estudar o movimento livre de forças externas, uma vez que, em relação ao movimento de translação geral de um corpo, *não há distinção entre um corpo sobre o qual nenhuma força externa atua e um corpo sobre o qual a soma ou a resultante de todas as forças externas é nula.* Em geral, a resultante de todas as forças que agem em um corpo é denominada força "resultante". Por exemplo, o empurrão provocado por uma mão sobre um bloco em movimento pode exercer uma força que se contrapõe à força de atrito no bloco, e uma força para cima exercida pelo plano horizontal se contrapõe à força da gravidade. A força resultante sobre o bloco é, então, nula, e o bloco pode se mover com velocidade constante.

Embora quatro forças atuem sobre o bloco, a força resultante pode ser nula. A força resultante é determinada pela soma *vetorial* de todas as forças que agem sobre o objeto. Forças de mesma intensidade e sentido oposto possuem uma soma vetorial igual a zero. Logo, é possível obter uma condição de força resultante nula em um objeto, garantindo que sejam aplicadas forças que se opõem às outras forças que atuam sobre o corpo, como o empurrão exercido por uma mão ou por um motor para vencer o atrito.

Este princípio foi adotado por Newton como a primeira das suas três leis do movimento:

Considere um corpo sobre o qual não atua nenhuma força resultante. Se o corpo estiver em repouso, ele permanecerá em repouso. Se o corpo estiver em movimento com velocidade constante, ele continuará nesse mesmo movimento.

A Primeira Lei e Sistemas de Referência

Suponha que você está conduzido um carro e está firmemente preso ao cinto de segurança. Quando o freio é acionado, um livro que está no banco do carona começa a deslizar para a frente. Não existe nenhuma força aparente agindo sobre o livro mas, em relação ao motorista, parece que está se movendo, o que violaria a primeira lei de Newton. Um amigo seu, chamado Bill, que está parado no meio-fio, vê você, o carro e o livro se movimentando juntos a uma velocidade de 22 m/s (cerca de 50 mi/h ou 79 km/h). Se você e o carro repentinamente diminuem a velocidade para 20 m/s (cerca de 45 mi/h ou 72 km/h), Bill observa que, na ausência de atrito entre o livro e o banco, o livro continua a se movimentar a 22 m/s. Bill nota que não ocorreu nada fora do comum e que a primeira lei de Newton não foi violada.

Em outro exemplo, você está firmemente preso ao cinto de segurança em um avião que encontra alguma turbulência e, repentinamente, tem a sua altitude reduzida em um metro. O copo que está em cima da sua mesa parece saltar no ar um metro, sem que nenhuma força aparente esteja atuando sobre o copo. Segundo a sua perspectiva, parece que a primeira lei de Newton foi violada. Uma amiga sua, chamada Sally, está em um avião ao lado que se desloca com velocidade constante e que não é afetado pela turbulência. Sally vê o copo se deslocando em uma linha reta, enquanto o avião afetado pela turbulência repentinamente cai um metro. Sally não observa nenhuma violação da primeira lei de Newton no movimento do copo.

Cada observador — como você no carro ou no avião, Bill parado no meio-fio e Sally no seu avião — define um *sistema de referência*. Um sistema de referência requer um sistema de coordenadas e um conjunto de relógios, os quais permitem que o observador meça posições, velocidades e acelerações no seu sistema de referência particular. Diferentes velocidades ou acelerações podem ser medidas por observadores posicionados em diferentes sistemas de referência.

A primeira lei de Newton, que parece ser um resultado óbvio, é bastante importante, pois ajuda a identificar um conjunto de sistemas de referência especiais, nos quais as leis da mecânica clássica podem ser aplicadas. No exemplo do carro, você e Bill chegam a conclusões diferentes em relação à aceleração do livro — você conclui que o livro está sendo acelerado para a frente, ao passo que para Bill a aceleração do livro é nula. De um modo geral, a aceleração depende do sistema de referência em relação ao qual se faz a medição. Contudo, as leis da mecânica clássica são válidas somente para um determinado conjunto de sistemas de referência — a saber, naqueles em que *todos* os observadores medem a *mesma* aceleração para um corpo em movimento. A primeira lei de Newton permite estabelecer esta família especial de sistemas de referência, se ela for expressa como:

Se a força resultante que atua sobre um corpo é nula, então é possível encontrar um conjunto de sistemas de referência nos quais este corpo não possui aceleração.

A tendência de um corpo ficar em repouso, ou em movimento retilíneo uniforme, é chamada de *inércia*, e a primeira lei de Newton é denominada freqüentemente de *lei da inércia*. Os sistemas de referência aos quais ela se aplica são denominados *sistemas inerciais*.

Para testar se um sistema de referência particular é um sistema inercial, coloca-se um corpo de teste em repouso no sistema a ser testado e assegura-se que nenhuma força resultante atua sobre o corpo. Se o corpo não permanecer em repouso, então o sistema de referência não é um sistema inercial. Igualmente, o corpo pode ser colocado (de novo, sem estar submetido a uma força resultante) em um movimento com velocidade constante; se ocorrer alguma mudança na velocidade, na intensidade ou no sentido, então o sistema de referência não é um sistema inercial. Já um sistema de referência no qual estes testes são verificados é um sistema inercial.

O sistema de referência de um passageiro em um carro em processo de desaceleração não é um sistema inercial e, assim, as leis da mecânica não podem ser diretamente aplicadas da forma como foram formuladas. Se o sistema de referência de Bill passa nos testes como um sistema inercial, ele pode aplicar com sucesso as leis da mecânica no seu sistema de referência. Ele pode medir a alteração na velocidade do carro e, então, deduzir a sua aceleração (devido à força de atrito com a estrada), mas ele irá concluir que a força resultante no livro é nula e, portanto, o livro deve se mover com velocidade constante. Da mesma maneira, se o sistema de referência de Sally passar nos testes, ela pode aplicar com sucesso as leis da mecânica, associando a repentina alteração na velocidade vertical do avião do amigo a uma força resultante vertical (neste caso, a diferença entre a gravidade e a força ascendente de sustentação), e ela pode relatar o movimento do copo aplicando essas mesmas leis.

SISTEMA DE REFERÊNCIA INERCIAL E MOVIMENTO RELATIVO

Suponha agora que você está em um carro que se desloca na estrada a 22 m/s (cerca de 50 mi/h ou 79 km/h). Alguns amigos seus estão no mesmo carro e também estão se movimentando a 22 m/s. Se você atira uma bola no colo de um amigo que está ao seu lado, o movimento da bola não é afetado pela velocidade do carro. Se o carro continuar a se mover com velocidade constante, a bola pousa no colo do seu amigo.

Se o seu carro for ultrapassado pelo carro da sua amiga Sally, que se desloca a uma velocidade de 27 m/s (cerca de 60 mi/h ou 97 km/h), você irá observar que a distância entre os carros vai começar a aumentar segundo uma taxa de 27 m/s − 22 m/s = 5 m/s. Ou seja, em relação a você, o carro da Sally está se movendo a 5 m/s. Se forem retiradas todas as referências externas — a paisagem se afastando, o ar sendo deslocado pelo carro, os solavancos da estrada e o barulho do motor — e considerados apenas os dois carros, não é possível saber qual dos carros está "realmente" em movimento. Por exemplo, o carro da Sally pode estar em repouso e o seu se movimentando em marcha a ré a 5 m/s; o resultado observado seria o mesmo. Um minuto após o carro da Sally ultrapassar o seu carro, você percebe que a distância entre os dois carros é igual à velocidade relativa vezes o intervalo de tempo: 5 m/s × 60 s = 300 m.

Agora, considere o que um amigo seu, Bill, parado na beira da estrada (Fig. 3-2) observaria. Suponha que Sally ultrapasse você no momento em que ambos passam por Bill. Segundo Bill, após 1 minuto, o seu carro se deslocou uma distância de 22 m/s × 60 s = 1320 m, enquanto o carro da Sally se deslocou uma distância de 27 m/s × 60 s = 1620 m. Com isso, Bill conclui que a distância entre os carros é de 300 m. Desse modo, você e Bill concordam com a distância entre os carros.

Logo após passar por você, Sally vê um carro da polícia e freia o carro. Bill vê o carro dela reduzir de 27 m/s para 20 m/s, em um intervalo de 3,5 s. Segundo Bill, a aceleração dela é (tomando como positivo o sentido do movimento na direção x, e resolvendo a Eq. 2-26, $v_x = v_{0x} + a_xt$, para a_x)

$$a_x = \frac{v_x - v_{0x}}{t} = \frac{(20\ \text{m/s}) - (27\ \text{m/s})}{3{,}5\ \text{s}} = -2{,}0\ \text{m/s}^2.$$

Conforme seu sistema de referência, a velocidade de Sally é de 20 m/s − 22 m/s = −2 m/s; assim, agora o seu carro está se movendo mais rápido do que o carro da Sally, por 2 m/s. De

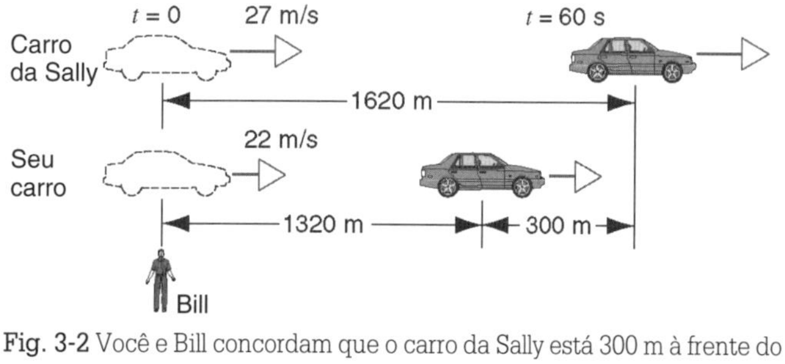

Fig. 3-2 Você e Bill concordam que o carro da Sally está 300 m à frente do seu, após 60 s.

acordo com você, a velocidade dela mudou de + 5 m/s para −2 m/s e, dessa forma, a aceleração dela é

$$a_x = \frac{v_x - v_{0x}}{t} = \frac{(-2\ \text{m/s}) - (5\ \text{m/s})}{3{,}5\ \text{s}} = -2{,}0\ \text{m/s}^2.$$

Logo, você e Bill concordam com o valor da aceleração!

Você e Bill são observadores inerciais. Vocês concordam com o valor da aceleração do carro da Sally, e portanto você concorda com a força necessária para causar a aceleração. De fato, *todos os observadores inerciais obtêm o mesmo valor nas medições da aceleração* (embora, de um modo geral, eles não concordem na medição da posição e da velocidade).

Considere agora o caso contrário, no qual você também freia levemente quando passa pelo carro da polícia, reduzindo a sua velocidade de 22 m/s para 21 m/s, no mesmo intervalo de tempo de 3,5 s. No início do intervalo, você determina a sua velocidade como +5 m/s, como anteriormente. No final do intervalo de frenagem, você irá determinar a velocidade dela como sendo 20 m/s − 21 m/s = −1 m/s (no sentido contrário). Você irá, então, concluir que a aceleração da Sally é

$$a_x = \frac{v_x - v_{0x}}{t} = \frac{(-1\ \text{m/s}) - (5\ \text{m/s})}{3{,}5\ \text{s}} = -1{,}7\ \text{m/s}^2,$$

a qual difere do resultado obtido por Bill, de −2,0 m/s². Agora, você não é mais um observador inercial (porque, durante o intervalo de 3,5 s, no qual você estava freando, você não pode mais passar no teste da primeira lei de Newton).

Na maior parte das vezes, neste livro, as leis da mecânica clássica são aplicadas sob o ponto de vista de um observador em um sistema de referência inercial. Ocasionalmente, são discutidos problemas que envolvem observadores em sistemas de referência não-inerciais, como um carro acelerando, um carrossel ou um satélite em órbita. Na grande maioria das situações, é possível considerar um sistema de referência acoplado à Terra como um sistema inercial aproximado, embora a Terra apresente um movimento de rotação. Para aplicações em grande escala, como a análise do vôo de mísseis balísticos ou o estudo do vento e das correntes marítimas, o caráter não-inercial da Terra em movimento de rotação torna-se importante (ver Seção 5-6).

Observe que não existe distinção na primeira lei entre um corpo em repouso e um em movimento com velocidade constante. Os dois movimentos são "naturais" se a força resultante que atua sobre o corpo é nula. Isto fica claro quando um corpo em repouso em um sistema inercial é observado de um segundo sistema inercial — isto é, um sistema que se move, em relação ao primeiro, com velocidade constante. Um observador posicionado no primeiro sistema nota que o objeto está em repouso; um observador posicionado no segundo sistema nota que o mesmo corpo está se movendo com velocidade constante. Os dois observadores notam que o corpo não possui aceleração — isto é, nenhuma mudança na sua velocidade — e ambos podem concluir, a partir da primeira lei, que nenhuma força resultante está atuando sobre o corpo.

3-3 FORÇA

De acordo com a primeira lei de Newton, a *ausência* de força leva à *ausência* de aceleração. E sobre a *presença* da força? É razoável assumir, com base na experiência comum, que um corpo acelera quando uma força é aplicada sobre ele. Agora, o conceito de força é desenvolvido, definindo-a operacionalmente em termos da aceleração que ela produz quando aplicada a um determinado corpo. Qualquer objeto que possa ser claramente identificável e reproduzível pode servir como "objeto padrão". Pode-se escolher, por exemplo, um bloco de cobre ou de vidro de dimensões especificadas.

Antes de prosseguir com essa medição, é preciso evocar a primeira lei de Newton para verificar se o sistema de referência usado é um sistema de referência inercial. Se o corpo está em repouso, será que ele permanece em repouso? Se ele for colocado em movimento com velocidade constante, será que ele permanece nesse estado de movimento? Provavelmente, ao se tentar responder à segunda questão, irá se descobrir que o corpo, uma vez em movimento, terá a sua velocidade reduzida gradualmente, devido ao atrito. É possível construir um aparato que promova um ambiente praticamente livre de atrito, possivelmente fazendo o objeto flutuar sobre uma camada de ar ou lubrificando a superfície sobre a qual ele desliza. O objetivo é aplicar a força no objeto e medir a sua aceleração. Dessa forma, é necessário garantir que o efeito das outras forças causadas pela vizinhança no movimento do corpo seja desprezível.

Considere uma mola com baixa rigidez como o agente que fornece a força. As molas são construídas com diferentes valores de rigidez, necessitando de diferentes valores de força para distendê-las. Observa-se que o esforço necessário para distender uma determinada mola aumenta à medida que ela é distendida.

O corpo padrão é colocado sobre uma superfície horizontal sem atrito, e a mola é acoplada a ele (Fig. 3-3*a*). Por tentativa e erro, a mola é distendida até fornecer ao corpo padrão uma aceleração de exatamente 1 m/s^2 (Fig. 3-3*b*). A força exercida é definida como sendo *uma unidade* de força. Para referência posterior, anota-se o valor da distensão da mola, ΔL, que corresponde a esta força. Agora, repete-se o experimento, distendendo a mola de um valor maior, até que o corpo padrão experimenta uma aceleração de 2 m/s^2. Define-se a força exercida como sendo *duas unidades* de força e, mais uma vez, anota-se o valor da distensão da mola, ΔL, correspondente a esta força. Prosseguindo, encontra-se a distensão que fornece uma aceleração de 3 m/s^2, correspondente a *três unidades* de força. No fim, tem-se uma calibração completa da mola, a qual fornece o valor da distensão da mola necessário para promover uma determinada aceleração no objeto padrão. Outras molas, com diferentes valores de rigidez, podem ser calibradas de modo similar, utilizando o mesmo corpo padrão.

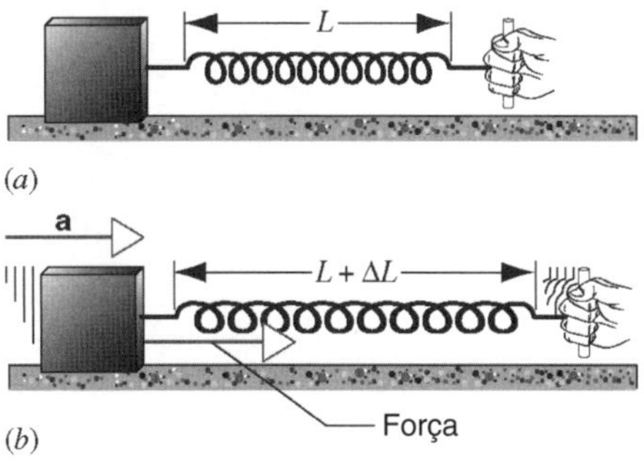

Fig. 3-3 (*a*) Um corpo padrão em repouso sobre uma superfície horizontal sem atrito. (*b*) O corpo é acelerado, puxando-se a mola para a direita, de modo a distender a mola de ΔL.

Tem-se então um conjunto de molas calibradas, por meio de um processo inteiramente baseado na aceleração fornecida ao corpo padrão. Agora é possível prosseguir a medição de forças desconhecidas, usando estes dispositivos de medição. Considere, por exemplo, um objeto suspenso na vertical, como mostrado na Fig. 3-4*a*. Uma vez que o corpo está em repouso, a força resultante é nula. A intensidade da força vertical, exercida para cima pela mola, deve ser igual à intensidade da força para baixo promovida pela gravidade, para que a soma vetorial das duas forças seja zero. É possível determinar a força da gravidade que age sobre o corpo medindo a distensão da mola, ΔL, e verificando a calibração para esta mola, de modo a determinar a força correspondente. De fato, existem balanças de molas calibradas para este propósito e usadas para pesar frutas e vegetais em mercearias.

Da mesma maneira, é possível medir forças de atrito. Ao colocar o objeto padrão em uma superfície horizontal, na qual ele experimenta uma força de atrito, pode-se acoplar uma mola (como

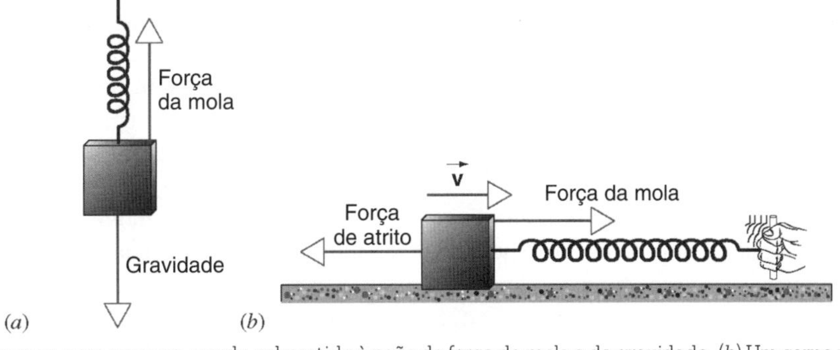

Fig. 3-4 (*a*) Um corpo está suspenso e em repouso, sendo submetido à ação da força da mola e da gravidade. (*b*) Um corpo move-se com uma velocidade constante sobre uma superfície horizontal que exerce nele uma força de atrito.

mostrado na Fig. 3-4*b*) e puxar o corpo com uma força que promova o movimento do corpo com uma velocidade constante. Neste caso, a intensidade da força da mola é igual à da força de atrito, de modo que a sua soma vetorial é zero (porque possuem intensidades iguais e sentidos opostos). Pode-se, então, determinar a intensidade da força através do valor da distensão da mola. Mais uma vez, uma balança de molas calibrada pode ser usada.

Outra forma de medir força é usar um transdutor de força eletrônico (comercialmente disponível), que pode ser conectado a um computador para ler as forças de forma direta (ver Fig. 3-5). A força aplicada ao transdutor promove uma pequena deflexão em um dispositivo mecânico ou eletromagnético; a deflexão pode ser lida eletronicamente e calibrada contra uma mola "padrão".

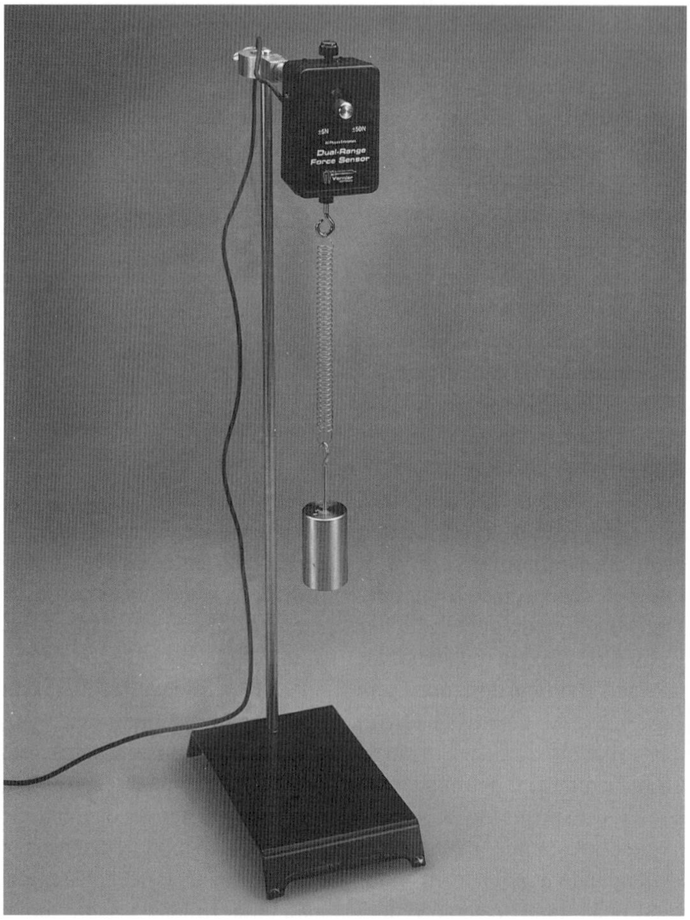

Fig. 3-5 Uma massa pendurada em uma mola está acoplada a um transdutor eletrônico, que pode ser conectado a um computador para medir forças. Cortesia de Vernier Software and Technology.

3-4 MASSA

Na seção anterior discutiu-se uma série de experimentos usados para calibrar um conjunto de molas, relacionando as acelerações de um corpo padrão com a extensão das molas. Agora, esses experimentos são repetidos com o objetivo de responder à seguinte questão: Qual é o efeito que se obtém quando se aplica a *mesma força* a *corpos diferentes*?

A partir da experiência cotidiana, estima-se uma resposta qualitativa: é muito mais fácil acelerar uma bicicleta do que um carro, empurrando-os. Claramente, a mesma força produz diferentes acelerações quando aplicada a diferentes corpos. O que torna dois corpos diferentes em relação à facilidade com que são acelerados aplicando um empurrão é a sua *massa*, que é *a propriedade de um corpo que determina a sua resistência a uma mudança no seu movimento.*

Neste ponto, a relação entre força e massa é estudada através da aceleração de corpos com diferentes massas, usando o conjunto de molas calibradas. Considere um segundo corpo padrão idêntico e acoplado ao primeiro corpo. Ao aplicar a mesma força unitária ao objeto combinado, observa-se uma aceleração de 0,5 m/s^2. Se forem aplicadas duas unidades de força, observa-se uma aceleração de 1,0 m/s^2. É possível repetir o experimento com três corpos padrão acoplados, depois com quatro e assim por diante. O conjunto de dados obtidos desses experimentos está apresentado a seguir.

Força Aplicada	1 Unidade	2 Unidades	3 Unidades	4 Unidades
Aceleração de um corpo padrão	1,0 m/s²	2,0 m/s²	3,0 m/s²	4,0 m/s²
Aceleração de dois corpos padrão	0,5 m/s²	1,0 m/s²	1,5 m/s²	2,0 m/s²
Aceleração de três corpos padrão	0,33 m/s²	0,67 m/s²	1,0 m/s²	1,3 m/s²

Observando os resultados dessas medições, fica claro que, para cada combinação de corpos, a aceleração é diretamente proporcional à força (por exemplo, para cada caso, duas unidades de força resultam no dobro da aceleração observada para uma unidade de força). Entretanto, a constante de proporcionalidade entre a força e a aceleração é diferente para cada linha horizontal da tabela, sendo uma propriedade característica do objeto acelerado. Esta propriedade do objeto é a sua massa, a qual fornece a proporcionalidade entre força e aceleração. A Fig. 3-6 ilustra estes experimentos, que mostram a relação entre força, massa e aceleração.

A partir da observação de diversos experimentos similares, pode-se concluir que quanto maior a massa de um objeto, menor é a aceleração produzida por uma determinada força. Isto é, *a aceleração produzida por uma dada força é inversamente proporcional à massa acelerada*. Assim, a massa do corpo pode ser vista como *uma medida quantitativa da resistência de um corpo a ser acelerado por uma determinada força.*

Esta observação fornece uma maneira direta de comparar a massa de dois corpos diferentes: aplica-se a mesma força a ambos os objetos e mede-se a aceleração resultante. A razão das massas dos dois corpos é igual à razão *inversa* das acelerações. Suponha, por exemplo, que se aplica uma força F ao corpo padrão (cuja massa toma-se como sendo m_{pad}) e se mede uma aceleração a_{pad}. Em seguida, pode-se notar que a mesma força F aplicada a um corpo x de massa desconhecida m promove uma aceleração a_x. Estabelecendo-se as razões, obtém-se

$$\frac{m_x}{m_{pad}} = \frac{a_{pad}}{a_x} \quad \text{(mesma força } F \text{ atuando).} \qquad (3\text{-}1)$$

Isto permite determinar a massa de um corpo desconhecido, em termos da massa do corpo padrão escolhido. Por exemplo, se a aceleração do corpo x é igual a $\frac{1}{3}$ da aceleração do corpo padrão, quando a mesma força é aplicada a ambos, então a massa do corpo x é três vezes a massa do corpo padrão. Como mostra a tabela dos valores medidos, isto permanece verdadeiro não importando quantas unidades de força são aplicadas aos dois corpos — por exemplo, as acelerações do corpo composto de três corpos padrão, posicionado na última linha da tabela, são iguais a $\frac{1}{3}$ das acelerações correspondentes do corpo composto de um corpo padrão para cada valor de força aplicada. Mais especificamente, se uma força

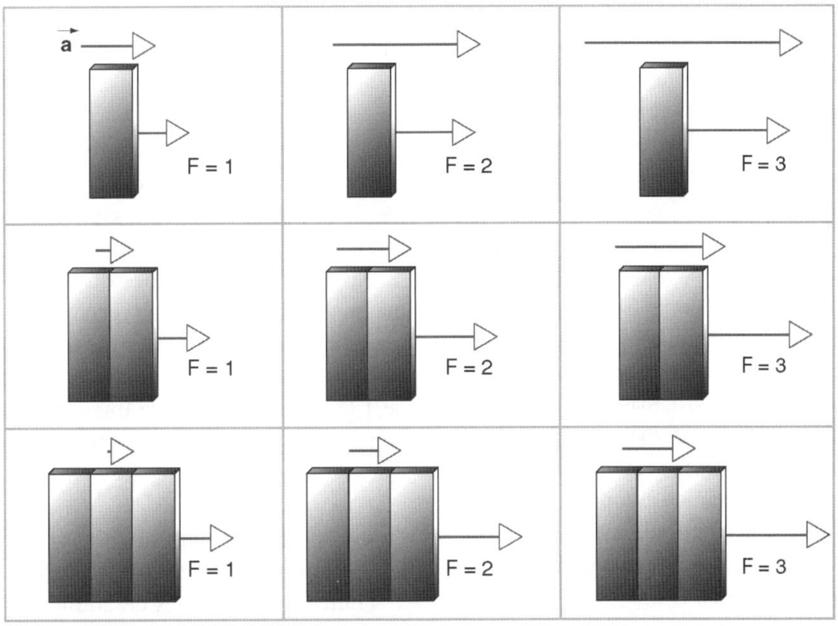

Fig. 3-6 Experimentos que ilustram a relação entre força (dada em unidades arbitrárias), massa e aceleração. Os vetores de aceleração estão desenhados em escala, acima dos blocos. Ao longo de cada linha, pode-se ver que a aceleração é sempre proporcional à força, mas a proporcionalidade é diferente para massas diferentes. Ao longo de cada coluna, pode-se ver que, quando a mesma força está atuando, a aceleração é inversamente proporcional à massa.

diferente, F', é aplicada ao corpo padrão e ao corpo x, promovendo acelerações a'_{pad} e a'_x, a razão entre as acelerações associadas à força F' é igual à razão obtida para a força F:

$$\frac{m_x}{m_{pad}} = \frac{a_{pad}}{a_x} = \frac{a'_{pad}}{a'_x}. \qquad (3\text{-}2)$$

Para uma massa desconhecida m_x obtém-se o mesmo valor, *não importando o valor da força comum*. A razão de massas m_x/m_{pad} é independente da força; a massa é uma propriedade fundamental do objeto que não está relacionada com o valor da força usada para comparar a massa desconhecida com a massa padrão.

Através da simples extensão deste procedimento, é possível comparar as massas de dois corpos quaisquer em vez de comparar um único corpo com o corpo padrão. Considere, agora, dois objetos arbitrários, com massas m_1 e m_2. Ao aplicar uma força F nos dois objetos, mede-se uma aceleração a_1 e a_2, respectivamente. A razão das massas é

$$\frac{m_2}{m_1} = \frac{a_1}{a_2} \quad \text{(mesma força atuando)}, \qquad (3\text{-}3)$$

que é idêntica à razão que seria obtida deduzindo-se as massas m_1 e m_2 separadamente, pela comparação direta com o padrão, como na Eq. 3-1.

Este procedimento também mostra que quando duas massas m_1 e m_2 são acopladas, elas agem mecanicamente como um objeto único de massa $m_1 + m_2$. Isto demonstra que *massas são adicionadas como (e são) grandezas escalares.*

Um exemplo prático da utilização desta técnica — que atribui massas através da comparação das acelerações produzidas por uma determinada força — é na medição precisa da massa de átomos. Neste caso, a força é magnética e a aceleração é perpendicular à velocidade do átomo, o que promove uma deflexão no seu caminho. No entanto, o princípio é exatamente o mesmo: a razão entre as massas dos dois átomos é igual ao inverso da razão das suas acelerações. A medição da deflexão permite medir com precisão a razão das massas, e através da comparação com uma massa padrão (como a do ^{12}C, definida exatamente como 12 u) é possível obter valores precisos para as massas, como as mostradas na Tabela 1-6.

3-5 SEGUNDA LEI DE NEWTON

Todos os experimentos e definições descritos anteriormente podem ser resumidos em uma equação, a equação fundamental da mecânica clássica,

$$\sum \vec{F} = m\vec{a}. \qquad (3\text{-}4)$$

Nesta equação, $\Sigma \vec{F}$ é a *soma* (vetorial) de *todas* as forças que agem *sobre* o corpo, m é a massa do corpo e $\vec{a}$ é a sua aceleração (vetor). Usualmente $\Sigma \vec{F}$ é denominada força *resultante*.

A Eq. 3-4 representa a declaração da *segunda lei de Newton*. Se for escrita na forma $\vec{a} = (\Sigma \vec{F})/m$, pode-se observar facilmente que a aceleração de um corpo é, em intensidade, diretamente proporcional à força resultante que está agindo sobre ele, além de ser paralela à direção desta força. Também se percebe que, para uma determinada força, a aceleração é inversamente proporcional à massa do corpo.

Note que a primeira lei do movimento está contida na segunda lei como um caso especial, se $\Sigma \vec{F} = 0$, então $\vec{a} = 0$. Em outras palavras, se a força resultante em um corpo é nula, o corpo está em movimento com velocidade constante, conforme estabelecido pela primeira lei. Todavia, a primeira lei possui um papel independente e importante na definição dos sistemas de referência inerciais. Sem esta definição, não se pode escolher os sistemas de referência para aplicar a segunda lei. Dessa maneira, *ambas as leis* são necessárias para um sistema mecânico completo.

A Eq. 3-4 representa uma soma vetorial. Assim como qualquer equação vetorial, esta única equação pode ser escrita através de três equações unidimensionais,

$$\sum F_x = ma_x, \qquad \sum F_y = ma_y, \qquad \sum F_z = ma_z, \qquad (3\text{-}5)$$

que relacionam as componentes x, y e z da força resultante (ΣF_x, ΣF_y, e ΣF_z) com as componentes da aceleração (a_x, a_y e a_z), para a massa m. Deve ser enfatizado que ΣF_x, ΣF_y e ΣF_z representam, respectivamente, as somas *algébricas* das componentes nas direções x, y e z de todas as forças que estão atuando sobre a massa m. Os sinais das componentes (isto é, os sentidos relativos das forças) devem ser levados em conta, ao efetuar a soma algébrica.

Assim como todas as equações, a segunda lei de Newton deve ser dimensionalmente consistente. As dimensões do lado direito são $[m][a] = ML/T^2$, em que [ ] denota *as dimensões de*, de acordo com o Cap. 1. Desse modo, estas também devem ser as dimensões da força:

$$[F] = ML/T^2.$$

Estas dimensões devem ser observadas, não importando a origem da força — gravitacional, elétrica, nuclear ou qualquer outra — e o grau de complexidade da equação que descreve a força.

No sistema de unidades do SI, o corpo padrão possui uma massa de um quilograma (ver Seção 1-5) e a massa dos objetos é medida comparando-se a massa destes com a do quilograma padrão. Para promover uma aceleração de 1 m/s² a uma massa de 1 kg, é necessária uma força de 1 kg m/s². Esta combinação de unidades é chamada de *newton* (abreviada por N):

$$1\ N = 1\ kg \cdot m/s^2.$$

Se a massa for medida em kg e a aceleração em m/s², a segunda lei de Newton fornece a força em N.

Outros dois sistemas de unidades de uso comum são o cgs (centímetro-grama-segundo) e o sistema inglês. No sistema cgs, a massa é medida em gramas e a aceleração em cm/s². A unidade de força neste sistema é a *dina*, que é equivalente a g·cm/s². Uma vez que 1 kg = 10^3 g e 1 m/s² = 100 cm/s², segue que

1N = 10^5 dina. A dina é uma unidade muito pequena, aproximadamente igual ao peso de um milímetro cúbico de água (já um newton é aproximadamente igual ao peso de meia xícara de água).

No sistema inglês, a força é medida em libras e a aceleração em ft/s^2. Neste sistema, a massa que é acelerada a 1 ft/s^2 por uma força de 1 lb é chamada de *slug* (da palavra inglesa *sluggish*, que significa lento ou vagaroso).

Outras variantes destes sistemas básicos são ocasionalmente encontradas, mas, sem dúvida, estas três são as mais comuns. A Tabela 3-2 resume estas unidades de força comuns; uma lista mais extensa pode ser encontrada no Apêndice G.

TABELA 3-2 Unidades da Segunda Lei de Newton

Sistema	*Força*	*Massa*	*Aceleração*
SI	newton (N)	quilograma (kg)	m/s^2
cgs	dina	grama (g)	cm/s^2
Inglês	libra (lb)	slug	ft/s^2

ANÁLISE DINÂMICA USANDO A SEGUNDA LEI DE NEWTON

Na análise de problemas usando a segunda lei de Newton, alguns passos devem ser seguidos:

1. Escolher um sistema de referência inercial. A orientação e os sentidos positivos dos eixos do sistema de coordenadas que está posicionado no sistema de referência devem ser selecionados. As componentes de força que coincidem com o sentido positivo devem ser tomadas como positivas, e as com sentido oposto devem ser tomadas como negativas.
2. Desenhar um *diagrama de corpo livre* de cada objeto do problema, mostrando todas as forças que atuam sobre cada corpo. Neste diagrama, o corpo é considerado como uma partícula.
3. Identificar cada força com dois subscritos: o primeiro indica o corpo sobre o qual a força atua, e o segundo indica o corpo da vizinhança que causa aquela força. Por exemplo, F_{AB} indica a força sobre o corpo A exercida pelo corpo B, e F_{BA} indica a força sobre o corpo B exercida pelo corpo A. Se existirem vários objetos A, B, C ... no problema, então entre as forças que atuam sobre o corpo A podem estar incluídas F_{AB} e F_{AC}. Este método de identificação das forças é muito importante, visto que ajuda a evitar a inclusão de forças fictícias que não estejam associadas a um corpo da vizinhança.
4. Para cada corpo, encontrar a soma vetorial de todas as forças. Isto, na prática, geralmente significa somar separadamente (prestando atenção nos sinais) as componentes x, y e z das forças. Logo, as componentes da aceleração podem ser encontradas usando as Eqs. 3-5.

Os exemplos a seguir ilustram a aplicação destes procedimentos.

PROBLEMA RESOLVIDO 3-1.

Uma pessoa, P, empurra um trenó carregado, T, cuja massa, m, é de 240 kg, sobre a superfície de um lago congelado, por uma distância, d, de 2,3 m. O trenó desliza sobre o gelo com atrito desprezível. Ao empurrar o trenó, a pessoa exerce uma força horizontal constante F_{TP} de 130 N (= 29 lb); ver Fig. 3-7. Se o trenó parte do repouso, qual é a sua velocidade final?

Solução Conforme mostrado na Fig. 3-7*b*, para o eixo horizontal x desenhado, toma-se o sentido em que x cresce para a direita e considera-se o trenó como uma partícula. A Fig. 3-7*b* é um diagrama de corpo livre *parcial*. Nos diagramas de corpo livre, é importante incluir *todas* as forças que atuam na partícula. Entre-

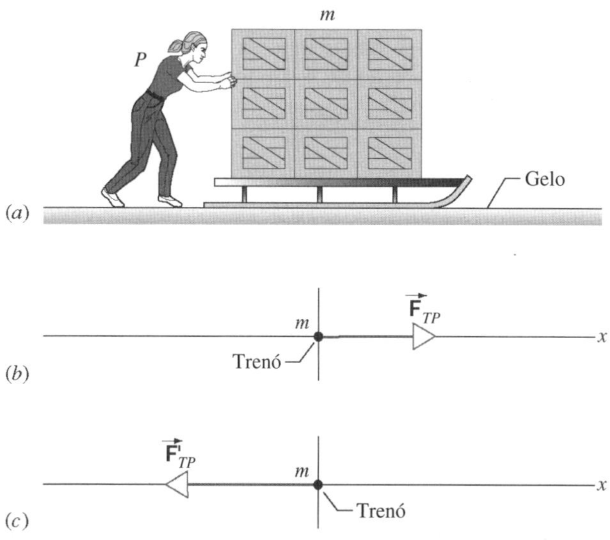

Fig. 3-7 Problemas Resolvidos 3-1 e 3-2. (*a*) Uma pessoa empurra um trenó carregado sobre uma superfície sem atrito. (*b*) Diagrama de corpo livre, mostrando o trenó como uma "partícula" e a força atuando sobre ele. (*c*) Um segundo diagrama de corpo livre, que mostra a força atuando quando a pessoa empurra no sentido oposto.

tanto, nesta solução, foram omitidas duas forças verticais, as quais não afetam a solução e que serão discutidas mais adiante. Assume-se que a força F_{TP}, exercida pela pessoa, é a única força horizontal que atua sobre o trenó, de modo que $\Sigma F_x = F_{TP}$. Assim, utilizando a segunda lei de Newton, é possível obter a aceleração do trenó, ou seja:

$$a_x = \frac{\Sigma F_x}{m} = \frac{F_{TP}}{m} = \frac{130 \text{ N}}{240 \text{ kg}} = 0{,}54 \text{ m/s}^2.$$

Com essa aceleração e usando a Eq. 2-28 ($x = x_0 + v_{0x}t + \frac{1}{2}a_x t^2$ com $x - x_0 = d$ e $v_{0x} = 0$), obtém-se o tempo necessário para que o trenó percorra a distância d. Resolvendo, obtém-se t =

$\sqrt{2d/a_x} = 2{,}9$ s. A Eq. 2-26 (com $v_{0x} = 0$) agora fornece a velocidade final

$$v_x = a_x t = (0{,}54 \text{ m/s}^2)(2{,}9 \text{ s}) = 1{,}6 \text{ m/s}.$$

Força, aceleração, deslocamento e velocidade final do trenó são todos positivos, o que significa que todos apontam para a direita na Fig. 3-7*b*.

Observe que, para continuar aplicando a força constante, a pessoa terá de correr cada vez mais rápido, de forma a manter a aceleração do trenó. Eventualmente, a velocidade do trenó irá superar a velocidade máxima que a pessoa é capaz de correr e, a partir desse instante, ela não será mais capaz de aplicar a força no trenó. O trenó, então, continua (na ausência de atrito) a deslizar com velocidade constante.

PROBLEMA RESOLVIDO 3-2.

A pessoa do Problema Resolvido 3-1 deseja inverter o sentido da velocidade do trenó em 4,5 s. Para que isso ocorra, qual é a força constante que ela deve aplicar?

Solução Se a pessoa exercer uma força constante, então a aceleração do trenó será constante. Se for utilizada a Eq. 2-26 ($v_{0x} = v_x + a_x t$), é possível obter esta aceleração constante. Resolvendo para *a*, obtém-se

$$a_x = \frac{v_x - v_{0x}}{t} = \frac{(-1{,}6 \text{ m/s}) - (1{,}6 \text{ m/s})}{4{,}5 \text{ s}} = -0{,}71 \text{ m/s}^2.$$

Este valor é maior em intensidade do que a aceleração no Problema Resolvido 3-1 (0,54 m/s²), o que mostra que, para esta situação, a pessoa tem de exercer uma força maior. Obtém-se esta força (constante) F'_{TP} de

$$\begin{aligned} F'_{TP} &= ma_x = (240 \text{ kg})(-0{,}71 \text{ m/s}^2) \\ &= -170 \text{ N } (= -38 \text{ lb}). \end{aligned}$$

O sinal negativo mostra que a pessoa está empurrando o trenó no sentido de *x* decrescente — isto é, para a esquerda, como mostrado no diagrama de corpo livre da Fig. 3-7*c*.

PROBLEMA RESOLVIDO 3-3.

Um caixote cuja massa, *m*, é igual a 360 kg, está sobre a carroceria de um veículo que se move com uma velocidade, v_0, de 105 km/h, conforme visto na Fig. 3-8*a*. O motorista freia, e o veículo reduz a sua velocidade para 62 km/h em 17 s. Qual é a força (assumindo que seja constante) que atua sobre o caixote durante este tempo? Assuma que o caixote não desliza sobre a carroceria do veículo.

Solução Inicialmente determina-se a aceleração (constante) do caixote. Resolvendo a Eq. 2-26 ($v_{0x} = v_x + a_x t$) para a_x, resulta em

$$a_x = \frac{v_x - v_{0x}}{t} = \frac{(62 \text{ km/h}) - (105 \text{ km/h})}{(17 \text{ s})(3600 \text{ s/h})} = -0{,}70 \text{ m/s}^2.$$

Como o sentido para a direita foi tomado como positivo, a aceleração deve apontar para a esquerda.

A força F_{CV} exercida sobre o caixote pelo veículo segue da segunda lei de Newton:

$$\begin{aligned} F_{CV} &= ma_x \\ &= (360 \text{ kg})(-0{,}70 \text{ m/s}^2) = -250 \text{ N}. \end{aligned}$$

Esta força age no mesmo sentido da aceleração — isto é, para a esquerda, como mostra a Fig. 3-8*b*. A força deve ser fornecida por um agente externo, como cordas ou outro dispositivo utilizado para fixar o caixote na carroceria do veículo. Se o caixote não estiver preso, então, o atrito entre o caixote e a carroceria do veículo deve fornecer a força necessária. Se não houver atrito suficiente para promover uma força de 250 N, o caixote irá deslizar sobre a carroceria do veículo. Neste caso, um observador parado na estrada constataria uma redução na velocidade do caixote inferior à do veículo.

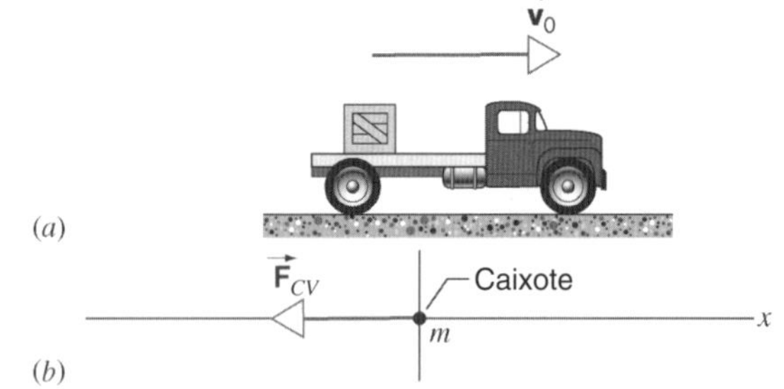

Fig. 3-8 Problema Resolvido 3-3. (*a*) Um caixote sobre o veículo que está freando. (*b*) Diagrama de corpo livre do caixote.

3-6 TERCEIRA LEI DE NEWTON

Considere a Terra e a Lua. A Terra exerce uma força gravitacional sobre a Lua e a Lua exerce uma força gravitacional sobre a Terra. Todas as forças são parte dessas interações mútuas entre dois (ou mais) corpos — não é possível uma situação em que exista apenas uma única força isolada.

As forças que agem sobre um corpo (denominado corpo *A*) são devidas a outros corpos presentes na sua vizinhança. Suponha que o corpo *B* é um desses corpos na vizinhança de *A*, então, entre as forças que agem sobre o corpo *A* está $\vec{\mathbf{F}}_{AB}$, a força que age sobre o corpo *A* que é exercida pelo corpo *B*. Do mesmo modo, pode-se concentrar a atenção no corpo *B*. Entre os corpos presentes na vizinhança de *B*, está o corpo *A* que exerce uma força $\vec{\mathbf{F}}_{BA}$ sobre o corpo *B*. A terceira lei de Newton trata da relação entre $\vec{\mathbf{F}}_{AB}$ e $\vec{\mathbf{F}}_{BA}$.

Por experiência, sabe-se que, quando um corpo exerce uma força sobre um segundo corpo, então o segundo corpo sempre exerce uma força sobre o primeiro. Além disso, as forças *sempre* são iguais em intensidade e opostas em sentido. No sistema

Terra-Lua, a intensidade da força exercida pela Terra sobre a Lua é igual à intensidade da força exercida pela Lua sobre a Terra. As forças também são opostas em sentido — imaginando uma linha que ligue a Terra e a Lua, então a força exercida pela Terra sobre a Lua age ao longo dessa linha, em direção à Terra, e a força exercida pela Lua sobre a Terra age ao longo dessa mesma linha, em direção à Lua.

A terceira lei de Newton resume estas observações:

Quando um corpo exerce uma força sobre outro, o segundo exerce uma força sobre o primeiro. Essas duas forças são sempre iguais em intensidade e opostas em sentido.

Formalmente (ver Fig. 3-9), considere que o corpo B exerce uma força $\vec{\mathbf{F}}_{AB}$ sobre o corpo A; a experiência mostra que o corpo A exerce uma força $\vec{\mathbf{F}}_{BA}$ sobre o corpo B. Estas forças estão relacionadas por

$$\vec{\mathbf{F}}_{AB} = -\vec{\mathbf{F}}_{BA}. \qquad (3\text{-}6)$$

O sinal negativo indica que as forças agem em sentidos opostos, conforme mostrado na Fig. 3-9.

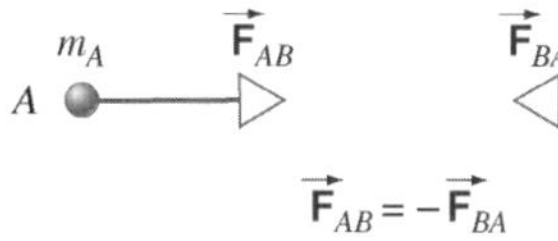

Fig. 3-9 Terceira lei de Newton. O corpo A exerce uma força $\vec{\mathbf{F}}_{BA}$ sobre o corpo B. O corpo B deve, então, exercer uma força $\vec{\mathbf{F}}_{AB}$ sobre o corpo A, e $\vec{\mathbf{F}}_{AB} = -\vec{\mathbf{F}}_{BA}$.

É comum rotular as duas forças $\vec{\mathbf{F}}_{AB}$ e $\vec{\mathbf{F}}_{BA}$ como as forças de "ação" e "reação", devido à interação mútua dos dois corpos. Estes rótulos são completamente arbitrários; qualquer uma das forças pode ser chamada de "ação", e a outra de "reação". Com o uso desses rótulos comuns, não se pretende dizer que a "ação", de alguma forma, provoca a "reação". As duas forças existem em razão da interação mútua, e simplesmente escolhe-se uma como a "ação" e a outra passa a ser a "reação". Isto fornece uma forma compacta para a terceira lei de Newton:

A cada ação existe uma reação igual em intensidade e oposta em sentido.

Esta lei impõe que a força de reação deve existir e também especifica a sua intensidade e seu sentido.

É importante lembrar que as forças de ação e reação *sempre* agem em corpos *diferentes*, como indicado pelos subscritos. Situações em que duas forças iguais em intensidade e opostas no sentido agem no mesmo corpo são freqüentes (como na Fig. 3-4). A Eq. 3-6 mostra que essas duas forças *não podem* ser um par de forças de ação-reação porque agem sobre o mesmo corpo. Em um verdadeiro par ação-reação, uma força age sobre o corpo A e a outra sobre o corpo B. Se as forças são cuidadosamente rotuladas, especificando o corpo sobre o qual ela atua e o corpo que exerce a força, então, é possível identificar a força de reação simplesmente trocando o nome dos dois corpos. Por exemplo:

Ação:	Força sobre o livro exercida pela mesa	*Reação*:	Força sobre a mesa exercida pelo livro
Ação:	Força sobre a Lua exercida pela Terra	*Reação*:	Força sobre a Terra exercida pela Lua
Ação:	Força sobre o elétron exercida pelo núcleo	*Reação*:	Força sobre o núcleo exercida pelo elétron
Ação:	Força sobre a bola de beisebol exercida pelo taco	*Reação*:	Força sobre o taco exercida pela bola de beisebol

No estudo da dinâmica de um corpo (por exemplo, o livro ou a bola de beisebol), considera-se apenas um elemento do par ação-reação (a força que age sobre aquele corpo). O outro elemento somente é considerado se também estiver sendo estudada a dinâmica do segundo corpo (a mesa ou o taco).

Os seguintes exemplos ilustram a aplicação da terceira lei:

1. *Um satélite em órbita.* A Fig. 3-10 mostra um satélite que está orbitando em torno da Terra. A única força que age sobre ele é $\vec{\mathbf{F}}_{ST}$, a força exercida *sobre* o satélite *pela* atração gravitacional da Terra. Onde está a força de reação correspondente? Ela é $\vec{\mathbf{F}}_{TS}$, a força que age na Terra causada pela atração gravitacional do satélite.

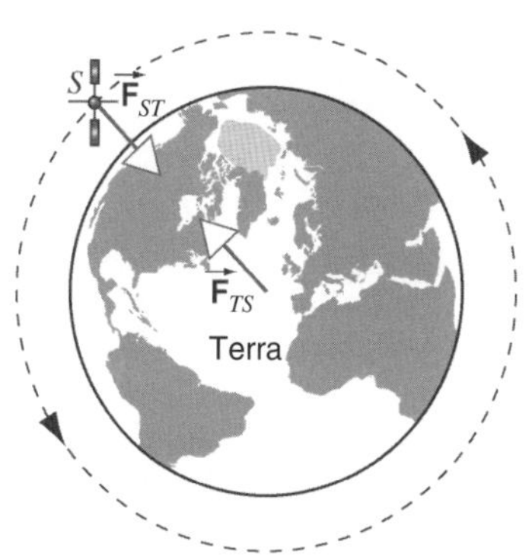

Fig. 3-10 Um satélite que está orbitando em torno da Terra. As forças mostradas são um par ação-reação. Observe que elas agem em corpos diferentes.

A princípio, pode-se pensar que o pequeno satélite não é capaz de exercer uma atração gravitacional muito grande sobre a Terra. No entanto, ele o faz exatamente como é estabelecido pela terceira lei $\vec{\mathbf{F}}_{TS} = -\vec{\mathbf{F}}_{ST}$. A força $\vec{\mathbf{F}}_{TS}$ promove a aceleração da

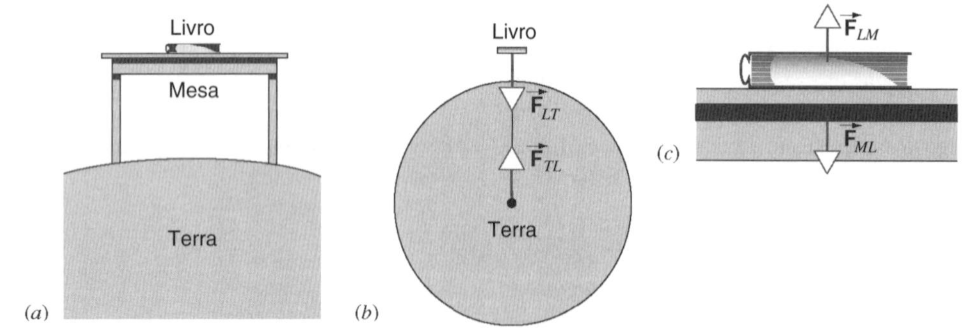

Fig. 3-11 (*a*) Um livro repousa sobre uma mesa que, por sua vez, está em repouso sobre a Terra. (*b*) O livro e a Terra exercem forças gravitacionais um sobre o outro, formando um par ação-reação. (*c*) A mesa e o livro exercem forças de contato ação-reação um sobre o outro.

Terra, mas, em função da grande massa da Terra, a sua aceleração é tão pequena que não pode ser facilmente detectada.

2. *Um livro repousa sobre uma mesa.* A Fig. 3.11*a* mostra um livro em repouso sobre uma mesa. A Terra puxa o livro para baixo com uma força $\vec{F}_{LT}$. O livro não é acelerado porque esta força é equilibrada por uma força de contato de intensidade igual e sentido oposto $\vec{F}_{LM}$ que é exercida sobre o livro pela mesa.

Embora $\vec{F}_{LT}$ e $\vec{F}_{LM}$ sejam iguais em intensidade e opostas em sentido, estas forças *não* formam um par ação-reação. Por que não? *Porque elas agem sobre o mesmo corpo — o livro.* As duas forças se anulam e são responsáveis pelo fato de o livro não estar acelerando.

Cada uma dessas forças necessita de uma força de reação correspondente em algum lugar. Onde elas estão? A reação a $\vec{F}_{LT}$ é $\vec{F}_{TL}$, a força (gravitacional) através da qual o livro atrai a Terra. Pode-se ver este par ação-reação na Fig.3-11*b*.

A Fig. 3-11*c* mostra a força de reação à força $\vec{F}_{LM}$. Ela é $\vec{F}_{ML}$, a força de contato que age sobre a mesa, causada pelo livro. Os pares de ação-reação, associados ao livro neste problema, e os corpos nos quais eles atuam são

primeiro par: $\vec{F}_{LT} = -\vec{F}_{TL}$ (livro e Terra)

e

segundo par: $\vec{F}_{LM} = -\vec{F}_{ML}$ (livro e mesa).

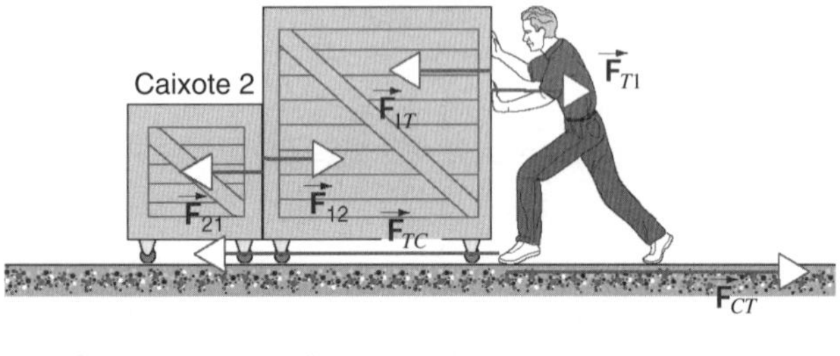

Fig. 3-12 Um trabalhador empurra o caixote 1, o qual, por sua vez, empurra o caixote 2. Os caixotes estão sobre carrinhos com rodas que se movem livremente, de modo que não existe atrito entre os caixotes e o chão.

3. *Uma fila de caixotes sendo empurrada.* Na Fig. 3-12 vê-se um trabalhador T empurrando dois caixotes posicionados sobre carrinhos com rodas que deslizam com atrito desprezível. O trabalhador exerce sobre o caixote 1 uma força $\vec{F}_{1T}$ que, por sua vez, empurra de volta o trabalhador com uma força de reação $\vec{F}_{T1}$. O caixote 1 empurra o caixote 2 com uma força $\vec{F}_{21}$, e o caixote 2 empurra de volta o caixote 1 com uma força $\vec{F}_{12}$. (Veja que o trabalhador não exerce diretamente nenhuma força sobre o caixote 2.) Para movimentar para a frente, o trabalhador tem de empurrar para trás, contra o chão. O trabalhador exerce uma força $\vec{F}_{CT}$ sobre o chão, e a força de reação do chão sobre o trabalhador, $\vec{F}_{TC}$, empurra o trabalhador para a frente. A figura mostra três pares ação-reação:

$\vec{F}_{21} = -\vec{F}_{12}$ (caixote 1 e caixote 2),

$\vec{F}_{1T} = -\vec{F}_{T1}$ (trabalhador e caixote 1),

$\vec{F}_{TC} = -\vec{F}_{CT}$ (trabalhador e chão).

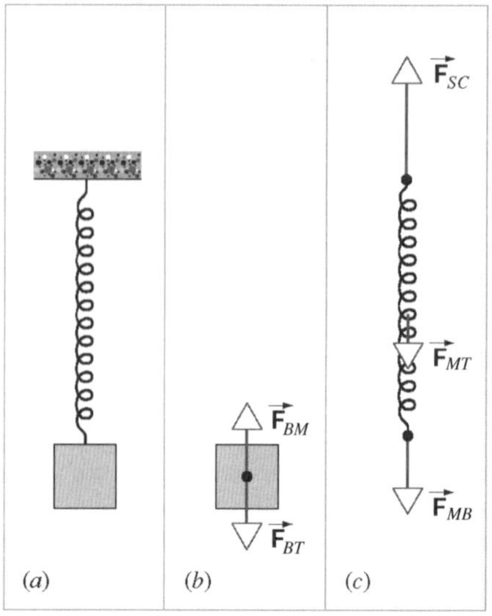

Fig. 3-13 (*a*) Um bloco, em repouso, está suspenso por uma mola distendida. (*b*) As forças sobre o bloco. (*c*) As forças sobre a mola.

Observe que, neste exemplo, o trabalhador é o agente ativo responsável pelo movimento. Porém, é a força de reação do chão sobre o trabalhador que torna o movimento possível. Se não existisse atrito entre os sapatos do trabalhador e o chão, ele não conseguiria movimentar o sistema para a frente.

4. *Bloco sustentado por uma mola.* Na Fig. 3-13*a* vê-se um bloco em repouso, pendurado em uma das extremidades de uma mola. A outra extremidade da mola está presa a um suporte no teto. As forças que agem sobre o bloco, mostradas separadamente na Fig. 3-13*b*, são o seu peso $\vec{\mathbf{F}}_{BT}$ (a força gravitacional sobre o bloco, exercida pela Terra) e a força $\vec{\mathbf{F}}_{BM}$ exercida pela mola sobre o bloco. Sob a influência dessas forças o corpo permanece em repouso, mas estas *não* são um par ação-reação porque, mais uma vez, elas agem sobre o mesmo corpo. A força de reação ao peso $\vec{\mathbf{F}}_{BT}$ é a força gravitacional $\vec{\mathbf{F}}_{TB}$ que o bloco exerce sobre a Terra, força esta que não é mostrada.

A força de reação a $\vec{\mathbf{F}}_{BM}$ (a força exercida sobre o bloco pela mola) é a força $\vec{\mathbf{F}}_{MB}$ exercida *sobre* a mola *pelo* bloco. Esta força aparece na Fig. 3-13*c*, na qual são mostradas as forças que agem sobre a mola. Estas forças incluem a reação a $\vec{\mathbf{F}}_{BM}$, que é mostrada como uma força $\vec{\mathbf{F}}_{MB}$ $(=-\vec{\mathbf{F}}_{BM})$ orientada para baixo, o peso $\vec{\mathbf{F}}_{MT}$ da mola (normalmente desprezível) e a força para cima $\vec{\mathbf{F}}_{MS}$ exercida pelo suporte na mola. Se a mola está em repouso, a força resultante tem de ser nula: $\vec{\mathbf{F}}_{MS} + \vec{\mathbf{F}}_{MT} + \vec{\mathbf{F}}_{MB} = 0$.

A força de reação a $\vec{\mathbf{F}}_{MS}$ age *no* suporte. Uma vez que, neste diagrama, o suporte não está sendo mostrado como um corpo independente, a força de reação a $\vec{\mathbf{F}}_{MS}$ não aparece.

VERIFICANDO A TERCEIRA LEI DE NEWTON

A terceira lei de Newton pode ser facilmente verificada prendendo-se transdutores de força a dois carrinhos que colidem em uma pista sem atrito. Estes transdutores de força estão conectados a um computador que imprime a força instantaneamente em um gráfico, quando os dois carrinhos colidem.

A Fig. 3-14 exibe os resultados de três diferentes colisões entre os carrinhos. Na Fig. 3-14*a*, o carrinho 1 estava inicialmente em repouso, quando o carrinho 2 (de mesma massa) colidiu com ele. Observe que, durante todo o instante de tempo, a força exercida sobre o carrinho 1 pelo carrinho 2 é igual em intensidade e oposta em sentido à exercida sobre o carrinho 2 pelo carrinho 1.

Já a Fig. 3-14*b* mostra os resultados quando os mesmos dois carrinhos experimentam uma colisão frontal com ambos os carros em movimento. Na Fig. 3-14*c* são vistos os resultados de uma colisão frontal entre dois carros, sendo que o carro 2 possui uma massa três vezes maior que a do carrinho 1.

Em todos os casos, independente de qual carro está em movimento e independente da relação entre as massas dos dois carrinhos, as forças são exatamente iguais em intensidade e opostas em sentido, exatamente como requerido pela terceira lei de Newton.

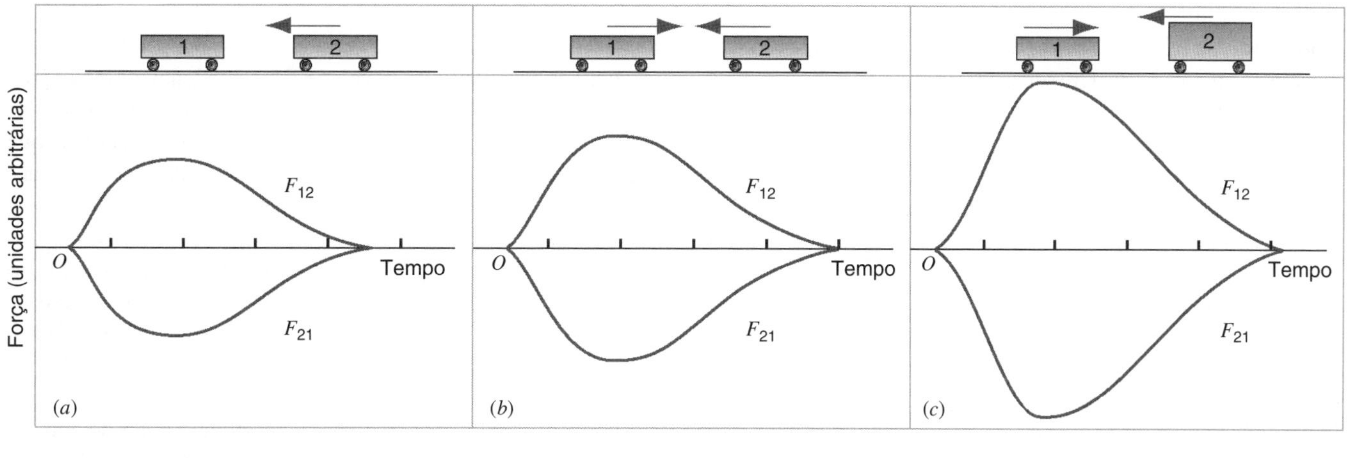

Fig. 3-14 Transdutores eletrônicos de força, do tipo mostrado na Fig. 3-5, são instalados em dois carrinhos que colidem. Os transdutores medem simultaneamente a força exercida sobre cada carrinho pelo outro. Os gráficos mostram as forças exercidas nos dois carrinhos como função do tempo, durante a colisão. (*a*) O carrinho 2 está inicialmente em movimento e colide com o carrinho 1, que está inicialmente em repouso. Os dois carrinhos possuem a mesma massa. (*b*) Uma colisão frontal entre dois carrinhos de mesma massa. (*c*) Uma colisão frontal entre dois carrinhos, sendo que o carrinho 2 possui uma massa três vezes superior à do carrinho 1.

3-7 PESO E MASSA

Considere um corpo de massa m que é solto perto da superfície da Terra. Conforme discutido na Seção 2-6, o corpo cai com uma aceleração de queda livre $\vec{\mathbf{g}}$ (se as outras forças que podem estar presentes, como a resistência do ar, forem desprezadas). Aqui, $\vec{\mathbf{g}}$ é um vetor cuja intensidade g é a aceleração de queda livre e com sentido para baixo (apontando para o centro da Terra). Se for assumido que a superfície da Terra é um referencial inercial, de modo a poder aplicar a segunda lei de Newton, a força resultante sobre o objeto deve ser igual a $m\vec{\mathbf{a}}$ ou $m\vec{\mathbf{g}}$ neste caso, uma vez que $\vec{\mathbf{a}} = \vec{\mathbf{g}}$. Esta força é devida à atração gravitacional da Terra sobre o objeto.

Se, por outro lado, no lugar de ser solto, o corpo for colocado sobre a palma da mão, a sua aceleração será nula e, dessa forma, a força resultante também é nula (pela segunda lei de Newton). Isto não significa que a atração gravitacional da Terra sobre o corpo foi *desligada*; esta força continua agindo sobre o corpo e continua podendo ser expressa como $m\vec{\mathbf{g}}$. A mão deve, portanto, estar exercendo uma força para cima, igual em intensidade à força para baixo $m\vec{\mathbf{g}}$, de maneira que a força resultante é igual a zero (estas duas forças *não* são um par ação-reação porque elas agem sobre o mesmo corpo). Esta força para cima é sentida através da tração dos músculos; assim, é possível "sentir" a atração gravitacional da Terra sobre o corpo.

A força da gravidade exercida para baixo pela Terra sobre o objeto é chamada de *peso* do corpo. A força da gravidade da Terra sobre o objeto é a mesma, não importando se o corpo está em repouso ou caindo; a força possui uma intensidade mg e um sentido na direção do centro da Terra. Em termos de intensidade, o peso P é

$$P = mg. \qquad (3\text{-}7)$$

O peso é medido em unidades de força, como newtons ou libras.

É possível medir diretamente o peso se o objeto for colocado sobre uma balança de plataforma (como uma balança de banheiro) com um mostrador que indica a intensidade da força que a plataforma exerce sobre o corpo; se o corpo está em repouso, então a força vertical resultante é zero e, dessa forma, a força para cima sobre o corpo, exercida pela plataforma, deve ser igual à força para baixo sobre o corpo, exercida pela Terra (o peso). Esta força também pode ser medida por meio de uma balança de molas, como a encontrada na seção de produtos em supermercados; mais uma vez, a força resultante sobre o corpo deve ser nula, e a mola exerce uma força para cima (que pode ser lida na balança) com uma intensidade igual à força para baixo mg.

Quando se desenha um diagrama de corpo livre de um corpo perto da superfície da Terra, deve ser incluída uma força $m\vec{\mathbf{g}}$ direcionada para o centro da Terra. Esta força representa o peso, a força gravitacional sobre o corpo exercida pela Terra. A força de reação ao peso da terceira lei é a força gravitacional que age sobre a Terra e que se deve ao corpo; esta força só aparece em um diagrama de corpo livre da Terra (como nas Figs. 3-10 ou 3-11*b*).

Nesta discussão, assumiu-se que a superfície da Terra é um referencial inercial. Esta hipótese não é totalmente verdadeira; por causa da rotação da Terra, a sua superfície não é um referencial inercial, mas o erro associado a esta hipótese é muito pequeno — cerca de 0,3% no equador, onde o efeito é maior. Assim, o peso indicado em uma balança no equador é 0,3% menor do que a força da gravidade sobre o corpo. Nos pólos, a leitura da balança e a aceleração de queda livre não são afetadas pela rotação. Ao desprezar este efeito, pode-se considerar que as leituras de uma balança na superfície da Terra fornecem uma medida suficientemente precisa do peso de um objeto.

A DIFERENÇA ENTRE PESO E MASSA

Como visto na Eq. 3-7, o peso depende da massa — quanto maior a massa, maior o peso. Um segundo corpo com o dobro da massa do primeiro terá duas vezes o peso, no mesmo local. Contudo, peso e massa são grandezas bastante diferentes. A definição de massa descrita na Seção 3-4 e o procedimento operacional apresentado para medi-la não fazem nenhuma referência à força gravitacional de atração exercida pela Terra. Pode-se usar o mesmo procedimento e chegar aos mesmos valores de massa, determinados através da sua comparação com o quilograma padrão, se as medidas forem executadas na Lua (onde a aceleração de queda livre é de apenas $\frac{1}{6}$ do valor na Terra) ou mesmo no espaço, longe de qualquer planeta ou estrela (onde a aceleração de corpo livre é nula). O peso do corpo é diferente nesses locais, mas a massa é a mesma; isto é, é necessário aplicar o mesmo valor de força para produzir uma determinada aceleração em cada um dos locais.

A massa de um corpo possui o mesmo valor em qualquer local, mas o seu peso varia na superfície da Terra, onde a aceleração de corpo livre varia com a localização. Em uma determinada localização na superfície da Terra onde $g = 9{,}78$ m/s^2 (próximo ao equador, por exemplo) um corpo de massa igual a 1,00 kg possui um peso de 9,78 N, enquanto próximo dos pólos, onde $g = 9{,}83$ m/s^2 (os pólos estão mais próximos do centro da Terra do que o equador), este mesmo corpo possui um peso de 9,83 N. Balanças de molas idênticas posicionadas nessas duas localizações apresentam uma pequena diferença na distensão de suas molas, quando forem usadas para medir esses pesos diferentes. Ao contrário da massa, que é uma propriedade *intrínseca* do corpo, o peso de um corpo depende da sua localização relativa ao centro da Terra. (Variações no valor de g sobre a Terra são discutidas na Seção 14-4.)

A Eq. 3-7 mostra que, para um determinado valor de g, massa e peso são proporcionais entre si. Em algumas situações, observa-se uma equação na qual unidades de massa são igualadas a unidades de peso — por exemplo, 1 kg = 2,2 lb. Esta equação viola as regras de consistência dimensional discutidas na Seção 1-7. Aqui, o sinal de igual significa "é equivalente a". O significado desta equação deve ser tomado da seguinte forma: em um local onde g possui um determinado valor, um objeto de massa igual a 1 kg é equivalente a um peso de 2,2 lb. Na superfície da Lua, esta equação poderia ser escrita como 1 kg = 0,37 lb, mas na superfície de Júpiter 1 kg = 5,1 lb. Um hambúrguer "quarter-pounder" (um quarto de libra) em uma lanchonete de Júpiter conteria cerca de 14 vezes mais carne do que em uma da Lua. Entretanto, um hambúrguer de 0,1 kg (cerca de $\frac{1}{4}$ lb na Terra) contém exatamente a mesma quantidade de carne em qualquer local. Quando os planetas se tornarem nossas colônias, deve-se ter o cuidado de solicitar suprimentos por massa e não por peso!

AUSÊNCIA DE PESO

Fotografias de astronautas em veículos espaciais em órbita (como na Fig. 3-15) os mostram flutuando livremente em um estado que chamamos de "ausência de peso". A análise do movimento dos astronautas deve ser feita com cuidado, uma vez que, em função de estarem viajando velozmente na sua nave espacial, eles não são, nem aproximadamente, um referencial inercial. De acordo com o referencial não-inercial dos astronautas, se um objeto for liberado do repouso ele permanece na mesma posição. Dessa forma, nesse referencial, a aceleração de queda livre parece ser nula. Entretanto, um objeto liberado de uma nave fora de órbita à mesma altitude (cerca de 400 km, no caso do ônibus espacial) cai em direção ao centro da Terra com uma aceleração de queda livre de aproximadamente 8,7 m/s^2.

Se um corpo fosse colocado em uma balança de plataforma ou acoplado a uma balança de molas no sistema referencial não-inercial dos astronautas, a balança indicaria uma leitura nula. Neste sistema de referência, a balança não pode ser usada para determinar o peso do corpo. Todavia, o corpo certamente não é "sem massa" nem "sem gravidade". Com g = 8,7 m/s^2 a essa altitude, um corpo de 1 kg possui um peso de 8,7 N, cerca de 11% menos do que o seu peso na superfície da Terra.

A percepção ou a sensação de peso envolve a força com a qual o chão nos empurra para cima. Ficamos menos conscientes do nosso *peso* quando estamos flutuando na água, mas quando tentamos acelerar nadando na água ficamos totalmente conscientes da nossa *massa*. Em um elevador que está acelerando para cima, o chão exerce uma força nos passageiros que é maior do que a força da gravidade para baixo e, assim, os passageiros têm a sensação de que o seu peso diminuiu. Se uma pessoa permanece sobre uma balança de banheiro em um elevador que está acelerando, a leitura da balança confirma estas percepções (ver Problema Resolvido 3-7). No entanto, a intensidade do peso permanece mg, independente de qualquer aceleração.

A verdadeira ausência de peso somente pode ser alcançada no espaço distante, longe de qualquer estrela ou planeta. Em uma nave espacial à deriva com os seus motores desligados, os astronautas flutuam livremente. Se os motores forem ligados, a aceleração resultante faz com que a nave espacial se comporte como um referencial não-inercial; no sistema de referência dos astronautas, o chão da nave acelerada exerce uma força para cima que é percebida pelos astronautas, de uma forma similar ao peso. De um modo parecido, se a nave tiver um movimento de rotação, as paredes externas da nave são o chão que promove a sensação de peso, empurrando qualquer coisa em contato com o chão em direção ao eixo de rotação. Este efeito é algumas vezes referenciado como "gravidade artificial" e será usado na Estação Espacial Internacional, com a finalidade de promover a sensação de peso para espécimes biológicos.

Fig. 3-15 A astronauta Dra. Mae C. Jemison em queda livre no ônibus espacial *Endeavor* em órbita, parecendo flutuar como se não tivesse peso.

Fig. 3-16 Atores em uma simulação de ausência de peso, durante a filmagem do filme *Apollo 13*. Eles estão em queda livre em um avião KC-135 voando segundo uma trajetória parabólica. Este avião, apelidado de "Cometa do Vômito", é usado pela NASA para pesquisas na área de microgravidade.

Um corpo em queda livre perto da superfície da Terra não possui nenhum chão para empurrá-lo e, dessa maneira, apresenta a sensação de ausência de peso. Se uma pessoa estiver dentro de um compartimento que também está em queda livre (como um elevador no qual o cabo quebrou), o chão não empurra a pessoa e ela não tem a sensação de peso. Conforme será estudado no próximo capítulo, um projétil em queda livre perto da superfície da Terra segue uma trajetória parabólica; se um avião percorre uma determinada trajetória parabólica, os passageiros são objetos em queda livre e têm a sensação de ausência de peso porque não estão em contato com o chão do avião. Este efeito é usado a fim de treinar astronautas para trabalhar em um ambiente de queda livre similar ao encontrado na órbita da Terra, e também tem sido usado em filmes para simular os efeitos da órbita (Fig. 3-16). Mesmo que um corpo em queda livre perto da superfície da Terra careça da sensação de peso que naturalmente vem da força para cima exercida pelo chão, o peso permanece com o mesmo valor mg, indicando a força da atração gravitacional da Terra sobre o corpo.

3-8 APLICAÇÕES DAS LEIS DE NEWTON EM UMA DIMENSÃO

Embora cada problema a ser resolvido usando as leis de Newton necessite de uma abordagem única, o procedimento geral estabelecido na Seção 3-5 forma a base para a análise de todos esses problemas. A melhor forma de assimilar a aplicação das regras é através do estudo de exemplos. Freqüentemente, nesses problemas existem dois ou mais corpos aos quais as leis de Newton devem ser aplicadas separadamente.

Nesses problemas, adotam-se algumas hipóteses que simplificam a análise, em detrimento de alguma realidade física. Os corpos são tratados como partículas, de modo que é possível considerar que todas as forças agem em um único ponto. As molas não possuem massa (nenhuma força é necessária para acelerá-las) e são inextensíveis (elas não distendem, então os corpos conectados por molas em tração possuem a mesma velocidade e aceleração). Apesar dessas simplificações, os exemplos fornecem uma melhor compreensão das técnicas básicas da análise dinâmica. Mais tarde no texto, incorporam-se novas técnicas que permitem desenvolver análises mais realistas. Por enquanto, ignoram-se muitos efeitos normalmente considerados importantes para, com isso, concentrar o estudo nos métodos básicos usados para resolver os problemas.

PROBLEMA RESOLVIDO 3-4.

Um trabalhador T está empurrando um caixote de massa m_1 = 4,2 kg. Na frente do caixote está um segundo caixote de massa m_2 = 1,4 kg (Fig. 3-17*a*). Ambos os caixotes deslizam sobre o chão sem atrito. O trabalhador empurra o caixote 1 com uma força P_{1T} = 3,0 N. Encontre as acelerações dos caixotes e a força exercida sobre o caixote 2 pelo caixote 1.

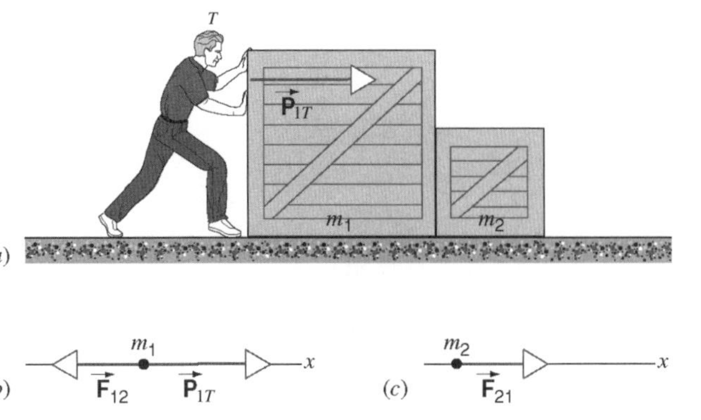

Fig. 3-17 Problema Resolvido 3-4. (*a*) Um trabalhador empurra um caixote, o qual por sua vez empurra outro caixote. (*b*) O diagrama de corpo livre do caixote 1. (c) O diagrama de corpo livre do caixote 2.

Solução Escolhe-se o eixo x positivo no sentido do movimento dos caixotes, de modo que na Fig. 3-17 as componentes de força e aceleração para a direita são positivas. O trabalhador somente empurra o caixote 1. A força $\vec{F}_{21}$ é exercida sobre o caixote 2 pelo caixote 1. De acordo com a terceira lei de Newton, o caixote 2 exerce a força $\vec{F}_{12} = -\vec{F}_{21}$ sobre o caixote 1. Com F_{12} e F_{21} representando as intensidades destas forças, a componente x de $\vec{F}_{12}$ é $-F_{12}$ e a de $\vec{F}_{21}$ é F_{21}. As Figs. 3-17*b* e 3-17*c* mostram os diagramas de corpo livre dos caixotes 1 e 2. A força resultante que age sobre m_1 é $\Sigma F_x = P_{1T} - F_{12}$, e aplicando a segunda lei de Newton ($\Sigma F_x = ma_x$) ao caixote 1 resulta em

$$\text{(caixote 1)} \qquad P_{1T} - F_{12} = m_1 a_1,$$

em que a_1 representa a componente x da aceleração do caixote 1. A força resultante sobre o caixote 2 é $\Sigma F_x = F_{21}$, então a segunda lei de Newton fornece

$$\text{(caixote 2)} \qquad F_{21} = m_2 a_2.$$

Se os dois caixotes permanecem em contato, então $a_1 = a_2$. Esta aceleração comum é denotada por a. Adicionando estas equações, obtém-se

$$P_{1T} - F_{12} + F_{21} = m_1 a + m_2 a$$

ou, usando a terceira lei de Newton para as intensidades das forças de contato ($F_{12} = F_{21}$) e resolvendo para a,

$$a = \frac{P_{1T}}{m_1 + m_2} = \frac{3{,}0\ \text{N}}{4{,}2\ \text{kg} + 1{,}4\ \text{kg}} = 0{,}54\ \text{m/s}^2.$$

Não é de surpreender que a aceleração é determinada pela massa total, $m_1 + m_2$, do sistema dos dois caixotes, porque a força P_{1T} exercida pelo trabalhador é a responsável pela aceleração de todo o sistema. Para determinar a força de contato exercida sobre o caixote 2 pelo caixote 1, tem-se

$$F_{21} = m_2 a = (1{,}4\ \text{kg})(0{,}54\ \text{m/s}^2) = 0{,}76\ \text{N}.$$

Observe que a força exercida sobre o caixote 2 pelo caixote 1 (igual a 0,76 N) é menor que a força exercida sobre o caixote 1 pelo trabalhador (3,0 N). Isto é razoável porque F_{21} age somente para acelerar o caixote 2, mas P_{1T} age para fornecer a mesma aceleração a ambos os caixotes.

PROBLEMA RESOLVIDO 3-5.

Um carrinho de massa m_C = 360 kg desliza sem atrito sobre rodas. Em cima do carrinho está colocado um pacote de massa m_P = 150 kg (Fig. 3-18*a*). O pacote pode deslizar sobre o carrinho, mas, durante o deslizamento, ambos exercem um sobre o outro uma força (devida ao atrito). Quando um trabalhador puxa o pacote com uma força $\vec{F}_{PT}$, tanto o pacote como o carrinho movimentam-se para a frente. Contudo, o pacote move-se mais rápido do que o carrinho porque a força de atrito não é suficientemente forte para prevenir que o pacote deslize para a frente sobre o carrinho. Um observador mede as intensidades das acelerações como sendo 1,00 m/s^2 para o pacote e 0,167 m/s^2 para o carrinho. Determine (*a*) a força de atrito entre o pacote e o carrinho e (*b*) a força que o trabalhador exerce sobre o pacote.

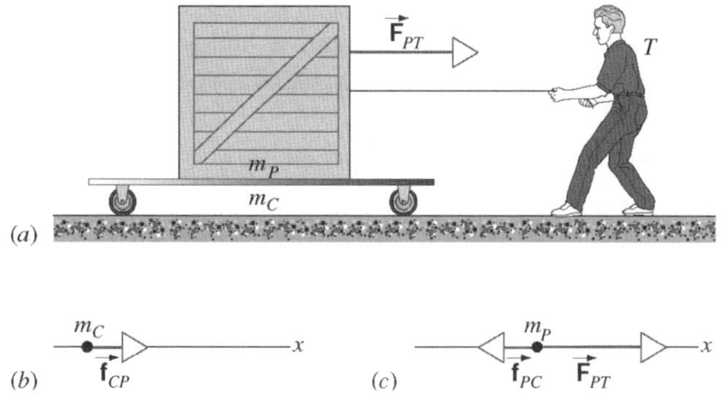

Fig 3-18 Problemas Resolvidos 3-5 e 3-6. (*a*) Um trabalhador puxa um pacote colocado sobre um carrinho. (*b*) O diagrama de corpo livre do carrinho. (c) O diagrama de corpo livre do pacote.

Solução (*a*) Escolhe-se o eixo x de modo que na Fig. 3-18 o sentido positivo seja para a direita. As componentes da aceleração e da força que tiverem este sentido são positivas. O trabalhador exerce uma força $\vec{F}_{PT}$ sobre o pacote. É comum usar um símbolo minúsculo $\vec{f}$ para representar as forças de atrito. Assim, a força sobre o pacote exercida pelo carrinho é $\vec{f}_{PC}$, a qual aponta para a esquerda (sentido oposto ao movimento do pacote) e possui uma componente x igual a $-f_{PC}$. Pela terceira lei de Newton, existe uma força de atrito $\vec{f}_{CP}$, igual em intensidade e oposta em sentido, exercida pelo pacote sobre o carrinho. As Figs. 3-18*b* e 3-18*c* mostram os diagramas de corpo livre do carrinho e do pacote. A força resultante sobre o carrinho é $\Sigma F_x = f_{CP}$ e, aplicando a segunda lei de Newton ($\Sigma F_x = ma_x$) ao carrinho, obtém-se

$$\text{(carrinho)} \qquad f_{CP} = m_C a_C = (360\ \text{kg})\ (0{,}167\ \text{m/s}^2) = 60\ \text{N}.$$

(b) Igualmente, a força resultante sobre o pacote é $\Sigma F_x = F_{PT} - f_{PC}$ e, aplicando a segunda lei de Newton, obtém-se

$$\text{(pacote)} \qquad F_{PT} - f_{PC} = m_P a_P$$

e resolvendo para F_{PT} obtém-se que

$$F_{PT} = f_{PC} + m_P a_P = 60 \text{ N} + (150 \text{ kg})(1{,}00 \text{ m/s}^2) = 210 \text{ N},$$

em que foi usado $f_{PC} = f_{CP}$ para as intensidades das forças de atrito, as quais formam um par ação-reação.

O atrito com o pacote puxa o carrinho para a frente. Mesmo que neste caso o atrito produza o movimento do carrinho, o atrito entre dois objetos sempre se opõe ao seu movimento *relativo*. Se não existisse atrito neste problema, o carrinho simplesmente não se moveria e não existiria movimento relativo entre o pacote e o carrinho. Se a força de atrito fosse suficientemente grande (ver o próximo Problema Resolvido), o pacote e o carrinho poderiam se movimentar juntos *sem* um apresentar movimento relativo entre eles.

PROBLEMA RESOLVIDO 3-6.

Suponha que no Problema Resolvido anterior, a força de atrito seja tão grande que o pacote não desliza sobre o carrinho (o pacote e o carrinho movimentam-se juntos como uma unidade). Se a força aplicada pelo trabalhador permanece com o mesmo valor de 210 N, qual é a força de atrito do pacote sobre o carrinho?

Solução O carrinho e o pacote movimentam-se juntos, portanto eles possuem a mesma aceleração a. A segunda lei de Newton fornece

$$\text{(carrinho)} \qquad \Sigma F_x = f_{CP} = m_C a$$

$$\text{(pacote)} \qquad \Sigma F_x = F_{PT} - f_{PC} = m_P a.$$

Uma vez que se deseja resolver para a incógnita $f_{PC} = f_{CP}$, elimina-se a das duas equações e obtém-se

$$f_{CP} = \frac{m_C F_{PT}}{m_C + m_P} = \frac{(360 \text{ kg})(210 \text{ N})}{360 \text{ kg} + 150 \text{ kg}} = 150 \text{ N}.$$

PROBLEMA RESOLVIDO 3-7.

Um homem H de massa $m = 27{,}2$ kg está em um elevador sobre uma balança de plataforma (Fig. 3-19a), que é essencialmente uma balança de molas calibrada que mede a força para cima F_{HB} exercida pela balança sobre o homem (esta situação seria exatamente a mesma se o homem estivesse pendurado em uma balança de molas). Qual é a leitura da balança quando a cabine do elevador está (a) descendo com uma velocidade constante e (b) subindo com uma aceleração de 3,20 m/s²?

Solução (a) Primeiro desenvolve-se um estudo geral que é válido para qualquer aceleração a. Escolhe-se um sistema de referência inercial como sendo o do próprio prédio onde o elevador

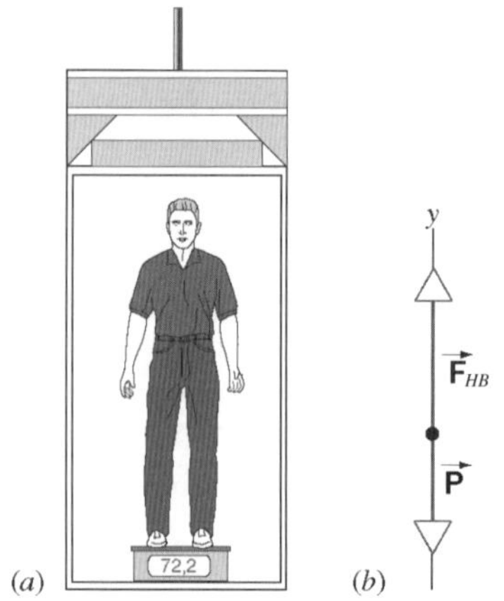

Fig. 3-19 Problema Resolvido 3-7. (a) Um homem está posicionado sobre uma balança dentro da cabine de um elevador. Como a maioria destas balanças, esta apresenta a leitura em unidades de massa (quilogramas) em vez de em unidades de força correspondente (newtons). (b) O diagrama de corpo livre do homem.

está localizado, já que um elevador que está acelerando não é um sistema de referência inercial. Ambos os valores de g e a são medidos por um observador neste referencial inercial. Escolhe-se o sistema de coordenadas, de maneira que o eixo y seja vertical e positivo para cima. A Fig. 3-19b mostra o diagrama de corpo livre do homem. Duas forças agem sobre o homem: a força para cima $\vec{F}_{HB}$ exercida pela balança e a força para baixo $\vec{P}$ de intensidade $P = mg$ (a força da gravidade da Terra sobre o homem).

A força resultante sobre o homem é, então, $\Sigma F_y = F_{HB} - P$, e a segunda lei de Newton ($\Sigma F_y = ma_y$) fornece

$$F_{HB} - P = ma_y$$

ou

$$F_{HB} = P + ma_y = mg + ma_y.$$

Quando $a_y = 0$ (correspondente ao movimento com velocidade constante)

$$F_{HB} = mg = (72{,}2 \text{ kg})(9{,}80 \text{ m/s}^2) = 708 \text{ N } (= 159 \text{ lb}).$$

A leitura da balança não depende da velocidade do elevador, e a balança lê o mesmo valor quando o elevador se movimenta com velocidade constante, assim como no caso do elevador em repouso.

(b) Quando $a_y = +3{,}20$ m/s², tem-se

$$F_{HB} = m(g + a_y) = (72{,}2 \text{ kg})(9{,}80 \text{ m/s}^2 + 3{,}20 \text{ m/s}^2) = 939 \text{ N } (= 211 \text{ lb}).$$

A leitura da balança aumenta quando o elevador está acelerando para cima e diminui quando o elevador está acelerando para baixo. O que ocorre com a leitura da balança quando o elevador está se movimentando para cima, mas acelerando para baixo (isto é, desacelerando)? Qual é a leitura da balança quando o cabo quebra e o elevador está em queda livre ($a_y = -g$)?

MÚLTIPLA ESCOLHA

3-1 Mecânica Clássica

3-2 Primeira Lei de Newton

1. Uma espaçonave interstelar, longe da influência de qualquer estrela ou planeta, está se movendo em alta velocidade sob o empuxo de foguetes, quando um defeito nos motores faz a espaçonave parar. A espaçonave irá

(A) parar imediatamente, jogando todos os ocupantes para a frente do veículo.

(B) começar a desacelerar, eventualmente atingindo o repouso no vazio frio do espaço.

(C) continuar se movendo com velocidade constante por um período, mas começando, então, a desacelerar.

(D) continuar se movendo para sempre na mesma velocidade.

2. Uma criança pequena está brincando com uma bola em uma superfície nivelada. Ela dá um empurrão à bola para colocá-la em movimento. Então, a bola rola uma pequena distância até parar. A bola reduz a velocidade e pára porque

(A) a criança parou de empurrá-la.

(B) a velocidade é proporcional à força.

(C) deve ter existido alguma força sobre a bola, oposta ao sentido do movimento.

(D) a força resultante sobre a bola é nula, então ela quer permanecer em repouso.

3-3 Força

3. Um estudante prende uma régua a um bloco de madeira colocado sobre uma superfície horizontal, conforme mostrado na Fig. 3.20*a*. A superfície exerce uma considerável força de atrito sobre o bloco. Um prego é colocado na marca de 0 in. O estudante puxa o elástico, esticando-o até a marca de 5 in. Então, ele o puxa mais e quando chega à marca de 8 in, o bloco de madeira começa a se movimentar (Fig. 3-20*b*). Antes de o bloco começar a se mover, a força resultante sobre o bloco, quando o elástico está esticado até a marca de 7 in

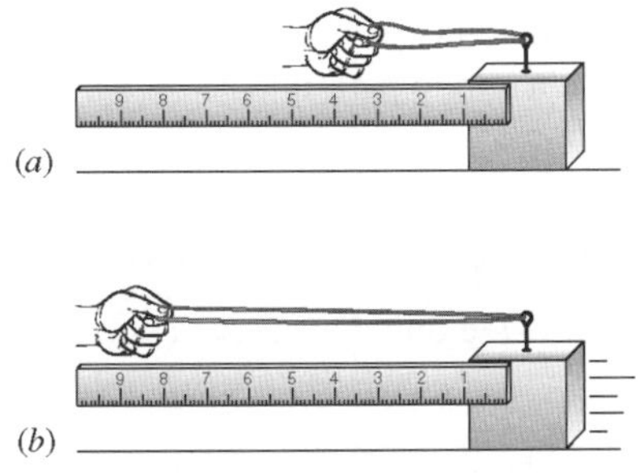

Fig. 3-20 Questões de múltipla escolha 3 e 4.

(A) é maior que a (B) é igual à

(C) é menor que a (D) não tem nenhuma relação com a

força resultante sobre o bloco, quando o elástico é esticado até a marca de 6 in.

4. O estudante da questão de múltipla escolha 3, puxa o elástico até a marca de 9 in. O bloco de madeira desliza cada vez mais rápido com uma aceleração constante, e, à medida que ele se move, o estudante move a sua mão de forma que o elástico permanece sempre esticado na marca de 9 in. A força resultante sobre o bloco, quando o elástico é esticado 9 in

(A) é maior que a (B) é igual à

(C) é menor que a (D) não tem nenhuma relação com a

força resultante sobre o bloco, quando o elástico é esticado até a marca de 7 in.

3-4 Massa

5. Dois objetos com massas M e m ($M > m$) estão sobre uma superfície sem atrito. Uma força F acelera o objeto menor com uma aceleração a. Se a mesma força é aplicada ao objeto maior, então ele irá

(A) mover-se com uma aceleração maior.

(B) mover-se com a mesma aceleração.

(C) mover-se com uma aceleração menor.

(D) mover-se somente se a força F for maior do que algum valor mínimo.

3-5 Segunda Lei de Newton

6. Um objeto está se movendo para o norte. De posse apenas desta informação, pode-se concluir

(A) que existe uma única força sobre o objeto, direcionada para o norte.

(B) que existe uma força resultante sobre o objeto, direcionada para o norte.

(C) que podem existir várias forças sobre o objeto, mas a maior deve estar direcionada para o norte.

(D) nada acerca das forças sobre o objeto.

7. Um objeto está se movendo para o norte e a sua velocidade está aumentando. De posse apenas desta informação, pode-se concluir

(A) que existe uma única força sobre o objeto, direcionada para o norte.

(B) que existe uma força resultante sobre o objeto, direcionada para o norte.

(C) que podem existir várias forças sobre o objeto, mas a maior deve estar direcionada para o norte.

(D) nada acerca das forças sobre o objeto.

8. Qual dos seguintes objetos não está experimentando uma força resultante direcionada para o norte?

(A) Um objeto que se move para o sul com a sua velocidade diminuindo.

(B) Um objeto que se move para o norte com a sua velocidade aumentando.

(C) Um objeto instantaneamente em repouso que inicia o movimento na direção norte.

(D) Um objeto que se move para o norte com velocidade constante.

3-6 Terceira Lei de Newton

9. Uma pedra repousa sobre uma superfície nivelada. A intensidade da força sobre a superfície, exercida pela pedra, é F_{SP}, e a intensidade da força sobre a pedra, exercida pela superfície, é F_{PS}. Se estas duas forças forem comparadas, observa-se que

(A) $F_{SP} < F_{PS}$. (B) $F_{SP} = F_{PS}$. (C) $F_{SP} > F_{PS}$.

(D) Não existem informações suficientes para que as duas forças possam ser comparadas.

10. Uma pedra está sobre uma superfície inclinada. A pedra inicialmente está em repouso, mas começa a deslizar para baixo. A intensidade da força sobre a superfície, exercida pela pedra, é F_{SP}, e a intensidade da força sobre a pedra, exercida pela superfície, é F_{PS}. Se estas duas forças forem comparadas, observa-se que

(A) sempre $F_{SP} < F_{PS}$.

(B) $F_{SP} = F_{PS}$, quando a pedra está em repouso; caso contrário, $F_{SP} > F_{PS}$.

(C) sempre $F_{SP} = F_{PS}$.

(D) sempre $F_{SP} > F_{PS}$.

11. Um piano está deslizando para baixo sobre um plano inclinado sem atrito, com uma velocidade cada vez maior. O afinador do piano vê o piano, corre e empurra-o para cima, diminuindo a sua velocidade até que ele passa a deslizar com velocidade constante. A intensidade da força sobre o homem, exercida pelo piano, é F_{HP}; a intensidade da força sobre o piano, exercida pelo homem, é F_{PH}. Se estas duas forças forem comparadas, observa-se que

(A) sempre $F_{PH} < F_{HP}$.

(B) $F_{PH} > F_{HP}$ enquanto a velocidade do piano diminui, mas $F_{PH} = F_{HP}$ quando o piano desliza com velocidade constante.

(C) sempre $F_{PH} = F_{HP}$.

(D) $F_{PH} = F_{HP}$ enquanto a velocidade do piano diminui, mas $F_{PH} < F_{HP}$ quando o piano desliza com velocidade constante.

3-7 Peso e Massa

12. Uma pedra grande *cai* no dedo do pé de uma pessoa. Qual dos conceitos expostos é o mais importante para determinar o quanto isso machuca?

(A) A massa da pedra.

(B) O peso da pedra.

(C) A massa e o peso da pedra, ambos são importantes.

(D) A massa ou o peso, uma vez que os dois estão relacionados por uma única constante de multiplicação, g.

13. Uma pedra grande está *sobre* o dedo do pé de uma pessoa. Qual dos conceitos expostos é o mais importante para determinar o quanto isso machuca?

(A) A massa da pedra.

(B) O peso da pedra.

(C) A massa e o peso da pedra, ambos são importantes.

(D) A massa ou o peso, uma vez que os dois estão relacionados por uma única constante de multiplicação, g.

3-8 Aplicações das Leis de Newton em uma Dimensão

14. Um objeto está livre para se mover sobre uma mesa, com exceção da força de atrito constante, f, que se opõe ao movimento do objeto quando ele se move. Uma aceleração de 2,0 m/s^2 é observada quando uma força de 10,0 N é usada para puxar o objeto. Uma aceleração de 6,0 m/s^2 é observada quando uma força de 20,0 N é usada para puxar o objeto.

(*a*) Qual é o valor da força de atrito f?

(A) 1,0 N. (B) 3,33 N. (C) 5,0 N. (D) 10,0 N.

(b) Qual é a massa do objeto?

(A) 0,40 kg. (B) 2,5 kg. (C) 3,33 kg. (D) 5,0 kg.

15. Uma pára-quedista está em queda livre antes de abrir o seu pára-quedas. A força resultante nela possui uma intensidade F e é direcionada para baixo; esta força resultante é um pouco menor que o seu peso P, em função do atrito com o ar. Então ela abre o pára-quedas. A força resultante que age sobre ela, no instante após o seu pára-quedas inflar totalmente, é

(A) maior que F e direcionada para baixo.

(B) menor que F e direcionada para baixo.

(C) zero.

(D) direcionada para cima, mas pode ser maior ou menor que F.

16. (*a*) Uma pessoa está no banheiro em cima de uma balança de molas de banheiro. A balança apresenta a "leitura" da massa da pessoa. O que a balança está realmente *medindo*? (*b*) Uma pessoa está em cima de uma balança de molas de banheiro em um elevador que está acelerando para cima a 2,0 m/s^2. A balança apresenta a "leitura" da massa da pessoa. O que a balança está *medindo*?

(A) A massa da pessoa.

(B) O peso da pessoa.

(C) A força da balança empurrando o pé da pessoa para cima.

(D) A força do pé da pessoa empurrando para baixo a balança.

QUESTÕES

1. Dos objetos relacionados na Tabela 3-1, quais deles podem ser considerados como uma partícula para o movimento descrito? Para os que se comportam como partículas, descreva, se for possível, um tipo de movimento no qual eles *não* podem ser considerados partículas?

2. Por que quando um ônibus desacelera até parar as pessoas vão para a frente, e quando ele acelera do repouso as pessoas vão para trás? Os passageiros que viajam em pé no metrô freqüentemente acham conveniente voltarem-se para a lateral do vagão quando o metrô está partindo ou parando, e voltarem-se para a frente ou para a traseira quando o metrô está andando com velocidade constante. Por quê?

3. Por que foi especificada uma mola "de baixa rigidez" para os experimentos descritos na Seção 3-3? Qual seria a diferença se fosse usada uma mola "de alta rigidez"?

4. Um bloco de massa *m* está suspenso do teto através de uma corda, *C*. Uma corda similar, *D*, está presa à parte de baixo do bloco (Fig. 3-21). Explique o seguinte: Se for dado um puxão repentino na corda *D* ela irá quebrar, mas se a corda *D* for puxada devagar a corda *C* é que irá quebrar.

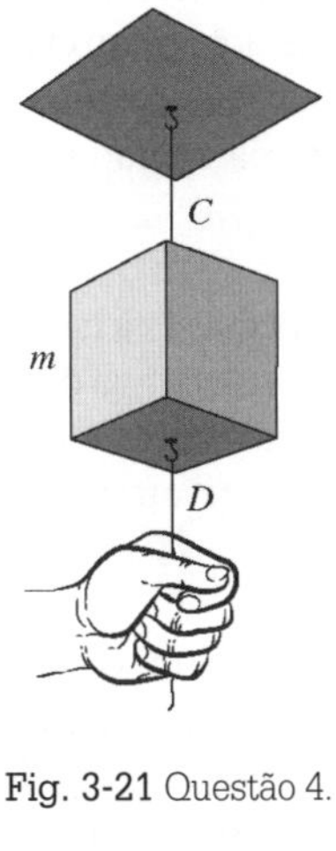

Fig. 3-21 Questão 4.

5. Critique a colocação feita com freqüência, de que a massa de um corpo é uma medida da "quantidade de matéria" que há nele.

6. Utilizando força, comprimento e tempo como grandezas fundamentais, quais são as dimensões da massa?

7. Quantos slugs existem em um quilograma?

8. Um carro que se move com velocidade constante freia bruscamente. Todos os ocupantes que usam cintos de segurança são atirados para a frente. No entanto, no instante em que o carro pára, os ocupantes são puxados para trás. Por quê? É possível parar um automóvel sem este "solavanco"?

9. É possível considerar a primeira lei de Newton meramente um caso especial da segunda lei com $\vec{\mathbf{a}} = 0$? Se for possível, a primeira lei é realmente necessária? Discuta isto.

10. Qual é a relação — se existir — entre a força que age sobre um objeto e o sentido no qual o objeto está se movendo?

11. Suponha que um corpo submetido a exatamente duas forças está acelerando. Pode-se então concluir que (*a*) o corpo não pode se mover com velocidade constante; (*b*) a velocidade nunca pode ser nula; (*c*) a soma das duas forças nunca pode ser zero; (*d*) as duas forças devem agir ao longo de uma mesma linha?

12. Um cavalo é colocado para puxar uma carroça. O cavalo recusa-se a executar a tarefa, citando a terceira lei de Newton como defesa: a força do cavalo sobre a carroça é igual em intensidade e oposta em sentido à força que a carroça faz sobre o cavalo. "Se eu nunca vou conseguir exercer uma força sobre a carroça maior do que ela exerce sobre mim, como eu posso colocar a carroça em movimento?", pergunta o cavalo. Como se pode refutar esta colocação?

13. Comente se os pares de forças citados a seguir são exemplos de pares ação-reação: (*a*) A Terra atrai um tijolo; o tijolo atrai a Terra. (*b*) Um avião a hélice empurra o ar em direção à cauda; o ar empurra o avião para a frente. (*c*) Um cavalo puxa uma carroça para a frente, movendo-a; a carroça puxa o cavalo para trás. (*d*) Um cavalo puxa um carrinho para a frente sem o mover; o carrinho puxa para trás o cavalo. (*e*) Um cavalo puxa um carrinho para a frente sem o mover; a Terra exerce sobre o carrinho uma força

igual em intensidade e oposta em sentido. (*f*) A Terra puxa para baixo o carrinho; o chão empurra para cima o carrinho com uma força igual em intensidade e oposta em sentido.

14. A seguinte colocação é verdadeira; explique-a. Duas equipes estão se enfrentando em um jogo de cabo de guerra; a equipe que empurra mais forte (horizontalmente) contra o solo ganha.

15. Dois estudantes tentam romper uma corda. Primeiro eles tentam puxar, cada um em uma extremidade, mas falham. Então eles atam uma das extremidades a uma parede e puxam juntos. Este método é melhor do que o primeiro? Explique a sua resposta.

16. Qual é a sua massa em slugs? O seu peso em newtons?

17. Um cidadão francês, ao preencher um formulário escreve "78 kg" no espaço marcado como Poids (peso). Entretanto, o peso é uma força e o quilograma uma unidade de massa. O que os franceses (entre outros) têm em mente quando usam uma unidade de massa para designar o seu peso? Por que eles não designam o seu peso em newtons? Quantos newtons esta pessoa pesa? E quantas libras?

18. Comente as seguintes colocações sobre massa e peso, tiradas de provas de alunos. (*a*) Massa e peso representam as mesmas grandezas físicas expressas em diferentes unidades. (*b*) Massa é uma propriedade de um único objeto, enquanto o peso resulta da interação de dois objetos. (*c*) O peso de um objeto é proporcional à sua massa. (*d*) A massa de um corpo varia com alterações em seu peso local.

19. Uma força horizontal age sobre um corpo que está livre para se mover. Se a força for inferior ao peso deste corpo, é possível que ele venha a produzir uma aceleração?

20. Por que a aceleração de um objeto em queda livre não depende do peso do objeto?

21. Descreva várias formas através das quais você possa, ainda que momentaneamente, experimentar a ausência de peso.

22. Sob que circunstâncias o seu peso será nulo? A sua resposta depende da escolha do sistema de referência?

23. O "braço mecânico" do ônibus espacial, quando estiver estendido 12 m, pode carregar um satélite de 2200 kg; ver Fig. 3-22. Já no chão, este sistema remoto de manipulação (SRM) não é capaz de suportar o seu próprio peso. Qual é a razão que faz o SRM ser capaz de exercer alguma força no estado de "ausência de peso", presente na órbita do ônibus espacial?

Fig. 3-22 Questões 23 e 24.

24. Em novembro de 1984 os astronautas Joe Allen e Dale Gardner salvaram o satélite de comunicações Westar-6 de uma órbita incorreta e colocaram-no no compartimento de carga do ônibus espacial *Discovery*; ver Fig. 3-22. Ao descrever a experiência, Joe Allen comentou o seguinte sobre o satélite, "Ele não é pesado, é maciço". O que ele quis dizer?

25. O manual do proprietário de um carro sugere que o seu cinto de segurança deve ser ajustado para ficar "justo mas confortável" e que o apoio da cabeça do assento da frente não deve ser ajustado para ficar confortável ao seu pescoço, mas para que "o topo do apoio da cabeça esteja no mesmo nível do topo de suas orelhas". De que maneira as leis de Newton suportam estas boas recomendações?

26. É possível derivar $\Sigma\vec{\mathbf{F}} = m\vec{\mathbf{a}}$ de outro princípio? A equação $\Sigma\vec{\mathbf{F}} = m\vec{\mathbf{a}}$ é uma conclusão experimental?

27. Observadores em dois referenciais inerciais vão medir a mesma aceleração de um objeto em movimento. Eles medirão a mesma velocidade de um objeto em movimento? Eles medirão a mesma força agindo sobre um objeto em movimento?

28. Você é um astronauta que está na sala de uma estação espacial em órbita e remove a tampa de um pote comprido e fino que contém uma única azeitona. Descreva várias formas — usando a inércia do pote ou da azeitona — para retirar a azeitona da jarra.

29. Na Fig. 3-23, uma agulha foi colocada em cada extremidade de um cabo de vassoura, com as suas pontas apoiadas nas bordas de copos de vinho cheios. Uma pessoa aplica com uma barra um repentino e vigoroso golpe no cabo de vassoura. O cabo de vassoura quebra e cai no chão, mas os copos de vinho permanecem no lugar e nenhum vinho é derramado. Esta demonstração era muito popular no final do século XIX. Qual é a física que está por trás? (Se você resolver tentar, pratique primeiro com latas de refrigerante vazias. Você pode pedir para o seu professor de física fazer isto, como uma demonstração em sala de aula!)

Fig. 3-23 Questão 29.

30. Um elevador é sustentado por um único cabo. Não existe contrapeso. O elevador recebe passageiros no térreo e os leva até ao último andar, onde eles desembarcam. Novos passageiros entram e são levados até o térreo. Durante esta viagem, quando a força exercida pelo cabo sobre o elevador é igual ao peso do elevador mais o dos passageiros? E quando é maior? E menor?

31. Você está na cabine de comando do ônibus espacial *Discovery* em órbita e alguém lhe entrega duas bolas de madeira, de aparência idêntica. Uma delas possui um núcleo de chumbo, enquanto a outra não. Descreva várias formas de identificá-las.

32. Você está em cima de uma grande plataforma de uma balança de molas e anota o seu peso. Em seguida, você dá um passo e nota que a balança apresenta uma leitura de um valor inferior ao seu peso no início do passo, e um valor superior ao seu peso no final do passo. Explique.

33. É possível você se pesar em uma balança cujo valor máximo de leitura é inferior ao seu peso? Se for possível, explique como.

34. Um peso está pendurado em uma balança de mola fixada ao teto de um elevador. Em qual das seguintes situações a balança de mola apresenta a maior leitura: (*a*) elevador em repouso; (*b*) elevador subindo com velocidade constante; (*c*) elevador descendo com velocidade decrescente; (*d*) elevador descendo com velocidade crescente? E em qual apresentará a menor leitura?

35. Uma mulher está em cima de uma balança de molas em um elevador. Em qual das seguintes situações a balança de molas apresenta a menor leitura: (*a*) elevador em repouso; (*b*) o cabo do elevador quebra, queda livre; (*c*) elevador acelerando para cima; (*d*) elevador acelerando para baixo; (*e*) elevador movendo-se com velocidade constante? E em qual apresentará a maior leitura?

36. A Fig. 3-24 mostra o cometa Kohoutek tal como apareceu em 1973. Assim como todos os cometas, ele move-se em torno do Sol sob a influência da atração gravitacional que o Sol exerce nele. O núcleo do cometa é um caroço relativamente denso, localizado na posição indicada por *P*. A cauda do cometa é produzida pela ação do vento solar, que consiste em partículas carregadas que fluem para fora do Sol. Se for possível constatar alguma coisa pela observação da figura, o que pode ser dito em relação à direção da força que age sobre o núcleo do cometa? E em relação ao sentido no qual o núcleo está sendo acelerado? E sobre o sentido no qual o cometa está se movendo?

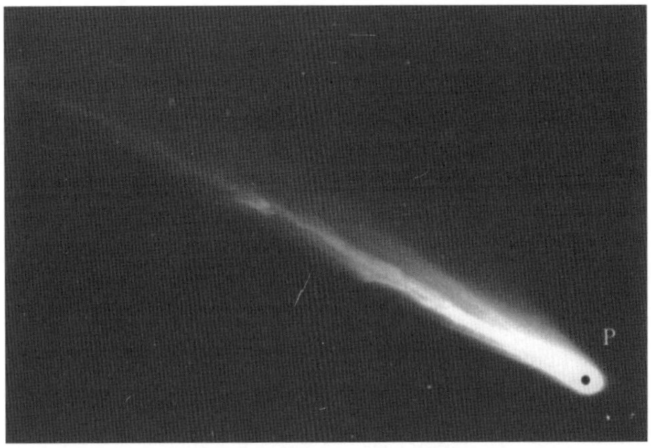

Fig. 3-24 Questões 36 e 37.

37. Em geral (ver Fig. 3-24) os cometas possuem uma cauda de poeira, que consiste em partículas de poeira empurradas para longe do Sol pela pressão da luz solar. Por que a cauda normalmente é curva?

38. Você consegue imaginar um fenômeno físico que envolva a Terra, no qual a Terra não possa ser tratada como uma partícula?

39. Considere um mergulho de uma plataforma alta em uma piscina de saltos. Enquanto você está tomando coragem, a sua aceleração é zero, e você "sente" a força da gravidade. Durante o salto, você acelera na direção da água, mas, durante esta "queda livre" sente-se sem peso, como se não existisse a força da gravidade. Isto contradiz as leis de movimento de Newton? Como você pode explicar isto a um estudante que não seja de física?

EXERCÍCIOS

3-1 **Mecânica Clássica**

3-2 **Primeira Lei de Newton**

3-3 **Força**

3-4 **Massa**

3-5 **Segunda Lei de Newton**

1. Suponha que a força de atração gravitacional do Sol fosse subitamente desligada, de modo que a Terra se tornasse um objeto livre no lugar de estar confinada a orbitar em torno do Sol. Quanto tempo demoraria para a Terra atingir uma distância ao Sol igual ao raio da órbita atual de Plutão? (Dica: Você encontrará alguns dados necessários no Apêndice C.)

2. Um bloco de 5,5 kg está inicialmente em repouso sobre uma superfície horizontal sem atrito. Ele é puxado com uma força horizontal constante de 3,8 N. (*a*) Qual é a sua aceleração? (*b*) Por quanto tempo ele precisa ser puxado antes de atingir uma velocidade de 5,2 m/s? (*c*) Qual a distância percorrida por ele neste intervalo de tempo?

3. Um elétron percorre uma linha reta do catodo de um tubo de vácuo até ao seu anodo. Ele inicia o movimento com uma velocidade nula e atinge o anodo com uma velocidade de $5{,}8 \times 10^6$ m/s. Assuma uma aceleração constante e calcule a força sobre o elétron. Esta força é de natureza elétrica. A massa do elétron é igual a $9{,}11 \times 10^{-31}$ kg.

4. Um nêutron viaja com uma velocidade de $1{,}4 \times 10^7$ m/s. As forças nucleares possuem um alcance muito reduzido, sendo essencialmente nulas fora do núcleo mas muito fortes dentro dele. Se um nêutron é capturado e colocado em repouso por um núcleo cujo diâmetro é de $1{,}0 \times 10^{-14}$ m, qual é a intensidade mínima da força, supondo-a constante, que age sobre este nêutron? A massa do nêutron é $1{,}67 \times 10^{-27}$ kg.

5. Em um jogo de cabo de guerra modificado, duas pessoas puxam em sentidos opostos, não a corda, mas um trenó de 25 kg que está sobre uma estrada coberta de gelo. Se os participantes exercem forças de 90 N e 92 N, qual é a aceleração do trenó?

6. Um carro que viaja a 53 km/h bate em um dos pilares de sustentação de uma ponte. Um passageiro do carro desloca-se para a frente 65 cm (em relação à estrada), enquanto está sendo parado pelo acionamento do *air bag*. Qual é o valor da força (assumindo-a constante) que age sobre o torso superior do passageiro, supondo que o torso dele possui uma massa de 39 kg?

7. Um elétron é projetado horizontalmente a uma velocidade de $1{,}2 \times 10^7$ m/s sobre um campo elétrico que exerce sobre ele uma força vertical constante de $4{,}5 \times 10^{-16}$ N. A massa do elétron é igual a $9{,}11 \times 10^{-31}$ kg. Determine a distância vertical que o elétron é defletido durante o intervalo de tempo em que ele se moveu para a frente 33 mm na horizontal.

8. O veleiro solar *Diana*, projetado para navegar no sistema solar usando a pressão da luz solar, possui uma área de vela de 3,1 km^2 e uma massa de 930 kg. Perto da órbita da Terra, o Sol exerce uma força de radiação de 29 N sobre a sua vela. (*a*) Qual o valor da aceleração que pode ser imposto ao veículo? (*b*) Uma pequena aceleração pode produzir efeitos consideráveis se ela atuar constantemente por um intervalo de tempo suficientemente longo. De acordo com estas condições e supondo que o veículo parta do repouso, qual é a distância percorrida ao longo de um dia? (*c*) Qual seria, então, a sua velocidade? (Veja "The Wind from the Sun", um fascinante conto de ficção científica de Arthur C. Clarke sobre uma corrida de veleiros solares.)

9. Uma determinada força impõe ao objeto m_1 uma aceleração de 12,0 m/s^2. A mesma força impõe ao objeto m_2 uma aceleração de 3,30 m/s^2. Qual é a aceleração que esta força impõe a um objeto cuja massa é (*a*) a diferença entre m_1 e m_2 e (*b*) a soma de m_1 e m_2.

10. (*a*) Se forem desprezadas as forças gravitacionais, qual é a força necessária para acelerar uma nave espacial de 1200 toneladas métricas do repouso até um décimo da velocidade da luz, em três dias? E em dois meses? (Uma tonelada métrica = 1000 kg) (*b*) Se for assumido que os motores são desligados quando esta velocidade é atingida, qual seria o tempo necessário para completar uma viagem de cinco meses-luz, em cada um destes dois casos? (Use 1 mês = 30 dias.)

3-6 **Terceira Lei de Newton**

11. Dois blocos, com massas $m_1 = 4{,}6$ kg e $m_2 = 3{,}8$ kg, são acoplados através de uma mola de baixa rigidez e colocados sobre uma mesa horizontal sem atrito. Em um determinado instante, quando m_2 possui uma aceleração $a_2 = 2{,}6$ m/s^2, (*a*) qual é a força sobre m_2 e (*b*) qual é a aceleração de m_1?

3-7 **Peso e Massa**

12. Qual é o peso em newtons e a massa em quilogramas de (*a*) um saco de açúcar de 5,00 lb, (*b*) um jogador de futebol americano de 240 lb e (*c*) um carro de 1,80 t (1 t = 2000 lb).

13. Qual é a massa e o peso de (*a*) um trenó motorizado de 1420 lb e (*b*) uma bomba de calor de 412 kg?

14. Um viajante do espaço, cuja massa é 75,0 kg, deixa a Terra. Calcule o seu peso (*a*) na Terra, (*b*) em Marte, onde $g = 3{,}72$ m/s^2 e no espaço interplanetário. (*d*) Qual é a sua massa em cada um destes locais?

15. Uma determinada partícula possui um peso de 26,0 N em um ponto no qual a aceleração da gravidade é 9,80 m/s². (*a*) Qual é o peso e a massa da partícula em um ponto no qual a aceleração da gravidade é 4,60 m/s²? (*b*) Qual é o peso e a massa da partícula se ela for movida para um ponto no espaço no qual a força gravitacional é nula?

16. Um avião de 12.000 kg está em um vôo nivelado a uma velocidade de 870 km/h. Qual é a força de sustentação com sentido para cima exercida pelo ar sobre o avião?

17. Qual é a força resultante que age sobre um automóvel de 3900 lb que está acelerando a 13 ft/s²?

18. Um trenó a jato experimental de 523 kg pode ser acelerado do repouso a 1620 km/h em 1,82 s. Qual é a força resultante necessária?

19. Um avião a jato acelera do repouso até 2,30 m/s² (= 7,55 ft/s²) para decolar de uma pista de um aeroporto. Ele possui dois motores a jato, sendo que cada um exerce um empuxo de $1{,}40 \times 10^5$ N (= 15,7 tons). Qual é o peso do avião?

3-8 Aplicações das Leis de Newton em uma Dimensão

20. (*a*) Dois pesos de 10 lb estão presos a uma balança de mola, conforme mostrado na Fig. 3-25*a*. Qual é a leitura da balança? (*b*) Um único peso de 10 lb está preso a uma balança de mola que, por sua vez, está presa a uma parede, conforme mostrado na Fig. 3-25*b*. Qual é a leitura da balança? (Despreze o peso da balança.)

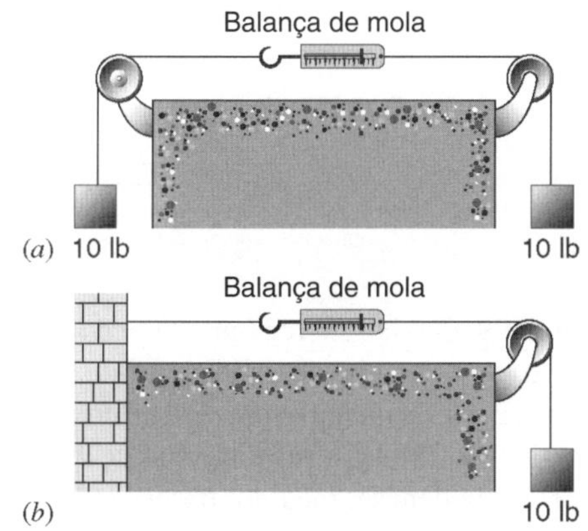

Fig. 3-25 Exercício 20.

21. Um carro que se move a 50 mi/h (≈ 80 km/h) e pesa 3000 lb (≈ 13.000 N) é freado em uma distância de 200 ft (≈ 61 m). Encontre (*a*) a força de frenagem e (*b*) o tempo necessário para parar. Com base na mesma força de frenagem encontre (*c*) a distância e (*d*) o tempo necessário para parar o carro, considerando uma velocidade inicial de 25 mi/h (≈ 40 km/h).

22. Um meteoro com uma massa de 0,25 kg está em queda vertical através da atmosfera terrestre com uma aceleração de 9,2 m/s². Além da gravidade, uma força vertical retardadora (devida ao atrito com a atmosfera) age sobre o meteoro. Qual é a intensidade desta força retardadora? Ver Fig. 3-26.

Fig. 3-26 Exercício 22.

23. Um homem com uma massa igual a 83 kg (peso de 180 lb) salta para um pátio de concreto da borda de uma janela que está apenas a 0,48 m (= 1,6 ft) do chão. Ele não dobra os joelhos ao aterrissar, de modo que o seu movimento se arrasta por uma distância de aproximadamente 2,2 cm (= 0,87 in). (*a*) Qual é a aceleração média do homem desde o instante que os pés tocam o chão até o instante em que ele pára completamente? (*b*) Qual é a força média que este salto causa sobre a sua estrutura óssea?

24. Qual é a resistência necessária de uma linha de pesca para parar, em uma distância de 4,5 in, um salmão que está nadando a 9,2 ft/s?

25. Como um objeto de 100 lb pode ser baixado do telhado com uma corda que suporta 87 lb, sem que esta se rompa?

26. Um objeto está pendurado a uma balança de mola que, por sua vez, está presa ao teto de um elevador. A leitura da balança indica 65 N quando o elevador está parado. (*a*) Qual é a leitura quando o elevador está se movendo para cima com uma velocidade constante de 7,6 m/s? (*b*) Qual é a leitura quando o elevador está se movendo para cima com uma velocidade de 7,6 m/s e desacelerando a 2,4 m/s²?

27. Trabalhadores estão carregando equipamentos em um elevador de carga no último andar de um edifício. Entretanto, eles sobrecarregam o elevador e o cabo, que estava gasto, quebra. A massa do elevador carregado no instante do acidente é de 1600 kg. À medida que o elevador cai, o trilho-guia exerce uma força constante de retardo de 3700 N sobre

o elevador. A que velocidade o elevador atinge o fundo do poço, que está 72 m abaixo?

28. Um jato da marinha de 26 t (Fig. 3-27) necessita de uma velocidade de 280 ft/s em relação ao ar, para decolar. O seu motor desenvolve um empuxo de 24.000 lb. O jato está para decolar de um porta-aviões usando uma pista com 300 ft. Qual é a força que deve ser exercida pela catapulta do porta-aviões? Assuma que a catapulta e o motor do jato exercem uma força constante ao longo da distância de 300 ft usada na decolagem.

Fig. 3-27 Exercício 28.

29. Um foguete e sua carga têm uma massa total de 51.000 kg. Qual o empuxo do motor do foguete quando (*a*) o foguete está "flutuando" sobre a plataforma de lançamento, logo após a ignição, e (*b*) quando o foguete está acelerando para cima a 18 m/s^2?

30. Uma pessoa de 77 kg está descendo de pára-quedas com uma aceleração para baixo de 2,5 m/s^2, logo após o pára-quedas abrir. A massa do pára-quedas é de 5,2 kg. (*a*) Encontre a força para cima exercida pelo ar sobre o pára-quedas. (*b*) Calcule a força para baixo exercida pela pessoa no pára-quedas.

31. Um helicóptero de 15.000 kg está carregando um veículo de 4500 kg com uma aceleração para cima de 1,4 m/s^2. Calcular (*a*) a força vertical que o ar exerce sobre as pás do helicóptero e (*b*) a tração no cabo superior de sustentação; ver a Fig. 3-28.

Fig. 3-28 Exercício 31.

PROBLEMAS

1. Um feixe de luz de um laser, posicionado em um satélite, atinge um objeto ejetado de um míssil lançado acidentalmente; ver Fig. 3-29. O feixe exerce uma força de $2{,}7 \times 10^{-5}$ N sobre o alvo. Se o "tempo de incidência" do feixe sobre o alvo é igual a 2,4 s, de quanto o objeto é deslocado se ele for (*a*) uma ogiva de 280 kg e (*b*) uma isca de 2,1 kg? (Estes deslocamentos podem ser medidos observando-se os feixes refletidos.)

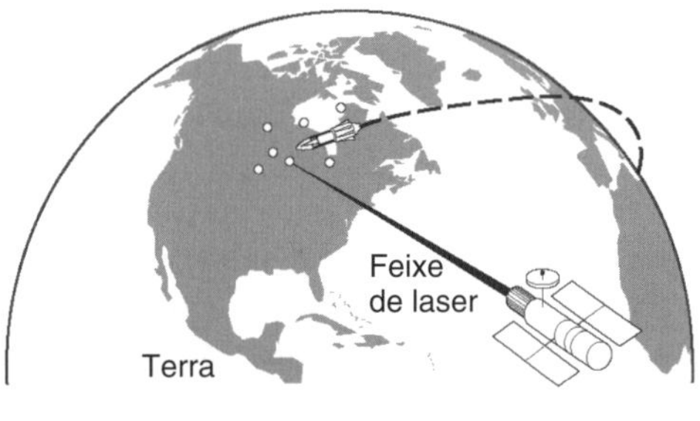

Fig. 3-29 Problema 1.

2. Uma garota de 40 kg e um trenó de 8,4 kg estão sobre a superfície de um lago gelado, separados por uma distância de 15 m. Através de uma corda, a garota exerce uma força de 5,2 N sobre o trenó, puxando-o na sua direção. (*a*) Qual é a aceleração do trenó? (*b*) Qual é a aceleração da garota? (*c*) A que distância da posição inicial da garota eles se encontram, considerando que a força permanece constante? Assuma que as forças de atrito não estão presentes.

3. Um bloco é liberado do repouso do topo de um plano inclinado sem atrito com 16 m de comprimento. Ele atinge a base do plano após 4,2 s. Um segundo bloco é empurrado para cima a partir da base do plano no mesmo instante em que o primeiro bloco é liberado do topo, de maneira que ambos os blocos atingem a base do plano no mesmo instante. (*a*) Encontre a aceleração de cada bloco no plano. (*b*) Qual é a velocidade inicial do segundo bloco? (*c*) Qual é a distância percorrida para cima pelo bloco? Você pode assumir que os dois blocos experimentam a mesma aceleração.

4. Um motor a jato de 1400 kg está preso à fuselagem de um avião de passageiros por apenas três parafusos (esta é a prática usual). Assuma que cada parafuso suporte somente um terço da carga. (*a*) Calcule a força em cada parafuso no momento que o avião aguarda na fila a liberação da pista do aeroporto para que ele possa decolar. (*b*) Durante o vôo, o avião encontra uma zona de turbulência que repentinamente impõe ao avião uma aceleração para cima de 2,60 m/s^2. Calcule a força em cada parafuso para esta situação. Por que são usados apenas três parafusos? Ver Fig. 3-30.

Fig. 3-30 Problema 4.

5. Uma nave se aproxima da superfície de Calisto, um dos satélites (luas) do planeta Júpiter (Fig. 3-31). A nave desce com uma velocidade constante, fornecendo o motor do foguete um empuxo para cima de 3260 N. Calisto não possui atmosfera. Se o empuxo para cima for de 2200 N, a nave acelera para baixo a 0,390 m/s^2. (*a*) Qual é o peso da nave nas vizinhanças da superfície de Calisto? (*b*) Qual é a massa da nave? (*c*) Qual é a aceleração da gravidade perto da superfície de Calisto?

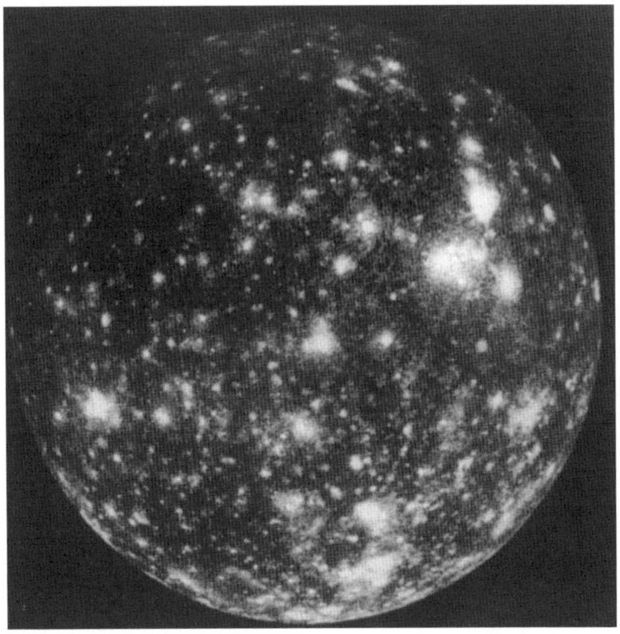

Fig. 3-31 Problema 5.

6. Um balão de pesquisa de massa total M está descendo na vertical, com uma aceleração para baixo a (ver Fig. 3-32). Qual é a quantidade de lastro que deve ser jogada fora da cesta para fornecer ao balão uma aceleração para cima a, assumindo que a força de sustentação exercida pelo ar sobre o balão não muda?

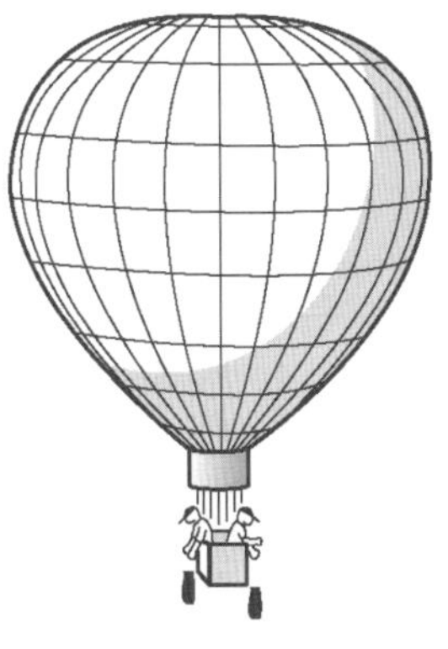

Fig. 3-32 Problema 6.

7. Um brinquedo de criança consiste em três carros que são puxados juntos, um atrelado ao outro em série sobre pequenas rodas sem atrito (Fig. 3-33). Os carros possuem massas m_1 = 3,1 kg, m_2 = 2,4 kg e m_3 = 1,2 kg. Se eles forem puxados para a direita com uma força horizontal P = 6,5 N,

encontre (*a*) a aceleração do sistema, (*b*) a força exercida pelo segundo carro sobre o terceiro carro e (*c*) a força exercida pelo primeiro carro sobre o segundo carro.

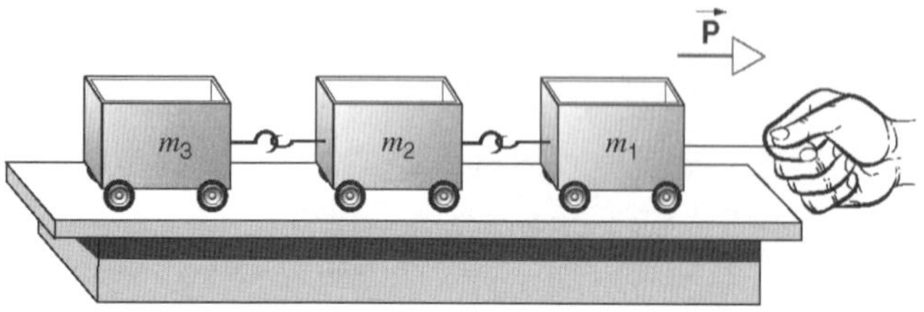

Fig. 3-33 Problema 7.

8. A Fig. 3-34 exibe três caixotes com massas $m_1 = 45{,}2$ kg, $m_2 = 22{,}8$ kg e $m_3 = 34{,}3$ kg que estão sobre uma superfície horizontal sem atrito. (*a*) Qual é a força horizontal F necessária para empurrar os caixotes para a direita, como uma unidade, com uma aceleração de 1,32 m/s²? (*b*) Encontre a força exercida por m_2 sobre m_3. (*c*) E por m_1 sobre m_2.

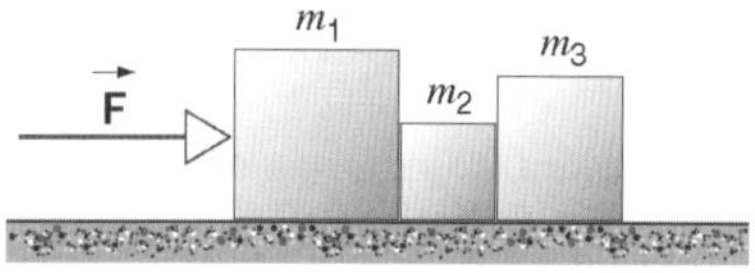

Fig. 3-34 Problema 8.

9. Uma corrente formada por cinco elos, cada um com uma massa de 100 g, é levantada na vertical com uma aceleração constante de 2,50 m/s², como mostrado na Fig. 3-35. Encontre (*a*) as forças que agem sobre elos adjacentes, (*b*) a força F exercida no elo superior pelo agente que está levantando a corrente e (*c*) a força resultante em cada elo.

Fig. 3-35 Problema 9.

10. Dois blocos estão em contato com uma mesa sem atrito. Uma força horizontal é aplicada a um dos blocos, como se vê na Fig. 3-36. (*a*) Se $m_1 = 2{,}3$ kg, $m_2 = 1{,}2$ kg e $F = 3{,}2$ N, determine a força de contato entre os dois blocos. (*b*) Mostre que se a mesma força F é aplicada a m_2 ao invés de m_1, a força de contato entre os dois blocos é 2,1 N, valor diferente do encontrado no item (*a*). Explique.

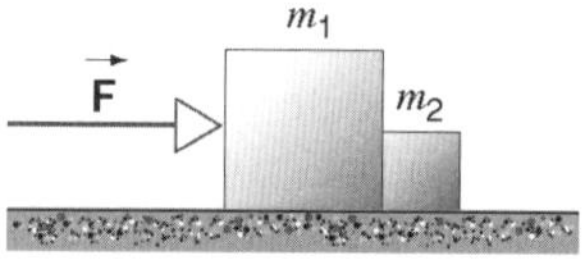

Fig. 3-36 Problema 10.

11. Um bloco de massa M é puxado sobre uma superfície horizontal sem atrito, através de uma corda de massa m, conforme mostrado na Fig. 3-37. Uma força horizontal $\vec{\mathbf{P}}$ é aplicada a uma das extremidades da corda. Se for assumido que o afrouxamento da corda é desprezível, encontre (*a*) a aceleração da corda e do bloco, e (*b*) a força que a corda exerce sobre o bloco.

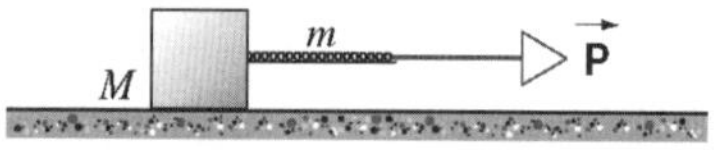

Fig. 3-37 Problema 11.

PROBLEMA COMPUTACIONAL

1. Um objeto de 10,0 kg é lançado no ar, na direção vertical, com uma velocidade inicial de 50,0 m/s. Além da força da gravidade, existe uma força de atrito que é proporcional à velocidade, de acordo com $f_y = -bv_y$; note que esta força de atrito é negativa (para baixo) quando o objeto está se movendo para cima, e é positiva (para cima) quando o objeto está se movendo para baixo.

(*a*) Gere, numericamente, gráficos distância-tempo para o objeto, usando $b = 0$, mas utilize diversos tamanhos do passo Δt, como 1,0 s, 0,1 s, 0,01 s e 0,001 s. Mostre estes resultados em um único gráfico. Como varia o ponto mais alto com o tamanho do passo?

(*b*) Gere, numericamente, gráficos distância-tempo para o objeto, usando um tamanho do passo $\Delta t = 0{,}01$ s. Porém, utilize agora valores não nulos para b, como 0,1 N·s/m, 0,5 N·s/m, 1,0 N·s/m, 5,0 N·s/m e 10,0 N·s/m. Como varia o ponto mais alto com b? O que você observa sobre a forma dos gráficos, à medida que b aumenta?

CAPÍTULO 4

MOVIMENTO EM DUAS E TRÊS DIMENSÕES

Neste capítulo, considera-se uma extensão dos conceitos apresentados nos Cap. 2 e 3. Nesses capítulos, a cinemática e a dinâmica foram apresentadas em termos vetoriais, levando-se em conta apenas aplicações em uma dimensão. Neste capítulo, estende-se a discussão para incluir aplicações em duas e três dimensões. A utilização de vetores para descrever a posição, a velocidade e a aceleração de uma partícula, assim como as forças que nela atuam, simplifica a análise das componentes x, y e z de um movimento. Para ilustrar a técnica vetorial, discutem-se dois exemplos: um projétil lançado com uma velocidade com componentes horizontal e vertical sob ação da gravidade da Terra, e um objeto movendo-se em uma trajetória circular.

4.1 MOVIMENTO TRIDIMENSIONAL COM ACELERAÇÃO CONSTANTE

Na Seção 2.5, desenvolve-se um procedimento para analisar a posição, a velocidade e a aceleração de uma partícula que se movimenta em uma dimensão com aceleração constante. Com base na aceleração, determina-se a velocidade em qualquer instante de tempo a partir da Eq. 2.26 ($v_x = v_{0x} + a_x t$), assim como a posição, a partir da Eq. 2.28 ($x = x_0 + v_{0x}t + 1/2\, a_x t^2$).

Neste ponto, considera-se a possibilidade de as partículas moverem-se em três dimensões com uma aceleração constante. Desta forma, conforme a partícula se movimenta, a aceleração não varia em intensidade nem em direção. Isto é equivalente a representar a aceleração como um vetor $\vec{\mathbf{a}}$ com três componentes (a_x, a_y, a_z), onde cada uma é constante. De uma maneira geral, a partícula movimenta-se em uma trajetória curva. Assim como no caso do movimento unidimensional, deseja-se conhecer, em todos os instantes de tempo, a velocidade da partícula $\vec{\mathbf{v}}$ (um vetor com componentes v_x, v_y, v_z) e sua posição $\vec{\mathbf{r}}$ (um vetor com componente x, y, z).

As equações gerais do movimento com uma aceleração constante $\vec{\mathbf{a}}$ podem ser obtidas pela definição

$$a_x = \text{constante},\ a_y = \text{constante e } a_z = \text{constante}.$$

A partícula inicia seu movimento em $t = 0$ com uma posição inicial $\vec{\mathbf{r}}_0 = x_0\hat{\mathbf{i}} + y_0\hat{\mathbf{j}} + z_0\hat{\mathbf{k}}$ e uma velocidade inicial $\vec{\mathbf{v}}_0 = v_{0x}\hat{\mathbf{i}} + v_{0y}\hat{\mathbf{j}} + v_{0z}\hat{\mathbf{k}}$. Neste momento, procede-se da mesma forma que na Seção 2-5 e, de maneira análoga à Eq. 2-26, desenvolvem-se três equações unidimensionais: $v_x = v_{0x} + a_x t$, $v_y = v_{0y} + a_y t$ e $v_z = v_{0z} + a_z t$, que podem ser escritas a partir de uma única equação vetorial tridimensional

$$\vec{\mathbf{v}} = \vec{\mathbf{v}}_0 + \vec{\mathbf{a}}t. \qquad (4\text{-}1)$$

Ao utilizar esta, ou qualquer outra equação vetorial, lembre-se de que ela representa três equações unidimensionais independentes. Ou seja, uma igualdade vetorial como $\vec{\mathbf{A}} = \vec{\mathbf{B}}$ significa que três condições *devem* ser satisfeitas: $A_x = B_x$, $A_y = B_y$ e $A_z = B_z$. Assim, deve estar claro que a Eq. 4.1 representa três equações unidimensionais para as componentes.

Referir-se às três equações das componentes como "independentes" significa dizer que cada uma das componentes da velocidade varia de maneira independente — por exemplo, a_x afeta apenas v_x e não v_y e v_z. Se $a_y = a_z = 0$ mas $a_x \neq 0$, então v_y e v_z devem permanecer constantes mas v_x deve variar com o tempo.

O segundo termo do lado direito da Eq. 4.1 envolve a multiplicação do vetor $\vec{\mathbf{a}}$ pelo escalar t. Conforme discutido no Apêndice H, isto fornece um vetor de comprimento at que aponta na mesma direção do vetor original $\vec{\mathbf{a}}$.

De modo similar, é possível escrever as três equações para as componentes do vetor posição, como na Eq. 2.28: $x = x_0 + v_{0x}t + 1/2\, a_x t^2$, $y = y_0 + v_{0y}t + 1/2\, a_y t^2$ e $z = z_0 + v_{0z}t + 1/2\, a_z t^2$. Estas três equações unidimensionais podem ser combinadas em uma única equação vetorial tridimensional:

$$\vec{\mathbf{r}} = \vec{\mathbf{r}}_0 + \vec{\mathbf{v}}_0 t + \tfrac{1}{2}\vec{\mathbf{a}}t^2, \qquad (4\text{-}2)$$

que contém as três equações unidimensionais para as suas componentes.

PROBLEMA RESOLVIDO 4.1.

A nave estelar *Enterprise* está navegando pelo espaço (onde a gravidade é desprezível) com uma velocidade de 15,0 km/s em relação a um sistema de referência inercial. De repente, a nave é freada por um feixe de tração que a puxa para uma direção perpendicular à sua velocidade original, fornecendo uma aceleração de 4,2 km/s^2 nesta direção. Após a ação do feixe de tração por 4,0 s, a *Enterprise* aciona seus propulsores e fornece à nave uma aceleração de 18,0 km/s^2 na direção paralela a seu movimento original. Decorridos mais 3,0 s, tanto os propulsores quanto o feixe de tração cessam a operação, e a nave volta a navegar. Determine a velocidade da nave neste instante de tempo e a sua posição em relação à localização da nave quando o primeiro feixe de tração iniciou sua ação.

Solução O sistema de coordenadas é escolhido de tal forma que o sentido positivo de x aponta na direção do movimento original da nave e o sentido positivo de y está na direção do feixe de tração. A origem do sistema ($x = 0$, $y = 0$) está onde o feixe de tração começa a atuar. (Com esta escolha do sistema de coordenadas, não existe movimento na direção z.) O problema é dividido em duas partes, que devem ser analisadas separadamente: (1) de $t = 0$ até $t = 4{,}0$ s, a nave movimenta-se com $a_x = 0$, $a_y = +4{,}2$ km/s², e (2) do tempo $t = 4{,}0$ até $t = 7{,}0$ s movimenta-se com $a_x = +18{,}0$ km/s², $a_y = +4{,}2$ km/s².

A seguir, analisa-se cada um dos trechos do movimento. No primeiro trecho, com $v_{0x} = 15{,}0$ km/s e $v_{0y} = 0$, as componentes x e y das Eqs. 4.1 e 4.2 tornam-se

$$v_x = v_{0x} + a_x t = 15{,}0 \text{ km/s} + 0 = 15{,}0 \text{ km/s}$$

$$v_y = v_{0y} + a_y t = 0 + (4{,}2 \text{ km/s}^2)(4{,}0 \text{ s}) = 16{,}8 \text{ km/s}$$

$$x = x_0 + v_{0x}t + \tfrac{1}{2}a_x t^2 = 0 + (15{,}0 \text{ km/s})(4{,}0 \text{ s}) + 0 = 60{,}0 \text{ km}$$

$$y = y_0 + v_{0y}t + \tfrac{1}{2}a_y t^2 = 0 + 0 + \tfrac{1}{2}(4{,}2 \text{ km/s}^2)(4{,}0 \text{ s})^2 = 33{,}6 \text{ km}.$$

Para os 3,0 s do intervalo que vai de $t = 4{,}0$ s a $t = 7{,}0$ s, escreve-se um conjunto de equações similares, utilizando uma nova variável t' que varia desde 0 até 3 s (mas mantém-se a origem do sistema de coordenadas na localização original). Para este intervalo, as velocidades e posições iniciais são os valores determinados acima para $t = 4{,}0$ s ($v_{0x} = 15{,}0$ km/s, $v_{0y} = 16{,}8$ km/s, $x_0 = 60{,}0$ km, $y_0 = 33{,}6$ km), e assim

$$v_x = v_{0x} + a_x t' = 15{,}0 \text{ km/s} + (18{,}0 \text{ km/s}^2)(3{,}0 \text{ s}) = 69{,}0 \text{ km/s}$$

$$v_y = v_{0y} + a_y t' = 16{,}8 \text{ km/s} + (4{,}2 \text{ km/s}^2)(3{,}0 \text{ s}) = 29{,}4 \text{ km/s}$$

$$x = x_0 + v_{0x}t' + \tfrac{1}{2}a_x t'^2 = 60{,}0 \text{ km} + (15{,}0 \text{ km/s})(3{,}0 \text{ s}) + \tfrac{1}{2}(18{,}0 \text{ km/s}^2)(3{,}0 \text{ s})^2 = 186 \text{ km}$$

$$y = y_0 + v_{0y}t' + \tfrac{1}{2}a_y t'^2 = 33{,}6 \text{ km} + (16{,}8 \text{ km/s})(3{,}0 \text{ s}) + \tfrac{1}{2}(4{,}2 \text{ km/s}^2)(3{,}0 \text{ s})^2 = 103 \text{ km}.$$

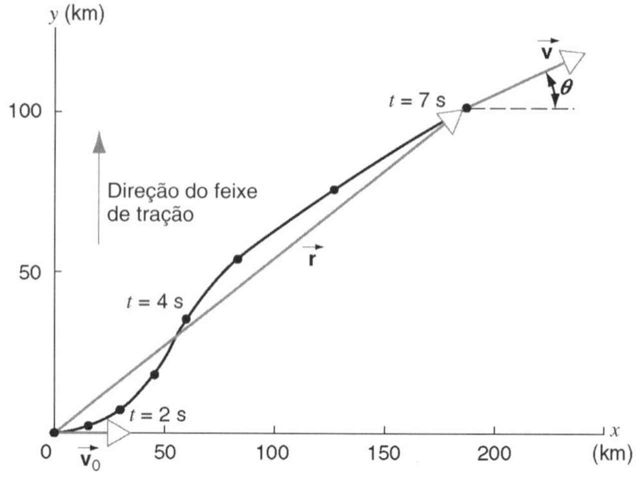

Fig. 4.1 Problema Resolvido 4.1. Os pontos representam a posição da espaçonave em sucessivos intervalos de tempo, de 1 segundo, desde $t = 0$ até $t = 7$ s. Os vetores $\vec{\mathbf{r}}$ e $\vec{\mathbf{v}}$ mostram a posição e a velocidade em $t = 7$ s. Vale notar que $\vec{\mathbf{v}}_0$ é tangente à trajetória em $t = 0$, e $\vec{\mathbf{v}}$ é tangente à trajetória em $t = 7$ s.

Em $t = 7{,}0$ s, a nave está em $x = 186$ km, $y = 103$ km (ou a uma distância $R = \sqrt{x^2 + y^2} = 213$ km medida do ponto de referência inicial). As componentes de velocidade são $v_x = 69$ km/s, $v_y = 29$ m/s, que correspondem a uma velocidade $v = \sqrt{v_x^2 + v_y^2} = 75$ km/s e a uma direção definida pelo ângulo $\theta = \text{tg}^{-1}\, v_y/v_x = 23°$, relativo ao eixo x. A Fig. 4.1 mostra a trajetória da nave e sua posição em vários instantes de tempo. De uma maneira geral, conforme mostrado em $t = 7$ s, as direções dos vetores posição e velocidade são diferentes.

Neste problema, deve-se observar como o uso de componentes de vetores pode auxiliar a identificar os movimentos em x e y. Ou seja, as soluções das equações das componentes x não dependem do movimento y. Se o feixe de tração não existisse e a *Enterprise* acionasse seus propulsores da mesma forma desde 4,0 s até 7,0 s, ela continuaria em $x = 186$ km, movendo-se com uma velocidade $v_x = 69$ km/s em $t = 7{,}0$ s. Se o feixe de tração estivesse presente mas os propulsores não fossem acionados, a *Enterprise* deveria estar em $y = 103$ km movendo-se com $v_y = 29$ km/s no instante $t = 7{,}0$ s.

4.2 LEIS DE NEWTON NA FORMA VETORIAL TRIDIMENSIONAL

Antes de escrever as leis de Newton em sua forma vetorial tridimensional, deve-se primeiro verificar que a força, como foi definida, é uma grandeza vetorial. Conforme discutido no Cap. 3, mesmo em uma dimensão, deve-se tomar o cuidado de considerar a direção da força. Uma vez que uma força possui intensidade, direção e sentido, deve-se suspeitar de uma grandeza vetorial. Todavia, para que uma grandeza seja vetorial, não é suficiente que ela possua intensidade, direção e sentido; ela deve obedecer as leis de adição vetorial descritas na Seção 2.2. Somente através da experimentação pode-se descobrir se as forças, conforme definidas, obedecem essas leis.

Considere uma força de 4 N aplicada ao longo do eixo x e uma força de 3 N aplicada ao longo do eixo y. Estas forças são aplicadas, inicialmente separadas e, depois, simultaneamente a um corpo padrão de 1 kg colocado, como anteriormente, em uma superfície horizontal, sem atrito. Qual é a aceleração do corpo padrão? Experimentalmente, determina-se que a força de 4 N que age na direção x produz uma aceleração de 4 m/s² na direção x, e

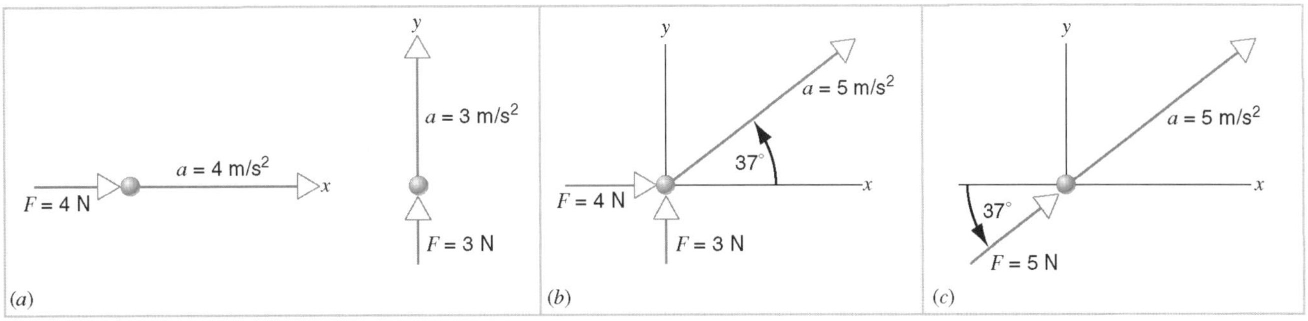

Fig. 4.2 (*a*) Uma força de 4 N na direção *x* produz uma aceleração de 4 m/s² na direção *x*, e uma força de 3 N na direção *y* produz uma aceleração de 3 m/s² na direção *y*. (*b*) Quando as forças são aplicadas simultaneamente, a aceleração resultante é 5 m/s² na direção mostrada. (*c*) A mesma aceleração pode ser produzida por uma única força de 5 N na direção mostrada.

que a força de 3 N na direção *y* produz uma aceleração de 3 m/s² na direção *y* (Fig. 4.2*a*). Quando as forças são aplicadas simultaneamente, conforme mostrado na Fig. 4.2*b*, a aceleração é de 5 m/s², direcionada ao longo de uma linha que faz 37° com relação ao eixo *x*. Esta é a mesma aceleração que seria produzida se o corpo padrão estivesse experimentando a ação de uma força de 5 N nessa direção. Este mesmo resultado poderia ser obtido, inicialmente, pela soma vetorial das forças de 4 N e de 3 N (Fig. 4.2c), cuja resultante é uma força de 5 N que atua a um ângulo de 37° com o eixo *x*, e, em seguida, aplicando-a ao corpo. Experimentos deste tipo mostram, de forma conclusiva, que forças são vetores; elas possuem intensidade, direção e sentido, *e* sua soma obedece a lei de adição vetorial.

Agora, com a convicção de que força é um vetor, deve-se escrever a segunda lei de Newton na forma vetorial, assim como foi feito no Cap. 3:

$$\sum \vec{\mathbf{F}} = m\vec{\mathbf{a}} \quad (4\text{-}3)$$

que inclui as três equações de suas componentes

$$\sum F_x = ma_x, \qquad \sum F_y = ma_y, \qquad \sum F_z = ma_z. \quad (4\text{-}4)$$

Ou seja, as três equações devem ser satisfeitas simultaneamente, quando se aplica a segunda lei de Newton.

A Eq. 4.3 sugere que é possível determinar a direção da aceleração pela soma vetorial de todas as forças que atuam na partícula. Como a massa m é um escalar, a aceleração $\vec{\mathbf{a}}$ possui a mesma direção do $\Sigma\vec{\mathbf{F}}$. Uma vez conhecida a força resultante, pode-se determinar a intensidade de $\vec{\mathbf{a}}$ a partir da Eq. 4.3. Contudo, conforme será visto nos exemplos deste capítulo, em geral é mais fácil usar a Eq. 4.4 para resolver problemas primeiro decompondo cada força em suas componentes e, então, determinando a soma das componentes de cada uma das forças para obter cada componente da aceleração.

Se as forças são constantes, a aceleração é constante e as equações da Seção 4.1 podem ser utilizadas para determinar a posição e a velocidade da partícula em qualquer instante de tempo. Se as forças não são constantes, então essas equações não podem ser utilizadas para aceleração constante. Um exemplo de uma força que não é constante, o arrasto de um projétil, será discutido neste capítulo.

A terceira lei de Newton também é uma equação vetorial:

$$\vec{\mathbf{F}}_{AB} = -\vec{\mathbf{F}}_{BA}, \quad (4\text{-}5)$$

que estabelece que o vetor $\vec{\mathbf{F}}_{AB}$, que representa a força exercida em A por B, não importando qual a sua direção no espaço tridimensional, possui a mesma direção e intensidade, agindo em sentido oposto ao do vetor $\vec{\mathbf{F}}_{BA}$, que representa a força exercida em B por A.

PROBLEMA RESOLVIDO 4.2.

Uma caixa de massa $m = 62$ kg desliza no solo, sem atrito, com uma velocidade inicial $v_0 = 6{,}4$ m/s. Com o objetivo de movê-la em uma direção diferente, Tom a empurra no sentido oposto ao do movimento inicial com uma força constante de intensidade $F_{CT} = 81$ N, enquanto Jane empurra em uma direção perpendicular com uma força constante de intensidade $F_{CJ} = 105$ N (Fig. 4.3*a*). Se cada pessoa atua por 3,0 s sobre a caixa, qual é a direção de seu movimento quando eles param de empurrar?

Solução Considere o sentido positivo do eixo x como sendo o mesmo do movimento inicial da caixa (com isso, a força $\vec{\mathbf{F}}_{CT}$ exercida por Tom está no sentido negativo de x). O sentido positivo de y coincide com o sentido da força $\vec{\mathbf{F}}_{CJ}$ exercida por Jane. A Fig. 4.3*b* mostra o diagrama de corpo livre da caixa. A única força na direção x é a que é exercida por Tom, assim $\Sigma F_x = -F_{CT}$; de maneira análoga, $\Sigma F_y = -F_{CJ}$. Usando a segunda lei de Newton na forma de componentes (Eq. 4.4), escrevem-se as equações de movimento para a caixa como

direção x $(\sum F_x = ma_x)$: $\quad -F_{CT} = ma_x$

direção y $(\sum F_y = ma_y)$: $\quad -F_{CJ} = ma_y$

É encontrada a seguinte solução:

$$a_x = -\frac{F_{CT}}{m} = \frac{-81\ \text{N}}{62\ \text{kg}} = -1{,}31\ \text{m/s}^2$$

$$a_y = \frac{F_{CJ}}{m} = \frac{105\ \text{N}}{62\ \text{kg}} = 1{,}69\ \text{m/s}^2.$$

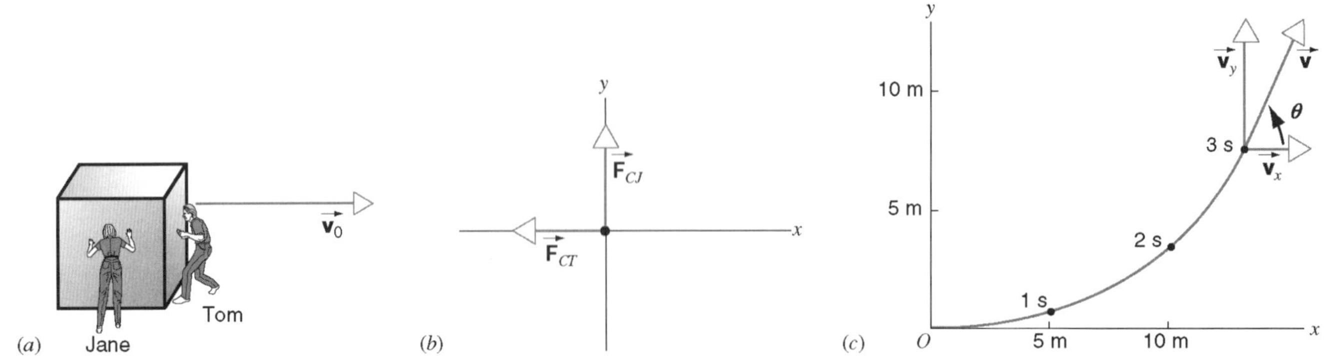

Fig. 4.3 Problema Resolvido 4.2. (*a*) Tom empurra a caixa no sentido oposto ao seu movimento inicial, enquanto Jane a empurra na direção perpendicular. (*b*) Diagrama de corpo livre da caixa. (*c*) A tangente à trajetória fornece a direção do movimento da caixa. As componentes da velocidade em t = 3,0 s estão mostradas na figura.

Usando a Eq. 4.1 na forma de componentes, determinam-se as componentes da velocidade em $t = 3{,}0$ s:

$$v_x = v_{0x} + a_x t = 6{,}4 \text{ m/s} + (-1{,}31 \text{ m/s}^2)(3{,}0 \text{ s}) = 2{,}5 \text{ m/s}$$

$$v_y = v_{0y} + a_y t = 0 + (1{,}69 \text{ m/s}^2)(3{,}0 \text{ s}) = 5{,}1 \text{ m/s}.$$

A Fig. 4.3*c* mostra um gráfico da trajetória da caixa, mostrando também as componentes da velocidade em $t = 3{,}0$ s. Para determinar a intensidade da velocidade e sua direção, são utilizadas as Eqs. 2.2:

$$v = \sqrt{v_x^2 + v_y^2} = \sqrt{(2{,}5 \text{ m/s})^2 + (5{,}1 \text{ m/s})^2} = 5{,}7 \text{ m/s}$$

$$\theta = \text{tg}^{-1}\frac{v_y}{v_x} = \text{tg}^{-1}\frac{5{,}1 \text{ m/s}}{2{,}5 \text{ m/s}} = 64°.$$

Observe que $\vec{v}$ está na direção do movimento (tangente à curva que representa a trajetória da caixa).

É possível determinar a localização da caixa em $t = 3{,}0$ s?

4.3 MOVIMENTO DE UM PROJÉTIL

Um exemplo comum de movimento em duas dimensões é o caso de um projétil que se move próximo à superfície da Terra. Este projétil pode ser uma bola de golfe ou de beisebol, lançada em uma direção arbitrária. A resistência do ar (uma força variável) é desprezada, o que simplifica os cálculos.

A Fig. 4.4*a* mostra o movimento inicial de um projétil no instante do lançamento. Sua velocidade inicial é $\vec{v}_0$, com direção definida pelo ângulo ϕ_0 que é medido desde a horizontal. O sistema de coordenadas é escolhido com o eixo x na horizontal, e seu sentido positivo está de acordo com o sentido da componente horizontal da velocidade inicial. O eixo y é vertical, com seu sentido positivo para cima. O sistema de coordenadas tem sua origem posicionada no local do lançamento, de tal forma que $x_0 = 0$ e $y_0 = 0$. As componentes da velocidade inicial são

$$v_{0x} = v_0 \cos \phi_0, \qquad v_{0y} = v_0 \,\text{sen}\, \phi_0. \tag{4-6}$$

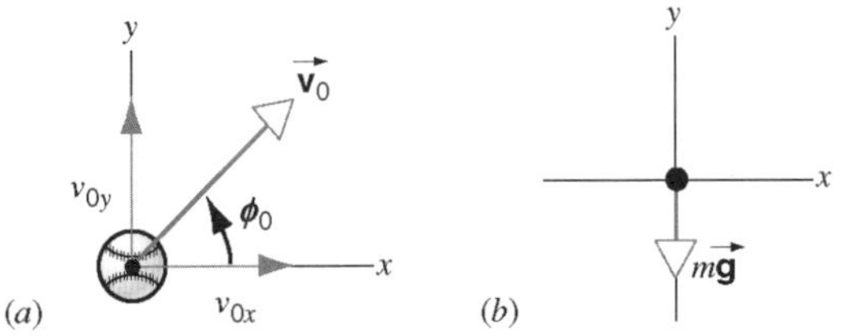

Fig. 4.4 (*a*) Um projétil é lançado com uma velocidade inicial $\vec{v}_0$. (*b*) Diagrama de corpo livre do projétil.

O diagrama de corpo livre do projétil (massa m) está mostrado na Fig. 4.4*b*. A gravidade é a única força que atua. Trata-se de uma força constante, que está na direção vertical, para baixo, e possui a mesma intensidade mg em qualquer parte da trajetória do projétil, não importando a posição e a direção do movimento. No sistema de coordenadas adotado, as componentes da força resultante são

$$\sum F_x = 0 \qquad \text{e} \qquad \sum F_y = -mg \tag{4-7}$$

e as componentes vetoriais da segunda lei de Newton (Eq. 4.4) são

$$a_x = \frac{\sum F_x}{m} = 0 \qquad \text{e} \qquad a_y = \frac{\sum F_y}{m} = -g. \tag{4-8}$$

A componente horizontal da aceleração é nula em qualquer posição da trajetória, enquanto a componente vertical é $-g$ em qualquer posição.

Aplicando as fórmulas para aceleração constante da Seção 4.1, obtém-se

componentes da velocidade:

$$(a)\ v_x = v_{0x}, \qquad (b)\ v_y = v_{0y} - gt \tag{4-9}$$

componentes da posição:

$$(a)\ x = v_{0x}t, \qquad (b)\ y = v_{0y}t - \tfrac{1}{2}gt^2 \tag{4-10}$$

Observe que a componente horizontal da velocidade permanece constante (e igual a seu valor inicial) por todo o vôo. Por intermédio das Eqs. 4.4, sabe-se que a componente x da aceleração é afetada *apenas* por forças resultantes que possuam componente x. Neste caso, $\Sigma F_x = 0$, e portanto v_x permanece constante. A força na direção y afeta apenas y e v_y, e não x e v_x.

As equações para o movimento vertical (Eqs. 4.9*b* e 4.10*b*) são as equações para queda livre (Eqs. 2.29 e 2.30). De fato, observando-se o movimento de um carro que se movimenta sobre o solo com uma velocidade v_{0x} na direção do projétil, o movimento aparenta ser o de um projétil lançado verticalmente para cima com uma velocidade inicial de intensidade v_{0y}.

A Fig. 4.5 mostra o movimento. Em qualquer ponto, a intensidade do vetor velocidade é

$$v = \sqrt{v_x^2 + v_y^2} \qquad (4\text{-}11)$$

e sua direção é dada por

$$\operatorname{tg} \phi = \frac{v_y}{v_x}, \qquad (4\text{-}12)$$

onde ϕ é o ângulo que o vetor velocidade faz com a horizontal. Em qualquer instante do movimento, o vetor velocidade é tangente à trajetória do projétil.

As Eqs. 4.10 fornecem x e y como funções do parâmetro comum t. Eliminando t, obtém-se

$$y = (\operatorname{tg} \phi_0)x - \frac{g}{2(v_0 \cos \phi_0)^2} x^2, \qquad (4\text{-}13)$$

que relaciona y e x, e é a equação da *trajetória* do projétil. Uma vez que v_0, ϕ_0 e g são constantes, esta equação possui a forma

$$y = bx - cx^2,$$

a equação da parábola. Assim, a trajetória do projétil é parabólica, conforme mostrado na Fig. 4.5.

O *alcance horizontal* do projétil, R, de acordo com a Fig. 4.5, é definido como a distância ao longo da horizontal na qual o projétil retorna ao nível do qual foi lançado. Esse alcance pode ser determinado fazendo $y = 0$ na Eq. 4.13. Uma solução imediata ocorre para $x = 0$; a outra fornece:

$$R = \frac{2v_0^2}{g} \operatorname{sen} \phi_0 \cos \phi_0 = \frac{v_0^2}{g} \operatorname{sen} 2\phi_0, \qquad (4\text{-}14)$$

utilizando-se a identidade trigonométrica $\operatorname{sen} 2\theta = 2 \operatorname{sen}\theta \cos\theta$. Para uma determinada intensidade da velocidade inicial é possível observar que o alcance máximo ocorre para $\phi_0 = 45°$, uma vez que $\operatorname{sen} 2\phi_0 = 1$.

A Fig. 4.6 mostra uma foto estroboscópica da trajetória de um projétil que é severamente afetado pela resistência do ar. A trajetória tem uma forma com aparência parabólica. A Fig. 4.7 compara os movimentos de um projétil lançado a partir do repouso com outro lançado, simultaneamente, na horizontal. Aqui, são vistas de maneira direta as predições das Eqs. 4.1 quando $\phi_0 = 0$. Observe que (1) o movimento horizontal da bola 2 realmente segue a Eq. 4.10: sua coordenada x aumenta intervalos de espaço iguais em intervalos de tempo iguais, de forma independente do movimento em y; e (2) o movimento em y dos dois projéteis são idênticos: os incrementos verticais de posição dos dois projéteis são os mesmos, independente do movimento horizontal de cada um deles.

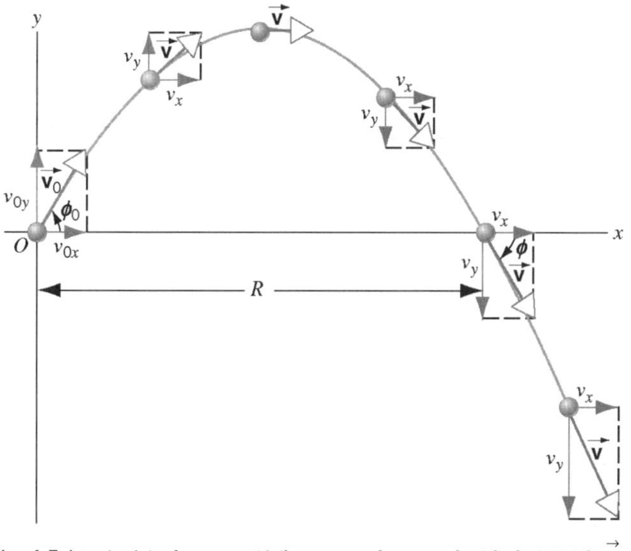

Fig. 4.5 A trajetória de um projétil, mostrando sua velocidade inicial $\vec{v}_0$ e suas componentes, além da velocidade $\vec{v}$ e suas componentes em cinco instantes de tempo subseqüentes. Observe que $v_x = v_{x0}$ por todo o vôo. A distância horizontal R é o alcance do projétil.

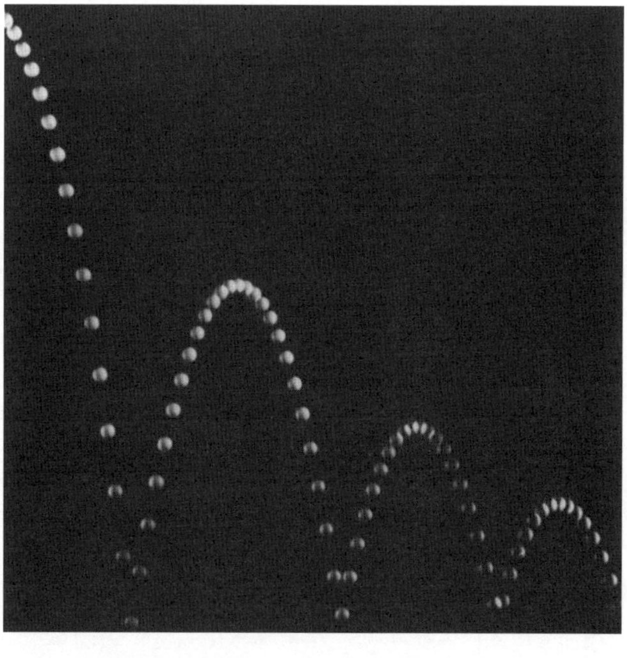

Fig. 4.6 Foto estroboscópica de uma bola de golfe (que surge na foto a partir da esquerda) ricocheteando em uma superfície rígida. Entre os impactos, a trajetória do movimento do projétil apresenta uma característica parabólica. Por que você acha que a altura entre dois saltos está decaindo? (O Cap. 6 deve fornecer a resposta.)

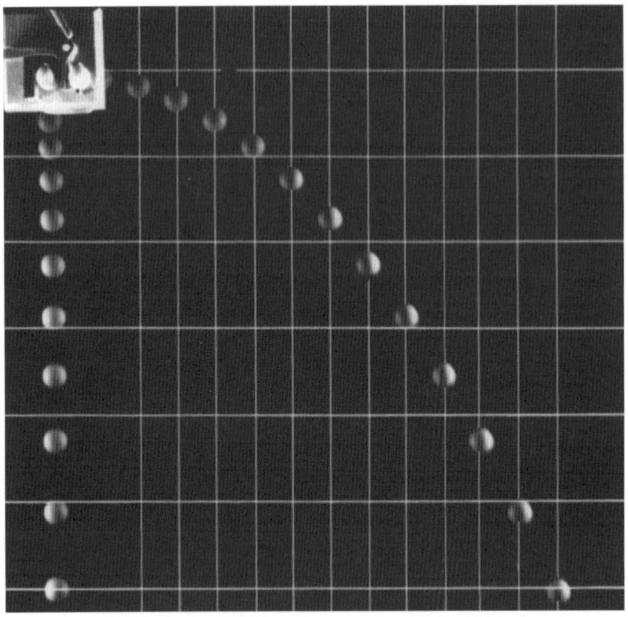

Fig. 4.7 Uma bola é lançada a partir do repouso, no mesmo instante em que uma segunda bola é lançada para a direita. Note que as duas bolas caem com exatamente a mesma taxa; o movimento horizontal da bola 2 não afeta sua taxa de queda vertical. As exposições desta foto estroboscópica foram tomadas a cada 1/30 s. A velocidade horizontal da segunda bola parece ser constante?

PROBLEMA RESOLVIDO 4.3.

Com a finalidade de lançar um pacote em um alvo, um avião de carga está voando com uma velocidade horizontal constante de 155 km/h e uma elevação de 225 m em direção a um ponto diretamente acima do alvo. Com que ângulo de visada α o pacote deve ser lançado para atingir o alvo (Fig. 4.8)?

Solução Escolhe-se um sistema de referência fixo em relação à Terra, de tal modo que sua origem *O* está posicionada no ponto de lançamento. No instante do lançamento o pacote possui o mesmo movimento que o avião. Com isso, a velocidade inicial do pacote, $\vec{v}_0$, é horizontal e sua intensidade é de 155 km/h. O ângulo de projeção ϕ_0 é nulo.

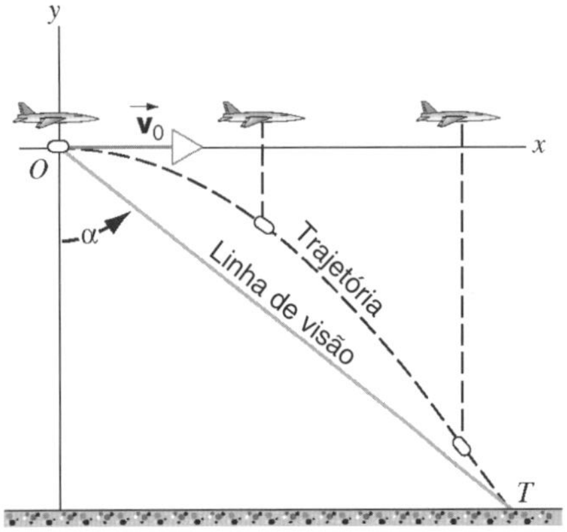

Fig. 4.8 Problema Resolvido 4.3.

O tempo de queda é determinado a partir da Eq. 4.10*b*. Com $v_{0y} = 0$ e $y = -225$ m no solo, tem-se

$$t = \sqrt{-\frac{2y}{g}} = \sqrt{-\frac{(2)(-225\text{ m})}{9,8\text{ m/s}^2}} = 6,78\text{ s}.$$

Observe que o tempo de queda não depende da intensidade da velocidade do avião para uma projeção horizontal.

A distância horizontal percorrida pelo pacote durante este tempo é dada pela Eq. 4.10*a*:

$$x = v_{0x}t = (155\text{ km/h})(1\text{ h}/3600\text{ s})(6,78\text{ s})$$
$$= 0,292\text{ km} = 292\text{ m}$$

assim, o ângulo de visada (Fig. 4.8) deve ser

$$\alpha = \text{tg}^{-1}\frac{x}{|y|} = \text{tg}^{-1}\frac{292\text{ m}}{225\text{ m}} = 52°.$$

O movimento do pacote possui uma aparência parabólica quando visto de um referencial fixo no avião? (Você se lembra de ter visto filmes em que bombas são lançadas de um avião, e filmadas por uma câmera que pode estar tanto no próprio avião quanto em um outro que está voando em uma trajetória paralela e com a mesma velocidade?)

PROBLEMA RESOLVIDO 4.4.

Um jogador de futebol chuta uma bola com um ângulo de 36° com a horizontal e uma velocidade inicial de 15,5 m/s de intensidade. Admitindo que a bola se move em um plano vertical, determine (*a*) o instante t_1 em que a bola atinge o ponto mais alto de sua trajetória, (*b*) sua altura máxima, (*c*) o tempo em que a bola permanece no ar e o seu percurso, e (*d*) sua velocidade quando ela toca o solo.

Solução (*a*) A componente vertical da velocidade inicial é $v_{0y} = v_0$ sen ϕ_0 = (15,5 m/s) sen 36° = 9,1 m/s. Na parte mais alta da trajetória, $v_y = 0$. Isolando o tempo na Eq. 4.9*b* e substituindo os valores numéricos, obtém-se:

$$t_1 = \frac{v_{0y} - v_y}{g} = \frac{9,1\text{ m/s} - 0}{9,8\text{ m/s}^2} = 0,93\text{ s}.$$

(*b*) A altura máxima $y_{máx}$ é atingida em t_1 = 0,93 s. A partir da Eq. 4.10b, têm-se

$$y_{máx} = v_{0y}t_1 - \tfrac{1}{2}gt_1^2$$
$$= (9,1\text{ m/s})(0,93\text{ s}) - \tfrac{1}{2}(9,8\text{ m/s}^2)(0,93\text{ s})^2 = 4,2\text{ m}.$$

(*c*) Para determinar o tempo em que a bola permanece no ar, t_2, faz-se $y = 0$ na Eq. 4.10b e, após descartar a solução $t = 0$ (que mostra que a bola inicia seu movimento em $y = 0$ quando $t = 0$), encontra-se outra solução quando a bola está em $y = 0$:

$$t_2 = \frac{2v_{0y}}{g} = \frac{2(9,1\text{ m/s})}{9,8\text{ m/s}^2} = 1,86\text{ s}.$$

Observe que $t_2 = 2t_1$, uma vez que o tempo necessário para a bola subir (atingir sua altura máxima desde o solo) é o mesmo tempo necessário para a bola descer (atingir o solo desde sua altura máxima). O percurso é a distância horizontal percorrida durante o tempo t_2:

$$x = v_{0x}t_2 = (v_0 \cos \phi_0)t_2 = (15{,}5 \text{ m/s})(\cos 36°)(1{,}86 \text{ s}) = 23{,}3 \text{ m}.$$

(*d*) Para determinar a velocidade da bola quando ela toca o solo utiliza-se a Eq. 4.9*a* para obter v_x, que permanece constante enquanto a bola está no ar:

$$v_x = v_{0x} = v_0 \cos \phi_0 = (15{,}5 \text{ m/s})(\cos 36°) = 12{,}5 \text{ m/s},$$

e, a partir da Eq. 4.9*b*, obtém-se v_y para $t = t_2$,

$$v_y = v_{0y} - gt = 9{,}1 \text{ m/s} - (9{,}8 \text{ m/s}^2)(1{,}86 \text{ s})$$
$$= -9{,}1 \text{ m/s}.$$

Assim, a intensidade da velocidade é dada por

$$v = \sqrt{v_x^2 + v_y^2} = \sqrt{(12{,}5 \text{ m/s})^2 + (-9{,}1 \text{ m/s})^2} = 15{,}5 \text{ m/s},$$

e sua direção é

$$\text{tg } \phi = v_y/v_x = (-9{,}1 \text{ m/s})/(12{,}5 \text{ m/s}),$$

de tal forma que $\phi = -36°$, ou 36° no sentido horário, medido em relação ao eixo x. Observe que $\phi = -\phi_0$, conforme esperado pela simetria (Fig. 4.5).

A velocidade final obtida é igual à velocidade inicial. Você pode explicar isso? Esta condição é uma coincidência?

ATIRANDO EM UM ALVO EM QUEDA LIVRE

Em uma demonstração uma arma é apontada para um alvo elevado, que é lançado em queda livre por intermédio de um mecanismo de movimento enquanto o projétil deixa a arma. Não importa qual a velocidade inicial do projétil, ele sempre acerta o alvo.

Para compreender esse fenômeno surpreendente considere que, se não existisse aceleração devida à gravidade, o alvo não cairia e o projétil deveria se mover em linha reta direto para o alvo (Fig. 4.9). O efeito da gravidade faz com que cada corpo seja acelerado para baixo com a mesma taxa, desde a posição em que ele estaria inicialmente. Dessa maneira, no instante de tempo t, o projétil irá cair a uma distância 1/2 gt^2 em relação à posição em que ele deveria estar ao longo de uma linha de visada e o alvo irá cair a uma mesma distância em relação a seu ponto inicial. Quando o projétil atinge a linha de queda do alvo, a distância percorrida para baixo é a mesma que a distância percorrida desde a posição inicial do alvo e, assim, ocorre a colisão. Se o projétil move-se mais rápido do que o mostrado na figura (v_0 é maior), ele possui um alcance maior e cruza a linha de queda em uma posição mais alta; mas uma vez que ele atinge a linha mais cedo, o alvo terá percorrido uma distância correspondente menor e a colisão ocorre. Argumento similar é utilizado para velocidades menores.

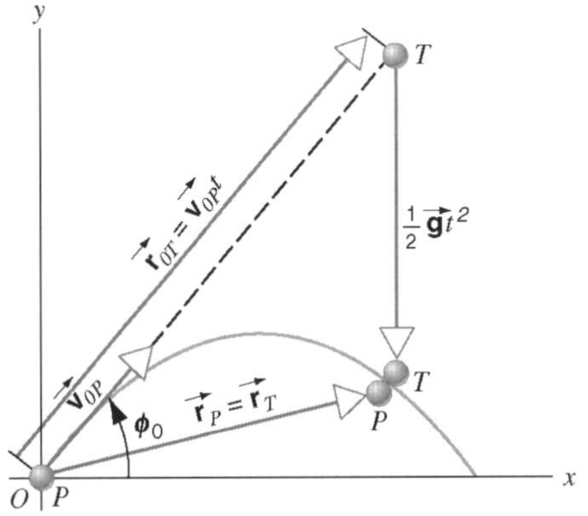

Fig. 4.9 No movimento de um projétil, seu deslocamento desde a origem, em um instante de tempo t, pode ser conhecido como a soma de dois vetores: $\vec{v}_{0P}t$ na linha de ação de $\vec{v}_{0P}$, e 1/2 $\frac{1}{2}\vec{g}t^2$ para baixo.

Para uma análise equivalente, considere a Eq. 4.2

$$\vec{r} = \vec{r}_0 + \vec{v}_0 t + \tfrac{1}{2}\vec{a}t^2$$

para descrever as posições do projétil e do alvo em um instante de tempo qualquer t. Para o projétil P, $\vec{r}_0 = 0$ e $\vec{a} = \vec{g}$, portanto

$$\vec{r}_P = \vec{v}_{0P}t + \tfrac{1}{2}\vec{g}t^2. \quad (4\text{-}15)$$

Para o alvo T, $\vec{r}_0 = \vec{r}_{0T}$, $\vec{v}_0 = 0$, e $\vec{a} = \vec{g}$, o que resulta em

$$\vec{r}_T = \vec{r}_{0T} + \tfrac{1}{2}\vec{g}t^2. \quad (4\text{-}16)$$

Se ocorre uma colisão, deve-se ter $\vec{r}_P = \vec{r}_T$. Quando as equações são analisadas, vê-se que isso sempre ocorre no instante t dado por $\vec{r}_{0T} = \vec{v}_{0P}t$ — ou seja, no instante t $(= r_{0T}/v_{0P})$ que seria o tempo necessário para um projétil sem aceleração mover-se até a posição do alvo ao longo da linha de visada. Uma vez que a multiplicação de um vetor por um escalar positivo fornece outro vetor com o mesmo sentido do original, a equação $\vec{r}_{0T} = \vec{v}_{0P}t$ implica que $\vec{r}_{0T} = \vec{v}_{0P}$ devem ter o mesmo sentido. Assim, a arma deve ser apontada para a posição inicial do alvo.

4.4 FORÇAS DE ARRASTO E O MOVIMENTO DE PROJÉTEIS (OPCIONAL)

Gotas de chuva caem das nuvens que estão a uma altura h acima do solo de aproximadamente 2 km. Utilizando as equações para descrever a queda livre de corpos (Eqs. 2.29 e 2.30), espera-se que a gota atinja o solo com uma intensidade de velocidade $v \approx 200$ m/s, ou aproximadamente 440 mi/h (708 km/h). O impacto de um projétil, ou mesmo de uma gota de chuva, a esta velocidade seria fatal; uma vez que as gotas de chuva se movem com velocidades muito mais baixas, obviamente algum erro foi cometido na análise.

O erro ocorre quando se despreza o efeito das forças dissipativas exercido pela resistência do ar à queda da gota de chuva. Esta força de atrito é um exemplo de uma *força de arrasto* experimentada por qualquer objeto que se move em um meio fluido como o ar ou a água. As forças de arrasto possuem efeitos importantes em uma variedade de objetos, tais como bolas de beisebol, que se desviam consideravelmente da trajetória ideal avaliada sem a ação dessas forças, e esquiadores que tentam curvar seus corpos e alterar suas posições para reduzir o arrasto. As forças de arrasto devem ser levadas em consideração no projeto de aeronaves e embarcações. Do ponto de vista de um corpo em queda, desde gotas de chuva até *skydivers*, as forças de arrasto evitam que a velocidade aumente ilimitadamente, impondo uma intensidade máxima ou *terminal* que pode ser atingida pelo corpo.

Uma característica importante das forças de arrasto é que elas dependem da intensidade da velocidade: quanto mais rápido um objeto se move, maior é a força de arrasto. Assim sendo, não se pode analisar o movimento sob forças de arrasto utilizando as fórmulas para aceleração constante.

Visando ilustrar a técnica para abordar problemas com forças variáveis, considera-se um corpo de massa m que é lançado a partir do repouso. Supõe-se que a intensidade da força de arrasto, A, depende linearmente da intensidade da velocidade:

$$A = bv \tag{4-17}$$

e sempre atua na mesma direção do movimento, em sentido contrário. A constante b depende das propriedades do objeto em queda (seu tamanho e forma, por exemplo) e das propriedades do fluido (ar, neste caso) no qual o objeto está imerso. O objetivo é determinar a velocidade de queda dos objetos como uma função do tempo.

A Fig. 4.10 mostra o diagrama de corpo livre, que se modifica com o tempo durante a queda do objeto. Quando o objeto é largado, $A = 0$ (porque $v_y = 0$), e A aumenta à medida que o objeto cai. Como A continua a crescer, em um dado ponto ele se iguala ao peso do objeto e, nesta condição, não existe força resultante atuando no objeto; sua aceleração é nula e assim sua velocidade permanece constante, como ocorre com a força de arrasto. Deste instante em diante o objeto cai com velocidade constante, que é a velocidade terminal.

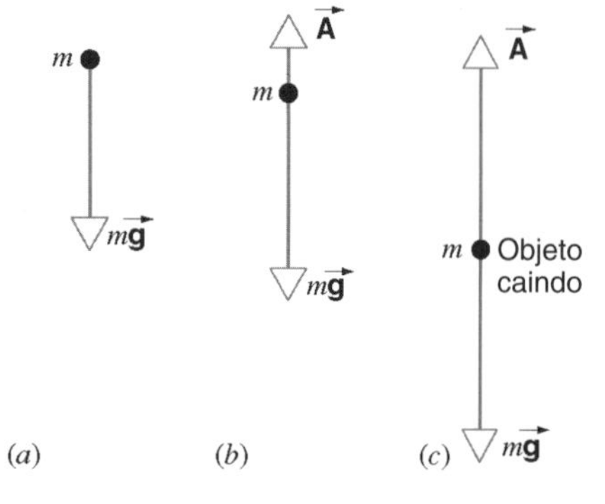

Fig. 4.10 Forças que agem sobre um corpo em queda no ar. (*a*) No instante em que é largado, $v_y = 0$ e não existe força de arrasto. (*b*) A força de arrasto aumenta à medida que o corpo aumenta sua velocidade. (*c*) Eventualmente, a força de arrasto se iguala ao peso; para todos os instantes posteriores, ela permanece igual ao peso e o corpo cai com sua velocidade terminal, com intensidade constante.

Escolhe-se o eixo y como sendo vertical e o sentido positivo para baixo. (A escolha é arbitrária e aqui é conveniente trabalhar com as componentes positivas de velocidade e aceleração.) Com o peso mg agindo para baixo e a força de arrasto, bv_y, para cima, a força resultante é então $\Sigma F_y = mg - bv_y$. Assim, a segunda lei de Newton $\Sigma F_y = ma_y$ fornece

$$mg - bv_y = ma_y \tag{4-18}$$

ou

$$a_y = g - \frac{bv_y}{m}. \tag{4-19}$$

O objetivo é determinar a velocidade como uma função do tempo. Inicia-se substituindo $a_y = dv_y/dt$ na Eq. 4.19, o que fornece

$$\frac{dv_y}{g - bv_y/m} = dt. \tag{4-20}$$

Como $v_y = 0$ em $t = 0$, avalia-se v_y no instante t. Desta forma, pode-se integrar o lado esquerdo da Eq. 4.20 desde a velocidade 0 até v_y e o lado direito desde o instante de tempo 0 até t. (Ver Eq. 5 do Apêndice I.) O resultado é

$$-\frac{m}{b}\ln\left(\frac{mg - bv_y}{mg}\right) = t \tag{4-21}$$

e isolando v_y, obtém-se

$$v_y(t) = \frac{mg}{b}(1 - e^{-bt/m}). \tag{4-22}$$

Esta é a expressão para a velocidade em função do tempo.

É interessante examinar este resultado nos dois casos-limite para pequenos e grandes valores de t. A velocidade inicia com $v_y = 0$ em $t = 0$. Logo após o instante $t = 0$, próximo ao início da queda do projétil, é possível determinar a velocidade aproximando a função exponencial por $e^{-x} \approx 1 - x$ para valores pequenos de x ($x \ll 1$). Com isso,

$$v_y(t) \approx \frac{mg}{b}\left[1 - \left(1 - \frac{bt}{m}\right)\right] = gt \quad (t \text{ pequeno}), \tag{4-23}$$

isto está de acordo com a Eq. 2.29 em que $v_{0y} = 0$ (lembre-se de que o sentido positivo de y foi escolhido para baixo). No início do movimento, quando a velocidade é pequena e a força de arrasto não aumentou significativamente, o objeto está, aproximadamente, em queda livre.

Para valores grandes de t, a exponencial tende a zero ($e^{-x} \to 0$ quando $x \to \infty$) e a intensidade da velocidade tende para a *velocidade terminal*, dada por

$$v_T = \frac{mg}{b}. \tag{4-24}$$

A velocidade terminal também pode ser determinada diretamente a partir da Eq. 4.19 — quando a velocidade aumenta até o ponto em que a força de arrasto e o peso são iguais, $a_y = 0$ e a Eq. 4.19 resulta na Eq. 4.24.

Assim, vê-se que, como esperado, quanto maior é o coeficiente da força de arrasto b, menor é a intensidade da velocidade

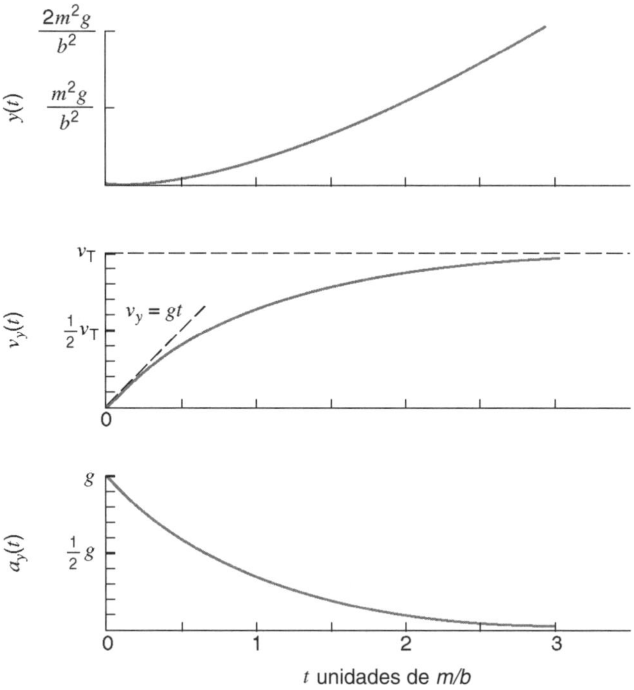

Fig. 4.11 Posição, velocidade e aceleração de um corpo em queda, submetido a uma força de arrasto. Observe que a aceleração se inicia com g e decai até zero; a velocidade inicia em zero e tende para v_T. Observe ainda que $y(t)$ se torna aproximadamente linear para valores grandes de t, como esperado pelo movimento com velocidade constante.

TABELA 4.1 Algumas Velocidades Terminais no Ar

Objeto	Intensidade da Velocidade Terminal (m/s)	Distância de 95%[a] (m)
Projétil de 16 lb	145	2500
Skydiver (típico)	60	430
Bola de beisebol	42	210
Bola de tênis	31	115
Bola de basquete	20	47
Bola de pingue-pongue	9	10
Gota de chuva (raio = 1,5 mm)	7	6
Pára-quedista (típico)	5	3

[a]Esta é a distância a que o corpo deve cair desde o repouso até atingir 95% de sua velocidade terminal.
Fonte: Adaptado de Peter J. Brancazio, *Sport Science* (Simon & Schuster, 1984).

terminal. A velocidade terminal de um seixo caindo na água é menor que a do mesmo seixo caindo no ar, visto que o coeficiente de arrasto é muito maior na água.

Agora que se tem uma expressão para $v_y(t)$, pode-se diferenciá-la para determinar $a_y(t)$, ou integrá-la para encontrar $y(t)$. (Ver Problema 17.) A Fig. 4.11 mostra a dependência do tempo de y, v_y e a_y.

Uma força de arrasto proporcional a v representa um *arrasto viscoso*, que é a força experimentada por pequenas partículas caindo em um fluido. Objetos grandes no ar experimentam arrasto aerodinâmico, no qual A é proporcional a v^2. Este caso é matematicamente mais complicado, mas também fornece uma velocidade terminal (diferente da calculada para $A \propto v$).

A Tabela 4.1 mostra valores típicos de velocidades terminais de diferentes objetos no ar.

MOVIMENTO DE PROJÉTEIS COM RESISTÊNCIA DO AR

Os cálculos de arrasto também são importantes no movimento bidimensional de projéteis. Uma bola de beisebol, por exemplo, deixa o bastão com uma velocidade de intensidade 100 mi/h (161 km/h) ou 45 m/s. Este valor é realmente maior do que sua velocidade terminal no ar quando lançada desde o repouso (Tabela 4.1). A intensidade da força de arrasto $A = bv$ pode ser estimada a partir dos cálculos anteriores. A partir da Eq. 4.24, vê-se que a constante b é o peso mg da bola de beisebol (cerca de 1,4 N, o que corresponde a uma massa de 0,14 kg) dividido por sua velocidade terminal, 45 m/s. Então, $b = 0{,}033$ N/(m/s). Se a bola move-se a 45 m/s, ela experimenta uma força de arrasto bv com uma intensidade de cerca de 1,5 N, que é maior que o seu peso e, assim, possui um efeito substancial no seu movimento.

A Fig. 4.12 mostra o diagrama de corpo livre em um ponto específico da trajetória da bola de beisebol. Como todas as forças dissipativas, $\vec{\mathbf{A}}$ está em sentido oposto a $\vec{\mathbf{v}}$, e supõe-se que não existe qualquer efeito de vento. Se for admitido que $\vec{\mathbf{A}} = -b\vec{\mathbf{v}}$, utilizam-se as leis de Newton para determinar uma solução analítica para a trajetória, um exemplo mostrado na Fig. 4.13. Quando a resistência do ar é levada em consideração, o alcance é reduzido de 179 m para 72 m e a altura máxima de 78 m para 48 m. Observe também que a trajetória não é mais simétrica em relação ao ponto máximo; o movimento descendente é bem mais íngreme do que o ascendente. Para $\phi_0 = 60°$ o projétil colide com o solo a um ângulo de $-79°$, enquanto na ausência de arrasto a colisão ocorre a um ângulo $\phi_0 = -60°$.

Para outras escolhas (mais realistas) da força de arrasto $\vec{\mathbf{A}}$, os cálculos devem ser feitos numericamente.[1] ■

[1]Maiores informações sobre este cálculo podem ser obtidas em "Trajectory of a Fly Ball", de Peter J. Brancazio, *The Physics Teacher*, janeiro de 1985, p.20. Para uma coleção interessante de artigos sobre problemas semelhantes, ver *The Physics of Sports*, editado por Andelo Armenti, Jr. (*American Institute of Physics*, 1992). Ver http://www.physics.uoguelph.ca/fun/JAVA/trajplot/trajplot.html para observar um programa interessante que permite mostrar as trajetórias de um projétil para várias escolhas do ângulo de lançamento e da resistência do ar.

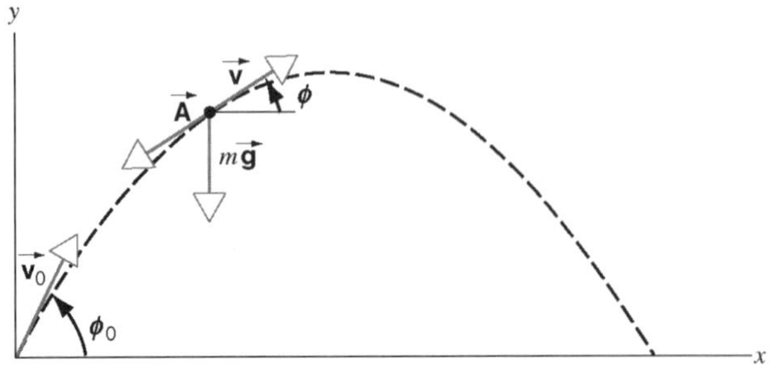

Fig. 4.12 Um projétil em movimento. O projétil é lançado com uma velocidade v_0, fazendo um ângulo ϕ_0 com a horizontal. Após decorrido um tempo, sua velocidade é $\vec{v}$ e o ângulo ϕ. O peso e a força de arrasto (que sempre aponta no sentido oposto de $\vec{v}$) estão mostrados neste instante.

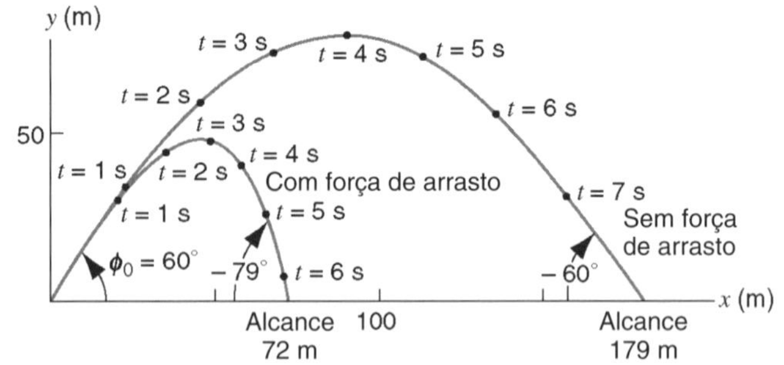

Fig. 4.13 Movimento de um projétil com e sem a ação da força de arrasto, calculado para v_0 = 45 m/s e ϕ_0 = 60°.

4.5 MOVIMENTO CIRCULAR UNIFORME

No movimento de um projétil na ausência da resistência do ar, a aceleração é constante tanto em intensidade quanto em direção, mas a velocidade altera sua intensidade e direção. Neste momento, analisa-se um caso diferente de um movimento bidimensional em que a partícula se move com uma velocidade de intensidade constante em uma trajetória circular. Neste caso, tanto a velocidade quanto a aceleração possuem intensidades constantes, variando suas direções continuamente. Esta situação é chamada de *movimento circular uniforme*. Exemplos deste tipo de movimento incluem os satélites da Terra e pontos em rotores tais como ventiladores e carrosséis. De fato, assumindo que as pessoas sobre a superfície da Terra possam ser consideradas como partículas, seus movimentos são circulares uniformes devido à rotação da Terra.

Imagine, como um exemplo, uma bola presa a um fio sendo girada no plano horizontal, como mostrado na Fig. 4.14. (Despreze a força de arrasto e a força da gravidade por enquanto.) Conforme a bola é girada, os dedos exercem uma força no fio (e o fio girando exerce uma força na bola). Caso a força exercida pela mão no fio fosse suavemente diminuída, ele correria pelos dedos e a bola se moveria, afastando-se do centro do círculo. Assim, para evitar isso, os dedos devem exercer uma força no fio, apontando para o centro do círculo.

Um exemplo semelhante ocorre no movimento planetário. Quando a Lua se movimenta em sua órbita em torno da Terra, a Terra exerce uma força gravitacional que sempre aponta para o centro da Terra (Fig. 4.15).

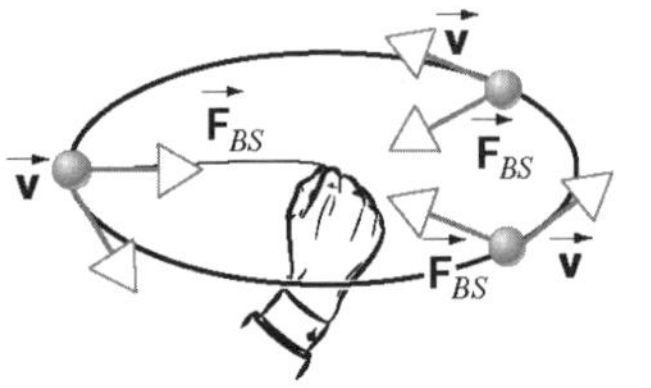

Fig. 4.14 Uma bola presa a um fio é girada em um círculo horizontal. Os vetores que representam a velocidade e a força do fio na bola estão mostrados em três instantes diferentes.

Nos dois casos, a força possui uma intensidade constante mas varia sua direção conforme o objeto se movimenta em sua trajetória circular. Visto que a força sempre aponta para o centro do círculo, ela é conhecida como força *centrípeta* (fazendo referência ao *centro*). Como nenhuma outra força atua, a aceleração também deve apontar para o centro do círculo (aceleração centrípeta). A partir da geometria do movimento circular, é possível obter uma expressão para a aceleração centrípeta.

É importante notar que, no movimento circular uniforme, a intensidade da velocidade permanece constante mas a partícula está acelerada, uma vez que a *direção* de sua velocidade está mudando. Muito embora usualmente uma aceleração seja associada à variação da intensidade de $\vec{v}$, também deve-se ter uma aceleração presente para alterar a direção de $\vec{v}$.

Para determinar uma relação entre esta aceleração e a intensidade constante da velocidade, considere a geometria da Fig. 4.16. Uma partícula movimenta-se em um círculo de raio r. Adota-se um sistema de coordenadas xy com a origem no centro do círculo. Analisa-se o movimento da partícula em dois pon-

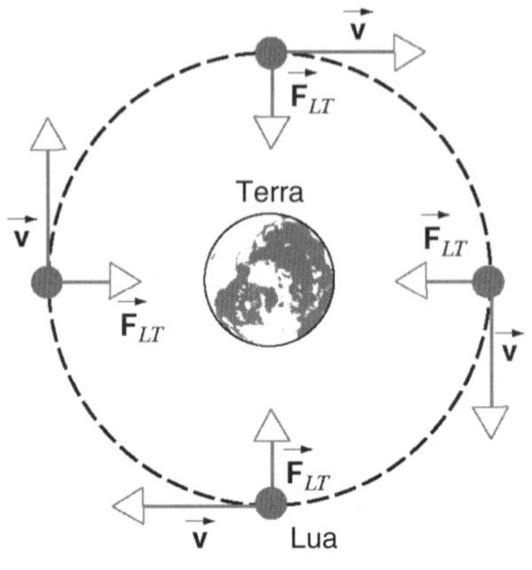

Fig. 4.15 A Lua movimenta-se em sua órbita em torno da Terra. Os vetores velocidade e força estão mostrados em quatro instantes diferentes. A velocidade é sempre tangente à trajetória circular, e a força na Lua que se deve à Terra sempre aponta para o centro do círculo.

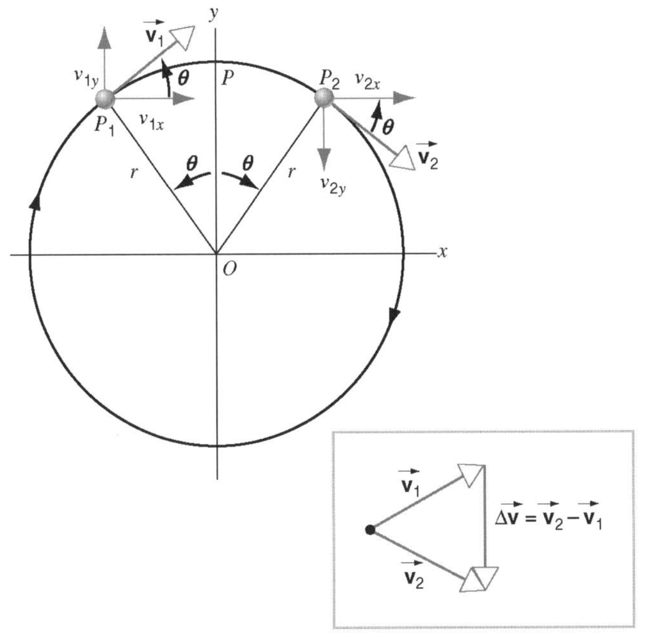

Fig. 4.16 Uma partícula movimenta-se com uma velocidade de intensidade constante em um círculo de raio r. Ela está mostrada nas posições P_1 e P_2, nas quais o raio faz ângulos iguais θ com relação ao eixo y, em lados opostos. O detalhe mostra o vetor $\Delta\vec{\mathbf{v}} = \vec{\mathbf{v}}_2 - \vec{\mathbf{v}}_1$; este vetor sempre aponta para o centro do círculo, não importando a posição dos pontos P_1 e P_2.

tos: em P_1, onde sua velocidade é $\vec{\mathbf{v}}_1$, e em P_2, onde sua velocidade é $\vec{\mathbf{v}}_2$. Os pontos P_1 e P_2 estão localizados de forma simétrica em relação ao eixo, com o raio de cada ponto fazendo um ângulo θ com relação ao eixo y.

As intensidades de $\vec{\mathbf{v}}_1$ e $\vec{\mathbf{v}}_2$ são iguais, mas elas possuem direções diferentes, sendo cada uma delas tangente ao círculo na posição da partícula. As componentes das velocidades são:

$$\begin{aligned} v_{1x} &= +v\cos\theta \qquad & v_{1y} &= +v\,\text{sen}\,\theta \\ v_{2x} &= +v\cos\theta \qquad & v_{2y} &= -v\,\text{sen}\,\theta \end{aligned} \tag{4-25}$$

onde v foi utilizado para representar a intensidade de $\vec{\mathbf{v}}_1$ e $\vec{\mathbf{v}}_2$.

À medida que a partícula se movimenta ao longo do arco desde P_1 até P_2, ela percorre a distância $2r\theta$ (onde θ é medido em radianos), e se esta distância é percorrida em um intervalo de tempo Δt então a intensidade da velocidade v é $2r\theta/\Delta t$. Desta maneira, pode-se expressar o intervalo de tempo da seguinte forma

$$\Delta t = \frac{2r\theta}{v}. \tag{4-26}$$

Agora é possível determinar as componentes da aceleração média. É utilizada a definição da aceleração média da Eq. 2.14, $\vec{\mathbf{a}}_{\text{med}} = \Delta\vec{\mathbf{v}}/\Delta t$, onde $\Delta\vec{\mathbf{v}}$ significa $\vec{\mathbf{v}}_2 - \vec{\mathbf{v}}_1$. Assim, a componente x da aceleração média é

$$a_{\text{med},x} = \frac{v_{2x} - v_{1x}}{\Delta t} = \frac{v\cos\theta - v\cos\theta}{\Delta t} = 0. \tag{4-27}$$

Conforme mostrado na Fig. 4.16, as componentes x da velocidade são iguais em P_1 e P_2, então que a componente x da aceleração média seja nula neste intervalo. A componente y da aceleração média é

$$\begin{aligned} a_{\text{med},y} &= \frac{v_{2y} - v_{1y}}{\Delta t} = \frac{-v\,\text{sen}\,\theta - v\,\text{sen}\,\theta}{\Delta t} \\ &= \frac{-2v\,\text{sen}\,\theta}{2r\theta/v} = -\left(\frac{v^2}{r}\right)\left(\frac{\text{sen}\,\theta}{\theta}\right). \end{aligned} \tag{4-28}$$

A aceleração instantânea pode ser avaliada a partir deste resultado se o limite deste intervalo de tempo for tomado como tendendo a zero. De maneira equivalente, pode-se fazer o ângulo θ tender a zero, de tal forma que P_1 e P_2 tendam para P, o que fornece

$$a_y = \lim_{\theta\to 0}\left[-\left(\frac{v^2}{r}\right)\left(\frac{\text{sen}\,\theta}{\theta}\right)\right] = -\left(\frac{v^2}{r}\right)\lim_{\theta\to 0}\left(\frac{\text{sen}\,\theta}{\theta}\right).$$

Para pequenos ângulos, sen $\theta \approx \theta$ (em radianos), e o limite tende para o valor 1. A componente y da aceleração instantânea em P portanto é $a_y = -v^2/r$, onde o sinal negativo indica que a aceleração em P aponta no sentido negativo do eixo y, ou seja, para o centro do círculo.

O ponto P é um ponto arbitrário do círculo. Os cálculos acima podem ser repetidos para qualquer ponto do círculo, obtendo-se o mesmo resultado: *a aceleração aponta para o centro do círculo, possuindo intensidade* v^2/r. Este é um resultado geral para qualquer partícula que se move em um círculo com uma velocidade de intensidade constante; a aceleração centrípeta é

$$a_c = \frac{v^2}{r}. \tag{4-29}$$

A aceleração centrípeta por vezes também é chamada de aceleração *radial*, visto que sua direção está sempre no raio do círculo. Na Fig. 4.16 pode-se notar que $\vec{\mathbf{a}}$ possui a mesma direção de $\Delta\vec{\mathbf{v}}$, conforme a relação vetorial da Eq. 2.14 exige.

Tanto na queda livre quanto no movimento de um projétil, $\vec{\mathbf{a}}$ é constante em direção e intensidade, e é possível utilizar as equações desenvolvidas para aceleração constante. No entanto, estas equações não podem ser utilizadas no movimento circular uniforme uma vez que $\vec{\mathbf{a}}$ varia sua direção e, portanto, não é constante. As unidades da aceleração centrípeta são as mesmas de uma aceleração resultante de uma variação de intensidade de velocidade. Dimensionalmente, têm-se

$$[a] = \frac{[v^2]}{[r]} = \frac{(\text{L}/\text{T})^2}{\text{L}} = \frac{\text{L}}{\text{T}^2},$$

que são as dimensões usuais de aceleração. Portanto, as unidades podem ser m/s^2, km/h^2, ou unidades similares com dimensão L/T^2.

A aceleração resultante de uma variação na direção de uma velocidade é uma aceleração semelhante em todos os sentidos à decorrente de uma variação da intensidade da velocidade. Por definição, aceleração é a taxa da variação de velocidade no tempo e, como a velocidade é um vetor, pode variar tanto em direção quanto em intensidade. Se uma grandeza física é um vetor, seus aspectos direcionais não podem ser ignorados e estes aspectos são tão reais e importantes quanto os produzidos por variações na intensidade.

De acordo com a segunda lei de Newton, em sua forma vetorial ($\Sigma\vec{\mathbf{F}} = m\vec{\mathbf{a}}$), a aceleração e a força resultante devem ter a mesma direção. No caso do movimento circular uniforme, a força resultante deve apontar para o centro do círculo. Agora, escreve-se este resultado em termos das intensidades: $|\Sigma\vec{\mathbf{F}}| = ma$. No movimento circular uniforme, $a = a_c = v^2/r$ e portanto,

$$\left|\sum\vec{\mathbf{F}}\right| = \frac{mv^2}{r}. \qquad (4\text{-}30)$$

A quantidade do lado esquerdo da Eq. 4.30 é, por vezes, chamada de "força centrípeta". A força centrípeta não é um novo tipo de força. Quando uma partícula se movimenta em uma trajetória circular a uma velocidade constante, diversas forças podem atuar. A resultante de todas essas forças deve apontar para o centro do círculo e é chamada de força centrípeta. A segunda lei de Newton define a intensidade e a direção da aceleração.

Na Fig. 4.14, o fio proporciona a força centrípeta que age na bola; na Fig. 4.15, a força gravitacional da Terra proporciona a força centrípeta que age na Lua. Ao chamar uma força de "centrípeta", significa apenas que ela atua na direção do centro do círculo. Contudo, esta classificação não traz nenhuma informação sobre a natureza da força ou sobre o corpo que a está proporcionando. Todas as forças, incluindo as que agem com características centrípetas, devem estar sempre associadas a um corpo específico. A força centrípeta pode ser qualquer tipo de força e pode, por exemplo, ser provida pela ação da gravidade, fios, molas ou cargas elétricas. Conforme indicado na Eq. 4.30 ela também pode ser uma combinação de duas ou mais forças, desde que a direção da força resultante aponte para o centro do círculo.

Nesta seção, discutiu-se o movimento circular uniforme como um exemplo de um caso no qual as leis vetoriais são essenciais para compreender o movimento bidimensional. Técnicas vetoriais mais gerais podem ser utilizadas para descrever o caso em que a aceleração possui tanto componentes radiais quanto tangenciais. Estas técnicas são descritas no Cap. 8.

PROBLEMA RESOLVIDO 4.5.

A Lua gira em torno da Terra, completando uma volta em 27,3 dias. Admitindo que a órbita é circular e que possui um raio r = 238.000 milhas, qual é a intensidade da força gravitacional exercida pela Terra na Lua?

Solução Têm-se $r = 238.000$ mi $= 3,82 \times 10^8$ m. No Apêndice C, vê-se que a massa da Lua é $m = 7,36 \times 10^{22}$ kg. O tempo para uma revolução completa, chamada de período, é $T = 27,3\ d = 2,36 \times 10^6$ s. A intensidade da velocidade da Lua (admitida constante) é, portanto,

$$v = \frac{2\pi r}{T} = \frac{2\pi(3,82 \times 10^8\ \text{m})}{2,36 \times 10^6\ \text{s}} = 1018\ \text{m/s}.$$

A força centrípeta é provida pela força gravitacional da Terra na Lua:

$$F_{ME} = \frac{mv^2}{r} = \frac{(7,36 \times 10^{22}\ \text{kg})(1018\ \text{m/s})^2}{3,82 \times 10^8\ \text{m}}$$
$$= 2,00 \times 10^{20}\ \text{N}.$$

PROBLEMA RESOLVIDO 4.6.

Um satélite de massa 1250 kg é colocado em uma órbita circular a uma altura $h = 210$ km acima da superfície da Terra, onde $g = 9,2$ m/s². (*a*) Qual é o peso do satélite nesta altitude? (*b*) Com qual intensidade de velocidade tangencial o satélite deve ser colocado nesta órbita? O raio da Terra é $R = 6370$ km.

Solução (*a*) O peso do satélite é

$$P = mg = (1250\ \text{kg})(9,2\ \text{m/s}^2) = 1,15 \times 10^4\ \text{N}.$$

(*b*) O peso é a força da gravidade F_{ST}, exercida pela Terra no satélite. Uma vez que esta é a única força que atua no satélite, ela deve prover a força centrípeta. Resolvendo a Eq. 4.30 para determinar a velocidade tangencial v, obtém-se (com $r = R + h$)

$$v = \sqrt{\frac{F_{SE}r}{m}} = \sqrt{\frac{(1,15 \times 10^4\ \text{N})(6370\ \text{km} + 210\ \text{km})}{1250\ \text{kg}}}$$
$$= 7780\ \text{m/s} = 17.400\ \text{mi/h}.$$

Com esta velocidade, o satélite completa uma órbita a cada 1,48 h.

4.6 MOVIMENTO RELATIVO

Na Seção 3.2 foram discutidos referenciais inerciais e como observadores em movimento relativo, um em relação ao outro, avaliam acelerações idênticas se eles estivessem em referenciais inerciais. Estes observadores irão concordar na aplicação da segunda lei de Newton.

Nesta seção, expande-se a comparação de observações desde diferentes referenciais inerciais que utilizam considerações vetoriais. Da mesma forma que antes, considera-se a descrição do movimento de uma única partícula por dois observadores que estão em movimento relativo uniforme, um em relação ao outro. Os dois observadores devem ser, por exemplo, uma pessoa em um carro que se movimenta com velocidade constante ao longo de uma longa estrada reta, e outra pessoa em pé, em repouso, no solo. A partícula que ambos estão observando pode ser uma bola lançada no ar, ou um outro carro se movimentando.

Os dois observadores são chamados de S e S'. Cada um possui um sistema de referência correspondente, ao qual está associado um sistema de coordenadas cartesiano. Por conveniência, supõe-se que os observadores estão localizados nas origens dos respectivos sistemas de coordenadas. Apenas uma restrição é imposta nesta situação: *a velocidade relativa entre S e S' deve ser uma constante*. Ressalta-se que esta constante está associada tanto à intensidade quanto à direção. Observe que esta restrição não inclui o movimento da partícula que está sendo observada por S e S'. A partícula não precisa estar, necessariamente, se movendo com uma velocidade constante, e, realmente, a partícula pode estar acelerando.

A Fig. 4.17 mostra, em um instante de tempo particular t, os dois sistemas de coordenadas associados a S e S'. Para simplificar, considera-se um movimento bidimensional, os planos xy e $x'y'$ mostrados na Fig. 4.17. A origem do sistema S' é localizada em relação à origem do sistema S através do vetor $\vec{\mathbf{r}}_{S'S}$. Observe a ordem dos subscritos utilizados para identificar o vetor: o primeiro subscrito fornece o sistema que está sendo localizado (neste caso, o sistema de coordenadas de S') e o segundo subscrito fornece o sistema com relação ao qual está se fazendo a localização (neste caso, o sistema de coordenadas de S). O vetor $\vec{\mathbf{r}}_{S'S}$ pode ser lido como "a posição de S' em relação à S".

A Fig. 4.17 também mostra uma partícula P, nos planos xy e $x'y'$. Tanto S quanto S' localizam a partícula P com relação aos seus sistemas de coordenadas. De acordo com S, a partícula P está na posição indicada pelo vetor $\vec{\mathbf{r}}_{PS}$, enquanto que de acordo com S', a partícula P está em $\vec{\mathbf{r}}_{PS'}$. A partir da Fig. 4.17, pode-se deduzir a seguinte relação entre os três vetores:

$$\vec{\mathbf{r}}_{PS} = \vec{\mathbf{r}}_{S'S} + \vec{\mathbf{r}}_{PS'} = \vec{\mathbf{r}}_{PS'} + \vec{\mathbf{r}}_{S'S}, \qquad (4\text{-}31)$$

onde se utilizou a lei comutativa da adição de vetores para alterar a ordem dos dois vetores. Mais uma vez, esteja atento à ordem dos subscritos. Em palavras, a Eq. 4.31 diz que: "a posição de P vista de S é igual à posição de P vista de S' mais a posição de S' vista de S".

Suponha que a partícula P está se movendo com velocidade $\vec{\mathbf{v}}_{PS'}$ de acordo com S'. Que velocidade seria avaliada por S para esta partícula? Para responder a esta pergunta, necessita-se apenas efetuar a derivada com relação ao tempo da Eq. 4.31, o que fornece

$$\frac{d\,\vec{\mathbf{r}}_{PS}}{dt} = \frac{d\,\vec{\mathbf{r}}_{PS'}}{dt} + \frac{d\,\vec{\mathbf{r}}_{S'S}}{dt}.$$

A variação no tempo de cada vetor posição fornece a velocidade correspondente, ou seja,

$$\vec{\mathbf{v}}_{PS} = \vec{\mathbf{v}}_{PS'} + \vec{\mathbf{v}}_{S'S}. \qquad (4\text{-}32)$$

Assim, em cada instante, a velocidade de P avaliada por S é igual à velocidade de P avaliada por S' mais a velocidade relativa de S' com relação a S. Apesar de as Eqs. 4.31 e 4.32 ilustrarem movimentos bidimensionais, elas são igualmente aplicáveis em três dimensões.

A Eq. 4.32 é uma lei de *transformação de velocidades*, que permite transformar uma medida de velocidade feita por um observador em um sistema de referência — S', por exemplo — para outro sistema — S, por exemplo — desde que se conheça a velocidade relativa entre os dois sistemas. Esta é uma lei estabelecida de maneira sólida tanto no senso comum da experiência cotidiana quanto nos conceitos de espaço e tempo que são essenciais à física clássica de Galileu e Newton. De fato, a Eq. 4.32 é freqüentemente chamada de *forma de Galileu da lei de transformação de velocidades*.

Considera-se apenas um caso especial, muito importante, no qual os dois sistemas de referência estão se movendo com velocidade constante, um em relação ao outro. Ou seja, $\vec{\mathbf{v}}_{S'S}$ é constante tanto em intensidade quanto em direção. As velocidades $\vec{\mathbf{v}}_{PS}$ e $\vec{\mathbf{v}}_{PS'}$ medidas por S e S' para a partícula P não precisam ser constantes e, obviamente, de uma maneira geral, não são iguais. Entretanto, se um dos observadores — S', por exemplo — medir uma velocidade que é constante no tempo, então os dois termos do lado direito da Eq. 4.32 são independentes do tempo e, portanto, o lado esquerdo da Eq. 4.32 também deve ser independente do tempo. Então, se um observador conclui que uma partícula se movimenta com velocidade constante, então todos os outros observadores concluem o mesmo desde que estejam em sistemas de referência que se movam com velocidade constante em relação ao sistema de referência do primeiro observador.

Isto pode ser visto de uma maneira mais formal diferenciando a Eq. 4.32:

$$\frac{d\,\vec{\mathbf{v}}_{PS}}{dt} = \frac{d\,\vec{\mathbf{v}}_{PS'}}{dt} + \frac{d\,\vec{\mathbf{v}}_{S'S}}{dt}. \qquad (4\text{-}33)$$

O último termo da Eq. 4.33 se anula, uma vez que é suposto que a velocidade relativa dos dois sistemas de referências é uma constante. Assim,

$$\frac{d\,\vec{\mathbf{v}}_{PS}}{dt} = \frac{d\,\vec{\mathbf{v}}_{PS'}}{dt}.$$

Substituindo estas duas derivadas da velocidade pelas correspondentes acelerações, obtém-se

$$\vec{\mathbf{a}}_{PS} = \vec{\mathbf{a}}_{PS'}. \qquad (4\text{-}34)$$

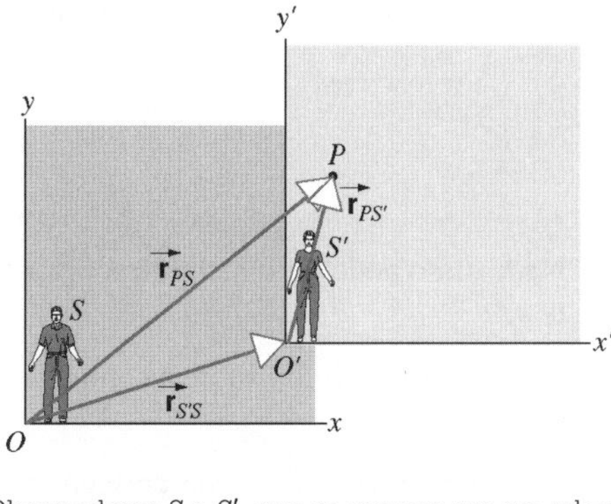

Fig. 4.17 Observadores S e S', que se movem um em relação ao outro, observam a mesma partícula P. No instante de tempo mostrado, eles avaliam a posição da partícula em relação às origens de seus sistemas de coordenadas como sendo $\vec{\mathbf{r}}_{PS}$ e $\vec{\mathbf{r}}_{PS'}$, respectivamente. Neste mesmo instante, o observador S avalia a posição de S' com relação à origem O como sendo $\vec{\mathbf{r}}_{SS'}$.

As acelerações de P medidas pelos dois observadores são idênticas.

A Eq. 4.34 indica de forma direta por que as leis de Newton podem ser igualmente bem aplicadas por observadores em qualquer referencial inercial. Se os observadores deduzem acelerações idênticas para o movimento de uma partícula, então eles irão concordar com os resultados da aplicação de $\vec{F} = m\vec{a}$. Se o observador S testa com sucesso a validade das leis de Newton, todos os outros observadores cujos sistemas de referência movem-se relativamente a S com velocidade constante em intensidade e direção também descobrem que as leis de Newton são válidas.

PROBLEMA RESOLVIDO 4.7.

A bússola de um avião indica que ele está apontando para leste; seu indicador de velocidade do ar faz uma leitura de 215 km/h. Um vento de 65 km/h está soprando para o norte. (*a*) Qual a velocidade do avião com relação ao solo? (*b*) Se o piloto deseja voar para o leste, para onde ele deve apontar? Ou seja, qual deve ser a leitura da bússola?

Solução (*a*) A "partícula" que se movimenta neste problema é o avião P. Existem dois sistemas de referência, o solo (S) e o ar (A). O solo é o sistema S e o ar é o sistema S' e, através de uma simples mudança de notação, reescreve-se a Eq. 4.32 desta maneira

$$\vec{v}_{PS} = \vec{v}_{PA} + \vec{v}_{AS}.$$

A Fig. 4.18*a* mostra estes vetores que formam um triângulo retângulo. Os termos são, na seqüência, a velocidade do avião em relação ao solo, a velocidade do avião em relação ao ar, e a velocidade do ar em relação ao solo (ou seja, a velocidade do vento). Observe a orientação do avião, que está consistente com a leitura da bússola, para leste.

A intensidade da velocidade em relação ao solo é dada por

$$v_{PS} = \sqrt{v_{PA}^2 + v_{AS}^2} = \sqrt{(215 \text{ km/h})^2 + (65 \text{ km/h})^2} = 225 \text{ km/h}.$$

O ângulo α na Fig. 4.18*a* é determinado por

$$\alpha = \text{tg}^{-1} \frac{v_{AS}}{v_{PA}} = \text{tg}^{-1} \frac{65 \text{ km/h}}{215 \text{ km/h}} = 16{,}8°.$$

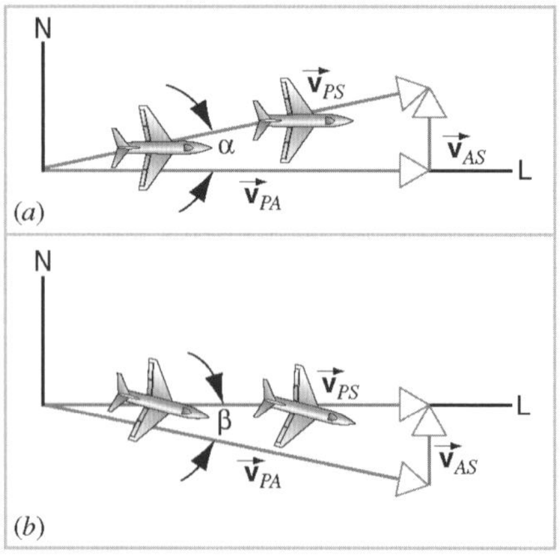

Fig. 4.18 Problema Resolvido 4.7. (*a*) Um avião, que aponta para leste, é impulsionado para o norte. (*b*) Para viajar para o leste, o avião deve apontar na direção do vento.

Assim, com relação ao solo, o avião está voando a 225 km/h na direção de 16,8° para nordeste. Vale notar que a intensidade da velocidade em relação ao solo é maior que a velocidade do ar medida.

(*b*) Neste caso, o piloto deve apontar o avião contra a direção do vento de tal forma que a sua velocidade em relação ao solo aponte para o leste. O vento permanece inalterado e o diagrama vetorial que representa a Eq. 4.32 está mostrado na Fig. 4.18*b*. Observe que os três vetores continuam formando um triângulo retângulo, da mesma forma que na Fig. 4.18*a*, contudo a hipotenusa é $\vec{v}_{PA}$ ao invés de $\vec{v}_{PS}$.

A intensidade da velocidade do piloto agora é

$$v_{PS} = \sqrt{v_{PA}^2 - v_{AS}^2} = \sqrt{(215 \text{ km/h})^2 - (65 \text{ km/h})^2} = 205 \text{ km/h}.$$

Como a orientação do avião na Fig. 4.18*b* indica, o piloto deve apontar o avião contra o vento por um ângulo β dado por

$$\beta = \text{sen}^{-1} \frac{v_{AS}}{v_{PA}} = \text{sen}^{-1} \frac{65 \text{ km/h}}{215 \text{ km/h}} = 17{,}6°.$$

Observe que, apontando o avião como o piloto fez, a intensidade da velocidade em relação ao solo é menor do que a velocidade do ar.

MÚLTIPLA ESCOLHA

4.1 Movimento Tridimensional com Aceleração Constante

1. Um objeto movimenta-se no plano xy com uma aceleração que possui uma componente x positiva. No instante $t = 0$, o objeto possui uma velocidade dada por $\vec{v} = 3\hat{i} + 0\hat{j}$.

(*a*) O que pode ser concluído sobre a componente y da aceleração?

(A) A componente y deve ser uma constante positiva.

(B) A componente y deve ser uma constante negativa.

(C) A componente y deve ser nula.

(D) Nada disso pode ser concluído sobre a componente y.

(*b*) O que pode ser concluído sobre a componente y da velocidade?

(A) A componente y deve estar crescendo.

(B) A componente y deve ser constante.

(C) A componente y deve estar decrescendo.

(D) Nada disso pode ser concluído sobre a variação da componente y.

(*c*) O que pode ser concluído sobre a intensidade da velocidade?

(A) A intensidade da velocidade deve estar crescendo.

(B) A intensidade da velocidade deve ser constante.

(C) A intensidade da velocidade deve estar decrescendo.

(D) Nada disso pode ser concluído sobre a intensidade da velocidade.

2. Um objeto movimenta-se com uma aceleração constante $\vec{a}$. Quais das seguintes expressões também são constantes?

(A) $d|\vec{v}|/dt$ (B) $|d\vec{v}/dt|$
(C) $d(v^2)/dt$ (D) $d(\vec{v}/|\vec{v}|)/dt$

4.2 Leis de Newton na Forma Vetorial Tridimensional

3. Suponha que a força resultante $\vec{F}$ em um objeto é uma constante diferente de zero. O que poderia ser constante também?

(A) Posição.

(B) Intensidade da velocidade.

(C) Velocidade.

(D) Aceleração.

4. Duas forças de intensidade F_1 e F_2 estão atuando sobre um objeto. A intensidade da força resultante F_{res} no objeto está no seguinte intervalo

(A) $F_1 \leq F_{res} \leq F_2$.

(B) $(F_1 - F_2)/2 \leq F_{res} \leq (F_1 + F_2)/2$.

(C) $|F_1 - F_2| \leq F_{res} \leq |F_1 + F_2|$.

(D) $F_1^2 - F_2^2 \leq (F_{res})^2 \leq F_1^2 + F_2^2$.

5. Um pequeno objeto de 2 kg está suspenso, em repouso, por dois fios, conforme mostrado na Fig. 4.19. A intensidade da força exercida por fio no objeto é de 13,9 N; a intensidade da força da gravidade é 19,6 N. A intensidade da força resultante no objeto é

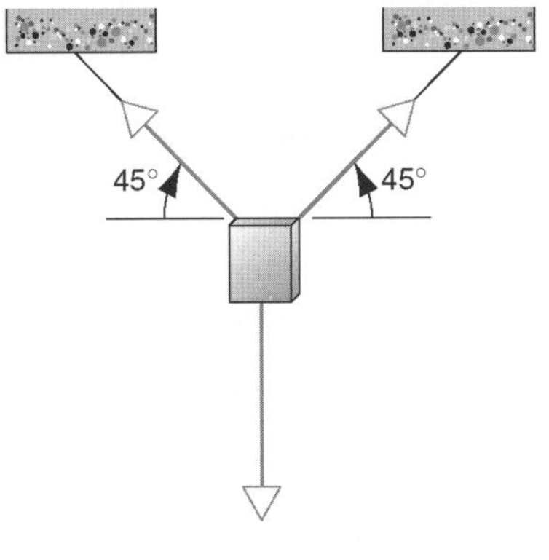

Fig. 4.19 Múltipla escolha, questões 5 e 6.

(A) 47,4 N.

(B) 33,5 N.

(C) 13,9 N.

(D) 8,2 N.

(E) 0 N.

6. O fio do lado esquerdo da Fig. 4.19 rompe-se repentinamente. No instante em que o fio se rompe, a intensidade da força resultante no objeto é

(A) 47,4 N.

(B) 33,5 N.

(C) 13,9 N.

(D) 8,2 N.

(E) 0 N.

4.3 Movimento de um Projétil

7. Um projétil é lançado com uma velocidade inicial $\vec{v}_0$ com um ângulo ϕ_0 medido da horizontal. Despreze a resistência do ar. (*a*) Em que momento do movimento a força resultante no projétil se iguala a zero? (*b*) Em que momento do movimento a aceleração do projétil se iguala a zero?

(A) Em algum ponto antes de atingir sua altura máxima.

(B) No ponto mais alto.

(C) Em algum ponto depois de atingir sua altura máxima.

(D) Em nenhum ponto da trajetória.

8. Um objeto é lançado no ar com uma velocidade inicial dada por $\vec{v}_0 = (4{,}9\hat{i} + 9{,}8\hat{j})$ m/s. Despreze a resistência do ar.

(*a*) No ponto mais alto, a intensidade da velocidade é

(A) 0. (B) $\sqrt{4{,}9^2}$ m/s.
(C) $\sqrt{9{,}8^2}$ m/s. (D) $\sqrt{4{,}9^2 + 9{,}8^2}$ m/s.

(*b*) Em $t = 0{,}5$ s, a intensidade da velocidade é

(A) $\sqrt{(4{,}9 + 9{,}8/2)^2}$ m/s. (B) $\sqrt{4{,}9^2 + (9{,}8/2)^2}$ m/s.
(C) $\sqrt{(4{,}9/2)^2 + 9{,}8^2}$ m/s. (D) $\sqrt{(4{,}9/2)^2 + (9{,}8/2)^2}$ m/s.

9. Durante a Batalha de *Tarawa* na Segunda Guerra Mundial, navios de guerra atiravam projéteis balísticos nas tropas japonesas em *Betio* de uma distância superior a 40 milhas da costa. Desprezando a resistência do ar, e admitindo que as trajetórias foram escolhidas para propiciar um alcance ótimo

(*a*) os projéteis atingiram a altitude máxima no intervalo

(A) 0 a 1/2 mi.

(B) 1/2 a 2 mi.

(C) 2 a 5 mi.

(D) 5 a 8 mi.

(E) 8 a 12 mi.

antes de atingir o solo.

(*b*) Qual deveria ser, aproximadamente, a velocidade inicial dos projéteis (no instante em que o projétil deixa a arma)?

(A) 25.000 ft/s.

(B) 2.500 ft/s.

(C) 250 ft/s.

(D) 25 ft/s.

10. Um projétil lançado verticalmente para cima de um canhão sobe 200 metros antes de retornar ao solo. Se o mesmo canhão lançar o mesmo projétil em um ângulo, então o alcance máximo será aproximadamente

(A) 200 m.

(B) 400 m.

(C) 800 m.

(D) 1600 m.

(Suponha que a resistência do ar é desprezível.)

4.4 Forças de Arrasto e o Movimento de Projéteis

11. Qual gráfico na Fig. 4.20 melhor representa a história da velocidade no tempo para um objeto lançado verticalmente no ar quando a resistência do ar é descrita por $A = bv$? A linha tracejada mostra o gráfico da velocidade quando não existe resistência do ar.

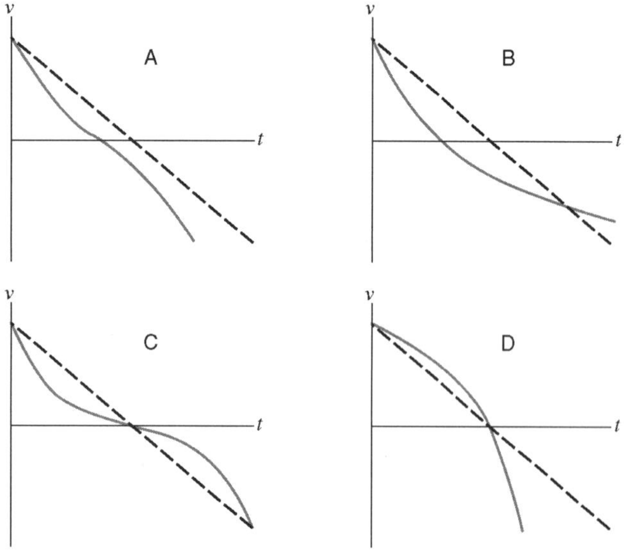

Fig. 4.20 Múltipla escolha. Questão 11.

12. Para arremessar um objeto verticalmente a uma altura h, calcula-se que este necessita ser lançado com uma velocidade inicial v_0, direcionada para cima, supondo que não haja resistência do ar. As linhas tracejadas da Fig. 4.21 mostram o movimento de acordo com esse cálculo. Qual dos gráficos representa a história da velocidade no tempo do movimento de um objeto lançado para cima com uma velocidade inicial v_0', que também alcança a altura h, mas desta vez com a resistência do ar?

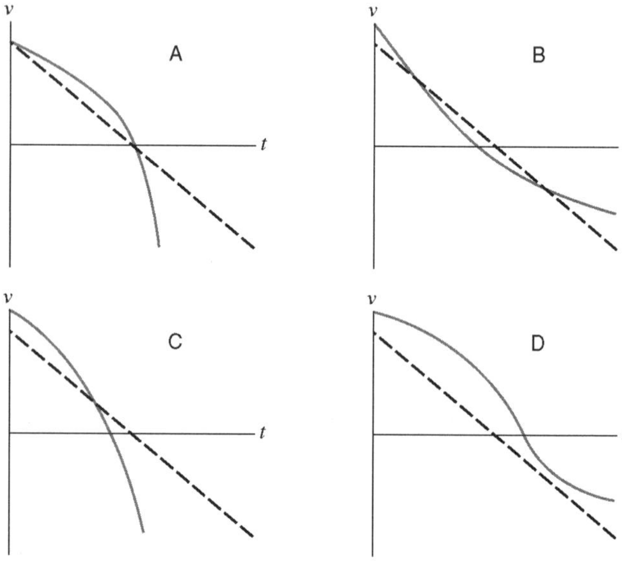

Fig. 4.21 Múltipla escolha. Questão 12.

13. Um pára-quedista salta de um avião. Ele cai em queda livre por alguns instantes e, então, abre o seu pára-quedas. Um instante após o seu pára-quedas ter aberto, o pára-quedista:

(A) continua caindo, mas rapidamente reduz a velocidade.

(B) pára momentaneamente e começa a cair de novo, porém mais devagar.

(C) subitamente é lançado para cima e começa a cair novamente, porém mais devagar.

(D) subitamente é lançado para cima e começa a cair novamente, adquirindo, eventualmente, o mesmo módulo da velocidade de antes de o pára-quedas ter sido aberto.

4.5 Movimento Circular Uniforme

14. Qual das afirmações é a mais correta?

(A) O movimento circular uniforme causa uma força constante direcionada para o centro.

(B) O movimento circular uniforme é causado por uma força constante direcionada para o centro.

(C) O movimento circular uniforme é causado por uma força resultante de intensidade constante direcionada para o centro.

(D) O movimento circular uniforme é causado por uma força resultante de intensidade constante direcionada do centro para fora.

15. Um disco se move em um círculo de raio r_0, com uma velocidade constante v_0, sobre uma mesa plana sem atrito. Uma corda é presa no disco, que permanece no seu círculo. A corda passa através de um orifício sem atrito e é presa na sua outra extremidade a um objeto pendurado de massa M. (Ver Fig. 4.22.)

(*a*) O disco agora se move com uma velocidade de intensidade $v_0' = 2v_0$, mas ainda dentro do círculo. A massa do objeto pendurado permanece inalterada. A aceleração a' do disco e o raio r' do círculo agora são dados por:

(A) $a' = 4a_0$ e $r' = r_0$.

(B) $a' = 2a_0$ e $r' = r_0$.

(C) $a' = 2a_0$ e $r' = 2r_0$.

(D) $a' = a_0$ e $r' = 4r_0$.

(*b*) O disco continua a se mover com a velocidade de $v_0' = 2v_0$, mas agora a massa do objeto pendurado é dobrada. A aceleração a' do disco e o raio r' do círculo agora são dados por:

(A) $a' = 4a_0$ e $r' = r_0$.

(B) $a' = 2a_0$ e $r' = r_0$.

(C) $a' = 2a_0$ e $r' = 2r_0$.

(D) $a' = a_0$ e $r' = 4r_0$.

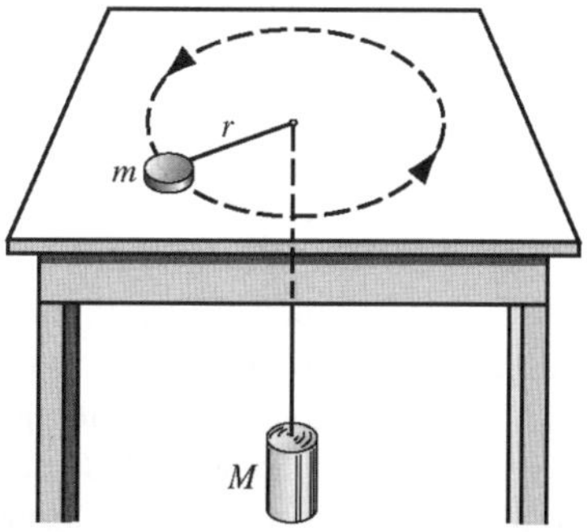

Fig. 4.22 Múltipla escolha. Questão 15.

4.6 Movimento Relativo

16. Um objeto tem velocidade $\vec{v}_1$ relativa ao solo. Um observador que se move com velocidade $\vec{v}_0$ relativa ao solo mede a velocidade do objeto como sendo $\vec{v}_2$ (relativa ao observador). As intensidades das velocidades estão relacionadas por:

(A) $v_0 \leq v_1 + v_2$.

(B) $v_1 \leq v_2 + v_0$.

(C) $v_2 \leq v_0 + v_1$.

(D) Todas as respostas acima estão corretas.

17. (*a*) Um menino sentado em um vagão ferroviário, que se move a uma velocidade constante, atira uma bola no ar, em linha reta. De acordo com uma pessoa que está sentada próxima a ele, onde a bola irá cair?

(A) Atrás dele.

(B) Na frente dele.

(C) Nas mãos dele.

(D) Ao lado dele.

(*b*) Onde a bola cairia se o trem estivesse acelerando para a frente enquanto a bola está no ar? Se ele fizesse uma curva?

(A) Atrás dele.

(B) Na frente dele.

(C) Nas mãos dele.

(D) Ao lado dele.

QUESTÕES

1. Uma partícula move-se em um espaço tridimensional com uma aceleração constante. Pode a componente z da aceleração afetar a componente x da sua posição? Pode a componente z da aceleração afetar a componente y da velocidade?

2. Descreva uma situação física na qual um objeto que se move no plano xy possa apresentar uma aceleração na qual a componente x seja uma constante positiva e a componente y seja uma constante negativa.

3. Pode a aceleração de um corpo alterar sua direção sem que a sua velocidade mude de direção?

4. Sejam $\vec{v}$ e $\vec{a}$ respectivamente, a velocidade e a aceleração de um automóvel. Descreva as circunstâncias nas quais: (*a*) $\vec{v}$ e $\vec{a}$ sejam paralelas; (*b*) $\vec{v}$ e $\vec{a}$ sejam paralelas e contrárias; (*c*) $\vec{v}$ e $\vec{a}$ sejam perpendiculares entre si; (*d*) $\vec{v}$ seja zero, mas $\vec{a}$ seja diferente de zero.

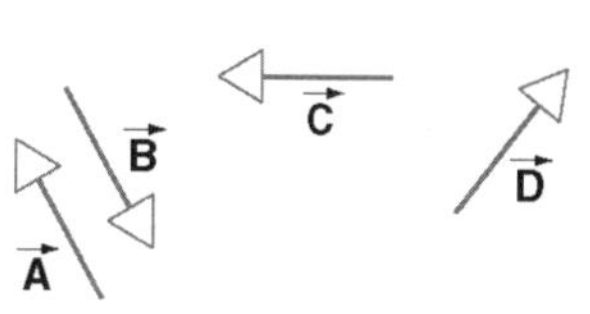

Fig. 4.23 Questão 5.

5. Na Fig. 4.23, são apresentadas quatro forças iguais em intensidade. Qual combinação de três dessas forças, atuando juntas na mesma partícula, pode manter a partícula em repouso?

6. Você atira uma flecha no ar e mantém os seus olhos nela enquanto ela segue um vôo com trajetória parabólica até o solo. Você percebe que a flecha gira durante o vôo de tal maneira que ela sempre tangencia a trajetória do vôo. O que faz isso acontecer?

7. Em um cabo-de-guerra, três homens puxam a corda para a esquerda, em *A*, enquanto três homens puxam a corda para a direita em *B*, com forças de mesma intensidade. Agora, um peso de 5 lb é pendurado verticalmente no centro da corda. (*a*) Os homens conseguem manter a corda *AB* na horizontal? (*b*) Em caso negativo, explique. Em caso afirmativo, determine a intensidade das forças necessárias em *A* e *B* para que isso se realize.

8. Um tubo na forma de um retângulo com os cantos arredondados é colocado em um plano vertical, conforme mostrado na Fig. 4.24. Introduzem-se duas bilhas pelo canto superior esquerdo. Uma das bilhas percorre o caminho *AB* enquanto a outra percorre o caminho *CD*. Qual das duas chegará ao canto inferior direito primeiro?

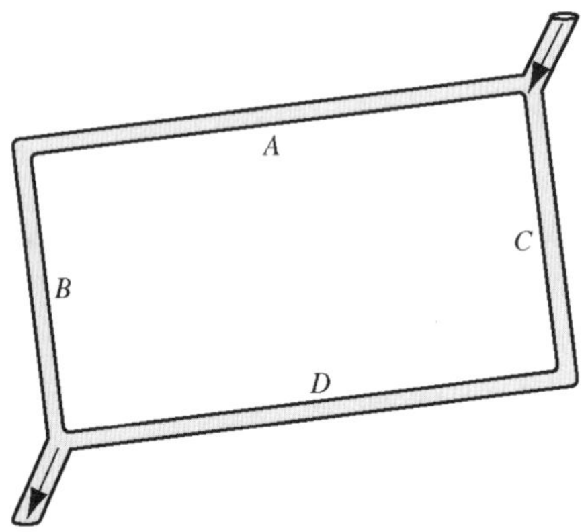

Fig. 4.24 Questão 8.

9. Em salto a distância, muitas vezes conhecido como salto longo, a altura do salto é importante? Quais são os fatores que determinam a extensão do salto?

10. Por que o elétron de um feixe de um canhão de elétrons não cai devido à gravidade tanto quanto uma molécula de água num jato de mangueira? Suponha inicialmente um movimento horizontal em cada caso.

11. Em qual ponto, ou em quais pontos, de sua trajetória um projétil alcança sua velocidade mínima? E a máxima?

12. A Fig. 4.25 apresenta a trajetória percorrida por um avião da NASA em uma corrida projetada para estimular condições de baixa gravidade por um curto período de tempo. Construa um argumento para mostrar que, se o avião seguir uma trajetória parabólica particular, os passageiros irão experimentar falta de peso.

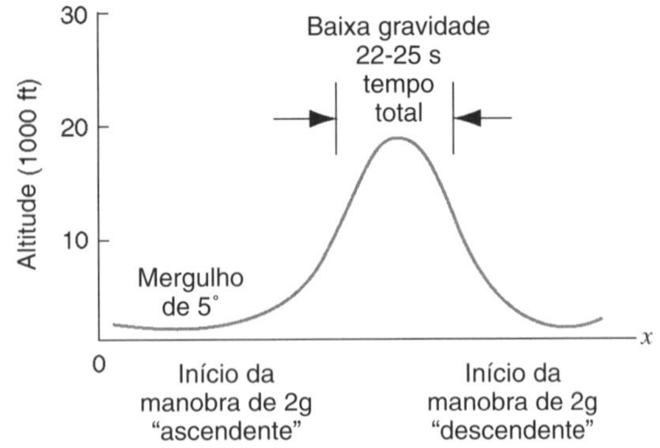

Fig. 4.25 Questão 12.

13. Um atirador dá um tiro com a arma posicionada acima do nível do solo. O ângulo de tiro que produz o maior alcance é menor que 45°, isto é, a menor inclinação da trajetória implica um alcance maior. Explique o porquê.

14. Considere um projétil no topo de sua trajetória. (*a*) Qual é a sua velocidade em termos de v_0 e ϕ_0? (*b*) Qual é a sua aceleração? (*c*) Como é a direção da sua aceleração relacionada com a direção da sua velocidade?

15. As trajetórias de três chutes em bolas de futebol são apresentadas na Fig. 4.26. Escolha a trajetória para que (*a*) o tempo decorrido seja o menor, (*b*) a componente vertical da velocidade no momento do lançamento seja a maior, (*c*) a componente horizontal da velocidade no momento do lançamento seja a maior, e (*d*) a intensidade da velocidade no momento do lançamento seja a menor. Despreze a resistência do ar.

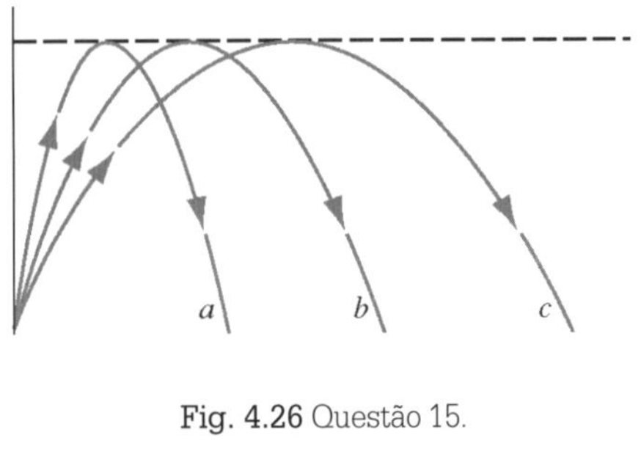

Fig. 4.26 Questão 15.

16. A mira de um rifle é alinhada horizontalmente com o seu tambor. Mostre que, para a mesma extensão, o tiro irá à mesma altura quando mirado tanto para cima quanto para baixo. (Ver "A Puzzle in Elementary Ballistics", de Ole Anton Haugland, *The Physics Teacher*, abril de 1983, p. 246.)

17. No seu livro, *Sport Science*, Peter Brancazio, tendo em mente projéteis tais como bolas de beisebol e de golfe, escreveu: "Quaisquer coisas que sejam iguais, como um projétil, irão viajar mais longe em um dia quente do que num dia frio, mais longe em altas altitudes do que em altitudes no nível do mar, mais longe em ar úmido do que em ar seco." Como você pode explicar estas afirmativas?

18. Um gráfico de peso *versus* tempo para um objeto que foi lançado verticalmente para cima é uma parábola. A trajetória de um projétil que foi atirado para cima, porém não na vertical para cima, também é uma parábola. Isto é coincidência? Justifique sua resposta.

19. Peças de artilharia de longo alcance não são ajustadas para o ângulo de máximo alcance, 45°, mas para ângulos de elevações maiores, na faixa de 55° a 65°. O que há de errado com o ângulo de 45°?

20. É necessário considerar o movimento tridimensional ao invés do bidimensional, quando se tem a resistência do ar desprezada no movimento de um projétil?

21. Sob quais condições é necessário considerar o movimento tridimensional de um projétil?

22. Discuta como a escolha do ângulo de máximo alcance de um projétil irá ser influenciada pela resistência do ar no movimento de um projétil quando este o atravessa.

23. Quais gotas de chuva caem mais rápido: as menores ou as maiores?

24. A intensidade da velocidade terminal de uma bola de beisebol é de 95 mi/h. Contudo, as medições das intensidades das velocidades das bolas arremessadas geralmente excedem esta velocidade, atingindo mais de 100 mi/h. Como isso pode acontecer?

25. Descreva o movimento de um objeto que é atirado verticalmente para baixo com velocidade inicial de intensidade maior do que a de sua velocidade final.

26. Uma tora está flutuando rio abaixo. Como você calcularia a força de arrasto que atua sobre ela?

27. Dois objetos de massas diferentes caem simultaneamente do alto de uma torre. Mostre que, considerando a resistência do ar como tendo o mesmo valor de constante para cada objeto, o objeto com a massa maior irá atingir o solo primeiro. Quão boa é esta consideração?

28. Por que a Tabela 4.1 lista a "distância de 95%" e não a "distância de 100%"?

29. É possível estar acelerando se você viaja com a intensidade da velocidade constante? É possível percorrer uma curva com aceleração zero? Com aceleração constante?

30. Descreva qualitativamente a aceleração que atua em uma conta que desliza sobre um fio sem atrito, movendo-se para dentro com uma intensidade de velocidade constante ao longo de uma espiral plana.

31. Mostre que, levando-se em conta a rotação e a revolução da Terra, um livro em cima de sua mesa se move mais rápido à noite do que durante o dia. Em qual sistema de referência esta proposição está correta?

32. Um aviador, saindo de um mergulho, segue o arco de um círculo e diz ter "puxado 3 g_s'" na saída do mergulho. Explique o que esta proposição quer dizer.

33. Pode a aceleração de um projétil ser representada em termos das componentes radial e tangencial em cada ponto do movimento? Em caso afirmativo, existe alguma vantagem nesta representação?

34. Se a aceleração de um corpo é constante em um dado sistema de referência, ela é necessariamente constante em todos os outros sistemas de referência?

35. Uma mulher que está sobre a plataforma posterior de um trem com velocidade constante deixa cair uma moeda enquanto se debruça sobre o parapeito. Descreva a trajetória da moeda conforme vista (*a*) pela mulher no trem, (*b*) por uma pessoa que está parada no solo perto da trajetória, e (*c*) por uma pessoa que está em um segundo trem, que se move na direção oposta ao primeiro trem em um trilho paralelo.

36. Um elevador está descendo com uma velocidade de intensidade constante. Um passageiro deixa cair uma moeda no chão. Quais acelerações são observadas para a moeda caindo (*a*) pelo passageiro e (*b*) por uma pessoa parada em relação ao cabo do elevador?

37. Uma tina coleta a água da chuva durante uma grande tempestade. A taxa na qual a tina é preenchida irá mudar se um forte vento horizontal começar a soprar?

38. Um ônibus com um pára-brisa vertical move-se ao longo de uma chuva torrencial com uma velocidade de intensidade v_b. As gotas da chuva caem verticalmente com uma velocidade final de intensidade v_r. Sob qual ângulo as gotas da chuva atingem o pára-brisa?

39. Gotas de chuva caem verticalmente durante uma forte chuva. Com a finalidade de ir de um lugar para outro passando pela chuva, de modo a encontrar o menor número de gotas de chuva, você deve mover-se com uma maior intensidade

da velocidade possível, a menor possível ou uma intermediária entre as duas? (Ver "An Optimal Speed for Traversing a Constant Rain", de S. A. Stem, *American Journal of Physics*, setembro de 1983, p. 815.)

40. O que há de errado com a Fig. 4.27? O barco está navegando com o vento.

41. A transformação de Galileu da velocidade, Eq. 4.32, é tão intuitivamente familiar com a experiência cotidiana que, algumas vezes, é sustentada como "obviamente correta, sem a necessidade de provas". Muitas das contestações da teoria da relatividade são obtidas com base nesta argumentação. Como você contestaria quem utiliza essa argumentação?

Fig. 4.27 Questão 40.

EXERCÍCIOS

4.1 Movimento Tridimensional com Aceleração Constante

1. Em um tubo de raios catódicos, um feixe de elétrons é projetado horizontalmente com uma velocidade de intensidade $9{,}6 \times 10^8$ cm/s em uma região entre um par de placas horizontais de 2,3 cm de comprimento. Um campo elétrico entre as placas causa uma aceleração constante de elétrons, direcionada para baixo, com intensidade de $9{,}4 \times 10^{16}$ cm/s². Encontre (*a*) o tempo necessário para que os elétrons passem através das placas, (*b*) o deslocamento vertical do feixe quando este passa através das placas, e (*c*) as componentes horizontais e verticais da velocidade do feixe conforme ele emerge das placas.

2. Um barco geleiro navega pela superfície de um lago congelado com uma aceleração constante produzida pelo vento. Em um certo instante, a sua velocidade é de $6{,}30\hat{\mathbf{i}} - 8{,}42\hat{\mathbf{j}}$ em m/s. Três segundos depois o barco encontra-se instantaneamente em repouso. Qual é a sua aceleração durante este intervalo?

3. Uma partícula se move de maneira tal que a sua posição como uma função do tempo é de: $\vec{\mathbf{r}}(t) = A\hat{\mathbf{i}} + Bt^2\hat{\mathbf{j}} + Ct\hat{\mathbf{k}}$, onde $A = 1{,}0$ m, $B = 4{,}0$ m/s² e $C = 1{,}0$ m/s. Escreva uma expressão para que (*a*) sua velocidade e (*b*) sua aceleração sejam funções do tempo. (*c*) Qual é a forma da trajetória da partícula?

4. Uma partícula deixa a sua origem em $t = 0$ com uma velocidade inicial de $\vec{\mathbf{v}}_0 = (3{,}6 \text{ m/s})\hat{\mathbf{i}}$. Ela experimenta uma aceleração constante $\vec{\mathbf{a}} = -(1{,}2 \text{ m/s}^2)\,\hat{\mathbf{i}} - (1{,}4 \text{ m/s}^2)\,\hat{\mathbf{j}}$. (a) Em qual tempo a partícula alcança o valor máximo da coordenada *x*? (*b*) Qual é a velocidade da partícula neste tempo? (*c*) Onde está a partícula neste tempo?

4.2 Leis de Newton na Forma Vetorial Tridimensional

5. Um corpo com massa *m* é afetado por duas forças $\vec{\mathbf{F}}_1$ e $\vec{\mathbf{F}}_2$, conforme mostrado na Fig. 4.28. Se $m = 5{,}2$ kg, $F_1 = 3{,}7$ N, e $F_2 = 4{,}3$ N, encontre o vetor aceleração do corpo.

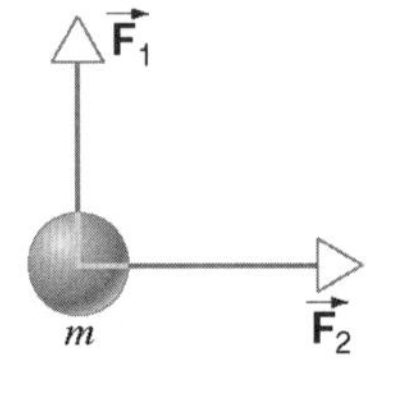

Fig. 4.28 Exercício 5.

6. Um objeto de 8,5 kg passa pela origem com uma velocidade de 42 m/s paralela ao eixo *x*. Ele experimenta uma força constante de 19 N na direção positiva do eixo *y*. Calcule (*a*) a velocidade, e (*b*) a posição da partícula depois de transcorridos 15 s.

7. Um bloco de 5,1 kg é puxado ao longo de um piso sem atrito por uma corda que exerce uma força $P = 12$ N que faz um ângulo $\theta = 25°$ acima da horizontal, conforme mostrado na Fig. 4.29. (*a*) Qual é a aceleração do bloco? (*b*) A força *P* é levemente aumentada. Qual é o valor de *P* momentos antes de o bloco ser erguido do piso? (*c*) Qual é a aceleração do bloco momentos antes de o bloco ser erguido do piso?

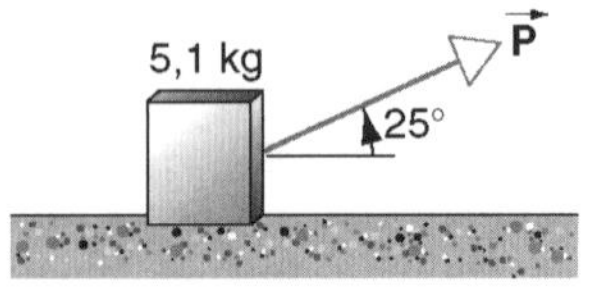

Fig. 4.29 Exercício 7.

8. Um trabalhador arrasta um engradado sobre o chão de uma fábrica, puxando uma corda presa ao mesmo. A corda, que está inclinada 38° acima da horizontal, exerce uma força de 450 N sobre o engradado. O chão exerce uma força resistiva de 125 N, conforme mostrado na Fig. 4.30. Calcule a aceleração do engradado (*a*) se ele tem uma massa de 96,0 kg, e (*b*) se seu peso é de 96,0 N.

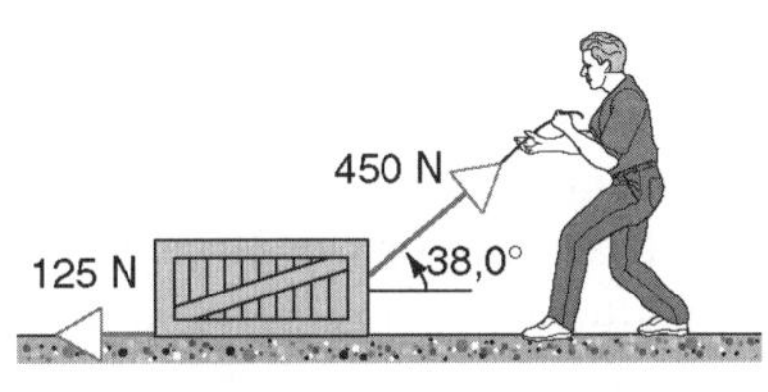

Fig. 4.30 Exercício 8.

9. Um carro de 1200 kg está sendo rebocado em uma rampa com inclinação de 18° por meio de uma corda presa na parte traseira de um caminhão. A corda faz um ângulo de 27° com a inclinação da rampa. Qual é a maior distância que o carro pode ser rebocado nos primeiros 7,5 s, partindo do repouso, se a corda tem uma resistência à ruptura de 4,6 kN? Ignore todas as forças de resistência sobre o carro. Ver Fig. 4.31.

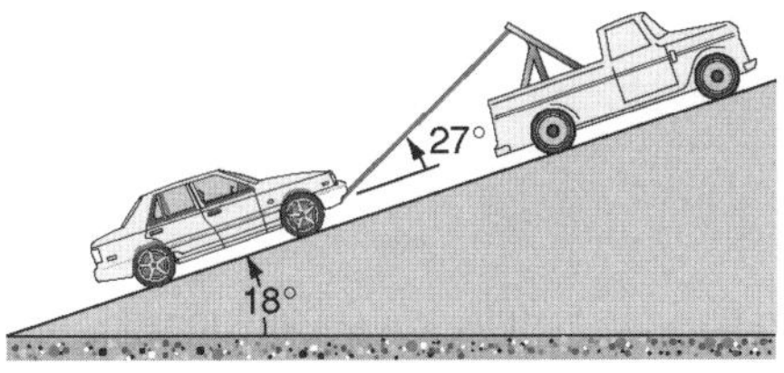

Fig. 4.31 Exercício 9.

10. Um engradado de 110 kg é empurrado com uma velocidade de intensidade constante em uma rampa sem atrito, inclinada 34°, como mostrado na Fig. 4.32. Que força horizontal F é necessária? (Dica: Resolva as forças em componentes paralelas à rampa.)

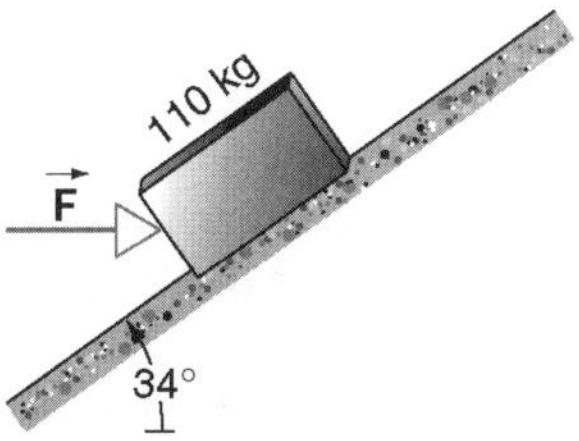

Fig. 4.32 Exercício 10.

11. Antigamente, cavalos puxavam barcaças canal abaixo da maneira mostrada na Fig. 4.33. Suponha que o cavalo puxe uma corda que exerce uma força horizontal de 7900 N, formando um ângulo de 18° com a direção do movimento da barcaça, que, por sua vez, está alinhada com o canal. A massa da barcaça é de 9500 kg e a sua aceleração é de 0,12 m/s². Calcule a força horizontal exercida pela água na barcaça.

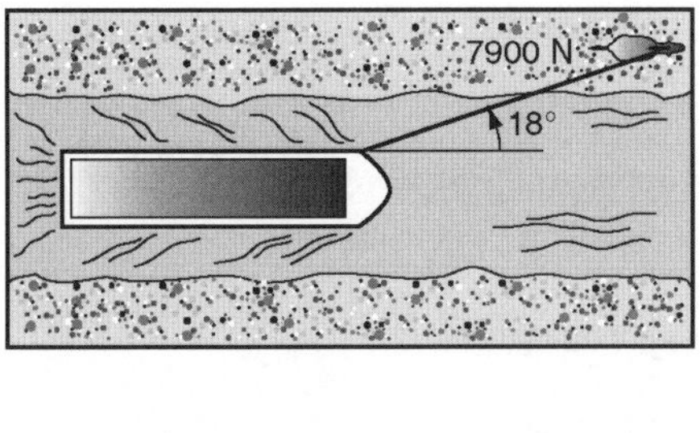

Fig. 4.33 Exercício 11.

12. Um caça levanta vôo com um ângulo de 27,0° com a horizontal, acelerando a 2,62 m/s². O peso do avião é de 79.300 N. Encontre (*a*) o empuxo T no motor do avião e (*b*) a força de sustentação L exercida pelo ar, perpendicular às asas; ver Fig. 4.34. Despreze a resistência do ar.

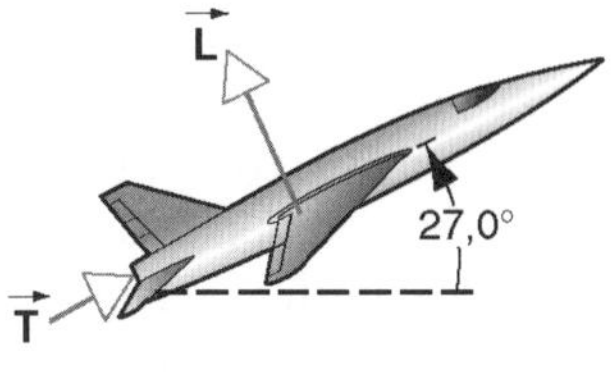

Fig. 4.34 Exercício 12.

4.3 Movimento de um Projétil

13. Uma esfera rola do lado de uma mesa horizontal, a uma altura de 4,23 ft. Ela atinge o chão em um ponto distante, na horizontal, 5,11 ft da extremidade da mesa. (*a*) Por quanto tempo a bola esteve no ar? (*b*) Qual era a intensidade da velocidade da esfera no instante em que ela deixa a mesa?

14. Elétrons, como todas as formas de matéria, caem sob a influência da gravidade. Se um elétron é horizontalmente lançado com uma velocidade de 3,0 × 10 m/s (um décimo da velocidade da luz), quanto ele vai cair ao percorrer a distância de 1,0 m na horizontal?

15. Um dardo é atirado horizontalmente, em direção ao olho de touro, ponto P, no alvo, com uma velocidade inicial de 10,0 m/s. Ele atinge um ponto Q na borda do alvo, verticalmente abaixo de P, 0,19 s depois; ver Fig. 4.35. (*a*) Qual é a distância PQ? (*b*) A que distância do alvo estava posicionado o atirador?

Fig. 4.35 Exercício 15.

16. Atira-se uma esfera de um penhasco com uma velocidade inicial de 15 m/s sob um ângulo de 20° abaixo da horizontal. Determine (*a*) o seu deslocamento horizontal e (*b*) o seu deslocamento vertical 2,3 s depois.

17. Mostre que a altura máxima alcançada por um projétil é de

$$y_{máx} = (v_0 \text{ sen } \phi_0)^2/2g.$$

18. Uma esfera rola do topo de uma escada com uma velocidade horizontal de intensidade 5,0 ft/s. Os degraus têm 8,0 in de altura e 8,0 in de largura. Que degrau a esfera atinge primeiro?

19. Uma esfera é arremessada do solo para o ar. A uma altura de 9,1 m, observa-se uma velocidade $\vec{v} = (7{,}6 \text{ m/s})\hat{i} + (6{,}1 \text{ m/s})\hat{j}$ (x é o eixo horizontal e y é o eixo vertical, para cima). (*a*) Qual é a altura máxima que a esfera alcança? (*b*) Qual é a distância horizontal total percorrida pela esfera? (*c*) Qual é a velocidade da esfera (intensidade e direção) um instante antes de ela atingir o solo?

20. Se a base de um arremessador está 1,25 ft acima do campo de beisebol, ele pode lançar uma bola rápida, horizontalmente, com 92,0 mi/h e, ainda assim, colocá-la na zona de strike, distante 60,5 ft? Suponha que, para que ocorra um strike, a bola precisa descer pelo menos 1,30 ft, mas não mais que 3,60 ft.

21. Segundo a Eq. 4.14, o alcance de um projétil depende não só de v_0 e ϕ_0, mas também do valor g, aceleração da gravidade, que varia de um lugar para o outro. Em 1936, *Jesse Owens* estabeleceu o recorde mundial do salto em distância nos Jogos Olímpicos de Berlim ($g = 9{,}8128$ m/s^2). Assumindo-se os mesmos valores de v_0 e ϕ_0, por quanto teria este recorde diferido se ele tivesse sido realizado em 1956 em Melbourne ($g = 9{,}7999$ m/s^2)? (Nesta conexão ver "A gravidade da Terra", de Weikko A. Heiskanen, *Scientific American*, setembro de 1955, p. 164.)

22. A partir de qual intensidade da velocidade inicial deve um jogador de basquete arremessar uma bola, com um ângulo de 55° acima da horizontal, para fazer uma cesta, conforme mostrado na Fig. 4.36? A cesta tem um diâmetro de 18 in. Ver outros dados na Fig. 4.36.

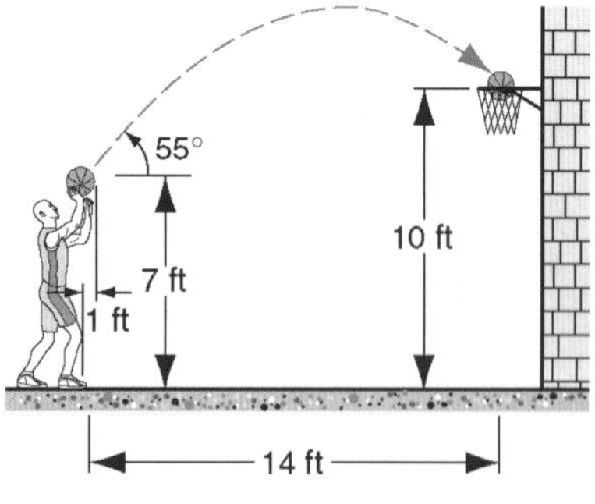

Fig. 4.36 Exercício 22.

23. Um jogador de futebol chuta uma bola de maneira que ela possui um tempo de vôo ("*hang time*") de 4,5 s e toca o solo a uma distância de 50 yd (= 45,7 m). Se a bola deixa o pé do jogador 5,0 ft acima do solo, qual é a velocidade inicial (intensidade e direção)?

24. Um certo avião tem uma velocidade de intensidade 180 mi/h e está mergulhando com um ângulo de 27° abaixo da horizontal, quando um míssil inibidor de radar é lançado. A distância horizontal entre o ponto de lançamento e o ponto onde o míssil encontra o solo é de 2300 ft. (*a*) Por quanto tempo o míssil permanece no ar? (*b*) A que altura estava o avião quando o míssil foi lançado? Ver Fig. 4.37.

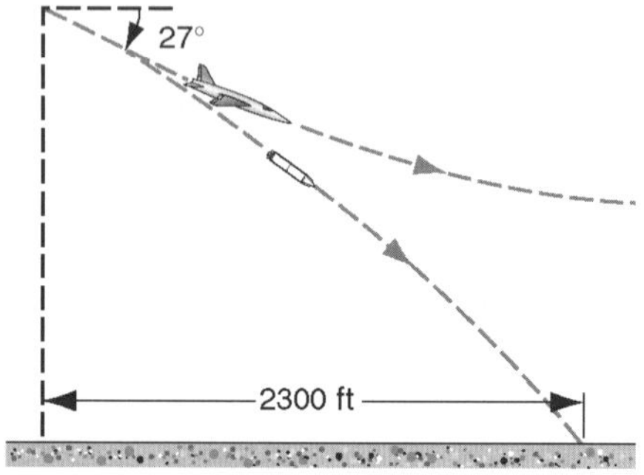

Fig. 4.37 Exercício 24.

25. (*a*) Durante uma partida de tênis, um jogador saca a 23,6 m/s (conforme registrado por um radar) com a bola deixando a raquete 2,37 m acima da superfície da quadra, horizontalmente. A que distância a bola passa sobre a rede, que está a 12 m de distância e 0,9 m de altura? (*b*) Suponha que o jogador saque a bola da mesma maneira que antes, exceto que a bola sai da raquete com 5° medido abaixo da horizontal. Agora a bola passa sobre a rede?

26. Um batedor acerta uma bola lançada a uma altura de 4,0 ft acima do solo, de maneira que seu ângulo de projeção é de 45° e sua distância horizontal é de 350 ft. A bola viaja pela linha esquerda do campo onde uma cerca de 24 ft de altura está localizada a uma distância de 320 ft da base do batedor. A bola irá passar sobre a cerca? Em caso afirmativo, a que distância?

27. Em um jogo de beisebol, um batedor atinge a bola a uma altura de 4,6 ft acima do solo de maneira que o seu ângulo de projeção é de 52,0° com a horizontal. A bola atinge a arquibancada, 39 ft acima do fundo, ver Fig. 4.38. A arquibancada assenta-se sobre uma inclinação 28° para cima, com o seu fundo a uma distância de 358 ft da base do rebatedor. Calcule a intensidade da velocidade com a qual a bola deixa o bastão. (Despreze a resistência do ar.)

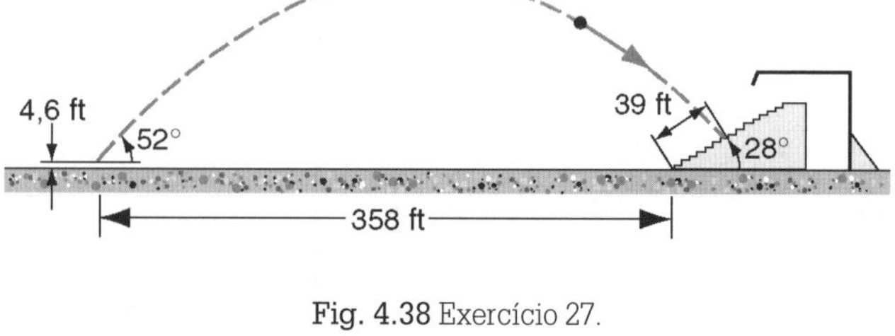

Fig. 4.38 Exercício 27.

28. Qual é a máxima altura vertical na qual um jogador de beisebol pode lançar uma bola, se ele pode lançá-la a uma distância máxima de 60 m? Suponha que a bola seja lançada a uma altura de 1,60 m com a mesma intensidade da velocidade em ambos os casos.

4.4 Forças de Arrasto e o Movimento de Projéteis

29. Um pequeno seixo de 150 g está a 3,4 km de profundidade em um oceano e está caindo com uma velocidade terminal constante de intensidade 25 m/s. Qual força a água exerce sobre o seixo?

30. Um objeto é lançado a partir do repouso. Encontre a intensidade da velocidade terminal, assumindo que a força de arrasto é dada por $A = bv^2$.

31. Quanto tempo leva para que o objeto, descrito pela Eq. 4.22, alcance metade da intensidade de sua velocidade terminal?

32. Da Tabela 4.1, calcule o valor de b para a gota de chuva, considerando que a força de arrasto é dada por $A = bv$. A densidade da água é de 1,0 g/cm^3.

33. Uma locomotiva acelera um trem com 23 vagões ao longo de uma linha férrea. Cada carro tem uma massa de 48,6 toneladas métricas e está sujeito a uma força de arrasto $f = 243v$, onde v é a intensidade da velocidade em m/s e a força f está em N. Em um instante, quando a velocidade do trem é de 34,5 km/h, a aceleração é 0,182 m/s. (*a*) Calcule a força exercida pela locomotiva no primeiro carro. (*b*) Suponha que a força encontrada no item (*a*) é a maior força que a locomotiva pode exercer sobre o trem. Qual é a maior inclinação na qual a locomotiva pode puxar o trem a 34,5 km/h? (1 tonelada métrica = 1000 kg.)

4.5 Movimento Circular Uniforme

34. No modelo de Bohr de um átomo de hidrogênio, um elétron gira em torno de um próton em uma órbita circular de raio $5{,}29 \times 10^{11}$ m, com uma velocidade de $2{,}18 \times 10^{16}$ m/s. (*a*) Qual é a aceleração do elétron neste modelo do átomo de hidrogênio? (*b*) Qual é a intensidade e a direção da força resultante que age sobre o elétron?

35. Um astronauta é girado em uma centrífuga de raio 5,2 m (*a*) Qual é a intensidade da velocidade se a aceleração é de 6,8 g? (*b*) Quantas revoluções por minuto são necessárias para produzir esta aceleração?

36. Uma roda gigante tem um raio de 15 m e completa 5 rotações sobre o seu eixo horizontal por minuto. (*a*) Qual é a aceleração, a intensidade e a direção de um passageiro sentado no ponto mais alto? (*b*) Qual é a aceleração no ponto mais baixo? (*c*) Qual força (intensidade e direção) a roda gigante deve exercer sobre uma pessoa de 75 kg sentada no ponto mais alto, e no mais baixo?

37. Acredita-se que certas estrelas de nêutrons (estrelas extremamente densas) girem com aproximadamente 1 rev/s. Se tal estrela tem um raio de 20 km (valor típico), (*a*) Qual é a velocidade de um ponto situado no equador da estrela? (*b*) Qual é a aceleração centrípeta deste ponto?

38. (*a*) Qual é a aceleração centrípeta de um objeto, situado sobre o equador da Terra, devida à rotação da Terra? (*b*) Um objeto de 25 kg é preso em uma escala de mola no equador. Se a aceleração da queda livre devida somente à gravidade da Terra é de 9,8 m/s, qual é a leitura da escala de mola?

4.6 Movimento Relativo

39. Uma pessoa caminha em uma escada rolante de 15 m de comprimento em 90 s. Quando parada na mesma escada rolante, que agora se encontra em movimento, a pessoa é transportada em 60 s. Quanto tempo levaria se a pessoa caminhasse sobre a escada rolante em movimento? A resposta anterior depende do comprimento da escada?

40. O aeroporto de Gênova, Suíça, tem uma esteira rolante para movimentar os passageiros por um longo corredor. Pedro, que caminha pelo corredor, mas não utiliza a esteira rolante, leva 150 s para percorrê-lo. Paulo, que simplesmente fica parado em cima da esteira rolante, cobre a mesma distância em 70 s. Maria não somente usa a esteira rolante, mas também caminha sobre ela. Quanto tempo Maria leva? Considere que Maria e Pedro caminham com a mesma velocidade.

41. Um vôo transcontinental de 2700 mi é agendado para levar 50 minutos do oeste para o leste. A intensidade da velocidade no ar do jato é de 600 mi/h. Quais suposições sobre a velocidade do fluxo de vento, assumindo ser do leste para o oeste, são feitas na preparação do horário?

42. Um trem viaja diretamente para o sul com 28 m/s (relativo ao solo) em uma chuva que está sendo soprada para o sul pelo vento. A trajetória de cada gota de chuva faz um ângulo de 64° com a vertical, conforme medido por um observador fixo na Terra. Um observador no trem, contudo, vê perfeitamente a trajetória vertical da chuva sobre o vidro da janela. Determine a intensidade da velocidade das gotas relativa à Terra.

43. Um elevador sobe com uma aceleração, direcionada para cima, de 4,0 ft/s^2. No instante em que a sua intensidade da velocidade, direcionada para cima, é de 8,0 ft/s, um parafuso perdido cai do teto do elevador, a 9,0 ft do chão. Calcule (*a*) o tempo de vôo do parafuso do teto até o chão e (*b*) a distância na qual ele cai relativa ao cabo do elevador.

44. Um avião leve alcança uma velocidade no ar de intensidade 480 km/h. O piloto estabelece uma rota de vôo para um destino 810 km ao norte, mas descobre que o avião deve ser orientado 21° a nordeste para voar para lá diretamente. O avião chega em 1,9 h. Qual é a velocidade do vento?

45. Um navio de guerra navega diretamente para o leste a 24 km/h. Um submarino a 4,0 km de distância atira um torpedo que tem uma velocidade com intensidade de 50 km/h; ver Fig. 4.39. Se a posição do navio, conforme visto pelo submarino é de 20°, a nordeste, (*a*) em qual direção o torpedo deve ser lançado para atingir o navio, e (*b*) qual é o tempo de curso para que o torpedo alcance o navio de guerra?

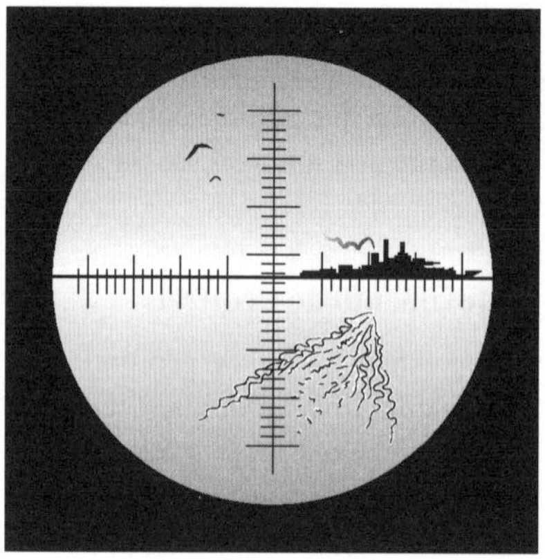

Fig. 4.39 Exercício 45.

PROBLEMAS

1. Uma partícula A se move ao longo de uma linha $y = d$ (30 m) com uma velocidade constante $\vec{v}$ ($v = 3{,}0$ m/s) direcionada paralelamente ao sentido positivo do eixo x (Fig. 4.40). Uma segunda partícula B começa na origem com uma velocidade de intensidade igual a zero e aceleração constante $\vec{a}$ ($a = 0{,}4$ m/s^2) no mesmo instante em que a partícula A passa pelo eixo y. Qual ângulo θ entre $\vec{a}$ e o eixo positivo y resultaria em uma colisão entre as duas partículas?

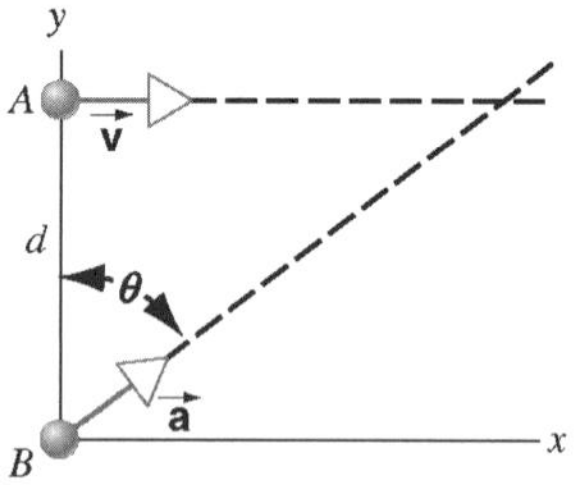

Fig. 4.40 Problema 1.

2. Uma esfera é lançada de uma altura de 39 m. O vento está soprando horizontalmente e concede uma aceleração constante de 1,20 m/s^2 a bola. (*a*) Mostre que a trajetória percorrida pela bola é uma linha reta e encontre os valores de R e θ da Fig 4.41. (*b*) Quanto tempo leva para que a bola alcance o solo? (*c*) Com qual velocidade a bola atinge o solo?

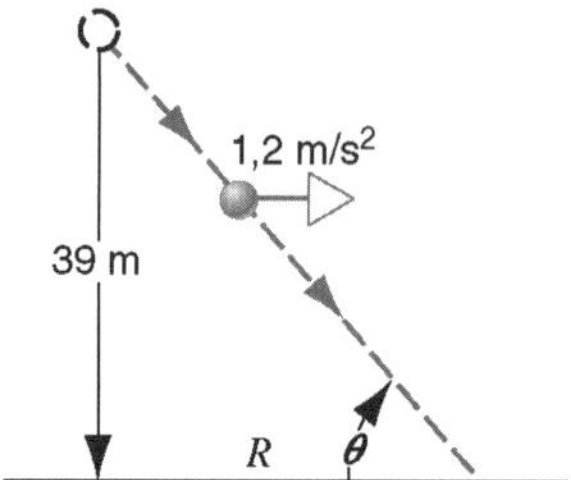

Fig. 4.41 Problema 2.

3. Um foguete com massa de 3030 kg é atirado a partir do repouso, do solo, com um ângulo de elevação de 58°. O motor exerce um empuxo de 61,2 kN com um ângulo constante de 58° com a horizontal, por 48 s, e então desliga. Ignore a massa do combustível consumido e despreze o arrasto aerodinâmico. Calcule (*a*) a altitude do foguete quando o motor desliga, e (*b*) a distância total entre o ponto de disparo para o ponto de impacto.

4. Uma bola de beisebol deixa a mão do arremessador horizontalmente com uma velocidade de intensidade 92 mi/h. A distância para o batedor é de 60,0 ft. (*a*) Quanto tempo leva para que a bola viaje os primeiros 30,0 ft, horizontalmente? E os próximos 30,0 ft? (*b*) A que distância cai a bola sob ação da gravidade durante os primeiros 30,0 ft de sua viagem horizontal? E durante os próximos 30,0 ft? Por que essas quantidades não são iguais? Despreze os efeitos da resistência do ar.

5. Um sujeito arremessa uma bola com uma velocidade de intensidade 25,3 m/s com um ângulo de 42° acima da horizontal, diretamente direcionada para uma parede, como mostrado na Fig. 4.42. A parede está a 21,8 m de distância do ponto de lançamento da bola. (*a*) Quanto tempo a bola permanece no ar antes de atingir a parede? (*b*) A que distância acima do ponto de lançamento a bola atinge a parede? (*c*) Quais são as componentes horizontal e vertical da sua velocidade quando ela atinge a parede? (*d*) Teria ela passado pelo ponto mais alto da sua trajetória quando ela atinge a parede?

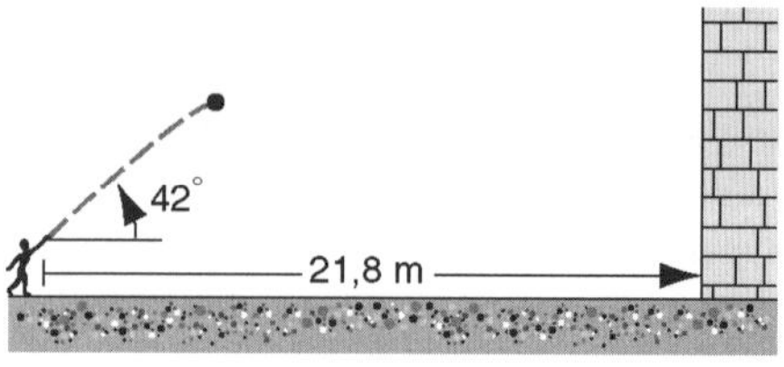

Fig. 4.42 Problema 5.

6. Um projétil é atirado da superfície de um solo plano, com um ângulo ϕ_0 acima da horizontal. (*a*) Mostre que o ângulo de elevação θ do ponto mais alto, como visto do ponto de lançamento, está relacionado com ϕ_0 por tg $\theta = \frac{1}{2}$ tg ϕ_0. Ver Fig. 4.43. (*b*) Calcule θ para $\phi_0 = 45°$.

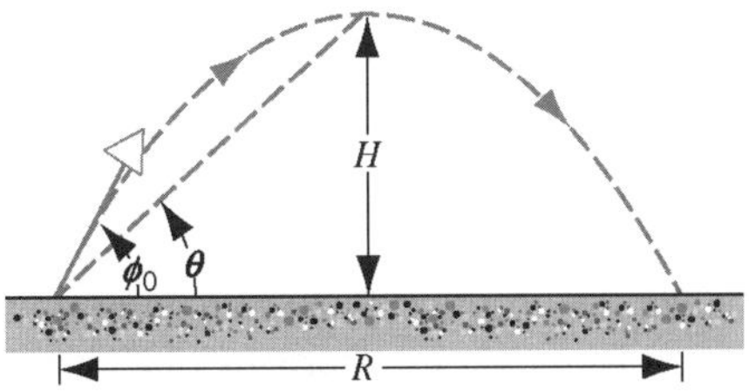

Fig. 4.43 Problema 6.

7. Uma pedra é projetada com uma velocidade de 120 ft/s de intensidade direcionada 62° acima da horizontal, em um penhasco de altura h, conforme mostrado na Fig. 4.44. A pedra atinge o chão 5,5 s após o lançamento. Encontre (*a*) a altura h do rochedo, (*b*) a intensidade da velocidade da pedra em um instante antes do impacto no ponto A, e (*c*) a altura máxima H alcançada pela pedra.

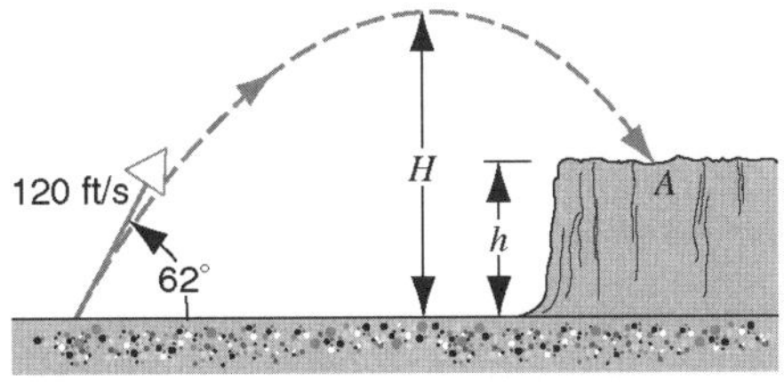

Fig. 4.44 Problema 7.

8. (*a*) Em "*Galileo's Two New Sciences*" o autor afirma que, para elevações (ângulos de projeção) que excedam ou caiam perto de 45° por quantidades iguais, as distâncias são iguais. Prove esta afirmação. Ver Fig. 4.45. (*b*) Para uma velocidade inicial de intensidade 30 m/s e uma distância de 20 m, encontre os dois ângulos de elevação possíveis da projeção.

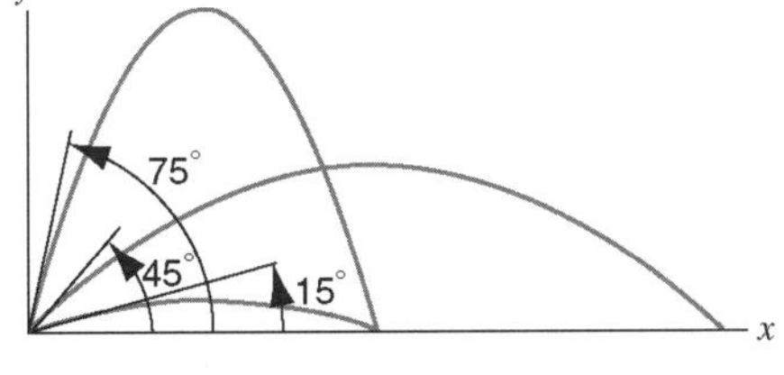

Fig. 4.45 Problema 8.

9. O chutador de um time de futebol americano pode dar a uma bola uma velocidade inicial de intensidade 25 m/s. Dentro de qual distância angular ele deve chutar a bola, sendo que ele só marca um *"gol"* de um ponto 50 m em frente das balizas cuja barra horizontal está 3,44 m acima do solo.

10. Um radar de observação sobre o solo está "vigiando" um projétil que se aproxima. Em um certo instante, ele tem a seguinte informação: o projétil está em sua máxima altitude e move-se horizontalmente com uma velocidade de intensidade v; a distância em linha reta para o projétil é L; a linha de visada do projétil está sob um ângulo θ acima da horizontal. (*a*) Encontre a distância D entre o observador e o ponto de impacto do projétil. A distância D deve ser expressa em termos das quantidades observadas v, L, θ, e do valor conhecido de g. Suponha que a Terra seja plana. Suponha também que o observador se situa no plano da trajetória do projétil. (*b*) Pode-se dizer se o projétil irá passar sobre a cabeça do observador ou atingir o solo antes de alcançá-lo?

11. Mostre que para um projétil $d^2(v^2)/dt^2 = 2g^2$.

12. Um projétil é lançado da origem com um ângulo ϕ_0 medido a partir da horizontal. A posição subseqüente é dada por $\vec{\mathbf{r}}(t)$. Para ângulos suficientemente pequenos, a distância da origem $r = |\vec{\mathbf{r}}|$ sempre aumenta. Porém, se o projétil é lançado próximo à vertical, ele sobe até o ponto mais alto e move-se de volta para a origem, de modo que a distância para a origem cresce inicialmente e depois diminui. Qual é o ângulo inicial de lançamento ϕ_c que divide os dois tipos de movimento. (Ver "Projectiles: Are They Coming or Going?", de James S. Walker, *The Physics Teacher*, maio de 1995, p. 282.)

13. Um balão está descendo pelo ar, parado, com uma velocidade constante de intensidade 1,88 m/s. O peso total do balão, incluindo a carga, é de 10,8 kN. Uma força de flutuação constante, direcionada para cima, de 10,3 kN é exercida sobre o balão. O ar também exerce uma força de arrasto dada por $A = bv^2$, onde v é a intensidade da velocidade do balão e b é uma constante. A tripulação deixa cair 26,5 kg de lastro. Qual é a eventual intensidade de velocidade do balão, direcionada para baixo?

14. Repita o Problema 13, mas agora admita que a força de arrasto é dada por $A = bv^2$. Observe que a constante b deve ser recalculada.

15. Um corpo de massa m cai desde o repouso através do ar. Uma força de arrasto $A = bv^2$ se opõe ao movimento do corpo. (*a*) Qual é a aceleração inicial do corpo, direcionada para baixo? (*b*) Depois de algum tempo, a intensidade da velocidade do corpo se aproxima de um valor constante. Qual é essa intensidade da velocidade terminal, v_T? (*c*) Qual é a aceleração do corpo, direcionada para baixo, quando $v = v_T/2$?

16. Uma barcaça de canal de massa m está viajando com uma velocidade de intensidade v_i quando ela desliga os seus motores. A força de arrasto A com a água é dada por $A = bv$. (*a*) Encontre uma expressão para o tempo necessário para que a barcaça reduza a intensidade de sua velocidade para v_f. (*b*) Estime numericamente o tempo para que uma barcaça de 970 kg, que viaja inicialmente a 32 km/h, reduza a sua velocidade para uma intensidade de 8,3 km/h; o valor de b é 68 N·s/m.

17. Considere o objeto que está caindo, apresentado na Seção 4.4. (*a*) Determine a aceleração como uma função do tempo. Qual é a aceleração para um t pequeno; e para um t grande? (*b*) Determine a distância na qual o objeto cai como uma função do tempo.

18. (*a*) Supondo que a força de arrasto A seja dada por $A = bv$, mostre que a distância y_{95} através da qual um objeto cai partindo desde o repouso para alcançar 95% da sua intensidade da velocidade terminal é dada por

$$y_{95} = (v_T^2/g)\,(\ln 20 - \tfrac{19}{20}),$$

onde v_T é a intensidade da velocidade terminal. (Dica: Use o resultado para $y(t)$ obtido no Problema 17.) (*b*) Usando a velocidade terminal de 42 m/s para a bola de beisebol dada na Tabela 4.1, calcule a distância de 95%. Por que o resultado não concorda com o valor listado na Tabela 4.1?

19. Um trem rápido conhecido como TGV Atlantique (*Train Grande Vitesse*) que corre na direção sul, de Paris para Le Mans na França, tem uma velocidade máxima de intensidade 310 km/h. (*a*) Se o trem percorre uma curva com essa velocidade e a aceleração experimentada pelos passageiros é para ser limitada em 0,05 g, qual é o menor raio de curvatura para a pista que pode ser tolerado? (*b*) Se existe uma curva com 0,94 km de raio, para qual velocidade o trem deverá ser reduzido?

20. Uma partícula P viaja com uma velocidade de intensidade constante em um círculo de raio 3,0 m e completa uma revolução em 20 s (Fig. 4.46). A partícula passa pelo ponto O em $t = 0$. Em relação à origem O, determine (*a*) a intensidade e a direção dos vetores que descrevem as suas posições em 5,0; 7,5 e 10 s depois, (*b*) a intensidade e a direção do deslocamento no intervalo de 5,0 s, entre o quinto e o décimo segundo, (*c*) o vetor de velocidade média neste intervalo, (*d*) o vetor de velocidade instantânea no início e no fim deste intervalo, e (*e*) o vetor de aceleração instantânea no início e no fim deste intervalo. Meça o ângulo a partir do eixo, no sentido anti-horário.

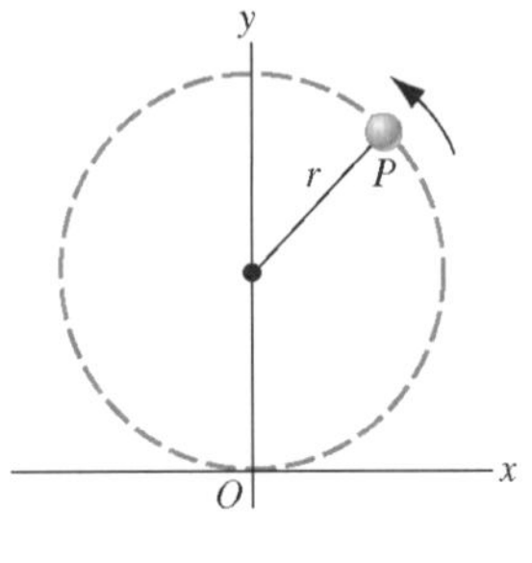

Fig. 4.46 Problema 20.

21. Uma criança gira uma pedra em um círculo horizontal 1,9 m acima do solo por meio de uma corda de 1,4 m de comprimento. A corda arrebenta e a pedra sai voando horizontalmente, atingindo o solo a uma distância de 11 m. Qual é a aceleração centrípeta da pedra enquanto estava em movimento circular?

22. Uma mulher de 1,6 m de altura fica de pé na latitude 50° por 24h. (*a*) Durante este intervalo, quão mais distante se move o topo da cabeça dela em relação às solas dos pés? (*b*) Quão maior é a aceleração do topo da cabeça em relação às solas dos pés? Considere somente os efeitos associados à rotação da Terra.

23. Uma partícula se move em um plano de acordo com:

$$x = R \operatorname{sen} \omega t + \omega R t$$

$$y = R \cos \omega t + R,$$

onde ω e R são constantes. Esta curva, chamada de ciclóide, é um caminho traçado por um ponto no aro de uma roda que rola sem deslizamento ao longo do eixo x. (*a*) Esboce a trajetória. (*b*) Calcule a velocidade instantânea e a aceleração quando a partícula se encontra nos valores de máximo e mínimo de y.

24. A neve cai verticalmente com uma velocidade constante de intensidade 7,8 m/s. (*a*) Com qual ângulo avaliado a partir da vertical e (*b*) com qual intensidade de velocidade os flocos de neve parecem estar caindo vistos pelo motorista de um carro que viaja em uma estrada retilínea com uma velocidade de intensidade 55 km/s?

25. Uma das primeiras tentativas de se medir a velocidade da luz foi feita medindo-se a posição de uma estrela localizada em certos ângulos da trajetória da Terra na sua órbita (Fig. 4.47). (*a*) Se o ângulo medido θ é encontrado como 89°59′39.3″ e 89°59′39.4″, então qual será a faixa de valores para a velocidade da luz? (*b*) Descreva um método razoável para a medição deste ângulo para a precisão acima. *A resposta para esta questão pode não ser tão direta quanto se pensa!*

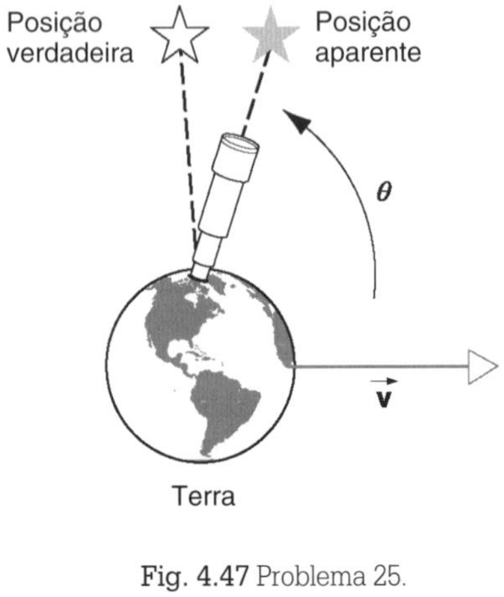

Fig. 4.47 Problema 25.

26. Um piloto voa exatamente ao leste, de A para B, e então retorna novamente para A exatamente pelo oeste. A velocidade do avião no ar é $\vec{v}$ e a velocidade do ar em relação ao solo é $\vec{u}$. A distância entre A e B é l e a intensidade da velocidade do avião no ar é constante. (*a*) Se $u = 0$ (ar calmo), mostre que o tempo para uma volta circular é de $t_0 = 2l/v$. (*b*) Suponha que a velocidade do ar está apontando para leste (ou oeste). Mostre que o tempo para um volta circular, então, é de

$$t_E = \frac{t_0}{1 - u^2/v^2}.$$

(*c*) Suponha que a velocidade do ar está apontando para norte (ou sul). Mostre que o tempo para uma volta circular, então, é de

$$t_N = \frac{t_0}{\sqrt{1 - u^2/v^2}}.$$

(*d*) Nas partes (*b*) e (*c*) deve-se assumir que $u < v$. Por quê?

27. Duas auto-estradas se cruzam, conforme mostrado na Fig. 4.48. No instante mostrado um carro de polícia P está a 41 m da interseção e move-se a 76 km/h. O motorista M está a 57 m da interseção e move-se a 62 km/h. Neste momento, qual é a velocidade (intensidade e ângulo com a linha de visada) do motorista em relação ao carro de polícia?

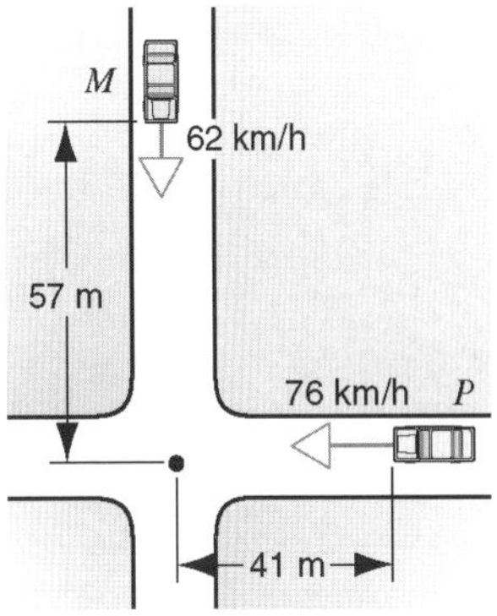

Fig. 4.48 Problema 27.

28. A polícia do Estado de *New Hampshire* usa aeronaves para forçar o limite de velocidade das auto-estradas. Suponha que uma das aeronaves tenha uma velocidade de intensidade 135 mi/h em ar calmo. Ela está voando diretamente para o norte, de maneira a estar o tempo todo em cima da rodovia norte-sul. Um observador no solo avisa o piloto pelo rádio que um vento de 70 mi/h está soprando, mas esquece de dar a direção do vento. O piloto observa que, apesar do vento, o avião consegue viajar 135 mi ao longo da rodovia em 1h. Em outras palavras, a intensidade da velocidade em relação ao solo é a mesma de se não existisse nenhum vento. (*a*) Qual é a direção do vento? (*b*) Para onde o avião está apontando — isto é, o ângulo entre o seu eixo e a rodovia?

PROBLEMAS COMPUTACIONAIS

1. A força sobre uma partícula de 5,0 kg é dada por $F_x = -(20{,}0\ \text{N/m})x$ e $F_y = -(20{,}0\ \text{N/m})y$. Imprima um gráfico xy que descreva o movimento da partícula. Use a posição inicial de $x_0 = 2{,}0$ m, $y_0 = 0$ e uma velocidade inicial de $v_{0x} = 0$, $v_{0y} = 4{,}0$ m/s. Tente diferentes tamanhos de passo para Δt até encontrar um para o qual a trajetória retorne o objeto para dentro de 1,0 *cm* da sua posição inicial. Qual é a forma do movimento? Quanto tempo leva para o objeto retornar ao seu ponto inicial? O que acontece com a trajetória se você usar $v_{0y} = 3{,}0$ m/s?

2. A aceleração de uma partícula é dada por $a_x = -(10{,}0\ \text{m}^2/\text{s}^2)x/|x|^3$ e $a_y = -(10{,}0\ \text{m}^2/\text{s}^2)y/|y|^3$. A posição inicial da partícula está em $\vec{r}_0 = 5\hat{i}$ m e a velocidade inicial está somente na direção y. (*a*) Usando um tamanho de passo de $\Delta t = 0{,}1$ s, escolha um valor inicial para v_y de modo que a solução numérica da trajetória seja um círculo. Compare o resultado com o valor teórico. (*b*) Repita o procedimento anterior, só que agora procure um valor inicial de v_y que resulte em uma trajetória que seja uma elipse, duas vezes maior em comprimento do que em largura. Na realidade, existem duas soluções para a parte (*b*); encontre as duas.

3. Uma esfera de 150 g é atirada verticalmente para cima do lado de um penhasco com uma velocidade inicial de intensidade 25 m/s. Durante o caminho para baixo, ela se perde do lado do penhasco e continua a cair para o solo 300 m abaixo. Além da força da gravidade, ela está sujeita à força de resistência do ar dada por $D = bv$, com $b = 0{,}0150$ kg/s. (*a*) Por quanto tempo a esfera permanece voando? (*b*) Qual é a intensidade da velocidade em um instante antes de a esfera tocar no solo? (*c*) Qual é a taxa da intensidade da velocidade em relação à intensidade da velocidade final? (Tente usar o Método de Euler com um intervalo de tempo de $\Delta t = 0{,}001$s.)

4. A velocidade de um projétil sujeito à resistência do ar se aproxima de uma velocidade terminal. Suponha que a força resultante seja $m\vec{g} - b\vec{v}$, onde b é o coeficiente de arrasto e o eixo y é escolhido para ser positivo na direção vertical para cima. Na velocidade terminal v_T a força resultante desaparece, então $v_T = -(\text{mg/b})$. Observe que ela não possui nenhuma componente horizontal. O projétil eventualmente cai diretamente para baixo. Use um programa de computador ou uma planilha para "observar" um projétil atingindo a sua velocidade terminal. Considere um projétil de 2,5 kg, lançado com uma velocidade inicial de intensidade 150 m/s, com um ângulo 40° acima da horizontal. Tome o coeficiente de arrasto como sendo $b = 0{,}5$ kg/s. Integre numericamente a segunda lei de Newton e apresente os resultados para 0,5 s de $t = 0$ (tempo do lançamento) para o tempo no qual a componente y da velocidade é de 90% de v_T. Imprima $v_x(t)$ e $v_y(t)$ no mesmo gráfico. Note que v_x se aproxima de 0, enquanto v_y se aproxima de v_T.

Capítulo 5

APLICAÇÕES DAS LEIS DE NEWTON

No Cap. 3 foram apresentadas as leis de Newton, junto com alguns exemplos de suas aplicações. Estes exemplos foram deliberadamente simplificados, de modo a ilustrar a utilização das leis. No entanto, um pouco da realidade física pode vir a ser perdida com algumas simplificações.

Neste capítulo continua-se o estudo das leis de Newton, considerando outras aplicações que envolvem o atrito e outras forças de contato, o movimento circular e forças variáveis. Finalmente, mostra-se que, através da utilização de um sistema de referência não-inercial, são produzidos efeitos que podem ser analisados com a introdução de forças inerciais ou pseudoforças que, ao contrário das forças reais, não são causadas por objetos presentes na vizinhança.

5.1 LEIS DE FORÇA

Antes de voltar ao estudo das aplicações das leis de Newton, é interessante discutir brevemente a natureza das forças. As equações do movimento foram usadas para analisar e calcular os *efeitos* das forças, mas elas não fornecem nenhuma informação sobre as *causas* das forças. Para entender o que causa uma força, é necessário um entendimento detalhado, em nível microscópico, das interações dos objetos com as suas vizinhanças. No nível mais fundamental, a natureza parece operar através de um número reduzido de forças fundamentais. Os físicos, tradicionalmente, identificaram quatro tipos de forças básicas: (1) a *força gravitacional*, que se desenvolve na presença da matéria; (2) a *força eletromagnética*, que inclui as interações elétricas e magnéticas básicas e é responsável pelas ligações atômicas e pela estrutura dos sólidos; (3) a *força nuclear fraca*, que causa determinados processos de decaimento radioativo e algumas reações entre partículas fundamentais; e (4) a *força forte*, que age entre as partículas fundamentais e é responsável pela coesão do núcleo.

Na escala mais microscópica — por exemplo, dois prótons em um núcleo típico — essas forças apresentam a seguinte intensidade relativa: forte (intensidade relativa = 1); eletromagnética (10^{-2}); fraca (10^{-9}); gravitacional (10^{-38}). Na escala fundamental, a gravidade é excessivamente fraca e os seus efeitos são desprezíveis. A observação de alguns experimentos simples fornece uma indicação de como a gravidade é fraca, como, por exemplo, suspendendo-se alguns pedaços de papel com um pente eletrostaticamente carregado ou suspendendo-se alguns pregos ou clipes de papel com um ímã. A força magnética de um pequeno ímã é suficiente para superar a força gravitacional exercida pela Terra inteira sobre esses objetos!

A busca por uma simplificação ainda maior tem levado os cientistas a tentar reduzir o número de forças para menos de quatro. Em 1967, foi proposta uma teoria na qual as forças fracas e eletromagnéticas podem ser tratadas como uma única força, chamada de força *eletrofraca*. A combinação, ou *unificação*, destas duas forças é similar à unificação, que ocorreu no século XIX, das forças elétrica e magnética em uma única força eletromagnética. Outras teorias, chamadas de *teorias da grande unificação*, têm sido propostas e combinam as forças forte e eletrofraca em uma única estrutura. Existem ainda as "teorias de tudo", que procuram incluir também a gravidade.

Felizmente, não é necessário recorrer a estas teorias para analisar sistemas mecânicos. Na realidade, os estudos sobre os sistemas mecânicos simples envolvem apenas duas forças: gravidade e eletromagnetismo. A força gravitacional é evidente na atração dos objetos pela Terra, que resulta no peso deles. A atração gravitacional entre objetos presentes em um laboratório é muito menor, sendo desprezível na grande maioria dos casos.

Todas as outras forças normalmente consideradas são fundamentalmente eletromagnéticas: forças de contato, como a força normal exercida quando um objeto empurra outro e a força de atrito produzida quando uma superfície fricciona outra; forças viscosas, como a resistência do ar; forças de tração, como as produzidas em cordas ou fios esticados; forças elásticas, como as de uma mola; e muitas outras. Em termos microscópicos, essas forças têm como origem as forças exercidas entre os átomos. Felizmente, ao lidar com sistemas mecânicos simples, os aspectos microscópicos podem ser ignorados e as complicadas subestruturas podem ser substituídas por uma única força efetiva, de intensidade, direção e sentido determinados.

5.2 FORÇAS DE TRAÇÃO E NORMAL[1]

A Fig. 5.1*a* mostra um trabalhador que está puxando com uma força $\vec{P}$ uma corda que está presa a um caixote. O caixote está sendo acelerado sobre uma superfície sem atrito. A força sobre o caixote não é exercida diretamente pelo trabalhador, mas pela corda. Essa força é chamada de *tração* $\vec{T}$.

A Fig. 5.1*b* mostra os diagramas de corpo livre parciais (incluindo somente as forças horizontais) da corda e do caixote. A corda puxa o caixote com uma tração $\vec{T}$; portanto, pela terceira lei de Newton, o caixote deve puxar a corda com a mesma intensidade de $\vec{T}$, mas com sentido oposto. Supõe-se que a corda é bastante fina, de modo que a força de tração está sempre ao longo da direção da corda. Além disso, supõe-se que a massa da corda é desprezível.

Ao se escolher o eixo x na horizontal e com sentido positivo para a direita (Fig. 5.1), é obtida a força resultante na corda na direção x como $\Sigma F_x = P - T$. (Aqui P e T representam, respectivamente, as intensidades das forças $\vec{P}$ e $\vec{T}$.) Uma vez que se assumiu a massa da corda como nula, a segunda lei de Newton, na forma $\Sigma F_x = ma_x$, fornece $P - T = m_{\text{corda}}a_x = 0$. Disto, pode-se então concluir que $P = T$.

A força resultante sobre o caixote na direção x é $\Sigma F_x = T$, e a segunda lei de Newton resulta em $T = m_{\text{caixote}}a_x$. Então, $a_x = T/m_{\text{caixote}} = P/m_{\text{caixote}}$. A corda fina e sem massa simplesmente transmite a força aplicada de uma extremidade à outra, sem nenhuma alteração da sua intensidade ou direção — isto é, a força $\vec{P}$ que o trabalhador aplica sobre a corda é igual à força que a corda aplica sobre o caixote.

A corda ideal também não distende. Considera-se agora que um outro caixote é adicionado ao sistema, resultando na configuração mostrada na Fig. 5.2*a*. Assim como no caso anterior, a intensidade da tração $\vec{T}$ na primeira corda é igual a P. De novo, escolhendo-se o eixo x na horizontal e o sentido positivo para a direita, pode-se obter a componente x da força resultante sobre o caixote 1 como $\Sigma F_x = T_1 - T_2 = P - T_2$ e, da mesma forma, para o caixote 2, como $\Sigma F_x = T_2$. Quando é aplicada a segunda lei de Newton, obtém-se

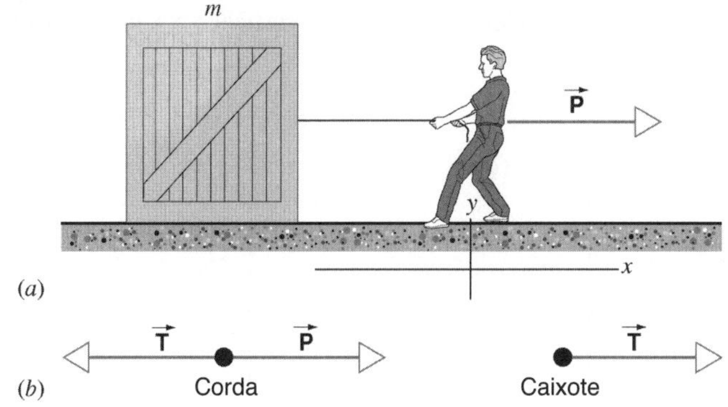

Fig. 5.1 (*a*) Um trabalhador puxa com uma força *P* uma corda presa a um caixote. (*b*) Diagramas de corpo livre parcial da corda e do cabo, mostrando somente as forças horizontais.

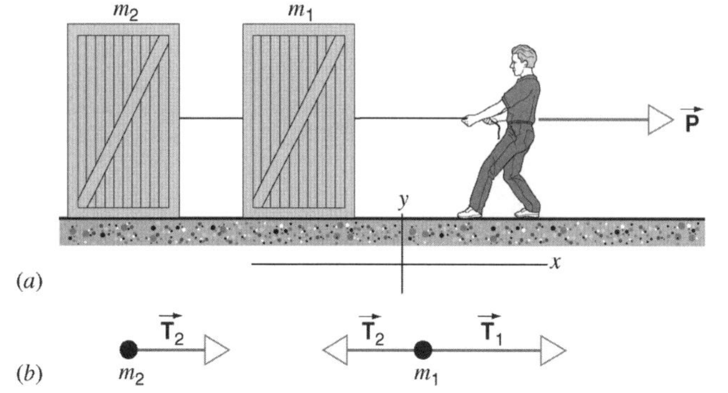

Fig. 5.2 (*a*) Um trabalhador puxa uma corda presa a uma fila de dois caixotes. (*b*) Diagramas de corpo livre parciais dos dois caixotes, mostrando somente as forças horizontais.

caixote 1: $$P - T_2 = m_1a_{1x} \qquad (5\text{-}1)$$

caixote 2: $$P = m_2a_{2x} \qquad (5\text{-}2)$$

Se a segunda corda (que conecta m_1 e m_2) não distende, então m_1 e m_2 movem-se com a mesma velocidade e aceleração. No caso de $a_{1x} = a_{2x} = a_x$, pode-se combinar as Eqs. 5.1 e 5.2 para encontrar

$$a_x = \frac{P}{m_1 + m_2} \quad \text{e} \quad T_2 = \frac{m_2}{m_1 + m_2}P. \qquad (5\text{-}3)$$

Isto é, os dois caixotes aceleram como um sistema único de massa $m_1 + m_2$ sobre o qual a força $\vec{P}$ é aplicada. Se for considerado somente o esforço exercido pelo trabalhador, é possível substituir os dois caixotes por um único caixote de massa $m_1 + m_2$.

A força de tração se desenvolve porque cada pequeno elemento da corda puxa o elemento adjacente a ele (que, por sua vez, é puxado por este elemento, de acordo com a terceira lei de Newton). Desta maneira, uma força puxando uma das extremidades da corda é transmitida ao objeto na outra extremidade. Esta força deve-se à força entre os átomos e é de origem eletromagnética.

Conforme mostrado na Fig. 5.3*a*, qualquer elemento i da corda experimenta uma tração $\vec{T}$ causada pelo elemento $i - 1$ e uma outra tração, de intensidade igual e sentido oposto, causada pelo elemento $i + 1$. Se a corda fosse cortada em um ponto qualquer e uma balança de mola fosse acoplada entre as duas extremidades das partes cortadas, a balança de mola iria medir diretamente a intensidade da tração T (Fig. 5.3*b*).

Observe que a balança de mola não lê $2T$, mesmo que uma tração $\vec{T}$ esteja agindo em cada uma das extremidades da balança. Da mesma forma, quando um objeto de peso P é suspenso

[1]Para simplificar a notação neste capítulo, as forças não são identificadas por subscritos que indicam o corpo sobre o qual a força atua e o corpo que causa a força. Entretanto, ao estudar os exemplos deste capítulo e solucionar os problemas, deve-se continuar a identificar estes dois corpos associados a cada força que atua.

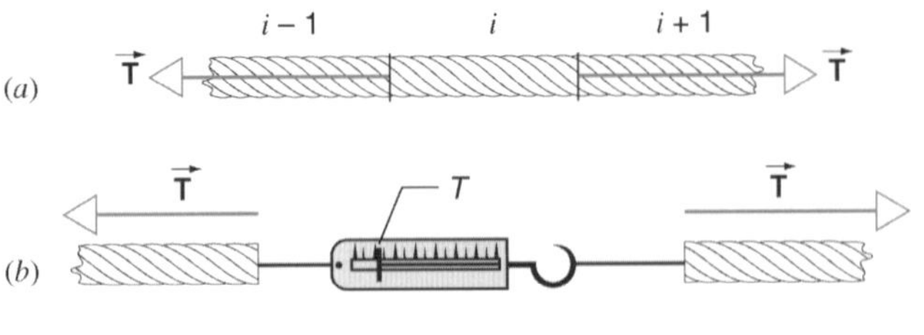

Fig. 5.3 (*a*) Três pequenos elementos de uma corda esticada, rotulados $i - 1$, i e $i + 1$. As forças que agem sobre o elemento i são mostradas. (*b*) Se a corda é cortada de modo que o elemento i seja substituído por uma balança de mola (o resto da corda permanece sem alterações), a balança lê a tração T.

em uma balança de mola, a balança lê P e não $2P$, apesar de existir uma força para baixo P sobre a balança de mola, causada pelo peso do objeto, e uma força para cima igual a P, aplicada no topo da balança e causada pelo que estiver suportando a balança.

Problema Resolvido 5.1.

A Fig. 5.4*a* mostra um bloco de massa m = 15,0 kg suspenso por três cordas. Quais são as trações nas três cordas?

Soluçao Inicialmente, considera-se o nó na junção das três cordas como sendo o "corpo". A Fig. 5.4*b* mostra o diagrama de corpo livre do nó, o qual está em repouso sob a ação das três forças $\vec{T}_A$, $\vec{T}_B$ e $\vec{T}_C$ que são devidas às trações nas cordas. Ao escolher os eixos x e y, pode-se decompor as forças em termos de suas componentes x e y conforme mostrado na Fig. 5.4*c*. As componentes de aceleração são nulas, então a segunda lei de Newton aplicada ao nó fornece

$$\text{componente } x\text{: } \sum F_x = T_A \cos 30° + T_B \cos 45° = ma_x = 0$$

$$\text{componente } y\text{: } \sum F_y = T_A \,\text{sen}\, 30° + T_B \,\text{sen}\, 45° - T_C = ma_y = 0.$$

A Fig. 5.4*d* mostra o diagrama de corpo livre do bloco. As forças possuem apenas componentes em y e, mais uma vez, a aceleração é nula, de modo que

$$\sum F_y = T_C - mg = ma_y = 0.$$

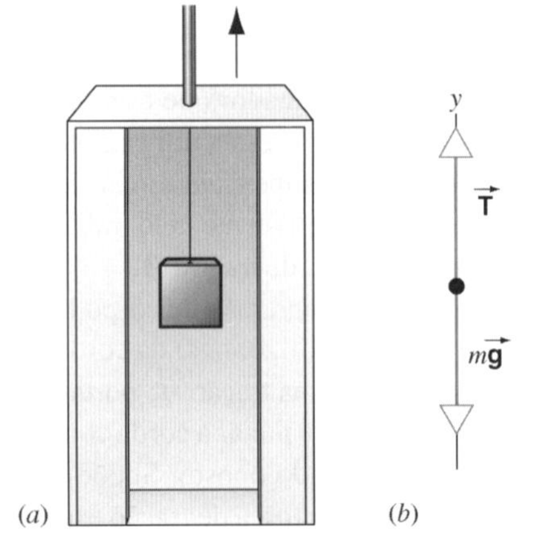

Fig. 5.5 Problema Resolvido 5.2. (*a*) Um pacote está suspenso por uma corda em um elevador subindo. (*b*) O diagrama de corpo livre do pacote.

Resolvendo para T_C, encontra-se

$$T_C = mg = (15{,}0 \text{ kg})\,(9{,}80 \text{ m/s}^2) = 147 \text{ N}.$$

Quando se substitui este resultado, é possível resolver simultaneamente as duas equações para as forças sobre o nó e, assim, encontrar

$$T_A = 108 \text{ N} \quad \text{e} \quad T_B = 132 \text{ N}.$$

Verifique estes resultados para confirmar que a soma vetorial das três forças que agem sobre o nó é, de fato, zero.

Problema Resolvido 5.2.

Um pacote (massa de 2,4 kg) está suspenso por uma corda presa ao teto de um elevador (Fig. 5.5*a*). Qual é a tração na corda quando o elevador está (*a*) descendo com uma velocidade constante e (*b*) subindo com uma aceleração de 3,2 m/s²?

Soluçao (*a*) O diagrama de corpo livre do pacote é mostrado na Fig. 5.5*b*. Duas forças agem sobre o pacote: a força para cima devida à tração na corda e a força da gravidade da Terra para baixo. Escolhe-se o eixo y na posição vertical e o sentido positi-

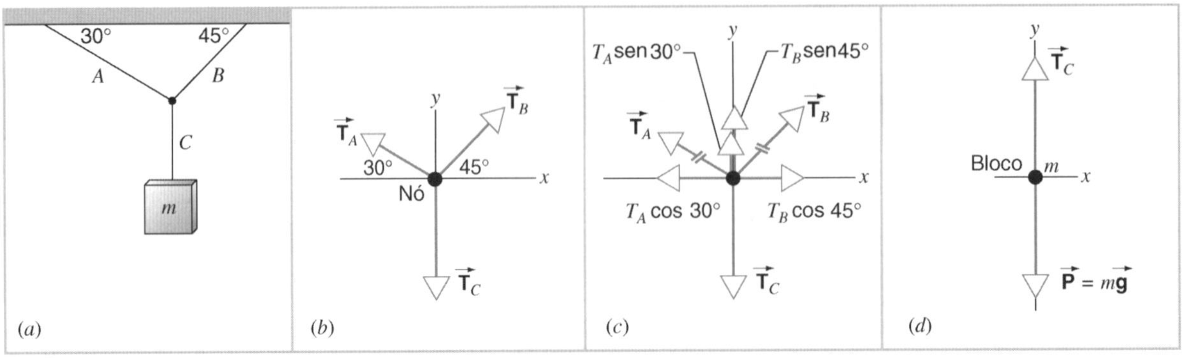

Fig. 5.4 Problema Resolvido 5.1. (*a*) Um bloco está suspenso por três cordas A, B e C. (*b*) O diagrama de corpo livre do nó que une as cordas. (*c*) O diagrama de corpo livre do nó, com $\vec{T}_A$ e $\vec{T}_B$ resolvidas nas suas componentes vetoriais x e y. As linhas duplas em um vetor indicam que o vetor foi substituído pelas suas componentes vetoriais. (*d*) O diagrama de corpo livre do bloco.

vo para cima. A força resultante sobre o pacote é $\Sigma F_y = T - mg$. A segunda lei de Newton ($\Sigma F_y = ma_y$) fornece $T - mg = ma_y$ ou, resolvendo para a tração T,

$$T = m(g + a_y).$$

Quando o elevador se move com velocidade constante, $a_y = 0$ e então

$$T = mg = (2{,}4\ \text{kg})(9{,}8\ \text{m/s}^2) = 24\ \text{N}.$$

(*b*) Quando o elevador se move com $a_y = +3{,}2\ \text{m/s}^2$, a tração é

$$T = m(g + a_y) = (2{,}4\ \text{kg})(9{,}8\ \text{m/s}^2 + 3{,}2\ \text{m/s}^2) = 31\ \text{N}.$$

Neste caso, o elevador está se movendo para cima e aumentando a sua velocidade. Você espera que a tração seja maior quando o elevador está em repouso ou quando está se movendo com uma velocidade constante? Suponha que o elevador esteja se movendo para baixo ao mesmo tempo que está sendo freado, de modo que a sua aceleração é para cima e, de novo, igual a $+3{,}2$ m/s². A tração na corda possui o mesmo valor? Isto é razoável? Qual será a tração se o elevador estiver em queda livre?

Compare este problema com o Problema Resolvido 3.7 e justifique as similaridades e as diferenças.

A FORÇA NORMAL

Considere um livro em repouso sobre a mesa, como mostrado na Fig. 5.6*a*. A gravidade exerce uma força para baixo sobre o livro, mas o livro não possui aceleração vertical. Assim, como a força resultante vertical sobre o livro deve ser nula, é preciso existir uma força adicional para cima agindo sobre ele. Esta força é a força *normal* exercida pela mesa sobre o livro. Neste sentido, a palavra "normal" significa "perpendicular" — a força normal exercida por uma superfície é *sempre* perpendicular à (ou normal à) superfície.

Mesmo que a força normal mostrada no diagrama de corpo livre da Fig. 5.6*b* seja igual em intensidade e oposta em sentido ao peso, ela *não* é a força de reação ao peso. O peso é a força da Terra sobre o livro, e a sua força de reação é a força exercida pelo livro sobre a Terra. A força de reação à força normal é a força para baixo exercida pelo livro sobre a mesa; ela aparece no diagrama de corpo livre da mesa. É importante lembrar que os pares de ação—reação da terceira lei de Newton *nunca* agem sobre o mesmo corpo, de modo que as forças N e P que agem sobre o livro não podem ser um par ação—reação.

Se alguém coloca a mão sobre o livro e o empurra para baixo com uma força F, o livro permanecerá em repouso. Para uma aceleração nula, a força resultante sobre o livro deve ser nula e a força total para baixo $P + F$ deve ser igual à força para cima N. Portanto, a força normal deve aumentar à medida que F aumenta, uma vez que $N = P + F$. Eventualmente, se F atingir um valor suficientemente grande para exceder a capacidade de a mesa fornecer uma força normal para cima, a mesa irá quebrar.

A tração e as forças normais são exemplos de forças de *contato*, através das quais um corpo exerce uma força sobre um outro devido ao contato que existe entre eles. Estas forças se originam nos átomos de cada corpo — cada átomo exerce uma força sobre o seu vizinho (o qual pode ser um átomo de um outro corpo). Uma força de contato pode ser mantida somente se ela não exceder as forças interatômicas no interior de ambos os corpos; caso contrário, a ligação entre os átomos pode ser quebrada e a corda ou a superfície se dividirá em pedaços.

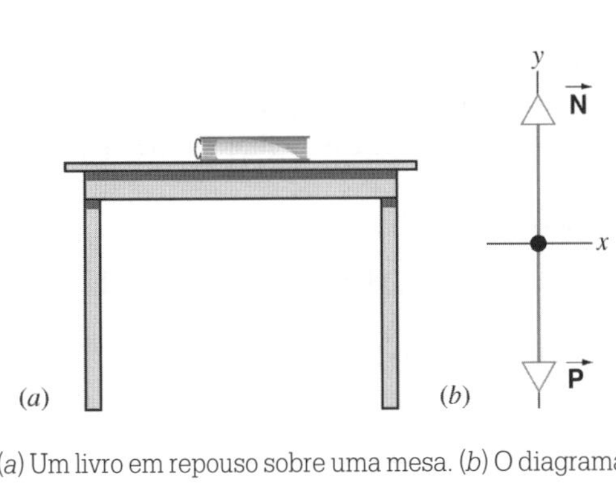

Fig. 5.6 (*a*) Um livro em repouso sobre uma mesa. (*b*) O diagrama de corpo livre do livro.

PROBLEMA RESOLVIDO 5.3.

Um trenó de massa $m = 7{,}5$ kg está sendo puxado por uma corda, sobre uma superfície horizontal sem atrito (Fig. 5.7*a*). Uma força constante $F = 21{,}0$ N é aplicada à corda. Analise o movimento se (*a*) a corda está na horizontal e (*b*) a corda faz um ângulo $\theta = 15°$ com a horizontal.

Soluçao (*a*) A Fig. 5.7*b* mostra o diagrama de corpo livre com a corda na horizontal. A superfície exerce uma força N, a força

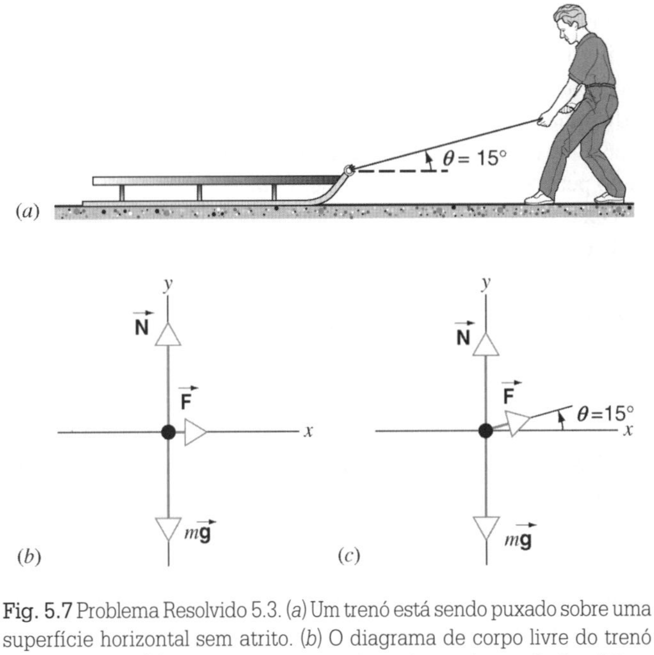

Fig. 5.7 Problema Resolvido 5.3. (*a*) Um trenó está sendo puxado sobre uma superfície horizontal sem atrito. (*b*) O diagrama de corpo livre do trenó quando $\theta = 0°$. (*c*) O diagrama de corpo livre do trenó quando $\theta = 15°$.

normal, sobre o trenó. As componentes da força resultante que agem sobre o trenó são $\Sigma F_x = F$ e $\Sigma F_y = N - mg$; aplicando a segunda lei de Newton, obtém-se

componente x ($\Sigma F_x = ma_x$): $F = ma_x$

componente y ($\Sigma F_y = ma_y$): $N - mg = ma_y$

Se não existir movimento na vertical, o trenó permanece sobre a superfície e $a_y = 0$. Então

$$N = mg = (7{,}5\ \text{kg})(9{,}80\ \text{m/s}^2) = 74\ \text{N}.$$

A aceleração na horizontal é

$$a_x = \frac{F}{m} = \frac{21{,}0\ \text{N}}{7{,}5\ \text{kg}} = 2{,}80\ \text{m/s}^2.$$

Observe que, se a superfície for realmente sem atrito, conforme foi suposto, a pessoa terá dificuldade de continuar a exercer esta força sobre o trenó por muito tempo. Após 30 s com esta aceleração, o trenó estará se movendo a 84 m/s ou 302 km/h (188 mi/h)!

(*b*) A Fig. 5.7*c* mostra o diagrama de corpo livre para a situação na qual a força que puxa o trenó não está na horizontal. Neste caso, as componentes da força resultante são $\Sigma F_x = F \cos\theta$ e $\Sigma F_y = N + F \,\text{sen}\,\theta - mg$. A segunda lei de Newton fornece

componente x ($\Sigma F_x = ma_x$): $F\cos\theta = ma_x$

componente y ($\Sigma F_y = ma_y$): $N + F\,\text{sen}\,\theta - mg = ma_y$

Se for assumido, por enquanto, que o trenó permanece sobre a superfície; isto é, $a_y = 0$. Então

$$N = mg - F\,\text{sen}\,\theta = 74\ \text{N} - (21{,}0\ \text{N})(\text{sen}\,15°) = 69\ \text{N},$$

$$a_x = \frac{F\cos\theta}{m} = \frac{(21{,}0\ \text{N})(\cos 15°)}{7{,}5\ \text{kg}} = 2{,}70\ \text{m/s}^2.$$

Uma força normal é sempre perpendicular à superfície em contato; com as coordenadas mostradas na Fig. 5.7*b*, N tem de ser positivo. Se $F\,\text{sen}\,\theta$ for aumentado, o valor de N vai diminuir até chegar a zero. Neste ponto o trenó deixará a superfície, sob a influência da componente de P para cima, e será necessário analisar o movimento vertical. Com os valores de F e θ usados, o trenó permanece sobre a superfície e $a_y = 0$.

Observe que a_x é menor na parte (*b*) do que na parte (*a*). Você pode explicar isso?

PROBLEMA RESOLVIDO 5.4.

Um bloco de massa $m = 18{,}0$ kg é mantido, por uma corda, em uma determinada posição sobre um plano inclinado sem atrito. O plano inclinado forma um ângulo de 27° com a horizontal (ver Fig. 5.8*a*). (*a*) Encontre a tração na corda e a força normal exercida pelo plano sobre o bloco. (*b*) Analise o movimento subseqüente após a corda ser cortada.

Soluçao (*a*) O diagrama de corpo livre do bloco é mostrado na Fig. 5.8*b*. O bloco está sob a ação da força normal $\vec{N}$, do seu peso $\vec{P} = m\vec{g}$ e da força devida à tração $\vec{T}$ da corda. Escolhe-se um sistema de coordenadas com o eixo x posicionado ao longo do plano inclinado e o eixo y perpendicular a ele. Com esta escolha, duas das forças ($\vec{T}$ e $\vec{N}$) já estão decompostas nas suas componentes, e o movimento que eventualmente venha a ocorrer ao longo do plano terá também somente uma componente. O peso é decomposto na sua componente x, $-mg$ sen θ, e na sua componente y, $-mg\cos\theta$. Então, a força resultante na direção x é $\Sigma F_x = T - mg\,\text{sen}\,\theta$ e a força resultante na direção y é $\Sigma F_y = N - mg\cos\theta$.

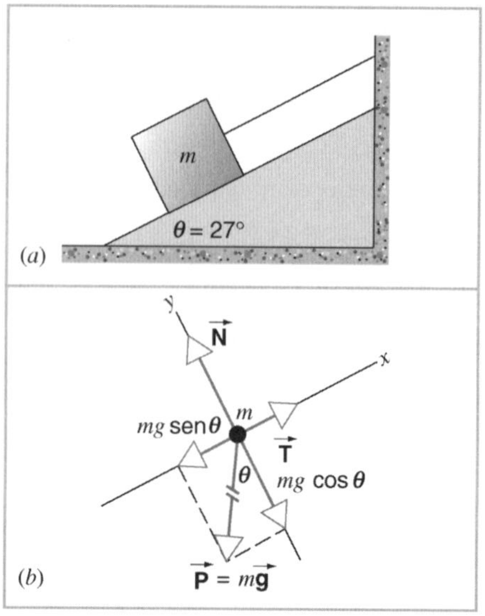

Fig. 5.8 Problema Resolvido 5.4. (*a*) Uma massa m está sendo mantida em repouso, por uma corda, em um plano inclinado sem atrito. (*b*) O diagrama de corpo livre de m. Observe que o sistema de coordenadas xy está inclinado de modo que o eixo x é paralelo ao plano. O peso $m\vec{g}$ foi decomposto nas componentes do vetor; a linha dupla no vetor $m\vec{g}$ indica que este vetor foi substituído pelas suas componentes.

No caso estático, $a_x = 0$ e $a_y = 0$. A segunda lei de Newton fornece $\Sigma F_x = ma_x = 0$ e $\Sigma F_y = ma_y = 0$, então

$$T - mg\,\text{sen}\,\theta = 0 \quad \text{e} \quad N - mg\cos\theta = 0.$$

Examine estas equações. Elas são razoáveis? O que acontece no limite $\theta = 0°$? Parece que a tração será nula. Você espera que a tração seja nula se o bloco estiver em repouso sobre uma superfície horizontal? O que acontece com a força normal quando $\theta = 0°$? Isto é razoável? O que acontece a T e N no limite $\theta = 90°$? Você deve desenvolver o hábito de formular questões como estas antes de iniciar o trabalho algébrico para encontrar a solução. Se existir um erro, este é o melhor momento para encontrá-lo e corrigi-lo.

Resolvendo as equações,

$$T = mg\,\text{sen}\,\theta = (18{,}0\ \text{kg})(9{,}80\ \text{m/s}^2)(\text{sen}\,27°) = 80\ \text{N}$$

$$T = mg\cos\theta = (18{,}0\ \text{kg})(9{,}80\ \text{m/s}^2)(\cos 27°) = 157\ \text{N}$$

(*b*) Quando a corda é cortada, a tração desaparece das equações e o bloco não está mais em equilíbrio. As componentes da força resultante são agora $\Sigma F_x = -mg\,\text{sen}\,\theta$ e $\Sigma F_y = N - mg$

cos θ. A segunda lei de Newton, para as componentes x e y, fornece

$$-mg \operatorname{sen} \theta = ma_x \qquad \text{e} \qquad N - mg \cos \theta = ma_y.$$

Cortar a corda não altera o movimento na direção y (o bloco não pula do plano!), então, como antes, $a_y = 0$, e a força normal ainda é igual a $mg \cos \theta$, ou 157 N. Na direção x

$$a_x = -g \operatorname{sen} \theta = -(9{,}80 \text{ m/s}^2)(\operatorname{sen} 27°) = -4{,}45\text{m/s}^2.$$

O sinal negativo mostra que o bloco acelera no sentido negativo de x — isto é, descendo o plano. Verifique os limites $\theta = 0°$ e $\theta = 90°$. Eles são consistentes com as suas expectativas?

APLICAÇÕES ADICIONAIS

Algumas aplicações adicionais das leis de Newton são consideradas aqui. Estes exemplos envolvem dois objetos que necessitam ser analisados separadamente, mas não independentemente, porque o movimento de um objeto depende do movimento do outro, como quando eles estão ligados um ao outro por uma corda de comprimento fixo. Estude estes exemplos e observe a escolha de sistemas de coordenadas independentes para cada objeto.

PROBLEMA RESOLVIDO 5.5.

Dois blocos com massas diferentes m_1 e m_2 estão conectados por uma corda que passa por uma polia ideal (cuja massa é desprezível e que gira com atrito desprezível), conforme mostrado na Fig. 5.9 (o arranjo também é conhecido como *máquina de Atwood*[2]). Encontre a tração na corda e a aceleração dos blocos, sendo m_2 maior do que m_1.

Soluçao Escolhe-se um sistema de coordenadas com o eixo y positivo para cima; só é necessário considerar as componentes y das forças e acelerações. Os diagramas de corpo livre são mostrados na Fig. 5.9*b*. Para m_1, a força resultante é $\Sigma F_y = T_1 - m_1 g$; para m_2, $\Sigma F_y = T_2 - m_2 g$. Quando se aplica a segunda lei de Newton, na direção y, para cada um dos blocos:

bloco 1: $\qquad T_1 - m_1 g = m_1 a_{1y}$

bloco 2: $\qquad T_2 - m_2 g = m_2 a_{2y}$

onde a_{1y} e a_{2y} são, respectivamente, as acelerações de m_1 e m_2. Se a corda não tem massa e não se distende, e se a polia não possui massa e atrito, então a tração tem a mesma intensidade em qualquer ponto da corda e as intensidades das acelerações dos blocos são iguais. (Esta polia ideal não altera a intensidade da tração ou da aceleração ao longo da corda; sua única função é mudar as suas direções.) O valor da tração comum ao longo da corda é $T = T_1 = T_2$. Se a intensidade comum das acelerações for representada por a, então $a_{1y} = a$ (um número positivo, porque o bloco 1, de menor massa, se move para cima) e $a_{2y} = -a$ (um número negativo, porque o bloco 2, de maior massa, se move para baixo). Fazendo estas substituições e resolvendo simultaneamente as duas equações, obtém-se

$$a = \frac{m_2 - m_1}{m_2 + m_1} g \qquad \text{e} \qquad T = \frac{2m_1 m_2}{m_1 + m_2} g. \tag{5-4}$$

Considere o que acontece nas situações-limite $m_1 = 0$, $m_2 = 0$, $g = 0$ e $m_1 = m_2$. Observe que $m_1 g < T < m_2 g$, e tenha certeza de que você entendeu porque isto tem de ser verdadeiro. Se o sistema está acelerando, então a tração na corda *não* é igual ao peso de cada bloco.

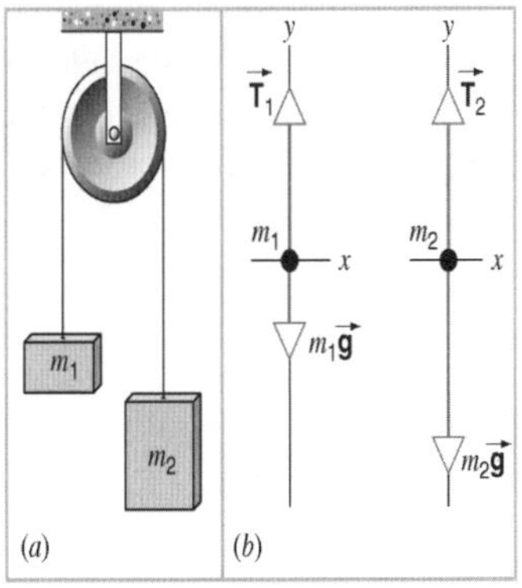

Fig. 5.9 Problema Resolvido 5.5. (*a*) Diagrama da *máquina de Atwood*, que consiste em dois blocos suspensos conectados por uma corda que passa por uma polia. (*b*) Diagrama de corpo livre de m_1 e m_2.

PROBLEMA RESOLVIDO 5.6.

A Fig. 5.10*a* mostra um bloco de massa m_1 sobre uma superfície horizontal sem atrito. O bloco é puxado por uma corda de massa desprezível que está presa a um outro bloco suspenso, de massa m_2. A corda passa por uma polia de massa desprezível e cujo eixo gira com atrito desprezível. Encontre a tração na corda e a aceleração de cada bloco.

Soluçao As Figs. 5.10*b* e 5.10*c* mostram os diagramas de corpo livre dos dois blocos.

O bloco 1 está sob a ação de uma força normal devida à superfície, da gravidade e de uma força devida à tração na corda.

[2]George Atwood (1745.1807) foi um matemático inglês que desenvolveu este dispositivo em 1784 para demonstrar as leis do movimento acelerado e medir g. Ao diminuir a diferença entre m_1 e m_2, ele era capaz de "tornar mais lento" o efeito de queda livre e medir o tempo de queda do peso com um relógio de pêndulo — o modo mais preciso de medir intervalos de tempo nessa época.

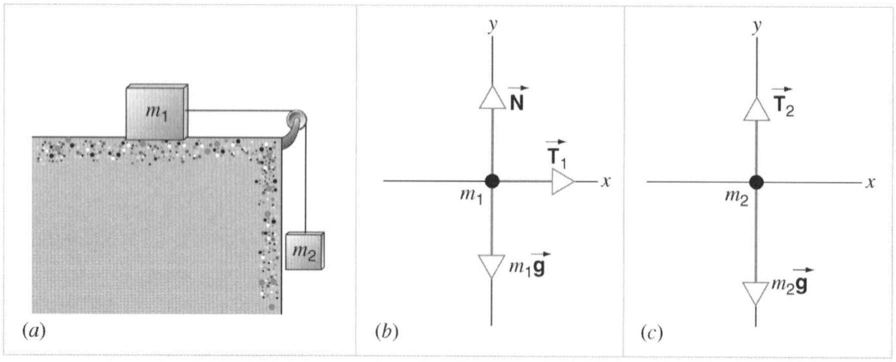

Fig. 5.10 Problema Resolvido 5.6. (*a*) O bloco m_1 é puxado sobre uma superfície horizontal lisa por uma corda que passa por uma polia e que está presa ao bloco m_2. (*b*) O diagrama de corpo livre do bloco m_1. (*c*) O diagrama de corpo livre do bloco m_2.

As componentes da força resultante sobre o bloco 1 são $\Sigma F_x = T_1$ e $\Sigma F_y = N - m_1 g$, e a segunda lei de Newton fornece:

$$T_1 = m_1 a_{1x} \quad \text{e} \quad N - m_1 g = m_1 a_{1y}.$$

Espera-se que o bloco 1 não se mova na direção y, de modo que $a_{1y} = 0$.

Para o bloco 2, não existem forças na direção x. A força resultante na direção y é $\Sigma F_y = T_2 - m_2 g$, e a segunda lei de Newton fornece:

$$T_2 - m_2 g = m_2 a_{2y}.$$

Se a massa da corda pode ser desprezada e a polia é ideal (sem atrito e de massa desprezível), então as intensidades das forças de tração T_1 e T_2 são iguais; T é usado para representar o valor comum da tração. Se a corda não distende, então as acelerações dos blocos são iguais; a é usado para representar o valor comum da aceleração, de modo que $a_{1x} = a$ e $a_{2y} = -a$. Agora, tem-se duas equações:

$$T = m_1 a \quad \text{e} \quad T - m_2 g = m_2(-a).$$

Resolvendo as duas equações simultaneamente, obtém-se

$$a = \frac{m_2}{m_1 + m_2} g \quad \text{e} \quad T = \frac{m_1 m_2}{m_1 + m_2} g. \qquad (5\text{-}5)$$

É interessante considerar os casos-limite destes resultados. O que acontece quando m_1 é zero? Neste caso, espera-se que a corda fique frouxa ($T = 0$) e que m_2 experimente queda livre ($a = g$). As equações corretamente predizem estes limites. Quando $m_2 = 0$, não existe força na horizontal sobre o bloco 1 e ele não irá acelerar; de novo, as equações fornecem uma predição correta.

Observe que $a < g$, conforme esperado. Observe também que T é menor do que mg, o que é o esperado quando o bloco está acelerando para baixo (ver Problema Resolvido 5.2).

As Eqs. 5.5 se comportam corretamente no limite $g = 0$?

PROBLEMA RESOLVIDO 5.7.

No sistema mostrado na Fig. 5.11*a*, um bloco (de massa $m_1 = 9{,}5$ kg) desliza sobre um plano, sem atrito, inclinado de um ângulo $\theta = 34°$. O bloco está preso a um segundo bloco (de massa $m_2 = 2{,}6$ kg) por uma corda. O sistema é liberado do repouso. Encontre a aceleração dos blocos e a tração no cabo.

Soluçao As Figs. 5.11*b* e 5.11*c* mostram os diagramas de corpo livre dos blocos 1 e 2. São escolhidos sistemas de coordenadas paralelos às direções das acelerações de cada bloco. Assim como nos exemplos anteriores, espera-se que a tração no cabo possua um valor comum e que o movimento vertical de m_2 e o movimen-

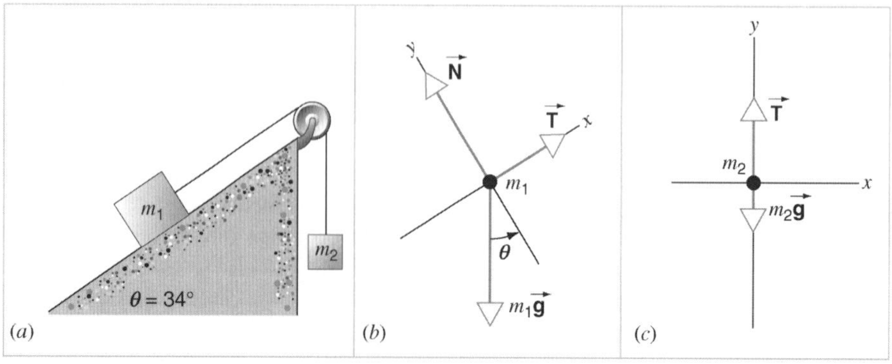

Fig. 5.11 Problema Resolvido 5.7. (*a*) O bloco m_1 desliza sobre uma superfície inclinada sem atrito. O bloco m_2 está suspenso por uma corda presa a m_1. (*b*) Diagrama de corpo livre do bloco m_1. (*c*) Diagrama de corpo livre do bloco m_2.

to de m_1 ao longo do plano inclinado possam ser descritos através de acelerações de mesma intensidade. Arbitrariamente, é suposto que m_1 se move no sentido positivo de x (se esta hipótese estiver errada, a será negativa). As componentes da força resultante sobre m_1 são $\Sigma F_x = T - m_1 g \text{ sen } \theta$ e $\Sigma F_y = N - m_1 g \cos \theta$, e a segunda lei de Newton fornece (com $a_{1x} = a$ e $a_{1y} = 0$):

$$T - m_1 g \text{ sen } \theta = m_1 a \quad \text{e} \quad N - m_1 g \cos \theta = 0.$$

Para m_2, a componente y da força resultante é $\Sigma F_y = T - m_2 g$, e a segunda lei de Newton fornece (com $a_{2y} = -a$):

$$T - m_2 g = m_2(-a).$$

Resolvendo simultaneamente, obtém-se

$$a = \frac{m_2 - m_1 \text{ sen } \theta}{m_1 + m_2} g \tag{5-6a}$$

e

$$T = \frac{m_1 m_2 g}{m_1 + m_2}(1 + \text{sen } \theta). \tag{5-6b}$$

Observe que estes resultados reproduzem as Eqs. 5.5 do Problema Resolvido 5.6 para $\theta = 0$ (de modo que o bloco 1 se move na horizontal) e as Eqs. 5.4 do Problema Resolvido 5.5 para $\theta = 90°$ (de modo que o bloco 1 se move na vertical).

Em valores numéricos, tem-se

$$a = \frac{2{,}6 \text{ kg} - (9{,}5 \text{ kg})(\text{sen } 34°)}{9{,}5 \text{ kg} + 2{,}6 \text{ kg}} (9{,}80 \text{ m/s}^2) = -2{,}2 \text{ m/s}^2.$$

O valor obtido para a aceleração é negativo, o que significa que a estimativa inicial sobre o sentido do movimento estava errada. O bloco 1 desliza pelo plano abaixo e o bloco 2 move-se para cima. Como as equações da dinâmica não envolvem forças que dependam do sentido do movimento, a estimativa inicial incorreta não afeta as equações e o resultado obtido pode ser considerado correto. Não é isto que costuma ocorrer quando são consideradas forças de atrito, uma vez que estas agem no sentido oposto ao movimento.

Para a tração da corda, obtém-se

$$T = \frac{(9{,}5 \text{ kg})(2{,}6 \text{ kg})(9{,}80 \text{ m/s}^2)}{9{,}5 \text{ kg} + 2{,}6 \text{ kg}} (1 + \text{sen } 34°) = 31 \text{ N}.$$

Este valor é maior do que o peso de m_2 ($m_2 g = 26$ N), o que é consistente com o fato de a aceleração de m_2 ser para cima.

5.3 FORÇAS DE ATRITO[3]

Um bloco de massa m que se move com uma velocidade inicial $\vec{v}_0$ sobre uma longa mesa horizontal eventualmente atinge o repouso. Isto significa que, enquanto está em movimento, o bloco experimenta uma aceleração média $\vec{a}_{\text{méd}}$ com um sentido oposto ao movimento. Se (em um referencial inercial) for observado que um corpo está acelerado, o movimento pode ser associado a uma força definida através da segunda lei de Newton. Neste caso, estabelece-se que a mesa exerce uma força de *atrito*, cujo valor médio é $m\vec{a}_{\text{méd}}$, sobre o bloco em movimento. Normalmente, o termo atrito é utilizado quando existe uma interação de contato entre sólidos. Efeitos semelhantes ao atrito causados por líquidos e gases são descritos por outros termos (ver Seção 4-4).

De fato, sempre que a superfície de um corpo desliza sobre a superfície de outro, cada um dos corpos exerce uma força de atrito sobre o outro. A força de atrito sobre cada corpo ocorre no sentido oposto ao seu movimento em relação ao outro corpo. As forças de atrito automaticamente se opõem a este movimento relativo e nunca o auxiliam. Mesmo quando não existe movimento relativo, forças de atrito podem estar presentes entre as superfícies.

Embora os seus efeitos tenham sido ignorados até o momento, o atrito é muito importante no nosso cotidiano. Se ele agisse sozinho, todos os eixos rotativos parariam. Em um automóvel, cerca de 20% da potência do motor é utilizada para contrapor as forças de atrito. O atrito causa desgaste e o emperramento de peças em movimento, e é empregado um esforço considerável em termos de engenharia para reduzi-lo. Por outro lado, sem o atrito não seria possível andar; não seria possível segurar um lápis, e se mesmo assim fosse possível ele não escreveria; o transporte sobre rodas, da forma conhecida, não seria possível.

Deseja-se expressar as forças de atrito em termos das propriedades do corpo e de suas vizinhanças; isto é, deseja-se conhecer a lei de força para as forças de atrito. Considera-se, a seguir, o deslizamento (não o rolamento) de uma superfície seca (sem lubrificação) sobre outra. Conforme será visto mais tarde, o atrito observado em um nível microscópico é um fenômeno muito complexo. As leis de força para o atrito seco de deslizamento são de caráter empírico e apresentam predições aproximadas. Elas não possuem a simplicidade elegante e a exatidão encontradas na lei da força gravitacional (Cap. 14) ou na lei da força eletrostática (Cap. 25). Entretanto, apesar da enorme diversidade do tipo de superfícies existentes, é notável como muitos aspectos do comportamento do atrito podem ser entendidos qualitativamente, com base em alguns poucos mecanismos simples.

Caso se considere um bloco em repouso sobre uma mesa horizontal, como mostrado na Fig. 5.12*a*, é possível medir a força horizontal $\vec{F}$ necessária para colocar o bloco em movimento, prendendo-se a ele uma mola. Pode-se notar que o bloco não se move mesmo se uma pequena força for aplicada (5.12*b*). A força aplicada é balanceada por uma força de atrito $\vec{f}$, de sentido oposto e que age ao longo da superfície de contato, exercida sobre o bloco pela mesa. À medida que a força aplicada é aumentada (Figs. 5.12*c*, *d*), em determinado valor da força o bloco "solta-

[3]Ver "Friction at the Atomic Scale" por Jacqueline Krim, *Scientific American*, outubro de 1996, p. 74.

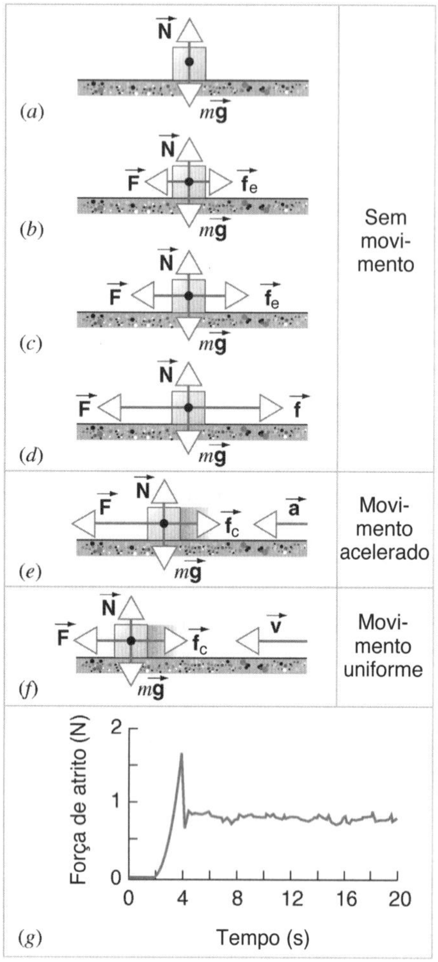

Fig. 5.12 (*a-d*) Uma força externa $\vec{\mathbf{F}}$, aplicada a um bloco em repouso, é contrabalançada por uma força de atrito $\vec{\mathbf{f}}$, igual em intensidade e oposta em sentido. À medida que $\vec{\mathbf{F}}$ é aumentada, $\vec{\mathbf{f}}$ também aumenta, até $\vec{\mathbf{f}}$ atingir um determinado valor máximo. (*e*) O bloco, então, "solta-se", acelerando para a esquerda. (*f*) Para que o bloco se mova com velocidade constante, a força aplicada $\vec{\mathbf{F}}$ deve ser reduzida do valor máximo atingido logo antes de o bloco iniciar o movimento. (*g*) Resultados experimentais; a força aplicada $\vec{\mathbf{F}}$ é aumentada a partir de um valor nulo, próximo a $t = 2$ s, e o movimento repentinamente se inicia em um instante próximo a $t = 4$ s. Para obter detalhes sobre o experimento, veja "Undergraduate Computer-Interfacing Projects", por Joseph Priest e John Snyder, *The Physics Teacher*, maio de 1987, p. 303.

se" da mesa e começa a acelerar (Fig. 5.12*e*). Ao se reduzir a força após iniciado o movimento, é possível manter o bloco em movimento uniforme sem aceleração (Fig. 5.12*f*). A Fig. 5.12*g* mostra os resultados de um experimento para medir a força de atrito. Uma força crescente F é aplicada em um instante próximo a $t = 2$ s, após o qual a força de atrito aumenta com a força aplicada e o objeto permanece em repouso. No instante $t = 4$ s, o objeto subitamente inicia o movimento e a força de atrito torna-se constante, independente do valor da força aplicada.

As forças de atrito que agem entre superfícies que não apresentam movimento relativo entre si são chamadas de forças de *atrito estático*. A máxima força de atrito estático (correspondente ao pico em $t = 4$ s na Fig. 5.12*g*) é igual à menor força necessária para iniciar o movimento. Tão logo o movimento é iniciado, a força de atrito entre as superfícies usualmente diminui, de modo que é necessária uma força menor para manter um movimento uniforme (correspondente à força aproximadamente constante em $t > 4$ s na Fig. 5.12*g*). As forças que agem entre superfícies que apresentam movimento relativo entre si são chamadas de forças de *atrito cinético*.

A máxima força de atrito estático entre qualquer par de superfícies secas e sem lubrificação segue estas leis empíricas: (1) é aproximadamente independente da área de contato, dentro de limites amplos e (2) é proporcional à força normal.[4]

A razão entre a intensidade da máxima força de atrito estático e a intensidade da força normal é chamada de *coeficiente de atrito estático* para as superfícies envolvidas. Se f_e representa a intensidade da força de atrito estática, pode-se escrever

$$f_e \leq \mu_e N \qquad (5\text{-}7)$$

onde μ_e é o coeficiente de atrito estático e N é a intensidade da força normal. O sinal de igualdade somente tem sentido quando f_e apresenta o seu valor máximo.

A força de atrito cinético f_c entre superfícies secas e sem lubrificação segue as mesmas duas leis válidas para o atrito estático. (1) É aproximadamente independente da área de contato, dentro de limites amplos e (2) é proporcional à força normal. A

TABELA 5.1 Coeficientes de Atrito[a]

Superfícies	μ_e	μ_c
Madeira na madeira	0,25–0,5	0,2
Vidro no vidro	0,9–1,0	0,4
Aço no aço, superfícies limpas	0,6	0,6
Aço no aço, lubrificado	0,09	0,05
Borracha no concreto seco	1,0	0,8
Esqui de madeira encerada na neve seca	0,04	0,04
Teflon no Teflon	0,04	0,04

[a]Os valores são aproximados e devem ser vistos apenas como estimativas. Os coeficientes reais de atrito para qualquer par de superfícies dependem de condições como a limpeza das superfícies, a temperatura e a umidade.

[4]As duas leis do atrito foram primeiro descobertas experimentalmente por Leonardo da Vinci (1452-1519). O estabelecimento destas duas leis por Leonardo da Vinci é notável, uma vez que foram propostas dois séculos antes de Newton desenvolver o conceito de força. As expressões matemáticas das leis do atrito e o conceito do coeficiente de atrito foram desenvolvidos por Charles Augustin Coulomb (1736-1806), que é mais conhecido pelos seus estudos de eletrostática (ver Cap. 25).

força de atrito cinético também é razoavelmente independente da velocidade relativa entre as duas superfícies.

A razão entre a intensidade da força de atrito cinético e a intensidade da força normal é chamada de *coeficiente de atrito cinético*. Se f_c representa a intensidade da força de atrito cinético, então

$$f_c = \mu_c N \qquad (5\text{-}8)$$

onde μ_c é o coeficiente de atrito cinético.

Tanto μ_e quanto μ_c são constantes adimensionais, cada uma sendo a razão entre (as intensidades de) duas forças. Normalmente, para um determinado par de superfícies $\mu_e > \mu_c$. Os valores reais de μ_e e μ_c dependem da natureza de ambas as superfícies em contato. Na maioria dos casos, os coeficientes podem ser considerados constantes (para um determinado par de superfícies) dentro da faixa de forças e velocidades normalmente encontradas. As duas constantes, μ_e e μ_c, podem exceder a unidade, embora comumente sejam inferiores a 1. A Tabela 5.1 mostra alguns valores representativos de μ_e e μ_c.

Observe que as Eqs. 5.7 e 5.8 são relações entre *apenas* as *intensidades* das forças normal e de atrito. Essas forças são sempre perpendiculares entre si.

A Base Microscópica do Atrito

Na escala atômica, até mesmo a superfície mais polida está longe de ser lisa. A Fig. 5.13, por exemplo, mostra um perfil real muito aumentado de uma superfície de aço altamente polida. Quando dois corpos são colocados em contato, a área microscópica real de contato é muito menor do que a área verdadeira da superfície; em um caso particular, estas áreas podem facilmente apresentar uma razão de $1{:}10^4$.

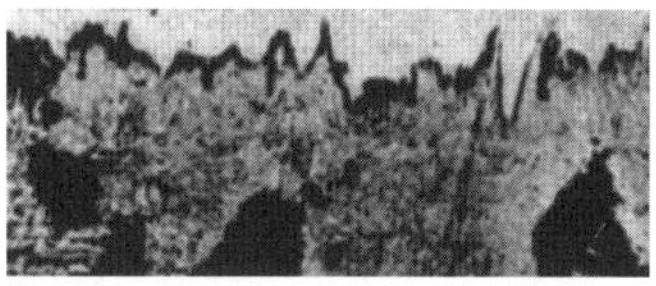

Fig. 5.13 Uma seção ampliada de uma superfície de aço altamente polida. A escala vertical das irregularidades da superfície é igual a vários milhares de diâmetros atômicos. A seção foi cortada em um ângulo tal que a escala vertical está exagerada em relação à escala horizontal de um fator de 10.

A área (microscópica) real de contato é proporcional à força normal, visto que ocorrem deformações plásticas nos pontos de contato sob as altas tensões desenvolvidas nesses pontos. Na realidade, muitos pontos de contato são "soldados a frio". Este fenômeno, conhecido como *adesão superficial*, ocorre porque nos pontos de contato as moléculas localizadas nos lados opostos da superfície estão tão próximas que exercem fortes forças intermoleculares umas sobre as outras.

Quando um corpo (por exemplo, de metal) é puxado sobre outro, a resistência do atrito está associada à ruptura desses milhares de pequenos pontos de solda, que continuamente são refeitas à medida que surgem novos pontos de contato (ver Fig. 5.14). Experimentos com traçadores radioativos mostram que, no processo de ruptura, pequenos fragmentos de uma superfície metálica podem ser arrancados e aderem à outra superfície. Se a velocidade relativa entre as duas superfícies for suficientemente alta, pode ocorrer fusão local em determinadas áreas de contato, mesmo que a superfície como um todo fique apenas moderadamente quente. Os eventos de "grudar" e "deslizar" são responsáveis pelos ruídos que as superfícies secas fazem quando deslizam umas sobre as outras, como, por exemplo, o barulho estridente do giz no quadro-negro.

O coeficiente de atrito depende de muitas variáveis, como a natureza dos materiais, o acabamento da superfície, os filmes superficiais, a temperatura e o grau da contaminação. Por exemplo, se duas superfícies cuidadosamente limpas são colocadas em uma câmara com alto vácuo de modo que não ocorre a formação de filmes superficiais de óxido, o coeficiente de atrito cresce atingindo valores consideráveis e as superfícies realmente ficam firmemente "soldadas". A admissão de uma pequena quantidade de ar na câmara permite que filmes de óxido se formem nas superfícies opostas, reduzindo o valor do coeficiente de atrito para valores "normais".

A força de atrito que se opõe ao *rolamento* de um corpo sobre o outro é muito menor do que o atrito de deslizamento; isto resulta na vantagem da roda que rola sobre o trenó que desliza. Este atrito reduzido deve-se em grande parte ao fato de que, no

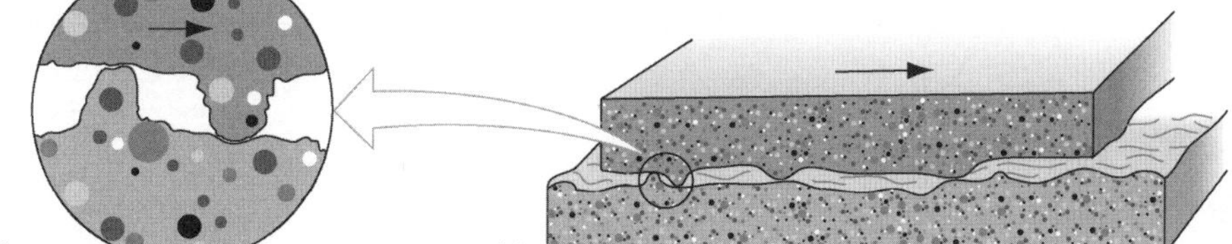

Fig. 5.14 O mecanismo de atrito de deslizamento. (*a*) A superfície superior está deslizando para a direita sobre a superfície inferior nesta vista ampliada. (*b*) Um detalhe, mostrando dois pontos onde ocorreu solda a frio. Uma força é necessária para quebrar estas soldas e manter o movimento. Se a força normal aumenta, as superfícies são empurradas uma contra a outra e colocadas mais próximas, de modo que mais soldas se formam e a força de atrito aumenta.

rolamento, as soldas microscópicas nos contatos são "descascadas" em vez de "cortadas" como no atrito de deslizamento. Isto reduz consideravelmente a força de atrito.

A resistência de atrito por deslizamento a seco pode ser consideravelmente reduzida através de lubrificação. Esta técnica era utilizada no Egito antigo para mover os blocos usados na construção das pirâmides. Uma técnica ainda mais eficiente é a introdução de uma camada de gás entre as superfícies deslizantes; o trilho de ar e os mancais a gás são dois exemplos. O atrito pode ser reduzido ainda mais, suspendendo um objeto por meio de forças magnéticas. Os trens de levitação magnética, que estão sendo atualmente desenvolvidos, apresentam o potencial de viajar em alta velocidade, praticamente sem atrito.

PROBLEMA RESOLVIDO 5.8.

Um bloco está em repouso sobre um plano inclinado que faz um ângulo θ com a horizontal, conforme mostrado na Fig. 5.15*a*. Quando se aumenta o ângulo do plano inclinado, observa-se que o início do deslizamento ocorre para um ângulo $\theta = 15°$. Qual é o coeficiente de atrito estático entre o bloco e o plano inclinado?

Soluçao A Fig. 5.15*b* mostra as forças que agem sobre o bloco, considerado como uma partícula. O peso do bloco é $m\vec{\mathbf{g}}$, a força normal exercida pela superfície inclinada sobre o bloco é $\vec{\mathbf{N}}$ e a força de atrito exercida pela superfície inclinada sobre o bloco é $\vec{\mathbf{f}}_e$. Observe que a força resultante exercida pela superfície inclinada sobre o bloco, $\vec{\mathbf{N}} + \vec{\mathbf{f}}_e$, ao contrário do que ocorre em uma superfície sem atrito $\vec{\mathbf{f}}_e = \phi$, não é mais perpendicular à superfície de contato. O bloco está em repouso, de modo que a segunda lei de Newton fornece $\Sigma \vec{\mathbf{F}} = \phi$. Ao decompor o peso nas componentes x e y (ver Fig. 5.8), é possível encontrar as componentes da força resultante como $\Sigma F_x = f_e - mg \text{ sen } \theta$ e $\Sigma F_y = N - mg \cos \theta$. Se o bloco está em repouso, então $a_x = 0$ e $a_y = 0$, e a segunda lei de Newton fornece

$$f_e - mg \text{ sen } \theta = 0 \quad \text{e} \quad N - mg \cos \theta = 0.$$

Para o ângulo θ_e, associado ao início do deslizamento, f_e apresenta o seu valor máximo, sendo igual a $\mu_e N$. Os valores de f_e e N podem ser obtidos das equações acima

$$\mu_e = \frac{f_e}{N} = \frac{mg \text{sen}\, \theta_e}{mg \cos \theta_e} = \text{tg}\, \theta_e = \text{tg}\, 15° = 0{,}27.$$

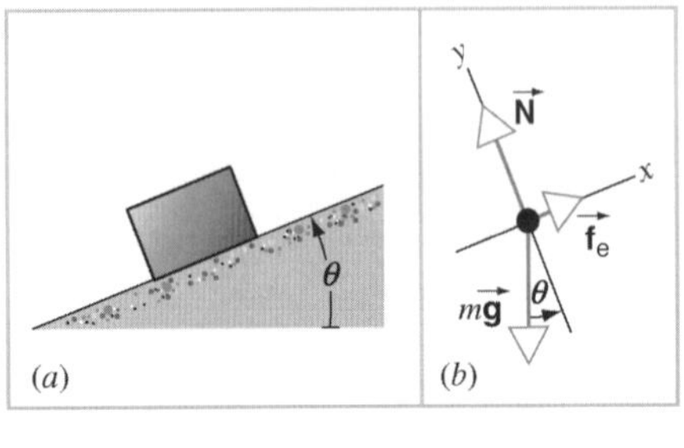

Fig. 5.15 Problema Resolvido 5.8. (*a*) Um bloco em repouso sobre um plano inclinado. (*b*) Diagrama de corpo livre do bloco.

Portanto, a medida do ângulo associado ao início do deslizamento fornece um método experimental simples para determinar o coeficiente de atrito estático entre duas superfícies. Vale notar que este método é independente do peso do objeto.

Argumentos similares podem ser usados para mostrar que o ângulo de inclinação θ_c, necessário para manter o bloco deslizando com uma *velocidade constante*, uma vez que o movimento foi iniciado por um leve empurrão, é dado por

$$\mu_c = \text{tg}\, \theta_c,$$

onde $\theta_c < \theta_e$. Com o auxílio de uma régua para medir a tangente do ângulo de inclinação, você pode determinar μ_e e μ_c para uma moeda que desliza sobre o seu livro.

PROBLEMA RESOLVIDO 5.9.

Considere um automóvel que se move ao longo de uma estrada reta e horizontal com uma velocidade v_0. O motorista freia e pára o carro sem derrapar. Se o coeficiente de atrito estático entre os pneus e a estrada é μ_e, qual é a menor distância na qual o automóvel pode ser parado?

Soluçao As forças que agem sobre o automóvel são mostradas na Fig. 5.16. Supõe-se que o carro estava se movendo na direção positiva de x. Se for admitido que f_e é uma força constante, tem-se um movimento uniformemente desacelerado.

Na solução do problema, são usadas as leis de Newton para determinar a aceleração do automóvel e, em seguida, as equações da cinemática do Cap. 2 para determinar a distância de parada. Do diagrama de corpo livre da Fig. 5.16*b*, são obtidas as

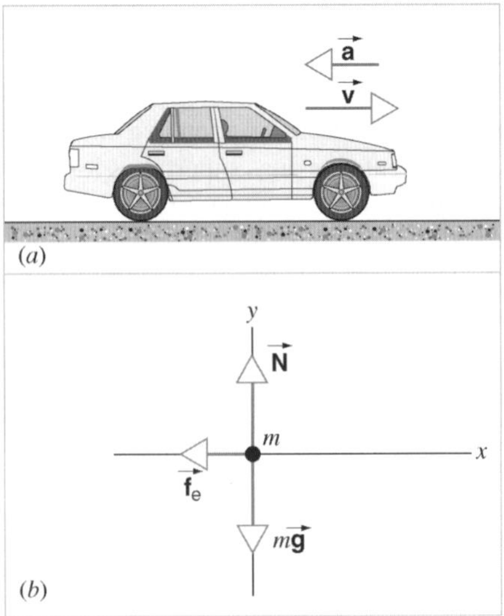

Fig. 5.16 Problema Resolvido 5.9. (*a*) Um automóvel desacelerando. (*b*) Diagrama de corpo livre do automóvel desacelerando, considerado como uma partícula. Por conveniência, considera-se que todas as forças atuam sobre um único ponto. Na realidade, as forças $\vec{\mathbf{N}}$ e $\vec{\mathbf{f}}_e$ são somas das forças individuais exercidas pela estrada sobre cada um dos quatro pneus.

equações das componentes para a força resultante, $\Sigma F_x = -f_e$ e $\Sigma F_y = N - mg$, e, então, da segunda lei de Newton

$$-f_e = ma_x \quad \text{e} \quad N - mg = ma_y = 0,$$

onde $a_y = 0$, uma vez que o carro não se move na direção vertical. Destas equações e da força do atrito estático ($f_e = \mu_e N$), obtém-se

$$a_x = -\frac{f_e}{m} = -\frac{\mu_e N}{m} = -\frac{\mu_e(mg)}{m} = -\mu_e g.$$

Se o carro começa com uma velocidade v_{0x} e termina com uma velocidade $v_x = 0$, pode-se usar a Eq. 2.26 ($v_x = v_{0x} + a_x t$) para encontrar o tempo de parada $t = v_{0x}/a_x = v_0/\mu_e g$. A distância de parada $d = x - x_0$ pode ser encontrada através da Eq. 2.28 ($x = x_0 + v_{0x}t + \frac{1}{2}a_x t^2$) usando este tempo de parada para t:

$$d = v_{0x}t + \tfrac{1}{2}a_x t^2 = v_0\left(\frac{v_0}{\mu_e g}\right) + \tfrac{1}{2}(-\mu_e g)\left(\frac{v_0}{\mu_e g}\right)^2 = \frac{v_0^2}{2\mu_e g}.$$

Quanto maior for a velocidade inicial, maior vai ser a distância necessária para o carro parar; de fato, esta distância varia com o quadrado da velocidade inicial. Também, quanto maior for o coeficiente de atrito estático entre as superfícies, menor é a distância necessária para o carro parar.

Neste problema, usou-se o coeficiente de atrito estático, em vez do coeficiente de atrito cinético, porque foi suposto que não ocorre deslizamento entre os pneus e a estrada. Além disso, foi suposto que a máxima força de atrito estático ($f_e = \mu_e N$) está presente, porque no problema é desejado encontrar a menor distância de parada. Com uma menor força de atrito estática, obviamente a distância de parada será maior. A técnica correta para frear requer que o carro seja mantido na iminência de derrapar. (Carros equipados com sistemas de freios antitravamento mantêm automaticamente esta condição.) Se a superfície for lisa e os freios forem totalmente aplicados, pode vir a ocorrer deslizamento. Nesta situação, μ_c substitui μ_e, e a distância necessária para parar aumenta porque μ_c é menor do que μ_e.

Considerando um exemplo específico, com $v_0 = 60$ mi/h $= 27$ m/s, e $\mu_e = 0{,}60$ (um valor típico), obtém-se

$$d = \frac{v_0^2}{2\mu_e g} = \frac{(27\text{ m/s})^2}{2(0{,}60)(9{,}8\text{ m/s}^2)} = 62\text{ m}.$$

Observe que este resultado é independente da massa do carro. Em carros com tração traseira, com o motor na frente, uma prática comum é "carregar" a mala do carro para aumentar a segurança em estradas congeladas. Como pode essa prática ser consistente com o resultado apresentado, que mostra que a distância de parada independe da massa do carro? (*Dica*: ver Exercício 10.)

PROBLEMA RESOLVIDO 5.10.

Repita o Problema Resolvido 5.7, levando em conta a força de atrito entre o bloco 1 e o plano. Use os valores $\mu_e = 0{,}24$ e $\mu_c = 0{,}15$.

Soluçao Da mesma forma que no Problema Resolvido 5.7, supõe-se que o bloco 1 desce o plano e, assim, a força de atrito age para cima no plano. A Fig. 5.17*a* mostra o diagrama de corpo livre da massa m_1. Quando as forças que agem sobre m_1 nas suas componentes são decompostas, tem-se que $\Sigma F_x = T + f - m_1 g$ sen θ e $\Sigma F_y = N - m_1 g \cos\theta$, e a segunda lei de Newton fornece

$$T + f - m_1 g \operatorname{sen}\theta = m_1 a \quad \text{e} \quad N - m_1 g\cos\theta = 0,$$

onde, da mesma forma que no Problema Resolvido 5.7, colocou-se $a_{1x} = a$ e $a_{1y} = 0$. A força resultante sobre o bloco 2 é $\Sigma F_y = T - m_2 g$, e com $a_{2y} = -a$ a segunda lei de Newton fornece

$$T - m_2 g = m_2(-a).$$

Colocando $f = \mu_c N = \mu_c m_1 g \cos\theta$ e resolvendo as duas equações remanescentes, para a e T, obtém-se

$$a = \frac{m_2 - m_1(\operatorname{sen}\theta - \mu_c\cos\theta)}{m_1 + m_2}g, \tag{5-9a}$$

$$T = \frac{m_1 m_2 g}{m_1 + m_2}(1 + \operatorname{sen}\theta - \mu_c\cos\theta). \tag{5-9b}$$

Observe que, no limite de $\mu_c \to 0$, as Eqs. 5.9 se reduzem às Eqs. 5.6 do Problema Resolvido 5.7.

Os valores numéricos de a e T são:

$$a = \frac{2{,}6\text{ kg} - 9{,}5\text{ kg}(\operatorname{sen}34° - 0{,}15\cos 34°)}{2{,}6\text{ kg} + 9{,}5\text{ kg}}(9{,}80\text{ m/s}^2)$$
$$= -1{,}2\text{ m/s}^2,$$

$$T = \frac{(9{,}5\text{ kg})(2{,}6\text{ kg})(9{,}80\text{ m/s}^2)}{9{,}5\text{ kg} + 2{,}6\text{ kg}}(1 + \operatorname{sen}34° - 0{,}15\cos 34°)$$
$$= 29\text{ N}.$$

O valor negativo de a é consistente com a forma como foram definidas as equações; o bloco move-se descendo o plano, assim como no Problema Resolvido 5.7, mas com uma aceleração menor do que ocorria no caso sem atrito (2,2 m/s²).

A tração na corda é menor do que no caso sem atrito (31 N). Na situação com atrito o bloco 1 acelera mais lentamente para baixo, de modo que não puxa tão forte a corda presa ao bloco 2.

Uma questão adicional que precisa ser respondida é se o sistema vai se mover. Isto é, existe força suficiente para baixo no plano para exceder o atrito estático e iniciar o movimento? Quando o sistema

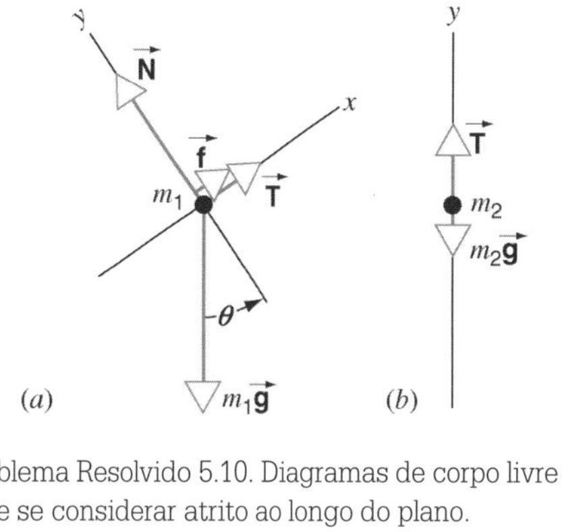

Fig. 5.17 Problema Resolvido 5.10. Diagramas de corpo livre da Fig. 5.11, para o caso de se considerar atrito ao longo do plano.

está inicialmente em repouso, a tração na corda é igual ao peso de m_2, ou (2,6 kg) (9,8 m/s²) = 26 N. A máxima força de atrito estático, que se opõe à tendência do movimento para baixo no plano, é $\mu_e N = \mu_e m_1 g \cos\theta = 19$ N. A componente do peso de m_1 que age para baixo no plano é $m_1 g \text{ sen } \theta = 52$ N. Então, a componente do peso que age para baixo no plano (52 N) é mais do que suficiente para superar o valor total da tração e da força de atrito estático (26 N + 19 N = 45 N). Dessa forma, o sistema irá se mover. Você deverá ser capaz de mostrar que, se o coeficiente de atrito estático for maior do que 0,34, então não haverá movimento.

5.4 A DINÂMICA DO MOVIMENTO CIRCULAR UNIFORME

Conforme foi discutido na Seção 5.4, quando um objeto de massa m se move em um círculo de raio r com uma velocidade uniforme v, ele experimenta uma aceleração radial ou centrípeta de intensidade v^2/r. Nesta seção, considera-se o movimento circular resultante de diversas forças que agem sobre o objeto. A segunda lei de Newton, para este caso, é aplicada na forma vetorial: $\Sigma \vec{\mathbf{F}} = m\vec{\mathbf{a}}$. Uma vez que $\vec{\mathbf{a}}$ é sempre radial, a força resultante também deve ser radial. A sua intensidade é dada por

$$\left|\sum \vec{\mathbf{F}}\right| = ma = \frac{mv^2}{r}. \qquad (5\text{-}10)$$

Qualquer que seja a natureza ou origem das forças que agem sobre o objeto em movimento circular uniforme, a resultante de todas as forças deve ser (1) na direção radial e (2) de intensidade igual a mv^2/r. Mesmo que a intensidade da velocidade do objeto permaneça constante, existe uma aceleração e, portanto, uma força resultante, porque a *direção* da velocidade está mudando.

Os exemplos seguintes ilustram a aplicação das leis de Newton ao movimento circular uniforme.

O Pêndulo Cônico

A Fig. 5.18 mostra um pequeno corpo de massa m que gira em um círculo horizontal com velocidade constante v na ponta de uma corda de comprimento L. À medida que o corpo gira, a corda descreve uma superfície de um cone imaginário. Este dispositivo é chamado de *pêndulo cônico*. A seguir, determina-se o tempo necessário para completar uma rotação.

Se a corda faz um ângulo θ com a vertical, o raio da trajetória circular é $R = L \text{ sen } \theta$. As forças que agem sobre o corpo de massa m são o seu peso $m\vec{\mathbf{g}}$ e a tração $\vec{\mathbf{T}}$ na corda, como mostrado na Fig. 5.18*b*. A tração $\vec{\mathbf{T}}$ pode ser decomposta, para qualquer instante, em componentes radial e vertical

$$T_r = -T \text{ sen } \theta \quad \text{e} \quad T_z = T\cos\theta. \qquad (5\text{-}11)$$

A componente radial é negativa se a direção radial for definida como positiva para fora do eixo central.

Pelo sistema de coordenadas mostrado na Fig. 5.18*b*, pode-se escrever as componentes da força resultante sobre o corpo como $\Sigma F_r = T_r = -T \text{ sen } \theta$ e $\Sigma F_z = T\cos\theta - mg$. Uma vez que o corpo não possui aceleração vertical, pode-se escrever a componente z da segunda lei de Newton como

$$T\cos\theta - mg = 0. \qquad (5\text{-}12)$$

A componente radial da segunda lei de Newton é $\Sigma F_r = ma_r$. A aceleração radial é $a_r = -v^2/R$, negativa porque age radialmente para dentro e escolheu-se a direção radial para fora como sendo positiva. Para este caso, a segunda lei de Newton fornece

$$-T \text{ sen } \theta = ma_r = m\left(\frac{-v^2}{R}\right). \qquad (5\text{-}13)$$

Eliminando-se T entre estas duas equações, encontra-se a velocidade do corpo:

$$v = \sqrt{Rg \text{ tg } \theta}. \qquad (5\text{-}14)$$

Se t representa o tempo de uma revolução completa do corpo, então

$$v = \frac{2\pi R}{t}$$

ou

$$t = \frac{2\pi R}{v} = \frac{2\pi R}{\sqrt{Rg \text{ tg } \theta}} = 2\pi\sqrt{\frac{R}{g \text{ tg } \theta}}.$$

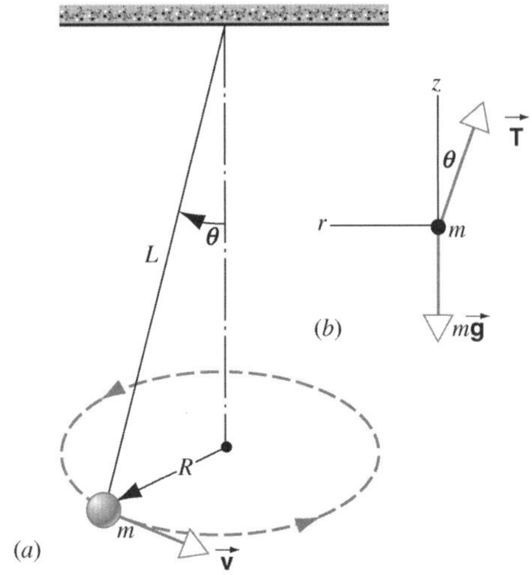

Fig. 5.18 O pêndulo cônico. (*a*) Um corpo de massa m suspenso por uma corda de comprimento L move-se em um círculo; a corda descreve um cone circular reto de semi-ângulo θ. (*b*) Diagrama de corpo livre do corpo.

Entretanto, $R = L$ sen θ, de modo que

$$t = 2\pi\sqrt{\frac{L\cos\theta}{g}}. \quad (5\text{-}15)$$

Esta equação fornece a relação entre t, L e θ. Observe que t, chamado de *período* do movimento, não depende de m.

Se $L = 1{,}2$ m e $\theta = 25°$, qual é o período do movimento? Tem-se

$$t = 2\pi\sqrt{\frac{(1{,}2\text{ m})(\cos 25°)}{9{,}8\text{ m/s}^2}} = 2{,}1\text{ s}.$$

O Rotor

Em muitos parques de diversão encontra-se um dispositivo geralmente chamado de rotor. O rotor é um recinto cilíndrico vazado que pode ser colocado para rodar em torno do eixo vertical central do cilindro. Uma pessoa entra no rotor, fecha a porta e permanece em pé junto da parede. O rotor gradualmente aumenta a sua velocidade de rotação desde o repouso até atingir uma velocidade preestabelecida, quando o chão se abre abaixo da pessoa e revela um fosso profundo. A pessoa não cai, mas permanece "pregada" contra a parede do rotor. Qual é a velocidade de rotação mínima necessária para impedir a queda?

As forças que agem sobre a pessoa estão mostradas na Fig. 5.19. O peso da pessoa é $m\vec{\mathbf{g}}$, a força de atrito estático entre a pessoa e a parede do rotor é $\vec{\mathbf{f}}_e$ e $\vec{\mathbf{N}}$ é a força normal exercida sobre a pessoa pela parede (que, como será visto adiante, promove a força centrípeta necessária). Da mesma forma que no cálculo anterior, as forças são decompostas em componentes radiais e verticais, com a direção radial positiva para fora do eixo de rotação e a direção z positiva para cima. As componentes da força resultante sobre a pessoa são, então, $\Sigma F_r = -N$ e $\Sigma F_z = f_e - mg$. Vale notar que $\vec{\mathbf{N}}$ proporciona a força centrípeta neste caso.

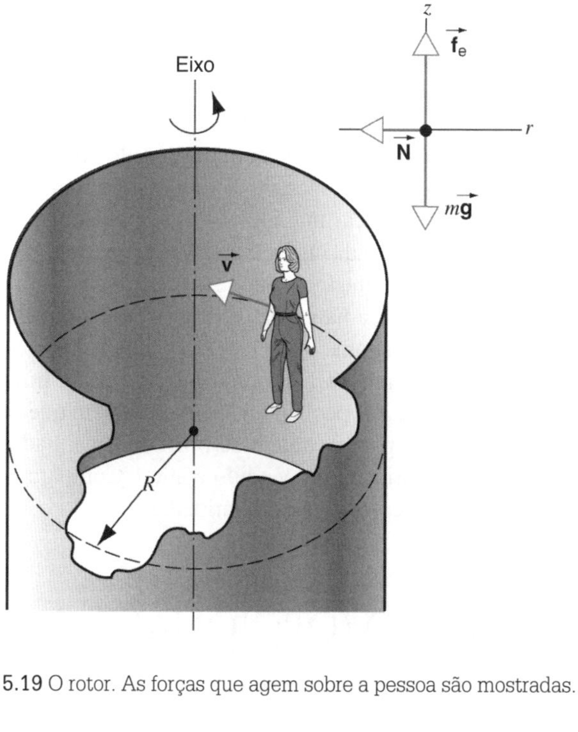

Fig. 5.19 O rotor. As forças que agem sobre a pessoa são mostradas.

A aceleração radial é $a_r = -v^2/R$ e a aceleração vertical é $a_z = 0$. As componentes radiais e verticais da segunda lei de Newton fornecem

$$-N = ma_r = m\left(\frac{-v^2}{R}\right) \quad \text{e} \quad f_e - mg = ma_z = 0.$$

Escrevendo $f_e = \mu_e N$ e substituindo $N = mv^2/R$ da primeira equação e $f_e = mg$ da segunda equação, pode-se resolver para v para encontrar

$$v = \sqrt{\frac{gR}{\mu_e}}. \quad (5\text{-}16)$$

Esta equação relaciona o coeficiente de atrito necessário para impedir o deslizamento com a velocidade tangencial de um objeto sobre a parede. Observe que o resultado não depende da massa da pessoa.

Na prática, o coeficiente de atrito entre o material têxtil da roupa e a parede típica de um rotor (lona) é cerca de 0,40. Para um rotor típico com um raio de 2,0 m, v deve ser aproximadamente 7,0 m/s ou mais. A circunferência da trajetória circular é $2\pi R = 12{,}6$ m e a 7,0 m/s cada revolução é completada em um tempo $t = 12{,}6\text{ m}/(7{,}0\text{ m/s}) = 1{,}80$ s. O rotor deve, portanto, girar a uma taxa de pelo menos 1 revolução/1,80 s = 0,56 revolução/s ou cerca de 33 rpm, a mesma velocidade de rotação de um toca-discos.

A Curva Inclinada

Considere que o bloco na Fig. 5.20*a* representa um automóvel ou um vagão que se movimenta com uma velocidade constante v em um leito de estrada *nivelado* em torno de uma curva com um raio de curvatura R. Além das duas forças verticais — a saber, o peso $m\vec{\mathbf{g}}$ e a força normal $\vec{\mathbf{N}}$ — uma força horizontal $\vec{\mathbf{P}}$ deve agir sobre o carro. A força $\vec{\mathbf{P}}$ proporciona a força centrípeta necessária para o movimento em círculo. No caso do automóvel, esta força é fornecida por uma força de atrito lateral exercida pela estrada sobre os pneus; no caso do vagão, a força é fornecida pelos trilhos que exercem uma força lateral nas bordas

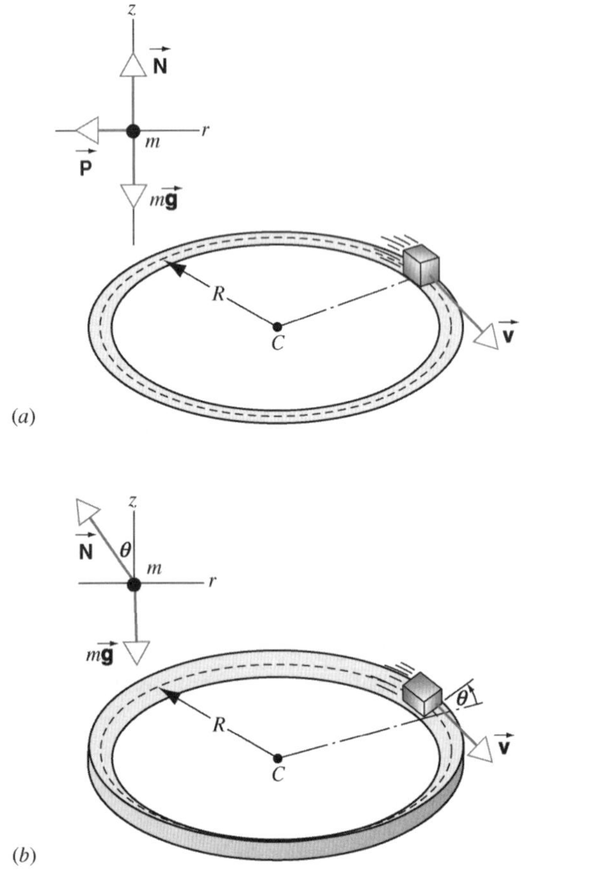

Fig. 5.20 (*a*) Um leito de estrada nivelado. O diagrama de corpo livre do objeto em movimento é apresentado à esquerda. A força centrípeta deve ser fornecida pelo atrito entre os pneus e a estrada. (*b*) Um leito de estrada inclinado. O atrito não é necessário para percorrer a curva com segurança.

internas das rodas do vagão. Não se pode garantir que estas forças laterais sejam sempre suficientes e, além disso, ambas causam desgaste desnecessário. Logo, o leito das estradas em curva é *inclinado*, conforme mostrado na Fig. 5.20*b*. Neste caso, a força normal $\vec{N}$ não só possui a componente vertical do caso anterior mas também uma componente horizontal que fornece a força centrípeta necessária ao movimento circular uniforme. Assim, em uma estrada com uma inclinação apropriada para veículos que trafegam a uma velocidade particular, as forças laterais adicionais não são necessárias.

O ângulo correto θ de inclinação na ausência de atrito pode ser obtido da forma mostrada a seguir. Como sempre, inicia-se o estudo com a segunda lei de Newton. O diagrama de corpo livre mostrado na Fig. 5.20 é usado neste estudo. As componentes radiais e verticais da força resultante sobre o corpo em movimento são $\Sigma F_r = -N \operatorname{sen} \theta$ e $\Sigma F_z = N \cos \theta - mg$. Como antes, a aceleração radial é $a_r = -v^2/R$ e a aceleração vertical é $a_z = 0$, de modo que as componentes da segunda lei de Newton podem ser escritas como

$$-N \operatorname{sen} \theta = ma_r = m\left(\frac{-v^2}{R}\right)$$

e

$$N \cos \theta - mg = ma_z = 0.$$

Resolvendo estas duas equações para sen θ e cos θ e dividindo as expressões resultantes, obtém-se

$$\operatorname{tg} \theta = \frac{v^2}{Rg}. \qquad (5\text{-}17)$$

Observe que o ângulo apropriado para a inclinação depende da velocidade do carro e da curvatura da estrada. Ele não depende da massa do carro; para um determinado ângulo de inclinação, todos os carros podem trafegar com segurança. Para uma dada curvatura, a estrada é inclinada com um ângulo correspondente a uma velocidade média esperada. As curvas são freqüentemente sinalizadas com placas que indicam a velocidade apropriada associada à inclinação da curva. Se os veículos excederem esta velocidade, a força centrípeta adicional necessária para que se trafegue em segurança na curva deve ser fornecida pelo atrito entre os pneus e a estrada.

Verifique a fórmula para a inclinação nos casos-limite $v = 0$, $R \to \infty$, v grande e R pequeno. Observe também que se a Eq. 5.17 for resolvida para v, obtém-se o mesmo resultado que o obtido para a velocidade do pêndulo cônico. Compare as Figs. 5.18*b* e 5.20*b*, observando as similaridades.

5.5 FORÇAS DEPENDENTES DO TEMPO (OPCIONAL)[5]

No Cap. 2 analisou-se um automóvel freando, supondo que a aceleração é constante. Na prática, isto raramente acontece. Sob várias condições, especialmente em alta velocidade, normalmente primeiro os freios são aplicados levemente e, à medida que o carro diminui a velocidade, depois com mais força. Portanto, a força de frenagem depende do tempo durante o qual o carro está diminuindo a velocidade e, assim, a aceleração $a(t)$ é uma função que depende do modo como os freios são aplicados.

Ainda que a força não seja constante, as leis de Newton podem ser usadas para analisar o movimento. No entanto, as equações do Cap. 2 não podem ser usadas para encontrar a posição e a velocidade como funções do tempo porque foram derivadas considerando a aceleração constante. Para simplificar, supõe-se aqui que as forças e os movimentos ocorrem em uma dimensão tomada como a direção x. Para estabelecer uma equação para o movimento, primeiro é necessário obter-se a componente x da

[5]Esta seção envolve cálculo integral e pode ser adiada até que o estudante esteja mais familiarizado com os métodos de integração.

força resultante $F_x(t)$, a qual pode ser determinada da forma usual através de um diagrama de corpo livre. Em seguida, escreve-se $a_x = dv_x/dt$ e, usando a segunda lei de Newton, obtém-se

$$a_x(t) = \frac{dv_x}{dt} = \frac{F_x(t)}{m}$$

ou

$$dv_x = \frac{F_x(t)}{m}\,dt. \qquad (5\text{-}18)$$

Suponha que um objeto inicia o seu movimento em $t = 0$ com uma velocidade inicial v_{0x}. Qual é a sua velocidade v_x no instante t? Integra-se a Eq. 5.18 com os limites v_{0x} e v_0 do lado esquerdo, e 0 e t do lado direito:

$$\int_{v_{0x}}^{v_x} dv_x = \int_0^t \frac{F_x(t)}{m}\,dt.$$

$$v_x - v_{0x} = \frac{1}{m}\int_0^t F_x(t)\,dt$$

então

$$v_x(t) = v_{0x} + \frac{1}{m}\int_0^t F_x(t)\,dt. \qquad (5\text{-}19)$$

Observe que isto se reduz à Eq. 2.26 se F_x for uma constante ($= ma_x$) e, dessa forma, pode ser passada para fora da integral.

Continuando da mesma forma com $v_x = dx/dt$, pode-se encontrar a posição final como uma função do tempo

$$x(t) = x_0 + \int_0^t v_x(t)\,dt. \qquad (5\text{-}20)$$

Isto se reduz à Eq. 2.28 quando F_x é uma constante, de modo que $v_x(t) = v_{0x} + a_x t$.

Quando uma força depende do tempo, as Eqs. 5.19 e 5.20 podem ser usadas para encontrar as expressões analíticas para $v_x(t)$ e $x(t)$. Isto pode ser feito de uma forma similar à desenvolvida na Seção 4.4, na qual se estudou um caso em que a força dependia da velocidade. Em geral, especialmente quando não existe uma expressão analítica para as integrais, é necessário ou conveniente utilizar métodos numéricos ou computacionais.

PROBLEMA RESOLVIDO 5.11.

Um carro de massa $m = 1260$ kg está se movendo a 105 km/h (cerca de 65 mi/h ou 29,2 m/s). O motorista começa a frear, de maneira que a intensidade da força de frenagem aumenta linearmente com o tempo segundo uma taxa de 3360 N/s. (*a*) Quanto tempo o carro leva até parar? (*b*) Qual é a distância que o carro percorre durante o processo?

Soluçao (*a*) Se o sentido do movimento do carro for escolhido como o sentido positivo da direção x, então é possível representar a força de frenagem como $F_x = -ct$ onde $c = 3360$ N/s. (O sinal negativo indica que o sentido da força de frenagem é oposto ao do movimento.) Usando a Eq. 5.19, tem-se

$$v_x(t) = v_{0x} + \frac{1}{m}\int_0^t (-ct)\,dt = v_{0x} - \frac{ct^2}{2m}.$$

Para encontrar o tempo t_1, associado ao instante que o carro pára, iguala-se esta expressão a zero e resolve-se para t:

$$t_1 = \sqrt{\frac{2v_{0x}m}{c}} = \sqrt{\frac{2(29{,}2\text{ m/s})(1260\text{ kg})}{3360\text{ N/s}}} = 4{,}68\text{ s}.$$

(*b*) Para encontrar a distância percorrida pelo carro durante este tempo, é necessária uma expressão para $x(t)$ que pode ser obtida da integração de $v_x(t)$, de acordo com a Eq. 5.20:

$$x(t) = x_0 + \int_0^t \left(v_{0x} - \frac{ct^2}{2m}\right) dt = x_0 + v_{0x}t - \frac{ct^3}{6m}.$$

Quando se avalia esta expressão em $t = t_1$ (fazendo x_0 igual a 0), obtém-se

$$x(t_1) = 0 + (29{,}2\text{ m/s})(4{,}68\text{ s}) - \frac{(3360\text{ N/s})(4{,}68\text{ s})^3}{6(1260\text{ kg})} = 91{,}1\text{ m}.$$

A Fig. 5.21 mostra a dependência no tempo de x, v e a. Ao contrário do caso com aceleração constante, $v_x(t)$ não é uma linha reta.

Com este método de frear, a maior parte da variação na velocidade ocorre perto do final do movimento. A variação da velocidade no primeiro segundo após o freio ter sido aplicado é de somente 1,3 m/s (cerca de 3 mi/h ou 4,7 km/h); no último segundo, entretanto, a variação é de 11,2 m/s (cerca de 25 mi/h ou 40 km/h). (É preciso lembrar que, no caso de aceleração constante, a variação da velocidade é a mesma para intervalos de tempo iguais.) Você pode pensar na vantagem de se frear dessa maneira? Existem também desvantagens?

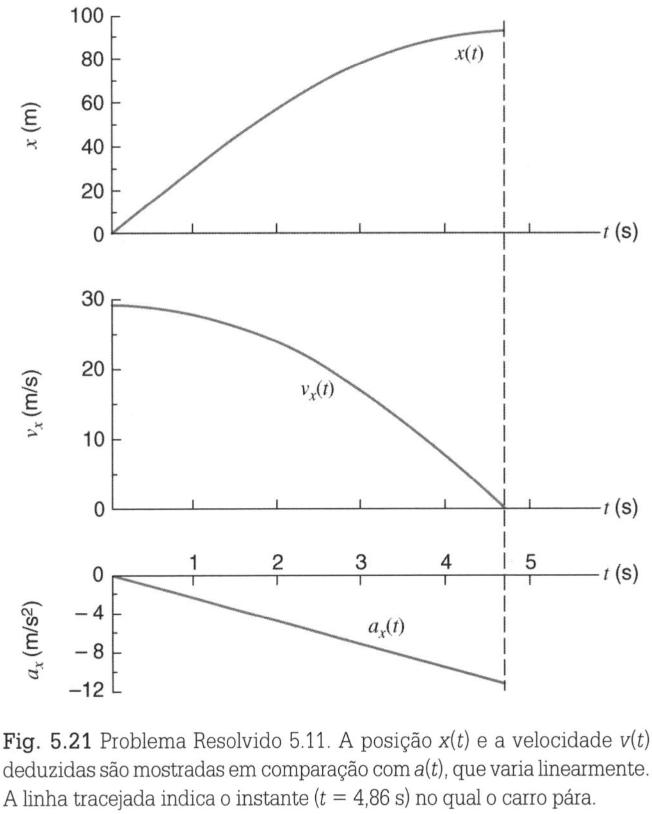

Fig. 5.21 Problema Resolvido 5.11. A posição $x(t)$ e a velocidade $v(t)$ deduzidas são mostradas em comparação com $a(t)$, que varia linearmente. A linha tracejada indica o instante ($t = 4{,}86$ s) no qual o carro pára.

5.6 REFERENCIAIS NÃO-INERCIAIS E PSEUDOFORÇAS (OPCIONAL)

No tratamento apresentado para a mecânica clássica, supôs-se que as medições e as observações foram feitas em um sistema de referência inercial. Este é um dos sistemas de referência definidos pela primeira lei de Newton — a saber, o conjunto de sistemas de referência nos quais um corpo não irá acelerar ($\vec{\mathbf{a}} = 0$) se não existirem na sua vizinhança corpos que produzam forças ($\Sigma\, \vec{\mathbf{F}} = 0$). A escolha do sistema de referência é sempre responsabilidade de quem está efetuando a análise. Se sempre escolher referenciais inerciais, não estará de forma alguma restringindo a sua capacidade de aplicar a mecânica clássica aos fenômenos naturais.

Entretanto, em situações convenientes, a mecânica clássica pode ser aplicada do ponto de vista de um observador em um *referencial não-inercial* — isto é, um sistema de referência posicionado em um corpo que está acelerando, quando visto de um referencial inercial. Os sistemas de referência de um carro que está acelerando ou um carrossel girando são exemplos de referenciais não-inerciais.

Para aplicar a mecânica clássica a referenciais não-inerciais é necessário introduzir forças adicionais conhecidas como *pseudoforças* (às vezes chamadas de forças inerciais). Ao contrário das forças já estudadas até aqui, não é possível associar as pseudoforças aos objetos presentes na vizinhança do corpo sobre o qual elas agem nem estas forças podem ser classificadas em nenhuma das categorias discutidas na Seção 5.1. Além disso, se o corpo é observado de um referencial inercial, as pseudoforças desaparecem. As pseudoforças são dispositivos que permitem aplicar a mecânica clássica da forma convencional a eventos que são observados de um sistema de referência não-inercial.

Como exemplo, considere um observador S' em um veículo que se move com velocidade constante. O veículo contém um longo trilho a ar com um cursor sem atrito de 0,25 kg que está em repouso em uma das extremidades do trilho (Fig. 5.22*a*). O motorista do veículo aplica os freios e o veículo começa a desacelerar. Um observador S, no solo, mede uma aceleração constante do veículo de $-2{,}8$ m/s^2. O observador S' posicionado no veículo está, assim, em um sistema de referência não-inercial quando o veículo começa a desacelerar. S' observa que o cursor se move ao longo do trilho com uma aceleração $+2{,}8$ m/s^2 (Fig. 5.22*b*). De que modo cada observador deve usar a segunda lei de Newton para analisar o movimento do cursor?

Para o observador posicionado no solo, que está em um sistema de referência inercial, a análise é direta. O cursor, que estava se movendo para a frente com uma velocidade constante antes de o veículo começar a frear, simplesmente continua o seu movimento. De acordo com S, o cursor não possui aceleração e, dessa forma, nenhuma força horizontal age sobre ele.

Contudo, o observador S' vê o cursor acelerar e não consegue identificar nenhum objeto da vizinhança do cursor que exerça uma força sobre ele, de maneira a proporcionar a aceleração para a frente observada. Para preservar a aplicabilidade da segunda lei de Newton, S' deve assumir que uma força (neste caso, uma pseudoforça) age sobre o cursor. De acordo com S' esta força $\vec{\mathbf{F}}$ deve ser igual a $m\vec{\mathbf{a}}'$, onde $\vec{\mathbf{a}}'$ ($= -\vec{\mathbf{a}}$) é a aceleração do cursor medido por S'. A componente x desta pseudoforça é

$$F'_x = ma'_x = (0{,}25 \text{ kg})(2{,}8 \text{ m/s}^2) = 0{,}70 \text{ N},$$

e o seu sentido é o mesmo de $\vec{\mathbf{a}}'$ — isto é, direcionada para a frente do veículo. Esta força, que é bastante real sob o ponto de vista de S', não é aparente para o observador posicionado no solo S, que não tem a necessidade de introduzi-la para considerar o movimento do cursor.

Uma indicação de que as pseudoforças são não-newtonianas é o fato de que elas violam a terceira lei de Newton. Para aplicar a terceira lei de Newton, S' precisa encontrar uma força de reação exercida *pelo* cursor sobre algum outro corpo. Essa força não pode ser encontrada e, assim, a terceira lei de Newton é violada.

As pseudoforças são bastante reais para quem as experimenta. Imagine-se dirigindo um carro que está fazendo uma curva para a esquerda. Para um observador no solo, o carro está experimentando uma aceleração centrípeta e, dessa forma, é um sis-

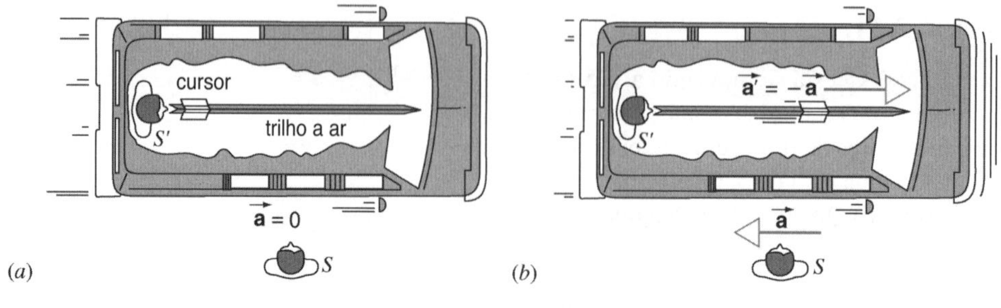

Fig. 5.22 (*a*) Um observador S posicionado no solo acompanha o observador S' que está em um veículo que se move com velocidade constante. O veículo está se movendo para a direita, que é tomado como sentido positivo da direção x. Ambos os observadores estão em sistemas de referência inerciais. (*b*) O veículo freia com uma aceleração constante a, de acordo com o observador S. O observador S', agora em um sistema de referência não-inercial, vê o cursor se mover para a frente sobre o trilho com uma aceleração constante $\vec{\mathbf{a}}' = -\vec{\mathbf{a}}$. O observador S' acompanha este movimento em termos de uma pseudoforça.

tema de referência não-inercial. Se o carro possui assentos lisos de vinil, você irá sentir-se deslizando sobre o assento para a direita. Para o observador no solo, que está em um sistema de referência inercial, isto é bem natural; o seu corpo está apenas tentando obedecer à primeira lei de Newton, movendo-se em uma linha reta, e é o carro que está deslizando embaixo de você para a esquerda. Do seu ponto de vista, no sistema de referência não-inercial do carro, você deve atribuir o seu deslizamento a uma pseudoforça que o puxa para a direita. Este tipo de pseudoforça é chamada de *força centrífuga*, significando uma força direcionada *para fora* do centro.

Em um carrossel, você está de novo em um sistema de referência não-inercial no qual os objetos aparentemente se movem para fora do eixo de rotação sob a influência de uma força centrífuga. Se você está segurando uma bola na mão, irá parecer que a força horizontal resultante sobre a bola é nula e que a força centrífuga para fora está sendo balanceada pela força para dentro exercida sobre a bola pela sua mão. Para um observador no solo, que está em um sistema de referência inercial, a bola está se movendo em um círculo, acelerando na direção do centro sob a influência da força *centrípeta* que você exerce nela com a sua mão. Para o observador no solo, não existe força centrífuga porque a força resultante sobre a bola *não* é zero: ela está acelerando radialmente para dentro.

As pseudoforças podem ser usadas como base de dispositivos práticos. Considere a centrífuga, um dos instrumentos de laboratório mais úteis. À medida que uma mistura de substâncias se move rapidamente em círculo, as substâncias de maior massa experimentam uma força centrífuga maior mv^2/r e afastam-se mais do eixo de rotação. A centrífuga, portanto, usa a pseudoforça para separar as substâncias pela massa, assim como o espectrômetro (Seção 3.4) de massa usa a força eletromagnética para separar átomos pela massa.

Uma outra pseudoforça é chamada de força de *Coriolis*. Suponha que você esteja girando em um carrossel e que você coloque uma bola para rolar com uma velocidade constante ao longo de uma linha radial pintada no chão, na direção do centro. No instante em que você solta a bola, a uma distância r do centro, ela possui a velocidade tangencial exata (assim como você) para estar em um movimento circular. À medida que se move para dentro, ela necessitaria de uma velocidade tangencial menor para manter o seu movimento circular na mesma taxa que a sua vizinhança imediata. Uma vez que ela não é capaz de perder velocidade tangencial (considerando que exista um pouco de atrito entre a bola e o chão), ela se move um pouco à frente da linha pintada que representa uma velocidade rotacional uniforme. Isto é, no seu sistema de referência não-inercial, você irá supor que uma pseudoforça perpendicular à linha — a força de Coriolis — faz com que a bola se afaste continuamente da linha conforme rola para dentro. Para um observador em um referencial inercial não existe a força de Coriolis: a bola move-se em uma linha reta com uma velocidade determinada pelas componentes da sua velocidade no instante em que foi solta.

Talvez o exemplo mais familiar do efeito da força de Coriolis é o movimento da atmosfera em volta de centros de baixa ou de alta pressão. A Fig. 5.23 mostra um diagrama de um centro de

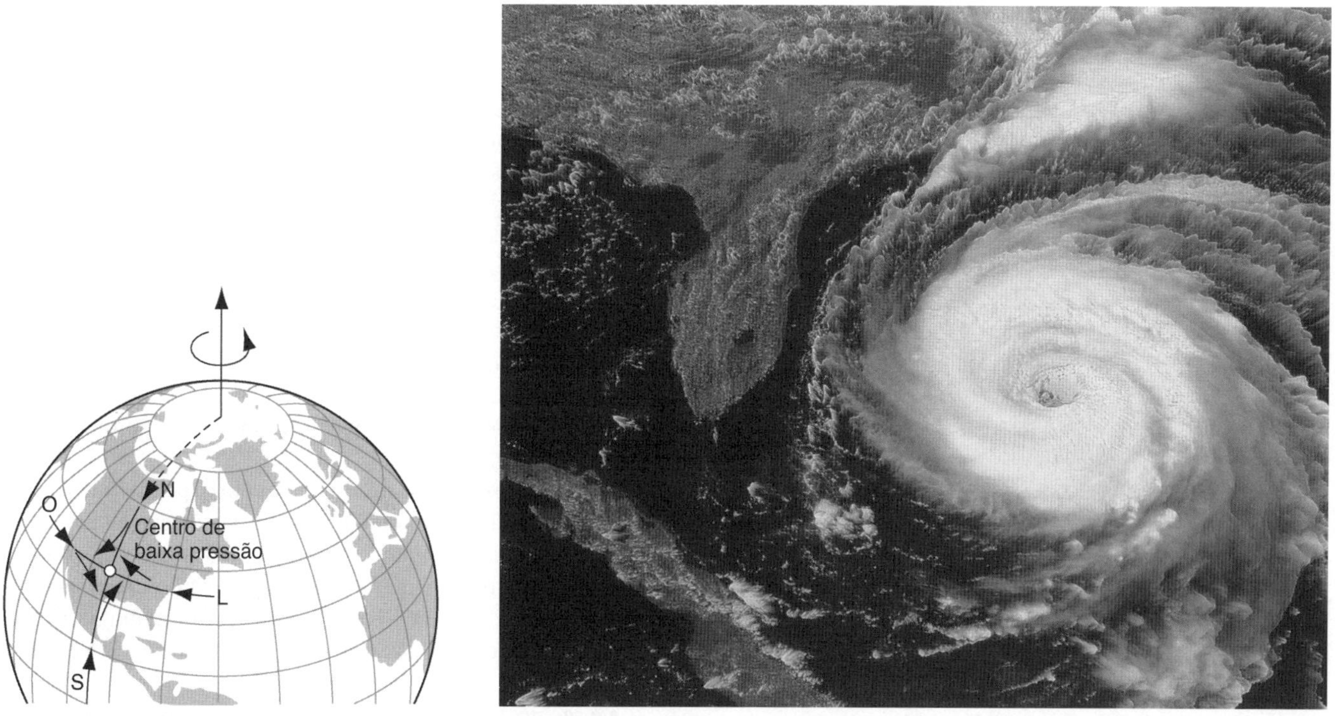

Fig. 5.23 Um centro de baixa pressão na Terra em rotação. À medida que o ar flui para dentro, ele parece girar no sentido anti-horário para observadores não-inerciais no hemisfério norte da Terra em rotação. Um furacão (foto) é um centro de baixa pressão.

baixa pressão no hemisfério norte. Como a pressão é menor do que nas redondezas, o ar flui radialmente para dentro vindo de todas as direções. À medida que a Terra gira (o que a torna um referencial não-inercial), o efeito é similar ao da bola no carrossel: o ar, que vem do sul e se precipita para dentro, move-se um pouco à frente de uma linha imaginária desenhada na Terra, enquanto o ar do norte (como uma bola que rola para fora no carrossel) se move um pouco atrás da linha. O efeito resultante é o movimento de rotação do ar em um sentido anti-horário, em torno do centro de baixa pressão. Este efeito de Coriolis é, portanto, responsável pela circulação dos ventos em um ciclone ou furacão. No hemisfério sul os efeitos são invertidos.

No estudo do movimento de projéteis de artilharia de longo alcance, é necessário corrigir os efeitos de Coriolis da Terra que está em movimento de rotação. Para um projétil típico com um alcance de 10 km, o efeito de Coriolis pode causar um desvio de cerca de 20 m. Tais correções estão embutidas nos programas de computador utilizados para controlar a pontaria e o disparo de armas de longo alcance. No entanto, as coisas podem sair erradas, conforme a marinha inglesa descobriu em uma batalha na I Guerra Mundial perto das Ilhas Falklands. Os seus manuais de controle de disparo tinham sido escritos para o hemisfério norte e as Ilhas Falklands ficam no hemisfério sul, onde as correções para os efeitos de Coriolis devem ser feitas no sentido oposto. Os projéteis ingleses estavam atingindo pontos a aproximadamente 100 m dos alvos, porque a correção para os efeitos de Coriolis estava sendo feita no sentido errado!

Portanto, nos problemas mecânicos existem duas opções: (1) selecionar um sistema de referência *inercial* e considerar somente forças "reais" — isto é, forças que podem ser associadas com os corpos presentes na vizinhança; ou (2) selecionar um sistema de referência *não-inercial* e considerar não somente as forças "reais", mas também as pseudoforças convenientemente definidas. Embora usualmente a primeira opção seja preferível, algumas vezes a segunda opção é escolhida; ambas são completamente equivalentes e a escolha é uma questão de conveniência. ■

5.7 LIMITAÇÕES DAS LEIS DE NEWTON (OPCIONAL)

Nos primeiros cinco capítulos, foi descrito um sistema para analisar o comportamento mecânico de, aparentemente, um vasto campo de aplicações. Com pouco mais do que as equações das leis de Newton é possível projetar grandes arranha-céus e pontes suspensas, ou mesmo planejar a trajetória de uma espaçonave interplanetária (Fig. 5.24). A mecânica newtoniana, que proporcionou estas ferramentas de cálculo, foi o primeiro desenvolvimento verdadeiramente revolucionário da física teórica.

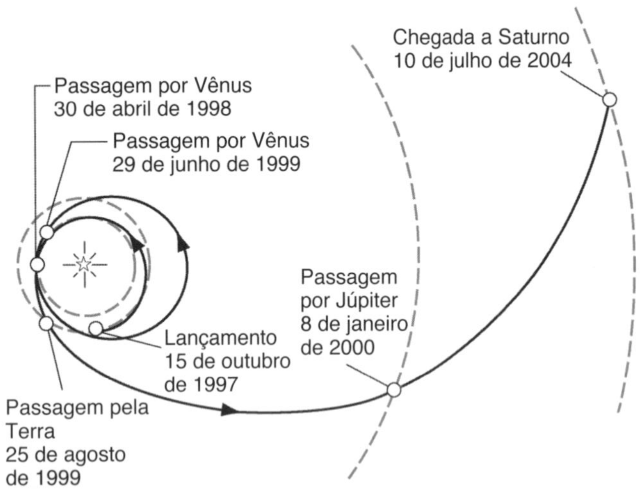

Fig. 5.24 A trajetória da missão Cassini a Saturno, lançada da Terra em 15 de outubro de 1997. A habilidade em calcular estas trajetórias com exatidão é um triunfo dos métodos da mecânica clássica. As passagens pelos quatro planetas são usadas para fornecer "auxílio da gravidade" que aumenta a velocidade da espaçonave (ver Seção 6.1) e permite que ela atinja Saturno. Para conhecer mais sobre esta missão, ver o endereço na Internet http://www.jpl.nasa.gov/cassini.

Aqui segue um exemplo da confiança normalmente conferida às leis de Newton. As galáxias e os aglomerados de galáxias freqüentemente são vistos como objetos em rotação, e através da observação consegue-se deduzir a velocidade de rotação. Em função disto, é possível calcular a quantidade de matéria que deve estar presente na galáxia ou no aglomerado para que a gravidade forneça a força centrípeta correspondente à rotação observada. Entretanto, a quantidade de matéria observada com telescópios é menor do que a esperada. Portanto, tem sido proposto que existe uma "matéria escura" adicional que não pode ser observada com telescópios, mas que deve estar presente para fornecer a força gravitacional necessária. Ainda não existe nenhum candidato convincente para esta matéria escura, e outras explicações têm sido propostas para a aparente inconsistência entre a quantidade de matéria realmente observada nas galáxias e a quantidade que se imagina necessária para satisfazer as leis de Newton. Uma das explicações propostas é que os cálculos estão incorretos porque as leis de Newton não são válidas para as condições encontradas em escalas muito grandes — isto é, quando as acelerações são muito pequenas (abaixo de 10^{-10} m/s^2). Em particular, foi proposto que para essas acelerações muito pequenas a força é proporcional a a^2, em vez de a.

A Fig. 5.25 mostra os resultados de um experimento que testa esta suposição. Se a força depender da aceleração elevada a alguma potência diferente de 1, os resultados não vão estar sobre uma linha reta. Através deste experimento extremamente preciso, conclui-se que até acelerações pequenas como 10^{-10} m/s^2, a força é proporcional à aceleração e a segunda lei de Newton é válida.

No século XX, surgiram outros três desenvolvimentos revolucionários: a teoria especial da relatividade de Einstein (1905), a sua teoria da relatividade (1915) e a mecânica quântica (por

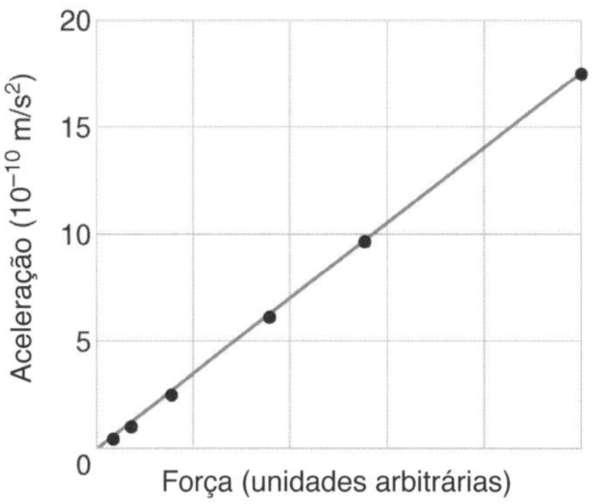

Fig. 5.25 Resultados de um experimento para verificar se a segunda lei de Newton é válida para acelerações abaixo de 10^{-9} m/s^2. A linha reta mostra que a aceleração é proporcional à força aplicada até 10^{-10} m/s^2. Dessa forma, a lei de Newton permanece válida mesmo para acelerações tão pequenas.

volta de 1925). A relatividade especial mostra que as leis de Newton não podem ser extrapoladas para estudar partículas que se movem a velocidades comparáveis à velocidade da luz. A relatividade geral mostra que as leis de Newton não podem ser usadas nas proximidades de objetos de massa extremamente elevada. Já a mecânica quântica mostra que as leis de Newton não podem ser extrapoladas para objetos tão pequenos quanto átomos.

A relatividade especial, que envolve uma visão do espaço e do tempo distinta da newtoniana, pode ser aplicada em quaisquer circunstâncias, tanto para altas velocidades como para baixas velocidades. No limite de baixas velocidades, pode-se mostrar que a dinâmica da relatividade especial se reduz diretamente às leis de Newton. Da mesma forma, a relatividade geral pode ser aplicada tanto a forças gravitacionais fracas como fortes, mas as suas equações se reduzem às leis de Newton para forças fracas. A mecânica quântica pode ser aplicada a átomos individuais, nos quais é previsto um certo comportamento aleatório, ou a objetos comuns com um grande número de átomos, nos quais a média do comportamento aleatório resulta, de novo, nas leis de Newton.

Nas últimas décadas, surgiu um outro desenvolvimento aparente revolucionário. Este novo desenvolvimento contempla sistemas mecânicos cujo comportamento é descrito como *caótico*. Uma das marcas características das leis de Newton é a sua habilidade de predizer o comportamento futuro de um sistema, se forem conhecidas as forças que agem e as características iniciais do movimento. Por exemplo, através da posição e da velocidade iniciais de uma sonda espacial que experimenta as forças gravitacionais conhecidas do Sol e dos planetas, é possível calcular sua trajetória exata. Por outro lado, considere agora um galho flutuando em um rio turbulento. Mesmo que durante todo o tempo atuem forças governadas pela mecânica newtoniana, a sua trajetória ao longo da correnteza do rio é totalmente imprevisível. Se dois galhos são largados lado a lado no rio, eles podem se distanciar bastante um do outro ao longo da correnteza. Uma particularidade da dinâmica caótica é que diminutas mudanças nas condições iniciais de um problema podem ser muito amplificadas e causar diferenças substanciais nos resultados previstos. A dinâmica caótica geralmente é utilizada na previsão do tempo, e diz-se que o bater das asas de uma borboleta no Japão pode estar relacionado com o desenvolvimento subseqüente de um furacão sobre o Golfo do México.

Estes movimentos caóticos não ocorrem somente em sistemas complexos como correntes turbulentas mas também em sistemas físicos simples, como um pêndulo, uma torneira gotejando lentamente ou um circuito elétrico oscilando. Na década de 60 descobriu-se que o comportamento caótico destes sistemas contém uma ordem e regularidade escondidos e o seu estudo formou o núcleo de um novo ramo da ciência, o *caos*[6]. Aplicações das leis do caos têm sido encontradas tanto em sistemas físicos quanto em sistemas biológicos. Mesmo áreas de ciências sociais, como economia e dinâmica populacional, apresentam comportamentos caóticos.

Cálculos que combinam a mecânica newtoniana das partículas com a teoria do caos têm mostrado que a órbita do planeta Plutão é caótica em uma escala de tempo de dezenas de milhões de anos (um tempo curto se comparado com a idade do sistema solar, cerca de 4,5 bilhões de anos, mas um longo tempo se comparado com o período orbital de Plutão em torno do Sol, cerca de 250 anos). A teoria do caos também tem sido usada para explicar duas propriedades do cinturão de asteróides (que está localizado entre as órbitas de Marte e Júpiter) que não podem ser compreendidas através da mecânica newtoniana convencional: (1) muitos asteróides desviam-se de órbitas presumivelmente estáveis, alguns deles tornam-se meteoritos que acabam caindo na Terra e (2) dentro do cinturão de asteróides existem vários espaços vazios nos quais o número de asteróides em órbita é pequeno ou zero. Somente na década passada, computadores de alta velocidade permitiram desenvolver cálculos detalhados da dinâmica de tais sistemas, considerando escalas de tempo necessárias para que estes comportamentos incomuns possam ser observados. À medida que cálculos adicionais são desenvolvidos, novas aplicações deste empolgante campo continuam a ser descobertas. ■

[6]Ver *Caos — A Criação de uma Nova Ciência*, por James Gleick (Editora Campus, 1989).

MÚLTIPLA ESCOLHA

5.1 Leis de Força

5.2 Forças de Tração e Normal

1. Ambas as extremidades de uma balança de mola estão presas a cordas; as cordas passam por polias sem atrito e estão presas a pesos de 20 N, conforme mostrado na Fig. 5.26. A leitura da escala estará próxima de

(A) 0 N (B) 10 N (C) 20 N (D) 40 N

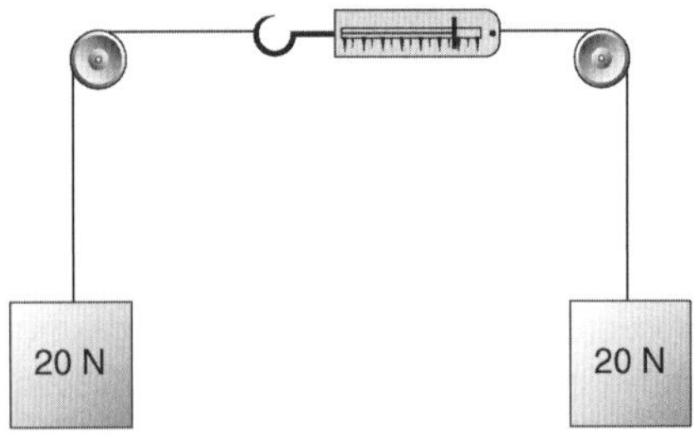

Fig. 5.26 Questão de múltipla escolha 1.

2. Qual das declarações abaixo é a mais correta?

(A) A força normal é a mesma coisa que o peso.

(B) A força normal é diferente do peso, mas sempre possui a mesma intensidade.

(C) A força normal é diferente do peso, mas os dois formam um par ação–reação de acordo com a segunda lei de Newton.

(D) A força normal é diferente do peso, mas os dois podem ter a mesma intensidade em certos casos.

3. Uma caixa de madeira está sobre uma mesa. A força normal exercida sobre a caixa pela mesa é 75 N. Uma segunda caixa idêntica é colocada sobre a primeira caixa. A força exercida pela mesa sobre a primeira caixa

(A) diminui. (B) continua em 75 N.

(C) aumenta para 150 N. (D) aumenta para 300 N.

4. Uma mulher pode permanecer sobre uma superfície nivelada usando sapatos de corrida ou sapatos com salto alto. Supondo-se que a massa total dela é a mesma independentemente dos sapatos que ela está usando, então a força normal nos seus sapatos

(A) é maior no caso dos sapatos de corrida, em função da maior área de contato com o chão.

(B) é a mesma para qualquer par de sapatos.

(C) é maior para os sapatos de salto alto, por causa da menor área de contato com o chão.

(D) depende unicamente se ela estiver ou não com os joelhos dobrados.

5. Uma corda *real* está suspensa do teto por uma extremidade. A outra extremidade balança livremente. Se a massa da corda é 100 g, então a sua tração é

(A) 0,98 N ao longo de toda a corda.
(B) 0,49 N ao longo de toda a corda.
(C) 0,98 N na extremidade inferior da corda, e varia linearmente até zero no topo da corda.
(D) 0,98 N no topo da corda, e varia linearmente até zero na extremidade inferior da corda.

6. Um pássaro de peso P está parado no meio de um arame de massa desprezível esticado. Cada metade do arame faz um pequeno ângulo com a horizontal. Que conclusão pode ser tirada sobre a tração T no arame?

(A) $T < P/2$ (B) $P/2 \leq T \leq P$ (C) $T > P$

(D) Mais informações são necessárias para responder à questão.

5.3 Forças de Atrito

7. Em relação ao peso de um objeto e a força de atrito estático sobre esse objeto, qual das afirmações está correta?

(A) O peso sempre é maior que a força de atrito.

(B) O peso sempre é igual à força de atrito.

(C) O peso é menor que a força de atrito para objetos suficientemente leves.

(D) O peso pode ser maior ou menor que a força de atrito.

8. Um bloco de madeira de 2,0 kg está sobre uma superfície nivelada onde $\mu_e = 0{,}80$ e $\mu_c = 0{,}60$. Uma força de 13,7 N é aplicada ao bloco, paralela à superfície.

(*a*) Se o bloco está originalmente em repouso, então

(A) ele permanecerá em repouso e a força de atrito será de aproximadamente 15,7 N.

(B) ele permanecerá em repouso e a força de atrito será de aproximadamente 13,7 N.

(C) ele permanecerá em repouso e a força de atrito será de 11,8 N.

(D) ele começará a deslizar com uma força resultante de aproximadamente 1,9 N que age sobre o bloco.

(*b*) Se o bloco estava originariamente em movimento e a força de 13,7 N foi aplicada na direção do movimento, então

(A) ele irá acelerar sob uma força resultante de aproximadamente 1,9 N.

(B) ele irá se mover com velocidade constante.

(C) ele irá desacelerar sob uma força resultante de aproximadamente 1,9 N.

(D) ele irá desacelerar sob uma força resultante de 11,8 N.

9. Dois blocos de madeira similares são amarrados um atrás do outro e puxados sobre uma superfície nivelada. O atrito não é desprezível. A força necessária para puxá-los com uma velocidade constante é F. Se um dos blocos é empilhado sobre o outro, a nova força necessária para puxá-los com uma velocidade constante será aproximadamente

(A) $F/2$. (B) F. (C) $\sqrt{2}F$. (D) $2F$.

10. Os sistemas de freio automático (ABS — *Automatic braking system*) nos automóveis previnem o travamento dos pneus através de sensores que verificam quando os pneus param de girar; caso isso ocorra, a força de frenagem é reduzida até que voltem a girar. Sabendo que $\mu_e > \mu_c > \mu_{girar}$, um automóvel equipado com ABS irá

(A) sempre parar na menor distância.

(B) parar na menor distância em pavimento seco, mas não em pavimento molhado.

(C) parar aproximadamente na mesma distância.

(D) sempre parar em uma distância maior do que um automóvel que pára travando os pneus.

11. Um bloco de madeira de 1,0 kg está colocado sobre um bloco de madeira idêntico, o qual está sobre uma mesa de plástico nivelada. O coeficiente de atrito estático entre as superfícies de madeira é μ_1, e o coeficiente de atrito estático entre a madeira e o plástico é μ_2.

(*a*) Uma força horizontal F é aplicada somente ao bloco posicionado no topo, e esta força é aumentada até que o bloco de cima começa a deslizar. O bloco debaixo irá deslizar junto com o bloco de cima, somente se

(A) $\mu_1 < 1/2\mu_2$. (B) $1/2\mu_2 < \mu_1 < \mu_2$.
(C) $\mu_2 < \mu_1$. (D) $2\mu_2 < \mu_1$.

(*b*) A força horizontal F é aplicada somente ao bloco debaixo, e esta força é aumentada até que o bloco debaixo começa a deslizar. Sob que condições o bloco de cima irá deslizar junto com o bloco debaixo?

(A) Se $\mu_1 > 0$, o bloco de cima irá deslizar, não importando o valor de μ_2.

(B) $1/2\mu_2 < \mu_1 < \mu_2$ (C) $\mu_2 < \mu_1$
(D) $2\mu_2 < \mu_1$

5.4 A Dinâmica do Movimento Circular Uniforme

12. Uma motocicleta move-se em torno de um círculo vertical com uma velocidade constante sob a influência da força da gravidade $\vec{P}$, a força de atrito entre as rodas e a pista $\vec{f}$ e a força normal entre as rodas e a pista $\vec{N}$.

(*a*) Qual das seguintes grandezas possui uma intensidade constante?

(A) $\vec{N}$ (B) $\vec{N} + \vec{f}$ (C) $\vec{f} + \vec{P}$ (D) $\vec{N} + \vec{P} + \vec{f}$

(*b*) Qual das seguintes grandezas, quando não nula, está sempre direcionada para o centro do círculo?

(A) $\vec{f}$ (B) $\vec{P}$ (C) $\vec{f} + \vec{P}$ (D) $\vec{N} + \vec{f}$

13. Um automóvel percorre um terreno acidentado. O movimento do automóvel no topo de uma colina é instantaneamente similar a um movimento circular com o centro de curvatura abaixo da estrada. O movimento do automóvel na parte debaixo de uma depressão é instantaneamente similar a um movimento circular com o centro de curvatura acima da estrada. A qualquer instante, existem três forças que agem sobre o carro: o peso $\vec{P}$, a força normal $\vec{N}$ e a força de atrito $\vec{f}$ dos pneus com a estrada. As intensidades destas três forças são dadas, respectivamente, por P, N e f.

(*a*) Quando o carro está no topo de uma colina, qual dos valores seguintes fornece a intensidade da força centrípeta?

(A) N (B) $P + N$ (C) $P - N$ (D) $N - P$

(*b*) Quando o carro está na parte debaixo de uma depressão, qual dos valores seguintes fornece a intensidade da força centrípeta?

(A) N (B) $P + N$ (C) $P - N$ (D) $N - P$

5.5 Forças Dependentes do Tempo

5.6 Referenciais Não-Inerciais e Pseudoforças

5.7 Limitações das Leis de Newton

QUESTÕES

1. Você pode puxar um vagão com uma corda, mas você não pode empurrá-lo com uma corda. Existe alguma coisa como uma tração "negativa"?

2. Quando se está polindo uma superfície, existe um limite a partir do qual continuar polindo faz com que o atrito aumente em vez de diminuir. Explique por quê.

3. Um caixote, mais pesado do que você, está em repouso sobre um chão áspero. O coeficiente de atrito estático entre o caixote e o chão é o mesmo que entre a sola dos seus sapatos e o chão. Você consegue empurrar o caixote sobre o chão? Ver Fig. 5.27.

4. Um jogador de beisebol normalmente consegue chegar mais rápido a uma base correndo do que escorregando. Explique a razão. Por que, então, escorregar?

5. Como pode uma pessoa que está em repouso sobre uma superfície de gelo, completamente sem atrito, que cobre um lago, chegar à margem? Ela pode conseguir isso andando, rolando, balançando os seus braços ou chutando os seus pés? Em primeiro lugar, como pode uma pessoa ser colocada em tal posição?

6. Por que os pneus apresentam uma melhor aderência sobre um terreno nivelado do que quando estão subindo ou descendo um terreno inclinado?

Fig. 5.27 Questão 3.

7. Qual é o propósito das superfícies curvas, chamadas de aerofólios, posicionadas na parte de trás de carros esporte? Eles são projetados para que o ar que passa por eles exerça uma força para baixo.

8. Duas superfícies estão em contato, mas estão paradas uma em relação à outra. Entretanto, cada uma exerce uma força de atrito sobre a outra. Explique.

9. O seu carro derrapa ao atravessar a faixa central de uma auto-estrada coberta de gelo. Você deve virar as rodas da frente no sentido da derrapagem ou no sentido oposto (*a*) quando você deseja evitar uma colisão com um carro que se aproxima e (*b*) quando nenhum carro está próximo e você deseja recuperar o controle da direção? Considere primeiro um carro com tração traseira e depois dianteira.

10. Por que os pilotos de corrida aceleram quando fazem a curva?

11. Você está pilotando um avião a uma altitude constante e quer executar uma volta de 90°. Por que se deve inclinar o avião?

12. Quando um cachorro molhado se sacode, as pessoas que estão próximas tendem a se molhar. Por que a água é projetada para fora do cachorro dessa forma?

13. Você já deve ter notado (Einstein notou) que, quando se mexe uma xícara de chá, as folhas flutuantes se concentram no centro da xícara em vez de se concentrarem nas bordas. Você pode explicar isto? (Einstein pôde.)

14. Suponha que você necessite medir se um tampo de mesa em um trem está realmente na horizontal. Você é capaz de determinar isto quando o trem está subindo ou descendo uma ladeira, usando um nível de bolha? E quando o trem está em uma curva? (*Dica*: Existem duas componentes horizontais.)

15. O que ocorre ao período e à velocidade de um pêndulo cônico, quando $\theta = 90°$? Por que este ângulo não pode ser alcançado fisicamente? Discuta o caso $\theta = 0°$.

16. Uma moeda é colocada sobre o prato de um toca-discos. O motor é ligado e, antes que a velocidade de rotação final seja atingida, a moeda é lançada para fora do prato. Explique por quê.

17. Um carro está percorrendo uma estrada que se parece com uma montanha-russa. Se o carro viaja com velocidade constante, compare a força que ele exerce sobre a estrada em um trecho horizontal com a força que ele exerce sobre a estrada no topo e no pé de uma colina. Explique.

18. Você está dirigindo um furgão ao longo de uma estrada reta com uma velocidade uniforme. Uma bola de praia está em repouso no chão do furgão (no centro) e um balão cheio de hélio está flutuando sobre ela, tocando o teto do furgão. O que ocorre a cada um se você (*a*) faz uma curva com velocidade constante ou (*b*) aplica os freios?

19. Como a rotação da Terra afeta a medição do peso de um objeto no equador?

20. Explique por que um fio de prumo não pende exatamente na direção da atração gravitacional da Terra (na direção do centro da Terra) na maioria das latitudes.

21. Astronautas no ônibus espacial em órbita querem manter um registro diário do seu peso. Você pode pensar em uma forma de como eles podem fazer isso, considerando que eles estão "sem peso"?

22. Explique como a questão "Qual é a velocidade linear de um ponto sobre o equador?" necessita de uma suposição sobre o sistema de referência usado. Mostre que a resposta muda conforme o sistema de referência muda.

23. Qual é a diferença entre sistemas de referência inerciais e sistemas que diferem apenas por uma translação ou rotação dos eixos?

24. Um passageiro no banco da frente de um carro começa a deslizar em direção à porta quando o motorista faz uma curva repentina à esquerda. Descreva as forças que agem sobre o passageiro e sobre o carro neste instante, considerando que o movimento está sendo acompanhado de um sistema de referência (*a*) posicionado na Terra e (*b*) posicionado no carro.

25. Você deve levar em conta o efeito de Coriolis quando está jogando tênis ou golfe? Se não, por quê?

26. Suponha que você está em pé na sacada de uma torre alta, de frente para o leste. Você deixa cair um objeto de modo que ele cai no chão logo abaixo; ver Fig. 5.28. Suponha que você seja capaz de localizar o ponto do impacto de uma forma bastante precisa. O objeto irá atingir o chão no ponto *a*, diretamente na vertical abaixo do ponto em que o objeto é largado, no ponto *b* a leste ou no ponto *c* a oeste? O objeto foi largado do repouso; a Terra roda de oeste para leste.

27. Mostre, através de um argumento qualitativo, que, em função da rotação da Terra, um vento no hemisfério norte que sopra do norte para o sul sofre um desvio para a direita. E um vento que sopra do sul para o norte? Qual é a situação no hemisfério sul?

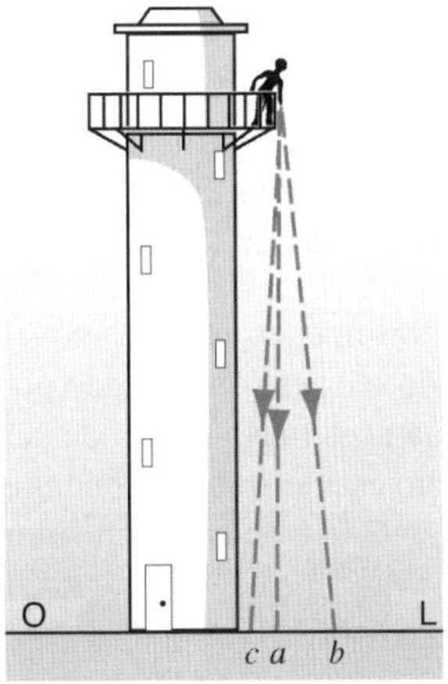

Fig. 5.28 Questão 26.

EXERCÍCIOS

5.1 Leis de Força

5.2 Forças de Tração Normal

1. Uma esfera, de massa $2,8 \times 10^{-4}$ kg, carregada está suspensa por uma corda. Uma força elétrica age horizontalmente sobre a esfera, de modo que quando está em repouso a corda faz um ângulo de 33° com a vertical. Encontre (*a*) a intensidade da força magnética e (*b*) a tração na corda.

2. Um elevador que pesa 6200 lb é puxado para cima por um cabo com uma aceleração de 3,8 ft/s^2. (*a*) Qual é a tração no cabo? (*b*) Qual é a tração quando o elevador está acelerando para baixo a 3,8 ft/s^2 mas ainda se movendo para cima?

3. Uma lâmpada está pendurada na vertical por um fio em um elevador que está descendo. Antes de parar, o elevador possui uma desaceleração de 2,4 m/s^2. Se a tração no fio é de 89 N, qual é a massa da lâmpada? (*b*) Qual é a tração no fio quando o elevador está subindo com uma aceleração para cima de 2,4 m/s^2?

4. Um elevador e sua carga possuem uma massa combinada de 1600 kg. Encontre a tração no cabo de sustentação quando o elevador, que inicialmente estava se movendo para baixo a 12 m/s, é trazido ao repouso por uma aceleração constante ao longo de 42,0 m.

5. Um homem de 110 kg desce de uma altura de 12 m até ao chão, segurando uma corda que passa por uma polia sem atrito e que está presa a um saco de areia de 74 kg. (*a*) Com que velocidade o homem atinge o chão? (*b*) Existe alguma coisa que ele possa fazer para reduzir a velocidade com que ele atinge o chão?

6. Um macaco de 11 kg está subindo por uma corda sem massa que passa, sem atrito, por um galho de uma árvore e está presa a uma tora de 15 kg. (*a*) Qual é a aceleração mínima com que o macaco deve subir a corda, de modo que ele possa levantar do chão a tora de 15 kg? Se, após a tora ter sido levantada do chão, o macaco parar de subir e segurar na corda, qual será a (*b*) aceleração do macaco e (*c*) a tração na corda?

7. A Fig. 5.29 mostra a seção de um sistema de teleférico alpino. A massa máxima permitida para cada carro com os ocupantes é de 2800 kg. Os carros, que se movem sobre um cabo de sustentação, são puxados por um segundo cabo preso a cada torre. Qual é a diferença em tração entre seções adjacentes do cabo de tração se os carros são acelerados para cima, seguindo uma inclinação de 35° a 0,81 m/s^2?

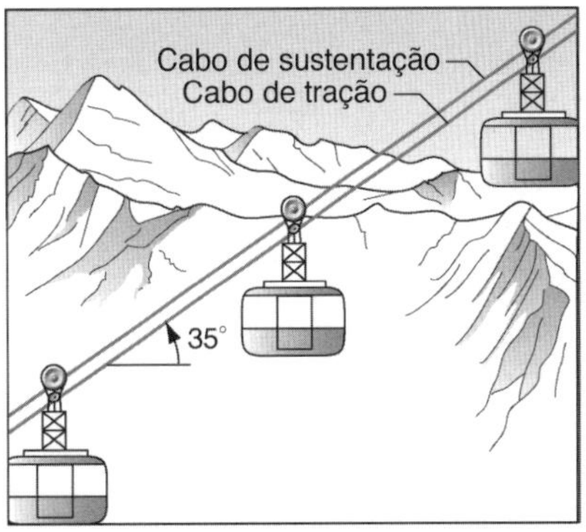

Fig. 5.29 Exercício 7.

8. O homem na Fig. 5.30 pesa 180 lb; a plataforma e a polia sem atrito pesam um total de 43 lb. Despreze o peso da corda. Com que força o homem precisa puxar a corda para cima para se elevar junto com a plataforma a 1,2 ft/s^2?

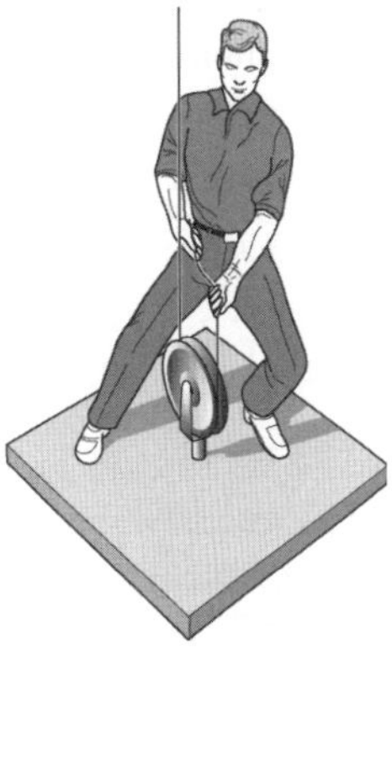
Fig. 5.30 Exercício 8.

5.3 Forças de Atrito

9. O coeficiente de atrito estático entre o Teflon e os ovos mexidos é de aproximadamente 0,04. Qual é o menor ângulo, em relação à horizontal, que provoca o deslizamento dos ovos ao longo de uma frigideira coberta por Teflon?

10. Suponha que somente as rodas traseiras de um automóvel podem acelerá-lo, e que metade do seu peso é suportado por estas rodas. (*a*) Qual é a máxima aceleração que pode ser alcançada se o coeficiente de atrito estático entre os pneus e a estrada é μ_e? (*b*) Considere $\mu_e = 0{,}56$ e obtenha um valor numérico para a aceleração.

11. Qual é a máxima aceleração que pode ser gerada por um corredor, se o coeficiente de atrito estático entre os sapatos e a estrada é 0,95?

12. Um jogador de beisebol (Fig. 5.31), com 79 kg de massa, ao escorregar em direção à base tem a sua velocidade reduzida por uma força de atrito de 471 N. Qual é o coeficiente de atrito cinético entre o jogador e o terreno?

Fig. 5.31 Exercício 12.

13. Uma barra horizontal é usada para suportar um objeto de 75 kg entre duas paredes, conforme mostrado na Fig. 5.32. As forças iguais exercidas contra a parede pela barra podem ser alteradas ajustando-se o comprimento da barra. O sistema é totalmente suportado pelo atrito entre as extremidades da barra e as paredes. O coeficiente de atrito estático entre a barra e as paredes é 0,41. Encontre o valor mínimo para as forças *F* de modo que o sistema permaneça em equilíbrio.

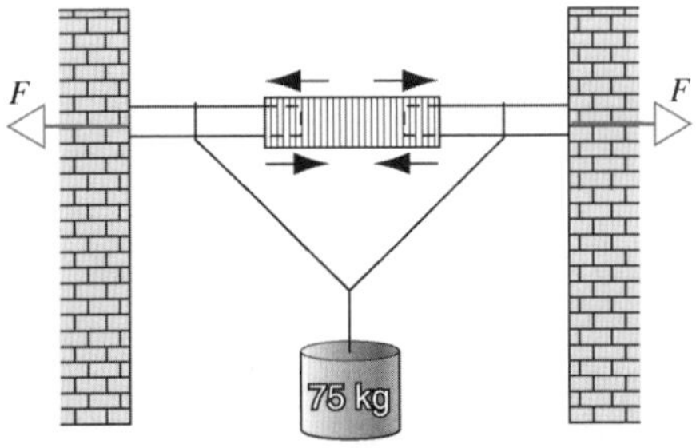

Fig. 5.32 Exercício 13.

14. Um baú de 53 lb (240 N) repousa sobre o chão. O coeficiente de atrito estático entre baú e o chão é de 0,41, enquanto o coeficiente de atrito cinético é 0,32. (*a*) Qual é a força horizontal mínima com a qual uma pessoa deve empurrar o baú para que ele comece a se mover? (*b*) Uma vez em movimento, qual é a força horizontal que a pessoa deve aplicar para manter o baú com velocidade constante? (*c*) Se, em vez disso, a pessoa continuar empurrando com a força usada para iniciar o movimento, qual será a aceleração do baú?

15. O coeficiente de atrito estático entre os pneus de um carro e uma estrada seca é 0,62. A massa do carro é 1500 kg. Qual é a máxima força de frenagem que pode ser obtida (*a*) em uma estrada nivelada e (*b*) em uma descida inclinada de 8,6°?

16. Uma casa é construída no topo de uma colina perto de uma encosta que apresenta uma inclinação de 42°. Quedas subseqüentes do material da encosta indicam que a inclinação deve ser reduzida. Se o coeficiente de atrito do solo com o solo é de 0,55, qual é o ângulo adicional que deverá ser incorporado ao ângulo original de inclinação da encosta?

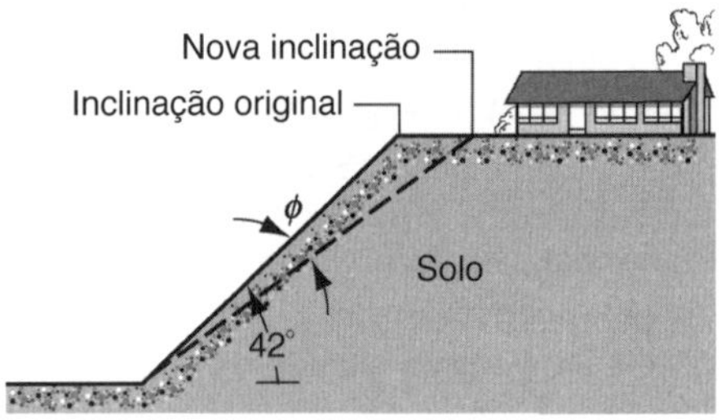

Fig. 5.33 Exercício 16.

17. Um engradado de 136 kg está em repouso sobre o chão. Um trabalhador tenta empurrá-lo sobre o chão, aplicando uma força de 412 N na horizontal. (*a*) Considere o coeficiente de atrito estático entre o engradado e o chão como igual a 0,37 e mostre que o engradado não se move. (*b*) Um segundo trabalhador ajuda, puxando o engradado para cima. Qual é a força vertical mínima que este trabalhador deve aplicar para que o engradado comece a se mover sobre o chão? (*c*) Se o segundo trabalhador aplicar uma força horizontal, em vez de vertical, qual é a força mínima a ser somada à original de 412 N, que deve ser exercida para iniciar o movimento do engradado?

18. Uma estudante deseja determinar os coeficientes de atrito estático e cinético entre uma caixa e uma prancha. Ela coloca a caixa sobre a prancha e gradualmente eleva uma das extremidades da prancha. Quando o ângulo de inclinação em relação à horizontal atinge 28,0°, a caixa começa a escorregar e desliza para baixo 2,53 m em 3,92 s. Encontre os coeficientes de atrito.

19. O calor de atrito gerado pelo movimento do esqui é o fator principal que promove o deslizamento quando se está esquiando. O esqui prende no início, mas, uma vez que o movimento se inicia, ele derrete a neve abaixo dele. Encerar o esqui torna-o impermeável e reduz o atrito com a película de água. Uma revista informa que um novo tipo de esqui de plástico é ainda mais impermeável e que, sobre um declive suave de 203 m nos Alpes, um esquiador com os novos esquis reduz o seu tempo de 61 s para 42 s. Considerando um declive de 3,0°, calcule o coeficiente de atrito cinético para ambos os casos.

20. Um bloco desliza para baixo, com velocidade constante, sobre um plano inclinado com um ângulo θ. Ele é, então, projetado para cima com uma velocidade inicial v_0. (*a*) A que distância para cima no plano inclinado o bloco irá se mover até ficar em repouso? (*b*) Ele irá deslizar de novo para baixo?

21. Um pedaço de gelo sai do repouso e desliza descendo sobre um plano áspero inclinado de 33° no dobro do tempo que ele gasta para deslizar descendo sobre um plano sem atrito inclinado de 33° de mesmo comprimento. Encontre o coeficiente de atrito cinético entre o gelo e o plano inclinado áspero.

22. Na Fig. 5.34, *A* é um bloco de 4,4 kg e *B* é um bloco de 2,6 kg. Os coeficientes de atrito estático e cinético entre *A* e a mesa são 0,18 e 0,15. (*a*) Determine a massa mínima do bloco *C* que deve ser colocada sobre *A* para evitar que ele deslize. (*b*) O bloco *C* é repentinamente levantado. Qual é a aceleração do bloco *A*?

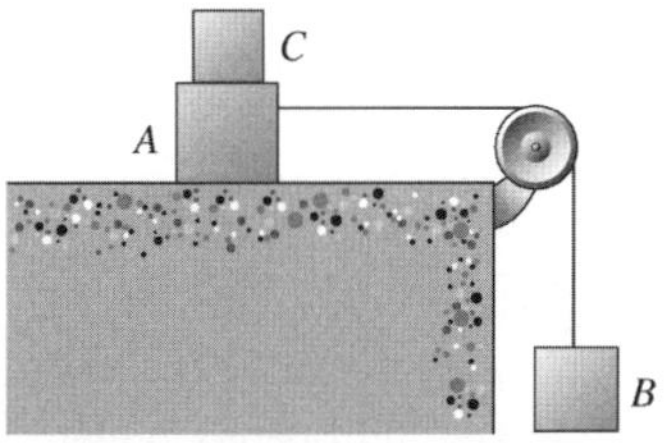

Fig. 5.34 Exercício 22.

23. Um bloco de 4,8 kg que está sobre um plano inclinado de 39°, sofre a ação de uma força horizontal de 46 N (ver Fig. 5.35). O coeficiente de atrito cinético entre o bloco e o plano é 0,33. (*a*) Qual é a aceleração do bloco se ele estiver se movendo para cima no plano? (*b*) Com a força horizontal ainda agindo, a que distância para cima no plano o bloco percorrerá se ele tiver uma velocidade inicial para cima de 4,3 m/s? (*c*) O que acontece ao bloco após ele atingir o ponto mais alto?

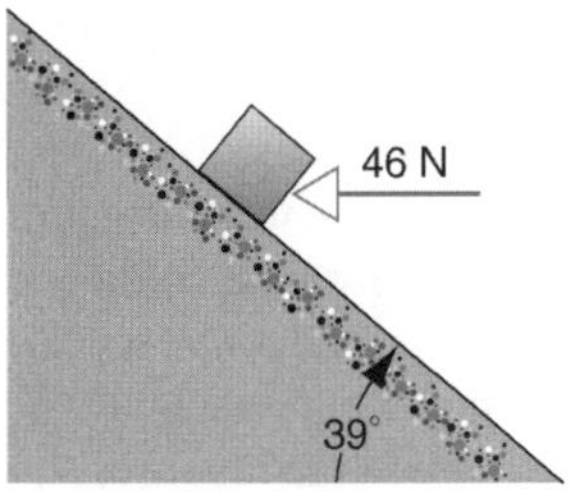

Fig. 5.35 Exercício 23.

24. Um bloco de aço de 12 kg está em repouso sobre uma mesa horizontal. O coeficiente de atrito estático entre o bloco e a mesa é igual a 0,52. (*a*) Qual é a intensidade da força horizontal necessária para colocar o bloco em movimento? (*b*) Qual é a intensidade de uma força que age para cima a 62° com a horizontal que coloca o bloco em movimento? (*c*) Se a força age para baixo a 62° com a horizontal, qual é a maior intensidade da força que não causa o movimento do bloco?

25. Um trabalhador arrasta um engradado pelo chão puxando por uma corda inclinada de 17° com a horizontal. O coeficiente de atrito estático é 0,52 e o coeficiente de atrito cinético é 0,35. (*a*) Qual é a tração na corda necessária para começar a mover o engradado? (*b*) Qual é a aceleração inicial do engradado?

26. Um fio rompe quando a tração que age nele excede 1,22 kN. Se o fio, que não está necessariamente na horizontal, é usado para arrastar uma caixa pelo chão, qual é o maior peso que pode ser movido considerando que o coeficiente de atrito estático é 0,35?

27. O bloco *B* na Fig. 5.36 pesa 712 N. O coeficiente de atrito estático entre o bloco *B* e a mesa é 0,25. Encontre o peso máximo do bloco *A* para o qual o bloco *B* permanece em repouso.

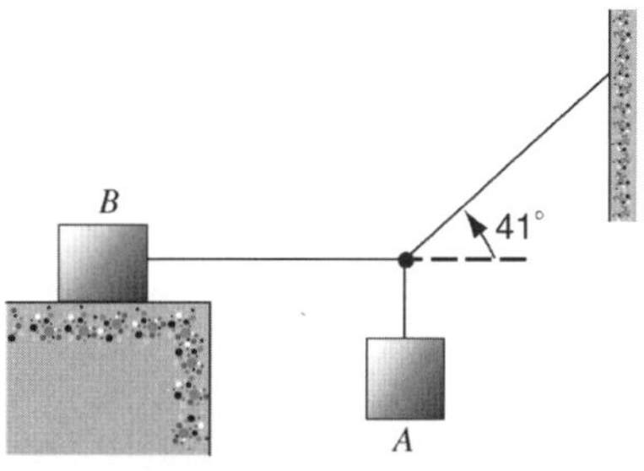

Fig. 5.36 Exercício 27.

28. O bloco m_1, na Fig. 5.37, possui uma massa de 4,20 kg e o bloco m_2 possui uma massa de 2,30 kg. O coeficiente de atrito cinético entre m_2 e o plano horizontal é de 0,47. O plano inclinado não possui atrito. Encontre (*a*) a aceleração dos blocos e (*b*) a tração na corda.

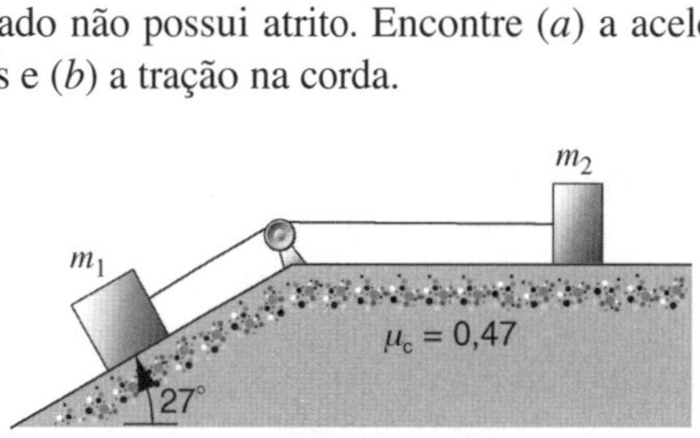

Fig. 5.37 Exercício 28.

29. Na Fig. 5.38, o objeto *B* pesa 94,0 lb e o objeto *A* pesa 29,0 lb. Os coeficientes de atrito estático e cinético entre o objeto B e o plano são, respectivamente, 0,56 e 0,25. (*a*) Encontre a aceleração do sistema se B está inicialmente em repouso. (*b*) Encontre a aceleração se B está se movendo para cima no plano. (*c*) Qual é a aceleração se B está se movendo para baixo no plano? O plano apresenta uma inclinação de 42,0°.

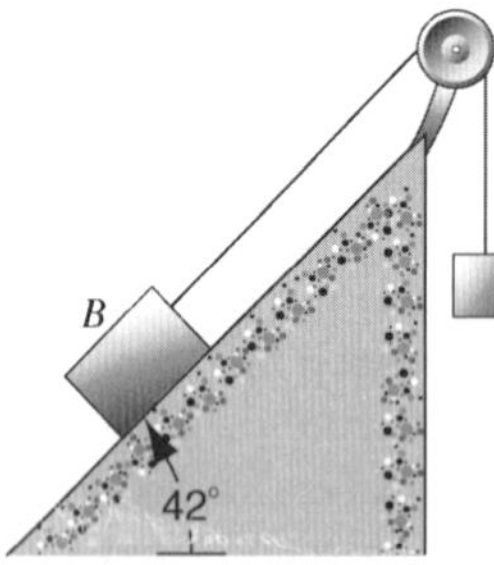

Fig. 5.38 Exercício 29.

30. Uma caixa desliza para baixo sobre uma calha, como mostrado na Fig. 5.39. O coeficiente de atrito cinético entre a caixa e o material da calha é μ_c. Encontre a aceleração da caixa.

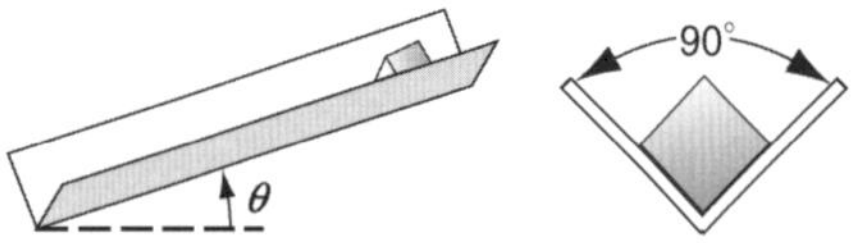

Fig. 5.39 Exercício 30.

31. Uma laje de 42 kg repousa sobre um chão sem atrito. Um bloco de 9,7 kg repousa sobre a laje, conforme mostra a Fig. 5.40. O coeficiente de atrito estático entre o bloco e a laje é 0,53, enquanto o coeficiente de atrito cinético é 0,38. O bloco de 9,7 kg sofre a ação de uma força horizontal de 110 N. Quais são as acelerações resultantes (*a*) do bloco e (*b*) da laje?

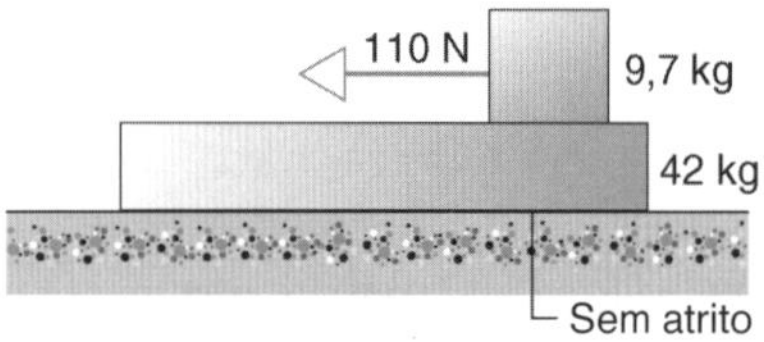

Fig. 5.40 Exercício 31.

5.4 A Dinâmica do Movimento Circular Uniforme

32. Durante uma corrida de trenó nas Olimpíadas de Inverno, uma equipe européia faz uma curva de 27 ft de raio a uma velocidade de 60 mi/h. Qual é a aceleração que os membros da equipe experimentam (*a*) em ft/s^2 e (*b*) em unidades de g?

33. Um carro de 2400 lb (= 10,7 kN) que viaja a 30 mi/h (= 13,4 m/s) tenta fazer uma curva não inclinada com um raio de 200 ft (= 61 m). (*a*) Qual é a força de atrito necessária para manter o carro na trajetória circular? (*b*) Qual é o coeficiente de atrito estático mínimo necessário entre os pneus e a estrada?

34. Uma curva circular de uma auto-estrada é projetada considerando o tráfego de veículos a 60 km/h (= 37 mi/h). (*a*) Se o raio da curva é 150 m (= 490 ft), qual é o ângulo correto da inclinação da estrada? (*b*) Se a curva não fosse inclinada, qual seria o coeficiente de atrito mínimo entre os pneus e a estrada que manteria os veículos trafegando sem derrapar nesta velocidade?

35. Um pêndulo cônico é formado por um seixo de 53 g preso a um fio de 1,4 m. O seixo oscila em torno de um círculo de 25 cm de raio. (*a*) Qual é a velocidade do seixo? (*b*) Qual é a sua aceleração? (*c*) Qual é a tração no fio?

36. Um ciclista (Fig. 5.41) percorre um círculo de 25 m de raio com uma velocidade constante de 8,7 m/s. A massa combinada da bicicleta e do ciclista é de 85 kg. Calcule a força — intensidade e ângulo com a vertical — exercida pela pista sobre a bicicleta.

Fig. 5.41 Exercício 36.

37. No modelo de Bohr para o átomo de hidrogênio, o elétron percorre uma órbita circular em torno do núcleo. Se o raio é $5{,}3 \times 10^{-11}$ m e o elétron faz $6{,}6 \times 10^{15}$ rev/s, encontre (*a*) a velocidade do elétron, (*b*) a aceleração do elétron e (*c*) a força que age sobre o elétron. (Esta força é o resultado da atração entre o núcleo com carga positiva e o elétron com carga negativa.)

38. Uma criança coloca uma cesta de piquenique na borda externa de um carrossel que tem um raio de 4,6 m e completa uma volta a cada 24 s. Qual deverá ser o coeficiente de atrito estático para que a cesta permaneça sobre o carrossel?

39. Um disco de massa m está sobre uma mesa sem atrito e preso a um cilindro suspenso de massa M, por uma corda que passa por um furo na mesa (ver Fig. 5.42). Encontre a velocidade com a qual o disco deve se mover em um círculo de raio r, de modo que o cilindro permaneça em repouso.

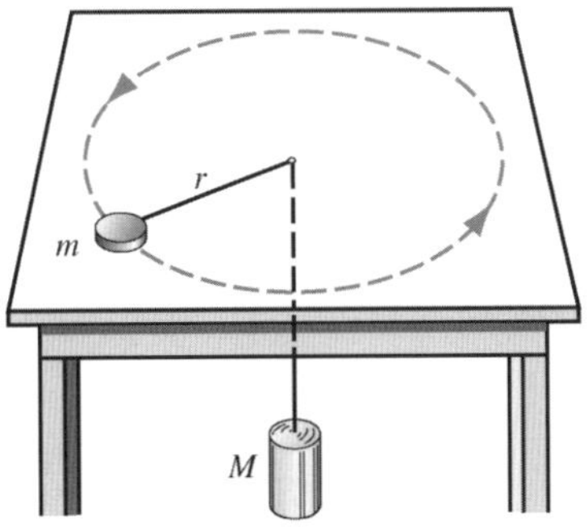

Fig. 5.42 Exercício 39.

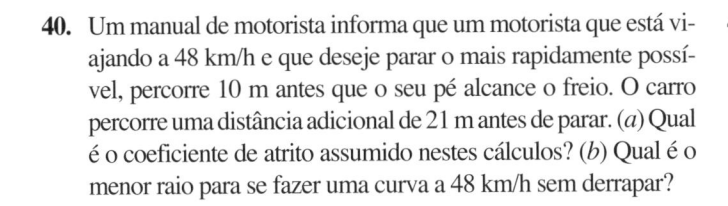

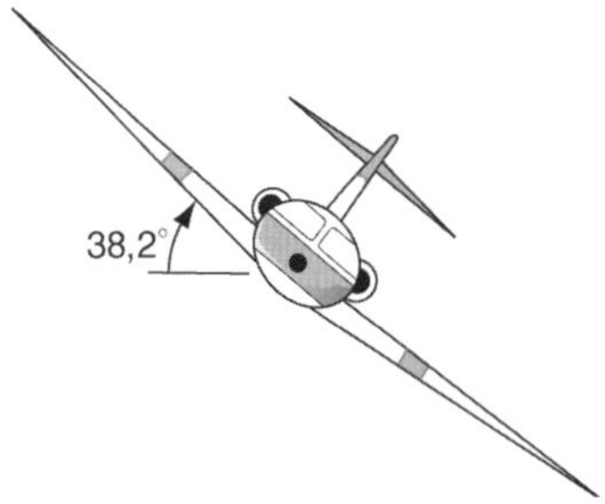

Fig. 5.43 Exercício 44.

40. Um manual de motorista informa que um motorista que está viajando a 48 km/h e que deseje parar o mais rapidamente possível, percorre 10 m antes que o seu pé alcance o freio. O carro percorre uma distância adicional de 21 m antes de parar. (*a*) Qual é o coeficiente de atrito assumido nestes cálculos? (*b*) Qual é o menor raio para se fazer uma curva a 48 km/h sem derrapar?

41. Uma curva inclinada de uma rodovia é projetada para veículos que trafegam a 95 km/h. O raio da curva é de 210 m. Em um dia chuvoso os veículos estão trafegando na rodovia a 52 km/h. (*a*) Qual é o mínimo coeficiente de atrito entre os pneus e a estrada para que os veículos possam fazer a curva sem derrapar? (*b*) Com este valor de coeficiente de atrito, qual é a maior velocidade com que se pode fazer a curva sem derrapar?

42. Um estudante de 150 lb está em uma roda-gigante sobre uma balança que marca 125 lb no ponto mais alto. (*a*) Qual é a leitura da balança no ponto mais baixo? (*b*) Qual é a leitura da balança no ponto mais alto se a velocidade da roda-gigante for dobrada?

43. Um pequeno objeto é colocado a 13,0 cm do centro do prato de um toca-discos. Observa-se que ele permanece no prato quando este gira a 33 1/3 rev/min, mas desliza para fora do prato quando este gira a 45,0 rev/min. Entre que limites deve estar o coeficiente de atrito estático entre o objeto e a superfície do prato?

44. Um avião está voando em um círculo horizontal com uma velocidade de 482 km/h. As asas do avião estão inclinadas 38,2° em relação à horizontal; ver Fig. 5.43. Encontre o raio do círculo no qual o avião está voando. Assuma que a força centrípeta é fornecida integralmente pela força de sustentação perpendicular à superfície da asa.

45. Uma ave está planando em uma trajetória circular horizontal. O seu ângulo de inclinação é estimado como 25° e a ave leva 13 s para completar uma volta. (*a*) Qual é a velocidade da ave? (*b*) Qual é o raio do círculo? (Ver "The Amateur Scientist" por Jearl Walker, *Scientific American*, março de 1985, p. 122.)

46. Um aeromodelo, de massa igual a 0,75 kg, está voando com uma velocidade constante em um círculo horizontal a uma altura de 18 m. Ele está preso à extremidade de uma corda de 33 m, estando a outra extremidade presa ao chão. O aeromodelo faz 4,4 rev/min e a sustentação é perpendicular às asas não inclinadas. (*a*) Qual é a aceleração do aeromodelo? (*b*) Qual é a tração na corda? (*c*) Qual é a sustentação produzida nas asas do aeromodelo?

47. Considere que, se a Terra não girasse, o quilograma padrão pesaria exatamente 9,80 N no nível do mar no equador. Então leve em consideração o fato de que a Terra gira, de modo que esse objeto se move em um círculo de raio de 6370 km (o raio da Terra) em um dia. (*a*) Determine a força centrípeta necessária para manter o quilograma padrão na sua trajetória circular. (*b*) Encontre a força exercida pelo quilograma padrão sobre uma balança de molas na qual ele está suspenso no equador (seu peso aparente).

5.5 Forças Dependentes do Tempo

48. A posição de uma partícula de massa 2,17 kg que viaja em linha reta é dada por

$$x = (0{,}179\ \mathrm{m/s^4})t^4 - (2{,}08\ \mathrm{m/s^2})t^2 + 17{,}1\ \mathrm{m}.$$

Encontre a (*a*) velocidade, (*b*) aceleração e (*c*) força sobre a partícula no instante $t = 7{,}18$ s.

49. Uma partícula de massa m está submetida a uma força resultante $\vec{\mathbf{F}}(t)$ dada por $\vec{\mathbf{F}}(t) = F_0(1 - t/T)\hat{\mathbf{i}}$; isto é, $F(t)$ é igual a F_0 em $t = 0$ e decresce linearmente até zero em um tempo T. A partícula passa pela origem $x = 0$ com velocidade $v_0\hat{\mathbf{i}}$. Mostre que no instante $t = T$ a força $F(t)$ se anula, a velocidade v e a distância x percorrida são dadas por $v(T) = v_0 + a_0T/2$ e $x(T) = v_0T + a_0T^2/3$, onde $a_0 = F_0/m$ é a aceleração inicial. Compare estes resultados com as Eqs. 2.26 e 2.28.

5.6 Referenciais Não-Inerciais e Pseudoforças

5.7 Limitações das Leis de Newton

PROBLEMAS

1. Um bloco de massa m_1 está sobre um plano inclinado sem atrito que forma um ângulo θ_1 com a horizontal. Um segundo bloco de massa m_2 que está sobre um outro plano inclinado sem atrito que forma um ângulo θ_2 com a horizontal. Os dois blocos estão conectados por uma corda que passa por uma polia sem atrito (ver Fig. 5.44).

(*a*) Mostre que a aceleração de cada bloco é

$$a = \frac{m_1 \operatorname{sen}\theta_1 - m_2 \operatorname{sen}\theta_2}{m_1 + m_2} g$$

e que a tração na corda é

$$T = \frac{m_1 m_2 g}{m_1 + m_2}(\operatorname{sen}\theta_1 + \operatorname{sen}\theta_2).$$

(*b*) Determine a aceleração e a tração para $m_1 = 3{,}70$ kg e $m_2 = 4{,}86$ kg, quando $\theta_1 = 28°$ e $\theta_2 = 42°$. Qual é o sentido em que m_1 se move ao longo do plano? (*c*) Usando os valores de m_1, θ_1 e θ_2 dados acima, determine os valores de m_2 para os quais m_1 acelera para cima no plano? Acelera para baixo no plano? Não acelera?

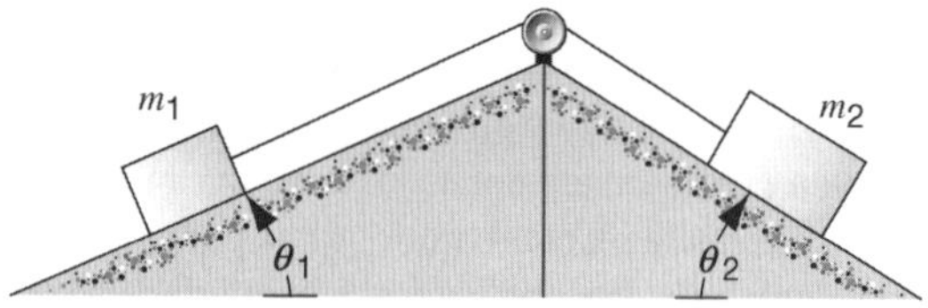

Fig. 5.44 Problema 1.

2. Alguém exerce uma força F diretamente sobre o eixo da polia mostrada na Fig. 5.45. Considere a polia e o fio sem massa e o mancal sem atrito. Dois objetos, m_1 de massa 1,2 kg e m_2 de massa 1,9 kg, estão presos às extremidades do fio que passa pela polia, conforme mostrado. O objeto m_2 está em contato com o chão. (*a*) Qual é o maior valor da força $\vec{F}$ para qual a massa m_2 fica em repouso sobre o chão? (*b*) Qual é a tração no fio se a força F para cima é 110 N? (*c*) Com a tração determinada no item (*b*), qual é a aceleração de m_1?

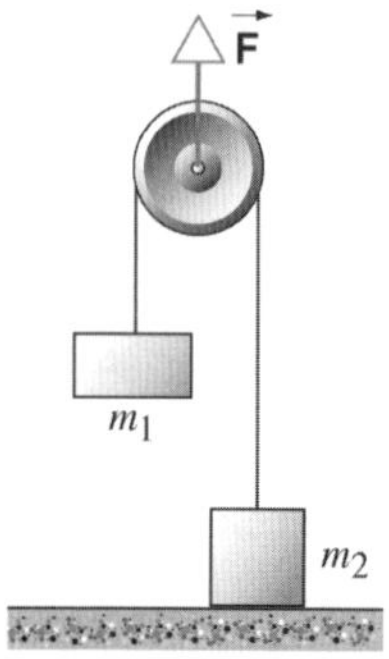

Fig. 5.45 Problema 2.

3. Duas partículas, cada uma de massa m, estão conectadas por um fio leve de comprimento $2L$, conforme mostrado na Fig. 5.46. Uma força constante $\vec{F}$ é aplicada no meio do fio ($x = 0$) a um ângulo reto em relação à posição inicial do fio. Mostre que a aceleração de cada massa na direção a 90° em relação a $\vec{F}$ é dada por

$$a_x = \frac{F}{2m}\frac{x}{(L^2 - x^2)^{1/2}}$$

onde x é a distância de uma das partículas à linha de ação da força $\vec{F}$, na direção perpendicular a esta força. Discuta a situação quando $x = L$.

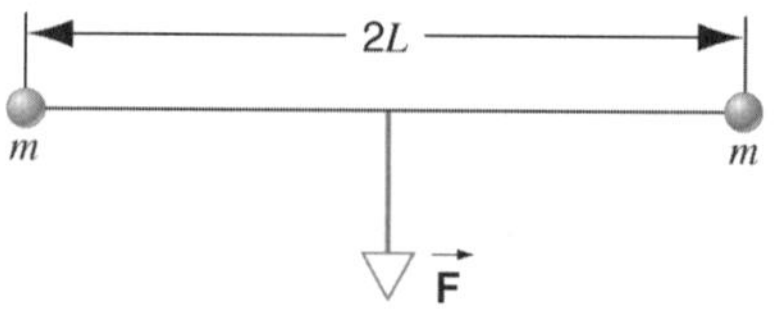

Fig. 5.46 Problema 3.

4. Uma força horizontal F de 12 lb empurra um bloco que pesa 5,0 lb contra uma parede vertical (Fig. 5.47). O coeficiente de atrito estático entre a parede e o bloco é 0,60 e o coeficiente de atrito cinético é 0,40. Assuma que o bloco está inicialmente em repouso. (*a*) O bloco começará a se mover? (*b*) Qual é a força exercida pela parede sobre o bloco?

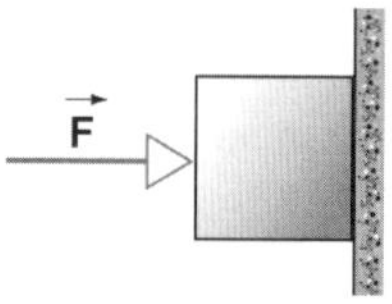

Fig. 5.47 Problema 4.

5. Um bloco de 7,96 kg está em repouso sobre um plano inclinado que faz um ângulo de 22° com a horizontal, conforme mostra a Fig. 5.48. O coeficiente de atrito estático é 0,25, enquanto o coeficiente de atrito cinético é 0,15. (*a*) Qual é a mínima força F, paralela ao plano, que irá impedir que o bloco deslize para baixo sobre o plano? (*b*) Qual é a mínima força F que irá fazer com que o bloco deslize para cima sobre o plano? (*c*) Qual é a força F necessária para mover o bloco para cima com uma velocidade constante?

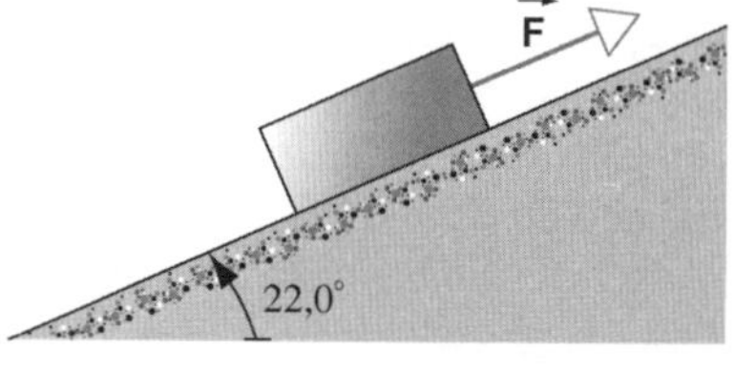

Fig. 5.48 Problema 5.

6. Um trabalhador deseja empilhar areia em uma área circular do seu quintal. O raio do círculo é R. Nenhuma areia deve ser derramada para fora da área circular; ver Fig. 5.49. Mostre que o maior volume de areia que pode ser armazenado dessa forma é $\pi\mu_e R^3/3$, onde μ_e é o coeficiente de atrito estático de areia em areia. (O volume de um cone é $Ah/3$, sendo A a área da base, e h, a altura.)

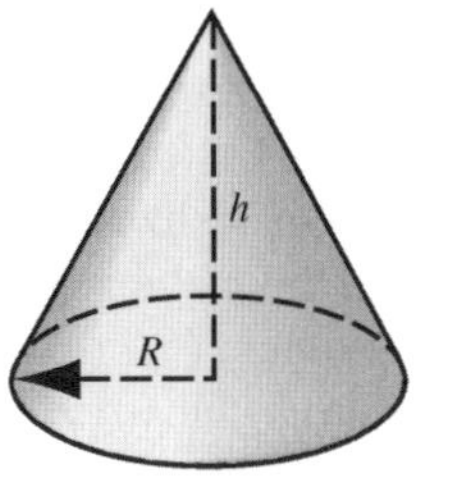

Fig. 5.49 Problema 6.

7. O cabo de um escovão de massa m faz um ângulo θ com a direção vertical; ver Fig. 5.50. Seja μ_c o coeficiente de atrito cinético entre o escovão e o chão e μ_e o coeficiente de atrito estático entre o escovão e o chão. Despreze a massa do cabo. (*a*) Encontre a intensidade da força F direcionada ao longo do cabo, necessária para fazer deslizar o escovão com uma velocidade uniforme ao longo do chão. (*b*) Mostre que, se θ for menor que um certo ângulo θ_0, o escovão não poderá deslizar ao longo do chão, por maior que seja a força direcionada ao longo do cabo. Qual é este ângulo θ_0?

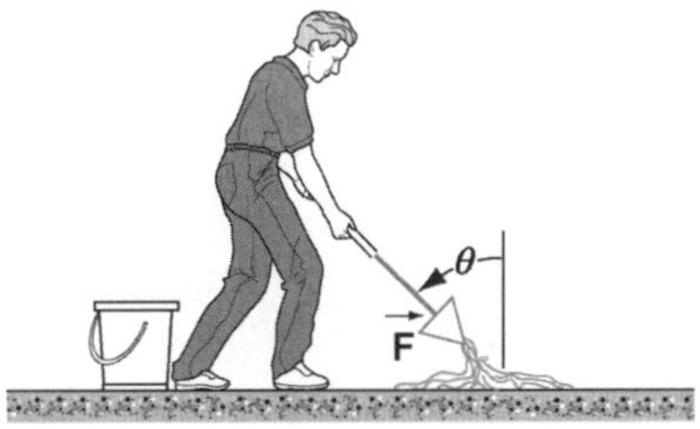

Fig. 5.50 Problema 7.

8. A Fig. 5.51 mostra a seção transversal de uma estrada construída na encosta de uma montanha. A linha sólida AA' representa um plano de falha ao longo do qual é possível ocorrer um deslizamento. O bloco B, diretamente acima da rodovia, é separado da parte superior rochosa por uma grande fenda (chamada de *junta*), de modo que somente a força de atrito entre o bloco e a superfície do plano de falha impede o deslizamento. A massa do bloco é $1,8 \times 10^7$ kg, o ângulo da inclinação do plano de falha é 24° e o coeficiente de atrito estático entre o bloco e o plano é 0,63. (*a*) Mostre que o bloco não irá deslizar. (*b*) Água penetra na fenda e exerce uma força hidrostática F paralela ao plano de inclinação do bloco. Qual é o valor mínimo de F que desencadeará um deslizamento?

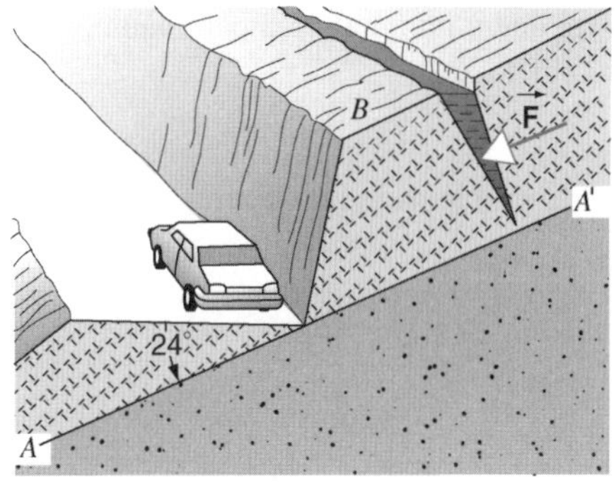

Fig. 5.51 Problema 8.

9. Dois blocos, $m = 16$ kg e $M = 88$ kg, mostrados na Fig. 5.52, estão livres para se mover. O coeficiente de atrito estático entre os blocos é $\mu_e = 0,38$, mas a superfície abaixo de M não possui atrito. Qual é a mínima força horizontal F necessária para manter m contra M?

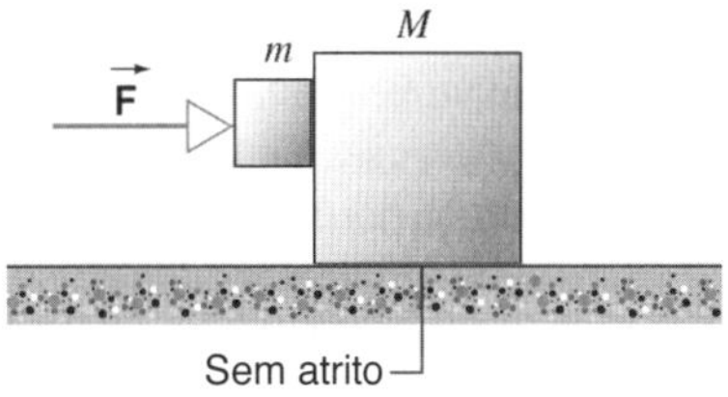

Fig. 5.52 Problema 9.

10. Dois objetos, com massas $m_1 = 1,65$ kg e $m_2 = 3,22$ kg, conectados através de uma barra sem massa e paralela ao plano inclinado sobre o qual ambos deslizam, conforme mostrado na Fig. 5.53, deslocam-se para baixo, com m_1 seguindo m_2. O ângulo do plano inclinado é $\theta = 29,5°$. O coeficiente de atrito cinético entre m_1 e o plano é $\mu_1 = 0,226$; entre m_2 e o plano, o coeficiente correspondente é $\mu_2 = 0,127$. Calcule (*a*) a aceleração comum dos dois objetos e (*b*) a tração da barra. (*c*) Quais são as respostas de (*a*) e (*b*) para a situação em que m_2 está seguindo m_1?

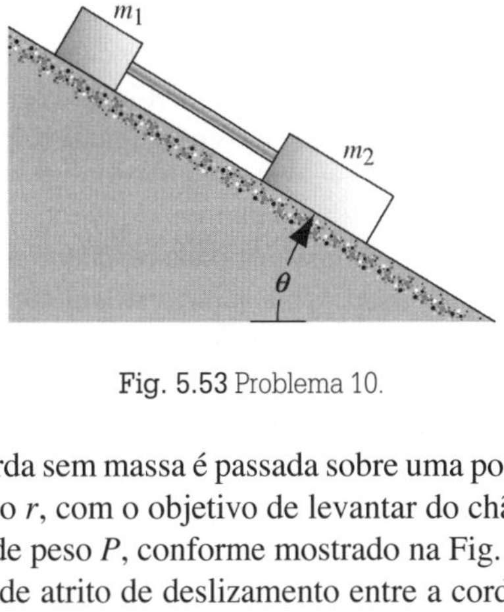

Fig. 5.53 Problema 10.

11. Uma corda sem massa é passada sobre uma polia de madeira de raio r, com o objetivo de levantar do chão um objeto pesado de peso P, conforme mostrado na Fig. 5.54. O coeficiente de atrito de deslizamento entre a corda e a polia é

μ. Mostre que a mínima força para baixo, necessária para elevar o objeto, é

$$F_{\text{baixo}} = Pe^{\pi\mu}.$$

(Dica: Este problema requer técnicas de cálculo integral.)

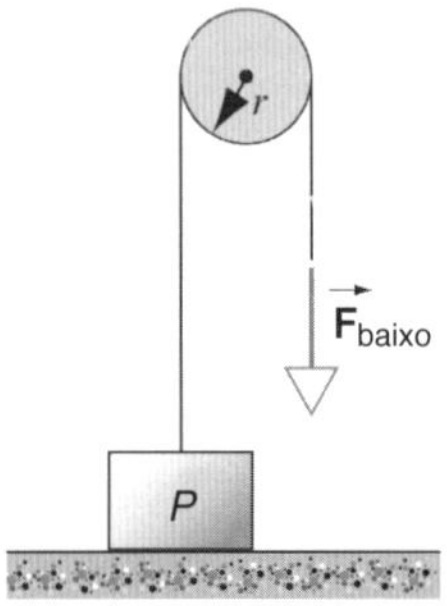

Fig. 5.54 Problema 11.

12. Um bloco de 4,40 kg é colocado no topo de um bloco de 5,50 kg. Para que o bloco de cima deslize sobre o debaixo, que é mantido fixo, deve ser aplicada uma força horizontal de 12,0 N ao bloco de cima. Em seguida, o conjunto de blocos é colocado sobre uma mesa horizontal sem atrito; ver Fig. 5.55. Encontre (*a*) a máxima força horizontal F que pode ser aplicada ao bloco debaixo de modo que os blocos se movimentem juntos, (*b*) a aceleração resultante dos blocos e o coeficiente de atrito estático entre os blocos.

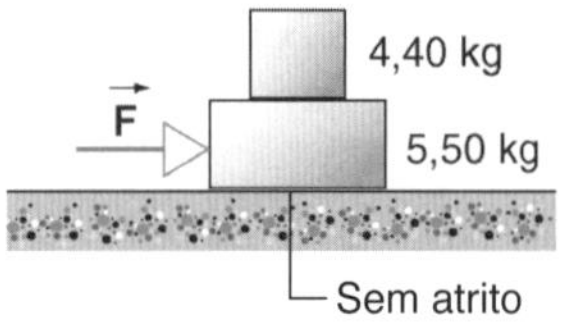

Fig. 5.55 Problema 12.

13. Você está dirigindo um carro a uma velocidade de 85 km/h, quando você observa uma barreira na estrada 62 m à sua frente. (*a*) Qual é o mínimo coeficiente de atrito estático entre os pneus e a estrada que permite que o carro pare antes de atingir a barreira? Suponha que você esteja dirigindo a 85 km/h em um grande estacionamento vazio. Qual é o mínimo coeficiente de atrito estático que permite que você faça uma curva segundo uma trajetória circular de 62 m de raio e evite, dessa forma, a colisão com uma parede 62 m à frente?

14. Um carro move-se com velocidade constante em uma estrada reta mas acidentada. Uma seção tem um morro e uma depressão de mesmo raio; ver Fig. 5.56. (*a*) À medida que o carro passa sobre a crista, a força normal sobre o carro é igual à metade do peso do carro, que é de 16 kN. Qual é a força normal sobre o carro quando ele passa pelo fundo da depressão? (*b*) Qual é a maior velocidade na qual o carro pode trafegar sem perder o contato com a estrada no topo do morro? (*c*) Ao se mover na velocidade encontrada em (*b*), qual seria a força normal sobre o carro que está passando pelo fundo da depressão?

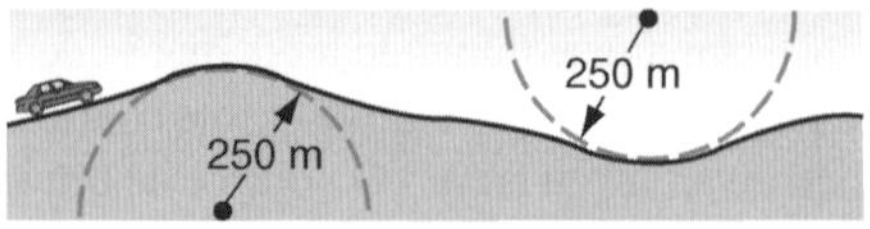

Fig. 5.56 Problema 14.

15. Uma moeda pequena é colocada sobre um prato liso e horizontal de um toca-discos. O toca-discos executa exatamente três revoluções em 3,3 s. (*a*) Qual é a velocidade da moeda quando ela gira sem deslizar a uma distância de 5,2 cm do centro do prato? (*b*) Qual é a aceleração (intensidade e sentido) da moeda no item (*a*)? (*c*) Qual é a força de atrito que age sobre a moeda no item (*a*) se a moeda tem uma massa de 1,7 g? (*d*) Qual é o coeficiente de atrito estático entre a moeda e o prato do toca-discos se for observado que a moeda desliza para fora do prato quando ela está a uma distância superior a 12 cm do centro do prato?

16. Um fio pode suportar uma tração máxima de 9,2 lb sem quebrar. Uma criança amarra uma pedra de 0,82 lb a uma das extremidades e, segurando pela outra extremidade, gira a pedra em um círculo vertical de 9,2 ft de raio, aumentando aos poucos a velocidade até o fio quebrar. (*a*) Em que ponto da trajetória circular a pedra está no momento que o fio quebra? (*b*) Qual é a velocidade da pedra quando o fio quebra?

17. Uma bola de 1,34 kg está presa a uma barra vertical por meio dos fios sem massa de 1,70 m de comprimento. Os fios estão presos à barra em pontos afastados de 1,70 m. O sistema está girando em torno do eixo da barra com ambos os fios esticados, formando um triângulo equilátero com a barra, conforme mostrado na Fig. 5.57. A tração no fio superior é 35,0 N. (*a*) Encontre a tração no fio inferior. (*b*) Calcule a força resultante sobre a bola no instante mostrado na figura. (*c*) Qual é a velocidade da bola?

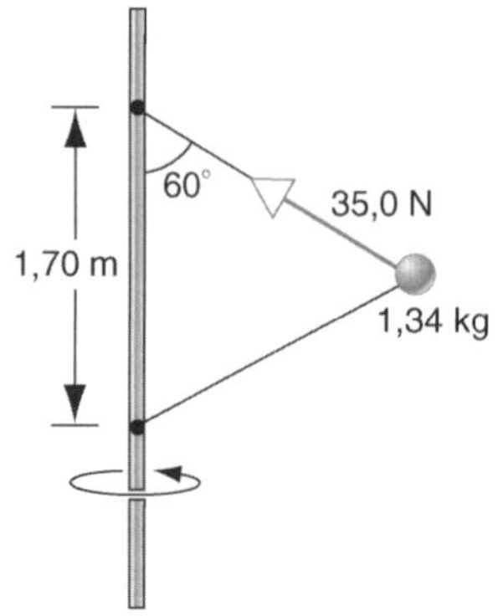

Fig. 5.57 Problema 17.

18. Um diminuto cubo de massa m é colocado dentro de um funil (ver Fig. 5.58) que está girando em torno de um eixo vertical a uma taxa constante de ω revoluções por segundo. A parede do funil faz um ângulo θ com a horizontal. O coeficiente de atrito estático entre o cubo e o funil é μ_e e o centro do cubo está a uma distância r do eixo de rotação. Encontre o (*a*) maior e (*b*) menor valor de ω para o qual o cubo não se moverá em relação ao funil.

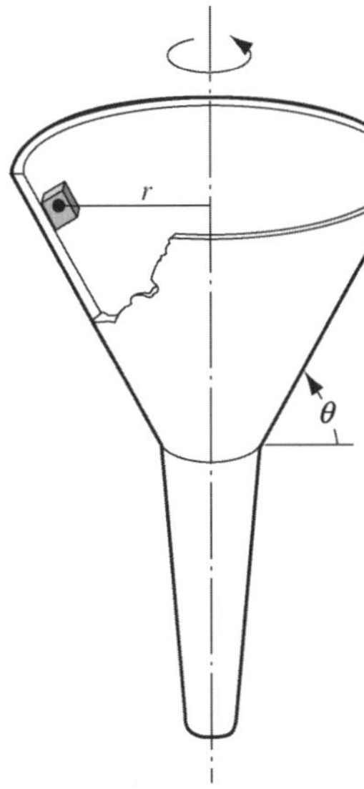

Fig. 5.58 Problema 18.

19. Em função da rotação da Terra, um fio de prumo pode não ficar suspenso exatamente ao longo da direção da força de atração gravitacional que a Terra exerce sobre o fio de prumo, mas pode apresentar um ligeiro desvio em relação a essa direção. (*a*) Mostre que a deflexão θ, em radianos, em um ponto na latitude L é dada por

$$\theta = \left(\frac{2\pi^2 R}{gT^2}\right) \operatorname{sen} 2L,$$

onde R é o raio da Terra e T é o período de rotação da Terra. (*b*) Em que latitude a deflexão é máxima? Qual é o valor dessa deflexão? (*c*) Qual é a deflexão nos pólos? E no equador?

20. Uma partícula de massa m está em repouso em $x = 0$. Para um instante $t = 0$, uma força $F = F_0 e^{-t/T}$ é aplicada no sentido $+x$; F_0 e T são constantes. Quando $t = T$ a força é removida. Neste instante, quando a força é removida, (*a*) qual é a velocidade da partícula e (*b*) onde ela está?

PROBLEMAS COMPUTACIONAIS

1. Um automóvel está se movendo com uma velocidade constante, enquanto puxa um bloco de madeira de massa m = 200 kg por meio de um cabo elástico. A força exercida sobre o bloco de madeira pelo cabo depende do comprimento do cabo e é dada por $F = 400(l - 10)$, onde F é medido em newtons e l é medido em metros. Entretanto, esta força é nula se $l < 10$ m. O coeficiente de atrito estático entre o bloco e o chão é $\mu_e = 0{,}60$, enquanto o coeficiente de atrito cinético é $\mu_c = 0{,}50$. Desenvolva um programa de computador para calcular numericamente o movimento do bloco, considerando as seguintes situações: (*a*) Suponha que o bloco está inicialmente em repouso e o automóvel está inicialmente a 10 m e afastando-se do bloco com uma velocidade constante de 5 m/s. (*b*) Suponha que o bloco está inicialmente em repouso e o automóvel está inicialmente a 10 m e afastando-se do bloco com uma velocidade constante de 20 m/s.

2. Uma pessoa saindo do repouso empurra um caixote ao longo de um chão áspero com uma força dada por $F = 200e^{-0,15t}$, onde F está em newtons e t em segundos. A força decresce exponencialmente, uma vez que a pessoa acaba cansando. Enquanto o caixote está se movendo, uma força de atrito constante de 80 N age no sentido contrário ao movimento. (*a*) Após quanto tempo o caixote pára? (*b*) Qual é a distância percorrida? (*c*) Qual é a exatidão dos seus resultados? (Tente usar o método de Euler com um intervalo de tempo de Δt = 0,01 s. Repita o processo usando um intervalo de tempo de Δt = 0,001 s. Compare os resultados para ter uma estimativa da sua exatidão.)

Capítulo 6

QUANTIDADE DE MOVIMENTO

As leis de Newton são úteis na solução de uma grande variedade de problemas em dinâmica. Entretanto, existe uma classe de problemas para os quais, embora as leis de Newton possam ser aplicadas da forma como foram definidas, as informações sobre as forças podem ser insuficientes para permitir uma análise do movimento. Estes problemas envolvem colisões entre dois objetos.

Neste capítulo, é apresentada uma abordagem para analisar colisões entre dois objetos. Para tal, é necessário introduzir uma nova variável dinâmica, chamada de quantidade de movimento linear *ou* "momentum linear"*. É visto que a lei de conservação da quantidade de movimento linear, uma das leis de conservação fundamentais da física, pode ser usada para estudar as colisões de objetos desde a escala de partículas subatômicas até a escala das galáxias.*

6.1 COLISÕES

Em uma colisão, dois objetos exercem forças um sobre o outro durante um intervalo de tempo definido, de modo que é possível separar o movimento em três partes: antes, durante e depois da colisão. Supõe-se que os objetos estão suficientemente afastados antes e depois da colisão, e assim não exercem forças um sobre o outro. Durante a colisão, os objetos exercem forças um sobre o outro; estas forças são iguais em intensidade e opostas em sentido, de acordo com a terceira lei de Newton. Considera-se que estas forças são muito maiores do que quaisquer forças exercidas sobre os dois objetos por outros objetos da sua vizinhança. O movimento dos objetos (pelo menos de um deles) muda consideravelmente durante a colisão, sendo possível estabelecer uma separação clara entre a situação antes da colisão e a situação após a colisão.

Quando um bastão bate em uma bola de beisebol, por exemplo, o tempo entre o início e o final da colisão pode ser determinado com uma boa precisão. O bastão fica em contato com a bola durante um intervalo de tempo que é bastante pequeno em comparação com o tempo de observação da bola. Durante a colisão, o bastão exerce uma força considerável sobre a bola (Fig. 6.1). Esta força varia com o tempo de uma forma bastante complexa, de modo que a sua medição não é uma tarefa fácil. Durante a colisão, tanto o bastão quanto a bola se deformam. As forças que agem durante um intervalo de tempo, que é pequeno em comparação com o tempo de observação do sistema, são chamadas de forças *impulsivas*.

Quando uma partícula alfa (núcleo de ^{4}He) colide com outro núcleo (Fig. 6.2), a força exercida entre eles pode ser a força eletrostática de repulsão associada com a carga das partículas. As partículas podem não entrar em contato direto entre si, mas, mesmo assim, pode-se falar desta interação como uma colisão porque uma força relativamente forte, que age durante um intervalo de tempo que é pequeno quando comparado com o tempo de observação da partícula alfa, tem um efeito considerável no movimento da partícula alfa.

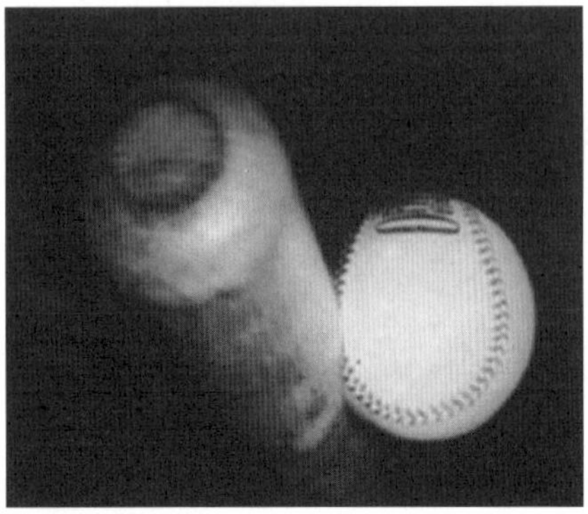

Fig. 6.1 Uma fotografia de alta velocidade de um bastão atingindo uma bola de beisebol. Observa-se a bola deformada, indicando a grande força impulsiva exercida pelo bastão.

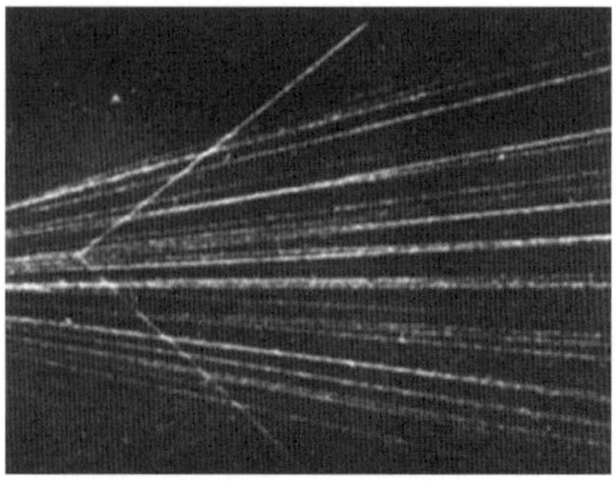

Fig. 6.2 Uma partícula alfa colide com um núcleo de hélio em uma câmara de nuvens. A maioria das partículas incidentes (vindo da esquerda) passa sem colidir.

Fig. 6.3 Colisão de duas galáxias.

Pode-se até falar de uma colisão entre duas galáxias (Fig. 6.3), se estas forem observadas segundo uma escala de tempo da ordem de milhões ou bilhões de anos. (Entretanto, uma alternativa mais apropriada é reduzir esta longa extensão de tempo através de uma modelagem computacional!)

As colisões entre partículas elementares fornecem a principal fonte de informação sobre a sua estrutura interna. Quando duas partículas de alta energia colidem, os produtos da colisão freqüentemente são bastante diferentes das partículas originais (Fig. 6.4). Às vezes, estas colisões produzem centenas de partículas resultantes. Através do estudo das trajetórias das partículas após a colisão e da aplicação das leis fundamentais, é possível reconstruir o evento original.

Em uma escala diferente, aqueles que estudam acidentes de tráfego também tentam reconstruir colisões. Ao observar as características das trajetórias e do impacto dos veículos que se chocaram (Fig. 6.5), geralmente é possível deduzir importantes detalhes como as velocidades e as direções do movimento dos dois veículos antes da colisão.

(*a*)

(*b*)

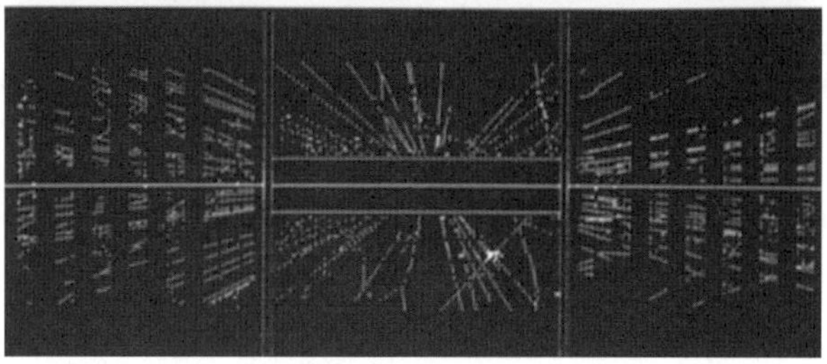

Fig. 6.4 (*a*) O maciço detector UA1, usado no colisor próton—próton no CERN, a instalação de pesquisa da física das partículas perto de Genebra, Suíça. (*b*) Uma reconstrução por computador das trajetórias das partículas produzidas em uma colisão próton—próton. Essas reconstruções foram usadas em 1983 para confirmar a existência de partículas de curtíssima vida chamadas de W e Z, que verificou a teoria que trata a força eletromagnética e a força nuclear fraca como aspectos diferentes de uma única e mais básica força.

Fig. 6.5 Uma colisão entre dois automóveis. A conservação da quantidade de movimento é usada por especialistas em reconstrução de acidentes para calcular as velocidades antes da colisão.

Outro tipo de colisão é a que ocorre entre uma sonda espacial e um planeta, chamada de "efeito estilingue", na qual a velocidade da sonda espacial pode ser aumentada em uma "aproximação" com um planeta (em movimento). Na realidade a sonda espacial não toca o planeta, mas fica sob a sua influência gravitacional durante um tempo muito pequeno se comparado com a duração da viagem da sonda espacial. Assim, justifica-se a denominação de "colisões" para esses encontros. Por exemplo, os encontros da missão Cassini com Vênus e a Terra (ver Fig. 5.24) aumentaram a velocidade da espaçonave em uma proporção equivalente a 75 t do combustível de foguete utilizado no lançamento! Sem essa assistência da gravidade, a espaçonave Cassini não poderia alcançar Saturno (ver Problema 14).

A princípio, seria possível analisar cada uma destas colisões usando a segunda lei de Newton. Considerando o movimento inicial de cada objeto e a força que age entre eles, é possível usar os métodos do Cap. 5 para encontrar a velocidade e a posição de cada objeto envolvido na colisão como uma função do tempo. Entretanto, existem duas razões para que isto não seja possível nas colisões mostradas nas Figs. 6.1 a 6.5: (1) Para algumas das colisões, não se conhece a forma exata da expressão da força entre os objetos. (2) Os objetos envolvidos na colisão são compostos de muitas partículas e é extremamente complicado acompanhar a aplicação das leis de Newton para as forças entre cada partícula de um objeto e cada partícula do outro.

O problema básico é o seguinte: dois objetos com diferentes movimentos iniciais estão inicialmente afastados de maneira que nenhum deles exerce uma força mensurável sobre o outro. Em seguida se aproximam um do outro, de modo que cada um exerce uma força sobre o outro e altera o seu movimento. Esta força ocorre durante um tempo relativamente pequeno se comparado com o movimento completo dos objetos. Finalmente, eles se separam de novo com novos movimentos e não interagem mais. Observa-se o movimento antes da colisão e o movimento após a colisão, mas durante a colisão de curta duração nada do que ocorre é observado ou medido.

Se os movimentos iniciais são conhecidos, é possível determinar os movimentos finais mesmo que não se conheça a força que age promovendo a mudança dos movimentos? Surpreendentemente, a resposta é "sim"! Na próxima seção, define-se uma nova variável dinâmica que permite que tais colisões sejam analisadas.

6.2 QUANTIDADE DE MOVIMENTO LINEAR

Para analisar colisões, faz-se necessário definir uma nova variável dinâmica, a *quantidade de movimento linear* ou *momentum linear* de um corpo. (Mais tarde, é apresentada uma variável similar para o movimento de rotação, chamada de quantidade de movimento angular ou *momentum angular*. Por enquanto, a quantidade de movimento linear ou o *momentum linear* são referidos simplesmente como "quantidade de movimento" ou "*momentum*".) A quantidade de movimento $\vec{\mathbf{p}}$ de um corpo é definida como sendo o produto da sua massa pela sua velocidade:

$$\vec{\mathbf{p}} = m\vec{\mathbf{v}}. \tag{6-1}$$

Como é o produto de um vetor por um escalar, a quantidade de movimento deve ser também um vetor. A Eq. 6.1 indica que a direção e o sentido de $\vec{\mathbf{p}}$ são os mesmos de $\vec{\mathbf{v}}$. Uma vez que $\vec{\mathbf{p}}$ depende de $\vec{\mathbf{v}}$, *a quantidade de movimento (da mesma forma que a velocidade) depende do sistema de referência do observador, e este sistema de referência deve sempre ser especificado.*

Newton, no seu famoso *Principia*, expressou a segunda lei do movimento em termos da quantidade de movimento. Expressa na terminologia moderna, a segunda lei de Newton pode ser escrita como:

A taxa de variação da quantidade de movimento de um corpo é igual à força resultante que age sobre o corpo e tem a direção e o sentido desta força.

Em uma forma simbólica,

$$\sum \vec{\mathbf{F}} = \frac{d\vec{\mathbf{p}}}{dt}. \tag{6-2}$$

Aqui, $\Sigma \vec{\mathbf{F}}$ representa a força resultante que age sobre a partícula.

Para uma única partícula de massa constante, esta forma da segunda lei é equivalente à forma $\Sigma \vec{\mathbf{F}} = m\vec{\mathbf{a}}$ que vem sendo usada até aqui. Isto é, se m é constante, então

$$\sum \vec{\mathbf{F}} = \frac{d\vec{\mathbf{p}}}{dt} = \frac{d}{dt}(m\vec{\mathbf{v}}) = m\frac{d\vec{\mathbf{v}}}{dt} = m\vec{\mathbf{a}}.$$

As relações $\Sigma \vec{\mathbf{F}} = m\vec{\mathbf{a}}$ e $\Sigma \vec{\mathbf{F}} = d\vec{\mathbf{p}}/dt$, para uma única partícula, são completamente equivalentes em mecânica clássica.

A equivalência de $\Sigma \vec{\mathbf{F}} = m\vec{\mathbf{a}}$ e $\Sigma \vec{\mathbf{F}} = d\vec{\mathbf{p}}/dt$ depende, como pode ser observado da equação acima, de que a massa seja constante para que possa ser passada para fora da derivada: $d(m\vec{\mathbf{v}})/dt = m(d\vec{\mathbf{v}}/dt)$. Supõe-se que este seja o caso dos problemas discutidos neste capítulo. A Seção 7.6 aborda aplicações das leis de Newton para sistemas nos quais a massa varia, como no caso de um foguete que expele uma queima de gases.

6.3 IMPULSO E QUANTIDADE DE MOVIMENTO

Nesta seção, considera-se a relação entre a força que age sobre um corpo durante uma colisão e a variação na quantidade de movimento desse corpo. Durante uma colisão, a força varia com o tempo. Por exemplo, a Fig. 6.6 mostra como a intensidade da força pode variar com o tempo durante a colisão. A força é exercida somente durante a colisão, que come-

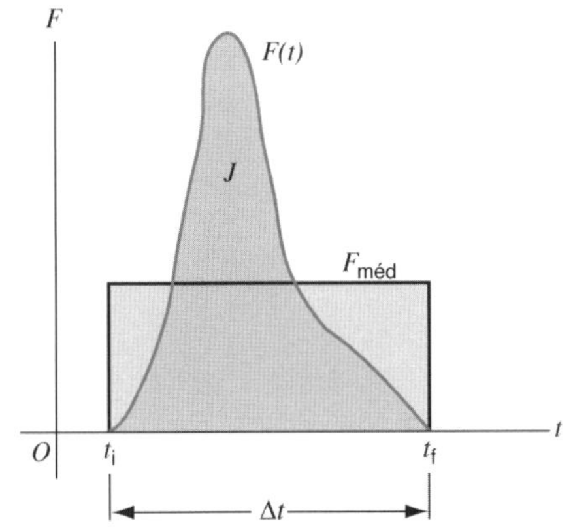

Fig. 6.6 Uma força impulsiva $F(t)$ varia de uma forma arbitrária com o tempo durante a colisão, que dura de t_i a t_f. A área sob a curva $F(t)$ é o impulso J, e o retângulo limitado pela força média $F_{méd}$ possui a mesma área.

ça no tempo t_i e termina no tempo t_f. A força é nula antes e depois da colisão.

Da segunda lei de Newton na forma da Eq. 6.2 ($\sum \vec{\mathbf{F}} = d\vec{\mathbf{p}}/dt$), é possível escrever a variação da quantidade de movimento $d\vec{\mathbf{p}}$ da partícula em um intervalo de tempo dt durante o qual a força resultante $\sum \vec{\mathbf{F}}$ age sobre ela como

$$d\vec{\mathbf{p}} = \sum \vec{\mathbf{F}}\, dt.$$

Para encontrar a variação total da quantidade de movimento durante a colisão, efetua-se uma integração ao longo do intervalo de tempo da colisão, iniciando no instante t_i (quando a quantidade de movimento é $\vec{\mathbf{p}}_i$) e terminando no instante t_f (quando a quantidade de movimento é $\vec{\mathbf{p}}_f$):

$$\int_{\vec{\mathbf{p}}_i}^{\vec{\mathbf{p}}_f} d\vec{\mathbf{p}} = \int_{t_i}^{t_f} \sum \vec{\mathbf{F}}\, dt. \tag{6-3}$$

O lado esquerdo da Eq. 6.3 representa a variação da quantidade de movimento, $\Delta\vec{\mathbf{p}} = \vec{\mathbf{p}}_f - \vec{\mathbf{p}}_i$. O lado direito define uma nova grandeza chamada de *impulso*. Para uma força arbitrária $\vec{\mathbf{F}}$, o impulso $\vec{\mathbf{J}}$ é definido como

$$\vec{\mathbf{J}} = \int_{t_i}^{t_f} \vec{\mathbf{F}}\, dt. \tag{6-4}$$

O impulso depende da intensidade da força e da sua duração. O impulso é um vetor e, conforme a Eq. 6.3 mostra, possui as mesmas unidades e dimensões da força resultante, $\vec{\mathbf{J}}_{res} = \int \sum \vec{\mathbf{F}}\, dt$. Pode-se, então, escrever a Eq. 6.3 como

$$\vec{\mathbf{J}}_{res} = \Delta\vec{\mathbf{p}} = \vec{\mathbf{p}}_f - \vec{\mathbf{p}}_i. \tag{6-5}$$

A Eq. 6.5 é a expressão matemática para o *teorema do impulso—quantidade de movimento*:

O impulso de uma força resultante que age sobre uma partícula durante um determinado intervalo de tempo é igual à variação da quantidade de movimento da partícula durante este intervalo.

Como é uma relação vetorial, a Eq. 6.5 contém três equações associadas às três componentes:

$$\begin{aligned} J_{res,x} &= \Delta p_x = p_{fx} - p_{ix}, \\ J_{res,y} &= \Delta p_y = p_{fy} - p_{iy}, \\ J_{res,z} &= \Delta p_z = p_{fz} - p_{iz}. \end{aligned} \tag{6-6}$$

Embora neste capítulo, a Eq. 6.5 somente seja usada em situações que envolvem forças impulsivas (isto é, aquelas de curta duração quando comparada com o tempo de observação), não existe tal limitação ao uso desta equação. A Eq. 6.5 é tão geral quanto a segunda lei de Newton, da qual foi derivada. Pode-se, por exemplo, usar a Eq. 6.5 para encontrar a quantidade de movimento adquirida por um corpo que está caindo, submetido à gravidade da Terra.

O impulso é definido em termos de uma única força, mas o teorema do impulso—quantidade de movimento trata da variação da quantidade de movimento causada pelo impulso da força *resultante* — isto é, o efeito combinado de todas as forças que agem sobre a partícula. No caso de uma colisão envolvendo duas partículas, normalmente não existe distinção porque cada partícula sofre a ação de uma única força devida à outra partícula. Neste caso, a variação da quantidade de movimento de uma partícula é igual ao impulso da força exercida pela outra partícula.

Considere que a força impulsiva, cuja intensidade está representada na Fig. 6.6, possui direção e sentido constantes. A área sob a curva $F(t)$ representa a intensidade do impulso desta força. Esta mesma área pode ser representada através do retângulo da Fig. 6.6, de largura Δt e altura $F_{méd}$, em que $F_{méd}$ é a intensidade da *força média* que age durante o intervalo Δt. Então

$$J = F_{méd}\,\Delta t. \tag{6-7}$$

Em uma colisão como a que ocorre entre o bastão e a bola de beisebol da Fig. 6.1, é difícil medir diretamente $F(t)$. Contudo, é possível estimar Δt (talvez alguns milissegundos) e obter um

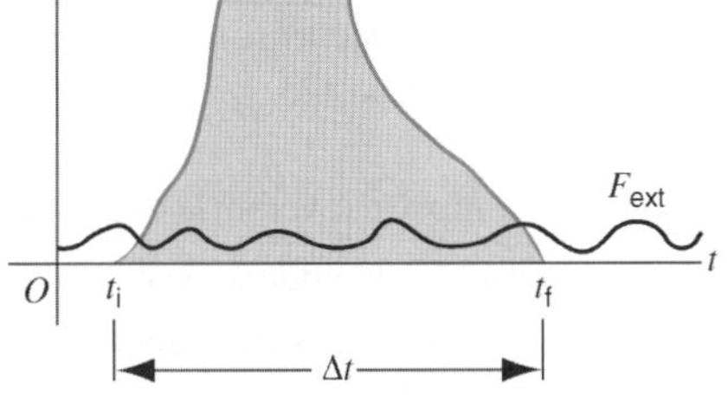

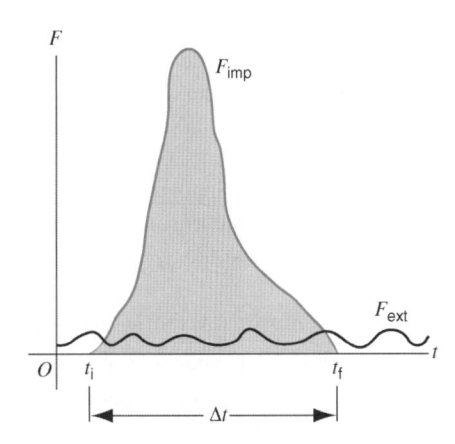

Fig. 6.7 A força impulsiva F_{imp} que age durante uma colisão geralmente é muito mais forte do que qualquer força externa F_{ext} que também possa estar agindo.

valor razoável para $F_{méd}$ baseado no impulso calculado da variação da quantidade de movimento da bola, de acordo com a Eq. 6.6 (ver Problema Resolvido 6.1).

Definiu-se colisão como uma interação que ocorre durante um intervalo de tempo Δt que é desprezível em comparação ao tempo durante o qual se observa o sistema. Também se pode caracterizar uma colisão como um evento no qual as forças externas que podem agir sobre o sistema durante o tempo da colisão são desprezíveis, quando comparadas com as forças impulsivas da colisão. Enquanto o bastão bate na bola de beisebol, o taco de golfe bate na bola de golfe ou uma bola de bilhar atinge outra, forças externas agem sobre o sistema. A gravidade ou o atrito podem exercer forças sobre estes corpos, por exemplo; estas forças externas podem não ser as mesmas em cada corpo envolvido na colisão, nem são necessariamente canceladas por outras forças externas. Apesar disso, é seguro desprezar estas forças externas durante a colisão. Como resultado, durante uma colisão, a variação da quantidade de movimento de uma partícula promovida por uma força externa é desprezível quando comparada com a variação da quantidade de movimento causada pela força impulsiva de colisão (Fig. 6.7).

Por exemplo, quando o bastão atinge a bola de beisebol, a colisão dura apenas alguns poucos milissegundos. Uma vez que a variação da quantidade de movimento da bola é grande e o tempo da colisão é pequeno, segue de

$$\Delta\vec{p} = \vec{F}_{méd}\,\Delta t \tag{6-8}$$

que a força impulsiva média $\vec{F}_{méd}$ é relativamente grande. Comparada a esta força, a força externa da gravidade é desprezível. Durante a colisão, é possível ignorar, com segurança, esta força externa na determinação da variação do movimento da bola; quanto menor for a duração da colisão, mais seguro é este procedimento.

PROBLEMA RESOLVIDO 6.1.

Uma bola de beisebol (que possui um peso oficial de cerca de 5 oz ou uma massa de 0,14 kg) está se movendo na horizontal a uma velocidade de 93 mi/h (cerca de 42 m/s) quando é atingida pelo bastão (ver Fig. 6.1). Ela deixa o bastão com uma direção que faz um ângulo $\phi = 35°$ acima da sua trajetória de aproximação e com uma velocidade de 50 m/s. (*a*) Encontre o impulso da força exercida sobre a bola. (*b*) Supondo que a colisão dura 1,5 ms (0,0015 s), qual é a força média? (*c*) Encontre a variação da quantidade de movimento do bastão.

Soluçao (*a*) A Fig. 6.8*a* mostra o vetor da quantidade de movimento inicial $\vec{p}_i$ e o vetor da quantidade de movimento final $\vec{p}_f$ da bola de beisebol. As componentes da quantidade de movimento final são dadas por

$$p_{fx} = mv_f \cos\phi = (0{,}14\text{ kg})(50\text{ m/s})(\cos 35°) = 5{,}7\text{ kg}\cdot\text{m/s},$$

$$p_{fy} = mv_f \,\text{sen}\,\phi = (0{,}14\text{ kg})(50\text{ m/s})(\text{sen}\,35°) = 4{,}0\text{ kg}\cdot\text{m/s}.$$

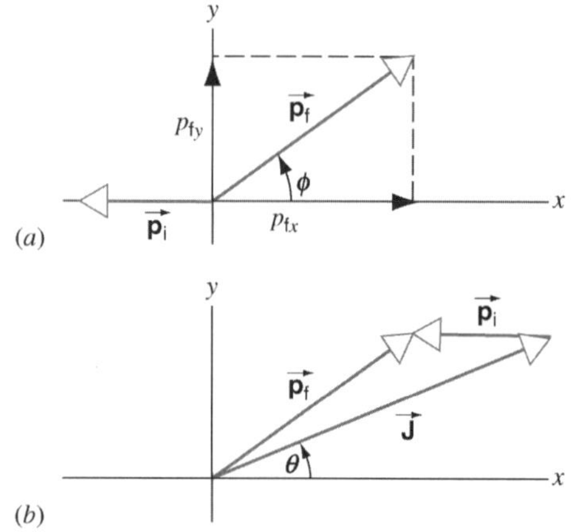

Fig. 6.8 Problema Resolvido 6.1. (*a*) A quantidade de movimentos inicial e final da bola de beisebol. (*b*) A diferença $\vec{p}_f - \vec{p}_i$ é igual ao impulso $\vec{J}$.

Neste sistema de coordenadas, a quantidade de movimento inicial possui apenas uma componente x, cujo valor (negativo) é

$$p_{ix} = mv_i = (0{,}14\text{ kg})(-42\text{ m/s}) = -5{,}9\text{ kg}\cdot\text{m/s}.$$

Agora, o impulso pode ser encontrado usando a Eq. 6.6:

$$J_x = p_{fx} - p_{ix} = 5{,}7\text{ kg}\cdot\text{m/s} - (-5{,}9\text{ kg}\cdot\text{m/s}) = 11{,}6\text{ kg}\cdot\text{m/s},$$

$$J_y = p_{fy} - p_{iy} = 4{,}0\text{ kg}\cdot\text{m/s} - 0 = 4{,}0\text{ kg}\cdot\text{m/s}.$$

Em outros termos, o impulso possui intensidade

$$J = \sqrt{J_x^2 + J_y^2} = \sqrt{(11{,}6\text{ kg}\cdot\text{m/s})^2 + (4{,}0\text{ kg}\cdot\text{m/s})^2}$$
$$= 12{,}3\text{ kg}\cdot\text{m/s}$$

e age na direção determinada por

$$\theta = \text{tg}^{-1}(J_y/J_x) = \text{tg}^{-1}[(4{,}0\text{ kg}\cdot\text{m/s})/(11{,}6\text{ kg}\cdot\text{m/s})] = 19°$$

acima da horizontal. A Fig. 6.8*b* mostra o vetor impulso $\vec{J}$ e verifica graficamente que, conforme a definição da Eq. 6.6 requer,

$$\vec{J} = \vec{p}_f - \vec{p}_i = \vec{p}_f + (-\vec{p}_i).$$

(*b*) Usando a Eq. 6.7, obtém-se

$$F_{méd} = J/\Delta t = (12{,}3\text{ kg}\cdot\text{m/s})/0{,}0015\text{ s} = 8200\text{ N},$$

que é aproximadamente 1 t. Esta força age na mesma direção de $\vec{J}$ — isto é, 19° acima da horizontal. Observe que isto é a força *média*; a força *máxima* é consideravelmente maior, conforme a Fig. 6.6 mostra. Observe também que $F_{méd}$ (= 8200 N) $\gg mg$ (= 1,4 N). Dessa forma, é seguro supor que a força impulsiva excede consideravelmente a força externa (gravidade, neste caso) e, portanto, está muito próxima da força resultante que age durante a colisão.

(*c*) Da terceira lei de Newton, a força exercida sobre o bastão pela bola é igual em intensidade e oposta em sentido à força exercida sobre a bola pelo bastão. Logo, de acordo com a Eq. 6.8, a variação na quantidade de movimento do bastão é igual em intensidade e oposta em sentido ao da bola. Assim, para o bastão,

$$\Delta p_x = -11{,}6\text{ kg}\cdot\text{m/s},$$

$$\Delta p_y = -4{,}0\text{ kg}\cdot\text{m/s}.$$

Isso é uma grande ou pequena variação? Tente estimar a quantidade de movimento do bastão em movimento para responder a esta questão.

PROBLEMA RESOLVIDO 6.2.

Um carrinho de massa $m_1 = 0{,}24$ kg move-se em um trilho linear, sem atrito, com uma velocidade inicial de 0,17 m/s. Ele colide com outro carrinho de massa $m_2 = 0{,}68$ kg que está inicialmente em repouso. O primeiro carrinho carrega um transdutor de força que registra a intensidade da força exercida por um carro sobre o outro durante a colisão. O sinal de saída do transdutor de força está mostrado na Fig. 6.9. Encontre a velocidade de cada carrinho após a colisão.

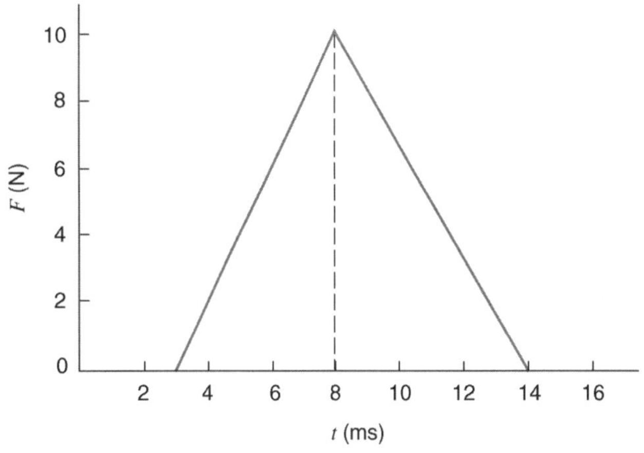

Fig. 6.9 Problema Resolvido 6.2.

Soluçao A estratégia para este problema consiste em determinar o impulso utilizando o gráfico da força. O impulso fornece a variação da quantidade de movimento, o que permite determinar a quantidade de movimento final de cada carrinho. O impulso $\int F\,dt$ é a área sob o gráfico de $F(t)$ da Fig. 6.9, a qual pode ser determinada como sendo a área de um triângulo:

$$J = \int F\,dt = \tfrac{1}{2}(0{,}014\text{ s} - 0{,}003\text{ s})(10\text{ N})$$
$$= 0{,}055\text{ N}\cdot\text{s} = 0{,}055\text{ kg}\cdot\text{m/s}.$$

Como o gráfico fornece a intensidade da força, esta integral fornece a intensidade do impulso. Toma-se o sentido do movimento do primeiro carrinho como sendo o sentido positivo de x. Então, a componente x da força exercida sobre o carrinho 1 pelo carrinho 2 é negativa, e também a componente correspondente de $\vec{\mathbf{J}}$ é negativa. Uma vez que $J_x = \Delta p_x$, para o primeiro carrinho tem-se $\Delta p_{1x} = -0{,}055$ kg·m/s e, assim, a sua quantidade de movimento final e a sua velocidade são

$$p_{1fx} = p_{1ix} + \Delta p_{1x} = (0{,}24\text{ kg})(0{,}17\text{ m/s}) - 0{,}055\text{ kg}\cdot\text{m/s}$$
$$= -0{,}014\text{ kg}\cdot\text{m/s}$$

$$v_{1fx} = \frac{p_{1fx}}{m_1} = \frac{-0{,}014\text{ kg}\cdot\text{m/s}}{0{,}24\text{ kg}} = -0{,}058\text{ m/s} = -5{,}8\text{ cm/s}.$$

Após a colisão, o carrinho 1 move-se no sentido negativo de x.

A força sobre o carrinho 2 é, pela terceira lei de Newton, igual em intensidade e oposta em sentido à força sobre o carrinho 1, estando portanto no sentido positivo x. Em razão de as forças serem iguais em intensidade, os impulsos são iguais em intensidade mas opostos em sentido. Então, $J_{2x} = \Delta p_{2x} = +0{,}055$ kg·m/s, e a quantidade de movimento e a velocidade finais do carrinho são

$$p_{2fx} = p_{2ix} + \Delta p_{2x} = 0 + 0{,}055\text{ kg}\cdot\text{m/s} = +0{,}055\text{ kg}\cdot\text{m/s}$$

$$v_{2fx} = \frac{p_{2fx}}{m_2} = \frac{+0{,}055\text{ kg}\cdot\text{m/s}}{0{,}68\text{ kg}} = +0{,}081\text{ m/s} = +8{,}1\text{ cm/s}.$$

Após a colisão, o carrinho 2 move-se no sentido negativo de x.

6.4 CONSERVAÇÃO DA QUANTIDADE DE MOVIMENTO

Nesta seção considera-se a análise das colisões entre dois objetos, podendo cada um estar em movimento. Ao contrário do Problema Resolvido 6.2, os objetos podem estar se movendo em qualquer direção, de modo que é necessário usar vetores para descrever o movimento.

A Fig. 6.10a ilustra o problema geral. Um corpo de massa m_1 move-se inicialmente com velocidade $\vec{\mathbf{v}}_{1i}$ e quantidade de movimento $\vec{\mathbf{p}}_{1i} = m_1\vec{\mathbf{v}}_{1i}$. Ele colide com o corpo 2, que está inicialmente se movendo com velocidade $\vec{\mathbf{v}}_{2i}$ e quantidade de movimento $\vec{\mathbf{p}}_{2i} = m_2\vec{\mathbf{v}}_{2i}$. A atenção é concentrada no movimento dos dois corpos, que são considerados o nosso *sistema*. Supõe-se que o sistema composto dos dois corpos está isolado das suas vizinhanças, de modo que nenhuma força age sobre ambos os corpos durante a colisão, com exceção da força impulsiva que cada corpo exerce um sobre o outro. Após a colisão (Fig. 6.10b), m_1 move-se com velocidade $\vec{\mathbf{v}}_{1f}$ e quantidade de movimento $\vec{\mathbf{p}}_{1f} = m_1\vec{\mathbf{v}}_{1f}$ e m_2 move-se com velocidade $\vec{\mathbf{v}}_{2f}$ e quantidade de movimento $\vec{\mathbf{p}}_{2f} = m_2\vec{\mathbf{v}}_{2f}$.

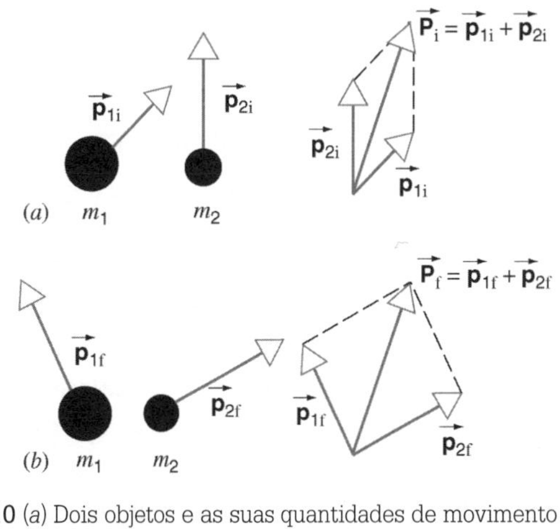

Fig. 6.10 (a) Dois objetos e as suas quantidades de movimento antes de colidirem. (b) Os objetos e as suas quantidades de movimento após colidirem. Observe que os vetores da quantidade de movimento total $\vec{\mathbf{P}}_i$ e $\vec{\mathbf{P}}_f$ são os mesmos antes e após a colisão.

Em qualquer instante de tempo, a quantidade de movimento total do sistema composto dos dois corpos é

$$\vec{\mathbf{P}} = \vec{\mathbf{p}}_1 + \vec{\mathbf{p}}_2, \tag{6-9}$$

a qual pode ser avaliada antes, durante ou após a colisão. Fazendo a derivada da Eq. 6.9, obtém-se

$$\frac{d\vec{\mathbf{P}}}{dt} = \frac{d\vec{\mathbf{p}}_1}{dt} + \frac{d\vec{\mathbf{p}}_2}{dt} = \sum \vec{\mathbf{F}}_1 + \sum \vec{\mathbf{F}}_2, \tag{6-10}$$

em que a Eq. 6.2 foi usada para substituir $d\vec{\mathbf{p}}/dt$ de cada corpo pela força resultante que age sobre aquele corpo. Antes da colisão nenhuma força age sobre os corpos, de modo que $\Sigma\, \vec{\mathbf{F}}_1 = 0$ e $\Sigma\, \vec{\mathbf{F}}_2 = 0$, e portanto, $d\vec{\mathbf{P}}/dt = 0$. Analogamente, após a colisão $d\vec{\mathbf{P}}/dt = 0$ porque, de novo, nenhuma força age sobre os corpos. Durante a colisão a única força que age sobre o corpo 1 é $\vec{\mathbf{F}}_{12}$, a qual é devida ao corpo 2. Analogamente, durante a colisão $\vec{\mathbf{F}}_{21}$ é a única força que age sobre o corpo 2. $\vec{\mathbf{F}}_{12}$ e $\vec{\mathbf{F}}_{21}$ formam um par ação—reação, de modo que $\vec{\mathbf{F}}_{12} = -\vec{\mathbf{F}}_{21}$ e $\vec{\mathbf{F}}_{12} + \vec{\mathbf{F}}_{21} = 0$. Então, também $d\vec{\mathbf{P}}/dt = 0$ durante a colisão. Assim, obtém-se a mesma resposta na avaliação da Eq. 6.10 antes, durante e depois da colisão: para todos os instantes,

$$\frac{d\vec{\mathbf{P}}}{dt} = 0. \tag{6-11}$$

Se a derivada de uma grandeza é nula, então a grandeza não se modifica no tempo e é uma constante:

$$\vec{\mathbf{P}} = \text{constante.} \tag{6-12}$$

Isto é, a quantidade de movimento total de m_1 e m_2 antes da colisão tem de ter a mesma intensidade, mesmo sentido e mesma direção do que a quantidade de movimento total de m_1 e m_2 após a colisão. Embora $\vec{\mathbf{p}}_1$ e $\vec{\mathbf{p}}_2$ possam variar como resultado da colisão, a sua soma vetorial permanece a mesma (como na Fig. 6.10).

Uma outra forma de expressar os resultados é

$$\vec{\mathbf{P}}_i = \vec{\mathbf{P}}_f, \tag{6-13}$$

onde $\vec{\mathbf{P}}_i = \vec{\mathbf{p}}_{1i} + \vec{\mathbf{p}}_{2i}$ é a quantidade de movimento total inicial do sistema antes da colisão e $\vec{\mathbf{P}}_f = \vec{\mathbf{p}}_{1f} + \vec{\mathbf{p}}_{2f}$ é a quantidade de movimento total final do sistema após a colisão.

As Eqs. 6.11, 6.12 e 6.13 são expressões matematicamente equivalentes à *lei de conservação da quantidade de movimento linear* para um sistema isolado composto de dois corpos:

Quando a resultante das forças externas que agem sobre um sistema é nula, a quantidade de movimento linear total do sistema permanece constante.

Este é um resultado geral, válido para qualquer tipo de interação entre os corpos. Nem é necessário que os corpos se comportem como partículas para que esta lei seja válida (como na colisão da Fig. 6.5). Embora o resultado tenha sido obtido para um sistema de dois corpos, a lei de conservação da quantidade de movimento é geral e aplica-se a qualquer combinação ou sistema de corpos nos quais as únicas forças que agem são aquelas que os corpos do sistema exercem uns sobre os outros.

A quantidade de movimento é uma grandeza vetorial; portanto, para que a quantidade de movimento se conserve, todas as três componentes da quantidade de movimento têm de se conservar de forma independente. Por exemplo, a Eq. 6.12 fornece

$$P_x = \text{constante}, \qquad P_y = \text{constante}, \qquad P_z = \text{constante}. \tag{6.14}$$

A componente x total da quantidade de movimento permanece a mesma antes e depois da colisão, da mesma forma que as componentes y e z.

Uma vez que a lei de conservação da quantidade de movimento foi derivada das leis de Newton, ela é válida em qualquer sistema de referência inercial. Observadores em referenciais inerciais diferentes assistindo à mesma colisão podem não concordar com os valores das quantidades de movimento inicial e final medidos, mas cada um concorda que as quantidades de movimento inicial e final são iguais. Se a quantidade de movimento é conservada em um referencial inercial, ela é conservada em *qualquer* referencial inercial.

As leis de conservação têm uma função importante na análise e na compreensão dos processos físicos. Elas permitem comparar o comportamento de um sistema "antes" e "depois", sem que se tenha qualquer conhecimento detalhado do processo que se desenvolve "durante". Por exemplo, a lei de conservação da quantidade de movimento linear não faz qualquer suposição sobre o tipo da força que os dois corpos exercem um sobre o outro; a quantidade de movimento linear total antes da colisão é igual à quantidade de movimento total após a colisão, não importando o tipo de força que age sobre os objetos que colidem.

Mais tarde, neste texto, são discutidas outras leis de conservação, incluindo as leis para energia, quantidade de movimento angular e carga elétrica. Estas leis são de grande importância prática e teórica. Existe uma profunda conexão teórica entre as grandezas conservadas e as simetrias da natureza. Por exemplo, a lei de conservação da quantidade de movimento linear está associada com a simetria *espacial* da natureza, que requer que um experimento desenvolvido em um local deve fornecer resultados idênticos se o experimento for desenvolvido em outro local. Mais tarde é discutida outra lei de conservação, a conservação de energia, que está associada à simetria *temporal* (tempo): o resultado de um experimento realizado hoje deve estar de acordo com o resultado do mesmo experimento realizado ontem. Em função dessas conexões, acredita-se que estas duas leis de conservação sejam universalmente válidas — se a natureza do espaço e do tempo é a mesma em todos os lugares do universo, então as mesmas leis de conservação devem poder ser aplicadas em todos os lugares e para qualquer instante de tempo.

PROBLEMA RESOLVIDO 6.3.

Fred (m_F = 75 kg) e Ginger (m_G = 55 kg) estão patinando no gelo lado a lado com uma mesma velocidade de 3,2 m/s (Fig. 6.11*a*) quando eles se empurram em uma direção perpendicular à sua velocidade original. Após perderem contato, Ginger está patinando em uma direção que forma um ângulo de 32° com a sua direção original (Fig. 6.11*b*). E em que direção Fred está patinando?

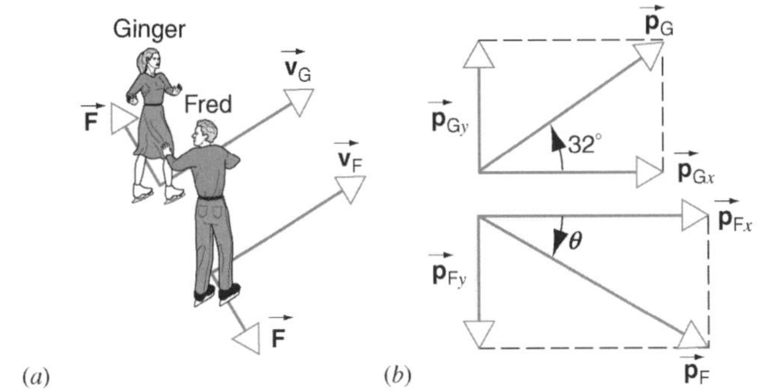

Fig. 6.11 Problema Resolvido 6.3. (*a*) Dois patinadores empurram-se em uma direção perpendicular ao seu movimento original. (*b*) As quantidades de movimento dos patinadores após se empurrarem.

Soluçao Toma-se Fred e Ginger juntos como o sistema a ser estudado. Fred e Ginger exercem forças entre si quando eles se empurram, mas se os efeitos de qualquer força externa (como o atrito com o gelo) forem desprezados, a quantidade de movimento total deles antes e depois de se empurrarem é igual. As componentes x das suas quantidades de movimento originais são (tomando o seu movimento original como sendo no sentido positivo de x):

$$p_{Gx} = m_G v_G = (55\ \text{kg})(3{,}2\ \text{m/s}) = 176\ \text{kg}\cdot\text{m/s}$$

$$p_{Fx} = m_F v_F = (75\ \text{kg})(3{,}2\ \text{m/s}) = 240\ \text{kg}\cdot\text{m/s}.$$

Após se empurrarem, a quantidade de movimento de Ginger passa a ter uma componente y de modo que a quantidade de movimento total dela faz um ângulo de 32° com o sentido positivo da direção x:

$$p_{Gy} = p_{Gx}\ \text{tg}\ 32° = +110\ \text{kg}\cdot\text{m/s}.$$

Antes de se empurrarem, a componente y da quantidade de movimento total deles é nula. Para que a quantidade de movimento se conserve, o valor total da componente y deve permanecer nulo após a sua separação. Portanto, a componente y da quantidade de movimento de Fred deve ser −110 kg·m/s, e a direção do movimento de Fred é determinada por

$$\text{tg}\ \theta = \frac{p_{Fy}}{p_{Fx}} = \frac{-110\ \text{kg}\cdot\text{m/s}}{240\ \text{kg}\cdot\text{m/s}} = -0{,}458$$

ou

$$\theta = -25°.$$

Observe que a componente x da quantidade de movimento de Fred ou de Ginger não é alterada pela força decorrente do fato de eles terem se empurrado; esta força é exercida na direção y, e o teorema do impulso—quantidade de movimento (Eq. 6.6) mostra que a força sobre ambos na direção y não pode alterar a componente x da quantidade de movimento deles.

PROBLEMA RESOLVIDO 6.4.

Um homem de 65 kg de massa está correndo ao longo de um píer com uma velocidade de 4,9 m/s (Fig. 6.12). Ele salta do píer para um barco de 88 kg de massa que está à deriva, sem atrito, na mesma direção e com uma velocidade de 1,2 m/s. Quando o homem está sentado no barco, qual é a sua velocidade final?

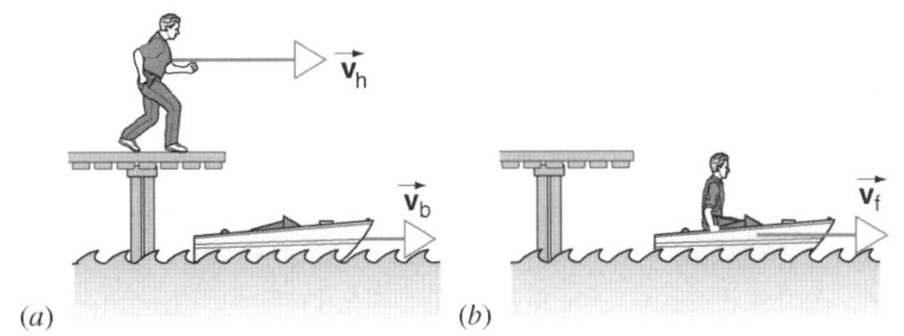

Fig. 6.12 Problema Resolvido 6.4. (*a*) Um homem corre com uma velocidade $\vec{v}_h$ e salta em um barco se movendo na mesma direção com uma velocidade $\vec{v}_b$. (*b*) O homem e o barco estão se movendo com uma velocidade $\vec{v}_f$.

Soluçao Quando o homem entra no barco, ele e o barco exercem forças um sobre o outro que fazem com que eles adquiram a mesma velocidade final (o homem tem a sua velocidade reduzida e o barco tem a sua velocidade aumentada). Se não existem forças externas agindo sobre o sistema homem + barco, a quantidade de movimento total do homem e do barco antes do salto deve ser igual à quantidade de movimento total após ele sentar-se no barco. Escolhe-se o eixo x positivo no sentido da velocidade original do homem. Uma vez que todos os movimentos se desenvolvem na direção x, somente é necessário considerar as componentes x das velocidades e das quantidades de movimento. Antes do salto, o homem possui uma quantidade de movimento $p_{hx} = m_h v_{hx}$ e o barco possui uma quantidade de movimento $p_{bx} = m_h v_{bx}$. A quantidade de movimento total inicial é

$$\begin{aligned} P_{ix} &= p_{hx} + p_{bx} = m_h v_{hx} + m_b v_{bx} \\ &= (65\ \text{kg})\ (4{,}9\ \text{m/s}) + (88\ \text{kg})\ (1{,}2\ \text{m/s}) = 424\ \text{kg·m/s}. \end{aligned}$$

Depois que ele salta e se senta no barco, eles se movem juntos com a mesma velocidade v_{fx}. A quantidade de movimento final combinada é $P_{fx} = m_h v_{fx} + m_b v_{fx} = (m_h + m_b)v_{fx}$. Com $P_{ix} = P_{fx}$, obtém-se

$$v_{fx} = \frac{P_{ix}}{m_h + m_b} = \frac{424\ \text{kg}\cdot\text{m/s}}{65\ \text{kg} + 88\ \text{kg}} = 2{,}8\ \text{m/s}.$$

6.5 COLISÕES ENTRE DOIS CORPOS

Nesta seção são examinados diferentes tipos de colisões entre dois corpos, usando a conservação da quantidade de movimento para relacionar o movimento dos corpos antes e depois da colisão.

A Fig. 6.13*a* mostra uma colisão geral entre dois corpos. Antes da colisão, m_1 move-se com uma velocidade inicial $\vec{v}_{1i}$ e m_2 com uma velocidade inicial $\vec{v}_{2i}$. Após a colisão, as velocidades finais são $\vec{v}_{1f}$ e $\vec{v}_{2f}$, respectivamente. De acordo com a conservação da quantidade de movimento, a quantidade de movimento total de m_1 e m_2 *antes* da colisão é igual à quantidade de movimento total deles *após* a colisão:

$$m_1\vec{v}_{1i} + m_2\vec{v}_{2i} = m_1\vec{v}_{1f} + m_2\vec{v}_{2f}. \qquad (6\text{-}15)$$

Outra forma de escrever a Eq. 6.15 é

$$m_1(\vec{v}_{1f} - \vec{v}_{1i}) = -m_2(\vec{v}_{2f} - \vec{v}_{2i}) \qquad (6\text{-}16)$$

ou

$$\Delta\vec{p}_1 = -\Delta\vec{p}_2. \qquad (6\text{-}17)$$

A variação da quantidade de movimento dos dois objetos tem a mesma intensidade e sinais opostos, uma conseqüência necessária da lei de conservação da quantidade de movimento. Este resultado também segue diretamente da terceira lei de Newton: de acordo com o teorema do impulso—quantidade de movimento (Eq. 6.5), a variação da quantidade de movimento de ambos os corpos é igual ao impulso da força resultante que age sobre o corpo. A Eq. 6.17 pode, então, ser escrita como $\vec{J}_1 = -\vec{J}_2$ com $\vec{J}_1$ representando o impulso da força sobre o corpo 1 devido ao corpo 2 e $\vec{J}_2$ representando o impulso da força sobre o corpo 2 devido ao corpo 1. Esta igualdade segue diretamente da definição do impulso (Eq. 6.4) com $\vec{F}_{12} = -\vec{F}_{21}$, conforme requer a terceira lei de Newton.

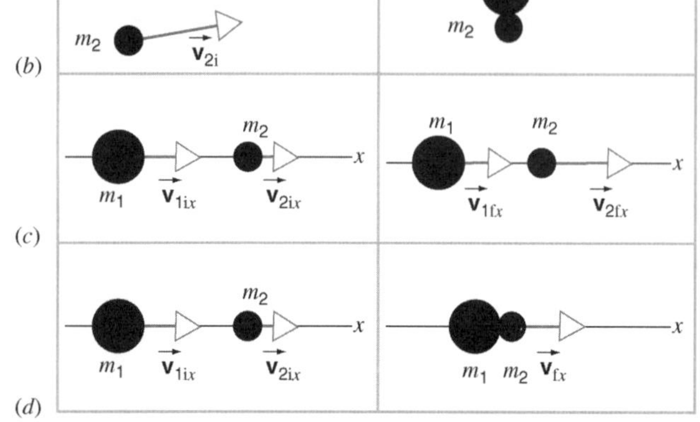

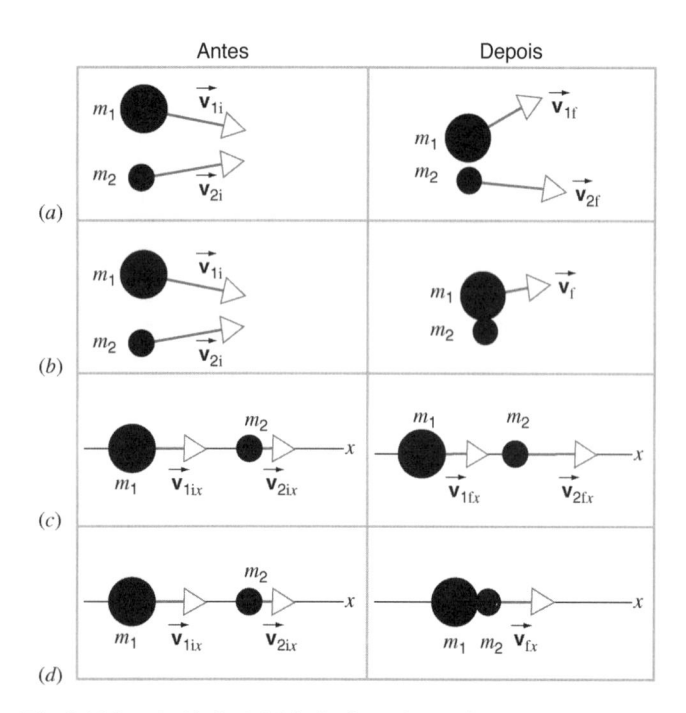

Fig. 6.13 As velocidades inicial e final em várias colisões entre dois corpos.

Em algumas colisões, os corpos grudam (Fig. 6.13*b*) e movem-se com uma velocidade final comum. Com $\vec{v}_{1f} = \vec{v}_{2f} = \vec{v}_f$, a Eq. 6.15 torna-se

$$m_1\vec{v}_{1i} + m_2\vec{v}_{2i} = (m_1 + m_2)\vec{v}_f. \qquad (6\text{-}18)$$

As Eqs. 6.15 e 6.18 são equações vetoriais, e implicam que a conservação da quantidade de movimento deve ser válida para cada uma das componentes, conforme sugerido pela Eq. 6.14. Então,

$$m_1v_{1ix} + m_2v_{2ix} = m_1v_{1fx} + m_2v_{2fx}$$

e de maneira similar para as componentes *y* e *z*. Se todos os movimentos ocorrem em um plano (o plano *xy*) e conhecendo-se as velocidades iniciais de m_1 e m_2, então a Eq. 6.15 fornece duas relações entre as quatro incógnitas (as componentes *x* e *y* de $\vec{v}_{1f}$ e de $\vec{v}_{2f}$). Se *uma* das velocidades finais é conhecida, é possível encontrar a outra; ou se as *direções* das duas velocidades finais são conhecidas, é possível encontrar as suas intensidades. A Eq. 6.18, por outro lado, possui apenas duas incógnitas (as componentes *x* e *y* de $\vec{v}_f$), de modo que as duas equações das componentes contidas na Eq. 6.18 são, portanto, suficientes para determinar a solução para estas duas incógnitas.

Em muitas aplicações, m_2 está inicialmente em repouso ($\vec{v}_{2i} = 0$) e isto simplifica os cálculos de alguma forma. Uma vez que a conservação da quantidade de movimento é válida em qualquer referencial inercial, é sempre possível encontrar um sistema de referência no qual m_2 está em repouso e aplicar a conservação da quantidade de movimento neste sistema, retornando para o sistema de referência original caso se deseje determinar as velocidades finais nestew referencial.

Freqüentemente tem-se uma colisão "frontal", na qual todo o movimento se desenvolve em uma única direção que é tomada como a direção *x* do sistema de coordenadas (Fig. 6.13*c*). A conservação da quantidade de movimento neste caso, pode ser escrita como

$$m_1v_{1ix} + m_2v_{2ix} = m_1v_{1fx} + m_2v_{2fx}. \qquad (6\text{-}19)$$

Se três das velocidades são conhecidas, a quarta pode ser concluída da Eq. 6.19. Se m_1 e m_2 juntam-se após a colisão, movendo-se, com uma velocidade final comum v_{fx} (Fig. 6.13*d*), a Eq. 6.19 torna-se

$$m_1v_{1ix} + m_2v_{2ix} = (m_1 + m_2)v_{fx}. \qquad (6\text{-}20)$$

As componentes *x* das velocidades nas Eqs. 6.19 e 6.20 podem ser positivas ou negativas, dependendo de como se define o sentido positivo do eixo *x*.

PROBLEMA RESOLVIDO 6.5.

Um cursor de massa $m_1 = 1{,}25$ kg move-se com uma velocidade de 3,62 m/s sobre um trilho a ar, sem atrito, e colide com um segundo cursor de massa $m_2 = 2{,}30$ kg que está inicialmente em repouso. Após a colisão, é possível notar que o primeiro cursor move-se com uma velocidade de 1,07 m/s no sentido oposto ao seu movimento inicial. Qual é a velocidade de m_2 após a colisão?

Soluçao A Eq. 6.19 fornece o resultado geral em uma dimensão para a conservação da quantidade de movimento. Escolhe-se o sentido positivo para o eixo x para coincidir com o sentido do movimento inicial de m_1, de modo que $v_{1ix} = +3{,}62$ m/s e $v_{1fx} = -1{,}07$ m/s. Com $v_{2ix} = 0$, pode-se resolver a Eq. 6.19 para a incógnita v_{2fx} e obter

$$v_{2fx} = \frac{m_1}{m_2}(v_{1ix} - v_{1fx})$$

$$= \frac{1{,}25 \text{ kg}}{2{,}30 \text{ kg}}[3{,}62 \text{ m/s} - (-1{,}07 \text{ m/s})] = 2{,}55 \text{ m/s}.$$

É possível verificar estes resultados, encontrando a variação da quantidade de movimento para cada um dos cursores:

$$\Delta p_{1x} = m_1(v_{1fx} - v_{1ix}) = (1{,}25 \text{ kg})(-1{,}07 \text{ m/s} - 3{,}62 \text{ m/s})$$
$$= -5{,}86 \text{ kg} \cdot \text{m/s},$$

$$\Delta p_{2x} = m_2(v_{2fx} - v_{2ix}) = (2{,}30 \text{ kg})(2{,}55 \text{ m/s} - 0)$$
$$= +5{,}86 \text{ kg} \cdot \text{m/s}.$$

Conforme esperado, $\Delta p_{1x} = -\Delta p_{2x}$.

PROBLEMA RESOLVIDO 6.6.

Suponha que os dois cursores que estão se movendo inicialmente como no Problema Resolvido 6.5 permanecem unidos após a colisão. Qual é a velocidade final do conjunto?

Soluçao Neste caso, pode-se usar a Eq. 6.20 com $v_{2ix} = 0$:

$$v_{fx} = \frac{m_1 v_{1ix}}{m_1 + m_2} = \frac{(1{,}25 \text{ kg})(3{,}62 \text{ m/s})}{1{,}25 \text{ kg} + 2{,}30 \text{ kg}} = 1{,}27 \text{ m/s}.$$

Pelo mesmo método do problema resolvido anterior, é possível mostrar que $\Delta p_{1x} = -2{,}93$ kg·m/s e $\Delta p_{2x} = +2{,}93$ kg·m/s, portanto satisfaz a conservação da quantidade de movimento ($\Delta p_{1x} = -\Delta p_{2x}$).

PROBLEMA RESOLVIDO 6.7.

Uma espaçonave de massa total m está navegando a uma velocidade de 8,45 km/s (medida em relação a um determinado sistema de referência inercial) em uma região do espaço com gravidade desprezível. A espaçonave é composta de dois módulos de massas $m/4$ e $3m/4$ que possuem uma mola entre si e estão acoplados através de parafusos (Fig. 6.14). Após um sinal enviado pelo comandante da nave, os parafusos que seguram os dois módulos juntos são soltos e a mola afasta-os de modo que o módulo menor move-se para a frente (no sentido do movimento original da nave) com uma velocidade de 11,63 km/s. Qual é a velocidade final do módulo maior?

Soluçao Este problema é o contrário do problema anterior — em vez de os dois objetos colidirem e permanecerem juntos, neste caso os dois corpos, que inicialmente estão juntos, separam-se.

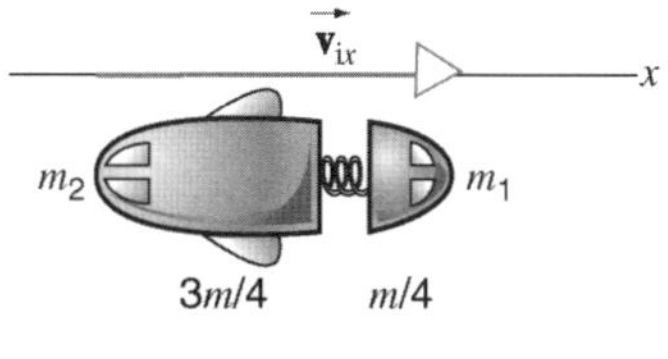

Fig. 6.14 Problema Resolvido 6.7.

A força que promove a separação é uma força interna ao sistema de dois corpos, e então a lei de conservação da quantidade de movimento pode ser aplicada. Escolhe-se o sentido positivo do eixo x como sendo o do movimento original da espaçonave (e também aquele da velocidade final do módulo menor). Ajusta-se a Eq. 6.20, de modo que a velocidade inicial do sistema combinado é v_{ix} e as velocidades finais dos dois módulos são v_{1fx} e v_{2fx}. Assim, a conservação da quantidade de movimento fornece

$$(m_1 + m_2)v_{ix} = m_1 v_{1fx} + m_2 v_{2fx}. \quad (6\text{-}21)$$

Tem-se que $v_{ix} = +8{,}45$ km/s e $v_{1fx} = +11{,}63$ km/s, e deseja-se encontrar v_{2fx}:

$$v_{2fx} = \frac{(m_1 + m_2)v_{ix} - m_1 v_{1fx}}{m_2}$$

$$= \frac{(m)(8{,}45 \text{ km/s}) - (m/4)(11{,}63 \text{ km/s})}{3m/4} = +7{,}39 \text{ km/s}.$$

Observe que não é necessário conhecer a massa real da espaçonave para desenvolver este cálculo, são necessárias somente as massas relativas dos dois módulos. Isto é verdade para todas as colisões de sistemas de dois corpos? Reveja as Eqs. 6.19 e 6.20 para decidir se isto é sempre verdade.

É interessante analisar este problema na perspectiva de uma outra espaçonave que está se movendo em uma direção paralela ao movimento da primeira e com a mesma velocidade ($v_x = 8{,}45$ km/s). Em relação a esta espaçonave, após a separação, o módulo menor move-se com uma velocidade $v'_{1fx} = v_{1fx} - v_x = 11{,}63 \text{ km/s} - 8{,}45 \text{ km/s} = 3{,}18$ km/s no sentido para a frente (o mesmo sentido da velocidade da espaçonave). O módulo maior move-se com uma velocidade $v'_{2fx} = v_{2fx} - v_x = 7{,}39 \text{ km/s} - 8{,}45 \text{ km/s} = -1{,}06$ km/s. Neste sistema de referência, o módulo maior move-se para trás com uma velocidade de 1,06 km/s. De acordo com este observador, a quantidade de movimento inicial da primeira espaçonave (antes da separação) é zero porque a velocidade relativa da primeira espaçonave é nula: $P'_{fx} = m_1 v'_{1fx} + m_2 v'_{2fx} = 0$, conforme você pode mostrar. De acordo com este observador, as quantidades de movimento inicial e final são ambas zero, e, portanto, a quantidade de movimento é conservada.

Se a quantidade de movimento é conservada em um sistema de referência inercial, então ela é conservada em qualquer referencial inercial. Freqüentemente é conveniente resolver um problema em um sistema de referência e, então, transformar os resultados para outro. No restante desta seção, discute-se como o segundo sistema de referência usado neste pro-

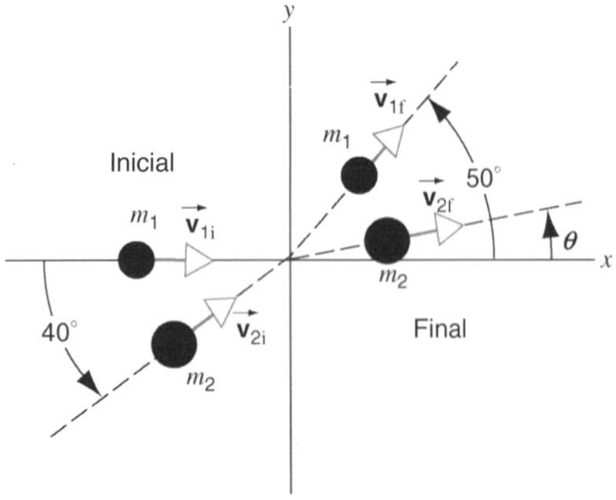

Fig. 6.15 Problema Resolvido 6.8.

blema, no qual a quantidade de movimento total é zero, pode em geral fornecer subsídios para uma melhor compreensão na análise de colisões.

PROBLEMA RESOLVIDO 6.8.

Um disco de hóquei no gelo está deslizando sem atrito sobre o gelo com uma velocidade de 2,48 m/s. Ele colide com um segundo disco com uma massa de 1,5 vez a do primeiro e que se move inicialmente com uma velocidade de 1,86 m/s em uma direção a 40° da direção do primeiro disco (Fig. 6.15). Após a colisão, o primeiro disco move-se com uma velocidade de 1,59 m/s em direção a um ângulo de 50° da sua direção inicial (conforme mostrado na Fig. 6.15). Encontre a velocidade e a direção do segundo disco após a colisão.

Soluçao Neste problema, deve-se usar a lei de conservação da quantidade de movimento na sua forma vetorial para duas dimensões. Define-se o sentido do eixo x como sendo o do movimento inicial do primeiro disco. O segundo disco move-se com uma velocidade $\vec{v}_{2f}$, segundo uma direção que faz um ângulo θ com o eixo x. Então, a componente x da equação de conservação da quantidade de movimento (Eq. 6.15) fornece $m_1v_{1ix} + m_2v_{2ix} = m_1v_{1fx} + m_2v_{2fx}$, ou (com $m_1 = m$ e $m_2 = 1{,}5m$)

$$m(2{,}48\text{ m/s}) + 1{,}5m(1{,}86\text{ m/s})\cos 40° = m(1{,}59\text{ m/s})\cos 50° + 1{,}5mv_{2f}\cos\theta,$$

que pode ser reduzido a

$$v_{2f}\cos\theta = 2{,}40\text{ m/s},$$

e a componente y é $m_1v_{1iy} + m_2v_{2iy} = m_1v_{1fy} + m_2v_{2fy}$, de modo que

$$m(0) + 1{,}5m(1{,}86\text{ m/s})\text{ sen }40° = m(1{,}59\text{ m/s})\text{ sen }50° + 1{,}5mv_{2f}\text{ sen }\theta,$$

que se reduz a

$$v_{2f}\text{ sen }\theta = 0{,}38\text{ m/s}.$$

Resolvendo estas duas equações reduzidas para as duas incógnitas, encontra-se

$$v_{2f} = 2{,}43\text{ m/s},\qquad \theta = 9{,}0°.$$

COLISÕES UNIDIMENSIONAIS NO SISTEMA DE REFERÊNCIA DO CENTRO DE MASSA

Nesta seção analisam-se colisões unidimensionais entre dois corpos, observados de um sistema de referência inercial arbitrário. Geralmente fixa-se este sistema no laboratório no qual a colisão é observada, de modo que ele é chamado de *sistema de referência do laboratório* ou referencial do laboratório. Existe, entretanto, outro sistema de referência no qual a colisão apresenta uma simetria particular e no qual a análise pode ser freqüentemente desenvolvida com relativa facilidade. Este sistema, que é amplamente adotado na análise da colisão de átomos e partículas subatômicas, é chamado de *sistema de referência do centro de massa* ou referencial cm. (A razão para a escolha deste nome é explicada no próximo capítulo.) No Problema Resolvido 6.7, o segundo método de análise foi desenvolvido no referencial cm, no qual a espaçonave parece estar em repouso antes da separação.

A colisão (unidimensional) no referencial do laboratório é mostrada na Fig. 6.16*a*. Agora, a colisão é estudada no referencial cm. Como todas as velocidades estão na direção x, por conveniência, os subscritos x são abandonados para todas as velocidades e todas as quantidades de movimento; entretanto, deve-se lembrar de que estas são as componentes x dos vetores e os seus sinais devem ser arbitrados de forma consistente com o sentido positivo de x. Nesta análise, utiliza-se a Eq. 4.32 para uma dimensão e denota-se por S o referencial do laboratório e por S' o referencial cm. A velocidade $v_{S'S}$ (a velocidade do referencial cm em relação ao referencial do laboratório) é simplesmente representada por v. De acordo com um observador no referencial cm, as velocidades iniciais dos dois objetos que colidem são

$$m_1:\ v'_{1i} = v_{1i} - v \qquad \text{e} \qquad m_2:\ v'_{2i} = v_{2i} - v,$$

onde as plicas indicam grandezas medidas no referencial cm (S').

A quantidade de movimento total inicial dos dois corpos no referencial cm é, então

$$P'_i = m_1v'_{1i} + m_2v'_{2i} = m_1(v_{1i} - v) + m_2(v_{2i} - v). \quad (6\text{-}22)$$

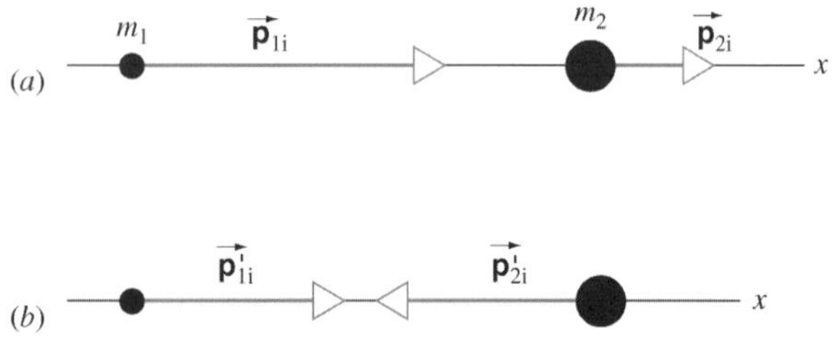

Fig. 6.16 As quantidades de movimento de dois corpos antes da sua colisão no (*a*) sistema de referência original e no (*b*) sistema de referência do centro de massa.

Neste ponto *define-se* o referencial cm como sendo *o referencial no qual a quantidade de movimento inicial do sistema de dois corpos é nula*. Para encontrar o valor particular de v que faz com que isto ocorra, faz-se $P_i' = 0$ na Eq. 6.22 e resolve-se para v, obtendo-se

$$v = \frac{m_1 v_{1i} + m_2 v_{2i}}{m_1 + m_2}. \qquad (6\text{-}23)$$

Se um observador estiver viajando nesta velocidade e observar a colisão, o movimento dos dois corpos *antes* da colisão irá parecer como mostrado na Fig. 6.16*b*. Embora as suas massas possam ser diferentes, as quantidades de movimento dos dois corpos são iguais em intensidade e opostas em sentido, sendo o valor total nulo.

Uma vez que a quantidade de movimento é conservada, a quantidade de movimento total *após* a colisão ($P_f' = p_{1f}' + p_{2f}'$) também tem de ser nula no referencial cm de modo que, após a colisão, p_{1f}' e p_{2f}' também têm de ser iguais em intensidade e opostas em sentido. Os vetores da quantidade de movimento final podem ter qualquer comprimento, desde que sejam iguais em intensidade.

A linha 1 da Fig. 6.17, que é idêntica à Fig. 6.16*b*, mostra a quantidade de movimento inicial dos dois corpos no referencial cm. O resultado da colisão depende das propriedades dos corpos que colidem e da natureza das forças que eles exercem um sobre o outro; as linhas 2 a 5 da Fig. 6.17 mostram várias possibilidades diferentes para a quantidade de movimento final p_{1f}' e p_{2f}' no referencial cm. A quantidade de movimento total final é nula neste referencial, de modo que $p_{1f}' = -p_{2f}'$. Independente do tipo de colisão, esta simetria é observada no referencial cm.

No caso mostrado na linha 2 da Fig. 6.17 os corpos simplesmente ricocheteiam um no outro, mantendo as intensidades das suas quantidades de movimento mas tendo os seus sentidos invertidos. Este tipo de colisão é conhecido como uma colisão *elástica*. Objetos sólidos rígidos, como bolas de bilhar e discos de hóquei no gelo, usualmente experimentam colisões que podem ser vistas como elásticas. Nas colisões *inelásticas* (linha 3), após a colisão, os corpos apresentam menores valores de quantidade de movimento no referencial cm. Este é o caso dos objetos deformáveis, como a bola de beisebol na Fig. 6.1. Se os corpos permanecem juntos após a colisão (linha 4), o sistema combinado estará em repouso no referencial cm; este caso é denominado colisão *completamente inelástica*. A colisão de duas bolas de massa é um exemplo. Finalmente (linha 5), os corpos podem ricochetear com valores de quantidade de movimento maiores do que os valores iniciais. Isto pode ocorrer, por exemplo, se uma mola ou uma carga explosiva for liberada entre os dois corpos no instante da colisão.

Colisões Elásticas. A colisão elástica foi definida como aquela na qual, *no referencial cm*, a velocidade de cada corpo varia em sentido mas não em intensidade. Assim para m_1, $v_{1f}' = -v_{1i}'$ no referencial cm, e de maneira similar para m_2. Neste ponto, utilizam-se esses resultados para derivar as expressões para as velocidades finais dos dois corpos elásticos que colidem, no referencial do laboratório.

Para m_1, as velocidades nos dois referenciais são relacionadas por $v_{1i}' = v_{1i} - v$ e $v_{1f}' = v_{1f} - v$, onde v é a velocidade relativa entre os dois referenciais (Eq. 6.23). Ao resolver a última das duas equações para a velocidade no referencial do laboratório, obtém-se $v_{1f} = v_{1f}' + v$. Ao substituir a condição para colisões elásticas ($v_{1f}' = -v_{1i}'$), tem-se $v_{1f} = -v_{1i}' + v$. Finalmente, usando uma relação entre v_{1i}' e v_{1i}, obtém-se

$$\begin{aligned} v_{1f} &= -(v_{1i} - v) + v = -v_{1i} + 2v \\ &= -v_{1i} + 2\frac{m_1 v_{1i} + m_2 v_{2i}}{m_1 + m_2}, \end{aligned}$$

vindo o último resultado da utilização da Eq. 6.23. Após algumas manipulações, obtém-se

$$v_{1f} = \frac{m_1 - m_2}{m_1 + m_2} v_{1i} + \frac{2m_2}{m_1 + m_2} v_{2i}. \qquad (6\text{-}24)$$

Para encontrar v_{2f}, a velocidade final de m_2, pode-se repetir a análise que leva à Eq. 6.24, permutando os subscritos "1" e "2" em todos os lugares onde eles aparecem. Na realidade, pode-se simplesmente fazer estas modificações na Eq. 6.24 e obter

$$v_{2f} = \frac{2m_1}{m_1 + m_2} v_{1i} + \frac{m_2 - m_1}{m_1 + m_2} v_{2i}. \qquad (6\text{-}25)$$

As Eqs. 6.24 e 6.25 são resultados gerais para colisões elásticas unidimensionais e permitem calcular as velocidades finais para

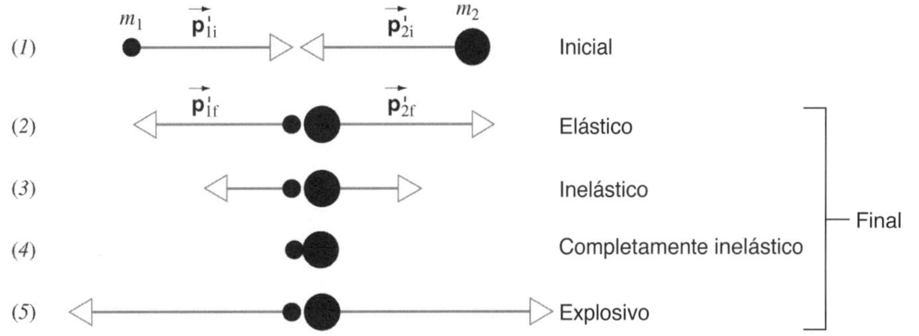

Fig. 6.17 As quantidades de movimento de dois objetos que colidem, considerando vários tipos de colisões no referencial do centro de massa. A linha 1 mostra as quantidades de movimento iniciais neste referencial e as linhas 2 a 5 mostram algumas quantidades de movimento finais possíveis.

qualquer referencial inercial, em termos das velocidades iniciais neste referencial. A seguir são apresentados alguns casos especiais de interesse:

1. *Massas iguais.* Quando as partículas que colidem possuem massas iguais ($m_1 = m_2$), as Eqs. 6.24 e 6.25 tornam-se simplesmente

$$v_{1f} = v_{2i} \quad \text{e} \quad v_{2f} = v_{1i}. \tag{6-26}$$

Isto é, as partículas trocam as velocidades: a velocidade final de uma das partículas é igual à velocidade inicial da outra.

2. *Partícula-alvo em repouso.* Outro caso de interesse é aquele em que a partícula m_2 está inicialmente em repouso. Então, $v_{2i} = 0$ e

$$v_{1f} = \frac{m_1 - m_2}{m_1 + m_2} v_{1i} \quad \text{e} \quad v_{2f} = \frac{2m_1}{m_1 + m_2} v_{1i}. \tag{6-27}$$

Se este caso especial for combinado com o anterior (isto é, uma colisão entre partículas de massa igual, sendo que uma delas está inicialmente em repouso), é possível observar que a primeira partícula é "parada" e a segunda "decola" com a velocidade inicial da primeira. Em geral, este efeito pode ser observado na colisão de bolas de bilhar sem rotação.

3. *Alvo maciço.* Se $m_2 \gg m_1$, então as Eqs. 6.24 e 6.25 reduzem-se a

$$v_{1f} \approx -v_{1i} + 2v_{2i} \quad \text{e} \quad v_{2f} \approx v_{2i}. \tag{6-28}$$

Quando a partícula maciça está se movendo devagar ou está em repouso, então

$$v_{1f} \approx -v_{1i} \quad \text{e} \quad v_{2f} \approx 0. \tag{6-29}$$

Isto é, quando uma partícula leve colide com uma muito mais maciça que está em repouso, a velocidade da partícula leve é aproximadamente invertida e a partícula maciça permanece aproximadamente em repouso. Por exemplo, uma bola largada de uma altura h ricocheteia na Terra e tem a sua velocidade invertida e, se a colisão é perfeitamente elástica e não existe resistência do ar, ela alcançará a mesma altura h. Da mesma forma, um elétron ricocheteia após uma colisão frontal com um átomo (relativamente maciço) e tem o seu movimento invertido, enquanto o átomo-alvo não é essencialmente afetado pela colisão.

4. *Projétil maciço.* Quando $m_1 \gg m_2$, as Eqs. 6.24 e 6.25 tornam-se

$$v_{1f} \approx v_{1i} \quad \text{e} \quad v_{2f} \approx 2v_{1i} - v_{2i}. \tag{6-30}$$

Se a partícula-alvo leve está inicialmente em repouso (ou movendo-se muito mais lentamente que m_1), então, após a colisão, a partícula-alvo move-se com o dobro da velocidade de m_1. O movimento de m_1 praticamente não é afetado pela colisão com o alvo muito mais leve.

No espalhamento da partícula alfa (Fig. 6.2), a partícula alfa incidente (cuja massa é cerca de 7000 vezes a massa do elétron) não é essencialmente afetada pelas colisões com os elétrons dos átomos-alvo (conforme indicado pelas muitas trajetórias retilíneas na Fig. 6.2). A partícula alfa é defletida somente nos raros encontros com o núcleo maciço do átomo-alvo.

As Eqs. 6.26 a 6.30 são válidas somente para colisões elásticas. Para colisões parcialmente inelásticas ou explosivas, não é possível um conjunto de equações gerais como 6.24 ou 6.25 para as velocidades finais, a menos que se conheça mais informações sobre a quantidade de movimento de cada partícula que é adicionada ou suprimida no referencial do centro de massa. No Cap. 11, mostra-se como considerações baseadas na energia também permitem analisar estes diferentes tipos de colisões. Em colisões parcialmente inelásticas ou explosivas, o ganho ou a perda da quantidade de movimento (ou energia) por um dos corpos que colidem pode ser usado para deduzir propriedades relacionadas à interação entre os corpos. Esta é uma técnica comum usada em física nuclear, na qual informações sobre as propriedades do núcleo podem ser deduzidas por meio da observação da quantidade de movimento das partículas após as colisões.

PROBLEMA RESOLVIDO 6.9.

Uma partícula alfa (um núcleo de um átomo de hélio, $m = 4{,}0$ u) é acelerada à velocidade de $1{,}52 \times 10^7$ m/s e colide frontalmente com um núcleo de oxigênio ($m = 16{,}0$ u) em repouso. Após a colisão, o núcleo de oxigênio move-se com uma velocidade de $6{,}08 \times 10^6$ m/s ao longo da direção original do movimento da partícula alfa. (*a*) Qual é a velocidade da partícula alfa após a colisão? (*b*) Qual é o tipo de colisão, listada na Fig. 6.17, que melhor descreve este processo?

Soluçao (*a*) A conservação da quantidade de movimento permite encontrar a velocidade da partícula alfa. A Eq. 6.19 expressa a conservação da quantidade de movimento para o caso geral de colisões unidimensionais. Toma-se o sentido positivo de x como sendo o da velocidade inicial da partícula alfa. Se a partícula 1 for considerada como a partícula alfa e a partícula 2 como o oxigênio, pode-se escrever a Eq. 6.19 com $v_{2ix} = 0$ como

$$\begin{aligned} v_{\alpha fx} &= \frac{m_\alpha v_{\alpha ix} - m_O v_{Ofx}}{m_\alpha} \\ &= \frac{(4{,}0\ \text{u})(1{,}52 \times 10^7\ \text{m/s}) - (16{,}0\ \text{u})(6{,}08 \times 10^6\ \text{m/s})}{4{,}0\ \text{u}} \\ &= -9{,}12 \times 10^6\ \text{m/s}. \end{aligned}$$

A partícula alfa ricocheteia no sentido negativo de x.

Observe que as unidades de massa se cancelam nesta equação, de modo que se pode escolher qualquer unidade para expressar as massas das partículas.

(*b*) A velocidade relativa entre os referenciais do laboratório e cm é dada pela Eq. 6.23:

$$\begin{aligned} v_x &= \frac{m_\alpha v_{\alpha ix} + m_O v_{Oix}}{m_\alpha + m_O} = \frac{(4{,}0\ \text{u})(1{,}52 \times 10^7\ \text{m/s}) + 0}{4{,}0\ \text{u} + 16{,}0\ \text{u}} \\ &= +0{,}304 \times 10^7\ \text{m/s}. \end{aligned}$$

A quantidade de movimento inicial da partícula alfa no referencial cm é, então, $p'_{\alpha ix} = m_\alpha v'_{\alpha ix} = m_\alpha(v_{\alpha ix} - v_x) = (4{,}0\ \text{u})\ (1{,}52 \times$

10^7 m/s − 0,304 × 10^7 m/s) = +4,86 × 10^7 u·m/s. A quantidade de movimento final da partícula alfa é $p'_{\alpha fx} = m_\alpha v'_{\alpha fx} = m_\alpha(v_{\alpha fx} - v_x)$ = (4,0 u) (−9,12 × 10^6 m/s − 0,304 × 10^7 m/s) = −4,86 × 10^7 u·m/s. Então $p'_{\alpha ix} = -p'_{\alpha fx}$, e a partícula alfa mantém a intensidade da sua quantidade de movimento e tem o seu sentido invertido. Você pode mostrar que, para a quantidade de movimento do núcleo de oxigênio, somente o seu sentido é invertido na colisão. A inversão da quantidade de movimento de ambas as partículas, permanecendo as suas intensidades inalteradas, é característica de uma colisão *elástica*.

MÚLTIPLA ESCOLHA

6.1 Colisões

6.2 Quantidade de Movimento Linear

1. Qual dos objetos abaixo possui a maior quantidade de movimento?

(A) Uma bala disparada de um rifle

(B) Um jogador de futebol americano correndo a toda a velocidade

(C) Um cavalo andando a 2 milhas/hora

(D) Um elefante parado

2. Uma bola de 2 kg que está caindo na vertical atinge o chão a 8 m/s. Ela ricocheteia para cima com 6 m/s. Qual é a intensidade da variação da quantidade de movimento da bola?

(A) 2 kg·m/s (B) 4 kg·m/s

(C) 14 kg·m/s (D) 28 kg·m/s

3. Um objeto está se movendo em círculo com velocidade constante v. A intensidade da taxa de variação da quantidade de movimento do objeto

(A) é zero. (B) é proporcional a v.

(C) é proporcional a v^2. (D) é proporcional a v^3.

4. Se a força resultante que age sobre um corpo é constante, o que pode ser concluído sobre a sua quantidade de movimento?

(A) A intensidade e/ou a direção de $\vec{\mathbf{p}}$ pode mudar.

(B) A intensidade de $\vec{\mathbf{p}}$ permanece constante, mas a sua direção pode mudar.

(C) A direção de $\vec{\mathbf{p}}$ permanece constante, mas a sua intensidade pode mudar.

(D) A intensidade e a direção de $\vec{\mathbf{p}}$ permanecem constantes.

6.3 Impulso e Quantidade de Movimento

5. Um objeto está se movendo em um círculo com uma velocidade constante v. Do instante t_i ao instante t_f, o objeto percorre meia-volta do caminho circular. A intensidade do impulso devido à força resultante que age sobre o objeto durante este intervalo de tempo

(A) é zero. (B) é proporcional a v.

(C) é proporcional a v^2. (D) é proporcional a v^3.

6. Se $\vec{\mathbf{J}}$ representa o impulso de uma determinada força, o que representa a $d\vec{\mathbf{J}}/dt$?

(A) A quantidade de movimento

(B) A variação da quantidade de movimento

(C) A força (D) A variação da força

7. Uma força variável age sobre um objeto desde $t_i = 0$ até t_f. O impulso da força é zero. Pode-se concluir que

(A) $\Delta\vec{\mathbf{r}} = 0$ e $\Delta\vec{\mathbf{p}} = 0$.

(B) $\Delta\vec{\mathbf{r}} = 0$ e possivelmente $\Delta\vec{\mathbf{p}} \neq 0$.

(C) possivelmente $\Delta\vec{\mathbf{r}} \neq 0$ mas $\Delta\vec{\mathbf{p}} = 0$.

(D) possivelmente $\Delta\vec{\mathbf{r}} \neq 0$ e possivelmente $\Delta\vec{\mathbf{p}} \neq 0$.

8. Um carro pequeno que viaja em alta velocidade em uma estrada perde o controle. O motorista tem de fazer uma escolha — colide com uma parede sólida de concreto ou com um caminhão de 10 t completamente carregado, e também se movendo em alta velocidade. Qual das escolhas resulta na colisão mais séria? Considere que em ambos os casos o carro pequeno fica em repouso após a colisão.

(A) A colisão com o caminhão.

(B) A colisão com a parede de concreto.

(C) Ambas as colisões são igualmente sérias, uma vez que o mesmo impulso é assimilado pelo carro em ambas as situações.

(D) São necessárias mais informações para avaliar as colisões.

9. Policiais do esquadrão antimotim normalmente usam balas de borracha, em vez de balas comuns. Suponha que nenhuma das balas penetra na pele e que ambas possuem mesma massa, mesmo tempo de contato e mesma velocidade inicial. A diferença é que as balas comuns "aderem" enquanto as de borracha ricocheteiam. Qual das duas machuca mais?

(A) A bala comum

(B) A bala de borracha

(C) As duas balas machucam da mesma forma.

(D) Depende da região atingida.

6.4 Conservação da Quantidade de Movimento

10. É possível que a lei de conservação da quantidade de movimento seja violada?

(A) Não

(B) Sim, se houver mais do que duas partículas

(C) Sim, se as forças entre as partículas variarem no tempo

(D) Sim, se duas partículas grudarem após a colisão

11. Um jogador de basquete salta para "acertar" a cesta. A sua quantidade de movimento é conservada?

(A) Sim, mas somente se for escolhido o sistema correto

(B) Sim, mas somente na direção horizontal

(C) Não, porque a velocidade do jogador de basquete varia no tempo

(D) Esta não é uma boa questão, porque a conservação da quantidade de movimento é para objetos que se movem com velocidade constante, e o jogador de basquete está acelerando.

6.5 Colisões entre Dois Corpos

12. Considere uma colisão unidimensional que envolve um corpo de massa m_1, originalmente se movendo no sentido positivo de x com uma velocidade v_0, colidindo com um segundo corpo de massa m_2, originalmente em repouso. A colisão pode ser completamente inelástica, com os dois corpos se juntando, completamente elástica ou uma situação intermediária. Após a colisão, m_1 move-se com velocidade v_1, enquanto m_2 move-se com velocidade v_2.

(*a*) Se $m_1 > m_2$, então

(A) $-v_0 < v_1 < 0$ (B) $0 < v_1 < v_0$

(C) $0 < v_1 < 2v_0$ (D) $v_0 < v_1 < 2v_0$

(*b*) e

(A) $-v_0 < v_2 < 0$. (B) $0 < v_2 < v_0$.

(C) $v_0/2 < v_2 < 2v_0$. (D) $v_0 < v_2 < 2v_0$.

(*c*) Se $m_1 < m_2$, então

(A) $-v_0 < v_1 < 0$ (B) $-v_0 < v_1 < v_0/2$

(C) $0 < v_1 < v_0/2$ (D) $0 < v_1 < v_0$

(*d*) e

(A) $-v_0 < v_2 < 0$. (B) $-v_0 < v_2 < v_0/2$.

(C) $0 < v_2 < v_0/2$. (D) $0 < v_2 < v_0$.

QUESTÕES

1. Justifique a seguinte afirmação. "A lei de conservação da quantidade de movimento linear, quando aplicada a uma única partícula, é equivalente à primeira lei do movimento de Newton."

2. Uma partícula com massa $m = 0$ (um neutrino, possivelmente) tem uma quantidade de movimento. Como isto pode ser, em vista da Eq. 6.1 que mostra que a quantidade de movimento é diretamente proporcional à massa?

3. Embora a aceleração de uma bola de beisebol, após ter sido rebatida, não dependa de quem a acertou, alguma coisa deve depender da batida. O que é?

4. Explique como um "airbag" de um automóvel pode ajudar a proteger um passageiro de se machucar seriamente no caso de uma colisão.

5. Diz-se que, durante uma colisão a 30 mi/h, uma criança de 10 lb pode exercer uma força de 300 lb sobre a pessoa que a estiver segurando. Como esta força considerável pode se desenvolver?

6. É possível um impulso de uma força ser nulo, mesmo que a força não seja nula? Explique por que sim ou por que não.

7. Em um dispositivo encontrado em parques de diversão, uma pessoa tenta elevar um peso guiado por um trilho vertical o mais alto possível atingindo um alvo com uma marreta. Qual é a grandeza física que este dispositivo mede? É a força média, a força máxima, o trabalho efetuado, o impulso, a energia transferida, a quantidade de movimento transferida, ou alguma outra coisa? Justifique a resposta.

8. Uma ampulheta está sendo pesada em uma balança sensível, primeiro quando a areia está caindo segundo um fluxo contínuo da parte superior para a inferior, e depois quando a parte de cima está vazia. Os dois pesos são os mesmos ou não? Explique a resposta.

9. Forneça uma explicação plausível para a quebra de tábuas de madeira ou tijolos através de um golpe de caratê. (Ver "Karate Strikes", por Jearl D. Walker, *American Journal of Physics*, outubro de 1975, p. 845.)

10. Explique como a conservação da quantidade de movimento aplica-se a uma bola que quica no chão.

11. Um jogador de futebol americano, momentaneamente em repouso no campo, pega uma bola no instante em que é atingido por um jogador do time adversário que chega correndo. Isto certamente é uma colisão (inelástica!) e a quantidade de movimento precisa ser conservada. No sistema de referência do campo de futebol, existe uma quantidade de movimento antes da colisão mas parece não existir nenhum após a colisão. A quantidade de movimento linear é conservada? Em caso afirmativo, explique como. Caso contrário, explique por quê.

12. Você está dirigindo em uma estrada a 50 mi/h seguido por outro carro que se move à mesma velocidade. Você reduz para 40 mi/h mas o outro motorista não, e ocorre uma colisão. Quais são as velocidades iniciais dos carros que colidem, vistas de um sistema de referência posicionado em (*a*) você, (*b*) no outro motorista e (*c*) em um policial que está com o carro parado no acostamento? (*d*) Um juiz pergunta se você bateu no outro carro ou se o outro carro bateu em você. Como um físico, como você responderia?

13. C.R. Daish escreveu que, para jogadores de golfe profissionais, a velocidade inicial com que a bola deixa o taco de golfe é de cerca de 140 mi/h. Ele também diz: (*a*) "Se o Empire State pudesse ser usado para atingir a bola com a mesma velocidade do taco de golfe, a velocidade inicial da bola seria incrementada em cerca de 2%" e (*b*) "uma vez que o jogador de golfe iniciou o seu movimento de balanço para atingir a bola com o taco, o clique de uma máquina fotográfica, um espirro ou o que seja não exerce nenhum efeito sobre o movimento da bola." Você consegue fornecer argumentos qualitativos para sustentar estas duas afirmações?

14. Dois blocos cúbicos idênticos, que se movem na mesma direção com uma velocidade comum v, atingem um segundo bloco que está inicialmente em repouso sobre uma superfície horizontal sem atrito. Qual é o movimento dos blocos após a colisão? Faz diferença, ou não, se os blocos inicialmente em movimento estavam em contato? Faz diferença se os dois blocos estavam colados juntos? Suponha que as colisões são (*a*) completamente inelásticas ou (*b*) elásticas.

15. Em uma colisão entre dois corpos, no sistema de referência do centro de massa, as quantidades de movimento das partículas possuem intensidades iguais e sentidos opostos, tanto antes como após a colisão. A linha do movimento relativo é necessariamente igual antes e depois da colisão? Sob que condições as intensidades das velocidades dos corpos irão aumentar? diminuir? permanecer as mesmas como resultado da colisão?

EXERCÍCIOS

6.1 Colisões

6.2 Quantidade de Movimento Linear

1. A que velocidade deve se deslocar um Volkswagen de 816 kg para ter a mesma quantidade de movimento de (*a*) um Cadillac de 2650 kg a 16,0 km/h? (*b*) um caminhão de 9080 kg, também a 16,0 km/h?

2. Um caminhão de 2000 kg, que trafega na direção do norte a 40,0 km/h, vira para o leste e acelera para 50,0 km/h. Qual é a intensidade e a direção da variação da quantidade de movimento do caminhão?

3. Um objeto de 4,88 kg, com uma velocidade de 31,4 m/s, atinge uma placa de aço a um ângulo de 42,0° e ricocheteia com a mesma velocidade e mesmo ângulo (Fig. 6.18). Qual é a variação (intensidade e direção) da quantidade de movimento linear do objeto?

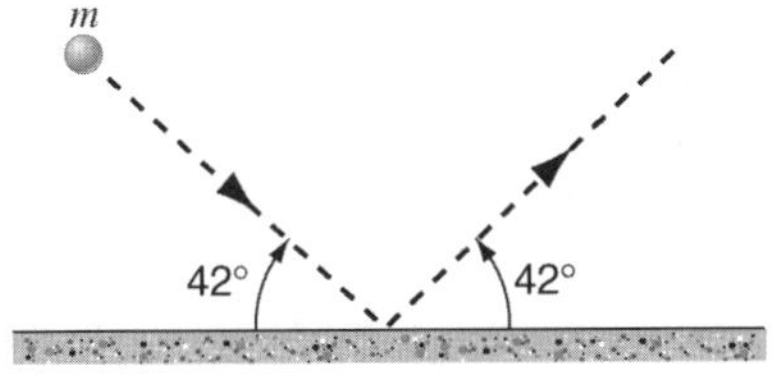

Fig. 6.18 Exercício 3.

6.3 Impulso e Quantidade de Movimento

4. O pára-choque de um novo carro está sendo testado. O veículo de 2300 kg, que se move a 15 m/s, colide com um anteparo, sendo trazido ao repouso em 0,54 s. Encontre a força média que atuou sobre o carro durante o impacto.

5. Uma bola de massa m e com uma velocidade v atinge uma parede perpendicularmente e ricocheteia com uma velocidade menor. (*a*) Se o tempo de duração da colisão é Δt, qual é a força média exercida pela bola sobre a parede? (*b*) Calcule esta força numericamente para uma bola de borracha com uma massa de 140 g e que se move a 7,8 m/s; a duração da colisão é de 3,9 ms.

6. Um jogador de golfe atinge uma bola de golfe, impondo uma velocidade inicial de 52,2 m/s de intensidade, direcionada 30° acima da horizontal. Considerando que a massa da bola é 46,0 g e que a bola e o taco estiveram em contato por 1,20 ms, encontre (*a*) o impulso dado à bola, (*b*) o impulso dado ao taco e (*c*) a força média exercida sobre a bola pelo taco.

7. Uma bola de beisebol de 150 g (peso = 5,30 oz) arremessada a 41,6 m/s é rebatida na direção do arremessador a uma velocidade de 61,5 m/s (= 202 ft/s). O bastão permanece em contato com a bola por 4,70 ms. Encontre a força média exercida pelo bastão na bola.

8. Uma força, cujo valor médio é igual a 984 N, é aplicada a uma bola de aço que se move com uma velocidade de 13,8 m/s, através de uma colisão de 27,0 ms de duração. Se a força é aplicada no sentido oposto à velocidade inicial da bola, encontre a velocidade final da bola.

9. A Fig. 6.19 mostra uma representação aproximada da força em função do tempo, durante a colisão de uma bola de tênis de 58 g com uma parede. A velocidade inicial da bola é de 32 m/s, perpendicular à parede; ela ricocheteia com a mesma velocidade, também perpendicular à parede. Qual é o valor de $F_{máx}$, a máxima força de contato durante a colisão?

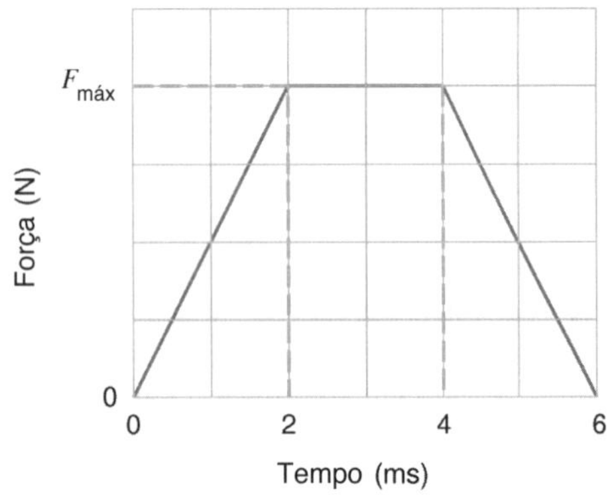

Fig. 6.19 Exercício 9.

10. Duas partes de uma espaçonave são separadas pela detonação dos parafusos explosivos que as uniam. As massas das duas partes são de 1200 kg e de 1800 kg; a intensidade do impulso fornecido a cada parte é de 300 N·s. Qual é a velocidade relativa da separação das duas partes?

11. Uma bola de críquete com massa de 0,50 kg é atingida pelo taco, recebendo o impulso mostrado no gráfico (Fig. 6.20). Qual é a velocidade da bola imediatamente após a força tornar-se zero?

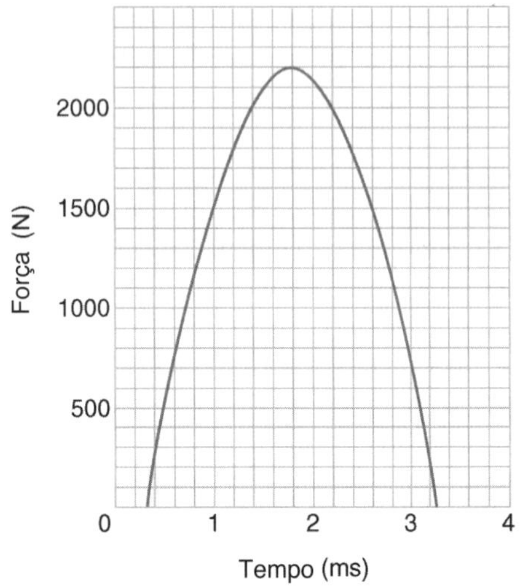

Fig. 6.20 Exercício 11.

12. Um lutador de caratê quebra uma tábua de pinho de 2,2 cm de espessura com um golpe de mão. Uma fotografia estroboscópica mostra que a mão, cuja massa pode ser tomada como 540 g, atinge a parte superior da tábua com uma velocidade de 9,5 m/s e atinge o repouso 2,8 cm abaixo deste nível. (*a*) Qual é a duração do golpe (assumindo uma força constante)? (*b*) Qual é a força média aplicada?

13. Uma sonda espacial de 2500 kg, sem tripulação, está se movendo em uma linha reta com uma velocidade constante de 300 m/s. O motor de foguete da sonda espacial executa uma queima que fornece um empuxo de 3000 N durante 65,0 s. Qual é a variação da quantidade de movimento (somente intensidade) da sonda se o empuxo é revertido, direcionado para a frente, ou direcionado para o lado? Suponha que a massa do combustível ejetado é desprezível, se comparada com a massa da sonda espacial.

14. Uma arma dispara dez balas de 2,14 g por segundo, com uma velocidade de 483 m/s. As balas são paradas por uma parede rígida. (*a*) Encontre a quantidade de movimento de cada bala. (*b*) Calcule a força média exercida pelo fluxo de balas sobre a parede. (*c*) Se cada bala permanece em contato com a parede durante 1,25 s, qual é a força média exercida por bala sobre a parede durante o contato? Por que isto é tão diferente de (*b*)?

15. Após o seu lançamento da órbita da Terra, uma espaçonave robô de 5400 kg de massa está no meio do caminho da sua viagem de seis meses para Marte, quando o engenheiro da NASA descobre que, em vez de direcionada para uma órbita de 100 km acima da superfície marciana, ela está em um curso de colisão direta com o centro do planeta. (*b*) Para corrigir o curso, um engenheiro ordena um acionamento rápido dos foguetes da espaçonave na direção transversal ao movimento. O impulso dos foguetes fornece uma força constante de 1200 N. Durante quanto tempo os foguetes devem ser acionados para corrigir o curso? Use os dados necessários do Apêndice C e assuma que a distância entre a Terra e Marte permanece constante no seu menor valor.

6.4 Conservação da Quantidade de Movimento

16. Um homem de 195 lb que está em pé sobre uma superfície de atrito desprezível chuta para a frente uma pedra de 0,158 lb, de modo que ela adquire uma velocidade de 12,7 ft/s. Qual é a velocidade que o homem adquire como resultado?

17. Um homem de 75,2 kg está dirigindo um carrinho de 38,6 kg que viaja à velocidade de 2,33 m/s. Ele salta do carrinho e, ao atingir o chão, a componente horizontal da sua velocidade é nula. Encontre a variação da velocidade do carrinho.

18. Um vagão chato de peso *P* pode rolar sem atrito sobre um trilho reto horizontal. Inicialmente, um homem de peso *p* está em pé sobre o vagão que está se movendo para a direita com velocidade v_0. Qual é a variação na velocidade do vagão se o homem corre para a esquerda (Fig. 6.21), de modo que a sua velocidade relativa em relação ao vagão é v_{rel} no instante em que ele está deixando o carro pela extremidade esquerda?

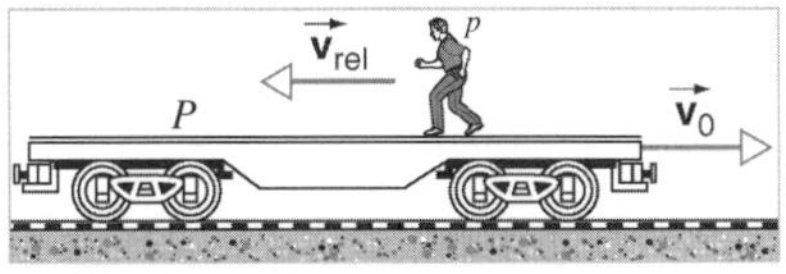

Fig. 6.21 Exercício 18.

6.5 Colisões entre Dois Corpos

19. Um veículo espacial está viajando a 3860 km/h em relação à Terra, quando o motor do foguete é desacoplado e impulsionado para trás com uma velocidade de 125 km/h em relação ao módulo de comando. A massa do motor é quatro vezes a massa do módulo. Qual é a velocidade do módulo de comando após a separação?

20. Os blocos da Fig. 6.22 deslizam sem atrito. Qual é a velocidade $\vec{v}$ do bloco de 1,6 kg, após a colisão?

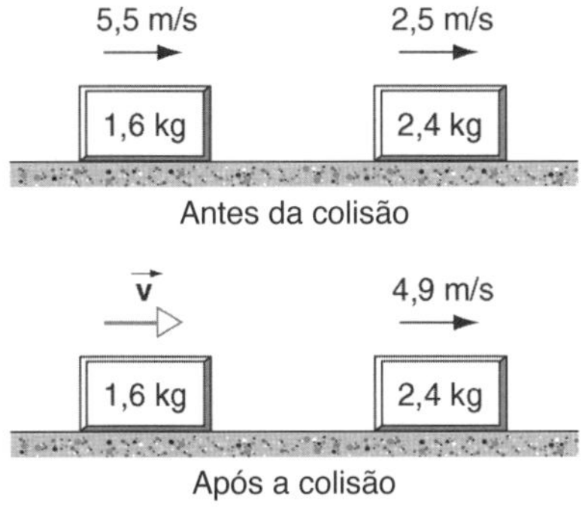

Fig. 6.22 Exercícios 20 e 21.

21. Consulte a Fig. 6.22. Suponha que a velocidade inicial do bloco de 2,4 kg é invertida; ele é direcionado contra o bloco de 1,6 kg. Qual será a velocidade $\vec{v}$ do bloco de 1,6 kg após a colisão?

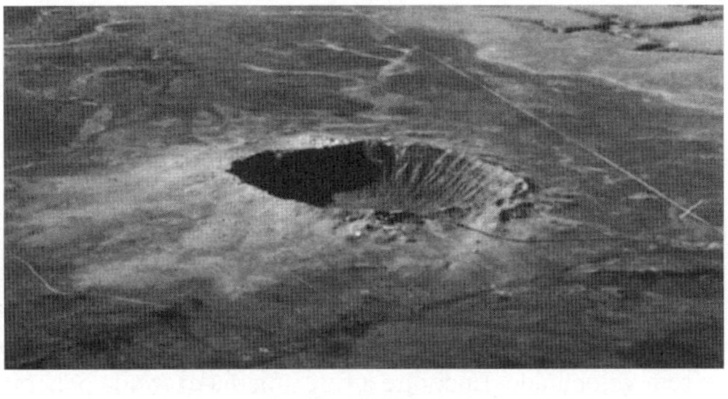

Fig. 6.23 Exercício 22.

22. Acredita-se que a cratera de meteoro no Arizona (ver Fig. 6.23) foi formada pelo impacto de um meteorito com a Terra há 20.000 anos. Estima-se que a massa do meteorito era de 5×10^{10} kg e que a sua velocidade era de 7,2 km/s. Que velocidade um meteorito desses imporia à Terra em uma colisão frontal?

23. Uma bala de 5,18 g que se move a 672 m/s atinge um bloco de madeira que está em repouso sobre uma superfície sem atrito. A bala deixa o bloco com uma velocidade de 428 m/s. Encontre a velocidade resultante do bloco.

24. Uma partícula alfa colide com um núcleo de oxigênio que está inicialmente em repouso. A partícula alfa é desviada de um ângulo de 64,0° acima da direção inicial do seu movimento e o núcleo de oxigênio movimenta-se em uma direção que faz um ângulo de 51,0° abaixo da direção inicial. A velocidade final do núcleo de oxigênio é de $1{,}2 \times 10^5$ m/s. Qual é a velocidade final da partícula alfa? (A massa de uma partícula alfa é 4,00 u e a massa de um núcleo de oxigênio é 16,0 u.)

25. Dois objetos, *A* e *B*, colidem. *A* possui uma massa de 2,0 kg e *B*, uma massa de 3,0 kg. As velocidades antes da colisão são $\vec{v}_{iA} = (15\ \text{m/s})\,\hat{i} + (30\ \text{m/s})\,\hat{j}$ e $\vec{v}_{iB} = (-10\ \text{m/s})\,\hat{i} + (5{,}0\ \text{m/s})\,\hat{j}$. Após a colisão, $\vec{v}_{fA} = (-6{,}0\ \text{m/s})\,\hat{i} + (30\ \text{m/s})\,\hat{j}$. Qual é a velocidade final de *B*?

26. Um núcleo radioativo, inicialmente em repouso, decai emitindo um elétron e um neutrino em direções perpendiculares entre si. A quantidade de movimento do elétron é $1{,}2 \times 10^{-22}$ kg·m/s e a do neutrino é $6{,}4 \times 10^{-23}$ kg·m/s. Encontre a direção e a intensidade da quantidade de movimento do núcleo.

27. Uma barcaça de $1{,}50 \times 10^5$ kg de massa está descendo um rio a 6,20 m/s no meio de um denso nevoeiro, quando colide lateralmente com outra barcaça que está navegando numa direção perpendicular; ver Fig. 6.24. A segunda barcaça possui uma massa de $2{,}78 \times 10^5$ kg e está se movendo a 4,30 m/s. Imediatamente após o impacto, a segunda barcaça tem o seu curso desviado em 18,0° em relação ao curso do rio e a sua velocidade é aumentada para 5,10 m/s. A correnteza do rio é praticamente nula no instante do acidente. Qual é a velocidade e a direção do movimento da primeira barcaça imediatamente após a colisão?

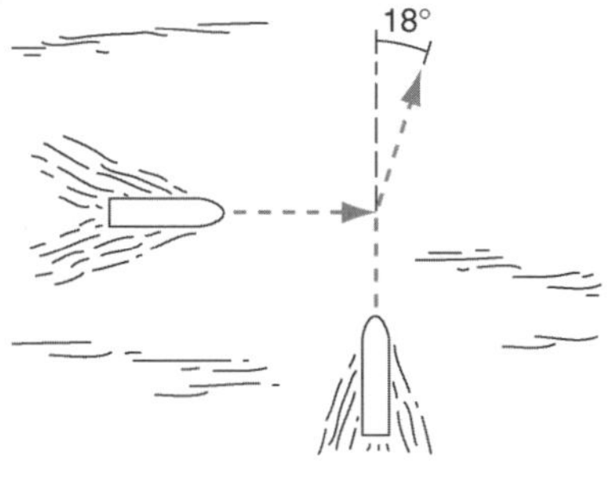

Fig. 6.24 Exercício 27.

28. Uma mosca pairando no ar é atingida por um elefante que se movimenta a 2,1 m/s. Supondo que a colisão é elástica, com que velocidade a mosca é jogada para trás? Observe que o projétil (o elefante) apresenta uma massa muito maior do que o alvo (a mosca).

29. Duas esferas de titânio se aproximam uma da outra com a mesma velocidade e experimentam uma colisão frontal elástica. Após a colisão, uma das esferas, cuja massa é de 300 g, permanece em repouso. Qual é a massa da outra esfera?

30. Um carrinho, de 342 g de massa, que se move sobre um trilho a ar sem atrito com uma velocidade inicial de 1,24 m/s, atinge um segundo carrinho em repouso e de massa desconhecida. A colisão entre os carrinhos é elástica. Após a colisão, o primeiro carrinho continua na sua direção original a 0,636 m/s. (*a*) Qual é a massa do segundo carrinho? (*b*) Qual é a sua velocidade após o impacto?

31. Um objeto, de 2,0 kg de massa, experimenta uma colisão elástica com um outro objeto em repouso e continua a se mover na sua direção original, mas com um quarto da sua velocidade original. Qual é a massa do objeto atingido?

32. Um vagão de carga que pesa 31,8 t e viaja a 5,20 ft/s atinge um outro de 24,2 t que está viajando a 2,90 ft/s no mesmo sentido. (*a*) Encontre as velocidades dos vagões após a colisão, considerando que os vagões se acoplam. (*b*) Se em vez disso, o que é muito improvável, a colisão é elástica, encontre as velocidades dos vagões após a colisão.

33. Após um choque totalmente inelástico, dois objetos de mesma massa e mesma velocidade inicial afastam-se um do outro com a metade das suas velocidades iniciais. Encontre o ângulo entre as velocidades iniciais dos objetos.

34. Um próton (massa atômica 1,01 u) com velocidade de 518 m/s colide elasticamente com outro próton em repouso. O próton original é desviado 64,0° da sua direção inicial. (*a*) Qual é a direção da velocidade do próton-alvo após a colisão? (*b*) Quais são as velocidades dos dois prótons após a colisão?

35. No laboratório, uma partícula de massa 3,16 kg, que está se movendo para a esquerda a 15,6 m/s, colide frontalmente com uma partícula de massa 2,84 kg, que está se movendo para a direita a 12,2 m/s. Encontre a velocidade do centro de massa do sistema de duas partículas, após a colisão.

PROBLEMAS

1. Um fluxo de água preenche uma palheta de turbina, conforme mostrado na Fig. 6.25. A velocidade da água é u, tanto antes como após atingir a superfície curva da palheta. A massa de água que atinge a palheta por unidade de tempo é constante e igual a μ. Encontre a força exercida pela água sobre a palheta.

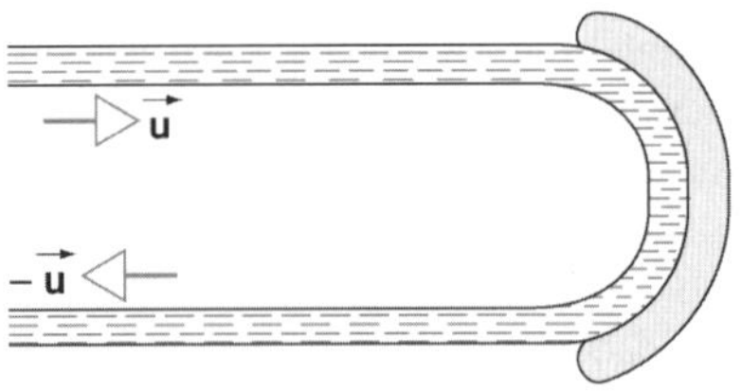

Fig. 6.25 Problema 1.

2. Um carro de 1420 kg está inicialmente movendo-se para o norte com uma velocidade de 5,28 m/s. Após completar uma volta de 90° para a direita em 4,60 s, o motorista, desatento, joga o carro contra uma árvore, que acaba parando em 350 ms. Qual é a intensidade do impulso fornecido ao carro (*a*) durante a volta e (*b*) durante a colisão? Qual é a força média que age sobre o carro (*c*) durante a volta e (*d*) durante a colisão?

3. Uma bola de 325 g com uma velocidade de 6,22 m/s atinge uma parede segundo um ângulo θ de 33,0° e ricocheteia com a mesma velocidade e ângulo (Fig. 6.26). Ela permanece em contato com a parede por 10,4 s. (*a*) Que impulso a bola experimenta? (*b*) Qual é a força média exercida pela bola sobre a parede?

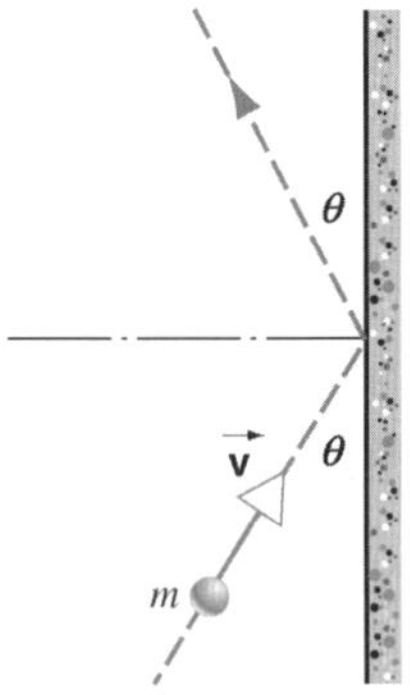

Fig. 6.26 Problema 3.

4. Sabe-se que balas e mísseis disparados contra o Super-Homem simplesmente ricocheteiam no seu peito. Suponha que um gângster dispare contra o peito do Super-Homem uma rajada de balas de 3,0 g com uma taxa de 100 balas/min, sendo a velocidade de cada bala 500 m/s. Suponha, também, que as balas ricocheteiem diretamente para trás sem perderem velocidade. Encontre a força média exercida pela rajada de balas no peito do Super-Homem.

5. Durante uma tempestade violenta, pedras de granizo do tamanho de bolas de gude (diâmetro = 1,0 cm) caem com uma velocidade de 25 m/s. Estima-se que existam 120 pedras de granizo por metro cúbico de ar. Ignore que as pedras ricocheteiam com o impacto. (*a*) Qual é a massa de cada pedra de granizo? (*b*) Qual é a força exercida pelo granizo sobre um telhado plano de 10 m × 20 m, durante a tempestade? Suponha que, da mesma forma que para o gelo, 1,0 cm^3 de granizo possui uma massa de 0,92 g.

6. Uma corrente muito flexível de massa M e comprimento C está suspensa por uma das suas extremidades de forma a ficar pendurada na vertical, com a extremidade inferior tocando a superfície de uma mesa. A extremidade superior é repentinamente solta, de modo que a corrente cai sobre a mesa e forma um pequeno monte, cada elo atingindo o repouso no instante que bate na mesa; ver Fig. 6.27. Encontre a força exercida pela mesa sobre a corrente para um determinado instante, em termos do peso da corrente que está sobre a mesa naquele instante.

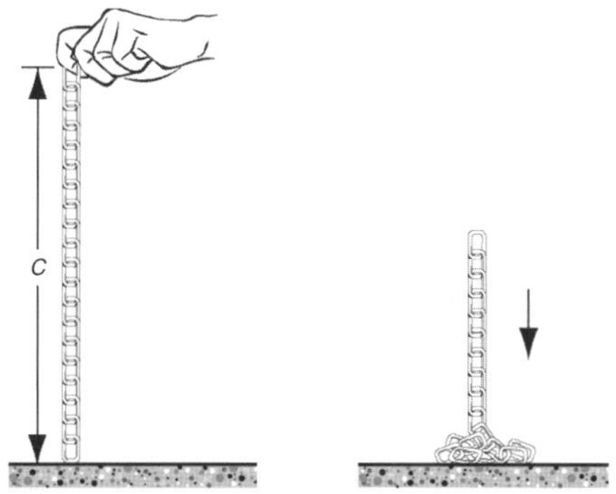

Fig. 6.27 Problema 6.

7. Uma caixa é colocada sobre uma balança que é ajustada para ler zero quando a caixa está vazia. Bolas de gude são jogadas na caixa de uma altura h, acima do fundo da caixa, com uma taxa R (bolas de gude por segundo). Cada bola de gude possui uma massa m. As colisões são completamente inelásticas; assuma que as bolas de gude caiam na caixa sem ricochetear. Encontre o peso indicado pela balança para um instante t, após as bolas começarem a encher a caixa. Determine a resposta numérica quando $R = 115\ s^{-1}$; $h = 9,62$ m; $m = 4,60$ g e $t = 6,50$ s.

8. Um vagão plano de 1930 kg, que se pode movimentar sobre um trilho praticamente sem atrito, está parado perto da plataforma da estação. Um jogador de futebol americano de 108 kg está correndo ao longo da plataforma em uma direção paralela ao trilho com uma velocidade de 9,74 m/s. Ele salta na parte de trás do vagão. (*a*) Qual é a velocidade do vagão após ele estar a bordo e em repouso sobre o vagão? (*b*) Agora ele começa a andar, a 0,520 m/s em relação ao vagão, em direção à frente do vagão. Qual é a velocidade do vagão à medida que ele anda?

9. Um peso de 2,9 t, caindo de uma distância de 6,5 ft, crava no chão um pilar de 0,5 t a uma profundidade de 1,5 in. (*a*) Assumindo que a colisão peso—pilar é completamente inelástica, encontre a força média da resistência exercida pelo chão. (*b*) Assumindo que a força de resistência exercida pelo chão permanece constante, de acordo com o valor encontrado em (*a*), a que profundidade o pilar seria cravado se a colisão fosse elástica? (*c*) O que é mais efetivo neste caso — colisões elásticas ou inelásticas?

10. Dois trenós de 22,7 kg estão posicionados a uma pequena distância um do outro, um diretamente atrás do outro, conforme mostrado na Fig. 6.28. Um gato de 3,63 kg, posicionado sobre um trenó, salta para outro e, imediatamente, salta de volta para o primeiro. Ambos os saltos são efetuados com uma velocidade de 3,05 m/s, relativa ao trenó em que o gato estava inicialmente. Encontre as velocidades finais dos dois trenós.

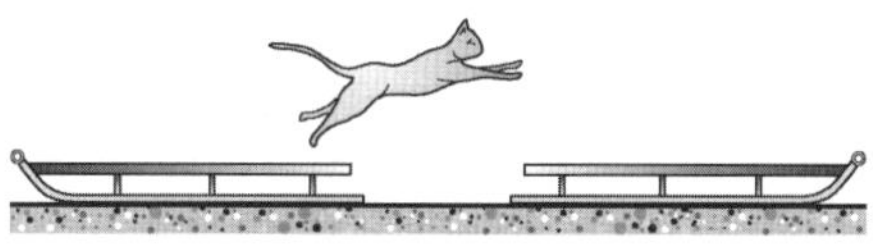

Fig. 6.28 Problema 10.

11. Dois veículos A e B estão viajando para o oeste e o sul, respectivamente, na direção de um ponto de interseção onde eles colidem e se unem. Antes da colisão, A (que pesa 2720 lb) está se movendo com uma velocidade de 38,5 mi/h e B (que pesa 3640 lb) possui uma velocidade de 58,0 mi/h. Encontre a intensidade e a direção da velocidade dos veículos (acoplados) imediatamente após a colisão.

12. Duas bolas A e B, de massas diferentes mas desconhecidas, colidem. A está inicialmente em repouso e B possui uma velocidade v. Após a colisão, B possui uma velocidade $v/2$ e move-se perpendicularmente ao seu movimento original. (*a*) Encontre a direção do movimento da bola A após a colisão. (*b*) Você é capaz de determinar a velocidade de A com as informações fornecidas? Explique.

13. Em um jogo de bilhar, uma bola atinge uma outra bola que está inicialmente em repouso. Após a colisão, a primeira bola move-se com 3,50 m/s ao longo de uma linha que faz um ângulo de 65,0° com a direção do seu movimento original. A segunda bola adquire uma velocidade de 6,75 m/s. Usando a conservação da quantidade de movimento, encontre (*a*) o ângulo entre a direção do movimento da segunda bola e a direção do movimento original da primeira bola e (*b*) a velocidade original da primeira bola.

14. A espaçonave *Voyager* 2 (massa m e velocidade v, relativa ao Sol) aproxima-se do planeta Júpiter (massa M e velocidade V, relativa ao Sol), conforme mostrado na Fig. 6.29. A espaçonave contorna o planeta e parte na direção oposta. Qual é a sua velocidade, relativa ao Sol, após esta colisão "estilingue"? Suponha que v = 12 km/s e V = 13 km/s (a velocidade orbital de Júpiter), e que a colisão é elástica. A massa de Júpiter é muito maior do que a massa da espaçonave, $M \gg m$. (Ver "The Slingshot Effect: Explanation and Analogies", por Albert A. Bartlett e Charles W. Hord, *The Physics Teacher*, novembro de 1985, p. 466.)

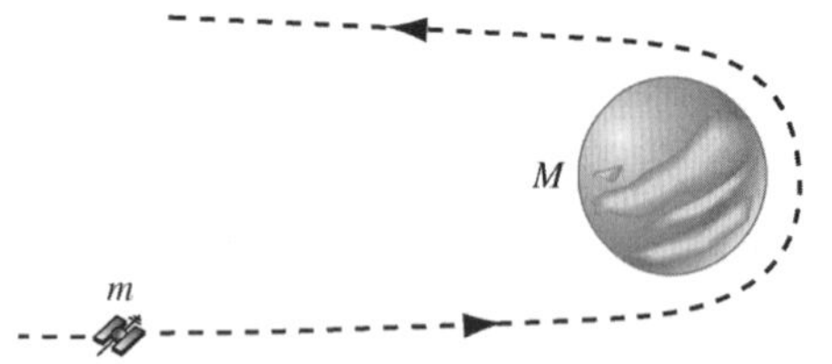

Fig. 6.29 Problema 14.

15. A cabeça de um taco de golfe que se move a 45,0 m/s atinge uma bola de golfe (massa = 46,0 g) que está parada. A massa efetiva da cabeça do taco é de 220 g. (*a*) Com que velocidade a bola inicia o seu movimento? (*b*) Se a massa da cabeça do taco fosse dobrada, com que velocidade a bola iniciaria o seu movimento? E se fosse triplicada? A que conclusões você pode chegar sobre a utilização de tacos pesados? Suponha que a colisão é perfeitamente elástica e que o jogador de golfe é capaz de impor aos tacos mais pesados a mesma velocidade de impacto. Ver Questão 13.

16. As duas esferas da direita na Fig. 6.30 estão ligeiramente separadas e inicialmente em repouso; a esfera da esquerda está se aproximando com uma velocidade v_0. Supondo que as colisões são frontais e elásticas, (*a*) se $M \leq m$, mostre que ocorrem duas colisões e encontre as velocidades finais; (*b*) se $M > m$, mostre que ocorrem três colisões e encontre as velocidades finais.

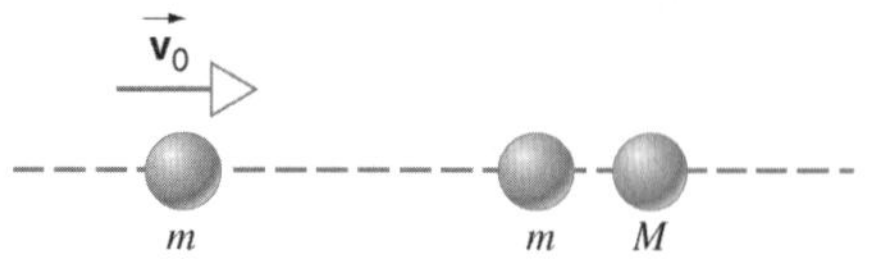

Fig. 6.30 Problema 16.

17. Uma bola com uma velocidade inicial de 10,0 m/s colide elasticamente com duas bolas idênticas cujos centros estão sobre uma linha perpendicular à velocidade inicial e estão inicialmente em contato entre si (Fig. 6.31). A primeira bola é mirada diretamente no ponto de contato e as bolas não têm atrito. Encontre as velocidades das três bolas após a colisão. (Dica: Sem atrito, cada impulso está direcionado ao longo da linha dos centros das bolas, normal às superfícies de colisão.)

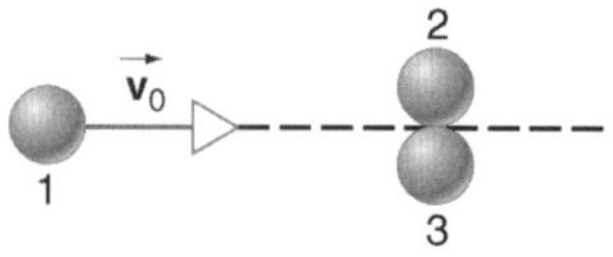

Fig. 6.31 Problema 17.

18. Mostre que, no caso de uma colisão elástica de uma partícula de massa m_1 com uma partícula de massa m_2, inicialmente em repouso, (*a*) o ângulo máximo θ_m através do qual m_1 pode ser defletida por uma colisão é dado por $\cos^2 \theta_m = 1 - (m_2/m_1)^2$, de modo que $0 \leq \theta_m \leq \pi/2$ quando $m_1 > m_2$; (*b*) $\theta_1 + \theta_2 = \pi/2$, quando $m_1 = m_2$; (*c*) θ_1 pode assumir quaisquer valores entre 0 e π quando $m_1 < m_2$.

19. Uma bala de 3,54 g é disparada na horizontal sobre dois blocos em repouso que estão sobre o tampo de uma mesa sem atrito, conforme mostrado na Fig. 6.32*a*. A bala atravessa o primeiro bloco, de 1,22 kg de massa, e entra no segundo, de 1,78 kg de massa. Como resultado, os dois blocos movimentam-se com velocidades de 0,630 m/s e 1,48 m/s, respectivamente, conforme mostrado na Fig. 6.32*b*. Desprezando a massa removida do primeiro bloco pela bala, encontre (*a*) a velocidade da bala imediatamente após deixar o primeiro bloco e (*b*) a velocidade original da bala.

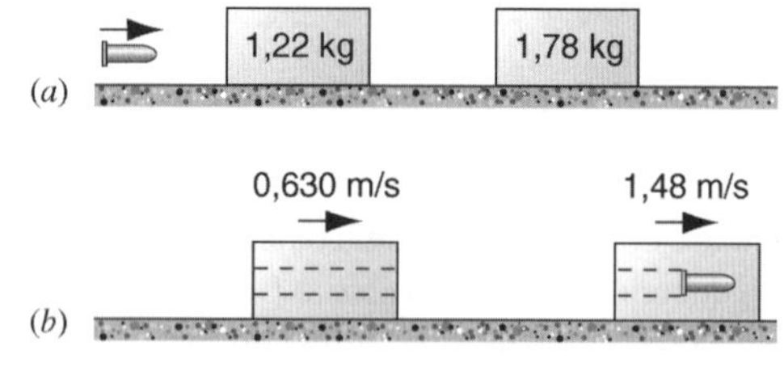

Fig. 6.32 Problema 19.

20. Um bloco de 2,0 kg é liberado do repouso do topo de um plano sem atrito que tem uma inclinação de 22° e uma altura de 0,65 m (Fig. 6.33). Na parte inferior do plano, ele colide com

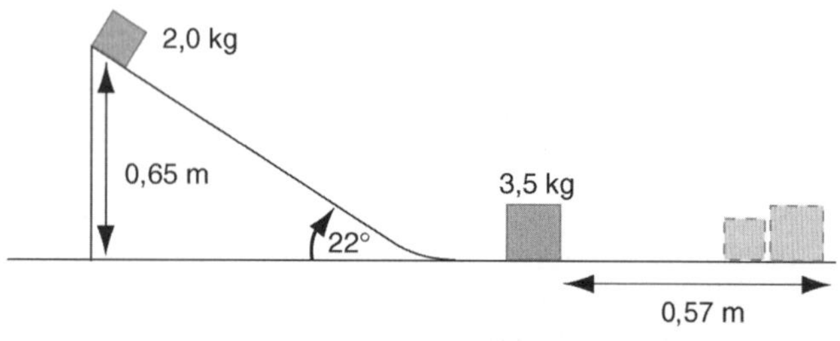

Fig. 6.33 Problema 20.

um outro bloco de 3,5 kg de massa, grudando nele. Os dois blocos deslizam juntos por uma distância de 0,57 m ao longo de um plano horizontal, antes de atingirem o repouso. Qual é o coeficiente de atrito da superfície horizontal?

21. Dois carros *A* e *B* deslizam sobre uma estrada congelada, quando tentam parar em um sinal vermelho. A massa de *A* é 1100 kg e a massa de *B* é 1400 kg. O coeficiente de atrito cinético entre as rodas travadas de ambos os carros e a estrada é 0,130. O carro *A* consegue parar no sinal, mas o carro *B* não consegue parar e bate na traseira do carro *A*. Após a colisão, *A* atinge o repouso 8,20 m à frente do ponto de impacto e *B* 6,10 m à frente: ver Fig. 6.34. Ambos os motoristas tiveram as suas rodas travadas durante o incidente. (*a*) Das distâncias que cada carro percorreu após a colisão, encontre a velocidade de cada carro imediatamente após o impacto. (*b*) Use a conservação da quantidade de movimento para encontrar a velocidade com a qual o carro *B* bateu no carro *A*. Em que bases, a utilização da conservação da quantidade de movimento pode ser criticada neste exemplo?

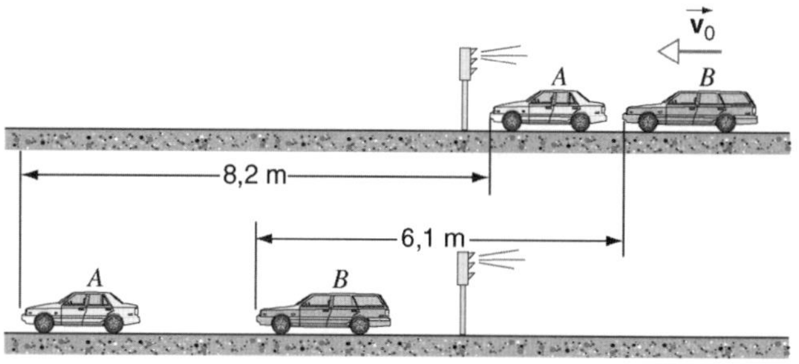

Fig. 6.34 Problema 21.

PROBLEMA COMPUTACIONAL

1. Um brinquedo interessante, chamado de *Astro Blaster* (ver Fig. 6.35) consiste em quatro bolas de plástico enfiadas em uma haste. Quando a haste é deixada cair na vertical, a bola de baixo ricocheteia no chão e colide com a bola acima dela. A segunda bola colide com a terceira bola, a qual colide com a quarta. A velocidade da bola de cima, após a última colisão, é consideravelmente maior do que a velocidade que a primeira bola atinge o chão. Se for suposto que todas as colisões são elásticas, encontre a razão entre as massas das quatro bolas que resulta na maior velocidade final para a quarta bola, considerando que a bola mais leve possui 1/64 da massa da bola mais pesada. (Observação: Este problema deve ser resolvido numericamente, apesar de também poder ser resolvido analiticamente.)

Fig. 6.35 Problema computacional 1.

CAPÍTULO 7

SISTEMAS DE PARTÍCULAS

Até o momento os objetos foram tratados como partículas, possuindo massa mas sem dimensão. Isto não é uma restrição séria desde que todos os pontos do objeto estejam em movimento de translação, movendo-se da mesma forma. Neste caso, não faz nenhuma diferença tratar o objeto como uma partícula ou como um corpo. Para muitos objetos em movimento, contudo, esta restrição não é válida. Quando um objeto gira enquanto se move, por exemplo, ou quando suas partes vibram umas em relações às outras, não é válido tratar o objeto como uma partícula. Mesmo nesses casos mais complicados, existe um ponto do objeto cujo movimento sob a influência de forças externas pode ser analisado como aquele de uma única partícula. Este ponto é chamado de centro de massa. Neste capítulo, descreve-se como determinar o centro de massa de um objeto, mostrando-se que as leis de Newton podem ser utilizadas para descrever o movimento do centro de massa de um sistema complexo.

7.1 MOVIMENTO DE UM OBJETO COMPLEXO

A Fig. 7.1 mostra o movimento de um bastão lançado entre dois malabaristas. À primeira vista, o movimento parece bastante complicado, e não é óbvio como aplicar as leis de Newton para analisar o movimento. Certamente, o bastão não está se comportando como uma partícula (as suas partes *não* se movem da mesma forma), e não está claro que *todas* as suas partes estão percorrendo uma trajetória parabólica, esperada para projéteis que se comportem como partículas.

A formulação das leis de Newton apresentadas baseou-se no comportamento de uma partícula. Algumas vezes, é possível tratar objetos complexos como partículas se todas as partes do objeto movimentam-se da mesma forma. Uma vez que isso não é verdade para o movimento do bastão mostrado na Fig. 7.1, deve-se encontrar uma nova maneira de analisar o seu movimento.

O bastão apresenta diferentes tipos de movimento simultaneamente: o movimento de translação associado a um projetil e o

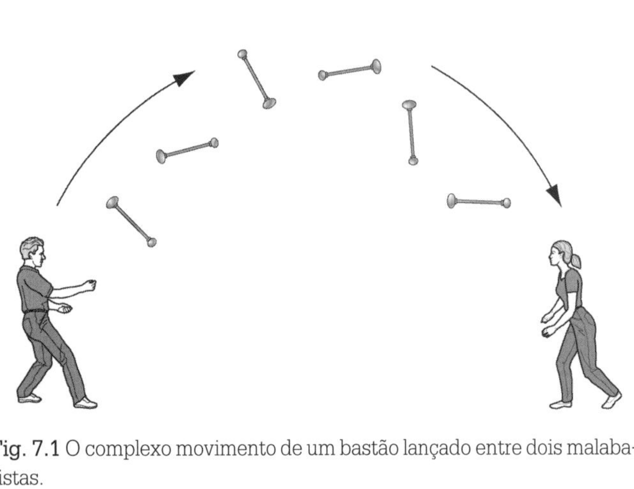

Fig. 7.1 O complexo movimento de um bastão lançado entre dois malabaristas.

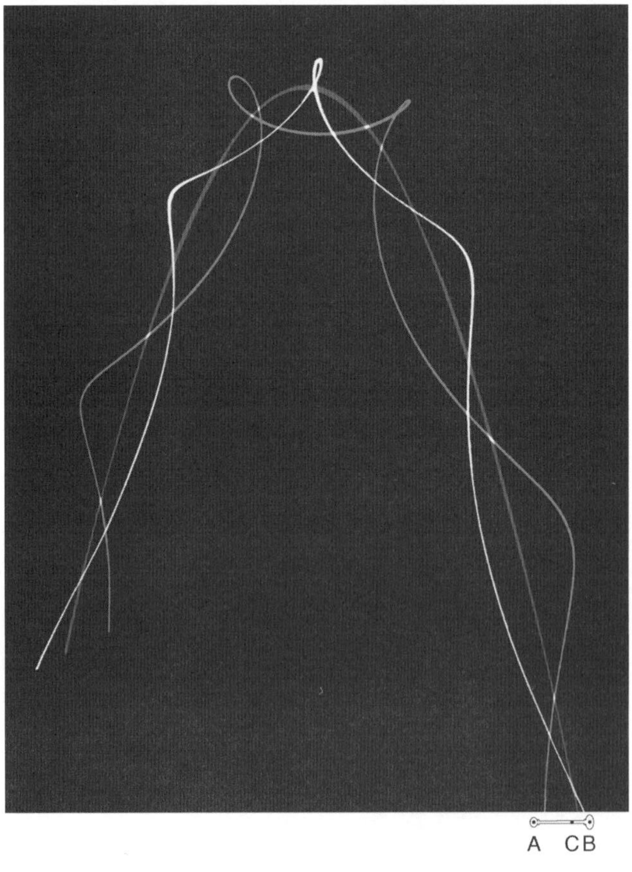

Fig. 7.2 Fotografia com exposição contínua do lançamento de um bastão mostrando o movimento de três pontos (A, B, C) indicado por luzes. Os pontos A e B mostram movimentos complexos, mas o ponto C (o centro de massa) segue uma trajetória parabólica. Ver "*Center-of-Mass Baton*", de Manfred Bucher *et al.*, *The Physics Teacher*, fevereiro de 1991, p. 74.

movimento de rotação de um corpo rígido (que é tratado a partir do próximo capítulo). A combinação desses movimentos pode parecer complicada; no entanto, fixando a atenção em um ponto particular, especial, associado ao objeto, a análise torna-se simples novamente. O movimento do bastão pode ser considerado como a combinação de uma trajetória parabólica, percorrida por esse ponto (como se não houvesse nenhuma rotação), somada com uma rotação em torno desse ponto (como se não houvesse nenhuma translação). Este ponto especial é chamado *centro de massa*. A Fig. 7.2 mostra uma fotografia de longa exposição do movimento de um bastão com um indicador luminoso marcando o centro de massa. Este ponto movimenta-se em uma trajetória parabólica, mas essa descrição simples não pode ser aplicada ao movimento dos outros pontos do bastão.

O conceito de centro de massa foi apresentado na Seção 6.5, tendo sido útil para analisar a colisão entre partículas. Porém, nessa seção não se explicou como localizar o centro de massa de um sistema de partículas. Neste capítulo, discute-se como determinar o centro de massa de um objeto sólido e como utilizá-lo para descrever um movimento complexo a partir de um mais simples.

7.2 SISTEMAS DE DUAS PARTÍCULAS

Inicialmente, analisa-se como simplificar o problema discutido na seção anterior. Considere o bastão como sendo composto de duas partículas, localizadas nas extremidades A e B e conectadas por uma fina haste rígida de comprimento fixo e massa desprezível. A massa da partícula em B é o dobro da massa da partícula em A.

Outra simplificação adotada consiste em lançar o bastão sobre uma superfície horizontal, sem atrito, em vez de lançá-lo para cima. Esta simplificação elimina o efeito da gravidade na análise.

Utilizando-se as leis de Newton para estudar o movimento de um objeto tratado como uma partícula, o problema é separado em duas partes: a partícula e a sua vizinhança. Para um objeto mais complexo, como o bastão composto por duas partículas, geralmente é mais conveniente dividir o problema em um *sistema* e sua vizinhança. O sistema pode ser composto por qualquer número de objetos; o sistema pode ser definido de qualquer forma que simplifique o problema, desde que seja consistente na análise e considere todas as interações entre o sistema e sua vizinhança. Estas interações são chamadas *forças externas*. As interações entre objetos que pertencem ao sistema são chamadas *forças internas*. No caso do bastão, define-se o sistema como sendo as duas partículas e a haste que as conecta; a gravidade e a força normal devem, então, ser classificadas como forças externas, enquanto a força exercida pela haste em cada uma das partículas deve ser uma força interna.

Considere um impulso aplicado no bastão ao longo da superfície horizontal, sem atrito, e examine o seu movimento. A Fig. 7.3 mostra uma série de instantâneos associados ao movimento das partículas A e B, e do centro de massa em C. Claramente, vê-se que as partículas em A e B estão aceleradas, e portanto (de acordo com a segunda lei de Newton) devem estar submetidas a uma força resultante. Todavia, o ponto C não apresenta nenhuma aceleração — sua velocidade é constante tanto em intensidade quanto em direção. Nenhum outro ponto do bastão se move desta forma simples.

É interessante observar o movimento do bastão a partir de um sistema de referência que está se movendo com a mesma velocidade do ponto C. (Como será visto, isto é o mesmo que o sistema de referência do centro de massa, discutido na Seção 6.5.) Neste sistema de referência, o ponto C aparenta estar em repouso. A Fig. 7.4 mostra o movimento resultante, com as posições do bastão desenhadas nos instantes 1, 2, 3 e 4 marcadas na Fig. 7.3. O movimento é uma rotação simples com cada partícula apresentando velocidade de rotação constante.

Observando-se o centro de massa C, é possível particionar o movimento complexo do sistema em dois movimentos simples — o centro de massa move-se com velocidade constante e o sistema gira com velocidade angular constante em torno de C. No próximo capítulo considera-se o movimento de rotação; neste, concentra-se no movimento retilíneo do centro de massa.

Para encontrar a localização do centro de massa, utiliza-se um sistema de coordenadas no plano horizontal, conforme mostrado na Fig. 7.5. Considere que m_1 representa a massa da partícula A enquanto m_2, a massa da partícula B. Os vetores $\vec{\mathbf{r}}_1$ e $\vec{\mathbf{r}}_2$ defi-

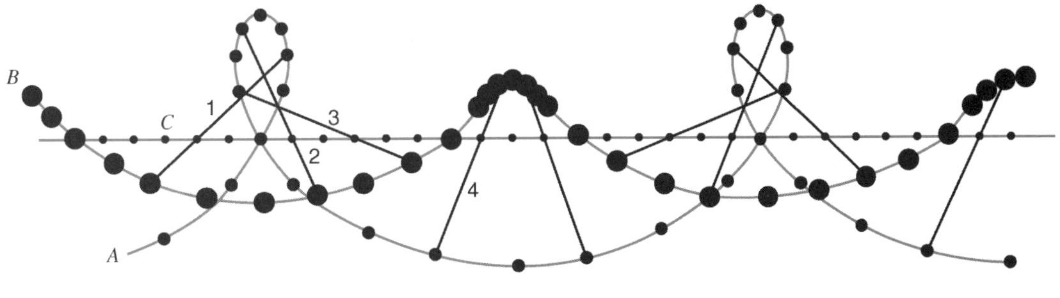

Fig. 7.3 O movimento de duas partículas conectadas por uma haste. Os pontos representam instantâneos que mostram a localização dos pontos A, B e C em sucessivos instantes de tempo. O ponto C da haste segue uma trajetória em linha reta e suas posições sucessivas estão igualmente espaçadas, mostrando que se move com velocidade constante.

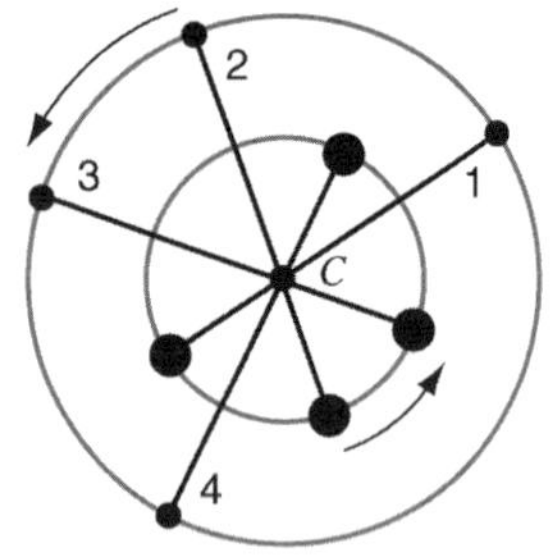

Fig. 7.4 Observando o movimento da Fig. 7.3 a partir de um referencial que se move solidário ao ponto C, a haste aparenta girar em torno de C e as duas partículas movem-se em círculos de raios diferentes.

nem a posição de m_1 e m_2 em um determinado instante de tempo, em relação à origem do sistema de coordenadas adotado. A posição do centro de massa é definida neste instante de tempo a partir do vetor $\vec{\mathbf{r}}_{cm}$:

$$\vec{\mathbf{r}}_{cm} = \frac{m_1\vec{\mathbf{r}}_1 + m_2\vec{\mathbf{r}}_2}{m_1 + m_2} \tag{7-1}$$

ou

$$x_{cm} = \frac{m_1x_1 + m_2x_2}{m_1 + m_2} \quad \text{e} \quad y_{cm} = \frac{m_1y_1 + m_2y_2}{m_1 + m_2}. \tag{7-2}$$

O centro de massa é um ponto fixo em um objeto sólido cuja localização é determinada de acordo com a sua distribuição de massa.

Em um instante subseqüente (conforme mostra a Fig. 7.5), o sistema movimentou-se para uma nova posição e o centro de massa também alterou sua localização. Com o objetivo de ver como o movimento do centro de massa é especial, determina-se sua velocidade e aceleração:

$$\vec{\mathbf{v}}_{cm} = \frac{d\vec{\mathbf{r}}_{cm}}{dt} = \frac{m_1\dfrac{d\vec{\mathbf{r}}_1}{dt} + m_2\dfrac{d\vec{\mathbf{r}}_2}{dt}}{m_1 + m_2} \tag{7-3}$$

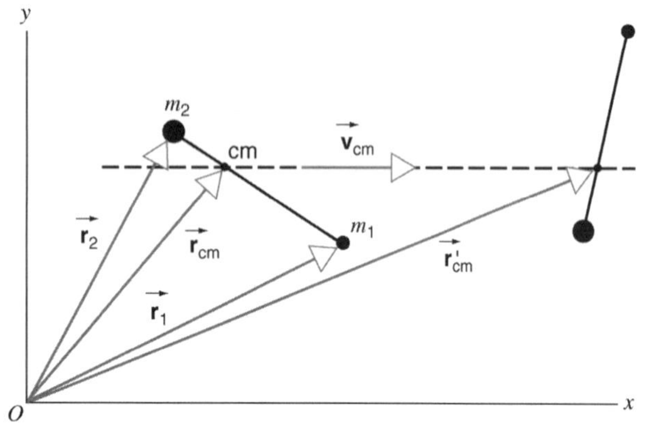

Fig. 7.5 Um sistema de coordenadas para localizar o centro de massa do sistema de duas massas em um determinado instante de tempo. Em um instante seguinte, o centro de massa está em $\vec{\mathbf{r}}\,'_{cm}$.

ou

$$\vec{\mathbf{v}}_{cm} = \frac{m_1\vec{\mathbf{v}}_1 + m_2\vec{\mathbf{v}}_2}{m_1 + m_2}, \tag{7-4}$$

e

$$\vec{\mathbf{a}}_{cm} = \frac{d\vec{\mathbf{v}}_{cm}}{dt} = \frac{m_1\dfrac{d\vec{\mathbf{v}}_1}{dt} + m_2\dfrac{d\vec{\mathbf{v}}_2}{dt}}{m_1 + m_2} \tag{7-5}$$

ou

$$\vec{\mathbf{a}}_{cm} = \frac{m_1\vec{\mathbf{a}}_1 + m_2\vec{\mathbf{a}}_2}{m_1 + m_2}. \tag{7-6}$$

A partir da Eq. 7.6, pode-se ver por que o movimento do centro de massa é tão simples. A Fig. 7.6 mostra diagramas de corpo livre para as duas partículas e para a haste (considerada sem massa). Para as duas partículas, a componente vertical da aceleração é nula; assim, a componente vertical da força resultante é nula e as intensidades da força normal e do peso são iguais. A força resultante sobre m_1 é $\vec{\mathbf{F}}_{1r}$ (a força sobre m_1 devida à haste), e a segunda lei de Newton fornece $\vec{\mathbf{F}}_{1r} = m_1\vec{\mathbf{a}}_1$. De maneira análoga, para m_2 tem-se $\vec{\mathbf{F}}_{2r} = m_2\vec{\mathbf{a}}_2$. Considerando-se a terceira lei de Newton, a força sobre m_1 devida à haste é igual e oposta à força sobre a haste exercida pela massa m_1, ou $\vec{\mathbf{F}}_{1r} = -\vec{\mathbf{F}}_{r1}$; analogamente, $\vec{\mathbf{F}}_{2r} = -\vec{\mathbf{F}}_{r2}$. Combinando esses resultados, o numerador da Eq. 7.6 torna-se $m_1\vec{\mathbf{a}}_1 + m_2\vec{\mathbf{a}}_2 = \vec{\mathbf{F}}_{1r} + \vec{\mathbf{F}}_{2r} = -\vec{\mathbf{F}}_{r1} + (-\vec{\mathbf{F}}_{r2}) = -(\vec{\mathbf{F}}_{r1} + \vec{\mathbf{F}}_{r2})$. Finalmente, uma vez admitido que a haste é desprovida de massa, a força resultante que atua sobre esta haste deve ser nula ($\Sigma\,\vec{\mathbf{F}}_{haste} = m_{haste}\vec{\mathbf{a}}_{haste} = 0$, tendo em vista que $m_{haste} = 0$); ver Fig. 7.6*b*. Como $\Sigma\,\vec{\mathbf{F}}_{haste} = \vec{\mathbf{F}}_{r1} + \vec{\mathbf{F}}_{r2}$, o numerador da Eq. 7.6 torna-se

$$m_1\vec{\mathbf{a}}_1 + m_2\vec{\mathbf{a}}_2 = -(\vec{\mathbf{F}}_{r1} + \vec{\mathbf{F}}_{r2}) = -\sum\vec{\mathbf{F}}_{haste} = 0.$$

Desta forma, tem-se $\vec{\mathbf{a}}_{cm} = 0$, e, portanto, o centro de massa se move com velocidade constante.

Nesta discussão, supôs-se que nenhuma força externa atua sobre o sistema ($\vec{\mathbf{F}}_{1r}$ e $\vec{\mathbf{F}}_{2r}$ são forças *internas*, exercidas de uma parte do sistema sobre outra parte). Suponha agora que existe uma força externa sobre cada partícula, talvez devido à força de atrito com a superfície. A força resultante sobre cada partícula é,

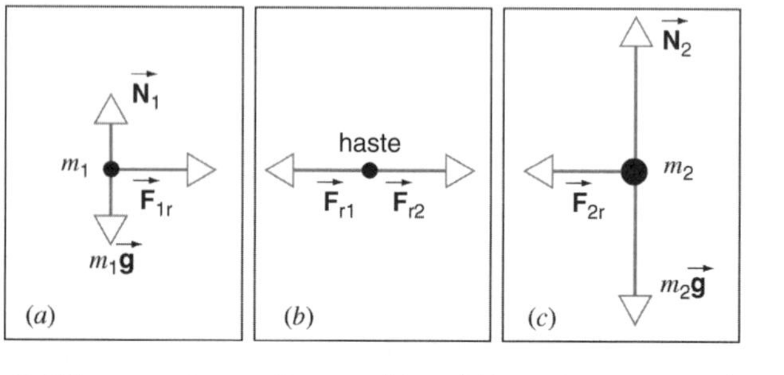

Fig. 7.6 Diagramas de corpo livre para (*a*) m_1, (*b*) haste de conexão, e (*c*) m_2.

então, definida como a soma vetorial da força externa com a força interna devida à haste:

$$\sum \vec{\mathbf{F}}_1 = \vec{\mathbf{F}}_{1,\text{ext}} + \vec{\mathbf{F}}_{1r} \quad \text{e} \quad \sum \vec{\mathbf{F}}_2 = \vec{\mathbf{F}}_{2,\text{ext}} + \vec{\mathbf{F}}_{2r}. \qquad (7\text{-}7)$$

Analisando a Eq. 7.6, obtém-se

$$\begin{aligned} m_1\vec{\mathbf{a}}_1 + m_2\vec{\mathbf{a}}_2 &= \sum \vec{\mathbf{F}}_1 + \sum \vec{\mathbf{F}}_2 \\ &= \vec{\mathbf{F}}_{1,\text{ext}} + \vec{\mathbf{F}}_{1r} + \vec{\mathbf{F}}_{2,\text{ext}} + \vec{\mathbf{F}}_{2r}. \qquad (7\text{-}8) \end{aligned}$$

Mais uma vez, $\vec{\mathbf{F}}_{1r} + \vec{\mathbf{F}}_{2r} = 0$, e definindo a *força externa resultante* como sendo $\Sigma\,\vec{\mathbf{F}}_{\text{ext}} = \vec{\mathbf{F}}_{1,\text{ext}} + \vec{\mathbf{F}}_{2,\text{ext}}$, a Eq. 7.8 é reduzida a $m_1\vec{\mathbf{a}}_1 + m_2\vec{\mathbf{a}}_2 = \Sigma\,\vec{\mathbf{F}}_{\text{ext}}$. Utilizando a Eq. 7.6, tem-se

$$\sum \vec{\mathbf{F}}_{\text{ext}} = (m_1 + m_2)\vec{\mathbf{a}}_{\text{cm}}. \qquad (7\text{-}9)$$

Este resultado é semelhante à segunda lei de Newton, mas é aplicado a uma coisa que não existe: uma partícula de massa $m_1 + m_2$ localizada no centro de massa.

Em resumo conclui-se que, para o sistema de duas partículas, a análise pode ser simplificada decompondo movimentos complexos no movimento do centro de massa do sistema e um outro movimento em torno desse centro de massa. Desde que nenhuma força externa atue sobre o sistema, o centro de massa movimenta-se com velocidade constante. Se existir uma força externa resultante, então o movimento do centro de massa pode ser determinado supondo que essa força externa atua em uma partícula localizada no centro de massa e possuindo uma massa igual à massa total do sistema. Na próxima seção, desenvolvem-se expressões gerais que induzem as mesmas conclusões para sistemas ainda mais complexos.

PROBLEMA RESOLVIDO 7.1.

(*a*) Suponha que o bastão da Fig. 7.3 está em repouso, posicionado ao longo do eixo x, com a partícula de maior massa m_2 (= $2m$) posicionada na coordenada x e a partícula com menor massa m_1 (= m) posicionada em $x + L$ (onde L é o comprimento da haste que conecta as partículas), conforme mostrado na Fig. 7.7*a*. Determine o centro de massa. (*b*) Suponha agora que m_2 está na origem e que a haste forma um ângulo de 45° entre os eixos x e y (Fig. 7.7*b*). Determine a localização do centro de massa.

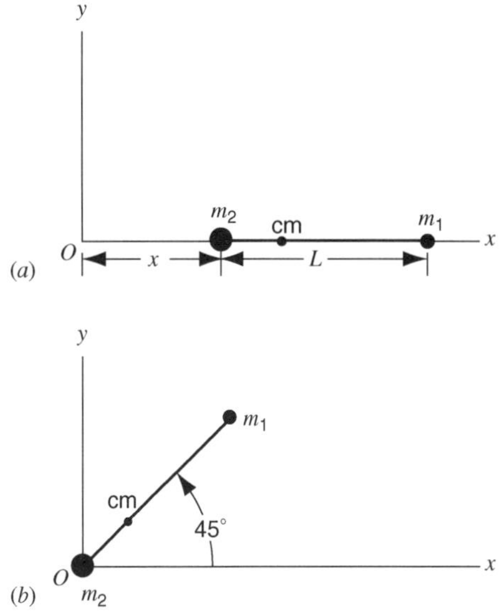

Fig. 7.7 Problema Resolvido 7.1.

Solução (*a*) Como $y_1 = 0$ e $y_2 = 0$, a Eq. 7.2 fornece $y_{\text{cm}} = 0$. A coordenada x do centro de massa também é determinada a partir da Eq. 7.2:

$$x_{\text{cm}} = \frac{(m)(x + L) + (2m)(x)}{m + 2m} = x + \frac{L}{3}.$$

O centro de massa está localizado ao longo da haste a uma distância $L/3$ medida a partir da maior partícula.

(*b*) Neste caso, $x_1 = L/\sqrt{2}$, $y_1 = L/\sqrt{2}$, $x_2 = 0$ e $y_2 = 0$, e portanto tem-se

$$x_{\text{cm}} = \frac{(m)(L/\sqrt{2}) + (2m)(0)}{m + 2m} = \frac{L}{3\sqrt{2}},$$

$$y_{\text{cm}} = \frac{(m)(L/\sqrt{2}) + (2m)(0)}{m + 2m} = \frac{L}{3\sqrt{2}}.$$

Mais uma vez, o centro de massa está ao longo da haste de conexão e posicionado a 1/3 de seu comprimento medido desde a maior partícula.

7.3 SISTEMAS DE MÚLTIPLAS PARTÍCULAS

Nesta seção, generalizam-se os resultados da seção anterior para sistemas que contêm múltiplas partículas, em um contexto tridimensional.

Considera-se um sistema de N partículas de massas m_1, m_2, ..., m_N. A massa total é

$$M = m_1 + m_2 + \cdots + m_N = \sum m_n. \qquad (7\text{-}10)$$

Cada partícula do sistema pode ser representada por sua massa m_n (onde $n = 1, 2, \ldots, N$), sua localização na coordenada $\vec{\mathbf{r}}_n$ (cujas componentes são x_n, y_n, e z_n), sua velocidade $\vec{\mathbf{v}}_n$ (cujas componentes são v_{nx}, v_{ny}, e v_{nz}) e sua aceleração $\vec{\mathbf{a}}_n$. A força resultante sobre a partícula m_n é $\Sigma\,\vec{\mathbf{F}}_n$ que, de uma maneira geral, difere de uma partícula para outra. Esta força origina-se em parte pelas outras $N - 1$ partículas, e em parte pela ação de agentes externos.

O centro de massa do sistema pode ser definido a partir de uma extensão lógica da Eq. 7.1:

$$\vec{\mathbf{r}}_{\text{cm}} = \frac{m_1\vec{\mathbf{r}}_1 + m_2\vec{\mathbf{r}}_2 + \cdots + m_N\vec{\mathbf{r}}_N}{m_1 + m_2 + \cdots + m_N}$$

ou

$$\vec{\mathbf{r}}_{cm} = \frac{1}{M}\sum m_n\vec{\mathbf{r}}_n. \tag{7-11}$$

Em termos de componentes, a relação vetorial da Eq. 7.11 pode ser escrita como

$$x_{cm} = \frac{1}{M}(m_1x_1 + m_2x_2 + \cdots + m_Nx_N)$$
$$= \frac{1}{M}\sum m_nx_n, \tag{7-12a}$$
$$y_{cm} = \frac{1}{M}(m_1y_1 + m_2y_2 + \cdots + m_Ny_N)$$
$$= \frac{1}{M}\sum m_ny_n, \tag{7-12b}$$
$$z_{cm} = \frac{1}{M}(m_1z_1 + m_2z_2 + \cdots + m_Nz_N)$$
$$= \frac{1}{M}\sum m_nz_n. \tag{7-12c}$$

Derivando a Eq. 7.11, determina-se a velocidade do centro de massa:

$$\vec{\mathbf{v}}_{cm} = \frac{d\vec{\mathbf{r}}_{cm}}{dt}$$
$$= \frac{1}{M}\left(m_1\frac{d\vec{\mathbf{r}}_1}{dt} + m_2\frac{d\vec{\mathbf{r}}_2}{dt} + \cdots + m_N\frac{d\vec{\mathbf{r}}_N}{dt}\right)$$

ou

$$\vec{\mathbf{v}}_{cm} = \frac{1}{M}(m_1\vec{\mathbf{v}}_1 + m_2\vec{\mathbf{v}}_2 + \cdots + m_N\vec{\mathbf{v}}_N)$$
$$= \frac{1}{M}\sum m_n\vec{\mathbf{v}}_n. \tag{7-13}$$

Diferenciando novamente, determina-se a aceleração do centro de massa:

$$\vec{\mathbf{a}}_{cm} = \frac{d\vec{\mathbf{v}}_{cm}}{dt} = \frac{1}{M}(m_1\vec{\mathbf{a}}_1 + m_2\vec{\mathbf{a}}_2 + \cdots + m_N\vec{\mathbf{a}}_N)$$
$$= \frac{1}{M}\sum m_n\vec{\mathbf{a}}_n. \tag{7-14}$$

A Eq. 7.14 pode ser reescrita como a seguir

$$M\vec{\mathbf{a}}_{cm} = m_1\vec{\mathbf{a}}_1 + m_2\vec{\mathbf{a}}_2 + \cdots + m_N\vec{\mathbf{a}}_N$$

ou

$$M\vec{\mathbf{a}}_{cm} = \sum\vec{\mathbf{F}}_1 + \sum\vec{\mathbf{F}}_2 + \cdots + \sum\vec{\mathbf{F}}_N, \tag{7-15}$$

onde o último resultado é obtido a partir da aplicação da segunda lei de Newton $\Sigma\,\vec{\mathbf{F}}_n = m_n\vec{\mathbf{a}}_n$, para cada partícula. A força total que atua sobre um sistema de partículas é, então, igual à massa total do sistema multiplicada pela aceleração do centro de massa. A Eq. 7.15 é a segunda lei de Newton para o sistema de N partículas tratado como uma única partícula de massa M localizada no centro de massa, movendo-se com velocidade $\vec{\mathbf{v}}_{cm}$ e experimentando uma aceleração $\vec{\mathbf{a}}_{cm}$.

A Eq. 7.15 pode ser ainda mais simplificada. É possível separar a força que atua sobre cada partícula do sistema em forças internas, provenientes da interação com outras partículas que compõem o sistema, e forças externas, provenientes da vizinhança do sistema em questão. Uma determinada partícula m_n pode experimentar uma força exercida pela partícula m_k, escrita como $\vec{\mathbf{F}}_{nk}$. Esta força específica é uma entre as várias forças contidas em $\Sigma\,\vec{\mathbf{F}}_n$, a força total sobre m_n. De maneira análoga, a força total sobre a partícula m_k inclui um termo $\vec{\mathbf{F}}_{kn}$ devido à interação com a partícula m_n. De acordo com a terceira lei de Newton, $\vec{\mathbf{F}}_{nk} = -\vec{\mathbf{F}}_{kn}$, e portanto estas duas forças se cancelam quando consideradas no somatório de todas as forças na Eq. 7.15. De fato, todas as forças internas são parte de pares ação—reação e cancelam-se. (No Cap. 3 fez-se a advertência de que forças de ação e reação são aplicadas em partículas diferentes e portanto não se opõem uma a outra em uma determinada partícula. Aqui, não se viola essa advertência, uma vez que se aplica a ação sobre uma partícula e a reação sobre a outra. A diferença no caso em questão é que é efetuada a soma para obter a força resultante sobre *duas* partículas, e as componentes de ação e reação, que ainda atuam sobre partículas diferentes, cancelam-se.)

Assim sendo, o que resta na Eq. 7.15 são todas as forças *externas*, e a Eq. 7.15 pode ser reduzida a

$$\sum\vec{\mathbf{F}}_{ext} = M\vec{\mathbf{a}}_{cm}, \tag{7-16}$$

que pode ser escrita em termos de suas componentes como

$$\sum F_{ext,x} = Ma_{cm,x}, \qquad \sum F_{ext,y} = Ma_{cm,y},$$

e

$$\sum F_{ext,z} = Ma_{cm,z}. \tag{7-17}$$

Este importante resultado pode ser resumido como:

O movimento de translação de um sistema de partículas pode ser analisado utilizando as leis de Newton admitindo que toda a massa está concentrada no centro de massa e a força externa total sendo aplicada neste ponto.

No caso em que $\Sigma\,\vec{\mathbf{F}}_{ext} = 0$, tem-se o seguinte corolário:

Se a força externa resultante que atua sobre um sistema de partículas é nulo, então o centro de massa do sistema move-se com velocidade constante.

Estes são resultados gerais, igualmente aplicáveis a coleções de partículas individuais assim como a partículas conectadas através de forças internas, como um objeto sólido. O objeto pode estar executando qualquer tipo de movimento complexo, mas o seu centro de massa se movimenta de acordo com a Eq. 7.16. Considere, por exemplo, o movimento do bastão da Fig. 7.1. À medida que desloca-se, ele também gira. Entretanto, seu centro de massa percorre uma trajetória parabólica simples. Uma vez considerada a força externa (gravidade), o sistema comporta-se como se fosse uma partícula de massa M localizada no centro de

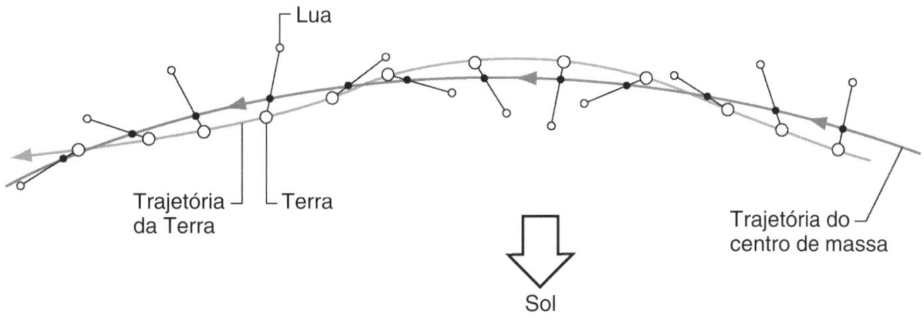

Fig. 7.8 O centro de massa do sistema Terra—Lua percorre uma órbita aproximadamente circular em torno do Sol, enquanto a Terra e a Lua giram em torno de seu centro de massa comum, da mesma forma que o bastão da Fig. 7.3. Esse efeito, que causa uma pequena perturbação na órbita da Terra, está amplificado na figura. De fato, o centro de massa do sistema Terra—Lua cai no interior da Terra e, assim sendo, a Terra sempre cruza a órbita do centro de massa.

massa. Assim, reduz-se um problema complicado a dois problemas relativamente simples — a trajetória parabólica do centro de massa e a rotação em torno desse centro.

Para outro exemplo, considere o sistema Terra—Lua movendo-se sob o efeito da gravidade do Sol (a força externa). A Fig. 7.8 mostra que o centro de massa do sistema percorre uma órbita estável em torno do Sol; esta é a trajetória que deve ser percorrida por uma partícula de massa $m_{\text{Terra}} + m_{\text{Lua}}$. A Terra e a Lua também giram em torno de seus centros de massa, resultando em uma pequena oscilação da Terra em torno da trajetória da órbita estável. Utilizando os dados do Apêndice C, pode-se mostrar que o centro de massa do sistema Terra—Lua está posicionado no interior da Terra (ver Exercício 1).

A Fig. 7.9 mostra o movimento de um projetil que se parte em três fragmentos. Uma explosão causa a separação dos três pedaços, mas, como a explosão produz apenas forças internas, não afeta o movimento do centro de massa. O centro de massa continua percorrendo uma trajetória parabólica, como se nenhuma explosão tivesse acontecido, até que um ou mais fragmentos experimentem uma força externa, tais como o arrasto atmosférico ou o impacto com o solo.

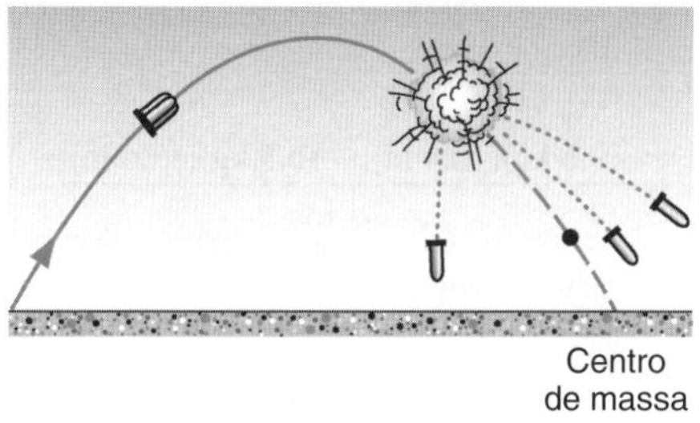

Fig. 7.9 Um projetil percorre uma trajetória parabólica (linha sólida). Uma explosão parte o projetil em três fragmentos, que percorrem o espaço de tal forma que seu centro de massa percorre a trajetória parabólica original.

PROBLEMA RESOLVIDO 7.2.

A Fig. 7.10*a* mostra um sistema de três partículas, inicialmente em repouso, de massas $m_1 = 4{,}1$ kg, $m_2 = 8{,}2$ kg e $m_3 = 4{,}1$ kg. Cada uma das partículas está submetida à ação de diferentes forças externas, que possuem as seguintes intensidades: $F_1 = 6$ N, $F_2 = 12$ N e $F_3 = 14$ N. As direções das forças estão mostradas na figura. Onde está o centro de massa desse sistema, e qual é a aceleração do centro de massa?

Solução A posição do centro de massa está indicada por um ponto na figura. Como a Fig. 7.10*b* sugere, esse ponto é tratado como uma partícula real, associando a ele uma massa M igual à massa total do sistema, $m_1 + m_2 + m_3 = 16{,}4$ kg, e assumindo que to-

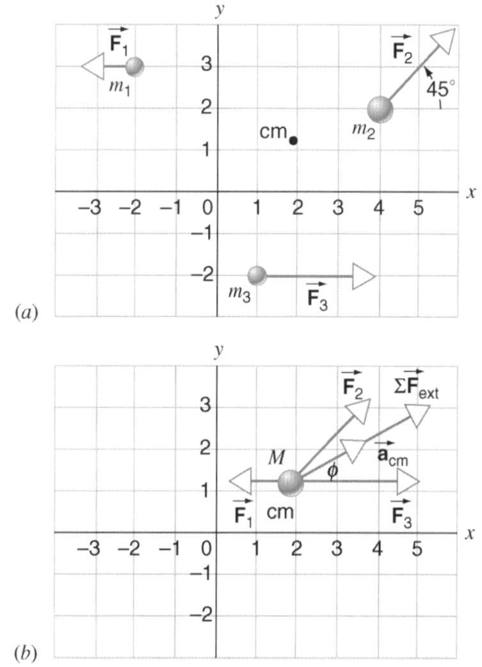

Fig. 7.10 Problema Resolvido 7.2. (*a*) Três partículas, em repouso nas posições mostradas, são submetidas à ação das forças indicadas. O centro de massa do sistema também está indicado. (*b*) O movimento de translação do sistema como um todo pode ser representado pelo movimento de uma partícula com massa *M*, localizada no centro de massa e submetida à ação das três forças externas. A força resultante e a aceleração do centro de massa estão indicadas. (As escalas dos eixos *x* e *y* estão em centímetros.)

das as forças externas são aplicadas nesse ponto. O centro de massa é determinado a partir das Eqs. 7.12a e 7.12b:

$$x_{cm} = \frac{1}{M}(m_1x_1 + m_2x_2 + m_3x_3)$$
$$= \frac{1}{16{,}4\text{ kg}}[(4{,}1\text{ kg})(-2\text{ cm}) + (8{,}2\text{ kg})(4\text{ cm}) + (4{,}1\text{ kg})(1\text{ cm})] = 1{,}8\text{ cm},$$

$$y_{cm} = \frac{1}{M}(m_1y_1 + m_2y_2 + m_3y_3)$$
$$= \frac{1}{16{,}4\text{ kg}}[(4{,}1\text{ kg})(3\text{ cm}) + (8{,}2\text{ kg})(2\text{ cm}) + (4{,}1\text{ kg})(-2\text{ cm})] = 1{,}3\text{ cm}.$$

A componente x da resultante da força externa que atua sobre o centro de massa é (ver Fig. 7.10b)

$$\sum F_{ext,x} = F_{1x} + F_{2x} + F_{3x} = -6\text{ N} + (12\text{ N})(\cos 45°) + 14\text{ N} = 16{,}5\text{ N},$$

e a componente y é

$$\sum F_{ext,y} = F_{1y} + F_{2y} + F_{3y} = 0 + (12\text{ N})(\text{sen}\,45°) + 0 = 8{,}5\text{ N}.$$

Assim, a resultante da força externa possui a seguinte intensidade

$$|\sum \vec{\mathbf{F}}_{ext}| = \sqrt{(F_{ext,x})^2 + (F_{ext,y})^2} = \sqrt{(16{,}5\text{ N})^2 + (8{,}5\text{ N})^2} = 18{,}6\text{ N}$$

e faz um ângulo com relação ao eixo x, mostrado por

$$\phi = \text{tg}^{-1}\frac{\Sigma F_{ext,y}}{\Sigma F_{ext,x}} = \text{tg}^{-1}\frac{8{,}5\text{ N}}{16{,}5\text{ N}} = 27°.$$

Essa também é a direção do vetor aceleração. A partir da Eq. 7.16, a intensidade da aceleração do centro de massa é determinada por

$$|\vec{\mathbf{a}}_{cm}| = \frac{F_{ext}}{M} = \frac{18{,}6\text{ N}}{16{,}4\text{ kg}} = 1{,}1\text{ m/s}^2.$$

Se as forças externas são constantes, então a aceleração do centro de massa é constante, mesmo que as forças internas (e portanto a aceleração individual de cada partícula) mudem com o tempo.

PROBLEMA RESOLVIDO 7.3.

Um projetil de massa 9,6 kg é lançado a partir do solo com velocidade inicial de 12,4 m/s com um ângulo de 54° em relação à horizontal (Fig. 7.11). Decorrido um tempo desde o lançamento, uma explosão divide o projetil em dois pedaços. Um pedaço, com 6,5 kg de massa, é observado 1,42 s após o lançamento, a uma altura de 5,9 m e a uma distância horizontal de 13,6 m, avaliadas a partir do ponto de lançamento. Determine a localização do segundo fragmento no mesmo instante.

Solução De acordo com a Eq. 7.16, o movimento dos dois fragmentos pode ser analisado em termos do movimento de um sistema combinado. Assim, no instante $t = 1{,}42$ s após o lançamento, o centro de massa dos dois fragmentos deve estar na mesma localização que o projetil original estaria se ele não tivesse explodido. Portanto, primeiramente determina-se esta localização. A localização do projetil original em $t = 1{,}42$ s pode ser determinada utilizando a Eq. 4.10 com $v_{0x} = v_0 \cos \phi_0 = (12{,}4\text{ m/s}) \cos 54° = 7{,}3$ m/s e $v_{0y} = v_0 \text{ sen } \phi_0 = (12{,}4\text{ m/s}) \text{ sen } 54° = 10{,}0$ m/s. Posicionando a origem do sistema de coordenadas no ponto de lançamento, tem-se

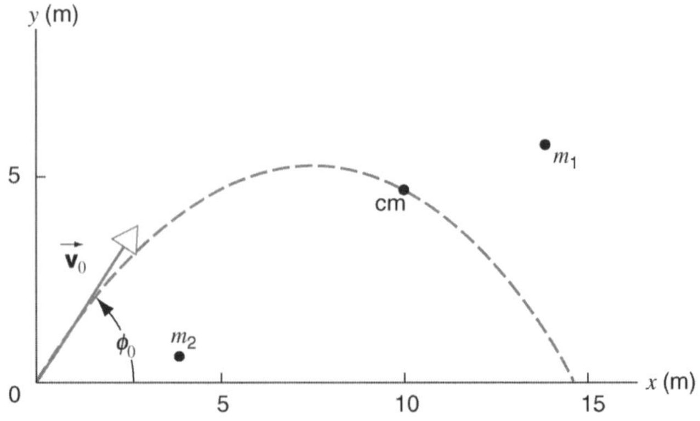

Fig. 7.11 Problema Resolvido 7.3. A linha tracejada mostra a trajetória parabólica do centro de massa dos dois fragmentos. As localizações do centro de massa e dos dois fragmentos estão mostradas para $t = 1{,}42$ s.

$$x = v_{0x}t = (7{,}3\text{ m/s})(1{,}42\text{ s}) = 10{,}4\text{ m},$$
$$y = v_{0y}t - \tfrac{1}{2}gt^2 = (10{,}0\text{ m/s})(1{,}42\text{ s}) - \tfrac{1}{2}(9{,}80\text{ m/s}^2)(1{,}42\text{ s})^2 = 4{,}3\text{ m}$$

Uma vez que o centro de massa do sistema de dois fragmentos possui o mesmo movimento que o sistema original teria, o centro de massa dos fragmentos em $t = 1{,}42$ s deve ser $x_{cm} = 10{,}4$ m e $y_{cm} = 4{,}3$ m. O problema fornece a localização de um fragmento, m_1, neste instante: $x_1 = 13{,}6$ m e $y_1 = 5{,}9$ m. A localização do outro fragmento, de massa $m_2 = M - m_1 = 9{,}6\text{ kg} - 6{,}5\text{ kg} = 3{,}1$ kg, pode ser determinada a partir das Eqs. 7.12a e 7.12b para x_2 e y_2:

$$x_2 = \frac{Mx_{cm} - m_1x_1}{m_2} = \frac{(9{,}6\text{ kg})(10{,}4\text{ m}) - (6{,}5\text{ kg})(13{,}6\text{ m})}{3{,}1\text{ kg}} = 3{,}7\text{ m},$$

$$y_2 = \frac{My_{cm} - m_1y_1}{m_2} = \frac{(9{,}6\text{ kg})(4{,}3\text{ m}) - (6{,}5\text{ kg})(5{,}9\text{ m})}{3{,}1\text{ kg}} = 0{,}9\text{ m}.$$

A Fig. 7.11 mostra a localização do fragmento m_2.

Conhecendo-se a velocidade de um fragmento, é possível utilizar métodos similares para encontrar a velocidade do outro (ver Exercício 12).

Nesta análise, supôs-se que a gravidade seja a única força externa que atua sobre o sistema, o que permite representar o movimento do centro de massa dos dois fragmentos como uma trajetória parabólica de um projetil submetido à ação da gravidade da Terra. Se um fragmento tocar o solo, passa a existir uma nova força externa no problema (a força do solo sobre o fragmento), e o centro de massa passa a seguir uma trajetória diferente. Para utilizar este método neste caso, seria necessário conhecer a força exercida pelo solo.

7.4 CENTRO DE MASSA DE OBJETOS SÓLIDOS

Determinar o centro de massa de um objeto sólido utilizando a Eq. 7.12 e promovendo a soma sobre todos os átomos do sistema é uma tarefa extremamente laboriosa. Uma alternativa é dividir o objeto em elementos de massa δm_n. À medida que esses elementos se tornam infinitesimais, as somas das Eqs. 7.12 transformam-se em integrais:

$$x_{cm} = \frac{1}{M} \lim_{\delta m \to 0} \sum x_n \, \delta m_n = \frac{1}{M} \int x \, dm, \qquad (7\text{-}18a)$$

$$y_{cm} = \frac{1}{M} \lim_{\delta m \to 0} \sum y_n \, \delta m_n = \frac{1}{M} \int y \, dm, \qquad (7\text{-}18b)$$

$$z_{cm} = \frac{1}{M} \lim_{\delta m \to 0} \sum z_n \, \delta m_n = \frac{1}{M} \int z \, dm. \qquad (7\text{-}18c)$$

Na forma vetorial (compare com a Eq. 7.11), estas equações podem ser escritas como se segue

$$\vec{\mathbf{r}}_{cm} = \frac{1}{M} \int \vec{\mathbf{r}} \, dm. \qquad (7\text{-}19)$$

Em muitos casos, é possível usar argumentos geométricos ou baseados na simetria para simplificar o cálculo do centro de massa de objetos sólidos. Se um objeto possui *simetria esférica*, o centro de massa deve estar localizado no centro geométrico da esfera. (Não é necessário que sua massa específica seja uniforme; uma bola de beisebol, por exemplo, possui simetria esférica mesmo que ele seja composto por camadas de diferentes materiais. O seu centro de massa está no seu centro geométrico. Referir-se à simetria esférica significa dizer que a massa específica pode variar com r mas deve ter a mesma variação em qualquer direção.) Se um sólido possui *simetria cilíndrica* (ou seja, se sua massa está simetricamente distribuída em torno de um eixo), então o centro de massa deve estar localizado neste eixo. Se sua massa está simetricamente distribuída em torno de um plano, então o centro de massa deve estar no plano.

Freqüentemente, encontram-se objetos sólidos irregulares que podem ser divididos em várias partes. É possível determinar o centro de massa de cada parte e aí, tratando cada parte como uma partícula localizada em seu próprio centro de massa, determina-se o centro de massa da combinação.

Como um exemplo, considere uma placa triangular mostrada na Fig. 7.12. A placa é dividida em várias tiras finas, paralelas à base do triângulo, conforme mostrado na Fig. 7.12*a*. O centro de massa de cada tira deve estar localizado em seu centro geométrico, e portanto o centro de massa da placa deve estar localizado em algum lugar na linha que conecta o centro das tiras. Substitua cada tira por uma massa concentrada localizada no centro de massa da tira. A linha de massas concentradas forma um objeto unidimensional cujo centro de massa deve estar localizado ao longo de seu comprimento. Repetindo este procedimento para tiras desenhadas paralelas aos outros dois lados do triângulo (Figs. 7.12*b* e 7.12*c*), obtêm-se duas linhas adicionais, e cada uma delas deve incluir o centro de massa da placa. Superpondo as três linhas, conforme mostrado na Fig. 7.12*d*, encontra-se apenas um ponto em comum, que deve ser o centro de massa.

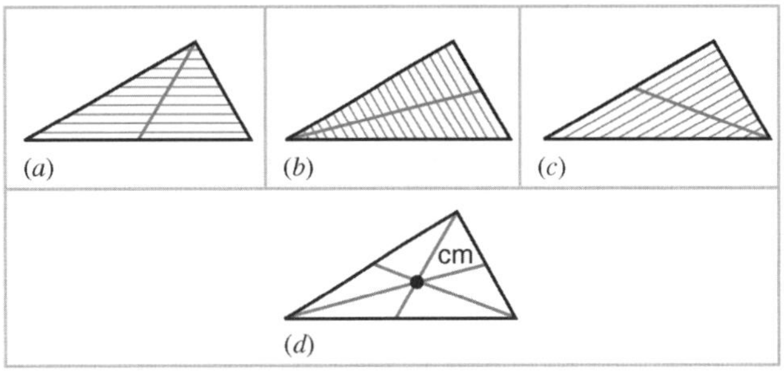

Fig. 7.12 Em (*a*), (*b*) e (*c*), o triângulo está dividido em elementos, paralelos a cada um dos três lados. O centro de massa deve recair ao longo das linhas de simetria mostradas. (*d*) O ponto indicado é o único comum às três linhas e representa a posição do centro de massa.

Problema Resolvido 7.4.

A Fig. 7.13*a* mostra uma placa circular de metal, de raio $2R$, de onde um disco de raio R é removido. Este objeto é chamado de X. O seu centro de massa está indicado através de um ponto no eixo x. Determine a localização deste ponto.

Solução O objeto X possui simetria em relação ao eixo x; ou seja, a porção acima do eixo x é a imagem refletida da porção abaixo desse eixo. Por causa dessa simetria, o centro de massa deve recair ao longo do eixo x. Além disso, uma vez que a maior parte do objeto está do lado direito, o centro de massa deve estar localizado à direita do eixo y. Assim, é razoável que o ponto X represente o centro de massa do objeto X.

A Fig. 7.13*b* mostra o objeto X, com o seu furo preenchido com um disco de mesmo material e raio R, chamado de objeto D. O objeto composto formado é chamado de objeto C. Pela simetria, o centro de massa do objeto C está na origem do sistema de coordenadas, conforme mostrado.

Para determinar o centro de massa de um objeto composto, supõe-se que as massas de seus componentes estão concentradas em seus respectivos centros de massa. Assim, o objeto C pode ser tratado como equivalente a duas partículas, representando os objetos X e D. A Fig. 7.13*c* mostra as posições dos centros de massa desses objetos.

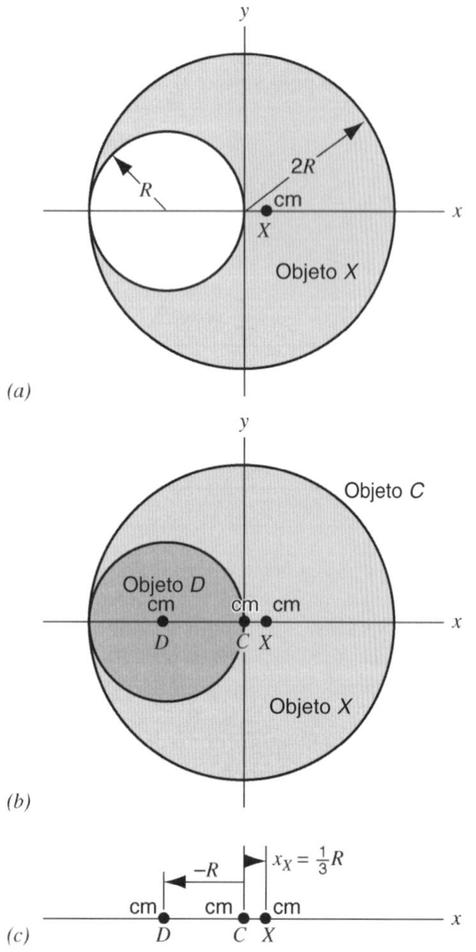

Fig. 7.13 Problema Resolvido 7.4. (*a*) O objeto *X* é um disco de metal de raio 2*R* que possui um furo de raio *R*. (*b*) O objeto *D* é um disco de metal que preenche o furo do objeto *X*; o seu centro de massa está em $x_D = -R$. O objeto *C* é um disco composto pelos objetos *X* e *D*; o seu centro de massa está na origem. (*c*) O centro de massa dos três objetos.

A posição do centro de massa do objeto *C* é dada pela Eq. 7.12*a*,

$$x_C = \frac{m_D x_D + m_X x_X}{m_D + m_X},$$

onde x_D e x_X são as posições dos centros de massa dos objetos *D* e *X*, respectivamente. Sabendo que $x_C = 0$ e resolvendo para x_X, obtém-se

$$x_X = -\left(\frac{m_D}{m_X}\right) x_D.$$

A razão m_D/m_X deve ser a mesma que a razão das áreas dos objetos *D* e *X* (supondo que a placa possui massa específica e espessura uniformes). Ou seja,

$$\frac{m_D}{m_X} = \frac{\text{área de } D}{\text{área de } X} = \frac{\text{área de } D}{\text{área de } C - \text{área de } D}$$
$$= \frac{\pi R^2}{\pi(2R)^2 - \pi R^2} = \frac{1}{3}.$$

Com $x_D = -R$, obtém-se

$$x_X = \tfrac{1}{3}R.$$

PROBLEMA RESOLVIDO 7.5.

Uma tira de material é deformada na forma de um semicírculo de raio *R* (Fig. 7.14). Determine o seu centro de massa.

Solução Este caso possui simetria em relação ao eixo *y* (ou seja, para cada partícula do lado esquerdo do eixo *y* existe uma partícula em uma posição similar localizada no lado direito do eixo *y*). O centro de massa deve, portanto, estar localizado no eixo *y*; ou seja, $x_{cm} = 0$. Contudo, não existe simetria em relação ao eixo *x* e, assim sendo, deve-se utilizar a Eq. 7.18*b* para determinar y_{cm}. A utilização de uma coordenada angular simplifica a integração a ser realizada. Considere um pequeno elemento de massa *dm* mostrado na Fig. 7.14*b*. Ele está associado a um ângulo $d\phi$ e, uma vez que a massa total *M* da tira está associada ao ângulo π (um círculo completo está associado ao ângulo 2π), a relação entre *dm* e *M* é a mesma relação que existe entre $d\phi$ e π. Assim, $dm/M = d\phi/\pi$, ou $dm = (M/\pi)d\phi$. O elemento *dm* está localizado na coordenada $y = R \operatorname{sen} \phi$. Neste caso, reescreve-se a Eq. 7.18*b* como

$$y_{cm} = \frac{1}{M}\int y\,dm = \frac{1}{M}\int_0^{\pi} (R \operatorname{sen} \phi)\frac{M}{\pi}\,d\phi$$
$$= \frac{R}{\pi}\int_0^{\pi} \operatorname{sen} \phi\, d\phi = \frac{2R}{\pi} = 0{,}637R.$$

O centro de massa está a dois terços do raio ao longo do eixo *y*. Observe que, como ilustrado neste caso, o centro de massa não precisa estar no interior do volume ou do material do objeto.

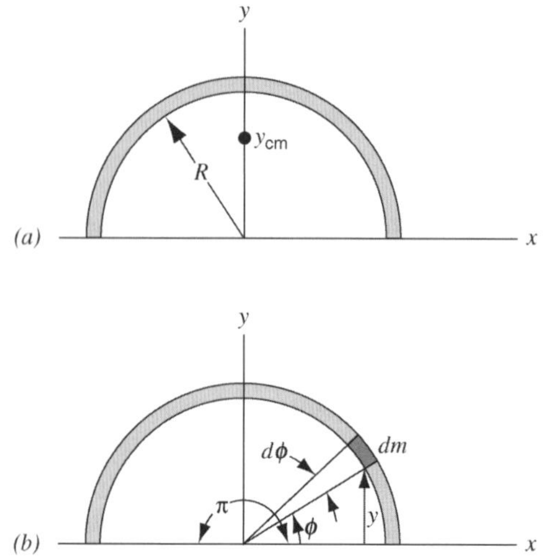

Fig. 7.14 Problema Resolvido 7.5. (*a*) Uma fina tira de metal é deformada na forma de um semicírculo. (*b*) Um elemento da tira de massa *dm* localizado na coordenada angular ϕ.

Problema Resolvido 7.6.

Uma bola de massa m e raio R está posicionada no interior de uma casca esférica que possui a mesma massa m e um raio interno $2R$. A combinação está em repouso em cima de uma mesa, conforme mostra a Fig. 7.15*a*. A bola é largada, rola para trás e para a frente e, finalmente, atinge o repouso na parte inferior, conforme mostrado na Fig. 7.15*c*. Qual é o deslocamento d da casca durante este processo?

Solução As únicas forças externas que atuam sobre o sistema bola—casca são a força da gravidade (para baixo) e a força normal exercida pela mesa, verticalmente para cima. Nenhuma dessas forças possui componente horizontal, de modo que $\Sigma F_{\text{ext},x} = 0$. A partir da Eq. 7.16, a componente da aceleração $a_{\text{cm},x}$ do centro de massa do sistema também deve ser nula. Assim, a posição horizontal do centro de massa do sistema deve permanecer fixa, e a casca deve mover-se de tal forma que isso ocorra.

Tanto a bola quanto a casca podem ser representadas por partículas de massa m, localizadas nos respectivos centros de massa. A Fig. 7.15*b* mostra o sistema antes de a bola ser largada e a Fig. 7.15*d* após a bola atingir o repouso na parte inferior da casca. A origem é escolhida de maneira que coincida com a posição inicial do centro da casca. A Fig. 7.15*b* mostra que, com relação a essa origem, o centro de massa do sistema bola—casca está localizado a uma distância $\frac{1}{2}R$ para a esquerda, metade da distância entre as duas partículas. A Fig. 7.15*d* mostra que o deslocamento da casca é dado por

$$d = \tfrac{1}{2}R.$$

A casca deve mover-se para a esquerda, por essa distância, até que a bola atinja o repouso.

A bola é levada ao repouso pela força de atrito que atua entre ela e a casca. Por que esta força de atrito não afeta a posição final do centro de massa?

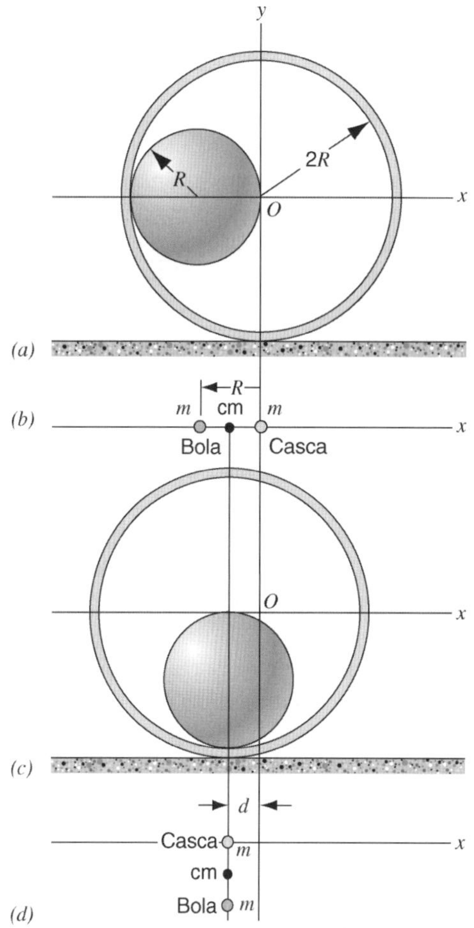

Fig. 7.15 Problema Resolvido 7.6. (*a*) Uma bola de raio R é largada desde sua posição inicial e está livre para rolar no interior de uma casca esférica de raio $2R$. (*b*) Os centros de massa da bola, da casca, e da combinação. (*c*) O estado final após a bola atingir o repouso. A casca se move de tal forma que a coordenada horizontal do centro de massa do sistema permanece inalterada. (*d*) Os centros de massa da bola, da casca e da combinação.

7.5 Conservação da Quantidade de Movimento em um Sistema de Partículas

Considere um sistema que contém N partículas. As partículas possuem massas m_n ($n = 1, 2, ..., N$) e movimentam-se com velocidades $\vec{\mathbf{v}}_n$ e quantidade de movimento $\vec{\mathbf{p}}_n = m_n\vec{\mathbf{v}}_n$. A quantidade de movimento total do sistema, $\vec{\mathbf{P}}$, é portanto

$$\vec{\mathbf{P}} = \sum_{n=1}^{N} \vec{\mathbf{p}}_n = \vec{\mathbf{p}}_1 + \vec{\mathbf{p}}_2 + \cdots + \vec{\mathbf{p}}_N$$
$$= \sum_{n=1}^{N} m_n\vec{\mathbf{v}}_n = m_1\vec{\mathbf{v}}_1 + m_2\vec{\mathbf{v}}_2 + \cdots + m_N\vec{\mathbf{v}}_N, \qquad (7\text{-}20)$$

que, de acordo com a Eq. 7.13, pode ser escrita como

$$\vec{\mathbf{P}} = M\vec{\mathbf{v}}_{\text{cm}}. \qquad (7\text{-}21)$$

Aqui, $M = m_1 + m_2 + ... + m_N$ é a massa total do sistema. A Eq. 7.21 fornece uma definição diferente, mas equivalente, à quantidade de movimento de um sistema de partículas:

> *A quantidade de movimento total de um sistema de partículas é igual ao produto da massa total do sistema pela velocidade de seu centro de massa.*

Admitindo uma massa constante M, a derivada da quantidade de movimento é

$$\frac{d\vec{\mathbf{P}}}{dt} = M\frac{d\vec{\mathbf{v}}_{\text{cm}}}{dt} = M\vec{\mathbf{a}}_{\text{cm}}, \qquad (7\text{-}22)$$

utilizando a Eq. 7.14. Comparar a Eq. 7.22 com a Eq. 7.16,

$\Sigma \vec{\mathbf{F}}_{\text{ext}} = M\vec{\mathbf{a}}_{\text{cm}}$ permite escrever a segunda lei de Newton para um sistema de partículas como

$$\sum \vec{\mathbf{F}}_{\text{ext}} = \frac{d\vec{\mathbf{P}}}{dt}. \qquad (7\text{-}23)$$

A Eq. 7.23 estabelece que, em um sistema de partículas, a força resultante externa é igual à taxa de variação da quantidade de movimento do sistema. Esta equação é uma generalização da expressão para uma única partícula $\Sigma \vec{\mathbf{F}} = d\vec{\mathbf{p}}/dt$, Eq. 6.2, para um sistema de várias partículas. A Eq. 7.23 é reduzida à Eq. 6.2 para o caso especial de uma única partícula, uma vez que apenas forças externas podem atuar em um sistema de uma única partícula.

A lei de conservação da quantidade de movimento, apresentada na Seção 6.4 para um sistema de duas partículas, também se aplica a um sistema de várias partículas, como pode ser visto na Eq. 7.23: Se a força resultante que atua em um sistema é nula, então $d\vec{\mathbf{P}}/dt = 0$ e, portanto, a quantidade de movimento total do sistema, $\vec{\mathbf{P}}$, permanece constante.

Se observarmos o sistema a partir de um referencial que está se movendo solidário ao centro de massa, tem-se que a velocidade $\vec{\mathbf{v}}'_n$ de uma partícula do sistema é

$$\vec{\mathbf{v}}'_n = \vec{\mathbf{v}}_n - \vec{\mathbf{v}}_{\text{cm}}. \qquad (7\text{-}24)$$

Neste sistema de referência associado ao centro de massa, a quantidade de movimento total é a seguinte, avaliada a partir da Eq. 7.13

$$\begin{aligned}\vec{\mathbf{P}}' &= \sum_{n=1}^{N} m_n\vec{\mathbf{v}}'_n = \sum_{n=1}^{N} m_n\vec{\mathbf{v}}_n - \sum_{n=1}^{N} m_n\vec{\mathbf{v}}_{\text{cm}} \\ &= M\,\vec{\mathbf{v}}_{\text{cm}} - \vec{\mathbf{v}}_{\text{cm}}\sum_{n=1}^{N} m_n \\ &= M\,\vec{\mathbf{v}}_{\text{cm}} - \vec{\mathbf{v}}_{\text{cm}}M = 0, \qquad (7\text{-}25)\end{aligned}$$

com isso, o sistema de referência associado ao centro de massa também é o sistema no qual a quantidade de movimento total é nula. Isso justifica a escolha feita na Seção 6.5 da velocidade do centro de massa (compare a Eq. 6.23 com a Eq. 7.4) para o sistema de referência a partir do qual se observa a colisão entre duas partículas — somente neste sistema de referência a quantidade de movimento total das partículas em colisão se anula antes e depois da colisão.

Até agora, foram considerados apenas sistemas de partículas em que a massa total M permanece constante. Um cuidado especial deve ser tomado para aplicar a Eq. 7.23 a sistemas em que a massa pode variar. A utilização da Eq. 7.23 na análise de sistemas com massa variável é discutida na Seção 7.6.

PROBLEMA RESOLVIDO 7.7.

Um fluxo de projéteis balísticos, em que cada um possui uma massa m de 3,8 g, é disparado horizontalmente com uma velocidade v de 1100 m/s em um grande bloco de madeira de massa M (= 12 kg), que está inicialmente em repouso sobre uma mesa horizontal; veja a Fig. 7.16. Se o bloco está livre para deslizar sem atrito sobre a mesa, qual a velocidade alcançada após ter absorvido oito projéteis?

Solução No momento, considera-se apenas a direção horizontal, definida como direção x, e com sentido positivo para a direita na Fig. 7.16. A componente x da Eq. 7.23 é $\Sigma F_{\text{ext},x} = dP_x/dt$. A força externa resultante sobre o bloco possui uma componente horizontal não-nula (devida à ação dos projéteis), e a força externa resultante sobre o projetil possui uma componente horizontal (devida à ação do bloco). No entanto, escolhendo um sistema para incluir tanto o bloco quanto os projéteis, as forças entre eles serão forças internas. Nenhuma força externa resultante atua sobre esse sistema e, portanto, a componente x da quantidade de movimento deve permanecer constante. O contorno desse sistema é identificado na Fig. 7.16. A quantidade de movimento (horizontal), medida enquanto os projéteis ainda estão voando e o bloco está em repouso, é

$$P_{ix} = N(mv),$$

onde mv é a quantidade de movimento de um único projetil e $N = 8$. A quantidade de movimento horizontal final, medida quando todos os projéteis estão no bloco e o bloco está deslizando sobre a mesa com velocidade horizontal V, é

$$P_{fx} = (M + Nm)V.$$

A conservação de quantidade de movimento estabelece que

$$P_{ix} = P_{fx}$$

ou

$$N(mv) = (M + Nm)V.$$

Resolvendo para V,

$$\begin{aligned}V &= \frac{Nm}{M + Nm}v = \frac{(8)(3{,}8 \times 10^{-3}\text{ kg})}{12\text{ kg} + (8)(3{,}8 \times 10^{-3}\text{ kg})}(1100\text{ m/s}) \\ &= 2{,}8\text{ m/s}.\end{aligned}$$

Na direção vertical, as forças externas estão associadas ao peso dos projéteis, ao peso do bloco e à força normal sobre o bloco. Enquanto os projéteis estão voando, eles adquirem uma pequena componente de quantidade de movimento vertical como resultado da ação da gravidade. Quando os projéteis atingem o bloco, o bloco deve exercer, sobre cada projetil, uma força com

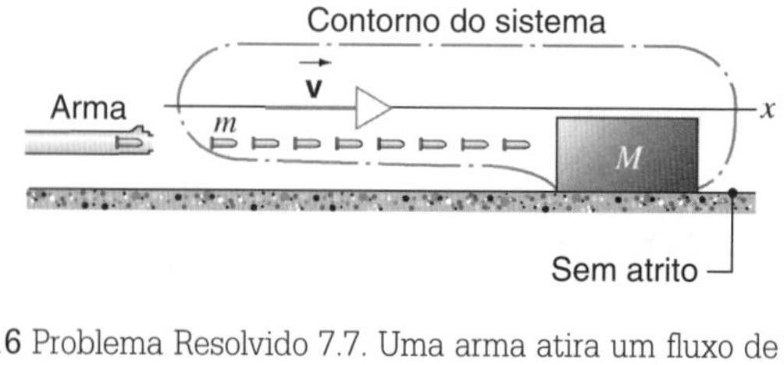

Fig. 7.16 Problema Resolvido 7.7. Uma arma atira um fluxo de projéteis balísticos em direção a um bloco de madeira. Analisa-se o sistema que é definido como sendo o bloco e os projéteis.

componentes horizontal e vertical. Junto com a força vertical sobre o projetil, que é necessária para anular sua quantidade de movimento vertical, deve-se ter (de acordo com a terceira lei de Newton) um aumento correspondente na força normal exercida sobre o bloco pela superfície horizontal. Este aumento não se deve somente ao peso do projetil; ele possui uma contribuição adicional decorrente da taxa de variação da quantidade de movimento vertical do projetil. Quando todos os projéteis tiverem atingido o repouso, relativo ao bloco, a força normal será igual aos pesos combinados do bloco e dos projéteis.

Para simplificar a solução deste problema, supõe-se que os projéteis são lançados de forma tão rápida que todos os oito projéteis estejam voando antes que o primeiro atinja o bloco. É possível resolver este problema sem fazer esta consideração?

Suponha que o contorno do sistema é expandido de tal forma que passa a incluir a arma, que por sua vez está fixa à Terra. A quantidade de movimento horizontal do sistema se altera antes e depois do instante do impacto? Existe uma força externa horizontal?

PROBLEMA RESOLVIDO 7.8.

Conforme mostrado na Fig. 7.17, um canhão cuja massa M é 1300 kg atira um projetil de 72 kg em uma direção horizontal com uma velocidade de intensidade $v = 55$ m/s, relativa ao canhão. O canhão está montado para que possa recuar livremente. (*a*) Qual é a velocidade V do recuo do canhão em relação à Terra? (*b*) Qual é a velocidade inicial v_E do projetil em relação à Terra?

Solução (*a*) O sistema de coordenadas é posicionado com o sentido positivo do eixo x apontando para a direita na Fig. 7.17. O sistema de referência inercial é fixo com relação à Terra.

O sistema é escolhido como sendo constituído de canhão e de projetil. Desta forma, as forças associadas com o tiro do canhão são internas ao sistema, logo não precisam ser consideradas. As forças externas que atuam sobre o sistema não possuem componentes horizontais. Assim, a componente horizontal da quantidade de movimento total do sistema deve permanecer constante enquanto o canhão atira.

Em termos vetoriais, $\vec{\mathbf{v}}_E = \vec{\mathbf{v}} + \vec{\mathbf{V}}$; ou seja, a velocidade do projetil com relação à Terra é igual à velocidade do projetil em

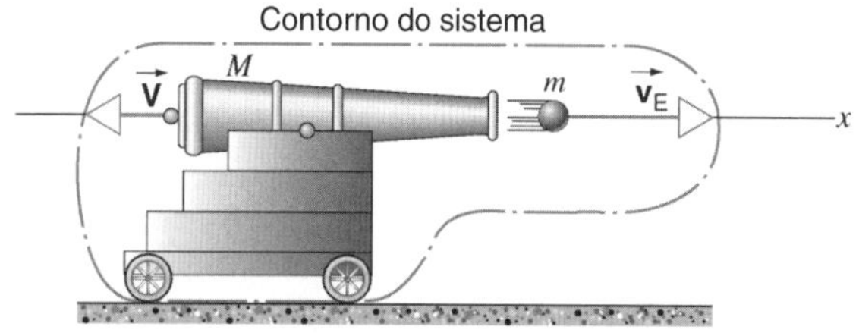

Fig. 7.17 Problema Resolvido 7.8. Um canhão de massa M atira um projetil de massa m. As velocidades do projetil e do recuo do canhão estão mostradas em um sistema de referência fixo com relação à Terra. Consideram-se as velocidades positivas para a direita.

relação ao canhão mais a velocidade do canhão em relação à Terra. Na direção horizontal, tem-se que $v_{Ex} = v_x + V_x$ onde, conforme mostrado na figura, espera-se que a componente de $\vec{\mathbf{V}}$ seja negativa.

No sistema de referência da Terra, a componente horizontal inicial da quantidade de movimento P_{ix} é nula. Após o canhão ter atirado, a quantidade de movimento final do sistema com relação à Terra está associada ao projetil mais o recuo do canhão:

$$P_{fx} = MV_x + mv_{Ex} = MV_x + m(v_x + V_x).$$

Com $\Sigma F_{ext,x} = 0$, deve-se ter $P_{ix} = P_{fx}$ e portanto,

$$MV_x + m(v_x + V_x) = 0.$$

Resolvendo para V_x tem-se

$$V_x = -\frac{mv_x}{M + m} = -\frac{(72\text{ kg})(55\text{ m/s})}{1300\text{ kg} + 72\text{ kg}} = -2{,}9\text{ m/s}.$$

O sinal negativo informa que o canhão recua para a esquerda na Fig. 7.17, como o esperado.

(*b*) Com relação à Terra, a componente horizontal da velocidade do projetil é

$$\begin{aligned} v_{Ex} &= v_x + V_x \\ &= 55\text{ m/s} + (-2{,}9\text{ m/s}) = 52\text{ m/s}. \end{aligned}$$

Por causa do recuo, o projetil movimenta-se de um modo um pouco mais lento em relação à Terra. Observe que, neste problema, é importante a escolha adequada do sistema (canhão + projetil) e da clara definição do sistema de referência (Terra ou canhão com recuo), a partir do qual são referidas as várias medidas.

7.6 SISTEMAS DE MASSA VARIÁVEL* (OPCIONAL)

Considere que a carreta que sustenta o canhão da Fig. 7.17 também sustenta uma pilha de projéteis balísticos. Na medida em que o canhão atira repetidamente, a carreta (que, como suposto, move-se sem atrito) recua para a esquerda e, a cada recuo, sua velocidade aumenta. Com o contorno do sistema mostrado na Fig. 7.17, sabe-se que a quantidade de movimento horizontal deve ser nula e que não existe nenhuma força resultante horizontal sobre o sistema. Porém, considerando-se um sistema que inclui apenas o canhão mais a carreta, a afirmativa anterior deixa de ser válida. A quantidade de movimento do canhão aumenta cada vez que ele atira, e é conveniente utilizar uma linguagem familiar à física Newtoniana para avaliar a variação na quantidade de movimento devida à ação de uma força. Neste caso, a força que acelera o canhão é uma

*Ver "*Force, Momentum Change, and Motion*", de Martin S. Tiersten, *American Journal of Physics*, janeiro de 1969, p. 82, para uma excelente referência em sistemas com massa fixa e variável.

força de reação: o canhão, em virtude de sua carga explosiva, empurra os projéteis para ejetá-los, e a força de reação (os projéteis empurram o canhão para trás) move o canhão para a esquerda.

Uma vez que o canhão atira repetidas vezes, a massa total na carreta decresce pela quantidade de projéteis ejetados. Os métodos do Problema Resolvido 7.8 não podem ser facilmente utilizados para resolver este problema, tendo em vista que a massa M do objeto de recuo é diferente a cada tiro do canhão.

Este exemplo refere-se ao sistema S formado pelo canhão mais a carreta (incluindo os projéteis não ejetados), como um sistema de "massa variável". Obviamente, o sistema ampliado S' formado pelo canhão mais todos os projéteis ejetados é um sistema de massa constante *e* de quantidade de movimento constante (na ausência de forças externas). O sistema reduzido S, entretanto, não possui massa constante. Além disso, os projéteis ejetados transportam quantidade de movimento e, portanto, existe um fluxo resultante de quantidade de movimento saindo de S que é responsável por sua aceleração.

O exemplo anterior fornece uma imagem apropriada de como funciona um foguete. O combustível é queimado e ejetado a alta velocidade; os produtos da queima correspondem aos projéteis do canhão. O foguete (menos o combustível consumido) experimenta uma aceleração que depende da taxa com que o combustível é consumido e a velocidade com que ele é ejetado.

O propósito de analisar sistemas similares ao foguete *não* é considerar a cinemática do sistema completo S'. Em vez disso, foca-se a atenção em um subsistema particular S, e avalia-se como S se movimenta na medida em que a massa no interior de todo o sistema S' é redistribuída de tal forma que a massa no interior do sistema S varia. A massa total no interior de S' permanece constante, mas considera-se que o subsistema S pode alterar seu estado de movimento à medida que se perde ou se ganha massa (e quantidade de movimento).

A Fig. 7.18 mostra uma vista esquemática de um sistema generalizado. No instante de tempo t, o subsistema S possui uma massa M e movimenta-se com velocidade $\vec{\mathbf{v}}$ em um sistema de referência inercial a partir do qual se observa o movimento. Em um instante $t + \Delta t$, a massa de S varia de uma quantidade ΔM (uma quantidade negativa, no caso de uma massa ejetada) para $M + \Delta M$, enquanto a massa do restante do sistema total S' varia de uma quantidade $-\Delta M$. O sistema S agora movimenta-se com uma velocidade $\vec{\mathbf{v}} + \Delta\vec{\mathbf{v}}$, e a matéria ejetada movimenta-se com uma velocidade $\vec{\mathbf{u}}$, medidas em relação ao sistema de referência.

Para considerar a situação o mais geral possível, admite-se uma força externa que pode atuar no sistema como um todo. No caso do foguete, esta não é a sua força de propulsão (que é uma força interna no sistema S'), mas sim uma força devida a algum agente externo, possivelmente um arrasto gravitacional ou atmosférico. A quantidade de movimento total de todo o sistema S' é $\vec{\mathbf{P}}$, e a segunda lei de Newton pode ser escrita como

$$\sum \vec{\mathbf{F}}_{ext} = \frac{d\vec{\mathbf{P}}}{dt}. \qquad (7\text{-}26)$$

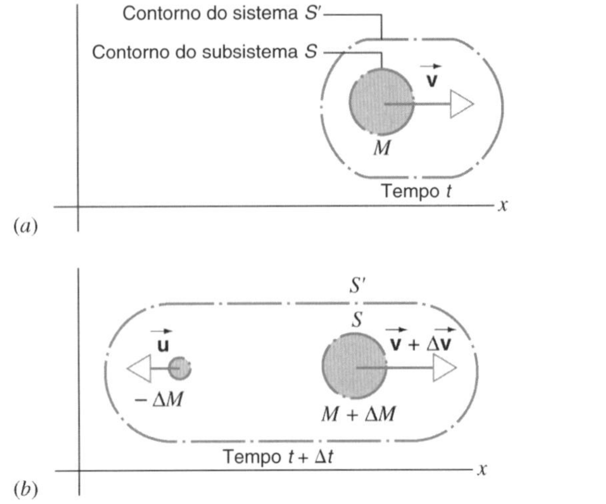

Fig. 7.18 (*a*) Um sistema S' em um instante t é formado por uma massa M que se move com velocidade $\vec{\mathbf{v}}$. (*b*) Em um instante Δt a seguir, a massa original M ejeta uma massa $-\Delta M$. A massa remanescente, $M + \Delta M$, chamada de subsistema S, agora movimenta-se com uma velocidade $\vec{\mathbf{v}} + \Delta\vec{\mathbf{v}}$.

Durante o intervalo de tempo Δt, a variação da quantidade de movimento $\Delta\vec{\mathbf{P}}$ é

$$\Delta\vec{\mathbf{P}} = \vec{\mathbf{P}}_f - \vec{\mathbf{P}}_i, \qquad (7\text{-}27)$$

onde $\vec{\mathbf{P}}_f$, a quantidade de movimento final do sistema S' no instante $t + \Delta t$, e $\vec{\mathbf{P}}_i$ a quantidade de movimento inicial do sistema S' no instante t são dadas por

$$\vec{\mathbf{P}}_i = M\vec{\mathbf{v}}, \qquad (7\text{-}28a)$$

$$\vec{\mathbf{P}}_f = (M + \Delta M)(\vec{\mathbf{v}} + \Delta\vec{\mathbf{v}}) + (-\Delta M)\vec{\mathbf{u}}. \qquad (7\text{-}28b)$$

Assim, a variação da quantidade de movimento de S' é

$$\begin{aligned}\Delta\vec{\mathbf{P}} &= \vec{\mathbf{P}}_f - \vec{\mathbf{P}}_i \\ &= (M + \Delta M)(\vec{\mathbf{v}} + \Delta\vec{\mathbf{v}}) + (-\Delta M)\vec{\mathbf{u}} - M\vec{\mathbf{v}}. \qquad (7\text{-}29)\end{aligned}$$

Reescrevendo a derivada da Eq. 7.26 como um limite e substituindo essa expressão para $\Delta\vec{\mathbf{P}}$, obtém-se

$$\begin{aligned}\sum \vec{\mathbf{F}}_{ext} &= \lim_{\Delta t\to 0} \frac{\Delta\vec{\mathbf{P}}}{\Delta t} \\ &= \lim_{\Delta t\to 0} \frac{(M + \Delta M)(\vec{\mathbf{v}} + \Delta\vec{\mathbf{v}}) + (-\Delta M)\vec{\mathbf{u}} - M\vec{\mathbf{v}}}{\Delta t} \\ &= \lim_{\Delta t\to 0} \left[M\frac{\Delta\vec{\mathbf{v}}}{\Delta t} + (\vec{\mathbf{v}} - \vec{\mathbf{u}})\frac{\Delta M}{\Delta t} + \Delta\vec{\mathbf{v}}\frac{\Delta M}{\Delta t} \right] \\ &= M\frac{d\vec{\mathbf{v}}}{dt} + (\vec{\mathbf{v}} - \vec{\mathbf{u}})\frac{dM}{dt}. \qquad (7\text{-}30)\end{aligned}$$

Observe que, tomando o limite, o último termo do colchete se anula já que $\Delta\vec{\mathbf{v}} \to 0$ quando $\Delta t \to 0$. Na Eq. 7.30, M é a massa do subsistema S no instante de tempo t, e $d\vec{\mathbf{v}}/dt$ é a sua aceleração quando ele ganha ou perde massa a uma velocidade $\vec{\mathbf{u}}$ (no sistema de referência) a uma taxa $|dM/dt|$. Se $dM/dt > 0$, a massa do subsistema aumenta; se $dM/dt < 0$, sua massa diminui.

A Eq. 7.30 pode ser escrita de uma maneira mais conveniente da seguinte forma

$$M\frac{d\vec{v}}{dt} = \sum \vec{F}_{ext} + \vec{v}_{rel}\frac{dM}{dt}, \tag{7-31}$$

onde $\vec{v}_{rel} = \vec{u} - \vec{v}$ é a velocidade de aumento ou diminuição de massa relativo ao subsistema S. Por exemplo, se o subsistema S é um foguete, $\vec{v}_{rel}$ é a velocidade com que os gases são ejetados *em relação ao foguete*. Esta é uma quantidade conveniente para se considerar, uma vez que a intensidade da velocidade dos gases ejetados é uma característica fundamental de projeto dos propulsores de um foguete e não deve ser expressa em uma forma que dependa de um sistema de referência que não seja o próprio foguete.

A Eq. 7.31 mostra que a aceleração $d\vec{v}/dt$ do subsistema (o foguete, por exemplo) é determinada, em parte, pela força externa resultante e, por outro lado, pela transferência de quantidade de movimento pela massa ganha ou perdida. Observe que $\vec{v}_{rel} = \vec{u} - \vec{v}$ aponta para a esquerda na Fig. 7.18; uma vez que dM/dt é negativo para o foguete, o segundo termo na Eq. 7.31 é representado por um vetor que aponta para a direita e, portanto, é responsável pela aceleração do subsistema nessa direção. Isto é chamado de *empuxo* do foguete e pode ser interpretado como a força exercida sobre o foguete pelo gás ejetado. O empuxo de um foguete pode ser aumentado através do aumento da intensidade da velocidade de ejeção dos gases ou ainda da taxa com que a ejeção ocorre.

Se a massa é ejetada com uma taxa constante e com uma velocidade relativa a S de intensidade constante, então o empuxo é constante mas a aceleração não é, visto que M está diminuindo. Se $dM/dt = 0$, de tal maneira que a massa do subsistema não varia, a Eq. 7.31 é reduzida para a forma usual da segunda lei de Newton, $\Sigma \vec{F}_{ext} = M\vec{a}$.

A analogia entre um foguete e uma arma recuando aparece na Eq. 7.19. Em cada caso, a quantidade de movimento é conservada para o sistema como um todo, que consiste na massa ejetada (projéteis ou combustível) mais o objeto que ejeta a massa. Quando a atenção está voltada para a arma ou para o foguete dentro do sistema maior, vê-se que a sua massa varia e que existe uma força responsável por isso, o recuo no caso da arma ou o empuxo no caso do foguete. Observando o sistema a partir de um referencial no centro de massa tem-se que, na medida em que o tempo passa, existe mais massa ejetada e o sistema percorre um caminho maior para a esquerda na Fig. 7.19, significando que o objeto deve andar para a direita para manter o centro de massa fixo.

PROBLEMA RESOLVIDO 7.9.

Uma espaçonave com uma massa total de 13.600 kg está se movendo com relação a um determinado sistema de referência inercial que possui uma velocidade com intensidade de 960 m/s em uma região do espaço cuja gravidade é desprezível. Ela aciona seus propulsores para fornecer uma aceleração paralela à velocidade inicial. Os propulsores ejetam gás com uma taxa constante de 146 kg/s e uma velocidade de intensidade constante (com relação à nave) de 1520 m/s, sendo acionados até que 9100 kg de combustível sejam queimado e ejetado. (*a*) Qual é o empuxo produzido pelos propulsores? (*b*) Qual é a velocidade da nave após os foguetes serem acionados?

Solução (*a*) O empuxo é dado pelo último termo da Eq. 7.31. Sua intensidade é

$$F = \left|v_{rel}\frac{dM}{dt}\right| = (1520 \text{ m/s})(146 \text{ kg/s}) = 2{,}22 \times 10^5 \text{ N}.$$

(*b*) Adotando o sentido positivo do eixo x como sendo aquele associado à velocidade inicial da espaçonave, escreve-se a Eq. 7.31 da seguinte forma (com $\Sigma \vec{F}_{ext} = 0$)

$$M\frac{dv_x}{dt} = v_{rel,x}\frac{dM}{dt}.$$

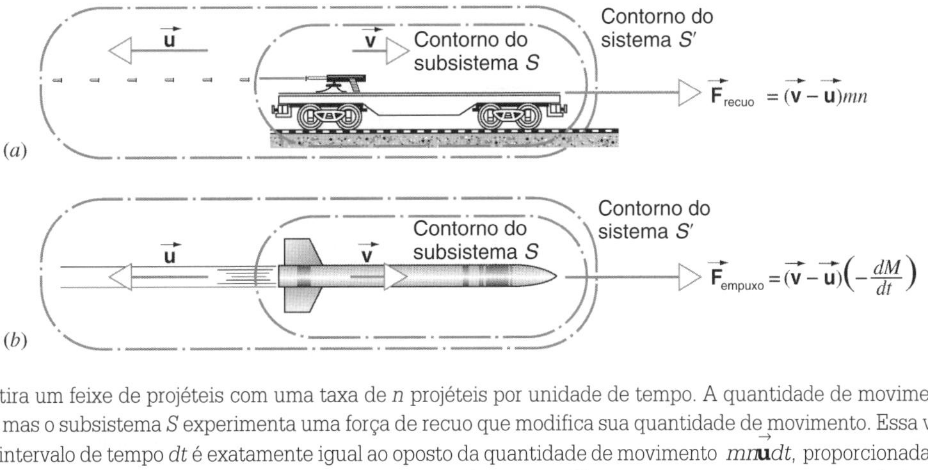

Fig. 7.19 Uma arma atira um feixe de projéteis com uma taxa de n projéteis por unidade de tempo. A quantidade de movimento total do sistema S' permanece constante, mas o subsistema S experimenta uma força de recuo que modifica sua quantidade de movimento. Essa variação da quantidade de movimento em um intervalo de tempo dt é exatamente igual ao oposto da quantidade de movimento $mn\vec{u}dt$, proporcionada pelos projéteis. (*b*) Um foguete ejeta produtos de combustão. A quantidade de movimento total do sistema S' permanece constante, mas o subsistema S experimenta um empuxo que modifica a sua quantidade de movimento. Essa variação em um intervalo de tempo dt é exatamente igual ao oposto da quantidade de movimento $\vec{u}dM$, proporcionada pelo gás ejetado.

Uma vez que o gás é ejetado com relação ao foguete em uma direção oposta à sua velocidade (que foi adotado como sendo o sentido positivo do eixo x), $v_{\text{rel},x}$ é negativo. Como dM/dt é sempre negativo, o lado direito dessa equação é positivo e a velocidade da espaçonave aumenta. Reescrevendo a equação como $dv_x = v_{\text{rel},x}\,(dM/M)$, é possível integrar o lado esquerdo desde a velocidade inicial de 960 m/s até a velocidade final que se deseja determinar. No lado direito, integra-se desde a massa inicial (13.600 kg) até a massa final (13.600 kg − 9.100 kg = 4.500 kg)

$$\int_{v_{ix}}^{v_{fx}} dv_x = v_{\text{rel},x}\int_{M_i}^{M_f}\frac{dM}{M},$$

que resulta em

$$v_{fx} - v_{ix} = v_{\text{rel},x}\ln\frac{M_f}{M_i}. \qquad (7\text{-}32)$$

Resolvendo para v_{fx}, tem-se

$$v_{fx} = 960\text{ m/s} + (-1520\text{ m/s})\ln\frac{4500\text{ kg}}{13.600\text{ kg}} = 2640\text{ m/s}.$$

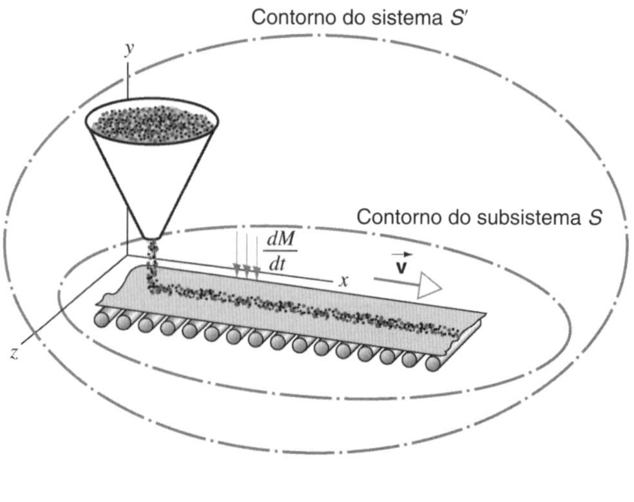

Fig. 7.20 Problema Resolvido 7.10. Cai areia de um silo a uma taxa dM/dt sobre uma esteira que se movimenta com uma velocidade $\vec{v}$ constante em relação a um sistema de referência do laboratório. O silo está em repouso com relação a esse sistema de referência.

PROBLEMA RESOLVIDO 7.10.

Cai areia de um silo estacionário a uma taxa de 0,314 kg/s em uma esteira que se movimenta com uma velocidade constante de intensidade 0,96 m/s, conforme mostrado na Fig. 7.20. Qual é a força resultante que deve ser aplicada à esteira para mantê-la em movimento com uma velocidade constante?

Solução A direção do movimento da esteira define o sentido positivo da direção x, e o sistema de coordenadas é fixado no sistema de referência do Laboratório que define um sistema inercial (no qual o silo está em repouso). O sistema S' inclui a esteira e toda a areia no silo. O subsistema S representa a esteira e apenas a areia lançada sobre ela. A massa de S está aumentando ($dM/dt > 0$) à medida que mais areia é lançada sobre a esteira.

A Eq. 7.31 pode ser aplicada nesta situação, com $dv_x/dt = 0$ (uma vez que a esteira se movimenta com velocidade constante) e, além disso, $u_x = 0$ (pois a areia lançada sobre a esteira não possui componente de velocidade na direção x). Assim $v_{\text{rel},x} = -v_x$; ou seja, um observador em cima da esteira deveria ver a areia lançada pelo silo (e o próprio silo) movendo-se no sentido negativo do eixo x. Avaliando a força externa resultante, tem-se

$$\sum F_{\text{ext},x} = -v_{\text{rel},x}\frac{dM}{dt} = v_x\frac{dM}{dt} = (0{,}96\text{ m/s})(0{,}134\text{ kg/s})$$
$$= 0{,}129\text{ N}.$$

A força possui uma componente x positiva; ou seja, ela deve ser aplicada no sentido do movimento da esteira para aumentar a componente x da velocidade de cada grão de areia que é lançado sobre a esteira de 0 para 0,96 m/s.

MÚLTIPLA ESCOLHA

7.1 Movimento de um Objeto Complexo

7.2 Sistemas de Duas Partículas

1. Dois discos sem atrito estão conectados por uma correia de borracha. Um dos discos é projetado sobre uma mesa de ar, a correia de borracha estica, e o segundo disco segue — de um modo aparentemente aleatório — o primeiro disco. O centro de massa deste sistema de duas partículas é localizado

(A) sob uma distância fixa a partir de um dos discos.

(B) normalmente, mas nem sempre, entre os dois discos.

(C) sob uma distância a partir de um dos discos, que é uma razão fixa da distância entre os dois discos.

(D) algumas vezes mais perto do primeiro disco, e algumas vezes mais perto do segundo disco.

2. Dois objetos estão se movendo sobre uma superfície. O centro de massa só existe se

(A) os dois objetos estiverem fisicamente conectados.

(B) a superfície for plana.

(C) a superfície for sem atrito.

(D) sempre houver um centro de massa.

3. Dois objetos situam-se sobre uma superfície plana e sem atrito. Os objetos não estão conectados e nem se tocando.

Uma força F é aplicada em *um* dos objetos, que se move então com uma aceleração a. Quais das seguintes afirmações é a mais correta?

(A) O conceito de centro de massa não pode ser aplicado porque a atuação da força externa não se dá nos dois objetos.

(B) O centro de massa se move com uma aceleração que pode ser maior do que a.

(C) O centro de massa se move com uma aceleração que deve ser igual a a.

(D) O centro de massa se move com uma aceleração que deve ser menor do que a.

4. Dois objetos de massas diferentes estão conectados por uma corda leve que passa por uma polia. Em um dos objetos é dada uma condição inicial de velocidade para cima. O centro de massa do objeto irá

(A) acelerar para cima ou para baixo, dependendo da massa relativa dos dois objetos.

(B) acelerar para baixo somente depois que ele tiver alcançado o seu ponto mais alto.

(C) acelerar para baixo sob valores menores do que g.

(D) acelerar para baixo com um valor de g.

5. Dois objetos de massas diferentes estão conectados por uma mola comprimida. O objeto combinado é lançado verticalmente. No ponto mais alto da trajetória a mola se solta, o que faz com que um dos objetos seja projetado para um ponto ainda mais alto no ar. A mola permanece conectada ao outro objeto. Logo após à liberação da mola, o centro de massa do objeto está

(A) movendo-se para cima e acelerando para cima.

(B) movendo-se para cima, mas acelerando para baixo.

(C) movendo-se para baixo, mas acelerando para cima.

(D) movendo-se para baixo e acelerando para baixo.

(E) não há informações suficientes para responder à questão.

7.3 Sistemas de Múltiplas Partículas

6. Três objetos estão sobre uma mesa. Pode-se encontrar o centro de massa por

(A) combinação de três objetos de acordo com a Eq. 7.12.

(B) combinação dos dois objetos mais leves, primeiramente segundo a Eq. 7.12, denominando-a uma nova partícula, e então pela combinação do terceiro objeto a essa nova partícula.

(C) combinação dos dois objetos mais pesados, denominando-a uma nova partícula, e então adicionando o terceiro objeto a essa nova partícula.

(D) qualquer um dos métodos acima. Eles são equivalentes.

7. Sete gansos idênticos estão voando juntos para o sul com uma velocidade de intensidade constante. Um caçador atira em um deles, que imediatamente morre e cai no solo. Os outros seis continuam voando para o sul com a mesma intensidade de velocidade. Depois de um ganso ter caído e atingido o solo, o centro de massa de todos os sete gansos

(A) continua direcionado para o sul com a mesma intensidade da velocidade original, mas agora está atrás dos gansos que estão voando.

(B) continua direcionado para o sul, mas com 6/7 da intensidade da velocidade original.

(C) continua direcionado para o sul, mas com 1/7 da intensidade da velocidade original.

(D) pára com a morte do ganso.

8. A medida da altura que uma pessoa pode pular é feita a partir da distância da cabeça desta pessoa até o solo. Uma pessoa pode pular mais alto com as suas mãos presas acima da cabeça ou com suas mãos presas no lado do corpo?

(A) Com suas mãos presas acima da cabeça.

(B) Com suas mãos presas no lado do corpo.

(C) O resultado é o mesmo para ambos os casos.

(D) A resposta depende do tamanho relativo das mãos da pessoa comparado à sua massa total.

7.4 Centro de Massa de Objetos Sólidos

9. O centro de massa de um objeto sólido está localizado dentro de seu corpo. Um orifício é feito em qualquer lugar do corpo, porém distante do centro de massa. Depois de o orifício ter sido aberto, o centro de massa do corpo se move da sua posição original

(A) para longe do furo.

(B) em direção ao furo.

(C) de nenhuma maneira.

(D) em uma direção aleatória.

10. Considere o exemplo do Problema Resolvido 7.6. Uma esfera é lançada e rola sobre a superfície interior de uma casca por algum tempo antes de atingir o repouso. Durante este período o centro de massa

(A) move-se tanto horizontalmente quanto verticalmente.

(B) move-se tanto horizontalmente quanto verticalmente, mas retorna à posição horizontal original quando o sistema atinge o repouso.

(C) move-se somente na vertical.

(D) move-se verticalmente somente para baixo, porque o centro de massa nunca pode mover-se para cima.

7.5 Conservação da Quantidade de Movimento em um Sistema de Partículas

11. Um sistema de N partículas está livre de qualquer força externa.

(*a*) Qual das seguintes afirmações é falsa para a intensidade da quantidade de movimento do sistema?

(A) Ela deve ser zero.

(B) Ela pode ser diferente de zero, porém deve ser constante.

(C) Ela pode ser diferente de zero, e talvez não seja constante.

(D) A resposta depende da natureza das forças internas do sistema.

(*b*) Qual das seguintes afirmações deve ser verdadeira para o somatório das intensidades das quantidades de movimento das partículas individuais do sistema?

(A) Ele deve ser zero.

(B) Ele pode ser diferente de zero, porém deve ser constante.

(C) Ele pode ser diferente de zero, e talvez não seja constante.

(D) Ele pode ser zero, mesmo se a intensidade da quantidade de movimento total não seja zero.

12. Um vagão ferroviário isolado de massa M move-se ao longo de um trilho reto e sem atrito, com uma velocidade inicial v_0. O vagão está passando sob uma ponte quando uma caixa cheia com N bolas de boliche, todas de massa m, é derrubada da ponte em direção à estrada de ferro onde passa o vagão ferroviário. A caixa se abre e as bolas de boliche caem dentro do vagão, nenhuma delas cai fora.

(*a*) A quantidade de movimento linear do sistema vagão + bolas de boliche é conservada durante a colisão?

(A) Sim, a quantidade de movimento é completamente conservada.

(B) Somente a componente da quantidade de movimento vertical é conservada.

(C) Somente a componente da quantidade de movimento paralela à trilha é conservada.

(D) Nenhuma das componentes da quantidade de movimento é conservada.

(*b*) Qual é a média da intensidade da velocidade do sistema vagão ferroviário + bolas de boliche para um instante depois da colisão?

(A) $(M + Nm)v_0/M$.

(B) $Mv_0/(Nm + M)$.

(C) Nmv_0/M.

(D) A intensidade da velocidade não pode ser determinada porque não há informações suficientes.

13. Um vagão ferroviário isolado, que contém uma grande quantidade de areia, move-se originalmente com uma velocidade de intensidade v_0 em uma pista nivelada, reta e sem atrito. Devido ao mau funcionamento de uma válvula de alívio no fundo do vagão, a areia começa a vazar, diretamente para baixo, em relação ao vagão ferroviário.

(*a*) A quantidade de movimento é conservada neste processo?

(A) A quantidade de movimento do vagão isolado é conservada.

(B) A quantidade de movimento do conjunto vagão + areia que permanece no carro é conservada.

(C) A quantidade de movimento do conjunto vagão + toda areia, tanto a que permanece no carro quanto a que vaza, é conservada.

(D) Nenhum dos três sistemas anteriores conserva a quantidade de movimento.

(*b*) O que acontece com a intensidade da velocidade do vagão ferroviário conforme a areia vaza?

(A) O vagão começa a rodar mais rapidamente.

(B) O vagão mantém a mesma intensidade da velocidade inicial.

(C) O vagão começa a rodar mais devagar.

(D) O problema não pode ser resolvido, uma vez que a quantidade de movimento não é conservada.

7.6 Sistemas de Massa Variável

QUESTÕES

1. Um canoeiro em uma lagoa calma pode alcançar a margem puxando rapidamente uma corda presa ao arco da canoa. Como você explica isso? (Isto é realmente possível.)

2. Como poderia uma pessoa, estando em repouso sobre uma superfície horizontal sem atrito, sair completamente dela?

3. Uma caixa está localizada sobre uma superfície nivelada, sem atrito. Um pequeno canhão-mola, que é capaz de atirar uma bala de argila, é abaixado dentro da caixa por uma corda presa ao teto. Antes de o canhão ser disparado, o centro de massa do conjunto canhão, argila e caixa está localizado em um ponto A. O canhão dispara; a argila é disparada pelo canhão e perfura a parede da caixa. O centro de massa do sistema canhão-caixa-argila se move? Explique.

4. O centro de massa de um objeto situa-se, necessariamente, dentro deste objeto? Senão, dê exemplos.

5. A Fig. 7.21 apresenta (*a*) um prisma triangular isósceles e (*b*) um cone circular regular cujo diâmetro possui o mesmo comprimento da base do triângulo. O centro de massa do triângulo está a um terço da altura da base, mas o centro de massa do cone está somente a um quarto da altura da base. Como você explica esta diferença?

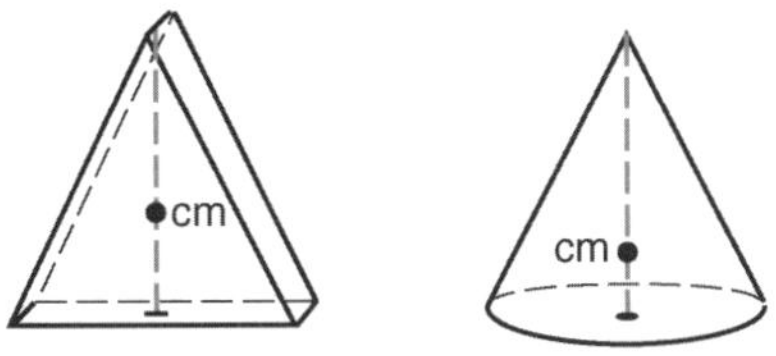

Fig. 7.21 Questão 5.

6. Como o conceito de centro de massa está em relação ao conceito de centro geográfico de um país? E em relação ao centro populacional do país? O que se pode concluir a partir do fato de que o centro geográfico difere do centro populacional?

7. Onde é o centro de massa da atmosfera da Terra?

8. O centro de massa de uma lata cheia de refrigerante está aproximadamente no seu centro. (*a*) Parte do refrigerante é consumida e a lata é recolocada sobre a mesa. O que acontece com o centro de massa do sistema refrigerante + lata? (*b*) Eventualmente, todo o refrigerante é consumido e a lata é recolocada sobre a mesa. O que acontece com o centro de massa da lata? Ver Problema 5.

9. Um escultor amador decide retratar um pássaro (Fig. 7.22). Felizmente, o modelo final consegue ficar em pé. O modelo é formado de uma única chapa metálica fina, com espessura uniforme. Dos pontos apresentados, qual é o mais provável de ser o centro de massa?

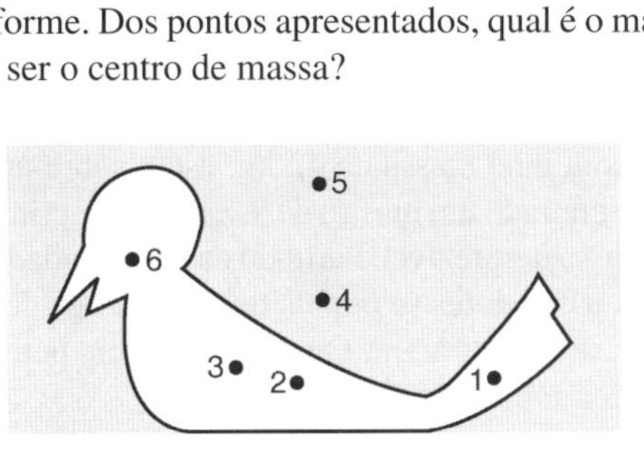

Fig. 7.22 Questão 9.

10. Alguém argumenta que quando um atleta de salto em altura vence o obstáculo (passa sobre a barra), o seu centro de massa na verdade quebra a barra. Isto é possível?

11. Uma bailarina realizando um "*grand jet*" (grande salto; ver Fig. 7.23) parece flutuar horizontalmente na parte central do seu salto. Mostre como a bailarina pode posicionar suas pernas de modo que, embora o seu centro de massa possa na verdade seguir uma trajetória esperada, o topo de sua cabeça se mova mais ou menos horizontalmente. (Ver "*The Physic of Dance*", de Kenneth Laws, *Physics Today*, fevereiro de 1985, p. 24.)

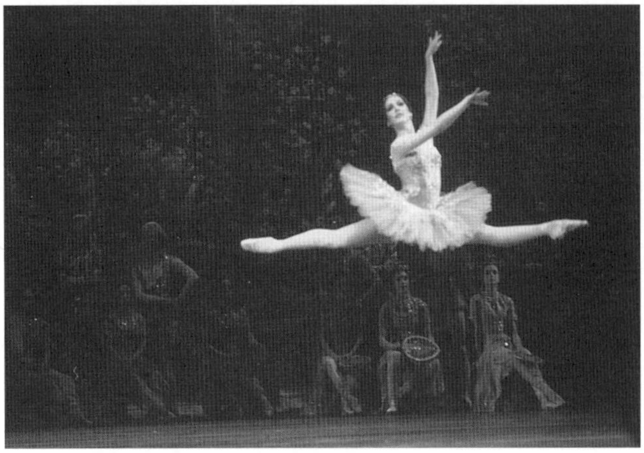

Fig. 7.23 Questão 11.

12. Pode um barco ser impulsionado pelo ar soprado na sua vela por um ventilador preso ao barco? Explique sua resposta.

13. Se uma força externa pode alterar o estado de movimento do centro de massa de um corpo, como se explica que a força interna dos freios possa trazer um carro para o repouso?

14. Um homem encontra-se imóvel sobre uma grande superfície lisa de gelo. Em sua mão ele segura um sinal luminoso [LM1]. De repente, ele atira o sinal luminoso com um ângulo (isto é, não verticalmente) no ar. Descreva sucintamente, mas tão preciso quanto possível, o movimento do centro de massa do sinal luminoso e o movimento do centro de massa do sistema que consiste no homem e no sinal luminoso. Será mais conveniente descrever cada movimento durante cada um dos dois períodos: (*a*) depois de o homem atirar o sinal luminoso, mas antes de ele explodir; (*b*) entre a explosão e o primeiro pedaço do sinal luminoso que atingiu o gelo; (*c*) entre o primeiro fragmento que atingiu o gelo e o último fragmento aterrado; e (*d*) durante o tempo em que todos os fragmentos tiverem sido lançados mas nenhum tiver atingido ainda a superfície do gelo.

15. Um sujeito arremessa um cubo de gelo com velocidade $\vec{v}$ em direção a um espaço vazio, quente e sem gravidade. O cubo gradualmente derrete em água e depois ferve em vapor de água. (*a*) Este é um sistema de partículas durante todo

o tempo? (*b*) Se for assim, este é o mesmo sistema de partículas? (*c*) O movimento do centro de massa sofre alguma alteração brusca? (*d*) A quantidade de movimento total se altera?

16. Uma caixa vazia encontra-se em repouso sobre uma mesa sem atrito. Uma pessoa faz um pequeno furo em uma das faces de maneira que o ar possa entrar. (Ver Fig. 7.24.) Como a caixa irá se mover? Que argumentos você utilizou para chegar à sua resposta?

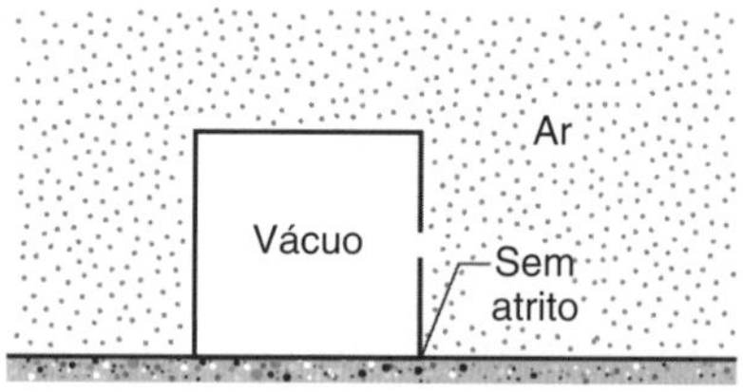

Fig. 7.24 Questão 16.

17. Um vagão de trem encontra-se inicialmente em repouso. Ele carrega N pessoas, todas com peso p. Se cada pessoa, sucessivamente, corresse paralelamente ao trilho com uma velocidade relativa v_{rel} e saltasse no final do vagão, ela emprestaria ao carro uma maior velocidade do que se todas as pessoas corressem e saltassem ao mesmo tempo?

18. Você pode imaginar um sistema de massa variável diferente daqueles apresentados no texto?

19. Não é correto utilizar a equação $\Sigma\, \vec{\mathbf{F}}_{ext} = d(M\vec{\mathbf{v}})/dt$ para um sistema com massa variável. Para mostrar isso (*a*) coloque a equação na forma $(\Sigma\, \vec{\mathbf{F}}_{ext} - M\, d\vec{\mathbf{v}}/dt)/(dM/dt) = \vec{\mathbf{v}}$ e (*b*) mostre que um lado desta equação tem o mesmo valor em todos os sistemas inerciais, enquanto o outro lado não. Deste modo, a equação não pode ser válida de uma maneira geral. (*c*) Mostre que a Eq. 7.31 não conduz a tal contradição.

20. Em 1920, um proeminente jornal publicou o seguinte comentário a respeito das experiências pioneiras de Robert H. Goddard, descartando a possibilidade de que um foguete poderia funcionar no vácuo: "O Professor Goddard, com seus colaboradores do *Clark College* e da *Smithsonian Institution*, não conhecia a lei de ação e reação, e a necessidade de se ter algo melhor do que o vácuo contra o qual reagir — dizer isso seria um absurdo. Certamente, parece que seus conhecimentos apresentam lacunas em relação ao conteúdo que é ensinado diariamente nas escolas de 2.º grau." O que está errado nesta argumentação?

21. A velocidade final do último estágio de um foguete de múltiplos estágios é muito maior do que a velocidade final de um foguete de um único estágio com a mesma massa total e suprimento de combustível. Explique este fato.

22. Pode um foguete alcançar uma intensidade de velocidade maior do que a dos gases ejetados que o impelem? Explique por que sim ou por que não.

23. Existe algum método de propulsão possível no espaço sideral diferente dos foguetes? Em caso positivo, quais são e por que eles não são usados?

24. A Eq. 7.32 sugere que a intensidade da velocidade de um foguete pode aumentar indefinidamente se for queimado combustível suficiente. Isto é razoável? Quais são os limites da aplicabilidade da Eq. 7.32? Em que momento da obtenção da Eq. 7.32 introduziu-se este limite? (Ver "*The Equation of Motion for Relativistic Particles and Systems with Variable Rest Mass*", de Kalman B. Pomeranz, *American Journal of Physics*, dezembro de 1964, p. 955.)

EXERCÍCIOS

7.1 Movimento de um Objeto Complexo

7.2 Sistemas de Duas Partículas

1. Qual é a distância do centro de massa do sistema Terra—Lua para o centro da Terra? (No Apêndice C, obtenha as massas da Terra e da Lua e a distância entre os centros da Terra e da Lua. É interessante comparar a resposta com o raio da Terra.)

2. Mostre que a razão da distância x_1 e x_2 entre duas partículas, medida a partir dos seus centros de massa, é o inverso da razão de suas massas, isto é, $x_1/x_2 = m_2/m_1$.

3. Um carro do tipo Plymouth, com massa de 2210 kg, está se movendo ao longo de uma estrada reta com 105 km/h. Ele é seguido por um Ford com massa de 2080 kg que se move com 43,5 km/h. Qual é a velocidade do centro de massa dos dois carros que estão se movendo?

4. Dois patinadores [LM2], um com uma massa de 65 kg e o outro com uma massa de 42 kg, estão sobre uma pista de gelo, segurando um mastro de 9,7 m de comprimento e com uma massa desprezível. Partindo das extremidades dos mastros, os patinadores se impulsionam ao longo do mastro até os dois se encontrarem. Qual é a distância percorrida pelo patinador com 42 kg?

5. Duas partículas P e Q estão inicialmente em repouso, distantes 1,64 m uma da outra. P tem massa de 1,43 kg, enquanto Q tem massa de 4,29 kg. P e Q se atraem com uma força constante de $1{,}79 \times 10^{-2}$ N. Nenhuma força externa atua no sistema. (*a*) Descreva o movimento do centro de massa.

(*b*) A que distância da posição original de *P* as partículas irão colidir?

6. Uma granada é atirada de uma arma com uma velocidade de disparo de 466 m/s, formando um ângulo de 57,4° com a horizontal. No topo da trajetória, a granada explode em dois fragmentos com massas iguais. Um dos fragmentos, que possui uma intensidade de velocidade nula no instante imediatamente após a explosão, cai verticalmente. A que distância da arma o outro fragmento irá cair no solo, supondo-se que o terreno seja plano?

7. Um cachorro que pesa 10,8 lb encontra-se em um barco, estando 21,4 ft distante da costa. Ele caminha 8,5 ft sobre o barco em direção à costa e então pára. O barco pesa 46,4 lb, e pode-se supor que não há atrito entre o barco e a água. A que distância ele estará da costa ao final deste período? (Dica: O centro de massa do barco + cachorro não se move. Por quê?) A margem está também à esquerda da Fig. 7.25.

8. Ricardo, com massa de 78,4 kg, e Judy, que é menos pesada, estão passeando no Lago George durante o anoitecer numa canoa de 31,6 kg. Quando a canoa está em repouso sobre águas calmas, eles trocam de lugar. Eles estão separados 2,93 m de distância e simetricamente localizados em relação ao centro da canoa. Ricardo nota a canoa mover-se 41,2 cm em relação a uma tora de madeira submersa, e calcula a massa de Judy. Qual é a massa de Judy?

9. Um homem de 84,4 kg está de pé na parte traseira de um barco quebra-gelo que está se movendo a 4,16 m/s através do gelo, considerado sem atrito. Ele decide caminhar para a parte da frente do barco de 18,2 m de comprimento, com uma velocidade de intensidade 2,08 m/s em relação ao barco. Qual é a distância percorrida pelo barco no gelo enquanto o homem está caminhando?

7.3 Sistemas de Múltiplas Partículas

10. Onde está localizado o centro de massa das três partículas mostradas na Fig. 7.25?

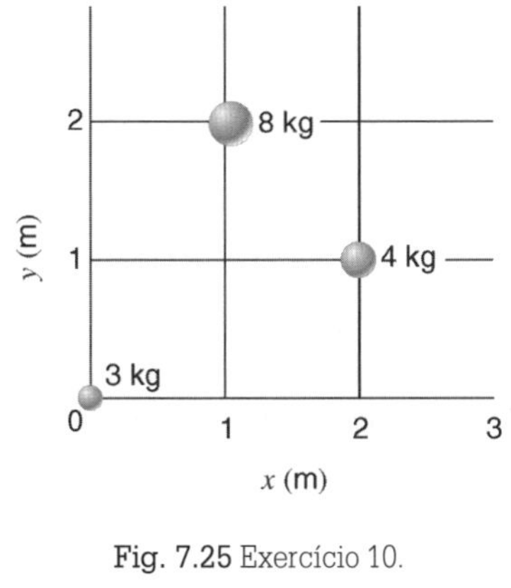

Fig. 7.25 Exercício 10.

11. Na molécula da amônia (NH_3), três átomos de hidrogênio formam um triângulo eqüilátero. A distância entre os centros dos átomos é de $16,28 \times 10^{-11}$ m, de maneira que o centro do triângulo está a $9,40 \times 10^{-11}$ m de cada átomo de hidrogênio. O átomo de nitrogênio (N) está no topo da pirâmide, enquanto os três átomos de hidrogênio constituem a base (ver Fig. 7.26). A distância hidrogênio/nitrogênio é de $10,14 \times 10^{-11}$ m e a razão de massa atômica nitrogênio/hidrogênio é de 13,9. Localize o centro de massa em relação ao átomo de hidrogênio.

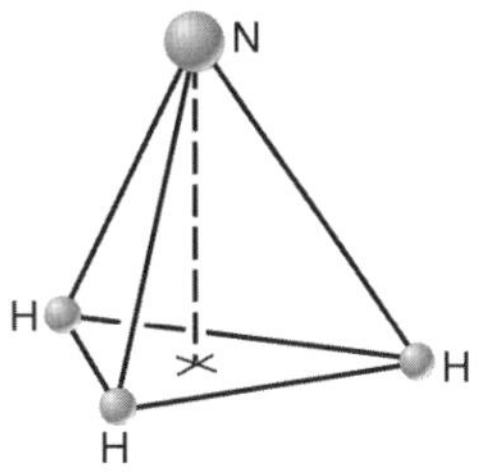

Fig. 7.26 Exercício 11.

12. Considere o exemplo do Problema Resolvido 7.3. O fragmento de 6,5 kg é observado no instante $t = 1,42$ s se movendo com uma velocidade em que a componente horizontal é de 11,4 m/s na mesma direção do lançamento do projetil original e em que a componente vertical é de 4,6 m/s direcionada para baixo. Encontre a velocidade do fragmento de 3,1 kg naquele instante.

7.4 Centro de Massa de Objetos Sólidos

13. Três barras finas de comprimento *L* são colocadas na forma de um *U* invertido, conforme mostrado na Fig. 7.27. As duas barras dos braços do *U* têm massa *M*. A terceira barra possui massa 3*M*. Onde fica o centro de massa da montagem?

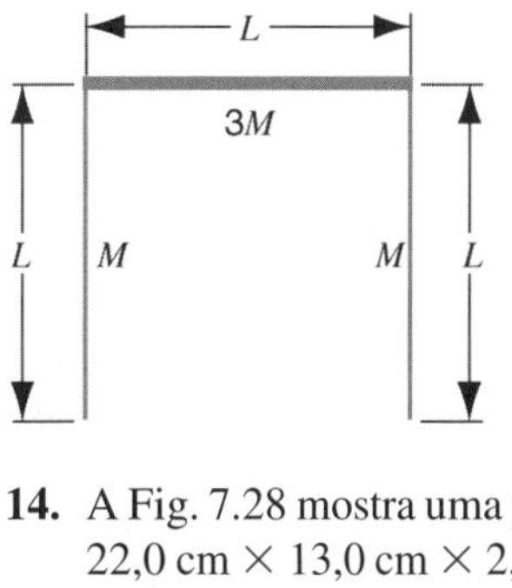

Fig. 7.27 Exercício 13.

14. A Fig. 7.28 mostra uma placa compósita com dimensões de 22,0 cm × 13,0 cm × 2,80 cm. Metade da placa é composta de alumínio (densidade = 2,70 g/cm³), enquanto a outra metade é de ferro (densidade = 7,85 g/cm³), como mostrado. Onde está o centro de massa da placa?

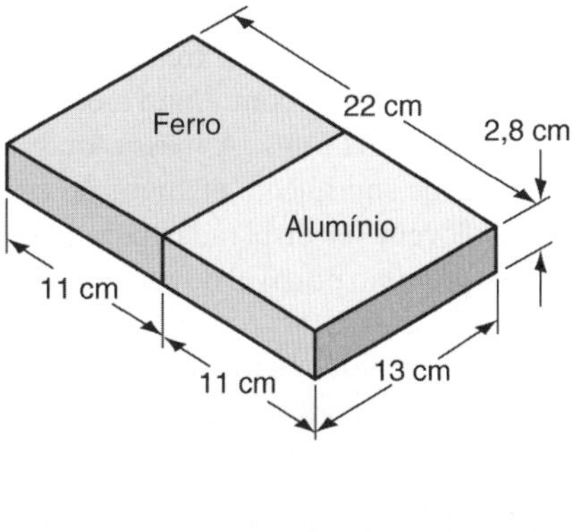

Fig. 7.28 Exercício 14.

15. Uma caixa, aberta no topo, com a forma de um cubo com arestas de 40 cm de comprimento, é construída por uma placa metálica fina. Encontre as coordenadas do centro de massa da caixa em relação ao sistema de coordenadas, mostrado na Fig. 7.29.

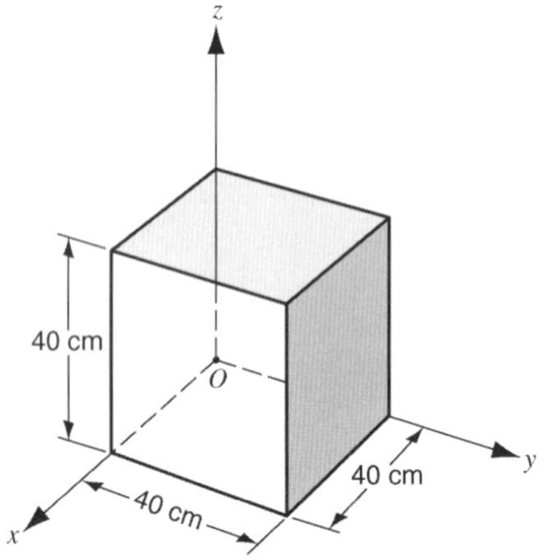

Fig. 7.29 Exercício 15.

7.5 Conservação da Quantidade de Movimento em um Sistema de Partículas

16. Um vaso em repouso explode, partindo-se em três pedaços. Dois pedaços, um com o dobro da massa do outro, voam perpendicularmente, um em relação ao outro, com a mesma intensidade de velocidade de 31,4 m/s. O terceiro pedaço possui uma massa três vezes maior do que o pedaço mais leve. Encontre a intensidade e a direção da sua velocidade no instante imediatamente após a explosão. (Especifique a direção fornecendo o ângulo a partir da linha de viagem do pedaço menos pesado.)

17. A cada minuto, em um jogo especial uma pessoa aciona uma metralhadora que dispara 220 tiros de balas de borracha com 12,6 g a uma velocidade de disparo de 975 m/s. Quantas balas devem ser disparadas sobre um animal de 84,7 kg que corre na direção do atirador a 3,87 m/s com o objetivo de parar o animal? (Suponha que as balas viajam horizontalmente e caem no solo depois de terem atingido o alvo.)

18. Um vagão de trem está se movendo ao longo de um trilho sem atrito em uma velocidade com intensidade de 45 m/s. Montado sobre o vagão e apontando para a frente, está um canhão que dispara balas com 65 kg com uma velocidade de disparo com intensidade de 625 m/s. A massa total do vagão, do canhão e do grande suprimento de munição é de 3500 kg. Quantas balas devem ser disparadas para que o vagão seja trazido o mais próximo possível do seu repouso?

19. Doze contêineres de 100 kg de partes de foguetes no espaço são folgadamente amarrados por cordas presas em um ponto comum. O centro de massa dos doze contêineres encontra-se originalmente em repouso. Um lixo espacial de 50 kg, movendo-se a 80 m/s, colide com um dos contêineres e o transpassa. (*a*) Supondo que nenhuma das amarras se parta, encontre a intensidade da velocidade do centro de massa dos doze contêineres no instante após a colisão. Admitindo-se que agora a amarra do contêiner que foi atingido se parta, encontre a intensidade da velocidade do centro de massa dos doze contêineres instante após a colisão.

7.6 Sistemas de Massa Variável

20. Um foguete em repouso no espaço, onde virtualmente não existe gravidade, possui uma massa de $2{,}55 \times 10^5$ kg, da qual $1{,}81 \times 10^5$ kg são de combustível. O motor do foguete consome o combustível a uma taxa de 480 kg/s, e a intensidade da velocidade de escape é de 3,27 km/h. O motor é ligado por 250 s. (*a*) Encontre o empuxo do motor do foguete. (*b*) Qual é a massa do foguete após o motor parar? (*c*) Qual é o módulo da velocidade final atingido?

21. Considere um foguete em repouso no espaço. Qual deve ser a razão de sua massa (razão entre a massa inicial e a final) de modo que, depois de ligado o seu motor, a intensidade da velocidade do foguete seja (*a*) igual à intensidade da velocidade de escape e (*b*) duas vezes a intensidade da velocidade de escape.

22. Durante uma missão na Lua, faz-se necessária uma correção de meio-curso de 22,6 m/s na intensidade da velocidade do foguete, que está se movendo a 388 m/s. A intensidade da velocidade de escape do motor do foguete é de 1230 m/s. Qual é a fração de massa inicial da aeronave que deve ser descarregada como escape?

23. Um foguete com uma massa total de $1{,}11 \times 10^5$ kg, dos quais $8{,}7 \times 10^4$ são de combustível, é lançado verticalmente. O combustível é consumido a uma taxa constante de 820 kg/s. Qual é a intensidade da velocidade de escape mínimo que permite a decolagem no lançamento, em relação ao foguete?

24. Um tobogã de 5,4 kg carregando 35 kg de areia desliza abaixo, a partir do repouso, por uma ladeira de gelo de 93 m de comprimento, inclinada 26° abaixo da horizontal. Quanto tempo é necessário para que o tobogã atinja o final da ladeira?

25. Um carro de frete, aberto no topo, pesando 9,75 toneladas métricas, está andando junto à costa ao longo de uma estrada com atrito desprezível a 1,36 m/s quando começa a chover forte. As gotas de chuva caem verticalmente em relação ao solo. Qual é a intensidade da velocidade do carro quando ele tiver coletado 0,5 tonelada métrica de chuva? Quais suposições, se tiverem, devem ser feitas para se chegar à resposta?

PROBLEMAS

1. Um homem de massa m se agarra a uma escada de corda, suspensa abaixo de um balão com massa M; ver Fig. 7.30. O balão está parado em relação ao solo. (*a*) Se o homem começa a subir a escada com velocidade de intensidade v (em relação à escada), em qual direção e com qual intensidade de velocidade (em relação à Terra) o balão irá se mover? (*b*) Qual é o estado do movimento depois de o homem ter parado de subir?

Fig. 7.30 Problema 1.

2. Dois corpos, cada um constituído de pesos de um conjunto de pesos, são conectados por uma corda leve que passa sobre uma polia leve, sem atrito, e com diâmetro de 56,0 mm. Os dois corpos estão no mesmo nível. Cada corpo tem originariamente uma massa de 850 g. (*a*) Localize o centro de massa deles. (*b*) Trinta e quatro gramas são transferidos de um corpo para o outro, mas os corpos são impedidos de se mover. Localize o centro de massa deles. (*c*) Os dois corpos são agora liberados. Descreva o movimento do centro de massa e determine sua aceleração.

3. Uma corrente uniforme e flexível de comprimento L, com um peso por unidade de comprimento de λ, passa sobre uma coroa pequena e sem atrito; ver Fig. 7.31. Ela é liberada da posição de repouso com um comprimento de corda x pendurado de um lado e com um comprimento de corda $L - x$ do outro lado. Encontre a aceleração a em função de x.

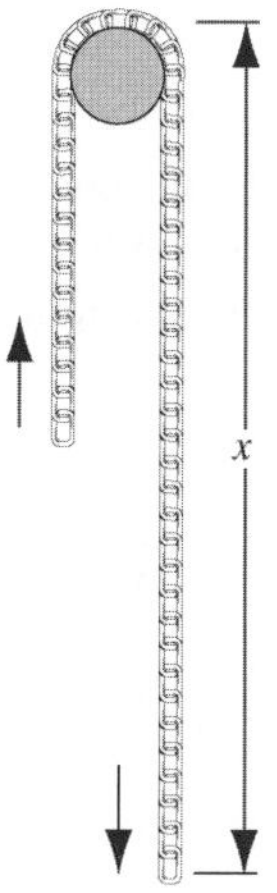

Fig. 7.31 Problema 3.

4. Um canhão e sua munição estão no interior de um vagão fechado de comprimento L, conforme mostrado na Fig. 7.32. O canhão dispara para a direita, enquanto o carro recua para a esquerda. As balas de canhão permanecem no vagão após a colisão com a parede. (*a*) Depois de todas as balas terem sido disparadas, qual é a maior distância que o carro pode se mover a partir da sua posição original? (*b*) Qual é a intensidade de velocidade do vagão após todas as balas terem sido disparadas?

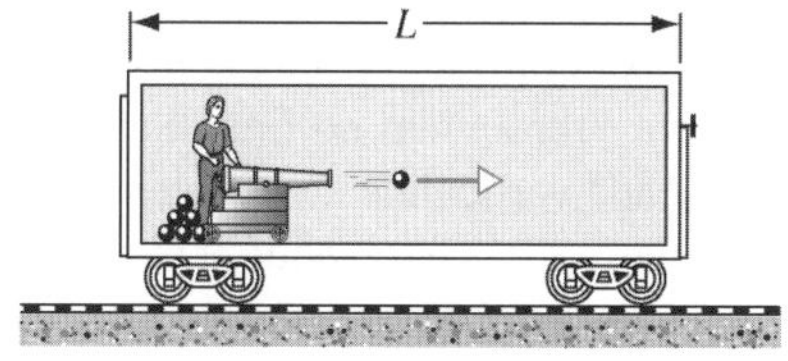

Fig. 7.32 Problema 4.

5. Um tanque reservatório cilíndrico encontra-se inicialmente cheio de gasolina de avião. O tanque, então, é drenado através de uma válvula no fundo. Ver Fig. 7.33. (*a*) Descreva qualitativamente o movimento do centro de massa do tanque e do seu conteúdo remanescente, conforme a gasolina é retirada. (*b*) Qual é a profundidade x na qual o tanque está cheio quando os centros de massa do tanque e de seu conteúdo remanescentes alcançam o ponto mínimo? Expresse sua resposta em termos de H, altura do tanque; M, sua massa; e m, a massa da gasolina que ele pode conter.

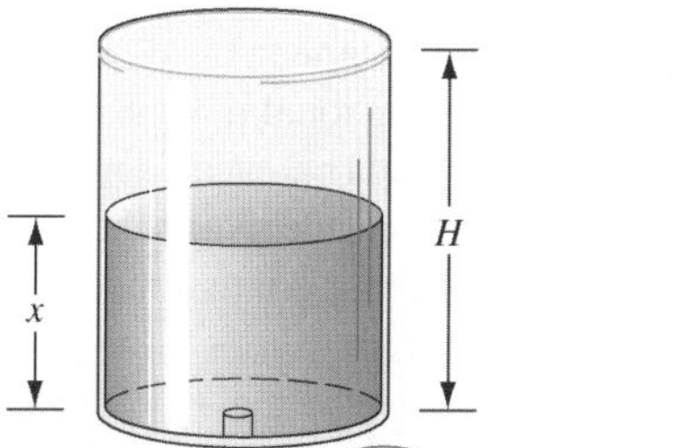

Fig. 7.33 Problema 5.

6. Ache o centro de massa de uma placa homogênea semicircular, sendo R o raio do círculo.

7. Um canhão de 1400 kg, que dispara balas com 70 kg a uma velocidade de disparo de 556 m/s, é configurado para um ângulo de elevação 39° acima da horizontal. O canhão é montado sobre trilhos sem atrito, de modo que ele recue livremente. (*a*) Qual é a intensidade da velocidade da bala com relação à Terra. (*b*) Sob qual ângulo com o solo a bala é projetada? (Dica: A componente horizontal da quantidade de movimento do sistema permanece inalterada conforme o canhão é disparado.)

8. Um trenó motorizado com uma massa de 2870 kg movimenta-se a 252 m/s sobre um conjunto de trilhos. Em certo ponto, uma pá do trenó mergulha em uma poça de água localizada entre os trilhos e retira água para um tanque vazio do trenó. Determine a intensidade da velocidade do trenó depois de 917 kg de água terem sido retirados.

9. Para manter uma esteira rolante em movimento enquanto transporta bagagens, necessita-se de uma força motriz maior do que para uma esteira vazia. Qual é a força motriz adicional necessária para a esteira se mover com uma velocidade de intensidade constante de 1,5 m/s, considerando como de 20 kg/s a taxa com que as bagagens são colocadas no início da esteira e removidas no final. Suponha que a bagagem seja colocada verticalmente na esteira e que as pessoas a removam, agarrando-a e trazendo-a para o repouso relativo a elas antes de retirá-la da esteira.

10. Um foguete de 5860 kg está configurado para subir verticalmente. A intensidade da velocidade de escape é de 1,17 km/s. Quanto de gás deve ser ejetado a cada segundo para suprir o empuxo necessário para (*a*) superar o peso do foguete e (*b*) dar ao foguete uma aceleração inicial direcionada para cima de 18,3 m/s^2? Lembre-se de que, ao contrário da situação descrita pelo exemplo do Problema Resolvido 7.9, a gravidade aqui atua como uma força externa.

11. Duas grandes barcaças estão flutuando na mesma direção sobre águas calmas, uma com velocidade de intensidade 9,65 km/h e a outra de 21,2 km/h. Enquanto uma está passando pela outra, pedaços de carvão são passados da barcaça mais lenta para a mais rápida a uma taxa de 925 kg/min; ver Fig. 7.34. Quanto de força adicional deve ser fornecido para as máquinas motrizes de cada barcaça de modo que nenhuma das duas altere a sua velocidade? Suponha que a retirada seja sempre perfeitamente alinhada lateralmente e que a força de atrito entre as barcaças e a água não dependa dos respectivos pesos.

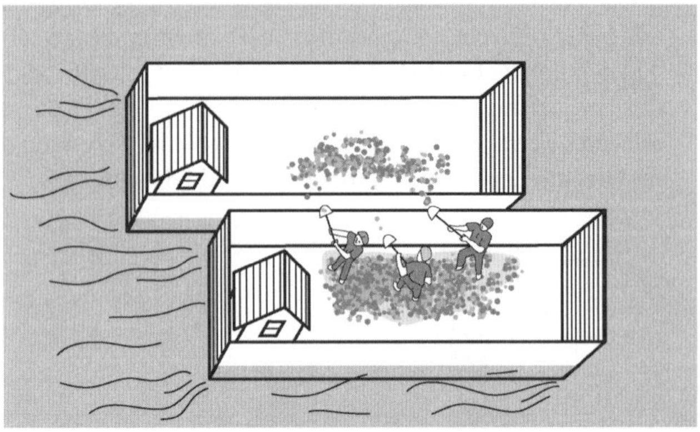

Fig. 7.34 Problema 11.

12. Uma corda flexível e sem peso de comprimento L é enroscada a um tubo liso, no qual ela se ajusta confortavelmente. O tubo contém uma curva a 90° e é posicionado no plano vertical para que um braço fique vertical e o outro horizontal. Inicialmente, em $t = 0$, um comprimento y_0 da corda é pendurado no braço vertical. A corda é liberada e desliza através do tubo, de maneira que em qualquer tempo subseqüente t ela se mova com uma intensidade de velocidade dy/dt, onde $y(t)$ é o comprimento da corda que é pendurado verticalmente. (*a*) Mostre que, em termos do problema de massa variável, $v_{rel} = 0$ de modo que a equação de movimento possua a forma $mdv/dt = F_{ext}$. (*b*) Mostre que essa equação de movimento é $d^2y/dt^2 = gy/L$. (*c*) Mostre que

$$y = (y_0/2)(e^{\sqrt{g/L}t} + e^{-\sqrt{g/L}t})$$

é a solução desta equação de movimento [por substituição em (*b*)] e discuta a solução.

PROBLEMA COMPUTACIONAL

1. Um foguete de tamanho médio possui uma massa de 4000 kg quando vazio, e pode carregar 27000 kg de combustível e oxidante. O motor consome o combustível a uma taxa de 230 kg/s e a intensidade da velocidade de escape do gás é constante e de 2500 m/s. Suponha que o foguete seja lançado verticalmente e que exista uma resistência do ar mínima. Resolva numericamente a trajetória do foguete. Inclua os efeitos causados pela variação da aceleração de queda livre com altitude,

$$g = (9{,}8 \text{ m/s}^2)\left(\frac{R_E}{R_E + y}\right)^2,$$

onde y é a altitude do foguete acima do solo e R_E é o raio da Terra. (*a*) Em qual altitude ocorre a parada de funcionamento? (*b*) Qual é a intensidade de velocidade do foguete neste ponto? (*c*) Qual será o ponto mais alto desta trajetória?

CAPÍTULO 8

CINEMÁTICA ROTACIONAL

Até aqui, estudou-se somente o movimento de translação de objetos. Foram considerados objetos sólidos rígidos (como um bastão arremessado) e sistemas nos quais partes do corpo apresentam movimentos relativos (como um canhão e o seu projétil ejetado).

O movimento mais geral de um corpo inclui a combinação de movimentos de rotação e translação. Neste capítulo, introduz-se este movimento geral. Inicia-se com a descrição da rotação através de variáveis apropriadas e a relação entre elas; isto é chamado de cinemática rotacional e é o objeto deste capítulo. A relação entre o movimento de rotação e a interação de um objeto com a sua vizinhança (dinâmica rotacional) é discutida nos próximos dois capítulos.

8.1 MOVIMENTO ROTACIONAL

A Fig. 8.1 mostra uma bicicleta ergométrica. O eixo da roda da frente está fixo no espaço; ele é definido como o eixo z do sistema de coordenadas escolhido. Um ponto arbitrário P, localizado sobre a roda, encontra-se a uma distância r do ponto A que está sobre o eixo z. A linha AB é desenhada desde A, passando por P. À medida que a roda gira, o movimento do ponto P descreve o arco de uma circunferência. Este movimento não ocorre necessariamente com velocidade constante, porque a pessoa que está se exercitando pode variar a taxa na qual ela está pedalando.

O movimento da roda é um exemplo de *rotação pura de um corpo rígido*, o qual é definido como:

> *Um corpo rígido move-se em rotação pura se cada ponto do corpo (como P, na Fig. 8.1) se mover em uma trajetória circular. Os centros desses círculos devem estar sobre uma linha reta chamada de eixo de rotação (o eixo z da Fig. 8.1).*

Também é possível caracterizar o movimento da roda através da linha de referência AB na Fig. 8.1. À medida que a roda gira, a linha AB move-se de um determinado ângulo no plano xy. Uma outra forma de se definir a rotação pura é a seguinte:

> *Um corpo rígido move-se em rotação pura se uma linha de referência perpendicular ao eixo (como AB na Fig. 8.1) descreve o mesmo ângulo que qualquer outra linha de referência perpendicular ao eixo do corpo, durante um determinado intervalo de tempo.*

No caso de uma roda de bicicleta comum, a linha AB pode representar um dos raios (admitidos como radiais) da roda. Assim, a definição anterior significa que, se um dos raios gira de um determinado ângulo $\Delta\phi$ em um intervalo de tempo Δt, para uma roda em rotação pura, então qualquer outro raio também deve girar de um ângulo $\Delta\phi$ durante o mesmo intervalo.

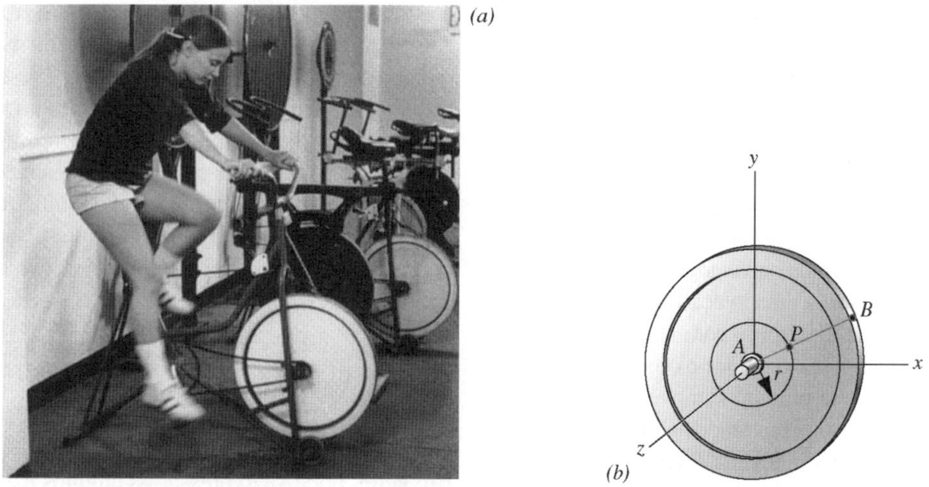

Fig. 8.1 (*a*) A roda de uma bicicleta ergométrica é um exemplo de rotação pura de um corpo rígido. (*b*) As coordenadas usadas para descrever a rotação da roda. O eixo de rotação, que é perpendicular ao plano *xy*, é o eixo *z*. Um ponto arbitrário *P*, a uma distância *r* do eixo *A*, move-se em um círculo de raio *r*.

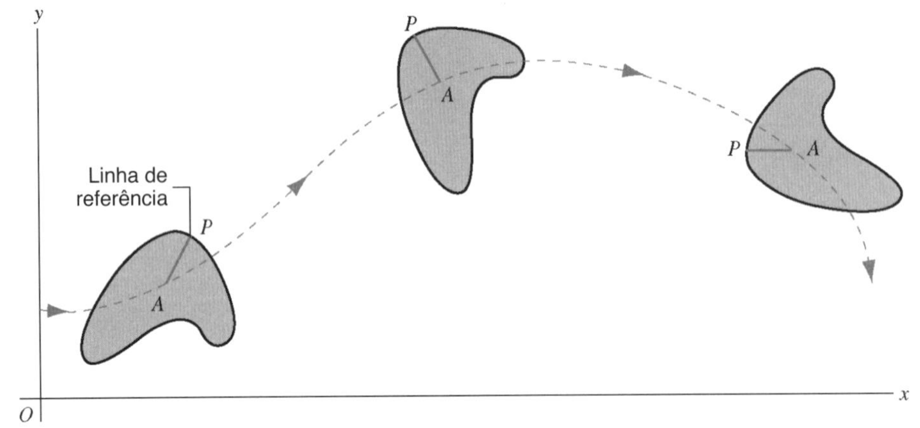

Fig. 8.2 Um corpo rígido arbitrário em um movimento combinado de rotação e translação. Neste caso especial bidimensional, o movimento de translação é confinado ao plano *xy*. A linha tracejada mostra a trajetória no plano *xy* correspondente ao movimento de translação do eixo de rotação, o qual é paralelo ao eixo *z* e passa pelo ponto *A*. O movimento rotacional é indicado pela linha *AP*.

O movimento geral de um corpo rígido inclui componentes de rotação e translação, como, por exemplo, no caso da roda de uma bicicleta em *movimento*. Um ponto *P* sobre uma roda move-se em um círculo de acordo com o observador no mesmo sistema de referência da roda (o ciclista, por exemplo), mas outro observador posicionado no chão irá descrever o movimento de forma diferente. Em casos ainda mais complexos, como uma bola de futebol em vôo, pode-se ter uma combinação de movimento de translação, movimento de rotação em torno de um eixo *e* uma variação na direção do eixo. Em geral, a descrição tridimensional de um corpo rígido requer seis coordenadas: três para localizar o centro de massa, dois ângulos (como latitude e longitude) para orientar o eixo de rotação e um ângulo para descrever as rotações em torno do eixo. A Fig. 8.2 mostra um corpo rígido bidimensional arbitrário, experimentando movimentos de rotação e de translação. Neste caso, somente três coordenadas são necessárias: duas para o centro de massa e uma para a coordenada angular da linha de referência no corpo.

Neste capítulo, só se considera o movimento de rotação pura. (No próximo capítulo é discutido o caso mais complicado de rotação e translação combinados.) Consideram-se somente corpos rígidos, nos quais não existe movimento relativo das partes enquanto o objeto gira; um líquido em um reservatório em rotação, por exemplo, é excluído.

8.2 AS VARIÁVEIS ROTACIONAIS

A Fig. 8.3*a* mostra um corpo de forma arbitrária girando em torno do eixo *z*. É possível conhecer a posição do corpo inteiro no sistema de referência escolhido, se for conhecida a localização de um único ponto *P* do corpo neste sistema de referência. Portanto, para a cinemática deste problema, é necessário considerar apenas o movimento (bidimensional) de um ponto em um círculo de raio *r* igual à distância perpendicular de *P* ao ponto *A* que está sobre o eixo *z*. A Fig. 8.3*b* mostra uma seção do corpo, paralela ao plano *xy* e que inclui o ponto *P*.

O ângulo ϕ na Fig. 6.3*b* é a posição angular da linha de referência *AP* em relação ao eixo *x'*. *Arbitrariamente escolheu-se o sentido positivo para rotação como sendo o sentido anti-horário*, de modo que (na Fig. 8.3*b*) ϕ aumenta para uma rotação anti-horária e diminui para uma rotação horária, de acordo com um observador que está mais afastado do eixo *z* positivo do que o objeto em rotação.

À medida que o objeto gira o ponto *P* move-se segundo um arco de comprimento *s*, conforme mostrado na Fig. 8.3*b*. O comprimento do arco e o raio (a distância de *P* ao eixo de rotação) determinam o ângulo em que a linha de referência gira:

$$\phi = s/r. \tag{8-1}$$

Os ângulos assim definidos são expressos em *radianos* (rad). O ângulo ϕ, como a razão de dois comprimentos, é um número puro e não possui dimensões; entretanto, ele possui unidades (radianos, neste caso). Quando o comprimento do arco é numericamente igual a *r*, então $\phi = r/r = 1$ radiano. Freqüentemente pode-se tratar o radiano como "unitário" nas equações, apresentando-se a unidade quando for necessário. Certamente nem todas as equações que constituem uma razão entre dois comprimentos (como a Eq. 8.1) são medidas de ângulos e necessitam de uma medida em radianos!

Uma vez que a circunferência de um círculo de raio *r* é $2\pi r$, segue da Eq. 8.1 que a partícula que se move em um arco de comprimento de uma circunferência deve traçar um ângulo de 2π rad. Então,

$$1 \text{ revolução} = 2\pi \text{ radianos} = 360°,$$

ou

$$1 \text{ radiano} = 57{,}3° = 0{,}159 \text{ revolução}.$$

Em geral, pode-se expressar os ângulos e as grandezas rotacionais associadas em unidades baseadas em radianos, graus ou revoluções. Contudo, quando uma equação envolve grandezas an-

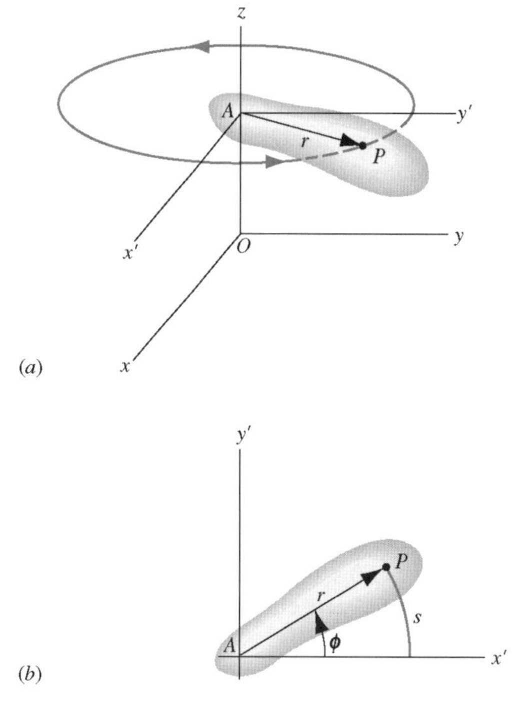

Fig. 8.3 (*a*) Um corpo rígido arbitrário rodando em torno do eixo *z*. (*b*) Uma seção transversal cortada através do corpo. Os eixos x' e y' são paralelos aos eixos *x* e *y*, respectivamente, mas passam através do ponto *A*. A linha de referência *AP*, que conecta um ponto *P* do corpo com o eixo, está instantaneamente localizada a um ângulo ϕ em relação ao eixo x'. O ponto *P* move-se através de um arco de comprimento *s*, à medida que a linha *AP* roda de um ângulo ϕ.

gulares e lineares, como a Eq. 8.1, as variáveis angulares devem *sempre* ser expressas em radianos.

Considere que o corpo da Fig. 8.3*b* gira no sentido anti-horário. A posição angular da linha *AP* no instante t_1 é ϕ_1, e em um instante posterior t_2 a sua posição angular é ϕ_2. Isto é mostrado na Fig. 8.4, que fornece as posições de *P* e da linha de referência nesses instantes; para simplificar, o contorno do corpo foi omitido.

O *deslocamento angular* de *P*, durante o intervalo de tempo $t_2 - t_1 = \Delta t$, é $\phi_2 - \phi_1 = \Delta\phi$. Define-se a velocidade angular média $\omega_{\text{méd}}$ da partícula *P*, neste intervalo de tempo, como

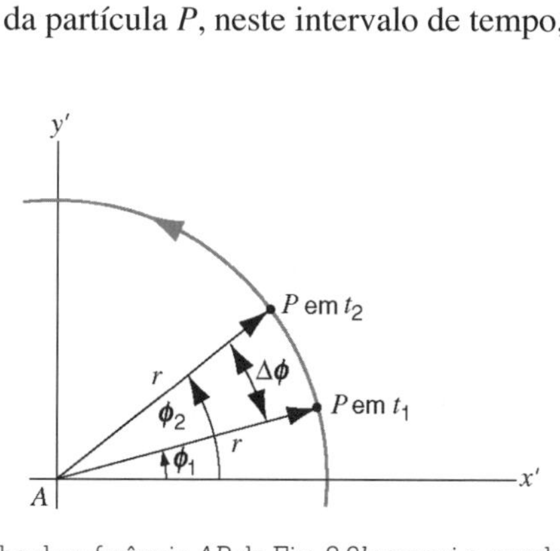

Fig. 8.4 A linha de referência *AP* da Fig. 8.3*b* possui a coordenada angular ϕ_1 no instante t_1 e possui a coordenada angular ϕ_2 no instante t_2. No intervalo de tempo $\Delta t = t_2 - t_1$, o deslocamento angular resultante é $\Delta t = \phi_2 - \phi_1$.

$$\omega_{\text{méd}} = \frac{\phi_2 - \phi_1}{t_2 - t_1} = \frac{\Delta\phi}{\Delta t}. \tag{8-2}$$

A *velocidade angular instantânea* ω é o limite desta razão quando Δt tende para zero:

$$\omega = \lim_{\Delta t \to 0} \frac{\Delta\phi}{\Delta t}$$

ou

$$\omega = \frac{d\phi}{dt}. \tag{8-3}$$

A velocidade angular pode ser positiva ou negativa, dependendo se ϕ está aumentando ou diminuindo. (Mais tarde mostra-se que ω é uma grandeza vetorial, que pode possuir componentes positivas ou negativas em relação a um determinado eixo, da mesma maneira que a velocidade de translação $\vec{\mathbf{v}}$.) Da mesma forma que para o caso do movimento de translação, o termo "velocidade angular" é usado para representar a velocidade angular *instantânea*. Em inglês, o termo *angular speed*[1] é utilizado para denotar a intensidade da velocidade angular.

A velocidade angular possui as dimensões do inverso de tempo (T^{-1}); as suas unidades podem ser radianos por segundo (rad/s) ou revoluções por segundo (rev/s).

Para um corpo rígido em rotação pura, a velocidade angular é a mesma para todos os pontos do corpo. Todas as linhas, como *AP* na Fig. 8.3, que são fixas no corpo e seguem perpendiculares ao eixo de rotação que passa por qualquer ponto do corpo, giram com a mesma velocidade angular.

Se a velocidade angular de *P* não é constante, então o ponto possui uma aceleração angular. Considerando ω_1 e ω_2 como as velocidades angulares instantâneas nos instantes t_1 e t_2, respectivamente, então a *aceleração angular média* $\alpha_{\text{méd}}$ do ponto *P* é definida como

$$\alpha_{\text{méd}} = \frac{\omega_2 - \omega_1}{t_2 - t_1} = \frac{\Delta\omega}{\Delta t}. \tag{8-4}$$

A *aceleração angular instantânea* é o limite desta razão à medida que Δt tende para zero:

$$\alpha = \lim_{\Delta t \to 0} \frac{\Delta\phi}{\Delta t}$$

ou

$$\alpha = \frac{d\omega}{dt}. \tag{8-5}$$

A aceleração angular pode ser positiva ou negativa, dependendo se a velocidade angular está aumentando ou diminuindo. O termo "aceleração angular" é usado para representar a aceleração angular *instantânea*. As suas dimensões são o inverso de tempo ao quadrado (T^{-2}), e as suas unidades podem ser rad/s^2 ou rev/s^2. Uma vez que ω é a mesma para cada ponto de um corpo rígido,

[1]Em português, não existe uma palavra para denotar a intensidade da velocidade angular (ver nota do tradutor 1 do Cap. 2). (N.T.)

segue da Eq. 8.5 que α deve também ser a mesma para cada ponto. Portanto, da mesma forma que ω, α é uma característica do corpo como um todo.

No lugar da rotação de um corpo rígido, poderia ter sido considerado o movimento de uma única partícula em uma trajetória circular. Isto é, P na Fig. 8.4 pode representar uma partícula de massa m, restrita a mover-se em um círculo de raio r (talvez presa a uma haste rígida sem massa de comprimento r fixada ao eixo z através de um pino). Todos os resultados derivados nesta seção são válidos independentemente se P é visto como um ponto matemático ou como uma partícula física; pode-se, por exemplo, referir-se à velocidade angular ou à aceleração angular da *partícula P* enquanto ela gira em torno do eixo z. Mais tarde, são consideradas situações em que é interessante tratar o corpo rígido em rotação da Fig. 8.3 como uma coleção de partículas, cada uma girando em torno do eixo z com a mesma velocidade angular e a mesma aceleração angular.

Problema Resolvido 8.1.

Uma palheta de turbina está inicialmente girando com uma velocidade angular de 48,6 rpm (revoluções por minuto). Ela desacelera, atingindo o repouso em um tempo de 32 segundos, após 8,8 revoluções. Encontre (*a*) a velocidade angular média e (*b*) a aceleração angular média da palheta da turbina.

Soluçao (*a*) A palheta atinge o repouso após um deslocamento resultante $\Delta\phi$ de 8,8 revoluções em um tempo $\Delta t = 32$ s. A velocidade angular média pode ser obtida da Eq. 8.2:

$$\omega_{\text{méd}} = \frac{\Delta\phi}{\Delta t} = \frac{8{,}8 \text{ rev}}{32 \text{ s}} = 0{,}28 \text{ rev/s}.$$

(*b*) A velocidade angular é $\omega_i = 48{,}6$ rev/min $= 0{,}81$ rev/s. A velocidade angular final ω_f é 0. A aceleração angular média é dada pela Eq. 8.4:

$$\alpha_{\text{méd}} = \frac{\Delta\omega}{\Delta t} = \frac{0 - 0{,}81 \text{ rev/s}}{32 \text{ s}} = -0{,}025 \text{ rev/s}^2.$$

Neste problema é aceitável expressar as grandezas angulares em revoluções. No entanto, em equações que envolvem variáveis angulares e lineares (como a Eq. 8.1), as variáveis angulares devem *sempre* ser expressas em radianos.

A velocidade angular positiva e a aceleração angular negativa sugerem, em analogia com a cinemática da translação, que a turbina está desacelerando. No caso da cinemática da translação, é necessário definir o sentido do sistema de coordenadas para dar um significado às grandezas positivas e negativas. Na próxima seção, mostra-se que as variáveis rotacionais se comportam como vetores e que através da definição de um sistema de coordenadas é possível, de modo semelhante, associar os valores positivos e negativos aos sentidos de rotação no sistema de coordenadas.

Problema Resolvido 8.2.

Uma roda com o eixo fixo (como na bicicleta ergométrica da Fig. 8.1) está girando de modo que a velocidade angular instantânea de uma linha de referência pintada ao longo de um raio pode ser representada, em função do tempo, pela expressão $\omega = At + Bt^2$, onde $A = 6{,}2$ rad/s^2 e $B = 8{,}7$ rad/s^3. (*a*) Se a linha de referência está inicialmente em $\phi = 0$ quando $t = 0$, encontre a posição angular quando $t = 2{,}0$ s. (*b*) Qual a aceleração angular instantânea da linha de referência em $t = 0{,}50$ s?

Soluçao (*a*) Para obter ϕ de ω, é necessário realizar uma integração. Escrevendo a Eq. 8.3 como $d\phi = \omega\, dt$, pode-se integrar para encontrar $\phi = \int d\phi = \int \omega\, dt$, ou

$$\phi = \int (At + Bt^2)\, dt = \tfrac{1}{2}At^2 + \tfrac{1}{3}Bt^3 + C,$$

onde C é uma constante de integração que precisa ser determinada a partir das condições iniciais. De modo a ter-se $\phi = 0$ quando $t = 0$, é necessário que $C = 0$. Avaliando a expressão em $t = 2{,}0$ s, obtém-se

$$\phi = \tfrac{1}{2}(6{,}2 \text{ rad/s}^2)(2{,}0 \text{ s})^2 + \tfrac{1}{3}(8{,}7 \text{ rad/s}^3)(2{,}0 \text{ s})^3 = 35{,}6 \text{ rad}.$$

A roda gira de 35,6 radianos, ou 5,7 revoluções, em 2,0 s.

(*b*) Para obter a aceleração angular a partir da velocidade angular, é necessário determinar a derivada especificada pela Eq. 8.5:

$$\alpha = \frac{d\omega}{dt} = \frac{d}{dt}(At + Bt^2) = A + 2Bt.$$

Avaliando essa expressão em $t = 0{,}50$ s, obtém-se $\alpha = 6{,}2$ rad/s^2 + 2(8,7 rad/s^3) (0,50 s) = 14,9 rad/s^2.

8.3 GRANDEZAS ROTACIONAIS COMO VETORES

Quando se trabalha com deslocamento, velocidade e aceleração em movimentos de translação, o primeiro passo é sempre escolher um sistema de coordenadas e especificar o sentido positivo de cada um dos eixos. Somente assim é possível definir o significado de uma componente de deslocamento, velocidade ou aceleração positiva ou negativa. Este passo é necessário porque estas grandezas são representadas por vetores. Outras grandezas, como a massa ou a temperatura, não possuem informações associadas à direção; são escalares e os seus valores independem da escolha do sistema de coordenadas.

Da mesma forma, é necessário questionar se as variáveis da cinemática angular (deslocamento angular, velocidade angular, aceleração angular) também se comportam como vetores. Se for o caso, então é necessário especificar o sistema de coordenadas e definir as variáveis em relação a esse sistema. Para que uma grandeza física possa ser representada como um vetor, não é suficiente que ela tenha intensidade, direção e sentido, também é preciso que ela obedeça às leis da adição vetorial. Só através do experimento é possível saber se as variáveis angulares obedecem essas leis.

Começa-se com o deslocamento angular $\Delta\phi$ variável, que especifica o ângulo segundo o qual o corpo gira. Uma lei particular que deve ser obedecida pelos vetores é a lei comutativa da adição: para dois vetores arbitrários, é necessário que $\vec{A} + \vec{B} = \vec{B} + \vec{A}$; isto é, a ordem dos vetores não afeta sua soma. Essa lei é, agora, aplicada para o deslocamento angular. Considere a aplicação de duas rotações sucessivas $\Delta\phi_1$ e $\Delta\phi_2$ a um objeto, como o livro ilustrado na Fig. 8.5, que se encontra inicialmente no plano yz. Conforme a Fig. 8.5*a*, inicialmente gira-se de $\Delta\phi_1$, uma volta de 90° em torno do eixo x, seguido de $\Delta\phi_2$, uma volta de 90° em torno do eixo z. Na Fig. 8.5*b* é mostrada a situação na qual a ordem das duas rotações é invertida: primeiro $\Delta\phi_2$ (90° em torno do eixo z) e, então $\Delta\phi_1$ (90° em torno do eixo x). Como pode ser observado, as posições finais do livro são bastante diferentes. Então, conclui-se neste caso que $\Delta\phi_1 + \Delta\phi_2 \neq \Delta\phi_2 + \Delta\phi_1$, e portanto, *deslocamentos angulares finitos não podem ser representados como grandezas vetoriais.*

A situação muda à medida que os deslocamentos angulares se tornam cada vez menores. As Figs. 8.5*c* e *d* mostram o efeito de rotações sucessivas de 20°, e agora as duas posições finais do livro são aproximadamente as mesmas. Quanto menor o ângulo de rotação, mais próximas são as posições finais. Quando os deslocamentos angulares se tornam infinitesimais, as posições são idênticas e a ordem das rotações não mais afeta a configura-

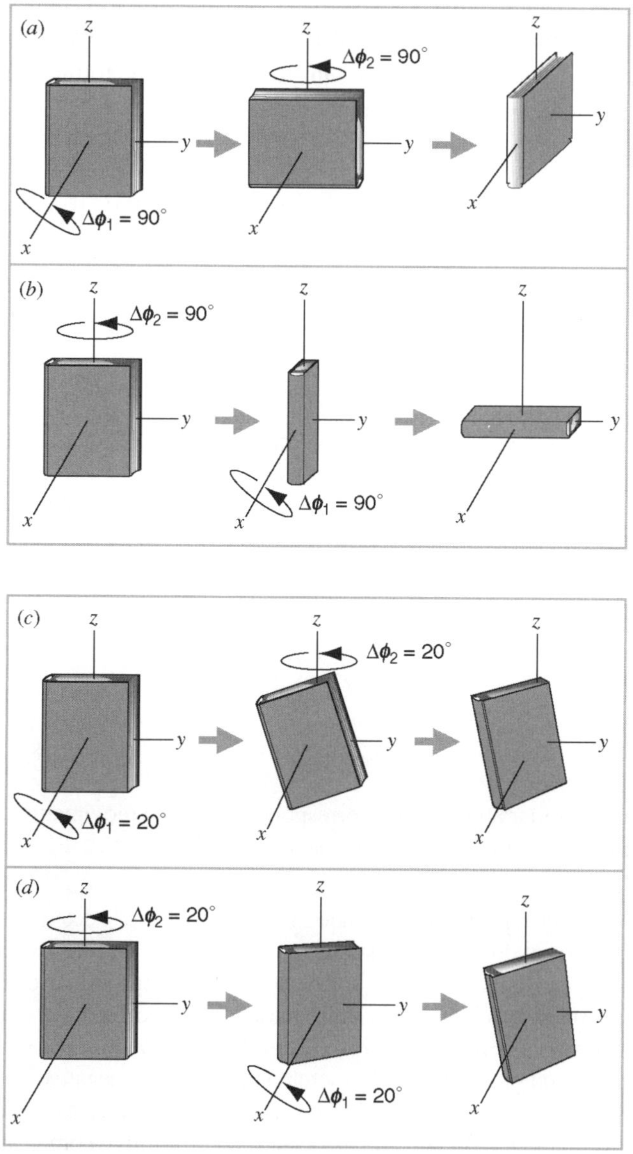

Fig. 8.5 (*a*) Um livro experimenta duas rotações sucessivas: $\Delta\phi_1$ = 90° em torno do eixo x e $\Delta\phi_2$ = 90° em torno do eixo z. (*b*) Se a ordem das rotações é invertida, a posição final do livro é diferente. (*c*) Agora o livro é girado como em (*a*) mas de dois ângulos menores: $\Delta\phi_1$ = 20° em torno do eixo x e $\Delta\phi_2$ = 20° em torno do eixo z. (*d*) Se a ordem das rotações é invertida, a posição final está mais próxima da posição final de (*c*).

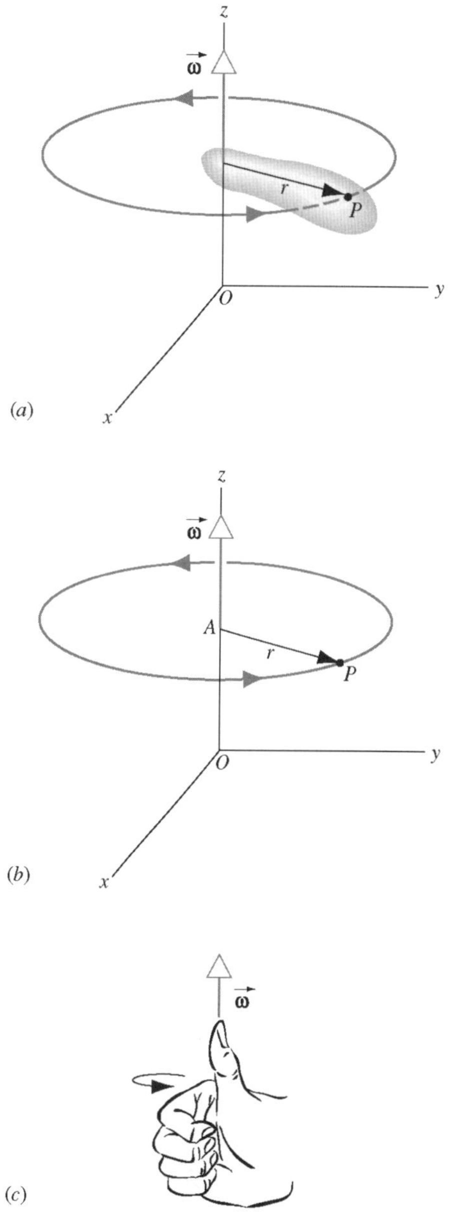

Fig. 8.6 O vetor velocidade angular de (*a*) um corpo rígido girando e (*b*) uma partícula girando, ambos tomados em relação a um eixo fixo. (*c*) A regra da mão direita determina o sentido do vetor velocidade angular.

ção final; isto é, $d\phi_1 + d\phi_2 = d\phi_2 + d\phi_1$. Logo, *rotações angulares infinitesimais podem ser representadas como vetores.*

Grandezas definidas em termos de deslocamentos angulares infinitesimais também podem ser vetores. Por exemplo, a velocidade angular é $\vec{\boldsymbol{\omega}} = d\vec{\boldsymbol{\phi}}/dt$. Uma vez que $d\vec{\boldsymbol{\phi}}$ é um vetor e dt é um escalar, o quociente $\vec{\boldsymbol{\omega}}$ é um vetor. *A velocidade angular pode, portanto, ser representada como um vetor.* Na Fig. 8.6*a*, por exemplo, a velocidade angular $\vec{\boldsymbol{\omega}}$ do corpo em rotação é representada por uma seta desenhada ao longo do eixo de rotação; na Fig. 8.6*b*, a rotação de uma partícula *P* em torno de um eixo fixo é representada da mesma maneira. O comprimento da seta é proporcional à intensidade da velocidade angular. O sentido da rotação determina o sentido para o qual a seta aponta ao longo do eixo. Por convenção, se os dedos da *mão direita* se curvam em torno do eixo, no sentido da rotação do corpo, o polegar estendido aponta no sentido do vetor velocidade angular (Fig. 8.6*c*). Portanto, para a roda da Fig. 8.1, o vetor velocidade angular aponta na direção perpendicular à página, com o sentido para dentro da página (no sentido negativo de *z*), se a pessoa está pedalando para a frente. Na Fig. 8.3*b*, $\vec{\boldsymbol{\omega}}$ é perpendicular à página, apontando para fora da página, o que corresponde a uma rotação anti-horária. Observe que o objeto não se move no sentido do vetor velocidade angular. O vetor representa a velocidade angular do movimento de rotação que ocorre em um plano perpendicular a ele.

A aceleração angular é também uma grandeza vetorial. Esta é uma conseqüência da definição $\vec{\boldsymbol{\alpha}} = d\vec{\boldsymbol{\omega}}/dt$, na qual $d\vec{\boldsymbol{\omega}}$ é um vetor e dt é um escalar. Mais tarde, são abordadas outras grandezas rotacionais que são vetores, como o torque e a quantidade de movimento angular. A utilização da regra da mão direita para definir o sentido dos vetores $d\vec{\boldsymbol{\phi}}$, $\vec{\boldsymbol{\omega}}$ e $\vec{\boldsymbol{\alpha}}$ leva a um formalismo consistente para todas as grandezas rotacionais.

8.4 ROTAÇÃO COM ACELERAÇÃO ANGULAR CONSTANTE

Para o movimento de translação de uma partícula ou de um corpo rígido ao longo de uma direção fixa, como o eixo *x*, observou-se (no Cap. 2) que o mais simples tipo de movimento é aquele em que a aceleração a_x é nula. O próximo tipo mais simples corresponde a a_x = uma constante (diferente de zero); para este movimento foram derivadas as Eqs. 2.26 e 2.28, as quais descrevem a velocidade e a posição como função do tempo.

Para o movimento rotacional de uma partícula ou de um corpo rígido em torno de um eixo fixo (considerado como sendo o eixo *z*), o mais simples dos movimentos é aquele no qual a aceleração angular α_z é nula (como o movimento circular uniforme). O próximo tipo mais simples de movimento, no qual α_z = uma constante (diferente de zero), corresponde exatamente ao movimento de translação com a_x = uma constante (diferente de zero). Da mesma forma, é possível derivar equações que fornecem a velocidade angular ω e o deslocamento angular ϕ como funções do tempo *t*. Essas equações angulares podem ser obtidas por meio de métodos que foram usados para derivar as equações de translação, ou podem simplesmente ser escritas, substituindo-se as grandezas nas equações de translação pelas grandezas angulares correspondentes.

Inicialmente, deriva-se a expressão para ω_z como uma função de *t*. Começa-se reescrevendo a Eq. 8.5 como

$$d\omega_z = \alpha_z dt.$$

Agora integra-se o lado esquerdo de ω_{0z} (a velocidade angular no instante $t = 0$) a ω_z (a velocidade angular no instante *t*), e o lado direito do instante de tempo 0 ao instante de tempo *t*:

$$\int_{\omega_{0z}}^{\omega_z} d\omega_z = \int_0^t \alpha_z dt = \alpha_z \int_0^t dt,$$

onde o último passo *somente* pode ser realizado quando a aceleração angular α_z é constante. Desenvolvendo a integração, obtém-se

$$\omega_z - \omega_{0z} = \alpha_z t$$

ou

$$\omega_z = \omega_{0z} + \alpha_z t. \qquad (8\text{-}6)$$

Esta é a analogia rotacional da Eq. 2.26, $v_x = v_{0x} + a_x t$. Observe que é possível obter a expressão rotacional, substituindo v_x por ω_z e a_x por α_z na expressão de translação.

Ao definir $\omega_z = d\phi/dt$ na Eq. 8.6 e fazer a integração mais uma vez, obtém-se uma expressão para o deslocamento angular no caso de aceleração angular constante:

$$\int_{\phi_0}^{\phi} d\phi = \int_0^t (\omega_{0z} + \alpha_z t)\, dt,$$

ou

$$\phi = \phi_0 + \omega_{0z} t + \tfrac{1}{2}\alpha_z t^2, \qquad (8\text{-}7)$$

que é similar ao resultado correspondente para o movimento de translação com aceleração constante, Eq. 2.28, $x = x_0 + v_{0x}t + \frac{1}{2}a_x t^2$.

O sentido positivo das grandezas angulares ω_z e α_z é determinado pelo sentido no qual ϕ está aumentando. Da Eq. 8.3, observa-se que ω_z é positiva se ϕ está aumentando com o tempo (isto é, o objeto está girando no sentido anti-horário). De modo similar, da Eq. 8.5, observa-se que α_z é positivo se ω_z está aumentando com o tempo, mesmo se ω_z for negativo, e tornando-se menos negativo. Isto é similar às convenções de sinais para as grandezas lineares. Pode-se ver da Fig. 8.3*b* que esta associação de ω_z positivo com ϕ aumentando é consistente no uso da regra da mão direita: se os dedos da mão direita curvam-se no sentido de ϕ aumentando, então o polegar aponta para fora da página — isto é, no sentido positivo de *z* — indicando que ω_z é positivo.

A rotação de uma partícula (ou de um corpo rígido) *em torno de um eixo fixo* possui uma correspondência formal com o movimento de translação de uma partícula (ou de um corpo rígido) *ao longo de uma direção fixa*. As variáveis cinemáticas são ϕ, ω_z e α_z no primeiro caso e x, v_x e a_x no segundo caso. Pode-se, assim, fazer as seguintes correspondências: ϕ com x, ω_z com v_x e α_z com a_x. Observe que as grandezas angulares diferem dimensionalmente das grandezas lineares correspondentes de um fator de comprimento. Observe também que neste caso especial todas as seis grandezas podem ser tratadas como componentes de vetores unidimensionais. Uma partícula em um instante qualquer pode estar se movendo em um sentido ou em outro ao longo da sua trajetória retilínea, correspondendo a um valor positivo ou negativo de v_x; analogamente, uma partícula em um instante qualquer pode estar girando em um sentido ou em outro em torno de um eixo fixo, correspondendo a um valor positivo ou negativo de ω_z.

Quando, em um movimento de translação remove-se a restrição de que o movimento deve se desenvolver ao longo de uma linha reta e considera-se o caso geral do movimento em três dimensões ao longo de uma trajetória curva, as componentes x, v_x e a_x devem ser substituídas por vetores $\vec{\mathbf{r}}$, $\vec{\mathbf{v}}$ e $\vec{\mathbf{a}}$. Na Seção 8.5, remove-se a restrição de um eixo fixo de rotação e estuda-se a extensão das variáveis cinemáticas rotacionais a vetores.

PROBLEMA RESOLVIDO 8.3.

Iniciando do repouso no tempo $t = 0$, um esmeril possui uma aceleração angular constante de 3,2 rad/s². Em $t = 0$, a linha de referência AB na Fig. 8.7 está na horizontal. Encontre (*a*) o deslocamento angular da linha AB (e portanto do esmeril) e (*b*) a velocidade angular do esmeril após 2,7 s.

Soluçao (*a*) Escolhe-se um sistema de coordenadas de modo que $\vec{\boldsymbol{\omega}}$ está ao longo do sentido positivo de z (de modo que o esmeril e a linha AB giram no plano xy).

Em $t = 0$, tem-se $\phi_0 = 0$, $\omega_{0z} = 0$ e $\alpha_z = 3{,}2$ rad/s². Portanto, após 2,7 s, a Eq. 8.7 fornece

$$\begin{aligned}\phi &= \phi_0 + \omega_{0z}t + \tfrac{1}{2}\alpha_z t^2\\ &= 0 + (0)(2{,}7\ \text{s}) + \tfrac{1}{2}(3{,}2\ \text{rad/s}^2)(2{,}7\ \text{s})^2\\ &= 11{,}7\ \text{rad} = 1{,}9\ \text{rev}.\end{aligned}$$

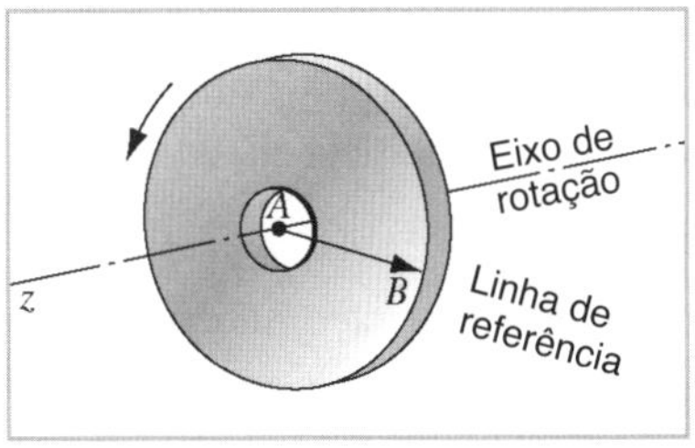

Fig. 8.7 Problema Resolvido 8.3. A linha de referência AB está na horizontal em $t = 0$ e gira com o esmeril no plano xy.

(*b*) Da Eq. 8.6,

$$\begin{aligned}\omega_z &= \omega_{0z} + \alpha_z t = 0 + (3{,}2\ \text{rad/s}^2)(2{,}7\ \text{s})\\ &= 8{,}6\ \text{rad/s} = 1{,}4\ \text{rev/s}.\end{aligned}$$

PROBLEMA RESOLVIDO 8.4.

Suponha que o motor do esmeril do Problema Resolvido 8.3 é desligado quando está girando com uma velocidade angular de 8,6 rad/s. Uma pequena força de atrito que age sobre o eixo causa uma desaceleração angular constante e o esmeril atinge o repouso em um tempo de 192 s. Encontre (*a*) a aceleração angular e (*b*) o ângulo total desenvolvido durante a desaceleração.

Soluçao (*a*) Dados $\omega_{0z} = 8{,}6$ rad/s, $\omega_z = 0$ e $t = 192$ s, obtém-se α_z da Eq. 8.6:

$$\alpha_z = \frac{\omega_z - \omega_{0z}}{t} = \frac{0 - 8{,}6\ \text{rad/s}}{192\ \text{s}} = -0{,}045\ \text{rad/s}^2.$$

Aqui, o sinal negativo de α_z mostra que ω_z (que é positiva) está diminuindo em intensidade.

(*b*) Da Eq. 8.7 tem-se

$$\begin{aligned}\phi &= \phi_0 + \omega_{0z}t + \tfrac{1}{2}\alpha_z t^2\\ &= 0 + (8{,}6\ \text{rad/s})(192\ \text{s}) + \tfrac{1}{2}(-0{,}045\ \text{rad/s}^2)(192\ \text{s})^2\\ &= 822\ \text{rad} = 131\ \text{rev}.\end{aligned}$$

8.5 RELAÇÕES ENTRE VARIÁVEIS LINEARES E ANGULARES

Na Seção 4.5, foram discutidas a velocidade e a aceleração lineares de uma partícula que se move em um círculo. Quando um corpo rígido gira em torno de um eixo fixo, cada partícula do corpo move-se em um círculo. Assim, é possível descrever o movimento desta partícula através de variáveis lineares ou angulares. A relação entre as variáveis lineares e angulares permite transitar de uma descrição para a outra, e é bastante útil.

Considere a partícula em P no corpo rígido, localizada a uma distância r do eixo e medida perpendicularmente a partir de A, como mostrado na Fig. 8.3*a*. Esta partícula move-se em um círculo de raio r. A posição angular ϕ da linha de referência AP é medida em relação ao eixo x ou x', conforme a Fig. 8.3*b*. A partícula move-se de uma distância s ao longo do arco, quando o corpo gira de um ângulo ϕ, tal que

$$s = \phi r, \tag{8-8}$$

onde ϕ está em radianos.

Diferenciando-se ambos os lados desta equação em relação ao tempo e observando que r é constante, obtém-se

$$\frac{ds}{dt} = \frac{d\phi}{dt}r.$$

Entretanto, ds/dt é a intensidade da velocidade linear (tangencial) v_T da partícula em P e $d\phi/dt$ é a intensidade da velocidade angular ω do corpo em rotação, de modo que

$$v_T = \omega r. \quad (8\text{-}9)$$

Esta é uma relação entre as *intensidades* da velocidade linear tangencial e da velocidade angular; a intensidade da velocidade linear da partícula em movimento circular é o produto da intensidade da velocidade angular e a distância r da partícula ao eixo de rotação.

Diferenciando-se a Eq. 8.9 com relação ao tempo, tem-se

$$\frac{dv_T}{dt} = \frac{d\omega}{dt} r.$$

Entretanto, dv_T/dt é a intensidade da componente *tangencial* a_T da aceleração da partícula (ver Seção 8.6) e $d\omega/dt$ é a intensidade da aceleração angular do corpo em rotação, de modo que

$$a_T = \alpha r. \quad (8\text{-}10)$$

Portanto, a intensidade da componente tangencial da aceleração linear de uma partícula em movimento circular é o produto da intensidade da aceleração angular e a distância r da partícula ao eixo de rotação.

Na Seção 4.5 mostrou-se que a componente *radial* (ou centrípeta) a_R da aceleração é v_T^2/r para uma partícula que se move em um círculo. Este resultado pode ser expresso em termos da velocidade angular através do uso da Eq. 8.9. Assim, tem-se

$$a_R = \frac{v_T^2}{r} = \omega^2 r. \quad (8\text{-}11)$$

A aceleração resultante $\vec{\mathbf{a}}$ do ponto P é mostrada na Fig. 8.8.

As Eqs. 8.8 a 8.11 permitem descrever o movimento de um ponto em um corpo rígido que gira em torno de um eixo fixo, *tanto* em termos de variáveis angulares *quanto* em termos de variáveis lineares. Pode-se perguntar por que as variáveis angulares são necessárias, uma vez que as variáveis lineares equivalentes já são familiares. A resposta a esta questão é que a descrição angular oferece uma vantagem sobre a descrição linear quando vários pontos do mesmo corpo rígido em rotação precisam ser considerados. Em um corpo em rotação, os pontos posicionados a diferentes distâncias do eixo não possuem os mesmos deslocamento, velocidade e aceleração *lineares*, mas *todos* os pontos em um corpo rígido em rotação em torno de um eixo fixo possuem os mesmos deslocamento, velocidade e aceleração *angulares* em qualquer instante. Através da utilização de variáveis angulares é possível descrever o movimento de todo o corpo de uma forma simples.

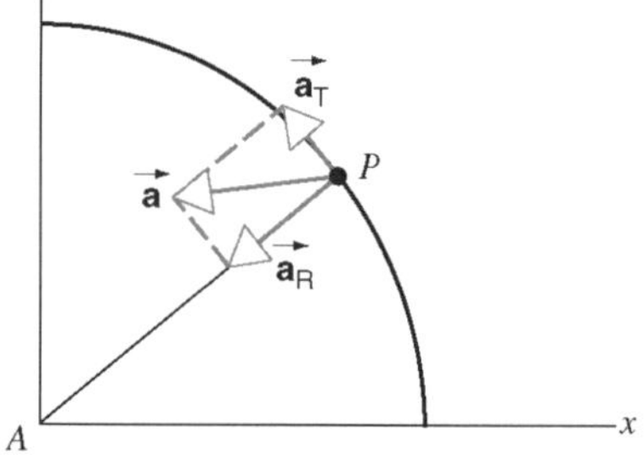

Fig. 8.8 As componentes radial e tangencial da aceleração de uma partícula no ponto P de um corpo rígido girando em torno do eixo z.

Fig. 8.9 Uma chaminé em queda, em geral, não é suficientemente forte para fornecer, para grandes raios, a aceleração tangencial necessária para que o objeto como um todo gire como um corpo rígido com uma aceleração angular constante.

A Fig. 8.9 mostra um exemplo interessante da relação entre variáveis lineares e angulares. Quando uma chaminé alta é derrubada por uma carga explosiva colocada na sua base, ela geralmente quebra durante a queda, começando a ruptura no lado da chaminé em queda que está voltada para baixo.

Antes da ruptura, a chaminé é um corpo rígido que gira em torno de um eixo próximo à sua base com uma determinada aceleração angular α. De acordo com a Eq. 8.10, o topo da chaminé possui uma aceleração tangencial a_T dada por αL, onde L é o comprimento da chaminé. A componente vertical de a_T pode facilmente exceder g, a aceleração de queda livre. Isto é, o topo da chaminé cai com uma aceleração vertical maior do que a de um tijolo em queda livre.

Isto pode acontecer somente enquanto a chaminé permanece como um único corpo rígido. Simplificando, a parte de baixo da chaminé, agindo através da argamassa que une os tijolos, precisa "puxar para baixo" a parte de cima da chaminé para que ela caia mais rapidamente. Esta força de cisalhamento é freqüentemente superior àquela que a argamassa pode suportar, e a chaminé quebra. A chaminé acaba por transformar-se em dois corpos rígidos, com a sua parte superior em queda livre e atingindo o solo em um tempo maior do que se a chaminé não tivesse quebrado.

PROBLEMA RESOLVIDO 8.5.

Se o raio do esmeril do Problema Resolvido 8.3 é igual a 0,24 m, calcule (*a*) a velocidade linear ou tangencial de um ponto na borda, (*b*) a aceleração tangencial de um ponto sobre a borda e (*c*) a aceleração radial de um ponto na borda, após 2,7 s. (*d*) Repita para um ponto localizado a meio caminho da borda — isto é, em $r = 0{,}12$ m.

Soluçao Tem-se $\alpha = 3{,}2$ rad/s², $\omega = 8{,}6$ rad/s após 2,7 s e $r = 0{,}24$ m. Então,

(*a*) $v_T = \omega r = (8{,}6 \text{ rad/s})(0{,}24 \text{ m}) = 2{,}1 \text{ m/s}$,

(*b*) $a_T = \alpha r = (3{,}2 \text{ rad/s}^2)(0{,}24 \text{ m}) = 0{,}77 \text{ m/s}^2$,

(*c*) $a_R = \omega^2 r = (8{,}6 \text{ rad/s})^2(0{,}24 \text{ m}) = 18 \text{ m/s}^2$.

(*d*) As variáveis *angulares* para este ponto, em $r = 0{,}12$ m, são as mesmas que as de um ponto sobre a borda. Isto é, mais uma vez $\alpha = 3{,}2$ rad/s² e $\omega = 8{,}6$ rad/s. Usando as Eqs. 8.9 a 8.11, com $r = 0{,}12$ m, obtém-se para este ponto

$$v_T = 1{,}0 \text{ m/s}, \qquad a_T = 0{,}38 \text{ m/s}^2, \qquad a_R = 8{,}9 \text{ m/s}^2.$$

Estes valores são a metade dos respectivos valores para um ponto sobre a borda. As variáveis lineares são proporcionais à distância ao eixo de rotação.

Observe, mais uma vez, que nas equações que envolvem *somente* variáveis angulares é possível expressar as grandezas angulares em qualquer unidade angular (graus, radianos, revoluções), contanto que isto seja feito de forma consistente. Contudo, em equações nas quais grandezas angulares e lineares estão misturadas, como as Eqs. 8.9 a 8.11, as grandezas angulares *devem* ser expressas em radianos, assim como foi feito neste problema resolvido. Isto é necessário porque as Eqs. 8.9 a 8.11 são baseadas na Eq. 8.8, a qual define a medida de radiano.

PROBLEMA RESOLVIDO 8.6.

Um pulsar é uma estrela de nêutrons que gira rapidamente, e é o resultado do colapso gravitacional de uma estrela comum que gastou todo o seu suprimento de combustível. Os pulsares emitem luz ou outra radiação eletromagnética em um feixe estreito, que pode atingir a Terra uma vez em cada revolução. Um determinado pulsar possui um período rotacional de $T = 0{,}033$ s e um raio de $r = 15$ km. Qual é a velocidade tangencial de um ponto sobre o equador?

Soluçao A velocidade angular é

$$\omega = \frac{2\pi \text{ radianos}}{T} = \frac{2\pi \text{ rad}}{0{,}033 \text{ s}} = 190 \text{ rad/s}$$

e a velocidade tangencial é

$$v_T = \omega r = (190 \text{ rad/s})(15 \text{ km}) = 2900 \text{ km/s}.$$

É interessante observar que este valor é cerca de 1% da velocidade da luz e também cerca de 4 ordens de grandeza maior do que a velocidade tangencial de um ponto sobre o equador da Terra.

8.6 FORMA VETORIAL DAS RELAÇÕES ENTRE VARIÁVEIS LINEARES E ANGULARES (OPCIONAL)

Na seção anterior desenvolveram-se relações entre a velocidade angular ω, a velocidade tangencial v_T, a aceleração angular α, a aceleração tangencial a_T e a aceleração radial (ou centrípeta) a_R. Todas estas grandezas são representadas por vetores e agora são examinadas as suas relações na forma vetorial.

Normalmente é útil expressar os vetores em termos das suas componentes através da utilização de vetores unitários. Em coordenadas retangulares (cartesianas), os vetores unitários são $\hat{\mathbf{i}}, \hat{\mathbf{j}}, \hat{\mathbf{k}}$ e identificam, respectivamente, as direções x, y e z (ver Apêndice H). Na análise do movimento rotacional, é mais interessante utilizar novos vetores unitários que identificam as direções radial e tangencial. Supõe-se que a rotação é descrita pela Fig. 8.3, e então o estudo é direcionado para uma partícula arbitrária de um corpo em rotação. Esta partícula, posicionada no ponto P, move-se em uma trajetória circular paralela ao plano xy; isto é, a sua velocidade tangencial possui apenas componentes x e y. (A sua velocidade angular, conforme foi visto, está orientada na direção z.)

A Fig. 8.10*a* mostra uma partícula girando e os vetores unitários radial e tangencial, chamados de $\hat{\mathbf{u}}_r$ e $\hat{\mathbf{u}}_\phi$. O vetor unitário radial $\hat{\mathbf{u}}_r$ coincide com o sentido do aumento de r — ou seja, radialmente para fora do centro do círculo. O sentido do vetor unitário tangencial $\hat{\mathbf{u}}_\phi$ coincide com o sentido no qual R aumenta — isto é, radialmente para fora do centro do círculo. Da mesma forma que $\hat{\mathbf{i}}$ e $\hat{\mathbf{j}}$, os vetores unitários $\hat{\mathbf{u}}_r$ e $\hat{\mathbf{u}}_\phi$ são adimensionais, possuem comprimento unitário e são perpendiculares entre si. Ao contrário de $\hat{\mathbf{i}}$ e $\hat{\mathbf{j}}$, as direções de $\hat{\mathbf{u}}_r$ e $\hat{\mathbf{u}}_\phi$ variam à medida que a partícula se move em torno do círculo. As variações nas direções devem ser levadas em conta quando as expressões que envolvem $\hat{\mathbf{u}}_r$ e $\hat{\mathbf{u}}_\phi$ são derivadas. Os vetores unitários $\hat{\mathbf{i}}$ e $\hat{\mathbf{j}}$, por outro lado, podem ser tratados como constantes na diferenciação.

Usando a Fig. 8.10*b*, é possível expressar $\hat{\mathbf{u}}_r$ e $\hat{\mathbf{u}}_\phi$ em termos de $\hat{\mathbf{i}}$ e $\hat{\mathbf{j}}$:

$$\hat{\mathbf{u}}_r = (\cos\phi)\hat{\mathbf{i}} + (\operatorname{sen}\phi)\hat{\mathbf{j}}, \tag{8-12a}$$

$$\hat{\mathbf{u}}_\phi = (-\operatorname{sen}\phi)\hat{\mathbf{i}} + (\cos\phi)\hat{\mathbf{j}}. \tag{8-12b}$$

A velocidade da partícula possui apenas uma componente tangencial (a componente radial é nula) e, portanto, pode ser escrita na forma vetorial através da multiplicação da sua intensidade pelo vetor unitário na direção tangencial:

$$\vec{\mathbf{v}} = v_T\,\hat{\mathbf{u}}_\phi. \tag{8-13}$$

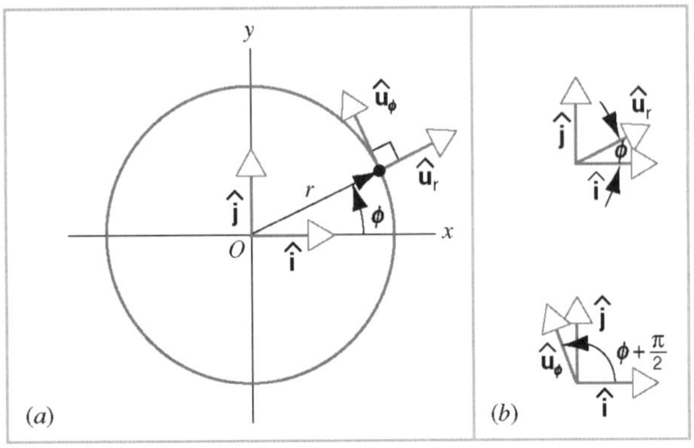

Fig. 8.10 (a) A partícula move-se no sentido anti-horário em um círculo de raio r. (b) Os vetores unitários $\hat{\mathbf{u}}_r$ e $\hat{\mathbf{u}}_\phi$ e as suas relações com $\hat{\mathbf{i}}$ e $\hat{\mathbf{j}}$.

De uma forma geral, um objeto que está girando pode ter uma aceleração angular e, assim, a velocidade tangencial pode variar em intensidade e direção.

A aceleração $\vec{\mathbf{a}}$ da partícula pode ser encontrada do modo usual, como $d\vec{\mathbf{v}}/dt$:

$$\vec{\mathbf{a}} = \frac{d\vec{\mathbf{v}}}{dt} = \frac{d(v_T\hat{\mathbf{u}}_\phi)}{dt} = \frac{dv_T}{dt}\hat{\mathbf{u}}_\phi + v_T\frac{d\hat{\mathbf{u}}_\phi}{dt}. \quad (8\text{-}14)$$

No primeiro termo, a derivada dv_T/dt é apenas a aceleração tangencial a_T. Para obter o segundo termo, é necessário encontrar uma expressão para a derivada do vetor unitário $\hat{\mathbf{u}}_\phi$. Utilizando a Eq. 8.12b, tem-se

$$\frac{d\hat{\mathbf{u}}_\phi}{dt} = -\frac{d(\text{sen}\,\phi)}{dt}\hat{\mathbf{i}} + \frac{d(\cos\phi)}{dt}\hat{\mathbf{j}}. \quad (8\text{-}15)$$

Agora, $d(\text{sen}\,\phi)/dt = (\cos\phi)d\phi/dt = \omega\cos\phi$, onde $\omega = d\phi/dt$ (Eq. 8.3). Similarmente, $d(\cos\phi)/dt = -\omega\,\text{sen}\,\phi$. Fazendo estas substituições na Eq. 8.15 e removendo os fatores comuns, obtém-se

$$\frac{d\hat{\mathbf{u}}_\phi}{dt} = -\omega[(\cos\phi)\hat{\mathbf{i}} + (\text{sen}\,\phi)\hat{\mathbf{j}}] = -\omega\hat{\mathbf{u}}_r, \quad (8\text{-}16)$$

onde foi usada a Eq. 8.12a no último passo. Pode-se, então, escrever a Eq. 8.14 como

$$\vec{\mathbf{a}} = a_T\hat{\mathbf{u}}_\phi - v_T\omega\hat{\mathbf{u}}_r. \quad (8\text{-}17)$$

O primeiro termo na Eq. 8.17 é a aceleração tangencial $\vec{\mathbf{a}}_T = a_T\hat{\mathbf{u}}_\phi$, um vetor de intensidade a_T que aponta na direção tangencial (o sentido no qual ϕ aumenta). Pode-se escrever o segundo termo de uma forma mais instrutiva, usando a Eq. 8.11: $-v_T\omega\hat{\mathbf{u}}_r = -v_T(v_T/r)\hat{\mathbf{u}}_r = -(v_T^2/r)\hat{\mathbf{u}}_r$. A grandeza v_T^2/r é, de acordo com a Eq. 8.11, a aceleração radial (ou centrípeta) a_R. A aceleração radial pode ser representada na forma vetorial como $\vec{\mathbf{a}}_R = -a_R\hat{\mathbf{u}}_r$, indicando o sinal negativo que este vetor aponta no sentido para o qual r diminui — isto é, apontando para o centro do círculo. Em termos de $\vec{\mathbf{a}}_T$ e $\vec{\mathbf{a}}_R$, a Eq. 8.17 é

$$\vec{\mathbf{a}} = \vec{\mathbf{a}}_T + \vec{\mathbf{a}}_R. \quad (8\text{-}18)$$

Estes três vetores de aceleração são mostrados na Fig. 8.8.

OS VETORES $\vec{\omega}$ E $\vec{a}$

A relação espacial entre os vetores angulares $\vec{\boldsymbol{\omega}}$ e $\vec{\boldsymbol{\alpha}}$ e os vetores lineares $\vec{\mathbf{v}}$ e $\vec{\mathbf{a}}$ pode ser escrita em uma forma compacta utilizando o *produto vetorial*, o qual é definido e discutido no Apêndice H. O produto vetorial de dois vetores $\vec{\mathbf{A}}$ e $\vec{\mathbf{B}}$ é um outro vetor $\vec{\mathbf{C}}$, que pode ser escrito como $\vec{\mathbf{C}} = \vec{\mathbf{A}} \times \vec{\mathbf{B}}$. O vetor $\vec{\mathbf{C}}$ possui duas propriedades que são importantes para esta discussão: (1) A intensidade de $\vec{\mathbf{C}}$ é AB sen θ, onde A é a intensidade de $\vec{\mathbf{A}}$, B é a intensidade de $\vec{\mathbf{B}}$ e θ é o ângulo entre $\vec{\mathbf{A}}$ e $\vec{\mathbf{B}}$. (2) O vetor $\vec{\mathbf{C}}$ é perpendicular ao plano formado por $\vec{\mathbf{A}}$ e $\vec{\mathbf{B}}$, e a sua direção e o seu sentido são definidos pela regra da mão direita (ver Apêndice H).

A Fig. 8.11a mostra a partícula girando e os vetores $\vec{\boldsymbol{\omega}}$ e $\vec{\mathbf{v}}$ representam as suas velocidades angular e linear. O vetor $\vec{\mathbf{R}}$ localiza a partícula em relação à origem de um sistema de coordenadas xyz. Conforme mostrado na figura, a partícula move-se em um círculo de raio $r = R$ sen θ.

Considera-se agora o produto vetorial de $\vec{\boldsymbol{\omega}} \times \vec{\mathbf{R}}$. De acordo com a definição do produto vetorial, a intensidade deste produto é ωR sen $\theta = \omega r$; que é igual à intensidade da velocidade tangencial v_T, de acordo com a Eq. 8.9. A Fig. 8.11a mostra que a direção deste produto vetorial é a mesma da direção de $\vec{\mathbf{v}}$: se os dedos da mão direita forem girados de $\vec{\boldsymbol{\omega}}$ para $\vec{\mathbf{R}}$ através do ângulo θ, o polegar aponta na direção de $\vec{\mathbf{v}}$. Portanto, uma vez que a intensidade, a direção e o sentido do produto vetorial $\vec{\boldsymbol{\omega}} \times \vec{\mathbf{R}}$ são idênticos à intensidade, à direção e ao sentido de $\vec{\mathbf{v}}$, pode-se escrever

$$\vec{\mathbf{v}} = \vec{\boldsymbol{\omega}} \times \vec{\mathbf{R}}. \quad (8\text{-}19)$$

Esta é a forma vetorial da Eq. 8.9.

Agora obtém-se a aceleração derivando-se a Eq. 8.19. Ao fazer isso, deve-se tomar o cuidado de preservar a ordem dos vetores $\vec{\boldsymbol{\omega}}$ e $\vec{\mathbf{R}}$, uma vez que a ordem dos vetores em um produto vetorial é importante ($\vec{\mathbf{A}} \times \vec{\mathbf{B}} = -\vec{\mathbf{B}} \times \vec{\mathbf{A}}$). Utilizando o procedimento usual da derivada de um produto, tem-se

$$\vec{\mathbf{a}} = \frac{d\vec{\mathbf{v}}}{dt} = \frac{d}{dt}(\vec{\boldsymbol{\omega}} \times \vec{\mathbf{R}}) = \frac{d\vec{\boldsymbol{\omega}}}{dt} \times \vec{\mathbf{R}} + \vec{\boldsymbol{\omega}} \times \frac{d\vec{\mathbf{R}}}{dt}. \quad (8\text{-}20)$$

Observe que em ambos os termos do lado direito da Eq. 8.20, $\vec{\boldsymbol{\omega}}$ vem antes de $\vec{\mathbf{R}}$, de modo que a ordem correta de $\vec{\boldsymbol{\omega}}$ e $\vec{\mathbf{R}}$ é preservada.

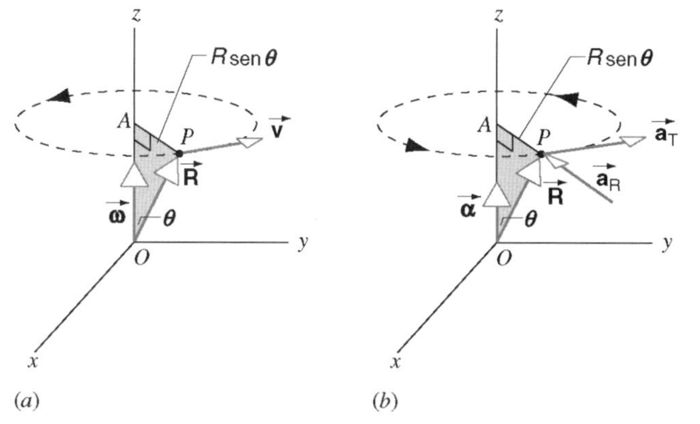

Fig. 8.11 (*a*) Uma partícula em *P* no corpo rígido da Fig. 8.3*a* que gira está localizada em $\vec{\mathbf{R}}$, medido em relação à origem *O*. A partícula possui velocidade angular $\vec{\boldsymbol{\omega}}$ (direcionada ao longo do eixo *z*) e velocidade tangencial $\vec{\mathbf{v}}$. (*b*) A partícula em *P* possui aceleração angular $\vec{\boldsymbol{\alpha}}$, ao longo do eixo *z*. A partícula possui aceleração tangencial $\vec{\mathbf{a}}_T$ e aceleração radial $\vec{\mathbf{a}}_R$.

É considerado agora o primeiro termo da Eq. 8.20. Assim como na equação linear análoga $a = dv/dt$, a equação $\alpha = d\omega/dt$ (Eq. 8.5) é válida para qualquer componente de $\vec{\boldsymbol{\alpha}}$ e $\vec{\boldsymbol{\omega}}$, e, portanto, também para os próprios vetores: $\vec{\boldsymbol{\alpha}} = d\vec{\boldsymbol{\omega}}/dt$. No último termo da Eq. 8.20, $d\vec{\mathbf{R}}/dt$ é igual à velocidade $\vec{\mathbf{v}}$ da partícula. Fazendo estas substituições na Eq. 8.20, tem-se

$$\vec{a} = \vec{\alpha} \times \vec{R} + \vec{\omega} \times \vec{v}. \qquad (8\text{-}21)$$

Segundo a regra para encontrar a intensidade de um produto vetorial, a intensidade do primeiro termo $\vec{\boldsymbol{\alpha}} \times \vec{\mathbf{R}}$ é αR sen $\theta = \alpha R$, que é a aceleração tangencial a_T conforme a Eq. 8.10. Para encontrar a direção deste vetor produto, observa-se que a expressão $\vec{\boldsymbol{\alpha}} = d\vec{\boldsymbol{\omega}}/dt$ mostra que $\vec{\boldsymbol{\alpha}}$ deve ter a mesma direção e o mesmo sentido de $d\vec{\boldsymbol{\omega}}$. Em função de ter sido assumido um eixo de rotação fixo, $\vec{\boldsymbol{\omega}}$ sempre aponta na mesma direção (ao longo do eixo de rotação), de modo que qualquer variação de $\vec{\boldsymbol{\omega}}$ também deve estar direcionada ao longo do eixo. Estão, $\vec{\boldsymbol{\alpha}}$ possui a mesma direção de $\vec{\boldsymbol{\omega}}$ — isto é, ao longo do eixo *z*, conforme mostrado na Fig. 8.11*b*. A regra da mão direita para produtos vetoriais mostra que $\vec{\boldsymbol{\alpha}} \times \vec{\mathbf{R}}$ possui a direção da tangente ao círculo na localização do ponto *P*. Uma vez que $\vec{\boldsymbol{\alpha}} \times \vec{\mathbf{R}}$ possui a mesma intensidade e direção e o mesmo sentido da aceleração tangencial $\vec{\mathbf{a}}_T$, então $\vec{\boldsymbol{\alpha}} \times \vec{\mathbf{R}} = \vec{\mathbf{a}}_T$.

A intensidade do produto vetorial do segundo termo da Eq. 8.21 $(\vec{\boldsymbol{\omega}} \times \vec{\mathbf{v}})$ é ωv_T porque o ângulo entre estes dois vetores é 90°, conforme mostrado na Fig. 8.11*a*. Por meio da Eq. 8.9 é possível escrever este termo como $\omega v_T = \omega^2 r$, que é a aceleração radial (Eq. 8.11). A regra da mão direita para produtos vetoriais (Fig. 8.11*a*) mostra que $\vec{\boldsymbol{\omega}} \times \vec{\mathbf{v}}$ aponta radialmente para dentro no ponto *P*. O produto $\vec{\boldsymbol{\omega}} \times \vec{\mathbf{v}}$ possui a intensidade, a direção e o sentido da aceleração radial e, portanto, $\vec{\boldsymbol{\omega}} \times \vec{\mathbf{v}} = \vec{\mathbf{a}}_R$. Fazendo estas duas substituições na Eq. 8.21 ($\vec{\boldsymbol{\alpha}} \times \vec{\mathbf{R}} = \vec{\mathbf{a}}_T$ e $\vec{\boldsymbol{\omega}} \times \vec{\mathbf{v}} = \vec{\mathbf{a}}_R$), obtém-se, mais uma vez, a Eq. 8.18.

As Eqs. 8.19 e 8.21 fornecem, então, as relações vetoriais entre as variáveis angulares e lineares. A beleza destas expressões compactas é que, assim como todas as equações vetoriais, elas contêm informação sobre as intensidades, *as direções e os sentidos* das relações.

MÚLTIPLA ESCOLHA

8.1 Movimento Rotacional

1. Você possui um pequeno globo, montado para que possa girar sobre o eixo polar *e* possa ser girado sobre um eixo horizontal (de modo que o pólo sul pode estar em cima). Forneça ao globo uma rotação rápida em torno do eixo polar e, então, antes de ele parar, forneça uma rotação em torno do eixo horizontal. Existem pontos sobre o globo que estão em repouso?

(A) Existem dois pontos, fixos sobre o globo, que estão em repouso.

(B) Existem dois pontos que estão instantaneamente em repouso, mas estes dois pontos movem-se à volta do globo segundo uma forma aparentemente randômica.

(C) Em alguns instantes, dois pontos estão instantaneamente em repouso, mas para outros instantes não existem pontos em repouso.

(D) Não existem pontos em repouso até que o globo pare de girar.

2. Uma roda de bicicleta está rolando sobre uma superfície nivelada. Em um instante de tempo qualquer, a roda

(A) está submetida a um movimento de rotação pura.

(B) está submetida a um movimento de translação pura.

(C) está submetida a um movimento combinado de rotação e translação.

(D) está submetida a um movimento que pode ser descrito pelas respostas (A) ou (C).

3. Considere a física do corpo rígido em uma dimensão maior ou menor do que três. Quantas coordenadas são necessárias para especificar a localização e a orientação de um corpo rígido

(*a*) se o espaço é bidimensional?

(A) 2 (B) 3 (C) 4 (D) 5

(*b*) se o espaço é unidimensional?

(A) 0 (B) 1 (C) 2 (D) 3

(*c*) se o espaço é de quatro dimensões?

(A) 7 (B) 8 (C) 9 (D) 10

8.3 Grandezas Rotacionais como Vetores

4. De que forma $\vec{\omega}$ aponta para a Terra?

(A) Paralelo ao eixo NS e apontando para o norte.

(B) Paralelo ao eixo NS e apontando para o sul.

(C) Paralelo ao eixo NS e apontando para o leste.

(D) Paralelo ao eixo NS e apontando para o oeste.

8.4 Rotação com Aceleração Angular Constante

5. Dois discos diferentes de raio $r_1 > r_2$ estão livres para girar separadamente em torno de um eixo que passa pelo centro e é perpendicular ao plano de cada disco. Ambos os discos iniciam o movimento do repouso e ambos experimentam a mesma aceleração angular durante o mesmo intervalo de tempo. Que disco irá apresentar a maior velocidade angular final?

(A) Disco 1

(B) Disco 2

(C) Os discos terão a mesma velocidade angular.

(D) A resposta depende da massa dos discos.

8.5 Relações entre Variáveis Lineares e Angulares

6. Um disco é uniformemente acelerado, partindo do repouso com uma aceleração angular α. A intensidade da aceleração *linear* de um ponto na borda do disco

(*a*) cresce com o tempo t como

(A) t (B) t^2 (C) t^3 (D) t^4

para $\alpha t^2 \ll 1$ e

(*b*) cresce como

(A) t (B) t^2 (C) t^3 (D) t^4

para $\alpha t^2 \gg 1$.

8.6 Forma Vetorial das Relações entre Variáveis Lineares e Angulares

7. Um pequeno inseto de massa m está parado sobre o prato horizontal de um toca-discos, girando com uma velocidade angular $\vec{\omega}$. A posição do inseto é *fixa* em relação ao prato do toca-discos que está girando e é dada pelo vetor $\vec{r}$, que é medido do eixo do toca-discos ao inseto. Considere o vetor descrito por $m\vec{\omega} \times (\vec{\omega} \times \vec{r})$.

(*a*) Para que direção o vetor aponta?

(A) Na direção do eixo de rotação.

(B) Para fora do eixo de rotação.

(C) Tangente à trajetória circular traçada pelo inseto.

(D) Em uma direção vertical.

(*b*) As dimensões deste vetor são as mesmas do que as para a

(A) aceleração angular. (B) força.

(C) quantidade de movimento.

(D) velocidade ao quadrado.

(*c*) Este vetor é proporcional a

(A) mvr. (B) mr^2. (C) mv^2/r. (D) mr/v^2.

onde v é a velocidade do inseto medida de um sistema de referência não-rotacional.

8. A força de Coriolis (ver Seção 5.6) é uma pseudoforça que ocorre em sistemas de coordenadas em rotação (como a Terra). A força é dada por $-2m\vec{\omega} \times \vec{v}$, onde $\vec{\omega}$ é a velocidade rotacional da Terra e $\vec{v}$ é a velocidade da partícula medida do sistema de referência da Terra (não-inercial).

(*a*) Um projétil é lançado do equador diretamente para o norte. A direção da força de Coriolis sobre este projétil é

(A) leste. (B) oeste. (C) para cima.

(D) para baixo. (E) A força é zero.

(*b*) Um projétil é lançado do equador diretamente para o leste. A direção da força de Coriolis sobre este projétil é

(A) norte. (B) sul. (C) para cima.

(D) para baixo. (E) A força é zero.

(*c*) Um projétil é lançado do equador verticalmente para cima. A direção da força de Coriolis sobre este projétil é

(A) norte. (B) sul. (C) leste.

(D) oeste. (E) A força é zero.

(Ver Exercício 34.)

QUESTÕES

1. Na Seção 8.1 estabeleceu-se que, em geral, são necessárias seis variáveis para localizar um corpo rígido em relação a um determinado sistema de referência. Quantas variáveis são necessárias para localizar o corpo da Fig. 8.2 em relação ao sistema de referência xy mostrado nesta figura? Se o número for diferente de seis, explique a diferença.

2. A rotação do Sol pode ser monitorada pelo rastreamento das manchas solares, tempestades magnéticas no Sol que aparecem escuras em contraste com as outras áreas brilhantes do disco solar. A Fig. 8.12*a* mostra as posições iniciais de cinco manchas e a Fig. 8.12*b* mostra a posição destas mesmas manchas após o Sol completar uma rotação. Destas

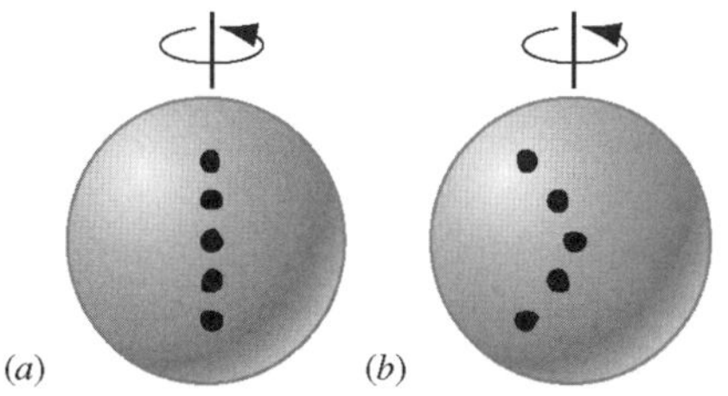

Fig. 8.12 Questão 2.

observações, o que pode ser concluído sobre a natureza física do Sol?

3. Em que sentido, o radiano é uma medida "natural" de ângulo e o grau é uma medida "arbitrária" desta mesma grandeza? Portanto, quais são as vantagens em usar-se radianos em vez de graus?

4. Podem as grandezas angulares ϕ, ω_z e α_z, nas Eqs. 8.6 e 8.7, ser expressas em termos de graus em vez de radianos?

5. Um corpo rígido está livre para rodar em torno de um eixo fixo. É possível que o corpo tenha aceleração angular diferente de zero mesmo que a velocidade angular do corpo seja (talvez instantaneamente) zero? Qual é o caso linear equivalente para esta questão? Forneça exemplos físicos para ilustrar tanto a situação angular quanto a linear.

6. Um jogador de golfe dá uma tacada balançando o taco de golfe, fazendo um movimento longo. Em um instante de tempo qualquer, durante o movimento do taco, todos os pontos do taco possuem a mesma velocidade angular?

7. Um vetor que representa a velocidade angular de uma roda que gira em torno de um eixo fixo necessita estar ao longo deste eixo? Ele poderia ser meramente desenhado paralelo ao eixo mas localizado em qualquer posição? Lembre-se de que é possível mover um vetor de deslocamento ao longo da própria direção ou transladá-lo para os lados sem alterar o seu valor.

8. Experimente girar um livro de acordo com a Fig. 8.5 mas, desta vez, utilize deslocamentos angulares de 180° no lugar de 90°. O que você pode concluir sobre as posições finais do livro? Isto muda o seu modo de pensar sobre se é possível tratar os deslocamentos angulares (finitos) como vetores?

9. Um pequeno cubo está contido em um cubo maior, conforme mostrado na Fig. 8.13. Cada canto do cubo menor é amarrado ao canto correspondente do cubo maior com um elástico; isto é um exemplo simples de um *spinor*. Mostre que o cubo interior pode ser girado 360° e os elásticos não podem ser desembaraçados, mas se o cubo interior é girado 720° os elásticos *podem* ser desembaraçados.

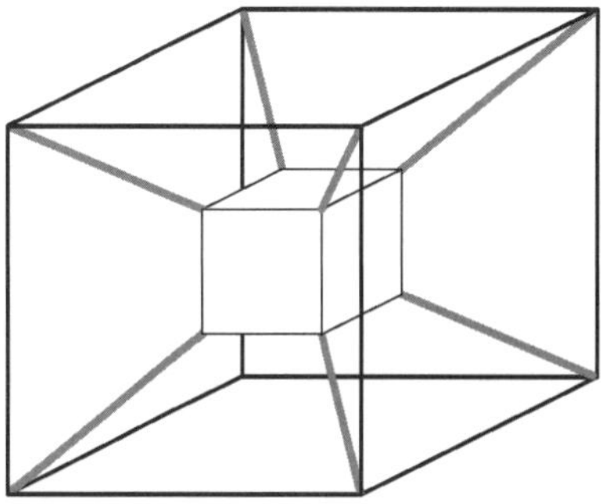

Fig. 8.13 Questão 9.

10. A relação $\Delta\phi_1 + \Delta\phi_2 = \Delta\phi_2 + \Delta\phi_1$ é válida se $\Delta\phi_1$ e $\Delta\phi_2$ estiverem associados a diferentes eixos de rotação? Ela é válida se eles se referem a diferentes rotações em torno do mesmo eixo?

11. O planeta Vênus (ver Fig. 8.14) move-se em uma órbita circular em torno do Sol, completando uma revolução a cada 225 dias. Vênus também gira em torno de um eixo polar, completando uma rotação a cada 243 dias. O sentido do movimento rotacional é oposto, mas paralelo ao do movimento orbital. (*a*) Descreva o vetor que representa a rotação de Vênus em torno do seu eixo. (*b*) Descreva o vetor que representa a velocidade angular de Vênus em torno do Sol. (*c*) Descreva a velocidade angular resultante, obtida da soma das velocidades angulares orbital e rotacional.

Fig. 8.14 Questão 11.

12. Um disco está livre para girar com uma velocidade angular variável. De um ponto da borda do disco (*a*) pode $a_T = 0$ se $a_R \neq 0$? (*b*) Pode $a_R = 0$ se $a_T \neq 0$? (*c*) Pode $a_T = 0$ e $a_R = 0$?

13. Por que é conveniente expressar a aceleração angular em rev/s² na Eq. 8.7 ($\phi = \phi_0 + \omega_{0z}t + \frac{1}{2}\alpha_z t^2$) mas não na Eq. 8.10 ($a_T = \alpha r$)?

14. Quando se diz que um ponto sobre o equador da Terra possui uma velocidade angular de 2π rad/dia, que sistema de referência se está usando?

15. Levando em conta a rotação e a revolução da Terra, uma árvore move-se mais rápido durante o dia ou durante a noite? Em relação a que sistema de referência a sua resposta é dada? (A rotação e a revolução da Terra possuem o mesmo sentido.)

16. Uma roda está girando em torno do seu eixo. Considere um ponto na sua borda. Quando a roda gira com velocidade angular constante, o ponto possui uma aceleração radial? Uma aceleração tangencial? Quando a roda gira com aceleração angular constante, o ponto possui uma aceleração radial? As intensidades destas acelerações variam com o tempo?

17. Suponha que você foi incumbido de determinar a distância percorrida por uma agulha durante a execução de um disco fonográfico de vinil. De que informações você precisa? Discuta do ponto de vista de um sistema de referência (*a*) fixo na sala, (*b*) fixo sobre o disco girando e (*c*) fixo no braço do toca-discos.

18. Qual é a relação entre as velocidades angulares de um par de engrenagens acopladas de raios diferentes?

EXERCÍCIOS

8.1 Movimento Rotacional

1. Um corpo rígido existe em um espaço de n dimensões. Quantas coordenadas são necessárias para especificar a posição e a orientação deste corpo no espaço?

8.2 As Variáveis Rotacionais

2. Mostre que 1 rev/min = 0,105 rad/s.

3. O ângulo que o volante de um gerador descreve durante um intervalo de tempo t é dado por

$$\phi = at + bt^3 - ct^4,$$

onde a, b e c são constantes. Qual é a expressão para a sua (*a*) velocidade angular e (*b*) aceleração angular?

4. O nosso Sol está a $2{,}3 \times 10^4$ anos-luz do centro da nossa galáxia, a Via Láctea, e está se movendo em um círculo em torno do seu centro à velocidade de 250 km/s. (*a*) Quanto tempo o Sol leva para executar uma revolução em torno do centro da galáxia? (*b*) Quantas revoluções o Sol completou desde que foi formado, há aproximadamente $4{,}5 \times 10^9$ anos?

5. Uma roda gira com uma aceleração angular a_z dada por

$$a_z = 4at^3 - 3bt^2,$$

onde t é o tempo e a e b são constantes. Se a roda possui uma velocidade angular inicial ω_0, escreva as equações para (*a*) a velocidade angular e (*b*) o ângulo descrito como função do tempo.

6. Qual é a velocidade angular (*a*) do ponteiro dos segundos, (*b*) do ponteiro dos minutos e (*c*) do ponteiro das horas de um relógio?

7. Um bom arremessador de beisebol pode arremessar uma bola na direção do batedor a 85 mi/h como uma rotação de 1800 rev/min. Quantas revoluções a bola de beisebol faz na sua trajetória até ao batedor? Para simplificar, suponha que a trajetória de 60 ft é uma linha reta.

8. Um mergulhador faz 2,5 revoluções durante o seu mergulho de uma plataforma de 10 m acima do nível da água. Assuma uma velocidade vertical inicial nula e calcule a velocidade angular média para este mergulho.

9. Uma roda possui oito raios de 30 cm de comprimento. Ela é montada em um eixo fixo e gira a 2,5 rev/s. Você deseja atirar uma flecha de 24 cm, paralela ao eixo, através da roda sem tocar em nenhum dos raios. Suponha que a flecha e os raios são muito finos; ver Fig. 8.15. (*a*) Qual é a velocidade mínima que a flecha deve ter? (*b*) Faz alguma diferença da região onde se faz a mira, estando esta compreendida entre o eixo e a borda da roda? Se fizer, qual é a melhor localização?

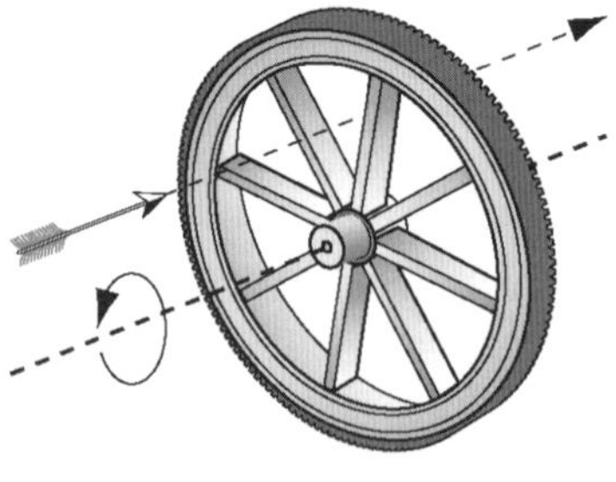

Fig. 8.15 Exercício 9.

8.3 Grandezas Rotacionais como Vetores

10. Um planeta P move-se em torno do Sol em uma órbita circular, com o Sol no seu centro, que é coplanar e concêntrica à órbita circular da Terra T em torno do Sol. P e T giram no mesmo sentido. Os tempos necessários para as revoluções de P e T em torno do Sol são T_P e T_T. Considerando que T_S é o tempo necessário para P realizar uma revolução em torno do Sol, relativamente a T: mostre que $1/T_S = 1/T_T - 1/T_P$. Assuma que $T_P > T_T$.

11. Repita o problema anterior para encontrar uma expressão para T_S quando $T_P < T_T$.

8.4 Rotação com Aceleração Angular Constante

12. Um toca-discos que gira a 78 rev/min desacelera e pára 32 s após o motor ser desligado. (*a*) Encontre a sua aceleração angular (constante) em rev/min^2. (*b*) Quantas revoluções ele faz durante este tempo?

13. A velocidade angular do motor de um automóvel é aumentada uniformemente de 1170 rev/min para 2880 rev/min em 12,6 s. (*a*) Encontre a aceleração angular em rev/min^2. (*b*) Quantas revoluções faz o motor durante esse tempo?

14. Como parte de uma inspeção de manutenção, o compressor do motor de um jato é colocado para girar de acordo com o gráfico mostrado na Fig. 8.16. Quantas revoluções o compressor faz durante o teste?

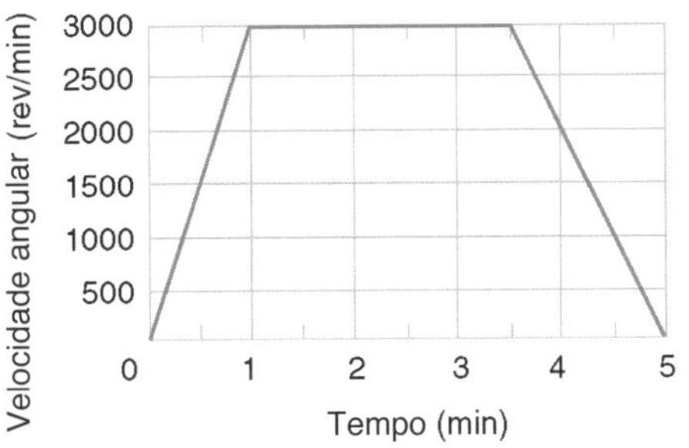

Fig. 8.16 Exercício 14.

15. O volante de um motor está rodando a 25,2 rad/s. Quando o motor é desligado, o volante desacelera a uma taxa constante e atinge o repouso após 19,7 s. Calcule (*a*) a aceleração angular (em rad/s^2) do volante, (*b*) o ângulo (em rad) descrito pelo volante até atingir o repouso e (*c*) o número de revoluções feita pelo volante até atingir o repouso.

16. Enquanto você está esperando para embarcar em um helicóptero, você nota que o movimento do rotor varia de 315 rev/min para 225 rev/min em 1,00 min. (*a*) Encontre a aceleração angular média durante o intervalo. (*b*) Supondo que esta aceleração permanece constante, calcule quanto tempo levará para que o rotor pare. (*c*) Quantas revoluções o rotor fará após a sua segunda observação?

17. Uma determinada roda faz 90 rev em 15 s, resultando em uma velocidade angular de 10 rev/s no final deste período. (*a*) Assumindo uma aceleração angular constante, qual era a velocidade angular da roda no início do intervalo de 15 s? (*b*) Quanto tempo decorreu entre o tempo em que a roda estava em repouso e o início do intervalo de 15 s?

18. Uma polia de 8,14 cm de diâmetro possui uma corda longa de 5,63 m enrolada sobre a sua borda. Iniciando do repouso, é fornecida à roda uma aceleração angular de 1,47 rad/s^2. (*a*) De que ângulo a polia precisa girar para que a corda desenrole totalmente? (*b*) Quanto tempo isto demora?

19. Um volante completa 42,3 rev à medida que desacelera de uma velocidade angular de 1,44 rad/s até parar completamente. (*a*) Assumindo uma aceleração constante, qual é o tempo necessário para atingir o repouso? (*b*) Qual é aceleração angular? (*c*) Quanto tempo é necessário para completar a primeira metade das 42,3 rev?

20. Iniciando do repouso em $t = 0$, uma roda experimenta uma aceleração angular constante. Quando $t = 2{,}33$ s, a velocidade angular da roda é 4,96 rad/s. A aceleração continua até $t = 23{,}0$ s, quando cessa repentinamente. De que ângulo a roda gira no intervalo de $t = 0$ a $t = 46{,}0$ s?

8.5 Relações entre Variáveis Lineares e Angulares

21. Qual é a velocidade angular de um carro que está fazendo uma curva circular de 110 m de raio a 52,4 km/h?

22. A velocidade de um ponto sobre a borda de uma roda de um esmeril de 0,75 m de diâmetro varia uniformemente de 12 m/s a 25 m/s em 6,2 s. Qual é a aceleração angular da roda do esmeril durante esse intervalo?

23. Determine (*a*) a velocidade angular, (*b*) a aceleração radial e (*c*) a aceleração tangencial de uma espaçonave que executa uma curva circular de 3220 km de raio, com uma velocidade de 28.700 km/h.

24. Uma barra com uma rosca de 12,0 voltas/cm e um diâmetro de 1,18 cm está posicionada na horizontal. Uma chapa com um furo rosqueado que se ajusta à rosca da barra é aparafusada na barra; ver Fig. 8.17. A chapa gira a 237 rev/min. Quanto tempo leva para a chapa mover-se 1,50 cm ao longo da barra?

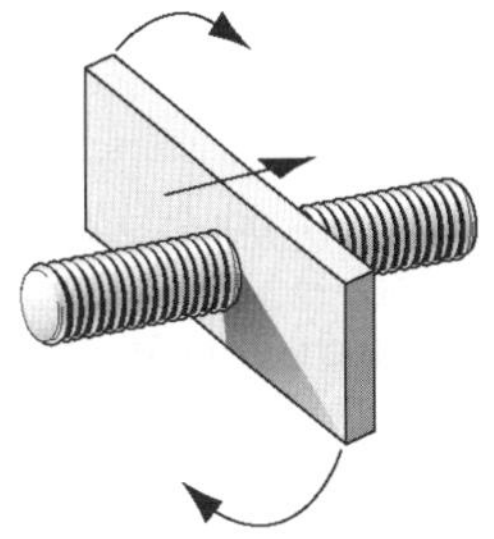

Fig. 8.17 Exercício 24.

25. (*a*) Qual é a velocidade angular em torno do eixo polar de um ponto sobre a superfície da Terra com uma latitude de 40° N? (*b*) Qual é a velocidade linear? (*c*) Quais são os valores para um ponto sobre o equador?

26. O volante de um giroscópio de 2,83 cm de raio, que está inicialmente em repouso, é submetido a uma aceleração de 14,2 rad/s² até que a sua velocidade angular atinge 2760 rev/min. (*a*) Qual é a aceleração tangencial de um ponto sobre a borda do volante? (*b*) Qual é a aceleração radial deste ponto quando o volante está girando a toda velocidade? (*c*) Durante a aceleração, qual é a distância percorrida por um ponto sobre a borda?

27. Se a hélice, de 5,0 ft (= 1,5 m) de raio, de um avião gira a 2000 rev/min e o avião está sendo impulsionado a 300 mi/h (= 480 km/h), em relação ao solo, qual é a velocidade de um ponto sobre a ponta da hélice, quando visto (*a*) pelo piloto e (*b*) por um observador no solo? Assuma que a velocidade do avião é paralela ao eixo de rotação da hélice.

28. As pás de um moinho de vento iniciam o seu movimento do repouso e giram com uma aceleração angular de 0,236 rad/s². Quanto tempo decorre antes que um ponto de uma pá experimente o mesmo valor para as intensidades da aceleração centrípeta e da aceleração tangencial?

29. Um corpo rígido, que parte do repouso, gira em torno de um eixo fixo com uma aceleração angular α constante. Considere uma partícula a uma distância r do eixo. Expresse (*a*) a aceleração radial e (*b*) a aceleração tangencial desta partícula em termos de α, r e o tempo t. (*c*) Se a aceleração resultante da partícula em um determinado instante faz um ângulo de 57,0° com a aceleração tangencial, de que ângulo total o corpo girou desde $t = 0$ até este instante?

30. Um automóvel que viaja 97 km/h possui rodas de 76 cm de diâmetro. (*a*) Encontre a velocidade angular das rodas em torno do eixo. (*b*) O carro é freiado uniformemente e pára após 30 voltas das rodas. Calcule a aceleração angular. (*c*) Qual é a distância percorrida durante este período de frenagem?

31. Um velocímetro colocado na roda da frente de uma bicicleta fornece uma leitura que é diretamente proporcional à velocidade angular da roda. Suponha que o velocímetro é calibrado para uma roda de 72 cm de diâmetro, mas foi incorretamente usado em uma roda de 62 cm de diâmetro. A medida da velocidade linear será incorreta? Se for, em que sentido e por que fração da velocidade verdadeira?

8.6 Forma Vetorial das Relações entre Variáveis Lineares e Angulares

32. Um objeto move-se no plano xy segundo $x = R\cos\omega t$ e $y = R\,\text{sen}\,\omega t$. Aqui, x e y são as coordenadas do objeto, t é o tempo e R e ω são constantes. (*a*) Elimine t entre estas equações para encontrar a equação da curva na qual o objeto se move. Qual é essa curva? Qual é o significado da constante ω? (*b*) Derive as equações para x e y em relação ao tempo e encontre as componentes x e y da velocidade do corpo, v_x e v_y. Combine v_x e v_y para encontrar a intensidade, a direção e o sentido de v. Descreva o movimento do objeto. (*c*) Derive v_x e v_y em relação ao tempo para obter a intensidade, a direção e o sentido da aceleração resultante.

33. Um objeto rígido que gira em torno do eixo z está desacelerando a 2,66 rad/s². Considere uma partícula localizada em $\vec{\mathbf{r}} = (1{,}83\text{ m})\hat{\mathbf{j}} + (1{,}26\text{ m})\hat{\mathbf{k}}$. Em um instante em que $\vec{\boldsymbol{\omega}} = (14{,}3\text{ rad/s})\hat{\mathbf{k}}$, encontre (*a*) a velocidade da partícula e (*b*) a sua aceleração. (*c*) Qual é o raio da trajetória circular da partícula?

34. Um projétil de 12 kg é lançado para cima na vertical com uma velocidade inicial de 35 m/s de um campo de futebol em Mineápolis, Estados Unidos. (*a*) Calcule a intensidade e a direção da força de Coriolis (ver a Questão 8 de Múltipla Escolha e a Seção 5.6) sobre o projétil logo após o projétil ter sido lançado. (*b*) Qual é a direção aproximada da força de Coriolis sobre o projétil enquanto o projétil está apontando de volta para a Terra? (*c*) O projétil irá retornar ao ponto original do lançamento? Se não, em que direção, em relação ao ponto de lançamento, ele irá aterrar?

PROBLEMAS

1. A posição angular de um ponto sobre a borda de uma roda girando é descrita por $\phi = (4{,}0\text{ rad/s})t - (3{,}0\text{ rad/s}^2)t^2 + (1{,}0\text{ rad/s}^3)t^3$. (*a*) Qual é a velocidade angular em $t = 2{,}0$ s e em $t = 4{,}0$ s? (*b*) Qual é a aceleração angular média para o intervalo de tempo que começa em $t = 2{,}0$ s e termina em $t = 4{,}0$ s? (*c*) Qual é a aceleração angular instantânea no início e no final deste intervalo de tempo?

2. Uma roda com 16 raios girando no sentido horário é filmada. O filme é passado em um projetor com uma taxa de 24 quadros/s, que é a taxa correta do projetor. Entretanto, na tela, a roda parece girar no sentido anti-horário a 4,0 rev/min. Encontre a menor velocidade angular possível na qual a roda estava girando.

3. Um dia solar é o intervalo de tempo entre duas aparições sucessivas do Sol para uma dada longitude — isto é, o tempo de uma rotação completa da Terra em relação ao Sol. Um dia sideral é o tempo para uma rotação completa da Terra em relação às estrelas fixas — isto é, o intervalo de tempo entre duas observações sucessivas de uma direção fixa no céu chamada de equinócio vernal. (*a*) Mostre que em um ano existe exatamente um dia solar (médio) a menos do que dias siderais (médios). (*b*) Se o dia solar (médio) tem exatamente 24 horas, qual é a duração do dia sideral (médio)?

4. Um pulsar é uma estrela de nêutrons que gira rapidamente e da qual recebemos pulsos de rádio precisamente sincronizados, sendo observado um pulso para cada rotação da estrela. O período de rotação T é obtido pela medição do tempo entre os pulsos. Atualmente, o pulsar na região central da nebulosa do Caranguejo (ver Fig. 8.18) possui um período de rotação de $T = 0{,}033$ s e está crescendo a uma taxa de $1{,}26 \times 10^{-5}$ s/ano. (*a*) Mostre que a velocidade angular ω da estrela está relacionada com o período de rotação através de $\omega = 2\pi/T$. (*b*) Qual é o valor da aceleração angular em rad/s^2? (*c*) Se a sua aceleração angular é constante, quando o pulsar irá parar? (*d*) O pulsar originou-se da explosão de uma supernova no ano de 1054 d.C. Qual era o período de rotação do pulsar quando ele foi criado? (Assuma uma aceleração angular constante.)

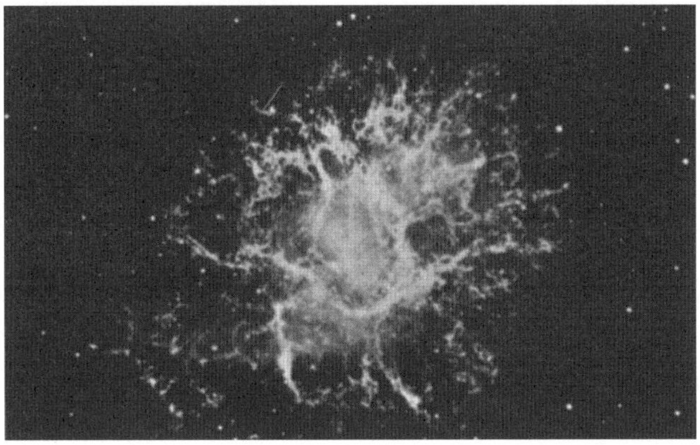

Fig. 8.18 Problema 4.

5. Dois estudantes desenvolvem um experimento simples. O primeiro estudante observa a orientação de um disco estacionário com uma única marca na aresta da borda. Em seguida, ele olha para outro lado. O segundo estudante fornece ao disco uma aceleração rotacional constante de 3,0 rad/s^2 durante um tempo de 4,0 s; então, ele leva o disco ao repouso aplicando uma aceleração angular constante em um tempo de 0,10 s. O primeiro estudante olha o disco de novo, então. (*a*) Do ponto de vista do primeiro estudante, de que ângulo o disco se moveu? (*b*) Qual foi a velocidade angular média do disco?

6. Um astronauta está sendo testado em uma centrífuga. A centrífuga possui um raio de 10,4 m e, no início, gira de acordo com $\phi = (0{,}326 \text{ rad/s}^2)t^2$. Quando $t = 5{,}60$ s, quais são (*a*) a velocidade angular, (*b*) a velocidade tangencial, (*c*) a aceleração tangencial e (*d*) a aceleração radial do astronauta?

7. A órbita da Terra em torno do Sol é quase um círculo. (*a*) Qual é a velocidade angular da Terra (vista como uma partícula) em torno do Sol? (*b*) Qual é a sua velocidade linear nesta órbita? (*c*) Qual é a aceleração da Terra com relação ao Sol?

8. Um volante de uma máquina a vapor gira com uma velocidade angular constante de 156 rev/min. Quando o vapor é cortado, o atrito dos mancais e do ar leva a roda a parar em 2,20 h. (*a*) Qual é a aceleração angular constante da roda, em rev/min^2? (*b*) Quantas rotações a roda desenvolverá antes de atingir o repouso? (*c*) Qual é a aceleração linear tangencial de uma partícula posicionada a 52,4 cm do eixo de rotação quando o volante está girando a 72,5 rev/min? (*d*) Qual é a intensidade da aceleração linear total da partícula na parte (*c*)?

9. Um método antigo de medir a velocidade da luz utiliza uma roda dentada girando. Um feixe de luz passa através de uma ranhura na borda da roda, conforme mostrado na Fig. 8.19, viaja até um espelho distante e retorna para a roda a tempo de passar através da próxima ranhura na roda. Essa roda dentada possui um raio de 5,0 cm e 500 dentes em sua borda. Medições feitas quando o espelho estava a uma distância $L = 500$ m da roda indicaram um valor de $3{,}0 \times 10^5$ km/s

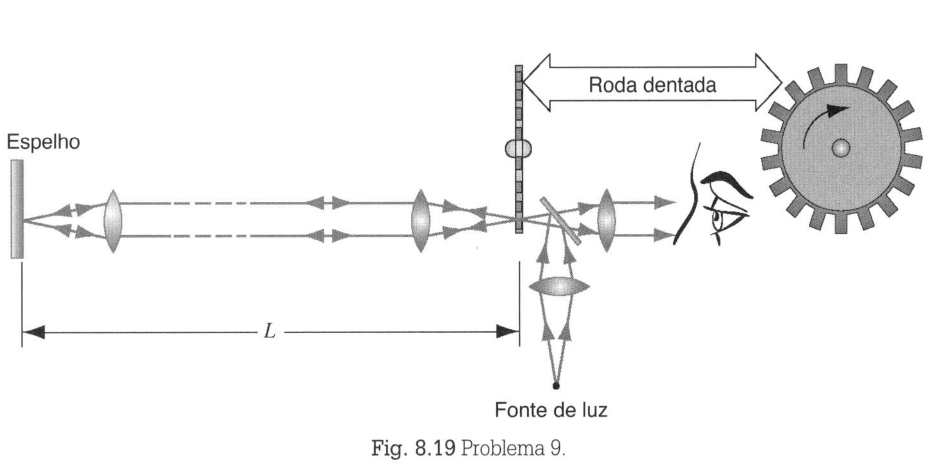

Fig. 8.19 Problema 9.

para a velocidade da luz. (*a*) Qual é a velocidade angular (constante) da roda? (*b*) Qual é a velocidade linear de um ponto na sua borda?

10. A roda *A*, de raio $r_A = 10{,}0$ cm, está acoplada pela correia *B* à roda *C*, de raio $r_C = 25{,}0$ cm, conforme mostrado na Fig. 8.20. A roda *A* aumenta a sua velocidade angular, do repouso, a uma taxa de 1,60 rad/s^2. Determine o tempo necessário para que a roda *C* atinja a velocidade rotacional de 100 rev/min, assumindo que a correia não deslize. (Dica: Se a correia não desliza, as velocidades lineares nas bordas das duas rodas devem ser iguais.)

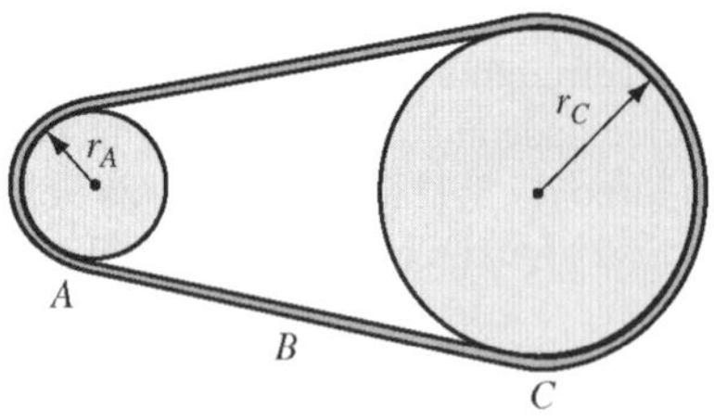

Fig. 8.20 Problema 10.

11. O disco de CD de música ("compact disc/digital audio") possui raios interno e externo para o material gravado (os concertos para violino de Tchaikovsky e Mendelssohn) de 2,50 cm e 5,80 cm, respectivamente. Durante a execução, o disco é varrido a uma velocidade linear constante de 130 cm/s, iniciando da borda interna para fora. (*a*) Se a velocidade angular inicial do disco é 50,0 rad/s, qual é a sua velocidade angular final? (*b*) As linhas da varredura em espiral estão separadas de 1,60 μm; qual é o comprimento total da varredura? (*c*) Qual é o tempo de execução?

12. Um carro move-se para leste sobre uma estrada reta e nivelada com uma velocidade constante $\vec{v}$. Um observador está posicionado a uma distância *b* ao norte da estrada. Encontre a velocidade angular $\vec{\omega}$ e a aceleração angular $\vec{\alpha}$ do carro medidas pelo observador, como função do tempo. Suponha que o carro está no ponto mais próximo do observador em $t = 0$.

13. Um trenó a jato move-se sobre trilhos horizontais retos com uma velocidade $\vec{v}(t)$. Um observador parado a uma distância *b* dos trilhos mede a velocidade angular $\vec{\omega}$ como constante. (*a*) Encontre $\vec{v}(t)$, assumindo que o trenó a jato está no ponto mais próximo do observador quando $t = 0$. (*b*) Em que tempo t_c, aproximadamente, o movimento do trenó a jato torna-se fisicamente impossível?

PROBLEMAS COMPUTACIONAIS

1. A força efetiva sobre um projétil que se move muito perto da Terra é

$$\vec{F} = m\vec{g} - m\vec{\omega} \times (\vec{\omega} \times \vec{r}) - 2m\vec{\omega} \times \vec{v},$$

onde $\vec{g}$ é a aceleração de queda livre, $\vec{\omega}$ é a velocidade angular da Terra e $\vec{v}$ é a velocidade do projétil medida do sistema de referência (não-inercial) da Terra. (*a*) Escreva um programa de computador para determinar a trajetória real de um projétil de 1,0 kg lançado para cima na vertical com uma velocidade inicial de 100 m/s de um ponto sobre o equador da Terra. A que distância do ponto de lançamento o projétil irá aterrissar? (*b*) Escreva um programa de computador para determinar a trajetória real de um projétil de 1,0 kg, lançado em direção ao norte a um ângulo de 45° com a horizontal e com uma velocidade inicial de 100 m/s de um ponto sobre o equador da Terra. Qual é o tamanho do erro na localização do alvo causado pela rotação da Terra?

2. Um volante desacelera sob a influência de uma aceleração angular variável. A posição angular da linha de referência do volante é descrita por

$$\phi(t) = (A + Bt + Ct^3)e^{-\beta t}$$

de $t = 0$, quando o volante começa a desacelerar, até $t = T$, quando ele atinge o repouso. Aqui, $A = +2{,}40$ rad, $B = +5{,}12$ rad/s, $C = -0{,}124$ rad/s^3 e $\beta = +0{,}100$ s^{-1}. (*a*) Encontre uma expressão para a velocidade angular e encontre o tempo *T* para o qual a velocidade torna-se nula. (*b*) Encontre o ângulo descrito pelo volante até atingir o repouso.

Capítulo 9

DINÂMICA ROTACIONAL

O estudo desenvolvido no Cap. 8 sobre a cinemática rotacional mostrou que ela não apresenta nenhuma nova característica básica: os parâmetros rotacionais ϕ, ω e α estão relacionados aos parâmetros correspondentes do movimento de translação x, v e a para as partículas que compõem o sistema em rotação. Neste capítulo, seguindo a forma adotada no estudo do movimento de translação, é considerada a dinâmica rotacional que estuda as causas do movimento de rotação. Os sistemas em rotação são compostos de partículas e já se estudou como aplicar as leis da mecânica clássica ao movimento de partículas. Desse modo, a dinâmica rotacional, assim como a cinemática, não deve conter características que sejam fundamentalmente novas. Entretanto, assim como no Cap. 8, é bastante útil remodelar os conceitos do movimento de translação em uma nova forma, especialmente escolhida pela sua conveniência na descrição de sistemas em rotação.

9.1 TORQUE

No Cap. 3 deu-se início ao estudo da dinâmica, definindo-se uma força em termos da aceleração que ela produz quando age sobre um corpo de massa padrão (Seção 3.3). Assim, é possível obter a massa de qualquer outro corpo em relação à massa padrão, medindo-se a aceleração produzida quando a mesma força age sobre cada corpo (Seção 3.4). As observações desenvolvidas sobre força, massa e aceleração foram incorporadas à segunda lei de Newton, levando-se em conta que a força resultante que age sobre um corpo é igual à sua massa vezes a sua aceleração.

O procedimento aqui utilizado para tratar a dinâmica rotacional é similar. Inicia-se considerando a aceleração angular produzida quando uma força age sobre um determinado corpo rígido que está livre para girar em torno de um eixo fixo. Em analogia com o movimento de translação, nota-se que a aceleração angular é proporcional à intensidade da força aplicada. Contudo, surge um novo aspecto que não está presente no movimento de translação: a velocidade angular *também* depende de *onde* a força é aplicada ao corpo. Uma dada força aplicada em diferentes posições no corpo (ou até no mesmo ponto mas em direções diferentes) gera acelerações angulares diferentes.

Na dinâmica rotacional, a grandeza que leva em conta tanto a intensidade, a direção e o sentido da força quanto a localização do ponto na qual ela é aplicada é chamada de *torque*. A palavra torque vem de uma raiz latina que significa "torcer". Então, pode-se pensar em um torque como o ato de torcer, da mesma maneira que se pensa em uma força como o ato de empurrar ou puxar. Assim como a força (e como a aceleração angular), o torque é uma grandeza vetorial. *Neste capítulo são considerados somente os casos nos quais o eixo de rotação possui uma direção fixa.* Como resultado, é necessário considerar somente uma única componente do vetor torque. Esta restrição é similar à utilizada no Cap. 3 durante o estudo da dinâmica da translação em uma dimensão.

Além disso, a aceleração angular de um corpo em resposta a um determinado torque depende não só da massa do corpo mas também de como essa massa está distribuída em relação ao eixo de rotação. Para um determinado torque, diferentes valores de aceleração angular são obtidos em função de se a massa está mais próxima ou mais afastada do eixo de rotação. A grandeza rotacional que descreve a massa de um corpo e a sua distribuição em relação ao eixo de rotação é chamada de *inércia rotacional*.[1] Ao contrário da massa, a inércia rotacional não é uma propriedade intrínseca do corpo; ela depende da escolha do eixo de rotação. Da mesma forma que a massa pode ser vista como uma propriedade de um corpo que representa a sua resistência à aceleração linear, a inércia rotacional representa a resistência de um corpo à aceleração angular. Na próxima seção será discutida a inércia rotacional de corpos sólidos; nesta seção considera-se o torque em um corpo causado por uma força aplicada.

Uma das experiências mais comuns com movimento de rotação é a abertura de uma porta com dobradiças. Observa-se que uma determinada força pode produzir vários valores de aceleração angular, dependendo de onde a força é aplicada na porta e de como está direcionada (Fig. 9.1). Uma força (como $\vec{F}_1$) aplicada na borda e direcionada ao longo do plano da porta não é capaz de produzir uma aceleração angular, ocorrendo o mesmo para uma força (como $\vec{F}_2$) aplicada nas dobradiças. Uma força (como $\vec{F}_3$) aplicada na borda externa perpendicularmente à porta produz o maior valor de aceleração angular.

[1]Também conhecido como o *momento de inércia*.

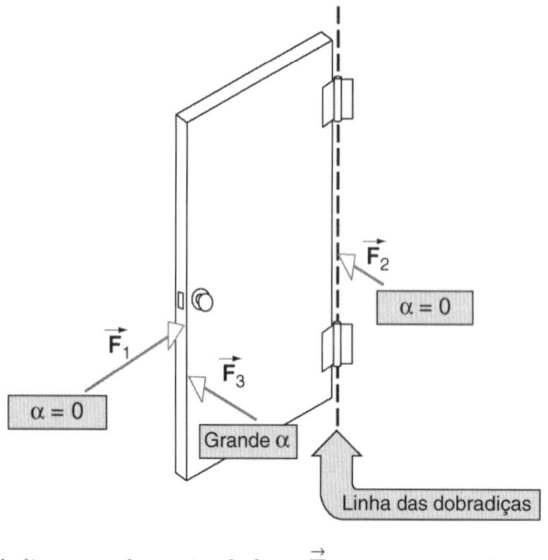

Fig. 9.1 Aplicar uma determinada força $\vec{\mathbf{F}}$ a uma porta produz uma aceleração α que depende do ponto no qual a força $\vec{\mathbf{F}}$ é aplicada e da sua direção em relação à linha das dobradiças. A força $\vec{\mathbf{F}}_1$ é aplicada ao longo de uma linha que passa pela linha das dobradiças, e não produz aceleração angular (a porta não se move). A força $\vec{\mathbf{F}}_2$ é aplicada na linha das dobradiças; da mesma forma, não produz aceleração angular. A força $\vec{\mathbf{F}}_3$ é aplicada em um ponto afastado da linha das dobradiças e em uma direção perpendicular à linha que conecta o ponto de aplicação de $\vec{\mathbf{F}}_3$ com a linha das dobradiças; esta força produz a maior aceleração angular possível.

A Fig. 9.2 mostra um corpo rígido arbitrário que é livre para girar em torno do eixo z. Uma força $\vec{\mathbf{F}}$ é aplicada ao corpo no ponto P, o qual está localizado a uma distância perpendicular r do eixo de rotação. A Fig. 9.3*a* mostra um corte da seção transversal do corpo feito no plano xy; o vetor $\vec{\mathbf{r}}$ neste plano localiza o ponto P em relação ao eixo. Supõe-se que a força $\vec{\mathbf{F}}$ também está sobre este plano e, assim, possui somente componentes x e y; qualquer componente z da força não tem efeito sobre as rotações em torno do eixo z, da mesma forma que uma força vertical aplicada à porta da Fig. 9.1 não promove nenhuma aceleração angular em relação à linha das dobradiças.

Conforme mostra a Fig. 9.3*b*, os vetores $\vec{\mathbf{r}}$ e $\vec{\mathbf{F}}$ fazem um ângulo θ entre si. A força $\vec{\mathbf{F}}$ pode ser decomposta nas suas componentes radial e tangencial. A componente radial $F_R = F\cos\theta$ não causa efeito sobre a rotação do corpo em torno do

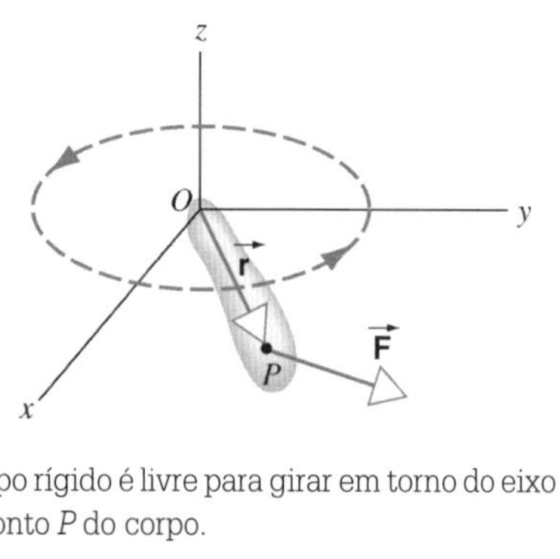

Fig. 9.2 Um corpo rígido é livre para girar em torno do eixo z. Uma força $\vec{\mathbf{F}}$ é aplicada no ponto P do corpo.

eixo z, bem como a força $\vec{\mathbf{F}}_1$ na Fig. 9.1 não promove a rotação da porta. Somente a componente tangencial $F_T = F\,\text{sen}\,\theta$ produz uma rotação em torno do eixo z (como a força $\vec{\mathbf{F}}_3$ na Fig. 9.1).

Além da intensidade da componente tangencial de $\vec{\mathbf{F}}$, a aceleração angular do corpo depende da distância ao eixo do ponto de aplicação da força. Quanto maior for a distância ao eixo, maior é a aceleração angular produzida por uma dada força.

A aceleração angular, portanto, depende da componente tangencial da força e da distância do ponto de aplicação da força ao eixo de rotação. A grandeza rotacional que inclui ambos os fatores é chamada de *torque* τ. A sua intensidade é definida como

$$\tau = rF\,\text{sen}\,\theta. \qquad (9\text{-}1)$$

O torque possui dimensões de força vezes distância. A unidade de torque pode ser newton-metro (N·m) ou libra-pé (lb·ft), entre outras possibilidades.

De acordo com a Eq. 9.1, o torque é zero se: (1) $r = 0$, isto é, a força é aplicada no eixo de rotação ou ao longo do eixo de rotação; (2) $F = 0$, isto é, nenhuma força é aplicada; ou (3) $\theta = 0°$ ou $180°$, isto é, a força é aplicada na direção radial, para dentro ou para fora. Em cada um destes três casos, a força não produz aceleração angular em relação ao eixo z.

Se o eixo de rotação fosse posicionado em uma outra localização no corpo, a força aplicada em P poderia promover um torque diferente (porque r e θ podem ser diferentes). O torque produzido por uma determinada força, então, depende da escolha do eixo de rotação, ou, de forma equivalente, da origem do sistema de coordenadas. Para tornar esta escolha clara, o ponto em relação ao qual o torque é calculado sempre deverá ser referenciado. Assim, a Eq. 9.1 define o torque em relação ao ponto O. Se for selecionado um ponto diferente O', localizado na metade da distância entre O e P, o torque resultante em relação ao ponto O' será igual à metade do torque em relação ao ponto O (porque a distância r se reduz à metade).

A Fig. 9.3*c* mostra outra forma de interpretar o torque em relação ao ponto O. A componente da força perpendicular a $\vec{\mathbf{r}}$ é denotada por $F_\perp$ que é a mesma coisa que a componente tangencial F_T na Fig. 9.3*b* e possui intensidade $F\,\text{sen}\,\theta$. A componente de $\vec{\mathbf{r}}$ perpendicular a $\vec{\mathbf{F}}$ é denotada por $r_\perp$ e possui intensidade $r\,\text{sen}\,\theta$. Pode-se, então, reescrever a Eq. 9.1 de duas formas:

$$\tau = r(F\,\text{sen}\,\theta) = rF_\perp, \qquad (9\text{-}2a)$$

$$\tau = (r\,\text{sen}\,\theta)F = r_\perp F. \qquad (9\text{-}2b)$$

Na Eq. 9.2*a*, a intensidade do torque depende da componente da força perpendicular a $\vec{\mathbf{r}}$; se esta componente é zero, o torque também é zero. Na Eq. 9.2*b*, o torque depende do *braço de alavanca* $r_\perp$, o qual, conforme mostrado na Fig. 9.3*c*, é a distância perpendicular da origem à linha ao longo da qual $\vec{\mathbf{F}}$ age, chamada de *linha de ação* de $\vec{\mathbf{F}}$. Se o braço de alavanca de uma força é zero, então o torque em relação a O é zero; por exemplo, a componente radial F_R possui um braço de alavanca nulo e, portanto, promove um torque nulo em relação a O.

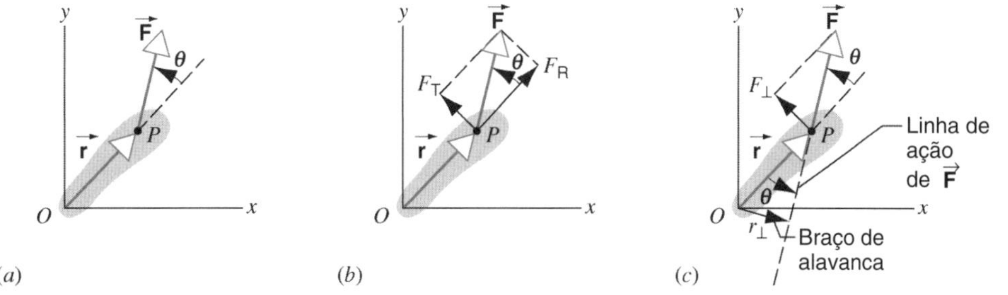

Fig. 9.3 (*a*) Seção transversal do corpo mostrado na Fig. 9.2, através de um corte no plano *xy*. A força $\vec{\mathbf{F}}$ está no plano *xy*. (*b*) A força $\vec{\mathbf{F}}$ é decomposta nas componentes radial (F_R) e tangencial (F_T). (*c*) A componente de $\vec{\mathbf{F}}$ perpendicular a $\vec{\mathbf{r}}$ é $F_\perp$ (também identificada como a componente tangencial F_T) e a componente de $\vec{\mathbf{r}}$ perpendicular a $\vec{\mathbf{F}}$ (ou à sua linha de ação) é $r_\perp$.

Torque como um Vetor

A Eq. 9.1 fornece a intensidade do torque, mas o torque também possui uma direção e um sentido que são tomados como a direção e o sentido do eixo em torno do qual a força promove a rotação. Na Fig. 9.2, este eixo é o eixo *z*. Se uma grandeza possui intensidade, direção e sentido, ela pode ser representada como um vetor contanto que satisfaça as regras de transformação e combinação associadas aos vetores. O torque, de fato, satisfaz essas regras e, portanto, é conveniente representar o torque como um vetor.

Para encontrar o torque, é necessário combinar o vetor $\vec{\mathbf{r}}$ e o vetor $\vec{\mathbf{F}}$ em um outro novo vetor $\vec{\tau}$. Uma forma de combinar dois vetores arbitrários $\vec{\mathbf{A}}$ e $\vec{\mathbf{B}}$ em um terceiro vetor $\vec{\mathbf{C}}$ é através do *produto vetorial*, escrito como $\vec{\mathbf{C}} = \vec{\mathbf{A}} \times \vec{\mathbf{B}}$ (e lido como "A vetorial B"). O produto vetorial de $\vec{\mathbf{A}}$ e $\vec{\mathbf{B}}$ é definido como sendo um vetor $\vec{\mathbf{C}}$ cuja intensidade é $C = AB$ sen θ, onde A é a intensidade de $\vec{\mathbf{A}}$, B é a intensidade de $\vec{\mathbf{B}}$ e θ é o menor ângulo entre $\vec{\mathbf{A}}$ e $\vec{\mathbf{B}}$. Esta definição ($C = AB$ sen θ) está na mesma forma da Eq. 9.1 para o torque ($\tau = rF$ sen θ), levando à suspeita de que o torque pode ser escrito como um produto vetorial dos vetores $\vec{\mathbf{r}}$ e $\vec{\mathbf{F}}$.

E em relação à direção e ao sentido do vetor determinado pelo produto vetorial? O vetor $\vec{\mathbf{C}} = \vec{\mathbf{A}} \times \vec{\mathbf{B}}$ é perpendicular ao plano formado por $\vec{\mathbf{A}}$ e $\vec{\mathbf{B}}$, sendo sua direção e seu sentido definidos de acordo com a regra da mão direita: os dedos da mão direita são alinhados com o primeiro vetor ($\vec{\mathbf{A}}$) e girados de $\vec{\mathbf{A}}$ para $\vec{\mathbf{B}}$, segundo o menor dos dois ângulos entre estes vetores. O polegar estendido possui a direção de $\vec{\mathbf{C}}$ e aponta no sentido deste vetor. De acordo com esta definição, o produto vetorial $\vec{\mathbf{A}} \times \vec{\mathbf{B}}$ é diferente do produto vetorial $\vec{\mathbf{B}} \times \vec{\mathbf{A}}$; na realidade, $\vec{\mathbf{A}} \times \vec{\mathbf{B}} = -\vec{\mathbf{B}} \times \vec{\mathbf{A}}$. Os dois produtos vetoriais possuem as mesmas intensidades e direções, mas sentidos opostos. Mais detalhes sobre o produto interno podem ser encontrados no Apêndice H.

Em termos do produto vetorial, o torque pode ser expresso como

$$\vec{\tau} = \vec{\mathbf{r}} \times \vec{\mathbf{F}}, \tag{9-3}$$

De acordo com a definição do produto vetorial, a intensidade do vetor $\vec{\tau}$ dado pela Eq. 9.3 é rF sen θ, de acordo com a definição da intensidade do torque dada pela Eq. 9.1. Para ilustrar como a regra da mão direita determina a direção e o sentido do vetor torque, os vetores $\vec{\mathbf{r}}$ e $\vec{\mathbf{F}}$ da Fig. 9.2 são redesenhados na Fig. 9.4; para simplificar, o corpo rígido não é mostrado. Segundo a regra da mão direita, ilustrada na própria figura, os dedos estão alinhados com $\vec{\mathbf{r}}$ e são girados, através do ângulo θ, até $\vec{\mathbf{F}}$. O polegar aponta na direção do vetor torque, o qual é paralelo ao eixo *z*. Em termos das componentes de $\vec{\mathbf{r}} = x\hat{\mathbf{i}} + y\hat{\mathbf{j}} + z\hat{\mathbf{k}}$ e $\vec{\mathbf{F}} = F_x\hat{\mathbf{i}} + F_y\hat{\mathbf{j}} + F_z\hat{\mathbf{k}}$, , pode-se escrever o torque (ver Apêndice H) como

$$\vec{\tau} = (yF_z - zF_y)\hat{\mathbf{i}} + (zF_x - xF_z)\hat{\mathbf{j}} + (xF_y - yF_x)\hat{\mathbf{k}}. \tag{9-4}$$

O torque definido pelo produto vetorial na Eq. 9.3 é perpendicular ao plano formado por $\vec{\mathbf{r}}$ e $\vec{\mathbf{F}}$. No caso da Fig. 9.4, este plano é o plano *xy*. Assim, o torque precisa ser perpendicular ao plano *xy*, ou paralelo ao eixo *z*. Não é necessário desenhar o vetor torque *ao longo* do eixo *z* (o que foi feito na Fig. 9.4); pode-

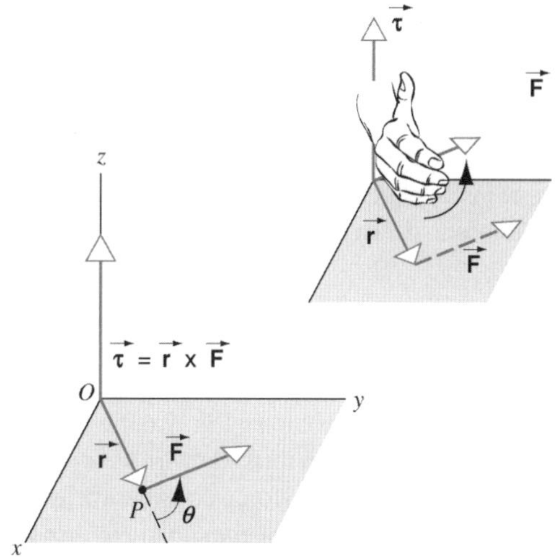

Fig. 9.4 Uma força $\vec{\mathbf{F}}$ atua no ponto *P* de um corpo rígido (que não é mostrado). Esta força exerce um torque $\vec{\tau} = \vec{\mathbf{r}} \times \vec{\mathbf{F}}$ sobre o corpo, em relação à origem *O*. O vetor torque aponta na direção do aumento de *z*; ele pode ser desenhado em qualquer lugar, contanto que seja paralelo ao eixo *z*. A figura mostra como a regra da mão direita é utilizada para encontrar a direção e o sentido do torque. Por conveniência, pode-se deslizar o vetor força lateralmente sem alterar a sua direção e o seu sentido, até que a cauda de $\vec{\mathbf{F}}$ se junte à cauda de $\vec{\mathbf{r}}$.

se posicionar o vetor *em qualquer ponto* do sistema de coordenadas da Fig. 9.4 sem alterar a validade da Eq. 9.3, contanto que τ permaneça paralelo ao eixo z.

Com o corpo rígido e a força aplicada posicionada conforme mostrado na Fig. 9.2, o torque possui apenas uma componente z positiva. A Eq. 9.1 define τ_z na geometria da Fig. 9.2, mas esta equação fornece apenas a intensidade de τ_z e não o seu sinal. Sob a ação da força aplicada, a velocidade angular do corpo rígido aumenta no sentido mostrado na Fig. 9.2, o qual corresponde a uma aceleração angular na direção z com uma componente z positiva (usando as definições dadas na Seção 8.3 para a direção dos vetores velocidade e aceleração angulares). Portanto, um τ_z positivo produz um α_z positivo. Isto é similar à relação vetorial na forma linear da segunda lei de Newton, segundo a qual uma componente da força em uma dada direção produz uma aceleração nessa direção.

Pode-se atribuir um sinal algébrico à componente do vetor torque que atua ao longo de um eixo qualquer, observando-se que uma componente de torque é positiva se tende a produzir rotações no sentido anti-horário quando vista de cima deste eixo, e negativa se ela tende a produzir rotações no sentido horário. De um outro ponto de vista, para encontrar o sinal da componente do vetor torque que atua ao longo de um eixo qualquer, o eixo z por exemplo, alinha-se o polegar da mão direita ao longo do sentido positivo deste eixo; então, τ_z é positivo para uma força que, agindo sozinha, tende a produzir uma rotação no sentido indicado pelos dedos da mão direita; torques negativos são os que tendem a produzir uma rotação no sentido oposto. A Eq. 9.4 fornece diretamente os sinais das componentes.

PROBLEMA RESOLVIDO 9.1.

Um pêndulo consiste em um corpo de massa $m = 0{,}17$ kg preso na extremidade de uma haste rígida de comprimento $L = 1{,}25$ m e de massa desprezível (Fig. 9.5). (*a*) Qual é a intensidade do torque devido à gravidade, em relação ao ponto da rótula O, no instante em que o pêndulo é deslocado de um ângulo de $\theta = 10°$ com a vertical, conforme mostrado? (*b*) Qual é a direção e o sentido do torque, em relação a O, neste instante? A sua direção e o seu sentido dependem se o pêndulo é deslocado para a esquerda ou para a direita da vertical?

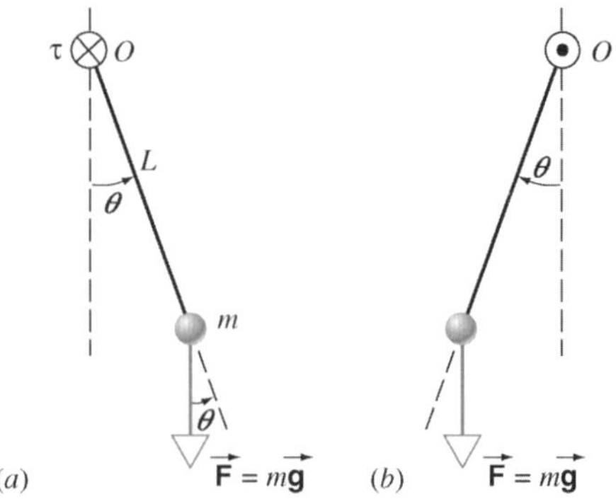

Fig. 9.5 Problema Resolvido 9.1. Um pêndulo, que consiste em um corpo de massa m na extremidade de uma haste rígida, sem massa e de comprimento L. (*a*) A gravidade exerce um torque em O direcionado para dentro da página, indicado aqui pelo símbolo ⊗ (sugerindo a cauda de uma seta). (*b*) Quando o pêndulo é deslocado para a esquerda em relação à vertical, o torque em O está direcionado para fora da página, indicado pelo ⊙ (sugerindo a ponta de uma seta).

Solução (*a*) Pode-se usar diretamente a Eq. 9.1 para encontrar a intensidade do torque, com $r = L$ e $F = mg$:

$$\tau = Lmg \text{ sen } \theta = (1{,}25 \text{ m})(0{,}17 \text{ kg})(9{,}8 \text{ m/s}^2)(\text{sen } 10°)$$
$$= 0{,}36 \text{ N·m}.$$

(*b*) Com o deslocamento mostrado na Fig. 9.5*a*, o torque em relação à rótula está direcionado para dentro do plano do papel. Você deve ser capaz de se convencer que, se o pêndulo é deslocado para o lado oposto em relação à vertical, o torque tem sentido oposto. Conforme é discutido mais tarde neste capítulo, o efeito do torque é produzir uma aceleração angular paralela ao torque. No primeiro caso, a aceleração angular com o sentido para dentro do papel tende a mover o pêndulo em direção à sua posição de equilíbrio. Quando o pêndulo é deslocado para o lado oposto em relação à vertical (Fig. 9.5*b*), o torque com o sentido para fora do papel tende, mais uma vez, a restaurar o pêndulo para a sua posição de equilíbrio. Verifique estas conclusões utilizando a regra da mão direita para relacionar o sentido da rotação com o sentido do vetor de aceleração angular (considerado paralelo ao torque).

9.2 INÉRCIA ROTACIONAL E A SEGUNDA LEI DE NEWTON

Segure uma barra na mão, como na Fig. 9.6. Se virar o seu pulso, você pode girar a barra em torno de vários eixos. Você pode verificar que é necessário um esforço consideravelmente menor para girar a barra em torno de um eixo ao longo do seu comprimento (Fig. 9.6*a*) do que para girá-la em torno de um eixo perpendicular ao seu comprimento (como na Fig. 9.6*b*). A diferença acontece porque a *inércia rotacional* é diferente nos dois casos. Ao contrário da massa de um objeto (a inércia do movimento de translação), a qual possui um único valor, a inércia rotacional de um objeto pode variar se forem escolhidos diferentes eixos de rotação. Conforme pode ser visto, ela depende de como a massa está distribuída em relação ao eixo de rotação. Na Fig. 9.6*a*,

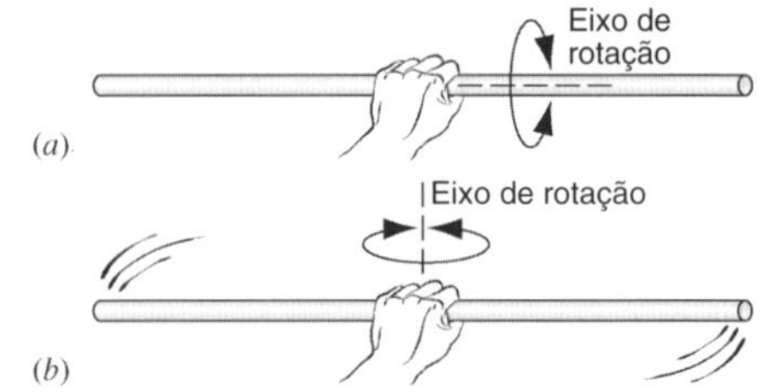

Fig. 9.6 Girar uma barra em torno de um eixo ao longo do seu comprimento, como em (*a*), envolve um esforço menor do que girá-la em torno de um eixo perpendicular ao seu comprimento, como em (*b*). Em (*a*), as partículas da barra estão distribuídas mais próximas ao eixo de rotação do que em (*a*) e, dessa forma, a barra tem uma menor inércia rotacional em (*a*).

a massa está distribuída relativamente próxima ao eixo de rotação; na Fig. 9.6*b* a massa está, na média, muito mais afastada do eixo. Esta diferença resulta em uma maior inércia rotacional na Fig. 9.6*b*, que é sentida como uma maior resistência à rotação. Nesta seção, considera-se a inércia rotacional de uma partícula ou de um conjunto de partículas; a próxima seção trata da inércia rotacional de corpos sólidos como a barra da Fig. 9.6.

Inércia Rotacional de uma Única Partícula

A Fig. 9.7 mostra uma única partícula de massa m. A partícula é livre para girar em torno do eixo z, estando presa a este eixo por uma haste fina de comprimento r e de massa desprezível. Uma força $\vec{\mathbf{F}}$ é aplicada à partícula em uma direção arbitrária que faz um ângulo θ com a haste. Conforme discutido na Seção 9.1, uma componente de força paralela ao eixo de rotação (o eixo z) não exerce qualquer efeito sobre a rotação em torno desse eixo, de modo que só é necessário considerar a força no plano xy.

A componente tangencial de $\vec{\mathbf{F}}$ é a única força sobre a partícula que age na direção tangencial; assim, a força tangencial resultante é $\Sigma F_T = F \text{ sen } \theta$. A aplicação da segunda lei de Newton ao movimento tangencial da partícula fornece $\Sigma F_T = ma_T$. Substituindo a força tangencial resultante por F sen θ e $a_T = \alpha_z r$ (Eq. 8.10), obtém-se

$$F \text{ sen } \theta = m\alpha_z r.$$

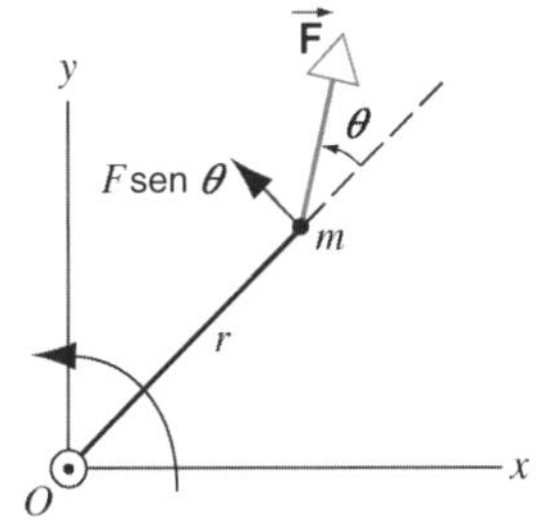

Fig. 9.7 Uma força $\vec{\mathbf{F}}$ é aplicada a uma partícula presa a uma haste rígida de massa desprezível que gira no plano xy. O torque devido à força $\vec{\mathbf{F}}$ está na direção positiva de z (para fora da página), conforme indicado pelo símbolo ⊙ na origem.

Se ambos os lados forem multiplicados pelo raio r, o lado esquerdo desta equação torna-se rF sen θ, que é a componente z do torque em torno do ponto O, conforme definido na Eq. 9.1. Logo, obtém-se

$$\tau_z = mr^2\alpha_z. \tag{9-5}$$

Esta equação estabelece a proporcionalidade entre a componente z do torque e a componente z da aceleração angular, para rotações em torno de um eixo fixo (o eixo z). Ela é similar à segunda lei de Newton para o movimento de translação em uma dimensão (a qual pode ser escrita como $F_z = ma_z$), e a grandeza mr^2 na Eq. 9.5 é análoga à massa na equação de translação. Define-se esta grandeza como sendo a *inércia rotacional I* de uma partícula:

$$I = mr^2. \tag{9-6}$$

A inércia rotacional depende da massa da partícula e da distância perpendicular entre a partícula e o eixo de rotação. À medida que a distância da partícula ao eixo aumenta, a inércia rotacional aumenta, mesmo que a massa não mude.

A inércia rotacional possui dimensões de massa vezes a distância ao quadrado (ML^2) e as suas unidades podem ser $kg \cdot m^2$, por exemplo. A inércia rotacional pode variar com a localização ou a direção do eixo de rotação, mas *não* é um vetor (as suas propriedades direcionais são mais complexas do que as dos vetores comuns). Entretanto, como foi definido na Eq. 9.6, para rotações em torno de um único eixo, a inércia rotacional pode ser tratada como um escalar, em analogia com a massa.

Segunda Lei de Newton para Rotação

Com esta definição de inércia rotacional, pode-se examinar, mais detalhadamente, a relação entre torque e aceleração angular. Isto é feito com base em um sistema mais complexo que pode ser composto de muitas partículas. Assim como a busca da relação entre força e aceleração linear (discutida no Cap. 3) levou à forma da segunda lei de Newton para o movimento de translação, a discussão aqui apresentada leva a uma forma rotacional da segunda lei de Newton.

Inicia-se considerando a inércia rotacional de um sistema mais complexo composto de muitas partículas. Continua-se aplicando apenas uma força a uma das partículas. Por exemplo, a Fig. 9.8*a* mostra um corpo rígido composto de duas partículas de massas m_1 e m_2, ambas livres para rodar no plano xy em torno do eixo z. As partículas estão conectadas ao eixo por hastes de massa desprezível e de comprimentos r_1 e r_2, respectivamente, e também estão conectadas entre si por uma haste similar. Uma força externa $\vec{\mathbf{P}}$ no plano xy é aplicada à partícula 1. Cada partícula também experimenta uma tração agindo ao longo da haste que a conecta com a origem ($\vec{\mathbf{T}}_1$ e $\vec{\mathbf{T}}_2$), assim como uma tração agindo ao longo da haste que conecta as duas partículas ($\vec{\mathbf{T}}_{1h}$ e $\vec{\mathbf{T}}_{2h}$), conforme mostrado na Fig. 9.8*b*. Uma vez que $\vec{\mathbf{T}}_{1h}$ (a força exercida sobre a partícula 1 pela haste) e $\vec{\mathbf{T}}_{h1}$ (a força exercida sobre a haste pela partícula 1) formam um par ação—reação, e de modo similar para $\vec{\mathbf{T}}_{2h}$ e $\vec{\mathbf{T}}_{h2}$, e também porque a força resultante sobre a haste $\vec{\mathbf{T}}_{h1} + \vec{\mathbf{T}}_{h2}$ precisa ser zero (devido à sua massa desprezível), deve-se ter $\vec{\mathbf{T}}_{1h} = -\vec{\mathbf{T}}_{2h}$.

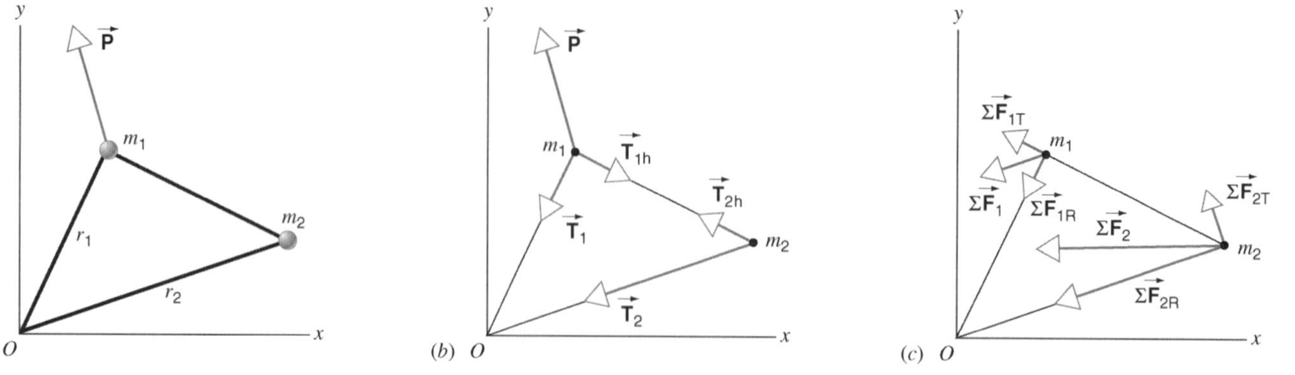

Fig. 9.8 (*a*) Uma força $\vec{P}$ é aplicada a um corpo rígido composto de duas partículas conectadas ao eixo de rotação (o eixo *z*) e entre si através de hastes rígidas de massa desprezível. O sistema inteiro gira no plano *xy*. (*b*) As forças que atuam sobre cada partícula. (*c*) A força resultante sobre cada partícula e as suas componentes radial e tangencial.

A força resultante que atua sobre a partícula 1 é $\Sigma \vec{F}_1 = \vec{P} + \vec{T}_1 + \vec{T}_{1h}$ e sobre a partícula 2 é $\Sigma \vec{F}_2 = \vec{T}_2 + \vec{T}_{2h}$. Consideram-se as componentes radial e tangencial das forças e das acelerações. As componentes das forças resultantes são mostradas na Fig. 9.8*c*. Não existe movimento radial, uma vez que as partículas estão conectadas à origem por hastes rígidas. Além disso, as componentes radiais das forças resultantes $\Sigma \vec{F}_1$ e $\Sigma \vec{F}_2$ não fornecem torque em relação à origem *O*, porque os seus braços de alavanca são nulos. Somente as componentes tangenciais das forças resultantes contribuem para o torque resultante em relação a *O*. O torque resultante em relação a *O* para o sistema de duas partículas é a soma dos torques resultantes para cada uma das partículas:

$$\begin{aligned}\sum \tau_z &= \sum \tau_{1z} + \sum \tau_{2z}\\ &= (\sum F_{1T})r_1 + (\sum F_{2T})r_2. \qquad (9\text{-}7)\end{aligned}$$

Para cada partícula, a força tangencial resultante e a aceleração tangencial estão relacionadas pela segunda lei de Newton: $\Sigma F_{1T} = m_1 a_{1T}$ e $\Sigma F_{2T} = m_2 a_{2T}$. Substituindo estes termos na Eq. 9.7, obtém-se

$$\begin{aligned}\sum \tau_z &= (\sum F_{1T})r_1 + (\sum F_{2T})r_2\\ &= (m_1 a_{1T})r_1 + (m_2 a_{2T})r_2\\ &= (m_1 \alpha_z r_1)r_1 + (m_2 \alpha_z r_2)r_2\\ &= (m_1 r_1^2 + m_2 r_2^2)\alpha_z, \qquad (9\text{-}8)\end{aligned}$$

onde a terceira linha resulta da utilização da Eq. 8.10 para as acelerações tangenciais ($a_{1T} = \alpha_z r_1$ e $a_{2T} = \alpha_z r_2$). A aceleração angular α_z é a mesma para ambas as partículas, porque o objeto de duas partículas gira como um corpo rígido.

A grandeza $m_1 r_1^2 + m_2 r_2^2$ na Eq. 9.8 é, por analogia com a Eq. 9.6, a inércia rotacional *total* deste sistema de duas partículas:

$$I = m_1 r_1^2 + m_2 r_2^2. \qquad (9\text{-}9)$$

No caso que envolve a rotação de duas partículas em torno de um eixo comum, pode-se simplesmente adicionar as suas inércias rotacionais. A extensão óbvia para um objeto rígido composto de *N* partículas que giram em torno de um mesmo eixo é

$$I = m_1 r_1^2 + m_2 r_2^2 + \cdots + m_N r_N^2 = \sum m_n r_n^2. \qquad (9\text{-}10)$$

Pode-se, ainda, fazer uma simplificação na Eq. 9.8. Voltando à Fig. 9.8*b* para examinar as contribuições ao torque resultante em relação a *O*, observa-se que as trações $\vec{T}_1$ e $\vec{T}_2$ não promovem torque em relação a *O* porque as suas linhas de ação passam por *O*. Além disso, as trações $\vec{T}_{1h}$ e $\vec{T}_{2h}$ não contribuem para o torque resultante sobre as duas partículas porque elas são iguais em intensidade e direção e opostas em sentido *e* possuem a mesma linha de ação. Portanto, o torque resultante em relação a *O* deve-se apenas à força externa $\vec{P}$, e pode-se substituir $\Sigma\ \tau_z$ na Eq. 9.8 por $\Sigma\ \tau_{ext,z}$, devendo-se a componente *z* do torque em relação a *O* somente à força *externa*. Fazendo estas substituições, e usando a Eq. 9.9, pode-se escrever a Eq. 9.8 como

$$\sum \tau_{ext,z} = I\alpha_z. \qquad (9\text{-}11)$$

Esta é a *forma rotacional da segunda lei de Newton*. Ela relaciona o *torque externo resultante* em relação a um determinado eixo fixo (o eixo *z*, neste caso) com a aceleração angular em relação a esse eixo. A inércia rotacional *I* precisa ser calculada em relação a esse mesmo eixo.

A Eq. 9.11 é bastante similar à forma da segunda lei de Newton para o movimento de translação em uma dimensão, $\Sigma F_z = ma_z$. Porém, existe uma diferença significativa: esta equação da translação é uma das componentes da equação vetorial $\Sigma \vec{F} = m\vec{a}$, mas não é possível, em geral, escrever uma equação rotacional nesta forma vetorial porque a inércia rotacional *I* pode ser diferente para rotações em torno dos eixos *x*, *y* e *z*. Isto sugere que a inércia rotacional é uma grandeza mais complexa do que a simples forma escalar que está sendo usada. No entanto, quando a Eq. 9.11 é usada para rotações em torno de um único eixo, *I* pode ser considerado um escalar.

Nestes cálculos, a força externa foi aplicada a uma das partículas. Se, por outro lado, a força for aplicada em um ponto qualquer do sistema da Fig. 9.8*a* (mesmo em uma das hastes) obtém-se um outro valor de $\Sigma\ \tau_{\text{ext},z}$, mas a Eq. 9.11 permanece válida. Se várias forças externas agem sobre um corpo rígido, adicionam-se os torques devidos a todas as forças externas, tomando cada torque em relação ao mesmo eixo z.

PROBLEMA RESOLVIDO 9.2.

Três partículas de massas m_1 (2,3 kg), m_2 (3,2 kg) e m_3 (1,5 kg) estão conectadas por hastes finas de massa desprezível, de modo que elas estão posicionadas nos vértices de um triângulo retângulo 3-4-5 que está no plano xy (Fig. 9.9). (*a*) Encontre a inércia rotacional em relação a cada um dos três eixos perpendiculares ao plano xy que passam através de cada uma das partículas. (*b*) Uma força $\vec{F}$ de 4,5 N de intensidade é aplicada a m_2 no plano xy a um ângulo de 30° com a horizontal. Encontre a aceleração angular, levando em conta que o sistema gira em torno de um eixo perpendicular ao plano xy que passa por m_3.

Solução (*a*) Considere primeiro o eixo que passa por m_1. Para massas pontuais, m_1 está sobre o eixo de modo que $r_1 = 0$ e m_1 não contribui para a inércia rotacional. As distâncias do eixo a m_2 e m_3 são $r_2 = 3{,}0$ m e $r_3 = 4{,}0$ m. A inércia rotacional em relação ao eixo que passa por m_1 é, então (usando a Eq. 9.10),

$$\begin{aligned} I_1 = \sum m_n r_n^2 &= (2{,}3\ \text{kg})(0\ \text{m})^2 + (3{,}2\ \text{kg})(3{,}0\ \text{m})^2 \\ &\quad + (1{,}5\ \text{kg})(4{,}0\ \text{m})^2 \\ &= 53\ \text{kg}\cdot\text{m}^2. \end{aligned}$$

De maneira similar, para o eixo que passa por m_2, tem-se

$$\begin{aligned} I_2 = \sum m_n r_n^2 &= (2{,}3\ \text{kg})(3{,}0\ \text{m})^2 + (3{,}2\ \text{kg})(0\ \text{m})^2 \\ &\quad + (1{,}5\ \text{kg})(5{,}0\ \text{m})^2 \\ &= 58\ \text{kg}\cdot\text{m}^2. \end{aligned}$$

Para o eixo que passa por m_3,

$$\begin{aligned} I_3 = \sum m_n r_n^2 &= (2{,}3\ \text{kg})(4{,}0\ \text{m})^2 + (3{,}2\ \text{kg})(5{,}0\ \text{m})^2 \\ &\quad + (1{,}5\ \text{kg})(0\ \text{m})^2 \\ &= 117\ \text{kg}\cdot\text{m}^2. \end{aligned}$$

Se um determinado torque é aplicado ao sistema, em torno de que eixo o torque produz a maior aceleração angular? E a menor aceleração angular?

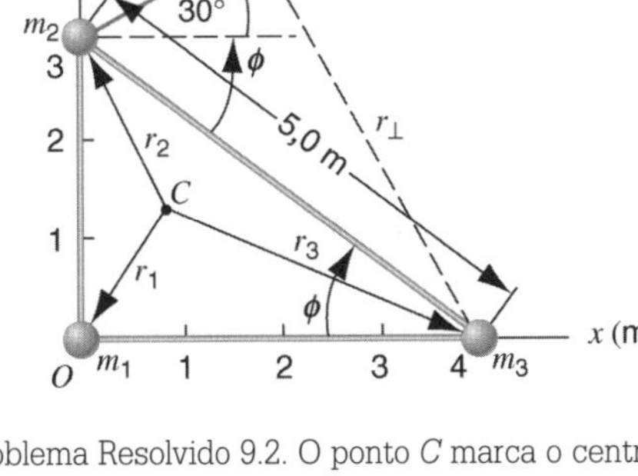

Fig. 9.9 Problema Resolvido 9.2. O ponto *C* marca o centro de massa do sistema composto pelas três partículas.

(*b*) Uma vez que o corpo gira em torno de um eixo paralelo ao eixo z, somente é necessária a componente z do torque. Pode-se usar a Eq. 9.2*b* ($\tau_z = r_\perp F$) para a intensidade do torque, portanto é necessário encontrar o braço de alavanca $r_\perp$ indicado na Fig. 9.9. Do triângulo com as três partículas nos vértices, tem-se $\phi = \text{sen}^{-1}\ 3/5 = 37°$. O ângulo entre $\vec{F}$ e a linha que conecta m_3 a m_2 é 30° + 37° = 67°, e assim $r_\perp = 5{,}0$ sen 67° = 4,6 m. A intensidade do torque em relação a m_3 é, então,

$$\tau_z = r_\perp F = (4{,}6\ \text{m})(4{,}5\ \text{N}) = 20{,}7\ \text{N}\cdot\text{m}.$$

Visto que as Eqs. 9.1 e 9.2 fornecem somente a intensidade do torque, deve-se decidir independentemente se as suas componentes z são positivas ou negativas. Sob a ação da força $\vec{F}$, o sistema mostrado na Fig. 9.9 tende a girar no sentido horário. Utilizando a regra da mão direita com os dedos no sentido da rotação horária, o polegar aponta para dentro do papel — isto é, no sentido negativo de z. Portanto, conclui-se que $\tau_z = -20{,}7$ N·m.

Uma vez que este é o único torque externo que atua sobre o sistema, a Eq. 9.11 fornece a aceleração angular usando a inércia rotacional em relação ao eixo que passa por m_3 encontrado na parte (*a*):

$$\alpha_z = \frac{\sum \tau_{\text{ext},z}}{I_3} = \frac{-20{,}7\ \text{N}\cdot\text{m}}{117\ \text{kg}\cdot\text{m}^2} = -0{,}18\ \text{rad/s}^2.$$

Mais uma vez, o sinal negativo indica uma aceleração angular no sentido horário segundo a regra da mão direita.

PROBLEMA RESOLVIDO 9.3.

Para o sistema de três partículas da Fig. 9.9, encontre a inércia rotacional em relação a um eixo perpendicular ao plano xy que passa pelo centro de massa do sistema.

Solução Primeiro é necessário localizar o centro de massa:

$$\begin{aligned} x_{\text{cm}} &= \frac{\sum m_n x_n}{\sum m_n} \\ &= \frac{(2{,}3\ \text{kg})(0\ \text{m}) + (3{,}2\ \text{kg})(0\ \text{m}) + (1{,}5\ \text{kg})(4{,}0\ \text{m})}{2{,}3\ \text{kg} + 3{,}2\ \text{kg} + 1{,}5\ \text{kg}} \\ &= 0{,}86\ \text{m}, \end{aligned}$$

$$\begin{aligned} y_{\text{cm}} &= \frac{\sum m_n y_n}{\sum m_n} \\ &= \frac{(2{,}3\ \text{kg})(0\ \text{m}) + (3{,}2\ \text{kg})(3{,}0\ \text{m}) + (1{,}5\ \text{kg})(0\ \text{m})}{2{,}3\ \text{kg} + 3{,}2\ \text{kg} + 1{,}5\ \text{kg}} \\ &= 1{,}37\ \text{m}. \end{aligned}$$

As distâncias ao quadrado de cada partícula ao centro de massa são

$$r_1^2 = x_{\text{cm}}^2 + y_{\text{cm}}^2 = (0{,}86\ \text{m})^2 + (1{,}37\ \text{m})^2 = 2{,}62\ \text{m}^2$$

$$\begin{aligned} r_2^2 &= x_{\text{cm}}^2 + (y_2 - y_{\text{cm}})^2 = (0{,}86\ \text{m})^2 + (3{,}0\ \text{m} - 1{,}37\ \text{m})^2 \\ &= 3{,}40\ \text{m}^2, \end{aligned}$$

$$\begin{aligned} r_3^2 &= (x_3 - x_{\text{cm}})^2 + y_{\text{cm}}^2 = (4{,}0\ \text{m} - 0{,}86\ \text{m})^2 + (1{,}37\ \text{m})^2 \\ &= 11{,}74\ \text{m}^2. \end{aligned}$$

A inércia rotacional segue diretamente da Eq. 9.10:

$$I_{cm} = \sum m_n r_n^2 = (2{,}3\text{ kg})(2{,}62\text{ m}^2) + (3{,}2\text{ kg})(3{,}40\text{ m}^2) + (1{,}5\text{ kg})(11{,}74\text{ m}^2) = 35\text{ kg}\cdot\text{m}^2.$$

Observe que a inércia rotacional em relação ao centro de massa é a menor entre todas que foram calculadas para este sistema (compare os valores do Problema Resolvido 9.2). Este é um resultado geral que será provado em seguida. É mais fácil girar um corpo em torno de um eixo que passa pelo centro de massa do que em torno de qualquer outro eixo paralelo.

TEOREMA DOS EIXOS PARALELOS

O resultado do problema resolvido anterior leva a um importante resultado geral, o *teorema dos eixos paralelos*:

> *A inércia rotacional de um corpo qualquer em relação a um eixo arbitrário é igual à inércia rotacional em relação a um eixo paralelo que passa pelo centro de massa somada da massa total vezes a distância entre os dois eixos ao quadrado.*

Matematicamente, o teorema dos eixos paralelos possui a seguinte forma:

$$I = I_{cm} + Mh^2, \tag{9-12}$$

onde I é a inércia rotacional em relação a um eixo arbitrário, I_{cm} é a inércia rotacional em relação a um eixo paralelo e que passa pelo centro de massa, M é a massa total do objeto e h é a distância perpendicular entre os eixos. Observe que os dois eixos precisam ser paralelos.

Antes de apresentar a prova do teorema dos eixos paralelos, mostra-se como os resultados do Problema Resolvido 9.2 podem ser obtidos utilizando este teorema. Inicia-se com a inércia rotacional em relação ao centro de massa, que de acordo com o resultado obtido no Problema Resolvido 9.3 é igual a $I_{cm} = 35$ kg·m². A distância h entre o eixo que passa pelo centro de massa e o eixo que passa por m_1 é r_1, cujo quadrado foi calculado no Problema Resolvido 9.3. Então

$$I_1 = I_{cm} + Mh^2 = 35\text{ kg}\cdot\text{m}^2 + (2{,}3\text{ kg} + 3{,}2\text{ kg} + 1{,}5\text{ kg})(2{,}62\text{ m}^2) = 53\text{ kg}\cdot\text{m}^2,$$

está de acordo com o resultado da parte (*a*) do Problema Resolvido 9.2. Você deve certificar-se de que I_2 e I_3 podem ser verificados da mesma forma.

O teorema dos eixos paralelos possui um importante corolário: uma vez que o termo Mh^2 é sempre positivo, I_{cm} é sempre a menor inércia rotacional entre qualquer grupo de eixos paralelos (pode não ser a menor inércia rotacional *absoluta* de um corpo; um menor valor pode ser obtido para um eixo que aponta para uma direção diferente). Portanto, para as rotações em um dado plano, a escolha de um eixo que passa pelo centro de massa fornece a maior aceleração angular para um dado torque.

Prova do Teorema dos Eixos Paralelos. A Fig. 9.10 mostra uma placa fina no plano xy, que pode ser vista como uma coleção de partículas. Deseja-se calcular a inércia rotacional do objeto em relação ao eixo z, o qual passa pela origem O na Fig. 9.10 pelos ângulos corretos em direção ao plano da figura. Representa-se cada partícula na placa através da sua massa m_n, das suas coordenadas x_n e y_n em relação à origem O e das suas coordenadas x'_n e y'_n em relação ao centro de massa C. A inércia rotacional em relação ao eixo que passa por O é

$$I = \sum m_n r_n^2 = \sum m_n(x_n^2 + y_n^2).$$

Em relação a O, o centro de massa possui coordenadas x_{cm} e y_{cm}, e da geometria da Fig. 9.10 pode-se observar que as relações entre as coordenadas x_n, y_n e x'_n, y'_n são $x_n = x'_n + x_{cm}$ e $y_n = x'_n + y_{cm}$. Substituindo-se estas transformações, tem-se

$$I = \sum m_n[(x'_n + x_{cm})^2 + (y'_n + y_{cm})^2] = \sum m_n(x'^2_n + 2x'_n x_{cm} + x^2_{cm} + y'^2_n + 2y'_n y_{cm} + y^2_{cm}).$$

Reagrupando os termos, a equação pode ser escrita como

$$I = \sum m_n(x'^2_n + y'^2_n) + 2x_{cm}\sum m_n x'_n + 2y_{cm}\sum m_n y'_n + (x^2_{cm} + y^2_{cm})\sum m_n.$$

O primeiro somatório acima é apenas $I_{cm} = \Sigma\, m_n r'^2_n$. Os dois próximos termos são semelhantes aos usados para calcular as coordenadas do centro de massa (Eq. 7.12), mas (como mostra a Fig. 9.10) eles são calculados *no* centro de massa do sistema. Por

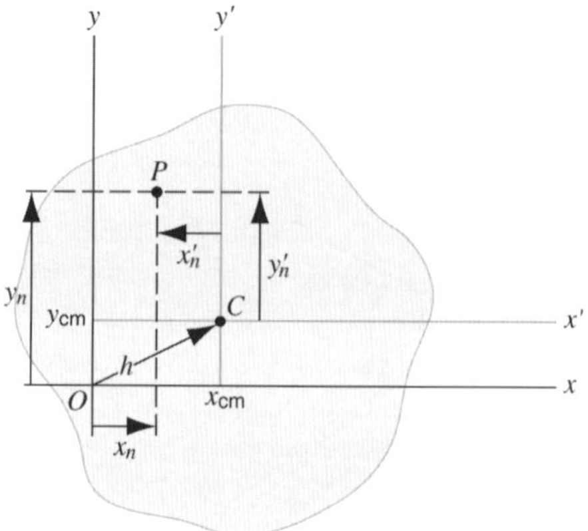

Fig. 9.10 Uma placa fina no plano xy vai ser girada em torno do eixo z, o qual é perpendicular à página e passa pela origem O. O ponto C representa o centro de massa da placa. Uma partícula P está localizada nas coordenadas x_n, y_n, medidas em relação à origem O e nas coordenadas x'_n, y'_n, medidas em relação ao centro de massa C.

exemplo, $\Sigma m_n x'_n = Mx'_{cm} = 0$ porque $x'_{cm} = 0$, e assim $\Sigma m_n y'_{cm} = My'_{cm} = 0$; no sistema de coordenadas do centro de massa, por definição, o centro de massa está na origem, e portanto estes termos desaparecem. No último termo, h representa a distância entre a origem O e o centro de massa C, de modo que $h^2 = x^2_{cm} + y^2_{cm}$; então, $\Sigma m_n = M$, a massa total. Assim

$$I = I_{cm} + Mh^2,$$

o que prova o teorema dos eixos paralelos.

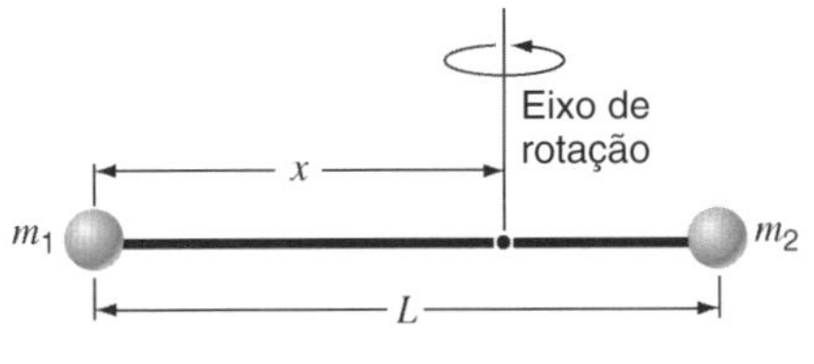

Fig. 9.11 Problema Resolvido 9.4. O objeto vai girar em torno de um eixo perpendicular à haste que conecta as massas, posicionado a uma distância x de m_1.

PROBLEMA RESOLVIDO 9.4.

O objeto mostrado na Fig. 9.11 consiste em duas partículas, de massas m_1 e m_2, conectadas por uma haste rígida leve de comprimento L. (*a*) Desprezando a massa da haste, encontre a inércia rotacional I deste sistema para rotações do objeto em torno de um eixo perpendicular à haste e a uma distância x de m_1. (*b*) Mostre que I é mínimo quando $x = x_{cm}$.

Solução (*a*) Da Eq. 9.9, obtém-se

$$I = m_1 x^2 + m_2(L - x)^2.$$

(*b*) Encontra-se o valor mínimo de I igualando-se dI/dx a zero:

$$\frac{dI}{dx} = 2m_1 x + 2m_2(L - x)(-1) = 0.$$

Resolvendo a equação, encontra-se o valor de x para o qual o mínimo ocorre:

$$x = \frac{m_2 L}{m_1 + m_2}.$$

que é idêntico à expressão para o centro de massa do objeto, e, portanto, a inércia rotacional atinge o seu valor mínimo em $x = x_{cm}$. Isto é consistente com o teorema dos eixos paralelos, o qual requer que I_{cm} seja o menor valor de inércia rotacional entre os eixos paralelos.

Os pontos para os quais a primeira derivada de uma função é igual a zero podem não estar todos associados aos mínimos da função; alguns podem ser máximos da função. Você é capaz de mostrar, usando a *segunda* derivada, que o valor obtido é um mínimo de I?

9.3 INÉRCIA ROTACIONAL DE CORPOS SÓLIDOS

Se for considerado que um corpo é formado por um número finito de partículas, é possível calcular a sua inércia rotacional em relação a qualquer eixo usando a Eq. 9.10 e efetuando-se a soma sobre todas as suas partículas. Entretanto, quando se considera uma distribuição contínua da matéria, pode-se imaginar o corpo como composto de um grande número de pequenos elementos de massa δm_n. Cada δm_n está localizado a uma distância perpendicular r_n do eixo de rotação. Considerando cada δm_n como sendo aproximadamente uma massa pontual, pode-se calcular a inércia rotacional de acordo com a Eq. 9.10:

$$I = \sum r_n^2\, \delta m_n. \qquad (9\text{-}13)$$

Este somatório será em breve transformado em uma integral, fazendo-se δm_n infinitamente pequeno, no limite. Por enquanto, a transição para o cálculo integral é ilustrada utilizando-se a Eq. 9.13 para obter uma aproximação para a inércia rotacional de uma haste sólida uniforme que gira em torno de um eixo perpendicular à haste e que passa pelo meio dela. A Fig. 9.12*a* ilustra esta situação. A haste possui um comprimento L e uma massa M. Imagine que a haste é dividida em 10 pedaços, cada um com um comprimento $L/10$ e uma massa $M/10$. Estes pedaços são numerados de $n = 1$ a $n = 10$, de modo que o enésimo pedaço está a uma distância r_n do eixo; para este cálculo, toma-se r_n como sendo a distância medida desde o eixo até o meio do pedaço. Assim, para os pedaços em cada uma das extremidades $r_1 = r_{10} = 0{,}45L$, para os pedaços próximos às extremidades $r_2 = r_9 = 0{,}35L$ e para os pedaços próximos ao eixo $r_5 = r_6 = 0{,}05L$. Agora, desenvolve-se a soma sobre os 10 pedaços, de acordo com a Eq. 9.13:

$$\begin{aligned} I &= r_1^2\,\delta m_1 + r_2^2\,\delta m_2 + \cdots + r_{10}^2\,\delta m_{10} \\ &= (0{,}1M)(0{,}45L)^2 + (0{,}1M)(0{,}35L)^2 + (0{,}1M)(0{,}25L)^2 \\ &\quad +(0{,}1M)(0{,}15L)^2 + (0{,}1M)(0{,}05L)^2 + \cdots, \end{aligned}$$

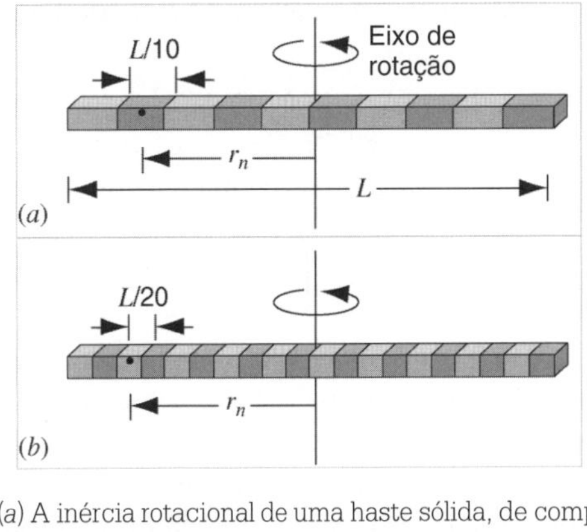

Fig. 9.12 (*a*) A inércia rotacional de uma haste sólida, de comprimento L, que gira em torno de um eixo que passa pelo seu centro e é perpendicular ao seu comprimento, pode ser calculada aproximadamente dividindo-se a haste em 10 pedaços iguais, cada um de comprimento $L/10$. Cada pedaço é considerado como uma massa pontual localizada a uma distância r_n do eixo. (*b*) Uma aproximação mais precisa para a inércia rotacional da haste é obtida dividindo-se a haste em 20 pedaços.

onde, na segunda equação, os cinco termos listados correspondem à metade da haste e $\cdots$ significa que existem cinco termos idênticos associados à outra metade. Avaliando-se os termos, obtém-se como resultado

$$I = 0{,}0825ML^2 = \frac{1}{12{,}12}ML^2 \quad \text{(10 pedaços)}.$$

Mais tarde, ficará aparente o motivo para escrever o resultado nesta forma.

Suponha que a haste seja dividida agora em 20 pedaços, cada um de comprimento $L/20$ e massa $M/20$ (Fig. 9.12*b*). Repetindo os cálculos acima, obtém-se como resultado

$$I = 0{,}0831ML^2 = \frac{1}{12{,}03}ML^2 \quad \text{(20 pedaços)}.$$

Será que o resultado se aproxima de um valor-limite que possa ser considerado como a inércia rotacional, conforme se aumenta o número de pedaços? No Exercício 21, é solicitado que o resultado seja derivado para um número arbitrário, N, de pedaços:

$$I = \frac{1}{12}ML^2\left(\frac{N^2-1}{N^2}\right) \quad (N\ \text{pedaços}). \tag{9-14}$$

Claramente, este resultado aproxima-se do limite $ML^2/12$ para $N \to \infty$, e pode ser considerado como o valor da inércia rotacional da haste. Observe que os coeficientes numéricos para $N = 10$ $(\frac{1}{12{,}12})$ e $N = 20$ $(\frac{1}{12{,}03})$ mostram que $N \to \infty$ tende-se ao limite $(\frac{1}{12})$.

O método algébrico apresentado é fácil de ser aplicado em alguns poucos casos, e é útil para que se possa acompanhar como o cálculo integral divide um objeto sólido em pedaços infinitesimais e processa a soma sobre os pedaços. Para os cálculos que envolvem a maioria dos sólidos, o método algébrico é pesado e o emprego direto das técnicas de cálculo não é uma tarefa fácil. Tomando-se o limite da Eq. 9.13 à medida que o número de pedaços se torna muito grande, ou, de modo equivalente, à medida que as suas massas δm se tornam muito pequenas:

$$I = \lim_{\delta m_n \to 0} \sum r_n^2\, \delta m_n,$$

e, da forma usual, a soma torna-se uma integral no limite:

$$I = \int r^2\, dm. \tag{9-15}$$

A integração é efetuada sobre todo o volume do objeto, mas freqüentemente algumas simplificações na geometria podem reduzir a integral a termos mais tratáveis.

Como exemplo, volta-se à haste girada em torno de um eixo que passa pelo seu centro. A Fig. 9.13 mostra o problema sob o ponto de vista da integração. Escolhe-se um elemento *arbitrário* de massa dm e posicionado a uma distância x do eixo (sendo a variável x usada como variável de integração). A massa deste elemento é igual à massa específica (massa por unidade de volume) ρ, multiplicada pelo volume do elemento dV. O volume do elemento é igual à área multiplicada pela sua espessura dx:

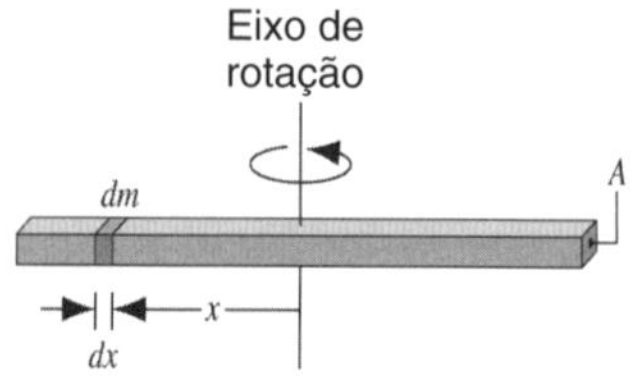

Fig. 9.13 A inércia rotacional de uma haste sólida é calculada pela integração ao longo do seu comprimento. Um elemento de massa dm está localizado a uma distância perpendicular x do eixo de rotação.

$$dV = A\, dx$$

$$dm = \rho\, dV = \rho A\, dx.$$

Considera-se que a haste possui uma área da seção transversal A uniforme e uma massa específica ρ uniforme, sendo a última igual à massa total M dividida pelo volume total AL: $\rho = M/V = M/AL$. Desenvolvendo a Eq. 9.15, obtém-se

$$I = \int r^2\, dm = \int x^2 \frac{M}{AL} A\, dx = \frac{M}{L}\int x^2\, dx.$$

Com $x = 0$ no meio da haste, os limites de integração são de $x = -L/2$ a $x = +L/2$. A inércia rotacional é, então,

$$I = \frac{M}{L}\int_{-L/2}^{+L/2} x^2\, dx = \frac{M}{L}\frac{x^3}{3}\Bigg|_{-L/2}^{+L/2}$$

$$I = \tfrac{1}{12}ML^2. \tag{9-16}$$

Este resultado é idêntico ao obtido através do método algébrico, Eq. 9.14, no limite $N \to \infty$.

Caso se deseje girar a haste em relação a um eixo que passa por uma das extremidades e é perpendicular ao seu comprimento, pode-se usar o teorema dos eixos paralelos (Eq. 9.12). I_{cm} já foi obtido e a distância h entre os eixos paralelos é igual à metade do comprimento, assim

$$I = \tfrac{1}{12}ML^2 + M(L/2)^2 = \tfrac{1}{3}ML^2.$$

Geralmente calcula-se a inércia rotacional de um corpo sólido decompondo-o em elementos com inércias rotacionais conhecidas. Por exemplo, suponha que se tenha uma placa retangular sólida de comprimento a e largura b, conforme mostrado na Fig. 9.14. Deseja-se calcular a inércia rotacional em relação a um eixo perpendicular à placa e que passe pelo seu centro.

A placa pode ser dividida em uma série de tiras, cada uma das quais devendo ser vista como uma haste. Considere a tira de massa dm, comprimento a e largura dx mostrada na Fig. 9.14. A massa da tira dm está relacionada com a massa total M, da mesma forma que a área superficial da tira ($a\,dx$) está relacionada com a área superficial total ab:

$$\frac{dm}{M} = \frac{a\,dx}{ab} = \frac{dx}{b}$$

$$dm = \frac{M}{b}dx.$$

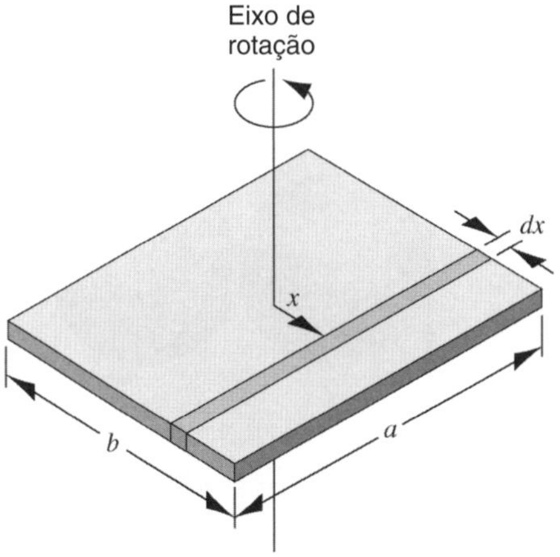

Fig. 9.14 Uma placa retangular sólida de lados a e b é girada em torno de um eixo que passa pelo seu centro e é perpendicular à sua superfície. Para calcular a inércia rotacional, considera-se que a placa é dividida em tiras. A tira sombreada pode ser considerada uma haste, cuja inércia rotacional em relação ao eixo central pode ser encontrada com a utilização do teorema dos eixos paralelos.

Segundo o teorema dos eixos paralelos, a inércia rotacional dI da tira em relação ao eixo está relacionada com a inércia rotacional da tira (vista como uma haste) em relação ao seu centro de massa, dada pela Eq. 9.16 como $dI_{cm} = \frac{1}{12}\,dm\,a^2$:

$$dI = dI_{cm} + dm\,h^2$$
$$= \tfrac{1}{12}dm\,a^2 + dm\,x^2.$$

Substituir dm resulta em

$$dI = \frac{Ma^2}{12b}\,dx + \frac{M}{b}\,x^2\,dx,$$

e I segue da integral

$$I = \int dI = \frac{Ma^2}{12b}\int dx + \frac{M}{b}\int x^2\,dx.$$

Os limites de integração sobre x são de $-b/2$ e $+b/2$. Desenvolvendo-se as integrações, obtém-se

$$I = \tfrac{1}{12}M(a^2 + b^2). \qquad (9\text{-}17)$$

Observe que este resultado independe da espessura da placa: obtém-se o mesmo resultado para uma pilha de placas de massa total M ou, de modo similar, para um bloco retangular sólido com as mesmas dimensões da superfície. Observe, também, que o resultado depende do comprimento diagonal da placa, em vez de a e b em separado. Você é capaz de explicar isto?

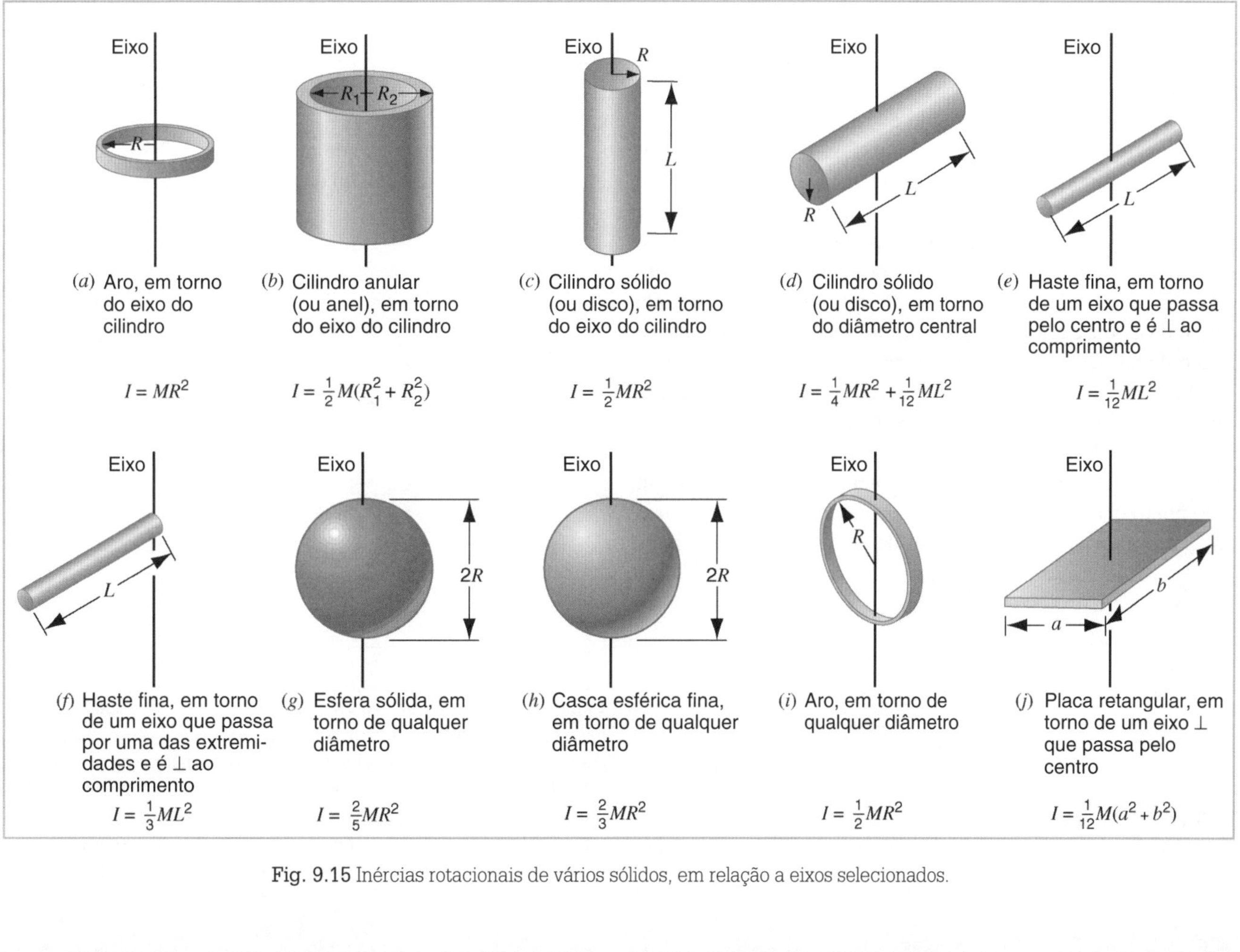

Fig. 9.15 Inércias rotacionais de vários sólidos, em relação a eixos selecionados.

Trabalhando dessa forma, é possível determinar a inércia rotacional de quase todos os objetos sólidos regulares. A Fig. 9.15 mostra alguns objetos comuns e as suas inércias rotacionais. Embora seja relativamente simples utilizar integrais em duas ou três dimensões para calcular estas inércias rotacionais, freqüentemente é possível, como foi feito no cálculo anterior, decompor um sólido complexo em sólidos mais simples para os quais se conheçam as inércias rotacionais. O Problema 16 no final deste capítulo descreve este tipo de cálculo para uma esfera sólida.

PROBLEMA RESOLVIDO 9.5.

Duas esferas sólidas idênticas de massa M e raio R são acopladas, e o sólido combinado é girado em torno de um eixo tangente a uma das esferas e perpendicular à linha que as conecta (Fig. 9.16). Qual é a inércia rotacional do sólido combinado?

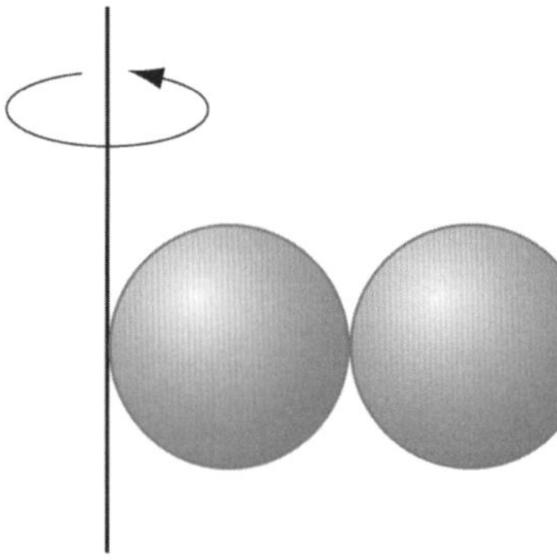

Fig. 9.16 Problema Resolvido 9.5. Duas esferas em contato são giradas em torno de um eixo.

Solução Assim como as massas, as inércias rotacionais de objetos sólidos podem ser adicionadas como escalares, de modo que o valor total para as duas esferas é $I = I_1 + I_2$. Para a primeira esfera (aquela mais próxima do eixo de rotação) tem-se, do teorema dos eixos paralelos,

$$I_1 = I_{cm} + Mh^2 = \tfrac{2}{5}MR^2 + MR^2 = 1{,}4MR^2$$

e para a segunda esfera

$$I_2 = I_{cm} + Mh^2 = \tfrac{2}{5}MR^2 + M(3R)^2 = 9{,}4MR^2.$$

O valor total é

$$I = I_1 + I_2 = 10{,}8MR^2.$$

9.4 TORQUE CAUSADO PELA GRAVIDADE

Na Fig. 9.2, a força foi aplicada a um único ponto do corpo e foi possível usar a Eq. 9.3 para encontrar o torque causado por aquela força. Agora, suponha que você está segurando uma das extremidades de uma viga longa, sendo que a outra está fixada por um pino em torno de um eixo horizontal (Fig. 9.17). Se a sua mão não estivesse suportando a extremidade da viga, ela iria girar em torno do eixo devido à força para baixo da gravidade. Se a viga for considerada como um conjunto de partículas pontuais, então a gravidade que atua para baixo promove um torque em torno do eixo causado pelo peso de cada partícula. O torque resultante sobre toda a viga é a soma desses torques individuais, mas este é um problema complicado para ser resolvido.

Felizmente, o problema normalmente pode ser simplificado. Pode-se substituir o efeito da gravidade que atua sobre todas as partículas do corpo por uma única força que possui duas características: (1) ela é igual ao peso do objeto e (2) ela atua em um único ponto chamado de *centro de gravidade*. Como será visto mais tarde, para a maioria dos casos de interesse — e para todos os casos considerados neste livro — o centro de gravidade de um corpo coincide com o centro de massa. A seguir, prova-se que a força única que atua sobre um objeto possui as duas características listadas acima.

Imagine que um corpo de massa M (Fig. 9.18) seja dividido em um número considerável de partículas. A força gravitacional

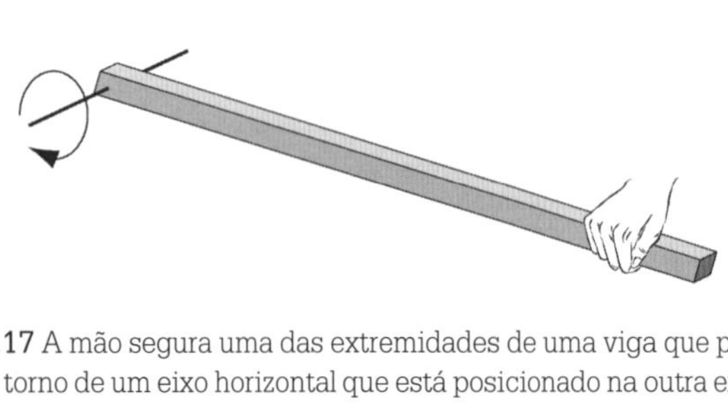

Fig. 9.17 A mão segura uma das extremidades de uma viga que pode girar em torno de um eixo horizontal que está posicionado na outra extremidade.

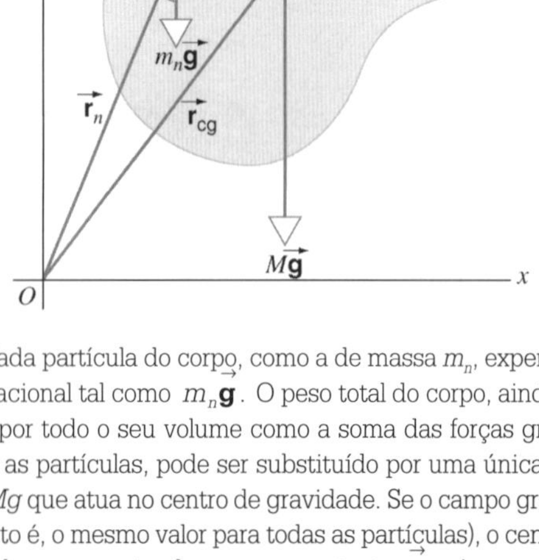

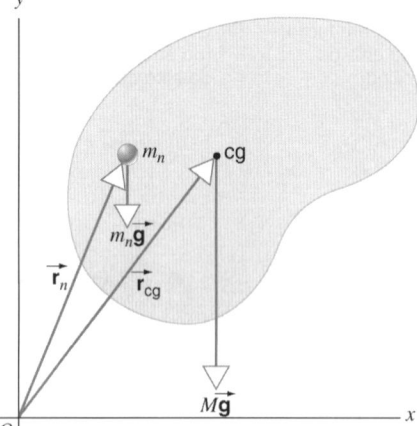

Fig. 9.18 Cada partícula do corpo, como a de massa m_n, experimenta uma força gravitacional tal como $m_n\vec{\mathbf{g}}$. O peso total do corpo, ainda que esteja distribuído por todo o seu volume como a soma das forças gravitacionais sobre todas as partículas, pode ser substituído por uma única força de intensidade Mg que atua no centro de gravidade. Se o campo gravitacional é uniforme (isto é, o mesmo valor para todas as partículas), o centro de gravidade coincide com o centro de massa, e, portanto, $\vec{\mathbf{r}}_{cg}$ é o mesmo que $\vec{\mathbf{r}}_{cm}$.

exercida pela Terra na enésima partícula de massa m_n é $m_n\vec{\mathbf{g}}$. Esta força é direcionada para baixo, na direção do centro da Terra. A força resultante sobre o objeto inteiro causada pela gravidade é a soma de todas as partículas individuais, ou

$$\sum \vec{\mathbf{F}} = \sum m_n\vec{\mathbf{g}}. \qquad (9\text{-}18)$$

Uma vez suposto que $\vec{\mathbf{g}}$ possui o mesmo valor para cada partícula do corpo, pode-se passar $\vec{\mathbf{g}}$ para fora do somatório da Eq. 9.18, o que fornece

$$\sum \vec{\mathbf{F}} = \vec{\mathbf{g}} \sum m_n = M\vec{\mathbf{g}} \qquad (9\text{-}19)$$

Isto prova a primeira proposição feita acima, segundo a qual é possível substituir a força resultante da gravidade que atua sobre o corpo inteiro por uma única força $M\vec{\mathbf{g}}$.

Agora o torque é calculado em relação a um eixo perpendicular à página e que passa por um ponto arbitrário O, conforme mostrado na Fig. 9.18. O vetor $\vec{\mathbf{r}}_n$ localiza a partícula de massa m_n em relação a esta origem. O torque resultante em relação a este ponto, devido à gravidade que atua sobre todas as partículas, é

$$\sum \vec{\tau} = \sum (\vec{\mathbf{r}}_n \times m_n\vec{\mathbf{g}}) = \sum (m_n\vec{\mathbf{r}}_n \times \vec{\mathbf{g}}), \qquad (9\text{-}20)$$

onde o último passo é desenvolvido movendo-se o escalar m_n dentro do somatório. Mais uma vez, utiliza-se a distribuição uniforme de $\vec{\mathbf{g}}$ para removê-la do somatório, com o cuidado de não alterar a ordem dos vetores $\vec{\mathbf{r}}_n$ e $\vec{\mathbf{g}}$, de modo que o sinal do produto vetorial não seja alterado. De acordo com a Eq. 7-11, o somatório remanescente, $\Sigma\, m_n\vec{\mathbf{r}}_n$, é apenas $M\vec{\mathbf{r}}_{\text{cm}}$, onde $\vec{\mathbf{r}}_{\text{cm}}$ é o vetor que localiza o centro de massa do corpo em relação à origem O. Desenvolvendo-se estes dois passos, pode-se escrever a Eq. 9.20 como

$$\sum \vec{\tau} = \left(\sum m_n\vec{\mathbf{r}}_n\right) \times \vec{\mathbf{g}} = M\vec{\mathbf{r}}_{\text{cm}} \times \vec{\mathbf{g}}$$
$$= \vec{\mathbf{r}}_{\text{cm}} \times M\vec{\mathbf{g}}. \qquad (9\text{-}21)$$

O torque resultante sobre o corpo é, portanto, igual ao torque produzido por uma única força $M\vec{\mathbf{g}}$ que atua no centro de massa do corpo, e, dessa forma, o centro de gravidade (cg) coincide com o centro de massa, o que prova a segunda proposição feita acima. Um corolário útil da Eq. 9.21 é que *o torque devido à gravidade em relação ao centro de massa de um corpo é nulo.*

CENTRO DE MASSA E CENTRO DE GRAVIDADE

Nesta seção, consideram-se os termos "centro de massa" e "centro de gravidade" como sendo permutáveis. O centro de massa é definido para qualquer corpo e pode ser calculado de acordo com os métodos descritos no Cap. 7, da distribuição de massa ao longo do corpo. O centro de gravidade, por outro lado, é definido somente para corpos dentro de um campo gravitacional. Para calcular o centro de gravidade, é necessário conhecer não só a distribuição de massa do corpo, mas também a variação de $\vec{\mathbf{g}}$ sobre o corpo. Se $\vec{\mathbf{g}}$ não é constante sobre o corpo, então o centro de gravidade e o centro de massa podem não coincidir, e nesse caso $\vec{\mathbf{g}}$ não pode ser removido dos somatórios nas Eqs. 9.18 e 9.20.

Considere o arranjo "haltere" mostrado na Fig. 9.19, composto de duas esferas de massa igual conectadas por uma haste de massa desprezível. O eixo da haste está inclinado segundo um ângulo não-nulo com a horizontal. O centro de massa está posicionado no centro geométrico do haltere. Se o seu eixo fosse horizontal, o centro de gravidade coincidiria com o centro de massa. Quando o eixo não é horizontal, no entanto, isto não é mais verdade. Como g varia ligeiramente em relação à distância da Terra, a esfera mais baixa experimenta uma maior força gravitacional do que a esfera mais alta. Como resultado, o centro de gravidade está localizado ligeiramente abaixo do centro de massa.

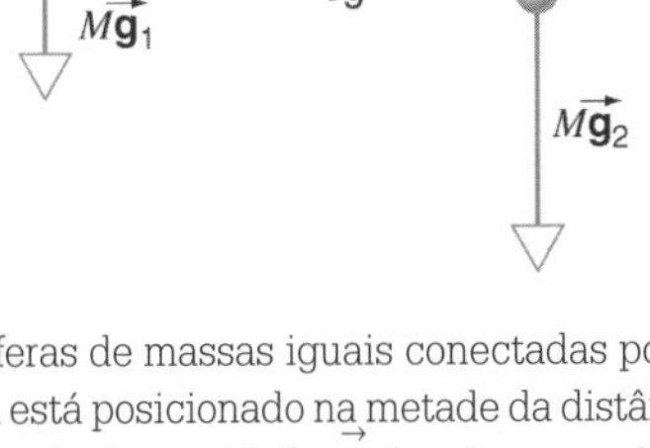

Fig. 9.19 Duas esferas de massas iguais conectadas por uma haste leve. O centro de massa está posicionado na metade da distância entre as duas esferas. Se a aceleração da gravidade $\vec{\mathbf{g}}$ é maior na posição da esfera mais baixa, então o centro de gravidade está mais próximo desta esfera.

Se o ângulo com a horizontal muda, ou se o haltere é deslocado para uma posição em que g possui um valor diferente, a localização do centro de gravidade irá mudar (enquanto o centro de massa permanece fixo). Assim, a localização do centro de gravidade depende da orientação do objeto bem como da atração gravitacional local. Para um haltere de 1 m inclinado a um ângulo de 45° perto da superfície da Terra, a distância entre o centro de massa e o centro de gravidade é de aproximadamente 55 nm, bastante inferior à precisão com que normalmente se trabalha e, portanto, completamente desprezível. É possível assumir com segurança que o centro de gravidade coincide com o centro de massa.

Se o corpo for suspenso de um ponto arbitrário, ele atingirá o repouso em uma posição na qual a força resultante é nula e o torque resultante, em relação a qualquer eixo, é nulo. Uma vez que a força vertical resultante é zero, o peso para baixo tem de ser igual à força para cima exercida no ponto no qual o corpo está sendo suportado. O torque resultante também tem de ser zero, visto que as duas forças devem estar atuando ao longo da mesma linha vertical.

As mesmas condições devem ser verdadeiras se você tentar equilibrar uma barra na vertical com a sua mão. Se a barra começar a inclinar-se, mesmo que ligeiramente, o peso para baixo e a força para cima da sua mão não estarão atuando ao longo da mesma linha, e existirá um torque resultante sobre a barra que faz com que ela gire e caia no chão. Você deve, portanto, mover constantemente a sua mão para manter a força para cima diretamente debaixo do centro de gravidade da barra.

Pode-se usar esta propriedade para encontrar o centro de gravidade de um objeto. Seja considerado um corpo com uma forma arbitrária suspenso por um ponto S (Fig. 9.20). O ponto do suporte deve estar sobre uma linha vertical que passa pelo centro de gravidade. Se for desenhada uma linha vertical através de S, então o centro de gravidade deve estar sobre algum ponto da linha. Pode-se repetir o procedimento com um novo ponto S, como mostrado na Fig. 9.20*b*, obtendo-se uma segunda linha que deve conter o centro de gravidade. O centro de gravidade deve, portanto, estar na interseção das duas linhas.

Se o objeto é suspenso pelo seu centro de gravidade, como na Fig. 9.20*c*, e é solto, o corpo permanece em repouso seja qual for a sua orientação. Ele pode ser girado de qualquer forma e continuará em repouso. Isto ilustra o corolário da Eq. 9.21: o torque devido à gravidade é zero em relação ao centro de gravidade, porque $\vec{\mathbf{r}}_{cm}$ é zero neste ponto.

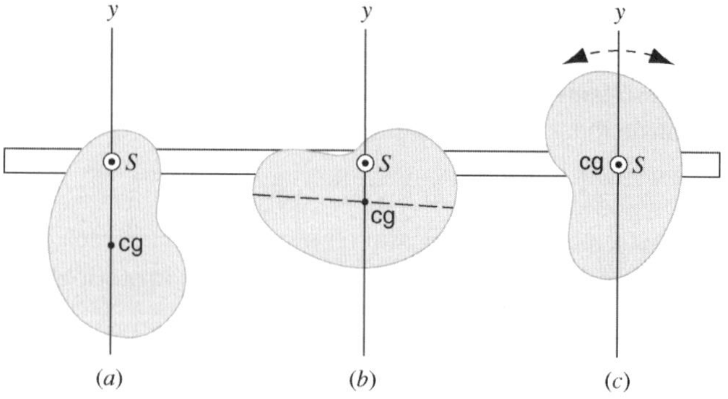

Fig. 9.20 Um corpo suspenso por um ponto arbitrário S, como em (*a*) e (*b*), só estará em equilíbrio estável se o seu centro de gravidade (cg) estiver diretamente na vertical abaixo do ponto por onde o corpo está suspenso S. A linha tracejada em (*b*) representa a linha vertical em (*a*), mostrando que o centro de gravidade pode ser localizado com a sucessiva suspensão do corpo por dois pontos diferentes. (*c*) Se um corpo é suspenso pelo seu centro de gravidade, ele fica em equilíbrio independentemente da sua orientação.

9.5 APLICAÇÕES DAS LEIS DE NEWTON PARA A ROTAÇÃO NO EQUILÍBRIO

É possível que a força externa resultante que atua sobre um corpo seja nula, enquanto o torque não seja nulo. Por exemplo, considere duas forças de intensidade igual que atuam sobre um corpo em sentidos opostos mas não ao longo da mesma linha. Este corpo terá aceleração angular, mas não terá aceleração linear ou de translação. Também é possível que o torque externo resultante seja nulo, enquanto a força externa resultante não seja nula (um corpo caindo sob a ação da gravidade); neste caso, existe uma aceleração linear mas não uma aceleração angular. Para que um corpo esteja em equilíbrio, *tanto a força externa resultante como o torque externo resultante devem ser nulos*. Neste caso, o corpo não terá *nem* uma aceleração angular nem uma aceleração linear. De acordo com esta definição, o corpo pode ter uma velocidade linear ou angular, desde que esta velocidade seja constante. Entretanto, geralmente considera-se o caso especial no qual o corpo está em repouso.

Portanto, há duas condições de equilíbrio:

$$\sum \vec{\mathbf{F}}_{ext} = 0 \tag{9-22}$$

e

$$\sum \vec{\boldsymbol{\tau}}_{ext} = 0. \tag{9-23}$$

Cada uma destas equações vetoriais pode ser substituída pelas suas equações equivalentes (escalares) associadas às três componentes:

$$\sum F_x = 0, \quad \sum F_y = 0, \quad \sum F_z = 0 \tag{9-24}$$

e

$$\sum \tau_x = 0, \quad \sum \tau_y = 0, \quad \sum \tau_z = 0, \tag{9-25}$$

onde, por conveniência, omite-se dessas equações o subscrito "ext". No equilíbrio, as somas das componentes das forças externas e as somas das componentes dos torques externos, ao longo de cada eixo de coordenadas, têm de ser zero. Isto deve ser verdadeiro para qualquer escolha das direções dos eixos do sistema de coordenadas.

A condição de equilíbrio para os torques é verdadeira para qualquer escolha do eixo em relação ao qual os torques são calculados. Para provar esta declaração, considera-se um corpo rígido sobre o qual várias forças atuam. Em relação à origem O, a força $\vec{\mathbf{F}}_1$ é aplicada no ponto localizado em $\vec{\mathbf{r}}_1$, a força $\vec{\mathbf{F}}_2$ é aplicada no ponto localizado em $\vec{\mathbf{r}}_2$, e assim por diante. O torque resultante em relação a um eixo que passa por O é dessa forma

$$\begin{aligned}\vec{\boldsymbol{\tau}}_O &= \vec{\boldsymbol{\tau}}_1 + \vec{\boldsymbol{\tau}}_2 + \cdots + \vec{\boldsymbol{\tau}}_N \\ &= \vec{\mathbf{r}}_1 \times \vec{\mathbf{F}}_1 + \vec{\mathbf{r}}_2 \times \vec{\mathbf{F}}_2 + \cdots + \vec{\mathbf{r}}_N \times \vec{\mathbf{F}}_N.\end{aligned} \tag{9-26}$$

Suponha que um ponto P está localizado a uma distância $\vec{\mathbf{r}}_P$ em relação a O (Fig. 9.21). O ponto de aplicação de $\vec{\mathbf{F}}_1$, em relação a P, é $(\vec{\mathbf{r}}_1 - \vec{\mathbf{r}}_P)$. O torque em relação a P é

$$\begin{aligned}\vec{\boldsymbol{\tau}}_P &= (\vec{\mathbf{r}}_1 - \vec{\mathbf{r}}_P) \times \vec{\mathbf{F}}_1 + (\vec{\mathbf{r}}_2 - \vec{\mathbf{r}}_P) \times \vec{\mathbf{F}}_2 \\ &\quad + \cdots + (\vec{\mathbf{r}}_N - \vec{\mathbf{r}}_P) \times \vec{\mathbf{F}}_N \\ &= [\vec{\mathbf{r}}_1 \times \vec{\mathbf{F}}_1 + \vec{\mathbf{r}}_2 \times \vec{\mathbf{F}}_2 + \cdots + \vec{\mathbf{r}}_N \times \vec{\mathbf{F}}_N] \\ &\quad - [\vec{\mathbf{r}}_P \times \vec{\mathbf{F}}_1 + \vec{\mathbf{r}}_P \times \vec{\mathbf{F}}_2 + \cdots + \vec{\mathbf{r}}_P \times \vec{\mathbf{F}}_N].\end{aligned}$$

O primeiro grupo dos termos dentro de colchetes fornece τ_O de acordo com a Eq. 9.26. Pode-se reescrever o segundo grupo removendo-se o fator constante $\vec{\mathbf{r}}_P$:

$$\begin{aligned}\vec{\boldsymbol{\tau}}_P &= \vec{\boldsymbol{\tau}}_O - [\vec{\mathbf{r}}_P \times (\vec{\mathbf{F}}_1 + \vec{\mathbf{F}}_2 + \cdots + \vec{\mathbf{F}}_N)] \\ &= \vec{\boldsymbol{\tau}}_O - [\vec{\mathbf{r}}_P \times (\textstyle\sum \vec{\mathbf{F}}_{ext})] \\ &= \vec{\boldsymbol{\tau}}_O,\end{aligned}$$

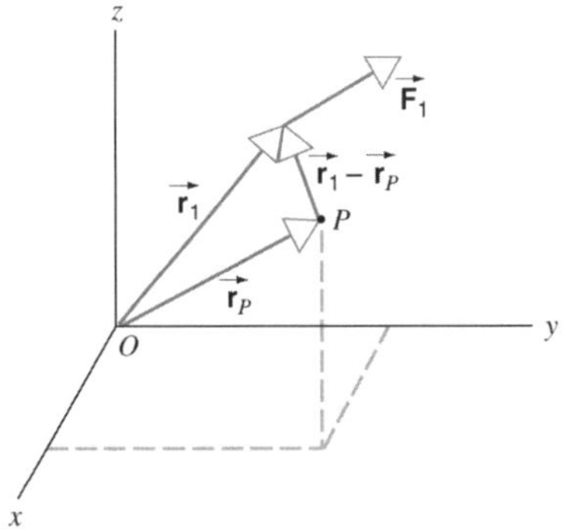

Fig. 9.21 A força $\vec{F}_1$ é uma das N forças externas que atuam sobre um corpo rígido (não mostrado). O vetor $\vec{r}_1$ localiza o ponto de aplicação da força $\vec{F}_1$ em relação a O e é utilizado para calcular o torque de $\vec{F}_1$ em relação a O. O vetor $\vec{r}_1 - \vec{r}_P$ é utilizado no cálculo do torque de $\vec{F}_1$ em relação a P.

onde o último passo é realizado porque $\Sigma \vec{F}_{ext} = 0$ para um corpo em equilíbrio para um movimento de translação. Assim, o torque em relação a quaisquer dois pontos possui o mesmo valor quando o corpo está em movimento de translação.

Freqüentemente lida-se com problemas nos quais todas as forças estão no mesmo plano. Neste caso, as seis condições das Eqs. 9.24 e 9.25 ficam reduzidas a três. As forças são decompostas em duas componentes:

$$\sum F_x = 0, \qquad \sum F_y = 0, \tag{9-27}$$

e, se os torques são calculados em relação a um ponto que também está no plano xy, todos os torques têm de estar em uma direção perpendicular ao plano xy. Neste caso, tem-se

$$\sum \tau_z = 0, \tag{9-28}$$

Para simplificar os cálculos, limita-se o estudo a problemas planos; esta condição não impõe nenhuma restrição fundamental sobre a aplicação dos princípios gerais de equilíbrio.

Procedimentos da Análise do Equilíbrio

Normalmente, em problemas de equilíbrio, o interesse é determinar os valores de uma ou mais forças desconhecidas através da aplicação das condições de equilíbrio (força externa resultante nula e torque externo resultante nulo). A seguir, os procedimentos que devem ser seguidos:

1. *Desenhe um contorno em torno do sistema*, de modo que se possa separar claramente o sistema que está sendo considerado da sua vizinhança.

2. *Desenhe um diagrama de corpo livre mostrando todas as forças externas que atuam sobre o sistema e os seus pontos de aplicação.* As forças externas são aquelas que atuam ao longo do contorno do sistema desenhado no passo 1; estas, freqüentemente incluem a gravidade, o atrito e as forças exercidas por cabos ou vigas que atravessam o contorno. As forças internas (exercidas pelos objetos que estão no interior do contorno, uns sobre os outros) não devem estar presentes no diagrama. Em algumas situações, o sentido de uma força pode não estar óbvio. Se, por exemplo, um cabo que está sendo tracionado fosse cortado na região em que cruza o contorno, as extremidades deste corte seriam puxadas uma para cada lado. Se existir alguma dúvida sobre o sentido, escolhe-se um sentido arbitrário e, caso a escolha tenha sido errada, a solução apresentará valores negativos para as componentes dessa força.

3. *Estabeleça um sistema de coordenadas e escolha os sentidos dos eixos.* Este sistema de coordenadas será utilizado para decompor as forças em suas componentes.

4. *Estabeleça um sistema de coordenadas e eixos para decompor os torques nas suas componentes.* No equilíbrio, o torque externo resultante tem de ser nulo em relação a *qualquer* eixo. Freqüentemente opta-se por calcular o torque em relação a um ponto no qual várias forças atuam, eliminando, assim, essas forças da equação do torque. Na adição de componentes de torque, segue-se a convenção de sinal em que *o torque ao longo de qualquer eixo é positivo se, atuando sozinho, produz uma rotação anti-horária em torno deste eixo.* A regra da mão direita para torques pode também ser usada para estabelecer esta convenção.

Após estes passos terem sido desenvolvidos para o estabelecimento do problema, pode-se obter a solução utilizando as Eqs. 9.22 e 9.23 ou 9.27 e 9.28, como ilustrado no problema a seguir.

Problema Resolvido 9.6.

Uma viga uniforme de comprimento L, cuja massa m é 1,8 kg, está em repouso com as suas extremidades apoiadas em duas balanças digitais, conforme mostrado na Fig. 9.22*a*. Um bloco, cuja massa M é igual a 2,7 kg, repousa sobre a viga, com o seu centro a um quarto da extremidade esquerda da viga. O que a balança lê?

Solução Escolhe-se a viga e o bloco como o sistema a ser estudado, tomados juntos. A Fig. 9.22*b* é um diagrama de corpo livre deste sistema, mostrando todas as forças externas que atuam sobre o sistema. O peso da viga, $m\vec{g}$, atua para baixo no seu centro de massa, o qual está sobre o seu centro geométrico, uma vez que a viga é uniforme. Do mesmo modo, o peso do bloco, $M\vec{g}$, atua para baixo no seu centro de massa. As balanças empurram para cima as extremidades da viga com forças $\vec{F}_e$ e $\vec{F}_d$. As intensidades destas duas últimas forças são as leituras das balanças a serem determinadas.

O sistema está em equilíbrio estático, de modo que as Eqs. 9.27 e 9.28 podem ser aplicadas. Uma vez que as forças não possuem componentes em x, a equação $\Sigma F_x = 0$ não fornece nenhuma informação. A componente y da força externa resul-

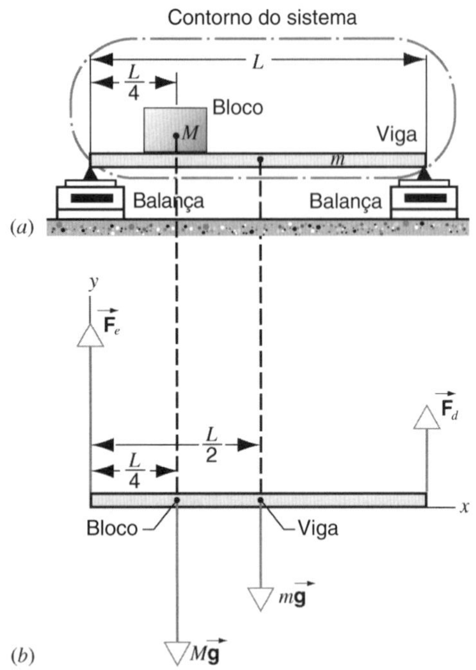

Fig. 9.22 Problema Resolvido 9.6. (*a*) Uma viga de massa *m* suporta um bloco de massa *M*. As balanças digitais mostram a leitura das forças exercidas nas duas extremidades da viga. (*b*) Um diagrama de corpo livre, mostra as forças que atuam sobre o sistema, composto de viga + bloco.

tante é $\Sigma F_y = F_e + F_d - Mg - mg$. Com a condição de equilíbrio $\Sigma F_y = 0$, tem-se

$$F_e + F_d - Mg - mg = 0. \qquad (9\text{-}29)$$

Outras informações sobre as forças desconhecidas F_e e F_d vêm da equação do torque (Eq. 9.28). Escolhe-se calcular os torques em relação a um eixo que passa pela extremidade esquerda da viga. A força F_e possui um braço de alavanca nulo. Usando a regra da mão direita, conclui-se que F_d promove um torque positivo, e Mg e mg promovem torques negativos. O torque resultante é obtido pela multiplicação de cada força pelo seu braço de alavanca (neste caso, a sua distância ao eixo escolhido): $\Sigma \tau_z = (F_e)(0) + (F_d)(L) - (mg)(L/2) - (Mg)(L/4)$. Com $\Sigma \tau_z = 0$, tem-se

$$F_d L - \frac{mgL}{2} - \frac{MgL}{4} = 0 \qquad (9\text{-}30)$$

ou

$$F_r = \left(\frac{g}{4}\right)(M + 2m)$$
$$= \tfrac{1}{4}(9{,}8\ \text{m/s}^2)[2{,}7\ \text{kg} + 2(1{,}8\ \text{kg})] = 15\ \text{N}.$$

Observe como a escolha do eixo eliminou a força F_e da equação do torque e permitiu resolver diretamente para a outra força. Se os torques tivessem sido calculados em relação a um ponto arbitrário, seria obtida uma equação envolvendo F_e e F_d, a qual pode ser resolvida simultaneamente com a Eq. 9.29. De alguma forma, a escolha do eixo ajudou a simplificar a álgebra, mas, com certeza, não alterou a solução final.

Substituindo o valor de F_d na Eq. 9.29 e resolvendo-se para F_e, obtém-se

$$F_e = (M + m)g - F_r$$
$$= (2{,}7\ \text{kg} + 1{,}8\ \text{kg})(9{,}8\ \text{m/s}^2) - 15\ \text{N} = 29\ \text{N}.$$

Observe que o comprimento da viga e a altura do centro da massa do bloco não entram na solução deste problema. Isto é fisicamente razoável?

Tente resolver este problema usando somente a equação de balanço de torques, primeiro para um eixo na extremidade esquerda da viga e depois para um eixo na extremidade direita da viga. Este método, da mesma forma que o método utilizado na solução deste problema, fornece duas equações que podem ser resolvidas para as incógnitas F_e e F_d.

PROBLEMA RESOLVIDO 9.7.

Uma escada, cujo comprimento L é igual a 12 m e cuja massa m é igual a 45 kg, está em repouso apoiada em uma parede. A sua extremidade superior está a uma distância do chão h de 9,3 m, conforme a Fig. 9.23*a*. O centro de massa da escada está posicionado a um terço do comprimento da escada medido em relação à sua extremidade inferior. Um bombeiro cuja massa M é de 72 kg sobe até a metade da escada. Assuma que, ao contrário do chão, a parede não possui atrito. Que forças são exercidas pela parede e pelo chão sobre a escada?

Solução A Fig. 9.23*b* mostra um diagrama de corpo livre. A parede exerce uma força horizontal $\vec{F}_p$ sobre a escada; ela não exerce nenhuma força vertical, uma vez considerado que o contato parede-escada ocorre sem a presença de atrito. O chão exerce uma força sobre a escada através de uma componente horizontal f devida ao atrito e através de uma componente vertical N, a força normal. Escolhe-se o sistema de coordenadas mostrado, com a origem O no ponto de contato entre a escada e o chão. A distância a da parede ao pé da escada é facilmente obtida de

$$a = \sqrt{L^2 - h^2} = \sqrt{(12\ \text{m})^2 - (9{,}3\ \text{m})^2} = 7{,}6\ \text{m}.$$

As componentes x e y da força resultante sobre a escada são $\Sigma F_x = F_p - f$ e $\Sigma F_y = N - Mg - mg$. As equações 9.27 ($\Sigma F_x = 0$ e $\Sigma F_y = 0$) fornecem

$$F_p - f = 0 \quad \text{e} \quad N - Mg - mg = 0. \qquad (9\text{-}31)$$

Da segunda equação

$$N = (M + m)g = (72\ \text{kg} + 45\ \text{kg})(9{,}8\ \text{m/s}^2) = 1150\ \text{N}.$$

Tomando os torques em relação a um eixo que passa pelo ponto O e é paralelo à direção z, observa-se que F_p promove um torque negativo, Mg e mg promovem torques positivos, e N e f promovem torques nulos em relação a O porque os seus braços de alavanca são nulos. Multiplicando cada força pelo seu braço de alavanca, encontra-se $\Sigma \tau_z = -(F_p)(h) + (Mg)(a/2) +$

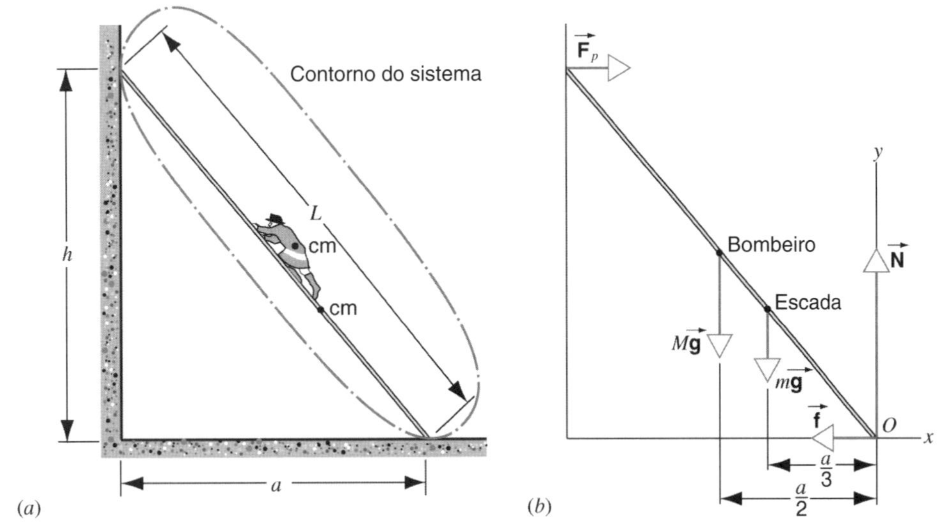

Fig. 9.23 Problema Resolvido 9.7. (*a*) Um bombeiro sobe até a metade de uma escada que está encostada em uma parede sem atrito. (*b*) Um diagrama de corpo livre, mostrando (em escala) todas as forças que atuam.

$(mg)(a/3) + (N)(0) + (f)(0)$. Usando a Eq. 9.28 ($\Sigma\ \tau_z = 0$), obtém-se

$$-F_p h + \frac{Mga}{2} + \frac{mga}{3} = 0. \qquad (9\text{-}32)$$

A escolha apropriada da localização do eixo eliminou duas variáveis, f e N, da equação de balanço dos torques. Resolvendo-se a Eq. 9.32 para F_p, encontra-se

$$F_p = \frac{ga(M/2 + m/3)}{h}$$
$$= \frac{(9{,}8\ \text{m/s}^2)(7{,}6\ \text{m})[(72\ \text{kg})/2 + (45\ \text{kg})/3]}{9{,}3\ \text{m}} = 410\ \text{N}.$$

Da Eq. 9.31, obtém-se

$$f = F_p = 410\ \text{N}.$$

PROBLEMA RESOLVIDO 9.8.

Uma viga uniforme de comprimento $L = 3{,}3$ m e massa $m = 8{,}5$ kg está fixada a uma parede através de um pino, conforme mostrado na Fig. 9.24*a*. Um cabo preso à parede a uma distância $d = 2{,}1$ m acima da rótula está conectado à outra extremidade da viga, sendo que o comprimento do cabo é tal que a viga faz um ângulo de $\theta = 30°$ com a horizontal. Um corpo de massa $M = 56$ kg está suspenso pela extremidade superior da viga. Encontre a tração no cabo e a força exercida pelo pino da rótula sobre a viga.

Solução A Fig. 9.24*b* mostra todas as forças externas que atuam sobre a viga, a qual foi escolhida como o sistema a ser estudado. Uma vez que duas das forças estão direcionadas na vertical para baixo, um dos eixos é posicionado na horizontal e o outro na vertical. A tração no cabo e a força exercida pela rótula sobre a viga estão representadas pelas suas componentes horizontais e verticais.

As componentes da força resultante sobre a viga são $\Sigma\ F_x = F_h - T_h$ e $\Sigma\ F_y = F_v + T_v - Mg - mg$, e a condição de equilíbrio para a força (Eq. 9.27) fornece

$$F_h - T_h = 0 \quad \text{e} \quad F_v + T_v - Mg - mg = 0. \qquad (9\text{-}33)$$

Para aplicar as condições de equilíbrio sobre o torque (Eq. 9.28), escolhe-se posicionar os eixos na extremidade superior da viga

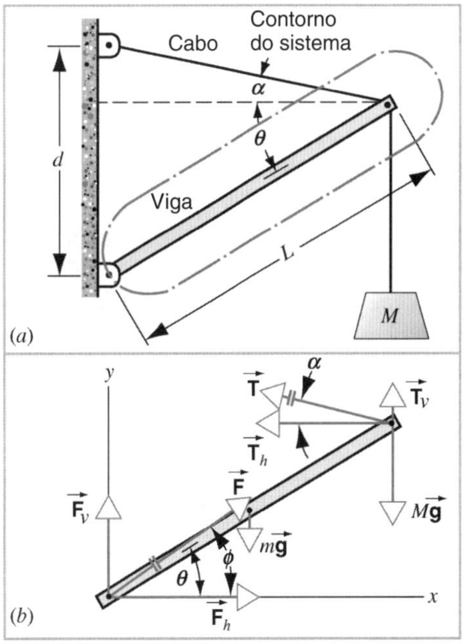

Fig. 9.24 Problema Resolvido 9.8. (*a*) Uma viga está sendo suportada na sua extremidade inferior através de uma rótula na parede e na sua extremidade superior por um cabo preso à parede. Um objeto de massa *M* está pendurado na extremidade superior da viga. (*b*) Um diagrama de corpo livre, mostrando as forças que atuam sobre a viga. Uma força $\vec{F}$ é exercida pela rótula e uma força $\vec{T}$ é fornecida pela tração no cabo.

(por quê?), e obtém-se o torque resultante pela multiplicação de cada força pelo seu braço de alavanca: $\Sigma\ \tau_z = -(F_v)(L \cos\theta) + (F_h)(L \operatorname{sen}\theta) + (mg)\ (\frac{1}{2}L \cos\theta) + (T_v)(0) + (T_h)(0) + (Mg)(0)$. Igualando-se a zero e fazendo-se algumas manipulações, obtém-se

$$F_v - F_h \operatorname{tg}\theta - mg/2 = 0. \qquad (9\text{-}34)$$

Até aqui, tem-se três equações e quatro incógnitas (F_v, F_h, T_v, T_h). A quarta relação vem do requisito de que T_v e T_h têm de somar, de modo a fornecer a tração resultante $\vec{\mathbf{T}}$ direcionada ao longo do cabo. O cabo não é capaz de suportar uma componente de força perpendicular à sua maior dimensão. (Isto não é verdade para uma viga rígida.) A quarta equação é

$$T_v = T_h \operatorname{tg}\alpha, \qquad (9\text{-}35)$$

onde $\operatorname{tg}\alpha = (d - L \operatorname{sen}\theta)/(L \cos\theta)$.

Combinando as quatro equações e desenvolvendo o processo algébrico necessário, obtém-se

$$F_v = 506\text{ N}, \qquad F_h = 804\text{ N},$$

$$T_v = 126\text{ N}, \qquad T_h = 804\text{ N}.$$

A tração no cabo é, então,

$$T = \sqrt{T_h^2 + T_v^2} = 814\text{ N},$$

e a força exercida pela rótula sobre a viga é

$$F = \sqrt{F_h^2 + F_v^2} = 950\text{ N}.$$

Observe que tanto T quanto F são consideravelmente maiores do que os pesos combinados da viga e o bloco suspenso (632 N).

O vetor $\vec{\mathbf{F}}$ faz um ângulo com a horizontal de

$$\phi = \operatorname{tg}^{-1}\frac{F_v}{F_h} = 32{,}2°.$$

Portanto, a direção do vetor da força resultante que atua sobre a viga na região da rótula não coincide com a direção da viga.

Nos exemplos anteriores tomou-se o cuidado de limitar o número de forças desconhecidas ao número total de equações independentes que relacionam as forças. Quando todas as forças atuam em um plano, existem somente três equações de equilíbrio independentes: uma para o equilíbrio rotacional em relação a qualquer eixo normal ao plano e outras duas para o equilíbrio do movimento de translação no plano. Contudo, freqüentemente tem-se mais do que três forças desconhecidas presentes. Por exemplo, no Problema Resolvido 9.7, se a hipótese de parede sem atrito é eliminada, são obtidas quatro grandezas desconhecidas — a saber, as componentes horizontal e vertical da força que atua sobre a escada na parede e as componentes vertical e horizontal da força que atua sobre a escada no chão. Uma vez que se tem somente três equações, essas forças não podem ser determinadas. Portanto, é necessário encontrar uma outra relação independente entre as forças desconhecidas para que o problema possa ser resolvido. (No Problema Resolvido 9.8, esta última equação vem de uma propriedade física de um dos elementos do sistema.) Calcular os torques em relação a um segundo eixo não fornece uma quarta equação independente; você pode mostrar que tal equação é uma combinação linear da primeira equação do torque e das duas equações de força, e, dessa forma, não contém nenhuma informação nova.

Um outro exemplo simples de uma estrutura indeterminada ocorre quando se deseja determinar as forças exercidas pelo chão sobre cada um dos quatro pneus de um automóvel quando este está em repouso sobre uma superfície horizontal. Se for suposto que estas forças são normais ao chão, tem-se quatro grandezas desconhecidas. As condições de equilíbrio fornecem apenas três equações independentes — uma para o equilíbrio do movimento de translação na única direção de todas as forças e duas para o equilíbrio rotacional em relação aos dois eixos perpendiculares entre si em um plano horizontal. Mais uma vez, a solução do problema é matematicamente indeterminada.

Já que existe apenas uma única solução para este problema físico, é necessário encontrar as bases físicas para as relações adicionais independentes entre as forças para que a solução possa ser encontrada. A dificuldade é removida quando se percebe que as estruturas nunca são perfeitamente rígidas, como foi suposto anteriormente. De algum modo, todas as estruturas deformam-se. Por exemplo, os pneus do automóvel e o chão deformam-se, da mesma maneira que a escada e a parede. As leis da elasticidade e as propriedades elásticas da estrutura fornecem as relações adicionais necessárias entre as quatro forças. Portanto, uma análise completa requer não só as leis da mecânica dos corpos rígidos, mas também as leis da elasticidade.

9.6 APLICAÇÕES DAS LEIS DE NEWTON PARA A ROTAÇÃO FORA DO EQUILÍBRIO

Nesta seção remove-se a restrição da seção anterior na qual a aceleração angular era nula porque o torque resultante era nulo. Aqui são considerados casos nos quais um torque resultante diferente de zero atua sobre o corpo, impondo nele uma aceleração angular.

No caso do movimento linear em uma dimensão, problemas similares são resolvidos com a utilização da segunda lei de Newton, $\Sigma\ F_x = ma_x$, onde uma componente da força resultante promove uma componente da aceleração ao longo do mesmo eixo do sistema de coordenadas. Para manter a analogia com as leis de Newton para o movimento linear, prossegue-se com a restrição de que o corpo gira em torno de um único eixo fixo. Utiliza-se a forma rotacional da segunda lei de Newton (Eq. 9.11), $\Sigma\ \tau_z = I\alpha_z$, onde (da mesma forma que na seção anterior), por conveniência, o subscrito "ext" foi suprimido pressupondo-se que nas análises desenvolvidas *somente* são considerados torques externos.

Nesta seção são analisados problemas que envolvem acelerações angulares produzidas por um torque aplicado a um objeto com um eixo de rotação fixo. Na próxima seção estende-se a discussão, de modo a incluir casos nos quais o objeto gira e também apresenta movimento de translação (mas mantém o eixo de rotação em uma direção fixa). No Cap. 10 são consideradas rotações para as quais o eixo não está fixo em uma direção.

PROBLEMA RESOLVIDO 9.9.

Um carrossel está sendo empurrado por um pai que exerce uma força $\vec{F}$ de intensidade 115 N em um ponto P na borda a uma distância $r = 1{,}50$ m do eixo de rotação (Fig. 9.25). A força é exercida em uma direção que faz um ângulo de 32° com a horizontal para baixo, e a componente horizontal da força está em uma direção de 15° para dentro medida da tangente em P. (*a*) Encontre a intensidade da componente do torque que acelera o carrossel. (*b*) Considerando que o carrossel pode ser representado como um disco de aço de 1,5 m de raio e 0,40 cm de espessura, e que a criança montada nele pode ser representada como uma "partícula" de 25 kg posicionada a 1,0 m do eixo de rotação, encontre a aceleração angular resultante do sistema composto pelo carrossel e a criança.

Solução (*a*) Somente a componente horizontal de $\vec{F}$ produz um torque vertical. Vamos encontrar $F_\perp$, a componente de $\vec{F}$ ao longo da linha horizontal perpendicular a $\vec{r}$. A componente horizontal de $\vec{F}$ é

$$F_h = F \cos 32° = 97{,}5 \text{ N}.$$

A componente de F_h perpendicular a $\vec{r}$ é

$$F_\perp = F_h \cos 15° = 94{,}2 \text{ N}.$$

O torque (vertical) ao longo do eixo de rotação é, então,

$$\tau = rF_\perp = (1{,}50 \text{ m})(94{,}2 \text{ N}) = 141 \text{ N·m}.$$

A componente de F_h paralela a r (= F_h sen 15°) não produz nenhum torque em relação ao eixo de rotação, e a componente vertical de F (= F sen 32°) produz um torque perpendicular ao eixo que tenderia a inclinar a plataforma para fora do plano horizontal (porque o pai está empurrando *para baixo* a plataforma) se este torque não fosse compensado por um torque de intensidade igual e sentido contrário produzido nos mancais.

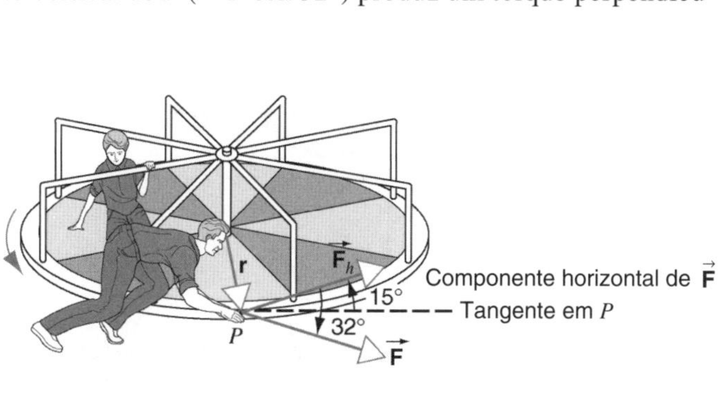

Fig. 9.25 Problema Resolvido 9.9. Um pai empurra um carrossel. O pai está inclinado para baixo, de modo que a força possui uma componente para baixo. Além disso, uma vez que o pai está do lado de fora da borda, a força está ligeiramente direcionada para dentro. A componente horizontal da força, F_h, está no plano da plataforma em rotação e faz um ângulo de 15° com a tangente em P, o ponto onde a força é aplicada.

(*b*) O carrossel é um disco circular de raio $R = 1{,}5$ m e espessura $d = 0{,}40$ cm. O seu volume é $\pi R^2 d = 2{,}83 \times 10^4$ cm^3. A massa específica do aço é 7,9 g/cm^3, de modo que a massa do carrossel é $(2{,}8 \times 10^4 \text{ cm}^3)(7{,}9 \text{ g/cm}^3) = 2{,}23 \times 10^5 \text{ g} = 223$ kg. Da Fig. 9.15*c* obtém-se a inércia rotacional de um disco que gira em torno de um eixo perpendicular que passa pelo seu centro:

$$I_d = \tfrac{1}{2}MR^2 = \tfrac{1}{2}(223 \text{ kg})(1{,}5 \text{ m})^2 = 251 \text{ kg} \cdot \text{m}^2.$$

A inércia rotacional da criança, que é tratada como uma partícula de massa $m = 25$ kg posicionada a uma distância de $r = 1{,}0$ m do eixo de rotação, é

$$I_c = mr^2 = (25 \text{ kg})(1{,}0 \text{ m})^2 = 25 \text{ kg} \cdot \text{m}^2.$$

A inércia rotacional total é $I_t = I_d + I_c = 251 \text{ kg·m}^2 + 25 \text{ kg·m}^2 = 276 \text{ kg·m}^2$. A aceleração angular pode, então, ser determinada da Eq. 9.11:

$$\alpha_z = \frac{\tau_z}{I_t} = \frac{141 \text{ N} \cdot \text{m}}{276 \text{ kg} \cdot \text{m}^2} = 0{,}51 \text{ rad/s}^2.$$

Com base na direção da força mostrada na Fig. 9.25, a regra da mão direita indica que ambos τ_z e α_z apontam na vertical para cima a partir do plano do carrossel.

PROBLEMA RESOLVIDO 9.10.

A Fig. 9.26*a* mostra uma polia que pode ser considerada como um disco uniforme de massa $M = 2{,}5$ kg e raio $R = 20$ cm, montada sobre um eixo horizontal fixo (sem atrito). Um bloco de massa $m = 1{,}2$ kg está pendurado por uma corda leve que está enrolada em torno da borda do disco. Encontre a aceleração do disco em queda, a tração na corda e a aceleração angular do disco.

Solução A Fig. 9.26*b* mostra um diagrama de corpo livre do bloco. Observe que é necessário desenhar as forças *e* os seus pontos de aplicação no diagrama de corpo livre utilizado na análise das rotações, para que se possa determinar a linha de ação para cada força no cálculo do torque correspondente. Escolhe-se o eixo y como sendo positivo para baixo, de modo que a força resultante é $\Sigma F_y = mg - T$, a qual é uma grandeza positiva se o bloco acelera para baixo. Usando a componente y da segunda lei de Newton ($\Sigma F_y = ma_y$), tem-se

$$mg - T = ma_y.$$

A Fig. 9.26*c* mostra o diagrama de corpo livre parcial para o disco. Escolhendo-se o eixo z positivo como o que deve ficar fora do plano da figura, a componente z do torque resultante em relação a O é $\Sigma \tau_z = TR$ (nem o peso do disco nem a força para cima exercida no seu ponto de apoio contribuem para o torque em relação a O, visto que as suas linhas de ação passam por O). Aplicando-se a forma rotacional da segunda lei de Newton

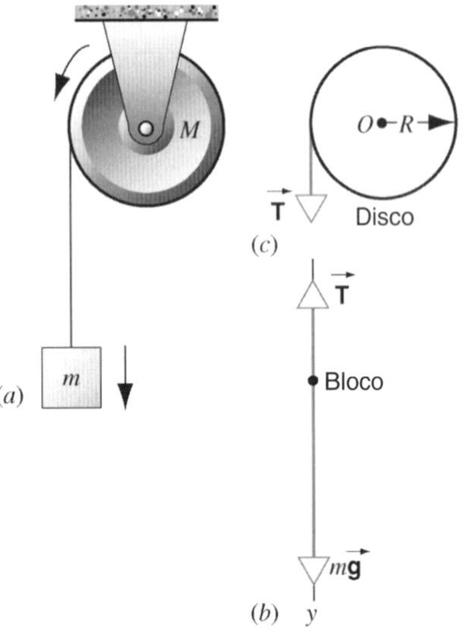

Fig. 9.26 Problema Resolvido 9.10. (*a*) Um bloco em queda faz o disco girar. (*b*) Um diagrama de corpo livre do bloco. (*c*) Um diagrama de corpo livre parcial do disco. Os sentidos tomados como positivos são indicados pelas setas em (*a*). O eixo *z* positivo está direcionado para fora da página.

(Eq. 9.11) obtém-se $TR = I\alpha_z$, onde α_z é positiva para uma rotação no sentido anti-horário. Com $I = \frac{1}{2}MR^2$ e $\alpha_z = a_T/R$, obtém-se $TR = (\frac{1}{2}MR^2)(a_T/R)$ ou

$$T = \tfrac{1}{2}Ma_T.$$

Uma vez que a corda não desliza ou estica, a aceleração a_y do bloco é igual à aceleração tangencial a_T de um ponto sobre a borda do disco. Com $a_y = a_T = a$, as equações do bloco e do disco podem ser combinadas de modo a obter-se

$$a = g\frac{2m}{M + 2m} = (9{,}8\ \text{m/s}^2)\frac{(2)(1{,}2\ \text{kg})}{2{,}5\ \text{kg} + (2)(1{,}2\ \text{kg})} = 4{,}8\ \text{m/s}^2,$$

e

$$T = mg\frac{M}{M + 2m} = (1{,}2\ \text{kg})(9{,}8\ \text{m/s}^2)\frac{2{,}5\ \text{kg}}{2{,}5\ \text{kg} + (2)(1{,}2\ \text{kg})}$$
$$= 6{,}0\ \text{N}.$$

Conforme esperado, a aceleração do bloco em queda é inferior a g, e a tração na corda (= 6,0 N) é inferior ao peso do bloco suspenso ($= mg = 11{,}8$ N). Também pode-se notar que a aceleração do bloco e a tração dependem da massa do disco mas não do seu raio. Como uma verificação, observa-se que as fórmulas derivadas acima predizem $a = g$ e $T = 0$ para o caso de um disco sem massa ($M = 0$). Isto é o que é esperado; o bloco simplesmente cai como um corpo livre, arrastando a corda atrás dele.

A aceleração angular do disco segue de

$$\alpha_z = \frac{a}{R} = \frac{4{,}8\ \text{m/s}^2}{0{,}20\ \text{m}} = 24\ \text{rad/s}^2 = 3{,}8\ \text{rev/s}^2$$

e é positiva, correspondendo a uma rotação no sentido da seta na Fig. 9.26*a*.

Para rotações em torno de um eixo fixo, a velocidade angular e a aceleração angular possuem apenas uma componente e, portanto, somente esta mesma componente do torque entra nas leis de Newton. Entretanto, pode-se aplicar uma força a um corpo rígido em qualquer direção e, em geral, existem duas ou três componentes do torque, sendo que somente uma delas produz rotações. O que acontece com as outras componentes?

Considere a roda de bicicleta mostrada na Fig. 9.27. O eixo da roda está fixo em uma direção através de dois mancais, de maneira que o eixo de rotação corresponde ao eixo z. A força $\vec{\mathbf{F}}$ é aplicada à roda em uma direção arbitrária e, em geral, o torque associado pode ter componentes x, y e z, conforme mostrado na Fig. 9.27. Cada componente do torque tende a produzir uma rotação em torno do seu eixo correspondente. Porém, assumiu-se que o corpo está fixo de tal forma que somente são possíveis rotações em torno do eixo z. As componentes x e y do torque não produzem movimento. Neste caso, os mancais servem para restringir o sistema a girar somente em torno do eixo z, e eles, portanto, devem fornecer torques que cancelam as componentes x e y do torque da força aplicada. Isto indica o que se considera um corpo restrito a se mover em torno de um eixo fixo: apenas as componentes do torque paralelas a esse eixo contribuem para a rotação do corpo, e as componentes perpendiculares ao eixo são balanceadas por outras partes do sistema. Os mancais *precisam* fornecer torques com componentes x e y para manter fixa a direção do eixo de rotação; os mancais *podem* também produzir um torque na direção z, como no caso de mancais não-ideais que exercem forças de atrito sobre o eixo da roda. Uma vez que o centro de massa da roda não se move, as forças exercidas pelos mancais devem ser somadas às forças externas para fornecer uma força resultante nula.

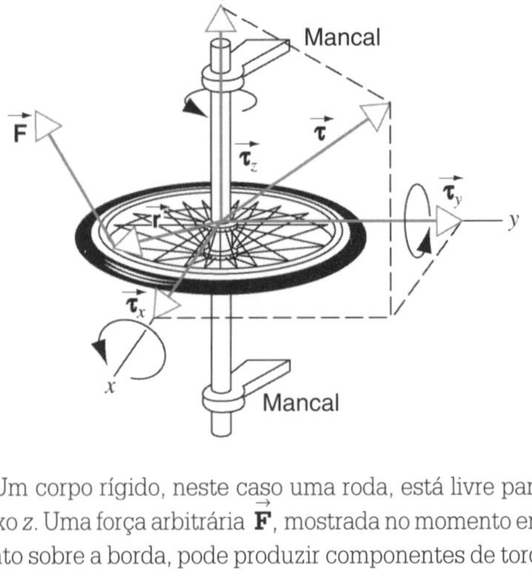

Fig. 9.27 Um corpo rígido, neste caso uma roda, está livre para girar em torno do eixo z. Uma força arbitrária $\vec{\mathbf{F}}$, mostrada no momento em que atua em um ponto sobre a borda, pode produzir componentes de torque ao longo dos três eixos de coordenadas. Somente a componente z é capaz de promover a rotação da roda. As componentes x e y do torque tendem a inclinar o eixo de rotação para longe do eixo z. Esta tendência deve ser contraposta por torques opostos (não mostrados) exercidos pelos mancais, os quais mantêm o eixo em uma direção fixa.

9.7 MOVIMENTO COMBINADO DE ROTAÇÃO E TRANSLAÇÃO

A Fig. 9.28 mostra uma fotografia de longa exposição de uma roda girando. Este é um exemplo de um movimento complexo possível no qual um objeto simultaneamente experimenta deslocamentos rotacionais e de translação.

Em geral, os movimentos de translação e de rotação são completamente independentes. Por exemplo, considere um disco de hóquei no gelo que desliza sobre uma superfície horizontal (provavelmente uma lâmina de gelo). Você pode colocar o disco em movimento segundo um movimento de translação (sem rotação), ou você pode girar o disco no mesmo lugar para que ele somente tenha rotação e não translação. De uma forma alternativa, é possível simultaneamente empurrar o disco (com uma velocidade linear qualquer) e girá-lo (com uma velocidade angular qualquer), de modo que ele se move ao longo do gelo com movimento de translação e rotação. O centro de massa move-se em uma linha reta (mesmo na presença de uma força externa como o atrito), mas o movimento de outro ponto qualquer do disco pode ter uma combinação complexa do movimento de translação e rotação, como o ponto sobre a borda do disco da roda na Fig. 9.28.

Como representado pelo disco deslizando ou a roda girando, restringe-se a discussão deste movimento combinado a casos que satisfaçam duas condições: (1) o eixo de rotação passa pelo centro de massa (o qual serve como ponto de referência para calcular o torque e a quantidade de movimento angular), e (2) o eixo sempre possui a mesma direção no espaço (isto é, o eixo em um instante é paralelo ao eixo em um outro instante qualquer). Se estas duas condições são válidas, a Eq. 9.11 ($\Sigma\ \tau_z = I\alpha_z$, usando somente torques *externos*) pode ser aplicada ao movimento rotacional. Independente do movimento rotacional, pode-se aplicar a Eq. 7.16 ($\Sigma\ \vec{\mathbf{F}} = M\vec{\mathbf{a}}_{cm}$, usando somente forças *externas*) ao movimento de translação.

Existe um caso especial deste tipo de movimento que é freqüentemente observado; este caso está ilustrado pela roda girando da Fig. 9.28. Observe que onde o ponto iluminado sobre a borda entra em contato com a superfície, a luz parece especialmente brilhante, correspondendo a uma longa exposição no filme. Nestes instantes, este ponto está se movendo muito devagar em relação à superfície, ou talvez esteja instantaneamente em repouso. Este caso especial, no qual um objeto rola ao longo da superfície de modo que não existe movimento relativo entre o objeto e a superfície no ponto de contato instantâneo, é chamado de *rolamento sem deslizamento*.

A Fig. 9.29 mostra um outro exemplo de rolamento sem deslizamento. Observe que os raios da roda da bicicleta perto da parte de baixo estão mais em foco do que os raios no topo, que aparecem borrados. O topo da roda está se movendo claramente mais rápido do que a parte de baixo! No rolamento sem deslizamento, a força de atrito entre a roda e a superfície é responsável por impedir o movimento relativo no ponto de contato. Embora a roda esteja em movimento, é a força de atrito *estática* que age.

Nem todos os casos de rolamento sobre uma superfície com atrito resultam em rolamento sem deslizamento. Por exemplo, imagine um carro tentando iniciar o movimento sobre uma estrada congelada. Talvez, no início, as rodas girem sem sair do lugar, de modo que se tem rotação pura sem translação. Se for colocada areia sobre o gelo, as rodas continuarão a girar rapidamente mas o carro começará a mover-se para a frente. Ainda existirá algum deslizamento entre os pneus e o gelo, mas agora tem-se algum movimento de translação. Finalmente os pneus param de girar sobre o gelo, deixando de existir movimento relativo entre eles; esta é a condição de rolamento sem deslizamento.

A Fig. 9.30 mostra uma maneira de visualizar o rolamento sem deslizamento como uma combinação dos movimentos de rotação e translação. Em um movimento de translação pura (Fig. 9.30*a*), o centro de massa C (junto com qualquer ponto sobre a roda) move-se com velocidade v_{cm} para a direita. Em um movimento de rotação pura (Fig. 9.30*b*) com uma velocidade angular ω, todo o ponto posicionado sobre a borda possui uma velocidade tangencial ωR. Quando os dois movimentos são combinados, a velocidade resultante do ponto B (na parte inferior da roda) é $v_{cm} - \omega R$. Para o rolamento sem deslizamento, o ponto de contato da roda com a superfície precisa estar em repouso; logo $v_{cm} - \omega R = 0$, ou

$$v_{cm} = \omega R. \qquad (9\text{-}36)$$

Superpondo os movimentos resultantes de translação e de rotação, obtém-se a Fig. 9.30*c*. Observe que a velocidade linear

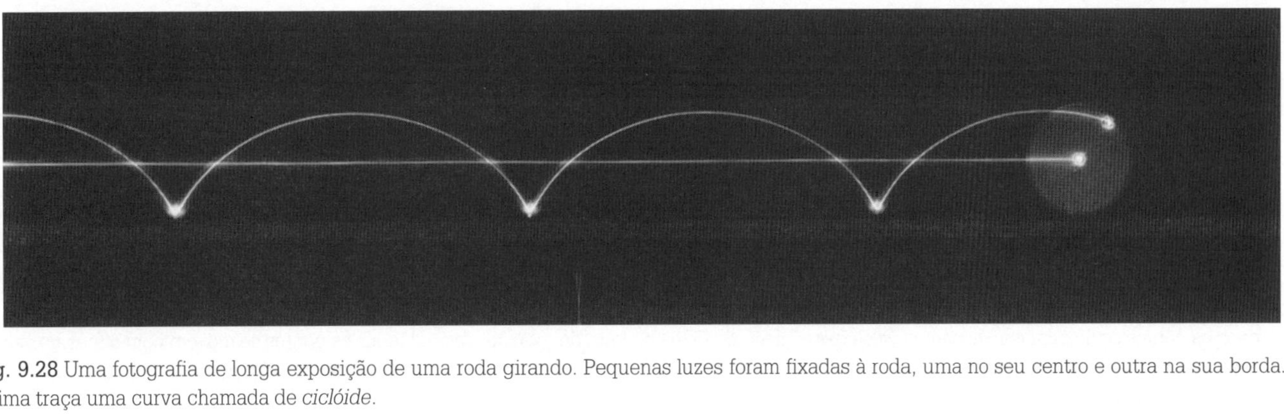

Fig. 9.28 Uma fotografia de longa exposição de uma roda girando. Pequenas luzes foram fixadas à roda, uma no seu centro e outra na sua borda. A última traça uma curva chamada de *ciclóide*.

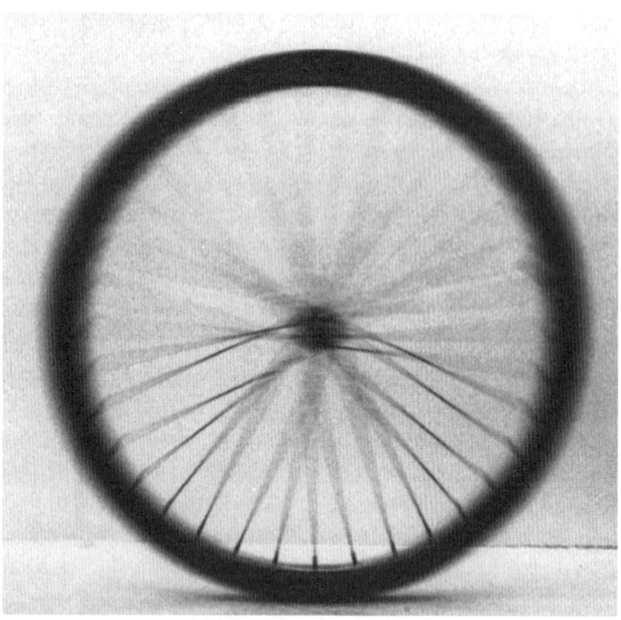

Fig. 9.29 Uma foto de uma roda de bicicleta girando. Observe que os raios perto do topo da roda aparecem mais borrados do que os raios próximos à parte debaixo. Isto ocorre porque o topo possui uma maior velocidade linear.

no topo da roda (ponto *T*) é exatamente o dobro daquela no centro.

A Eq. 9.36 aplica-se *somente* ao caso de rolamento sem deslizamento: no caso geral do movimento combinado de rotação e translação, v_{cm} não é igual a ωR.

Existe outra forma intuitiva de analisar o rolamento sem deslizamento: considera-se o ponto de contato *B* como um eixo instantâneo de rotação, conforme ilustrado na Fig. 9.31. A cada instante existe um novo ponto de contato *B* e, portanto, um novo eixo de rotação, mas instantaneamente o movimento consiste em uma rotação pura em torno de *B*. A velocidade angular desta rotação em torno de *B* é a mesma da velocidade angular ω da rotação em torno do centro de massa. Uma vez que a distância de *B* a *T* é o dobro da distância de *B* a *C*, mais uma vez conclui-se que a velocidade linear em *T* é o dobro da velocidade em *C*.

PROBLEMA RESOLVIDO 9.11.

Um cilindro sólido de massa *M* e raio *R* inicia o seu movimento do repouso e rola sem deslizar para baixo em um plano inclinado de comprimento *L* e altura *h* (Fig. 9.32). Encontre a velocidade do seu centro de massa quando o cilindro atinge a base do plano.

Solução O diagrama de corpo livre da Fig. 9.32*b* mostra as forças que atuam sobre o cilindro: o peso $M\vec{g}$, a força normal $\vec{N}$ e a força de atrito $\vec{f}$. Com base na escolha dos eixos *x* e *y* mostrada na figura, as componentes da força resultante sobre o cilindro são $\Sigma F_x = Mg \text{ sen } \theta - f$ e $\Sigma F_y = N - Mg \cos \theta$. A aplicação da segunda lei de Newton com $a_x = a_{cm}$ e $a_y = 0$ fornece as seguintes equações, para *x* e *y*

$$Mg \text{ sen } \theta - f = Ma_{cm} \quad \text{e} \quad N - Mg \cos \theta = 0.$$

Para encontrar o torque resultante em relação ao centro de massa, vale notar que as linhas de ação de ambas $\vec{N}$ e $M\vec{g}$ passam pelo centro de massa e, portanto, os seus braços de alavanca são nulos. Somente a força de atrito contribui para o torque, e assim $\Sigma \tau_z = -fR$. A segunda lei de Newton para rotação, então, fornece

$$-fR = I_{cm}\alpha_z.$$

Na Fig. 9.32, o eixo *z* está direcionado para fora da página e assim α_z é negativo. A condição para rolamento sem deslizamento é $v_{cm} = \omega R$; derivando esta expressão obtém-se $a_{cm} = \alpha R$, que relaciona a intensidade de a_{cm} com α. Substituindo $\alpha_z = -a_{cm}/R$ e $I_{cm} = \frac{1}{2}MR^2$ (para um cilindro), obtém-se

$$f = -\frac{I_{cm}\alpha_z}{R} = -\frac{(\frac{1}{2}MR^2)(-a_{cm}/R)}{R} = \frac{1}{2}Ma_{cm}.$$

Substituindo isto na primeira equação da translação, obtém-se

$$a_{cm} = \tfrac{2}{3}g \text{ sen } \theta.$$

Isto é, a aceleração do centro de massa para o cilindro que está rolando ($\frac{2}{3}g$ sen θ) é menor do que a sua aceleração seria se o cilindro estivesse deslizando para baixo no plano inclinado (g sen θ). Este resultado é válido para qualquer instante, independente da posição do cilindro ao longo do plano inclinado.

Uma vez que a aceleração é constante, as equações do Cap. 2 podem ser usadas para encontrar a velocidade. Com $v_{0x} = 0$ e

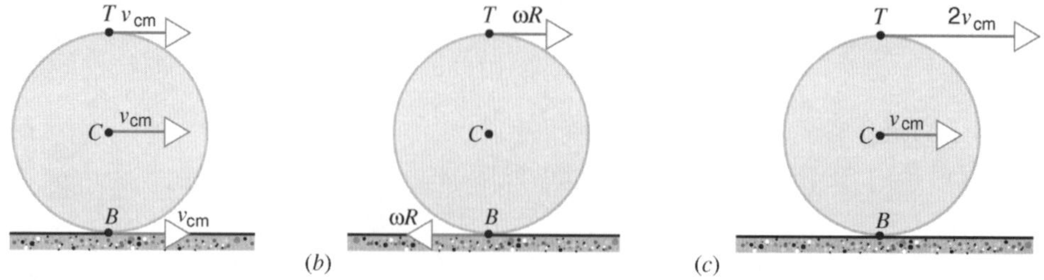

Fig. 9.30 O rolamento pode ser visto como a superposição de translação pura e rotação em torno do centro de massa. (*a*) O movimento de translação, no qual todos os pontos se movem com a mesma velocidade linear. (*b*) O movimento de rotação, no qual todos os pontos se movem com a mesma velocidade angular em relação ao eixo central. (*c*) A superposição de (*a*) e (*b*), em que as velocidades em *T*, *C* e *B* foram obtidas através da adição vetorial das componentes de translação e de rotação.

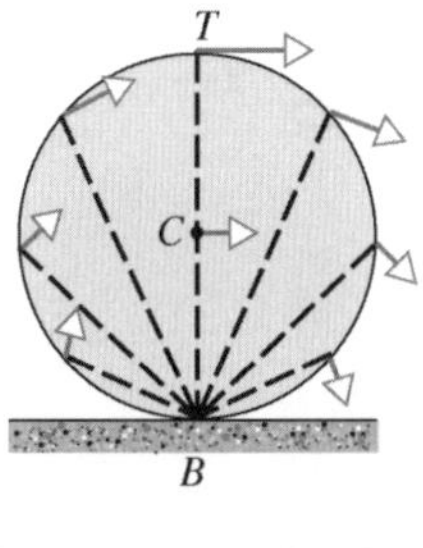

Fig. 9.31 Um corpo que rola pode ser considerado como estando girando em torno de um eixo instantâneo posicionado no ponto de contato B. Os vetores mostram as velocidades lineares instantâneas dos pontos selecionados.

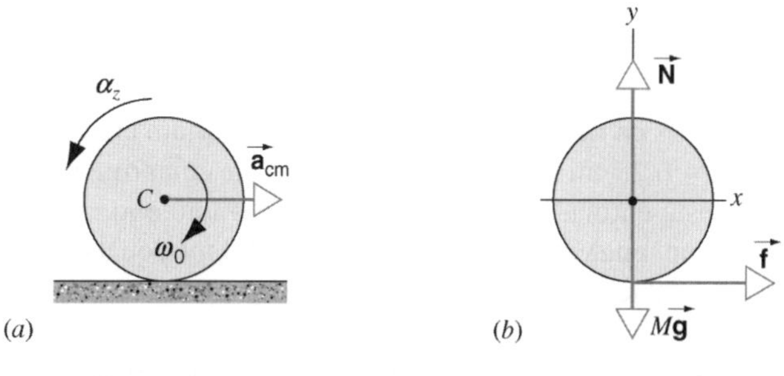

Fig. 9.33 Problema Resolvido 9.12. (*a*) O cilindro girando inicialmente desliza à medida que rola. (*b*) O diagrama de corpo livre do cilindro.

tomando $x - x_0 = L$ (onde o eixo x está posicionado no plano), as Eqs. 2.26 e 2.28 tornam-se, respectivamente, $v_{cm} = a_{cm}t$ e $L = \frac{1}{2}a_{cm}t^2$. Resolvendo a segunda equação para o tempo t, obtém-se $t = \sqrt{2L/a_{cm}}$. Com este resultado a primeira equação fornece

$$v_{cm} = a_{cm}t$$
$$= a_{cm}\sqrt{\frac{2L}{a_{cm}}} = \sqrt{2La_{cm}} = \sqrt{2L(\tfrac{2}{3}g \text{ sen } \theta)} = \sqrt{\tfrac{4}{3}Lg \text{ sen } \theta}$$

Este método também permite determinar a força de atrito estático necessária para que ocorra rolamento:

$$f = \tfrac{1}{2}Ma_{cm} = (\tfrac{1}{2}M)(\tfrac{2}{3}g \text{ sen } \theta) = \tfrac{1}{3}Mg \text{ sen } \theta.$$

O que aconteceria se a força de atrito estático entre as superfícies fosse inferior a este valor?

PROBLEMA RESOLVIDO 9.12.

Um cilindro sólido uniforme de raio R (= 12 cm) e massa M (= 3,2 kg) recebe uma velocidade angular (sentido horário) inicial ω_0 de 15 rev/s e é, então, colocado sobre uma superfície horizontal uniforme (Fig. 9.33). O coeficiente de atrito cinético entre a superfície e o cilindro é $\mu_c = 0{,}21$. Inicialmente, o cilindro desliza à medida que se move ao longo da superfície, mas, após um tempo t, começa a rolar sem deslizar. (*a*) Qual é a velocidade v_{cm} do centro de massa no instante de tempo t? (*b*) Qual é o valor de t?

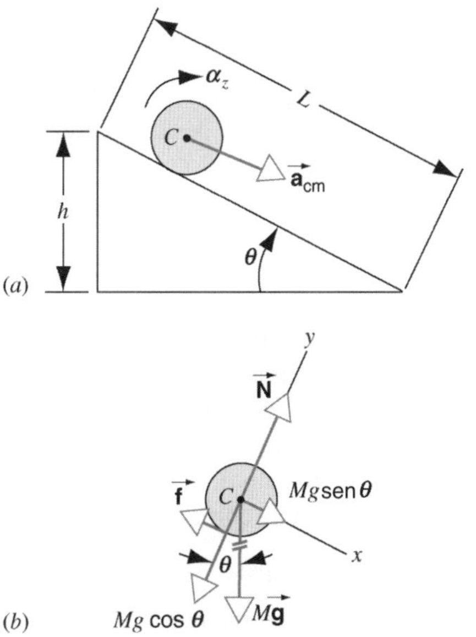

Fig. 9.32 Problema Resolvido 9.11. (*a*) Um cilindro rola sem deslizar para baixo em um plano inclinado. (*b*) O diagrama de corpo livre do cilindro.

Solução (*a*) A Fig. 9.33*b* mostra as forças que atuam sobre o cilindro. As componentes x e y da força resultante são $\Sigma F_x = f$ e $\Sigma F_y = N - Mg$. Enquanto ocorre deslizamento, durante o intervalo desde o tempo 0 ao tempo t, as forças são constantes e assim a aceleração é constante. Neste intervalo de tempo, $v_{fx} = v_{cm}$ e $v_{ix} = 0$. A aceleração é, então

$$a_x = \frac{\Delta v_x}{\Delta t} = \frac{v_{fx} - v_{ix}}{t} = \frac{v_{cm} - 0}{t} = \frac{v_{cm}}{t}.$$

A componente x da segunda lei de Newton fornece, então

$$f = Ma_x = \frac{Mv_{cm}}{t}$$

Somente a força de atrito produz um torque em relação ao centro de massa, de modo que o torque resultante é $\Sigma \tau_z = fR$. Com $\omega_i = -\omega_0$ e $\omega_f = -v_{cm}/R$ no instante em que o rolamento sem deslizamento se inicia (o sinal de menos indica que o cilindro está girando no sentido horário), a aceleração angular é

$$\alpha_z = \frac{\Delta\omega}{\Delta t} = \frac{\omega_f - \omega_i}{t} = \frac{-v_{cm}/R + \omega_0}{t}.$$

A segunda lei de Newton para a rotação fornece $fR = I_{cm}\alpha_z$. Substituindo f e α_z explicitados nas duas equações acima, obtém-se

$$\left(\frac{Mv_{cm}}{t}\right)R = \frac{\frac{1}{2}MR^2(-v_{cm}/R + \omega_0)}{t}$$

usando $I_{cm} = \frac{1}{2}MR^2$ da Fig. 9.15. Após a eliminação dos fatores comuns pode-se resolver para v_{cm}, encontrando-se

$$v_{cm} = \tfrac{1}{3}\omega_0 R = \tfrac{1}{3}(15 \text{ rev/s})(2\pi \text{ rad/rev})(0{,}12 \text{ m}) = 3{,}8 \text{ m/s}.$$

Observe que v_{cm} não depende dos valores de M, g ou μ_c. O que aconteceria se, porém, uma destas grandezas fosse nula?

(*b*) Com $f = Mv_{cm}/t$ e também $f = \mu_c N = \mu_c Mg$, pode-se eliminar f e resolver para t:

$$t = \frac{v_{cm}}{\mu_c g} = \frac{3{,}8 \text{ m/s}}{(0{,}21)(9{,}80 \text{ m/s}^2)} = 1{,}8 \text{ s}.$$

PROBLEMA RESOLVIDO 9.13.

Um ioiô[2] de brinquedo de massa total $M = 0{,}24$ kg consiste em dois discos de raio $R = 2{,}8$ cm conectados por um eixo fino de raio $R_0 = 0{,}25$ cm (Fig. 9.34*a*). Uma corda de comprimento $L = 1{,}2$ m está enrolada em torno do eixo. Se o ioiô é jogado para baixo com uma velocidade inicial de $v_0 = 1{,}4$ m/s, qual é a velocidade rotacional quando ele atinge a extremidade da corda?

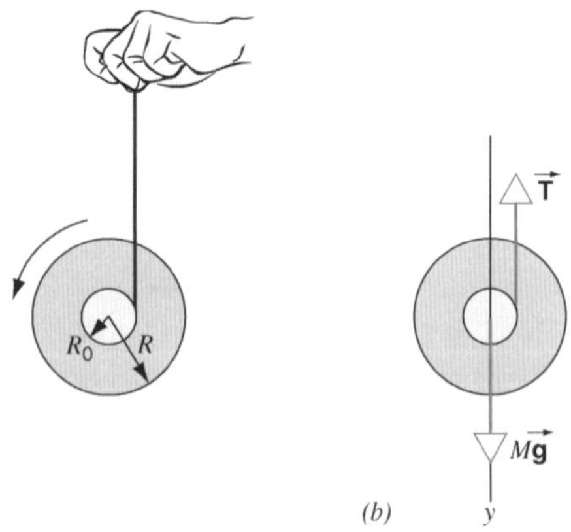

(*a*) (*b*)

Fig. 9.34 Problema Resolvido 9.13. (*a*) Um ioiô desce à medida que a corda se desenrola do eixo. (*b*) O diagrama de forças.

Solução O diagrama de corpo livre para o ioiô está mostrado na Fig. 9.34*b*. A força resultante é $\Sigma F_y = Mg - T$ (considerando que o sentido para baixo é positivo), e o torque resultante em relação ao centro de massa é $\Sigma \tau_z = TR_0$ (considerando os torques no sentido anti-horário como positivos). As formas da segunda lei de Newton para o movimento de translação e de rotação podem ser escritas como

$$Mg - T = Ma_y \qquad \text{e} \qquad TR_0 = I\alpha_z.$$

Considera-se a espessura da corda desprezível e assume-se que ela não desliza à medida que se desenrola. O ponto onde a corda está em contato com o eixo está instantaneamente em repouso, da mesma forma que o ponto *B* nas Figs. 9.30 e 9.31. Com $v_{cm} = \omega R_0$, segue que $a_{cm} = \alpha R_0$ (somente em intensidade). Na notação utilizada para este problema, $a_{cm} = a_y$ (uma grandeza positiva) e $\alpha = \alpha_z$ (também uma grandeza positiva). Assim, tomando $a_y = \alpha_z R_0$ e combinando as equações de força e torque para eliminar a tração, resolve-se para a aceleração angular:

$$\alpha_z = \frac{g}{R_0}\frac{1}{1 + I/MR_0^2}.$$

Para completar a solução, é necessário determinar a inércia rotacional, que não é fornecida. Supõe-se que a contribuição do eixo fino para o valor de *I* é desprezível (a massa e o raio do eixo são ambos pequenos quando comparados aos dos discos). Assim, a inércia rotacional é $I = \frac{1}{2}MR^2$ e

$$\alpha_z = \frac{g}{R_0}\frac{1}{1 + R^2/2R_0^2}$$

$$= \frac{980 \text{ cm/s}^2}{0{,}25 \text{ cm} + (2{,}8 \text{ cm})^2/2(0{,}25 \text{ cm})} = 61{,}5 \text{ rad/s}^2.$$

Para encontrar a velocidade angular final com esta aceleração, pode-se usar a Eq. 8.6, $\omega_z = \omega_{0z} + \alpha_z t$, se o tempo *t* para o ioiô desenrolar for conhecido. Este tempo pode ser encontrado na Eq. 8.7, $\phi = \phi_0 + \omega_{0z}t + \frac{1}{2}\alpha_z t^2$. O ângulo desenvolvido durante o tempo que a corda do ioiô leva para desenrolar é $\phi - \phi_0 = L/R_0 = 480$ rad, e a velocidade angular inicial é $\omega_{oz} = v_0/R_0 = (1{,}4 \text{ m/s})(0{,}0025 \text{ m}) = 560$ rad/s. Com a substituição destes valores, a Eq. 8.7 fornece

$$(30{,}75 \text{ rad/s}^2)t^2 + (560 \text{ rad/s})t - 480 \text{ rad} = 0.$$

Resolvendo esta equação quadrática, encontra-se $t = 0{,}82$ s ou -19 s. O valor positivo é o que apresenta significado físico, e então

$$\omega_z = \omega_{0z} + \alpha_z t = 560 \text{ rad/s} + (61{,}5 \text{ rad/s}^2)(0{,}82 \text{ s}) = 610 \text{ rad/s}.$$

MÚLTIPLA ESCOLHA

9.1 Torque

1. Considere o objeto na Fig. 9.2. Inverta o sistema de coordenadas de modo que $x \to -x$, $y \to -y$ e $z \to -z$. Fica claro que de acordo com esta transformação $\vec{\mathbf{r}} \to -\vec{\mathbf{r}}$. O que acontece com $\vec{\tau}$ e $\vec{\mathbf{F}}$?

(A) $\vec{\tau} \to \vec{\tau}$ e $\vec{\mathbf{F}} \to \vec{\mathbf{F}}$.

(B) $\vec{\tau} \to \vec{\tau}$ e $\vec{\mathbf{F}} \to -\vec{\mathbf{F}}$.

(C) $\vec{\tau} \to -\vec{\tau}$ e $\vec{\mathbf{F}} \to \vec{\mathbf{F}}$.

(D) $\vec{\tau} \to -\vec{\tau}$ e $\vec{\mathbf{F}} \to -\vec{\mathbf{F}}$.

2. Uma partícula está localizada em $\vec{\mathbf{r}} = 0\hat{\mathbf{i}} + 3\hat{\mathbf{j}} + 0\hat{\mathbf{k}}$, em metros. Uma força constante $\vec{\mathbf{F}} = 0\hat{\mathbf{i}} + 0\hat{\mathbf{j}} + 4\hat{\mathbf{k}}$ (em newtons) começa a agir sobre a partícula. À medida que a partícula acelera sob a ação desta força, o torque, medido em relação à origem,

(A) aumenta. (B) diminui. (C) é zero.

(D) é uma constante não nula.

3. Em um dos seus muitos filmes de ação, Jackie Chan pula de um prédio enrolando uma corda em torno da sua cintura e, então, deixa que ela se desenrole enquanto ele cai em direção ao chão, da mesma forma que um ioiô. Supondo que a sua aceleração na direção do chão é uma constante muito menor que *g*, a tração na corda é

(A) quase igual ao seu peso.

(B) exatamente igual ao seu peso.

[2]Ver "The Yo-Yo: A Toy Flywheel", de Wolfgang Burger, *American Scientist*, março-abril de 1984, p. 137.

(C) muito menor que o seu peso.

(D) exatamente zero.

(Ver *Who Am I*, estrelando Jackie Chan.)

9.2 Inércia Rotacional e a Segunda Lei de Newton

9.3 Inércia Rotacional de Corpos Sólidos

4. Em relação a que eixo um cubo uniforme tem a sua menor inércia rotacional?

(A) Qualquer eixo que passa pelo centro do cubo e o centro de uma face

(B) Qualquer eixo que passa pelo centro do cubo e o centro de uma aresta

(C) Qualquer eixo que passa pelo centro do cubo e um vértice (uma diagonal)

(D) Um cubo uniforme possui a mesma inércia rotacional para qualquer eixo de rotação que passa pelo seu centro.

9.4 Torque Causado pela Gravidade

9.5 Aplicações das Leis de Newton para a Rotação no Equilíbrio

5. Uma haste longa experimenta diversas forças, cada uma atuando sobre um ponto diferente da haste. Todas as forças são perpendiculares à haste. A haste pode estar em equilíbrio para o movimento de translação, para o movimento de rotação, para ambos ou para nenhum dos dois.

(*a*) Se o cálculo mostra que o torque resultante em relação à extremidade esquerda é zero, então pode-se concluir que a haste

(A) está definitivamente em equilíbrio rotacional.

(B) está em equilíbrio rotacional somente se a força resultante sobre a haste também for zero.

(C) pode não estar em equilíbrio rotacional mesmo se a força resultante sobre a haste também for zero.

(D) pode estar em equilíbrio rotacional mesmo se a força resultante sobre a haste não for zero.

(*b*) Se o cálculo mostra que a força resultante sobre a haste é zero, então pode-se concluir que a haste

(A) está definitivamente em equilíbrio rotacional.

(B) está em equilíbrio rotacional somente se o torque resultante em relação a qualquer eixo que passa por qualquer ponto for zero.

(C) pode estar em equilíbrio rotacional se o torque resultante em relação a qualquer eixo que passa por qualquer ponto for zero.

(D) pode estar em equilíbrio rotacional mesmo se o torque resultante em relação a qualquer eixo que passa por qualquer ponto não for zero.

6. Um pai empurra um carrossel balanceado e sem atrito, exercendo uma força $\vec{\mathbf{F}}$ tangente ao carrossel e resultando em um torque de 240 N·m; a distância entre o centro de carrossel e o ponto de aplicação da força é de 1,6 m.

(*a*) O carrossel está em equilíbrio?

(A) Sim, para ambos os movimentos de translação e de rotação

(B) Somente para o movimento de translação

(C) Somente para o movimento de rotação

(D) Não, nem para o movimento de translação nem para o de rotação

(*b*) Qual é, se existir, a intensidade da força horizontal exercida pelo eixo do carrossel sobre o carrossel?

(A) 384 N (B) 240 N

(C) 150 N (D) Não existe força.

7. Uma escada está em repouso com a sua extremidade superior contra uma parede e a sua extremidade inferior sobre o chão. Um trabalhador vai subir a escada. Em que situação ela está mais propensa a escorregar?

(A) Antes de o trabalhador estar sobre ela.

(B) Quando o trabalhador está sobre o degrau mais baixo.

(C) Quando o trabalhador está no meio da escada.

(D) Quando o trabalhador está sobre o degrau mais alto.

9.6 Aplicações das Leis de Newton para a Rotação Fora do Equilíbrio

8. A segunda lei de Newton para o movimento de translação no plano *xy* é $\Sigma\,\vec{\mathbf{F}} = m\vec{\mathbf{a}}$; a segunda lei de Newton para a rotação é $\Sigma\,\tau_z = I\alpha_z$. Considere o caso de uma partícula que se move no plano *xy* sob a influência de uma única força.

(A) Ambas $\Sigma\,\vec{\mathbf{F}} = m\vec{\mathbf{a}}$ e $\Sigma\,\tau_z = I\alpha_z$ devem ser usadas para analisar o movimento desta partícula.

(B) Ou $\Sigma\,\vec{\mathbf{F}} = m\vec{\mathbf{a}}$ ou $\Sigma\,\tau_z = I\alpha_z$ podem ser usadas para analisar o movimento desta partícula.

(C) Somente $\Sigma\,\vec{\mathbf{F}} = m\vec{\mathbf{a}}$ precisa ser usada para analisar o movimento desta partícula.

(D) Somente $\Sigma\,\tau_z = I\alpha_z$ pode ser usada para analisar o movimento desta partícula.

9.7 Movimento Combinado de Rotação e Translação

9. Considere quatro objetos, todos esferas sólidas. A esfera (A) possui um raio *r* e massa *m*, (B) possui um raio 2*r* e massa *m*, (C) possui um raio *r* e massa 2*m* e (D) possui um raio *r* e massa 3*m*. Todos podem ser colocados no mesmo ponto sobre o mesmo plano inclinado onde eles rolam sem deslizar até à base do plano inclinado. A resposta às seguintes questões também pode ser (E) igual para todas.

(*a*) Qual dos objetos possui a maior inércia rotacional?

(*b*) Se soltos do repouso, qual dos objetos experimenta o maior torque resultante?

(*c*) Se soltos do repouso, qual dos objetos experimenta a maior aceleração linear?

(*d*) Se for permitido que rolem para baixo sobre o plano inclinado, qual dos objetos apresentará a maior velocidade na base do plano inclinado?

(*e*) Se for permitido que rolem para baixo sobre o plano inclinado, qual dos objetos atingirá a base do plano inclinado no menor tempo?

10. Considere quatro objetos: (A) uma esfera sólida; (B) uma casca esférica; (C) um disco sólido e (D) um aro de metal. Todos possuem a mesma massa e o mesmo raio; todos podem ser posicionados no mesmo ponto sobre o mesmo plano inclinado onde eles rolam sem deslizar até à base do plano inclinado. A resposta às seguintes questões também pode ser (E) igual para todas.

(*a*) Qual dos objetos possui a maior inércia rotacional em relação ao seu eixo de simetria?

(*b*) Se soltos do repouso, qual dos objetos experimenta o maior torque resultante?

(*c*) Se soltos do repouso, qual dos objetos experimenta a maior aceleração linear?

(*d*) Se for permitido que rolem para baixo sobre o plano inclinado, qual dos objetos apresentará a maior velocidade na base do plano inclinado?

(*e*) Se for permitido que rolem para baixo sobre o plano inclinado, qual dos objetos atingirá a base do plano inclinado no menor tempo?

QUESTÕES

1. Explique por que a roda é uma invenção tão importante.

2. Um ioiô desce até atingir o fim da sua corda e então volta a subir. (*a*) O sentido de rotação é invertido no ponto inferior, quando atinge o fim da corda? Explique a sua resposta. (*b*) O que "puxa" o ioiô de volta para cima?

3. Um ioiô está em repouso sobre uma mesa horizontal e é livre para rolar (ver Fig. 9.35). Se a corda é puxada por uma força horizontal como F_1, em que sentido o ioiô irá rolar? O que acontece quando a força F_2 é aplicada (a sua linha de ação passa pelo ponto de contato do ioiô com a mesa)? Se a corda é puxada na vertical com uma força F_3, o que acontece?

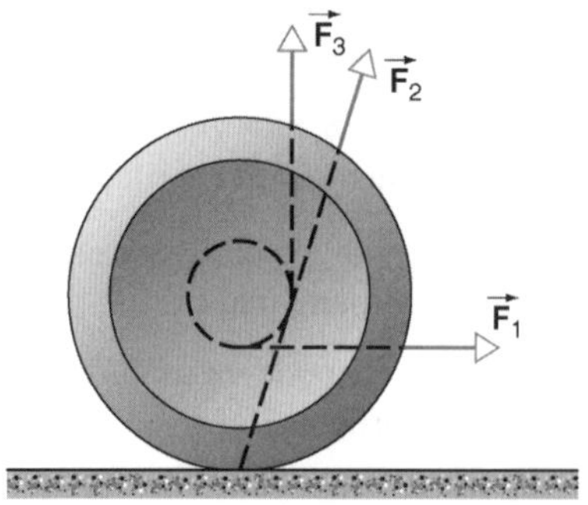

Fig. 9.35 Questão 3.

4. O centro de massa e o centro de gravidade de um edifício coincidem? E para um lago? Sob que condições a diferença entre o centro de massa e o centro de gravidade tornam-se significativas? Forneça um exemplo.

5. Se um corpo rígido é jogado no ar sem girar, ele não irá girar durante o seu vôo desde que a resistência do ar possa ser ignorada. O que implica este resultado simples em relação à localização do centro de gravidade?

6. A ginasta olímpica Mary Lou Retton fez algumas coisas extraordinárias nas barras paralelas. Um amigo diz que uma análise cuidadosa dos filmes das proezas de Retton mostra que, não importando o que ela faça, o seu centro de massa está sempre acima do seu(s) ponto(s) de suporte em todos os instantes, como requerido pelas leis da física. Comente a declaração do seu amigo.

7. Fique parado olhando de frente para a borda de uma porta com um pé de cada lado da porta. Você nota que não é capaz de ficar sobre os seus dedos dos pés. Por quê?

8. Sente-se em uma cadeira de costas retas e tente levantar-se sem inclinar-se para a frente. Por que você não é capaz de fazer isso?

9. Uma barra longa ajuda um equilibrista que anda sobre um cabo a manter o equilíbrio. Como?

10. Existe na realidade um corpo verdadeiramente rígido? Em caso afirmativo, forneça um exemplo. Caso contrário, explique por quê.

11. Você está sentado no banco do carona de um automóvel estacionado. Dizem para você que as forças para cima exercidas sobre os quatro pneus pelo chão são diferentes. Discuta os fatores considerados sobre esta declaração ser ou não verdadeira.

12. No Problema Resolvido 9.7, se a parede oferecer atrito, as leis empíricas do atrito fornecem uma condição extra necessária para determinar a força externa (vertical) exercida pela parede sobre a escada?

13. Pode-se considerar a massa de um objeto como estando concentrada no seu centro de massa para a finalidade de cálculo de sua inércia rotacional? Se pode, explique por quê? Se não pode, ofereça um contra-exemplo.

14. Em relação a que eixo a inércia rotacional do seu corpo é menor? Em relação a qual eixo que passa pelo seu centro de massa a sua inércia rotacional é maior?

15. Se dois discos circulares de mesmo peso e espessura são feitos de metais com diferentes massas específicas, qual disco, se não ambos, possui a maior inércia rotacional em relação aos seus eixos de simetria?

16. A inércia rotacional de um corpo de geometria complexa precisa ser determinada. A forma torna o cálculo que utiliza $\int r^2dm$ extremamente difícil. Proponha maneiras de medir experimentalmente a inércia rotacional em relação a um determinado eixo.

17. Cinco sólidos são mostrados através da sua seção transversal na Fig. 9.36. As seções transversais possuem alturas iguais e larguras máximas iguais. Os sólidos possuem massas iguais. Qual deles possui a maior inércia rotacional em relação a um eixo perpendicular à seção e que passa pelo centro de massa? Qual possui a menor?

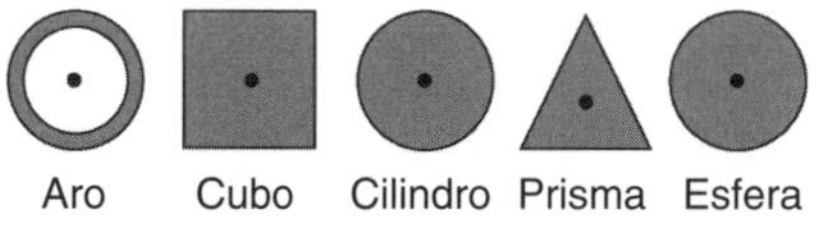

Fig. 9.36 Questão 17.

18. A Eq. 9.17 continua válida se a placa não é "fina" — isto é, se a sua espessura é comparável a (ou mesmo maior que) *a* ou *b*?

19. Você consegue distinguir um ovo cru de um ovo cozido girando cada um sobre uma mesa. Explique como. Também, se você parar um ovo cru com os seus dedos e soltá-lo rapidamente, ele voltará a girar. Por quê?

20. Volantes têm sido sugeridos para armazenar energia do vento ou energia solar. A quantidade de energia que pode ser armazenada depende da massa específica e da resistência mecânica do material de que é feito o volante e para um determinado peso deseja-se o material mais resistente e de menor massa específica disponível. Você seria capaz de tornar isso plausível? (Ver "Flywheels", de R.F. Post e S.F. Post, *Scientific American*, dezembro de 1973, p. 17.)

21. Além de aparência, por que os carros esporte possuem rodas com raios?

22. A Fig. 9.37*a* mostra uma régua, sendo metade dela de madeira e a outra metade de aço, fixada na extremidade de madeira através de um pino em *O*. Uma força é aplicada à extremidade de aço em *a*. Na Fig. 9.37*b*, a régua é fixada na extremidade de aço através de um pino em *O'* e a mesma força é aplicada na extremidade de madeira em *a'*. Obtém-se a mesma aceleração angular em ambos os casos? Se não, em qual dos casos a aceleração é maior?

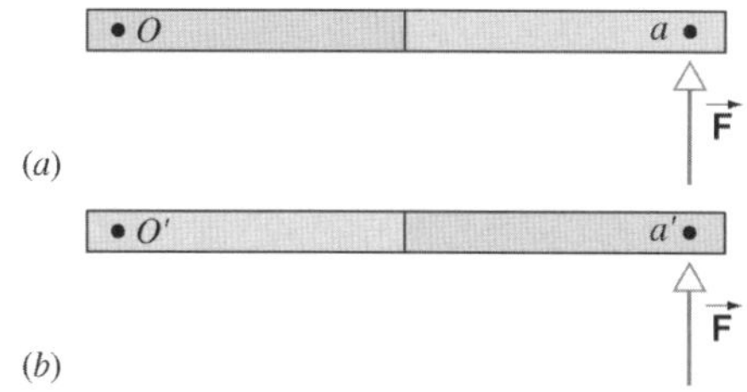

Fig. 9.37 Questão 22.

23. Descreva qualitativamente o que ocorre ao sistema da Fig. 9.26 se for fornecida ao disco uma velocidade angular inicial no sentido horário no mesmo instante em que ele for solto. Que mudanças, se existirem, ocorrem na aceleração linear do bloco, ou na aceleração angular do disco? Ver Problema Resolvido 9.10.

24. Uma bala esférica de canhão e uma bolinha de gude, partindo do repouso, rolam para baixo sobre um plano inclinado. Qual das duas chega primeiro à base do plano inclinado?

25. Uma lata cilíndrica cheia de carne e outra lata idêntica cheia de suco de maçã rolam para baixo sobre um plano inclinado. Compare as suas acelerações angulares e lineares. Explique a diferença.

26. Um cilindro sólido de madeira rola para baixo em dois planos inclinados diferentes de mesma altura, mas diferentes ângulos de inclinação. O cilindro chega à base com a mesma velocidade nos dois casos? Levará mais tempo para rolar para baixo em um plano do que no outro? Explique as suas respostas.

27. Um cilindro sólido de latão e um outro cilindro sólido de madeira possuem o mesmo raio e a mesma massa, sendo o cilindro de madeira maior. Os dois são soltos ao mesmo tempo do topo de um plano inclinado. Qual chega primeiro à base? Suponha agora que os cilindros tenham o mesmo comprimento (e raio) e que as massas são mantidas iguais, fazendo-se um furo ao longo do eixo do cilindro de latão. Agora, qual dos cilindros atinge primeiro a base? Explique as suas respostas. Presuma que os cilindros rolem sem deslizar.

28. Enuncie as três leis do movimento de Newton utilizando palavras apropriadas para corpos em rotação.

29. Dois discos pesados estão conectados por uma haste de raio muito menor. O sistema é posicionado sobre uma rampa de modo que os discos fiquem pendurados como mostra a Fig. 9.38. O sistema rola para baixo na rampa sem deslizar. (*a*) Próximo à base da rampa os discos tocam a mesa horizontal e o sistema move-se com uma velocidade de translação consideravelmente maior. Explique por quê. (*b*) Se este sistema fosse colocado para competir com um aro (de qualquer raio), qual deles atingiria a base primeiro?

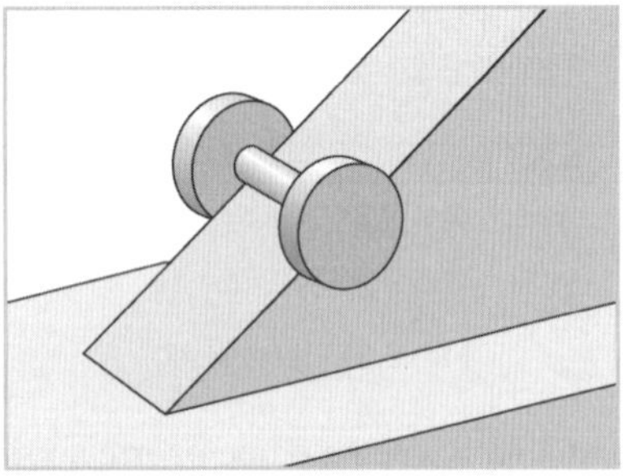

Fig. 9.38 Questão 29.

30. Uma pessoa, ao cortar uma árvore, faz um corte no lado voltado para a direção na qual a árvore deve cair. Explique por quê. É seguro permanecer debaixo da árvore no lado oposto ao da queda?

31. Comente cada uma das seguintes afirmações sobre esqui. (*a*) Em provas de velocidade morro abaixo, desejam-se esquis que não virem facilmente. (*b*) Em provas com obstáculos ("slalom"), desejam-se esquis que virem facilmente. (*c*) Portanto, a inércia rotacional de esquis de provas de velocidade deve ser maior do que os esquis de provas com obstáculos. (*d*) Considerando que o atrito entre o esqui e a neve é pequeno, como o esquiador exerce torques de modo a fazer curvas ou interromper uma curva? (Ver "The Physics of Ski Turns", de J.I. Shonie e D.L. Mordick, *The Physics Teacher*, dezembro de 1972, p. 491.)

32. Considere uma barra reta colocada em pé sobre o gelo. Qual será a trajetória do seu centro de massa se ela cair?

33. Explique por que uma roda que rola sobre uma superfície horizontal plana não pode ter a sua velocidade diminuída através do atrito estático. Supondo que não ocorra deslizamento, o que faz a roda parar?

34. Ruth e Roger estão pedalando ao longo de um caminho com a mesma velocidade escalar. As rodas da bicicleta de Ruth possuem um diâmetro um pouco maior do que as rodas da bicicleta de Roger. Como se relacionam as velocidades angulares das suas rodas? E as velocidades do topo de cada uma das rodas?

35. Um tambor cilíndrico, empurrado por uma tábua a partir de sua posição inicial, mostrada na Fig. 9.39, rola para a frente sobre o chão por uma distância *L*/2, igual à metade do comprimento da tábua. Não existe deslizamento em nenhum contato. Onde está a tábua então? Qual é a distância percorrida pelo homem?

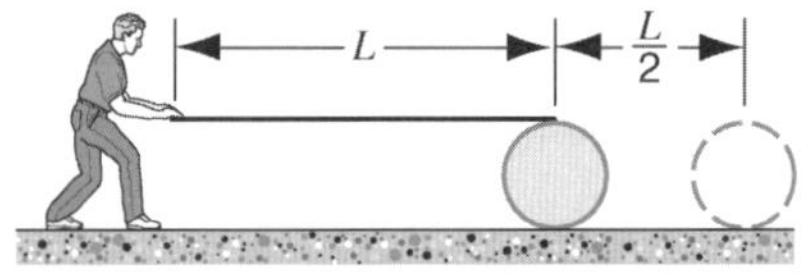

Fig. 9.39 Questão 35.

EXERCÍCIOS

9.1 Torque

1. Uma partícula está localizada nas coordenadas $x = 2{,}0$ m, $y = 3{,}0$ m. Qual é a intensidade do torque em relação à origem quando a partícula está submetida a uma força de 5,0 N de intensidade na (*a*) direção *x*, sentido positivo, (*b*) direção *y*, sentido positivo e (*c*) direção *x*, sentido negativo?

2. A Fig. 9.40 mostra as linhas de ação e os pontos de aplicação de duas forças em relação à origem *O*. Todos os vetores estão no plano da figura. Imagine estas forças atuando sobre um corpo rígido articulado no ponto *O* através de um pino. (*a*) Encontre a expressão para a intensidade do torque resultante sobre o corpo. (*b*) Se $r_1 = 1{,}30$ m, $r_2 = 2{,}15$ m, $F_1 = 4{,}20$ N, $F_2 = 4{,}90$ N, $\theta_1 = 75{,}0°$ e $\theta_2 = 58{,}0°$, quais são a intensidade, a direção e o sentido do torque resultante?

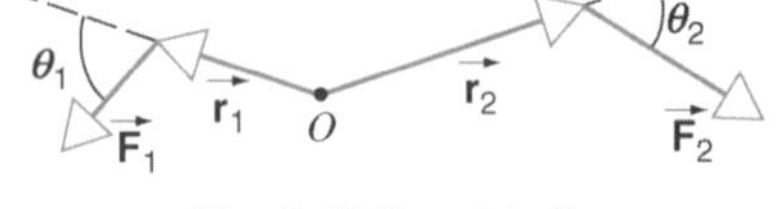

Fig. 9.40 Exercício 2.

3. Redesenhe a Fig. 9.40 usando as seguintes transformações: (*a*) $\vec{F} \to -\vec{F}$, (*b*) $\vec{r} \to -\vec{r}$ e (*c*) $\vec{F} \to -\vec{F}$ e $\vec{r} \to -\vec{r}$, mostrando em cada caso a direção e o sentido do torque. Verifique a consistência com a regra da mão direita.

4. O objeto mostrado na Fig. 9.41 está articulado através de um pino em *O*, permitindo que o objeto se movimente em torno de um eixo perpendicular ao plano da página e que passa por *O*. Três forças atuam sobre o objeto nas direções mostradas na figura: $F_A = 10$ N no ponto *A*, a 8,0 m de *O*; $F_B = 16$ N no ponto B, a 4,0 m de O; e $F_C = 19$ N no ponto C, a 3,0 m de O. Quais são a intensidade, a direção e o sentido do torque resultante em relação a O?

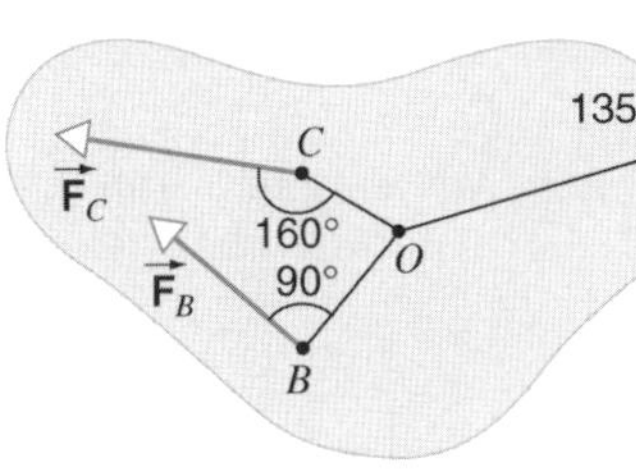

Fig. 9.41 Exercício 4.

5. Dois vetores $\vec{r}$ e $\vec{s}$ estão sobre o plano xy. As suas intensidades são $r = 4{,}5$ unidades e $s = 7{,}3$ unidades. As suas direções são, respectivamente, 320° e 85° medidas no sentido anti-horário desde o eixo x positivo. Encontre a intensidade e a direção de $\vec{r} \times \vec{s}$.

6. O vetor $\vec{a}$ possui uma intensidade de 3,20 unidades e está no plano yz a 63,0° do eixo $+y$, com uma componente z positiva. O vetor $\vec{b}$ possui uma intensidade de 1,40 unidade e está no plano xz a 48,0° do eixo $+x$, com uma componente z positiva. Encontre $\vec{a} \times \vec{b}$.

7. Os vetores $\vec{a}$ e $\vec{b}$ estão no plano xy. O ângulo entre $\vec{a}$ e $\vec{b}$ é ϕ, que é menor que 90°. Seja $\vec{c} = \vec{a} \times (\vec{b} \times \vec{a})$. (*a*) Encontre a intensidade de $\vec{c}$ e o ângulo entre $\vec{b}$ e $\vec{c}$.

8. Seja $\vec{a} = 2\hat{i} - 3\hat{j} + \hat{k}$ e $\vec{b} = 4\hat{i} - 2\hat{j} - 3\hat{k}$. Seja $\vec{c} = \vec{a} \times \vec{b}$. (*a*) Encontre $\vec{c}$, e o expresse usando vetores unitários. (*b*) Encontre o ângulo entre $\vec{a}$ e $\vec{b}$.

9. Qual é o torque em relação à origem sobre a partícula localizada em $x = 1{,}5$ m, $y = -2{,}0$ m, $z = 1{,}6$ m devido à força $\vec{F} = (3{,}5\text{ N})\hat{i} - (2{,}4\text{ N})\hat{j} + (4{,}3\text{ N})\hat{k}$? Expresse os seus resultados usando vetores unitários.

10. Uma partícula está localizada em $\vec{r} = (0{,}54\text{ m})\hat{i} + (-0{,}36\text{ m})\hat{j} + (0{,}85\text{ m})\hat{k}$. Uma força constante de intensidade 2,6 m atua sobre a partícula. Encontre as componentes do torque em relação à origem quando a força atua no (*a*) sentido positivo de x e (*b*) sentido negativo de z.

9.2 Inércia Rotacional e a Segunda Lei de Newton

11. Uma pequena esfera de chumbo de massa igual a 25 g está presa à origem através de uma haste fina de 74 cm de comprimento e de massa desprezível. A haste está articulada em torno do eixo z, podendo-se movimentar no plano xy. Uma força constante de 22 N atua sobre a esfera na direção y. (*a*) Considerando a esfera como uma partícula, qual é a inércia rotacional em relação à origem? (*b*) Se a barra faz um ângulo de 40° com o eixo x (sentido positivo), encontre a aceleração angular da haste.

12. Três partículas estão presas a uma haste fina de 1,00 m de comprimento e de massa desprezível que está fixada na origem através de um pino perpendicular ao plano xy. A partícula 1 (massa de 52 g) está presa a uma distância de 27 cm da origem, a partícula 2 (35 g) está a 45 cm e a partícula 3 (24 g) a 65 cm. (*a*) Qual é a inércia rotacional do conjunto? (*b*) Se a haste fosse instalada com o pino posicionado no centro de massa do conjunto, qual seria a inércia rotacional?

13. Duas hastes finas de massa desprezível estão rigidamente presas nas suas extremidades de modo a formarem um ângulo de 90°. As hastes giram no plano xy com a sua junção formando uma rótula na origem. Uma partícula de 75 g de massa está presa a uma das hastes a uma distância de 42 cm da origem, e uma partícula de 30 g de massa está presa à outra haste a uma distância de 65 cm da origem. (*a*) Qual é a inércia rotacional do conjunto? (*b*) Como a inércia rotacional irá variar se ambas as partículas estiverem presas a uma das hastes às distâncias dadas em relação à origem?

14. Considere o conjunto do Exercício 13 na situação em que a primeira haste está posicionada sobre o eixo x positivo e a segunda haste sobre o eixo y positivo. Uma força $\vec{F} = (3{,}6\text{ N})\hat{i} + (2{,}5\text{ N})\hat{j}$ atua em ambas as partículas. Encontre a aceleração angular resultante.

9.3 Inércia Rotacional de Corpos Sólidos

15. A pá do rotor de um helicóptero tem 7,80 m de comprimento e possui uma massa de 110 kg. (*a*) Que força é exercida no parafuso que prende a pá ao eixo do rotor quando o rotor está girando a 320 rev/min? (Dica: Para este cálculo, a pá pode ser considerada como uma massa pontual posicionada no centro de massa. Por quê?) (*b*) Calcule o torque que precisa ser aplicado ao rotor para, a partir do repouso, colocá-lo a toda a velocidade em 6,70 s. Despreze o atrito do ar. (A pá não pode ser considerada uma massa pontual para este cálculo. Por que não? Presuma a distribuição de uma haste uniforme.)

16. Cada uma das três pás do rotor do helicóptero mostrado na Fig. 9.42 possui um comprimento de 5,20 m e uma massa de 240 kg. O rotor está girando a 350 rev/min. Qual é a inércia rotacional do conjunto do rotor em relação ao eixo de rotação? (Cada pá pode ser considerada uma haste fina.)

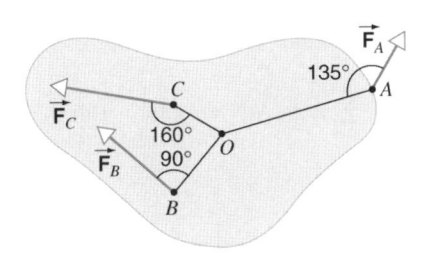

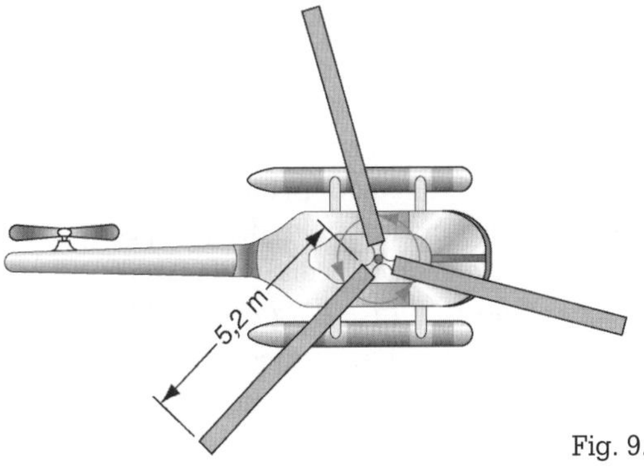

Fig. 9.42 Exercício 16.

17. A Fig. 9.43 mostra um bloco uniforme de massa M e com arestas de comprimentos a, b e c. Calcule a sua inércia rotacional em relação a um eixo que passa por um canto e é perpendicular à maior face do bloco. (Dica: Ver Fig. 9.15.)

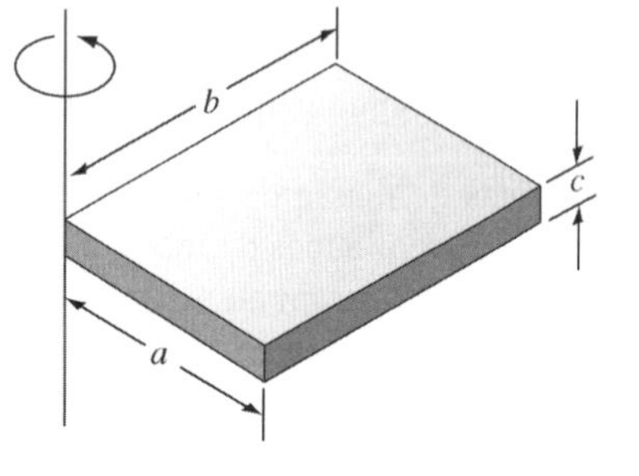

Fig. 9.43 Exercício 17.

18. Calcule a inércia rotacional de uma régua de um metro, com uma massa de 0,56 kg, em relação a um eixo perpendicular à barra e localizado na marca de 20 cm.

19. Duas partículas, cada uma com massa m, estão presas uma à outra e a um eixo de rotação por duas hastes, cada uma com comprimento L e massa M, conforme mostrado na Fig. 9.44. O conjunto gira em torno do eixo de rotação com uma velocidade angular ω. Obtenha uma expressão algébrica para a inércia rotacional do conjunto em torno deste eixo.

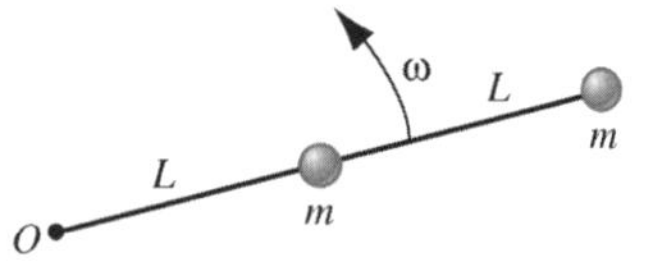

Fig. 9.44 Exercício 19.

20. (a) Mostre que um cilindro sólido de massa M e raio R é equivalente a um aro fino de massa M e raio $R/\sqrt{2}$, para rotações em torno de um eixo central. (b) A distância radial de um determinado eixo na qual a massa de um corpo pode ser concentrada sem alterar a inércia rotacional do corpo em relação a esse eixo é chamada de *raio de giração*. Considerando k o raio de giração, mostre que

$$k = \sqrt{I/M}.$$

Isto fornece o raio de giração do "aro equivalente", para o caso geral.

21. A Fig. 9.45 mostra a haste sólida considerada na Seção 9.3 (ver também a Fig. 9.12) dividida em um número arbitrário de N pedaços. (a) Qual é a massa m_n de cada pedaço? (b) Mostre que a distância de cada pedaço ao eixo de rotação pode ser escrita como $r_n = (n - 1)L/N + (\frac{1}{2})L/N = (n - \frac{1}{2})L/N$. ($c$) Utilize a Eq. 9.13 para avaliar a inércia rotacional desta haste, e mostre que ela se reduz à Eq. 9.14. As seguintes somas podem ser necessárias:

$$\sum_{n=1}^{N} 1 = N,$$

$$\sum_{n=1}^{N} n = N(N + 1)/2,$$

$$\sum_{n=1}^{N} n^2 = N(N + 1)(2N + 1)/6.$$

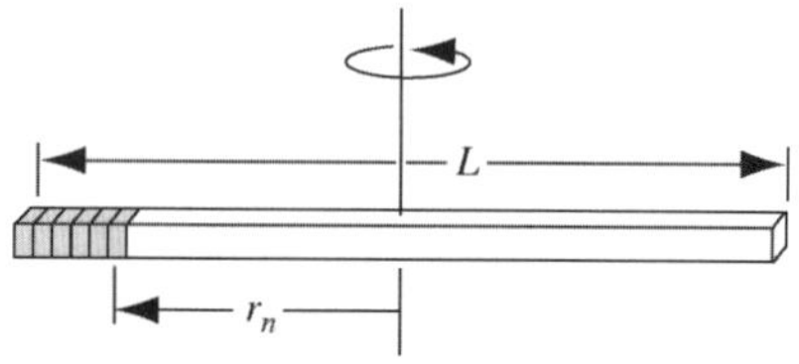

Fig. 9.45 Exercício 21.

9.4 Torque Causado pela Gravidade

9.5 Aplicações das Leis de Newton para a Rotação no Equilíbrio

22. Sabe-se que para quebrar uma determinada noz é necessário exercer uma força de 46 N em ambos os lados da noz. Que forças F são necessárias quando aplicadas no quebra-nozes mostrado na Fig. 9.46?

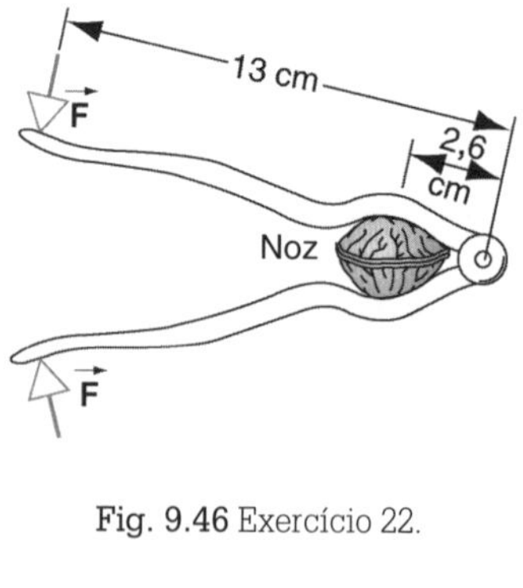

Fig. 9.46 Exercício 22.

23. A torre inclinada de Pisa (ver Fig. 9.47) tem 55 m de altura e 7,0 m de diâmetro. O topo da torre está deslocado de 4,5 m da vertical. Considerando a torre como um cilindro uniforme circular, (a) que deslocamento adicional, medido no topo, colocaria a torre na iminência de tombar? (b) Que ângulo com a vertical a torre teria nesse instante? (A taxa atual do movimento do topo é de 1 mm/ano.)

24. Um cubo está em repouso sobre uma mesa horizontal quando uma pequena força horizontal é aplicada perpendicularmente e no centro de uma aresta do topo. A força é então aumentada lentamente. O cubo irá deslizar ou tombar primeiro? O coeficiente de atrito estático entre as superfícies é igual a 0,46.

Fig. 9.47 Exercício 23.

25. No Problema Resolvido 9.7 o coeficiente de atrito estático μ_e entre a escada e o chão é 0,54. A que altura o bombeiro pode subir na escada antes que a escada comece a deslizar?

26. Um automóvel estacionado e com 1360 kg de massa possui uma distância entre eixos (distância entre os eixos da frente e os de trás) de 305 cm. O seu centro de gravidade está localizado 178 cm atrás do eixo da frente. Determine (*a*) a força para cima exercida pelo chão nivelado sobre cada uma das rodas da frente (supondo que seja a mesma) e (*b*) a força para cima exercida pelo chão nivelado sobre as rodas traseiras (supondo que seja a mesma).

27. Uma pessoa pesando 72 kg está caminhando ao longo de uma ponte horizontal e pára a uma distância de 3/4 do comprimento da ponte de uma de suas extremidades. A ponte é uniforme e pesa 272 kg. Quais são os valores das forças verticais de reação exercidas em cada uma das extremidades por seus suportes?

28. Uma mergulhadora com 582 N de peso está sobre a extremidade de uma prancha de saltos uniforme que tem comprimento de 4,48 m e peso de 142 N. A prancha está fixada por dois pedestais separados de 1,55 m, segundo a Fig. 9.48. Encontre a tração (ou compressão) em cada um dos pedestais.

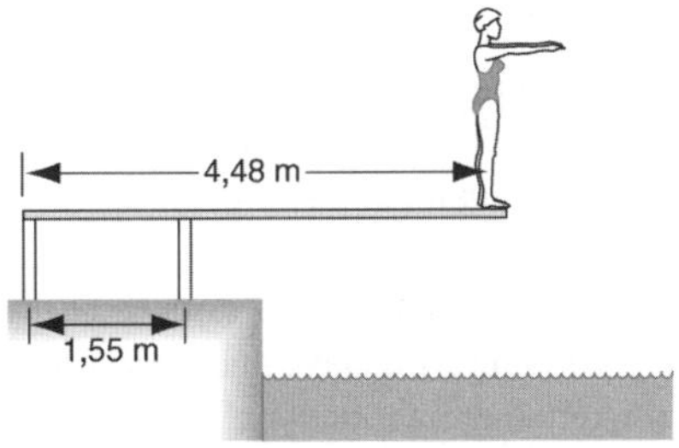

Fig. 9.48 Exercício 28.

29. Qual é a força F mínima, aplicada na horizontal no eixo da roda da Fig. 9.49, necessária para elevar a roda sobre um obstáculo de altura h? Considere r como o raio da roda e P como o seu peso.

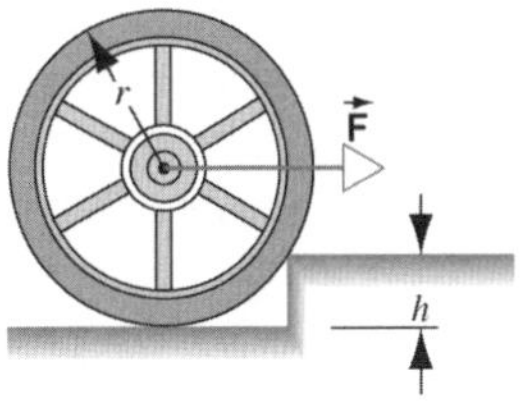

Fig. 9.49 Exercício 29.

30. Um letreiro quadrado uniforme de 1,93 m de lado e com 52,3 kg está pendurado em uma haste com 2,88 m e de massa desprezível. Um cabo está preso à extremidade da haste e a um ponto na parede 4,12 m acima do ponto onde a haste está presa à parede, conforme mostrado na Fig. 9.50. (*a*) Encontre a tração no cabo. (*b*) Calcule as componentes horizontal e vertical da força exercida pela parede na haste.

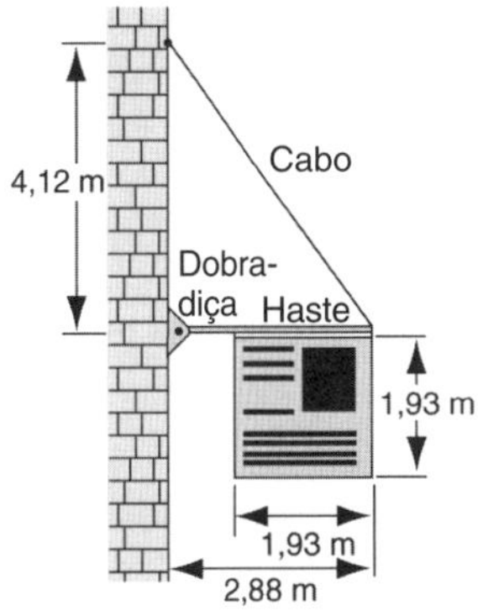

Fig. 9.50 Exercício 30.

31. Uma extremidade de uma viga uniforme que pesa 52,7 lb e de 3,12 ft de comprimento está presa a uma parede por uma dobradiça. A outra extremidade está suportada por um arame que faz ângulos iguais de 27,0° com a viga e a parede (ver Fig. 9.51). (*a*) Encontre a tração no arame. (*b*) Calcule as componentes horizontal e vertical da força na dobradiça.

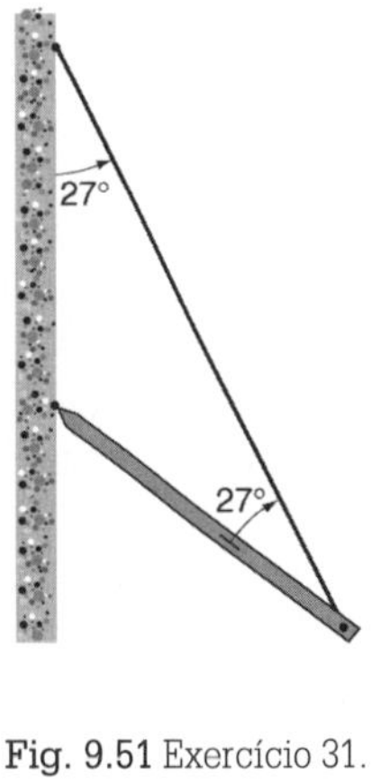

Fig. 9.51 Exercício 31.

32. Uma prancha de 274 N, com comprimento $L = 6{,}23$ m, está em repouso sobre o chão e sobre um rolete sem atrito posicionado no topo de uma parede de altura $h = 2{,}87$ m (ver Fig. 9.52). O centro de gravidade da prancha está no seu centro. A prancha permanece em equilíbrio para qualquer valor de $\theta \geq 68{,}0°$, mas desliza se $\theta < 68{,}0°$. Encontre o coeficiente de atrito estático entre a prancha e o chão.

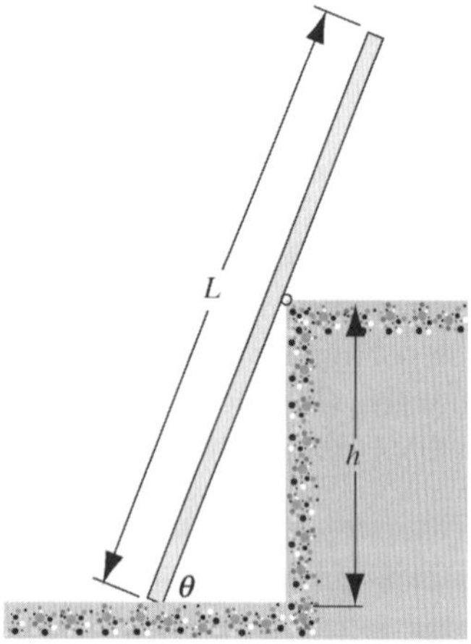

Fig. 9.52 Exercício 32.

9.6 Aplicações das Leis de Newton para a Rotação Fora do Equilíbrio

33. Um cilindro que possui uma massa de 1,92 kg gira em torno do seu eixo de simetria. As forças são aplicadas conforme mostrado na Fig. 9.53: $F_1 = 5{,}88$ N; $F_2 = 4{,}13$ N e $F_3 = 2{,}12$ N. Também, $R_1 = 4{,}93$ cm e $R_2 = 11{,}8$ cm. Encontre a intensidade e a direção da aceleração angular do cilindro.

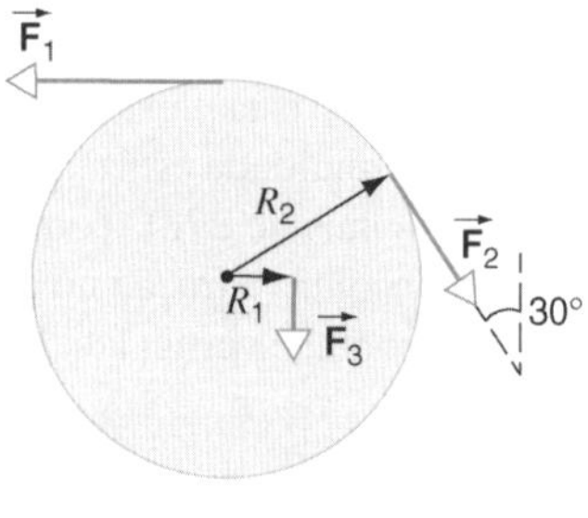

Fig. 9.53 Exercício 33.

34. Uma casca esférica fina possui um raio de 1,88 m. Um torque de 960 N·m é aplicado e impõe uma aceleração angular de 6,23 rad/s² em torno de um eixo que passa pelo centro da casca. Calcule (*a*) a inércia rotacional da casca em relação ao eixo de rotação e (*b*) a massa da casca.

35. Durante o salto de uma prancha de saltos, um mergulhador varia a sua velocidade angular de zero a 6,20 rad/s em 220 ms. A inércia rotacional do mergulhador é 12,0 kg·m². (*a*) Encontre a aceleração angular durante o salto. (*b*) Qual é o torque externo que atua sobre o mergulhador durante o salto?

36. A Fig. 9.54 mostra a porta maciça de blindagem das instalações de testes de nêutrons do Laboratório Lawrence Livermore; esta é a porta com dobradiças mais pesada do mundo. A porta possui uma massa de 44.000 kg, uma inércia rotacional em relação à linha das dobradiças de $8{,}7 \times 10^4$ kg·m² e uma largura de 2,4 m. Qual é a força constante, aplicada à sua borda externa em um ângulo reto em relação à porta, necessária para mover a porta a partir do repouso ao longo de um ângulo de 90° em 30 s?

Fig. 9.54 Exercício 36.

37. Uma polia com uma inércia rotacional de $1{,}14 \times 10^{-3}$ kg·m² e um raio de 9,88 cm é submetida a uma força, aplicada em uma direção tangencial à sua borda, que varia no tempo de acordo com a expressão $F = At + Bt^2$, onde $A = 0{,}496$ N/s e $B = 0{,}305$ N/s². Se a polia estava inicialmente em repouso, encontre a sua velocidade angular após 3,60 s.

38. Dois blocos idênticos, cada um com uma massa *M*, estão conectados por uma corda leve que passa por uma polia sem atrito de raio *R* e inércia rotacional *I* (Fig. 9.55). A corda não desliza sobre a polia e não se sabe se existe atrito entre o plano e o bloco que desliza. Quando este sistema é liberado, observa-se que a polia gira segundo um ângulo θ em um tempo *t* e que a aceleração dos blocos é constante. (*a*) Qual é a aceleração angular da polia? (*b*) Qual é a aceleração dos dois blocos? (*c*) Quais são as trações nas seções superiores e inferiores da corda? Expresse todas as respostas em termos de M, I, R, θ, g e t.

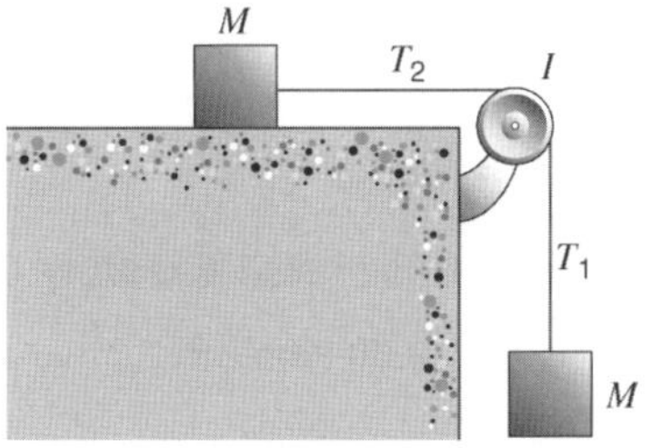

Fig. 9.55 Exercício 38.

39. Em uma máquina de Atwood, um bloco possui uma massa de 512 g e o outro uma massa de 463 g. A polia, que é montada sobre mancais horizontais sem atrito, possui um raio de 4,90 cm. Quando liberada do repouso, observa-se que o bloco mais pesado cai 76,5 cm em 5,11 s. Calcule a inércia rotacional da polia.

40. Uma roda com a forma de um disco uniforme de 23,0 cm de raio e 1,40 kg de massa gira a 840 rev/min sobre mancais sem atrito. Para parar a roda, uma pastilha de freio é pressionada contra a borda da roda com uma força radial de 130 N. A roda desenvolve 2,80 revoluções antes de parar. Determine o coeficiente de atrito entre a pastilha do freio e a borda da roda.

9.7 Movimento Combinado de Rotação e Translação

41. Um automóvel que viaja a 78,3 km/h tem pneus de 77,0 cm de diâmetro. (*a*) Qual é a velocidade angular dos pneus em torno do eixo? (*b*) Se o carro é uniformemente freado em 28,6 voltas dos pneus (sem derrapar), qual é a velocidade angular das rodas? (*c*) Qual é a distância percorrida pelo carro durante o período da freada?

42. Um ioiô (ver Problema Resolvido 9.13) possui uma inércia rotacional de 950 g·cm^2 e uma massa de 120 g. O raio do seu eixo é 32,0 mm e a sua corda tem 134 cm de comprimento. O ioiô rola para baixo a partir do repouso até o fim da corda. (*a*) Qual é a sua aceleração? (*a*) Quanto tempo ele leva até atingir o final da corda? (*c*) Se o ioiô "dorme" no final da corda em um movimento puramente rotacional, qual é a sua velocidade angular, em rev/s? (*d*) Repita (*c*), mas desta vez presuma que o ioiô é jogado para baixo com uma velocidade inicial de 1,30 m/s.

43. Um equipamento para testar a resistência à derrapagem de pneus de automóveis é construído conforme mostrado na Fig. 9.56. O pneu está inicialmente sem movimento e sustentado por um suporte leve preso através de pinos nos pontos A e B. A inércia rotacional da roda em torno do seu eixo é 0,750 kg·m^2, a sua massa é 15,0 kg e o seu raio é 30,0 cm. O pneu posiciona-se sobre a superfície de uma esteira que está se movendo com uma velocidade superficial de 12,0 m/s, de modo que AB se mantém na horizontal. (*a*) Se o coeficiente de atrito cinético entre o pneu e a esteira é 0,600, qual é o tempo necessário para que a roda atinja a sua velocidade angular final? (*b*) Qual será o comprimento da marca da derrapagem sobre a superfície da esteira?

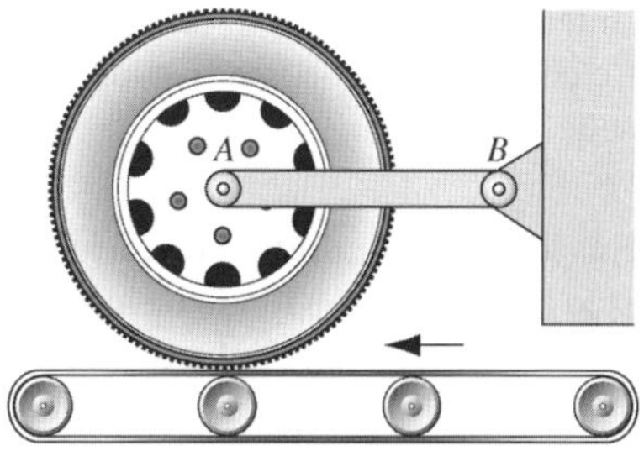

Fig. 9.56 Exercício 43.

PROBLEMAS

1. Um caixote na forma de um cubo de 1,12 m de aresta contém uma peça de um equipamento. O centro de gravidade do caixote e o seu conteúdo estão localizados 0,28 m acima do seu centro geométrico. O caixote está em repouso sobre uma rampa que faz um ângulo θ com a horizontal. À medida que θ é aumentado a partir de zero, atinge-se um ângulo para o qual o caixote começa a deslizar sobre a rampa ou simplesmente tomba. Que evento ocorre se o coeficiente de atrito estático é (*a*) 0,60? (*b*) 0,70? Em cada caso forneça o ângulo para o qual o evento ocorre.

2. Uma corrente flexível de peso P está suspensa entre dois pontos fixos, A e B, posicionados em um mesmo nível, segundo a Fig. 9.57. Encontre (*a*) a força exercida pela corrente sobre cada extremidade e (*b*) a tração na corrente no seu ponto mais baixo.

Fig. 9.57 Problema 2.

3. Uma esfera uniforme de peso P e raio r está suspensa por uma corda presa a uma parede sem atrito, uma distância L acima do centro da esfera, como mostrado na Fig. 9.58. Encontre (*a*) a tração na corda e (*b*) a força exercida sobre a esfera pela parede.

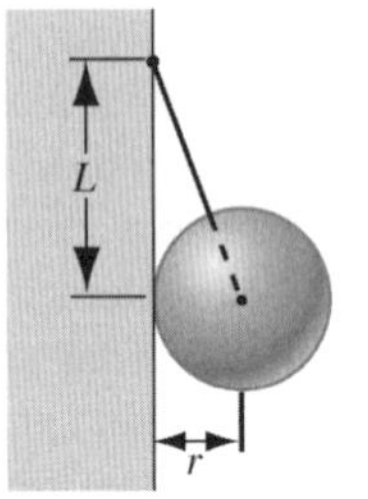

Fig. 9.58 Problema 3.

4. Uma viga está sendo carregada por três trabalhadores, um trabalhador em uma extremidade e os outros dois suportando a viga entre eles através de uma barra posicionada transversalmente à viga, de modo que o peso é dividido igualmente entre os três. Encontre a posição da barra. Despreze a massa da barra.

5. Um limpador de janela de 74,6 kg utiliza uma escada de 10,3 kg que tem um comprimento de 5,12 m. Ele coloca uma das extremidades da escada a 2,45 m da parede, apóia a extremidade superior em uma janela trincada e sobe na escada. Ele sobe 3,10 m quando a janela quebra. Desprezando o atrito entre a escada e a janela e supondo que a base da escada não desliza, encontre (*a*) a força exercida sobre a janela pela escada no instante imediatamente anterior à quebra da janela e (*b*) a intensidade e a direção da força exercida sobre a escada pelo chão no instante imediatamente anterior à quebra da janela.

6. Duas esferas idênticas, uniformes e sem atrito, cada uma de peso P, estão em repouso no fundo de uma caixa retangular fixa, conforme a Fig. 9.59. A linha dos centros das esferas faz um ângulo θ com a horizontal. Encontre as forças exercidas sobre as esferas (*a*) pelo fundo da caixa, (*b*) pelas paredes da caixa e (*c*) uma sobre a outra.

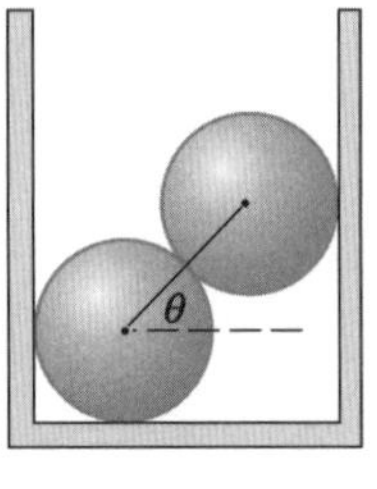

Fig. 9.59 Problema 6.

7. Uma esfera uniforme de peso P está em repouso apoiada entre dois planos inclinados com ângulos de inclinação θ_1 e θ_2 (Fig. 9.60). (*a*) Suponha que não exista atrito e determine as forças (direções, sentidos e intensidades) que os planos exercem sobre a esfera. (*b*) Qual seria a mudança que, em princípio, o atrito causaria se fosse levado em conta?

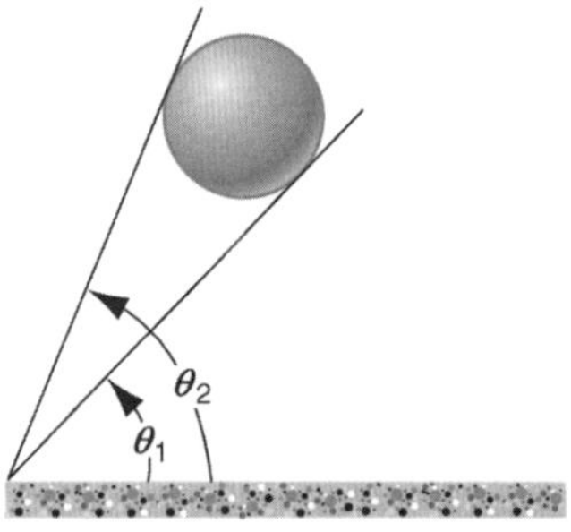

Fig. 9.60 Problema 7.

8. Uma barra horizontal fina AB de peso desprezível e comprimento L está fixada no ponto A, através de um pino, a uma parede vertical e está suportada em B através de um arame fino BC que faz um ângulo θ com a horizontal. Um peso P pode ser movido para qualquer posição ao longo da barra, definida através da distância x medida da parede (Fig. 9.61). (*a*) Encontre a tração T no arame fino como uma função de x. (*b*) Encontre as componentes horizontal e vertical da força exercida sobre a barra pelo pino em A. (*c*) Com $P = 315$ N, $L = 2{,}76$ m e $\theta = 32{,}0°$, encontre a distância máxima x para a qual o arame não quebra, supondo que o arame pode suportar uma tração máxima de 520 N.

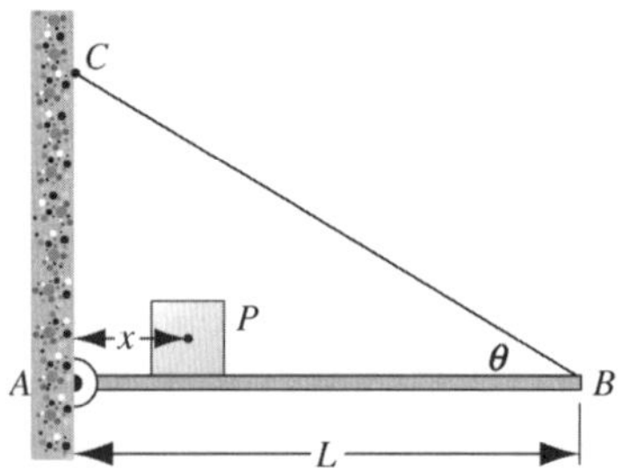

Fig. 9.61 Problema 8.

9. Um problema bastante conhecido é o seguinte (ver, por exemplo, *Scientific American*, novembro de 1964, p. 128): Tijolos uniformes são colocados um sobre o outro para que se obtenha um deslocamento horizontal máximo entre eles. Isto é obtido colocando-se o centro de gravidade do tijolo do topo diretamente acima da borda do tijolo abaixo dele, o centro de gravidade dos dois tijolos do topo combinados diretamente acima da borda do tijolo abaixo (terceiro tijolo a partir do topo), e assim por diante. (*a*) Justifique este critério para o máximo deslocamento; encontre o valor máximo de deslocamento para o equilíbrio de quatro tijolos. (*b*) Mostre que, se o processo é repetido para baixo, pode-se obter um deslocamento tão grande quanto se deseja. (No artigo acima referido, Martin Gardner coloca: "Com 52 cartas de jogo, a primeira é colocada de modo que a sua borda fique rente à borda da mesa, o valor máximo projetado é um pouco maior que $2\frac{1}{4}$ comprimentos de carta . . .") (*c*) Agora suponha que, em vez disso, alguém empilhe tijolos uniformes de maneira que a borda de um tijolo esteja deslocada da borda do tijolo debaixo de uma fração constante, $1/n$, de um comprimento de tijolo L. Quantos tijolos, N, podem ser usados neste processo antes que a pilha caia? Verifique se a sua resposta é plausível para $n = 1$, $n = 2$ e $n = \infty$.

10. (*a*) Mostre que a soma das inércias rotacionais de um corpo plano laminar em relação a dois eixos perpendiculares no plano do corpo é igual à inércia rotacional do corpo em relação a um eixo que passa pelo ponto de interseção dos eixos e é perpendicular ao plano. (*b*) Aplique isto a um disco circular para encontrar a sua inércia rotacional em relação a um eixo que coincide com um dos seus diâmetros.

11. Prove que a inércia rotacional de um quadrado plano em relação a uma linha desenhada através da diagonal é igual à inércia rotacional em relação a uma linha que passa pelo seu centro e cruza duas arestas opostas perpendicularmente (Dica: Ver Problema 10.)

12. Nove furos quadrados foram cortados em uma placa quadrada plana, conforme mostrado na Fig. 9.62. A placa possui arestas de comprimento L e os furos possuem arestas de comprimento a. Os furos são localizados nos centros dos pequenos quadrados formados da divisão de cada lado do quadrado em três seções iguais. Encontre a inércia rotacional para rotações em torno de um eixo perpendicular ao plano e que passa pelo seu centro.

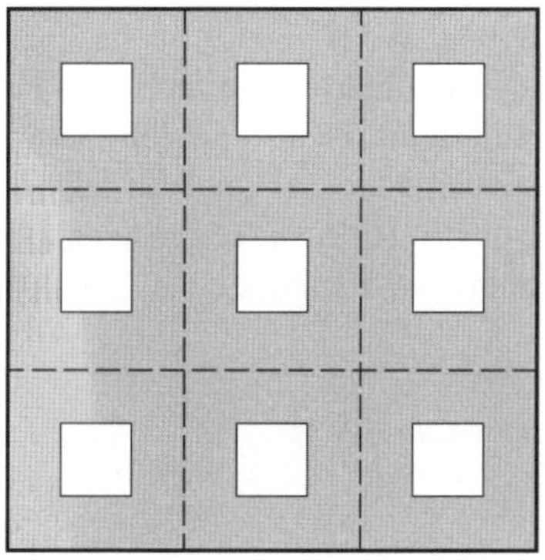

Fig. 9.62 Problema 12.

13. (*a*) Mostre que para um objeto que pode girar em torno dos eixos x, y e z

$$I_x + I_y + I_z = 2\int r^2\,dm,$$

onde r é medido em relação à origem, e *não* em relação ao eixo de rotação. (*b*) $I_x + I_y + I_z$ é invariante para rotações do sistema de coordenadas?

14. Use os resultados do Problema 13 para mostrar que (*a*) a inércia rotacional de uma casca esférica de raio R é dada por $I = \frac{2}{3}MR^2$ e (*b*) a inércia rotacional de uma esfera sólida é dada por $I = \frac{2}{5}MR^2$. Dica: A parte (*a*) não requer nenhuma integração mais significante. A parte (*b*) utiliza

$$\frac{dm}{4\pi r^2 dr} = \frac{M}{(4/3)\pi R^3}.$$

15. Neste problema, procura-se calcular a inércia rotacional de um disco de massa M e raio R em relação a um eixo que passa pelo seu centro e é perpendicular à sua superfície. Considere um elemento de massa dm na forma de um anel de raio r e largura dr (ver Fig. 9.63). (*a*) Qual é a massa total M do disco? (*b*) Qual é a inércia rotacional dI deste elemento? (*c*) Integre o resultado da parte (*b*) para encontrar a inércia rotacional do disco todo.

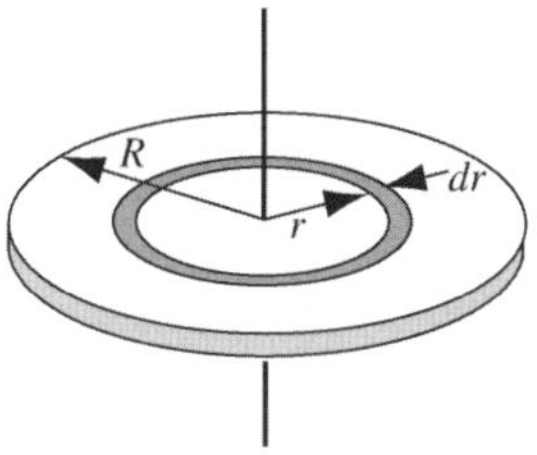

Fig. 9.63 Problema 15.

16. Neste problema, utiliza-se o resultado do problema anterior para a inércia rotacional de um disco para calcular a inércia rotacional de uma esfera sólida uniforme de massa M e raio R, em relação a um eixo que passa pelo seu centro. Considere um elemento dm da esfera na forma de um disco de espessura dz posicionado a uma altura z acima do centro (ver Fig. 9.64). (*a*) Qual é a massa dm do elemento expressa como uma fração da massa total M? (*b*) Considerando o elemento como um disco, qual é a sua inércia rotacional dI? (*c*) Integre o resultado de (*b*) sobre toda a esfera para encontrar a inércia rotacional da esfera.

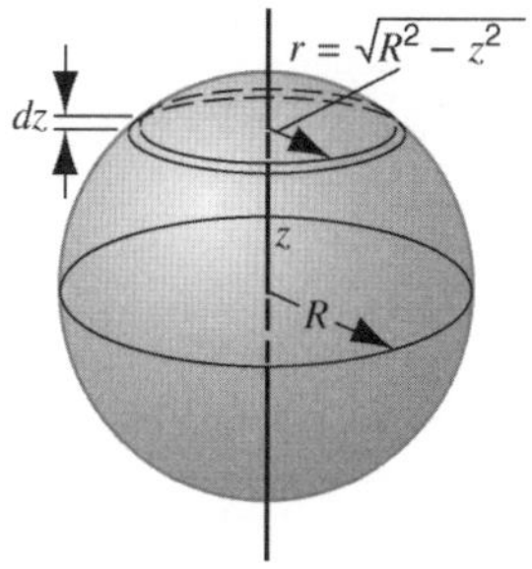

Fig. 9.64 Problema 16.

17. A Fig. 9.65 mostra dois blocos, cada um com massa m, suspensos das extremidades de uma haste rígida sem massa e de comprimento $L_1 + L_2$, com $L_1 = 20{,}0$ cm e $L_2 = 80{,}0$ cm. A haste é mantida na posição horizontal mostrada na figura e em seguida é liberada. Calcule as acelerações lineares dos dois blocos quando eles começam a se mover.

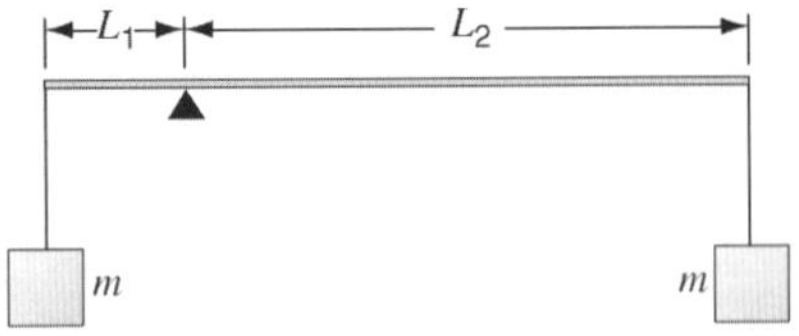

Fig. 9.65 Problema 17.

18. Uma roda de massa M e raio de giração k (ver Exercício 20) gira em torno de um eixo fixo horizontal que passa pelo cubo da roda. Suponha que o cubo da roda tenha contato com o eixo de raio a somente no ponto mais alto e que o coeficiente de atrito cinético seja μ_c. É dada à roda uma velocidade angular inicial ω_0. Suponha uma desaceleração uniforme e determine (*a*) o tempo decorrido e (*b*) o número de revoluções antes de a roda parar.

19. Um disco uniforme de raio R e massa M está girando com uma velocidade angular ω_0. Ele é colocado sobre uma superfície horizontal; o coeficiente de atrito cinético entre o disco e a superfície é μ_c. (*a*) Encontre o torque promovido pelo atrito sobre o disco. (*b*) Quanto tempo leva o disco até atingir o repouso?

20. Um aro que rola para baixo sobre um plano inclinado com um ângulo de inclinação θ fica lado a lado com um bloco que desliza sobre o mesmo plano. Mostre que o coeficiente de atrito cinético entre o bloco e o plano é dado por $\mu_c = \frac{1}{2}\text{tg }\theta$.

21. Uma esfera uniforme rola para baixo sobre um plano inclinado. (*a*) Qual é o ângulo de inclinação se a aceleração linear do centro da esfera é $0{,}133g$? (*b*) Para este ângulo, qual seria a aceleração de um bloco sem atrito deslizando para baixo neste plano inclinado?

22. Um cilindro sólido de comprimento L e raio R possui um peso P. Duas cordas estão enroladas em torno do cilindro, próximas às suas extremidades, e as extremidades das cordas estão presas a ganchos no teto. O cilindro é mantido na horizontal com as duas cordas posicionadas exatamente na vertical e em seguida é liberado (Fig. 9.66). Encontre (*a*) a tração em cada corda à medida que elas se desenrolam e (*b*) a aceleração linear do cilindro à medida que ele cai.

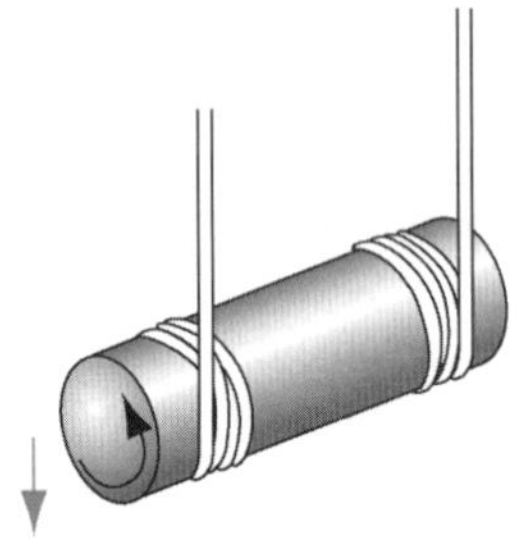

Fig. 9.66 Problema 22.

23. Mostre que um cilindro irá deslizar sobre um plano inclinado com um ângulo de inclinação θ se o coeficiente de atrito estático entre o plano e o cilindro for menor que $\frac{1}{3}\text{tg }\theta$.

24. Um disco uniforme, de massa M e de raio R, está inicialmente em repouso sobre uma das suas faces e em uma superfície horizontal sem atrito. Uma força constante F é aplicada tangencialmente no seu perímetro através de um arame enrolado em torno da sua borda. Descreva o movimento subseqüente (rotacional e de translação) do disco.

25. Uma esfera, um cilindro e um aro (cada um com raio R e massa M) partem do repouso e rolam para baixo sobre um mesmo plano inclinado. (*a*) Qual dos objetos chega primeiro à base do plano? (*b*) A sua resposta depende da massa ou do raio dos objetos? Explique.

CAPÍTULO 10

QUANTIDADE DE MOVIMENTO ANGULAR

No Cap. 9, discutiu-se a dinâmica do movimento de rotação de um corpo rígido em relação a um eixo fixo em um sistema inercial de referência. Foi visto que a relação unidimensional $\Sigma\ \tau_z = I\alpha_z$, em que as componentes do momento externo ao longo do eixo de rotação foram consideradas, foi suficiente para a solução dos problemas dinâmicos que se enquadravam neste caso em especial.

Neste capítulo, continua-se essa análise e estende-se este conceito a situações em que o eixo de rotação pode não ser fixo a um sistema inercial de referência. Para se resolver esses problemas dinâmicos, desenvolve-se e utiliza-se uma relação vetorial tridimensional para o movimento de rotação — análoga à forma vetorial da segunda lei de Newton, $\vec{\mathbf{F}} = d\vec{\mathbf{P}}/dt$. Introduz-se, também, o conceito de quantidade de movimento angular e destaca-se sua importância como uma propriedade dinâmica do movimento de rotação.

Finalmente, mostra-se que, para sistemas sobre os quais não atue qualquer momento externo resultante, a importante lei da conservação da quantidade de movimento angular pode ser aplicada.

10.1 QUANTIDADE DE MOVIMENTO ANGULAR DE UMA PARTÍCULA

A *quantidade de movimento linear* é bastante útil no tratamento do movimento de translação de partículas isoladas ou de sistemas de partículas, em que se incluem os corpos rígidos. Por exemplo, a quantidade de movimento linear é conservada durante as colisões. Para uma única partícula, a quantidade de movimento linear é $\vec{\mathbf{p}} = m\vec{\mathbf{v}}$ (Eq. 6.1); para um sistema de partículas, ela pode ser expressa por $\vec{\mathbf{P}} = M\vec{\mathbf{v}}_{\text{cm}}$ (Eq. 7.21), onde M é a massa total do sistema e $\vec{\mathbf{v}}_{\text{cm}}$ é a velocidade do seu centro de massa.

No movimento de rotação, o análogo da quantidade de movimento linear é chamado de *quantidade de movimento angular*, que é definida a seguir para o caso especial de uma única partícula. Mais adiante, amplia-se a definição de forma a incluir sistemas de partículas e mostra-se que a quantidade de movimento angular é tão útil no movimento de rotação como a quantidade de movimento linear o é no movimento de translação.

Considera-se uma partícula de massa m e quantidade de movimento linear $\vec{\mathbf{p}}$ na posição $\vec{\mathbf{r}}$ em relação à origem O de um sistema inercial de referência; por conveniência (ver Fig. 10.1), escolhe-se o plano definido pelos vetores $\vec{\mathbf{p}}$ e $\vec{\mathbf{r}}$ como sendo o plano xy. Define-se a *quantidade de movimento angular* $\vec{\mathbf{l}}$ da partícula *em relação à origem O* como sendo

$$\vec{\mathbf{l}} = \vec{\mathbf{r}} \times \vec{\mathbf{p}}. \tag{10-1}$$

Como no caso de um momento ou um torque, a quantidade de movimento angular é definida através do produto vetorial ou produto cruzado (ver Apêndice H). Observe a necessidade de se especificar a origem O para que se possa determinar o vetor posição $\vec{\mathbf{r}}$ na definição da quantidade de movimento angular.

A quantidade de movimento angular consiste em um vetor. Sua intensidade pode ser calculada por

$$l = rp \operatorname{sen} \theta, \tag{10-2}$$

onde θ é o menor ângulo entre $\vec{\mathbf{r}}$ e $\vec{\mathbf{p}}$; seu sentido é perpendicular ao plano formado pelos vetores $\vec{\mathbf{r}}$ e $\vec{\mathbf{p}}$. O sentido desse vetor é definido pela regra da mão direita: girando-se os dedos da mão direita a partir do vetor $\vec{\mathbf{r}}$ em direção ao vetor $\vec{\mathbf{p}}$, através do menor ângulo entre eles; o polegar direito estendido apontará no sentido de $\vec{\mathbf{l}}$ (paralelo ao eixo z na Fig. 10.1).

Pode-se, também, escrever a intensidade do vetor $\vec{\mathbf{l}}$ como

$$l = (r \operatorname{sen} \theta)p = pr_\perp \tag{10-3a}$$

ou como

$$l = r(p \operatorname{sen} \theta) = rp_\perp, \tag{10-3b}$$

onde $r_\perp$ ($= r$ sen θ) é a componente de $\vec{\mathbf{r}}$ projetada perpendicularmente sobre a linha de ação de $\vec{\mathbf{p}}$, e $p_\perp$ ($= p$ sen θ) é a componente de $\vec{\mathbf{p}}$ projetada perpendicularmente sobre a linha de ação de $\vec{\mathbf{r}}$. A Eq. 10.3b demonstra que apenas a componente de $\vec{\mathbf{p}}$ perpendicular à $\vec{\mathbf{r}}$ contribui para a quantidade de movimento angular. Quando o ângulo θ entre $\vec{\mathbf{r}}$ e $\vec{\mathbf{p}}$ é igual a 0° ou a 180°, não há componente perpendicular ($p_\perp = p$ sen $\theta = 0$); assim, a linha de ação de $\vec{\mathbf{p}}$ passa através da origem e a componente $r_\perp$ também é nula. Neste caso, as Eqs. 10.3a e 10.3b mostram que a quantidade de movimento angular l é nula.

Então, considera-se uma importante relação entre o momento e a quantidade de movimento angular para uma única partícula. Inicialmente, deriva-se a Eq. 10.1, isto é,

$$\frac{d\vec{\mathbf{l}}}{dt} = \frac{d}{dt}(\vec{\mathbf{r}} \times \vec{\mathbf{p}}). \tag{10-4}$$

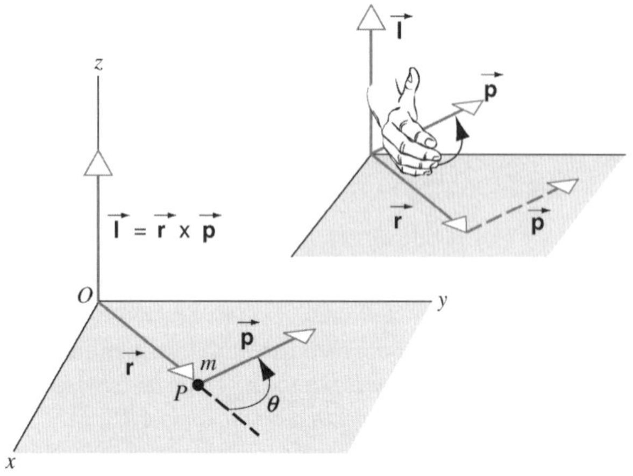

Fig. 10.1 Uma partícula de massa m, localizada no ponto P através do vetor posição $\vec{\mathbf{r}}$, possui uma quantidade de movimento linear $\vec{\mathbf{p}} = m\vec{\mathbf{v}}$. (Por simplicidade, admite-se que $\vec{\mathbf{r}}$ e $\vec{\mathbf{p}}$ estejam apoiados no plano xy.) Em relação à origem O, a partícula possui uma quantidade de movimento angular $\vec{\mathbf{l}} = \vec{\mathbf{r}} \times \vec{\mathbf{p}}$, que, nesse caso, é um vetor paralelo ao eixo z. A figura mostra também a utilização da regra da mão direita para se obter a direção e o sentido de $\vec{\mathbf{l}}$. Observe que se pode deslizar $\vec{\mathbf{p}}$ sem alterar sua direção até que as origens dos vetores $\vec{\mathbf{r}}$ e $\vec{\mathbf{p}}$ coincidam.

A derivada de um produto vetorial é realizada da mesma forma que a derivada de um produto ordinário, exceto pelo fato de não ser possível alterar a ordem dos termos. Assim, tem-se

$$\frac{d\vec{\mathbf{l}}}{dt} = \frac{d\vec{\mathbf{r}}}{dt} \times \vec{\mathbf{p}} + \vec{\mathbf{r}} \times \frac{d\vec{\mathbf{p}}}{dt}.$$

Nessa expressão, $d\vec{\mathbf{r}}/dt$ é a velocidade instantânea da partícula, $\vec{\mathbf{v}}$, e $\vec{\mathbf{p}}$ é igual a $m\vec{\mathbf{v}}$. Efetuadas essas substituições no primeiro produto do lado direito, obtém-se

$$\frac{d\vec{\mathbf{l}}}{dt} = (\vec{\mathbf{v}} \times m\vec{\mathbf{v}}) + \vec{\mathbf{r}} \times \frac{d\vec{\mathbf{p}}}{dt}. \qquad (10\text{-}5)$$

O produto $\vec{\mathbf{v}} = m\vec{\mathbf{v}} = 0$, uma vez que o produto de dois vetores paralelos é nulo. Assim, substituindo-se $d\vec{\mathbf{p}}/dt$ no segundo produto pela força resultante $\Sigma\,\vec{\mathbf{F}}$ que atua sobre a partícula, tem-se

$$\frac{d\vec{\mathbf{l}}}{dt} = \vec{\mathbf{r}} \times \sum \vec{\mathbf{F}}.$$

O lado direito dessa equação é exatamente o momento resultante $\Sigma\vec{\tau}$. Finalmente, pode-se escrever

$$\sum \vec{\tau} = \frac{d\vec{\mathbf{l}}}{dt}, \qquad (10\text{-}6)$$

que estabelece que *o momento resultante agindo sobre uma partícula é igual à variação temporal de sua quantidade de movimento angular*. Nesta equação, tanto o momento $\vec{\tau}$ como a quantidade de movimento angular $\vec{\mathbf{l}}$ devem ser definidos em relação à mesma origem. A Eq. 10.6 para movimentos angulares é a análoga à Eq. 6.2 para movimentos lineares, $\Sigma\,\vec{\mathbf{F}} = d\vec{\mathbf{p}}/dt$, que estabelece que a *força* resultante agindo sobre uma partícula é igual à variação temporal de sua quantidade de movimento *linear*.

A Eq. 10.6, como todas as equações vetoriais tridimensionais, é equivalente a três equações unidimensionais, quais sejam,

$$\sum \tau_x = \frac{dl_x}{dt}, \qquad \sum \tau_y = \frac{dl_y}{dt}, \qquad \sum \tau_z = \frac{dl_z}{dt}. \qquad (10\text{-}7)$$

Assim, a componente x do momento externo resultante é obtida pela variação temporal da componente x da quantidade de movimento angular. Resultados análogos podem ser obtidos para as direções y e z.

PROBLEMA RESOLVIDO 10.1.

Uma partícula de massa m é liberada do repouso no ponto P mostrado na Fig. 10.2, caindo paralela ao eixo (vertical) y. (a) Determine o momento atuante sobre m em um tempo arbitrário t, em relação à origem O. (b) Determine a quantidade de movimento angular de m em um tempo arbitrário t, em relação a essa mesma origem. (c) Mostre que a relação $\Sigma\,\vec{\tau} = d\vec{\mathbf{l}}/dt$ (Eq. 10.6) fornece um resultado correto quando aplicada a esse problema já conhecido.

Solução (a) O momento pode ser calculado pela equação vetorial $\vec{\tau} = \vec{\mathbf{r}} \times \vec{\mathbf{F}}$, e sua intensidade vale

$$\tau = rF \operatorname{sen} \theta.$$

Nesse exemplo, $r \operatorname{sen} \theta = b$ e $F = mg$, logo,

$$\tau = mgb = \text{uma constante}.$$

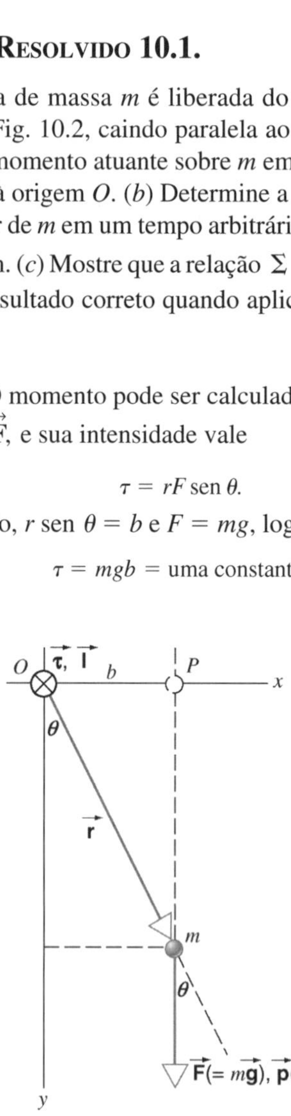

Fig. 10.2 Problema Resolvido 10.1. Uma partícula de massa m cai verticalmente do ponto P. Os vetores momento $\vec{\tau}$ e quantidade de movimento angular $\vec{\mathbf{l}}$, avaliados em relação à origem O, são direcionados perpendicularmente à figura, nela entrando, conforme indicado pelo símbolo ⊗ no ponto O. Este é o sentido do eixo z positivo.

Observe que o momento é simplesmente o produto da força mg multiplicada pelo braço de momento b. A regra da mão direita mostra que a direção de $\vec{\tau}$ é perpendicular ao plano da figura e entrando por este plano (ao longo do eixo z positivo).

(*b*) A quantidade de movimento angular pode ser calculada pela Eq. 10.1, $\vec{\mathbf{l}} = \vec{\mathbf{r}} \times \vec{\mathbf{p}}$. Sua intensidade, pela Eq. 10.2, é

$$l = rp \operatorname{sen} \theta.$$

Nesse exemplo, $r \operatorname{sen} \theta = b$ e $p = mv = m(gt)$, de forma que

$$l = mgbt.$$

A regra da mão direita mostra que a direção do vetor $\vec{\mathbf{l}}$ é perpendicular ao plano da figura, entrando nesse plano, o que significa que $\vec{\mathbf{l}}$ e $\vec{\tau}$ são vetores paralelos. O vetor $\vec{\mathbf{l}}$ varia com o tempo apenas em intensidade; sua direção permanece sempre a mesma nesse caso.

(*c*) Ao se escrever a Eq. 10.6 para as componentes na direção z, tem-se

$$\sum \tau_z = \frac{dl_z}{dt}.$$

A substituição das expressões para τ_z e l_z obtidas nos itens (*a*) e (*b*) anteriores fornece

$$mgb = \frac{d}{dt}(mgbt) = mgb,$$

que é uma identidade. Assim, a relação $\vec{\tau} = d\vec{\mathbf{l}}/dt$ fornece os resultados corretos para esse caso simples. De fato, ao se cancelar a constante b dos dois primeiros termos da igualdade anterior e substituir-se gt pela grandeza equivalente v_y, tem-se

$$mg = \frac{d}{dt}(mv_y).$$

Uma vez que $mg = F_y$ e $mv_y = p_y$, este é, na realidade, o resultado já conhecido $F_y = dp_y/dt$. Assim, conforme indicado anteriormente, as relações como $\vec{\tau} = d\vec{\mathbf{l}}/dt$, apesar de muito úteis, não constituem novos postulados básicos ou conceitos da Mecânica Clássica, mas apenas reformulações das leis de Newton para o movimento de rotação.

Observe que as intensidades de τ e l dependem da escolha da origem, isto é, da distância b. Em particular, se $b = 0$, então $\tau = 0$ e $l = 0$.

10.2 SISTEMAS DE PARTÍCULAS

Até este ponto, discutiu-se apenas sobre partículas isoladas. Para calcular a quantidade de movimento angular total $\vec{\mathbf{L}}$ de um *sistema de partículas* em relação a um determinado ponto, devem-se adicionar vetorialmente as quantidades de movimento angular de todas as partículas individualmente em relação a esse ponto. Para um sistema constituído de N partículas, pode-se escrever

$$\vec{\mathbf{L}} = \vec{\mathbf{l}}_1 + \vec{\mathbf{l}}_2 + \cdots + \vec{\mathbf{l}}_N = \sum_{n=1}^{N} \vec{\mathbf{l}}_n, \qquad (10\text{-}8)$$

Em que a soma (vetorial) é realizada para todas as partículas do sistema.

Com o passar do tempo, a quantidade de movimento angular total $\vec{\mathbf{L}}$ do sistema em relação a um ponto de referência fixo (que é escolhido, conforme a definição básica de $\vec{\mathbf{l}}$ na Eq. 10.1, como sendo a origem do sistema inercial de referência) pode variar. Ou seja,

$$\frac{d\vec{\mathbf{L}}}{dt} = \frac{d\vec{\mathbf{l}}_1}{dt} + \frac{d\vec{\mathbf{l}}_2}{dt} + \cdots = \sum_{n=1}^{N} \frac{d\vec{\mathbf{l}}_n}{dt}.$$

Para cada partícula, $d\vec{\mathbf{l}}_n/dt = \vec{\tau}_n$, assim, através dessa substituição, obtém-se

$$\frac{d\vec{\mathbf{L}}}{dt} = \sum \vec{\tau}_n.$$

Em outras palavras, a taxa de variação com o tempo da quantidade de movimento angular *total* de um sistema de partículas é igual ao momento resultante das forças atuantes sobre as partículas do sistema.

Entre os momentos (ou torques) atuantes sobre um sistema podem estar presentes (1) os momentos exercidos sobre as partículas do sistema pelas forças internas entre as partículas e (2) os momentos exercidos sobre as partículas do sistema pelas forças externas. Ao aplicar-se a terceira lei de Newton em sua chamada forma forte — isto é, se as forças entre quaisquer duas partículas não apenas são iguais e opostas, mas também estiverem direcionadas ao longo da linha que une as duas partículas —, então, o momento interno total será nulo, pois, o momento resultante de cada par de forças internas do tipo ação—reação é nulo. (Esse resultado foi provado na Seção 9.2 para um sistema de duas partículas: considerando-se as partículas em um sistema de N partículas distribuídas em grupos de duas, pode-se mostrar, da mesma forma, que este resultado é verdadeiro para os sistemas mais complexos.)

Assim, a primeira contribuição para o momento, oriunda das forças internas, não contribui para a variação de $\vec{\mathbf{L}}$. Apenas a segunda contribuição (o momento das forças externas) terá importância, podendo ser escrita como

$$\sum \vec{\tau}_{\text{ext}} = \frac{d\vec{\mathbf{L}}}{dt}, \qquad (10\text{-}9)$$

onde $\Sigma\, \vec{\tau}_{\text{ext}}$ é a soma dos momentos (torques) *externos* atuantes sobre o sistema. Pode-se, assim, afirmar que *o momento externo resultante agindo sobre um sistema de partículas é igual à variação no tempo da quantidade de movimento angular do sistema*. O momento e a quantidade de movimento angular devem ser calculados em relação à mesma origem de um sistema inercial de referência. Nas situações em que não existe possibilidade de interpretação errônea, pode-se, por conveniência, eliminar o subscrito de $\vec{\tau}_{ext}$.

A Eq. 10.9 é a generalização da Eq. 10.6 para várias partículas. Ela é necessária se as partículas que compõem o sistema estão com movimento relativo entre si ou se elas apresentam uma relação espacial fixa, como no caso de um corpo rígido.

A Eq. 10.9 para movimentos angulares é análoga à Eq. 7.23; $\Sigma \vec{\mathbf{F}}_{ext} = d\vec{\mathbf{P}}/dt$, que estabelece que, para um sistema de partículas (corpo rígido ou não), a força externa resultante agindo sobre o sistema é igual à variação com o tempo de sua quantidade de movimento linear total.

Pode-se, então, estender a analogia entre a forma com que uma força altera a quantidade de movimento linear e a forma com que um momento altera a quantidade de movimento angular. Suponha que uma força $\vec{\mathbf{F}}$ atue sobre uma partícula que se move com uma quantidade de movimento linear $\vec{\mathbf{p}}$. Pode-se decompor $\vec{\mathbf{F}}$ em duas componentes, conforme mostrado na Fig. 10.3: uma componente ($\vec{\mathbf{F}}_{\parallel}$) paralela à direção (instantânea) de $\vec{\mathbf{p}}$ e outra ($\vec{\mathbf{F}}_{\perp}$) perpendicular à $\vec{\mathbf{p}}$. Para um pequeno intervalo de tempo Δt, a força produz uma variação na quantidade de movimento $\Delta\vec{\mathbf{p}}$ determinada pela expressão $\vec{\mathbf{F}} = \Delta\vec{\mathbf{p}}/\Delta t$. Assim, $\Delta\vec{\mathbf{p}}$ é paralela a $\vec{\mathbf{F}}$. A componente $\vec{\mathbf{F}}_{\parallel}$ provoca uma variação na quantidade de movimento $\Delta\vec{\mathbf{p}}_{\parallel}$, paralela à $\vec{\mathbf{p}}$, que, adicionada à $\vec{\mathbf{p}}$, altera sua intensidade sem alterar sua direção (ver Fig. 10.3*a*). A componente perpendicular $\vec{\mathbf{F}}_{\perp}$, por outro lado, provoca um incremento $\Delta\vec{\mathbf{p}}_{\perp}$, que altera a direção de $\vec{\mathbf{p}}$. Quando $\Delta\vec{\mathbf{p}}_{\perp}$ é pequeno comparado com $\vec{\mathbf{p}}$, ele mantém a intensidade de $\vec{\mathbf{p}}$ (Fig. 10.3*b*). Um exemplo dessa situação é o caso de uma partícula movendo-se em uma trajetória circular com velocidade constante, sujeita apenas a uma força centrípeta, que é sempre perpendicular à velocidade tangencial.

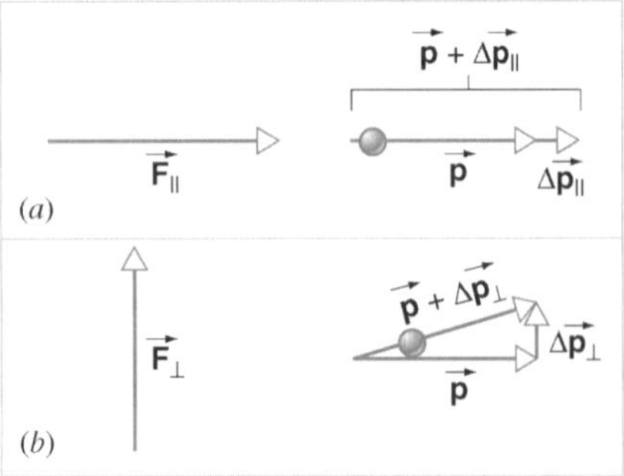

Fig. 10.3 (*a*) Quando a componente $\vec{\mathbf{F}}_{\parallel}$ de uma força atua paralelamente à quantidade de movimento linear $\vec{\mathbf{p}}$ de uma partícula, a quantidade de movimento linear é alterada de $\Delta\vec{\mathbf{p}}_{\parallel}$, que é um vetor paralelo a $\vec{\mathbf{p}}$. (*b*) Quando a componente $\vec{\mathbf{F}}_{\perp}$ de uma força atua perpendicularmente à quantidade de movimento linear $\vec{\mathbf{p}}$ de uma partícula, essa quantidade de movimento é alterada de $\Delta\vec{\mathbf{p}}_{\perp}$, que é um vetor perpendicular à $\vec{\mathbf{p}}$. A partícula agora move-se na direção do vetor soma $\vec{\mathbf{p}} + \Delta\vec{\mathbf{p}}$.

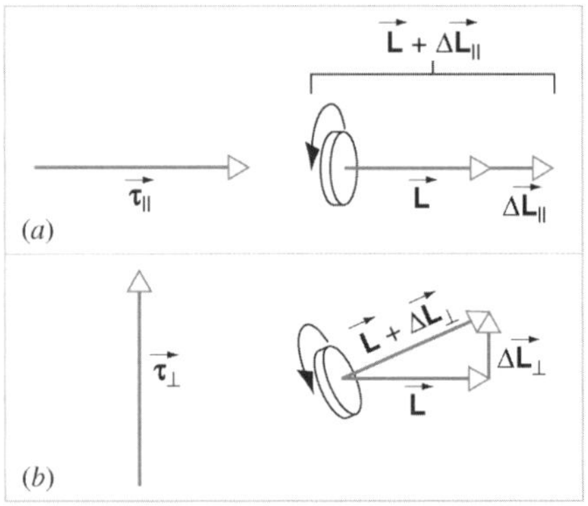

Fig. 10.4 (*a*) Quando a componente $\vec{\tau}_{\parallel}$ de um torque atua paralelamente à quantidade de movimento angular $\vec{\mathbf{L}}$ de um sistema, essa quantidade de movimento será alterada de $\Delta\vec{\mathbf{L}}_{\parallel}$, que é paralela a $\vec{\mathbf{L}}$. (*b*) Quando a componente $\vec{\tau}_{\perp}$ de um torque atua perpendicularmente à quantidade de movimento angular $\vec{\mathbf{L}}$ de um sistema, essa quantidade de movimento é alterada de $\Delta\vec{\mathbf{L}}_{\perp}$, que é perpendicular a $\vec{\mathbf{L}}$. O eixo de rotação agora aponta no sentido correspondente ao vetor soma $\vec{\mathbf{L}} + \Delta\vec{\mathbf{L}}_{\perp}$.

A mesma análise pode ser feita para a ação de um momento, conforme mostrado na Fig. 10.4. Neste caso, $\vec{\tau} = \Delta\vec{\mathbf{L}}/\Delta t$ e $\Delta\vec{\mathbf{L}}$ devem ser paralelos à $\vec{\tau}$. Uma vez mais, decompõe-se $\vec{\tau}$ em duas componentes. $\vec{\tau}_{\parallel}$ paralela a $\vec{\mathbf{L}}$ e $\vec{\tau}_{\perp}$ perpendicular a $\vec{\mathbf{L}}$. A componente de $\vec{\tau}$ paralela a $\vec{\mathbf{L}}$ altera a intensidade da quantidade de movimento angular sem alterar sua direção (Fig. 10.4*a*). A componente de $\vec{\tau}$ perpendicular a $\vec{\mathbf{L}}$ produz um incremento $\Delta\vec{\mathbf{L}}_{\perp}$ perpendicular a $\vec{\mathbf{L}}$, que altera a direção de $\vec{\mathbf{L}}$ sem alterar sua intensidade (Fig. 10.4*b*). Esta última condição é responsável pelo movimento dos piões e dos giroscópios, conforme será discutido na Seção 10.5. Comparando-se as Figs. 10.3 e 10.4, podem-se perceber as semelhanças entre as dinâmicas de translação e de rotação.

Um exemplo de aplicação da Eq. 10.9 para dinâmica da rotação é mostrado na Fig. 10.5. Na Fig. 10.5*a*, uma das extremidades do eixo de rotação da roda de uma bicicleta repousa livremente sobre um suporte e a outra extremidade é sustentada pela mão de um aluno. O aluno aciona tangencialmente a roda com uma força $\vec{\mathbf{f}}$ em sua periferia, de forma a fazê-la girar rapidamente. Calculado em relação ao centro da roda, o torque exercido pelo aluno é paralelo à quantidade de movimento angular da roda; ambos os vetores ($\vec{\tau}$ e $\vec{\mathbf{L}}$) apontam em direção ao aluno. A conseqüência da aplicação desse torque é um aumento na quantidade de movimento angular da roda.

Na Fig. 10.5*b*, o aluno libera um dos apoios do eixo. Consideram-se, então, os torques em relação ao ponto de apoio remanescente. Existem duas forças atuantes: uma força normal ao

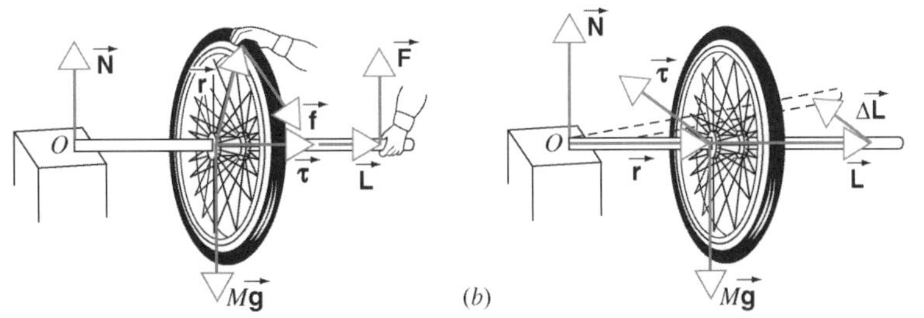

Fig. 10.5 (*a*) Uma força tangencial $\vec{f}$ aplicada na borda da roda gera um torque $\vec{\tau}$ (em relação ao centro da roda) ao longo do eixo de rotação, aumentando a intensidade da velocidade angular da roda, mantendo, porém, sua direção e seu sentido. (*b*) Quando a extremidade do eixo é liberada, o torque gravitacional em relação ao ponto *O* é orientado no sentido de entrar para o plano da figura — isto é, perpendicular ao eixo de rotação — conforme indicado na Fig. 10.4*b*. Esse torque altera a direção do eixo de rotação, e o eixo da roda se move no plano horizontal em direção à posição mostrada pela linha tracejada.

ponto de apoio, que não gera torque em relação àquele ponto; e o peso da roda, atuante no centro de massa e com sentido de cima para baixo. O torque em relação ao ponto *O* devido ao peso é perpendicular a $\vec{L}$, e seu efeito é, portanto, o de alterar a direção de $\vec{L}$, conforme mostra a Fig. 10.4*b*. Todavia, uma vez que a direção de $\vec{L}$ coincide com a do eixo, o efeito da força da gravidade (para baixo) é o de girar o eixo lateralmente no plano horizontal. A roda fica, portanto, rotulada lateralmente em relação ao ponto de apoio. Tente realizar esse experimento! (Caso você não tenha à mão uma roda de bicicleta montada livremente, um giroscópio de brinquedo pode funcionar tão bem quanto.)

Conforme estabelecido em seu desenvolvimento, a Eq. 10.9 vale quando $\vec{\tau}$ e $\vec{L}$ são medidos relativamente à origem de um sistema inercial de referência. Pode-se, portanto, questionar se ela continuaria válida se esses dois vetores fossem medidos em relação a um ponto arbitrário (por exemplo, uma partícula específica) do sistema em movimento. Em geral, esse ponto se moveria de forma complexa quando o corpo ou o sistema de partículas em translação fosse perturbado alterando sua configuração, e a Eq. 10.9 não mais poderia ser aplicada a esse ponto de referência. Entretanto, se o ponto de referência é escolhido como sendo o centro de massa do sistema, mesmo que esse ponto possa se acelerar no sistema inercial de referência, a Eq. 10.9 continua sendo válida (ver Exercício 7). Essa é outra propriedade notável do centro de massa. Assim, pode-se separar o movimento geral de um sistema de partículas em dois movimentos: um movimento de translação em relação a seu centro de massa (Eq. 7.23) e um movimento de rotação em relação a seu centro de massa (Eq. 10.9).

10.3 QUANTIDADE DE MOVIMENTO ANGULAR E VELOCIDADE ANGULAR

Para se apresentar os casos em que é absolutamente necessário considerar a natureza tridimensional dos vetores velocidade angular, momento (ou torque) e quantidade de movimento angular, considera-se, inicialmente, o exemplo simples de uma partícula em rotação que ilustra uma condição em que os vetores velocidade angular e quantidade de movimento angular não são paralelos.

A Fig. 10.6*a* mostra uma partícula de massa *m*, fixada a um eixo rígido e sem massa, através de uma barra também rígida e sem massa, formando um braço de comprimento r', medido perpendicularmente ao eixo. A partícula se move em uma trajetória circular de raio r', e admite-se que ela esteja a uma velocidade constante *v*. Imagina-se esse experimento sendo realizado em uma região de gravidade desprezível, de forma que a força gravitacional agindo sobre a partícula possa ser desconsiderada. Assim, a única força que atua sobre a partícula é a força centrípeta exercida pelo braço de conexão da partícula com o eixo.

Os dois pequenos mancais de apoio (considerados sem atrito) restringem o movimento do eixo a uma rotação em torno do eixo *z*. Considera-se que o mancal inferior defina a origem *O* do sistema de coordenadas. O mancal superior, conforme pode ser visto, é necessário para evitar que o eixo tenha um movimento de precessão em torno do eixo *z*, o que ocorre quando o vetor velocidade angular não é paralelo ao vetor quantidade de movimento angular.

O vetor velocidade angular $\vec{\omega}$ da partícula é orientado para cima, ao longo do eixo *z* (ou, de forma equivalente, paralelo a esse eixo), conforme mostrado na Fig. 10.6*b*. Qualquer que seja o ponto escolhido como origem ao longo do eixo *z*, o vetor velocidade angular é paralelo ao eixo. Sua intensidade é, analogamente, independente da localização da origem, sendo expressa por $v/(r \text{ sen } \theta) = v/r'$.

A quantidade de movimento angular $\vec{l}$ da partícula *em relação à origem O* do sistema de referência é calculada pela Eq. 10.1, isto é,

$$\vec{l} = \vec{r} \times \vec{p},$$

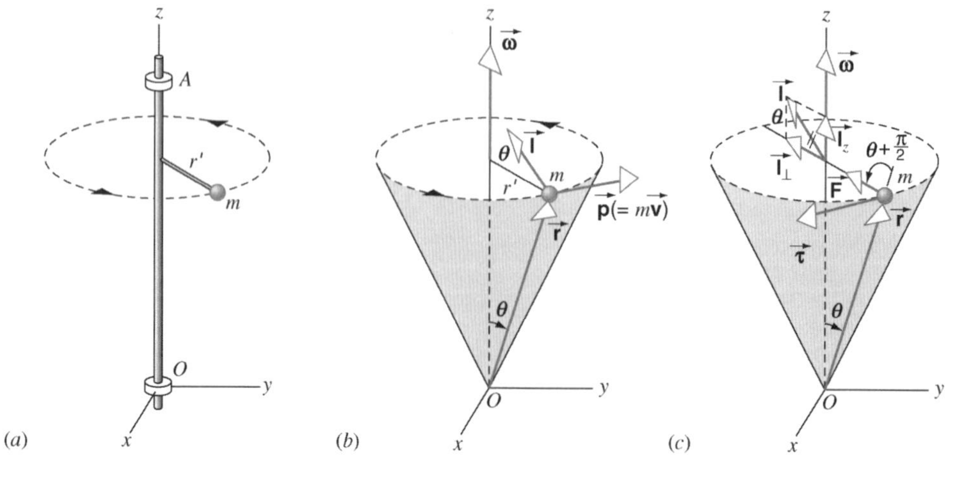

Fig. 10.6 (*a*) Uma partícula de massa *m* é fixada através de um braço de comprimento *r'* a um eixo fixo por dois mancais (em *O* e em *A*) de forma que possa girar em relação ao eixo *z*. (*b*) A partícula gira com velocidade tangencial *v* segundo uma trajetória circular de raio *r'* em relação ao eixo *z* (os eixos e os mancais foram omitidos para simplificar o desenho). O vetor quantidade de movimento angular $\vec{\mathbf{l}} = \vec{\mathbf{r}} \times \vec{\mathbf{p}}$ em relação à origem *O* é mostrado. (*c*) Para que a partícula se mova em um círculo, deve haver uma força centrípeta $\vec{\mathbf{F}}$ atuante conforme indicado na figura, o que resulta em um torque $\vec{\boldsymbol{\tau}}$ em relação ao ponto *O*. Por conveniência, o vetor quantidade de movimento angular $\vec{\mathbf{l}}$ e suas componentes ao longo e perpendicular ao eixo *z* são mostrados no centro do círculo.

onde os vetores $\vec{\mathbf{r}}$ e $\vec{\mathbf{p}}$ ($= m\vec{\mathbf{v}}$) são mostrados na Fig. 10.6*b*. O vetor $\vec{\mathbf{l}}$ é perpendicular ao plano formado por $\vec{\mathbf{r}}$ e $\vec{\mathbf{p}}$, o que significa que $\vec{\mathbf{l}}$ *não* é paralelo a $\vec{\boldsymbol{\omega}}$. Observe que (ver Fig. 10.6*c*) $\vec{\mathbf{l}}$ possui uma componente (vetorial) $\vec{\mathbf{l}}_z$, que é paralela a $\vec{\boldsymbol{\omega}}$. No entanto, também possui uma outra componente (vetorial) $\vec{\mathbf{l}}_\perp$, que é perpendicular a $\vec{\boldsymbol{\omega}}$. Este é um caso em que a analogia entre os movimentos linear e circular não é válida: o vetor $\vec{\mathbf{p}}$ é sempre paralelo à $\vec{\mathbf{v}}$, todavia o vetor $\vec{\mathbf{l}}$ *nem sempre* é paralelo a $\vec{\boldsymbol{\omega}}$. Ao escolher a origem no plano do movimento circular da partícula, tem-se que $\vec{\mathbf{l}}$ *é* paralelo a $\vec{\boldsymbol{\omega}}$; caso contrário, esta condição não é verdadeira.

Pode-se, então, considerar a relação entre $\vec{\mathbf{l}}_z$ e $\vec{\boldsymbol{\omega}}$ para a partícula com movimento circular. Ao se observar a Fig. 10.6*c*, é possível transladar o vetor $\vec{\mathbf{l}}$ para o centro do círculo e obter

$$l_z = l \operatorname{sen}\theta = rp \operatorname{sen}\theta = r(mv)\operatorname{sen}\theta = r(mr'\omega)\operatorname{sen}\theta,$$

utilizando $r = r'\omega$, onde ω representa a intensidade do vetor $\vec{\boldsymbol{\omega}}$, orientado na direção *z*. Pela substituição de r' (o raio do círculo em que a partícula se move) pelo produto $r \operatorname{sen}\theta$, tem-se

$$l_z = mr'^2\omega. \qquad (10\text{-}10)$$

Assim, ocorre que mr'^2 é o momento de inércia rotacional *I* da partícula em relação ao eixo *z*. Assim,

$$l_z = I\omega. \qquad (10\text{-}11)$$

Observe que a relação vetorial $\vec{\mathbf{l}} = I\vec{\boldsymbol{\omega}}$ (que é análoga à relação $\vec{\mathbf{p}} = m\vec{\mathbf{v}}$) *não* é correta nesse caso, uma vez que os vetores $\vec{\mathbf{l}}$ e $\vec{\boldsymbol{\omega}}$ não são orientados no mesmo sentido.

Sob que circunstâncias os vetores quantidade de movimento angular e velocidade angular possuem a mesma orientação? Para uma melhor compreensão, pode-se adicionar uma outra partícula de mesma massa *m* ao sistema, conforme mostrado na Fig. 10.7, fixando-se um outro braço ao eixo central da Fig. 10.6*a* na mesma localização que o primeiro braço, porém orientado no sentido oposto. A componente $\vec{\mathbf{l}}_\perp$ relacionada a essa segunda partícula é igual e oposta àquela da primeira partícula, e os dois vetores $\vec{\mathbf{l}}_\perp$ somados resultam em um vetor nulo. Os dois vetores $\vec{\mathbf{l}}_z$ são orientados no mesmo sentido sendo, portanto, somados. Assim, para esse sistema de duas partículas, o vetor quantidade de movimento angular $\vec{\mathbf{L}}$ é paralelo ao vetor $\vec{\boldsymbol{\omega}}$.

Neste momento, pode-se estender o sistema a um corpo rígido, constituído por várias (infinitas) partículas. Se o corpo é simétrico em relação ao eixo de rotação — o que significa que, para cada elemento de massa do corpo, deve existir um elemento de massa idêntico diametralmente oposto ao primeiro elemento e à mesma distância do eixo de rotação —, então, o corpo pode ser observado como constituído por conjuntos de pares de partículas cuja configuração é análoga à discutida anteriormente. Uma vez que os vetores $\vec{\mathbf{L}}$ e $\vec{\boldsymbol{\omega}}$ são paralelos para todos esses pares de partículas, eles também são paralelos para os corpos rígidos que possuem esse tipo de simetria — chamada de simetria *axial* ou axissimetria.

Para esses corpos rígidos simétricos, $\vec{\mathbf{L}}$ e $\vec{\boldsymbol{\omega}}$ são paralelos, e pode-se escrever a seguinte equação na forma vetorial

$$\vec{\mathbf{L}} = I\vec{\omega}. \tag{10-12}$$

Não se esqueça, todavia, de que, sendo o vetor $\vec{\mathbf{L}}$ estabelecido como a quantidade de movimento angular *total*, então a Eq. 10.12 *somente* se aplica aos corpos que possuem simetria em relação ao eixo de rotação. Caso o vetor $\vec{\mathbf{L}}$ seja estabelecido para a componente vetorial da quantidade de movimento angular ao longo do eixo de rotação (isto é, $\vec{\mathbf{L}}_z$), a Eq. 10.12 vale para *qualquer* corpo rígido, simétrico ou não, que esteja girando em relação a um eixo fixo.

Para corpos simétricos (como o sistema de duas partículas mostrado na Fig. 10.7), o mancal superior mostrado na Fig. 10.6*a* pode ser removido e o eixo permanece paralelo ao eixo *z*. Esta condição pode ser verificada observando-se a facilidade com que se pode girar um objeto simétrico, como um pequeno pião, mantendo-o apenas entre os dedos polegar e indicador de uma das mãos. Qualquer pequena assimetria no objeto requer o segundo mancal para manter o eixo em uma direção fixa; o mancal deve exercer um torque sobre o eixo que, de outra forma, oscila quando o objeto girar, conforme é discutido no final desta seção. Esse fenômeno de oscilação é particularmente sério nos objetos que giram a altas velocidades, como, por exemplo, o rotor de uma turbina. Embora projetado para ser simétrico, esses rotores podem ser levemente assimétricos devido a pequenos erros de montagem das palhetas. Elas podem voltar a ser simétricas pela adição ou remoção de metal em locais apropriados; esta operação, chamada balanceamento, é realizada girando-se os vários estágios da turbina em dispositivos especiais de forma que a oscilação possa ser medida quantitativamente e a correção apropriada possa ser calculada e indicada automaticamente. De forma similar, pequenas massas de chumbo são colocadas em pontos estratégicos da borda da roda dos automóveis para que as oscilações a altas velocidades sejam reduzidas. Na operação de balanceamento das rodas de seu carro, seu mecânico está, na realidade, verificando se os vetores quantidade de movimento angular e velocidade angular da roda estão paralelos, reduzindo, portanto, os esforços nos mancais de apoio das rodas.

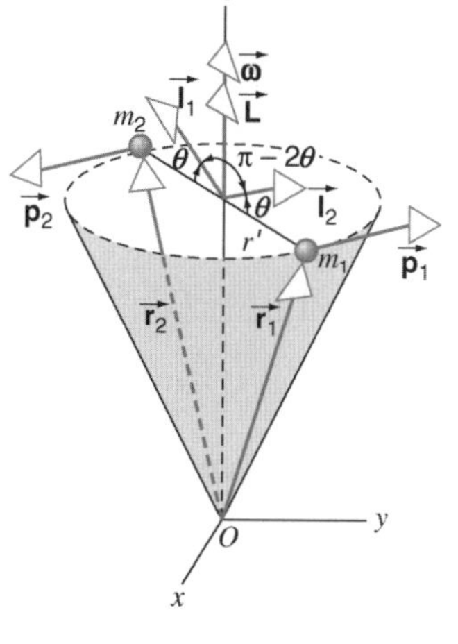

Fig. 10.7 As duas partículas de massa *m* giram, conforme mostrado na Fig. 10.6, porém diametralmente opostas. A quantidade de movimento angular $\vec{\mathbf{L}}$ das duas partículas é, nesse caso, paralela à velocidade angular $\vec{\boldsymbol{\omega}}$.

PROBLEMA RESOLVIDO 10.2.

Qual a grandeza que apresenta maior intensidade, a quantidade de movimento angular da Terra (em relação a seu centro) associada a sua rotação em torno de seu próprio eixo, ou a quantidade de movimento angular da Terra (em relação ao centro de sua órbita) associada a seu movimento orbital em torno do Sol?

Solução Para a rotação da Terra em torno de seu próprio eixo, ela é tratada como uma esfera uniforme ($I = \frac{2}{5}MR_T^2$). Sua velocidade angular é $\omega = 2\pi/T$, onde T é o período de rotação (24 h = $8{,}64 \times 10^4$ s). A intensidade da quantidade de movimento angular rotacional em relação a um eixo que passa pelo centro da Terra é, portanto,

$$L_{rot} = I\omega = \tfrac{2}{5}MR_T^2\frac{2\pi}{T}$$

$$= \tfrac{2}{5}(5{,}98 \times 10^{24}\text{ kg})(6{,}37 \times 10^6\text{ m})^2\frac{2\pi}{8{,}64 \times 10^4\text{ s}}$$

$$= 7{,}06 \times 10^{33}\text{ kg}\cdot\text{m}^2/\text{s}.$$

Para calcular a quantidade de movimento angular orbital, necessita-se da inércia rotacional da Terra em relação a um eixo que passa pelo Sol. Para isso, pode-se tratar a Terra como uma "partícula", com quantidade de movimento angular $L = R_{orb}p$, onde R_{orb} é o raio da órbita e p é a quantidade de movimento linear da Terra. A velocidade angular é, novamente, expressa por $\omega = 2\pi/T$, onde, então, T é o período orbital (1 ano = $3{,}16 \times 10^7$ s). A intensidade da quantidade de movimento angular orbital em relação a um eixo que passa pelo Sol é

$$L_{orb} = R_{orb}p = R_{orb}Mv = R_{orb}M(\omega R_{orb}) = MR_{orb}^2\frac{2\pi}{T}$$

$$= (5{,}98 \times 10^{24}\text{ kg})(1{,}50 \times 10^{11}\text{ m})^2\frac{2\pi}{3{,}16 \times 10^7\text{ s}}$$

$$= 2{,}67 \times 10^{40}\text{ kg}\cdot\text{m}^2/\text{s}.$$

A quantidade de movimento angular orbital é, assim, bem maior do que a de movimento angular rotacional.

O vetor quantidade de movimento angular orbital é orientado a um ângulo reto com o plano da órbita da Terra (Fig. 10.8), enquanto que a quantidade de movimento angular rotacional é inclinada a um ângulo de 23,5° com a direção normal a este plano. Desprezando-se a pequena precessão do eixo de rotação, os dois vetores permanecem constantes tanto em intensidade quanto em direção e sentido quando a Terra se move em sua órbita.

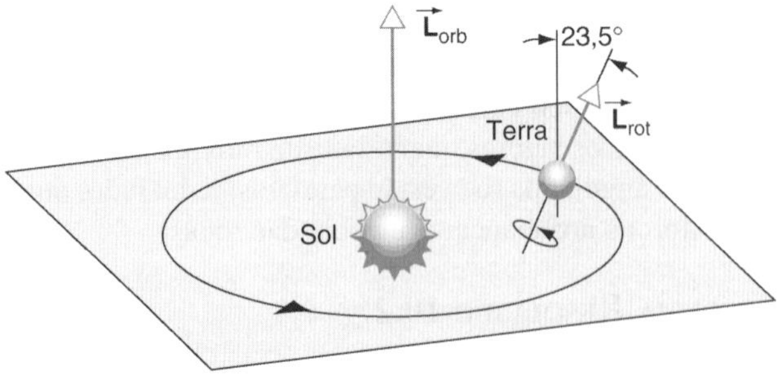

Fig. 10.8 Problema Resolvido 10.2. A Terra gira em uma órbita em torno do Sol (admitida como circular), e também em torno de seu próprio eixo. Os dois vetores quantidade de movimento angular não são paralelos, uma vez que o eixo de rotação da Terra está inclinado de um ângulo de 23,5° em relação à direção normal ao plano da órbita. Os comprimentos dos vetores não estão desenhados em escala; L_{orb} deve ser maior do que L_{rot} de um fator de aproximadamente 4×10^6.

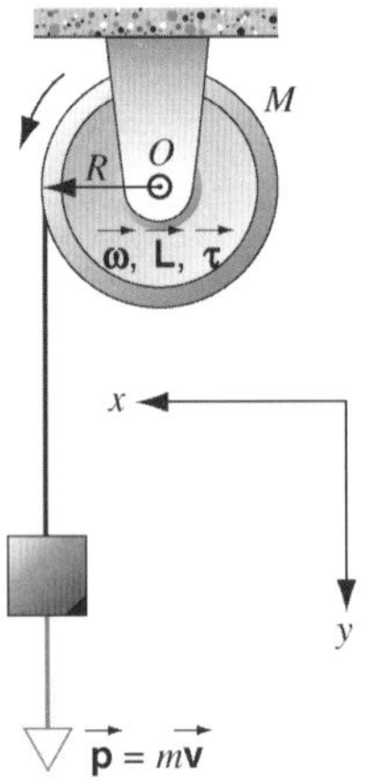

Fig. 10.9 Problema Resolvido 10.3. Os vetores velocidade angular, quantidade de movimento angular e torque resultante são orientados para fora do plano da figura (no sentido positivo do eixo z), conforme indicado pelo símbolo ⊙ em O.

PROBLEMA RESOLVIDO 10.3.

Considerando o Problema Resolvido 9-10, determine a aceleração do bloco em queda, através da aplicação direta da Eq. 10.9 ($\Sigma\, \vec{\tau} = d\vec{L}/dt$).

Solução O sistema mostrado na Fig. 10.9, consistindo na polia (supostamente um disco uniforme de massa M e raio R) e no bloco de massa m, sofre a ação de duas forças externas, a ação da gravidade $m\vec{g}$ direcionada para baixo atuando sobre a massa m e a força direcionada para cima exercida pelos mancais do eixo do disco, que são considerados como origem. (A tração no cabo é uma força interna e não atua de fora sobre o sistema disco + bloco.) Apenas a primeira dessas forças externas exerce um torque em relação à origem; sua intensidade é $(mg)R$ e sua orientação é ao longo do sentido positivo do eixo z, mostrado na Fig. 10.9.

A componente z da quantidade de movimento angular do sistema em relação à origem O em qualquer instante é

$$L_z = I\omega + (mv)R,$$

onde $I\omega$ é a quantidade de movimento angular do disco (simétrico) e $(mv)R$ é a quantidade de movimento angular (= quantidade de movimento linear × braço de momento) do bloco em queda em relação à origem. Essas duas contribuições a $\vec{L}$ possuem componentes positivas na direção z.

A aplicação de $\Sigma\, \vec{\tau}_z = dL_z/dt$ fornece

$$\begin{aligned}(mg)R &= \frac{d}{dt}(I\omega + mvR)\\ &= I\left(\frac{d\omega}{dt}\right) + mR\left(\frac{dv}{dt}\right)\\ &= I\alpha + mRa.\end{aligned}$$

Uma vez que $a = \alpha R$ e $I = \frac{1}{2}MR^2$, essa expressão reduz-se a

$$mgR = (\tfrac{1}{2}MR^2)(a/R) + mRa$$

ou

$$a = \frac{2mg}{M + 2m}.$$

Conforme esperado, esse resultado é idêntico ao resultado do Problema Resolvido 9.10, uma vez que $\Sigma\, \vec{\tau}_z = I\alpha_z$ e $\Sigma\, \vec{\tau}_z = dL_z/dt$ são apenas diferentes formas de se estabelecer a segunda lei de Newton.

O TORQUE SOBRE UMA PARTÍCULA MOVENDO-SE EM UMA TRAJETÓRIA CIRCULAR (OPCIONAL)

O resultado inesperado de que os vetores $\vec{l}$ e $\vec{\omega}$ não são paralelos para o caso simples mostrado na Fig. 10.6 pode causar alguma perplexidade. Todavia, esse resultado é consistente com a relação geral $\vec{\tau} = d\vec{l}/dt$ para o torque agindo sobre uma única partícula. O vetor $\vec{l}$, naquele exemplo, varia com o tempo quando a partícula se move; a variação está integralmente na direção, e não em sua intensidade. Quando a partícula se move, $\vec{l}_z$ permanece constante tanto em intensidade quanto em direção, porém, $\vec{l}_\perp$ varia sua direção. Essa variação em $\vec{l}_\perp$ deve-se à aplicação de um torque. Qual é a origem desse torque?

Para a partícula mover-se em uma trajetória circular, ela deve sofrer a ação de uma força centrípeta, conforme mostrado na Fig. 10.6c, que é imposta pelo braço de suporte que conecta a partícula ao eixo. (Desprezando-se outras forças externas, como, por

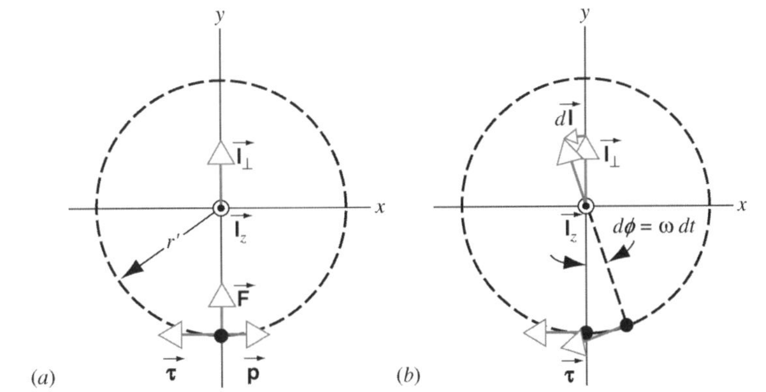

Fig. 10.10 (*a*) Visão bidimensional do plano de rotação da partícula da Fig. 10.6. A componente *z* da quantidade de movimento angular é orientada para fora do plano da figura. (*b*) Quando a partícula gira de um ângulo $d\phi$, a componente vetorial $\vec{l}_\perp$ no plano varia de $d\vec{l}$. Note que $d\vec{l}$ é paralela a $\vec{\tau}$.

exemplo, a ação da gravidade.) O único torque em relação a *O* é gerado pela força $\vec{F}$ e é expresso por

$$\vec{\tau} = \vec{r} \times \vec{F}.$$

O torque $\vec{\tau}$ é tangente ao círculo (perpendicular ao plano formado por $\vec{r}$ e $\vec{F}$) e atua na direção mostrada na Fig. 10.6*c*, conforme pode ser verificado aplicando-se a regra da mão direita.

Pode-se mostrar que esse torque satisfaz a forma rotacional da segunda lei de Newton, $\vec{\tau} = d\vec{l}/dt$. A Fig. 10.10*a* mostra uma visão bidimensional da partícula em rotação, olhando-se para baixo ao longo do eixo *z* em direção ao plano *xy*. Quando a partícula se move através de um pequeno ângulo $d\phi = \omega dt$ (Fig. 10.10*b*), o vetor $\vec{l}_\perp$ sofre uma pequena variação $d\vec{l}$. Através da Fig. 10.10*b*, é possível observar que $d\vec{l}$ é sempre paralelo a $\vec{\tau}$, e, assim, a direção de $d\vec{l}$ e $\vec{\tau}$ estão consistentes com $\vec{\tau} = d\vec{l}/dt$. Pode-se mostrar, também, que as intensidades estão de acordo. Observando-se a Fig. 10.6*c*, verifica-se que o torque em relação a *O* é

$$\tau = rF \operatorname{sen}(\tfrac{1}{2}\pi + \theta) = rF \cos\theta.$$

Neste caso, $\vec{F}$ é a força centrípeta e possui uma intensidade $F = mv^2/r' = m\omega^2 r'$, onde r' é o raio da trajetória circular ($r' = r \operatorname{sen} \theta$), e, portanto , $F = m\omega^2 r \operatorname{sen} \theta$. Assim,

$$\tau = m\omega^2 r^2 \operatorname{sen}\theta \cos\theta. \qquad (10\text{-}13)$$

Pela Fig. 10.10*b*, $dl = l_\perp\, d\phi = l_\perp \omega\, dt$, de onde obtêm-se

$$\frac{dl}{dt} = \omega l_\perp .$$

Com $l = mvr$, tem-se $l_\perp = mvr \cos\theta$. A velocidade tangencial *v* é igual a $\omega r' = \omega r \operatorname{sen} \theta$, com isso,

$$l_\perp = m\omega r^2 \operatorname{sen}\theta \cos\theta$$

e

$$\frac{dl}{dt} = \omega l_\perp = m\omega^2 r^2 \operatorname{sen}\theta \cos\theta. \qquad (10\text{-}14)$$

Comparando-se as Eqs. 10.13 e 10.14, percebe-se que $\tau = dl/dt$, conforme esperado. ■

COMPARAÇÃO ENTRE CORPOS SIMÉTRICOS E ASSIMÉTRICOS (OPCIONAL)

Qual é a diferença entre os movimentos de corpos simétricos e assimétricos? Suponha que a barra de conexão das duas partículas do corpo simétrico mostrado na Fig. 10.7 fosse inclinada de um ângulo arbitrário β em relação ao eixo central. A Fig. 10.11 mostra a barra de conexão, o eixo e os dois mancais (supostamente sem atrito) que mantêm o eixo na direção do eixo *z*. O eixo gira com velocidade angular constante ω em relação a esse eixo, e, portanto, o vetor $\vec{\omega}$ é orientado ao longo desse eixo. A experiência mostra que este eixo está "desbalanceado", e, que se a barra de conexão não estivesse rigidamente fixada ao eixo nas proximidades do ponto *O*, ela tenderia a mover-se até que o ângulo β se tornasse igual a 90° — a posição em que o sistema ficaria simétrico em relação ao eixo.

No instante mostrado na Fig. 10.11, a partícula superior move-se entrando pelo plano da figura, com um ângulo reto em relação a esse plano, e a partícula inferior move-se saindo do plano da figura com um ângulo reto em relação a esse mesmo plano. Os vetores quantidade de movimento linear das duas partículas são, portanto, iguais porém opostos, e também opostos são seus vetores posição em relação a *O*. Assim, a partir da aplicação da regra da mão direita ao produto vetorial $\vec{r} \times \vec{p}$, verifica-se que o vetor $\vec{l}$ é idêntico para as duas partículas e que sua soma, o vetor quantidade de movimento angular total $\vec{L}$ do sistema, está, conforme indicado na figura, formando um ângulo reto com a barra de conexão e no plano da figura. Assim, $\vec{L}$ e $\vec{\omega}$ não são paralelos neste instante. Quando o sistema gira, o vetor quanti-

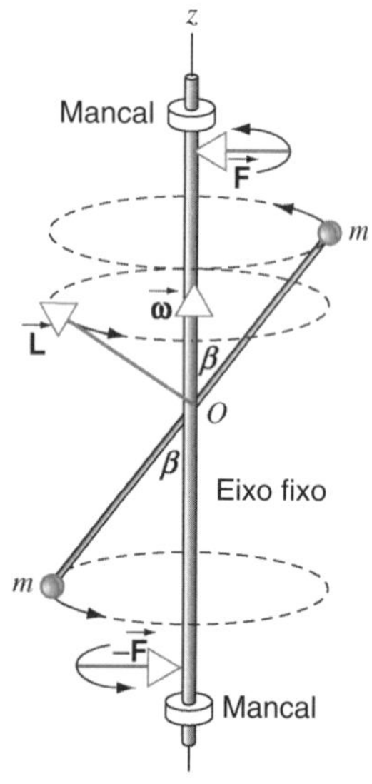

Fig. 10.11 Sistema de duas partículas, similar ao mostrado na Fig. 10.7, porém com o eixo de rotação fazendo um ângulo β com a barra de conexão. O vetor quantidade de movimento angular $\vec{L}$ gira com o sistema, da mesma forma que as forças $\vec{F}$ e $-\vec{F}$ exercidas pelos mancais.

dade de movimento angular, enquanto mantém constante sua intensidade, gira em torno do eixo fixo de rotação.

A rotação de $\vec{L}$ em relação ao eixo fixo da Fig. 10.11 é perfeitamente consistente com a relação fundamental $\vec{\tau} = d\vec{L}/dt$. O torque externo aplicado ao sistema como um todo surge das forças laterais desbalanceadas exercidas pelos mancais sobre o eixo e transmitidas pelo eixo à barra de conexão. No instante mostrado na figura, a partícula superior tenderia a mover-se para a direita, afastando-se do sistema. O eixo seria puxado para a direita contra o mancal superior que reage exercendo a força $\vec{F}$ sobre o eixo orientada para a esquerda. Analogamente, a partícula inferior tende a mover-se para a esquerda, afastando-se do sistema. O eixo seria puxado para a esquerda contra o mancal inferior, que reage exercendo uma força $-\vec{F}$ sobre o eixo orientada para a direita. O torque $\vec{\tau}$ em relação ao ponto O, como resultado dessas forças, é orientado perpendicularmente ao plano da figura, fazendo um ângulo reto com o plano formado pelos vetores $\vec{L}$ e $\vec{\omega}$, e no sentido compatível com o movimento de rotação de $\vec{L}$. (Compare com a Fig. 10.6*c*, em que $\vec{\tau}$ também é perpendicular ao plano formado por $\vec{l}$ e $\vec{\omega}$.) Observe que, uma vez que $\vec{\tau}$ é perpendicular a $\vec{\omega}$, não há componente da aceleração angular $\vec{\alpha}$ na direção de $\vec{\omega}$, e, assim, a velocidade angular permanece constante. Na ausência de atrito, o sistema gira indefinidamente. O atrito nos mancais daria origem a um torque direcionado ao longo do eixo (paralelo a $\vec{\omega}$), que *teria* como conseqüência uma componente de aceleração angular ao longo de $\vec{\omega}$ e, desta forma, a velocidade angular seria alterada.

No instante mostrado, as forças $\vec{F}$ e $-\vec{F}$ apóiam-se no plano da Fig. 10.11. Quando o sistema gira, essas forças, e, portanto, o torque $\vec{\tau}$, giram com ele, de modo que $\vec{\tau}$ sempre permanece formando um ângulo reto com o plano gerado por $\vec{\omega}$ e $\vec{L}$. As forças girantes $\vec{F}$ e $-\vec{F}$ causam uma oscilação nos mancais superior e inferior. Os mancais e seus apoios devem, portanto, ser fortes o suficiente para sustentar essas forças. Para um corpo simétrico com movimento de giro, não há oscilação nos mancais, e o eixo gira suavemente. ■

10.4 CONSERVAÇÃO DA QUANTIDADE DE MOVIMENTO ANGULAR

Na Eq. 10.9, foi estabelecido que a variação com o tempo da quantidade de movimento angular de um sistema de partículas em relação a um ponto fixo no sistema inercial de referência (ou em relação ao centro de massa) é igual ao torque *externo* resultante agindo sobre o sistema, isto é,

$$\sum \vec{\tau}_{\text{ext}} = \frac{d\vec{L}}{dt}. \qquad (10\text{-}9)$$

Se o torque externo resultante agindo sobre o sistema for nulo, a quantidade de movimento angular do sistema não varia com o tempo ($d\vec{L}/dt = 0$). Assim,

$$\vec{L} = \text{uma constante} \quad \text{ou} \quad \vec{L}_i = \vec{L}_f. \qquad (10\text{-}15)$$

Neste caso, a quantidade de movimento angular inicial é igual à de movimento angular final. A Eq. 10.15 é a representação matemática do princípio da *conservação da quantidade de movimento angular.*

Se o torque externo resultante agindo sobre um sistema é nulo, o vetor quantidade de movimento angular total do sistema permanece constante.

Esta é a segunda das principais leis de conservação discutidas neste texto. Junto com a lei da conservação da quantidade de movimento linear, a lei da conservação da quantidade de movimento angular é um resultado geral válido para uma grande variedade de sistemas. Ela é verdadeira tanto nos limites relativísticos quanto nos limites da Mecânica Quântica. Até então, não foram encontradas exceções.

Assim como ocorre com a lei da conservação da quantidade de movimento linear em um sistema onde a *força* externa resultante é nula, a lei da conservação da quantidade de movimento angular é aplicada à quantidade de movimento angular total de um sistema de partículas em que o *torque* externo resultante é nulo. A quantidade de movimento angular das partículas individuais no sistema pode variar devido aos torques *internos* (exatamente como a quantidade de movimento linear de cada partícula durante uma colisão pode variar devido às forças *internas*), porém o total permanece constante.

A quantidade de movimento angular é (como a quantidade de movimento linear) uma grandeza *vetorial*. Assim, cada uma das Eqs. 10.15 é equivalente a três equações unidimensionais, uma para cada direção coordenada que passa pelo ponto de referência. Portanto, a conservação da quantidade de movimento angular resulta em três condições a serem atendidas pelo movimento de um sistema ao qual ela é aplicada. *Qualquer componente da quantidade de movimento angular é constante se a correspondente componente do torque aplicado for nula*; pode ocorrer o caso em que apenas uma das três componentes do torque seja nula, o que significa que apenas uma das componentes da quantidade de movimento angular é constante, as outras componentes, portanto, variam conforme determinado pelas correspondentes componentes do torque.

Para um sistema que consiste em um corpo rígido girando com velocidade angular ω em relação a um eixo (por exemplo, o eixo z) que é fixo ao sistema inercial de referência, tem-se

$$L_z = I\omega, \tag{10-16}$$

onde L_z é a componente da quantidade de movimento angular ao longo do eixo de rotação e I é a inércia rotacional referente a esse mesmo eixo. *Caso o torque externo aplicado seja nulo, então L_z deve permanecer constante*. Se a inércia rotacional I do corpo variar (de I_i para I_f) — por exemplo, pela variação na distância de partes do corpo em relação ao eixo de rotação — deve haver uma variação compensadora em ω de ω_i para ω_f. O princípio da conservação da quantidade de movimento angular, neste caso, é expresso como $L_{iz} = L_{fz}$, ou

$$I_i\omega_i = I_f\omega_f. \tag{10-17}$$

A Eq. 10.17 é válida não apenas para uma rotação em relação a um eixo fixo, mas também para uma rotação em relação a um eixo que passa pelo centro de massa de um sistema e que se move mantendo fixa sua direção (ver discussão no início da Seção 9.7).

A conservação da quantidade de movimento angular é um princípio que regula uma grande variedade de processos físicos, desde o mundo subatômico, passando pelo movimento de acrobatas, mergulhadores e bailarinos, até a contração de estrelas que esgotaram seu combustível, bem como a condensação de galáxias. O exemplo a seguir mostra algumas dessas aplicações.

ROTAÇÃO DE UMA PATINADORA

Uma patinadora de gelo, em rotação, encolhe seus braços junto ao seu corpo para aumentar sua velocidade de rotação e os estende para diminuí-la; ao proceder assim, ela está aplicando a Eq. 10.17. Outra aplicação similar deste princípio é ilustrada na Fig. 10.12, que mostra um aluno sentado em uma banqueta que pode girar livremente em torno do eixo vertical. Coloca-se o aluno com seus braços estendidos segurando os pesos, em rotação com uma velocidade angular ω_i. Sua quantidade de movimento angular $\vec{\mathbf{L}}$ apóia-se na direção do eixo vertical da figura (eixo z).

O sistema aluno + banco + pesos é um sistema isolado sobre o qual não atua qualquer torque vertical externo. A componente vertical da quantidade de movimento angular deve, portanto, ser conservada.

Quando o aluno encolhe seus braços (junto com os pesos) aproximando-os a seu corpo, o momento de inércia do sistema é reduzido de seu valor inicial I_i para um valor menor I_f, porque, então, os pesos estão mais próximos do eixo de rotação. Sua velocidade angular final é, através da Eq. 10.17, $\omega_f = \omega_i\,(I_i/I_f)$, que é maior do que sua velocidade angular inicial (porque $I_f < I_i$), e o aluno gira mais depressa. Para diminuir a velocidade, basta que ele estenda seus braços novamente.

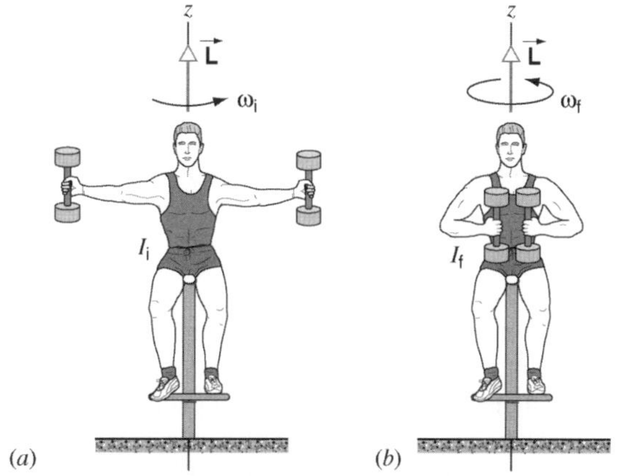

Fig. 10.12 (*a*) Nesta configuração, o sistema (aluno + pesos) possui um grande momento de inércia e uma velocidade angular menor. (*b*) Neste caso, o aluno aproximou os pesos a seu corpo, resultando em um momento de inércia menor e uma maior velocidade angular. A quantidade de movimento angular $\vec{\mathbf{L}}$ possui o mesmo valor em ambas as situações.

A MERGULHADORA DE TRAMPOLIM[1]

A Fig. 10.13*a* mostra uma mergulhadora desde o momento em que deixa o trampolim até o instante em que entra na água. Ela salta para a frente de modo a impor a seu corpo uma pequena velocidade de rotação, o suficiente para fazer seu corpo girar meia-volta durante todo o percurso, fazendo-a tocar primeiro com a cabeça na água.

Enquanto ela está no ar, nenhum torque externo atua sobre ela de modo a alterar sua quantidade de movimento angular em relação ao centro de massa. (A única força externa, a força da gravidade, que passa *pelo* centro de massa e não produz torque em relação a este ponto. Despreza-se a resistência do ar, que poderia produzir um torque resultante e alterar sua quantidade

[1]Ver "The Mechanics of Swimming and Diving", de R. L. Page, *The Physics Teacher*, fevereiro de 1976, p. 72; "The Physics of Somersaulting and Twisting", de Cliff Frohlich, *Scientific American*, março de 1980, p. 155.

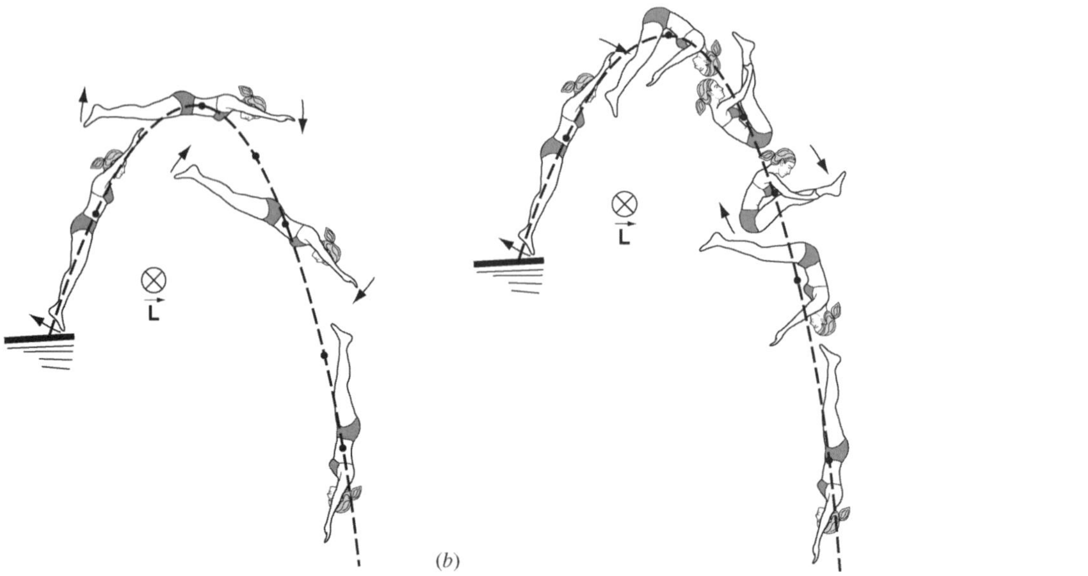

Fig. 10.13 (a) A mergulhadora deixa o trampolim de forma que este impõe a seu corpo uma quantidade de movimento angular $\vec{L}$. Ela gira de meia-volta em torno de seu centro de massa (indicado por um ponto), que descreve uma trajetória parabólica. (b) Dobrando seu corpo, ela reduz seu momento de inércia, aumentando, assim, sua velocidade angular, o que permite que ela gire uma volta e meia. As forças e torques externos atuantes sobre ela são os mesmos nos itens (a) e (b), conforme indicado pelo valor constante da quantidade de movimento angular $\vec{L}$.

de movimento angular.) Quando a mergulhadora *dobra* seu corpo no *ápice do percurso*, seu momento de inércia fica menor e, de acordo com a Eq. 10.17, sua velocidade angular deve aumentar. O aumento da velocidade angular lhe permite completar uma volta e meia, enquanto que, no caso anterior, ela havia completado apenas meia-volta. No fim do salto, ela estica o corpo novamente e diminui sua velocidade angular para penetrar na água.

Ao Girar a Roda de uma Bicicleta

A Fig. 10.14*a* mostra uma aluna sentada em um banco que pode girar livremente em torno do eixo vertical. Ela segura uma roda de bicicleta à qual é imposta uma rotação em torno de seu eixo de giro. Quando a aluna inverte a rotação da roda, invertendo a posição do eixo, o banco começa a girar (Fig. 10.14*b*).

Nenhum torque vertical resultante atua no sistema aluna + banco + roda, e, portanto, a componente na direção vertical z da quantidade de movimento angular total do sistema deve permanecer constante. Inicialmente, a componente na direção z da quantidade de movimento angular da roda giratória é $+L_r$. A quantidade de movimento angular total inicial do sistema é, portanto, $L_{iz} = +L_r$. Quando o eixo da roda é invertido (como resultado de um torque *interno* ao sistema), a componente z da quantidade de movimento angular total deve permanecer constante. A componente z da quantidade de movimento angular total será $L_{iz} = L_{ab} + (-L_r)$, onde L_{ab} é a quantidade de movimento angular da aluna + banco e $-L_r$ é a quantidade de movimento angular da roda invertida. A conservação da quantidade de movimento angular (na ausência de torque externo) requer que $L_{iz} = L_{fz}$; assim, a aluna e o banco girarão com quantidade de movimento angular $L_{ab} = +2\,L_r$.

Pode-se considerar essa situação do ponto de vista de dois sistemas separados, sendo um a roda e o outro a aluna + o banco. Neste caso, nenhum dos dois sistemas está isolado, pois, a mão da aluna

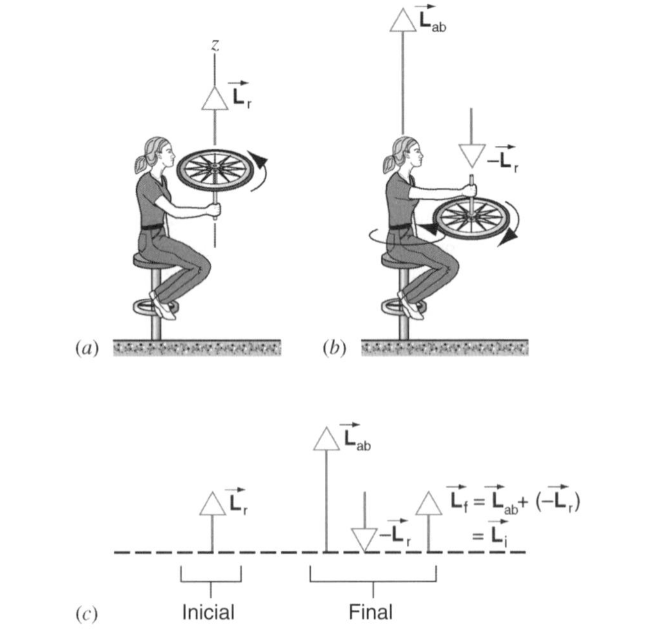

Fig. 10.14 (a) Uma aluna segura uma roda de bicicleta com movimento de rotação. A quantidade de movimento angular total do sistema é $\vec{L}_r$. (b) Quando a roda é invertida, a aluna começa a girar. (c) A quantidade de movimento angular total final deve ser igual à quantidade de movimento angular inicial.

forma a conexão entre eles. Ao tentar inverter a posição da roda, ela precisa aplicar um torque para alterar a quantidade de movimento angular da roda. A força que ela exerce sobre a roda para produzir esse torque é retornada pela roda na forma de uma força reativa sobre ela, conforme estabelecido pela terceira lei de Newton. Essa força externa sobre o sistema aluna + banco causa uma rotação no sistema. Deste ponto de vista, a aluna exerce um torque externo sobre a roda para alterar sua quantidade de movimento angular, enquanto que a roda exerce um torque sobre a aluna para mudar sua quantidade de movimento angular. Quando considerou-se o sistema completo aluna + banco + roda, conforme premissa anterior, esse torque era interno e não entrava nos cálculos. A consideração de um torque como interno ou externo depende da definição do sistema a ser analisado.

ESTABILIDADE DE OBJETOS EM ROTAÇÃO

Considere novamente a Fig. 10.3*b*. Um objeto que se move com uma quantidade de movimento linear $\vec{p} = M\vec{v}$ possui *estabilidade direcional*; uma força defletora fornece um impulso correspondente ao incremento de quantidade de movimento lateral $\Delta\vec{p}_\perp$ e, como resultado, a direção do movimento é alterada de um ângulo $\theta = \text{arc tg } (\Delta p_\perp/p)$. Quanto maior a quantidade de movimento p, menor será o ângulo θ. A mesma força defletora é menos efetiva para desviar um objeto com quantidade de movimento linear grande que para desviar outro com quantidade de movimento linear pequena.

A quantidade de movimento angular, de modo análogo, propicia uma *estabilidade de orientação* a um objeto. Um corpo que gire rapidamente (como o mostrado na Fig. 10.4*b*) possui uma certa quantidade de movimento angular $\vec{L}$. Um torque $\vec{\tau}$ perpendicular a $\vec{L}$ altera a direção de $\vec{L}$ e, portanto, a direção do eixo de rotação, de um ângulo $\theta = \text{arc tg } (\Delta L_\perp/L)$. Uma vez mais, quanto maior a quantidade de movimento angular L, menor será o êxito de um torque em modificar a direção do eixo de rotação de um objeto.

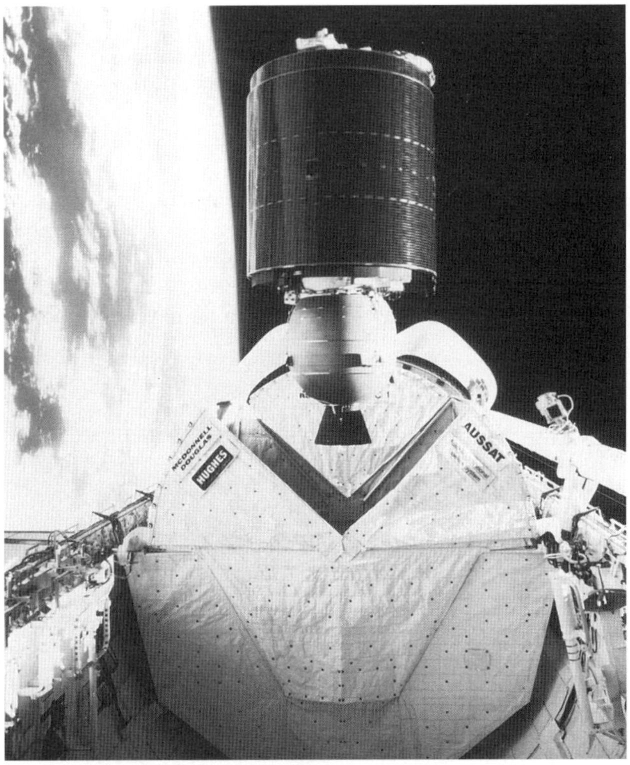

Fig. 10.15 Lançamento de um satélite de comunicação do compartimento de uma nave espacial. O satélite gira em relação a seu eixo central (o eixo vertical nesta foto) para estabilizar sua orientação no espaço durante a subida até atingir sua órbita geossíncrona.

Quando se impõe a um objeto uma quantidade de movimento angular em torno de um eixo de simetria, de fato estabiliza-se sua orientação e dificulta-se a ação de forças externas em modificá-la. Existem vários exemplos comuns desse efeito. Aplicando-se um ligeiro empurrão a uma bicicleta sem ciclista, ela percorrerá uma distância bem maior do que se pode esperar. Neste caso, a estabilidade resulta da quantidade de movimento angular das rodas que giram. Curvas e defeitos menores de uma pista, que poderiam desviar ou mesmo virar um objeto equilibrado em uma base tão estreita como os pneus de uma bicicleta, apresentam um efeito menor neste caso, dada a tendência da quantidade de movimento angular das rodas em fixar suas orientações.[2]

Uma bola de futebol americano é lançada para um passe longo de forma que gire em torno de um eixo aproximadamente paralelo a sua velocidade de translação. Esta condição estabiliza a orientação da bola, impedindo-a de balançar, e permite um lance mais preciso, o que resulta em uma maior facilidade em agarrá-la. Este efeito também mantém a bola com o menor perfil na direção do movimento de translação e, como conseqüência, minimiza a resistência do ar e aumenta o alcance.

É importante estabilizar a orientação de um satélite, especialmente se ele estiver utilizando seus propulsores para mover-se para uma posição orbital específica (Fig. 10.15). A orientação pode ser modificada, por exemplo, por atrito com a tênue atmosfera residual ocorrente nas altitudes orbitais usuais, pela ação do vento solar (feixe de partículas carregadas eletricamente, provenientes do Sol) ou por impactos com minúsculos meteoritos. Para reduzir os efeitos desses choques, faz-se o satélite girar em torno de um eixo para estabilizar sua orientação.

[2]Ver "The Stability of the Bicycle", de David E. H. Jones, *Physics Today*, abril de 1970, p. 34.

Estrelas Colapsantes

Muitas estrelas giram como o Sol. Ele dá uma volta em seu eixo aproximadamente uma vez por mês. (O Sol é uma esfera de gás e não gira como um corpo rígido; as regiões próximas dos pólos têm um período de rotação de cerca de 37 dias, mas o equador gira uma vez a cada 26 dias.) O colapso do Sol é impedido pela *pressão de radiação*, que, em essência, é o efeito das colisões impulsivas da radiação emergente entre seus átomos. Quando o combustível nuclear do Sol for totalmente utilizado, a pressão de radiação desaparecerá, dando início a seu colapso, com o correspondente aumento da densidade. Em alguns pontos, esta será tão grande que os átomos não poderão mais aproximar-se e o colapso será interrompido. Esta é a fase *anã branca*, em que o Sol se extinguirá.

Nas estrelas com massa superior a 1,4 vez a massa do Sol, porém, a força gravitacional é tão grande que os átomos não podem impedir a continuação do colapso. Eles são, de fato, esmagados pela força da gravidade, e o colapso continua até que os núcleos se toquem. A estrela se transforma, então, em um imenso núcleo atômico e é denominada *estrela de nêutrons*. O raio de uma estrela de nêutrons, cuja massa é 1,5 vez a massa solar é de cerca de 11 km.

Suponha que uma estrela iniciou seu colapso quando tinha o período de um mês, como o Sol. As forças, durante o colapso, são internas e não podem alterar a quantidade de movimento angular. A velocidade angular final está, portanto, relacionada à velocidade angular inicial pela Eq. 10.17: $\omega_f = \omega_i(I_i/I_f)$. A razão dos momentos de inércia é igual à razão dos quadrados dos raios: $I_i/I_f = r_i^2/r_f^2$. Se o raio inicial fosse aproximadamente o mesmo do Sol (cerca de 7×10^5 km), então,

$$\frac{I_\mathrm{i}}{I_\mathrm{f}} = \frac{r_\mathrm{i}^2}{r_\mathrm{f}^2} = \frac{(7 \times 10^5\ \mathrm{km})^2}{(11\ \mathrm{km})^2} = 4 \times 10^9.$$

Isto é, a velocidade de rotação passaria de uma volta por mês para 4×10^9 voltas por mês, ou seja, mais de mil voltas por segundo!

Estrelas de nêutrons podem ser observadas da Terra porque, como o Sol, têm campos magnéticos que aprisionam elétrons, acelerando-os a velocidades tangenciais muito altas devido à rotação da estrela. A radiação emitida por esses elétrons acelerados é vista da Terra como se fosse o facho de luz de um farol. Pelo fato de a emissão desses pulsos de radiação ser muito estreita, as estrelas de nêutrons girantes recebem o nome de *pulsares*. A Fig. 10.16 mostra um exemplo da radiação recebida de um pulsar.

A conservação da quantidade de movimento angular se aplica a uma grande variedade de fenômenos astrofísicos. A rotação da galáxia em que se encontra a Terra, por exemplo, é o resultado de uma rotação muito mais lenta da nuvem de gás que deu origem a ela por condensação; a rotação do Sol e as órbitas dos planetas foram determinadas pela rotação original do material que formou o Sistema Solar.

Problema Resolvido 10.4.

Um astronauta de 120 kg faz um "passeio pelo espaço" ligado à nave por uma corda de 180 m de comprimento, completamente estendida. Sem querer, ele aciona o seu dispositivo de propulsão, o que faz com que adquira uma velocidade tangencial de 2,5 m/s. Para retornar à nave, ele puxa a corda lentamente a uma velocidade constante. Qual deve ser a força com que o astronauta puxa a corda, quando as distâncias dele até a nave são de (*a*) 50 m e (*b*) 5 m? Qual será a sua velocidade tangencial nesses pontos?

Solução Nenhum torque externo atua sobre o astronauta, de forma que a conservação da quantidade de movimento angular deve ser atendida. Isto é, a quantidade de movimento angular inicial do astronauta em relação à nave (Mv_ir_i) quando ele começa a puxar a corda deve ser igual à quantidade de movimento angular (Mvr) em um ponto qualquer de seu movimento. Assim,

$$Mvr = Mv_\mathrm{i}r_\mathrm{i}$$

ou

$$v = \frac{v_\mathrm{i}r_\mathrm{i}}{r}.$$

A força centrípeta em qualquer etapa é dada por

$$F = \frac{Mv^2}{r} = \frac{Mv_\mathrm{i}^2r_\mathrm{i}^2}{r^3}.$$

Inicialmente, a força centrípeta necessária será

$$F = \frac{(120\ \mathrm{kg})(2{,}5\ \mathrm{m/s})^2}{180\ \mathrm{m}} = 4{,}2\ \mathrm{N}\ \ (\text{aprox. 1 lb}).$$

(*a*) Quando o astronauta estiver a 50 m da nave, a velocidade tangencial será

$$v = \frac{(2{,}5\ \mathrm{m/s})(180\ \mathrm{m})}{50\ \mathrm{m}} = 9{,}0\ \mathrm{m/s},$$

e a força centrípeta será

$$F = \frac{(120\ \mathrm{kg})(2{,}5\ \mathrm{m/s})^2(180\ \mathrm{m})^2}{(50\ \mathrm{m})^3} = 194\ \mathrm{N}\ \ (\text{aprox. 44 lb}).$$

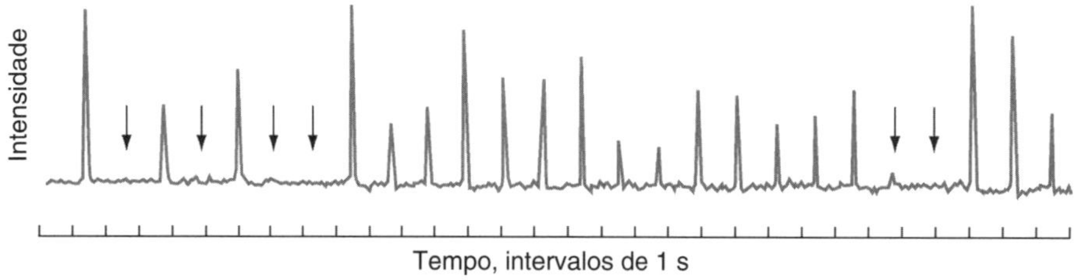

Fig. 10.16 Pulsos eletromagnéticos recebidos pela Terra, oriundos de uma estrela de nêutrons que gira rapidamente. As setas verticais sugerem pulsos muito fracos de serem detectados. Os intervalos entre os pulsos é notavelmente constante, sendo igual a 1,187.911.164 s.

(*b*) A 5 m da nave, a velocidade aumenta de um fator de 10, alcançando 90 m/s, enquanto que a força aumenta de um fator de 10^3, atingindo o valor de $1{,}94 \times 10^5$ N, ou cerca de 22 ton! Fica claro que o astronauta não é capaz de exercer uma força tão grande para retornar à nave. Mesmo se o astronauta estivesse sendo puxado para a nave por um guincho preso a ela, a corda não agüentaria uma tração tão elevada e, em algum momento, romperia. O astronauta seria, então, atirado no espaço com a velocidade tangencial que tivesse no instante do rompimento da corda. Conclusão: os astronautas que "passeiam no espaço" devem evitar adquirir velocidade tangencial. O que poderia um astronauta fazer para aproximar-se com segurança da nave?

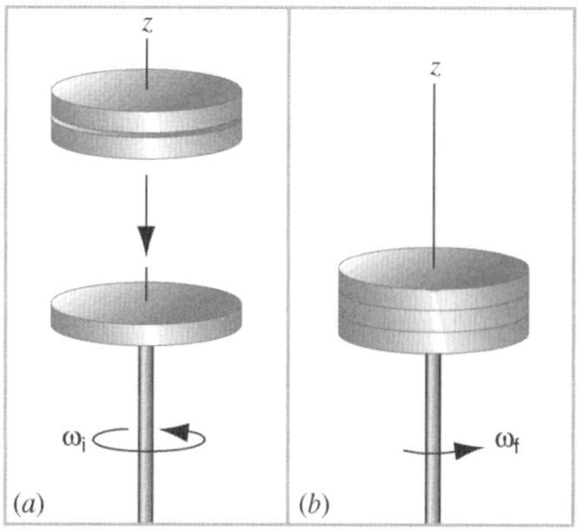

Fig. 10.17 Problema Resolvido 10.5. (*a*) Um disco gira com velocidade angular inicial ω_i. (*b*) Dois discos idênticos, ambos sem rotação inicial, são justapostos sobre o primeiro, e o sistema como um todo passa a girar com velocidade angular ω_f.

PROBLEMA RESOLVIDO 10.5.

Uma pequena plataforma giratória consistindo em um disco com 125 g de massa e 7,2 cm de raio gira em torno do eixo vertical com velocidade angular de 0,84 rev/s (Fig. 10.17*a*). Um disco idêntico, inicialmente em repouso, é lançado sobre o primeiro. O atrito entre os dois discos faz com que, casualmente, eles passem a girar com a mesma velocidade. Um terceiro disco idêntico, também em repouso, é lançado sobre os outros dois e, eventualmente, os três estarão girando à mesma velocidade (Fig. 10.17*b*). Qual será a velocidade angular do conjunto?

Solução Esse problema é o análogo rotacional da colisão perfeitamente inelástica, em que os objetos ficam juntos após a colisão (ver Seção 6.5). Não há torque externo vertical resultante, assim, a componente vertical (*z*) da quantidade de movimento angular é constante. A força de atrito entre os discos é uma força interna, que não pode alterar a quantidade de movimento angular. Assim, a Eq. 10.17 é aplicável, e pode-se escrever $I_i\omega_i = I_f\omega_f$, ou

$$\omega_f = \omega_i \frac{I_i}{I_f}.$$

Sem qualquer cálculo detalhado, sabe-se que a inércia rotacional dos três discos idênticos em relação a seus eixos comuns será igual a três vezes a inércia rotacional de um único disco. Assim, $I_i/I_f = 1/3$ e

$$\omega_f = (0{,}84 \text{ rev/s})(\tfrac{1}{3}) = 0{,}28 \text{ rev/s}.$$

10.5 MOVIMENTO DE ROTAÇÃO DO PIÃO[3]

Um pião em movimento de rotação é talvez o exemplo mais conhecido do fenômeno, mostrado na Fig. 10.4*b*, em que um torque lateral altera a direção e não a intensidade da quantidade de movimento angular. A Fig. 10.18*a* mostra um pião girando em relação a seu eixo. A parte inferior do pião é admitida como fixa na origem *O* do sistema inercial de referência. Sabe-se, por experiência, que o eixo de rotação do pião se moverá suavemente em relação ao eixo vertical. Esse movimento é chamado de *precessão* e surge da configuração ilustrada na Fig. 10.4*b*, com a gravidade sendo responsável pelo torque externo.

A Fig. 10.18*b* mostra um diagrama simplificado, com o pião substituído por uma partícula de massa *M* localizada no centro de massa do pião. A força gravitacional *Mg* produz um torque em relação ao ponto *O* com intensidade igual a

$$\tau = Mgr \operatorname{sen} \theta. \qquad (10\text{-}18)$$

O torque, que é perpendicular ao eixo do pião, e portanto perpendicular a $\vec{\mathbf{L}}$ (Fig. 10.18*c*), pode alterar a direção de $\vec{\mathbf{L}}$ porém não sua intensidade. A variação de $\vec{\mathbf{L}}$ durante um pequeno intervalo de tempo *dt* é dada por

$$d\vec{\mathbf{L}} = \vec{\boldsymbol{\tau}}\, dt \qquad (10\text{-}19)$$

e possui a mesma direção de $\vec{\boldsymbol{\tau}}$ — isto é, perpendicular a $\vec{\mathbf{L}}$. O efeito de $\vec{\boldsymbol{\tau}}$ é, portanto, alterar $\vec{\mathbf{L}}$ para $\vec{\mathbf{L}} + d\vec{\mathbf{L}}$, um vetor de mesma intensidade de $\vec{\mathbf{L}}$ porém orientado a uma direção levemente distinta.

Se o pião possui uma simetria axial, e se ele gira em relação a seu eixo com alta velocidade, então o vetor representativo de sua quantidade de movimento angular será direcionado ao longo de seu eixo de rotação. Quando $\vec{\mathbf{L}}$ muda de direção, o eixo de rotação também mudará. A extremidade do vetor $\vec{\mathbf{L}}$ e o eixo do pião descrevem um círculo em relação ao eixo *z*, conforme mostrado na Fig. 10.18*a*. Esse movimento é a precessão do pião.

Durante um intervalo de tempo *dt*, o eixo gira de um ângulo $d\phi$ (ver Fig. 10.18*d*), assim, a velocidade angular de precessão ω_P vale

[3]Ver "The Amateur Scientist: The Physics of Spinning Tops, Including Some Far-Out Ones", de Jearl Walker, *Scientific American*, março dc 1981, p. 185.

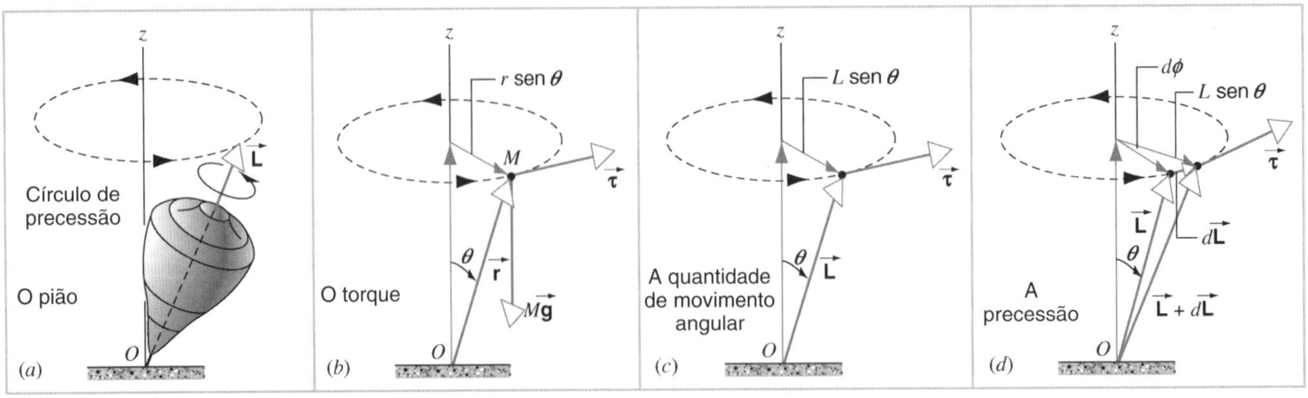

Fig. 10.18 (*a*) Um pião em rotação sofre precessão em relação a um eixo vertical. (*b*) O peso do pião exerce um torque em relação ao ponto de contato com o piso. (*c*) O torque é perpendicular ao vetor quantidade de movimento angular. (*d*) O torque varia a direção do vetor quantidade de movimento angular, causando a precessão.

$$\omega_P = \frac{d\phi}{dt}. \qquad (10\text{-}20)$$

Pela Fig. 10.18*d*, percebe-se que

$$d\phi = \frac{dL}{L\,\text{sen}\,\theta} = \frac{\tau\,dt}{L\,\text{sen}\,\theta}. \qquad (10\text{-}21)$$

Assim,

$$\omega_P = \frac{d\phi}{dt} = \frac{\tau}{L\,\text{sen}\,\theta} = \frac{Mgr\,\text{sen}\,\theta}{L\,\text{sen}\,\theta} = \frac{Mgr}{L}. \qquad (10\text{-}22)$$

A velocidade de precessão é inversamente proporcional à quantidade de movimento angular e, assim, à velocidade angular de rotação; quanto mais rápido o pião gira, mais lentamente será a velocidade de precessão. E, ao contrário, quando um pequeno atrito diminui a velocidade angular de rotação, a velocidade angular de precessão aumenta.

A Eq. 10.22 fornece a relação entre a intensidade de $\vec{\omega}_P$, $\vec{\mathbf{L}}$ e $\vec{\tau}$. Essas grandezas são vetoriais, e a relação vetorial entre elas é

$$\vec{\tau} = \vec{\omega}_P \times \vec{\mathbf{L}}. \qquad (10\text{-}23)$$

Você deve ser capaz de mostrar que essa relação está consistente com a relação entre as intensidades (Eq. 10.22) e também com as direções dos vetores mostrados na Fig. 10.18. Observe que, para o movimento de precessão em relação ao eixo z, o vetor $\vec{\omega}_P$ está na direção z.

A precessão é geralmente observada na rotação de piões e giroscópios. Mesmo a Terra pode ser considerada como sendo um pião em rotação, e a atração gravitacional do Sol e da Lua sobre as marés próximas do equador causam a precessão (chamada em astronomia de "precessão dos equinócios"), na qual o eixo de rotação da Terra descreve a superfície de um cone (conforme mostrado na Fig. 10.18) com um semi-ângulo $\theta = 23{,}5°$, levando cerca de 26 mil anos para completar um círculo.

A quantidade de movimento angular de um pião possui duas componentes: sua quantidade de movimento angular rotacional em relação a seu eixo de simetria e a quantidade de movimento angular referente ao movimento de precessão. A quantidade de movimento angular total é a soma desses dois vetores, que, em geral, não estará apoiada ao longo do eixo de simetria do pião. Portanto, a hipótese de que o eixo de simetria do pião segue a direção do vetor quantidade de movimento angular não é totalmente correta. Todavia, se a quantidade de movimento precessional for muito menor do que a quantidade de movimento angular rotacional do pião, haverá apenas um pequeno desvio entre a direção do eixo de simetria e a direção da quantidade de movimento angular. Esse pequeno desvio causa uma leve oscilação, chamada *nutação* do eixo do pião para frente e para trás em relação ao círculo de precessão.

10.6 REVISÃO DA DINÂMICA DA ROTAÇÃO

É muito freqüente em Física aprender-se um novo fenômeno através de uma comparação ou uma analogia com um assunto que já tenha sido compreendido. Por exemplo, posteriormente neste texto, será verificado que os fenômenos magnéticos possuem muito em comum com os fenômenos elétricos, logo, pode-se aprender sobre magnetismo fazendo-se uma extensão do conhecimento anterior da eletricidade.

Nos três capítulos anteriores, introduziu-se muitas novas grandezas associadas ao movimento de rotação e destacaram-se suas analogias com as correspondentes grandezas do movimento de translação. Pode ser bastante útil a memorização dessas analogias, porém é também muito importante a lembrança das diferenças entre as grandezas translacionais e rotacionais, bem como os casos especiais ou as limitações da aplicabilidade das equações do movimento de rotação. Por exemplo, algumas equações rotacionais somente se aplicam a rotação em relação a um eixo fixo no espaço.

A Tabela 10.1 mostra uma comparação entre as grandezas referentes aos movimentos de translação e rotação na dinâmica.

TABELA 10.1 Sumário e Comparação das Dinâmicas de Translação e de Rotação*

Grandezas do Movimento de Translação		*Número da Equação*	*Grandezas do Movimento de Rotação*		*Número da Equação*
Velocidade	$\vec{v} = d\vec{r}/dt$	2-9	Velocidade angular	$\vec{\omega} = d\vec{\phi}/dt$	8-3
Aceleração	$\vec{a} = d\vec{v}/dt$	2-16	Aceleração angular	$\vec{\alpha} = d\vec{\omega}/dt$	8-5
Massa	m		Inércia rotacional	$I = \Sigma\, mr^2$	9-10
Força	$\vec{F}$		Torque (ou momento)	$\vec{\tau} = \vec{r} \times \vec{F}$	9-3
Segunda lei de Newton	$\Sigma\, \vec{F}_{ext} = m\vec{a}$	4-3	Segunda lei de Newton para movimento de rotação em relação a um eixo fixo	$\Sigma\, \tau_{ext,z} = I\alpha_z$	9-11
Condição de equilíbrio	$\Sigma\, \vec{F}_{ext} = 0$	9-22	Condição de equilíbrio	$\Sigma\, \vec{\tau}_{ext} = 0$	9-23
Quantidade de movimento linear de uma partícula	$\vec{p} = m\vec{v}$	6-1	Quantidade de movimento angular de uma partícula	$\vec{l} = \vec{r} \times \vec{p}$	10-1
Quantidade de movimento linear de um sistema de partículas	$\vec{P} = M\vec{v}_{cm}$	7-21	Quantidade de movimento angular de um sistema de partículas	$\vec{L} = I\vec{\omega}$	10-12
Forma geral da segunda lei de Newton	$\Sigma\, \vec{F}_{ext} = d\vec{P}/dt$	7-23	Forma geral da segunda lei de Newton para movimentos de rotação	$\Sigma\, \vec{\tau}_{ext} = d\vec{L}/dt$	10-9
Conservação da quantidade de movimento linear em um sistema de partículas para o qual $\Sigma\, \vec{F}_{ext} = 0$	$\vec{P} = \Sigma\, \vec{p}_n$ = constante	6-12	Conservação da quantidade de movimento angular em um sistema de partículas para o qual $\Sigma\, \vec{\tau}_{ext} = 0$	$\vec{L} = \Sigma\, \vec{l}_n$ = constante	10-15

*Algumas dessas equações apenas se aplicam sob certas condições especiais. Certifique-se de ter compreendido essas condições antes de utilizar estas equações.

MÚLTIPLA ESCOLHA

10.1 Quantidade de Movimento Angular de uma Partícula

1. Uma partícula se move com o vetor posição definido por $\vec{r} = 3t\hat{i} + 4\hat{j}$, onde $\vec{r}$ é medido em metros quando t é medido em segundos. Para cada um dos casos a seguir, considere apenas $t > 0$.

(*a*) A intensidade da velocidade linear dessa partícula

(A) aumenta com o tempo.

(B) é constante com o tempo.

(C) diminui com o tempo.

(D) é indefinida.

(*b*) A intensidade da quantidade de movimento linear dessa partícula

(A) aumenta com o tempo.

(B) é constante com o tempo.

(C) diminui com o tempo.

(D) é indefinida.

(*c*) A intensidade da velocidade angular dessa partícula em relação à origem

(A) aumenta com o tempo.

(B) é constante com o tempo.

(C) diminui com o tempo.

(D) é indefinida.

(*d*) A intensidade da quantidade de movimento angular dessa partícula em relação à origem

(A) aumenta com o tempo.

(B) é constante com o tempo.

(C) diminui com o tempo.

(D) é indefinida.

2. Uma partícula se move com velocidade constante $\vec{\mathbf{v}}$. A quantidade de movimento angular dessa partícula em relação à origem é nula

(A) sempre.

(B) em um determinado tempo apenas.

(C) apenas se a trajetória da partícula passar pela origem.

(D) nunca.

3. Uma partícula move-se com quantidade de movimento linear constante $\vec{\mathbf{p}} = (10\ \text{kg·m/s})\hat{\mathbf{i}}$. A partícula possui uma quantidade de movimento angular em relação à origem $\vec{\mathbf{l}} = (20\ \text{kg·m}^2/\text{s})\hat{\mathbf{k}}$ quando $t = 0$ s.

(*a*) A intensidade da quantidade de movimento angular dessa partícula

(A) diminui.

(B) é constante.

(C) aumenta.

(D) possivelmente é constante, porém não necessariamente.

(*b*) A trajetória dessa partícula

(A) definitivamente passa pela origem.

(B) pode passar pela origem.

(C) não passará pela origem, porém não se pode afirmar quão próxima da origem ela passará.

(D) não passará pela origem, porém pode-se calcular *exatamente* quão próxima da origem ela passará.

10.2 Sistemas de Partículas

4. Duas partículas possuem quantidades de movimento angulares $|\vec{\mathbf{l}}_1| = 30\ \text{kg·m}^2/\text{s}$ e $|\vec{\mathbf{l}}_2| = 40\ \text{kg·m}^2/\text{s}$ medidas relativamente à origem. Originalmente, a partícula 1 se move no plano *xy* e a partícula 2 se move no plano *yz*. Caso não existam torques externos aplicados, a quantidade de movimento angular total é uma constante e vale

(A) $|\vec{\mathbf{L}}| = 10\ \text{kg·m}^2/\text{s}$.

(B) $|\vec{\mathbf{L}}| = 50\ \text{kg·m}^2/\text{s}$.

(C) $|\vec{\mathbf{L}}| = 70\ \text{kg·m}^2/\text{s}$.

(D) $10\ \text{kg·m}^2/\text{s} \leq |\vec{\mathbf{L}}| \leq 50\ \text{kg·m}^2/\text{s}$.

5. Duas partículas independentes estão originalmente movendo-se com quantidades de movimento angular $\vec{\mathbf{l}}_1$ e $\vec{\mathbf{l}}_2$ em uma região do espaço sem qualquer torque externo aplicado. Durante determinado intervalo de tempo Δt, um torque externo constante $\vec{\boldsymbol{\tau}}$ atua sobre a partícula 1, e *não* sobre a 2. Qual é a variação na quantidade de movimento angular total das duas partículas?

(A) $\Delta\vec{\mathbf{L}} = \vec{\mathbf{l}}_1 - \vec{\mathbf{l}}_2$.

(B) $\Delta\vec{\mathbf{L}} = \frac{1}{2}(\vec{\mathbf{l}}_1 + \vec{\mathbf{l}}_2)$.

(C) $\Delta\vec{\mathbf{L}} = \vec{\boldsymbol{\tau}}\Delta t$.

(D) A variação $\Delta\vec{\mathbf{L}}$ para o sistema não está definida, uma vez que as duas partículas não estão conectadas.

10.3 Quantidade de Movimento Angular e Velocidade Angular

6. Os vetores velocidade linear $\vec{\mathbf{v}}$ e quantidade de movimento linear $\vec{\mathbf{p}}$ de um corpo

(A) são sempre paralelos.

(B) nunca são paralelos.

(C) somente serão paralelos se $\vec{\mathbf{v}}$ for constante.

(D) somente serão paralelos se o vetor $\vec{\mathbf{v}}$ estiver orientado em certas direções em relação ao corpo.

7. Os vetores velocidade angular $\vec{\boldsymbol{\omega}}$ e a quantidade de movimento angular $\vec{\mathbf{l}}$ de um corpo com simetria axial

(A) são sempre paralelos.

(B) nunca são paralelos.

(C) somente serão paralelos se $\vec{\boldsymbol{\omega}}$ for constante.

(D) somente serão paralelos se o vetor $\vec{\boldsymbol{\omega}}$ estiver orientado em certas direções em relação ao corpo.

8. Um corpo não necessariamente rígido está originalmente girando com velocidade angular cuja intensidade é ω_0 e com quantidade de movimento angular cuja intensidade é L_0. Alguns fenômenos causam uma leve diminuição em ω_0. Conseqüentemente

(A) L_0 deve também diminuir.

(B) L_0 poderia ser constante ou diminuir, porém nunca aumentar.

(C) L_0 poderia ser constante, diminuir ou ainda aumentar.

(D) L_0 poderia ser constante ou aumentar, porém nunca diminuir.

10.4 Conservação da Quantidade de Movimento Angular

9. Um objeto sólido gira livremente sem que qualquer torque externo esteja atuando. Neste caso

(A) tanto a quantidade de movimento angular quanto a velocidade angular possuem direção constante.

(B) a direção da quantidade de movimento angular é constante porém a direção da velocidade angular pode não ser constante.

(C) a direção da velocidade angular é constante porém a direção da quantidade de movimento angular pode não ser constante.

(D) nem a quantidade de movimento angular nem a velocidade angular possuem necessariamente uma direção constante.

10. Uma professora de Física está sentada em uma cadeira giratória com seus braços estendidos, cada um segurando um haltere de dimensões médias. A cadeira, *sem atrito*, está originalmente girando com velocidade angular constante. Ela, então, recolhe seus braços para junto de seu corpo.

(*a*) Ao recolher seus braços, sua velocidade angular

(A) aumenta.

(B) permanece constante.

(C) diminui.

(D) é alterada, porém se ela aumenta ou diminui depende de como ela recolhe seus braços.

(*b*) Ao recolher seus braços, sua quantidade de movimento angular

(A) aumenta.

(B) permanece constante.

(C) diminui.

(D) é alterada, porém se ela aumenta ou diminui depende de como ela recolhe seus braços.

10.5 Movimento de Rotação do Pião

11. Dois cabos são fixados às extremidades do eixo de uma roda de bicicleta de forma que a roda fique suspensa e livre para girar em um plano vertical. Uma alta velocidade de rotação é imposta à roda quando um dos cabos de sustentação do eixo é cortado e a roda, vista desse lado do eixo, gira no sentido horário.

(*a*) Qual o sentido da precessão do eixo da roda, quando vista por esse ângulo?

(A) Horário.

(B) Anti-horário.

(C) A roda não apresentará precessão, porque ela não é um pião em rotação.

(*b*) Antes de um dos dois cabos ser cortado, cada cabo estava sujeito a uma tração igual a $W/2$, onde W é o peso da roda. Após o corte de um dos cabos, a intensidade da tração no cabo que ainda ficou conectado será

(A) $W/2$.

(B) um pouco maior que $W/2$.

(C) aproximadamente W.

(D) exatamente W.

10.6 Revisão da Dinâmica da Rotação

QUESTÕES

1. Até aqui, estudaram-se várias grandezas vetoriais, incluindo posição, deslocamento, velocidade, aceleração, força, quantidade de movimento linear e quantidade de movimento angular. Quais dessas grandezas são definidas independentes da escolha da origem do referencial?

2. Um cilindro gira com velocidade angular ω em torno de um eixo que passa por uma de suas extremidades (Fig. 10.19). Escolha uma origem apropriada e represente qualitativamente os vetores $\vec{\mathbf{L}}$ e $\vec{\boldsymbol{\omega}}$. Estes vetores são paralelos? Quais considerações de simetria que entraram em seu raciocínio?

3. Quando a velocidade angular ω de um objeto aumenta, sua quantidade de movimento angular pode aumentar ou não. Dê um exemplo de cada situação.

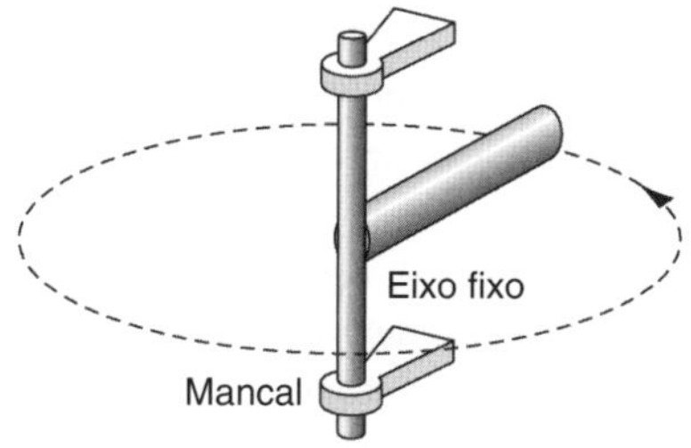

Fig. 10.19 Questão 2.

4. É possível que a quantidade de movimento angular de um objeto seja nula se a velocidade angular for diferente de zero? É possível que a velocidade angular de um objeto seja nula se a quantidade de movimento angular for diferente de zero? Explique.

5. Um aluno, segurando dois halteres idênticos com os braços estendidos, está de pé sobre uma mesa que gira com velocidade angular ω. Ele deixa cair os halteres, sem qualquer outro movimento. Qual é a modificação, se houver, na velocidade angular do aluno? Há conservação da quantidade de movimento angular? Explique suas respostas.

6. Uma plataforma circular gira com velocidade angular constante em relação ao eixo vertical. Não há atrito e nenhum torque externo atuante. Um vaso cilíndrico, colocado na plataforma, gira com ele (ver Fig. 10.20). O fundo do vaso é coberto por uma camada de gelo de espessura uniforme, que acompanha o movimento de rotação. O gelo derrete e o vaso conserva toda a água. A velocidade angular é maior, igual ou menor do que a velocidade inicial? Justifique sua resposta.

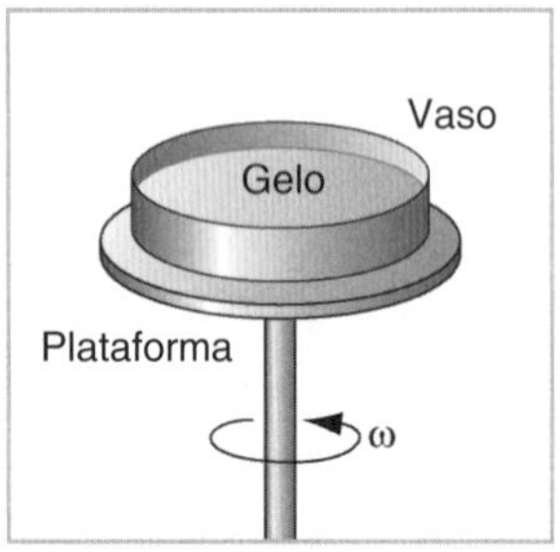

Fig. 10.20 Questão 6.

7. Uma plataforma circular gira livremente em torno de um eixo vertical, sem atrito. (*a*) Um besouro, inicialmente no centro da plataforma, anda no sentido de sua borda e pára. Como variará a quantidade de movimento angular do sistema (plataforma + besouro)? Como variará a velocidade angular da plataforma? (*b*) Se o besouro cair da borda da plataforma (sem saltar), como variará a velocidade angular da plataforma?

8. Um físico famoso (R. W. Wood), que gostava de fazer brincadeiras, montou um dispositivo com uma roda com alta rotação no interior de uma mala. O físico a deu a um carregador com instruções de segui-lo. O que aconteceria ao carregador quando virasse rapidamente uma esquina? Explique considerando a equação $\vec{\tau} = d\vec{\mathbf{L}}/dt$.

9. Uma flecha muda sua direção, durante o vôo, de modo a manter-se tangente à trajetória. Todavia, uma bola de futebol americano (lançada com alta rotação em torno de seu eixo maior) não se comporta desta maneira. Por que essa diferença de comportamento?

10. Um arremessador lança a bola de futebol americano com um movimento em espiral para o recebedor. Pode-se afirmar que a quantidade de movimento angular da bola é constante ou aproximadamente constante? Faça a distinção entre os casos em que a bola oscilará e em que não oscilará.

11. Você pode sugerir uma teoria simples para explicar a estabilidade de uma bicicleta em movimento? Explique por que é muito mais difícil equilibrar-se em uma bicicleta em repouso do que uma em movimento. (Ver "The Stability of the Bicycle", de David E. H. Jones, *Physics Today*, abril de 1970, p. 34.)

12. Por que uma barra longa ajuda o circense que anda sobre uma corda tensa a manter seu equilíbrio?

13. Suponha que você esteja caminhando em um trilho estreito e começa a perder o equilíbrio. Para que lado você vira o corpo, caso comece a cair para a direita? Explique.

14. Os parafusos que prendem as turbinas de aviões a jato na estrutura são projetados para romper-se caso as turbinas (que giram rapidamente) sofram uma pane brusca. Por que são utilizados estes "fusíveis estruturais"?

15. Um helicóptero alça vôo com as hélices girando. Por que o corpo do helicóptero não gira na direção oposta?

16. Um monomotor deve ser "compensado" para voar nivelado. (O compensador consiste em elevar-se um *aileron* e baixar o do lado oposto.) Por que isto é necessário? Em condições normais, esta operação é também necessária em um bimotor?

17. A hélice de um avião gira no sentido horário, quando vista da traseira do avião. O piloto, quando começa a subir, depois de um mergulho, precisa girar o leme traseiro para a esquerda para manter a direção. Explique.

18. Muitos rios volumosos correm para o equador. Que efeito o sedimento que eles carregam para o oceano tem sobre a rotação da Terra?

19. Se a população de toda a Terra se deslocasse para a Antártida, haveria algum efeito na duração do dia? Se houvesse, qual seria esse efeito?

20. A Fig. 10.21*a* mostra um acrobata lançado para cima por um trampolim com quantidade de movimento angular nula. Ele

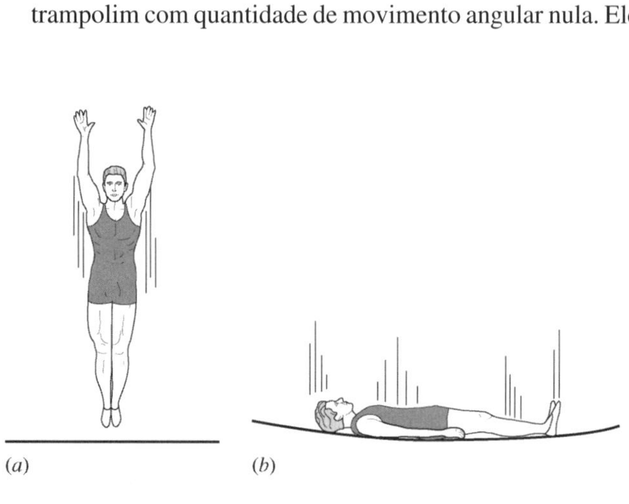

Fig. 10.21 Questão 20.

será capaz de cair de costas, como mostra a Fig. 10.21*b*, por meio de manobras do corpo? É interessante comentar que 38% dos treinadores de mergulho e 34% dos físicos, a quem esta pergunta foi feita, deram a resposta errada. O que você acha? (Ver discussão completa em "Do Spingboard Divers Violate Angular Momentum Conservation?", de Cliff Fronlich, *American Journal of Physics*, julho de 1979, p. 583.)

21. Explique, considerando a quantidade de movimento angular e da inércia rotacional, como uma pessoa sentada em um balanço pode aumentar o deslocamento do balanço. (Ver "How to Get the Playground Swing Going: A First Lesson in the Mechanics of Rotation", de Jearl Walker, *Scientific American*, março de 1989, p. 106.)

22. Você pode fazer um balanço dar uma volta completa em torno do seu suporte? Suponha (se quiser) que o assento está preso ao suporte por barras rígidas, em vez de cordas. Explique sua resposta.

23. Os gatos geralmente caem de pé quando em queda livre, mesmo quando jogados com os pés para cima. Como isto pode ocorrer?

24. Uma roda giratória maciça pode ser utilizada para estabilizar um navio. Se for montada com o eixo perpendicular ao convés, qual será o seu efeito, quando o navio tender a balançar de um lado para outro?

25. Se o pião mostrado na Fig. 10.18 não estivesse girando, ele tombaria. Se a sua quantidade de movimento angular fosse grande comparada à variação causada pelo torque aplicado, ele sofreria precessão. O que aconteceria no caso intermediário, em que o pião girasse lentamente?

26. Um pião possui como seção uma superfície esférica de um lado, e, do outro, uma ponta aguda. Se colocado em repouso em uma mesa, ele se apoiará na superfície esférica, mas se, em seguida, for posto em rotação, virará para se apoiar na ponta. Explique este fenômeno. (Ver "The Tippy-Top", de George D. Freier, *The Physics Teacher*, janeiro de 1967, p. 36.) Se você não tiver um desses piões disponível, proceda à experiência com um ovo bem cozido. Faça uma marca de tinta na extremidade pontuda do ovo para acompanhar mais facilmente seu comportamento.

27. Uma roda de bicicleta em rotação no plano vertical pode ser suportada em uma das extremidades do eixo de giro; o eixo simplesmente sofre precessão. O que estaria "segurando" a outra extremidade do eixo? Em outras palavras, por que a roda da bicicleta não cai?

28. Admita que uma barra uniforme repouse, na posição vertical, sobre uma superfície com atrito desprezível. Em seguida, sopra-se horizontalmente a barra em sua extremidade inferior. Descreva o movimento do centro de massa da barra e de sua extremidade superior.

EXERCÍCIOS

10.1 Quantidade de Movimento Angular de uma Partícula

1. Uma partícula com massa de 13,7 g move-se com uma velocidade constante cuja intensidade é de 380 m/s. A partícula, movendo-se com movimento retilíneo, passa a 12 cm da origem. Calcule a quantidade de movimento angular da partícula em relação à origem.

2. A Eq. 10.2 permite que a quantidade de movimento angular de uma partícula seja calculada a partir das variáveis r, p e θ. Algumas vezes, porém, as componentes (x, y, z) do vetor $\vec{\mathbf{r}}$ e (v_x, v_y, v_z) do vetor $\vec{\mathbf{v}}$ são conhecidas. (*a*) Mostre que as componentes de $\vec{\mathbf{l}}$ ao longo dos eixos x, y e z podem ser expressas por

$$l_x = m(yv_z - zv_y),$$
$$l_y = m(zv_x - xv_z),$$
$$l_z = m(xv_y - yv_x).$$

(*b*) Mostre que, se a partícula se mover no plano xy, o vetor quantidade de movimento angular terá apenas a componente z.

3. Mostre que a quantidade de movimento angular, em relação a um ponto qualquer, de uma partícula isolada que se move com velocidade constante permanece constante durante o movimento.

4. (*a*) Utilize as tabelas de dados fornecidas nos apêndices para calcular a quantidade de movimento angular total dos planetas devido a suas rotações em torno do Sol. (*b*) Que fração desta quantidade de movimento se deve ao planeta Júpiter?

5. Calcule a quantidade de movimento angular de uma pessoa de 84,3 kg, no equador da Terra em rotação, em relação ao centro desta.

10.2 Sistemas de Partículas

6. A quantidade de movimento angular total de um sistema de partículas em relação à origem O de um sistema inercial de referência é expressa por $\vec{\mathbf{L}} = \Sigma\,(\vec{\mathbf{r}}_i \times \vec{\mathbf{p}}_i)$, onde $\vec{\mathbf{r}}_i$ e $\vec{\mathbf{p}}_i$ são medidos em relação a O. (*a*) Expresse $\vec{\mathbf{L}}$ considerando as posições $\vec{\mathbf{r}}_i'$ e as quantidades de movimento lineares $\vec{\mathbf{p}}_i'$, em relação ao centro de massa C, através das relações $\vec{\mathbf{r}}_i = \vec{\mathbf{r}}_{cm} + \vec{\mathbf{r}}_i'$ e $\vec{\mathbf{p}}_i = m_i\vec{\mathbf{v}}_{cm} + \vec{\mathbf{p}}_i'$ (ver Fig. 10.22). (*b*) Utilize a definição de centro de massa e a de quantidade de movimento angular $\vec{\mathbf{L}}'$ em relação ao centro de massa para deduzir $\vec{\mathbf{L}}$

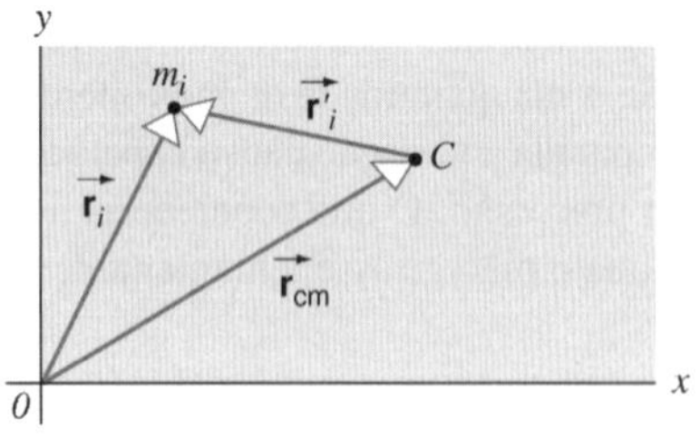

Fig. 10.22 Exercícios 6 e 7.

$= \vec{L}' + \vec{r}_{cm} \times M\vec{v}_{cm}$. (*c*) Mostre que este resultado pode ser interpretado observando-se que a quantidade de movimento angular total é a soma da quantidade de movimento angular de rotação (quantidade de movimento angular relativa ao centro de massa) e a quantidade de movimento orbital (quantidade de movimento angular do centro de massa *C* em relação à origem *O*, supondo que toda a massa do sistema esteja concentrada em *C*).

7. Seja $\vec{r}_{cm}$ o vetor posição do centro de massa *C* de um sistema de partículas em relação à origem *O* de um referencial inercial, e seja $\vec{r}'_i$ o vetor posição da i-ésima partícula de massa m_i em relação ao centro de massa *C*. Então, $\vec{r}_i = \vec{r}_{cm} + \vec{r}'_i$ (ver Fig. 10.22). Defina a quantidade de movimento angular total do sistema em relação a *C* como $\vec{L}' = \Sigma\,(\vec{r}'_i \times \vec{p}'_i)$, onde $\vec{p}'_i = m_i d\vec{r}'_i/dt$. (*a*) Mostre que $\vec{p}'_i = m_i d\vec{r}_i/dt - m_i d\vec{r}_{cm}/dt = \vec{p}_i - m_i d\vec{v}_{cm}$. (*b*) Mostre também que $d\vec{L}'/dt = \Sigma\,(\vec{r}'_i \times d\vec{p}'_i/dt)$. (*c*) Combine os resultados dos itens (*a*), (*b*), a definição de centro de massa e a terceira lei de Newton para mostrar que $\vec{\tau}'_{ext} = d\vec{L}'/dt$, onde $\vec{\tau}'_{ext}$ é a soma de todos os torques externos que atuam no sistema em torno de seu centro de massa.

10.3 Quantidade de Movimento Angular e Velocidade Angular

8. A integral no tempo de um torque é denominada impulso angular. (*a*) A partir da equação $\vec{\tau} = d\vec{L}/dt$, mostre que o impulso angular resultante é igual à variação da quantidade de movimento angular. Esta relação é análoga à relação entre o impulso linear e a quantidade de movimento linear. (*b*) Mostre que, no caso de rotação em torno de um eixo fixo,

$$\int \tau\, dt = F_{méd}\, r(\Delta t) = I(\omega_f - \omega_i),$$

onde *r* é o braço de momento da força, $F_{méd}$ é o valor médio da força durante o tempo em que atua sobre o objeto e ω_i e ω_f são as velocidades angulares do objeto imediatamente antes e depois da atuação da força.

9. Um disco de polimento cujo momento de inércia é $1{,}22 \times 10^{-3}$ kg·m² é preso a uma furadeira elétrica cujo motor fornece um torque de 15,8 N·m. Determine (*a*) a quantidade de movimento angular e (*b*) a velocidade angular do disco 33,0 ms após o motor ser ligado.

10. Uma roda com raio de 24,7 cm gira com a velocidade inicial de 43,3 m/s e pára depois de percorrer 225 m. Calcule (*a*) a aceleração linear e (*b*) a aceleração angular da roda. (*c*) Considerando que o seu momento de inércia é de 0,155 kg·m², calcule o torque exercido pelo atrito de rolamento na roda.

11. Mostre que $\vec{L} = I\vec{\omega}$ para o sistema de duas partículas mostrado na Fig. 10.7.

12. A Fig. 10.23 mostra um corpo rígido simétrico girando em torno de um eixo fixo. Por conveniência, a origem das coordenadas é colocada no centro de massa. Divida o corpo em elementos de massa m_i e, somando as contribuições desses elementos para a quantidade de movimento angular, prove que a quantidade de movimento angular total vale $\vec{L} = I\vec{\omega}$.

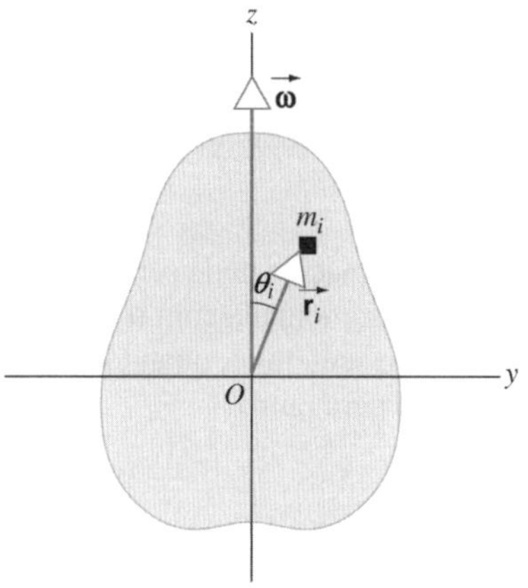

Fig. 10.23 Exercício 12.

13. Uma barra uniforme com comprimento de 1,23 m e massa de 4,42 kg repousa sobre uma superfície horizontal sem atrito. Com um martelo, aplica-se uma força impulsiva horizontal de 12,8 N·s num ponto da barra a 46,4 cm do centro. Determine o movimento subseqüente da barra.

14. Um cilindro desce rolando um plano inclinado de um ângulo θ. Mostre, por aplicação direta da Eq. 10.9 ($\vec{\tau}_{ext} = d\vec{L}/dt$), que a aceleração do centro de massa é dada por 2/3 g sen θ. Compare este método com o utilizado na solução do Problema Resolvido 9.11.

15. Dois cilindros de raios R_1 e R_2 e momentos de inércia I_1 e I_2, respectivamente, são sustentados por eixos perpendiculares ao plano da Fig. 10.24. O cilindro maior gira inicialmente com velocidade angular ω_0. O cilindro menor é deslocado para a direita até que, tocando o maior, começa a girar por causa da força de atrito entre eles. Após um pequeno intervalo de tempo, o escorregamento cessa e os dois cilindros passam a girar com velocidades angulares cons-

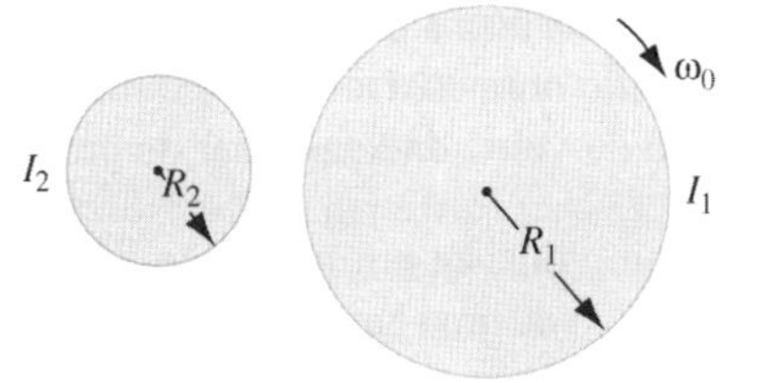

Fig. 10.24 Exercício 15.

tantes em sentidos opostos. Determine a velocidade angular ω_2 do cilindro menor em função de I_1, I_2, R_1, R_2 e ω_0. (Sugestão: a quantidade de movimento angular não se conserva. Aplique a equação do impulso angular a cada cilindro. Ver Exercício 8.)

10.4 Conservação da Quantidade de Movimento Angular

16. Observações astronômicas mostram que a duração do dia aumentou em cerca de $6{,}0 \times 10^{-3}$ s entre os anos de 1870 e 1900. (*a*) Qual foi a variação fracional correspondente da velocidade angular da Terra? (*b*) Suponha que a causa dessa variação tenha sido um deslocamento do material fundido que constitui o núcleo da Terra. Qual deveria ser a variação na quantidade de movimento angular da Terra para explicar a resposta do item (*a*)?

17. Suponha que o combustível nuclear do Sol se esgote e ele sofra um colapso brusco, transformando-se numa estrela anã branca com diâmetro igual ao da Terra. Supondo que não haja perda de massa, qual seria o seu novo período de rotação, sabendo-se que o atual é de 25 dias? Suponha que o Sol e a anã branca sejam esferas uniformes.

18. Em uma demonstração de aula, um trem elétrico de brinquedo, de massa *m*, é montado com seu trilho sobre uma grande roda que pode girar em torno de seu eixo vertical com atrito desprezível (Fig. 10.25). O sistema está em repouso quando a energia é ligada. O trem atinge a velocidade uniforme *v* em relação ao trilho. Qual é a velocidade angular ω da roda, se a sua massa for *M* e o seu raio, *R*? (Despreze a massa das raias da roda.)

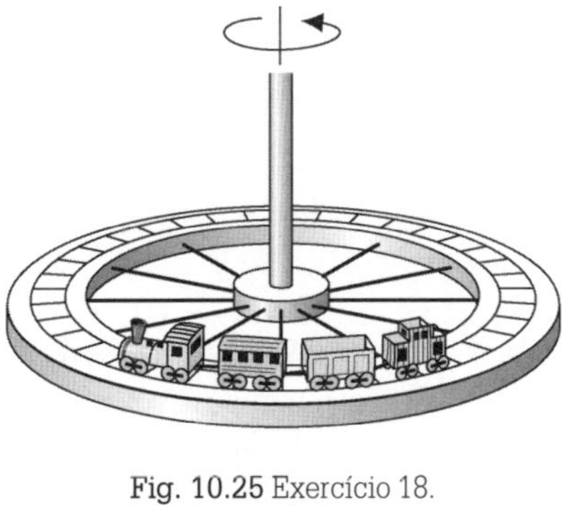
Fig. 10.25 Exercício 18.

19. O rotor de um motor elétrico tem um momento de inércia $I_m = 2{,}47 \times 10^{-3}$ kg·m^2 em relação a seu eixo geométrico. O motor é montado com seu eixo paralelo ao eixo de um satélite que tem momento de inércia $I_s = 12{,}6$ kg·m^2 em relação a seu eixo. Calcule o número de revoluções necessárias ao motor para que o satélite gire de 25,0° em relação a seu eixo.

20. Um homem, segurando um peso em cada mão, com os braços estendidos, está de pé em uma plataforma sem atrito que gira com velocidade angular de 1,22 rev/s. Nesta posição, o momento de inércia total (plataforma + homem + pesos) é de 6,13 kg·m^2. Encolhendo os braços, o homem faz o momento de inércia diminuir para 1,97 kg·m2. Qual é a nova velocidade angular da plataforma?

21. Uma roda cujo momento de inércia é de 1,27 kg·m^2 gira com velocidade angular de 824 rev/min em torno de um eixo cujo momento de inércia é desprezível. Uma segunda roda, com momento de inércia de 4,85 kg·m^2, inicialmente em repouso, é acoplada bruscamente ao mesmo eixo. Qual será a velocidade angular do conjunto eixo e rodas?

22. Mostre que o valor de $l_\perp$ na Fig. 10.6*c* pode ser expresso por *mvh*, onde *h* é a distância ao longo do eixo *z* de *O* até o ponto de conexão do braço radial ao eixo vertical.

23. Uma roda de bicicleta possui um aro fino de 36,3 cm de raio e 3,66 kg de massa. As massas das raias e do centro e também o atrito no eixo são desprezíveis. Um homem, de pé em uma plataforma que gira sem atrito em torno de seu eixo, sustenta a roda acima de sua cabeça segurando o eixo na posição vertical. A plataforma está inicialmente em repouso, e a roda, vista de cima, gira no sentido horário com velocidade angular de 57,7 rad/s. O momento de inércia do sistema (plataforma + homem + roda) em torno do eixo de rotação comum é de 2,88 kg·m^2. (*a*) O homem pára subitamente a rotação da roda (em relação à plataforma), com a mão. Determine a nova velocidade angular do sistema (intensidade, direção e sentido). (*b*) A experiência é repetida, introduzindo-se atrito no eixo da roda (a plataforma continua a girar sem atrito). O homem segura a roda da mesma maneira, e esta, começando com a mesma velocidade angular inicial (57,7 rad/s), chega gradualmente ao repouso. Descreva o que está ocorrendo ao sistema, fornecendo tantas informações quantitativas que os dados permitam.

24. Uma menina com massa de 50,6 kg está de pé na beirada de um carrossel, sem atrito, que possui um raio de 3,72 m e massa de 827 kg. O carrossel está parado quando a menina lança uma pedra de 1,13 kg na direção horizontal tangente à circunferência externa do carrossel, com velocidade relativa ao solo de 7,82 m/s. Calcule (*a*) a velocidade angular do carrossel e (*b*) a velocidade linear da menina, depois que a pedra é lançada. Admita que o carrossel seja um disco uniforme.

25. Em um parque existe um pequeno carrossel de 1,22 m de raio e 176 kg de massa. O raio de giração (ver Exemplo 9.20) é de 91,6 cm. O carrossel está parado e uma criança de 44,3 kg de massa corre com velocidade de 2,92 m/s, tangente ao contorno do carrossel, e salta sobre ele. Determine a velocidade angular do carrossel e da criança, desprezando o atrito entre os mancais e o eixo.

10.5 Movimento de Rotação do Pião

26. Um pião gira com velocidade de 28,6 rev/s em torno de seu eixo, que faz um ângulo de 34,0° com a vertical. Sua massa é de 492 g e seu momento de inércia de $5{,}12 \times 10^{-4}$ kg·m². O centro de massa está a 3,88 cm do pivô. Visto de cima, o giro é no sentido horário. Determine a intensidade (em rev/s) e o sentido da velocidade angular de precessão.

27. Um giroscópio consiste em um disco de 48,7 cm de raio, montado no meio de uma haste com 12,2 cm de comprimento, de modo que possa girar e precessar livremente. A velocidade de rotação é de 975 rev/min. As massas do disco e do eixo são respectivamente 1,14 kg e 130 kg. Determine o tempo necessário para uma precessão, quando a haste é sustentada por uma extremidade e está na horizontal.

10.6 Revisão da Dinâmica da Rotação

PROBLEMAS

1. A Fig. 10.26 mostra uma partícula P com massa de 2,13 kg na posição $\vec{\mathbf{r}}$, com velocidade $\vec{\mathbf{v}}$, sob a ação da força $\vec{\mathbf{F}}$. Os três vetores estão no mesmo plano. Suponha que $r = 2{,}91$ m, $v = 4{,}18$ m/s e $F = 1{,}88$ N. Calcule (*a*) a quantidade de movimento angular da partícula e (*b*) o torque em relação à origem que atua sobre a partícula. Quais as direções e os sentidos desses vetores?

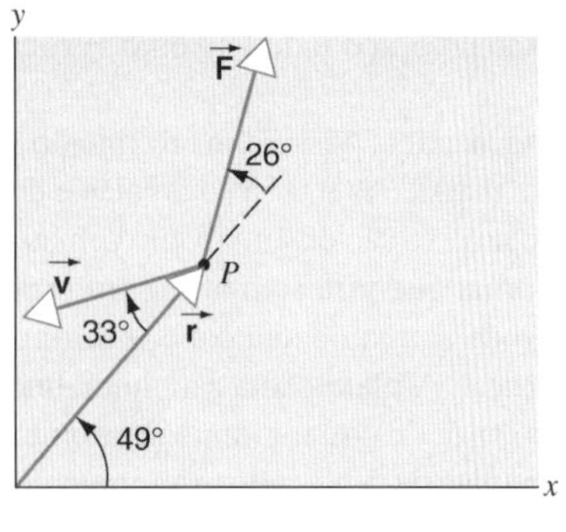

Fig. 10.26 Problema 1.

2. Duas partículas de massa m e velocidade v deslocam-se, em sentidos opostos ao longo de duas retas paralelas separadas por uma distância d. Obtenha uma expressão para a quantidade de movimento angular total do sistema em relação a uma origem qualquer.

3. Para fazer uma bola de bilhar rolar sem escorregar desde o início de seu movimento, a ponta do taco não deve tocá-la em seu centro (isto é, a uma altura acima da mesa igual ao raio R da bola), mas sim a uma altura de exatamente $2R/5$ acima do centro. Prove este resultado. [Para aprender mais a respeito da mecânica do bilhar, ver Arnold Sommerfeld. *Mechanics, Volume 2 of Lectures on Theoretical Physics*, Academic Press, Orlando (1964 *paperback edition*), pp. 158-161.]

4. A Fig. 10.27 mostra um cilindro de raio R e momento de inércia I cujo eixo está fixo. O cilindro está inicialmente em repouso e o bloco de massa M, mostrado na figura desloca-se para a direita, sem atrito, com velocidade v_1. O bloco entra em contato com o cilindro e escorrega sobre ele, mas o atrito é o bastante para que o escorregamento cesse antes de acabar o contato dos dois. Determine a velocidade final v_2 do bloco em função de v_1, M, I e R. A solução pode ser obtida mais facilmente utilizando-se a relação entre impulso e variação da quantidade de movimento.

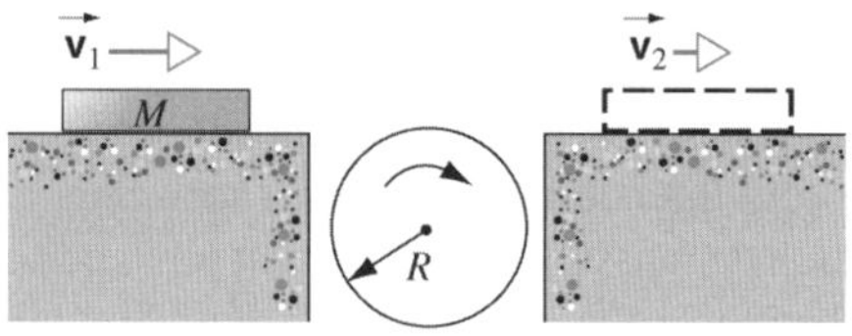

Fig. 10.27 Problema 4.

5. A uma bola de bilhar, inicialmente em repouso, dá-se uma tacada. O taco é segurado na direção horizontal a uma distância h acima da linha do centro, conforme mostrado na Fig. 10.28. Devido a essa estratégia de posicionamento do taco, a bola inicia seu movimento com velocidade v_0 e, eventualmente, adquire a velocidade final $9v_0/7$. Mostre que $h = 4R/5$, sendo R o raio da bola.

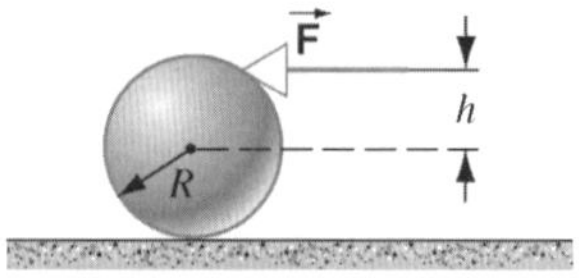

Fig. 10.28 Problema 5.

6. No Problema 5, imagine que $\vec{\mathbf{F}}$ seja aplicada abaixo da linha do centro. (*a*) Mostre que é impossível, com esse posicionamento, reduzir a zero a velocidade para a frente antes que o rolamento tenha se estabelecido, a menos que $h = R$. (*b*) Mos-

tre que é impossível dar à bola uma velocidade para trás, a não ser que $\vec{\mathbf{F}}$ possua uma componente vertical para baixo.

7. Um jogador de boliche lança a bola de raio $R = 11{,}0$ cm na pista com velocidade inicial $v_0 = 8{,}50$ m/s. A bola é lançada de modo que ela derrape num pequeno trecho antes de começar a rolar. No momento em que ela toca a pista, o movimento é de translação pura e o coeficiente de atrito dinâmico entre a bola e a pista é de 0,210. (*a*) Durante que intervalo de tempo, a bola derrapará? (Dica: enquanto a bola derrapa, sua velocidade v diminui e sua velocidade angular ω aumenta; a derrapagem cessa quando $v = R\omega$.) (*b*) Qual é a distância percorrida durante a derrapagem? (*c*) Quantas voltas a bola dá antes de começar o rolamento puro? (*d*) Qual é a velocidade da bola quando começa a rolar?

8. Um disco uniforme de massa M e raio R gira com velocidade angular ω_0 em relação a um eixo horizontal que passa por seu centro. (*a*) Qual é o valor de sua quantidade de movimento angular? (*b*) Um pedaço de massa m da borda do disco quebra e sobe verticalmente acima do ponto do qual se desprendeu (Fig. 10.29). Até que altura ele sobe antes de começar a cair? (*c*) Qual é a velocidade angular final do disco quebrado?

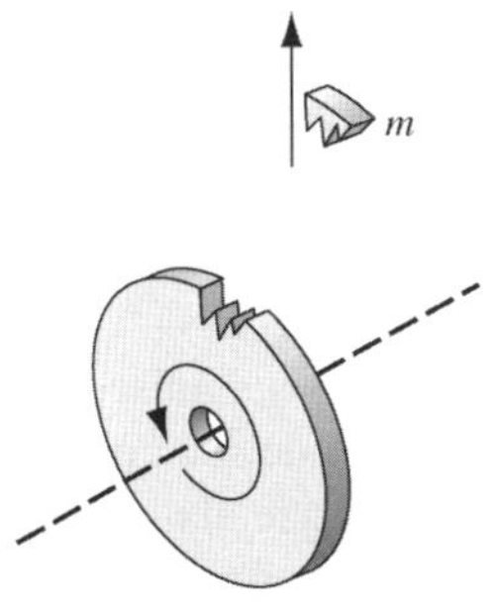

Fig. 10.29 Problema 8.

9. Se as calotas de gelo dos pólos da Terra derretessem e a água voltasse aos oceanos, estes ficariam 30 m mais profundos. Qual seria o efeito disso na rotação da Terra? Faça uma estimativa da mudança na duração do dia. (Existe atualmente uma preocupação com o aquecimento da atmosfera, provocado pela poluição industrial, que poderia levar a este resultado.)

10. A Terra foi formada há 4,5 bilhões de anos, provavelmente como uma esfera de massa específica aproximadamente uniforme. Pouco depois, o calor resultante da desintegração de elementos radioativos provocou a fusão de grande parte da Terra e o material mais pesado desceu para o seu centro, formando o núcleo. Hoje, considera-se a Terra como formada de um núcleo de 3570 km de raio, com massa específica de 10,3 g/cm^3, envolvida por uma manta com massa específica de 4,50 g/cm^3, que se estende até a superfície da Terra (raio de 6370 km). Ignora-se a crosta da Terra. Calcule a variação percentual da duração do dia devida à formação do núcleo.

11. Um disco de raio R e momento de inércia I, montado através de rolamentos sem atrito em um eixo vertical que passa por seu centro, gira no sentido horário com velocidade angular ω. Uma barata corre pela borda do disco no sentido anti-horário com velocidade v em relação à Terra. A barata encontra uma migalha de pão e, naturalmente, pára. Determine a velocidade angular do disco depois que a barata parou.

12. Dois patinadores se aproximam um do outro deslizando em direções paralelas, à distância de 2,92 m. Eles têm massas iguais, de 51,2 kg, e velocidades iguais e opostas, de 1,38 m/s. Um dos patinadores carrega uma vara de 2,92 m de comprimento, que é agarrada pelo outro quando sua extremidade passa por ele (ver Fig. 10.30). Suponha que não haja atrito no gelo. (*a*) Descreva quantitativamente o movimento dos patinadores depois que estão ligados pela vara. (*b*) Obtenha a nova velocidade angular do conjunto depois que os patinadores, puxando a vara, diminuem sua distância para 0,940 m.

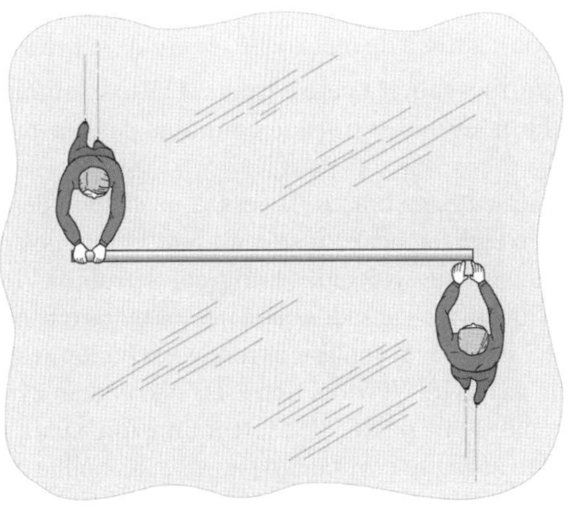

Fig. 10.30 Problema 12.

CAPÍTULO 11

ENERGIA 1: TRABALHO E ENERGIA CINÉTICA

Como se pôde observar as leis de Newton são úteis para entender e analisar uma grande variedade de problemas em Mecânica. Neste capítulo, e nos dois seguintes, realiza-se uma abordagem diferente, baseada em um conceito verdadeiramente fundamental em Física: energia.

Existem muitos tipos de energia. Neste capítulo, considera-se uma forma particular — energia cinética, a energia associada ao movimento de um corpo. Também introduz-se o conceito de trabalho, que é relacionado à energia cinética através do teorema do trabalho—energia. Este teorema, derivado das leis de Newton, fornece uma nova e diferente compreensão do comportamento de sistemas mecânicos. No Cap. 12, apresenta-se um segundo tipo de energia — energia potencial — e inicia-se o desenvolvimento de uma lei de conservação para a energia. No Cap. 13, discute-se energia de modo mais abrangente e generaliza-se a lei de conservação de energia, a qual é uma das mais úteis leis da Física.

11.1 TRABALHO E ENERGIA

A Fig. 11.1 mostra uma pessoa em uma cadeira de rodas em uma rampa conduzindo sua cadeira para cima. À medida que ela faz uma força para baixo $\vec{\mathbf{F}}$ na roda, um torque $\vec{\mathbf{r}} \times \vec{\mathbf{F}}$ é exercido em relação ao ponto instantâneo de contato entre a roda e o chão. Este torque faz com que a roda gire para a frente. Outra forma de analisar o problema é considerar-se a força de atrito $\vec{\mathbf{f}}$ exercida sobre o chão pela roda (devido ao esforço da pessoa); a força de reação $-\vec{\mathbf{f}}$, exercida sobre a roda pelo chão, empurra a cadeira para a frente. Outro exemplo ilustrativo similar poderia ser traçado com uma pessoa andando de bicicleta.

Eventualmente, os braços da pessoa na cadeira de rodas, ou as pernas do ciclista, acabam se cansando, e a pessoa não é capaz de manter a sua velocidade original de subida. Talvez, os membros fiquem tão cansados que a pessoa tenha que parar completamente. É possível analisar as forças exercidas neste problema usando as leis de Newton, mas estas não podem explicar por que a capacidade da pessoa de exercer uma força para se mover para a frente acaba se esgotando. Isto é, *não se pode* considerar que o corpo da pessoa "contém" uma quantidade de força que é liberada pelo esforço.

Para esta análise, é necessário introduzir os novos conceitos de *trabalho* e *energia*. Da mesma forma que com várias outras palavras utilizadas para descrever conceitos físicos, deve-se ser cuidadoso para não confundir os significados normalmente utilizados no dia-a-dia com as definições precisas que são dadas a eles como grandezas físicas. O conceito *físico* de trabalho envolve uma força que é exercida enquanto o ponto de aplicação move-se através de uma determinada distância, e uma forma de definir a energia de um sistema é a medida da sua capacidade de realizar trabalho. No caso da cadeira de rodas, a pessoa realiza trabalho porque exerce uma força à medida que a cadeira de rodas move-se para a frente percorrendo determinada distância. Para que ela realize trabalho, precisa gastar um pouco de sua reserva de energia — isto é, a energia química armazenada nas fibras dos seus músculos — que pode ser reposta da reserva de energia de seu corpo através do repouso e que provém dos alimentos que ela ingere.

A energia armazenada em um sistema pode ter várias formas: por exemplo, química, elétrica, gravitacional ou mecânica. Neste capítulo, estuda-se a relação entre trabalho e um tipo especial de energia — a energia do movimento de um corpo, chamada *energia cinética*.

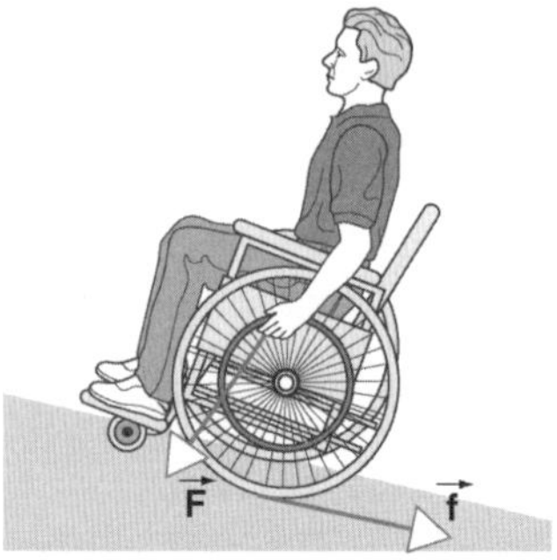

Fig. 11.1 Uma pessoa em uma cadeira de rodas conduz a cadeira rampa acima. A força $\vec{\mathbf{F}}$, exercida na roda pela pessoa, fornece um torque em relação ao ponto onde a roda tem contato com o chão.

11.2 TRABALHO REALIZADO POR UMA FORÇA CONSTANTE

A Fig. 11.2*a* mostra um bloco de massa *m* sendo elevado através de uma distância vertical *h* por um guincho acionado por um motor. O bloco é elevado a uma velocidade constante; uma vez que sua aceleração é nula, conforme a segunda lei de Newton, a força resultante agindo sobre ele também é nula. A intensidade da força para cima $\vec{T}$, exercida pelo motor e guincho, deve ser igual à intensidade da força para baixo $m\vec{g}$, devido à gravidade.

Na Fig. 11.2*b*, uma esteira rolante é acionada por um motor para mover para cima um bloco idêntico através de uma distância *L* ao longo de um plano inclinado que faz um ângulo θ com a horizontal. Se o bloco se move com uma velocidade constante, a força resultante é, de novo, nula. Portanto, a intensidade da força $\vec{F}$ exercida para cima pela esteira ao longo do plano inclinado deve ser igual à componente do peso mg sen θ que age para baixo ao longo do plano inclinado.

Em ambos os casos, o resultado final é o mesmo — o bloco é elevado através de uma distância *h*. Se o bloco for solto e ficar livre para cair, ele atingirá o chão com determinada velocidade *v*. Pode-se usar o bloco em queda para atingir algum objetivo, como cravar uma estaca no chão ou lançar um projétil de uma catapulta. O resultado será o mesmo, não importando como o bloco foi originalmente elevado.

Uma vez que o bloco foi elevado, pode-se desligar os dois motores que o bloco permanecerá no lugar. Isto é, gasta-se combustível ou energia elétrica para se alimentar os motores *somente* ao elevar-se o bloco, não para mantê-lo no lugar. *O investimento neste processo é na elevação, e não na manutenção.*

Define-se o trabalho *W* realizado por uma força constante $\vec{F}$ que move um corpo através de um deslocamento $\vec{s}$ *na direção e sentido da força* como sendo o produto das intensidades da força e do deslocamento:

$$W = Fs \quad \text{(constante elástica, } \vec{F} \parallel \vec{s}\text{).} \qquad (11\text{-}1)$$

Na Fig. 11.2*a*, o motor exerce uma força de intensidade $T = mg$ sobre o bloco em movimento por uma distância *h*. Uma vez que a força está na direção do movimento, o trabalho realizado pelo motor é, de acordo com a Eq. 11.1, $W = Th = mgh$. Na Fig. 11.2*b*, o motor exerce uma força de intensidade $F = mg$ sen θ sobre o bloco em movimento por uma distância *L*, de modo que o trabalho realizado pelo motor é $W = (mg \text{ sen } \theta)(L) = mgh$, com $h = L \text{ sen } \theta$. Não é acidental o fato de ser a mesma a quantidade de trabalho realizado pelo motor em ambos os processos — em cada caso, o motor investe a mesma quantidade de esforço (trabalho) para elevar o bloco, conforme pode ser evidenciado pelos resultados idênticos que se obtêm o bloco em queda para realizar-se alguma outra tarefa.

Em ambas as Figs. 11.2*a* e 11.2*b*, a força é exercida em uma direção paralela ao movimento do bloco. Suponha que, em vez disso, um trabalhador exerça uma força horizontal $\vec{F}$ sobre o bloco para puxá-lo para cima no plano inclinado. Agora a força e o movimento estão em direções diferentes (Fig. 11.3). A componente de força *F* sen θ perpendicular ao plano não tem

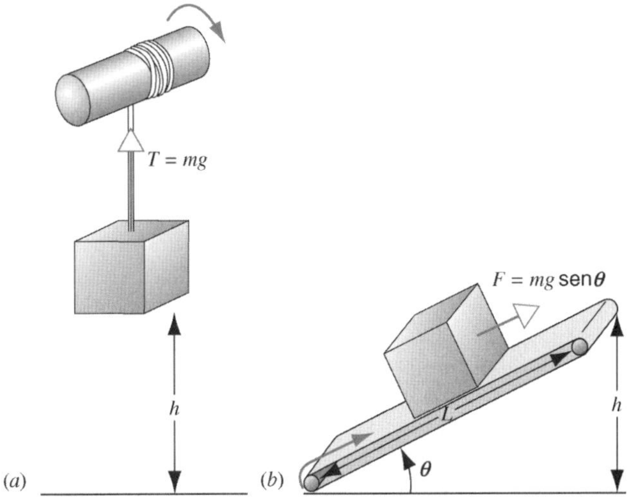

Fig. 11.2 (*a*) Um guincho a motor eleva um peso *mg* a uma distância *h*. (*b*) Um motor aciona uma esteira que move um peso idêntico ao longo de um plano inclinado até que ele seja elevado a uma distância *h*.

efeito sobre a elevação do bloco. Somente a componente *F* cos θ na direção do movimento realiza algum trabalho na elevação do bloco.

Considere, agora, o caso arbitrário ilustrado na Fig. 11.4. Uma esfera com um furo desliza sem atrito ao longo de uma haste fina horizontal. A esfera move-se de *A* para *B*, cujo movimento é representado através do vetor de deslocamento $\vec{s}$. Uma força constante $\vec{F}$ é exercida sobre a esfera por um agente externo; $\vec{F}$ faz um ângulo ϕ com o vetor de deslocamento. Somente a componente da força *F* cos ϕ ao longo do vetor de deslocamento contribui para o trabalho, de modo que o trabalho realizado pela força $\vec{F}$ é

$$W = (F \cos \phi)s = Fs \cos \phi \quad \text{(constante elástica).} \qquad (11\text{-}2)$$

A Eq. 11.2 fornece o trabalho realizado por uma força em especial $\vec{F}$. Podem existir diversas forças agindo sobre um objeto; na Fig. 11.3, por exemplo, além da força $\vec{F}$, há a força normal $\vec{N}$, a força da gravidade $m\vec{g}$ e, talvez, também uma força de atrito $\vec{f}$. Para cada uma das forças que agem, é necessário calcular-se o trabalho em separado.

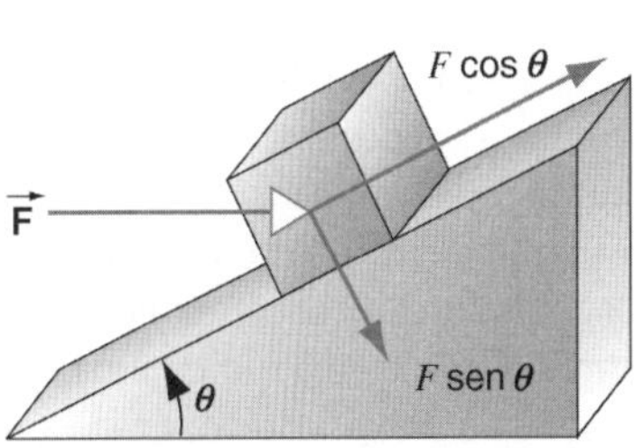

Fig. 11.3 Um trabalhador (não mostrado) exerce uma força horizontal $\vec{F}$ sobre um bloco, empurrando-o ao longo do plano inclinado.

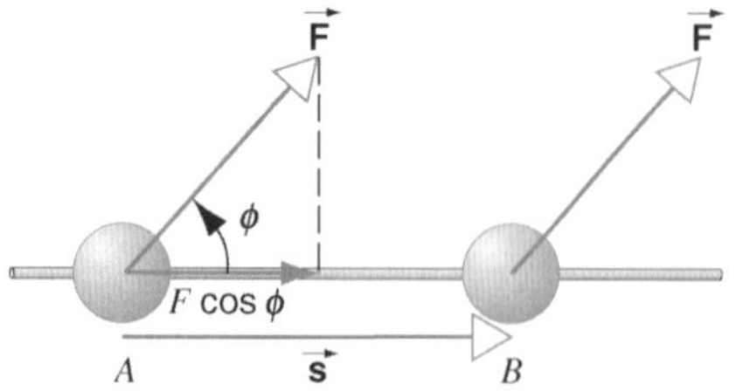

Fig. 11.4 Uma esfera desliza ao longo de uma haste fina de A para B. Uma força constante $\vec{F}$, que faz um ângulo ϕ com a haste, age sobre a esfera em todos os pontos entre A e B.

Observe alguns aspectos da Eq. 11.2:

1. Se $F = 0$, então $W = 0$. Para que seja realizado trabalho, é necessário que uma força seja exercida.

2. Se $s = 0$, então $W = 0$. Para que seja realizado trabalho por uma força, é necessário que exista o movimento do ponto de aplicação desta força ao longo de uma determinada distância.

3. Se $\phi = 90°$, então $W = 0$. Para que seja realizado trabalho por uma força, é necessário que uma componente da força atue na direção do deslocamento (ou no sentido oposto). Se a força é sempre perpendicular à direção do movimento, então o trabalho realizado por esta força em especial é zero.

4. Quando $\phi = 0°$, então $W = Fs$. Se a força e o deslocamento têm a mesma direção e o mesmo sentido, a Eq. 11.2 reduz-se à Eq. 11.1.

5. Quando $\phi = 180°$, então $W = -Fs$. Se a força age no sentido oposto mas na mesma direção do deslocamento, então a força realiza trabalho *negativo*. Na Fig. 11.2*a*, por exemplo, uma força gravitacional mg (não mostrada) age sobre o bloco para baixo. Quando o bloco move-se para cima através de uma distância h, o trabalho realizado por esta força é $-mgh$.

Como exemplo destes conceitos, considere a Fig. 11.5. Na Fig. 11.5*a*, um bloco está deslizando para baixo sobre um plano. A força gravitacional $m\vec{g}$ realiza um trabalho positivo, a força de atrito $\vec{f}$ realiza um trabalho negativo e a força normal $\vec{N}$ não realiza trabalho. Na Fig. 11.5*b*, a tração na corda $\vec{T}$ não é uma força constante, porque a sua direção varia mesmo que sua intensidade permaneça constante. Porém, se a trajetória circular for dividida em uma série de deslocamentos infinitesimais, cada pequeno deslocamento (que é tangente ao círculo) será perpendicular a $\vec{T}$ (que age na direção radial). Assim, o trabalho realizado pela tração será nulo.

Observe que a Eq. 11.2 pode ser escrita tanto como $(F \cos \phi)(s)$ quanto como $(F)(s \cos \phi)$. Isto sugere que o trabalho pode ser calculado de duas formas diferentes, que fornecem o mesmo resultado: ou multiplica-se a intensidade do deslocamento pela componente da força na direção do deslocamento, ou multiplica-se a intensidade da força pela componente do deslocamento na direção da força. Cada forma indica uma característica importante da definição do trabalho: deve existir uma componente de $\vec{s}$ na direção de $\vec{F}$ e deve existir uma componente de $\vec{F}$ na direção de $\vec{s}$ (Fig. 11.6).

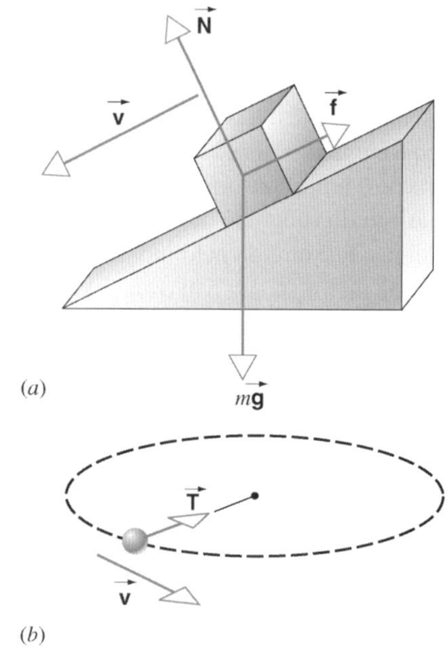

Fig. 11.5 (*a*) Um bloco desliza para baixo sobre um plano, sob a ação de três forças: a gravidade ($m\vec{g}$) devido à Terra, o atrito ($\vec{f}$) devido ao plano e a força normal ($\vec{N}$) também devido ao plano. (*b*) Um corpo preso a uma corda gira em um círculo horizontal, somente sob a ação da tração ($\vec{T}$) devida à corda.

Conforme foi definido (Eq. 11.2), o trabalho mostra-se um conceito bastante útil em Física. A definição especial estabelecida para a palavra "trabalho" não corresponde à utilização coloquial do termo. Isto pode ser confuso. Uma pessoa segurando um haltere pesado no ar (Fig. 11.7) pode estar trabalhando duro no sentido psicológico, mas, do ponto de vista da Física, esta pessoa não está realizando nenhum trabalho sobre o peso. Pode-se afirmar isto, uma vez que o haltere não se move.

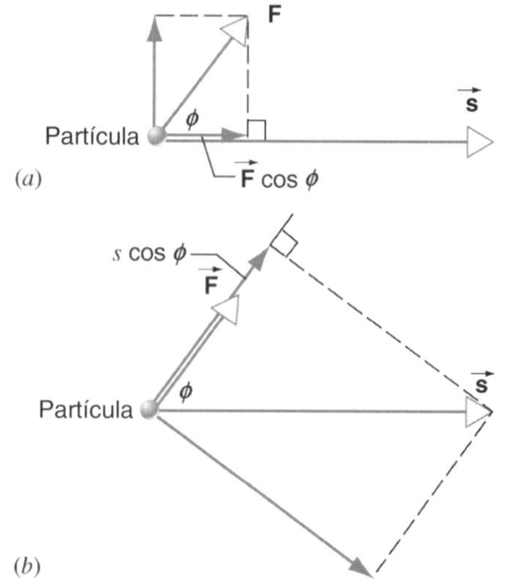

Fig. 11.6 (*a*) O trabalho W exercido sobre a partícula pela força $\vec{F}$ interpretado como $W = (F \cos \phi)(s)$. (*b*) O trabalho W interpretado como $W = (F)(s \cos \phi)$.

Fig. 11.7 Um halterofilista segura um peso acima de sua cabeça. Nesta configuração, de acordo com a definição de trabalho estabelecida, o halterofilista não exerce nenhum trabalho.

Por que, então, o halterofilista fica cansado e eventualmente perde a sua capacidade de suportar o peso? Se os músculos forem examinados, observa-se que está sendo realizado trabalho microscopicamente mesmo que o peso não se mova. O músculo não é um suporte sólido e não é capaz de manter uma carga de forma estática. As fibras individuais dos músculos relaxam e contraem-se repetidamente, e é realizado trabalho a cada contração. Este trabalho microscópico esgota o suprimento interno de energia, e, gradualmente, o halterofilista fica tão cansado que não é mais capaz de suportar o peso. Neste capítulo, não se considera esta forma "interna" de trabalho. Usa-se a palavra *trabalho* somente no sentido estrito da Eq. 11.2, de modo que ele é nulo quando não existe movimento do corpo sobre o qual a força age.

Observe que o trabalho, ao contrário das propriedades como massa, volume ou temperatura, não é uma propriedade intrínseca de um corpo. Não se pode afirmar, por exemplo, que um corpo ganha, perde ou contém determinada quantidade de trabalho quando se move através de uma distância à medida que uma força age sobre ele. O trabalho está associado à força que atua sobre o corpo ou ao agente que exerce esta força.

A unidade do trabalho é determinada a partir do trabalho realizado por uma força unitária durante o movimento de um corpo ao longo de uma distância unitária na direção da força. A unidade de trabalho do SI é o *newton-metro*, chamado de *joule* (símbolo J). No sistema de unidades inglesas, a unidade de trabalho é o pé-libra. No sistema cgs, a unidade de trabalho é o dina-centímetro, chamado de *erg*. Através das relações entre newton, dina e libra, e entre metro, centímetro e pé, obtém-se 1 joule = 10^7 ergs = 0,7376 ft·lb.

Quando se está lidando com partículas atômicas ou subatômicas, uma unidade conveniente de trabalho é o *elétron-volt* (símbolo eV), onde 1 eV = $1{,}60 \times 10^{-19}$ J. O trabalho necessário para remover o elétron mais externo de um átomo possui uma intensidade típica de vários eV. O trabalho necessário para remover um próton ou um nêutron do núcleo possui uma intensidade típica de vários MeV (10^6 eV). O trabalho necessário para acelerar um elétron no acelerador linear de 2 milhas de comprimento de Stanford é de vários GeV (10^9 eV). O trabalho necessário para acelerar um próton no acelerador do Fermilab é de aproximadamente 10^{12} eV (1 TeV).

PROBLEMA RESOLVIDO 11.1.

Um bloco de massa m = 11,7 kg deve ser empurrado por uma distância s = 4,65 m ao longo de um plano inclinado, de modo a ser elevado a uma distância h = 2,86 m no decurso (Fig. 11.8*a*). Supondo que as superfícies não tenham atrito, calcule qual é o valor do trabalho necessário para empurrar o bloco para cima com uma velocidade constante através de uma força paralela ao plano inclinado.

Solução A Fig. 11.8*b* apresenta um diagrama de corpo livre do bloco. É necessário encontrar F, a intensidade da força para empurrar o bloco para cima ao longo do plano inclinado. Porque o movimento não é acelerado (considera-se uma velocidade constante), a força resultante paralela ao plano deve ser nula. Escolhe-se o eixo x como paralelo ao plano, com o seu sentido positivo para cima. A força resultante ao longo desse plano é, então, $\Sigma F_x = F - mg \operatorname{sen} \theta$. Com $a_x = 0$, a segunda lei de Newton fornece $F - mg \operatorname{sen} \theta = 0$ ou

$$F = mg \operatorname{sen} \theta = (11{,}7 \text{ kg})(9{,}80 \text{ m/s}^2)\left(\frac{2{,}86 \text{ m}}{4{,}65 \text{ m}}\right) = 70{,}5 \text{ N}.$$

Assim, da Eq. 11.2 com $\phi = 0°$, o trabalho realizado por $\vec{\mathbf{F}}$ é

$$W = Fs \cos 0° = (70{,}5 \text{ N})(4{,}65 \text{ m}) = 328 \text{ J}.$$

Observe que o ângulo ϕ (= 0°) utilizado nesta expressão é o ângulo formado entre a força aplicada e o deslocamento do bloco, ambos paralelos ao plano inclinado. O ângulo ϕ não deve ser confundido com o ângulo θ do plano inclinado.

Se o bloco fosse elevado verticalmente a uma velocidade constante sem que o plano inclinado fosse utilizado, o trabalho

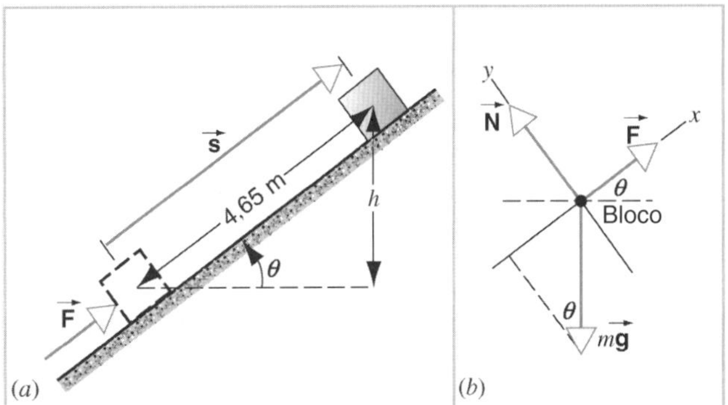

Fig. 11.8 Problema Resolvido 11.1. (*a*) Uma força $\vec{\mathbf{F}}$ move um bloco para cima em um plano inclinado através de um deslocamento $\vec{\mathbf{s}}$. (*b*) Um diagrama de corpo livre do bloco.

realizado seria a componente vertical da força exercida sobre o bloco, igual a mg, vezes a distância vertical h, ou

$$W = mgh = (11{,}7\ \text{kg})(9{,}80\ \text{m/s}^2)(2{,}86\ \text{m}) = 328\ \text{J},$$

o mesmo valor obtido antes. A única diferença é que o plano inclinado permite que uma força menor ($F = 70{,}5$ N) seja aplicada para elevar o bloco, em comparação à que seria necessária sem o plano inclinado ($mg = 115$ N). Por outro lado, a distância que é necessária para empurrar o bloco para cima ao longo do plano inclinado (4,65 m) é maior do que a distância necessária para elevá-lo diretamente (2,86 m).

PROBLEMA RESOLVIDO 11.2.

Uma criança puxa um trenó de 5,6 kg por uma distância $s = 12$ m ao longo de uma superfície horizontal, com uma velocidade constante. Qual é o trabalho que a criança realiza sobre o trenó se o coeficiente de atrito cinético μ_c é 0,20 e a corda faz um ângulo $\phi = 45°$ com a horizontal?

Solução A situação é ilustrada na Fig. 11.9*a* e as forças que agem sobre o trenó são mostradas no diagrama de corpo livre da Fig. 11.9*b*. $\vec{\mathbf{F}}$ representa a força que a criança faz; $m\vec{\mathbf{g}}$, o peso do trenó; $\vec{\mathbf{f}}$, a força de atrito; e $\vec{\mathbf{N}}$, a força normal exercida pela superfície sobre o trenó. Para calcular o trabalho, é necessário primeiro encontrar a intensidade da força F. Com a escolha dos eixos x e y conforme mostrado no diagrama de corpo livre da Fig. 11.9*b*, as componentes da força resultante são $\Sigma F_x = F\cos\phi - f$ e $\Sigma F_y = F\,\text{sen}\,\phi + N - mg$. Com ambos $a_x = 0$ e $a_y = 0$, a segunda lei de Newton fornece

$$F\cos\phi - f = 0 \quad \text{e} \quad F\,\text{sen}\,\phi + N - mg = 0.$$

A força de atrito está relacionada com a força normal por $f = \mu_c N$. Combinando estas três equações, é possível eliminar f e N para encontrar uma expressão para F:

$$F = \frac{\mu_c mg}{\cos\phi + \mu_c\,\text{sen}\,\phi}.$$

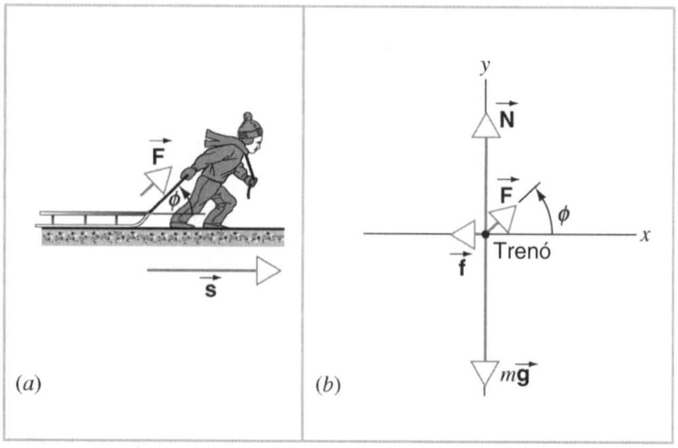

Fig. 11.9 Problema Resolvido 11.2. (*a*) Uma criança desloca um trenó de um valor $\vec{\mathbf{s}}$ empurrando-o com uma força $\vec{\mathbf{F}}$ sobre uma corda que faz um ângulo ϕ com a horizontal. (*b*) Um diagrama de corpo livre do trenó.

Com $\mu_c = 0{,}20$, $mg = (5{,}6\ \text{kg})(9{,}8\ \text{m/s}^2) = 55$ N e $\phi = 45°$, obtém-se

$$F = \frac{(0{,}20)(55\ \text{N})}{\cos 45° + (0{,}20)(\text{sen}\,45°)} = 13\ \text{N}.$$

Assim, com $s = 12$ m, o trabalho realizado pela criança sobre o trenó é, usando a Eq. 11.2,

$$W = Fs\cos\phi = (13\ \text{N})(12\ \text{m})(\cos 45°) = 110\ \text{J}.$$

A componente vertical de força $\vec{\mathbf{F}}$ não realiza trabalho algum sobre o trenó. Entretanto, observe que ela reduz a força normal entre o trenó e a superfície ($N = mg - F\,\text{sen}\,\phi$) e, portanto, reduz a intensidade da força de atrito ($f = \mu_c N$).

A criança realizaria mais trabalho, menos trabalho ou a mesma quantidade de trabalho sobre o trenó se $\vec{\mathbf{F}}$ fosse aplicada na horizontal em vez de a um ângulo de 45° com a horizontal? Existem outras forças que agem sobre o trenó que realizam trabalho sobre ele?

TRABALHO COMO UM PRODUTO ESCALAR

O trabalho é uma grandeza escalar; ele é caracterizado somente por uma intensidade e um sinal. Porém, ele é calculado combinando-se dois vetores ($\vec{\mathbf{F}}$ e $\vec{\mathbf{s}}$). Nos Capítulos de 8 a 10, em diversas situações, foi necessário multiplicar dois vetores para obter um outro vetor; situação expressa de uma forma compacta através do produto vetorial (por exemplo, $\vec{\boldsymbol{\tau}} = \vec{\mathbf{r}} \times \vec{\mathbf{F}}$ ou $\vec{\mathbf{l}} = \vec{\mathbf{r}} \times \vec{\mathbf{p}}$). Aqui está-se multiplicando dois vetores para obter-se um escalar. Uma forma compacta de escrever-se isto basea-se no *produto escalar* de dois vetores.

Considere dois vetores $\vec{\mathbf{A}}$ e $\vec{\mathbf{B}}$ (Fig. 11.10) separados por um ângulo ϕ. O produto escalar de $\vec{\mathbf{A}}$ e $\vec{\mathbf{B}}$ é definido considerando as intensidades de A e B como

$$\vec{\mathbf{A}} \cdot \vec{\mathbf{B}} = AB\cos\phi, \tag{11-3}$$

que se lê como "A escalar B". Claramente isto também pode ser escrito como $A(B\cos\phi)$ ou $B(A\cos\phi)$, o que sugere que o produto escalar pode ser visto como o produto da intensidade de um vetor e a componente do outro na direção do primeiro, conforme mostrado na Fig. 11.10. As intensidades A e B são sempre positivas, mas o produto escalar pode ser positivo, negativo ou nulo, dependendo do valor do ângulo ϕ. Se $\vec{\mathbf{A}}$ e $\vec{\mathbf{B}}$ são perpendiculares entre si, ($\phi = 90°$), o produto escalar é nulo. Ao contrário do produto vetorial, a ordem dos vetores no produto escalar não é importante; isto é, $\vec{\mathbf{A}} \cdot \vec{\mathbf{B}} = \vec{\mathbf{B}} \cdot \vec{\mathbf{A}}$. Além disso, observe que o produto escalar de um vetor com ele mesmo é apenas o quadrado da intensidade do vetor: $\vec{\mathbf{A}} \cdot \vec{\mathbf{A}} = A^2$.

Estas propriedades do produto escalar correspondem exatamente às propriedades do trabalho, se ele for definido em rela-

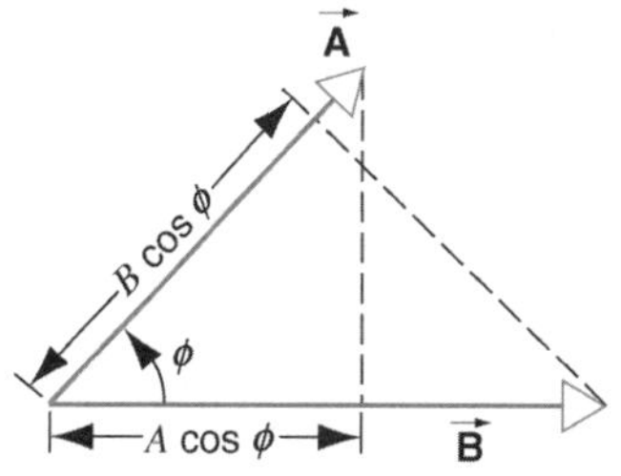

Fig. 11.10 O produto escalar de dois vetores $\vec{\mathbf{A}}$ e $\vec{\mathbf{B}}$ pode ser visto como o produto da intensidade de um vetor e a componente do outro na direção do primeiro.

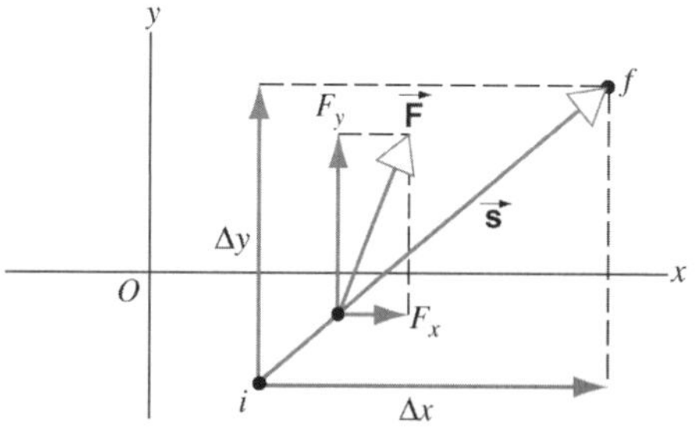

Fig. 11.11 Aqui uma partícula move-se da posição inicial *i* à posição final *f* através de um deslocamento $\vec{\mathbf{s}}$ à medida que uma força constante $\vec{\mathbf{F}}$ age sobre a partícula. Quando a força $\vec{\mathbf{F}}$ e o deslocamento $\vec{\mathbf{s}}$ estão em direções arbitrárias, pode-se determinar o trabalho decompondo-se $\vec{\mathbf{F}}$ e $\vec{\mathbf{s}}$ nas suas componentes *x* e *y*.

ção aos vetores $\vec{\mathbf{F}}$ e $\vec{\mathbf{s}}$. Isto sugere que se pode escrever a Eq. 11.2 como

$$W = \vec{\mathbf{F}} \cdot \vec{\mathbf{s}} \quad \text{(constante elástica)}. \qquad (11\text{-}4)$$

Se os vetores $\vec{\mathbf{A}}$ e $\vec{\mathbf{B}}$ forem escritos considerando suas componentes ($\vec{\mathbf{A}} = A_x\hat{\mathbf{i}} + A_y\hat{\mathbf{j}} + A_z\hat{\mathbf{k}}$ e $\vec{\mathbf{B}} = B_x\hat{\mathbf{i}} + B_y\hat{\mathbf{j}} + B_z\hat{\mathbf{k}}$), então o produto escalar é

$$\vec{\mathbf{A}} \cdot \vec{\mathbf{B}} = A_xB_x + A_yB_y + A_zB_z. \qquad (11\text{-}5)$$

Para derivar-se esta expressão, utiliza-se a Eq. 11.3 para se determinar o produto escalar dos vetores unitários: $\hat{\mathbf{i}}\cdot\hat{\mathbf{i}} = \hat{\mathbf{j}}\cdot\hat{\mathbf{j}} = \hat{\mathbf{k}}\cdot\hat{\mathbf{k}} = 1$ e $\hat{\mathbf{i}}\cdot\hat{\mathbf{j}} = \hat{\mathbf{i}}\cdot\hat{\mathbf{k}} = \hat{\mathbf{j}}\cdot\hat{\mathbf{k}} = 0$. Se os vetores da força e do deslocamento estão no plano *xy* (Fig. 11.11), pode-se descrever o trabalho na forma da Eq. 11.5; com $\vec{\mathbf{F}} = F_x\hat{\mathbf{i}} + F_y\hat{\mathbf{j}}$ e $\vec{\mathbf{s}} = \Delta x\hat{\mathbf{i}} + \Delta y\hat{\mathbf{j}}$, tem-se

$$W = F_x\Delta x + F_y\Delta y \quad \text{(constante elástica)}. \qquad (11\text{-}6)$$

Os dois termos do lado direito desta equação *não podem* ser interpretados como as componentes do trabalho. *O trabalho é um escalar, e escalares não têm componentes*. Pode parecer da Eq. 11.6 que o valor do trabalho depende de onde se traçam os eixos do sistema de coordenadas; porém a Eq. 11.2 mostra que isto não é verdadeiro. Geralmente, *o valor do produto escalar independe da escolha dos eixos do sistema de coordenadas.*

Embora a força $\vec{\mathbf{F}}$ seja invariante (ela possui a mesma intensidade, direção e sentido para qualquer sistema de referência inercial escolhido), o deslocamento $\vec{\mathbf{s}}$ de uma partícula durante um determinado intervalo de tempo não é invariante. Observadores de diferentes sistemas de referência inerciais medem o mesmo valor de $\vec{\mathbf{F}}$, mas diferentes valores para a intensidade, direção e sentido do deslocamento $\vec{\mathbf{s}}$. Como resultado, o valor determinado para o trabalho dependerá do sistema de referência inercial do observador. Diferentes observadores podem encontrar o trabalho como sendo positivo, negativo ou nulo. Isto será discutido mais tarde na Seção 11.6.

11.3 POTÊNCIA

No projeto de um sistema mecânico, freqüentemente é necessário considerar não somente a quantidade de trabalho que precisa ser realizado, mas também o quão rápido este precisa ser realizado. Para elevar um corpo a determinada altura em 1 segundo ou em 1 ano, emprega-se a mesma quantidade de trabalho. Porém, a *taxa com a qual o trabalho é realizado* é bastante diferente nos dois casos.

Define-se *potência* como a taxa com a qual o trabalho é realizado. (Aqui considera-se somente a potência *mecânica*, que resulta de trabalho mecânico. Uma visão mais geral de potência, como energia liberada por unidade de tempo, permite estender o conceito de potência para incluir potência elétrica, potência solar e assim por diante.) Se determinada força realiza um trabalho *W* sobre um corpo em um tempo *t*, a *potência média* causada pela força é

$$P_{\text{méd}} = \frac{W}{t}. \qquad (11\text{-}7)$$

A *potência instantânea* é

$$P = \frac{dW}{dt}, \qquad (11\text{-}8)$$

onde *dW* é a pequena quantidade de trabalho realizado durante o intervalo de tempo infinitesimal *dt*. Se a potência é constante no tempo, então $P = P_{\text{méd}}$ e

$$W = Pt. \qquad (11\text{-}9)$$

A unidade de potência do SI é joule por segundo, que é chamada de *watt* (símbolo W):

$$1 \text{ W} = 1 \text{ J/s}.$$

Esta unidade foi assim nomeada em homenagem a James Watt (1736 — 1819), que proporcionou avanços consideráveis aos motores a vapor de sua época. Nas unidades inglesas, a unidade de potência é 1 ft·lb/s, embora uma unidade prática mais comum, o *cavalo-vapor* (*horsepower* — hp), seja normalmente utilizada para descrever a potência de dispositivos como motores elétricos ou motores automotivos. Um cavalo-vapor é definido como 550 ft·lb/s, que equivale a aproximadamente 746 W.

O trabalho pode ser expresso em unidades de potência × tempo. Isto é a origem do termo *quilowatt-hora*, que é utilizado pela companhia de fornecimento de energia elétrica para medir a quantidade de trabalho (na forma de energia elétrica) que foi fornecido para a residência das pessoas. Um quilowatt-hora é o trabalho realizado em 1 hora por um agente trabalhando a uma taxa constante de 1 kW.

Também pode-se expressar a potência fornecida a um corpo no que se refere à velocidade do corpo e à força que age sobre ele. Em um curto intervalo de tempo dt, o corpo move-se a uma distância $d\vec{\mathbf{s}}$ e o trabalho realizado sobre o corpo é $dW = \vec{\mathbf{F}} \cdot d\vec{\mathbf{s}}$. Pode-se reescrever a Eq. 11.8 como

$$P = \frac{dW}{dt} = \frac{\vec{\mathbf{F}} \cdot d\vec{\mathbf{s}}}{dt} = \vec{\mathbf{F}} \cdot \frac{d\vec{\mathbf{s}}}{dt},$$

a qual se torna, após substituir-se a velocidade $\vec{\mathbf{v}}$ por $d\vec{\mathbf{s}}/dt$,

$$P = \vec{\mathbf{F}} \cdot \vec{\mathbf{v}}. \qquad (11\text{-}10)$$

Se $\vec{\mathbf{F}}$ e $\vec{\mathbf{v}}$ são paralelas entre si, isto pode ser escrito como

$$P = Fv. \qquad (11\text{-}11)$$

Observe que a potência pode ser negativa se $\vec{\mathbf{F}}$ e $\vec{\mathbf{v}}$ forem antiparalelos. O fornecimento de potência negativa a um corpo significa realizar trabalho negativo sobre ele: a força exercida sobre o corpo pelo agente externo está no sentido oposto ao deslocamento $d\vec{\mathbf{s}}$ e, portanto, oposto a $\vec{\mathbf{v}}$.

PROBLEMA RESOLVIDO 11.3.

Um elevador vazio tem um peso de 5.160 N (1.160 lb). Ele foi projetado para transportar uma carga máxima de 20 passageiros do chão até ao piso do 25.º andar de um prédio em um tempo de 18 segundos. Supondo que o peso médio de um passageiro seja de 710 N ≈ 71 kg e que a distância entre os andares seja de 3,5 m, qual é a potência média que precisa ser fornecida pelo motor do elevador? (Presuma que todo o trabalho de elevação venha do motor e que o elevador não tenha um contrapeso.)

Solução Supõe-se que o elevador suba a uma velocidade constante e que as distâncias percorridas durante a aceleração e a desaceleração possam ser desprezadas. Com uma velocidade constante, a força resultante é *nula*, de modo que a força para cima exercida pelo motor é igual em intensidade ao peso total do elevador com os passageiros: F = 5.160 N + 20(710)N = 19.400 N. O trabalho que precisa ser realizado é

$$W = Fs = (19.400 \text{ N})(25 \times 3{,}5 \text{ m}) = 1{,}7 \times 10^6 \text{ J}.$$

Assim, a potência média é

$$P_{\text{méd}} = \frac{W}{t} = \frac{1{,}7 \times 10^6 \text{ J}}{18 \text{ s}} = 94 \text{ kW}.$$

Isto equivale a 126 hp, que é aproximadamente a potência fornecida por um motor de automóvel. Certamente, as perdas por atrito e outras ineficiências aumentarão a potência que o motor precisa fornecer para fazer subir o elevador.

Na prática, um elevador costuma ter um contrapeso que vai para baixo à medida que o elevador sobe. A gravidade realiza trabalho *positivo* sobre o contrapeso em queda e trabalho *negativo* sobre o elevador subindo. O trabalho que precisa ser fornecido pelo motor, que é igual à intensidade do trabalho *resultante* realizado pela gravidade, é, portanto, consideravelmente reduzido.

11.4 TRABALHO REALIZADO POR UMA FORÇA VARIÁVEL

Até então considerou-se somente o trabalho realizado por uma força *constante*. Muitas das forças que foram previamente consideradas não variam em intensidade ou em direção quando um corpo se move; a gravidade perto da superfície da Terra é um bom exemplo. Porém, diversas forças variam em intensidade com o deslocamento do corpo, e, desta forma, é necessário considerar-se como avaliar o trabalho realizado por tais forças. Supõe-se uma situação unidimensional: a força tem apenas uma componente x e a partícula move-se somente na direção x (no sentido positivo ou negativo). Inicialmente, discute-se o procedimento geral para analisar o trabalho realizado por uma força variável e, então, aplica-se este método à análise de uma importante força que ainda não foi considerada — a saber, a força exercida por uma mola quando é estendida ou comprimida.

Considere um corpo que se move ao longo do eixo x, de x_i para x_f, quando uma força $F_x(x)$ é aplicada a ele. Ao escrever a força como $F_x(x)$, indica-se que esta varia em intensidade (e possivelmente em sentido) quando o deslocamento do corpo varia. A estratégia utilizada nesta análise é dividir o intervalo de x_i a x_f em um grande número de pequenos intervalos. Dentro de cada pequeno intervalo, considera-se a força como sendo aproximadamente constante (embora a força possa ser diferente para intervalos diferentes), de modo que o trabalho em qualquer intervalo possa ser calculado utilizando-se os métodos para forças constantes desenvolvidos anteriormente neste capítulo. Eventualmente, os intervalos fazem-se infinitamente numerosos e suficientemente pequenos, o que acaba levando aos métodos do cálculo.

A curva suave na Fig. 11.12 mostra uma força arbitrária $F_x(x)$ que age sobre um corpo movendo-se de x_i para x_f. Divide-se o deslocamento total em um número N de pequenos intervalos de tamanho idêntico δx (Fig. 11.12a). Considere o primeiro intervalo, no qual existe um pequeno deslocamento δx de x_i até $x_i + \delta x$. Faz-se este intervalo suficiente pequeno, de forma que a componente x da força tenha um valor F_1 aproximadamente constante. Assim, pode-se usar a Eq. 11.6 para determinar o trabalho δW_1 realizado pela força neste intervalo: $\delta W_1 = F_1\, \delta x$. Analogamente, no segundo intervalo, no qual o corpo move-se de $x_i + \delta x$ até

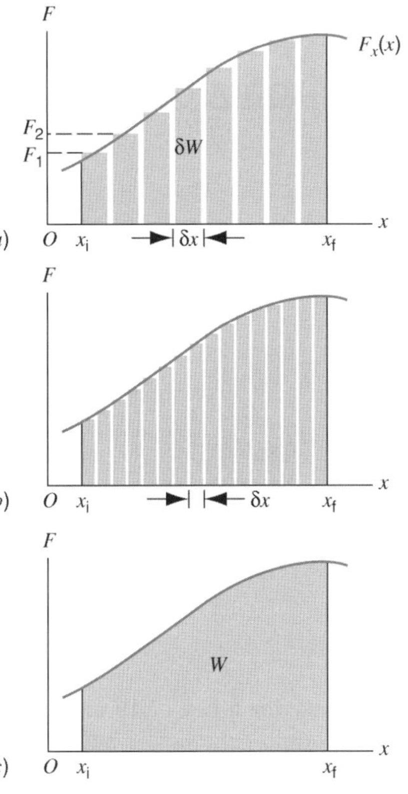

Fig. 11.12 (*a*) A área sob a curva da força unidimensional variável $F_x(x)$ é aproximada pela divisão da região entre os limites x_i e x_f em um número de intervalos de largura δx. A soma das áreas das faixas retangulares é aproximadamente igual à área sob a curva. (*b*) Uma aproximação melhor é obtida com o uso de um número maior de faixas mais estreitas. (*c*) No limite $\delta x \to 0$, obtém-se a área real.

$x_i + 2\delta x$, a força é aproximadamente constante com uma componente x igual a F_2, e o trabalho realizado pela força nesse intervalo é $\delta W_2 = F_2\,\delta x$. Com a continuação deste processo para todos os N intervalos, pode-se determinar o trabalho total como sendo a soma de todos os termos:

$$W = \delta W_1 + \delta W_2 + \delta W_3 + \cdots$$

$$= F_1\,\delta x + F_2\,\delta x + F_3\,\delta x + \cdots$$

ou

$$W = \sum_{n=1}^{N} F_n\,\delta x. \qquad (11\text{-}12)$$

Para obter uma aproximação melhor, pode-se dividir o deslocamento total de x_i para x_f em um maior número de intervalos, como mostrado na Fig. 11.12*b*, de modo que δx seja menor e o valor de F_n em cada intervalo caracterize melhor a força dentro do intervalo. Fica claro que é possível obter uma aproximação cada vez melhor tomando-se δx cada vez menor, de modo a ter-se um número de intervalos cada vez maior. Pode-se obter uma solução exata para o trabalho realizado por F_x, fazendo-se δx chegar a zero e o número de intervalos N a infinito. Assim, o resultado exato é

$$W = \lim_{\delta x \to 0} \sum_{n=1}^{N} F_n\,\delta x. \qquad (11\text{-}13)$$

A relação

$$\lim_{\delta x \to 0} \sum_{n=1}^{N} F_n\,\delta x = \int_{x_i}^{x_f} F_x(x)\,dx$$

define a integral de F_x em relação a x, de x_i a x_f. Numericamente, esta quantidade é exatamente igual à área entre a curva da força e o eixo x, entre os limites x_i e x_f (Fig. 11.12*c*). Portanto, uma integral pode ser interpretada graficamente como uma área. Pode-se escrever o trabalho total realizado pela força F_x no deslocamento de um corpo de x_i a x_f como

$$W = \int_{x_i}^{x_f} F_x(x)\,dx. \qquad (11\text{-}14)$$

O sinal de W é automaticamente determinado na Eq. 11.14 pelo sinal de F_x e pelos limites do intervalo, x_i e x_f. Por exemplo, se F_x for sempre positivo e se a partícula mover-se no sentido positivo de x ($x_f > x_i$), então, W será positivo.

TRABALHO REALIZADO PELA FORÇA DE UMA MOLA

Como exemplo de uma força unidimensional variável, pode-se considerar a força exercida por uma mola quando ela é esticada ou comprimida. A Fig. 11.13 mostra um corpo acoplado a uma mola. A mola permanece relaxada quando nenhuma força age sobre ela, e, nesta situação, o corpo está localizado em $x = 0$. Este estado é chamado de estado *relaxado* da mola. Se uma força externa $\vec{\mathbf{F}}_{\text{ext}}$ é aplicada ao corpo, a mola se distende (Fig. 11.13*a*) ou se comprime (Fig. 11.13*b*). A mola exerce uma força $\vec{\mathbf{F}}_{\text{m}}$, que se opõe à força aplicada. A força da mola é, às vezes, chamada de *força de restauração*, porque ela sempre age no sentido de restaurar o corpo à sua posição em $x = 0$. Supõe-se que o corpo move-se devagar, de modo que seja possível considerar que ele está em equilíbrio em todos os instantes. Neste caso, $\vec{\mathbf{F}}_{\text{ext}} = -\vec{\mathbf{F}}_{\text{m}}$.

Qual é a natureza da força que a mola exerce sobre o corpo quando se distende ou se comprime? Através de experimentos, observa-se que esta força não é constante — quanto mais se varia o comprimento da mola, maior é a força exercida pela mola (de forma equivalente, pode-se dizer que maior é a força externa que precisa ser exercida para variar seu comprimento). Para a maioria das molas, observa-se, por aproximação, que a intensidade desta força varia *linearmente* com a distância que a mola é distendida ou comprimida em relação ao seu comprimento

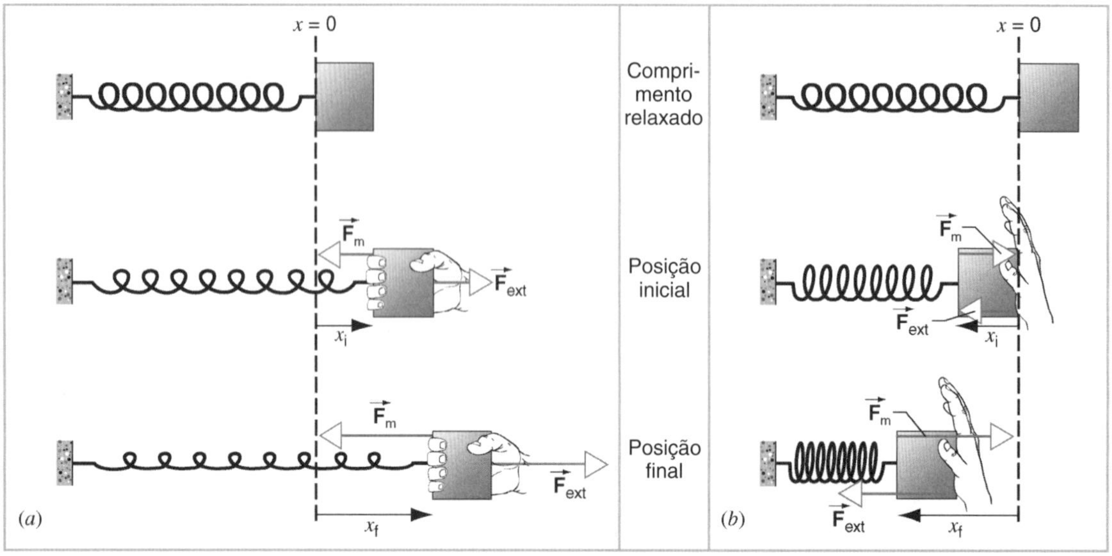

Fig. 11.13 Um corpo acoplado a uma mola está em $x = 0$ quando a mola está relaxada. Uma força externa move o corpo do deslocamento inicial x_i ao deslocamento final x_f. O eixo x é positivo para a direita. (*a*) Distensão. (*b*) Compressão.

relaxado. No caso unidimensional, pode-se escrever a componente x da força exercida pela mola sobre o corpo acoplado a ela como

$$F_m = -kx, \qquad (11\text{-}15)$$

que se conhece como a *lei de Hooke*. A constante k na Eq. 11.15 é chamada de *constante elástica* da mola, e sua unidade do SI corresponde a newton por metro (N/m). É uma medida da força necessária para distender uma mola de determinado valor; molas mais rígidas têm maiores valores de k. A Eq. 11.15 é válida desde que não se distenda a mola além de uma faixa limitada.

O sinal negativo na Eq. 11.15 indica que o sentido da força exercida pela mola é sempre oposto ao deslocamento do corpo de sua posição quando a mola está em seu estado relaxado (que é definido como $x = 0$). Quando a mola é distendida, segundo o sistema de coordenadas da Fig. 11.13*a*, então $x > 0$ e assim F_m é negativo, indicando que a força da mola age para a esquerda. Quando a mola é comprimida, como na Fig. 11.13*b*, então $x < 0$ e $F_m > 0$.

A Eq. 11.14 pode ser aplicada para calcular o trabalho realizado pela força da mola na Fig. 11.13*a*, quando a mola for distendida de seu estado inicial (onde $x = x_i$) até seu estado final (onde $x = x_f$). O trabalho realizado sobre o corpo pela força da mola durante este deslocamento é:

$$W_m = \int_{x_i}^{x_f} F_m\,dx = \int_{x_i}^{x_f} (-kx)\,dx = -\tfrac{1}{2}k(x_f^2 - x_i^2). \qquad (11\text{-}16)$$

A Eq. 11.16 mostra que o trabalho realizado pela mola é negativo quando $x_f > x_i$, como no caso da Fig. 11.13*a*; o sentido de $\vec{\mathbf{F}}_m$ é oposto ao deslocamento, de modo que o valor negativo de W é coerente com a discussão desenvolvida após a Eq. 11.2.

Se a força externa age de modo a comprimir a mola, como no caso da Fig. 11.13*b*, ambos x_i e x_f são negativos. Porém, $|x_f| > |x_i|$ e mais uma vez a Eq. 11.16 mostra que o trabalho realizado sobre o corpo pela mola é negativo. Assim, a Eq. 11.16 permanece válida, não importando como o corpo se move sob a ação da força da mola. Observe que, de acordo com a Eq. 11.16, se o corpo move-se de um deslocamento positivo $+x$ para um deslocamento negativo $-x$ de intensidade igual, o trabalho realizado pela força da mola é nulo. Como se pode explicar isto no que diz respeito à força exercida pela mola?

Se começa-se a distender ou comprimir a partir da posição relaxada ($x_i = 0$) e move-se o corpo de uma distância x, então

$$W_m = -\tfrac{1}{2}kx^2. \qquad (11\text{-}17)$$

Uma vez que, na Eq. 11.17, x é elevado ao quadrado, o trabalho realizado pela mola sobre o corpo é o mesmo em intensidade e sinal tanto quando se distende ou se comprime de uma mesma distância x.

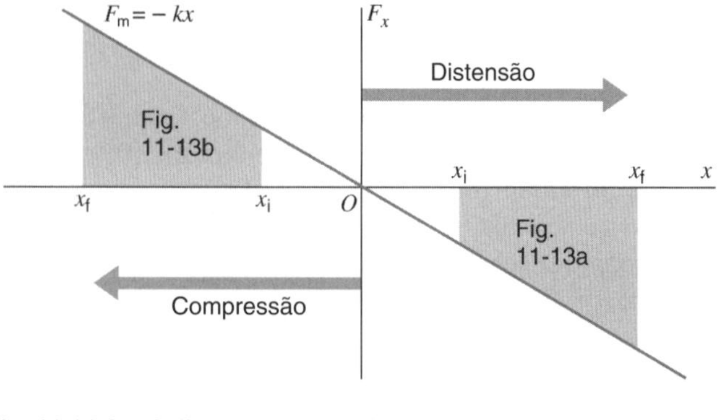

Fig. 11.14 O trabalho realizado pela força da mola sobre o corpo quando ele se move de x_i para x_f é igual à área sob o gráfico de $F_m = -kx$ entre x_i e x_f. As áreas sombreadas representam o trabalho negativo realizado pela mola nas Figs. 11.13*a* e 11.13*b*.

Com $\vec{F}_{ext} = -\vec{F}_m$, o trabalho realizado sobre o corpo pela força externa é positivo quando o trabalho realizado pela força da mola é negativo. Assim, $W_{ext} > 0$ para ambos os casos mostrados na Fig. 11.13.

A Fig. 11.14 mostra como seria a Fig. 11.12 para a força da mola. As regiões sombreadas representam o trabalho negativo realizado sobre o corpo pela força da mola para os dois casos da Fig. 11.13. Através de cálculo geométrico, é possível mostrar que as áreas sombreadas correspondem ao trabalho resultante da Eq. 11.16 e que os sinais também estão corretos.

PROBLEMA RESOLVIDO 11.4.

Uma mola está suspensa verticalmente no seu estado relaxado. Um bloco de massa $m = 6{,}40$ kg está preso à mola, mas o bloco é suportado de modo que a mola não se distende inicialmente. Em seguida, a mão que suporta o bloco é baixada devagar (Fig. 11.15*a*), de modo que o bloco desce com velocidade constante até atingir o ponto onde ele permanece em equilíbrio após a mão ser retirada. Neste ponto, observa-se que a mola distendeu-se uma distância $d = 0{,}124$ m de seu comprimento anterior relaxado. Determine o trabalho realizado sobre o bloco neste processo (*a*) pela gravidade, (*b*) pela mola e (*c*) pela mão.

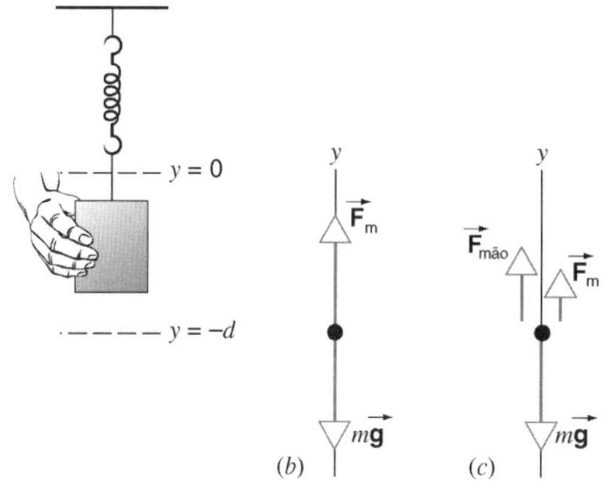

Fig. 11.15 Problema Resolvido 11.4. (*a*) Uma mão baixa um bloco preso a uma mola. (*b*) O diagrama de corpo livre do bloco em sua posição de equilíbrio. (*c*) O diagrama de corpo livre do bloco quando ele é baixado.

Solução (*a*) Pode-se determinar a constante elástica da mola, que não foi fornecida no problema, para a condição de equilíbrio. Tomando o eixo *y* como sendo positivo para cima, a força resultante na direção *y* no equilíbrio (Fig. 11.5*b*) é $\Sigma F_y = kd - mg$. No equilíbrio, $\Sigma F_y = 0$, de modo que $kd = mg$, ou

$$k = mg/d = (6{,}40 \text{ kg})(9{,}80 \text{ m/s}^2)/(0{,}124 \text{ m}) = 506 \text{ N/m}.$$

Para determinar-se o trabalho realizado pela gravidade, W_g, nota-se que a gravidade é uma força constante e que a força e o deslocamento são paralelos, de modo que se pode utilizar a Eq. 11.1:

$$W_g = Fm = mgd = (6{,}40 \text{ kg})(9{,}80 \text{ m/s}^2)(0{,}124 \text{ m}) = +7{,}78 \text{ J}.$$

Este valor é positivo, porque a força e o deslocamento estão no mesmo sentido.

(*b*) Para determinar o trabalho W_m realizado pela mola, pode-se utilizar a Eq. 11.7 com $x = -d$:

$$W_m = -\tfrac{1}{2}kd^2 = -\tfrac{1}{2}(506 \text{ N/m})(0{,}124 \text{ m})^2 = -3{,}89 \text{ J}.$$

Este valor é negativo, porque a força e o deslocamento têm sentidos opostos.

(*c*) Para se determinar o trabalho realizado pela mão, é necessário que se conheça a força para cima exercida pela mão $F_{mão}$, na medida em que o bloco é baixado com velocidade constante, $a_y = 0$. Utilizando-se o diagrama de corpo livre da Fig. 11.15*c*, a força resultante durante este processo é $\Sigma F_y = F_m + F_{mão} - mg$, de modo que $F_{mão} = mg - F_m$. Observe que, até o bloco chegar à sua posição de equilíbrio, $mg > F_m$, de modo que $F_{mão} > 0$, o que é o esperado ($F_{mão}$ possui uma componente *y* positiva, uma vez que age para cima). Pode-se determinar o trabalho realizado pela mão utilizando-se a forma integral da Eq. 11.14: $W_{mão} = \int F_{mão}(y)dy$, com $F_{mão} = mg - (-ky)$:

$$W_{mão} = \int_0^{-d} (mg + ky)\,dy = mg(-d) + \tfrac{1}{2}k(-d)^2 = -3{,}89 \text{ J}.$$

Observe que $W_m + W_g + W_{mão} = 0$. Você pode explicar isto?

11.5 TRABALHO REALIZADO POR UMA FORÇA VARIÁVEL: CASO BIDIMENSIONAL (OPCIONAL)

A força $\vec{F}$ que age sobre um corpo pode variar tanto em direção como em intensidade, e a partícula pode mover-se ao longo de uma trajetória curvilínea. Para calcular-se o trabalho neste caso geral, divide-se a trajetória em um número elevado de pequenos deslocamentos $\delta\vec{s}$, cada um tangente à trajetória e apontando no sentido do movimento. A Fig. 11.16 mostra dois deslocamentos selecionados para uma situação particular; a figura também mostra a força $\vec{F}$ e o ângulo ϕ entre $\vec{F}$ e $\delta\vec{s}$ para cada posição. Pode-se determinar a quantidade do trabalho δW realizado sobre a partícula durante o deslocamento $\delta\vec{s}$ através da expressão

$$\delta W = \vec{F} \cdot \delta\vec{s} = F \cos\phi \,\delta s. \qquad (11\text{-}18)$$

Aqui, $\vec{F}$ é a força que age na localização de $\delta\vec{s}$. Pode-se determinar um valor aproximado para o trabalho realizado pela força variável $\vec{F}$ sobre a partícula durante o seu movimento de *i* para *f* na Fig. 11.16, somando-se os elementos de trabalho realizado ao longo de cada segmento que compõe a trajetória de *i* para *f*. Se os segmentos $\delta\vec{s}$ tornarem-se infinitamente pequenos, eles podem ser substituídos por diferenciais $d\vec{s}$ e a soma sobre os segmentos da linha pode ser substituída por

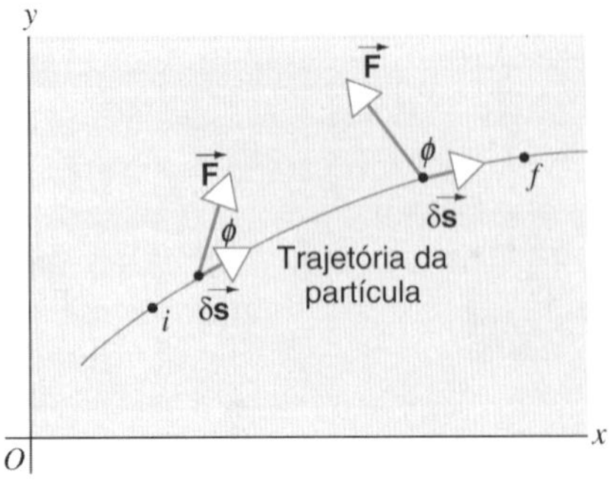

Fig. 11.16 Uma partícula move-se do ponto i para o ponto f ao longo da trajetória mostrada. Durante o seu movimento, uma força $\vec{\mathbf{F}}$ que varia tanto em intensidade como em direção age nela. À medida que $\delta\,\vec{\mathbf{s}} \to 0$, substitui-se o intervalo por $d\vec{\mathbf{s}}$, que tem a direção da velocidade instantânea e, portanto, é tangente à trajetória. A trajetória é dividida em um número elevado de pequenos intervalos $\delta\,\vec{\mathbf{s}}$.

uma integral, como na Eq. 11.14. Assim, o trabalho é determinado através

$$W = \int_i^f \vec{\mathbf{F}} \cdot d\vec{s} = \int_i^f F \cos\phi\, ds. \qquad (11\text{-}19)$$

Não é possível desenvolver-se esta integração antes de se conhecer como F e ϕ na Eq. 11.19 variam de um ponto para o outro ao longo da trajetória dos segmentos; ambos são função das coordenadas x e y da partícula na Fig. 11.16.

Pode-se obter uma expressão equivalente à Eq. 11.19 ao se escrever $\vec{\mathbf{F}}$ e $d\vec{s}$ considerando suas componentes. Assim, $\vec{\mathbf{F}} = F_x\hat{\mathbf{i}} + F_y\hat{\mathbf{j}}$ e $d\vec{s} = d_x\hat{\mathbf{i}} + d_y\hat{\mathbf{j}}$, de modo que $\vec{\mathbf{F}} \cdot d\vec{s} = F_x dx + F_y dy$. Neste cálculo, usou-se $\hat{\mathbf{i}}\cdot\hat{\mathbf{i}} = \hat{\mathbf{j}}\cdot\hat{\mathbf{j}} = 1$ e $\hat{\mathbf{i}}\cdot\hat{\mathbf{j}} = \hat{\mathbf{j}}\cdot\hat{\mathbf{i}} = 0$. Substituindo este resultado na Eq. 11.19, obtém-se

$$W = \int_i^f (F_x\, dx + F_y\, dy). \qquad (11\text{-}20)$$

Isto é similar à Eq. 11.16, a qual foi derivada para forças constantes. A Eq. 11.20 reduz-se à Eq. 11.6 quando a força é constante. Integrais como as das Eqs. 11.19 e 11.20 são chamadas de *integrais de linha*; para desenvolvê-las, é necessário conhecer como $F\cos\phi$ ou F_x e F_y variam à medida que a partícula move-se ao longo de uma linha (ou curva) em particular de uma determinada forma funcional $y(x)$. A extensão da Eq. 11.20 para três dimensões é direta.

PROBLEMA RESOLVIDO 11.5.

Um pequeno objeto de massa m está suspenso por uma corda de comprimento L. O objeto é empurrado para o lado por uma força F que está sempre na horizontal, até que a corda finalmente faz um ângulo ϕ_m com a vertical (Fig. 11.17a). O deslocamento é estabelecido com uma pequena velocidade constante. Determine o trabalho realizado por todas as forças que agem sobre o objeto.

Solução O movimento desenvolve-se ao longo de um arco de raio L, e o deslocamento $d\vec{s}$ está sempre ao longo do arco. Em um ponto intermediário do movimento, a corda faz um ângulo ϕ com a vertical. Aplicando-se a segunda lei de Newton, com $a_x = 0$ e $a_y = 0$, ao diagrama de corpo livre da Fig. 11.17b, observa-se que

componente x: $\quad F - T\,\text{sen}\,\phi = 0,$

componente y: $\quad T\cos\phi - mg = 0.$

Combinando-se estas duas equações para eliminar T, obtém-se

$$F = mg\,\text{tg}\,\phi.$$

Uma vez que F age somente na direção x, pode-se usar a Eq. 11.20 com $F_x = F$ e $F_y = 0$ para encontrar o trabalho realizado por F. Assim

$$W_F = \int F\,dx = \int_0^{\phi_m} mg\,\text{tg}\,\phi\,dx.$$

Para desenvolver-se a integral sobre ϕ, é necessário ter uma única variável de integração; escolhe-se definir x em relação a ϕ. Em uma posição intermediária arbitrária, quando a coordenada horizontal é x, observa-se que $x = L\,\text{sen}\,\phi$ e, então, $dx = L\cos\phi\, d\phi$. Substituindo dx, pode-se agora desenvolver a integração:

$$W_F = \int_0^{\phi_m} mg\,\text{tg}\,\phi\,(L\cos\phi\, d\phi)$$
$$= mgL\int_0^{\phi_m} \text{sen}\,\phi\, d\phi = mgL(-\cos\phi)\Big|_0^{\phi_m}$$
$$= mgL(1 - \cos\phi_m).$$

Na Fig. 11.17a, observa-se que $h = L(1 - \cos\phi_m)$, e portanto

$$W_F = mgh.$$

O trabalho W_g realizado pela força gravitacional (constante) mg pode ser obtido utilizando uma técnica similar baseada na Eq. 11.20 (tomando $F_x = 0$, $F_y = -mg$) para ter-se $W_g = -mgh$ (ver Exercício 25). O sinal negativo está presente porque o sentido do deslocamento vertical é oposto ao sentido da força gravitacional. O trabalho W_T realizado pela tração na corda é zero, porque $\vec{\mathbf{T}}$ é perpendicular ao deslocamento $d\vec{s}$ em todos os pontos do movimento. Agora, pode-se concluir que o trabalho total é zero: $W_{res} = W_F + W_g + W_T = mgh - mgh + 0 = 0$. Você pode explicar isto?

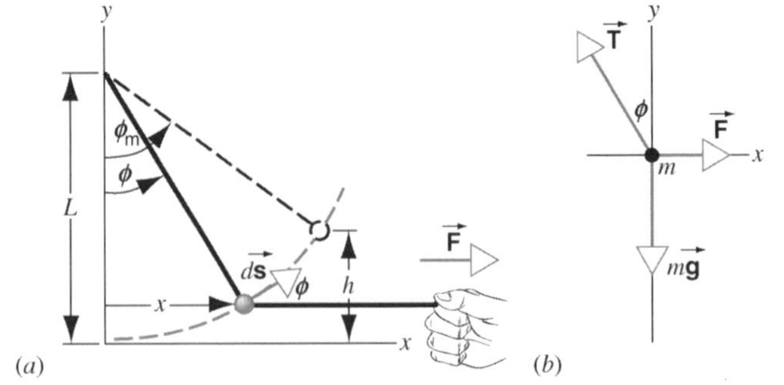

Fig. 11.17 Problema Resolvido 11.5. (a) Uma partícula está suspensa por uma corda de comprimento L e é empurrada para o lado por uma força horizontal $\vec{\mathbf{F}}$. O ângulo máximo atingido é ϕ_m. (b) Um diagrama de corpo livre da partícula.

Observe que neste problema o trabalho (positivo) realizado pela força horizontal $\vec{\mathbf{F}}$ cancela o trabalho (negativo) realizado pela força vertical $m\vec{\mathbf{g}}$. Isto pode ocorrer porque o trabalho é um *escalar*: não possui direção nem componentes. O movimento de uma partícula depende do trabalho *total* realizado sobre ela, que é a soma escalar dos valores do trabalho associados a cada uma das forças individuais.

11.6 ENERGIA CINÉTICA E TEOREMA DO TRABALHO—ENERGIA

Conforme estudou-se no Cap. 3, de acordo com a segunda lei de Newton, quando se aplica uma força externa resultante a um corpo, ele acelera. Se esta força é aplicada durante determinada distância ou determinado intervalo de tempo, a velocidade do corpo varia de seu valor inicial $\vec{\mathbf{v}}_i$ até seu valor final $\vec{\mathbf{v}}_f$.

Neste capítulo, desenvolve-se uma forma diferente para descrever a mesma situação utilizando-se a linguagem de trabalho e energia, em vez de força e aceleração. Já se apresentou o conceito de trabalho e se discutiu como calcular o trabalho realizado por uma força em diversas situações. Então, completa-se esta análise introduzindo-se mais uma forma de energia, a *energia cinética* ou energia de movimento, e mostrando-se como a energia de um corpo relaciona-se com o trabalho realizado sobre ele.

Até aqui tem-se discutido o trabalho realizado por uma única força qualquer que pode estar agindo sobre o corpo. Deseja-se, então, considerar o efeito combinado de *todas* as forças que agem sobre o corpo. Inicialmente, faz-se uma aproximação que leva a uma simplificação — *considera-se que somente forças constantes agem sobre o corpo*. Mais tarde, nesta seção, mostra-se que o mesmo resultado pode ser obtido quando forças variáveis estão agindo.

O primeiro objetivo é encontrar o *trabalho resultante* devido a todas as forças que agem sobre o corpo. Pode-se encontrar o trabalho resultante de duas formas: (1) determina-se a força resultante $\vec{\mathbf{F}}_{res} = \Sigma\,\vec{\mathbf{F}}$ e, em seguida, calcula-se o trabalho $W_{res} = \vec{\mathbf{F}}_{res}\cdot\vec{\mathbf{s}}$ realizado por esta força sobre o corpo à medida que ele se move ao longo do deslocamento $\vec{\mathbf{s}}$; ou (2) determina-se o trabalho realizado sobre o corpo por cada força individual ($W_1 = \vec{\mathbf{F}}_1\cdot\vec{\mathbf{s}}$, $W_2 = \vec{\mathbf{F}}_2\cdot\vec{\mathbf{s}}$ etc.) e, em seguida, somam-se os termos para encontrar o trabalho resultante: $W_{res} = W_1 + W_2 + \cdots$. Os dois métodos fornecem resultados idênticos, e a escolha entre eles é uma questão de conveniência.

De acordo com a segunda lei de Newton, $\vec{\mathbf{F}}_{res} = m\vec{\mathbf{a}}$. Quando o corpo se move ao longo de um deslocamento $\vec{\mathbf{s}}$, esta força resultante faz com que a velocidade varie de $\vec{\mathbf{v}}_i$ para $\vec{\mathbf{v}}_f$. Para forças constantes, a aceleração é constante, e, assim, as relações da Seção 4.1 entre velocidade e aceleração podem ser usadas. Da Eq. 4.1, obtém-se $\vec{\mathbf{a}} = (\vec{\mathbf{v}}_f - \vec{\mathbf{v}}_i)/\Delta t$, onde Δt é o intervalo de tempo que o corpo leva para percorrer o deslocamento $\vec{\mathbf{s}}$. Pela combinação das Eqs. 4.1 e 4.2, tem-se $\vec{\mathbf{s}} = \frac{1}{2}(\vec{\mathbf{v}}_i + \vec{\mathbf{v}}_f)\Delta t$, que também pode ser obtido da Eq. 2.7, e a generalização da Eq. 2.27 para o caso tridimensional: $\vec{\mathbf{v}}_{méd} = \vec{\mathbf{s}}/\Delta t = \frac{1}{2}(\vec{\mathbf{v}}_i + \vec{\mathbf{v}}_f)$. Portanto, tem-se

$$W_{res} = \vec{\mathbf{F}}_{res}\cdot\vec{\mathbf{s}} = m\vec{\mathbf{a}}\cdot\vec{\mathbf{s}} = m\,\frac{(\vec{\mathbf{v}}_f - \vec{\mathbf{v}}_i)}{\Delta t}\cdot\frac{(\vec{\mathbf{v}}_i + \vec{\mathbf{v}}_f)\Delta t}{2}. \tag{11-21}$$

Através da multiplicação dos produtos escalares, tem-se $(\vec{\mathbf{v}}_f - \vec{\mathbf{v}}_i)\cdot(\vec{\mathbf{v}}_i + \vec{\mathbf{v}}_f) = \vec{\mathbf{v}}_f\cdot\vec{\mathbf{v}}_i + \vec{\mathbf{v}}_f\cdot\vec{\mathbf{v}}_f - \vec{\mathbf{v}}_i\cdot\vec{\mathbf{v}}_i - \vec{\mathbf{v}}_i\cdot\vec{\mathbf{v}}_f$. Uma das propriedades do produto escalar de dois vetores quaisquer é que a ordem dos vetores não importa; isto é, $\vec{\mathbf{A}}\cdot\vec{\mathbf{B}} = \vec{\mathbf{B}}\cdot\vec{\mathbf{A}}$. (Isto *não* é verdadeiro para o produto *vetorial*.) Assim, o primeiro e o quarto termo na soma se cancelam. Além disso, o produto escalar de qualquer vetor com ele mesmo é simplesmente o quadrado da intensidade do vetor, conforme a Eq. 11.3 mostra, e assim $\vec{\mathbf{v}}_f\cdot\vec{\mathbf{v}}_f = v_f^2$ e $\vec{\mathbf{v}}_i\cdot\vec{\mathbf{v}}_i = v_i^2$. Por estas substituições na Eq. 11.21, obtém-se

$$W_{res} = \tfrac{1}{2}mv_f^2 - \tfrac{1}{2}mv_i^2. \tag{11-22}$$

Define-se a grandeza $\frac{1}{2}mv^2$ como a *energia cinética* K de um corpo de massa m movendo-se com uma velocidade v:

$$K = \tfrac{1}{2}mv^2. \tag{11-23}$$

A energia cinética tem as mesmas dimensões do trabalho e é medida nas mesmas unidades do trabalho (joules, ergs, pés-libras, elétrons-volts). Assim como o trabalho, a energia cinética é uma grandeza escalar. De fato, ela pode ser representada como um produto escalar entre dois vetores: $K = \frac{1}{2}m\vec{\mathbf{v}}\cdot\vec{\mathbf{v}}$, da mesma forma que os escalares trabalho e potência foram representados como produtos escalares (Eqs. 11.4 e 11.10). Com a utilização da Eq. 11.5, também pode-se escrever o produto escalar em referência às componentes dos vetores, assim $K = \frac{1}{2}mv_x^2 + \frac{1}{2}mv_y^2 + \frac{1}{2}mv_z^2$. Porém, os termos individuais no lado direito *não* representam componentes da energia cinética. Porque a energia cinética é uma grandeza escalar, *não existe uma direção associada com a energia cinética e ela não possui componentes*. Observe também que, ao contrário do trabalho, a *energia cinética nunca pode ser negativa*.

Com relação às energias inicial e final $K_i = \frac{1}{2}mv_i^2$ e $K_f = \frac{1}{2}mv_f^2$, pode-se escrever a Eq. 11.23 como

$$W_{res} = \Delta K = K_f - K_i. \tag{11-24}$$

A Eq. 11.24 é a representação matemática de um importante resultado chamado de *teorema do trabalho—energia*:

O trabalho realizado pelas forças agindo sobre um corpo é igual à variação da energia cinética do corpo.

Embora o teorema do trabalho—energia tenha sido derivado para forças constantes, ele também é válido para forças variáveis. Mais tarde nesta seção, apresenta-se uma prova mais geral deste teorema. Da mesma forma que a segunda lei de Newton, que foi usada na sua derivação, o teorema do trabalho—energia aplica-se somente às partículas, ou aos corpos que se comportam como partículas. Discute-se esta restrição mais detalhadamente no final desta seção.

O teorema do trabalho—energia é similar em formato ao teorema do impulso—quantidade de movimento (Eq. 6.5), $\vec{\mathbf{J}}_{res} = \Delta\vec{\mathbf{p}} = \vec{\mathbf{p}}_f - \vec{\mathbf{p}}_i$, embora um lide com grandezas escalares (W e K) e outro com vetores ($\vec{\mathbf{J}}$ e $\vec{\mathbf{p}}$). Ambos são baseados na segunda lei de Newton e representam formas diferentes de declarar que uma propriedade do corpo relacionada com sua velocidade (energia cinética ou quantidade de movimento) varia como conseqüência da força resultante agindo sobre o corpo. Também, cada um leva a uma importante lei de conservação: a quantidade de movimento de um sistema de partículas permanece constante se o impulso resultante for nulo; e a energia cinética de um sistema de partículas permanece constante se o trabalho resultante for nulo.

A energia cinética é apenas uma das muitas formas de energia que podem estar associadas a um corpo. Normalmente, uma forma de energia está associada a um estado ou a uma condição de um corpo: seu estado de movimento, sua localização (por exemplo, seu peso na gravidade da Terra), sua temperatura, a corrente elétrica fluindo através dele, e assim por diante. Mais tarde neste texto, discutem-se estas e outras formas de energia, além de uma forma de conservação de energia que é mais geral do que a Eq. 11.24.

A energia pode ser transferida de um corpo para outro ou transformada de uma forma para outra. Uma maneira de transferir ou transformar energia é através da realização de trabalho. Pode-se aumentar a energia cinética de um corpo quando se realiza trabalho sobre ele. De onde vem esta energia? Se o corpo for empurrado pela mão de uma pessoa, a energia vem do armazenamento interno de energia do corpo dela; se um motor for utilizado, a energia vem da energia elétrica, que por sua vez, vem do combustível empregado em uma usina elétrica. Assim, pode-se estabelecer uma definição alternativa do trabalho:

O trabalho é uma forma de transferir energia para ou de um corpo devido a uma força que age sobre ele.

Existe uma outra forma de transferir energia entre objetos, a qual se dá em função da diferença de temperatura entre eles. Esta transferência de energia é chamada *calor* e é discutida no Cap. 13.

Quando a intensidade da velocidade de um corpo é constante, não existe variação na energia cinética, e, portanto, a força resultante não realiza trabalho. Em um movimento circular uniforme, por exemplo, a força resultante age na direção do centro do círculo e está sempre em uma direção perpendicular ao movimento. Tal força não realiza trabalho sobre o corpo: ela varia a direção da velocidade do corpo mas não a sua intensidade. Somente quando a força resultante tem uma componente na direção do movimento é que ela é capaz de realizar trabalho sobre a partícula e variar sua energia cinética.

O teorema do trabalho—energia *não* representa uma nova e independente lei da Mecânica Clássica. Simplesmente *definiram-se* trabalho (Eq. 11.2, por exemplo) e energia cinética (Eq. 11.23) e *derivou-se* a relação entre eles da segunda lei de Newton. Porém, o teorema do trabalho—energia é útil na solução de problemas nos quais o trabalho resultante realizado em um corpo pelas forças externas é facilmente calculado e nos quais tem-se interesse em determinar a velocidade do corpo em determinadas posições. Ainda de maior importância é o teorema do trabalho—energia como um ponto de partida para uma generalização do conceito de energia e sobre como a energia pode ser armazenada ou compartilhada entre componentes de um sistema complexo. O princípio de conservação de energia é o assunto dos dois próximos capítulos.

PROVA GERAL DO TEOREMA DO TRABALHO—ENERGIA

Os cálculos apresentados a seguir fornecem uma prova da Eq. 11.24 no caso de forças variáveis em uma dimensão, qual seja a direção x. Considera-se que $F_{res,x}$ representa a força resultante agindo sobre o corpo. O trabalho resultante realizado por todas as forças externas que agem sobre o corpo é $W_{res} = \int F_{res,x}\,dx$. Uma vez que a velocidade varia com a localização e a localização varia com o tempo, pode-se usar a regra da cadeia do cálculo para descrever-se $dv_x/dt = (dv_x/dx)(dx/dt)$. A força resultante pode, então, ser escrita como

$$F_{res,x} = ma_x = m\frac{dv_x}{dt} = m\frac{dv_x}{dx}\frac{dx}{dt}$$
$$= m\frac{dv_x}{dx}v_x = mv_x\frac{dv_x}{dx}.$$

Assim

$$W_{res} = \int F_{res,x}\,dx = \int mv_x\frac{dv_x}{dx}\,dx = \int mv_x\,dv_x.$$

A variável de integração é a velocidade v_x. Com a integração desde a velocidade inicial v_{ix} até a velocidade final v_{fx}:

$$W_{res} = \int_{v_{ix}}^{v_{fx}} mv_x\,dv_x = m\int_{v_{ix}}^{v_{fx}} v_x\,dv_x = \tfrac{1}{2}m(v_{fx}^2 - v_{ix}^2)$$
$$= \tfrac{1}{2}mv_{fx}^2 - \tfrac{1}{2}mv_{ix}^2.$$

Isto é idêntico à Eq. 11.24 quando o movimento ocorre somente na direção x e mostra que o teorema do trabalho—energia é válido mesmo para forças variáveis. O mesmo resultado, $W_{res} = \Delta K$, aplica-se de modo direto para forças variáveis em duas ou três dimensões.

PROBLEMA RESOLVIDO 11.6.

Um método de determinar-se a energia cinética de um feixe de nêutrons, como o de um reator nuclear, consiste em medir-se quanto tempo demora para uma partícula do feixe passar por dois pontos fixos posicionados a uma distância fixa conhecida. Esta técnica é conhecida como o método do *tempo de vôo*. Suponha que um nêutron percorre uma distância $d = 6{,}2$ m em um tempo $t = 160$ μs. Qual é a sua energia cinética? A massa de um nêutron é $1{,}67 \times 10^{-27}$ kg.

Solução Obtém-se a velocidade de

$$v = \frac{d}{t} = \frac{6{,}2\ \text{m}}{160 \times 10^{-6}\ \text{s}} = 3{,}88 \times 10^{4}\ \text{m/s}.$$

Da Eq. 11.23, obtém-se a energia cinética

$$K = \tfrac{1}{2}mv^2 = \tfrac{1}{2}(1{,}67 \times 10^{-27}\ \text{kg})(3{,}88 \times 10^{4}\ \text{m/s})^2$$
$$= 1{,}26 \times 10^{-18}\ \text{J} = 7{,}9\ \text{eV}.$$

Em reatores nucleares, os nêutrons são produzidos na fissão nuclear com energias típicas de uns poucos MeV. Neste exemplo, um agente externo (chamado de moderador) realizou trabalho negativo sobre os nêutrons, reduzindo assim suas energias cinéticas de um fator considerável, de poucos MeV para alguns eV.

PROBLEMA RESOLVIDO 11.7.

Um corpo de massa $m = 4{,}5$ g é largado do repouso de uma altura $h = 10{,}5$ m acima da superfície da Terra. Desprezando-se a resistência do ar, qual é sua velocidade exatamente antes de ele atingir o chão?

Solução Supõe-se que o corpo possa ser tratado como uma partícula. Pode-se resolver este problema utilizando um método baseado nas leis de Newton, conforme considerado no Cap. 3. Em vez disto, escolhe-se resolver este problema utilizando-se o teorema do trabalho—energia. O ganho em energia cinética é igual ao trabalho realizado pela força resultante, que, neste caso, é a força da gravidade. Esta força é constante e direcionada ao longo da linha do movimento, de modo que o trabalho realizado pela gravidade é

$$W = \vec{\mathbf{F}} \cdot \vec{\mathbf{s}} = mgh.$$

Inicialmente, o corpo tem uma velocidade $v_0 = 0$, e no fim, uma velocidade v. O ganho de energia cinética do corpo é

$$\Delta K = \tfrac{1}{2}mv^2 - \tfrac{1}{2}mv_0^2 = \tfrac{1}{2}mv^2 - 0.$$

De acordo com o teorema do trabalho—energia, $W = \Delta K$, conseqüentemente

$$mgh = \tfrac{1}{2}mv^2.$$

A velocidade do corpo é, então

$$v = \sqrt{2gh} = \sqrt{2(9{,}80\ \text{m/s}^2)(10{,}5\ \text{m})} = 14{,}3\ \text{m/s}.$$

Observe que este resultado independe da massa do objeto, conforme foi previamente deduzido utilizando as leis de Newton.

PROBLEMA RESOLVIDO 11.8.

Um bloco de massa $m = 3{,}63$ kg desliza sobre a superfície horizontal sem atrito de uma mesa com uma velocidade $v = 1{,}22$ m/s. Ele é trazido ao repouso ao comprimir uma mola posicionada no caminho do bloco. De quanto a mola é comprimida se a sua constante elástica k é de 135 N/m?

Solução A variação da energia cinética do bloco é

$$\Delta K = K_f - K_i = 0 - \tfrac{1}{2}mv^2.$$

O trabalho W realizado pela mola sobre o bloco quando a mola é comprimida, desde o seu comprimento relaxado, ao longo de uma distância d é, de acordo com a Eq. 11.17,

$$W = -\tfrac{1}{2}kd^2.$$

Utilizando-se o teorema do trabalho—energia, $W = \Delta K$, obtém-se

$$-\tfrac{1}{2}kd^2 = -\tfrac{1}{2}mv^2$$

ou

$$d = v\sqrt{\frac{m}{k}} = (1{,}22\ \text{m/s})\sqrt{\frac{3{,}63\ \text{kg}}{135\ \text{N/m}}} = 0{,}200\ \text{m} = 20{,}0\ \text{cm}.$$

TEOREMA DO TRABALHO—ENERGIA E SISTEMAS DE REFERÊNCIA

As leis de Newton somente são válidas em sistemas de referência inerciais. (De fato, a primeira lei de Newton pode ser usada para verificar se um sistema de referência é inercial ou não.) Se a segunda lei de Newton é verificada em um sistema de referência, então ela se estende a *todos* os sistemas de referência inerciais. Se dois observadores posicionados em diferentes sistemas de referência inerciais movem-se com velocidade constante $\vec{\mathbf{v}}$ relativa um ao outro e observam o mesmo experimento, eles medem valores idênticos para as forças, massas e acelerações, e, dessa forma, eles concordam completamente em suas análises, utilizando a segunda lei de Newton.

Uma vez que o teorema do trabalho—energia foi derivado da segunda lei de Newton, pode-se supor que, como no caso da segunda lei de Newton, os observadores em diferentes sistemas de referência inerciais concordarão acerca dos resultados da aplicação do teorema do trabalho—energia. Porém, ao contrário de forças e acelerações, os deslocamentos e as velocidades medidos por observadores em diferentes sistemas de referência inerciais são, em geral, distintos e, assim, eles deduzirão valores diversificados para o trabalho e a energia cinética do experimento.

Mesmo que dois observadores obtenham valores numéricos diferentes para o trabalho e para a energia cinética nos seus respectivos sistemas de referência, ambos concordam que $W = \Delta K$. O teorema do trabalho—energia é um exemplo de uma lei *invariante* da Física. Uma lei invariante é a que possui a mesma forma em todos os sistemas de referência inerciais. Os valores medidos das grandezas físicas, como W e K, podem ser diferentes em dois sistemas de referência, mas as leis envolvendo estas duas grandezas possuem a mesma forma para ambos os observadores (e para os observadores em todos os outros sistemas de referência inerciais).

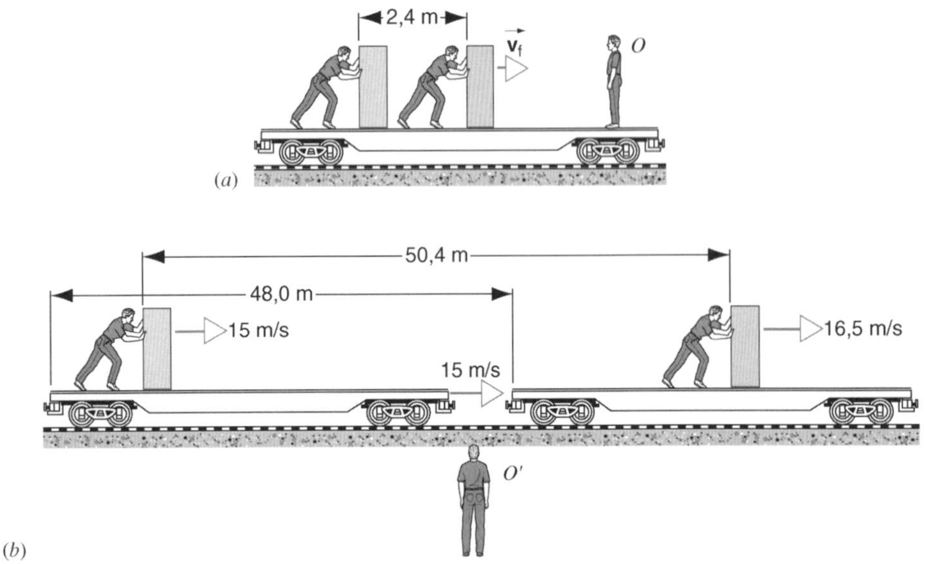

Fig. 11.18 Problema Resolvido 11.9. Um trabalhador sobre um vagão de carga empurra um caixote para a frente, conforme visto por (*a*) um observador *O* no trem e por (*b*) um observador *O'* no chão.

PROBLEMA RESOLVIDO 11.9.

Um trabalhador exerce uma força $F = 5{,}63$ N ao empurrar um caixote com massa de 12,0 kg, que se move sem atrito sobre um vagão de carga do tipo plataforma (Fig. 11.18*a*). O trem move-se com uma velocidade constante de 15,0 m/s no mesmo sentido em que o trabalhador está empurrando o caixote. De acordo com um observador *O*, que também está sobre o vagão, o caixote sai do repouso e é empurrado pelo trabalhador por uma distância $s = 2{,}4$ m. (*a*) Determine a velocidade final do caixote segundo o observador *O*. (*b*) Determine o trabalho W' e a variação da energia cinética $\Delta K'$ segundo o observador O', que está em repouso no chão, e mostre que o teorema do trabalho—energia é válido para este observador.

Solução (*a*) Na Fig. 11.18, todos os deslocamentos, velocidades e forças estão direcionados para a direita. Assim, o sentido para a direita é tomado como sendo positivo. Segundo *O*, o trabalho realizado é $W = Fs = (5{,}63\text{ N})(2{,}4\text{ m}) = 13{,}5$ J. O teorema do trabalho—energia fornece, então, $K_f - K_i = W = 13{,}5$ J. Uma vez que, segundo o observador no vagão, $K_i = 0$, $K_f = 13{,}5$ J e, então

$$v_f = \sqrt{\frac{2K_f}{m}} = \sqrt{\frac{2(13{,}5\text{ J})}{12{,}0\text{ kg}}} = 1{,}50\text{ m/s}.$$

(*b*) A situação segundo O' é mostrada na Fig. 11.18*b*. Primeiro, calcula-se a distância percorrida pelo vagão durante o período em que o trabalhador empurra o caixote para a frente. Do teorema do impulso—quantidade de movimento ($J_x = \Delta p_x$, escrito considerando as componentes na direção *x*; conforme a Eq. 6.5), tomado como sendo aplicado por *O*, tem-se

$$\Delta t = \frac{\Delta p_x}{F_x} = \frac{mv_x}{F_x} = \frac{(12{,}0\text{ kg})(1{,}50\text{ m/s})}{5{,}63\text{ N}} = 3{,}20\text{ s}.$$

Ambos os observadores concordam na medição deste intervalo de tempo. Em 3,20 s, o vagão move-se para a frente uma distância de $(15{,}0\text{ m/s})(3{,}20\text{ s}) = 48{,}0$ m. Deste modo, segundo O', o caixote move-se uma distância total de $s' = 48{,}0\text{ m} + 2{,}4\text{ m} = 50{,}4$ m. Ambos os observadores concordam acerca do valor da força externa exercida pelo trabalhador; assim, segundo O', o trabalho é

$$W' = F's' = (5{,}63\text{ N})(50{,}4\text{ m}) = 284\text{ J}.$$

Segundo O', a velocidade inicial do caixote é $v'_i = 15{,}0$ m/s (a velocidade do vagão) e sua velocidade final é $v'_f = 15{,}0\text{ m/s} + 1{,}5\text{ m/s} = 16{,}5$ m/s; assim, a variação da energia cinética, segundo O', é

$$\begin{aligned}\Delta K' &= K'_f - K'_i = \tfrac{1}{2}mv'^2_f - \tfrac{1}{2}mv'^2_i \\ &= \tfrac{1}{2}(12{,}0\text{ kg})(16{,}5\text{ m/s})^2 - \tfrac{1}{2}(12{,}0\text{ kg})(15{,}0\text{ m/s})^2 \\ &= 284\text{ J}.\end{aligned}$$

Portanto, $W' = \Delta K'$, segundo o observador O'. Observe que *O* e O' medem diferentes valores para o trabalho e para a variação da energia cinética, mas ambos concordam acerca do fato de que o trabalho é igual à variação da energia cinética. Para estes dois observadores inerciais, o teorema do trabalho—energia tem a mesma forma.

LIMITAÇÕES DO TEOREMA DO TRABALHO—ENERGIA

Derivou-se o teorema do trabalho—energia, Eq. 11.24, diretamente da segunda lei de Newton, a qual, na forma que foi aqui escrita, aplica-se *somente a partículas*. Portanto, o teorema do trabalho—energia, conforme apresentado até então, também aplica-se somente aos corpos que possam ser considerados como partículas. Anteriormente, considerou-se que um objeto comporta-se como uma partícula se todas as suas partes movem-se exatamente da mesma forma. Na utilização do teorema do trabalho—energia, pode-se tratar um objeto como sendo uma partícula se a única forma de energia que ele tem é a energia cinética.

Considere, por exemplo, um carro de teste que sofre uma colisão frontal com uma pesada e rígida barreira de concreto. A energia cinética do carro certamente diminui quando o carro bate na barreira, amassa-se e atinge o repouso. Porém, existem outras formas de energia, além da energia cinética, que estão presentes nesta situação. Existe energia interna associada ao amassamento do corpo do carro; parte desta energia interna pode aparecer, por exemplo, através de um aumento da temperatura do carro e parte pode ser transferida para as vizinhanças como calor. Observe que, mesmo que a barreira exerça uma força considerável sobre o carro durante a batida, a força não realiza trabalho porque o *ponto de aplicação da força sobre o carro não se move*. (Isto vem da definição original de trabalho — dada pela Eq. 11.1 e ilustrada na Fig. 11.1 —, onde a força precisa agir sobre determinada distância para realizar trabalho.) Assim, neste caso, $\Delta K \neq 0$, mas $W = 0$; claramente, a Eq. 11.24 não é verificada. O carro *não* se comporta como uma partícula: cada parte sua *não* se move exatamente da mesma forma.

Por razões similares, do ponto de vista do teorema do trabalho—energia, não se pode tratar um bloco que desliza e sofre a ação de uma força de atrito como sendo uma partícula (mesmo que se possa continuar a tratá-lo como uma partícula, como foi feito no Cap. 5, ao se analisar o seu comportamento usando as leis de Newton). A força de atrito, a qual foi representada como uma força constante $\vec{\mathbf{f}}$, é na realidade bastante complicada, envolvendo o estabelecimento e a quebra de muitas soldas microscópicas (Seção 5.3), que deformam as superfícies e resultam em modificações na energia interna das superfícies (o que em parte pode ser mostrado através de um aumento da temperatura das superfícies). Em função da dificuldade de se considerar todas estas formas de energia e de que os objetos não se comportam como partículas, em geral, não é correto aplicar a forma para partículas do teorema do trabalho—energia a objetos submetidos a forças de atrito.

Nestes exemplos, devem-se considerar o choque do carro e o bloco deslizando não como partículas mas como sistemas contendo um considerável número de partículas. Embora seja correto aplicar-se o teorema do trabalho—energia a cada partícula individual do sistema, é impraticável fazer isto. No Cap. 13, começa-se a desenvolver um método mais simples para lidar com sistemas complexos de partículas e mostra-se como estender o teorema do trabalho—energia de modo que possa ser aplicado a esses casos.

11.7 TRABALHO E ENERGIA CINÉTICA NO MOVIMENTO ROTACIONAL

Até aqui neste capítulo, somente considerou-se o movimento de translação. Nesta seção, estende-se a discussão sobre trabalho e energia cinética a corpos em rotação.

Inicia-se calculando-se o trabalho realizado sobre um corpo rígido que gira em torno de um eixo fixo, da mesma forma que se começou neste capítulo ao se considerar o trabalho realizado sobre um corpo que se move em uma dimensão. A Fig. 11.19 mostra um corpo rígido arbitrário submetido a uma força $\vec{\mathbf{F}}$ aplicada no ponto P, a uma distância r do eixo de rotação, por um agente externo. Quando o corpo gira de um pequeno ângulo $d\theta$ em torno do eixo, o ponto P move-se através de uma distância $ds = r\,d\theta$. A componente da força na direção do movimento de P é F sen ϕ, e, assim, o trabalho dW realizado pela força é

$$dW = (F \text{ sen } \phi)ds = (F \text{ sen } \phi)(r\,d\theta) = (rF \text{ sen } \phi)d\theta.$$

Ao se observar que rF sen ϕ também é a componente do torque da força $\vec{\mathbf{F}}$ em relação ao eixo z, tem-se $dW = \tau_z\,d\theta$, e, para uma rotação desde um ângulo θ_i até um ângulo θ_f, o trabalho é

$$W = \int_{\theta_i}^{\theta_f} \tau_z\,d\theta. \qquad (11\text{-}25)$$

Vale ressaltar que a Eq. 11.25 é a equação rotacional análoga à Eq. 11.14, com a força sendo substituída pelo torque e a coordenada linear sendo substituída por uma coordenada angular.

Se o torque é constante quando o corpo gira através de um ângulo $\theta = \theta_f - \theta_i$, o trabalho realizado sobre o corpo por este torque é

$$W = \tau_z\theta, \qquad (11\text{-}26)$$

que é análoga à Eq. 11.1 para uma constante elástica.

A potência instantânea gasta pelo movimento rotacional pode ser obtida da Eq. 11.8:

$$P = \frac{dW}{dt} = \frac{\tau_z\,d\theta}{dt} = \tau_z\omega_z \qquad (11\text{-}27)$$

onde $\omega_z = d\theta/dt$ é a velocidade rotacional em torno do eixo z. Isto é a forma rotacional análoga à Eq. 11.11. Observe que as direções de $\vec{\boldsymbol{\tau}}$ e $\vec{\boldsymbol{\omega}}$ são paralelas na geometria da Fig. 11.19 (ambos para fora da página, ao longo do eixo z). A potência média para o movimento rotacional para o qual uma quantidade total de trabalho W é realizado durante um tempo t é dada pela Eq. 11.7, $P_{\text{méd}} = W/t$.

Nas Eqs. 11.25, 11.26 e 11.27, assim como em todas as equações que misturam grandezas angulares e não-angulares, *as grandezas angulares devem ser expressas em radianos.*

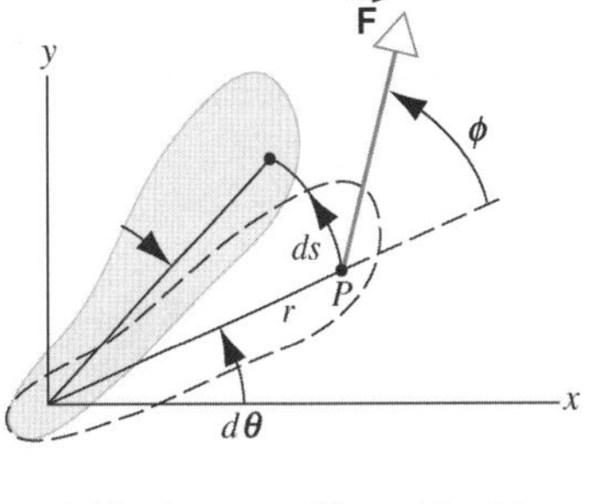

Fig. 11.19 Um corpo rígido gira no sentido anti-horário em torno de um eixo perpendicular à página (o eixo z). Uma força externa $\vec{\mathbf{F}}$ (no plano da página) é aplicada no ponto P do corpo, a uma distância r do eixo de rotação.

ENERGIA CINÉTICA ROTACIONAL

A Fig. 11.20 mostra um corpo rígido girando em torno de um eixo fixo com uma velocidade angular ω. Pode-se considerar o corpo como um conjunto de N partículas m_1, m_2, ... movendo-se com velocidades tangenciais v_1, v_2, ... Se r_n representa a distância da partícula m_n a partir do eixo de rotação, então $v_n = r_n\omega$ e a sua energia cinética é $\frac{1}{2}m_n v_n^2 = \frac{1}{2}m_n r_n^2 \omega^2$.

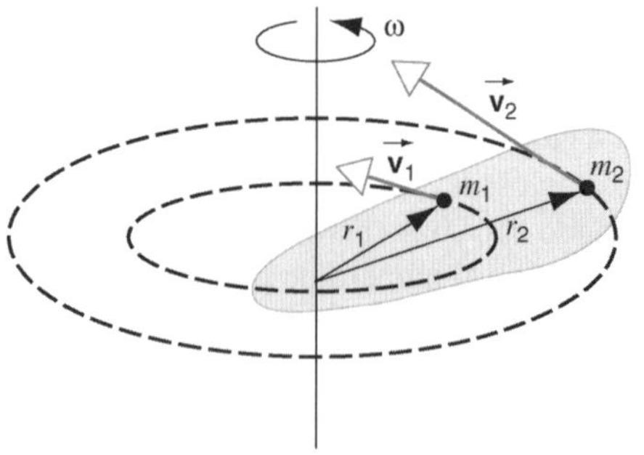

Fig. 11.20 Um corpo rígido gira em torno de um eixo fixo. Toda partícula possui a mesma velocidade angular ω, mas a intensidade da velocidade tangencial varia com a distância r ao eixo de rotação.

A energia cinética total do corpo inteiro girando é igual à soma das energias cinéticas de todas as N partículas:

$$K = \tfrac{1}{2}m_1 r_1^2 \omega^2 + \tfrac{1}{2}m_2 r_2^2 \omega^2 + \cdots = \tfrac{1}{2}\left(\sum m_n r_n^2\right)\omega^2 \qquad (11\text{-}28)$$

ou, considerando a inércia rotacional $I = \Sigma\ m_n r_n^2$,

$$K = \tfrac{1}{2}I\omega^2. \qquad (11\text{-}29)$$

Esta expressão, que fornece a energia cinética de um corpo rígido com uma inércia rotacional I girando com uma velocidade angular ω, é exatamente análoga à Eq. 11.23 para a energia cinética associada ao movimento de translação, $K = \frac{1}{2}mv^2$. A massa na Eq. 11.23 é substituída pela inércia rotacional, e a velocidade linear, pela velocidade angular.

A energia cinética rotacional dada pela Eq. 11.29 não é um novo tipo de energia cinética. Ela é simplesmente a soma das energias cinéticas associadas ao movimento de translação para todas as partículas do corpo. Mesmo que o corpo inteiro não esteja em movimento de translação, cada partícula possui uma velocidade tangencial, e, dessa forma, cada partícula tem uma energia cinética. A direção instantânea da velocidade de cada partícula varia à medida que o corpo gira, mas como a energia cinética depende de v^2 e é um escalar, não existe uma direção associada a ela. É portanto adequado adicionarem-se as energias cinéticas das partículas de um corpo em rotação. A energia cinética rotacional $\frac{1}{2}I\omega^2$ é meramente uma forma conveniente de expressar a energia cinética total de todas as partículas de um corpo rígido.

A forma rotacional do teorema do trabalho—energia é exatamente a mesma da forma associada ao movimento de translação: $W = \Delta K$, com o trabalho rotacional dado pela Eq. 11.25 ou, da Eq. 11.26, e a energia cinética rotacional, pela Eq. 11.29. Em geral, o trabalho realizado sobre um corpo pode ser acompanhado por um movimento composto de rotação e translação. Neste caso, W representa o trabalho total realizado sobre o corpo, e ΔK deve incluir a soma dos termos associados aos movimentos de translação e de rotação. A energia cinética resultante do movimento combinado de translação e de rotação é considerada no Cap. 12.

Na Tabela 10.1, apresentou-se uma comparação entre as grandezas associadas ao movimento de translação e de rotação para a cinemática e a dinâmica. A Tabela 11.1 mostra uma comparação adicional das grandezas relacionadas com a energia para o movimento de translação e de rotação.

PROBLEMA RESOLVIDO 11.10.

Uma sonda espacial navegando por uma região com gravidade desprezível está girando com uma velocidade angular de 2,4 rev/s em torno de um eixo que aponta na direção do seu movimento (Fig. 11.21). A espaçonave tem o formato de uma casca esférica fina de 1,7 m de raio e 245 kg de massa. É necessário reduzir a velocidade de rotação para 1,8 rev/s disparando foguetes tangenciais ao longo do "equador" da sonda. Qual é a força constante que os foguetes precisam exercer se a variação na velocidade angular deve ser alcançada quando a sonda executar 3,0 revoluções? Suponha que o combustível ejetado pelos foguetes seja uma fração desprezível da massa da sonda.

TABELA 11.1 Comparação de Grandezas Relacionadas com a Energia para a Translação e a Rotação

Grandeza de Translação		*Equação Número*	*Grandeza de Rotação*		*Equação Número*
Trabalho*	$W = \int F_x dx$	11-14	Trabalho	$W = \int \tau_z\, d\theta$	11-25
Potência*	$P = F_x v_x$	11-11	Potência	$P = \tau_z \omega_z$	11-27
Energia cinética	$K = \frac{1}{2}mv^2$	11-23	Energia cinética rotacional	$K = \frac{1}{2}I\omega^2$	11-29
Teorema do trabalho—energia	$W = \Delta K$	11-24	Teorema do trabalho—energia	$W = \Delta K$	11-24

*Para enfatizar a simetria entre as grandezas de translação e de rotação, estas equações são escritas para a forma unidimensional.

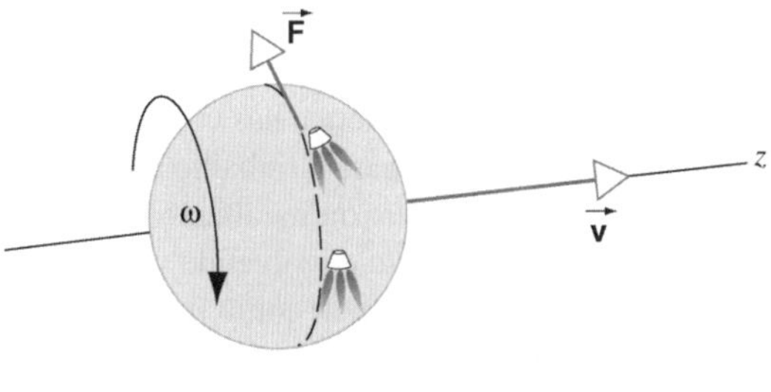

Fig. 11.21 Problema Resolvido 11.10.

Solução Da Fig. 9.15, obtém-se a inércia rotacional para uma casca esférica fina:

$$I = \tfrac{2}{3}MR^2 = \tfrac{2}{3}(245\text{ kg})(1{,}7\text{ m})^2 = 472\text{ kg}\cdot\text{m}^2.$$

A variação na energia cinética rotacional é

$$\Delta K = \tfrac{1}{2}I\omega_f^2 - \tfrac{1}{2}I\omega_i^2$$

$$= \tfrac{1}{2}(472\text{ kg}\cdot\text{m}^2)[(2\pi\text{ rad/rev})(1{,}7\text{ rev/s})]^2$$
$$- \tfrac{1}{2}(472\text{ kg}\cdot\text{m}^2)[(2\pi\text{ rad/rev})(2{,}4\text{ rev/s})]^2$$
$$= -2{,}67 \times 10^4\text{ J}.$$

De acordo com a Eq. 11.26, o trabalho associado ao movimento de rotação para um torque constante é $W = \tau_z\theta$, onde $\tau_z = -RF$ se a força do foguete F é aplicada tangencialmente. O sinal negativo indica que o torque aponta no sentido negativo de z. Com a utilização do teorema do trabalho—energia, $W = \Delta K$ com $W = -RF\theta$, resolve-se para a força do foguete F:

$$F = \frac{W}{-R\theta} = \frac{\Delta K}{-R\theta} = \frac{-2{,}67\times 10^4\text{ J}}{-(1{,}7\text{ m})[(2\pi\text{ rad/rev})(3{,}0\text{ rev})]}$$
$$= 833\text{ N}.$$

Este problema também pode ser resolvido com as fórmulas da cinemática rotacional para definir a aceleração angular (constante), e, em seguida, utilizando-se $\tau_z = I\alpha_z$ para determinar a força.

11.8 ENERGIA CINÉTICA EM COLISÕES

No Cap. 6, analisaram-se colisões entre dois corpos pela aplicação da lei de conservação da quantidade de movimento linear. Também é educativo considerar-se a energia cinética da colisão dos corpos.

Considera-se a colisão entre dois corpos que se movem ao longo do eixo x. A linha 1 da Fig. 11.22*a* mostra as velocidades antes da colisão no sistema de referência do laboratório, e a Fig. 11.22*b* mostra a mesma colisão vista do sistema de referência do centro de massa.

Inicialmente, discute-se uma colisão *elástica*, definida na Seção 6.5 como uma colisão na qual, no sistema de referência do centro de massa, as quantidades de movimento dos corpos em colisão têm os seus sentidos simplesmente invertidos. Se as quantidades de movimento são invertidas, os sentidos das velocidades dos corpos que colidem também precisam ser invertidos (Fig. 11.22*b*, linhas 1 e 2). Uma vez que as velocidades de cada corpo antes e depois da colisão são iguais em intensidade ($v'_{1i} = v'_{1f}$ e $v'_{2i} = v'_{2f}$), fica claro que, na referência do centro de massa, é necessário que $K'_{1i} = K'_{1f}$ para m_1 e $K'_{2i} = K'_{2f}$ para m_2. A energia cinética inicial *total*, $K'_i = K'_{1i} + K'_{2i}$, é, portanto, igual à energia cinética final *total*, $K'_f = K'_{1f} + K'_{2f}$, neste sistema de referência.

No sistema de referência do laboratório (que foi descrito através de coordenadas sem o sobrescrito linha), *não* é verdadeiro que as energias cinéticas individuais permanecem invariáveis na colisão; isto é, em geral, $v_{1i} \neq v_{1f}$ e, portanto, $K_{1i} \neq K_{1f}$, e de forma similar para m_2. E em relação à energia cinética *total* de m_1 e m_2 neste referencial? Antes da colisão, a energia cinética inicial *total* é $K_i = \tfrac{1}{2}m_1v_{1i}^2 + \tfrac{1}{2}m_2v_{2i}^2$, e, após a colisão, a energia cinética final *total* é $K_f = \tfrac{1}{2}m_1v_{1f}^2 + \tfrac{1}{2}m_2v_{2f}^2$. Se na expressão para K_f forem usadas as Eqs. 6.24 e 6.25 para as velocidades finais, após o desenvolvimento algébrico necessário, obtém-se

$$K_i = K_f \quad \text{(elástica)}. \qquad (11\text{-}30)$$

As energias cinéticas individuais dos corpos em colisão podem variar; isto é, em geral, $K_{1i} \neq K_{1f}$ e $K_{2i} \neq K_{2f}$, mas suas somas permanecem constantes ($K_{1i} + K_{2i} = K_{1f} + K_{2f}$).

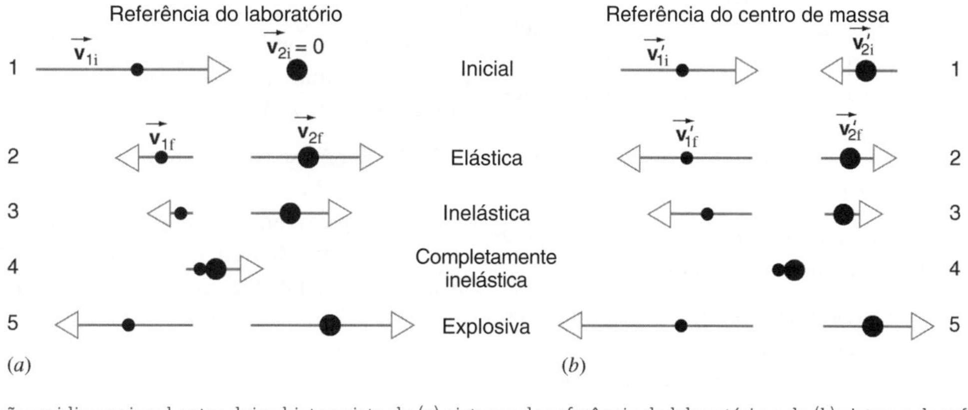

Fig. 11.22 Uma colisão unidimensional entre dois objetos vista do (*a*) sistema de referência do laboratório e do (*b*) sistema de referência do centro de massa. Na referência do laboratório, m_2 está inicialmente em repouso.

Assim, tem-se uma definição alternativa de uma colisão elástica:

Em uma colisão elástica, a energia cinética total dos dois corpos permanece constante; isto é, a energia cinética total antes da colisão é igual à energia cinética total após a colisão.

Observa-se que, em pelo menos dois sistemas de referência (o sistema de referência do centro de massa e o sistema de referência do laboratório), os valores totais das energias cinéticas inicial e final do sistema de dois corpos são iguais. Na realidade, uma vez que o sistema de referência do laboratório é um sistema de referência escolhido arbitrariamente, *a energia cinética total permanece constante em todos os sistemas de referência inerciais*. Pode-se entender este resultado imaginando-se que exista uma mola na sua posição relaxada entre os dois corpos. Quando os corpos colidem, eles comprimem a mola, e parte da energia cinética deles é perdida devido ao trabalho realizado pela mola. Quando a mola se expande de novo, ela realiza uma quantidade igual de trabalho sobre os corpos, o que *aumenta* suas energias cinéticas. Se a mola retorna à sua posição relaxada, o trabalho resultante realizado sobre o sistema composto pelos dois corpos é nulo, e, assim, a energia cinética *final* total do sistema deve ser igual à energia cinética *inicial* total.

É claro que não existem molas nas colisões entre dois corpos reais — *são os objetos que colidem que se comportam elasticamente*, como molas. As forças interatômicas dos objetos podem ser consideradas como elásticas; os objetos realizam trabalho um sobre o outro ao trocarem suas energias cinéticas entre si, mas o trabalho resultante realizado pelo sistema todo, composto pelos dois objetos, é nulo, de modo que a variação na energia cinética do sistema é nula.

Agora, imagine uma mola entre dois corpos em uma colisão *inelástica* (comparar as linhas 1 e 3 da Fig. 11.22*b*). A mola é comprimida na colisão, mas não retorna a sua posição completamente relaxada após a colisão. (Talvez um mecanismo do tipo de uma catraca que mantenha a mola de alguma forma comprimida.) Ao comprimir a mola, os dois corpos realizam trabalho sobre ela, mas a mola realiza um trabalho menor sobre os corpos quando se expande de novo, de modo que a energia cinética final é menor do que a energia cinética inicial. Todos os observadores, não importando seu sistema de referência inercial, concordarão que a mola permanece de alguma forma comprimida após a colisão, de modo que todos os observadores concordarão acerca do fato de que alguma energia cinética foi perdida (embora a quantidade da perda varie com o sistema de referência do observador). Assim, pode-se caracterizar uma colisão inelástica em termos da energia cinética:

Em uma colisão inelástica, a energia cinética final total é menor do que a energia cinética inicial total.

Mesmo que a energia cinética total diminua, a quantidade de movimento linear total permanece constante.

Todas as colisões entre corpos são de alguma forma inelásticas. Se uma bola de golfe ou uma bola de tênis for solta sobre uma superfície dura, ela não quicará até à altura original. A diferença de altura entre quiques sucessivos é uma medida da perda na energia cinética em cada colisão com a Terra.

Para onde vai esta energia cinética nas colisões entre corpos reais (sem molas)? Ela pode ir para o trabalho realizado durante a deformação de um dos corpos ou na alteração da sua forma, como, por exemplo, uma colisão envolvendo uma bola de argila. Objetos reais não se comprimem como molas ideais — freqüentemente existem forças dissipativas similares ao atrito. Parte da energia poderia ser usada para criar uma onda de choque ou aumentar a temperatura dos objetos.

Se os dois corpos permanecem juntos, tem-se uma *colisão completamente inelástica* (comparar as linhas 1 e 4 da Fig. 11.22*b*). Este tipo de colisão dissipa a maior quantidade de energia cinética, considerando-se a conservação da quantidade de movimento.

Finalmente, imagine uma colisão na qual a mola entre os dois corpos está comprimida antes da colisão, mas é distendida quando os corpos colidem. Os corpos em colisão podem comprimir mais a mola, mas, quando a mola se distende para a sua posição relaxada, ela fornece aos corpos uma quantidade de energia cinética maior do que a quantidade inicial. Os dois corpos podem realizar trabalho sobre a mola ao comprimi-la, mas a mola realiza uma *maior* quantidade de trabalho sobre os dois corpos quando ela se distende. Esta é uma colisão *explosiva* ou que libera energia.

Em uma colisão explosiva, a energia cinética final total é maior do que a energia cinética inicial total.

Mais uma vez, a quantidade de movimento linear permanece constante mesmo que a energia cinética aumente.

Colisões que liberam energia ocorrem freqüentemente em reações nucleares quando a energia interna armazenada nos núcleos é convertida em energia cinética com a colisão. Após a colisão, os núcleos resultantes têm menor quantidade de energia interna nuclear, mas, maior quantidade de energia cinética em comparação aos núcleos originais.

PROBLEMA RESOLVIDO 11.11.

Em um reator nuclear, nêutrons perdem energia colidindo com os núcleos de átomos de materiais que estão presentes no núcleo do reator. Se um nêutron de massa m_n possui uma energia cinética inicial de 5,0 MeV, qual é a quantidade de energia cinética que ele perderá se experimentar uma colisão frontal elástica com um núcleo de chumbo ($m_{Pb} = 206m_n$), carbono ($m_C = 12m_n$) ou hidrogênio ($m_H = m_n$)?

Solução Supõe-se que os átomos estejam inicialmente em repouso (na realidade, eles têm pequenas velocidades "térmicas" que são desprezíveis em comparação com a velocidade do nêutron). A velocidade final do nêutron incidente na colisão frontal elástica com um núcleo em repouso é dada pela Eq. 6.24 com $v_{2i} = 0$: $v_{1f} = [(m_1 - m_2)/(m_1 + m_2)]v_{1i}$. A energia cinética final do nêutron é

$$K_{1f} = \tfrac{1}{2}m_1v_{1f}^2 = \tfrac{1}{2}m_1\left(\frac{m_1 - m_2}{m_1 + m_2}\right)^2 v_{1i}^2 = K_{1i}\left(\frac{m_1 - m_2}{m_1 + m_2}\right)^2.$$

Para uma colisão com o chumbo, a energia cinética final do nêutron é

$$K_{1f} = (5{,}0\ \text{MeV})\left(\frac{m_n - m_{Pb}}{m_n + m_{Pb}}\right)^2$$
$$= (5{,}0\ \text{MeV})\left(\frac{m_n - 206m_n}{m_n + 206m_n}\right)^2 = 4{,}9\ \text{MeV},$$

correspondendo a uma perda de 5,0 MeV − 4,9 MeV = 0,1 MeV. Um cálculo similar para o carbono fornece $K_{1f} = 3{,}6$ MeV (uma perda de 1,4 MeV), e para o hidrogênio, $K_{1f} = 0$ (uma perda de 5,0 MeV, toda a sua energia inicial). Assim, um nêutron perde a maior quantidade de energia em uma colisão com um núcleo de hidrogênio, cuja massa é próxima à do núcleo.

Estes resultados mostram por que um material rico em hidrogênio, como a água ou a parafina, é de longe mais efetivo em desacelerar ou "moderar" nêutrons do que um material mais pesado, como o chumbo. Mesmo que se tenha simplificado o problema supondo-se uma colisão "frontal" unidimensional, a mesma conclusão básica seria obtida se fosse considerada uma colisão bidimensional indireta: um nêutron perde mais energia em materiais ricos em hidrogênio.

Nêutrons liberados na fissão de urânio em reatores apresentam energias cinéticas típicas na faixa de MeV. Porém, a operação de um reator necessita destes nêutrons para iniciar novos eventos de fissão, que ocorrem com uma probabilidade elevada somente se os nêutrons forem desacelerados para valores de energia cinética na faixa de eV. Por esta razão, os elementos de combustível de urânio precisam ser misturados com materiais mais leves que servem como moderadores para os nêutrons.

PROBLEMA RESOLVIDO 11.12.

Um pêndulo balístico (Fig. 11.23) é um dispositivo que se utilizava para medir a velocidade dos projéteis, antes de dispositivos eletrônicos de medição de tempo estarem disponíveis. Ele consiste em um grande bloco de madeira de massa M pendurado por um par de cordas longas. Uma bala de massa m é disparada no bloco e o conjunto bloco + projétil oscila para cima, com o seu centro de massa subindo uma distância vertical h antes de o pêndulo atingir um repouso momentâneo no final do seu arco. Considere a massa do bloco como $M = 5{,}4$ kg e a massa do projétil como $m = 9{,}5$ g. (*a*) Qual é a velocidade inicial do projétil se o bloco sobe a uma altura $h = 6{,}3$ cm? (*b*) Qual é a fração da energia cinética inicial que é perdida nesta colisão?

Solução (*a*) Divide-se o problema em duas partes: (1) O projétil movendo-se com uma velocidade v_i entra no bloco e atinge o repouso em relação ao bloco, após isso, o conjunto projétil + bloco move-se com uma velocidade comum v_f. Supõe-se que isto ocorra muito rapidamente. (2) O conjunto, agora movendo-se com uma velocidade v_f, oscila até atingir o repouso. A parte 1 é um exemplo de uma colisão completamente inelástica, na qual dois objetos que colidem permanecem juntos após a colisão. A quantidade de movimento é conservada na colisão, de modo que

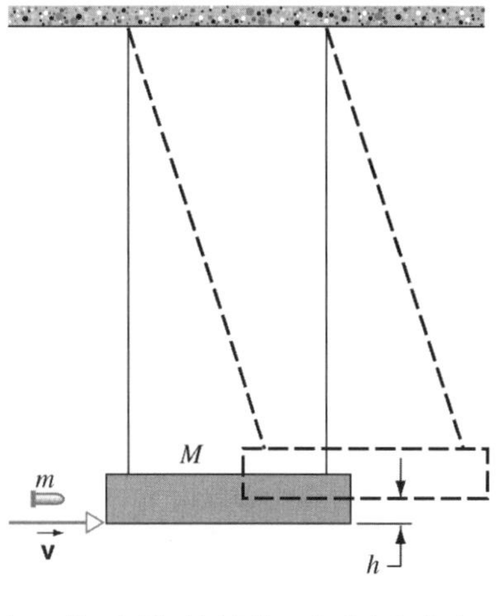

Fig. 11.23 Problema Resolvido 11.12. Um pêndulo balístico é utilizado para medir a velocidade de um projétil.

a Eq. 6.20 fornece, com $v_{2i} = 0$ (o bloco está inicialmente em repouso), $mv_i = (m + M)v_f$. A parte 2 do problema pode ser analisada utilizando-se o teorema do trabalho—energia. O trabalho resultante sobre o conjunto bloco + projétil é realizado pela gravidade: $W_{res} = W_g = -(m + M)gh$, e, quando ele oscila e atinge o repouso, a variação da energia cinética do conjunto é $\Delta K = 0 - \frac{1}{2}(m + M)v_f^2$. O teorema do trabalho—energia, $W_{res} = \Delta K$, então, fornece

$$-(m + M)gh = -\tfrac{1}{2}(m + M)v_f^2 = -\tfrac{1}{2}(m + M)\left(\frac{mv_i}{m + M}\right)^2,$$

onde o último resultado é obtido substituindo-se v_f pelo resultado da conservação da quantidade de movimento da parte 1. Pela solução para v_i, obtém-se

$$v_i = \left(\frac{M + m}{m}\right)\sqrt{2gh}$$
$$= \left(\frac{5{,}4\ \text{kg} + 0{,}0095\ \text{kg}}{0{,}0095\ \text{kg}}\right)\sqrt{(2)(9{,}8\ \text{m/s}^2)(0{,}063\ \text{m})} = 630\ \text{m/s}.$$

Pode-se considerar o pêndulo balístico como um tipo de transformador que troca a alta velocidade de um objeto leve (o projétil) por uma baixa velocidade — e, mais fácil de ser medida — de um objeto maciço (o bloco).

(*b*) A energia cinética final pode ser escrita como

$$K_f = \tfrac{1}{2}(m + M)v_f^2 = \tfrac{1}{2}(m + M)\left(\frac{mv_i}{m + M}\right)^2 = \tfrac{1}{2}mv_i^2\left(\frac{m}{m + M}\right).$$

A razão entre as energias cinéticas inicial e final é

$$\frac{K_f}{K_i} = \frac{m}{m + M} = \frac{9{,}5\ \text{g}}{9{,}5\ \text{g} + 5{,}4\ \text{kg}} = 0{,}0018.$$

Somente 0,18% da energia cinética inicial é mantida após a colisão. O restante (99,82%) é armazenado dentro do pêndulo como energia interna (talvez em parte como aumento da temperatura) ou transferido à vizinhança — por exemplo, como calor ou ondas sonoras.

MÚLTIPLA ESCOLHA

11.1 Trabalho e Energia

11.2 Trabalho Realizado por uma Força Constante

1. Um aluno pega uma caixa que está sobre uma mesa e a coloca no chão. Considere que o trabalho total realizado pelo aluno é W. Pode-se concluir que

(A) $W > 0$. (B) $W = 0$. (C) $W < 0$.

(D) nada sobre o sinal de W.

2. Um objeto de massa igual a 2,0 kg move-se sobre uma mesa horizontal sem atrito em um movimento circular uniforme. O raio do círculo é de 0,75 m e a força centrípeta é de 10,0 N.

(*a*) O trabalho realizado por esta força enquanto o objeto se move durante a metade de uma revolução completa é

(A) 0 J. (B) 3,75 J.

(C) 10,0 J (D) $7{,}5\pi$ J.

(*b*) O trabalho realizado por esta força enquanto o objeto se move durante uma revolução completa é

(A) 0 J. (B) 7,5 J.

(C) 20,0 J (D) 15π J.

3. Quais das seguintes grandezas são independentes da escolha do sistema de referência inercial? (Pode existir mais de uma resposta correta.)

(A) Velocidade (B) Aceleração

(C) Força (D) Trabalho

4. Algumas vezes, os canhões de navios de guerra são classificados em unidades de energia de *t-pés*. Qual é o valor (aproximado) em unidades métricas?

(A) 3×10^1 J (B) 3×10^2 J

(C) 3×10^3 J (D) 3×10^4 J

11.3 Potência

5. Um motor fornece uma potência constante para um automóvel. Quando o automóvel se aproxima de uma ladeira, o motorista troca a marcha alta pela baixa. O motorista faz isto

(A) para aumentar a força que empurra o carro para a frente.

(B) para aumentar a potência liberada pelos pneus.

(C) Ambas (A) e (B) estão corretas.

(D) Nem (A) nem (B) estão corretas.

6. Suponha que a força de arrasto aerodinâmico sobre um carro é proporcional à velocidade. Se a potência liberada pelo motor é dobrada, então a velocidade máxima do carro

(A) não varia.

(B) aumenta de um fator de $\sqrt{2}$.

(C) também é dobrada.

(D) aumenta de um fator de quatro.

7. Um engenheiro deseja melhorar o projeto de um elevador para um prédio. O projeto original utiliza um motor que pode elevar 1.000 kg por uma distância de 20 metros em 30 segundos. O engenheiro quer um motor que seja capaz de elevar 800 kg por uma distância de 30 metros em 20 segundos. Comparado com o motor original, o novo motor

(A) deve exercer uma força de mesma intensidade, mas precisa fornecer uma maior potência de saída.

(B) deve exercer uma força de maior intensidade, e precisa fornecer uma maior potência de saída.

(C) pode exercer uma força de menor intensidade, e pode fornecer uma menor potência de saída.

(D) pode exercer uma força de menor intensidade, mas precisa fornecer uma mesma potência de saída.

(E) pode exercer uma força de menor intensidade, mas precisa fornecer uma maior potência de saída.

11.4 Trabalho Realizado por uma Força Variável

8. A força exercida por um dispositivo especial de compressão é dada por $F_x(x) = kx(x - l)$ para $0 \le x \le l$, onde l é a máxima compressão possível e k é uma constante.

(*a*) A força necessária para comprimir o dispositivo de uma distância d é máxima quando

(A) $d = 0$. (B) $d = l/4$. (C) $d = l/\sqrt{2}$.

(D) $d = l/2$. (E) $d = l$.

(*b*) O trabalho necessário para comprimir o dispositivo de uma distância d é máximo quando

(A) $d = 0$. (B) $d = l/4$. (C) $d = l/\sqrt{2}$.

(D) $d = l/2$. (E) $d = l$.

11.5 Trabalho Realizado por uma Força Variável: Caso Bidimensional

11.6 Energia Cinética e Teorema do Trabalho—Energia

9. Uma partícula possui uma energia cinética constante K. Qual das seguintes grandezas também *precisa* ser constante?

(A) Posição (B) Intensidade da velocidade

(C) Velocidade (D) Quantidade de movimento

10. Um disco de hóquei de 0,20 kg desliza sem atrito sobre um chão com uma velocidade de 10 m/s. O disco atinge uma parede macia e pára.

(*a*) A intensidade do impulso sobre o disco é

(A) 0 kg·m/s. (B) 1 kg·m/s.

(C) 2 kg·m/s. (D) 4 kg·m/s.

(*b*) O trabalho resultante realizado sobre o disco é

(A) −20 J. (B) −10 J.

(C) 0 J. (D) 20 J.

11. Um disco de hóquei de 0,20 kg desliza sem atrito sobre um chão com uma velocidade de 10 m/s. O disco atinge uma parede e ricocheteia de volta com uma velocidade de 10 m/s no sentido oposto.

(*a*) A intensidade do impulso sobre o disco é

(A) 0 kg·m/s. (B) 1 kg·m/s.

(C) 2 kg·m/s. (D) 4 kg·m/s.

(*b*) O trabalho resultante realizado sobre o disco é

(A) −20 J. (B) −10 J.

(C) 0 J. (D) 20 J.

12. Dois carros param no sinal vermelho. Quando a luz fica verde, o carro de massa m começa a se mover com aceleração a; o carro de massa $2m$ começa a se mover no mesmo sentido com aceleração $a/2$. Qual dos motores libera a maior potência?

(A) O carro de massa m

(B) O carro de massa $2m$

(C) A potência é a mesma para ambos os carros

11.7 Trabalho e Energia Cinética no Movimento Rotacional

13. Quatro objetos sólidos, todos com massa e raio idênticos, estão girando livremente com a mesma velocidade angular. Que objeto necessita de maior trabalho para ser *parado*?

(A) Uma esfera sólida girando em torno de um diâmetro

(B) Uma esfera oca girando em torno de um diâmetro

(C) Um disco sólido girando em torno de um eixo perpendicular ao plano do disco e que passa pelo centro

(D) Um aro girando em torno de um eixo ao longo de um diâmetro

(E) O trabalho necessário é o mesmo para os quatro objetos

14. Quatro objetos sólidos, todos com massa e raio idênticos, estão girando livremente com a mesma quantidade de movimento angular. Que objeto necessita de maior trabalho para ser *parado*?

(A) Uma esfera sólida girando em torno de um diâmetro

(B) Uma esfera oca girando em torno de um diâmetro

(C) Um disco sólido girando em torno de um eixo perpendicular ao plano do disco e que passa pelo centro

(D) Um aro girando em torno de um eixo ao longo de um diâmetro

(E) O trabalho é o mesmo para os quatro objetos

15. Quatro objetos sólidos, todos com massa e raio idênticos, estão girando livremente com a mesma quantidade de movimento angular e a mesma velocidade angular. Que objeto necessita de maior trabalho para ser *parado*?

(A) Uma esfera sólida girando em torno de um diâmetro

(B) Uma esfera oca girando em torno de um diâmetro

(C) Um disco sólido girando em torno de um eixo perpendicular ao plano do disco e que passa pelo centro

(D) Um aro girando em torno de um eixo ao longo de um diâmetro

(E) O trabalho é o mesmo para os quatro objetos

11.8 Energia Cinética em Colisões

16. Uma quantidade considerável da energia cinética inicial é "perdida" no pêndulo balístico (Problema Resolvido 11.12). Considerando isto, pode-se concluir que a velocidade calculada do projétil é

(A) provavelmente mais baixa.

(B) provavelmente mais alta.

(C) provavelmente correta somente se a colisão for elástica.

(D) provavelmente correta por causa da conservação da quantidade de movimento na colisão.

QUESTÕES

1. Você é capaz de pensar em outras palavras, como trabalho, que tenham significados coloquiais freqüentemente diferentes de seus significados científicos?

2. Explique por que uma pessoa fica fisicamente cansada quando ela empurra uma parede, mas não consegue movê-la e, portanto, não realiza nenhum trabalho sobre a parede.

3. Suponha que três forças constantes estejam agindo sobre uma partícula enquanto esta move-se de uma posição para outra. Prove que o trabalho realizado sobre a partícula pela resultante destas três forças é igual à soma do trabalho realizado por cada uma destas três forças calculada separadamente.

4. O plano inclinado (Problema Resolvido 11.1) é uma "máquina" simples que permite realizar trabalho com a aplicação de uma força menor do que seria necessário de outra forma. A mesma afirmação se aplica a uma cunha, a uma alavanca, a uma rosca, a uma engrenagem e a um conjunto de polias (Problema 3). Entretanto, na prática, em vez de permitir que o trabalho seja reduzido, a aplicação destas máquinas exige que seja realizado um pouco mais de trabalho. Por que isto? Por que estas máquinas são usadas?

5. Em um cabo-de-guerra, uma equipe está vagarosamente cedendo à outra. Que trabalho está sendo realizado e por quem?

6. Por que no plano é muito mais fácil para você percorrer uma milha sobre uma bicicleta do que correr esta mesma distância? Em cada caso, você transporta o seu próprio peso por uma milha, sendo que no primeiro caso o peso da bicicleta também precisa ser transportado, mas, mesmo assim, o trajeto é percorrido em um tempo menor! (Ver "The Physics Teacher", março de 1981, p. 194.)

7. Suponha que a Terra gira em torno do Sol em uma órbita circular perfeita. O Sol realiza algum trabalho sobre a Terra?

8. Você vagarosamente levanta uma bola de boliche do chão e coloca-a sobre uma mesa. Duas forças agem sobre a bola: o peso dela, de intensidade mg, e a sua força para cima, também de intensidade mg. A soma destas duas forças é igual a zero, de modo que parece que nenhum trabalho é realizado. Por outro lado, você sabe que você realizou algum trabalho. O que está errado?

9. Por que um automóvel ultrapassa tão facilmente um caminhão carregado em uma subida? Com certeza, o caminhão é mais pesado, mas o seu motor é proporcionalmente mais potente (ou não é?). Quais são as considerações que entram na escolha da potência de projeto do motor de um caminhão e do motor de um automóvel?

10. A potência necessária para elevar uma caixa até a uma plataforma depende da velocidade com que ela é levantada?

11. Você eleva alguns livros de uma prateleira mais baixa para uma prateleira mais alta em um tempo Δt. O trabalho que você realizou depende (*a*) da massa dos livros, (*b*) do peso dos livros, (*c*) da altura da prateleira mais alta em relação ao chão, (*d*) do tempo Δt e (*e*) se você eleva os livros diretamente para cima ou primeiro para o lado?

12. Ouve-se por aí sobre a "crise de energia". Seria mais correto falar-se em uma "crise de potência"?

13. Corta-se uma mola ao meio. Qual é a relação entre a constante elástica k da mola original e a constante de cada uma das metades da mola?

14. As molas A e B são idênticas com exceção de que A é mais rígida do que B, isto é, $k_A > k_B$. Em qual das molas realiza-se mais trabalho quando elas são distendidas (*a*) de um mesmo valor e (*b*) pela mesma força?

15. Você realiza trabalho ao pegar um livro do chão para colocá-lo sobre uma mesa. Porém, a energia cinética do livro não varia. Isto representa uma violação do teorema do trabalho—energia? Explique a resposta.

16. O teorema do trabalho—energia é válido quando forças de atrito agem sobre um objeto? Explique a resposta.

17. O trabalho realizado pela força resultante sobre uma partícula é igual à variação da energia cinética. É possível que o trabalho realizado por apenas uma das componentes da força seja maior do que a variação da energia cinética? Caso afirmativo, forneça exemplos.

18. O recorde mundial para o salto com vara é 5,5 m. Este recorde pode ser aumentado para, digamos, 8 m, utilizando-se uma vara suficientemente grande? Caso não seja possível, explique por que não? Que altura um atleta pode atingir?

19. Um objeto leve e um objeto pesado possuem energias cinéticas de translação iguais. Qual deles possui o maior valor de quantidade de movimento?

20. É possível que um corpo possua energia cinética sem ter quantidade de movimento? É possível que um corpo tenha quantidade de movimento sem ter energia cinética?

21. Um objeto de massa m está em movimento com uma velocidade inicial v. O objeto é trazido ao repouso por uma força variável que age por uma distância d durante um tempo t. Existem duas formas de se calcular a intensidade da força "média",

$$F_{\text{méd}} = mv/t$$

ou

$$F_{\text{méd}} = mv^2/2d.$$

Os dois métodos são equivalentes? Sob que condições, se existir alguma, eles fornecem a mesma média? Algum dos métodos produz um valor maior, e, se isso ocorrer, qual é o método?

22. Comente a frase: na colisão de um carro, a força que o carro exerce ao ser parado pode ser determinada através de sua quantidade de movimento ou de sua energia cinética. Em um dos casos, é necessário conhecer-se o tempo de parada, e no outro, a distância de parada.

23. O aço é mais elástico do que a borracha. Explique o que isto significa.

24. Discuta a possibilidade de, em se considerando apenas os movimentos internos dos átomos nos objetos, todas as colisões serem elásticas.

25. Já se observou que a conservação da quantidade de movimento pode ser verificada independentemente de a energia cinética ser conservada ou não. E em relação ao inverso: isto é, a conservação da energia cinética implicar a conservação da quantidade de movimento na Física clássica? (Ver "Connection Between Conservation of Energy and Conservation of Momentum", por Carl G. Adler, *American Journal of Physics*, maio de 1976, p. 483.)

26. A seguinte frase foi extraída de uma questão de prova: "A colisão entre dois átomos de hélio é perfeitamente elástica, de modo que a quantidade de movimento é conservada." O que você pensa sobre esta frase?

27. Duas bolas de barro com a mesma massa e a mesma velocidade sofrem uma colisão frontal, ficam juntas e atingem o repouso. A energia cinética certamente não é conservada. O que acontece a ela? Como a quantidade de movimento é conservada?

28. Considere uma colisão unidimensional elástica entre um objeto A em movimento e um objeto B inicialmente em repouso. Como a massa de B, em comparação à massa de A, pode ser escolhida de modo que B ricocheteie com (*a*) a maior velocidade, (*b*) a maior quantidade de movimento e (*c*) a maior energia cinética?

29. Ao comentar o fato de que a energia cinética não é conservada em uma colisão inelástica, um aluno observou que a energia cinética não é conservada em uma explosão e que uma colisão totalmente inelástica é meramente o inverso de uma explosão. Esta é uma observação útil ou válida?

30. A energia cinética depende da direção do movimento envolvido? Ela pode ser negativa? O seu valor depende do sistema de referência do observador?

31. O trabalho realizado pela força resultante agindo sobre uma partícula depende do sistema de referência (inercial) do observador? A variação na energia cinética também depende? Caso afirmativo, forneça exemplos.

32. Um homem remando em um barco correnteza acima está parado em relação à margem. (*a*) Ele está realizando algum trabalho? (*b*) Se ele parar de remar e passar a mover-se com a correnteza, algum trabalho está sendo realizado sobre ele?

EXERCÍCIOS

11.1 Trabalho e Energia

11.2 Trabalho Realizado por uma Força Constante

1. Para empurrar um caixote de 52 kg pelo chão, um trabalhador aplica uma força de 190 N direcionada a 22° abaixo da horizontal. Considerando que o caixote se move 3,3 m, quanto trabalho é realizado sobre o caixote (*a*) pelo trabalhador, (*b*) pela força da gravidade e (*c*) pela força normal do chão sobre o caixote?

2. Um objeto de 106 kg está inicialmente se movendo em uma linha reta com uma velocidade de 51,3 m/s. (*a*) Se ele é parado com uma desaceleração de 1,97 m/s^2, qual é a força necessária, qual é a distância percorrida pelo objeto e quanto trabalho é realizado pela força? (*b*) Responda à mesma questão para uma desaceleração de 4,82 m/s^2.

3. Para empurrar um caixote de 25 kg sobre uma rampa com uma inclinação de 27°, um trabalhador exerce uma força de 120 N, paralela à rampa. Depois que o caixote desliza, qual é o trabalho realizado (*a*) pelo trabalhador, (*b*) pela força da gravidade e (*c*) pela força normal da rampa?

4. Um trabalhador empurra um bloco de 58,7 lb (m = 26,6 kg) por uma distância de 31,3 pés (9,54 m), ao longo de um chão nivelado, com uma velocidade constante através de uma força direcionada a 32° abaixo da horizontal. O coeficiente de atrito cinético é 0,21. Qual é o trabalho que o trabalhador realiza sobre o bloco?

5. Um tronco de 52,3 kg é empurrado por 5,95 m com uma velocidade constante em um plano com uma inclinação de 28°, através de uma constante elástica horizontal. O coeficiente de atrito cinético entre o tronco e o plano inclinado é 0,19. Calcule o trabalho realizado pela (*a*) força aplicada e pela (*b*) força da gravidade.

6. Um bloco de gelo de 47,2 kg desliza para baixo sobre um plano inclinado com 1,62 m de comprimento e 0,902 m de altura. Um trabalhador empurra para cima o gelo com uma força paralela ao plano, de modo que ele desliza para baixo com uma velocidade constante. O coeficiente de atrito cinético entre o gelo e o plano inclinado é 0,110. Determine (*a*) a força exercida pelo trabalhador, (*b*) o trabalho realizado sobre o bloco de gelo pelo trabalhador e (*c*) o trabalho realizado sobre o gelo pela gravidade.

7. Use as Eqs. 11.3 e 11.5 para calcular o ângulo entre os dois vetores $\vec{\mathbf{a}} = 3\hat{\mathbf{i}} + 3\hat{\mathbf{j}} + 3\hat{\mathbf{k}}$ e $\vec{\mathbf{b}} = 2\hat{\mathbf{i}} + \hat{\mathbf{j}} + 3\hat{\mathbf{k}}$.

8. O vetor $\vec{\mathbf{a}}$, de 12 unidades de intensidade, e outro vetor $\vec{\mathbf{b}}$, de 5,8 unidades de intensidade, apontam em direções diferentes, as quais fazem entre si um ângulo de 55°. Determine o produto escalar entre os dois vetores.

9. Dois vetores, $\vec{\mathbf{r}}$ e $\vec{\mathbf{s}}$, estão no plano xy. Suas intensidades são, respectivamente, 4,5 e 7,3 unidades, enquanto as suas direções são 320° e 85°, medidas no sentido anti-horário em relação ao eixo x positivo. Qual é o valor de $\vec{\mathbf{r}} \cdot \vec{\mathbf{s}}$?

10. (*a*) Calcule $\vec{r} = \vec{a} - \vec{b} + \vec{c}$, onde $\vec{a} = 5\hat{i} + 4\hat{j} + 6\hat{k}$, $\vec{b} = -2\hat{i} + 2\hat{j} + 3\hat{k}$ e $\vec{c} = 4\hat{i} + 3\hat{j} + 2\hat{k}$. (*b*) Calcule o ângulo entre $\vec{r}$ e o eixo $+z$. (*c*) Encontre o ângulo entre $\vec{a}$ e $\vec{b}$.

11.3 Potência

11. Uma mulher de 57 kg sobe correndo um lance de escadas alcançando uma subida de 4,5 m em 3,5 s. Qual é a potência média que ela precisa fornecer?

12. Um elevador de esqui para 100 pessoas transporta passageiros com um peso médio de 667 N a uma altura de 152 m em 55,0 s, com uma velocidade constante. Determine a potência de saída do motor, supondo que não existem perdas por atrito.

13. Um nadador move-se através da água com uma velocidade de 0,22 m/s. A força de arrasto oposta a este movimento é de 110 N. Qual é a potência desenvolvida pelo nadador?

14. O dirigível *Hinderburg* (Fig. 11.24), cheio de hidrogênio, pode voar em velocidade de cruzeiro a 77 nós com os motores fornecendo 4.800 hp. Para esta velocidade, calcule a força de arrasto do ar em newtons sobre o dirigível.

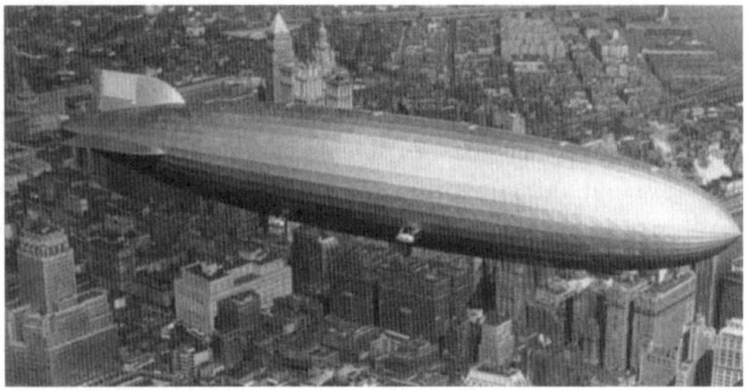

Fig. 11.24 Exercício 14.

15. Qual é a potência, em cavalo-vapor, que precisa ser desenvolvida pelo motor de um automóvel de 1.600 kg, movendo-se a 26 m/s (94 km/h) sobre uma estrada nivelada, se as forças de resistência totalizam 720 N?

16. O motor de uma bomba de água tem a classificação de 6,6 hp. De que profundidade, a água pode ser bombeada para fora de um poço à taxa de 220 gal/min?

17. Suponha que seu automóvel tenha um consumo médio de 30 mi/gal de gasolina. (*a*) Que distância você pode percorrer consumindo 1 kW·h de energia? (*b*) Se você está dirigindo a 55 mi/h, a que taxa você está consumindo energia? O calor de combustão da gasolina é 140 MJ/gal.

18. Que potência é desenvolvida por uma máquina de afiar cuja roda possui um raio de 20,7 cm e gira a 2,53 rev/s, quando a ferramenta a ser afiada é mantida contra a roda com uma força de 180 N? O coeficiente de atrito entre a ferramenta e a roda é 0,32.

19. Um elevador de carga carregado possui uma massa total de 1.220 kg. É necessário que ele se mova para baixo de uma distância de 54,5 m em 43,0 s. O contrapeso possui massa de 1.380 kg. Determine a potência de saída, em hp, do motor do elevador. Despreze o trabalho necessário para colocar o elevador em movimento e para pará-lo; isto é, suponha que ele move-se com velocidade constante.

20. Um avião a jato está viajando a 184 m/s. Em cada segundo, o motor aspira 68,2 m^3 de ar com uma massa igual a 70,2 kg. O ar é utilizado para queimar 2,92 kg de combustível a cada segundo. A energia é usada para comprimir os produtos da combustão e ejetá-los pela parte de trás do motor a 497 m/s, em relação ao avião. Determine (*a*) o empuxo do motor do jato e (*b*) a potência liberada (em hp).

11.4 Trabalho Realizado por uma Força Variável

21. Um objeto de 10 kg move-se ao longo do eixo x. A Fig. 11.25 mostra a sua aceleração como função da sua posição. Qual é o valor do trabalho resultante realizado sobre o objeto quando ele se move de $x = 0$ até $x = 8,0$ m?

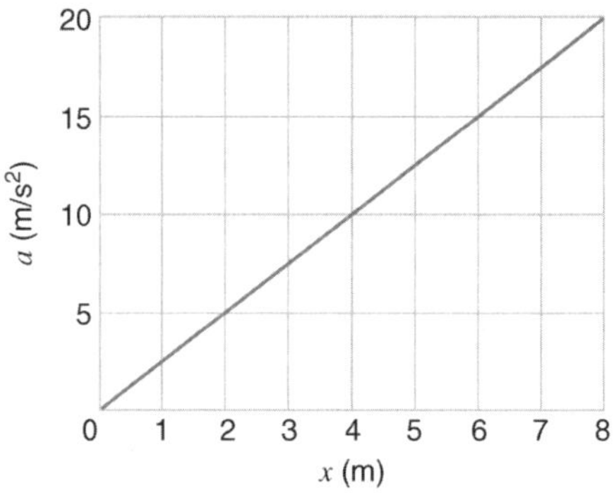

Fig. 11.25 Exercício 21.

22. Um bloco de 5,0 kg move-se em uma linha reta sobre uma superfície horizontal sem atrito sob a influência de uma força que varia com a posição, conforme mostrado na Fig. 11.26. Qual é o trabalho realizado pela força quando o bloco move-se da origem até $x = 8,0$ m?

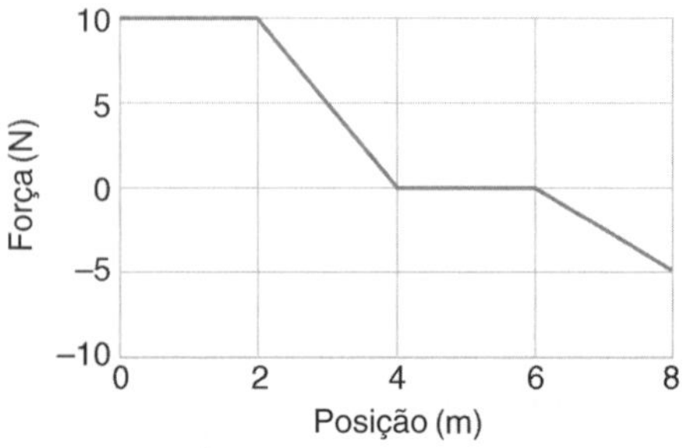

Fig. 11.26 Exercício 22.

23. A Fig. 11.27 mostra uma mola com um ponteiro acoplado, pendurada próxima a uma escala graduada em milímetros. Três pesos diferentes são pendurados na mola, um de cada vez, conforme mostrado. (*a*) Se todo o peso for removido da mola, qual é a marca na escala indicada pelo ponteiro? (*b*) Determine o peso *P*.

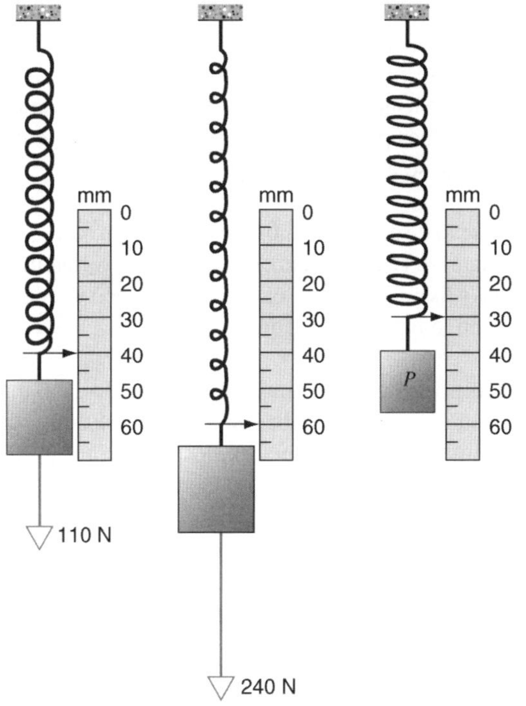

Fig. 11.27 Exercício 23.

24. Uma mola possui uma constante elástica de 15,0 N/cm. (*a*) Qual é o trabalho necessário para estender a mola de 7,60 mm desde a sua posição relaxada? (*b*) Qual é o trabalho necessário para estender a mola de um valor adicional de 7,60 mm?

11.5 Trabalho Realizado por uma Força Variável: Caso Bidimensional

25. Através da integração ao longo do arco, mostre que o trabalho realizado pela gravidade no Problema Resolvido 11.5 é igual a $-mgh$.

26. Um objeto de massa 0,675 kg está sobre uma mesa sem atrito preso a uma corda que passa por um furo na mesa. Este furo está posicionado no centro de um círculo horizontal no qual o objeto se move com velocidade constante. (*a*) Se o raio do círculo é de 0,500 m e a velocidade é de 10,0 m/s, calcule a tração na corda. (*b*) Verifica-se que retirando um valor adicional 0,200 m da corda e puxando a corda para baixo pelo furo, reduzindo dessa forma o raio para 0,300 m, obtém-se o efeito de multiplicar a tração original na corda por 4,63. Calcule o trabalho total realizado pela corda sobre o objeto girando, durante a redução do raio.

11.6 Energia Cinética e o Teorema do Trabalho—Energia

27. Um elétron condutor do cobre perto do zero absoluto de temperatura possui uma energia cinética de 4,2 eV. Qual é a velocidade do elétron?

28. Calcule as energias cinéticas dos seguintes objetos movendo-se com as velocidades dadas: (*a*) um jogador de futebol americano de 110 kg correndo a 8,1 m/s; (*b*) um projétil de 4,2 g a 950 m/s; (*c*) o porta-aviões *Nimitz*, com 91.400 t, a 32,0 nós.

29. Um próton (núcleo de um átomo de hidrogênio) está sendo acelerado em um acelerador linear. Em cada estágio de um acelerador deste tipo, o próton é acelerado ao longo de uma linha reta com $3{,}60 \times 10^{15}$ m/s^2. Se o próton entra neste estágio movendo-se inicialmente com uma velocidade de $2{,}40 \times 10^7$ m/s e o estágio tem um comprimento de 3,50 cm, calcule (*a*) sua velocidade no final do estágio e (*b*) o ganho na energia cinética resultante da aceleração. A massa do próton é de $1{,}67 \times 10^{-27}$ kg. Expresse a energia em elétrons-volts.

30. Uma única força age sobre uma partícula em movimento retilíneo. A Fig. 11.28 mostra um gráfico da velocidade da partícula com o tempo. Determine o sinal (positivo ou negativo) do trabalho realizado pela força sobre a partícula em cada um dos intervalos *AB*, *BC*, *CD* e *DE*.

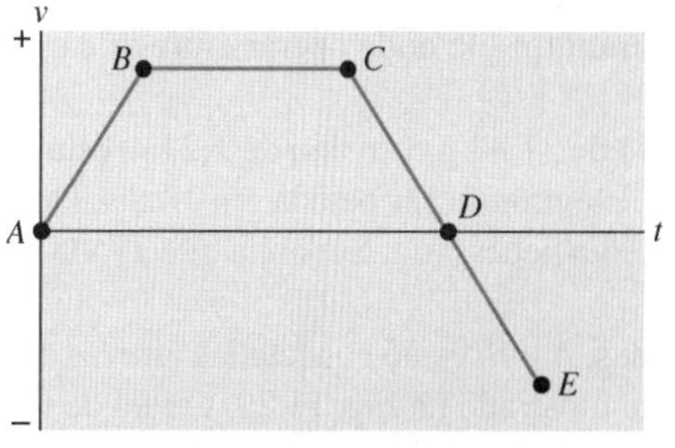

Fig. 11.28 Exercício 30.

31. Uma força age sobre uma partícula de 2,80 kg de modo que a posição da partícula como uma função do tempo é dada por $x = (3{,}0 \text{ m/s})t - (4{,}0 \text{ m/s}^2)t^2 + (1{,}0 \text{ m/s}^3)t^3$. (*a*) Determine o trabalho realizado pela força durante os primeiros 4,0 s. (*b*) Qual é a taxa instantânea com a qual a força realiza trabalho sobre a partícula no instante $t = 3{,}0$ s?

32. A Terra gira em torno do Sol uma vez por ano. Qual é o trabalho que precisaria ser realizado sobre a Terra para colocá-la em repouso em relação ao Sol? (Ver Apêndice C para dados numéricos e despreze a rotação da Terra em torno do seu próprio eixo.)

33. Um automóvel de 3.700 lb ($m = 1.600$ kg) sai do repouso em uma estrada nivelada e ganha uma velocidade de

45 mi/h (= 72 km/h) em 33 s. (*a*) Qual é a energia cinética do automóvel no final de 33 s? (*b*) Qual é a potência média resultante fornecida ao carro durante o intervalo de 33 s? (*c*) Qual é a potência instantânea no final do intervalo de 33 s, supondo que a aceleração foi constante?

11.7 Trabalho e Energia Cinética no Movimento Rotacional

34. Uma molécula possui uma inércia rotacional de 14.000 u·pm^2 e está girando a uma velocidade angular de 4,30 $\times$ 10^{12} rad/s. (*a*) Expresse a inércia rotacional em kg·m^2. (*b*) Calcule a inércia rotacional em eV.

35. A molécula de oxigênio tem a massa total 5,30 $\times$ 10^{-26} kg e uma inércia rotacional de 1,94 $\times$ 10^{-46} kg·m^2 em relação a um eixo que passa pelo centro e é perpendicular à linha que une os átomos. Suponha que, em um gás, esta molécula tem uma velocidade média de 500 m/s e que sua energia cinética rotacional é igual a dois terços de sua energia cinética de translação. Determine a sua velocidade angular média.

36. Caminhões de entrega que operam utilizando a energia armazenada em um volante que gira têm sido utilizados na Europa. Estes caminhões são carregados através de um motor elétrico que coloca o volante na sua velocidade máxima de 624 rad/s. Este volante é um cilindro sólido homogêneo com massa de 512 kg e raio de 97,6 cm. (*a*) Qual é a energia cinética do volante após sua carga? (*b*) Se o caminhão opera com uma potência média de 8,13 kW, por quantos minutos ele pode operar entre as cargas?

37. Uma roda de 31,4 kg com raio de 1,21 m está girando a 283 rev/min. Ela precisa ser parada em 14,8 s. Determine a potência média necessária. Suponha que a roda é um aro fino.

38. Duas rodas, *A* e *B*, estão conectadas através de uma correia conforme mostrado na Fig. 11.29. O raio de *B* é igual a três vezes o raio de *A*. Qual é a razão entre as inércias rotacionais I_A/I_B, se (*a*) ambas as rodas têm as mesmas quantidades de movimento angular e (*b*) ambas as rodas têm a mesma energia cinética rotacional? Suponha que a correia não desliza.

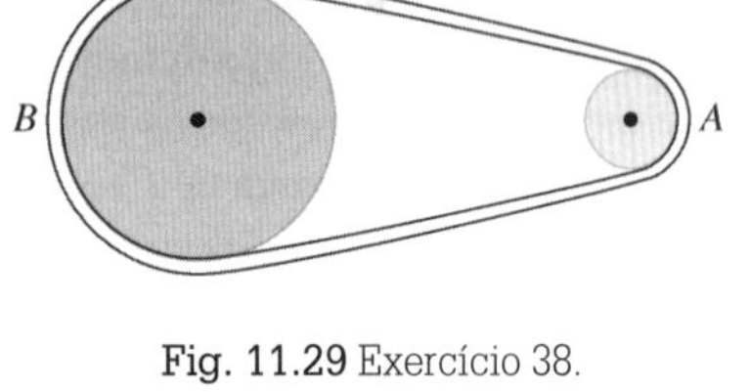

Fig. 11.29 Exercício 38.

39. Suponha que a Terra é uma esfera de massa específica uniforme. (*a*) Calcule sua energia cinética rotacional. (*b*) Suponha que esta energia possa ser aproveitada para ser utilizada. Por quanto tempo, a Terra pode fornecer 1,00 kW de potência para cada uma das 6,17 $\times$ 10^9 pessoas sobre a Terra?

11.8 Energia Cinética em Colisões

40. O último estágio de um foguete está viajando a uma velocidade de 7.600 m/s. Este último estágio é composto de duas partes que estão acopladas através de grampos — a saber, a cápsula do foguete com massa de 290,0 kg e o compartimento de carga com massa de 150,0 kg. Quando o grampo é liberado, uma mola de compressão faz com que as duas partes se separem com uma velocidade relativa de 910,0 m/s. (*a*) Quais são as velocidades das duas partes após a sua separação? Suponha que todas as velocidades estão sobre a mesma linha. (*b*) Determine a energia cinética total das duas partes, antes e após a separação, e indique a diferença, se existir.

41. Um vagão de carga de 35,0 t colide com um outro vagão que está parado. Eles acoplam, e 27,0% da energia cinética inicial são dissipados como calor, som, vibrações, entre outros. Determine o peso do segundo vagão.

42. Um corpo de 8,0 kg de massa está viajando a 2,0 m/s, livre da influência de qualquer força externa. Em um determinado instante ocorre uma explosão interna, dividindo o corpo em dois pedaços de 4,0 kg de massa cada um; a explosão fornece 16 J de energia cinética de translação ao sistema composto pelos dois pedaços. Nenhum dos pedaços deixa a linha do movimento original. Determine a velocidade e a direção do movimento para cada um dos pedaços, após a explosão.

43. Mostre que um nêutron lento (chamado de nêutron térmico) desviado de 90° em uma colisão elástica com um dêuteron, que está inicialmente em repouso, perde dois terços da sua energia cinética para o dêuteron. (A massa do nêutron é 1,01 u; a massa do dêuteron é 2,01 u.)

44. Um determinado núcleo, em repouso, desintegra-se espontaneamente em três partículas. Duas delas são detectadas; as suas massas e velocidades são mostradas na Fig. 11.30. (*a*) Qual é a quantidade de movimento da terceira partícula, da qual se sabe que sua massa é de 11,7 $\times$ 10^{-27} kg? (*b*) Qual é a energia cinética, em MeV, que surge no processo de desintegração?

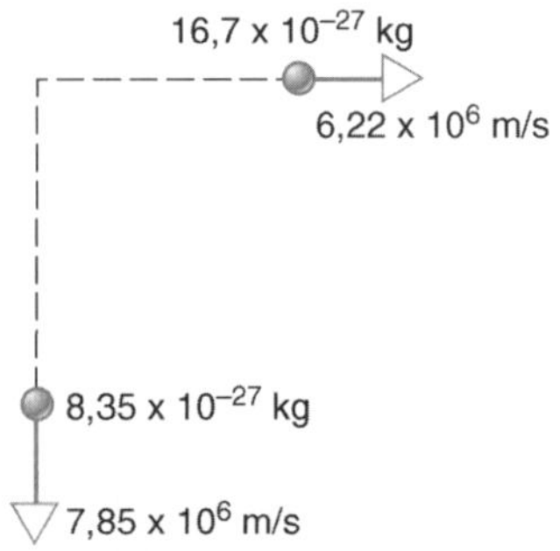

Fig. 11.30 Exercício 44.

PROBLEMAS

1. Campos elétricos podem ser usados para retirar elétrons dos metais. Para remover um elétron do tungstênio, o campo elétrico deve realizar um trabalho de 4,5 eV. Suponha que a distância através da qual o campo elétrico age é de 3,4 nm. Calcule a força mínima que o campo precisa exercer sobre o elétron a ser removido.

2. Uma corda é utilizada para baixar na vertical um bloco de massa M por uma distância d, com uma aceleração para baixo constante de $g/4$. (*a*) Determine o trabalho realizado pela corda sobre o bloco. (*b*) Determine o trabalho realizado pela força da gravidade.

3. A Fig. 11.31 mostra um arranjo de polias projetado para facilitar a elevação de uma carga pesada L. Suponha que o atrito possa ser desprezado e que as polias que suportam a carga têm um peso total de 20,0 lb. Uma carga de 840 lb está para ser elevada ao longo de 12,0 pés. (*a*) Qual é a força mínima aplicada F que pode elevar a carga? (*b*) Qual é o trabalho que precisa ser realizado contra a gravidade durante a elevação da carga de 840 lb por 12 pés? (*c*) Ao longo de que distância, a força precisa ser aplicada para elevar a carga por 12,0 pés? (*d*) Qual é o trabalho que precisa ser realizado pela força aplicada F para completar a tarefa?

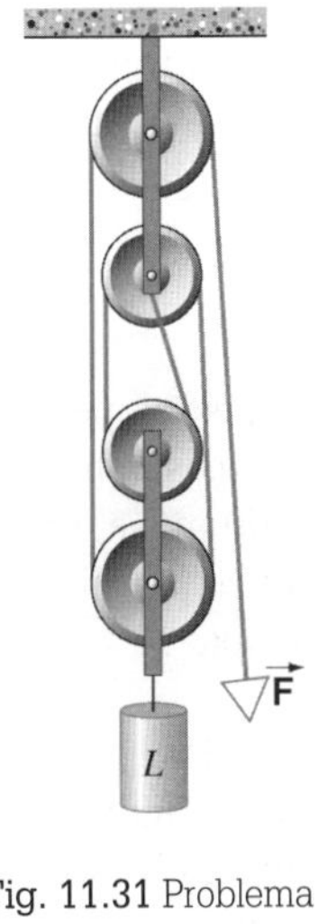

Fig. 11.31 Problema 3.

4. Um trabalhador pode elevar um bloco de 75 kg diretamente do chão até uma plataforma de carga ou pode empurrar o bloco através de um plano inclinado sem atrito do chão até uma plataforma de carga. Para elevar o bloco, é necessário realizar um trabalho de 680 J. Para empurrar o bloco através do plano inclinado, é necessária uma força mínima de 320 N. Determine o ângulo que o plano inclinado faz com a horizontal.

5. Um cavalo puxa uma carroça com uma força de 42,0 lb, que faz um ângulo de 27,0° com a horizontal, e move-se com uma velocidade de 6,20 mi/h. (*a*) Qual é o trabalho que o cavalo realiza em 12,0 min? (*b*) Determine a potência desenvolvida pelo cavalo em hp, é claro.

6. Um bloco de granito de 1.380 kg é arrastado, com velocidade constante de 1,34 m/s, sobre um plano inclinado por um guincho (Fig. 11.32). O coeficiente de atrito cinético entre o bloco e o plano inclinado é 0,41. Qual é a potência que precisa ser fornecida pelo guincho?

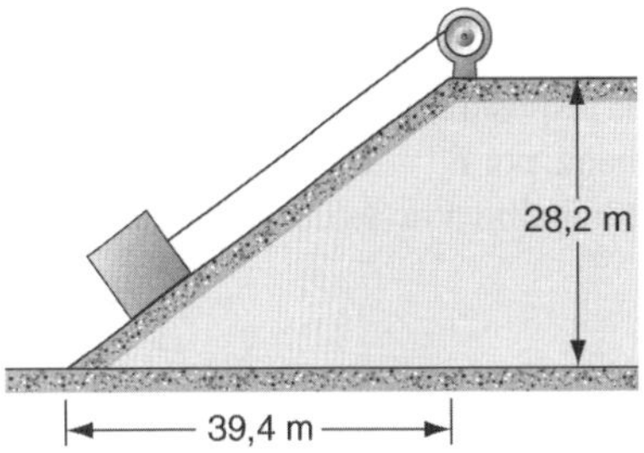

Fig. 11.32 Problema 6.

7. Mostre que a velocidade v alcançada por um automóvel de massa m que está sendo conduzido com potência constante P é dada por

$$v = (3xP/m)^{1/3},$$

onde x é a distância percorrida a partir do repouso.

8. (*a*) Mostre que a potência desenvolvida por um avião viajando com velocidade constante v em um vôo nivelado é proporcional a v^3. Suponha que a força aerodinâmica de arrasto é dada por $D = bv^2$. (*b*) De que fator, a potência dos motores precisa ser aumentada para aumentar a velocidade do ar em 25,0%?

9. Uma escada rolante liga um piso com outro posicionado 8,20 m acima. A escada rolante tem um comprimento de 13,3 m e move-se ao longo de seu comprimento com 62,0 cm/s. (*a*) Qual é a potência que o seu motor deve fornecer para que ela carregue um máximo de 100 pessoas por minuto, com massa média de 75,0 kg? (*b*) Um homem de 83,5 kg sobe pela escada rolante em 9,50 s. Qual é o trabalho que o motor realiza sobre ele? (*c*) Se este homem voltasse no meio do percurso e descesse a escada rolante de modo a ficar no mesmo lugar no espaço, o motor realizaria trabalho sobre ele? Caso afirmativo, qual seria a potência liberada para este propósito? (*d*) Existe alguma (outra?) forma de o homem andar na escada rolante sem consumir potência do motor?

10. A potência de saída de um motor de um bonde elétrico é uma função da velocidade e é dada por $P(v) = av(b - v^2)$, onde a e b são constantes e $P = 0$ para $v^2 > b$. (*a*) Para que velocidade se desenvolve a maior potência de saída do motor? (*b*) Para que velocidade se desenvolve a maior força exercida pelo motor? (*c*) Para $v = 0$, a potência de saída é zero. Isto significa que o motor não é capaz de mover o bonde se ele está inicialmente em repouso? Explique.

11. A força exercida sobre um objeto é $\vec{F} = F_0(x/x_0 - 1)\hat{i}$. Determine o trabalho realizado para mover o objeto desde $x = 0$ até $x = 3x_0$ (*a*) desenhando um gráfico de $F_x(x)$ e encontrando a área sob a curva, e (*b*) desenvolvendo a integral analiticamente.

12. (*a*) Estime o trabalho realizado pela força mostrada no gráfico (Fig. 11.33), ao deslocar uma partícula de $x = 1$ m até $x = 3$ m. Refine o seu método para tentar chegar o mais próximo possível da resposta exata, que é igual a 6 J. (*b*) A curva é dada analiticamente por $F_x = A/x^2$, onde $A = 9$ N·m². Mostre como calcular o trabalho através das regras de integração.

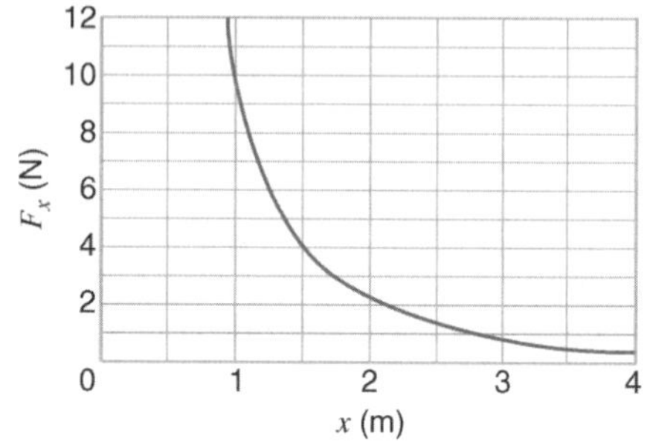

Fig. 11.33 Problema 12.

13. Uma mola "rígida" tem uma lei de força dada por $F = -kx^3$. O trabalho necessário para distender a mola desde a sua posição relaxada $x = 0$ até ao comprimento distendido $x = l$ é W_0. No que diz respeito a W_0, qual é o trabalho necessário para distender a mola do comprimento distendido l até ao comprimento $2l$?

14. Duas molas, cada uma com constante elástica k e comprimento relaxado l_0, são conectadas em linha reta conforme mostrado na Fig. 11.34. (*a*) Determine uma expressão do trabalho necessário para mover o ponto de conexão entre as duas molas de uma distância perpendicular x do ponto de equilíbrio. (*b*) Utilize uma expansão binomial para encontrar o primeiro termo não desprezível na expressão para o trabalho, quando $x \ll l_0$.

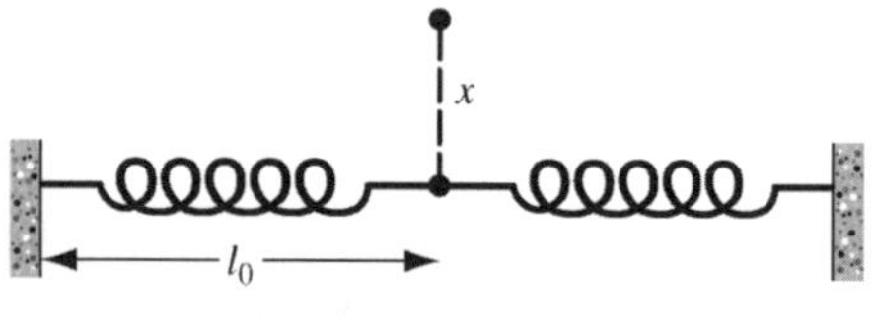

Fig. 11.34 Problema 14.

15. Quatro molas, cada uma com constante elástica k e comprimento relaxado l_0, estão conectadas conforme mostrado na Fig. 11.35. As molas obedecem à Eq. 11.15 para distensão e compressão. Mostre que o trabalho necessário para mover o ponto de conexão, da posição de equilíbrio em uma linha reta até ao ponto x,y (com $x \ll l_0$ e $y \ll l_0$), é $W = kd^2$, onde $d^2 = x^2 + y^2$.

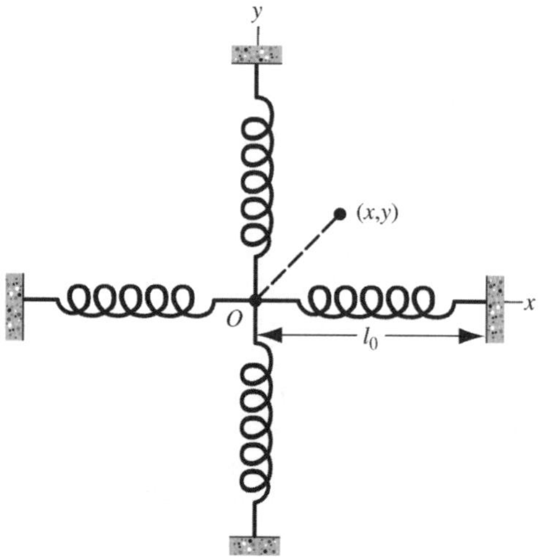

Fig. 11.35 Problema 15.

16. Um automóvel de 1.100 kg está trafegando a 46 km/h sobre uma estrada nivelada. Os freios são acionados de modo a remover 51 kJ de energia cinética. (*a*) Qual é a velocidade final do automóvel? (*b*) Qual o valor adicional de energia cinética que precisa ser removido pelos freios para parar o carro?

17. Um homem correndo possui metade da energia cinética de um rapaz com metade da sua massa. O homem aumenta a sua velocidade em 1,00 m/s e, então, passa a ter a mesma energia cinética do rapaz. Quais são as velocidades originais do homem e do rapaz?

18. Um projétil de 0,550 kg é lançado da borda de um penhasco com uma energia cinética inicial de 1.550 J e no ponto mais alto está a 140 m acima do ponto de lançamento. (*a*) Qual é a componente horizontal de sua velocidade? (*b*) Qual é a componente vertical de sua velocidade imediatamente após o lançamento? (*c*) Em um instante durante o seu vôo, a componente vertical de sua velocidade é igual a 65,0 m/s. Neste instante, a que distância ele está acima ou abaixo do ponto de lançamento?

19. Um cometa com massa de $8{,}38 \times 10^{11}$ kg atinge a Terra com uma velocidade relativa de 30 km/s. (*a*) Calcule a energia cinética do cometa em "megatons de TNT"; a detonação de 1 milhão de toneladas de TNT libera $4{,}2 \times 10^{15}$ J de energia. (*b*) O diâmetro da cratera resultante de uma grande explosão é proporcional à raiz cúbica da energia liberada na explosão, sendo que 1 megaton de TNT produz uma cratera de aproximadamente 1 km de diâmetro. Qual é o diâmetro da cratera produzida pelo impacto do cometa? (No passado, efeitos atmosféricos produzidos pelo impacto de cometas podem ter sido a causa da extinção em massa de várias espécies de animais e vegetais; pensa-se que os dinossauros foram extintos através deste mecanismo.)

20. Um bloco de 263 g é jogado sobre uma mola vertical com uma constante elástica $k = 2{,}52$ N/cm (Fig. 11.36). O bloco adere à mola que se comprime 11,8 cm antes de ficar momentaneamente em repouso. Enquanto a mola está sendo comprimida, qual é o trabalho realizado (*a*) pela força da gravidade e (*b*) pela mola? (*c*) Qual era a velocidade do bloco imediatamente antes de atingir a mola? (*d*) Se esta velocidade inicial do bloco for dobrada, qual será a máxima compressão da mola? Despreze o atrito.

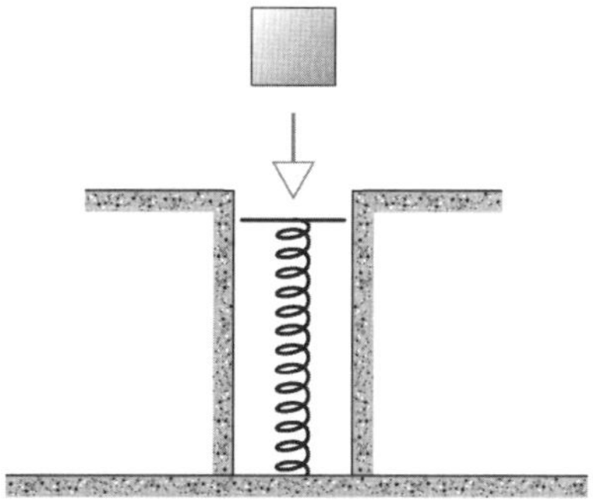

Fig. 11.36 Problema 20.

21. Um objeto de massa m acelera uniformemente do repouso até uma velocidade v_f, em um tempo t_f. (*a*) Mostre que o trabalho realizado sobre o objeto como uma função do tempo t, em termos de v_f e t_f, é

$$W = \frac{1}{2} m \frac{v_f^2}{t_f^2} t^2.$$

(*b*) Qual é a potência instantânea fornecida ao objeto, como uma função do tempo t?

22. Uma haste uniforme de aço com 1,20 m de comprimento e 6,40 kg de massa tem uma pequena bola de 1,06 kg de massa presa em cada extremidade. A haste está restrita a girar no plano horizontal, em torno de um eixo vertical que passa pelo seu ponto médio. Em um determinado instante, observa-se que ela está girando com uma velocidade angular de 39,0 rev/s. Devido ao atrito no mancal, a haste atinge o repouso após 32,0 s. Supondo um torque de atrito constante, calcule (*a*) a aceleração angular, (*b*) o torque de retardo exercido pelo atrito no mancal, (*c*) a energia cinética perdida devido a este atrito e (*d*) o número de revoluções executadas durante os 32,0 s. (*e*) Agora suponha que o torque de atrito não é constante. Qual das grandezas (*a*), (*b*), (*c*) ou (*d*), se alguma, ainda pode ser calculada sem a necessidade de alguma informação adicional? Se existir alguma, forneça o seu valor.

23. Um automóvel de 1.040 kg tem quatro rodas de 11,3 kg. Qual é a fração da energia cinética total do automóvel que é devida à rotação das rodas em torno de seus eixos? Suponha que as rodas tenham a mesma inércia rotacional de discos de mesma massa e tamanho. Explique por que não é necessário conhecer-se o raio das rodas.

24. Um homem está em pé sobre uma plataforma que está girando com uma velocidade angular de 1,22 rev/s; seus braços estão estendidos e ele carrega um peso em cada mão. Com suas mãos nessa posição, a inércia rotacional total do homem, pesos e a plataforma é 6,13 kg·m². Se, através do movimento dos pesos, o homem diminui a inércia rotacional para 1,97 kg·m², (*a*) qual é a velocidade angular resultante da plataforma e (*b*) qual é a razão entre a nova energia cinética e a energia cinética original? Suponha que a plataforma gire sem atrito.

25. No Exercício 21 do Cap. 10, determinou-se a velocidade angular final de duas rodas acopladas. Qual é a fração da energia cinética original que é perdida quando as rodas são acopladas?

26. No Problema 11 do Cap. 10, uma barata correndo em um prato pára para comer uma migalha de pão. Quanta energia cinética é perdida?

27. No Problema 12 do Cap. 10, dois patinadores segurando uma vara (*a*) patinam originariamente em um círculo de 2,92 m de diâmetro, mas (*b*) o diâmetro do círculo é diminuído para 0,940 m quando os patinadores puxam a vara. Calcule a energia cinética do sistema nas partes (*a*) e (*b*). De onde vem a variação?

28. Uma sonda espacial de 2.500 kg sem tripulação está se movendo em linha reta com uma velocidade constante de 300 m/s. Um motor de foguete da sonda espacial executa uma queima na qual um empuxo de 3.000 N age durante 65,0 s. Qual é a variação na energia cinética da sonda se o empuxo é direcionado para (*a*) trás, (*b*) frente ou (*c*) os lados? Suponha que a massa do combustível ejetado é desprezível em comparação com a massa da sonda espacial. (Ver também o Exercício 13 do Cap. 6.)

29. Uma força exerce um impulso J sobre um objeto de massa m, mudando a velocidade de v_i para v_f. A força e o movimento do objeto ocorrem ao longo da mesma linha. Mostre que o trabalho realizado pela força é $\frac{1}{2}J(v_i + v_f)$.

30. Suponha que as hélices de um helicóptero empurram para baixo, na vertical, a coluna cilíndrica de ar tocada por elas à medida que giram. A massa total do helicóptero é de 1.820

kg e o comprimento das hélices é de 4,88 m. Determine a potência mínima necessária para manter o helicóptero no ar. Suponha que a massa específica do ar seja de 1,23 kg/m³.

31. Uma bola de massa m é projetada com uma velocidade v_i para dentro do cano de uma arma de mola de massa M e que está inicialmente em repouso sobre uma superfície sem atrito (Fig. 11.37). A bola adere ao cano no ponto de máxima compressão da mola. Nenhuma energia é perdida por atrito. (*a*) Qual é a velocidade da arma de mola após a bola atingir o repouso no cano? (*b*) Qual é a fração da energia cinética inicial da bola que é perdida através do trabalho realizado sobre a mola?

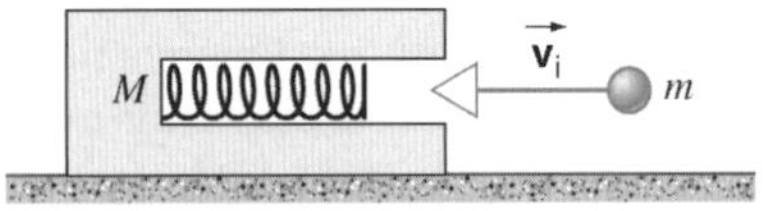

Fig. 11.37 Problema 31.

32. Um bloco de massa $m_1 = 1{,}88$ kg desliza ao longo de uma mesa sem atrito com velocidade de 10,3 m/s. Diretamente na sua frente e movendo-se no mesmo sentido, está um bloco de massa $m_2 = 4{,}92$ kg movendo-se a 3,27 m/s. Uma mola sem massa e com uma constante elástica $k = 11{,}2$ N/cm está presa à parte de trás de m_2, conforme mostrado na Fig. 11.38. Quando os blocos colidem, qual é a máxima compressão da mola? (Dica: no momento da máxima compressão da mola, os dois blocos movem-se como um só; determine a velocidade considerando que a colisão é completamente inelástica até este ponto.)

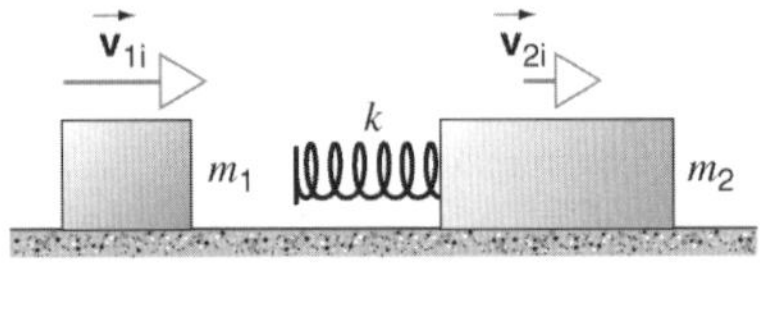

Fig. 11.38 Problema 32.

33. Dois objetos, A e B, colidem. A tem massa de 2,0 kg e B tem massa de 3,0 kg. As velocidades antes das colisões são $\vec{v}_{iA} = (15\text{ m/s})\hat{i} + (30\text{ m/s})\hat{j}$ e $\vec{v}_{iB} = (-10\text{ m/s})\hat{i} + (5{,}0\text{ m/s})\hat{j}$. Após a colisão, $\vec{v}_{fA} = (-6{,}0\text{ m/s})\hat{i} + (30\text{ m/s})\hat{j}$. Qual é a energia cinética ganha ou perdida na colisão? (Ver Cap. 6, Exercício 25.)

34. Considere dois observadores, um cujo referencial está fixo no chão e o outro cujo referencial está preso, digamos, a um trem se movendo com velocidade uniforme u em relação ao chão. Cada um observa que uma partícula, inicialmente em repouso em relação ao trem, é acelerada por uma força constante aplicada para a frente durante um tempo t. (*a*) Mostre que, para cada observador, o trabalho realizado pela força é igual ao ganho em energia cinética da partícula, mas que um observador mede essas grandezas como $\frac{1}{2}ma^2t^2$, enquanto o outro observador mede-as como $\frac{1}{2}ma^2t^2 + maut$. Aqui a é a aceleração comum da partícula de massa m. (*b*) Explique as diferenças no trabalho realizado pela mesma força em relação a diferentes distâncias ao longo das quais os observadores medem a força que age durante o tempo t. Explique as energias cinéticas finais diferentes medidas por cada observador considerando o trabalho que a partícula pode realizar ao ser trazida ao repouso em relação ao referencial de cada observador.

35. Uma partícula de massa m_1, movendo-se com velocidade v_{1i}, sofre uma colisão direta com uma partícula de massa m_2, inicialmente em repouso, em uma colisão completamente inelástica. (*a*) Qual é a energia cinética do sistema antes da colisão? (*b*) Qual é a energia cinética do sistema após a colisão? (*c*) Que fração da energia cinética original é perdida? (*d*) Defina v_{cm} como a velocidade do centro de massa do sistema. Observe a colisão de um sistema de referência com sobrescrito linha que se move com o centro de massa, de modo que $v'_{1f} = v_{1i} - v_{cm}$ e $v_{2i} = -v_{cm}$. Repita as partes (*a*), (*b*) e (*c*), como sendo vistas por um observador neste sistema de referência. A perda da energia cinética é a mesma em cada caso? Explique.

36. Considere uma situação como a do Problema 16 do Cap. 6 (Fig. 6.32) mas na qual as colisões podem ser todas elásticas ou todas inelásticas, ou, ainda, algumas elásticas e outras inelásticas; também as massas são agora m, m' e M. Mostre que, para transferir o valor máximo de energia cinética de m para M, o corpo intermediário deve ter massa $m' = \sqrt{mM}$ — isto é, a média geométrica das massas adjacentes. (É interessante observar que esta mesma relação existe entre as massas das camadas sucessivas de ar na corneta exponencial em acústica.) (Ver "Energy Transfer in One-Dimensional Collisions of Many Objects", de John B. Hart e Robert B. Hermann, *American Journal of Physics*, janeiro de 1968, p. 46.)

PROBLEMA COMPUTACIONAL

1. A potência de saída do motor de um carro de 2,0 kg controlado por rádio depende da velocidade do carro e é dada por

$$P = v(5 - v)/3$$

onde P é medido em watts quando v é medido em m/s. Supondo que o carro sai do repouso, gere numericamente um gráfico da posição em função do tempo e da velocidade em função do tempo para o carro.

CAPÍTULO 12

ENERGIA 2: ENERGIA POTENCIAL

No último capítulo foi iniciado o estudo de energia, com uma introdução ao trabalho e à energia cinética. Neste capítulo, será apresentada outra forma de energia, a energia potencial: a energia que pode ser armazenada em um sistema, quando certos tipos de forças atuam sobre seus componentes.

Ao se considerarem as energias cinética e potencial de um sistema, tem-se a lei de conservação da energia mecânica, que propicia uma forma de entendimento dos problemas mecânicos baseada nas leis de Newton, embora freqüentemente, com novos ou diferentes enfoques. Com base nesta lei de conservação, é possível analisar, de outro modo, alguns dos problemas envolvendo o movimento de translação e de rotação, anteriormente resolvidos através das leis de Newton. O próximo capítulo continuará a expandir os conceitos, com o objetivo de estabelecer uma visão mais abrangente de lei de conservação de energia.

12.1 FORÇAS CONSERVATIVAS

A energia potencial é definida, apenas, para determinada classe de forças, chamadas *forças conservativas*. Antes de se explicar o que significa força conservativa, devem-se considerar os exemplos de comportamento de três forças diferentes: a força de uma mola, $F_x = -kx$; a força da gravidade, $F_y = mg$; e a força de atrito, $f = \mu N$. O objetivo é examinar o trabalho realizado por cada força sobre uma partícula, à medida que esta, sob a ação da força, se desloca ao longo de uma trajetória e retorna ao ponto de origem.

1. *A força da mola*. A Fig. 12.1 mostra um bloco de massa m ligado a uma mola de constante elástica k; o bloco desliza sem atrito sobre uma superfície horizontal. Inicialmente (Fig.12.1*a*), um agente externo comprimiu a mola de forma que o bloco permanece na posição $x = +d$ em relação à posição $x = 0$ da mola em estado de relaxamento. O agente externo é subitamente retirado em $t = 0$, e a mola começa a realizar trabalho sobre o bloco. Enquanto o bloco se movimenta de $x = +d$ para $x = 0$, a mola realiza trabalho determinado por $+\frac{1}{2}kd^2$ (Eq. 11.16). De acordo com o teorema do trabalho—energia, o trabalho realizado aparece sob a forma de energia cinética do bloco. Quando o bloco passa em $x = 0$ (Fig. 12.1*b*), o sentido da força da mola é revertido e, então, a mola passa a freiá-lo, realizando trabalho *negativo* sobre o bloco. Quando o bloco é levado momentaneamente até a posição de repouso $x = -d$, conforme indicado na Fig. 12.1*c*, a quantidade de trabalho negativo executado pela força da mola entre as posições $x = 0$ e $x = -d$ é $-\frac{1}{2}kd^2$. De modo similar, de $x = -d$ até $x = 0$, o trabalho realizado pela força da mola é $+\frac{1}{2}kd^2$ e de $x = 0$ retornando até $x = +d$, o trabalho será $-\frac{1}{2}kd^2$. O bloco retorna à posição de origem (comparar as Figs. 12.1*a* e 12.1*e*), e pode-se observar, somando-se as quatro contribuições separadamente, que no ciclo completo o trabalho total realizado pela força da mola sobre o bloco é nulo.

2. *A força da gravidade*. A Fig. 12.2 apresenta um exemplo de um sistema constituído de uma bola submetida à gravidade terrestre. A bola é arremessada para cima por um agente externo, com velocidade inicial v_0 e, portanto, com uma energia cinética inicial $\frac{1}{2}mv_0^2$. À medida que a bola se eleva, a Terra exerce, sobre ela, um trabalho e faz com que, momentaneamente, alcance o repouso na posição $y = h$. O trabalho realizado pela Terra durante o percurso da bola de $y = 0$ a $y = h$ é $-mgh$ (a constante elástica mg vezes a distância h, negativa, porque a força e o deslocamento estão em sentidos contrários enquanto a bola sobe). Enquanto a bola cai de $y = h$ até $y = 0$, a força da gravidade exerce um trabalho $+mgh$. O trabalho total realizado pela força da gravidade sobre a bola durante o ciclo de movimento de ida e volta é nulo.

3. *A força de atrito*. Para o terceiro exemplo, considere um disco de massa m na extremidade de uma haste fina, porém rígida, de comprimento R. O disco adquire uma velocidade inicial v_0, e a haste limita seu movimento a um círculo de raio R sobre uma superfície horizontal, havendo uma força de atrito entre a superfície e o disco (Fig. 12.3). A única força que realiza trabalho sobre o disco é a força de atrito, exercida *pela* superfície *sobre* a face inferior (fundo) do disco. Essa força atua sempre em sentido oposto ao do movimento do disco, assim, o trabalho realizado por ela é sempre negativo. Depois que o disco retorna ao ponto inicial do percurso, o trabalho total realizado sobre ele pela força de atrito não é nulo; o trabalho total em uma "volta completa" será, na realidade, uma quantidade negativa.

Observe as diferenças existentes entre os três exemplos. Nos dois primeiros (as forças da mola e da gravidade), o objeto retorna ao ponto inicial após um ciclo de movimento, sendo nulo o trabalho total realizado sobre ele. No terceiro exemplo (a força de atrito), há um trabalho total não nulo após um ciclo de movimento. É útil identificar as forças de acordo com o seu com-

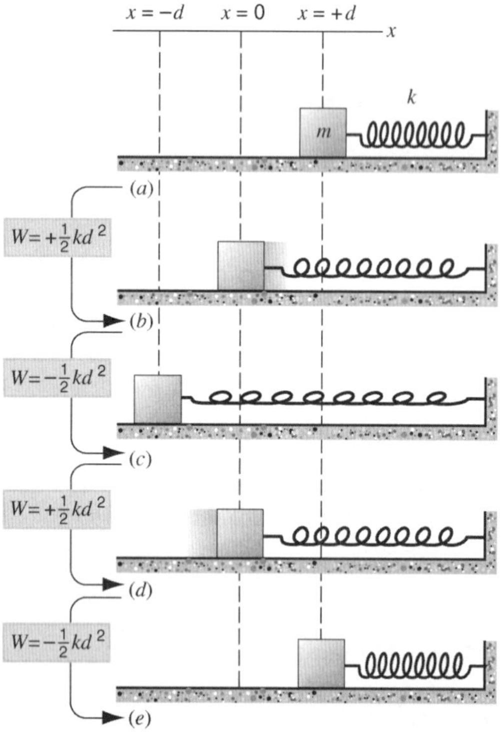

Fig. 12.1. Um bloco move-se sob a ação de uma força de mola de (*a*) $x = +d$ para (*b*) $x = 0$, à esquerda, e de (*c*) $x = -d$ para (*d*) $x = 0$, à direita, e (*e*) de volta para $x = +d$. O trabalho realizado pela força da mola entre cada duas posições sucessivas é mostrado nas caixas à esquerda. Observe que o trabalho total realizado pela força da mola no bloco é nulo ao ser completado o percurso de ida e volta.

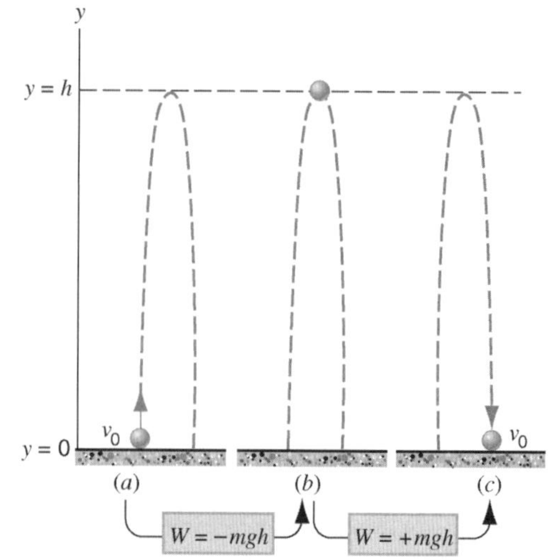

Fig. 12.2. Uma bola é arremessada para cima contra a força de gravidade terrestre. Em (*a*) ela está deixando o ponto de partida, em (*b*) ela está no ponto mais elevado da trajetória e em (*c*) ela está de retorno ao ponto de partida. O trabalho realizado pela força de gravidade da Terra entre cada duas posições sucessivas é mostrado nas caixas inferiores. Observe que o trabalho total realizado pela força de gravidade sobre a bola é nulo ao ser completado o percurso de ida e volta.

portamento, conforme estes três exemplos. Assim, especificamente,

Considere o trabalho total realizado por uma força que atua sobre uma partícula, enquanto esta se move ao longo de um percurso fechado e retorna ao ponto de partida. Se o trabalho total é nulo, diz-se que a força é conservativa. Se o trabalho total para o percurso completo não é nulo, diz-se que a força é não-conservativa.

A força elástica de restituição (força da mola) e a gravitacional são dois exemplos de forças conservativas. A força de atrito é um exemplo de força não-conservativa.

Uma segunda forma de se identificar se uma força é conservativa ou não baseia-se na comparação entre os trabalhos realizados por ela sobre um corpo, enquanto este se move entre um ponto inicial e um ponto final através de diferentes percursos fechados. Por exemplo, suponha que se estão movendo pacotes de massa *m* da calçada para o primeiro andar de um edifício, que possui vários andares, cada um de altura *h*. Se o pacote for movido diretamente da calçada para o primeiro andar, a força gravitacional (conservativa) atuando sobre o pacote realiza trabalho $W_g = -mgh$. Se, em vez disso, o pacote for transportado em

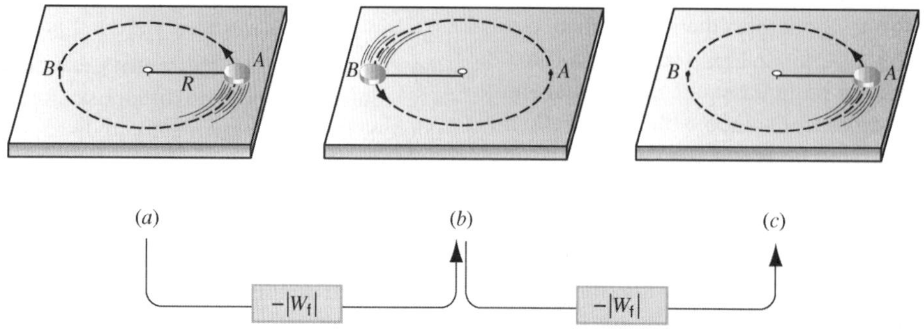

Fig. 12.3. Um disco movimenta-se com atrito (*f* – *fricção*) em uma trajetória circular sobre uma superfície horizontal. As posições mostradas representam (*a*) um ponto arbitrário de partida *A*, (*b*) uma meia-volta posterior (em *B*) e (*c*) outra meia-volta posterior (retornando para *A*). O trabalho realizado pela força de atrito entre cada duas posições sucessivas é mostrado nas caixas inferiores. Observe que o trabalho total realizado pela força de atrito sobre o disco *não* é nulo ao final do percurso, em vez disto, tem o valor negativo $-2|W_f|$.

primeiro lugar até o quinto andar ($W_g = -5mgh$) e, em seguida, levado ao primeiro ($W_g = +4mgh$), o trabalho total realizado pela gravidade será $W_g = -mgh$, exatamente o mesmo valor que seria obtido com o transporte direto até o primeiro andar. Não importa quantos pontos de parada intermediários ou quantas vezes se leve o pacote para cima e para baixo dentro do percurso fechado, quando ele finalmente chegar ao primeiro andar, o trabalho total realizado pela força de gravidade, da calçada até lá, será $-mgh$.

Por outro lado, considere o comportamento não-conservativo da força de atrito para o sistema ilustrado na Fig. 12.3, à medida que o disco se move por dois percursos diferentes entre as posições A e B. Em um caso, o disco percorre meia-volta de A para B, e no outro, uma volta e meia. Apesar de o cálculo do trabalho realizado pela força de atrito requerer um certo cuidado (Seção 13.3), fica claro que a quantidade de trabalho (negativo) realizado no segundo caso é maior do que no primeiro, uma vez que a força de atrito age ao longo de uma distância maior. Para a força de atrito, o trabalho realizado depende do percurso percorrido pelo objeto entre os pontos inicial e final, sob a ação da força.

Isto conduz ao segundo modo de distinguir forças conservativas.

Considere o trabalho realizado por uma força que atua sobre um objeto enquanto este se move de uma posição inicial para uma posição final através de um percurso escolhido arbitrariamente. Se este trabalho é o mesmo para qualquer um dos percursos, diz-se que a força é conservativa. Se o trabalho não é o mesmo para todos os percursos, diz-se que a força é não-conservativa.

Com auxílio da Fig. 12.4, pode-se mostrar que os dois critérios desenvolvidos para identificar forças conservativas são precisamente equivalentes. Na Fig. 12.4*a*, uma partícula move-se em torno de um percurso fechado de a para b e retorna. Se apenas uma força conservativa $\vec{\mathbf{F}}$ atua sobre ela, o trabalho total realizado sobre a partícula por esta força durante o ciclo deve ser nulo. Isto é,

$$W_{ab,1} + W_{ba,2} = 0$$

ou

$$\underbrace{\int_a^b}_{\text{percurso 1}} \vec{\mathbf{F}} \cdot d\vec{\mathbf{s}} + \underbrace{\int_b^a}_{\text{percurso 2}} \vec{\mathbf{F}} \cdot d\vec{\mathbf{s}} = 0, \qquad (12\text{-}1)$$

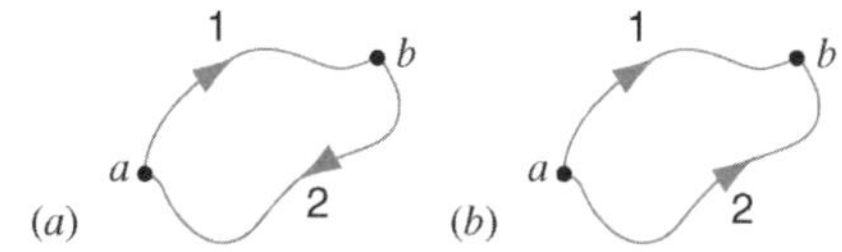

Fig. 12.4. (*a*) Uma partícula submetida a uma força conservativa movimenta-se em um percurso fechado começando em um ponto *a*, passando por um ponto *b* e retornando ao ponto *a*. (*b*) Uma partícula começa no ponto *a* e se dirige ao ponto *b*, podendo seguir qualquer um dos dois percursos possíveis.

onde $W_{ab,1}$ significa "o trabalho realizado pela força quando o corpo se move de a para b através do percurso 1" e $W_{ba,2}$ significa "o trabalho realizado pela força quando a partícula se move de b para a através do percurso 2". A Eq. 12.1 é a sentença matemática equivalente ao *primeiro* critério para uma força conservativa.

Ao se reverter o sentido do movimento da partícula para qualquer percurso escolhido, haverá troca dos limites de integração e do sinal (do sentido) do deslocamento; assim, o trabalho realizado no percurso de ida de a para b está relacionado ao trabalho no percurso de volta de b para a, por:

$$\int_a^b \vec{\mathbf{F}} \cdot d\vec{\mathbf{s}} = -\int_b^a \vec{\mathbf{F}} \cdot d\vec{\mathbf{s}} \qquad \text{(qualquer percurso em especial)}$$

ou, no caso do percurso 2,

$$W_{ab,2} = -W_{ba,2}. \qquad (12\text{-}2)$$

Combinando-se a Eq. 12.1 e a Eq. 12.2, tem-se

$$W_{ab,1} = W_{ba,2}$$

ou

$$\underbrace{\int_a^b}_{\text{percurso 1}} \vec{\mathbf{F}} \cdot d\vec{\mathbf{s}} = \underbrace{\int_a^b}_{\text{percurso 2}} \vec{\mathbf{F}} \cdot d\vec{\mathbf{s}}. \qquad (12\text{-}3)$$

Esta é a representação matemática da *segunda* definição de uma força conservativa: o trabalho realizado pela força é o mesmo para qualquer percurso arbitrário entre a e b. Então, a primeira definição leva diretamente a segunda e (por um argumento similar) esta leva à primeira. As duas definições são, portanto, equivalentes.

12.2 ENERGIA POTENCIAL

Na seção anterior, foram discutidos dois sistemas em que atuavam forças conservativas. Estes sistemas têm algumas características comuns: consistem em pelo menos dois objetos (o bloco e a mola, ou a bola e a Terra) interagindo através de uma força (elástica ou gravitacional), que realiza trabalho e transfere energia entre os componentes do sistema enquanto estes desenvolvem movimento relativo.

Em situações nas quais uma força conservativa atua entre objetos de um sistema, torna-se conveniente e útil definir um outro tipo de energia: a *energia potencial*. A energia potencial U é a energia associada à *configuração* de um sistema. Aqui "configuração" significa como os componentes de um sistema estão dispostos com respeito aos demais (por exemplo, a compressão ou o alongamento da mola no sistema bloco—mola; ou a altura da bola no sistema bola—Terra).

Quando o trabalho é realizado em um sistema por uma força conservativa, a configuração de suas partes se altera, e, assim, a energia potencial varia de um valor inicial U_i para seu valor final U_f. A variação na energia potencial associada a uma única força é definida como

$$\Delta U = U_f - U_i = -W, \qquad (12\text{-}4)$$

em que W é o trabalho realizado pela força enquanto o sistema se move de uma configuração inicial para uma determinada configuração final.

É muito importante se lembrar de que a energia potencial é uma característica do *sistema* e não de qualquer um dos objetos individuais dentro do sistema. Deve-se mencionar corretamente "a energia potencial elástica do sistema bloco—mola" ou "a energia potencial gravitacional do sistema bola—Terra" (e *não* "a energia potencial elástica da mola" ou "a energia potencial gravitacional da bola"). Contudo, a mudança na configuração do sistema bloco—mola ocorre porque há um alongamento ou uma compressão da mola. O bloco, considerado rígido, não modifica sua forma durante o movimento. Por isso, costuma-se associar a mudança de energia potencial do sistema bloco—mola à mola somente. De modo similar, a mudança na configuração do sistema bola—Terra decorre principalmente devido ao movimento da bola, e, por isto, costuma-se associar a energia potencial deste sistema, apenas, à posição da bola. É verdade que a Terra recua quando a bola se eleva, mas devido à sua massa muito maior, o deslocamento da Terra é desprezível em comparação com o da bola.

Considere, portanto, o caso em que é necessário avaliar o trabalho realizado sobre apenas um objeto no sistema. Se o objeto se movimenta apenas na direção x, sua coordenada x é tudo de que se necessita para definir a configuração do sistema. Usando-se a Eq. 11.14 para o trabalho realizado por uma força em uma dimensão, obtém-se

$$\Delta U = U(x_f) - U(x_i) = -W = -\int_{x_i}^{x_f} F_x(x)\, dx. \qquad (12\text{-}5)$$

A Eq. 12.5 permite calcular a diferença de energia potencial entre dois locais x_i e x_f para uma partícula em que atua a força $F_x(x)$. Contudo, freqüentemente, deseja-se conhecer a energia potencial associada a uma localização ou configuração arbitrária x em relação a uma localização de referência particular x_0:

$$U(x) - U(x_0) = -\int_{x_0}^{x} F_x(x)\, dx. \qquad (12\text{-}6)$$

Como apenas as diferenças ou alterações na energia potencial são significativas, pode-se escolher livremente o ponto de referência em qualquer local conveniente e, ainda, definir-se o valor da energia potencial $U(x_0)$ neste ponto. A função $U(x)$ pode, então, ser utilizada para encontrar a energia potencial em qualquer localização arbitrária no sistema — por exemplo, em x_1, x_2 e assim por diante. Se um outro ponto de referência ou um outro valor para $U(x_0)$ for escolhido, então, tanto $U(x_1)$ quanto $U(x_2)$ serão modificados, porém, as quantidades fisicamente importantes, tais como $U(x_1) - U(x_2)$, não sofrerão alterações. Assim, a análise do comportamento dinâmico é independente da escolha de $U(x_0)$.

Pode ocorrer que os estados inicial e final do sistema sejam iguais — isto é, a força está atuando em uma partícula que percorre um "círculo". A energia potencial pode ter qualquer significado nestes casos, mas deve-se ter $\Delta U = U_f - U_i = 0$, porque i e f representam o mesmo local. A Eq. 12.4 obriga que W seja nulo. Como já foi verificado, isto só pode ser verdadeiro para forças conservativas. Assim, *somente pode-se associar energia potencial a forças conservativas.* No caso particular de uma força de atrito atuando em um percurso fechado, W ≠ 0, não sendo possível associá-la à energia potencial.

O inverso da Eq. 12.6 permite calcular a força a partir da energia potencial:

$$F_x(x) = -\frac{dU(x)}{dx}. \qquad (12\text{-}7)$$

A Eq. 12.7 permite observar a energia potencial por outro ponto de vista: *a energia potencial é uma função da posição cujo valor negativo da sua derivada fornece a força.*

O cálculo da energia potencial será ilustrado agora, com dois exemplos de forças conservativas empregados na Seção 12.1, os sistemas bloco—mola e bola—Terra.

A FORÇA DA MOLA

Escolhe-se a posição de referência x_0 do bloco no sistema bloco—mola da Fig. 12.1 para ser a em que a mola se encontra no estado de relaxamento ($x_0 = 0$) e adota-se que a energia potencial do sistema é nula quando o bloco está nesta posição [$U(x_0) = 0$]. A energia potencial do sistema bloco—mola pode ser obtida substituindo-se esses valores na Eq. 12.6 e calculando-se a integral para a força da mola, $F_x(x) = -kx$:

$$U(x) - 0 = -\int_0^x (-kx)\, dx$$

ou

$$U(x) = \tfrac{1}{2}kx^2. \qquad (12\text{-}8)$$

Toda vez que o bloco estiver posicionado a uma distância x de sua posição de referência, a energia potencial do sistema será $\frac{1}{2}kx^2$. O resultado será idêntico se x for positivo ou negativo — isto é, comprimindo-se ou distendendo-se a mola de uma dada quantidade x, a energia acumulada será a mesma.

Diferenciando-se a Eq. 12.8, pode-se observar que a Eq. 12.7 é atendida:

$$-\frac{dU}{dx} = -\frac{d}{dx}(\tfrac{1}{2}kx^2) = -kx = F_x.$$

A FORÇA DA GRAVIDADE

Para o sistema bola—Terra, representa-se a coordenada vertical por y em vez de x, e adota-se o sentido para cima como positivo. Escolhe-se o ponto de referência $y_0 = 0$ na superfície da Terra e define-se $U(y_0) = 0$ neste ponto. Pode-se, agora, calcular a energia potencial $U(y)$ do sistema a partir da Eq. 12.6 com $F_y(y) = -mg$:

$$U(y) - 0 = -\int_0^y (-mg)\,dy$$

$$U(y) = mgy. \qquad (12\text{-}9)$$

Observe que a Eq. 12.7 é satisfatória para esta energia potencial: $-dU/dy = -mg = F_y$.

PROBLEMA RESOLVIDO 12.1.

Uma cabine de elevador com massa $m = 920$ kg move-se do nível da rua ao topo de um arranha-céu em Nova York, alcançando uma altura $h = 412$ m. Qual é a mudança na energia potencial gravitacional do sistema cabine—Terra?

Soluçao Da Eq. 12.9, obtém-se

$$\Delta U = mg\Delta y = mgh = (920\text{ kg})(9{,}80\text{ m/s}^2)(412\text{ m})$$
$$= 3{,}7 \times 10^6\text{ J} = 3{,}7\text{ MJ}.$$

Isto é quase que exatamente 1 kW·h; a quantidade equivalente de energia elétrica custaria uns poucos centavos de dólar.

Usando-se a Eq. 12.4, pode-se ver que a força gravitacional atuando na cabine realiza trabalho, perfazendo −3,7 MJ à medida que a cabine é elevada. O sinal negativo é adequado, porque a força gravitacional e o deslocamento da cabine têm sentidos opostos.

PROBLEMA RESOLVIDO 12.2.

Nas extremidades dos trilhos em um certo terminal ferroviário existe um batente montado sobre molas rígidas de constante elástica $1{,}25 \times 10^8$ N/m, que impede os trens de bater na plataforma. Um dia, um trem colidiu contra o batente, comprimindo a mola de uma distância de 5,6 cm em relação ao seu comprimento em repouso. Qual é a energia potencial acumulada na mola em compressão?

Soluçao Adota-se $U = 0$, quando a mola está relaxada ($x = 0$). Então, da Eq. 12.8, tem-se

$$U = \tfrac{1}{2}kx^2 = \tfrac{1}{2}(1{,}25 \times 10^8\text{ N/m})(0{,}056\text{ m})^2 = 1{,}96 \times 10^5\text{ J}.$$

12.3 CONSERVAÇÃO DA ENERGIA MECÂNICA

Uma vez que já foi apresentado o conceito de energia potencial, pode-se combiná-lo com o conceito de energia cinética e desenvolver-se uma lei de *conservação da energia mecânica*, que permitirá uma nova percepção dos problemas mecânicos.

Considere um sistema isolado — isto é, um sistema no qual não estão presentes forças externas ou, se elas existem, não realizam trabalho sobre o sistema. Por exemplo, dois discos de hóquei ligados por uma mola e livres para deslizar sem atrito em uma superfície horizontal poderiam ser qualificados como um sistema isolado conforme a definição proposta. A força de gravidade e a reação normal da superfície são forças externas que atuam sobre o sistema, mas não realizam trabalho sobre este.

Mesmo que nenhuma força externa afete esse sistema isolado, as partículas *interiores* ao sistema podem exercer forças umas sobre as outras. Essas forças, que são chamadas forças *internas*, podem realizar trabalho sobre as partículas à medida que a configuração do sistema se modifica. Admite-se que as forças internas sejam conservativas, assim, pode-se associar uma energia potencial com cada uma delas. No sistema discos—mola, por exemplo, a mola exerce uma força (conservativa) sobre cada disco. Se a mola tiver o comprimento aumentado ou diminuído enquanto o sistema desliza sem atrito sobre uma superfície horizontal, a força da mola realiza trabalho em cada disco e modifica suas energias cinéticas.

Para analisar um caso simples, considere o sistema bloco—mola da Fig. 12.1a enquanto o bloco se move de $x = +d$ para $x = 0$. Enquanto a mola se alonga, a energia cinética do bloco aumenta de ΔK, que, do teorema do trabalho—energia (Eq. 11.24), é dado por

$$\Delta K = W, \qquad (12\text{-}10)$$

onde W é o trabalho (positivo) realizado sobre o bloco pela força da mola. Além disso, à medida que a mola se distende, a energia potencial do sistema bloco—mola decresce de ΔU, que, segundo a definição de energia potencial (Eq. 12.4), é dada por

$$\Delta U = -W. \qquad (12\text{-}11)$$

Assim, o aumento na energia cinética é exatamente igual à redução na energia potencial deste sistema conservativo bloco—mola: $\Delta K = -\Delta U$.

Pode-se estender esta conclusão para o caso mais geral de um sistema isolado conservativo, consistindo em muitas partículas que interagem entre si através de forças conservativas, tais como: forças elásticas de mola, gravitacionais e elétricas. A mudança *total* na energia cinética de todas as partículas que compõem o sistema é igual em intensidade, mas oposta em sinal, à mudança *total* na energia potencial do sistema ou

$$\Delta K_{\text{total}} = -\Delta U_{\text{total}}.$$

Pode-se apresentar novamente esta equação, talvez, de forma mais útil, como

$$\Delta K_{\text{total}} + \Delta U_{\text{total}} = 0. \qquad (12\text{-}12)$$

A Eq. 12.12 estabelece que, em um sistema isolado em que atuem apenas forças conservativas, qualquer mudança na energia cinética total do sistema deve ser equilibrada por uma mudança de igual valor e sinal contrário na sua energia potencial, a fim de que a soma dessas mudanças seja nula.

Pode-se, também, interpretar a Eq. 12.12 como $\Delta(K_{total} + U_{total}) = 0$. Isto é, quando apenas forças conservativas atuam, a variação na quantidade $K_{total} + U_{total}$ é nula. Pode-se definir esta quantidade como a *energia mecânica total* E_{total} do sistema:

$$E_{total} = K_{total} + U_{total}. \qquad (12\text{-}13)$$

Com a utilização desta definição de energia mecânica total, a Eq. 12.12 torna-se:

$$\Delta(K_{total} + U_{total}) = \Delta E_{total} = 0. \qquad (12\text{-}14)$$

Por conveniência, abandona-se o índice "total", com o entendimento de que, quando se usa o resultado $\Delta(K + U) = \Delta E = 0$ a um sistema de partículas, devem-se sempre considerar os valores *totais* das várias energias do sistema.

Se a variação em qualquer quantidade é nula, esta quantidade deve permanecer constante; então, pode-se reescrever a Eq. 12.14 como

$$E_i = E_f \quad \text{ou} \quad K_i + U_i = K_f + U_f, \qquad (12\text{-}15)$$

onde os índices i e f referem-se aos estados inicial e final do sistema, respectivamente. Isto é, os valores inicial e final da energia mecânica total do sistema são iguais.

A Eq. 12.15 é a sentença matemática da *lei de conservação da energia mecânica*:-

Em um sistema isolado em que atuem apenas forças conservativas, a energia mecânica total permanece constante.

As forças que agem dentro do sistema podem transformar energia cinética em energia potencial ou vice-versa, ou mesmo de um tipo de energia potencial em outro diferente, mas a energia mecânica total permanece constante. Se forças não-conservativas, como atrito, agirem no sistema, então, a energia mecânica total *não é* constante; este caso será considerado no Cap. 13.

Como um exemplo de conservação da energia mecânica, considere novamente o sistema bloco—mola da Fig. 12.1. Em um ponto arbitrário do movimento, a mola é distendida ou comprimida de uma distância x (relativa à posição de referência $x = 0$) e o bloco está se movendo com velocidade v, de modo que a energia mecânica total é $E = \frac{1}{2}mv^2 + \frac{1}{2}kx^2$. Quando a mola alcança sua distensão ou compressão máxima x_m, o bloco está, neste instante, em repouso; nesse ponto, a energia mecânica é toda do tipo potencial e $E = \frac{1}{2}kx_m^2$. Enquanto a mola retorna a sua posição de relaxamento e o bloco se move no sentido de $x = 0$, a energia potencial decresce e a energia cinética aumenta, até que em $x = 0$, a energia potencial torna-se nula e a energia cinética alcança seu valor máximo de $\frac{1}{2}mv^2$, e $E = \frac{1}{2}mv_m^2$. A Fig. 12.5 ilustra a variação das energias potencial e cinética à medida que o sistema se movimenta. Observe que, em cada estágio do movimento, a soma $K + U$ permanece constante.

De modo similar, enquanto a bola se eleva inicialmente no sistema bola—Terra da Fig. 12.2, a energia potencial gravitaci-

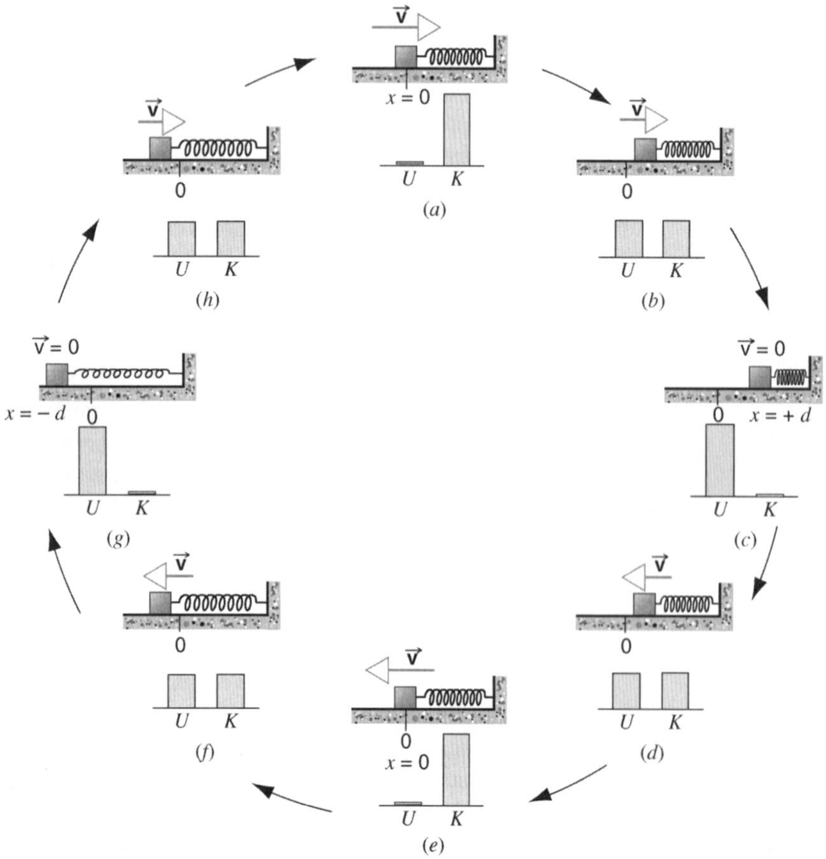

Fig. 12.5. Um bloco preso a uma mola oscila para frente e para trás sobre uma superfície horizontal sem atrito. A energia mecânica E do sistema permanece constante, mas é distribuída em frações diferentes de energia cinética e energia potencial, à medida que o sistema se movimenta. Em dados instantes (*a*, *e*), a energia é totalmente cinética, em outros (*c*, *g*), é totalmente potencial e ainda em outros (*b*, *d*, *f*, *h*), é parcialmente cinética e potencial.

onal cresce à proporção que a energia cinética decresce, entretanto permanecendo constante a energia mecânica total do sistema. Tomando-se $U = 0$ no ponto de soltura, a energia mecânica inicial $E = \frac{1}{2}mv_0^2$. (Como já foi discutido anteriormente, o movimento da Terra pode ser desprezado neste sistema, assim, pode-se associar a energia cinética inteiramente à bola.) Em uma altura arbitrária y, a energia mecânica total é a soma das energias cinética e potencial, $E = \frac{1}{2}mv^2 + mgy$. Em sua altura máxima h, a velocidade é nula e então $E = mgh$. Em cada posição, a energia mecânica total tem o mesmo valor, ainda que este possa estar distribuído de forma diferente entre as parcelas de energias cinética e potencial. À medida que a bola cai, o sistema perde energia potencial enquanto a bola ganha energia cinética, novamente a energia mecânica total do sistema permanece constante.

PROBLEMA RESOLVIDO 12.3.

A mola de uma arma de mola é comprimida de uma distância $d = 3{,}2$ cm a partir da posição de relaxamento, e uma bola de massa $m = 12$ g é colocada no cano. Com que velocidade, a bola deixará o cano, quando a arma disparar? A mola tem constante elástica $k = 7{,}5$ N/cm. Admita que não há atrito e que o cano da arma está na horizontal.

Soluçao O sistema isolado consiste em bola + mola, como no caso da Fig. 12.1. A configuração inicial constitui-se da bola em repouso contra a mola comprimida. Então, $E_i = K_i + U_i = 0 + \frac{1}{2}kd^2$, usando-se a Eq. 12.8 para a energia potencial quando a mola é comprimida de uma distância d. Quando a mola se expande para a sua posição de relaxamento ($x = 0$), a extremidade da mola (juntamente com a bola) move-se com sua velocidade máxima v_m; quando a mola se expande além do seu comprimento de relaxamento, sua extremidade em contato com a bola começa a perder velocidade, mas a bola continua a mover-se com velocidade v_m, separando-se da mola. Nesse instante, $E_f = K_f + U_f = \frac{1}{2}mv_m^2 + 0$. A lei de conservação da energia ($E_f = E_i$) faz com que

$$\tfrac{1}{2}mv_m^2 + 0 = 0 + \tfrac{1}{2}kd^2.$$

Resolvendo para v_m, obtém-se

$$v_m = d\sqrt{\frac{k}{m}} = (0{,}032\text{ m})\sqrt{\frac{750\text{ N/m}}{12\times10^{-3}\text{ kg}}} = 8{,}0\text{ m/s}.$$

PROBLEMA RESOLVIDO 12.4.

Em um *loop* de uma montanha-russa de parque de diversões (Fig. 12.6), um carrinho com passageiros é elevado lentamente a uma altura $y = 25$ m, sendo então acelerado montanha abaixo. Desprezando-se o atrito, qual será a velocidade com que o carrinho chega na parte inferior do brinquedo?

Soluçao Considere o sistema constituído do carrinho (e seus passageiros) e da Terra. Esse sistema satisfaz o critério para um sistema isolado, porque o trilho (que não integra o sistema) não realiza

Fig. 12.6. Um mecanismo para converter energia potencial gravitacional em energia cinética.

trabalho sobre o carro (desprezou-se o atrito, e a força normal do trilho atuando no carrinho não realiza trabalho uma vez que age perpendicularmente ao deslocamento deste). Quando o carrinho está em repouso no topo do trilho, a energia mecânica total é

$$E_i = U_i + K_i = mgy + 0,$$

em que foi adotado $y = 0$ na base do trilho. Quando o carrinho alcança a parte inferior do brinquedo, a energia mecânica E_f é

$$E_f = U_f + K_f = 0 + \tfrac{1}{2}mv^2,$$

com a referência para U escolhida de modo que $U = 0$ em $y = 0$. A conservação de energia significa que $E_i = E_f$, e então

$$mgy = \tfrac{1}{2}mv^2.$$

Resolvendo para v, obtém-se

$$v = \sqrt{2gy} = \sqrt{(2)(9{,}8\text{ m/s}^2)(25\text{ m})} = 22\text{ m/s}.$$

Essa é a mesma velocidade com que um objeto largado verticalmente de uma altura de 25 m alcançaria o solo. A força normal do trilho não altera a velocidade de "queda" do carrinho, ela meramente modifica a direção do carrinho. Observe que o resultado independe da massa do carro ou de seus ocupantes.

A velocidade do carrinho na montanha-russa aumenta e diminui quando passa através de vales e de picos do trilho. Como nenhum pico é mais alto do que o ponto de partida, existe suficiente energia mecânica no sistema para superar qualquer um dos picos intermediários de energia potencial e conduzir o sistema (carrinho—Terra) até o final.

Pode-se prontamente observar as vantagens da abordagem por energia para esse problema. Para usar as leis de Newton, seria necessário conhecer o caminho exato do trilho, e as componentes de força e de aceleração em cada ponto. Este seria um procedimento bastante difícil. Por outro lado, a solução usando as leis de Newton forneceria mais informações do que a baseada em energia — por exemplo, o tempo gasto para o carrinho chegar à base.

APLICAÇÕES DA CONSERVAÇÃO DA ENERGIA MECÂNICA

A lei de conservação da energia mecânica teve origem na definição da energia potencial ($W = -\Delta U$) e do teorema do trabalho—energia ($W = \Delta K$), que foi, por sua vez, obtido da segunda lei de Newton. Pode-se, portanto, usar a lei de conservação da energia mecânica para analisar sistemas conservativos para os quais foram anteriormente aplicadas as leis de Newton. A título de ilustração, serão reconsiderados alguns problemas já solucionados pelas leis de Newton. Serão discutidos apenas problemas mecânicos lineares em que as forças são conservativas e os corpos se comportam como partículas.

PROBLEMA RESOLVIDO 12.5.

Usando a conservação da energia mecânica, analise a máquina de Atwood (Problema Resolvido 5.5) para encontrar a velocidade e a aceleração dos blocos depois que se moveram uma distância y do repouso.

Soluçao Revendo o problema e o diagrama de corpo livre da Fig. 5.9, adota-se um sistema composto dos dois blocos e da Terra. Por simplicidade, considera-se que ambos os blocos começam da posição de repouso no mesmo nível, definido como $y = 0$, o ponto de referência para a energia potencial gravitacional. A energia potencial inicial é, portanto, nula. A energia cinética inicial é nula também, e, então, $E_i = 0$. Depois que o sistema é liberado, o bloco 1 move-se para cima para a posição $+y$ e o bloco 2, para baixo, na posição $-y$, ambos com velocidade v. A energia mecânica total final é, portanto, $\frac{1}{2}m_1v^2 = m_1gy$ para o bloco 1 e $\frac{1}{2}m_2v^2 - m_2gy$ para o bloco 2. A conservação da energia mecânica determina que $E_f = E_i$ ou

$$\tfrac{1}{2}m_1v^2 + m_1gy + \tfrac{1}{2}m_2v^2 - m_2gy = 0.$$

Resolvendo para a velocidade v, tem-se

$$v = \sqrt{2\frac{m_2 - m_1}{m_1 + m_2}gy}.$$

O bloco 1 está, então, subindo com velocidade $v_y = +v$ e aceleração $a_y = dv_y/dt$:

$$a_y = \frac{dv_y}{dt} = \frac{1}{2}\left(2\frac{m_2 - m_1}{m_1 + m_2}gy\right)^{-1/2}\left(2\frac{m_2 - m_1}{m_1 + m_2}g\right)\frac{dy}{dt}.$$

Se dy/dt for substituído pela expressão da velocidade v_y e alguns termos rearranjados, obtém-se

$$a_y = \frac{m_2 - m_1}{m_1 + m_2}g.$$

Esse é o mesmo resultado obtido no Problema Resolvido 5.5, o que demonstra que os métodos baseados nas leis de Newton e em conservação de energia levam a resultados idênticos.

PROBLEMA RESOLVIDO 12.6.

Com o uso da conservação da energia mecânica, encontre a velocidade dos blocos do Problema Resolvido 5.6, depois que percorreram uma distância L a partir da posição de repouso.

Soluçao Reveja o problema e a Fig. 5.10. O sistema é constituído de ambos os blocos e da Terra. Para este problema, será usada a forma da conservação de energia dada pela Eq. 12.12. A energia cinética inicial é nula, então, a mudança na energia cinética é $\Delta K = K_f = \frac{1}{2}m_1v^2 + \frac{1}{2}m_2v^2$, onde v é a velocidade dos blocos depois que se deslocaram uma distância L. Não há mudança de energia potencial para o bloco 1 (que se move horizontalmente), então, a mudança na energia potencial é efetivamente determinada pela alteração da posição vertical do bloco 2, ou $\Delta U = m_2g\Delta y = m_2g(-L)$. A conservação da energia mecânica determina que

$$\Delta K + \Delta U = \tfrac{1}{2}m_1v^2 + \tfrac{1}{2}m_2v^2 - m_2gL = 0.$$

Resolvendo-se para a velocidade v, obtém-se

$$v = \sqrt{\frac{2m_2gL}{m_1 + m_2}}.$$

Mais uma vez, pode-se mostrar que a diferenciação dessa expressão em relação ao tempo (tratando dL/dt como uma componente de velocidade adequada) conduz à expressão da aceleração obtida na solução do Problema Resolvido 5.6.

12.4 CONSERVAÇÃO DA ENERGIA EM MOVIMENTO DE ROTAÇÃO

Na Seção 11.7, foi discutido como aplicar conceitos de trabalho e de energia cinética aos problemas envolvendo movimento de rotação. Pode-se aplicar igualmente a conservação da energia mecânica para analisar o movimento de sistemas envolvendo objetos que podem girar em torno de um eixo, bem como mover-se em translação. Não existe uma lei de conservação de energia *separada* para o movimento de rotação; ao contrário, as energias cinéticas da Eq. 12.15 podem conter tanto termos relativos à rotação como à translação.

PROBLEMA RESOLVIDO 12.7.

Usando a conservação da energia mecânica, reconsidere o Problema Resolvido 9.10 para encontrar a velocidade do bloco após ele cair da posição de repouso ao longo da distância de 0,56 m.

Soluçao Reveja o problema e Fig. 9.26. O sistema é constituído do bloco, do disco e da Terra. Se o bloco cai a partir da posição de repouso, então $K_i = 0$ para o bloco e para o disco. Seja $y = 0$, a posição inicial do bloco, onde $U_i = 0$; depois que o bloco cai para a coordenada vertical $-y$, sua energia potencial é $U_f = mg(-y)$. A energia cinética final do bloco em queda é $\frac{1}{2}mv^2$ e a do disco é $\frac{1}{2}I\omega^2$. Como a corda é inelástica, as velocidades de queda do bloco e tangencial do disco são iguais, então $\omega = v/R$. A conservação da energia mecânica determina, então, que $E_i = E_f$ ou

$$0 = \tfrac{1}{2}mv^2 + \tfrac{1}{2}I(v/R)^2 - mgy$$

e, resolvendo-se para v(com $I = \frac{1}{2}MR^2$ para o disco), obtém-se

$$v = \sqrt{\frac{4mgy}{M + 2m}}$$

$$= \sqrt{\frac{4(1{,}2\text{ kg})(9{,}8\text{ m/s}^2)(0{,}56\text{ m})}{2{,}5\text{ kg} + 2(1{,}2\text{ kg})}} = 2{,}3\text{ m/s}.$$

Você deverá ser capaz de demonstrar que a aceleração definida no Problema Resolvido 9.10 conduz a esta velocidade vertical. Mais uma vez, verifica-se que métodos baseados nas leis de Newton e em conservação de energia fornecem resultados idênticos.

MOVIMENTO COMBINADO DE ROTAÇÃO E TRANSLAÇÃO

Na Seção 9.7, foi considerada a análise de movimento combinado de rotação e translação usando-se as leis de Newton. Então, será considerada uma análise diferente, baseada nos métodos de trabalho—energia. Assim como foi feito na Seção 9.7, a análise será novamente restrita ao caso em que o eixo de rotação permanece na mesma orientação no espaço enquanto o objeto se move.

Inicialmente, será demonstrado que a energia cinética de um corpo qualquer neste caso especial pode ser escrita como a soma de termos independentes relativos à rotação e à translação. A Fig. 12.7 apresenta um corpo arbitrário de massa M. O centro de massa C está localizado instantaneamente na posição $\vec{\mathbf{r}}_{\text{cm}}$ relativo à origem do sistema de referência inercial escolhido. Uma partícula P de massa m_n é localizada na posição $\vec{\mathbf{r}}_n$, relativa à origem, e na posição $\vec{\mathbf{r}}\,'_n$, em relação ao centro de massa do corpo. O movimento de translação é restrito ao plano xy; isto é, o vetor $\vec{\mathbf{v}}_n$ que descreve o movimento de m_n tem apenas componentes x e y. O corpo também gira com velocidade angular instantânea ω em torno de um eixo que passa através do centro de massa e perpendicular à página. A energia cinética da partícula de massa m_n relativa a O é $\frac{1}{2}m_n v_n^2$, e a energia cinética total do corpo é obtida pela seguinte soma considerando todas as partículas:

$$K = \sum_{n=1}^{N} \tfrac{1}{2}m_n v_n^2. \qquad (12\text{-}16)$$

Da Fig. 12.7, pode-se perceber que $\vec{\mathbf{r}}_n = \vec{\mathbf{r}}_{\text{cm}} + \vec{\mathbf{r}}\,'_n$. Pela diferenciação da expressão, encontra-se a relação com as velocidades correspondentes: $\vec{\mathbf{v}}_n = \vec{\mathbf{v}}_{\text{cm}} + \vec{\mathbf{v}}\,'_n$, onde $\vec{\mathbf{v}}_n$ é a velocidade da partícula relativa à origem O, $\vec{\mathbf{v}}_{\text{cm}}$ é a velocidade do centro de massa e $\vec{\mathbf{v}}\,'_n$ é a velocidade da partícula relativa ao centro de massa. O movimento observado do sistema de referência no centro de massa é de rotação pura em torno de um eixo passando por lá; deste modo, $\vec{\mathbf{v}}\,'_n$ tem módulo $\omega r'_n$.

A quantidade v_n^2 que aparece na Eq. 12.16 pode ser escrita como $\vec{\mathbf{v}}_n \cdot \vec{\mathbf{v}}_n$ ou, usando-se a equação de transformação da velocidade $\vec{\mathbf{v}}_n = \vec{\mathbf{v}}_{\text{cm}} + \vec{\mathbf{v}}\,'_n$, como $(\vec{\mathbf{v}}_{\text{cm}} + \vec{\mathbf{v}}\,'_n) \cdot (\vec{\mathbf{v}}_{\text{cm}} + \vec{\mathbf{v}}\,'_n) =$

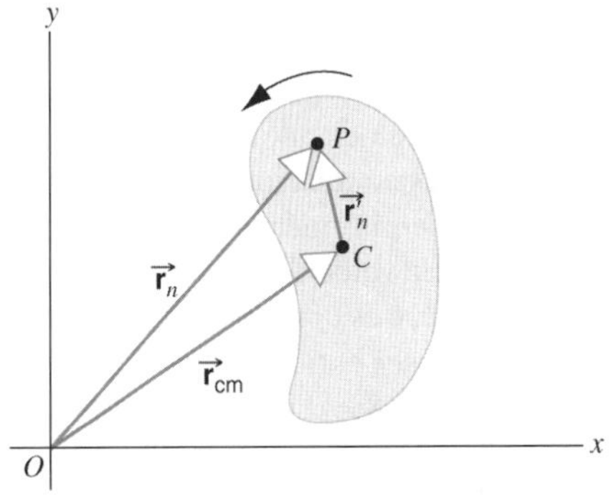

Fig. 12.7. O centro de massa C de um corpo submetido ao movimento simultâneo de rotação e de translação está localizado instantaneamente na posição $\vec{\mathbf{r}}_{\text{cm}}$. Uma partícula arbitrária P do corpo está localizada em $\vec{\mathbf{r}}_n$ em relação à origem e em $\vec{\mathbf{r}}\,'_n$ em relação ao centro de massa C.

$\vec{v}_{cm} \cdot \vec{v}_{cm} + 2\vec{v}_{cm} \cdot \vec{v}'_n + \vec{v}'_n \cdot \vec{v}'_n$. A energia cinética a partir da Eq. 12.6 pode, então, ser escrita como

$$K = \sum_{n=1}^{N} \tfrac{1}{2} m_n v_n^2$$
$$= \sum_{n=1}^{N} \tfrac{1}{2} m_n (v_{cm}^2 + 2\vec{v}_{cm} \cdot \vec{v}'_n + v_n'^2). \quad (12\text{-}17)$$

Considere-se, então, cada um dos três termos individualmente: (1) no primeiro termo da Eq. 12.17, a única quantidade que envolve soma com o índice n é a massa da partícula m_n, e por isto a massa total do corpo é $\Sigma\, m_n = M$. (Observe que v_{cm} está fora do somatório porque não depende do índice n.) Este termo, então, torna-se $\Sigma\, \frac{1}{2} m_n v_{cm}^2 = \frac{1}{2} M v_{cm}^2$. (2) No segundo termo, tem-se $\Sigma\, \frac{1}{2} m_n (2\vec{v}_{cm} \cdot \vec{v}'_n) = \vec{v}_{cm} \cdot \Sigma\, m_n \vec{v}'_n$. A quantidade $\Sigma\, m_n \vec{v}'_n$ é a quantidade de movimento total de todas as partículas do corpo, medida no sistema de referência do centro de massa: $\vec{P}' = \Sigma\, m_n \vec{v}'_n$, que é nulo conforme a Eq. 7.24. (3) O terceiro termo da Eq. 12.17 pode ser simplificado, considerando-se que o movimento no centro de massa (grandezas indicadas com sobrescrito linha) é de rotação pura e assim, $v'_n = \omega r'_n$. O terceiro termo, então, torna-se $\Sigma\, \frac{1}{2} m_n v_n'^2 = \Sigma\, \frac{1}{2} m_n r_n'^2 \omega^2$. O somatório fornece a inércia de rotação no sistema de referência de coordenadas do centro de massa $I_{cm} = \Sigma\, m_n r_n'^2$, e, então, $\Sigma\, \frac{1}{2} m_n v_n'^2 = \frac{1}{2} I_{cm} \omega^2$. Considerando-se o termo central nulo, restam na Eq. 12.17 apenas dois termos, então

$$K = \tfrac{1}{2} M v_{cm}^2 + \tfrac{1}{2} I_{cm} \omega^2. \quad (12\text{-}18)$$

A Eq. 12.18 indica que a energia cinética total do objeto móvel consiste em dois termos, um associado à translação pura com velocidade $\vec{v}_{cm}$ do centro de massa do objeto, e o outro referente à rotação pura em torno de um eixo que passa pelo centro de massa. Os dois termos são independentes: a rotação estaria presente mesmo na ausência de translação (por exemplo, como observado a partir de um sistema de referência movendo-se com $\vec{v}_{cm}$). As velocidades $\vec{v}_{cm}$ e $\vec{\omega}$ são, no caso geral, independentes: pode-se propiciar qualquer quantidade de energia cinética de rotação e de translação.

Rolamento sem Deslizamento. Para o caso especial de rolamento sem deslizamento, anteriormente discutido na Seção 9.7, a velocidade angular e a velocidade do centro de massa não são independentes — elas estão relacionadas por $v_{cm} = \omega R$ para um objeto com raio R. A energia cinética total é, então, determinada completamente quer pela velocidade de translação v_{cm}, quer pela velocidade de rotação ω, e as correspondentes expressões para a energia cinética podem ser obtidas através da substituição destas expressões na Eq. 12.18:

$$K = \tfrac{1}{2} M v_{cm}^2 + \tfrac{1}{2} I_{cm} v_{cm}^2 / R^2, \quad (12\text{-}19a)$$
$$K = \tfrac{1}{2} M \omega^2 R^2 + \tfrac{1}{2} I_{cm} \omega^2. \quad (12\text{-}19b)$$

Em cada um dos casos, apenas um parâmetro (v_{cm} ou ω) é suficiente para determinar a energia cinética.

Quando um objeto rola sem deslizar, existe uma força de atrito atuando no ponto de contato instantâneo entre ele e a superfície sobre a qual se movimenta (Fig. 9.33, por exemplo). Contudo, *esta força de atrito não realiza trabalho no movimento do objeto* porque o ponto de aplicação da força não se move. Isto é, a força não desloca nenhum ponto do objeto ao longo de uma distância qualquer. Ao contrário, a força de atrito é aplicada inicialmente em um ponto do objeto e, então, à medida que este gira, a força é aplicada a outros pontos diferentes do objeto. Uma roda ideal pode girar sem deslizar em um plano horizontal com velocidades de translação e de rotação constantes; se algum trabalho externo fosse aplicado sobre a roda (por exemplo, pelo atrito), sua energia cinética variaria, o que não é o caso. Se a roda estivesse, ao contrário, deslizando sobre a superfície, então, a força de atrito realizaria trabalho e modificaria as energias cinéticas de translação e de rotação.

PROBLEMA RESOLVIDO 12.8.

Com a utilização da conservação de energia, determine a velocidade final do cilindro em movimento na Fig. 9.32 quando este alcança a base do plano.

Soluçao A Fig. 9.32 mostra as forças que atuam no cilindro em movimento. O sistema será constituído do cilindro e da Terra. Mesmo assim, existe uma força de atrito presente que não realiza trabalho e, portanto, não altera a energia mecânica. A energia cinética inicial é nula e a energia potencial inicial é $Mgh = MgL$ sen θ relativa à base do plano onde $U = 0$; assim, $E_i = K_i + U_i = 0 + MgL$ sen θ. A energia potencial final é nula (porque este é o ponto de referência escolhido), e a energia cinética é dada pela Eq. 12.19*a* no que diz respeito à velocidade final de translação do centro de massa; então $E_f = K_f + U_f = \frac{1}{2} M v_{cm}^2 + \frac{1}{2} I_{cm} v_{cm}^2 / R^2 + 0$. Ao se definir $E_f = E_i$, obtém-se

$$\tfrac{1}{2} M v_{cm}^2 + \tfrac{1}{2} I_{cm} v_{cm}^2 / R^2 = MgL \text{ sen } \theta.$$

Sendo $I_{cm} = \frac{1}{2} MR^2$, pode-se resolver v_{cm} para encontrar

$$v_{cm} = \sqrt{\tfrac{4}{3} gL \text{ sen } \theta},$$

que está em concordância com o resultado do Problema Resolvido 9.11.

PROBLEMA RESOLVIDO 12.9.

Determine a velocidade angular final do ioiô do Problema Resolvido 9.13, usando conservação de energia.

Soluçao O movimento do ioiô enquanto se desenrola cordão abaixo é outro exemplo de movimento combinado de translação e de rotação. O ponto de contato entre o cordão e o eixo desempenha o mesmo papel que o ponto de contato entre a roda e o solo na rolagem sem deslizamento. Para o sistema em questão, serão considerados o ioiô e a Terra. O ioiô tem velocidade de translação inicial v_0 e velocidade angular final ω, assim, a mudança na energia cinética (com o uso da Eq. 12.19*b* para K_f e da Eq. 12.19*a* para K_i) é

$$\Delta K = K_f - K_i = (\tfrac{1}{2}M\omega^2 R_0^2 + \tfrac{1}{2}I_{cm}\omega^2) - \left(\tfrac{1}{2}Mv_0^2 + \tfrac{1}{2}I_{cm}\frac{v_0^2}{R_0^2}\right).$$

Seja o caso de o ioiô caindo de uma posição inicial $y = 0$, onde $U_i = 0$, para outra, de coordenada $-y$, onde $U_f = Mg(-y)$. A mudança na energia potencial do ioiô durante a queda é, então, $\Delta U = -Mgy$. Levando-se em conta que $\Delta K + \Delta U = 0$ e resolvendo-se para a velocidade angular final ω, obtém-se

$$\omega = \sqrt{\left(\frac{v_0}{R_0}\right)^2 + \frac{2gy}{R_0^2 + R^2/2}}.$$

Deve-se mostrar pela diferenciação desta expressão em relação a ω que se pode chegar à expressão de α derivada do Problema Resolvido 9.13, em que se usaram as leis de Newton.

12.5 SISTEMAS CONSERVATIVOS UNIDIMENSIONAIS: A SOLUÇÃO COMPLETA

O escopo na análise de um sistema mecânico consiste freqüentemente em descrever-se o movimento de uma partícula em função do tempo. Nos Caps. 3 e 4, foi mostrado como resolver este problema para o caso unidimensional com a aplicação das leis de Newton, que permitem determinar a posição e a velocidade como funções do tempo. Neste capítulo, foram resolvidos muitos dos mesmos problemas através da conservação de energia; casos em que a velocidade dos corpos nas configurações inicial e final do sistema podiam ser diferentes. Estes dois métodos, o método dinâmico, ou de forças, e o de energia, propiciam resultados idênticos, mas o método baseado em energia, da forma como foi aplicado até o momento, não explicita a posição e a velocidade dos corpos em um sistema como funções do tempo. Nesta seção, será mostrado como o método baseado em energia pode ter seu uso estendido para obter-se essa informação.

Deve-se admitir um sistema unidimensional com uma força que depende apenas da posição.[1] A energia potencial $U(x)$ está associada a esta força e também depende das coordenadas de posição. A Eq. 12.13, para a definição da energia mecânica, $E = K + U$, determina a relação entre x e v_x:

$$U(x) + \tfrac{1}{2}mv_x^2 = E \tag{12-20}$$

e, resolvendo-se para v_x, obtém-se

$$v_x = \pm\sqrt{\frac{2}{m}[E - U(x)]}. \tag{12-21}$$

Para qualquer valor específico da energia mecânica total E do sistema, a Eq. 12.21 determina que o movimento está restrito às regiões do eixo x, onde $E > U(x)$, porque não se pode admitir uma energia cinética ou uma velocidade imaginária.

Se a energia $U(x)$ for apresentada graficamente como uma função de x, pode-se obter uma boa descrição qualitativa do movimento baseado na Eq. 12.21. Por exemplo, considere a função da energia potencial mostrada na Fig. 12.8*a*. Ela representa a energia potencial de uma partícula movendo-se em uma dimensão ao longo do eixo x. A relação entre a energia potencial e a força é determinada pela Eq. 12.7, $F_x = -dU/dx$. A força correspondente a esta energia potencial é mostrada na Fig. 12.8*b*. Foram consideradas diversas opções possíveis para a energia mecânica total do sistema. Para qualquer valor específico da energia (por exemplo, E_4), a energia cinética em qualquer ponto (por exemplo, x_4) é obtida pela diferença entre a energia total e a energia potencial.

$E = E_0$. Esta é a menor quantidade de energia possível para o sistema. Neste ponto, $E = U$, então, $K = 0$. A partícula deve estar em repouso no ponto x_0.

$E = E_1$. A partícula com esta quantidade de energia pode mover-se na região entre x_1 e x_2. Uma vez que a energia cinética é a diferença entre E e $U(x)$, pode-se verificar no gráfico que a partícula tem sua máxima energia cinética e, assim, sua máxima velocidade no ponto x_0. Quando a partícula se aproxima de x_1 ou de x_2, a velocidade decresce. Em x_1 e x_2, a partícula pára e reverte seu sentido. Os pontos x_1 e x_2 são chamados de *pontos de retorno* do movimento.

$E = E_2$. Para esta quantidade de energia, existem quatro pontos de retorno, e a partícula pode mover-se para trás e para frente em qualquer dos dois vales da função de energia potencial.

$E = E_3$. Para esta quantidade de energia, existe um único ponto de retorno no movimento em x_3. Se a partícula está se movendo, inicialmente, na direção de x, sentido negativo, parará em x_3 e se moverá, em seguida, no sentido positivo de x.

$E = E_4$. Para quantidades de energia superiores a esta, não existem pontos de retorno e a partícula não reverte seu sentido de movimento. A velocidade modifica-se de acordo com a Eq. 12.21, à medida que a partícula se movimenta.

Em um ponto onde $U(x)$ tem um valor mínimo, como em $x = x_0$, a inclinação da curva é zero e, portanto, a força é nula; isto é, $F_x(x_0) = -(dU/dx)$ em $x = x_0 = 0$. Uma partícula em repouso neste ponto permanecerá nesta condição. Além disso, se a partícula é deslocada deste ponto, ligeiramente em qualquer direção, a força $F_x(x) = -dU/dx$ tenderá a fazê-la retornar a ele, e ela

[1] Em uma dimensão, as forças que dependem apenas da posição são *sempre* conservativas; isto não é necessariamente verdadeiro em duas ou três dimensões, como foi discutido na Seção 12.6. A força gravitacional (constante) é conservativa, mesmo assim, ela não depende explicitamente da posição. Contudo, a força de atrito (constante) *não* é conservativa, porque sua direção depende da direção do movimento e não da posição; pode-se, então, considerá-la como uma força dependente da velocidade.

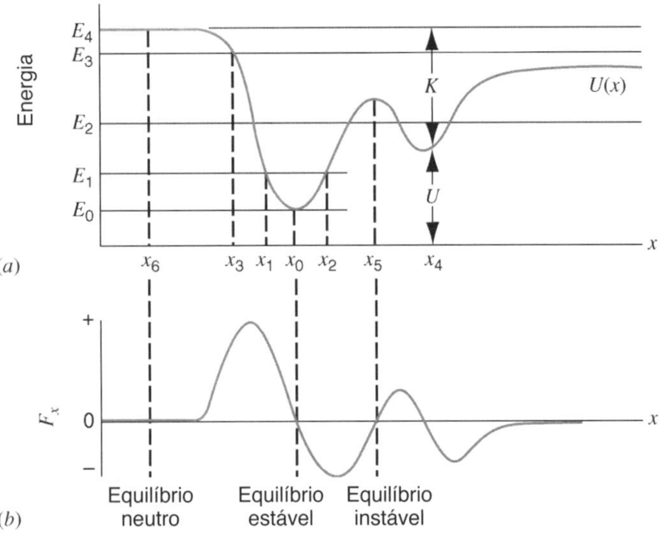

Fig. 12.8. (*a*) Uma função de energia potencial *U*(*x*). (*b*) A componente *x* da força correspondente a esta energia potencial.

oscilará em torno deste ponto de equilíbrio. Esse ponto de equilíbrio é, portanto, chamado de um ponto de *equilíbrio estável*. Se a partícula move-se ligeiramente para a esquerda de x_0 (isto é, coordenada menor do que x), a força é positiva e a partícula é empurrada no sentido crescente de x (isto é, novamente, em direção a x_0). Se a partícula move-se para a direita de x_0, ela sofre uma força negativa que, uma vez mais, faz com que se mova em direção a x_0.

Em um ponto onde $U(x)$ tem um valor máximo, como em $x = x_5$, a inclinação da curva é zero, então, a força é novamente nula; isto é, $F_x(x_5) = -(dU/dx)$ em $x = x_5 = 0$. Uma partícula em repouso neste ponto permanecerá em repouso. Contudo, se a partícula é deslocada mesmo que ligeiramente desta posição, a força $F_x(x)$ tenderá a empurrá-la para mais longe, afastando-a do ponto de equilíbrio. Este tipo de ponto de equilíbrio é, portanto, chamado de um ponto de *equilíbrio instável*. No ponto da Fig. 12.8*b*, correspondente a x_5, o movimento da partícula afastando-se para a direita (sentido crescente do eixo x) resultará em uma força positiva que empurrará a partícula para mais longe ainda deste eixo.

Em um intervalo em que $U(x)$ é constante, como próximo a $x = x_6$, a inclinação da curva é zero, e, assim, a força é nula; isto é, $F_x(x_6) = -(dU/dx)$ em $x = x_6 = 0$. Um local como este é chamado de *ponto de equilíbrio neutro*, uma vez que uma partícula pode ser deslocada ligeiramente dele, sem sofrer a atuação de forças de repulsão ou restauração.

A partir disso, fica claro que pelo conhecimento da função da energia potencial para uma região de x, em que o corpo se movimenta, conhece-se, também, muito a respeito da natureza e das características deste movimento,

PROBLEMA RESOLVIDO 12.10.

A função de energia potencial para a força entre dois átomos em uma molécula diatômica pode ser expressa aproximadamente da seguinte forma:

$$U(x) = \frac{a}{x^{12}} - \frac{b}{x^6},$$

onde a e b são constantes positivas e x é a distância entre os átomos. Encontre (*a*) a separação de equilíbrio entre os átomos, (*b*) a força entre os átomos e (*c*) a energia mínima necessária para quebrar a molécula (ou seja, separar os átomos da sua posição de equilíbrio até $x = \infty$).

Soluçao (*a*) Na Fig. 12.9*a*, é mostrada $U(x)$ como uma função de x. O equilíbrio ocorre na coordenada x_m, onde $U(x)$ é um mínimo, o que é encontrado em

$$\left(\frac{dU}{dx}\right)_{x=x_m} = 0.$$

Isto é,

$$\frac{-12a}{x_m^{13}} + \frac{6b}{x_m^7} = 0$$

ou

$$x_m = \left(\frac{2a}{b}\right)^{1/6}.$$

(*b*) Da Eq. 12.7, pode-se encontrar a força correspondente a esta energia potencial:

$$F_x(x) = -\frac{dU}{dx} = -\frac{d}{dx}\left(\frac{a}{x^{12}} - \frac{b}{x^6}\right) = \frac{12a}{x^{13}} - \frac{6b}{x^7}.$$

A força é apresentada graficamente como uma função da distância de separação entre os átomos na Fig. 12.9*b*. Quando a força é positiva (de $x = 0$ até $x = x_m$), os átomos se repelem (a força é orientada no sentido crescente de x). Quando a força é negativa (de $x = x_m$ até $x = \infty$), os átomos se atraem (a força é orientada no sentido decrescente de x). Em $x = x_m$, a força é nula; esse é o ponto de equilíbrio e é um ponto de equilíbrio estável.

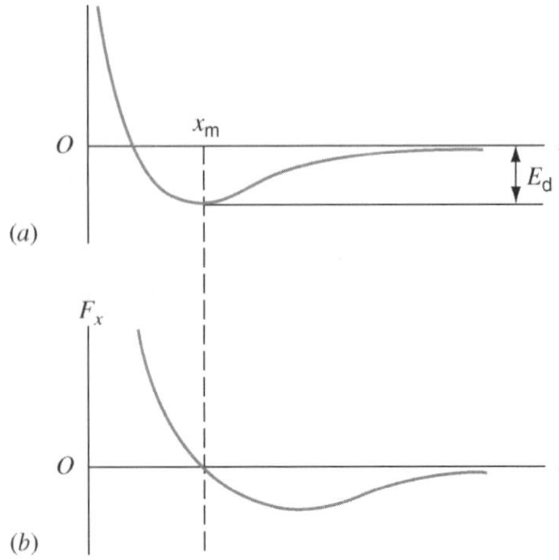

Fig. 12.9. Problema Resolvido 12.10. (*a*) A energia potencial e (*b*) a força entre dois átomos em uma molécula diatômica, como uma função da distância de separação *x* entre eles. Observe que a energia potencial é considerada nula quando os átomos estão infinitamente distantes.

(*c*) A energia mínima necessária para quebrar a molécula em átomos separados é chamada *energia de dissociação*, E_d. Da energia potencial apresentada no gráfico da Fig. 12.9*a*, pode-se perceber que os átomos podem ser separados ($x = \infty$), onde $U = 0$, toda vez que $E \geq 0$. A energia *mínima* necessária corresponde a $E = 0$, o que significa que os átomos estarão infinitamente separados ($U = 0$) e em repouso ($K = 0$) em seu estado final. No estado de equilíbrio da molécula, no entanto, sua energia é totalmente do tipo potencial, de modo que $E = U(x_m)$ (Fig. 12.9*a*), ou seja, uma quantidade negativa. A energia que precisa ser adicionada à molécula no seu estado de equilíbrio para que sua energia se eleve desse valor negativo para o valor zero é a que foi chamada anteriormente de energia de dissociação E_d. Então

$$U(x_m) + E_d = 0,$$

ou

$$E_\mathrm{d} = -U(x_\mathrm{m}) = -\frac{a}{x_\mathrm{m}^{12}} + \frac{b}{x_\mathrm{m}^{6}}.$$

Ao se inserir o valor de x_m, obtém-se

$$E_\mathrm{d} = \frac{b^2}{4a},$$

que é uma quantidade positiva, como deveria ser. Essa energia poderia ser suprida com trabalho externo sobre a molécula, talvez, com a utilização de forças elétricas ou, ainda, com o aumento da energia cinética de um dos átomos da molécula em relação ao outro.

SOLUÇÃO GERAL PARA X(T)

Se pode-se determinar $x(t)$, conhece-se tudo a respeito do futuro comportamento da partícula. Pelas leis de Newton, pode-se obter esta função, determinando-se, inicialmente, a aceleração. Será verificado, então, como empregar os métodos baseados em energia para alcançar o mesmo objetivo.

Começa-se com a Eq. 12.21, com $v_x = dx/dt$, resolvendo-se para dt, obtém-se

$$dt = \frac{dx}{\pm\sqrt{(2/m)[E - U(x)]}}. \qquad (12\text{-}22)$$

Observe que as duas variáveis nessa equação são separáveis, sendo o tempo t encontrado no termo da esquerda e x no da direita.

Suponha que a partícula esteja inicialmente localizada em $x = x_0$, quando $t = 0$, e alcance a posição final x em um tempo t. Pode-se, portanto, integrar a Eq. 12.22. A integral no lado esquerdo, $\int_0^t dt$ resulta simplesmente t, então tem-se

$$t = \int_{x_0}^{x} \frac{dx}{\pm\sqrt{(2/m)[E - U(x)]}}. \qquad (12\text{-}23)$$

Com a aplicação dessa equação, escolhe-se o sinal positivo quando v_x está no sentido positivo de x, e o sinal negativo, quando v_x está no sentido negativo do eixo. Se v_x muda de direção durante o movimento, deve-se dividir a integral em duas partes, uma positiva e outra negativa.

Depois de realizar a integração da Eq. 12.23, seria obtido t, como uma função de x. Então, é possível, usualmente, resolver-se para x como uma função de t quer analiticamente, quer numericamente.

Como um exemplo desse procedimento, será resolvida a Eq. 12.23 para uma partícula sob a atuação de uma força de mola, para a qual $U(x) = \frac{1}{2}kx^2$. Em $t = 0$, a partícula está localizada em x_0 e está em repouso ($v_x = 0$). Nesse ponto, a energia mecânica da partícula é $E = \frac{1}{2}kx_0^2$ e, uma vez que sua energia mecânica permanece constante, sua energia em qualquer ponto terá esse valor. Nesse caso, a Eq. 12.23 torna-se

$$t = \int_{x_0}^{x} \frac{dx}{\pm\sqrt{(2/m)[\frac{1}{2}kx_0^2 - \frac{1}{2}kx^2]}} = \pm\sqrt{\frac{m}{k}}\int_{x_0}^{x}\frac{dx}{\sqrt{x_0^2 - x^2}}.$$

A integral anterior está no formato padrão e pode ser resolvida a partir de uma fórmula conhecida e é igual a $-\cos^{-1}(x/x_0)$:

$$t = \pm\sqrt{\frac{m}{k}}\left[-\cos^{-1}\left(\frac{x}{x_0}\right)\Big|_{x_0}^{x}\right]$$

$$= \pm\sqrt{\frac{m}{k}}\left[-\cos^{-1}\left(\frac{x}{x_0}\right) + 0\right]$$

porque $\cos^{-1}(x/x_0) = \cos^{-1} 1 = 0$.

Com algumas operações, pode-se resolver para x, obtendo-se

$$x(t) = x_0 \cos\sqrt{\frac{k}{m}}\, t.$$

Observe que $\cos(\pm\theta) = \cos\theta$.

O movimento unidimensional de uma partícula sob atuação de uma força de mola é uma oscilação senoidal. No Cap. 17, este resultado será obtido com a utilização das leis de Newton.

12.6 SISTEMAS CONSERVATIVOS TRIDIMENSIONAIS (OPCIONAL)

Até aqui, foram discutidas a energia potencial e a conservação da energia mecânica em sistemas unidimensionais em que a força é orientada ao longo da linha de movimento. Pode-se facilmente generalizar esta abordagem para sistemas tridimensionais nos quais a força e o deslocamento podem ter direções arbitrárias e diferentes.

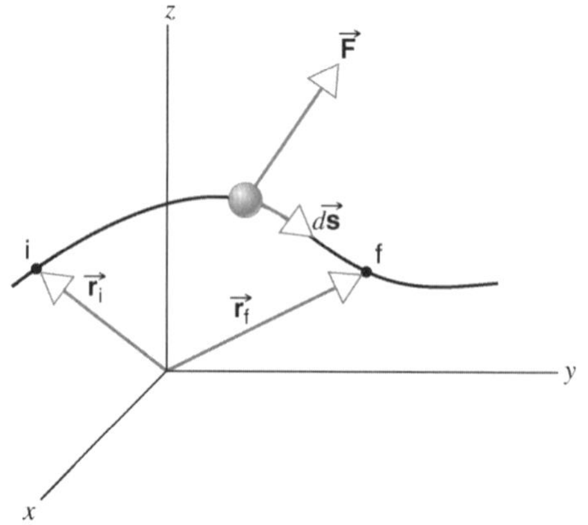

Fig. 12.10. Uma partícula movimenta-se ao longo de um percurso de *i* até *f*. Uma força conservativa $\vec{\mathbf{F}}$ atua sobre ela.

Considere um sistema em que uma partícula move-se ao longo de um percurso (Fig. 12.10) com uma localização inicial $\vec{\mathbf{r}}_i = x_i\hat{\mathbf{i}} + y_i\hat{\mathbf{j}} + z_i\hat{\mathbf{k}}$ indo até uma localização final $\vec{\mathbf{r}}_f = x_f\hat{\mathbf{i}} + y_f\hat{\mathbf{j}} + z_f\hat{\mathbf{k}}$. A partícula integra um sistema que exerce uma força conservativa $\vec{\mathbf{F}}$ sobre ela. (Para simplificar, admite-se, ainda, que se pode concentrar a atenção sobre essa partícula e que nenhum trabalho é realizado no resto do sistema.) Há uma função de energia potencial $U(x, y, z)$ associada a essa força; à medida que a partícula se movimenta entre as localizações inicial e final, a mudança na energia potencial pode ser definida por analogia com a Eq. 12.5:

$$\Delta U = U(x_f, y_f, z_f) - U(x_i, y_i, z_i)$$

$$= -\int_i^f (F_x\,dx + F_y\,dy + F_z\,dz). \qquad (12\text{-}24)$$

Para aplicar essa equação, o percurso entre *i* e *f* precisa ser especificado; a equação para o percurso da partícula determina a relação entre dx, dy e dz. Contudo, como a força é conservativa, tem-se o mesmo valor de ΔU para *todo* o percurso de *i* até *f*. Pode-se aplicar, então, a conservação da energia mecânica total em três dimensões com $E = K + U$, se for considerado $U = U(x, y, z)$ e $K = \frac{1}{2}mv^2 = \frac{1}{2}mv_x^2 + \frac{1}{2}mv_y^2 + \frac{1}{2}mv_z^2$.

Com a notação vetorial, pode-se escrever a mesma expressão da Eq. 12.24 de forma mais compacta

$$\Delta U = -\int_i^f \vec{\mathbf{F}} \cdot d\vec{\mathbf{s}}, \qquad (12\text{-}25)$$

onde $d\vec{\mathbf{s}}$ é um vetor-deslocamento tangente ao percurso ($d\vec{\mathbf{s}} = dx\hat{\mathbf{i}} + dy\hat{\mathbf{j}} + dz\hat{\mathbf{k}}$). Aqui, $\vec{\mathbf{F}} = F_x\hat{\mathbf{i}} + F_y\hat{\mathbf{j}} + F_z\hat{\mathbf{k}}$, onde F_x, F_y e F_z podem ser funções de x, y e z. A Eq. 12.25 também advém diretamente da Eq. 11.19 ($W = \int \vec{\mathbf{F}} \cdot d\vec{\mathbf{s}}$) e da definição de energia potencial (Eq. 12.4, $\Delta U = -W$).

Pode-se, também, escrever a Eq. 12.7 na forma tridimensional[2]

$$\vec{\mathbf{F}}(x,y,z) = -\frac{\partial U}{\partial x}\hat{\mathbf{i}} - \frac{\partial U}{\partial y}\hat{\mathbf{j}} - \frac{\partial U}{\partial z}\hat{\mathbf{k}}. \qquad (12\text{-}26)$$

Na linguagem dos vetores, diz-se que uma força conservativa $\vec{\mathbf{F}}$ é escrita como o negativo do *gradiente* da energia potencial $U(x, y, z)$. Para movimentos ao longo do eixo x, a Eq. 12.26 reduz-se à Eq. 12.7.

PROBLEMA RESOLVIDO 12.11.

Em um certo sistema de partículas confinadas ao plano xy, a força que tem forma $\vec{\mathbf{F}}(x, y) = F_x\hat{\mathbf{i}} + F_y\hat{\mathbf{j}} = -ky\hat{\mathbf{i}} - kx\hat{\mathbf{j}}$, onde k é uma constante positiva. (Uma partícula localizada em um ponto (x, y) arbitrário é empurrada segundo a linha diagonal $y = -x$ pela força. Pode-se verificar isto, traçando-se a linha diagonal e esboçando-se as componentes F_x e F_y em vários pontos do plano xy.) (*a*) Mostre que o trabalho realizado por essa força, quando uma partícula move-se da origem (0, 0) até o ponto (a, b) é independente do percurso ao longo dos três percursos mostrados na Fig. 12.11. (*b*) Admitindo-se que essa força seja conservativa, encontre a energia potencial correspondente desse sistema $U(x, y)$. Adote o ponto de referência como sendo $x_0 = 0$, $y_0 = 0$ e $U(0, 0) = 0$.

Soluçao (*a*) O trabalho realizado ao longo do percurso 1 pode ser encontrado dividindo-se o percurso em duas partes: percurso 1*a* de $x = 0$ até $x = a$ ao longo do eixo x e percurso 1*b*, verticalmente do ponto $(a, 0)$ até o ponto (a, b). O trabalho ao longo do caminho 1*a*, onde $d\vec{\mathbf{s}} = dx\hat{\mathbf{i}}$, é

$$W_{1a} = \int_i^f \vec{\mathbf{F}} \cdot d\vec{\mathbf{s}} = \int_{x_i}^{x_f} F_x\,dx = \int_{x=0}^{x=a} (-ky)\,dx = 0$$

pois $y = 0$ ao longo do percurso 1*a*. Ao longo do percurso 1*b*, $d\vec{\mathbf{s}} = dy\hat{\mathbf{j}}$ e $x = a$, então

$$W_{1b} = \int_i^f \vec{\mathbf{F}} \cdot d\vec{\mathbf{s}} = \int_{y=0}^{y=b} (-kx)\,dy = (-ka)\int_0^b dy = -kab.$$

O trabalho total ao longo do percurso 1 é, portanto,

$$W_1 = W_{1a} + W_{1b} = -kab.$$

Ao longo do percurso 2, pode-se proceder de modo semelhante:

$$W_{2a} = \int_i^f \vec{\mathbf{F}} \cdot d\vec{\mathbf{s}} = \int_{y=0}^{y=b} (-kx)\,dy = 0$$

$$W_{2b} = \int_i^f \vec{\mathbf{F}} \cdot d\vec{\mathbf{s}} = \int_{x=0}^{x=a} (-ky)\,dx = (-kb)\int_0^a dx = -kab.$$

Ao longo do percurso 3, $d\vec{\mathbf{s}} = dx\hat{\mathbf{i}} + dy\hat{\mathbf{j}}$ e

$$W_3 = \int_i^f \vec{\mathbf{F}} \cdot d\vec{\mathbf{s}} = \int_i^f (-ky\,dx - kx\,dy).$$

Seja a variável r percorrendo a linha reta entre (0, 0) até (a, b). Sendo $y = r$ sen ϕ, então, $dy = dr$ sen ϕ (porque ϕ é constante

[2]A *derivada parcial* $\partial U/\partial x$ significa que a derivada de $U(x, y, z)$ com relação a x é realizada como se y e z permanecessem constantes. De modo similar, com y e z, em relação às duas demais variáveis.

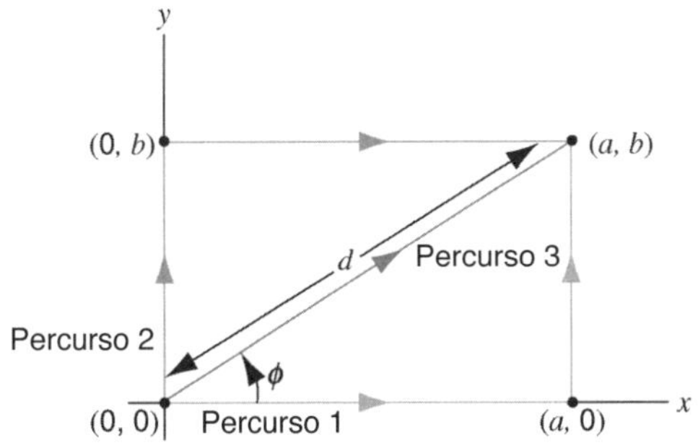

Fig. 12.11. Problema Resolvido 12.11. Três diferentes caminhos são usados para calcular o trabalho realizado ao mover-se uma partícula da origem (0, 0) até o ponto (a, b).

ao longo da linha). Além disso, $x = r\cos\phi$ e $dx = dr\cos\phi$. Tratando-se r como a variável a ser integrada, com valores no intervalo entre 0, na origem, e $d = (a^2 + b^2)^{1/2}$, no ponto (a, b). A integral para W_3 torna-se, então

$$W_3 = \int_0^d [-k(r\,\text{sen}\,\phi)(dr\cos\phi) - k(r\cos\phi)(dr\,\text{sen}\,\phi)]$$
$$= -2k\,\text{sen}\,\phi\cos\phi\int_0^d r\,dr = -kd^2\,\text{sen}\,\phi\cos\phi.$$

Sendo $\text{sen}\,\phi = b/d$ e $\cos\phi = a/d$, então, $W_3 = -kab$. Assim, $W_1 = W_2 = W_3$. Isto não prova que $\vec{\mathbf{F}}$ é conservativa (seria necessário calcular a integral para *todos* os percursos para chegar a esta conclusão), mas permite suspeitar que a força $\vec{\mathbf{F}}$ seja conservativa.

(*b*) A energia potencial pode ser determinada pela Eq. 12.24, que, na verdade, já foi empregada no cálculo do trabalho realizado ao longo do percurso 3. A única diferença é que se deve integrar até o ponto arbitrário (x, y) em vez de (a, b). Pode-se, simplesmente, renomear o ponto (a, b) como (x, y) e assim

$$\Delta U = U(x, y) - U(0, 0) = -W = kxy,$$

onde foi adotado que $U(0, 0) = 0$. Deve-se ser capaz de demonstrar que se pode aplicar a Eq. 12.26 a esta função de energia potencial e obter-se a força $\vec{\mathbf{F}}(x, y)$.

Se a força for modificada ligeiramente para $\vec{\mathbf{F}} = -k_1 y\hat{\mathbf{i}} - k_2 x\hat{\mathbf{j}}$, então, os métodos da parte (*a*) mostram que esta força não é conservativa quando $k_1 \neq k_2$ (Exercício 33). Mesmo quando $k_1 = -k_2$, a força ainda é não-conservativa. Uma força como essa tem aplicações importantes para a orientação magnética de partículas eletricamente carregadas, mas não pode ser representada por uma função de energia potencial, porque não é uma força conservativa.

MÚLTIPLA ESCOLHA

12.1 Forças Conservativas

1. Qual das seguintes forças *não é* conservativa?

(A) $\vec{\mathbf{F}} = 3\hat{\mathbf{i}} + 4\hat{\mathbf{j}}$ (B) $\vec{\mathbf{F}} = 3x\hat{\mathbf{i}} + 4y\hat{\mathbf{j}}$

(C) $\vec{\mathbf{F}} = 3y\hat{\mathbf{i}} + 4x\hat{\mathbf{j}}$ (D) $\vec{\mathbf{F}} = 3x^2\hat{\mathbf{i}} + 4y^2\hat{\mathbf{j}}$

2. Qual das seguintes forças é conservativa?

(A) $\vec{\mathbf{F}} = y\hat{\mathbf{i}} - x\hat{\mathbf{j}}$ (B) $\vec{\mathbf{F}} = yx\hat{\mathbf{i}} - xy\hat{\mathbf{j}}$

(C) $\vec{\mathbf{F}} = y\hat{\mathbf{i}} + x\hat{\mathbf{j}}$ (D) $\vec{\mathbf{F}} = yx\hat{\mathbf{i}} + xy\hat{\mathbf{j}}$

3. Duas forças conservativas, $\vec{\mathbf{F}}_1$ e $\vec{\mathbf{F}}_2$, atuam sobre um objeto. Qual é a relação entre elas

$$W_+ = \oint(\mathbf{F}_1 + \mathbf{F}_2)\cdot d\,\mathbf{s}$$

e

$$W_- = \oint(\mathbf{F}_1 - \mathbf{F}_2)\cdot d\,\mathbf{s}?$$

(O círculo no símbolo de integral significa que ela é calculada ao longo de um percurso fechado.)

(A) $W_+ > W_-$ (B) $W_+ = W_- \neq 0$

(C) $W_+ = W_- = 0$ (D) $W_+ < W_-$

12.2 Energia Potencial

4. Qual das seguintes grandezas nunca pode ser negativa?

(A) Massa (B) Tempo (C) Trabalho

(D) Energia potencial (E) Energia cinética

Pode haver mais de uma resposta correta.

12.3 Conservação da Energia Mecânica

5. Dois blocos estão no topo de uma rampa inclinada. O bloco *A* desliza na rampa para baixo, sem atrito; o bloco *B* cai verticalmente, sem atrito, no mesmo instante.

(*a*) Qual bloco alcança a base primeiro?

(A) Bloco *A* (B) Bloco *B*

(C) Ambos chegam ao mesmo tempo.

(D) Não há informação suficiente para responder a questão.

(*b*) Qual dos blocos alcança a base com maior velocidade?

(A) Bloco *A* (B) Bloco *B*

(C) Ambos chegam com a mesma velocidade.

(D) Não há informação suficiente para responder à questão.

(*c*) Qual dos blocos experimenta a maior aceleração?

(A) Bloco *A* (B) Bloco *B*

(C) Eles experimentam a mesma aceleração.

(D) Não há informação suficiente para responder à questão.

12.4 Conservação da Energia em Movimento de Rotação

6. Três objetos que rolam movem-se na mesma velocidade em uma superfície horizontal plana. Os objetos são um cilindro maciço, uma esfera maciça e uma esfera oca. Todos têm a mesma massa e o mesmo raio. Os três objetos, então, rolam subindo uma inclinação. Admitindo que haja rolamento sem deslizamento, qual deles

(*a*) rolará até a posição vertical mais elevada acima da superfície plana?

(A) O cilindro maciço (B) A esfera maciça

(C) A esfera oca

(D) Todos rolarão até a mesma altura.

(*b*) rolará a distância mais longa medida sobre a inclinação?

(A) O cilindro maciço (B) A esfera maciça

(C) A esfera oca

(D) Todos rolarão a mesma distância.

7. Três objetos rolantes movem-se na mesma velocidade em uma superfície horizontal plana. Os objetos são todos esferas maciças: a esfera A tem raio r e massa m; a esfera B, raio $2r$ e massa m; a esfera C tem raio r e massa $2m$. Os três objetos rolam, então, subindo uma inclinação. Admitindo que cada um deles rola sem deslizar, qual deles

(*a*) rolará até o ponto vertical mais elevado (medido pela mudança na localização do centro de massa)?

(A) A esfera A (B) A esfera B (C) A esfera C

(D) Todas as esferas rolarão até a mesma altura.

(*b*) rolará a maior distância medida ao longo da inclinação?

(A) A esfera A (B) A esfera B (C) A esfera C

(D) Todas as esferas rolarão a mesma distância.

8. Um cilindro e um bloco estão no topo de uma rampa inclinada. O cilindro rola rampa abaixo sem deslizar; o bloco cai verticalmente sem atrito no mesmo instante.

(*a*) Que objeto alcançará a base primeiro?

(A) O cilindro (B) O bloco

(C) Eles chegam ao mesmo tempo.

(D) Não há informação suficiente para responder à questão.

(*b*) Qual objeto alcança a base com maior velocidade?

(A) O cilindro (B) O bloco

(C) Eles chegam com a mesma velocidade.

(D) Não há informação suficiente para responder à questão.

(*c*) Que objeto experimenta uma aceleração maior?

(A) O cilindro A (B) O bloco B

(C) Eles experimentam a mesma aceleração.

(D) Não há informação suficiente para responder à questão.

9. Uma esfera maciça de massa m e raio r é projetada horizontalmente para fora de um canhão sem girar, com uma velocidade inicial v_0. A esfera aterrissa imediatamente em uma superfície plana, onde passa algum tempo, mas eventualmente começa a rolar sem deslizar.

(*a*) Para encontrar a velocidade final da esfera, deve-se aplicar?

(A) A conservação da energia.

(B) A conservação da quantidade de movimento linear.

(C) A conservação da quantidade de movimento angular.

(D) No mínimo, dois dos princípios anteriores.

(*b*) A velocidade final da esfera depende do quê?

(A) O raio.

(B) A massa.

(C) A massa e o raio.

(D) Nem da massa, nem do raio.

(Ver também o Exercício 27.)

12.5 Sistemas Conservativos Unidimensionais: A Solução Completa

10. Uma partícula com energia total E move-se em uma dimensão em uma região onde a energia potencial é $U(x)$.

(*a*) A velocidade da partícula é zero onde

(A) $U(x) = E$. (B) $U(x) = 0$.

(C) $dU(x)/dx = 0$.

(D) $d^2U(x)/dx^2 = 0$.

(*b*) A aceleração da partícula é zero onde

(A) $U(x) = E$. (B) $U(x) = 0$.

(C) $dU(x)/dx = 0$.

(D) $d^2U(x)/dx^2 = 0$.

12.6 Sistemas Conservativos Tridimensionais

QUESTÕES

1. Considere uma força unidimensional $\vec{F} = f(x)\hat{i}$, onde $f(x)$ é uma função apenas de x. É possível determinar se essa força é conservativa sem nenhuma informação adicional? Nesse caso, ela é conservativa?

2. Considere a força bidimensional $\vec{F} = f(x, y)\hat{i} + g(x, y)\hat{j}$, onde $f(x, y)$ e $g(x, y)$ são ambas funções somente de x e y. É possível determinar se essa é uma força conservativa sem nenhuma informação adicional? Nesse caso, ela é conservativa? O que ocorre se $f(x, y) = f(x)$ e $g(x, y) = g(y)$?

3. Uma bola é arremessada para o alto no ar; no ponto mais elevado da trajetória, a energia potencial U tem um valor máximo. A derivada de U será nula nesse ponto? Se for, o que se pode dizer sobre a força atuando na bola nesse ponto? Se não for, então, como U tem valor máximo?

4. As estradas de montanha raramente vencem as inclinações em linha reta, mas seguem uma trajetória sinuosa, subindo gradualmente. Explique por quê.

5. Levando em conta como a energia potencial de um sistema de duas moléculas idênticas está relacionada com o afastamento de seus centros, explique por que um líquido que é espalhado em uma camada fina tem mais energia potencial do que a mesma massa de líquido na forma de uma esfera.

6. Os saltos com vara sofreram grande transformação quando esta, que era de madeira, foi substituída por fibra de vidro. Explique por quê.

7. Você larga um objeto e observa que ele cai e ricocheteia no solo, subindo uma ou uma vez e meia a altura original. A que conclusões você chega?

8. Um terremoto pode liberar energia suficiente para devastar uma cidade. Onde se encontra esta energia imediatamente antes do terremoto ocorrer?

9. A energia mecânica total de um certo sistema isolado de partículas, permanece constante. Se a energia cinética individual das partículas também permanece constante, então, o que se pode concluir sobre as forças que atuam no sistema?

10. No Problema Resolvido 12.4 (ver Fig. 12.6) conclui-se que a velocidade do carrinho na base não depende, em geral, do tipo do percurso dos trilhos. Isto ainda seria verdadeiro se houvesse atrito presente?

11. Explique, usando as idéias de trabalho e de energia, como uma criança impulsiona um balanço até alcançar grandes amplitudes a partir da posição de repouso. (Ver "Como mover um balanço", de R. V. Hesheth, *Physics Education*, julho de 1975, p. 367.)

12. Dois discos estão ligados por uma mola rígida. Você consegue pressionar o disco superior para baixo de tal forma que, uma vez liberado, ele suba de volta e faça o disco inferior elevar-se da mesa (Fig. 12.12)? Pode a energia mecânica ser conservada em casos como este?

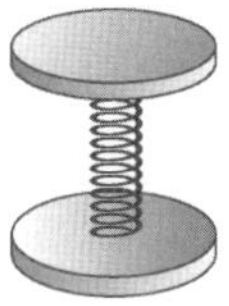

Fig. 12.12. Questão 12.

13. Discuta as palavras "conservação de energia" como empregadas (*a*) neste capítulo e (*b*) na conexão com uma "crise de energia" (por exemplo, desligando as luzes). Em que diferem esses dois usos?

14. A energia cinética de translação de um sistema pode se transformar em energia cinética de rotação sem que haja forças externas atuando? Nesse caso, dê um exemplo, caso contrário, explique por que não.

15. Uma bola de boliche que originalmente não está girando é arremessada na pista; no momento em que a bola derruba os pinos, ela está rolando sem deslizar. A energia mecânica total se conserva?

16. Dê exemplos físicos de equilíbrio instável, equilíbrio neutro e equilíbrio estável.

17. Uma bola de gude pode ser equilibrada na borda de uma cuba de tal modo que ela, com um pequeno toque, possa (1) rolar para dentro da cuba e oscilar de um lado para o outro ainda em seu interior ou (2) rolar para fora da cuba, cair no chão e quebrar-se. Esta posição de equilíbrio é um ponto de equilíbrio instável ou estável?

18. É possível existir um ponto de equilíbrio que seja instável e estável?

EXERCÍCIOS

12.1 Forças Conservativas

12.2 Energia Potencial

1. Em uma dimensão, a intensidade da força gravitacional de atração entre uma partícula de massa m_1 e outra de massa m_2 é dada por

$$F_x(x) = G\frac{m_1 m_2}{x^2},$$

onde G é uma constante e x é a distância entre as partículas. (*a*) Qual a função de energia potencial $U(x)$? Admita que $U(x) \to 0$ quando $x \to \infty$. (*b*) Quanto trabalho é necessário para aumentar a distância entre as partículas de $x = x_1$ para $x = x_1 + d$?

2. Mostre que $W \propto d$ para $d \ll x_1$, no Exercício 1. Onde você já tinha visto isto antes?

3. Uma partícula movimenta-se ao longo do eixo x sob a influência de uma força conservativa descrita pela expressão

$$\vec{\mathbf{F}} = -\alpha x e^{-\beta x^2}\hat{\mathbf{i}},$$

onde α e β são constantes. Encontre a função de energia potencial $U(x)$.

12.3 Conservação da Energia Mecânica

4. A cada minuto, 73.800 m^3 de água passam sobre uma cascata de 96,3 m de altura. Admitindo-se que 58,0% da energia cinética adquirida pela água na queda é convertida em energia elétrica por um gerador hidrelétrico, calcule a potência de saída do gerador. (A massa específica da água é 1.000 kg/m^3.)

5. Para desativar mísseis balísticos durante a fase inicial de vôo, foi proposto uma "arma de trilho eletromagnético" a ser carregada por satélites de baixa órbita em torno da Terra. A arma poderia disparar um projétil manobrável de 2,38 kg a 10,0 km/s. A energia cinética carregada pelo projétil seria suficiente para destruir um míssil por impacto, mesmo sem levar nenhum explosivo. (Uma arma deste tipo é uma arma de "energia cinética".) O projétil é acelerado à velocidade da boca de arma de fogo por forças eletromagnéticas. Suponha, que, em vez disto, deseje-se disparar o projétil usando-se uma mola (uma arma de "mola"). Qual precisaria ser a força constante para alcançar a velocidade necessária após comprimir-se a mola em 1,47 m?

6. Um homem pesando 220,0 libras pula para fora de uma janela e cai na rede de bombeiros 36 pés abaixo. A rede estica-se 4,4 pés antes de trazê-lo ao repouso e arremessá-lo de volta no ar. Qual é a energia potencial da rede esticada?

7. Um cubo de gelo muito pequeno é solto da borda de uma cuba hemisférica sem atrito, cujo raio mede 23,6 cm (Fig. 12.13). Com que velocidade, o cubo se move até o fundo da cuba?

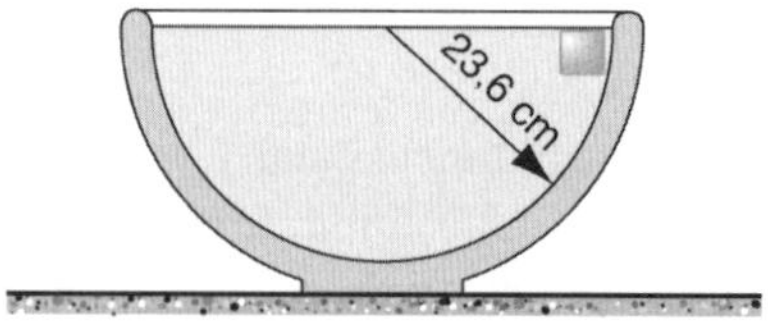

Fig. 12.13. Exercício 7.

8. Um projétil com massa de 2,40 kg é disparado de uma colina com altura de 125 m tendo uma velocidade inicial de 150 m/s e fazendo um ângulo de 41,0° com a horizontal. Quais são (*a*) a energia cinética do projétil logo após ser disparado e (*b*) sua energia potencial? (*c*) Determine a velocidade do projétil imediatamente antes de chocar-se com o solo. Qual das respostas depende da massa do projétil? Ignore o arrasto com o ar.

9. Um carrinho de montanha-russa sem atrito começa no ponto A, conforme a Fig. 12.14, com velocidade v_0. Qual será a velocidade do carrinho (*a*) no ponto B, (*b*) no ponto C e (*c*) no ponto D? Admita que o carrinho pode ser considerado uma partícula e que está sempre sobre o trilho.

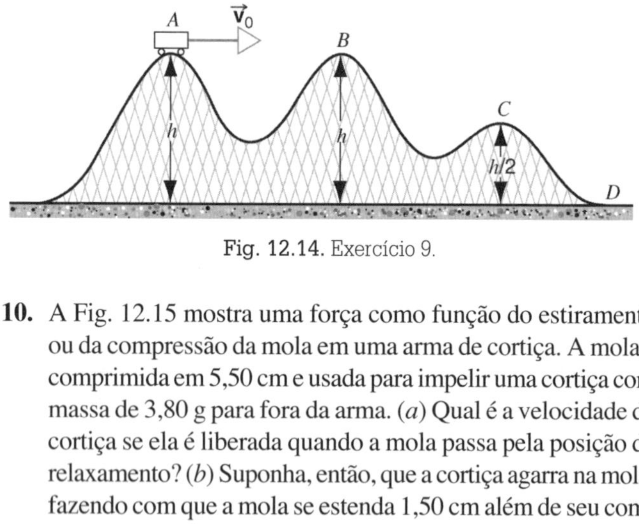

Fig. 12.14. Exercício 9.

10. A Fig. 12.15 mostra uma força como função do estiramento ou da compressão da mola em uma arma de cortiça. A mola é comprimida em 5,50 cm e usada para impelir uma cortiça com massa de 3,80 g para fora da arma. (*a*) Qual é a velocidade da cortiça se ela é liberada quando a mola passa pela posição de relaxamento? (*b*) Suponha, então, que a cortiça agarra na mola, fazendo com que a mola se estenda 1,50 cm além de seu comprimento não-esticado antes de acontecer a separação. Qual é a velocidade da cortiça no instante da separação neste caso?

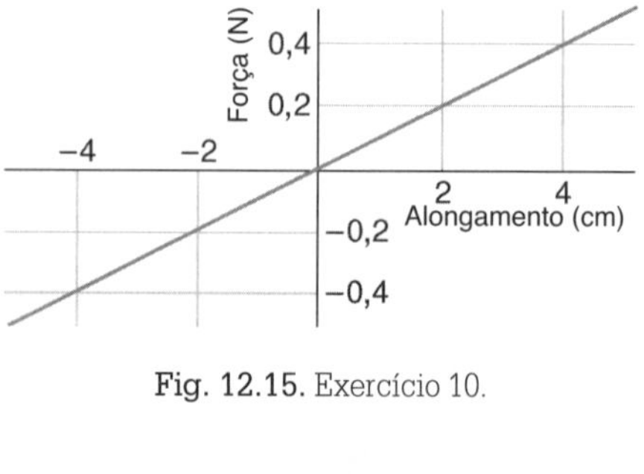

Fig. 12.15. Exercício 10.

11. A Fig. 12.16 mostra uma pedra de 7,94 kg em repouso sobre uma mola. A mola está comprimida em 10,2 cm pela pedra. (*a*) Calcule a constante elástica da mola. (*b*) A pedra é empurrada para baixo no valor adicional de 28,6 cm além da posição inicial e é solta. Quanta energia potencial é armazenada na mola imediatamente antes de a pedra ser solta? (*c*) A quanto acima desta última posição, a pedra será elevada?

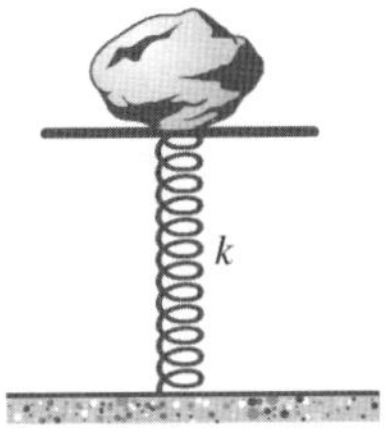

Fig. 12.16. Exercício 11.

12. A área dos Estados Unidos continental é aproximadamente 8×10^6 km^2 e a altitude média da superfície de suas terras é em torno de 500 m. O índice médio pluviométrico é de 75 cm. Dois terços da água das chuvas retornam para a atmosfera sob a forma de evaporação, mas o restante reflui eventualmente para o oceano. Se toda essa água pudesse ser usada para gerar eletricidade em usinas hidrelétricas, qual seria a potência média de saída produzida nessas instalações?

13. Um objeto cai do repouso de uma altura h. Determine a energia cinética e a energia potencial do objeto como uma função (*a*) do tempo e (*b*) da altura. Apresente as expressões na forma gráfica e mostre que a sua soma — a energia mecânica total — é constante em cada caso.

14. Nos jogos olímpicos de 1996, a atleta búlgara Stefka Kostadinova estabeleceu o recorde olímpico feminino para o salto sem vara, saltando 2,05 m. Mantendo-se todas as demais grandezas inalteradas, a que altura ela poderia alcançar saltando na Lua, onde a gravidade na superfície é de apenas 1,67 m/s^2? (Dica: a altura que "conta" é a distância vertical a que o centro de gravidade da atleta é elevado após remover o pé esquerdo do solo. Admita que, no instante em que seu pé esquerdo perde contato com o solo, o centro de gravidade está a 110 cm da superfície do solo. Pressuponha também que, à medida que ela passa sobre a trave horizontal, seu centro de gravidade está na mesma altura que a trave.)

15. Um bloco de 1,93 kg é posicionado contra uma mola comprimida sobre um plano inclinado sem atrito, fazendo um ângulo de 27,0° com a horizontal (Fig. 12.17). A mola, cuja constante elástica é 20,8 N/cm é comprimida em 18,7 cm, e depois o bloco é liberado. Qual distância o bloco percorrerá no plano inclinado antes de atingir o repouso? Meça a posição final do bloco em relação à posição inicial imediatamente antes de ele ser liberado.

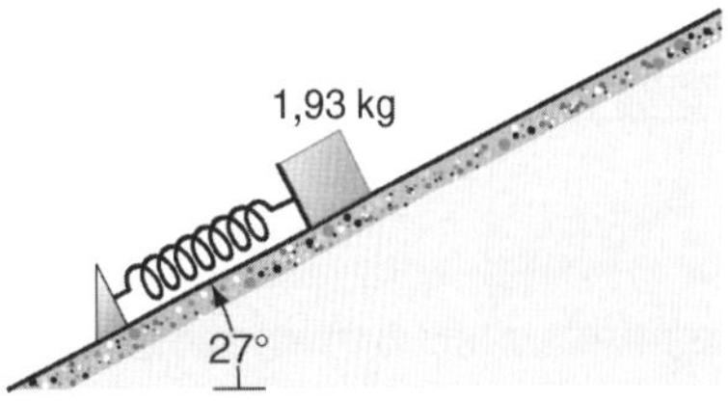

Fig. 12.17. Exercício 15.

16. Um pêndulo é feito amarrando-se uma pedra de 1,33 kg a uma corda com comprimento de 3,82 m. A corda faz um ângulo de 58,0° com a vertical quando a pedra é impulsionada para fora do solo mantendo-se perpendicular à corda. Observa-se que a pedra alcança uma velocidade de 8,12 m/s quando passa em seu ponto mais baixo em relação ao solo. (*a*) Qual era a velocidade da pedra quando ela foi impulsionada? (*b*) Qual o maior ângulo com a vertical alcançado pela corda durante o movimento da pedra? (*c*) Usando o ponto mais baixo da oscilação como a referência para a energia potencial gravitacional nula, calcule a energia mecânica total do sistema.

17. Uma das extremidades de uma mola vertical é fixada ao teto. Um peso é preso a outra extremidade e abaixado lentamente até a posição de equilíbrio. Mostre que a perda de energia potencial gravitacional do peso equivale à metade do ganho de energia potencial da mola. (Por que estas duas quantidades não são iguais?)

18. Um bloco de 2,14 kg é largado de uma altura de 43,6 cm sobre uma mola cuja constante elástica é k = 18,6 N/cm, conforme ilustrado na Fig 12.18. Determine a distância máxima a que mola é comprimida.

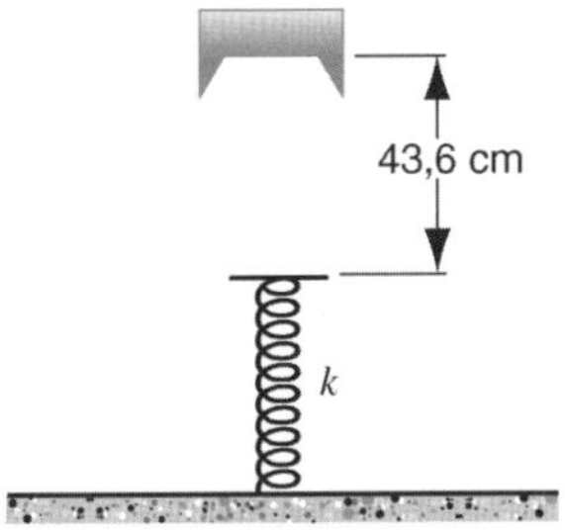

Fig. 12.18. Exercício 18.

19. Duas crianças estão brincando de um jogo que consiste em acertar uma pequena caixa no chão com uma bola de gude disparada por uma arma de mola montada sobre uma mesa. A distância horizontal entre a caixa-alvo e a borda da mesa é de 2,20 m (Fig. 12.19). Roberto comprimiu a mola em 1,10 cm, mas a bola caiu 27,0 cm antes do alvo.

Em quanto João deve comprimir a mola para acertar o alvo?

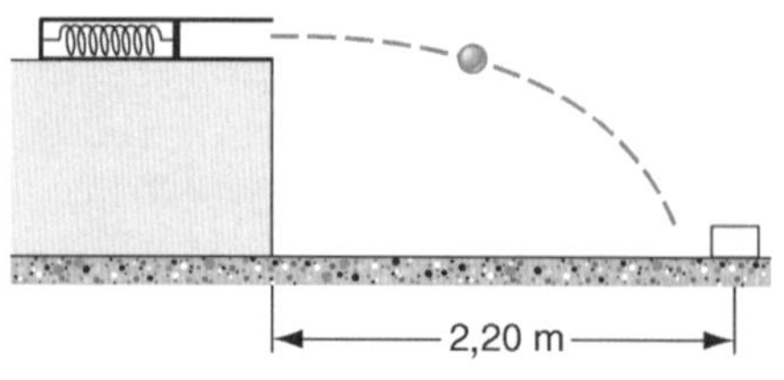

Fig. 12.19. Exercício 19.

20. Tarzan, cujo peso é de 180 libras-força, balança-se dependurado a um cipó de 50 pés de comprimento, indo de uma colina ao topo de uma elevação, conforme pode ser visto na Fig. 12.20. Do topo da colina ao final do balanço, Tarzan desce 8,5 pés. O cipó tem uma resistência à ruptura de 250 libras-força. Ele romperá?

Fig. 12.20. Exercício 20.

21. Dois pêndulos, cada um de comprimento L, estão inicialmente situados conforme a Fig. 12.21. O primeiro pêndulo é solto de uma altura d e colide com o segundo. Admita que a colisão é completamente inelástica e despreze a massa das cordas, bem como quaisquer outros efeitos de atrito. A que altura o centro de massa se eleva após a colisão?

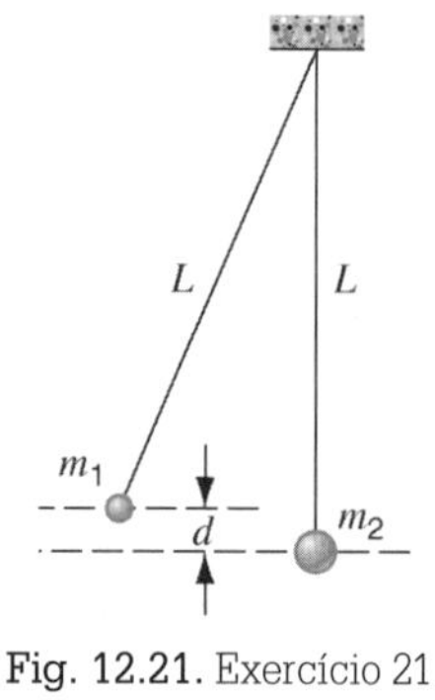

Fig. 12.21. Exercício 21.

12.4 Conservação da Energia em Movimento de Rotação

22. Se R = 23 cm, M = 396 g e m = 48,7 g no Problema Resolvido 9.10 (Fig. 9.26), defina a velocidade do bloco depois que ele desceu 54,0 cm partindo do ponto de repouso. Resolva o problema usando princípios de conservação de energia.

23. Uma casca esférica uniforme gira em torno de um eixo vertical sobre rolamentos sem atrito (Fig. 12.22). Uma corda leve passa pelo "equador" da casca por uma roldana e é presa a um pequeno objeto livre para cair pelo efeito da força de gravidade. Qual é a velocidade do objeto depois que caiu a uma distância h do ponto de repouso?

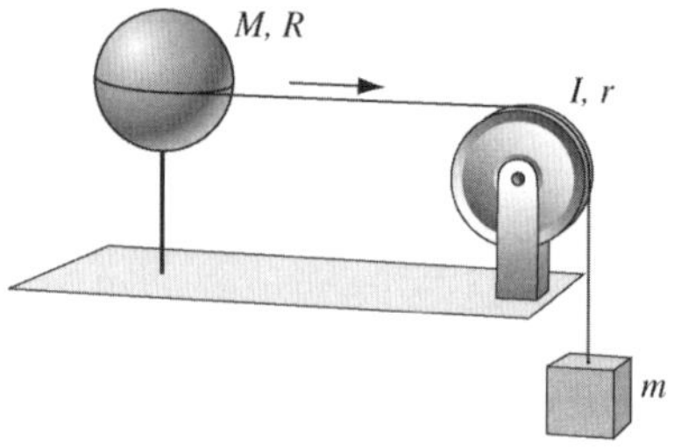

Fig. 12.22. Exercício 23.

24. Um carro é montado com um volante de inércia para conservação de energia que está engrenado ao eixo-motor, girando a 237 rotações por segundo quando o veículo está a uma velocidade de 86,5 km/h. A massa total do carro é de 822 kg, o volante de inércia pesa 194 N e é um disco uniforme com diâmetro de 1,08 m. O carro desce uma rampa de 1.500 m com inclinação de 5°, partindo do ponto de repouso, com o volante de inércia engrenado e nenhuma potência fornecida pelo motor. Desprezando o atrito e a inércia de rotação das rodas, determine (*a*) a velocidade do carro na base da rampa, (*b*) a aceleração angular do volante de inércia na base da rampa e (*c*) a potência absorvida pelo volante de inércia na base da rampa.

25. Uma esfera maciça com raio de 4,72 cm rola para cima sobre um plano inclinado de 34,0°. Na base do plano, o centro de massa da esfera tem uma velocidade de translação de 5,18 m/s. (*a*) Que distância a esfera percorre sobre o plano inclinado? (*b*) Quanto tempo é despendido para que ela retorne à base do plano? (*c*) Quantas rotações a esfera executa durante o percurso de ida e volta?

26. Um corpo está rolando horizontalmente sem deslizar com uma velocidade v. Em seguida, rola montanha acima, até uma altura máxima h. Se $h = 3v^2/4g$, que corpo poderia ser esse?

27. Uma esfera maciça de massa m e raio r é arremessada para fora de um canhão sem girar, com uma velocidade inicial v_0. A esfera imediatamente alcança o solo sobre uma superfície plana, onde permanece alguns instantes, mas, em seguida, começa a rolar sem deslizar. Defina a velocidade final da esfera. (Ver a questão de Múltipla Escolha 9.)

12.5 Sistemas Conservativos Unidimensionais: A Solução Completa

28. Uma partícula move-se ao longo do eixo x através de uma região em que a energia potencial $U(x)$ varia conforme ilustrado na Fig. 12.23. (*a*) Indique no gráfico, usando a mesma escala da Fig. 12.23, o valor da força $F_x(x)$ que atua sobre a partícula. (*b*) A partícula tem uma energia mecânica (constante) E de 4,0 J, esboce graficamente o valor da energia cinética da partícula $K(x)$ diretamente sobre a Fig. 12.23.

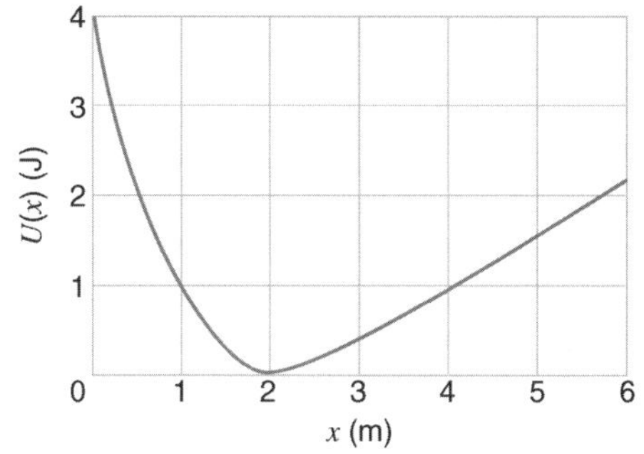

Fig. 12.23. Exercício 28.

29. Uma partícula com massa de 2,0 kg move-se ao longo do eixo x através de uma região em que a energia potencial $U(x)$ varia conforme representado na Fig. 12.24. Quando a partícula está na posição $x = 2{,}0$ m, sua velocidade é de $-2{,}0$ m/s. (*a*) Calcule a força atuando sobre a partícula nessa posição. (*b*) Entre quais limites ocorre o movimento? (*c*) Qual a velocidade da partícula quando está na posição $x = 7{,}0$ m?

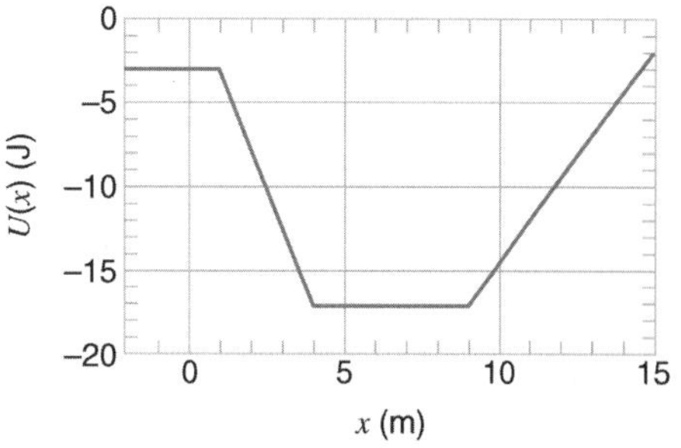

Fig. 12.24. Exercício 29.

12.6 Sistemas Conservativos Tridimensionais

30. Mostre que, para a mesma velocidade inicial v_0, a velocidade v de um projétil será a mesma para todos os pontos de mesma elevação, independentemente do ângulo de disparo. Despreze o arrasto aerodinâmico.

31. A energia potencial correspondente a determinada força bidimensional é dada por $U(x, y) = \frac{1}{2}k(x^2 - y^2)$. (*a*) Defina F_x e F_y, e descreva o vetor força em cada ponto em relação a suas coordenadas x e y. (b) Determine F_r e F_θ, e descreva o vetor força no que se refere às coordenadas polares r e θ do ponto. (*c*) Você consegue pensar em um modelo físico de uma força como esta?

32. A energia potencial de uma força tridimensional é dada por $U(x, y, z) = k/\sqrt{x^2 + y^2 + z^2}$. (*a*) Determine F_x, F_y e F_z, e descreva, então, o vetor força em cada ponto no que diz respeito a suas coordenadas x, y e z. (*b*) Converta para coordenadas polares e determine F_r.

33. Mostre, integrando através dos mesmos três percursos do Problema Resolvido 12.11 que a força $\vec{\mathbf{F}} = -k_1 y\hat{\mathbf{i}} - k_2 x\hat{\mathbf{j}}$ é não-conservativa quando $k_1 \neq k_2$.

PROBLEMAS

1. A força atuando sobre uma partícula restrita a mover-se ao longo do eixo z é dada pela expressão

$$F_z(z) = \frac{k}{(z + l)^2} - \frac{k}{(z - l)^2}$$

onde k e l são constantes determinadas. Admita que $U(z) \to 0$ quando $z \to \infty$. (*a*) Defina a expressão "exata" para $U(z)$, quando $z > l$. (*b*) Mostre que $U(z) \propto 1/z^2$ para $z \gg l$.

2. Uma bola de massa m é presa à extremidade de uma haste muito leve de comprimento L. A outra extremidade da haste é pivotada para que a bola possa mover-se em um círculo vertical. A haste é empurrada lateralmente para uma posição horizontal e, em seguida, recebe um impulso para baixo conforme a Fig. 12.25, o suficiente para que a haste oscile e alcance a posição vertical superior. Que velocidade inicial imprimiu-se à bola?

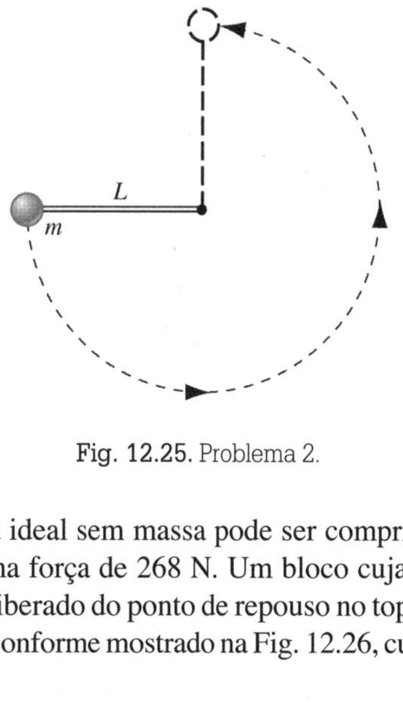

Fig. 12.25. Problema 2.

3. Uma mola ideal sem massa pode ser comprimida em 2,33 cm por uma força de 268 N. Um bloco cuja massa é $m = 3{,}18$ kg é liberado do ponto de repouso no topo de um plano inclinado conforme mostrado na Fig. 12.26, cujo ângulo com a horizontal é de 32,0°. O bloco alcança o repouso momentaneamente depois que comprimiu a mola em 5,48 cm. (*a*) Que distância o bloco percorreu para baixo, sobre o plano inclinado até este momento? (*b*) Qual é a velocidade do bloco imediatamente antes de tocar a mola?

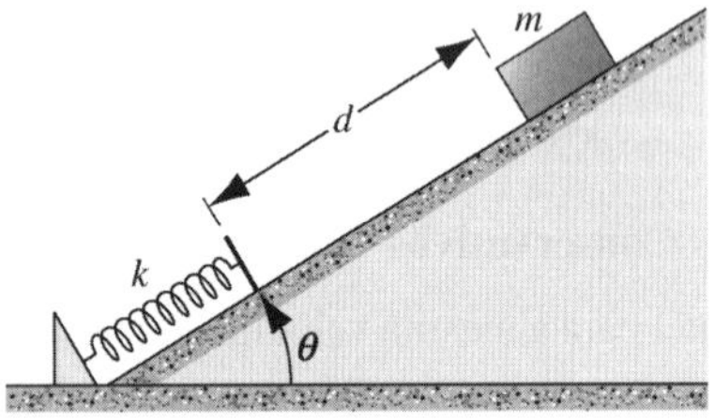

Fig. 12.26. Problema 3.

4. Uma corrente é retida sobre uma mesa sem atrito, estando um quarto de seu comprimento sobre a mesa, conforme ilustrado na Fig. 12.27. Se a corrente tem comprimento L e massa m, quanto trabalho é necessário para erguer a parte pendente de volta à mesa?

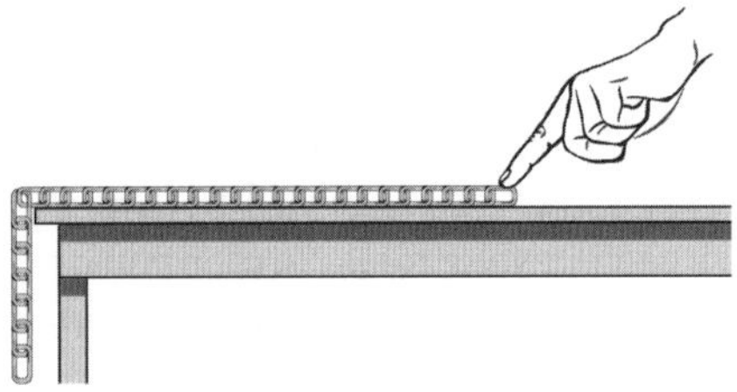

Fig. 12.27. Problema 4.

5. Um pequeno bloco de massa m desliza ao longo de um trilho sem atrito de "loop", conforme mostrado na Fig. 12.28. (*a*) O bloco é liberado do ponto de repouso no ponto P. Qual a força resultante atuando sobre o bloco no ponto Q? (*b*) A que altura acima da base, precisa-se erguer o bloco de modo que uma vez liberado, fique na iminência de perder o contato com o trilho no topo do "loop"?

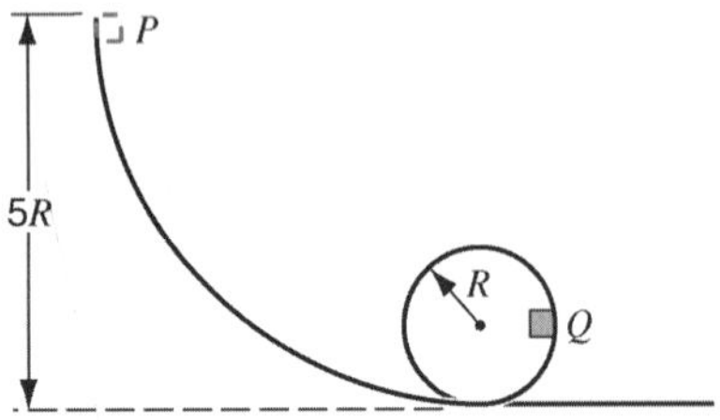

Fig. 12.28. Problema 5.

6. Um bloco de massa m repousa sobre uma cunha de massa M, que, por sua vez, repousa sobre uma mesa horizontal conforme ilustra a Fig. 12.29. Todas as superfícies são sem atrito. Se o sistema começa em repouso, com o ponto P do bloco estando a uma altura h da mesa, determine a velocidade da cunha no instante em que o ponto P toca a mesa.

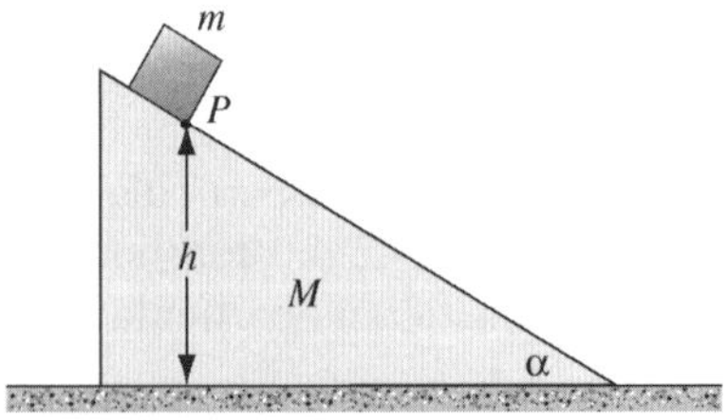

Fig. 12.29. Problema 6.

7. Um objeto de 1,18 kg sofre a ação de uma força resultante conservativa determinado exatamente pela expressão $F_x = Ax + Bx^2$, onde $A = -3{,}00$ N/m e $B = -5{,}00$ N/m^2. (*a*) Determine a energia potencial do sistema em $x = 2{,}26$ m. Admita que $U(0) = 0$. (*b*) O objeto tem uma velocidade de 4,13 m/s no sentido negativo do eixo x quando está no ponto $x = 4{,}91$ m. Defina a velocidade do objeto quando passa no ponto $x = 1{,}77$ m.

8. A corda da Fig. 12.30 tem comprimento $L = 120$ cm, e a distância d até o pino fixo é determinada como 75,0 cm. Quando a bola é liberada partindo do ponto de repouso na posição indicada, ela percorrerá o arco mostrado na figura. Qual a sua velocidade (*a*) quando alcança o ponto inferior do percurso e (*b*) quando alcança o ponto mais elevado do percurso, depois que a corda envolve o pino?

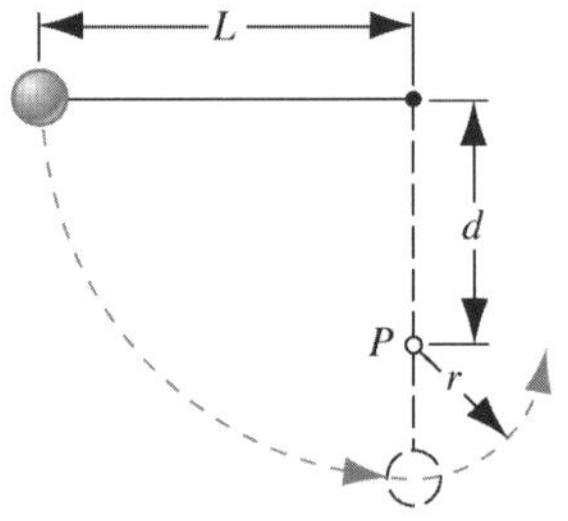

Fig. 12.30. Problemas 8 e 9.

9. Na Fig. 12.30, mostre que para a bola girar completamente em torno do pino fixo é preciso que $d > 3L/5$. (Dica: a bola deve estar em movimento quando alcançar o topo do percurso, de outra forma a corda se romperia.)

10. Um bloco de massa m preso à extremidade de uma corda oscila segundo um círculo vertical de raio R, apenas, sob a influência da força de gravidade. Determine a diferença entre os valores da tração na corda quando o bloco está no topo e na base do percurso. Admita que o bloco está sempre se movendo rápido o bastante para que a corda sempre se mantenha tensa.

11. Um jovem está sentado no topo de um pequeno monte hemisférico de gelo (Fig. 12.31). Ele recebe um pequeno impulso e começa a deslizar para baixo. Mostre que ele deixa o gelo em um ponto de altura $2R/3$ se não há atrito com o gelo. (Dica: a força normal se anula quando ele deixa o gelo.)

Fig. 12.31. Problema 11.

12. A partícula m, na Fig. 12.32, move-se segundo um círculo vertical de raio R dentro de um trilho. Não há atrito. Quando m está em sua posição mais baixa, sua velocidade é v_0. (a) Qual é o menor valor v_m de v_0 para o qual m completará a volta sem perder contato com o trilho? (b) Suponha que v_0 é 0,775 v_m. A partícula se moveria trilho acima até dado ponto P, a partir do qual perderia contato com o trilho e percorreria um percurso mostrado de forma aproximada por uma linha tracejada. Determine a posição angular θ do ponto P.

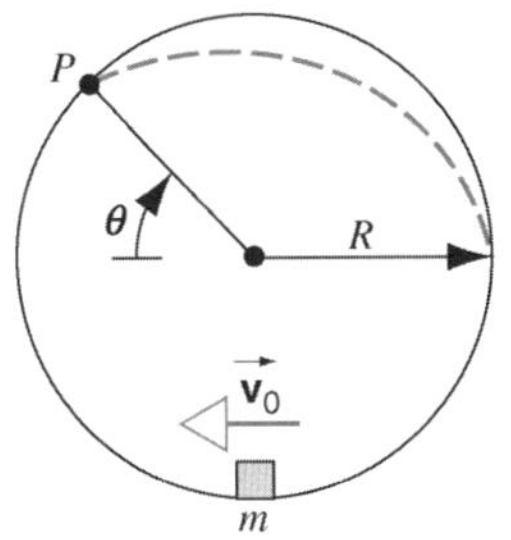

Fig. 12.32. Problema 12.

13. Um corpo rígido é constituído de três hastes finas e idênticas unidas na forma da letra H (Fig. 12.33). O corpo é livre para girar em torno de um eixo horizontal que atravessa uma das "pernas" do H. Deixa-se o corpo cair a partir do ponto de repouso e de uma posição em que o H está na horizontal. Qual será a velocidade angular do corpo no momento em que o H estiver em um plano vertical?

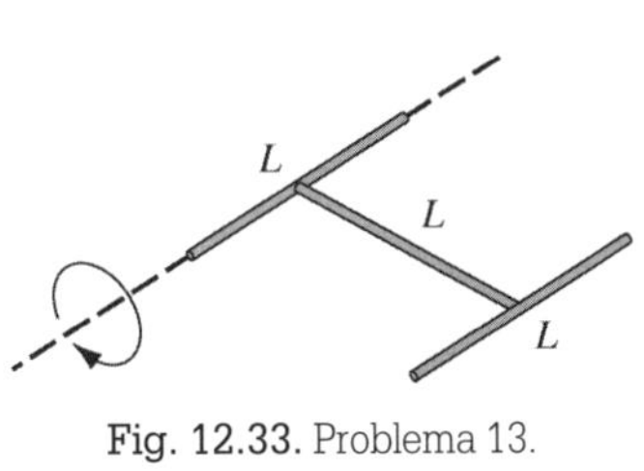

Fig. 12.33. Problema 13.

14. Uma pequena bola de gude maciça de massa m e raio r rola sem deslizar ao longo de um "loop" através de um trilho, conforme ilustrado na Fig. 12.34, tendo sido liberada a partir da posição de repouso em algum ponto do trecho reto do trilho. (a) Qual a altura mínima, acima da base do trilho, de que deve ter sido solta a bola de modo que ela, apenas, permaneça no trilho no topo do "loop"? (O raio do "loop" é R; admita que $R \gg r$.) (b) Se a bola é solta de uma altura $6R$ acima da base do trilho, qual é a componente horizontal da força agindo sobre ela no ponto Q?

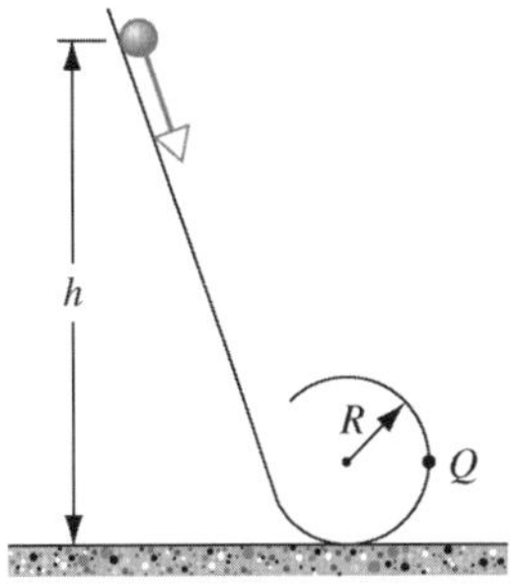

Fig. 12.34. Problema 14.

15. Uma partícula é lançada horizontalmente no interior de uma cuba hemisférica sem atrito de raio r, mantida em repouso (Fig. 12.35). Deseja-se determinar a velocidade inicial v_0 necessária para que a partícula apenas alcance o topo da cuba. Determine v_0 como uma função de θ_0, a velocidade angular inicial da partícula.

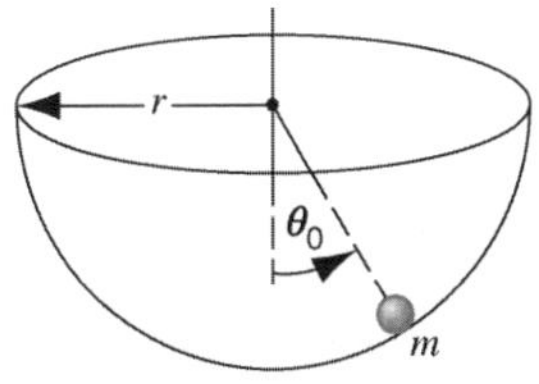

Fig. 12.35. Problema 15.

16. A Fig. 12.36a mostra um átomo de massa m a uma distância r de outro átomo de massa M em repouso, onde $m \ll M$. A Fig. 12.36b mostra a função de energia potencial $U(r)$ para várias posições do átomo mais leve. Descreva o movimento deste átomo se (a) a energia mecânica total é maior do que zero, como em E_1; e (b) se a energia mecânica total é menor do que zero, como em E_2. Para $E_1 = 1{,}0 \times 10^{-19}$ J e $r = 0{,}30$ nm, determine (c) a energia potencial, (d) a energia cinética e (e) a força (intensidade e sentido) agindo sobre o átomo móvel.

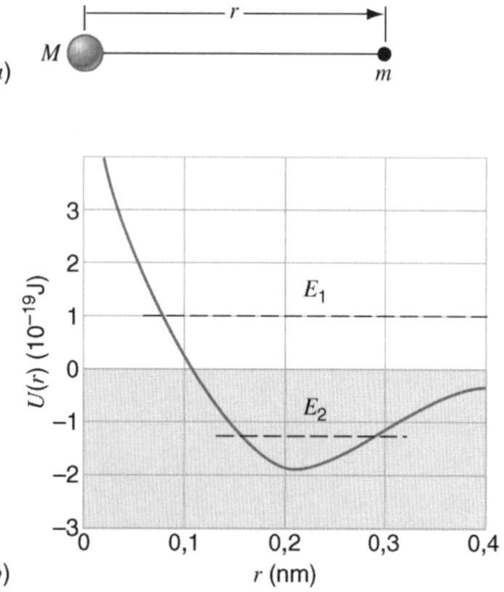

Fig. 12.36. Problema 16.

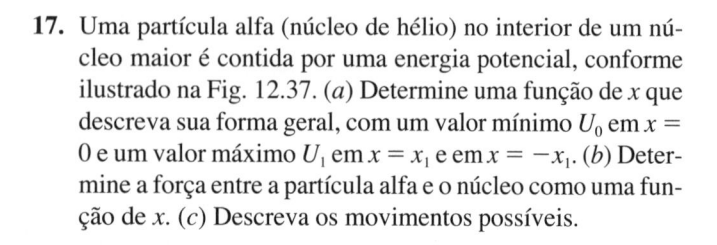

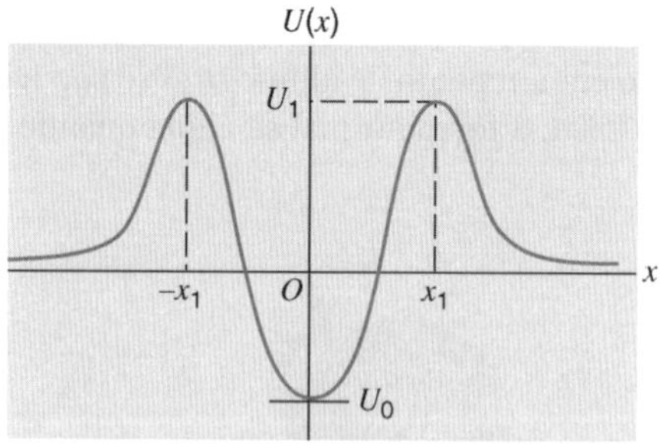

Fig. 12.37. Problema 17.

17. Uma partícula alfa (núcleo de hélio) no interior de um núcleo maior é contida por uma energia potencial, conforme ilustrado na Fig. 12.37. (*a*) Determine uma função de x que descreva sua forma geral, com um valor mínimo U_0 em $x = 0$ e um valor máximo U_1 em $x = x_1$ e em $x = -x_1$. (*b*) Determine a força entre a partícula alfa e o núcleo como uma função de x. (*c*) Descreva os movimentos possíveis.

18. A chamada energia potencial de Yukawa

$$U(r) = -\frac{r_0}{r} U_0 e^{-r/r_0}$$

oferece uma descrição bastante precisa da interação entre dois núcleos (isto é, nêutrons e prótons, os constituintes do núcleo) A constante r_0 é de aproximadamente $1{,}5 \times 10^{-15}$ m e a constante U_0 é de aproximadamente 50 MeV. (*a*) Determine a expressão correspondente para as forças de atração. (*b*) Para demonstrar o pequeno alcance destas forças, calcule a razão entre a força de atração em $r = r_0$ e nas seguintes posições $r = 2r_0$, $4r_0$ e $10r_0$.

PROBLEMAS COMPUTACIONAIS

1. Uma partícula move-se ao longo do eixo x sob a influência de uma força conservativa descrita pela expressão

$$\vec{\mathbf{F}} = -\operatorname{sign}(x) F_0 (1 - e^{-\alpha x^2})\hat{\mathbf{i}}$$

onde sign(x) é $+1$ para $x > 0$, -1 para $x < 0$ e 0 quando $x = 0$. Neste caso, $F_0 = 1$ N e $\alpha = 1\ \text{m}^{-2}$. Crie numericamente um gráfico da função de energia potencial $U(x)$.

2. Uma partícula de 1,0 kg movimenta-se em meio a um potencial unidimensional descrito pela expressão $U(x) = Ax^4$, onde $A = 1\ \text{J/m}^4$. (*a*) A partícula é liberada, partindo do ponto do repouso, em $x = 1$ m; utilize um método numérico adequado para determinar o tempo decorrido até que a partícula retorne ao ponto de origem. (*b*) A partícula é liberada, partindo do repouso, em $x = 2$ m; determine o tempo decorrido até que a partícula retorne ao ponto de origem. (*c*) Construa um gráfico do tempo de retorno *versus* posição de partida, para vários pontos de partida entre $x = 0{,}1$ m e $x = 10{,}0$ m. Qual é a forma da função neste gráfico?

3. Uma partícula de 1,0 kg movimenta-se em meio a um potencial bidimensional descrito pela expressão $U(x, y) = A(x^4 + y^4 - 2\alpha x^2 y^2)$, onde $A = 1{,}00\ \text{J/m}^4$ e α é uma constante adimensional que pode assumir qualquer valor no intervalo entre 0 e 1. A partícula parte do ponto de repouso em $x = 1{,}00$ m, $y = 2{,}00$ m. (*a*) Calcule numericamente a trajetória da partícula para $\alpha = 0$. Apresente a trajetória em um gráfico de eixos x e y. Você pode ter que experimentar a extensão de tempo adequada para conseguir construir o gráfico da trajetória. (*b*) Repita o processo, usando desta vez $\alpha = 1$. Construa o gráfico da trajetória e compare-o com a resposta obtida para o item (*a*). Este é exemplo clássico de movimento caótico.

CAPÍTULO 13

ENERGIA 3: CONSERVAÇÃO DE ENERGIA

A lei de conservação de energia é um dos princípios mais importantes da física. No armazenamento, na conversão ou na transferência de energia de sistemas mecânicos, a energia total permanece constante. Até aqui, estudou-se a conservação de energia em sistemas mecânicos nos quais não é realizado trabalho externo sobre o sistema e nos quais somente as forças conservativas atuam entre os componentes. Neste capítulo são considerados sistemas de partículas nos quais a energia pode ser alterada pelo trabalho realizado pelas forças externas. Além disso, também são consideradas forças não-conservativas, como o atrito que pode atuar entre os objetos que compõem o sistema ou entre o sistema e a sua vizinhança. Estas extensões da lei de conservação de energia levam à introdução de uma outra forma de energia, a energia interna.

Finalmente, discute-se um segundo método para alterar a energia de um sistema — a saber, a transferência de calor através da fronteira do sistema. Isto conduz ao desenvolvimento de uma forma mais geral da lei de conservação de energia, chamada de primeira lei da termodinâmica.

13.1 TRABALHO REALIZADO SOBRE UM SISTEMA POR FORÇAS EXTERNAS

Na Seção 12.3, definiu-se a energia mecânica total E de um sistema isolado como sendo a soma das suas energias cinética e potencial, $K + U$. A energia potencial origina-se das forças que os objetos dentro do sistema exercem uns sobre os outros, tendo sido suposto que estas forças sejam conservativas. Em um sistema isolado deste tipo, a energia mecânica total permanece constante.

Neste capítulo, estende-se esta abordagem em várias formas diferentes. Considera-se um sistema no qual: (1) forças externas podem alterar a energia mecânica total; (2) a energia pode ser armazenada internamente nos movimentos ou nas interações entre os átomos ou as moléculas dos constituintes; (3) forças não-conservativas podem agir, em particular as forças de atrito; (4) a energia pode ser alterada através da transferência de calor. Em cada caso será visto como o conceito de energia e a lei de conservação de energia podem ser ampliados para incluir estes efeitos. Estas discussões fornecem evidências adicionais da importância e da ampla aplicabilidade da lei de conservação de energia em física.

A discussão é iniciada pelo efeito das forças externas que podem atuar em um sistema. Ao analisar um problema, freqüentemente é conveniente dividir a situação física em um sistema e sua vizinhança. Imagina-se uma fronteira em torno da parte da situação que é definida como sendo o sistema: dentro desta fronteira podem existir objetos que exercem forças conservativas uns sobre os outros, e essas forças são representadas através das suas energias potenciais. Os objetos na vizinhança podem exercer forças que podem vir a realizar um trabalho externo W_{ext} sobre o sistema. A Fig. 13.1 representa esta situação, na qual forças externas exercidas por objetos na vizinhança do sistema realizam um trabalho que pode alterar a energia mecânica total do sistema, $K + U$.

O trabalho externo pode ser entendido como um meio de transferir energia entre o sistema e a sua vizinhança. O trabalho externo *positivo* realizado sobre o sistema pela vizinhança transporta energia para o sistema, aumentando assim a sua energia total; por outro lado, o trabalho externo *negativo* realizado sobre o sistema pela vizinhança transfere energia para fora do sistema, e portanto diminui a sua energia total.

A energia não é criada ou destruída pelo trabalho externo; o trabalho representa meramente uma *transferência* de energia. Por exemplo, se $W_{ext} = +100$ J, então, em função do trabalho externo realizado, 100 J de energia são transferidas da vizinhança para o sistema. No processo, o sistema ganha 100 J de energia e a vizinhança perde 100 J de energia; a energia total do sistema + vizinhança permanece constante.

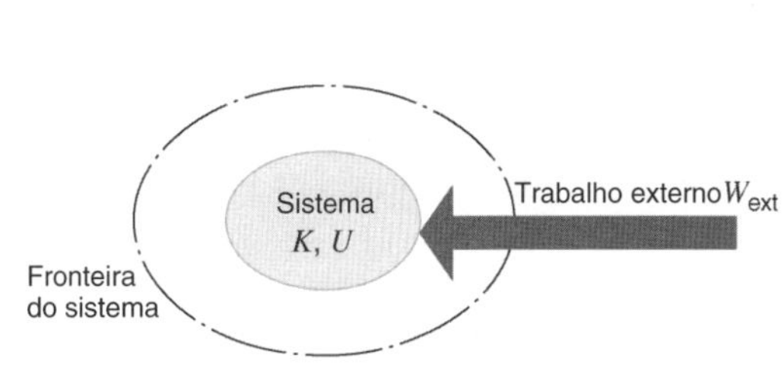

Fig. 13.1 Um sistema fechado dentro de uma fronteira possui energia cinética K e energia potencial U (representando apenas as interações entre os componentes dentro do sistema). A vizinhança pode trocar energia com o sistema através da realização de trabalho externo W_{ext}. A seta indica que a energia está sendo transferida para o sistema devido ao trabalho externo; a energia e o trabalho são escalares e não têm uma direção associada.

Para analisar este caso mais detalhadamente, leva-se em conta um sistema composto por vários objetos que podem ser tratados como partículas. O trabalho realizado sobre uma partícula qualquer do sistema pode ser devido às forças exercidas tanto pelos objetos dentro do sistema como também pelos objetos fora do sistema. Considera-se que o *trabalho interno* se refere ao trabalho realizado sobre a partícula em razão de forças exercidas por outros objetos dentro do sistema, e continua-se supondo que estas forças são conservativas. Estas forças internas podem incluir forças gravitacionais, forças elásticas de molas ou forças elétricas. O *trabalho externo* sobre a partícula é realizado por forças exercidas por objetos que estão fora da fronteira do sistema. O trabalho resultante sobre uma determinada partícula n é, então, o total das contribuições internas e externas: $W_{\text{res},n} = W_{\text{int},n} + W_{\text{ext},n}$, e o teorema do trabalho—energia (Eq. 11.24) mostra que o trabalho resultante sobre a partícula n é igual à variação da sua energia cinética: $W_{\text{res},n} = \Delta K_n$.

Neste ponto, pode-se considerar um sistema de muitas partículas. A variação total na energia cinética do sistema é simplesmente a soma das variações na energia cinética de todas as n partículas: $\Delta K = \Sigma\, \Delta K_n$, e de forma similar o trabalho externo total realizado sobre o sistema é a soma do trabalho realizado sobre todas as n partículas pelas forças externas: $W_{\text{ext}} = \Sigma\, W_{\text{ext},n}$. Se as forças internas são conservativas, conforme foi suposto, cada uma pode ser representada por uma função de energia potencial; a variação *total* na energia potencial do sistema pode ser encontrada a partir da Eq. 12.4, com base no trabalho interno total realizado pelas partículas do sistema uma sobre a outra: $\Delta U = -W_{\text{int}} = -\Sigma\, W_{\text{int},n}$. Da equação $W_{\text{res},n} = W_{\text{int},n} + W_{\text{ext},n}$ para a partícula n, faz-se a soma de todas as partículas para obter-se o trabalho para todo o sistema $\Sigma\, W_{\text{res},n} = \Sigma\, W_{\text{int},n} + \Sigma\, W_{\text{ext},n}$, ou, fazendo-se as substituições acima, $\Delta K = -\Delta U + W_{\text{ext}}$. Assim, pode-se escrever

$$\Delta K + \Delta U = W_{\text{ext}}. \qquad (13\text{-}1)$$

A Eq. 13.1 é a declaração formal da situação representada na Fig. 13.1: o trabalho externo pode mudar a energia mecânica total $K + U$ do sistema dentro da fronteira. Observe mais uma vez que o trabalho externo positivo aumenta a energia: se $W_{\text{ext}} > 0$, então $\Delta(K + U) > 0$. Observe ainda que a Eq. 12.12 ($\Delta K + \Delta U = 0$) é um caso especial da Eq. 13.1 que se aplica a sistemas isolados (aqueles para os quais $W_{\text{ext}} = 0$).

Para apresentar um exemplo de como estes resultados podem ser aplicados, considere um bloco de massa m preso a uma mola vertical perto da superfície da Terra. Este bloco é solto; quando ele cai, a força gravitacional atua para baixo e a força da mola atua para cima. Pode-se escolher a fronteira do sistema de uma forma conveniente, segundo ilustrado na Fig. 13.2.

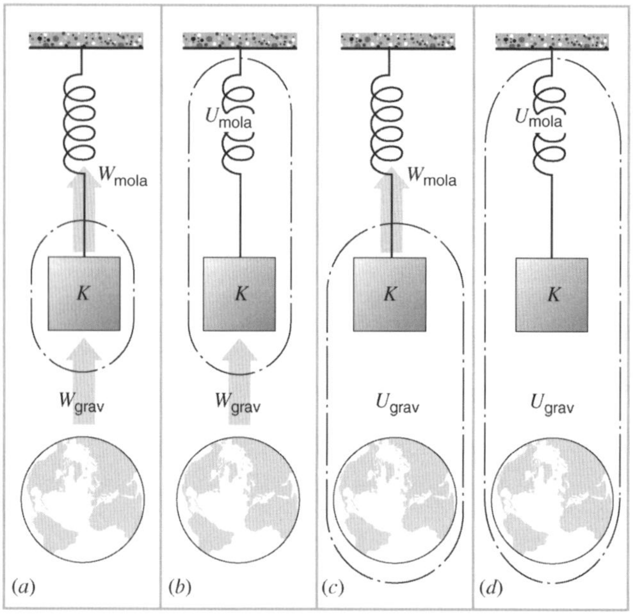

Fig. 13.2 Um bloco, uma mola e a Terra podem ser agrupados de diferentes formas para definir o sistema e a sua vizinhança.

1. *Sistema = bloco (Fig. 13.2a).* Aqui a força da mola e a gravidade são forças externas; não existem forças internas dentro do sistema e, portanto, nenhuma energia potencial. Neste caso a energia cinética K do bloco varia devido ao efeito resultante do trabalho externo realizado pela mola e pela gravidade, e a Eq. 13.1 torna-se $\Delta K = W_{\text{mola}} + W_{\text{grav}}$.

2. *Sistema = bloco + mola (Fig. 13.2b).* Agora a mola faz parte do sistema, de modo que as suas interações com o bloco são incluídas através da sua energia potencial. A gravidade permanece uma força externa, de modo que $\Delta K + \Delta U_{\text{mola}} = W_{\text{grav}}$.

3. *Sistema = bloco + Terra (Fig. 13.2c).* Aqui a gravidade é uma força interna, mas a força da mola é externa; assim, a Eq. 13.1 torna-se $\Delta K + \Delta U_{\text{grav}} = W_{\text{mola}}$.

4. *Sistema = bloco + mola + Terra (Fig. 13.2d).* Agora não existe nenhuma força externa que realize trabalho sobre o sistema: a força da mola e a gravidade são ambas internas ao sistema, então $\Delta K + \Delta U_{\text{mola}} + \Delta U_{\text{grav}} = 0$, uma vez que $W_{\text{ext}} = 0$.

Se o objetivo fosse, por exemplo, calcular a variação na velocidade do bloco após cair uma determinada distância, todos estes métodos forneceriam o mesmo resultado, e a escolha é freqüentemente uma questão de conveniência.

13.2 ENERGIA INTERNA EM UM SISTEMA DE PARTÍCULAS

Considere uma patinadora no gelo no momento em que ela se impulsiona contra uma grade na borda do ringue da patinação. Ela inicia o movimento do repouso, enquanto está contra a grade, e ao estender os seus braços para desenvolver uma força contra a grade, começa a deslizar sobre o gelo.

Este exemplo é analisado aplicando-se a lei de conservação da energia mecânica na forma da Eq. 13.1 ($\Delta K + \Delta U = W_{\text{ext}}$). O sistema é definido de modo a incluir somente a patinadora. Assim, fica claro que $\Delta U = 0$ (não existem outros objetos dentro do sistema que exerçam forças sobre a patinadora). Existem três forças externas exercidas sobre a patinadora por objetos da vizinhança. Claramente, a gravidade e a força normal não realizam trabalho sobre a patinadora. A terceira força que atua sobre a patinadora é aquela exercida pela grade (que tem a mesma intensidade e direção, mas sentido oposto à força exercida sobre a grade pela patinadora); esta força, da mesma forma, não realiza trabalho, *porque o ponto de aplicação da força não se move*. Assim, para todas as três forças externas, $W_{ext} = 0$. Aplicando a Eq. 13.1 é possível concluir que $\Delta K = 0$, em desacordo com a observação de que ela acelera para longe da grade. Certamente, está faltando alguma coisa neste cálculo. De onde vem a energia cinética da patinadora?

Quando uma regra (como a Eq. 13.1) que é válida e útil em alguns casos parece não concordar com o experimento em outros, os físicos normalmente tentam aumentar a abrangência da regra em vez de descartá-la. Na sua forma mais abrangente, a regra freqüentemente pode ser estabelecida para ser aplicada a ambos os exemplos anteriores, como também aos novos exemplos que parecem apresentar um desvio da regra original. Como a lei de conservação de energia mecânica pode ser estendida de modo a ser aplicada ao exemplo da patinadora?

A conservação da energia mecânica foi derivada das leis de Newton e expressa em uma forma que é válida somente para uma única partícula. Nos exemplos no Capítulo 12 em que este princípio foi aplicado, cada corpo do sistema podia ser tratado como uma partícula. Contudo, a patinadora claramente *não* se comporta como uma partícula — é bom lembrar que para que um corpo possa ser tratado como uma partícula é necessário que todas as partes do corpo se movam da mesma forma. Quando ela estende os seus braços para se impulsionar contra a grade, todas as partes do seu corpo não se movem da mesma forma e, assim, ela não pode ser tratada como uma partícula. A patinadora precisa ser tratada como um *sistema de partículas* que possui uma estrutura interna; dentro do sistema, ocorre algo que não pode ocorrer em uma única partícula que, por definição, não possui uma estrutura interna.

O conceito de energia aqui estabelecido pode ser estendido postulando que um sistema composto de diversas partículas pode armazenar energia em uma forma denominada de *energia interna* E_{int}. Assim, a Eq. 13.1 é estendida de maneira a incluir esta nova forma de energia:

$$\Delta K + \Delta U + \Delta E_{int} = W_{ext}. \qquad (13\text{-}2)$$

Qual é a natureza desta energia interna? Freqüentemente pode-se representar a energia interna como a soma da energia cinética associada com os movimentos randômicos dos átomos ou moléculas (o que usualmente determina a temperatura do objeto) e a energia potencial associada com as forças entre os átomos ou moléculas: $E_{int} = K_{int} + U_{int}$. Na maioria dos casos não é necessário considerar as formas que a energia interna pode tomar; simplesmente ela é considerada como uma outra forma de energia no sistema.

Por exemplo, considere uma pequena bola de metal caindo dentro de um líquido viscoso como óleo. Suponha que a bola tenha atingido a sua velocidade terminal, de modo que $\Delta K = 0$ conforme se observa após uma determinada distância. Toma-se a bola, o recipiente de óleo e a Terra como sendo o sistema. Assim, a única energia potencial associada a forças que atuam entre os objetos do sistema é a da gravidade, ΔU_{grav}. Nenhuma força externa atua sobre o sistema, de modo que $W_{ext} = 0$. Neste caso, a Eq. 13.2 torna-se $\Delta U_{grav} + \Delta E_{int} = 0$, ou $\Delta E_{int} = -\Delta U_{grav}$. À medida que a bola cai e ΔU_{grav} decresce, a energia interna aumenta; isto é, a perda em energia potencial gravitacional do sistema é balanceada através de um aumento na energia interna, permanecendo constante a energia total do sistema. (O aumento na energia interna, que está associado a mudanças no movimento ou nas configurações dos átomos da bola e do óleo, pode ser observado como uma pequena elevação da temperatura do óleo ou da bola.)

Uma explicação parecida ajuda a entender por que uma bola de tênis lançada do repouso não ricocheteia até a mesma altura de onde foi largada. Durante o instante em que está em contato com o chão, a deformação da bola aumenta a sua energia interna à custa da sua energia cinética; como resultado, a sua velocidade imediatamente após atingir o chão é inferior à sua velocidade imediatamente antes de atingir o chão e, assim, ela não pode retornar à sua altura original.

Desta discussão, observa-se como o conceito original da conservação de energia foi preservado. Nestes exemplos, a energia foi transformada de energia mecânica, $K + U$, em energia interna E_{int}, mas a quantidade total de energia permanece constante.

Apresenta-se a seguir uma revisão do significado dos termos na Eq. 13.2:

- K é a energia cinética associada ao movimento global (translação ou rotação) dos corpos no sistema, medidos de um sistema de referência inercial conveniente, tipicamente aquele fixo no laboratório.
- U é a energia potencial associada às forças conservativas que os objetos dentro do sistema exercem uns sobre os outros.
- E_{int} é a energia interna do sistema, incluindo as energias cinéticas e potenciais microscópicas dos átomos ou moléculas do sistema.
- W_{ext} é o trabalho realizado pelas forças externas que atuam sobre o sistema.

Agora pode-se ver como a inclusão do termo da energia interna permite que o movimento da patinadora seja analisado e como a noção de conservação de energia é preservada. Da Eq. 13.2, ainda com $W_{ext} = 0$ e $\Delta U = 0$, tem-se

$$\Delta E_{int} = -\Delta K. \qquad (13\text{-}3)$$

Para a patinadora, ΔK é positivo e, assim, de acordo com a Eq. 13.3, ΔE_{int} é negativo. O aumento na sua energia cinética é obtido ao custo de um decréscimo na sua fonte de energia interna, que o seu corpo obtém da comida ingerida. Observe que, mesmo que o ponto de aplicação da força exercida sobre a patinadora pela grade não se mova quando ela se impulsiona contra a grade, o centro de massa da patinadora *realmente* se move quando ela dobra e em seguida estende os seus braços. Este tipo de exemplo requer que o movimento do centro de massa de um sistema de partículas seja examinado sob o ponto de vista da energia; isto é feito na Seção 13.5.

PROBLEMA RESOLVIDO 13.1.

Um torcedor do Chicago Cubs deixa cair uma bola de beisebol (de massa $m = 0{,}143$ kg) do topo da Torre da Sears a uma altura h de 443 m (= 1450 ft). A bola atinge uma velocidade terminal v de 42 m/s (ver Seção 4.4). Determine a variação na energia interna da bola e do ar à sua volta durante a queda até a superfície da Terra.

Solução Considere o sistema como sendo a bola de beisebol, o ar à sua volta durante a queda e a Terra. Nenhuma força externa atua sobre este sistema; da forma como o sistema foi definido, a força gravitacional da Terra sobre a bola e a força de arrasto do ar sobre a bola são forças internas ao sistema. A variação na energia potencial do sistema é

$$\Delta U = U_f - U_i = 0 - mgh$$
$$= -(0{,}143 \text{ kg})(9{,}80 \text{ m/s}^2)(443 \text{ m}) = -621 \text{ J}.$$

A variação na energia cinética do sistema durante a queda é

$$\Delta K = K_f - K_i = \tfrac{1}{2}mv^2 - 0 = \tfrac{1}{2}(0{,}143 \text{ kg})(42 \text{ m/s})^2 = 126 \text{ J}.$$

(Está sendo desprezado o movimento da Terra sob a atração gravitacional da bola.) De acordo com a Eq. 13.2, pode-se escrever a conservação da energia como $\Delta U + \Delta K + \Delta E_{int} = 0$ porque não existe trabalho externo sendo realizado sobre o sistema. Resolvendo-se para a energia interna, obtém-se

$$\Delta E_{int} = -\Delta U - \Delta K = -(-621 \text{ J}) - 126 \text{ J} = 495 \text{ J}.$$

Este aumento de energia interna pode ser observado como uma elevação na temperatura da bola e do ar à sua volta, ou talvez como energia cinética do ar no rastro deixado pela bola em queda. Utilizando-se somente a Eq. 13.2 não é possível distribuir a energia entre estas formas. Para tal, é necessário isolar-se a bola ou o ar como sendo o sistema e calcular-se o trabalho realizado pelas forças externas atuantes. Este procedimento, que necessita do conhecimento da força de arrasto entre a bola e o ar, como também de detalhes do movimento da bola, é muito complexo para ser resolvido aqui.

13.3 TRABALHO DO ATRITO

Considere um bloco que desliza em uma mesa horizontal que atinge o repouso devido à força de atrito exercida pela mesa. Se o sistema é definido como sendo composto pelo bloco e o topo da mesa, então nenhuma força externa realiza qualquer trabalho sobre o sistema (a força de atrito é uma força interna ao sistema). Aplicando a Eq. 13.2 a este sistema, obtém-se

$$\Delta K + \Delta E_{int,\,bloco+mesa} = 0. \qquad (13\text{-}4)$$

À medida que a energia cinética do bloco decresce, existe um aumento correspondente na energia interna do sistema composto por bloco + mesa. Este aumento na energia interna pode ser observado como uma ligeira elevação na temperatura das superfícies do bloco e da mesa. É comum observar que o atrito entre duas superfícies causa um aumento na temperatura, como por exemplo no caso em que uma peça de metal é segurada contra uma roda de um rebolo ou ao aplicar os freios de um automóvel ou de uma bicicleta (em ambos os casos tanto os freios quanto os pneus derrapando podem ficar mais quentes). Pode-se também observar este efeito esfregando-se as mãos.

Na Seção 5.3, mostrou-se que os sistemas mecânicos com atrito podem ser analisados utilizando-se uma força de atrito constante f igual em intensidade ao coeficiente de atrito vezes a força normal. Pode-se ficar tentado a escrever a intensidade do trabalho realizado pela força de atrito como o produto da força de atrito vezes a distância percorrida pelo objeto: $|W_a| = fs$. Porém, como será visto mais tarde, isto fornece um valor *incorreto* para o trabalho do atrito. Este erro ocorre porque a equação básica para o trabalho realizado em uma dimensão por uma força constante, $W = Fs$, somente é correta se o objeto puder ser tratado como uma partícula. Objetos submetidos ao atrito de deslizamento *não podem* ser tratados como partículas do ponto de vista do trabalho e da energia.

Vamos considerar um exemplo no qual um bloco é puxado ao longo de uma mesa horizontal com uma velocidade constante por uma corda que exerce uma força de tração de intensidade constante T (Fig. 13.3). Se a velocidade é constante, a aceleração é nula e assim a força resultante precisa ser nula. A intensidade da força de atrito f precisa, então, ser igual à intensidade da tração T. Considere a aplicação da Eq. 13.2 ao sistema composto somente pelo bloco. Supõe-se que o bloco se move com velocidade constante, e então $\Delta K = 0$. Não existe energia potencial no sistema, e o trabalho externo sobre o bloco é devido a duas forças: a tração realiza trabalho positivo W_T e o atrito realiza trabalho negativo W_a. Neste caso a Eq. 13.2 fornece

$$\Delta E_{int,\,bloco} = W_T + W_a. \qquad (13\text{-}5)$$

Em contraste com a Eq. 13.4, aqui a quantidade ΔE_{int} refere-se somente ao bloco.

Suponha que o bloco se move ao longo de um deslocamento s. Então $W_T = Ts$ (uma grandeza positiva); substituindo-se este resultado na Eq. 13.5 e resolvendo-se para o trabalho do atrito, obtém-se

$$W_a = -Ts + \Delta E_{int,\,bloco} = -fs + \Delta E_{int,\,bloco}, \qquad (13\text{-}6)$$

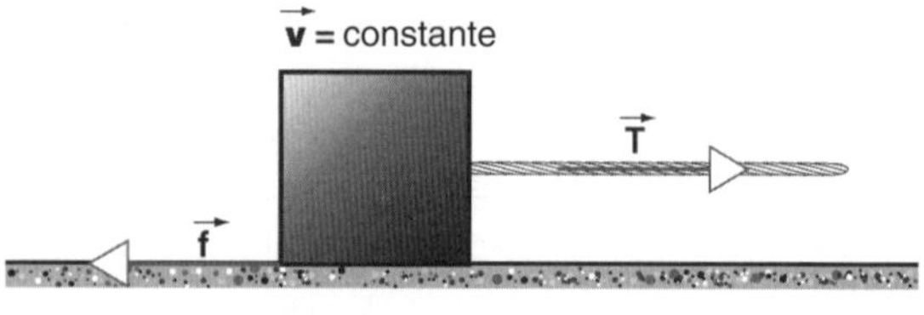

Fig. 13.3 Um bloco é puxado ao longo de uma superfície horizontal por uma corda que exerce uma tração $\vec{T}$.

onde o último resultado parte de que $T = f$, deduzido porque a força resultante sobre o bloco é nula. A Eq. 13.6 mostra claramente que W_a não é igual a $-fs$. De fato, uma vez que $\Delta E_{\text{int, bloco}}$ é uma grandeza positiva, é necessário que $|W_a| < fs$. O trabalho representa a energia que é transportada através da fronteira do sistema; de acordo com a Eq. 13.6, a intensidade da energia transportada para *fora* do sistema (o bloco) devido ao trabalho do atrito é menor do que fs porque parte da energia permanece dentro do sistema como energia interna. Sem um modelo mais detalhado da força de atrito, não é possível utilizar a Eq. 13.6 para encontrar o trabalho do atrito porque não se sabe quanta energia permanece no bloco como energia interna.

Escolher a mesa como o sistema não melhora a situação. Aplicando-se a Eq. 13.2 somente à mesa resulta em $\Delta E_{\text{int, mesa}} = W_a'$, onde W_a' $(= -W_a)$ representa o trabalho do atrito realizado *sobre* o topo da mesa *pelo* bloco, uma grandeza positiva. O trabalho positivo realizado pelo atrito transporta energia através da fronteira do sistema de modo a aumentar a energia interna da mesa, mas, mais uma vez, não se consegue calcular a quantidade dessa transferência de energia.

Em vez disso, pode-se aplicar a conservação de energia ao sistema composto por bloco + mesa. Agora a força de atrito é uma força interna, e não entra nas equações. A única força externa é a tração, que realiza um trabalho W_T sobre o sistema. Pode-se escrever a Eq. 13.2 como

$$\Delta E_{\text{int, bloco + mesa}} = W_T. \qquad (13\text{-}7)$$

O trabalho realizado pela força de tração é responsável pelo aumento da energia interna (e, assim, da temperatura) do bloco e da mesa. Sem um modelo muito detalhado (e necessariamente complicado) das propriedades das duas superfícies, não é possível separar o aumento total da energia interna em $\Delta E_{\text{int, bloco}}$ e $\Delta E_{\text{int, mesa}}$; a Eq. 13.7 fornece somente a sua soma. Também sem um conhecimento preciso do aumento da energia interna do bloco não se pode utilizar a Eq. 13.6 para determinar o trabalho do atrito.

Como é possível que uma força de atrito f, atuando sobre um objeto que se move através de um deslocamento s, realize trabalho cuja intensidade é menor do que fs? A força de atrito que atua sobre uma superfície de deslizamento não é uma única força que atua sobre um único ponto, mas, no lugar disso, é devida a muitas forças menores que atuam em diversos pontos da superfície (ver Fig. 5.14 para uma indicação do caráter microscópico da força de atrito). Esta força pode ser vista como o efeito resultante das forças nas muitas soldas microscópicas, ocorrendo algumas em locais onde saliências da mesa aderem à superfície do bloco e outras em locais onde as saliências do bloco encontram a superfície da mesa. Quando o bloco se move através de um deslocamento s, somente as soldas na superfície em movimento contribuem para o trabalho; para as soldas na superfície da mesa, o deslocamento é nulo e, assim, a sua contribuição para o trabalho é nula. Logo, uma parte da força de atrito não contribui para o trabalho e, neste modelo, não é de surpreender que $|W_a| < fs$.*

Este modelo de força de atrito é muito simplificado e, de fato, é tremendamente complicado tentar levar em conta todas as soldas microscópicas que são responsáveis pela força de atrito. Contudo, de uma forma consistente com a transferência de energia através do trabalho representada na Fig. 13.1, pode-se descrever o processo de atrito como sendo um no qual, dependendo de como a fronteira do sistema é definida, a energia pode ser transferida entre objetos dentro do sistema ou entre o sistema e a sua vizinhança, variando em cada caso a energia interna dos objetos. Sem um modelo microscópico, não se sabe como o ganho total na energia interna é dividido entre os objetos dentro do sistema, e, portanto, não é possível calcular o trabalho realizado pela força de atrito e responsável por esta transformação.

PROBLEMA RESOLVIDO 13.2.

Um bloco de 4,5 kg é empurrado para cima em um plano inclinado de 30° com uma velocidade inicial de 5,0 m/s. Descobre-se que ele percorre uma distância $d = 1{,}5$ m para cima no plano até que a sua velocidade gradualmente diminui até zero. (*a*) Qual é o valor da energia interna que o sistema composto por bloco + plano + Terra ganha neste processo devido ao atrito? (*b*) Em seguida, o bloco desliza do repouso para trás descendo o plano inclinado. Caso se suponha que há atrito para produzir o mesmo ganho de energia interna durante a viagem para baixo, qual é a velocidade do bloco quando ele passa pela sua posição inicial?

Solução (*a*) Escolhendo-se o sistema como bloco + plano + Terra, pode-se observar que a variação da energia potencial do bloco e da Terra está incluída no termo ΔU da Eq. 13.2. Conforme foi feito no Problema Resolvido 13.1, nos cálculos ignora-se a variação da energia cinética da Terra e considera-se somente a variação da energia cinética do bloco. A variação da energia potencial do sistema é

$$\begin{aligned}\Delta U &= U_f - U_i = mgh - 0 = mgd\,\text{sen}\,30° \\ &= (4{,}5\text{ kg})(9{,}8\text{ m/s}^2)(1{,}5\text{ m})(\text{sen}\,30°) = 33\text{ J}.\end{aligned}$$

A variação na energia cinética do bloco quando ele se move desde o início do plano até em cima é

$$\Delta K = K_f - K_i = 0 - \tfrac{1}{2}mv^2 = -\tfrac{1}{2}(4{,}5\text{ kg})(5{,}0\text{ m/s})^2 = -56\text{ J}.$$

A variação na energia mecânica do sistema é

$$\Delta U + \Delta K = 33\text{ J} + (-56\text{ J}) = -23\text{ J}.$$

O sistema perde 23 J de energia mecânica. Uma vez que $W_{\text{ext}} = 0$ para este sistema (atrito e gravidade atuam *dentro* do sistema, da maneira como ele foi definido), a Eq. 13.2 fornece $\Delta E_{\text{int}} = -(\Delta U + \Delta K) = +23$ J. O sistema ganha uma energia interna de 23 J, a qual pode ser percebida através de um ligeiro aquecimento do bloco e do plano.

(*b*) Considere agora a viagem de ida e volta composta primeiro pela subida do bloco no plano inclinado e seguida da sua descida até ao ponto inicial. Na parte (*a*) determinou-se o ganho da energia inter-

*Para uma explicação mais detalhada deste modelo, ver "Work and Heat Transfer in the Presence of Sliding Friction", de B.A. Sherwood e W.H. Bernard, *American Journal of Physics*, novembro de 1984, p. 1001.

na na viagem de subida como sendo 23 J. Se a descida produz o mesmo ganho em energia interna, a variação da energia interna para a viagem completa, para cima e para baixo, é 46 J. Como o bloco volta à sua posição inicial, $\Delta U = 0$. Assim, para a viagem de ida e volta $\Delta K = \Delta E_{\text{int}} = -46\text{J}$. Com $\Delta K = K_f - K_i$, tem-se

$$K_f = \Delta K + K_i = -46 \text{ J} + 56 \text{ J} = 10 \text{ J}.$$

A velocidade correspondente é

$$v_f = \sqrt{\frac{2K_f}{m}} = \sqrt{\frac{2(10 \text{ J})}{4{,}5 \text{ kg}}} = 2{,}1 \text{ m/s}.$$

13.4 CONSERVAÇÃO DE ENERGIA EM UM SISTEMA DE PARTÍCULAS

A Eq. 13.2 representa o primeiro passo na passagem progressiva de uma lei de conservação de *energia mecânica* em um sistema isolado (Eq. 12.15) para uma lei mais geral de conservação de energia. O lado esquerdo da Eq. 13.2 representa a variação na energia total do sistema, incluindo os termos das energias cinética, potencial e interna. À medida que são descobertas novas formas adotadas pela energia (por exemplo, energia eletrostática ou energia magnética), os novos termos correspondentes podem ser adicionados ao lado esquerdo desta equação. O lado direito indica uma forma através da qual é possível variar a energia do sistema: pode-se realizar trabalho externo sobre ele. (Mais tarde neste capítulo, é mostrada uma segunda forma através da qual se pode variar a energia de um sistema — através da transferência de calor.)

A declaração da lei de conservação de energia na Seção 12.3 é restrita a sistemas isolados (aqueles sobre os quais as forças externas não realizam trabalho). Além disso, incluiu somente energia mecânica $K + U$. Essa declaração da lei requer que a energia mecânica total do sistema permaneça constante, embora seja permitido que a energia dentro do sistema troque de forma (cinética para potencial ou potencial para cinética).

Pode-se estender esta declaração de modo a incluir os casos que foram considerados somente agora neste capítulo que incluem outras formas de energia (energia interna, por exemplo), relaxando a restrição de que somente forças conservativas podem atuar dentro do sistema (o atrito pode atuar entre objetos dentro do sistema) e permitindo que possa ser realizado trabalho externo sobre o sistema:

A energia pode mudar de uma forma para outra dentro de um sistema. Em um sistema isolado, a energia total permanece constante; a energia total de um sistema pode ser alterada através da transferência de energia na forma de trabalho externo.

Assim como a conservação da quantidade de movimento linear e angular, a conservação de energia é uma lei da natureza que não foi contrariada por nenhum experimento de laboratório ou observação.

Tem-se liberdade para definir o sistema do modo mais conveniente. Após definida a fronteira do sistema, consideram-se todas as formas de energia que os objetos dentro do sistema podem ter: cinética, potencial ou interna. As interações entre os objetos dentro do sistema podem alterar a forma de energia de uma para outra, mas não podem alterar a energia total do sistema. Para que se determine se a energia total varia, basta procurar os objetos na vizinhança do sistema que podem realizar trabalho sobre ele.

Estes princípios podem ser ilustrados considerando-se a combinação bloco—mola mostrada na Fig. 13.4. Supõe-se que a mola está inicialmente comprimida e em seguida é liberada, e que existe uma força de atrito atuando entre o bloco e a mesa. É instrutivo definir o sistema em várias formas diferentes, como sugerido pelas diferentes fronteiras mostradas na Fig. 13.4. A transferência de energia através da fronteira do sistema é mostrada por setas que representam o trabalho. O sentido da seta indica somente o sentido da transferência de energia correspondente (para dentro do sistema ou para fora do sistema); como o trabalho é um escalar, não tem direção no espaço.

1. *Sistema* = bloco. Inicialmente define-se o sistema como sendo o próprio bloco (Fig. 13.4*a*). A figura mostra duas transferências de energia através da fronteira do sistema: o trabalho positivo W_m realizado sobre o bloco pela mola e o trabalho negativo W_a realizado sobre o bloco pela força de atrito exercida

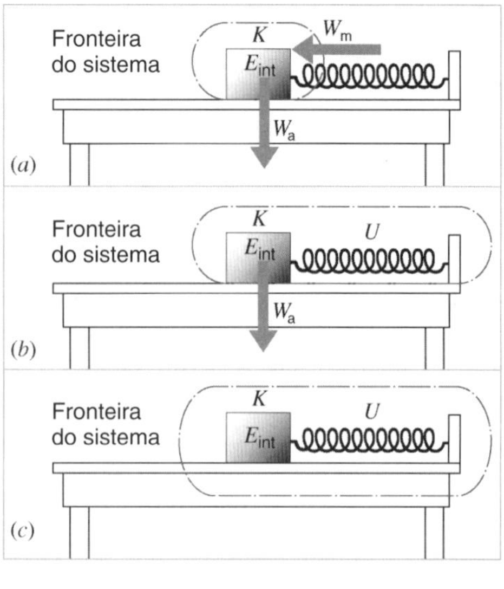

Fig. 13.4 Um bloco preso a uma mola desliza sobre uma mesa que exerce uma força de atrito. (*a*) O sistema é composto somente pelo bloco; a força da mola e a força de atrito realizam trabalho sobre o sistema, alterando a sua energia. (*b*) O sistema é composto agora pelo bloco e pela mola, e possui tanto energia cinética quanto potencial. (*c*) O sistema agora inclui a mesa. A força de atrito é agora uma força interna e contribui para a energia interna do sistema.

pela mesa. Para este sistema, a conservação de energia (Eq. 13.2) pode ser escrita como

$$\Delta K + \Delta E_{int} = W_m + W_a. \quad (13\text{-}8)$$

Aqui $\Delta U = 0$, porque o sistema dentro da fronteira não experimenta variação na energia potencial. A mola não é parte do sistema, de modo que a energia potencial da mola não é considerada; em vez disso, considera-se a mola como parte da vizinhança através do trabalho W_m que ela realiza sobre o sistema. O peso e a força normal também atuam sobre o sistema, mas não realizam trabalho e, portanto, não têm nenhum papel nesta análise de energia. Na Fig. 13.4*a* os sentidos das setas indicam a transferência de energia; a Eq. 13.8 indica que o trabalho positivo realizado pela mola tende a aumentar a energia do bloco, e o trabalho do atrito negativo realizado pela superfície horizontal tende a diminuir a energia do bloco.

2. *Sistema = bloco + mola.* Considere agora que o sistema é composto pelo bloco e pela mola (Fig. 13.4*b*). O sistema agora tem uma energia potencial $\Delta U = -W_m$ (associada com a força da mola). A força de atrito é a única força externa que realiza trabalho sobre o sistema. A conservação de energia pode ser escrita para esta definição de sistema como

$$\Delta U + \Delta K + \Delta E_{int} = W_a. \quad (13\text{-}9)$$

A energia do sistema é agora $U + K + E_{int}$; as transferências de energia entre a mola e o bloco não alteram a energia do sistema neste caso. A força da mola é uma *força interna* que pode transferir energia de uma forma para outra dentro do sistema ($U \leftrightarrow K$), mas não pode alterar a energia *total* do sistema. O trabalho (do atrito) negativo realizado pela superfície horizontal pode diminuir a energia do sistema.

3. *Sistema = bloco + mola + mesa.* Finalmente, considere a mesa como parte do sistema (Fig. 13.4*c*). Agora não existe nenhuma força externa responsável pela transferência de energia que penetre na fronteira do sistema. Com esta definição do sistema, o trabalho externo é nulo, e assim

$$\Delta U + \Delta K + \Delta E_{int} = 0. \quad (13\text{-}10)$$

A força de atrito é agora uma força interna, junto com a força da mola. A energia pode ser transferida dentro do sistema da energia mecânica $U + K$ do bloco + mola para a energia interna do bloco + mesa, mas a energia total (mecânica + interna) permanece constante. Suponha, por exemplo, que o bloco é solto do repouso com a mola comprimida. O bloco desliza para trás e para a frente através da mesa até que em um determinado instante atinge o repouso. Neste caso $\Delta K = 0$ (porque $K_f = K_i = 0$) e assim $\Delta E_{int} = -\Delta U$. A energia potencial originalmente armazenada no sistema torna-se a energia interna do sistema; o sinal de menos indica que a energia interna aumenta à medida que a energia potencial diminui. Desta análise não é possível determinar-se em separado as variações na energia interna do bloco e da mesa; só é possível determinar a variação total para o sistema como um todo.

A análise da Fig. 13.4 sugere que o sistema em relação ao qual as leis de conservação de energia são aplicadas pode ser definido da maneira que se desejar. Dependendo do problema em questão, algumas escolhas são mais úteis do que outras. Uma vez que a escolha é feita, deve-se ficar com ela e deve sempre ficar claro se as forças que podem atuar e o trabalho que pode ser realizado são internos ou externos ao sistema.

A força de atrito é um exemplo de uma força dissipativa, não-conservativa. Em um sistema mecânico fechado como o ilustrado aqui, a energia mecânica é transformada em energia interna pela força de atrito. A energia mecânica *não* é conservada neste caso, sendo a perda em energia mecânica compensada por um ganho equivalente em energia interna.

13.5 ENERGIA DO CENTRO DE MASSA

A Fig. 13.5 mostra a patinadora no gelo, que foi alvo de discussão anterior neste capítulo. A patinadora exerce uma força sobre a grade, e pela terceira lei de Newton a grade exerce uma força igual em intensidade mas oposta em sentido sobre a patinadora. Esta força, que na figura é denominada $\vec{F}_{ext}$, acelera a patinadora do repouso para alguma velocidade final $\vec{v}_{cm}$.

Neste momento, faz-se uma revisão sobre o que a conservação de energia pode nos ensinar sobre este processo. Ao se tomar a patinadora como o sistema, pode-se observar, ao aplicar a Eq. 13.2, que não existe variação na energia potencial do sistema; isto é, $\Delta U = 0$. Também não existe trabalho externo realizado sobre o sistema (supondo que o gelo é sem atrito). Mesmo que a grade exerça uma força sobre a patinadora, ela não realiza trabalho porque *o ponto de aplicação da força não se move*. Isto é, em referência à Fig. 13.1, não existe transferência de energia através da fronteira do sistema. Com $W_{ext} = 0$, a Eq. 13.2 fornece

$$\Delta K + \Delta E_{int} = 0. \quad (13\text{-}11)$$

Para uma patinadora de massa M, iniciando o movimento do repouso, a variação na energia cinética é $\frac{1}{2}Mv_{cm}^2$ (uma grandeza positiva), portanto ΔE_{int} precisa ser negativa. Isto é, o ganho na energia cinética da patinadora quando ela impulsiona o seu corpo contra a grade vem de uma diminuição na sua reserva de energia interna e não de uma fonte externa.

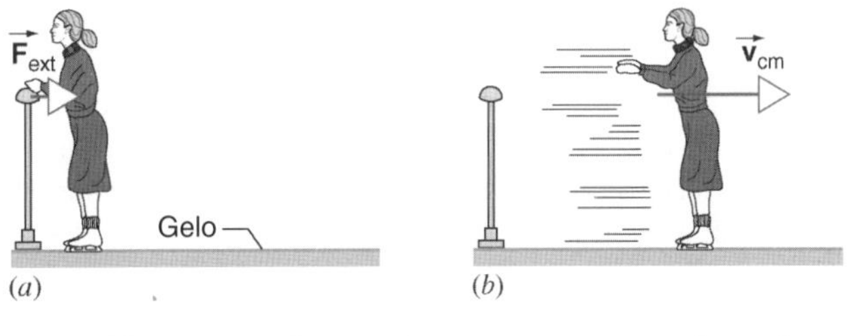

Fig. 13.5 (*a*) Uma patinadora impulsiona o seu corpo para longe de uma grade. A grade exerce uma força $\vec{F}_{ext}$ sobre a patinadora. (*b*) Após empurrar a grade, a patinadora move-se com uma velocidade $\vec{v}_{cm}$.

A equação de conservação de energia em um sistema complexo como esse fornece apenas informações limitadas. Por exemplo, a força externa não aparece (porque não realiza trabalho) e, assim, a equação não permite que a força seja determinada.

Uma complicação adicional é que a patinadora não pode ser tratada como uma partícula. Para que um corpo se comporte como uma partícula, todas as suas partes devem-se mover da mesma forma. Isto certamente não é verdadeiro para a patinadora — o seu braço e o seu corpo movem-se de formas diferentes.

Na Seção 7.3 aprendeu-se a como analisar um sistema complexo que contém muitas partículas. Em particular, a Eq. 7.16 ($\Sigma \vec{\mathbf{F}}_{ext} = M\vec{\mathbf{a}}_{cm}$) relaciona a força externa resultante que atua sobre o sistema, com o movimento do seu centro de massa. Para simplificar, supõe-se que todas as forças e os movimentos estejam na direção x, e o subscrito x será omitido das componentes x dos vetores da força, velocidade e aceleração. Com somente uma força externa atuando, a Eq. 7.16 torna-se $F_{ext} = Ma_{cm}$, na qual F_{ext} é a componente x da força externa resultante. Supõe-se que o centro de massa move-se através de um pequeno deslocamento dx_{cm}. Multiplicando os dois lados por este termo, obtém-se

$$F_{ext}dx_{cm} = Ma_{cm}dx_{cm} = M\frac{dv_{cm}}{dt}v_{cm}dt,$$

onde substituiu-se a_{cm} por dv_{cm}/dt e dx_{cm} por $v_{cm}dt$. Isto fornece

$$F_{ext}dx_{cm} = Mv_{cm}dv_{cm}. \qquad (13\text{-}12)$$

Considere que o centro de massa move-se de x_i para x_f, enquanto a velocidade varia de $v_{cm,i}$ a $v_{cm,f}$. Integrando-se a Eq. 13.12 entre estes limites, obtém-se

$$\int_{x_i}^{x_f} F_{ext}dx_{cm} = \int_{v_{cm,i}}^{v_{cm,f}} Mv_{cm}dv_{cm} = \tfrac{1}{2}Mv_{cm,f}^2 - \tfrac{1}{2}Mv_{cm,i}^2. \qquad (13\text{-}13)$$

Os termos no lado direito desta equação representam a energia cinética K_{cm} de uma partícula de massa M que se move com a velocidade do centro de massa. Com esta identificação, obtém-se

$$\int_{x_i}^{x_f} F_{ext}dx_{cm} = K_{cm,f} - K_{cm,i} = \Delta K_{cm}. \qquad (13\text{-}14)$$

Em muitos casos de interesse, a força externa é constante e pode ser passada para fora da integral. A integral remanescente fornece o deslocamento resultante s_{cm} ($= x_f - x_i$) do centro de massa. Neste caso, a Eq. 13.14 torna-se

$$F_{ext}\, s_{cm} = \Delta K_{cm}. \qquad (13\text{-}15)$$

As Eqs. 13.14 e 13.15 assemelham-se ao teorema do trabalho—energia para a partícula. Porém, é importante observar que, embora os termos no lado esquerdo destas equações se pareçam com trabalho (e de fato têm a dimensão de trabalho), eles não são trabalho da forma que este foi definido, porque dx_{cm} e s_{cm} não representam o deslocamento do ponto de aplicação da força externa.* (Na Fig. 13.5, por exemplo, o deslocamento do ponto de aplicação da força externa era nulo, mas s_{cm} certamente não é nulo.)

As Eqs. 13.14 e 13.15 *não* são expressões de conservação de energia. A energia cinética de translação (do movimento do centro de massa) é o único tipo de energia que aparece nestas equações. Outros termos de energia, incluindo o trabalho real, energia cinética rotacional, energia potencial e energia interna, não aparecem.

As Eqs. 13.14 ou 13.15 são denominadas de *equação da energia do centro-de-massa (CDM)* e a Eq. 13.2 de *equação da conservação-de-energia (CDE)*. Observe que a equação do CDM é derivada diretamente da segunda lei de Newton e, ainda que seja uma formulação útil, não é um princípio novo e independente.

Os exemplos apresentados a seguir ilustram as informações distintas e freqüentemente complementares que estas equações fornecem.

1. *Um bloco deslizando.* Um bloco desliza ao longo de uma mesa horizontal com uma velocidade inicial $\vec{\mathbf{v}}_{cm}$ e é trazido ao repouso pela força de atrito f exercida sobre ele pelo topo da mesa. O centro de massa do bloco move-se através de um deslocamento s_{cm}. As duas equações de energia fornecem:

$$\text{CDM (Eq. 13-15):} \quad -fs_{cm} = -\tfrac{1}{2}Mv_{cm}^2, \qquad (13\text{-}16a)$$

$$\text{CDE (Eq. 13-2):} \quad W_a = -\tfrac{1}{2}Mv_{cm}^2 + \Delta E_{int,\,bloco}. \qquad (13\text{-}16b)$$

A equação do CDM *parece-se com* o teorema do trabalho—energia mas não é, porque, como foi visto, fs_{cm} não é a intensidade do trabalho do atrito. Neste e nos exemplos seguintes, escreve-se CDE (Eq. 13.2) como $W_{ext} = \Delta K + \Delta U + \Delta E_{int}$, de modo que as equações CDM e CDE se tornam mais similares.

2. *Empurrando uma régua de um metro.* A Fig. 13.6 mostra o resultado de empurrar uma régua (inicialmente em repouso) que está livre para deslizar sobre uma superfície horizontal sem atrito. Uma força externa constante é aplicada na marca de 25 cm. O ponto de aplicação da força move-se ao longo de uma distância s, enquanto o centro de massa move-se ao longo de uma distância s_{cm} (que é menor do que s), e a barra adquire uma velocidade de centro de massa v_{cm} e uma velocidade rotacional ω. As duas equações da energia fornecem

$$\text{CDM:} \quad F_{ext}s_{cm} = \tfrac{1}{2}Mv_{cm}^2, \qquad (13\text{-}17a)$$

$$\text{CDE:} \quad F_{ext}s = \tfrac{1}{2}Mv_{cm}^2 + \tfrac{1}{2}I\omega^2. \qquad (13\text{-}17b)$$

A equação CDE inclui o trabalho real ($= F_{ext}s$) realizado pela força externa.

3. *Uma bola rolando para baixo em um plano inclinado.* A Fig. 13.7 ilustra esta situação. Considere o rolamento sem deslizamento (Seção 9.7), de maneira que o ponto instantâneo de

*Alguns autores utilizam os termos *pseudotrabalho* ou *trabalho do centro de massa* para descrever o lado esquerdo da Eq. 13.14. Aqui prefere-se *não* apresentar um termo relacionado ao trabalho para descrever uma grandeza que não está relacionada com o significado aceito de trabalho. Para um resumo interessante sobre trabalho e energia em um sistema de partículas, ver "Developing the Energy Concepts in Introductory Physics", de A.B. Arons, *The Physics Teacher*, outubro de 1898, p. 506.

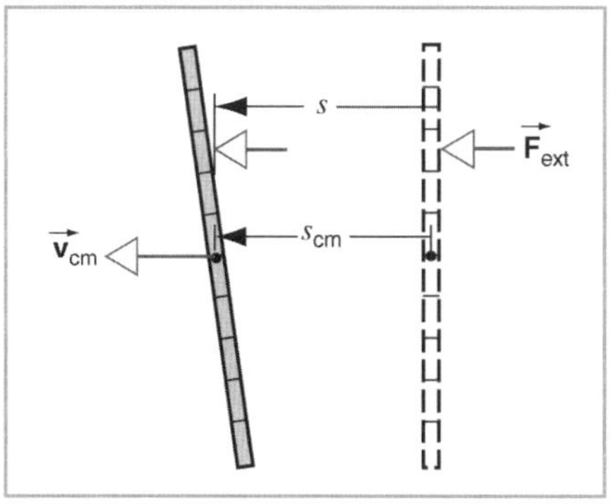

Fig. 13.6 Uma régua de um metro é empurrada sobre uma superfície horizontal sem atrito por uma força $\vec{F}_{ext}$. A força é aplicada na marca de 25 cm. A régua gira, translada e não se move como uma partícula. A força é aplicada ao longo de um deslocamento s que é maior do que o deslocamento s_{cm} do centro de massa.

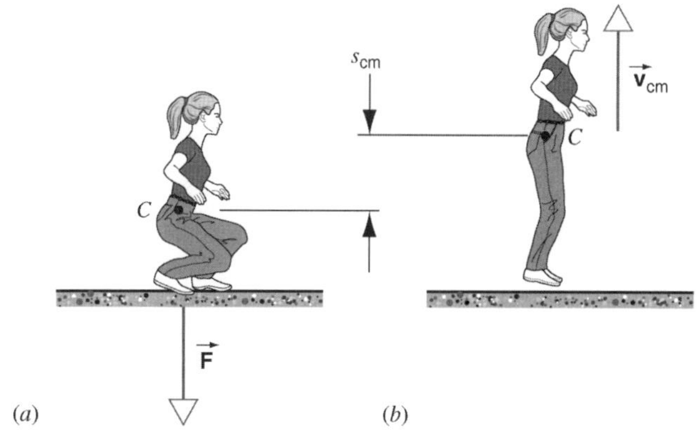

Fig. 13.8 (*a*) Uma saltadora agachada. Ela empurra o chão com uma força $\vec{F}$ quando ela endireita as suas pernas para pular. (*b*) No instante em que os seus pés deixam o chão, ela move-se para cima com uma velocidade $\vec{v}_{cm}$ e o seu centro de massa *C* sobe de uma distância s_{cm}.

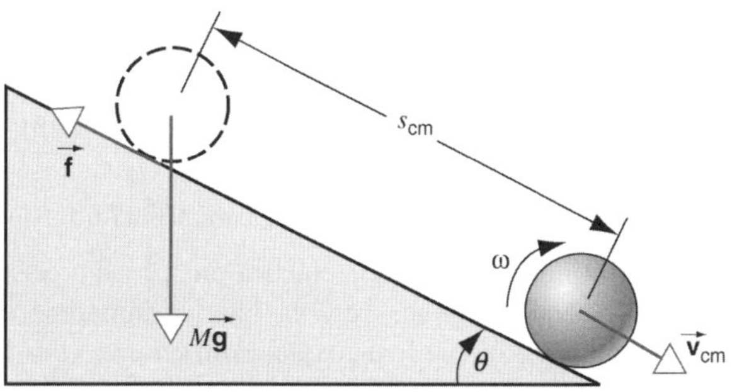

Fig. 13.7 Uma bola rolando para baixo em um plano inclinado. Uma força de atrito $\vec{f}$ age no ponto instantâneo de contato entre a bola e o plano. Após a bola mover-se uma distância s_{cm}, a sua velocidade é $\vec{v}_{cm}$ e ela também gira com uma velocidade angular ω.

contato entre a bola e o plano inclinado (onde a força de atrito atua) não se move. A bola parte do repouso e adquire uma velocidade do centro de massa $\vec{v}_{cm}$ na base do plano inclinado.

$$\text{CDM:} \qquad (Mg \operatorname{sen} \theta - f)s_{cm} = \tfrac{1}{2}Mv_{cm}^2, \qquad (13\text{-}18a)$$

$$\text{CDE:} \qquad Mgs_{cm} \operatorname{sen} \theta = \tfrac{1}{2}Mv_{cm}^2 + \tfrac{1}{2}I\omega^2. \qquad (13\text{-}18b)$$

Aplica-se a equação CDE ao sistema composto somente pela bola, de modo que a gravidade aparece como uma força externa. A força externa resultante sobre a bola na equação CDM é Mg sen $\theta - f$. Observe que f aparece na equação CDM mesmo não realizando trabalho (e, portanto, não aparece na equação CDE). Observe também que a equação CDM não seria alterada se a bola deslizasse à medida que rolasse, mas a equação CDE incluiria o trabalho do atrito no lado esquerdo e a energia interna no lado direito.

4. *Uma atleta saltando.* A Fig. 13.8 mostra uma atleta primeiro se agachando e em seguida saltando ao endireitar as suas pernas. Por simplicidade, supõe-se que ao endireitar as suas pernas ela empurra para baixo o chão com uma força constante F que se soma ao seu peso, exercendo o chão uma força normal constante $N = F + Mg$. No instante em que o seu pé deixa o chão, o seu centro de massa sobe s_{cm} e ela tem uma velocidade v_{cm}.

$$\text{CDM:} \qquad (N - Mg)\, s_{cm} = \tfrac{1}{2}Mv_{cm}^2, \qquad (13\text{-}19a)$$

$$\text{CDE:} \qquad -Mgs_{cm} = \tfrac{1}{2}Mv_{cm}^2 + \Delta E_{int}. \qquad (13\text{-}19b)$$

A equação CDE é aplicada ao sistema composto somente pela saltadora. A força normal não realiza trabalho, e assim não aparece na equação CDE. O termo ΔE_{int} representa todas as alterações da energia interna no corpo da saltadora. Pode incluir, por exemplo, um termo negativo devido à energia armazenada no corpo dela que precisa ser consumida para saltar, e um termo positivo para o aumento da temperatura nos músculos das suas pernas que trabalham. Subtraindo as equações CDE e CDM, verifica-se imediatamente que o valor resultante ΔE_{int} tem que ser negativo.

PROBLEMA RESOLVIDO 13.3.

Uma patinadora de 50 kg impulsiona o seu corpo para longe de uma grade, conforme a Fig. 13.5, exercendo uma força constante F = 55 N. O seu centro de massa move-se através de uma distância s_{cm} = 32 cm até perder contato com a grade. (*a*) Qual é a velocidade do centro de massa da patinadora no instante que ela deixa a grade? (*b*) Qual é a variação na energia interna armazenada da patinadora durante este processo? Despreze o atrito entre o gelo e os patinadores.

Solução (*a*) Mais uma vez toma-se a patinadora como o sistema. Da terceira lei de Newton, a grade exerce sobre a patinadora uma força de 55 N para a direita na Fig. 13.5. Esta força é a única força externa que é preciso considerar. Da equação CDM (Eq. 13.15), tem-se

$$F_{ext}s_{cm} = \tfrac{1}{2}Mv_{cm}^2 - 0$$

ou

$$v_{cm} = \sqrt{\frac{2F_{ext}s_{cm}}{M}} = \sqrt{\frac{2(55\text{ N})(0{,}32\text{ m})}{50\text{ kg}}} = 0{,}84\text{ m/s}.$$

(*b*) Aplicando-se agora a equação CDE (Eq. 13.2), a qual, sob as condições associadas a este problema ($\Delta U = 0$ e $W_{ext} = 0$), toma a forma

$$\Delta E_{int} = -\Delta K = -\tfrac{1}{2}Mv_{cm}^2 = -\tfrac{1}{2}(50\text{ kg})(0{,}84\text{ m/s})^2 = -17{,}6\text{ J}.$$

Esta quantidade de energia interna pode ser reposta pela digestão de cerca de $\frac{1}{4}$ de uma colher de chá de refrigerante *diet*.

A análise deste Problema Resolvido pode ser aplicada sem modificações ao problema de um automóvel que acelera a partir do repouso. Neste caso, a força externa — exercida pela estrada na parte de baixo dos pneus — não realiza trabalho porque o seu ponto de aplicação não se move; é bom lembrar que a parte de baixo de uma roda girando sem deslizar está instantaneamente em repouso. A variação na energia interna deste sistema é refletida no consumo de gasolina.

PROBLEMA RESOLVIDO 13.4.

A patinadora Joan (massa de 50 kg) impulsiona-se para longe do seu parceiro Jim (massa de 72 kg), que está em pé com as costas contra a parede, como na Fig. 13.9*a*. Ambos têm os seus braços inicialmente dobrados. Ambos empurram-se um contra o outro à medida que endireitam os seus braços, até que finalmente eles perdem contato (Fig. 13.9*b*). Jim exerce uma força constante $F_{ext} = 55$ N ao longo de uma distância $s = 32$ cm; esta é a distância que as suas mãos movem quando ele endireita os seus braços. No instante em que o contato se quebra, é constatado que o centro de massa de Joan se moveu ao longo de uma distância total $s = 58$ cm, como resultado da extensão de *ambos* os pares de braços. (*a*) Qual é a velocidade de Joan após o contato ser interrompido? (*b*) Qual é a variação na energia interna armazenada de cada patinador durante este processo? Despreze o atrito entre o gelo e os patinadores.

Solução (*a*) Toma-se Joan como sendo o sistema. Observe que neste caso existe trabalho externo sendo realizado sobre o sistema, de modo que existe transferência de energia através da fronteira. Da equação CDM (Eq. 13.15) tem-se

$$\Delta K_{cm} = \tfrac{1}{2}Mv_{cm}^2 = F_{ext}\,s_{cm} = (55\text{ N})(0{,}58\text{ m}) = 31{,}9\text{ J},$$

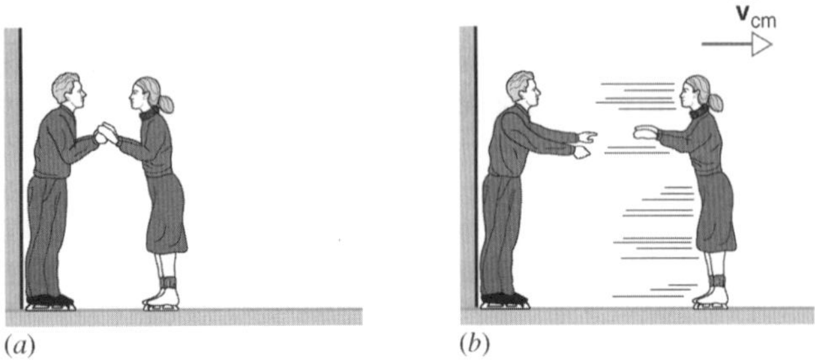

Fig. 13.9 Problema Resolvido 13.4. (*a*) Uma patinadora (Joan) e o seu parceiro (Jim) estão se preparando para exercer forças um sobre o outro através da extensão dos seus braços. Jim tem as suas costas contra a parede e, dessa forma, não se move. (*b*) Após os braços terem sido estendidos, Joan move-se com velocidade v_{cm}.

então

$$v_{cm} = \sqrt{\frac{2\,\Delta K_{cm}}{M}} = \sqrt{\frac{2(31{,}9\text{ J})}{50\text{ kg}}} = 1{,}13\text{ m/s}.$$

(*b*) Aplicando a equação CDE (Eq. 13.2) a Joan, tem-se

$$\Delta K + \Delta E_{int,\,Joan} = W_{ext},$$

onde W_{ext} ($= F_{ext}s$) é o trabalho externo realizado sobre Joan por Jim. Resolvendo-se para a variação da energia interna de Joan e substituindo-se $\Delta K = \Delta K_{cm} = F_{ext}s_{cm}$ da parte (*a*), obtém-se

$$\begin{aligned}\Delta E_{int,\,Joan} &= W_{ext} - \Delta K = F_{ext}s - F_{ext}s_{cm}\\ &= (55\text{ N})(0{,}32\text{ m}) - (55\text{ N})(0{,}58\text{ m})\\ &= +17{,}6\text{ J} - 31{,}9\text{ J} = -14{,}3\text{ J}.\end{aligned}$$

Aplicando-se a equação CDE ao sistema composto somente por Jim, obtém-se

$$\Delta E_{int,\,Jim} = W_{ext}.$$

No caso de Jim, W_{ext} é negativo. A força externa sobre ele é fornecida por Joan como uma força de reação ao empurrão dele sobre ela. Uma vez que a força de Jim e o deslocamento das suas mãos estão em sentidos opostos, o trabalho realizado sobre Jim é negativo. Neste caso (ver Fig. 13.1), W_{ext} retira energia do sistema. Para Jim,

$$\Delta E_{int,\,Jim} = W_{ext} = -(55\text{ N})(0{,}32\text{ m}) = -17{,}6\text{ J}.$$

Assim, para atingir a sua energia cinética final, Joan precisa fornecer 14,3 J de energia das suas reservas internas. Jim fornece 17,6 J realizando trabalho sobre Joan, o qual, com certeza, vem da *sua* reserva interna. Se Jim não estivesse presente e Joan tivesse que atingir a mesma energia cinética empurrando diretamente a parede, ela precisaria fornecer o total de 31,9 J (= 14,3 J + 17,6 J) da sua energia cinética da sua reserva de energia interna.

PROBLEMA RESOLVIDO 13.5.

Um bloco de 5,2 kg é projetado sobre uma superfície horizontal com uma velocidade horizontal inicial de 0,65 m/s antes de atingir o repouso. O coeficiente de atrito cinético entre o bloco e a superfície é 0,12. (*a*) Qual é a variação na energia interna do sistema bloco + superfície? (*b*) Qual é a distância percorrida pelo bloco antes de atingir o repouso?

Solução Ao aplicar a conservação de energia, o sistema mais interessante a ser considerado é o bloco mais a porção da superfície horizontal sobre a qual ele desliza. Ao usar a Eq. 13.2, tem-se $\Delta U = 0$, porque não ocorre nenhuma alteração na energia potencial na superfície horizontal. Além disso, $W_{ext} = 0$, porque nenhuma força externa atua sobre o sistema. (Definiu-se o sistema de modo que o atrito fosse uma força *interna*.) Assim a Eq. 13.2 torna-se

$$\Delta E_{int} = -\Delta K$$

na qual ΔK ($K_f - K_i$) é negativa, correspondendo a uma perda em energia cinética. Substituindo-se os valores, tem-se

$$\Delta E_{int} = -(0 - \tfrac{1}{2}Mv_{cm}^2) = +\tfrac{1}{2}(5{,}2\text{ kg})(0{,}65\text{ m/s})^2 = +1{,}1\text{ J}.$$

Este aumento em energia interna do sistema revela-se como uma pequena elevação na temperatura do bloco e da superfície horizontal. É difícil calcular como esta energia é dividida entre o bloco e a superfície; foi em grande parte para evitar esta dificuldade que se escolheu analisar o sistema combinado composto pelo bloco mais a superfície, em vez do bloco sozinho.

(*b*) Neste caso, escolheu-se o bloco sozinho como sendo o sistema. Não se pode tratar o bloco como uma partícula porque estão envolvidas transferências de energia (especificamente, energia interna), além da energia cinética de translação. Aplicando a Eq. 13.15, tem-se

$$F_{ext}s_{cm} = \Delta K_{cm},$$

onde F_{ext} é a força externa de atrito ($= -\mu Mg$, tomando-se o sentido do movimento como sendo positivo) que atua sobre o bloco e s_{cm} é o deslocamento do centro de massa do bloco. Assim, tem-se

$$(-\mu Mg)(s_{cm}) = 0 - \tfrac{1}{2}Mv_{cm}^2$$

ou

$$s_{cm} = \frac{v_{cm}^2}{2\mu g} = \frac{(0{,}65 \text{ m/s})^2}{2(0{,}12)(9{,}8 \text{ m/s}^2)} = 0{,}18 \text{ m}.$$

Esta análise deste problema simples pode ser aplicada sem modificações ao problema de um automóvel que freia a partir de uma determinada velocidade inicial até parar. Neste caso, o aumento na energia interna revela-se como um aumento na temperatura dos discos do freio e das pastilhas.

13.6 REAÇÕES E DECAIMENTOS

A lei de conservação de energia tem uma ampla utilização na análise de uma grande variedade de processos que envolvem reações e decaimento, em uma escala que engloba átomos e moléculas (reações químicas, formação molecular), núcleos (reações de fusão, decaimentos radioativos) e partículas elementares (colisões de alta energia). No Cap. 6, colisões foram analisadas por meio da lei de conservação da quantidade de movimento linear, e os processos foram classificados como elástico, inelástico e explosivo. No Cap. 11, mostrou-se que esta classificação pode ser compreendida em termos de variação na energia cinética dos processos. Agora, é possível discutir estes processos de acordo com a perspectiva de uma lei de conservação mais geral.

Com essa lei mais geral é até possível analisar processos nos quais as identidades dos objetos mudam durante a colisão. Por exemplo, considere uma reação nuclear representada por $n + {}^6Li \rightarrow {}^4He + {}^3H$, na qual um nêutron incide em um núcleo de lítio com um número de massa (número total de prótons + nêutrons) igual a 6, contendo três prótons e três nêutrons. Após a reação, as partículas observadas são o núcleo de hélio com um número de massa 4 (dois prótons e dois nêutrons) e um núcleo de hidrogênio com um número de massa 3 (um próton e dois nêutrons). Observe que o número total de nêutrons não se altera na reação, sendo igual a 4 tanto antes como após a reação. De forma similar, o número total de prótons permanece constante em 3. Entretanto, os prótons e os nêutrons são reorganizados durante a reação. Provavelmente, nestes agrupamentos reorganizados os nêutrons e os prótons têm interações diferentes uns com os outros e, portanto, a energia interna dos agrupamentos pode variar durante a reação.

Considere agora a análise da reação $A + B \rightarrow C + D$, escolhendo-se a fronteira do sistema de modo que ela inclua os objetos A e B antes da colisão quando eles estão suficientemente longe um do outro, não existindo nenhuma interação entre eles e, portanto, nenhuma energia potencial. (Tanto A quanto B podem ter uma energia potencial *interna*, mas não existe nenhuma energia potencial devida a qualquer interação de A com B.) A energia cinética total deste sistema é $K_i = K_A + K_B$, e A e B têm uma energia interna total $E_{int,i}$. Durante a reação, podem existir reordenações internas de maneira que as partículas finais C + D sejam diferentes de A e B, mas as partículas finais C + D permaneçam dentro da fronteira do sistema e componham o sistema após a reação. A energia interna total do sistema composto por C e D após a reação é $E_{int,f}$, e a energia cinética total final deste sistema após a reação é $K_f = K_C + K_D$; da mesma forma que no estado inicial, supõe-se não existir nenhuma interação entre os objetos que colidiram e, assim, nenhuma energia potencial. A Fig. 13.10 apresenta uma vista esquemática da colisão. Supõe-se que nenhum objeto na vizinhança realize trabalho sobre os objetos durante a colisão, de modo que $W_{ext} = 0$.

Aplicando-se a lei geral de conservação de energia, Eq. 13.2, a este processo, e supondo que $U_i = U_f = 0$, tem-se

$$\Delta K + \Delta E_{int} = 0 \tag{13-20}$$

ou

$$K_f - K_i = -(E_{int,f} - E_{int,i}) = E_{int,i} - E_{int,f}. \tag{13-21}$$

Se $E_{int,i} > E_{int,f}$, a energia cinética final é maior do que a energia cinética inicial, o que significa que parte da energia interna dos objetos que colidiram foi transformada em energia cinética. Estes tipos de reações são chamados de *exoérgicas* (libera energia)

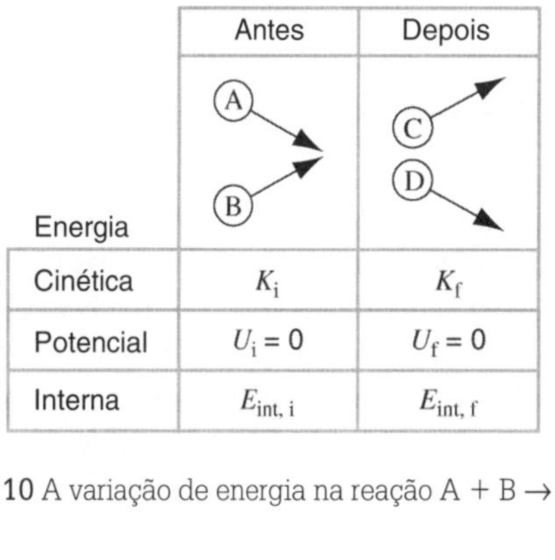

Fig. 13.10 A variação de energia na reação $A + B \rightarrow C + D$.

e são análogos às colisões que foram chamadas de "explosivas". Se $E_{int,i} < E_{int,f}$, a energia cinética final é menor do que a energia cinética inicial porque parte da energia cinética original foi convertida em energia interna das partículas finais. Estas reações são chamadas de *endoérgicas* (absorve energia) e são análogas às colisões que foram chamadas de "inelásticas". Para as colisões elásticas, nas quais a energia cinética não varia, é necessário que $E_{int,i} = E_{int,f}$. Na prática isto significa que as identidades dos objetos que colidem não mudam e que não ocorrem reagrupamentos internos dos seus constituintes (A + B → A + B).

PROCESSOS DE DECAIMENTO

Alguns núcleos e partículas elementares são instáveis e decaem espontaneamente para duas ou mais partículas. Por exemplo, no decaimento alfa $^{235}U \rightarrow {}^{231}Th + {}^{4}He$, um núcleo de urânio de número de massa 235m quebra-se em um núcleo de tório de número de massa 231 e em um núcleo de hélio de número de massa 4. O núcleo de ^4He é comumente conhecido como *partícula alfa*.

Supõe-se que a partícula original A que sofreu o decaimento esteja em repouso ($K_i = 0$). Como sua quantidade de movimento é nula, a conservação da quantidade de movimento requer que a quantidade de movimento total das partículas seja nula. Se o decaimento ocorre em somente duas partículas B e C, a sua quantidade de movimento linear deve ser igual em intensidade e de sinal contrário: $m_B v_B = -m_C v_C$, e assim $m_B^2 v_B^2 = m_C^2 v_C^2$ ou $m_B(2K_B) = m_C(2K_C)$, o que fornece

$$K_B/K_C = m_C/m_B. \qquad (13\text{-}22)$$

A energia cinética final K_f, que é apenas a energia cinética total de B e C, vem da transformação da energia interna. Com $U_i = 0$ e $U_f = 0$, assim como antes, pode-se aplicar a Eq. 13.21 mas com $K_i = 0$ e $K_f = K_B + K_C$:

$$K_B + K_C = E_{int,i} - E_{int,f}. \qquad (13\text{-}23)$$

Uma vez que $K_f (= K_B + K_C)$ precisa ser positivo, fica claro que o decaimento somente ocorre se $E_{int,i} > E_{int,f}$. Neste caso, a energia interna é convertida em energia cinética.

Se o decaimento ocorre em duas partículas, então as Eqs. 13.22 e 13.23 juntas podem ser resolvidas para as energias cinéticas finais K_B e K_C. Se o decaimento ocorre em três ou mais partículas B + C + D + · · ·, então as equações de conservação de energia e de quantidade de movimento não fornecem informações suficientes para determinarem-se valores únicos para as energias cinéticas das partículas do produto. Neste caso, as partículas podem ter valores de energia cinética que estão dentro de uma faixa contínua e cuja soma é determinada pela Eq. 13.23.

PROBLEMA RESOLVIDO 13.6.

A reação de fusão $^2H + {}^2H \rightarrow {}^1H + {}^3H$, conhecida como a reação d-d (d vem do *deuterônio*, que é um outro nome para ^2H, o núcleo de hidrogênio com um número de massa 2), é importante para a liberação da energia nuclear. A energia interna das partículas iniciais é maior do que a das partículas finais, de um valor igual a 4,03 MeV. Em uma determinada reação, um feixe de ^2H com uma energia cinética de 1,50 MeV incide sobre um alvo de ^2H em repouso. Observa-se que o próton (^1H) tem uma energia cinética de 3,39 MeV em uma direção que faz um ângulo de 90° com o feixe original de ^2H (Fig. 13.11). Determine a energia e a direção de saída do ^3H. As massas são: ^1H-1,01 u, ^2H-2,01 u, ^3H-3,02 u.

Solução Da Eq. 13.21, a energia cinética final é

$$K_f = -\Delta E_{int} + K_i = 4{,}03\text{ MeV} + 1{,}50\text{ MeV} = 5{,}53\text{ MeV}.$$

A energia cinética final é dividida entre os núcleos de ^1H e ^3H. Com $K_f = K_1 + K_3$, tem-se

$$K_3 = K_f - K_1 = 5{,}53\text{ MeV} - 3{,}39\text{ MeV} = 2{,}14\text{ MeV}.$$

Da conservação da quantidade de movimento, a quantidade de movimento do ^2H original precisa ser igual à componente x da quantidade de movimento do ^3H, ou $m_2v_2 = m_3v_3 \cos\phi$. Usando $v = \sqrt{2K/m}$ obtém-se

$$\cos\phi = \frac{m_2v_2}{m_3v_3} = \sqrt{\frac{m_2K_2}{m_3K_3}} = \sqrt{\frac{(2{,}01\text{ u})(1{,}50\text{ MeV})}{(3{,}02\text{ u})(2{,}14\text{ MeV})}} = 0{,}683$$

ou $\phi = 46{,}9°$.

PROBLEMA RESOLVIDO 13.7.

No processo de decaimento alfa $^{226}Ra \rightarrow {}^{222}Rn + {}^4He$, o elemento radioativo rádio presente na natureza decai para o elemento gasoso radônio. No decaimento, a energia interna decresce de 4,87 MeV. Se o rádio decai do repouso, determine as energias cinéticas do radônio e da partícula alfa (^4He). As massas são: ^{226}Ra-226,0 u, ^{222}Rn-222,0 u, ^4He-4,0 u.

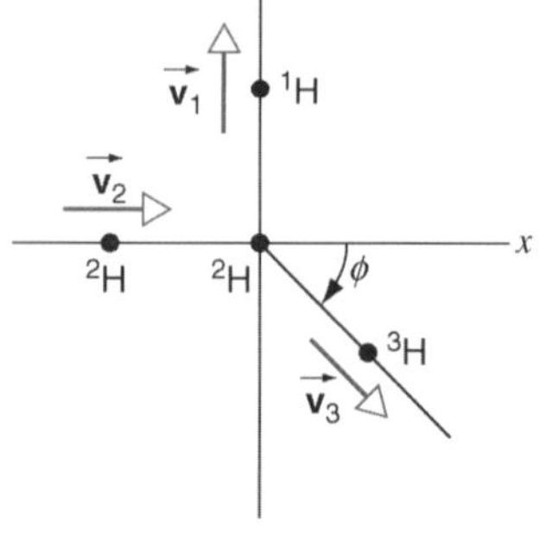

Fig. 13.11 Problema Resolvido 13.6. O ^2H incidente atinge um alvo ^2H estacionário produzindo as partículas ^1H e ^3H que se afastam.

Solução Da Eq. 13.22, a razão entre as energias cinéticas das partículas do produto é

$$\frac{K_{\text{Rn}}}{K_{\text{He}}} = \frac{m_{\text{He}}}{m_{\text{Rn}}} = \frac{4{,}00\text{ u}}{222{,}0\text{ u}} = 0{,}0180.$$

A energia cinética total do produto é dada pela Eq. 13.23:

$$K_{\text{f}} = K_{\text{Rn}} + K_{\text{He}} = E_{\text{int, i}} - E_{\text{int, f}} = 4{,}87\text{ MeV}.$$

Resolvendo-se estas duas equações simultaneamente tem-se $K_{\text{Rn}} = 0{,}086$ MeV e $K_{\text{He}} = 4{,}78$ MeV. Observe que a partícula alfa, que é mais leve, toma cerca de 98% da energia, o que é consistente com a conservação da quantidade de movimento.

13.7 TRANSFERÊNCIA DE ENERGIA ATRAVÉS DO CALOR

A Fig. 13.1 mostra que a energia de um sistema pode ser modificada pelo trabalho que é realizado sobre o sistema através da sua vizinhança. O trabalho é uma das duas formas que um sistema pode trocar energia com a sua vizinhança. A outra forma é através do *calor*.

Conforme foi discutido na Seção 11.1, a definição do "trabalho" segundo a física pode diferir do seu uso comum na língua portuguesa. O mesmo é verdade para calor. A definição do calor segundo a física é a seguinte:

Calor é uma forma de transferência de energia entre um sistema e a sua vizinhança por causa da diferença de temperatura entre eles.

Representa-se a transferência de calor através do símbolo Q. Uma vez que o calor é uma forma de energia, ele é medido em unidades de energia (joules, por exemplo).

Existem duas similaridades importantes entre trabalho e calor:

1. *Calor é energia em trânsito.* Assim como nunca se falou na "quantidade de trabalho contido em um corpo", da mesma forma não se diz "a quantidade de calor contida em um corpo". Quando o calor é transferido de um sistema A para um sistema B, não é correto dizer que "o sistema A tem menos calor". Em vez disso, deve-se dizer que "o sistema A tem menos energia" porque parte da sua energia foi perdida devido ao calor transferido para o sistema B. De forma similar, se o sistema A realiza trabalho sobre o sistema B, nunca se diz que "o sistema A tem menos trabalho", mas no lugar disso diz-se que "o sistema A tem menos energia" porque ele utilizou parte da sua energia para realizar trabalho sobre o sistema B.

2. *A quantidade de calor transferido em um processo depende de como o processo é realizado.* Apresentaram-se alguns exemplos de casos nos quais um sistema pode ser levado de um determinado estado inicial até um determinado estado final através de diversos caminhos diferentes. Se uma força não-conservativa (como o atrito) atua sobre o sistema, então o trabalho realizado por aquela força terá, de uma forma geral, diferentes valores para diferentes caminhos que ligam o mesmo estado inicial ao mesmo estado final. (Na realidade, esta foi a forma utilizada para definir no Cap. 12 forças não-conservativas.) Em relação a esse aspecto, a transferência de calor apresenta uma similaridade com trabalho não-conservativo, de modo que diferentes quantidades de calor transferido podem ser necessárias para levar o sistema ao longo de diferentes caminhos conectando o mesmo estado inicial ao mesmo estado final.

CALOR E TEMPERATURA

Freqüentemente, no uso coloquial, utiliza-se a palavra "calor" quando se deseja falar em temperatura ou energia interna. Quando se "aquece" um prato em um forno até uma determinada temperatura, está se transferindo energia através do calor (com o prato envolvido por uma vizinhança a uma temperatura maior) até que o prato atinja a temperatura desejada. Quando se retira o prato quente do forno para colocá-lo sobre uma mesa, o prato transfere energia para a sua vizinhança menos quente através do calor.

Assim como com o trabalho e o calor, é necessário uma definição precisa de temperatura para que ela possa ser uma grandeza física útil. A definição formal é adiada até ao Cap. 21, mas aqui é feito um breve resumo para que se possa abordar a temperatura em conjunto com sistemas mecânicos.

Uma variação na temperatura de um corpo é acompanhada por uma variação na energia cinética de translação média dos seus átomos ou moléculas. Se a energia interna de um corpo for aumentada, os átomos ou moléculas que o constituem podem adquirir esta energia de diversas formas diferentes — por exemplo, aumento na energia cinética de translação, aumento na energia cinética rotacional ou uma diferente configuração (como aumentando o seu espaçamento médio) — de modo que a sua energia potencial aumenta. Somente a parte que resulta em um aumento na energia cinética de translação produz um aumento de temperatura.

Uma outra forma de olhar a temperatura é como um indicador que verifica se dois corpos colocados em contato trocam energia como calor. Se as suas temperaturas forem as mesmas, nenhum calor será trocado entre eles. Observe que, se um corpo é muito maior do que o outro, ele pode ter uma energia interna total muito maior, mas ele não transfere nenhuma parte dessa energia para o segundo corpo se as temperaturas forem as mesmas. Uma forma de transferir calor é através das colisões entre os átomos ou moléculas dos dois corpos na superfície de contato entre eles. Quando dois corpos com temperaturas diferentes são colocados em contato, as colisões na superfície de contato entre os átomos ou moléculas dos corpos irão, em geral, transferir energia do corpo cujas partículas têm, na média, um maior valor de energia cinética de translação (o corpo de maior temperatura) para o corpo cujas partículas têm, na média, um valor menor de energia cinética de translação (o corpo de menor temperatura).

É preciso tomar cuidado em distinguir os conceitos de calor e temperatura. Calor é sempre uma energia em trânsito entre corpos; temperatura é uma medida da energia interna de um único corpo. Pode-se aumentar a temperatura de um corpo sem transferir calor para ele (como através da realização de trabalho sobre ele), e pode-se transferir calor para um corpo de uma vizinhança a uma temperatura mais elevada sem que haja alteração na temperatura do corpo (por exemplo, derretendo gelo sólido a 0°C em água líquida a 0°C).

A Primeira Lei da Termodinâmica

Na expressão geral anterior para a conservação de energia, Eq. 13.2, omitiu-se uma forma de transferência de energia — o calor. A Fig. 13.12 mostra uma visão mais completa da transferência de energia em um sistema. A energia dentro da fronteira do sistema pode variar devido ao calor transferido para ou da vizinhança, como também devido ao trabalho realizado pela ou sobre a vizinhança. Pode-se escrever a Eq. 13.2 incluindo o calor

$$\Delta E_{\text{total}} = Q + W. \qquad (13\text{-}24)$$

Na Eq. 13.24, E_{total} representa todas as formas de energia contidas dentro da fronteira do sistema: cinética, potencial, interna e talvez outras formas. Por conveniência, o subscrito "ext" de W foi omitido, mas continua-se a considerar que ele representa o trabalho realizado sobre o sistema pela vizinhança externa. A convenção de sinal para Q é similar à do trabalho: $Q > 0$ significa que o calor é transferido *para* um sistema, *aumentando* a sua energia, enquanto $Q < 0$ significa que o calor é transferido *do* sistema, *diminuindo* a sua energia.*

A Eq. 13.24 é a declaração mais geral que se pode fazer sobre a conservação de energia em um sistema. Nesta forma, ela é normalmente conhecida como a *primeira lei da termodinâmica*. Mais tarde neste texto, considera-se a aplicação mais detalhada desta lei a um determinado sistema termodinâmico: um gás contido em um recipiente. Por enquanto, considera-se como esta lei se aplica a alguns sistemas mecânicos.

1. *Um bloco deslizando sobre uma superfície horizontal.* Um bloco está deslizando sobre uma mesa plana horizontal na qual atua uma força de atrito. O bloco tem uma velocidade inicial v e por fim atinge o repouso. Toma-se inicialmente o sistema como sendo o bloco. A aplicação da Eq. 13.24 ao sistema fornece

$$\Delta K + \Delta E_{\text{int, bloco}} = W_a + Q. \qquad (13\text{-}25)$$

Aqui $\Delta K = K_f - K_i = \frac{1}{2}Mv^2$, $\Delta E_{\text{int, bloco}}$ é o aumento na energia interna do bloco (a qual é medida através do aumento da sua temperatura), W_a é o trabalho do atrito (negativo) realizado pela mesa sobre o bloco e Q é o calor (negativo) transferido do bloco. Supõe-se que o calor transferido para o ar seja desprezível e que o único calor transferido é o do bloco quente para as regiões mais frias da mesa com as quais ele fica em contato.

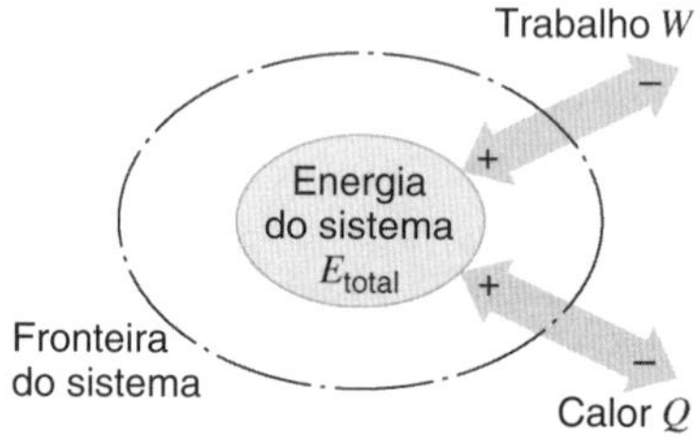

Fig. 13.12 A energia de um sistema pode ser alterada de duas formas: através do trabalho realizado sobre ou pela vizinhança, e através do calor transferido para ou da vizinhança. As convenções de sinal para W e Q estão indicadas — o trabalho realizado *sobre* o sistema e o calor transferido *para* o sistema são ambos tomados como positivos e ambos aumentam a energia do sistema.

Agora, aplicando-se a primeira lei da termodinâmica ao sistema bloco + mesa, obtém-se

$$\Delta K + \Delta E_{\text{int, bloco}} + \Delta E_{\text{int, mesa}} = 0. \qquad (13\text{-}26)$$

Aqui, o trabalho não está presente porque ele é interno ao sistema. Da mesma forma, Q não aparece porque a transferência de calor também é interna a este sistema (uma vez que foi desprezada a perda de calor para o ar à sua volta). Combinando-se as Eqs. 13.25 e 13.26, obtém-se

$$\Delta E_{\text{int, mesa}} = -W_a - Q. \qquad (13\text{-}27)$$

Tanto W_a como Q são negativos, de modo que ambos os termos contribuem para *aumentar* a energia interna (temperatura) da mesa; $-W_a$ (uma grandeza positiva) representa o trabalho do atrito realizado sobre a mesa pelo bloco e $-Q$ (uma grandeza positiva) representa o calor transferido para a mesa pelo bloco.

2. *Experimento de Joule.* No século XIX não se pensava que o calor fosse uma forma de energia. Como resultado, o calor era medido em unidades diferentes das unidades padrão para energia. Entre as unidades antigas utilizadas para o calor estão a caloria (cal) e a unidade térmica inglesa (Btu), a qual está relacionada à unidade de energia do SI (joules) de acordo com

$$1 \text{ cal} = 4{,}186 \text{ J e } 1 \text{ Btu} = 1055 \text{ J}.$$

*É importante observar que W representa o trabalho externo realizado *sobre* o sistema. Às vezes observa-se a Eq. 13.24 sendo escrita como $\Delta E = Q - W$, na qual W representa o trabalho realizado *pelo* sistema sobre a sua vizinhança externa. Uma vez que o trabalho realizado pelo sistema A sobre o sistema B é o negativo do trabalho realizado pelo sistema B sobre o sistema A, ambas as formas da equação estão corretas. Escolheu-se escrever a equação nesta forma, de modo que W sempre represente o trabalho realizado *sobre* um sistema. Caso contrário, seria necessário definir-se o trabalho termodinâmico como sendo o negativo do trabalho mecânico. Prefere-se enfatizar a conexão entre a mecânica e a termodinâmica escolhendo-se uma convenção de sinal consistente para o trabalho.

Hoje, o uso comum para a palavra caloria baseia-se na energia contida na comida; esta "caloria" é na verdade uma quilocaloria (1 Cal = 1 quilocaloria = 1000 cal). Atualmente, o Btu ainda é freqüentemente utilizado como uma medida da capacidade de um aquecedor ou ar-condicionado transferir energia, como calor, entre uma sala e a sua vizinhança.

A caloria foi originalmente definida como a quantidade de calor Q que precisa ser transferida para um grama de água a fim de elevar a sua temperatura de 14,5°C até 15,5°C, aumentando a sua energia interna de ΔE_{int} no processo. Nenhum trabalho externo é realizado neste processo e, assim, pode-se escrever a Eq. 13.24 como

$$\Delta E_{int} = Q. \qquad (13\text{-}28)$$

O experimento de Joule foi projetado para elevar a temperatura de uma quantidade de água realizando-se trabalho sobre ela em vez de transferir-se calor para ela. O seu aparato está mostrado na Fig. 13.13. Os pesos em queda fazem girar diversas pás que mexem a água, transformando o trabalho gravitacional W_g sobre os pesos em energia interna da água. Toma-se todo o aparato de Joule como sendo o sistema, permitindo que os pesos caiam ao longo de uma distância fixa antes de parar, e esperando-se em seguida que as pás percam toda a sua energia cinética rotacional para a água. Supondo que nenhum calor seja transferido através do recipiente e que nenhuma energia seja dissipada nas polias, pode-se escrever a Eq. 13.24 como

$$\Delta E_{int} = W_g. \qquad (13\text{-}29)$$

Para a mesma variação na energia interna (que corresponde ao mesmo aumento da temperatura) como na Eq. 13.28, foi possível para Joule determinar a equivalência entre uma determinada quantidade de trabalho (medido — utilizando unidades modernas — em joules) e a correspondente quantidade de calor (medida em calorias). Esta correspondência é conhecida como *o equivalente mecânico do calor*: 1 cal = 4,186 J. Hoje em dia mede-se o calor, bem como as outras formas de energia, em joules, e assim este fator de conversão perdeu a importância que tinha na época de Joule. Contudo, o experimento de Joule, realizado em 1850, proporcionou uma direção ao mostrar que o calor, bem como o trabalho, pode ser corretamente visto como uma forma de transferir energia.

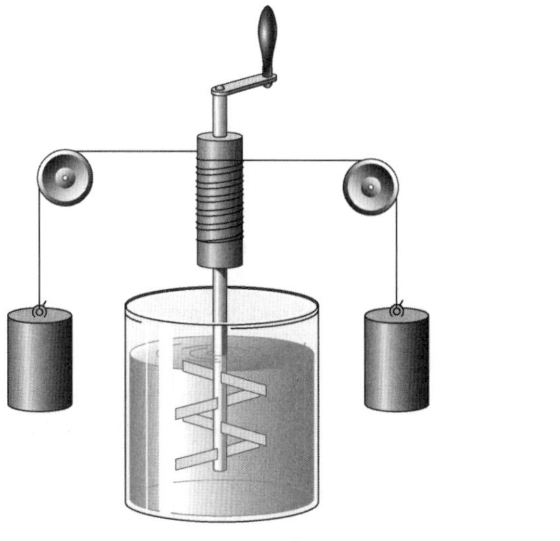

Fig. 13.13 O aparato de Joule para medir o equivalente mecânico do calor. Os pesos em queda fazem girar as pás que mexem a água dentro do recipiente, elevando assim a sua temperatura.

MÚLTIPLA ESCOLHA

13.1 Trabalho Realizado sobre um Sistema por Forças Externas

1. Uma bola é jogada do topo de um morro. Quais das seguintes declarações é correta? (*Pode existir mais de uma resposta correta!*)

(A) A gravidade realiza trabalho sobre a bola enquanto ela cai.

(B) A energia potencial gravitacional da bola decresce enquanto a bola cai.

(C) A energia potencial gravitacional da Terra decresce enquanto a bola cai.

(D) A energia potencial gravitacional do sistema bola + Terra decresce enquanto a bola cai.

2. Suponha que $\Delta K = +10$ J para o bloco na situação mostrada na Fig. 13.2. Qual das seguintes configurações pode descrever corretamente a transferência de energia nesta situação?

(A) $W_{mola} = +5$ J, $W_{grav} = +15$ J

(B) $\Delta U_{mola} = +5$ J, $W_{grav} = -15$ J

(C) $W_{mola} = -5$ J, $\Delta U_{grav} = -15$ J

(D) $\Delta U_{mola} = -5$ J, $\Delta U_{grav} = -15$ J

3. Um bloco de madeira (massa de 2,0 kg) é jogado de uma plataforma de salto de uma piscina e entra na água com uma velocidade de 10 m/s. O bloco desce na água até uma profundidade de 3,0 m e fica instantaneamente em repouso antes de iniciar a subida até a superfície. Qual é o trabalho realizado sobre o bloco pela água durante a descida de 3 m?

(A) −159 J (B) −100 J

(C) −59 J (D) −41 J

13.2 Energia Interna em um Sistema de Partículas

4. Uma bola de 2,0 kg é jogada de uma altura de 5,0 m. A bola cai, atinge o chão e ricocheteia de volta até uma altura de

3,0 m. O que pode ser dito sobre $\Delta E_{int,bola}$ entre o estado inicial e o final da bola?

(A) $\Delta E_{int,\,bola} > 39{,}2$ J (B) $\Delta E_{int,\,bola} = 39{,}2$ J

(C) $\Delta E_{int,\,bola} < 39{,}2$ J

5. Esta seção trata da "energia perdida" que pode ser armazenada como energia interna em um objeto. Deve existir uma preocupação similar sobre a "quantidade de movimento perdida" e a "quantidade de movimento interna"?

(A) Sim, mas os efeitos serão muito menores porque a quantidade de movimento é proporcional à velocidade, ao passo que a energia é proporcional à velocidade ao quadrado.

(B) Sim, mas os efeitos podem ser ignorados porque os físicos estão apenas preocupados com sistemas nos quais a quantidade de movimento é conservada.

(C) Não, porque a quantidade de movimento é um vetor, ao passo que a energia é um escalar.

(D) Não, contanto que a "quantidade de movimento potencial" não seja introduzida.

13.3 Trabalho do Atrito

6. Um cubo de metal de 10 cm é fixado rigidamente no lugar. Um segundo cubo idêntico de metal é puxado até o topo do primeiro cubo com uma velocidade constante, por uma força constante de 10 N, como é mostrado na Fig. 13.14.

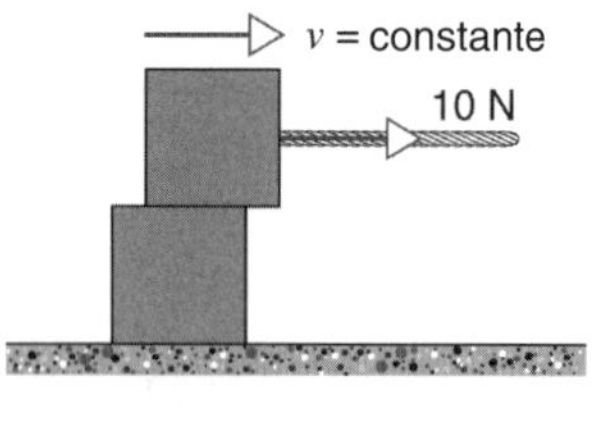

Fig. 13.14 Questão de múltipla escolha 6.

(*a*) A força de atrito entre os cubos

(A) é menor que 10 N.

(B) é igual a 10 N.

(C) é maior que 10 N.

(D) não pode ser determinada sem um modelo detalhado das duas superfícies.

(*b*) Como é a variação na energia interna do cubo do topo que se move, $\Delta E_{int,movimento}$, em relação à variação na energia interna do cubo fixo $\Delta E_{int,\,fixo}$?

(A) $\Delta E_{int,\,movimento} > \Delta E_{int,\,fixo}$

(B) $\Delta E_{int,\,movimento} = \Delta E_{int,\,fixo}$

(C) $\Delta E_{int,\,movimento} < \Delta E_{int,\,fixo}$

(D) Não existe nenhuma relação óbvia sem uma descrição detalhada da força de atrito.

7. Um método para determinar a velocidade de uma bala é dispará-la em um bloco de madeira e observar a distância percorrida pelo bloco deslizando sobre uma superfície. (Ver Problema 3.) Supondo (incorretamente) que a intensidade do trabalho realizado pelo atrito é igual à força de atrito sobre o bloco vezes a distância que o bloco desliza, a velocidade calculada da bala será

(A) menor do que o valor real, porque também ocorrerá uma variação na energia interna do bloco e da superfície.

(B) maior do que o valor real, porque também ocorrerá uma variação na energia interna do bloco e da superfície.

(C) correta, porque erros causados por ignorar variações nas energias internas são cancelados pelo erro associado à suposição sobre o trabalho realizado pelo atrito.

(D) errada, porque o atrito também invalida a conservação da quantidade de movimento.

13.4 Conservação de Energia em um Sistema de Partículas

8. (*a*) Um bloco em repouso desliza para baixo em uma cunha inclinada com um ângulo θ com a horizontal, existindo atrito entre o bloco e a cunha. Quando o bloco atinge a extremidade inferior da cunha, a sua energia cinética é 3 J e a gravidade realizou um trabalho de +10 J sobre o bloco. Qual das opções seguintes descreve a transferência de energia neste sistema?

(A) $\Delta E_{int,bloco} < +7$ J

(B) Trabalho do atrito sobre o bloco pela cunha = −7 J

(C) Trabalho do atrito sobre a cunha pelo bloco = +7 J

(D) $\Delta E_{int,bloco} = +7$ J

(*b*) Suponha que a cunha esteja livre para deslizar sobre uma mesa horizontal sem atrito (ainda existe atrito entre o bloco e a cunha). O bloco é de novo solto do repouso e atinge a extremidade inferior da cunha com uma energia cinética K após a gravidade realizar trabalho W_g sobre o bloco. As massas do bloco e da cunha são conhecidas. Desta informação, é possível calcular a velocidade da cunha?

(A) Sim, através da aplicação da conservação da quantidade de movimento na direção horizontal

(B) Não, porque não se sabe quanta energia mecânica é perdida devido ao atrito

(C) Não, porque a conservação da quantidade de movimento não se aplica quando a força de atrito atua

(D) Não, porque a força externa resultante sobre o sistema não é nula

13.5 Energia do Centro de Massa

9. Duas partículas colidem elasticamente. No sistema de referência do laboratório, uma das partículas está originalmente em repouso.

(*a*) Em que sistema de referência a energia cinética é mínima?

(A) No sistema de referência do laboratório

(B) No sistema de referência do centro de massa

(C) A energia cinética é a mesma no sistema de referência do laboratório e no sistema de referência do centro de massa.

(D) A questão não pode ser respondida sem mais informações.

(*b*) Em que sistema de referência a intensidade da quantidade de movimento é mínima?

(A) No sistema de referência do laboratório

(B) No sistema de referência do centro de massa

(C) A quantidade de movimento é a mesma no sistema de referência do laboratório e no sistema de referência do centro de massa.

(D) A questão não pode ser respondida sem mais informações.

10. A energia cinética rotacional é parte da energia cinética do centro de massa ou parte da energia interna?

(A) Certamente é parte da energia cinética do centro de massa.

(B) Certamente é parte da energia interna.

(C) Qualquer delas, dependendo de como o sistema é definido.

(D) Qualquer delas, porque é sempre possível encontrar um sistema de referência inercial no qual o corpo não gire.

(E) Não é parte nem da energia cinética do centro de massa nem parte da energia interna.

13.6 Reações e Decaimentos

11. Considere o decaimento A $\rightarrow$ B + C + D, no qual A está inicialmente em repouso. As massas de todas as partículas e a energia ΔE_{int} liberada no decaimento são conhecidas. Deseja-se conhecer as intensidades das velocidades e as direções das três partículas finais. Um experimento determina a intensidade da velocidade e a direção de B. Qual é a quantidade mínima de dados experimentais adicionais necessários para permitir que todas as variáveis desconhecidas sejam calculadas?

(A) Não é necessário nenhum dado adicional.

(B) São necessárias tanto a intensidade da velocidade quanto a direção de C.

(C) É necessária ou a intensidade da velocidade ou a direção de C.

(D) São necessárias ambas as intensidades das velocidades de C e D.

12. A energia cinética de uma partícula depende do sistema de referência do observador. Em uma reação exoérgica, a energia cinética final total é maior do que a energia cinética inicial total. Qual das frases seguintes está correta?

(A) Uma reação que é exoérgica em um sistema de referência inercial é exoérgica em todos os sistemas de referência inerciais.

(B) É possível encontrar um sistema de referência no qual uma reação exoérgica poderia aparecer como sendo endoérgica.

(C) É possível encontrar um sistema de referência no qual uma reação exoérgica poderia aparecer como sendo elástica.

(D) A variação resultante na energia cinética terá o mesmo valor em todos os sistemas de referência inerciais.

13.7 Transferência de Energia através do Calor

13. Como a inclusão da transferência de energia através do calor pode afetar a discussão sobre o bloco na Fig. 13.3?

(A) A energia pode ser transferida como calor entre o bloco e a mesa, modificando ambos $E_{\text{int, bloco}}$ e $E_{\text{int, mesa}}$, mas mantendo $E_{\text{int, bloco + mesa}}$ constante.

(B) A energia pode ser transferida como calor do bloco e da mesa para as suas vizinhanças, presumivelmente mais frias, diminuindo dessa forma ambos $E_{\text{int, bloco}}$ e $E_{\text{int, mesa}}$.

(C) Ambos os tipos de processos (A) e (B) podem ocorrer, levando a um decréscimo em $E_{\text{int, bloco + mesa}}$.

QUESTÕES

1. Uma bola arremessada possui energia cinética nula no ponto mais alto da sua trajetória. Para onde foi a energia? Foi realizado trabalho externo sobre a bola? A energia está agora na forma de energia potencial na bola? Energia potencial na Terra?

2. O que acontece à energia potencial que é perdida quando um elevador desce do topo de um edifício até parar no piso térreo?

3. A Fig. 13.15 mostra um tubo de vidro circular preso a uma parede vertical: O tubo é preenchido com água a menos de

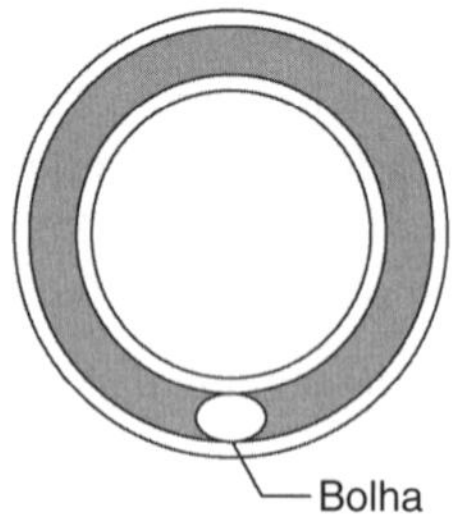

Fig. 13.15 Questão 3.

uma bolha de ar que está temporariamente em repouso na parte de baixo do tubo. Discuta o movimento subseqüente da bolha em termos de transferência de energia. Faça isso, primeiro desprezando as forças viscosas e de atrito e, em seguida, considerando-as totalmente.

4. Quando a patinadora na Seção 13.2 impulsiona-se para longe da grade, a sua energia interna E_{int} diminui. O que acontece à sua energia interna quando ela patina na direção da grade e, então, empurra a grade para parar?

5. A energia interna pode ser considerada uma forma especial de energia potencial? Explique por que sim ou por que não.

6. A energia potencial pode ser considerada um caso especial de energia interna? Explique por que sim ou por que não.

7. Um automóvel está se movendo ao longo de uma rodovia. O motorista aciona os freios e o carro derrapa até finalmente parar. Em que forma aparece a energia cinética perdida do carro?

8. Na questão anterior, suponha que o motorista opera os freios de forma que não ocorra derrapagem ou deslizamento. Neste caso, de que forma aparece a energia cinética perdida do carro?

9. Um automóvel acelera do repouso até uma velocidade v, de modo que as rodas motrizes não derrapam. De onde vem a energia mecânica do carro? Em particular, é verdade que ela é fornecida pela força de atrito (estático) exercida pela rodovia sobre o carro?

10. W_a na Eq. 13.6 representa a transferência de energia que sai do sistema bloco para o sistema mesa. É verdade que $W_a = -\Delta E_{int, mesa}$. Explique. Você pode concluir que $fs = \Delta E_{int}$ quando f é uma força interna de atrito? Se não, forneça um exemplo que mostre isso.

11. No caso de trabalho realizado contra o atrito, a variação da energia interna é independente da velocidade (ou do sistema de referência inercial) do observador. Isto é, diferentes observadores vão atribuir a mesma quantidade de energia mecânica transformada em energia interna devido ao atrito. Como isso pode ser explicado, considerando que, em geral, tais observadores medem diferentes quantidades de trabalho total realizado e diferentes variações na energia cinética?

12. Em um artigo "Energy and the Automobile", publicado na edição de outubro de 1980 da revista *The Physics Teacher* (p. 494), o autor (Gene Waring) declara: "É interessante observar que toda a energia do combustível que entra é em seguida transformada em energia térmica e espalhada ao longo do caminho percorrido pelo carro." Analise os diversos mecanismos através dos quais isto pode ocorrer. Considere, por exemplo, o atrito da estrada, a resistência do ar, a frenagem, o rádio do carro, os faróis, a bateria, perdas no motor e na transmissão, a buzina, e assim por diante. Suponha que a estrada é reta e nivelada.

13. A potência elétrica para uma pequena cidade é fornecida por uma hidroelétrica localizada em um rio próximo. Se você desliga uma lâmpada nesse sistema fechado de energia, a conservação de energia requer que uma quantidade de energia igual, talvez em uma outra forma, apareça em algum ponto do sistema. Onde e sob que forma esta energia aparece?

14. Os *air bags* reduzem significativamente a chance de ferimentos em um acidente de carro. Explique como eles fazem isso, em termos de transferência de energia.

15. Uma bola largada na direção da Terra não pode ricochetear até uma altura maior do que a do ponto de onde foi largada. Contudo, o nevoeiro da parte de baixo de uma cachoeira pode, algumas vezes, subir além do topo da cachoeira. Por que isso acontece?

16. Um pêndulo oscilando, por fim, alcança o repouso. Isto é uma violação da lei de conservação de energia mecânica?

17. Um artigo científico ("The Energetic Cost of Moving About", de V.A. Tucker, *American Scientist*, julho-agosto de 1975, p. 413) assegura que andar e correr são formas extremamente ineficientes de locomoção e que uma eficiência muito maior é obtida pelos pássaros, peixes e ciclistas. Você é capaz de sugerir uma explicação?

18. Uma mola é comprimida prendendo-se firmemente as suas extremidades. Em seguida ela é colocada em ácido e dissolve-se. O que acontece com a sua energia potencial armazenada?

19. Uma vez que os lados esquerdos das Eqs. 13.14 e 13.15 têm uma semelhança tão grande com a definição de trabalho dada nas Eqs. 11.1 e 11.14, por que simplesmente não chamá-los de trabalho? Qual é a vantagem de definir o trabalho do jeito que os físicos fazem? Obtém-se a mesma resposta numérica independentemente da definição?

20. É possível que uma força externa que não realiza trabalho (porque o ponto de aplicação é estacionário) cause variação na energia cinética *rotacional* de um sistema?

21. Sob que condições, se alguma for necessária, é correto dizer que o decaimento A → B + C é simplesmente o reverso da colisão totalmente inelástica B + C → A?

22. Um aluno do segundo grau de ciências diz ter inventado bolas de gude cujas colisões entre si são colisões perfeitamente elásticas. Ele demonstra isso jogando uma bola na outra; você escuta o estalo da colisão e, em seguida, observa as bolas se afastando. Medições repetidas sempre indicam que as colisões são elásticas dentro da precisão de medição do equipamento. A colisão é elástica? Explique por que sim ou por que não.

23. Entre as fontes de energia atuais que se originam no Sol, identifique tantas quantas seja possível. Você consegue imaginar alguma com uma origem diferente?

24. Dizemos que um carro não é acelerado pelas forças internas mas, em vez disso, pelas forças externas exercidas sobre ele pela estrada. Então, por que os carros precisam de motores?

25. O trabalho realizado pelas forças internas pode diminuir a energia cinética de um corpo? E pode aumentá-la?

26. (*a*) Se você realiza trabalho sobre um sistema, o sistema necessariamente adquire energia cinética? (*b*) Se um sistema adquire energia cinética, significa necessariamente que algum agente externo realizou trabalho sobre ele? Forneça exemplos. (Aqui, o termo "energia cinética" representa a energia cinética associada ao movimento do centro de massa.)

27. No Problema Resolvido 13.3, viu-se um exemplo (uma patinadora) no qual nenhum trabalho foi realizado, apesar de a energia cinética estar presente. Considere o caso oposto. Uma chave de fenda é segurada firmemente contra um rebolo girando. Aqui, trabalho é realizado mas a energia cinética da chave de fenda não varia. Explique esta contradição aparente.

28. Um jogador de hóquei no gelo que está aborrecido joga o seu taco sobre o gelo. O taco gira em torno do seu centro de massa enquanto desliza e, finalmente alcança o repouso pela ação do atrito. O seu movimento de rotação pára no mesmo momento em que o seu centro de massa atinge o repouso, nem antes nem depois. Explique por quê.

EXERCÍCIOS

13.1 Trabalho Realizado sobre um Sistema por Forças Externas

1. Um projetil com uma massa de 9,4 kg é disparado na vertical para cima. No seu vôo para cima, são dissipados 68 J de energia mecânica por causa do arrasto do ar. Supondo que se tornasse o arrasto do ar desprezível (por exemplo, tornando o projetil mais aerodinâmico), de quanto seria o aumento na altitude do projetil?

2. Enquanto um automóvel de 1700 kg está se movendo a uma velocidade constante de 15 m/s, o motor fornece 16 kW de potência para superar o atrito, a resistência ao vento e assim por diante. (*a*) Que potência o motor precisa fornecer se o carro precisa subir uma inclinação a 8,0% (8,0 m na vertical para cada 100 m na horizontal) a 15 m/s? (*b*) Com que inclinação para baixo, expressa em termos percentuais, o carro irá descer desengrenado a 15 m/s?

3. Na situação da Fig. 13.2, um bloco de massa 1,25 kg é solto do repouso em um ponto onde a mola (de constante elástica k = 262 N/m) tem o seu comprimento relaxado. Qual é a velocidade do bloco após ele ter caído de uma distância de 8,4 cm?

4. Um automóvel com passageiros tem um peso de 16.400 N (= 3680 lb) e está se movendo para cima em uma rampa de 10° com uma velocidade inicial de 70 mi/h (= 113 km/h) quando o motorista começa a acionar os freios. O carro pára após percorrer 225 m ao longo da estrada inclinada. Calcule o trabalho realizado pelos freios ao parar o carro, supondo que todas as outras transferências de energia neste problema (como calor e energia interna) possam ser desprezadas.

13.2 Energia Interna em um Sistema de Partículas

5. Uma bola de massa de 12,2 g é solta do repouso de uma altura 76 cm acima da superfície do óleo que preenche um barril até uma profundidade de 55 cm. A bola atinge o fundo do barril com uma velocidade de 1,48 m/s. (*a*) Desprezando a resistência do ar, determine a velocidade da bola quando ela entra no óleo. (*b*) Qual é a variação na energia interna do sistema bola + óleo?

13.3 Trabalho do Atrito

6. Um urso de 25,3 kg, saindo do repouso, escorrega 12,2 m para baixo em um pinheiro com a velocidade de 5,56 m/s. (*a*) Qual é a energia potencial inicial do urso. (*b*) Determine a energia cinética do urso quando ele chega ao solo? (*c*) Supondo que não ocorram outras transferências de energia, determine a variação na energia interna do urso e da árvore.

7. Quando um ônibus espacial (massa de 79.000 kg) retorna à Terra, ele entra na atmosfera a uma altitude de 100 milhas e a uma velocidade de 18.000 mi/h, a qual é gradualmente reduzida até uma velocidade de pouso de 190 nós (= 220 mi/h). Qual é a energia total (*a*) na entrada na atmosfera e (*b*) no pouso? Ver Fig. 13.16. (*c*) O que acontece à energia "perdida"?

Fig. 13.16 Exercício 7.

8. Um pára-quedista de 68 kg cai a uma velocidade terminal constante de 59 m/s. Com que taxa a energia interna do pára-quedista e do ar circundante está aumentando?

9. Um rio desce 15 m ao passar por cachoeiras. A velocidade da água é de 3,2 m/s ao chegar à cachoeira e de 13 m/s ao deixá-la. Que percentagem da energia potencial perdida pela água ao passar pela cachoeira aparece como energia cinética da água corrente rio abaixo? O que acontece com o resto da energia?

10. Durante um deslizamento, uma rocha de 524 kg saindo do repouso desliza para baixo em uma encosta que tem um comprimento de 488 m e uma altura de 292 m. Quando a rocha atinge a base do morro, a velocidade dela é igual a 62,2, m/s. Quanta energia mecânica a rocha perde no deslizamento devido ao atrito?

11. Um bloco de 4,26 kg começa a subir um plano inclinado de 33,0° com 7,81 m/s. Qual é a distância percorrida pelo bloco se ele perde 34,6 J de energia mecânica devido ao atrito?

12. Dois picos cobertos de neve têm uma elevação de 862 m e 741 m acima do vale entre eles. Uma pista de esqui estende-se do topo do pico mais elevado ao topo do pico menos elevado: ver Fig. 13.17. (*a*) Um esquiador sai do repouso do pico mais alto. Com que velocidade ele chega ao pico mais baixo se ele esquia sem usar os bastões? Suponha condições de solo gelado, de modo que não haja atrito. (*b*) Após ter nevado, uma esquiadora de 54,4 kg fazendo o mesmo percurso, também sem usar os bastões, consegue atingir o pico mais baixo, parando imediatamente. De quanto aumenta a energia interna dos seus esquis e da neve sobre a qual ela esquiou?

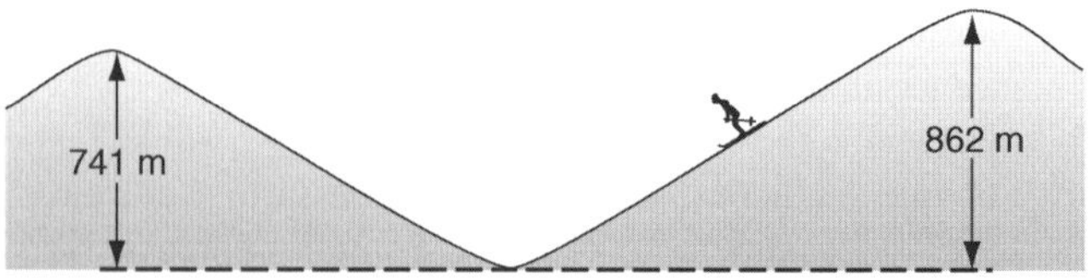

Fig. 13.17 Exercício 12.

13.4 Conservação de Energia em um Sistema de Partículas

13. Uma bola perde 15,0% da sua energia cinética quando ela ricocheteia ao ser jogada em uma parede de concreto. Com que velocidade você precisa atirá-la verticalmente para baixo de uma altura de 12,4 m para que ela ricocheteie de volta até a mesma altura? Despreze a resistência do ar.

14. Uma bola de borracha largada de uma altura de exatamente 6 ft ricocheteia (atinge o chão) várias vezes, perdendo 10% da sua energia cinética a cada vez. Após quantas vezes a bola não sobe mais acima da marca de 3 ft?

15. Uma bola de aço de 0,514 kg é presa a uma corda de 68,7 m de comprimento e é solta quando a corda está na horizontal. Na parte inferior do seu caminho, a bola atinge um bloco de aço de 2,63 kg inicialmente em repouso sobre uma superfície sem atrito (Fig. 13.18). Na colisão, metade da energia cinética mecânica é convertida em energia interna e energia sonora. Determine as intensidades das velocidades finais.

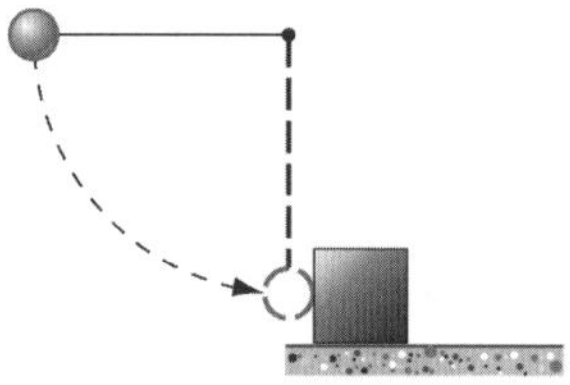

Fig. 13.18 Exercício 15.

13.5 Energia do Centro de Massa

16. Você está em pé e se agacha, baixando o seu centro de massa em 18,0 cm durante o processo. Então, você salta para cima na vertical. A força que o chão exerce sobre você enquanto você está saltando é três vezes o seu peso. Qual é a intensidade da sua velocidade para cima quando você, ao deixar o chão, passa pela sua posição em pé?

17. Uma mulher de 55,0 kg salta no ar na vertical de uma posição agachada, na qual o seu centro de massa está 90,0 cm acima do chão e sobe para 120 cm na parte mais alta do seu pulo. (*a*) Qual é a força para cima, considerando-a constante, que o chão exerce sobre ela? (*b*) Qual é velocidade máxima que ela alcança?

18. Um jogador de hóquei no gelo de 116 kg patina a 3,24 m/s em direção à grade na borda do ringue e pára, agarrando-se à grade com os seus braços esticados. Durante este processo de parada o seu centro de massa move-se 34,0 cm na direção da grade. (*a*) Determine a força média que ele precisa exercer sobre a grade? (*b*) Qual é o valor da energia interna perdida por ele?

19. A agência norte-americana National Transportation Safety Board, que tem como uma das suas atribuições o desenvolvimento de estudos sobre segurança nos meios de transporte, está testando a capacidade de um novo carro suportar choques. O veículo de 2340 kg é jogado a 12,6 km/h contra um anteparo. Durante o impacto, o centro de massa do carro move-se para a frente 64,0 cm; o anteparo é comprimido 8,30 cm. Despreze o atrito entre o carro e a estrada. (*a*) Determine a força, supondo-a constante, exercida pelo anteparo sobre o carro. (*b*) De quanto aumenta a energia interna do carro?

20. Considere que a energia interna de um sistema de N partículas seja medida em um sistema de referência arbitrário, de modo que $K = \Sigma\ \frac{1}{2}\ m_n v_n^2$. No sistema de referência do centro de massa, as velocidades são $v_n^2 = v_n' - v_{cm}$, onde v_{cm} é a velocidade do centro de massa em relação ao sistema de referência original. Lembrando que $v_n^2 = \vec{v}_n \cdot \vec{v}_n$, mostre que a energia cinética pode ser escrita como

$$K = K_{int} + K_{cm},$$

onde $K_{int} = \Sigma\ \frac{1}{2}\ m_n v_n'^2$ e $K_{cm} = \frac{1}{2} M v_{cm}^2$. Isto demonstra que a energia cinética de um sistema de partículas pode ser dividida em um termo interno e um termo do centro de massa. A energia cinética interna é medida em um sistema de referência no qual o centro de massa está em repouso; por exemplo, os movimentos randômicos das moléculas de gás em um recipiente em repouso são responsáveis pela sua energia cinética de translação interna.

13.6 Reações e Decaimentos

21. Um elétron, massa m, colide frontalmente com um átomo, massa M, inicialmente em repouso. Como resultado da colisão, uma quantidade característica de energia E é armazenada internamente no átomo. Qual é a velocidade inicial mínima v_0 que o elétron precisa ter? (Dica: Os princípios de conservação levam a uma equação quadrática para a velocidade final do elétron v e uma equação quadrática para a velocidade final do átomo V. O valor mínimo, v_0, parte do requisito de que a raiz nas soluções para v e V precisa ser real.)

13.7 Transferência de Energia através do Calor

PROBLEMAS

1. Uma pedra de peso w é atirada ao ar na vertical para cima com uma velocidade inicial v_0. Suponha que a força de arrasto do ar f dissipe uma quantidade fy da energia mecânica enquanto a pedra percorre uma distância y. (*a*) Mostre que altura máxima atingida pela pedra é

$$h = \frac{v_0^2}{2g(1 + f/w)}.$$

(*b*) Mostre que a intensidade da velocidade da pedra no instante do impacto com o chão é

$$v = v_0\left(\frac{w - f}{w + f}\right)^{1/2}.$$

2. Um pequeno objeto de massa $m = 234$ g desliza ao longo de uma pista com as extremidades elevadas e a parte central horizontal, conforme mostrado na Fig. 13.19. A parte plana tem um comprimento $L = 2{,}16$ m. As partes curvas da pista não têm atrito; mas durante o percurso na parte plana, o objeto perde 688 mJ de energia mecânica, devido ao atrito. O objeto é solto do ponto A, o qual está a uma altura $h = 1{,}05$ m acima da parte plana da pista. Em que ponto o objeto chega finalmente ao repouso?

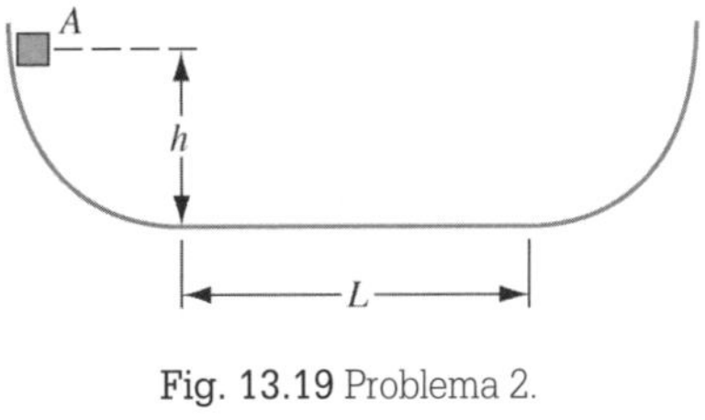

Fig. 13.19 Problema 2.

3. Uma bala de 4,54 g de massa é disparada horizontalmente sobre um bloco de madeira de 2,41 kg que está em repouso sobre uma superfície horizontal. O coeficiente de atrito cinético entre o bloco e a superfície é 0,210. A bala alcança o repouso dentro do bloco, que se move 1,83 m. Suponha que o trabalho realizado sobre o bloco devido ao atrito representa 83% da energia dissipada devido ao atrito. (*a*) Qual é a intensidade da velocidade do bloco imediatamente após a bala alcançar o repouso no seu interior? (*b*) Qual é a velocidade inicial da bala?

4. Um bloco de 1,34 kg que desliza sobre uma superfície horizontal colide com uma mola de constante elástica 1,93 N/cm. O bloco comprime a mola por 4,16 cm desde a posição relaxada. O atrito entre o bloco e a superfície dissipa 117 mJ de energia mecânica, enquanto o bloco é levado ao repouso. Determine a intensidade da velocidade do bloco no instante da colisão com a mola.

5. A intensidade da força de atração entre o próton carregado positivamente e o elétron carregado negativamente no átomo de hidrogênio é dada por

$$F = k\frac{e^2}{r^2},$$

onde e é a carga elétrica do elétron, k é uma constante e r é a separação entre o elétron e o próton. Suponha que o próton esteja fixo. Imagine que o elétron está se movendo inicialmente em um círculo de raio r_1 em torno do próton e repentinamente salta para uma órbita circular de raio menor r_2; ver Fig. 13.20. (*a*) Calcule a variação na energia cinética do elétron utilizando a segunda lei de Newton. (*b*) Utilizando a relação entre força e energia potencial, calcule a variação na energia potencial do átomo. (*c*) De quanto variou a energia total do átomo neste processo? (Esta energia é freqüentemente liberada na forma de radiação.)

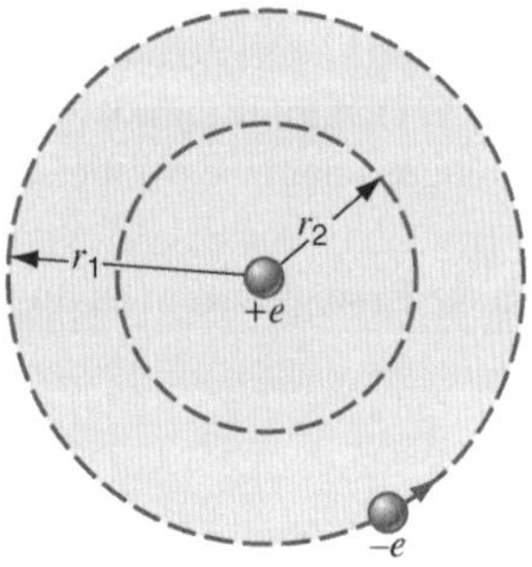

Fig. 13.20 Problema 5.

6. O cabo de um elevador de 4000 lb na Fig. 13.21 quebra quando o elevador está parado no primeiro andar, de modo que o fundo está a uma distância d = 12 ft acima de uma mola amortecedora cuja constante elástica é k = 10.000 lb/ft. Um dispositivo de segurança é aplicado nos trilhos guia, removendo 1000 ft-lb de energia mecânica para cada 1,00 ft que o elevador se move. (*a*) Determine a velocidade do elevador imediatamente antes de ele atingir a mola. (*b*) Determine a distância a que a mola é comprimida. (*c*) Determine a distância que o elevador irá subir após atingir a mola? (*d*) Calcule aproximadamente a distância total que o elevador irá se mover antes de alcançar o repouso. Por que a resposta não é exata?

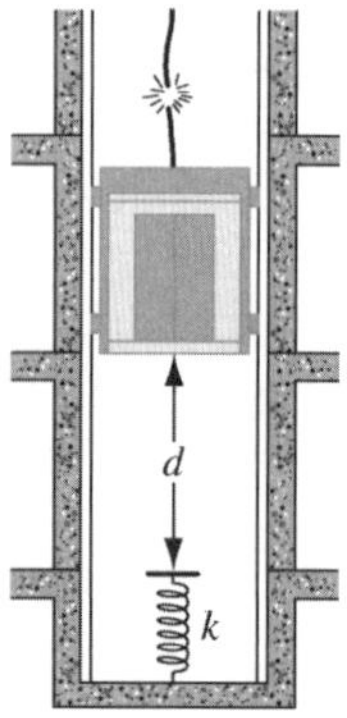

Fig. 13.21 Problema 6.

7. Um bloco de 10,0 kg está inicialmente em repouso sobre uma mesa sem atrito. Um bloco de 2,5 kg é colocado sobre o bloco de 10,0 kg e uma força de 11,0 N puxa o bloco de 2,5 kg por uma distância de 30,0 cm; os blocos, contudo, estão livres para continuar a se mover. O coeficiente de atrito entre os dois blocos é μ_c = 0,35. Qual é a variação na energia interna dos dois blocos (*a*) entre o início, quando os blocos estão em repouso, e o momento em que a força aplicada é retirada, e (*b*) entre o momento em que a força aplicada é retirada e o tempo em que os blocos atingem o repouso um em relação ao outro?

8. Considere a reação A + B → C + D. Mostre que para que seja uma colisão elástica é necessário não ocorra mudança nos corpos envolvidos na colisão.

PROBLEMAS COMPUTACIONAIS

1. Um pequeno bloco de massa m está inicialmente em repouso sobre a borda de uma tigela hemisférica de raio R. O bloco, saindo de $\theta = \pi/2$, desliza para baixo até o fundo e para cima pelo outro lado, mas por causa da energia dissipada pelo atrito o bloco não atinge a borda, antes de começar a deslizar de novo para trás. Faça um gráfico numérico da posição angular do bloco como uma função do tempo. (*a*) Como uma primeira aproximação, resolva o problema utilizando a suposição de que a quantidade energia dissipada é proporcional à *distância* total percorrida: $\Delta E_{\text{dissipada}} \propto \Delta\theta$. (*b*) Refine a aproximação resolvendo o problema com a suposição de que a energia dissipada também depende do ângulo: $\Delta E_{\text{dissipada}} \propto \cos\theta\,\Delta\theta$.

2. Suponha que 100 partículas idênticas de 10,0 g estão contidas em um cubo de 1,0 m de lado. Com uma planilha, ou outra ferramenta, use um gerador de números randômicos para atribuir posições x, y e z às 100 partículas, e randomicamente atribua componentes de velocidade v_x, v_y e v_z (entre −10 e +10 m/s) a cada uma das 100 partículas. (*a*) Calcule a localização do centro de massa das partículas, a energia cinética de translação do centro de massa, a energia cinética rotacional em relação ao centro de massa e a energia cinética total do sistema. Como as três energias cinéticas se comparam? (*b*) Repita o processo com um novo conjunto de números randômicos e crie um histograma para cada uma das três energias cinéticas. Na média, para este tipo de sistema, que fração da energia é interna?

Apêndice A

O Sistema Internacional de Unidades (SI)*

As Unidades de Base SI			
Grandeza	*Nome*	*Símbolo*	*Definição*
Comprimento	metro	m	"... o comprimento do caminho percorrido pela luz no vácuo em 1/299.792.458 de um segundo." (1983)
Massa	quilograma	kg	"... a massa do protótipo internacional do quilograma." (1901)
Tempo	segundo	s	"... a duração de 9.192.631.770 períodos da radiação correspondente à transição entre dois níveis hiperfinos do estado fundamental do átomo de césio 133." (1967)
Corrente elétrica	ampère	A	"... aquela corrente constante que, confinada entre dois condutores paralelos de comprimento infinito, de seção circular transversal desprezível e colocados a 1 metro de distância no vácuo, produziria entre estes dois condutores uma força igual a 2×10^7 newtons por metro de comprimento." (1948)
Temperatura termodinâmica	kelvin	K	"... a fração 1/273,16 da temperatura do ponto tríplice da água." (1967)
Quantidade de substância	mol	mol	"... a quantidade de substância de um sistema que contém tantas entidades elementares quantos os átomos que existem em 0,012 quilograma de carbono 12." (1971)
Intensidade luminosa	candela	cd	"... a intensidade luminosa, em uma dada direção, de uma fonte que emite radiação monocromática com uma freqüência de 540×10^{12} hertz e que tem uma intensidade radiante naquela direção de 1/683 watt por esterorradiano." (1979)

*Adaptado do "Guide for the Use of the International System of Units (SI)", National Bureau of Standards Special Publication 811, edição de 1995. As definições anteriores foram adotadas pela Conferência Geral de Pesos e Medidas, um corpo internacional, nas datas mostradas. Neste livro não se usa a candela.

Algumas Unidades do SI Derivadas

Grandeza	*Nome da Unidade*	*Símbolo*	*Equivalente*
Área	metro quadrado	m^2	
Volume	metro cúbico	m^3	
Freqüência	hertz	Hz	s^{-1}
Massa específica	quilograma por metro cúbico	kg/m^3	
Velocidade, intensidade	metro por segundo	m/s	
Velocidade angular	radiano por segundo	rad/s	
Aceleração	metro por segundo ao quadrado	m/s^2	
Aceleração angular	radiano por segundo ao quadrado	rad/s^2	
Força	newton	N	$kg \cdot m/s^2$
Pressão	pascal	Pa	N/m^2
Trabalho, energia, quantidade de calor	joule	J	$N \cdot m$
Potência	watt	W	J/s
Quantidade de eletricidade	coulomb	C	$A \cdot s$
Diferença de potencial, força eletromotriz	volt	V	$N \cdot m/C$
Campo elétrico	volt por metro	V/m	N/C
Resistência elétrica	ohm	Ω	V/A
Capacitância	farad	F	$A \cdot s/V$
Fluxo magnético	weber	Wb	$V \cdot s$
Indutância	henry	H	$V \cdot s/A$
Campo magnético	tesla	T	Wb/m^2, $N/A \cdot m$
Entropia	joule por kelvin	J/K	
Calor específico	joule por quilograma kelvin	$J/(kg \cdot K)$	
Condutividade térmica	watt por metro kelvin	$W/(m \cdot K)$	
Intensidade radiante	watt por esterorradiano	W/sr	

Unidades do SI Suplementares

Grandeza	*Nome da Unidade*	*Símbolo*
Ângulo plano	radiano	rad
Ângulo sólido	esterorradiano	sr

Apêndice B

CONSTANTES FÍSICAS FUNDAMENTAIS*

			Melhor Valor (1998)	
Constante	*Símbolo*	*Valor para Cálculo*	*Valor*[a]	*Incerteza*[b]
Velocidade da luz no vácuo	c	$3{,}00 \times 10^{8}$ m/s	2,99792458	exato
Carga elementar	e	$1{,}60 \times 10^{-19}$ C	1,602176462	0,039
Constante elétrica (permissividade)	ϵ_0	$8{,}85 \times 10^{-12}$ F/m	8,85418781762	exato
Constante magnética (permeabilidade)	μ_0	$1{,}26 \times 10^{-6}$ H/m	1,25663706143	exato
Massa do elétron	m_e	$9{,}11 \times 10^{-31}$ kg	9,10938188	0,079
Massa do elétron[c]	m_e	$5{,}49 \times 10^{-4}$ u	5,485799110	0,0021
Massa do próton	m_p	$1{,}67 \times 10^{-27}$ kg	1,67262158	0,079
Massa do próton[c]	m_p	1,0073 u	1,00727646688	0,00013
Massa do nêutron	m_n	$1{,}67 \times 10^{-27}$ kg	1,67492716	0,079
Massa do nêutron[c]	m_n	1,0087 u	1,00866491578	0,00054
Razão carga—massa do elétron	e/m_e	$1{,}76 \times 10^{11}$ C/kg	1,758820174	0,040
Razão entre a massa do próton e a do elétron	m_p/m_e	1840	1836,1526675	0,0021
Constante de Planck	h	$6{,}63 \times 10^{-34}$ J · s	6,62606876	0,078
Comprimento de onda Compton do elétron	λ_e	$2{,}43 \times 10^{-12}$ m	2,426310215	0,0073
Constante universal dos gases	R	8,31 J/mol · K	8,314472	1,7
Constante de Avogadro	N_A	$6{,}02 \times 10^{23}$ mol^{-1}	6,02214199	0,079
Constante de Boltzmann	k	$1{,}38 \times 10^{-23}$ J/K	1,3806503	1,7
Volume molar de um gás ideal nas CNTP[d]	V_m	$2{,}24 \times 10^{-2}$ m^3/mol	2,2413996	1,7
Constante de Faraday	F	$9{,}65 \times 10^{4}$ C/mol	9,64853415	0,040
Constante de Stefan-Boltzmann	σ	$5{,}67 \times 10^{-8}$ W/m^2 · K^4	5,670400	7,0
Constante de Rydberg	R_∞	$1{,}10 \times 10^{7}$ m^{-1}	1,0973731568549	0,0000076
Constante gravitacional	G	$6{,}67 \times 10^{-11}$ m^3/s^2 · kg	6,673	1500
Raio de Bohr	a_0	$5{,}29 \times 10^{-11}$ m	5,291772083	0,0037
Momento magnético do elétron	μ_e	$9{,}28 \times 10^{-24}$ J/T	9,28476362	0,040
Momento magnético do prótron	μ_p	$1{,}41 \times 10^{-26}$ J/T	1,410606633	0,041
Magnéton de Bohr	μ_B	$9{,}27 \times 10^{-24}$ J/T	9,27400899	0,040
Magnéton nuclear	μ_N	$5{,}05 \times 10^{-27}$ J/T	5,05078317	0,040
Constante de estrutura fina	α	1/137	1/137,03599976	0,0037
Quantum do fluxo magnético	Φ_0	$2{,}07 \times 10^{-15}$ Wb	2,067833636	0,039
Constante de von Klitzing	R_K	25800 Ω	25812,807572	0,0037

[a]Mesma unidade e potência de 10 que o valor para o cálculo.
[b]Partes por milhão.
[c]Massa fornecida em unidades de massa atômica unificada, onde 1 u = $1{,}66053873 \times 10^{-27}$ kg.
[d]CNTP — condições normais de temperatura e pressão = 0° e 1,0 bar.
**Fonte*: Peter J. Mohr e Barry N. Taylor, *Journal of Physical and Chemical Reference Data*, vol. 28, no. 6 (1999) e *Reviews of Modern Physics*, vol. 72, no. 2 (2000). Ver também http://physics.nist.gov/constants.

APÊNDICE C

DADOS ASTRONÔMICOS

O Sol, a Terra e a Lua

Propriedade	*Sol*[a]	*Terra*	*Lua*
Massa (kg)	$1{,}99 \times 10^{30}$	$5{,}98 \times 10^{24}$	$7{,}36 \times 10^{22}$
Raio médio (m)	$6{,}96 \times 10^{8}$	$6{,}37 \times 10^{6}$	$1{,}74 \times 10^{6}$
Massa específica média (kg/m^3)	1410	5520	3340
Gravidade na superfície (m/s^2)	274	9,81	1,67
Velocidade de escape (km/s)	618	11,2	2,38
Período de rotação[c] (dias)	26−37[b]	0,997	27,3
Raio orbital médio (km)	$2{,}6 \times 10^{17}$[d]	$1{,}50 \times 10^{8}$[e]	$3{,}82 \times 10^{5}$[f]
Período orbital	$2{,}4 \times 10^{8}$ ano[d]	1,00 ano[e]	27,3 d[f]

[a]O Sol irradia energia à taxa de $3{,}90 \times 10^{26}$ W; no limite externo da atmosfera terrestre, a energia solar é recebida se for admitida uma incidência normal, à taxa de 1380 W/m^2.
[b]O Sol, uma esfera de gás, não gira como um corpo rígido. Seu período de rotação varia entre 26 dias no equador e 37 dias nos pólos.
[c]Medido em relação às estrelas distantes.
[d]Em relação ao centro da galáxia.
[e]Em relação ao Sol.
[f]Em relação à Terra.

Algumas Propriedades dos Planetas

	Mercúrio	*Vênus*	*Terra*	*Marte*	*Júpiter*	*Saturno*	*Urano*	*Netuno*	*Plutão*
Distância média do Sol (10^6 km)	57,9	108	150	228	778	1.430	2.870	4.500	5.900
Período de revolução (anos)	0,241	0,615	1,00	1,88	11,9	29,5	84,0	165	248
Período de rotação[a] (dias)	58,7	243[b]	0,997	1,03	0,409	0,426	0,451[b]	0,658	6,39
Velocidade orbital (km/s)	47,9	35,0	29,8	24,1	13,1	9,64	6,81	5,43	4,74
Inclinação do eixo em relação à órbita	$<28°$	$\approx 3°$	23,4°	25,0°	3,08°	26,7°	97,9°	29,6°	57,5°
Inclinação da órbita em relação à órbita da Terra	7,00°	3,39°	—	1,85°	1,30°	2,49°	0,77°	1,77°	17,2°
Excentricidade da órbita	0,206	0,0068	0,0167	0,0934	0,0485	0,0556	0,0472	0,0086	0,250
Diâmetro equatorial (km)	4.880	12.100	12.800	6.790	143.000	120.000	51.800	49.500	2.300
Massa relativa (em relação à massa da Terra)	0,0558	0,815	1,000	0,107	318	95,1	14,5	17,2	0,002
Massa específica média (g/cm^3)	5,60	5,20	5,52	3,95	1,31	0,704	1,21	1,67	2,03
Gravidade na superfície[c] (m/s^2)	3,78	8,60	9,78	3,72	22,9	9,05	7,77	11,0	0,03
Velocidade de escape (km/s)	4,3	10,3	11,2	5,0	59,5	35,6	21,2	23,6	1,3
Satélites conhecidos	0	0	1	2	16 + anéis	19 + anéis	15 + anéis	8 + anéis	1

[a]Medido em relação às estrelas distantes.
[b]O sentido de rotação é oposto ao do movimento orbital.
[c]Medida no equador do planeta.

Apêndice D

PROPRIEDADES DOS ELEMENTOS

Elemento	*Símbolo*	*Número Atômico, Z*	*Massa Molar* (g/mol)	*Massa Específica* (g/cm³) a 20°C	*Ponto de Fusão* (°C)	*Ponto de Ebulição* (°C)	*Calor Específico* (J/g · °C) a 25°C
Actínio	Ac	89	(227)	10,1 (calc.)	1051	3200	0,120
Alumínio	Al	13	26,9815	2,699	660	2519	0,897
Amerício	Am	95	(243)	13,7	1176	2011	—
Antimônio	Sb	51	121,76	6,69	630,6	1587	0,207
Argônio	Ar	18	39,948	$1,6626 \times 10^{-3}$	−189,3	−185,9	0,520
Arsênico	As	33	74,9216	5,72	817 (28 at.)	614 (subl.)	0,329
Astato	At	85	(210)	—	302	337	—
Bário	Ba	56	137,33	3,5	727	1597	0,204
Berílio	Be	4	9,0122	1,848	1287	2471	1,83
Berquélio	Bk	97	(247)	14 (est.)	1050	—	—
Bismuto	Bi	83	208,980	9,75	271,4	1564	0,122
Bório	Bh	107	(264)	—	—	—	—
Boro	B	5	10,81	2,34	2075	4000	1,03
Bromo	Br	35	79,904	3,12 (líquido)	−7,2	58,8	0,226
Cádmio	Cd	48	112,41	8,65	321,1	767	0,232
Cálcio	Ca	20	40,08	1,55	842	1484	0,647
Califórnio	Cf	98	(251)	—	900 (est.)	—	—
Carbono	C	6	12,011	2,25	3550	—	0,709
Cério	Ce	58	140,12	6,770	798	3424	0,192
Césio	Cs	55	132,905	1,873	28,44	671	0,242
Chumbo	Pb	82	207,19	11,35	327,5	1749	0,129
Cloro	Cl	17	35,453	$3,214 \times 10^{-3}$ (0°C)	−101,5	−34,0	0,479
Cobalto	Co	27	58,9332	8,85	1495	2927	0,421
Cobre	Cu	29	63,54	8,96	1084,6	2562	0,385
Criptônio	Kr	36	83,80	$3,488 \times 10^{-3}$	−157,4	−153,2	0,248
Cromo	Cr	24	51,996	7,19	1907	2671	0,449
Cúrio	Cm	96	(247)	13,5 (calc.)	1345	—	—
Disprósio	Dy	66	162,50	8,55	1412	2567	0,170
Dúbnio	Db	105	(262)	—	—	—	—
Einstêinio	Es	99	(252)	—	860 (est.)	—	—
Enxofre	S	16	32,066	2,07	115,2	444,6	0,710
Érbio	Er	68	167,26	9,07	1529	2868	0,168
Escândio	Sc	21	44,956	2,99	1541	2836	0,568
Estanho	Sn	50	118,71	7,31	231,93	2602	0,228
Estrôncio	Sr	38	87,62	2,54	777	1382	0,301
Európio	Eu	63	151,96	5,244	822	1529	0,182
Férmio	Fm	100	(257)	—	1527	—	—
Ferro	Fe	26	55,845	7,87	1538	2861	0,449
Flúor	F	9	18,9984	$1,696 \times 10^{-3}$ (0°C)	−219,6	−188,1	0,824

(continua)

Elemento	*Símbolo*	*Número Atômico, Z*	*Massa Molar* (g/mol)	*Massa Específica* (g/cm³) a 20°C	*Ponto de Fusão* (°C)	*Ponto de Ebulição* (°C)	*Calor Específico* (J/g · °C) a 25°C
Fósforo	P	15	30,9738	1,82	44,15	280,5	0,769
Frâncio	Fr	87	(223)	—	27	677	—
Gadolínio	Gd	64	157,25	7,90	1313	3273	0,236
Gálio	Ga	31	69,72	5,904	29,76	2204	0,371
Germânio	Ge	32	72,61	5,323	938,3	2833	0,320
Háfnio	Hf	72	178,49	13,31	2233	4603	0,144
Hássio	Hs	108	(269)	—	—	—	—
Hélio	He	2	4,0026	$0,1664 \times 10^{-3}$	−272,2	−268,9	5,19
Hidrogênio	H	1	1,00797	$0,08375 \times 10^{-3}$	−259,34	−252,87	14,3
Hólmio	Ho	67	164,930	8,79	1474	2700	0,165
Índio	In	49	114,82	7,31	156,6	2072	0,233
Iodo	I	53	126,9044	4,93	113,7	184,4	0,145
Irídio	Ir	77	192,2	22,4	2446	4428	0,131
Itérbio	Yb	70	173,04	6,966	819	1196	0,155
Ítrio	Y	39	88,905	4,469	1522	3345	0,298
Lantânio	La	57	138,91	6,145	918	3464	0,195
Laurêncio	Lr	103	(260)	—	—	—	—
Lítio	Li	3	6,941	0,534	180,5	1342	3,58
Lutécio	Lu	71	174,97	9,84	1663	3402	0,154
Magnésio	Mg	12	24,305	1,74	650	1090	1,02
Manganês	Mn	25	54,9380	7,43	1244	2061	0,79
Meitnério	Mt	109	(268)	—	—	—	—
Mendelévio	Md	101	(258)	—	827	—	—
Mercúrio	Hg	80	200,59	13,55	−38,83	356,7	0,140
Molibdênio	Mo	42	95,94	10,22	2623	4639	0,251
Neodímio	Nd	60	144,24	7,00	1021	3074	0,190
Neônio	Ne	10	20,180	$0,8387 \times 10^{-3}$	−248,6	−246,0	1,03
Neptúnio	Np	93	(237)	20,25	644	3902	1,26
Nióbio	Nb	41	92,906	8,57	2477	4744	0,265
Níquel	Ni	28	58,69	8,902	1455	2913	0,444
Nitrogênio	N	7	14,0067	$1,1649 \times 10^{-3}$	−210,0	−195,8	1,04
Nobélio	No	102	(259)	—	—	—	—
Ósmio	Os	76	190,2	22,57	3033	5012	0,130
Ouro	Au	79	196,967	19,3	1064,18	2856	0,129
Oxigênio	O	8	15,9994	$1,3318 \times 10^{-3}$	−218,8	−183,0	0,918
Paládio	Pd	46	106,4	12,02	1555	2963	0,246
Platina	Pt	78	195,08	21,45	1768	3825	0,133
Plutônio	Pu	94	(244)	19,84	640	3228	0,130
Polônio	Po	84	(209)	9,32	254	962	—
Potássio	K	19	39,098	0,86	63,28	759	0,757
Praseodímio	Pr	59	140,907	6,773	931	3520	0,193
Prata	Ag	47	107,68	10,49	961,8	2162	0,235
Promécio	Pm	61	(145)	7,264	1042	3000 (est.)	—
Protactínio	Pa	91	(231)	15,4 (calc.)	1572	—	—
Rádio	Ra	88	(226)	5,0	700	1140	—
Radônio	Rn	86	(222)	$9,96 \times 10^{-3}$ (0°C)	−71	−61,7	0,094
Rênio	Re	75	186,2	21,02	3186	5596	0,137
Ródio	Rh	45	102,905	12,41	1964	3695	0,243
Rubídio	Rb	37	85,47	1,53	39,31	688	0,363

(continua)

Elemento	*Símbolo*	*Número Atômico, Z*	*Massa Molar* (g/mol)	*Massa Específica* (g/cm³) a 20°C	*Ponto de Fusão* (°C)	*Ponto de Ebulição* (°C)	*Calor Específico* (J/g · °C) a 25°C
Rutênio	Ru	44	101,07	12,41	2334	4150	0,238
Ruterfórdio	Rf	104	(261)	—	—	—	—
Samário	Sm	62	150,35	7,52	1074	1794	0,197
Seabórgio	Sg	106	(266)	—	—	—	—
Selênio	Se	34	78,96	4,79	221	685	0,321
Silício	Si	14	28,086	2,33	1414	3265	0,705
Sódio	Na	11	22,9898	0,971	97,72	883	1,23
Tálio	Tl	81	204,38	11,85	304	1473	0,129
Tântalo	Ta	73	180,948	16,6	3017	5458	0,140
Tecnécio	Tc	43	(98)	11,5 (calc.)	2157	4265	—
Telúrio	Te	52	127,60	6,24	449,5	988	0,202
Térbio	Tb	65	158,924	8,23	1356	3230	0,182
Titânio	Ti	22	4788	4,54	1668	3287	0,523
Tório	Th	90	(232)	11,72	1750	4788	0,113
Túlio	Tm	69	168,934	9,32	1545	1950	0,160
Tungstênio	W	74	183,85	19,3	3422	5555	0,132
Unúmbio*	Uub	112	(277)	—	—	—	—
Ununhéxio*	Uuh	116	(289)	—	—	—	—
Ununílio*	Uun	110	(271)	—	—	—	—
Ununóctio*	Uuo	118	(293)	—	—	—	—
Unumpêntio*	Uuq	114	(285)	—	—	—	—
Ununúnio*	Uuu	111	(272)	—	—	—	—
Urânio	U	92	(238)	18,95	1135	4131	0,116
Vanádio	V	23	50,942	6,11	1910	3407	0,489
Xenônio	Xe	54	131,30	$5{,}495 \times 10^{-3}$	−111,75	−108,0	0,158
Zinco	Zn	30	65,39	7,133	419,53	907	0,388
Zircônio	Zr	40	91,22	6,506	1855	4409	0,278

Os valores das massas molares correspondem a um mol de *átomos* do elemento. Para gases diatômicos (H_2, O_2, N_2, etc.) a massa de um mol de *moléculas* é o dobro do valor tabelado.
Os valores entre parênteses na coluna de massas molares são os números de massa dos isótopos mais estáveis destes elementos que são radioativos.
Todas as propriedades físicas são relacionadas à pressão de uma atmosfera, exceto quando houver especificação em contrário.
Os dados relativos aos gases, exceto as massas molares, são válidos apenas nos seus estados moleculares naturais, tais como H_2, He, O_2, Ne, etc. Os calores específicos dos gases são os valores obtidos a pressão constante.
*Nomes provisórios destes elementos.[1]
Fonte: Handbook of Chemistry and Physics, 79.ª edição (CRC Press, 1998). http://www.webelements.com

[1]Os nomes provisórios segundo a IUPAC (União Internacional para Química Pura e Aplicada, vide www.iupac.org) devem ser compostos pelos algarismos escritos em latim, do número atômico seguidos da terminação io (ium), por exemplo: 107 um (1) nil (0) séptio (7), resultando em português, unilséptio e em inglês *unnilseptium*. (N.T.)

APÊNDICE E

TABELA PERIÓDICA DOS ELEMENTOS

	METAIS ALCALINOS (incluindo o hidrogênio)																		GASES NOBRES
1	1 H																		2 He
2	3 Li	4 Be												5 B	6 C	7 N	8 O	9 F	10 Ne
3	11 Na	12 Mg												13 Al	14 Si	15 P	16 S	17 Cl	18 Ar
4	19 K	20 Ca		21 Sc	22 Ti	23 V	24 Cr	25 Mn	26 Fe	27 Co	28 Ni	29 Cu	30 Zn	31 Ga	32 Ge	33 As	34 Se	35 Br	36 Kr
5	37 Rb	38 Sr		39 Y	40 Zr	41 Nb	42 Mo	43 Tc	44 Ru	45 Rh	46 Pd	47 Ag	48 Cd	49 In	50 Sn	51 Sb	52 Te	53 I	54 Xe
6	55 Cs	56 Ba	57–70 •	71 Lu	72 Hf	73 Ta	74 W	75 Re	76 Os	77 Ir	78 Pt	79 Au	80 Hg	81 Tl	82 Pb	83 Bi	84 Po	85 At	86 Rn
7	87 Fr	88 Ra	89–102 •	103 Lr	104 Rf	105 Db	106 Sg	107 Bh	108 Hs	109 Mt	110 Uun*	111 Uuu*	112 Uub*	113	114 Uuq*	115	116 Uuh*	117	118 Uuo*

Série dos Lantanídeos	57 La	58 Ce	59 Pr	60 Nd	61 Pm	62 Sm	63 Eu	64 Gd	65 Tb	66 Dy	67 Ho	68 Er	69 Tm	70 Yb
Série dos Actinídeos	89 Ac	90 Th	91 Pa	92 U	93 Np	94 Pu	95 Am	96 Cm	97 Bk	98 Cf	99 Es	100 Fm	101 Md	102 No

* A descoberta destes elementos foi anunciada, mas ainda não foram adotados nomes para eles. Os símbolos mostrados representam nomes temporários atribuídos aos elementos. Ver http://www.webelements.com para obter informações atualizadas sobre a descoberta e as propriedades dos elementos.

Apêndice F

Partículas Elementares

1. AS PARTÍCULAS FUNDAMENTAIS

Léptons

Partícula	*Símbolo*	*Antipartícula*	*Carga (e)*	*Spin ($h/2\pi$)*	*Energia de Repouso* (MeV)	*Vida Média* (s)	*Produtos de Decaimento Típicos*
Elétron	e^-	e^+	−1	1/2	0,511	∞	
Neutrino do Elétron	ν_e	$\bar{\nu}_e$	0	1/2	<0,000015	∞	
Múon	μ^-	μ^+	−1	1/2	105,7	$2{,}2 \times 10^{-6}$	$e^- + \bar{\nu}_e + \nu_\mu$
Neutrino do Múon	ν_μ	$\bar{\nu}_\mu$	0	1/2	<0,19	∞	
Tau	τ^-	τ^+	−1	1/2	1.777	$2{,}9 \times 10^{-13}$	$\mu^- + \bar{\nu}_\mu + \nu_\tau$
Neutrino do Tau	ν_τ	$\bar{\nu}_\tau$	0	1/2	<18	∞	

Quarks

Nome	*Símbolo*	*Antipartícula*	*Carga (e)*	*Spin ($h/2\pi$)*	*Energia de Repouso*[a] (MeV)	*Outra Propriedade*
Up	u	$\bar{u}$	+2/3	1/2	3	$C = S = T = B = 0$
Down	d	$\bar{d}$	−1/3	1/2	6	$C = S = T = B = 0$
Charm	c	$\bar{c}$	+2/3	1/2	1.300	Charm (C) = +1
Estranho	s	$\bar{s}$	−1/3	1/2	120	Estranheza (S) = −1
Top	t	$\bar{t}$	+2/3	1/2	174.000	Topness (T) = +1
Bottom	b	$\bar{b}$	−1/3	1/2	4300	Bottomness (B) = −1

Partículas de Campo

Partícula	*Símbolo*	*Interação*	*Carga (e)*	*Spin ($h/2\pi$)*	*Energia de Repouso* (MeV)
Gráviton[b]		Gravidade	0	2	0
Bóson fraco	W^+, W^-	Fraca	±1	1	80,4
Bóson fraco	Z^0	Fraca	0	1	91,2
Fóton	γ	Eletromagnética	0	1	0
Glúon	g	Forte (cor)	0	1	0

2. ALGUMAS PARTÍCULAS COMPOSTAS

Bárions

Partícula	*Símbolo*	*Conteúdo de Quarks*	*Anti-partícula*	*Carga* (*e*)	*Spin* ($h/2\pi$)	*Energia de Repouso* (MeV)	*Vida Média* (s)	*Decaimento Típico*
Próton	p	uud	$\bar{p}$	+1	1/2	938	$>10^{33}$	$\pi^0 + e^+$ (?)
Nêutron	n	udd	$\bar{n}$	0	1/2	940	887	$p + e^- + \bar{\nu}_e$
Lambda	Λ^0	uds	$\overline{\Lambda^0}$	0	1/2	1.116	$2{,}6 \times 10^{-10}$	$p + \pi^-$
Ômega	Ω^-	sss	$\overline{\Omega^-}$	−1	3/2	1.672	$8{,}2 \times 10^{-11}$	$\Lambda^0 + K^-$
Delta	Δ^{++}	uuu	$\overline{\Delta^{++}}$	+2	3/2	1.232	$5{,}7 \times 10^{-24}$	$p + \pi^+$
Lambda com charme	Λ_c^+	udc	$\overline{\Lambda_c^+}$	+1	1/2	2.285	$1{,}9 \times 10^{-13}$	$\Lambda^0 + \pi^+$

Mésons

Partícula	*Símbolo*	*Conteúdo de Quarks*	*Anti-partícula*	*Carga* (*e*)	*Spin* ($h/2\pi$)	*Energia de Repouso* (MeV)	*Vida Média* (s)	*Decaimento Típico*
Píon	π^+	$u\bar{d}$	π^-	+1	0	140	$2{,}6 \times 10^{-8}$	$\mu^+ + \nu_\mu$
Píon	π^0	$u\bar{u} + d\bar{d}$	π^0	0	0	135	$8{,}4 \times 10^{-17}$	$\gamma + \gamma$
Káon	K^+	$u\bar{s}$	K^-	+1	0	494	$1{,}2 \times 10^{-8}$	$\mu^+ + \nu_\mu$
Káon	K^0	$d\bar{s}$	$\overline{K^0}$	0	0	498	$0{,}9 \times 10^{-10}$	$\pi^+ + \pi^-$
Rho	ρ^+	$u\bar{d}$	ρ^-	+1	1	770	$4{,}4 \times 10^{-24}$	$\pi^+ + \pi^-$
Méson D	D^+	$c\bar{d}$	D^-	+1	0	1.869	$1{,}1 \times 10^{-12}$	$K^- + \pi^+ + \pi^+$
Psi	ψ	$c\bar{c}$	ψ	0	1	3.097	$7{,}6 \times 10^{-21}$	$e^+ + e^-$
Méson B	B^+	$u\bar{b}$	B^-	+1	0	5.279	$1{,}6 \times 10^{-12}$	$D^- + \pi^+ + \pi^+$
Ipsílon	Υ	$b\bar{b}$	Υ	0	1	9.460	$1{,}3 \times 10^{-20}$	$e^+ + e^-$

[a]As energias de repouso relacionadas para os quarks não estão associadas aos quarks livres; uma vez que nenhum quark livre foi observado até hoje, ainda não foi possível medir sua energia de repouso no estado livre. Os valores listados na tabela são as energias de repouso efetivas correspondentes aos quarks que formam as partículas compostas.

[b]Partículas supostamente existentes, porém ainda não observadas.

Fonte: "Review of Particle Properties", *European Physical Journal C*, vol. 15 (2000). Veja também http://pdg.lbl.gov/.

APÊNDICE G

FATORES DE CONVERSÃO

Os fatores de conversão podem ser lidos diretamente das tabelas. Por exemplo, 1 grau = $2{,}778 \times 10^{-3}$ rotações, então 16,7° = $16{,}7 \times 2{,}778 \times 10^{-3}$ rotações. As grandezas no S.I. estão em maiúsculas. Adaptado parcialmente de G. Shortley and D. Williams, *Elements of Physics*, Prentice-Hall, 1971.

Ângulo Plano

	°	′	″	RADIANO	rotação
1 grau =	1	60	3600	$1{,}745 \times 10^{-2}$	$2{,}778 \times 10^{-3}$
1 minuto =	$1{,}667 \times 10^{-2}$	1	60	$2{,}909 \times 10^{-4}$	$4{,}630 \times 10^{-5}$
1 segundo =	$2{,}778 \times 10^{-4}$	$1{,}667 \times 10^{-2}$	1	$4{,}848 \times 10^{-6}$	$7{,}716 \times 10^{-7}$
1 RADIANO =	57,30	3438	$2{,}063 \times 10^{5}$	1	0,1592
1 rotação =	360	$2{,}16 \times 10^{4}$	$1{,}296 \times 10^{6}$	6,283	1

Ângulo Sólido

1 esfera = 4π esterorradianos = 12,57 esterorradianos

Comprimento

	cm	METRO	km	pol	pé	mil
1 centímetro =	1	10^{-2}	10^{-5}	0,3937	$3{,}281 \times 10^{-2}$	$6{,}214 \times 10^{-6}$
1 METRO =	100	1	10^{-3}	39,37	3,281	$6{,}214 \times 10^{-4}$
1 quilômetro =	10^{5}	1000	1	$3{,}937 \times 10^{4}$	3281	0,6214
1 polegada =	2,540	$2{,}540 \times 10^{-2}$	$2{,}540 \times 10^{-5}$	1	$8{,}333 \times 10^{-2}$	$1{,}578 \times 10^{-5}$
1 pé =	30,48	0,3048	$3{,}048 \times 10^{-4}$	12	1	$1{,}894 \times 10^{-4}$
1 milha =	$1{,}609 \times 10^{5}$	1609	1,609	$6{,}336 \times 10^{4}$	5280	1

1 angstrom = 10^{-10} m
1 milha náutica = 1852 m
= 1,151 milha = 6076 pés
1 fermi = 10^{-15} m

1 ano-luz = $9{,}460 \times 10^{12}$ km
1 parsec = $3{,}084 \times 10^{13}$ km
1 braça = 6 pés
1 raio de Bohr = $5{,}292 \times 10^{-11}$ m

1 jarda = 3 pés
1 rod = 16,5 pés
1 mil = 10^{-3} pol.
1 mm = 10^{-9} m

Área

	METRO quadrado	cm^2	pé quadrado	pol. quadrada
1 METRO quadrado =	1	10^4	10,76	1550
1 centímetro quadrado =	10^{-4}	1	$1,076 \times 10^{-3}$	0,1550
1 pé quadrado =	$9,290 \times 10^{-2}$	929,0	1	144
1 polegada quadrada =	$6,452 \times 10^{-4}$	6,452	$6,944 \times 10^{-3}$	1

1 milha quadrada = $2,788 \times 10^7$ pés quadrados = 640 acres
1 barn = 10^{-28} metros quadrados
1 acre = 43,560 pés quadrados
1 hectare = 2,471 acres

Volume

	METRO cúbico	cm^3	L	pé cúbico	pol. cúbica
1 METRO cúbico =	1	10^6	1000	35,31	$6,102 \times 10^4$
1 centímetro cúbico =	10^{-6}	1	$1,000 \times 10^{-3}$	$3,531 \times 10^{-5}$	$6,102 \times 10^{-2}$
1 litro =	$1,000 \times 10^{-3}$	1000	1	$3,531 \times 10^{-2}$	61,02
1 pé cúbico =	$2,832 \times 10^{-2}$	$2,832 \times 10^4$	28,32	1	1728
1 polegada cúbica =	$1,639 \times 10^{-5}$	16,39	$1,639 \times 10^{-2}$	$5,787 \times 10^{-4}$	1

1 galão (fluido) americano = 4 quartos (fluido) americanos = 8 pintas americanas = 128 onças (fluido) = 231 polegadas cúbicas.
1 galão imperial britânico = 277,4 polegadas cúbicas = 1,201 galão (fluido) americano

Massa

	g	QUILOGRAMA	slug	u	oz	lb	ton
1 grama =	1	0,001	$6,852 \times 10^{-5}$	$6,022 \times 10^{23}$	$3,527 \times 10^{-2}$	$2,205 \times 10^{-3}$	$1,102 \times 10^{-6}$
1 QUILOGRAMA =	1000	1	$6,852 \times 10^{-2}$	$6,022 \times 10^{26}$	35,27	2,205	$1,102 \times 10^{-3}$
1 slug =	$1,459 \times 10^4$	14,59	1	$8,786 \times 10^{27}$	514,8	32,17	$1,609 \times 10^{-2}$
1 unidade de massa atômica =	$1,661 \times 10^{-24}$	$1,661 \times 10^{-27}$	$1,138 \times 10^{-28}$	1	$5,857 \times 10^{-26}$	$3,662 \times 10^{-27}$	$1,830 \times 10^{-30}$
1 onça =	28,35	$2,835 \times 10^{-2}$	$1,943 \times 10^{-3}$	$1,718 \times 10^{25}$	1	$6,250 \times 10^{-2}$	$3,125 \times 10^{-5}$
1 libra =	453,6	0,4536	$3,108 \times 10^{-2}$	$2,732 \times 10^{26}$	16	1	0,0005
1 tonelada =	$9,072 \times 10^5$	907,2	62,16	$5,463 \times 10^{29}$	$3,2 \times 10^4$	2000	1

1 tonelada = 1000 kg
As quantidades na área mais escura não são unidades de massa, mas são freqüentemente empregadas como se fossem. Quando se escreve, por exemplo, 1 kg "=" 2,205 libras isto significa que um quilograma é uma *massa* que *pesa* 2,205 libras sob condições padrão de gravidade (g = 9,80665 m/s^2).

Massa Específica**

	slug/ft³	QUILOGRAMA/ METRO cúbico	g/cm³	lb/ft³	lb/in.³
1 slug por pé cúbico =	1	515,4	0,5154	32,17	$1{,}862 \times 10^{-2}$
1 QUILOGRAMA por METRO cúbico =	$1{,}940 \times 10^{-3}$	1	0,001	$6{,}243 \times 10^{-2}$	$3{,}613 \times 10^{-5}$
1 grama por centímetro cúbico =	1,940	1000	1	62,43	$3{,}613 \times 10^{-2}$
1 libra por pé cúbico =	$3{,}108 \times 10^{-2}$	16,02	$1{,}602 \times 10^{-2}$	1	$5{,}787 \times 10^{-4}$
1 libra por polegada cúbica =	53,71	$2{,}768 \times 10^{4}$	27,68	1728	1

As quantidades na área mais escura são pesos específicos e, como tais, apresentam dimensão diferente das massas específicas. Veja a nota sob a tabela de massas.

Tempo

	ano	d	h	min	SEGUNDO
1 ano =	1	365,25	$8{,}766 \times 10^{3}$	$5{,}259 \times 10^{5}$	$3{,}156 \times 10^{7}$
1 dia =	$2{,}738 \times 10^{-3}$	1	24	1440	$8{,}640 \times 10^{4}$
1 hora =	$1{,}141 \times 10^{-4}$	$4{,}167 \times 10^{-2}$	1	60	3600
1 minuto =	$1{,}901 \times 10^{-6}$	$6{,}944 \times 10^{-4}$	$1{,}667 \times 10^{-2}$	1	60
1 SEGUNDO =	$3{,}169 \times 10^{-8}$	$1{,}157 \times 10^{-5}$	$2{,}778 \times 10^{-4}$	$1{,}667 \times 10^{-2}$	1

Velocidade

	pé/segundo	km/h	METRO/SEGUNDO	mi/h	cm/s
1 pé por segundo =	1	1,097	0,3048	0,6818	30,48
1 quilômetro por hora =	0,9113	1	0,2778	0,6214	27,78
1 METRO por SEGUNDO =	3,281	3,6	1	2,237	100
1 milha por hora =	1,467	1,609	0,4470	1	44,70
1 centímetro por segundo =	$3{,}281 \times 10^{-2}$	$3{,}6 \times 10^{-2}$	0,01	$2{,}237 \times 10^{-2}$	1

1 nó = 1 milha náutica/hora = 1,688 pé/segundo   1 milha/minuto = 88,00 pés/segundo = 60,00 milhas/hora

*O termo em inglês *mass density*, freqüentemente traduzido como densidade (grandeza adimensional), deve ser corretamente entendido como massa específica (massa por unidade de volume), e, de modo equivalente, *volume density* por volume específico. (N.T.)

Força

	dina	NEWTON	lb	pdl	gf	kgf
1 dina =	1	10^{-5}	$2{,}248 \times 10^{-6}$	$7{,}233 \times 10^{-5}$	$1{,}020 \times 10^{-3}$	$1{,}020 \times 10^{-6}$
1 NEWTON =	10^{5}	1	0,2248	7,233	102,0	0,1020
1 libra =	$4{,}448 \times 10^{5}$	4,448	1	32,17	453,6	0,4536
1 poundal =	$1{,}383 \times 10^{4}$	0,1383	$3{,}108 \times 10^{-2}$	1	14,10	$1{,}410 \times 10^{-2}$
1 grama-força =	980,7	$9{,}807 \times 10^{-3}$	$2{,}205 \times 10^{-3}$	$7{,}093 \times 10^{-2}$	1	0,001
1 quilograma-força =	$9{,}807 \times 10^{5}$	9,807	2,205	70,93	1000	1

As quantidades na área mais escura não são unidades de força, embora freqüentemente sejam empregadas como tais. Por exemplo, quando se escreve "1 grama-força" = 980,7 dinas, significa que uma massa de 1 grama experimenta uma força de 980,7 dinas sob condições gravitacionais normais (g = 9,80665 m/s^2).

Energia, Trabalho, Calor

	Btu	erg	ft · lb	cv · h	JOULE	cal	kW · h	eV	MeV	kg	u
1 unidade térmica inglesa =	1	$1{,}055 \times 10^{10}$	777,9	$3{,}929 \times 10^{-4}$	1055	252,0	$2{,}930 \times 10^{-4}$	$6{,}585 \times 10^{21}$	$6{,}585 \times 10^{15}$	$1{,}174 \times 10^{-14}$	$7{,}070 \times 10^{12}$
1 erg =	$9{,}481 \times 10^{-11}$	1	$7{,}376 \times 10^{-8}$	$3{,}725 \times 10^{-14}$	10^{-7}	$2{,}389 \times 10^{-8}$	$2{,}778 \times 10^{-14}$	$6{,}242 \times 10^{11}$	$6{,}242 \times 10^{5}$	$1{,}113 \times 10^{-24}$	670,2
1 libra-pé =	$1{,}285 \times 10^{-3}$	$1{,}356 \times 10^{7}$	1	$5{,}051 \times 10^{-7}$	1,356	0,3238	$3{,}766 \times 10^{-7}$	$8{,}464 \times 10^{18}$	$8{,}464 \times 10^{12}$	$1{,}509 \times 10^{-17}$	$9{,}037 \times 10^{9}$
1 cavalo a vapor-hora =	2545	$2{,}685 \times 10^{13}$	$1{,}980 \times 10^{6}$	1	$2{,}685 \times 10^{6}$	$6{,}413 \times 10^{5}$	0,7457	$1{,}676 \times 10^{25}$	$1{,}676 \times 10^{19}$	$2{,}988 \times 10^{-11}$	$1{,}799 \times 10^{16}$
1 JOULE =	$9{,}481 \times 10^{-4}$	10^{7}	0,7376	$3{,}725 \times 10^{-7}$	1	0,2389	$2{,}778 \times 10^{-7}$	$6{,}242 \times 10^{18}$	$6{,}242 \times 10^{12}$	$1{,}113 \times 10^{-17}$	$6{,}702 \times 10^{9}$
1 caloria =	$3{,}969 \times 10^{-3}$	$4{,}186 \times 10^{7}$	3,088	$1{,}560 \times 10^{-6}$	4,186	1	$1{,}163 \times 10^{-6}$	$2{,}613 \times 10^{19}$	$2{,}613 \times 10^{13}$	$4{,}660 \times 10^{-17}$	$2{,}806 \times 10^{10}$
1 quilowatt-hora =	3413	$3{,}6 \times 10^{13}$	$2{,}655 \times 10^{6}$	1,341	$3{,}6 \times 10^{6}$	$8{,}600 \times 10^{5}$	1	$2{,}247 \times 10^{25}$	$2{,}247 \times 10^{19}$	$4{,}007 \times 10^{-11}$	$2{,}413 \times 10^{16}$
1 elétron-volt =	$1{,}519 \times 10^{-22}$	$1{,}602 \times 10^{-12}$	$1{,}182 \times 10^{-19}$	$5{,}967 \times 10^{-26}$	$1{,}602 \times 10^{-19}$	$3{,}827 \times 10^{-20}$	$4{,}450 \times 10^{-26}$	1	10^{-6}	$1{,}783 \times 10^{-36}$	$1{,}074 \times 10^{-9}$
1 milhão de elétron-volts =	$1{,}519 \times 10^{-16}$	$1{,}602 \times 10^{-6}$	$1{,}182 \times 10^{-13}$	$5{,}967 \times 10^{-20}$	$1{,}602 \times 10^{-13}$	$3{,}827 \times 10^{-14}$	$4{,}450 \times 10^{-20}$	10^{6}	1	$1{,}783 \times 10^{-30}$	$1{,}074 \times 10^{-3}$
1 quilograma =	$8{,}521 \times 10^{13}$	$8{,}987 \times 10^{23}$	$6{,}629 \times 10^{16}$	$3{,}348 \times 10^{10}$	$8{,}987 \times 10^{16}$	$2{,}146 \times 10^{16}$	$2{,}497 \times 10^{10}$	$5{,}610 \times 10^{35}$	$5{,}610 \times 10^{29}$	1	$6{,}022 \times 10^{26}$
1 unidade de massa atômica =	$1{,}415 \times 10^{-13}$	$1{,}492 \times 10^{-3}$	$1{,}101 \times 10^{-10}$	$5{,}559 \times 10^{-17}$	$1{,}492 \times 10^{-10}$	$3{,}564 \times 10^{-11}$	$4{,}146 \times 10^{-17}$	$9{,}32 \times 10^{8}$	932,0	$1{,}661 \times 10^{-27}$	1

As quantidades na área mais escura não são propriamente unidades de energia, mas foram incluídas por uma questão de conveniência. Elas surgem da equivalência relativista entre massa e energia dada pela fórmula $E = mc^2$ e representam a energia equivalente à massa de um quilograma ou uma unidade de massa unificada (u).

Pressão

	atm	dina/cm²	pol de água	cm Hg	PASCAL	lb/in.²	lb/ft²
1 atmosfera =	1	$1{,}013 \times 10^{6}$	406,8	76	$1{,}013 \times 10^{5}$	14,70	2116
1 dina por cm² =	$9{,}869 \times 10^{-7}$	1	$4{,}015 \times 10^{-4}$	$7{,}501 \times 10^{-5}$	0,1	$1{,}405 \times 10^{-5}$	$2{,}089 \times 10^{-3}$
1 polegada de água a 4°C =	$2{,}458 \times 10^{-3}$	2491	1	0,1868	249,1	$3{,}613 \times 10^{-2}$	5,202
1 centímetro de mercúrio[a] a 0°C =	$1{,}316 \times 10^{-2}$	$1{,}333 \times 10^{4}$	5,353	1	1333	0,1934	27,85
1 PASCAL =	$9{,}869 \times 10^{-6}$	10	$4{,}015 \times 10^{-3}$	$7{,}501 \times 10^{-4}$	1	$1{,}450 \times 10^{-4}$	$2{,}089 \times 10^{-2}$
1 libra por pol² =	$6{,}805 \times 10^{-2}$	$6{,}895 \times 10^{4}$	27,68	5,171	$6{,}895 \times 10^{3}$	1	144
1 libra por pé² =	$4{,}725 \times 10^{-4}$	478,8	0,1922	$3{,}591 \times 10^{-2}$	47,88	$6{,}944 \times 10^{-3}$	1

[a]Onde a aceleração da gravidade tem o valor padrão de 9,80665 m/s².
1 bar = 10^{6} dina/cm² = 0,1 MPa   1 milibar = 10^{3} dina/cm² = 10^{2} Pa   1 torr = 1 milímetro de mercúrio

Potência

	Btu/h	ft · lb/s	cv	cal/s	kW	WATT
1 unidade térmica inglesa por hora =	1	0,2161	$3{,}929 \times 10^{-4}$	$6{,}998 \times 10^{-2}$	$2{,}930 \times 10^{-4}$	0,2930
1 libra-pé por segundo =	4,628	1	$1{,}818 \times 10^{-3}$	0,3239	$1{,}356 \times 10^{-3}$	1,356
1 cavalo a vapor =	2545	550	1	178,1	0,7457	745,7
1 caloria por segundo =	14,29	3,088	$5{,}615 \times 10^{-3}$	1	$4{,}186 \times 10^{-3}$	4,186
1 quilowatt =	3413	737,6	1,341	238,9	1	1000
1 WATT =	3,413	0,7376	$1{,}341 \times 10^{-3}$	0,2389	0,001	1

Fluxo Magnético

	maxwell	WEBER
1 maxwell =	1	10^{-8}
1 WEBER =	10^{8}	1

Campo Magnético

	gauss	TESLA	milligauss
1 gauss =	1	10^{-4}	1000
1 TESLA =	10^{4}	1	10^{7}
1 milligauss =	0,001	10^{-7}	1

1 tesla = 1 weber/m²

APÊNDICE H

VETORES

H.1 COMPONENTES DOS VETORES

$a_x = a \cos \phi \qquad a_y = a \operatorname{sen} \phi$

$a = \sqrt{a_x^2 + a_y^2} \qquad \operatorname{tg} \phi = a_y/a_x$

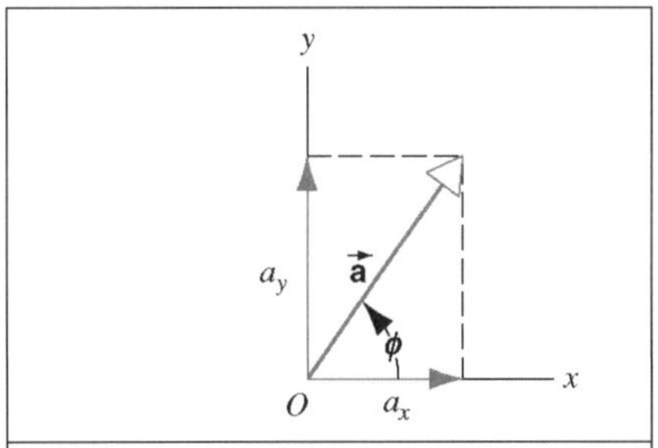

$b_x = b \cos \phi\ (<0)$

$b_y = b \operatorname{sen} \phi\ (>0)$

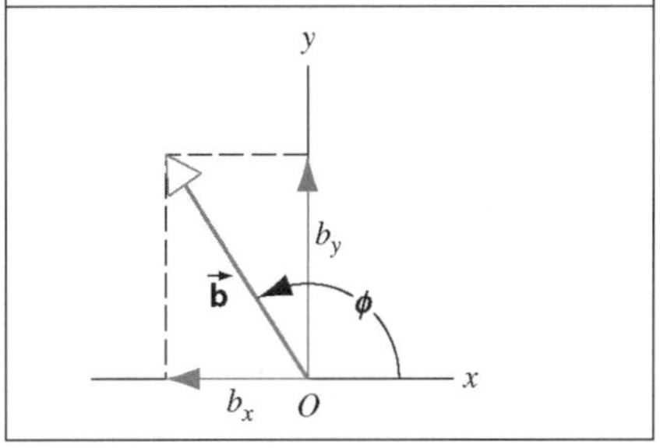

$a_x = a \operatorname{sen} \theta \cos \phi$

$a_y = a \operatorname{sen} \theta \operatorname{sen} \phi$

$a_z = a \cos \theta$

$a = \sqrt{a_x^2 + a_y^2 + a_z^2}$

$\operatorname{tg} \ \phi = a_y/a_x$

$\cos \theta = a_z/a$

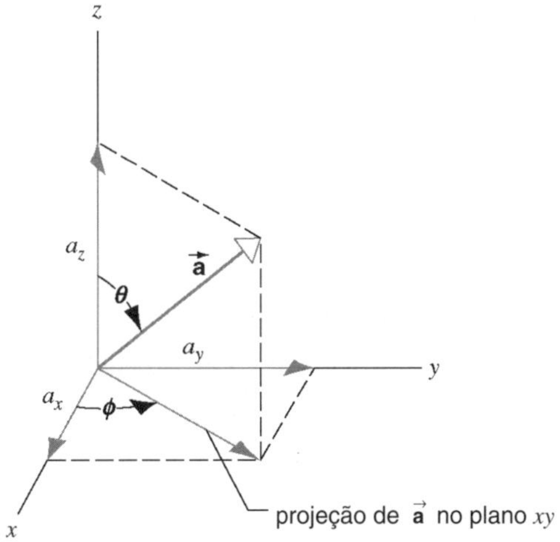

H.2 VETORES UNITÁRIOS

Cartesianos em duas dimensões:

$\vec{\mathbf{a}} = a_x\hat{\mathbf{i}} + a_y\hat{\mathbf{j}}$

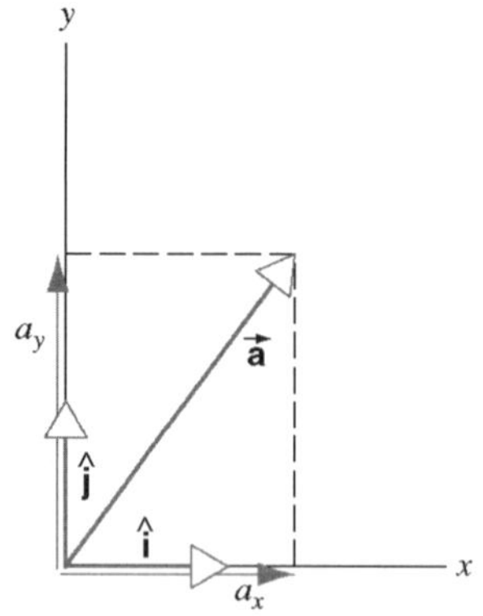

Cartesianos em três dimensões:

$\vec{\mathbf{a}} = a_x\hat{\mathbf{i}} + a_y\hat{\mathbf{j}} + a_z\hat{\mathbf{k}}$

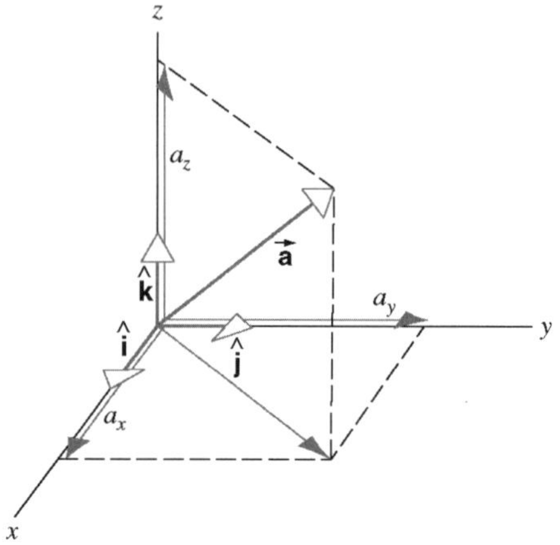

Polar em duas dimensões:

$\vec{\mathbf{a}} = a_r\hat{\mathbf{u}}_r + a_\phi\hat{\mathbf{u}}_\phi$

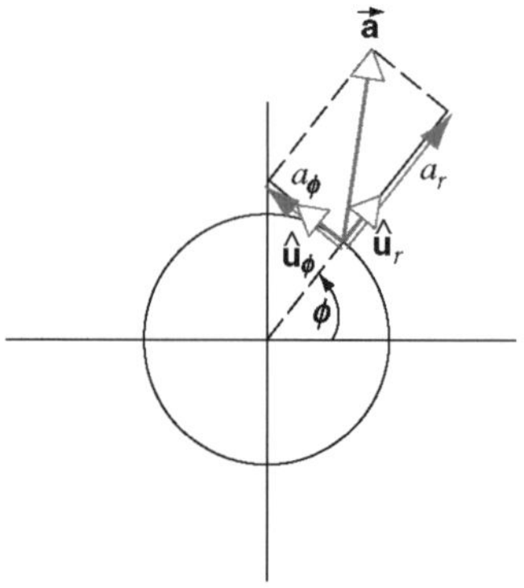

H.3 ADIÇÃO DE VETORES

$\vec{\mathbf{s}} = \vec{\mathbf{a}} + \vec{\mathbf{b}}$

$s_x = a_x + b_x \qquad s_y = a_y + b_y$

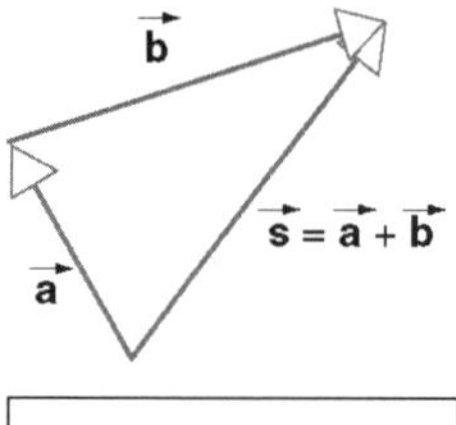

$\vec{\mathbf{a}} + \vec{\mathbf{b}} = \vec{\mathbf{b}} + \vec{\mathbf{a}}$ (lei comutativa)

$\vec{\mathbf{d}} + (\vec{\mathbf{e}} + \vec{\mathbf{f}}) = (\vec{\mathbf{d}} + \vec{\mathbf{e}}) + \vec{\mathbf{f}}$ (lei associativa)

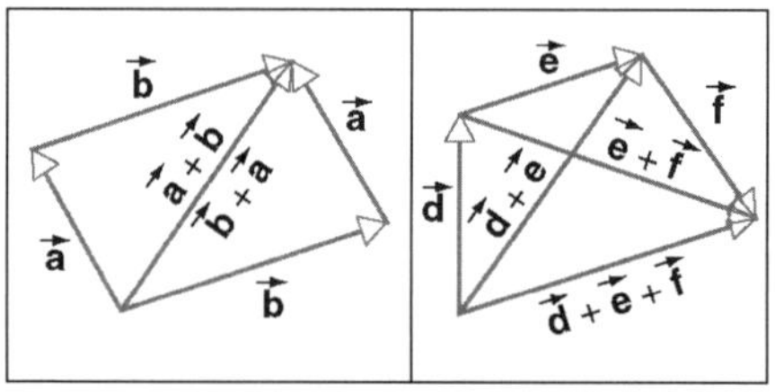

$$\vec{\mathbf{d}} = \vec{\mathbf{a}} - \vec{\mathbf{b}} = \vec{\mathbf{a}} + (-\vec{\mathbf{b}})$$

$d_x = a_x - b_x \qquad d_y = a_y - b_y$

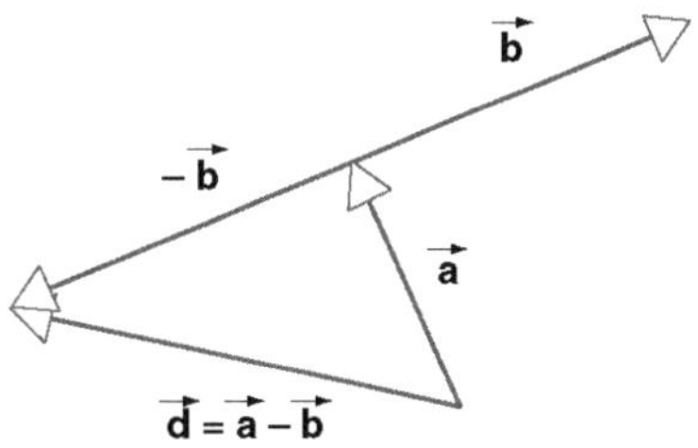

H.4 PRODUTO DE VETORES

Produto de um vetor por um escalar:

$\vec{\mathbf{b}} = c\vec{\mathbf{a}}$

$b_x = ca_x \qquad b_y = ca_y$

$b = |c|\, a$

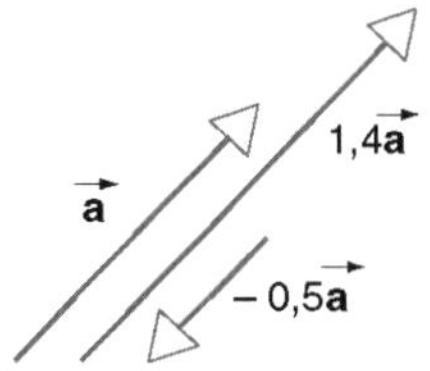

Produto escalar de dois vetores:

$\vec{\mathbf{a}} \cdot \vec{\mathbf{b}} = ab \cos\phi = a(b\cos\phi) = b(a\cos\phi)$

$\vec{\mathbf{a}} \cdot \vec{\mathbf{b}} = \vec{\mathbf{b}} \cdot \vec{\mathbf{a}}$

$\hat{\mathbf{i}} \cdot \hat{\mathbf{i}} = \hat{\mathbf{j}} \cdot \hat{\mathbf{j}} = \hat{\mathbf{k}} \cdot \hat{\mathbf{k}} = 1$

$\hat{\mathbf{i}} \cdot \hat{\mathbf{j}} = \hat{\mathbf{i}} \cdot \hat{\mathbf{k}} = \hat{\mathbf{j}} \cdot \hat{\mathbf{k}} = 0$

$\vec{\mathbf{a}} \cdot \vec{\mathbf{b}} = a_x b_x + a_y b_y + a_z b_z$

$\vec{\mathbf{a}} \cdot \vec{\mathbf{a}} = a^2 = a_x^2 + a_y^2 + a_z^2$

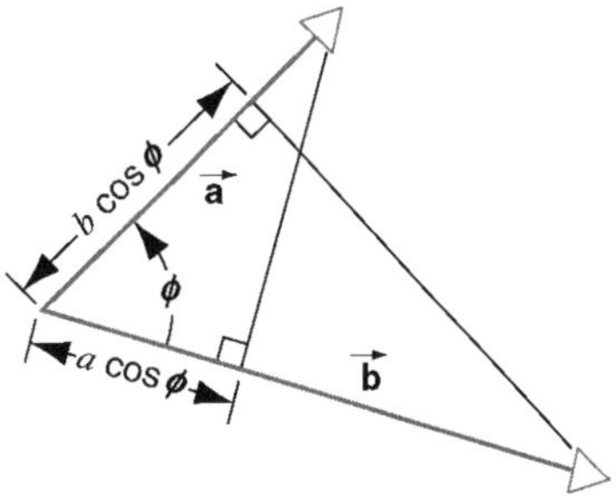

Produto vetorial de dois vetores:

$\vec{\mathbf{c}} = \vec{\mathbf{a}} \times \vec{\mathbf{b}}$

$|\vec{\mathbf{c}}| = |\vec{\mathbf{a}} \times \vec{\mathbf{b}}| = ab \operatorname{sen}\phi$

A direção do vetor $\vec{\mathbf{c}}$ é perpendicular ao plano formado pelos vetores $\vec{\mathbf{a}}$ e $\vec{\mathbf{b}}$ e seu sentido é determinado pela regra da mão direita.

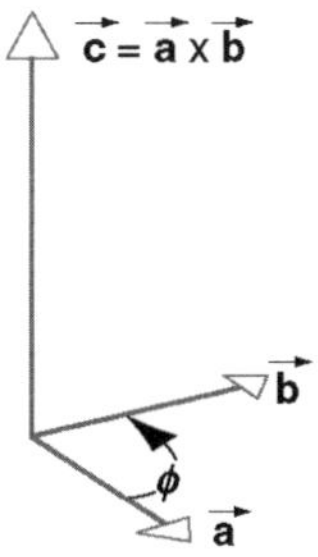

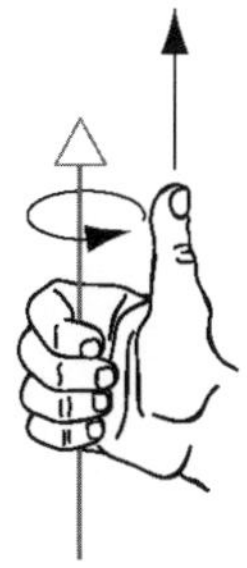

$\vec{\mathbf{b}} \times \vec{\mathbf{a}} = -\vec{\mathbf{a}} \times \vec{\mathbf{b}}$

$\hat{\mathbf{i}} \times \hat{\mathbf{i}} = \hat{\mathbf{j}} \times \hat{\mathbf{j}} = \hat{\mathbf{k}} \times \hat{\mathbf{k}} = 0$

$\hat{\mathbf{i}} \times \hat{\mathbf{j}} = \hat{\mathbf{k}} \qquad \hat{\mathbf{j}} \times \hat{\mathbf{k}} = \hat{\mathbf{i}} \qquad \hat{\mathbf{k}} \times \hat{\mathbf{i}} = \hat{\mathbf{j}}$

$$\vec{\mathbf{a}} \times \vec{\mathbf{b}} = (a_y b_z - a_z b_y)\hat{\mathbf{i}} + (a_z b_x - a_x b_z)\hat{\mathbf{j}} + (a_x b_y - a_y b_x)\hat{\mathbf{k}} = \begin{vmatrix} \hat{\mathbf{i}} & \hat{\mathbf{j}} & \hat{\mathbf{k}} \\ a_x & a_y & a_z \\ b_x & b_y & b_z \end{vmatrix}$$

$\vec{\mathbf{a}} \times (\vec{\mathbf{b}} + \vec{\mathbf{c}}) = (\vec{\mathbf{a}} \times \vec{\mathbf{b}}) + (\vec{\mathbf{a}} \times \vec{\mathbf{c}})$

$(s\vec{\mathbf{a}}) \times \vec{\mathbf{b}} = \vec{\mathbf{a}} \times (s\vec{\mathbf{b}}) = s(\vec{\mathbf{a}} \times \vec{\mathbf{b}}) \qquad (s = \text{um escalar}).$

$\vec{\mathbf{a}} \cdot (\vec{\mathbf{b}} \times \vec{\mathbf{c}}) = \vec{\mathbf{b}} \cdot (\vec{\mathbf{c}} \times \vec{\mathbf{a}}) = \vec{\mathbf{c}} \cdot (\vec{\mathbf{a}} \times \vec{\mathbf{b}})$

$\vec{\mathbf{a}} \times (\vec{\mathbf{b}} \times \vec{\mathbf{c}}) = (\vec{\mathbf{a}} \cdot \vec{\mathbf{c}})\vec{\mathbf{b}} - (\vec{\mathbf{a}} \cdot \vec{\mathbf{b}})\vec{\mathbf{c}}$

Apêndice I

FÓRMULAS MATEMÁTICAS

Geometria

Círculo de raio r: circunferência $= 2\pi r$; área $= \pi r^2$.

Esfera de raio r: área $= 4\pi r^2$; volume $= \frac{4}{3}\pi r^3$.

Cilindro circular reto de raio r e altura h: área $= 2\pi r^2 + 2\pi rh$; volume $= \pi r^2$h.

Triângulo de base a e altura h: área $= \frac{1}{2}ah$.

Fórmula Quadrática

Se $ax^2 + bx + c = 0$, então, $x = \dfrac{-b \pm \sqrt{b^2 - 4ac}}{2a}$.

Funções Trigonométricas do Ângulo θ

$\text{sen}\,\theta = \dfrac{y}{r}$ $\qquad \cos\theta = \dfrac{x}{r}$

$\text{tg}\,\theta = \dfrac{y}{x}$ $\qquad \text{cotg}\,\theta = \dfrac{x}{y}$

$\sec\theta = \dfrac{r}{x}$ $\qquad \text{cosec}\,\theta = \dfrac{r}{y}$

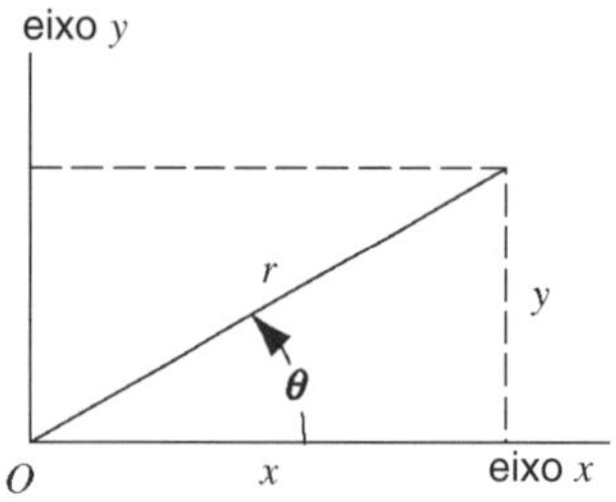

Teorema de Pitágoras

$a^2 + b^2 = c^2$

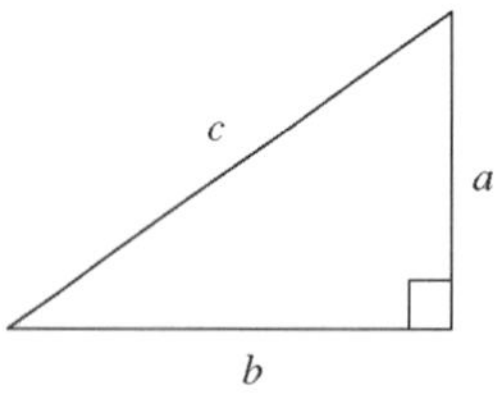

Triângulos

Ângulos A, B e C

Lados opostos a, b e c

$A + B + C = 180°$

$\dfrac{\text{sen}\,A}{a} = \dfrac{\text{sen}\,B}{b} = \dfrac{\text{sen}\,C}{c}$

$c^2 = a^2 + b^2 - 2ab\cos C$

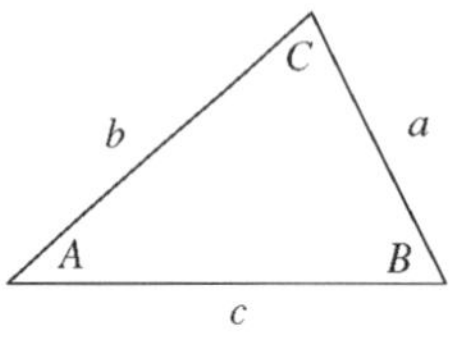

Sinais e Símbolos Matemáticos

$=$ é igual a

$\approx$ é aproximadamente igual a

$\neq$ é diferente de

$\equiv$ é idêntico a, definido como

$>$ é maior do que ($\gg$ é bem maior do que)

$<$ é menor do que ($\ll$ é bem menor do que)

$\geq$ é maior ou igual a (ou, não é menor do que)

$\leq$ é menor ou igual a (ou, não é maior do que)

$\pm$ mais ou menos ($\sqrt{4} = \pm 2$)

$\propto$ é proporcional a

Σ o somatório de

$\bar{x}$ o valor médio de x (utiliza-se também $x_{\text{méd}}$)

Identidades Trigonométricas

$\text{sen}\,(90° - \theta) = \cos\theta$

$\cos\,(90° - \theta) = \text{sen}\,\theta$

$\text{sen}\,\theta/\cos\theta = \text{tg}\,\theta$

$\text{sen}^2\theta + \cos^2\theta = 1 \quad \sec^2\theta - \text{tg}^2\theta = 1 \quad \text{cosec}^2\theta - \text{cotg}^2\theta = 1$

$\text{sen}\,2\theta = 2\,\text{sen}\,\theta\cos\theta$

$\cos 2\theta = \cos^2\theta - \text{sen}^2\theta = 2\cos^2\theta - 1 = 1 - 2\,\text{sen}^2\theta$

$\text{sen}(\alpha \pm \beta) = \text{sen}\,\alpha\cos\beta \pm \cos\alpha\,\text{sen}\,\beta$

$\cos(\alpha \pm \beta) = \cos\alpha\cos\beta \mp \text{sen}\,\alpha\,\text{sen}\,\beta$

$\text{tg}(\alpha \pm \beta) = \dfrac{\text{tg}\,\alpha \pm \text{tg}\,\beta}{1 \mp \text{tg}\,\alpha\ \text{tg}\,\beta}$

$\text{sen}\,\alpha \pm \text{sen}\,\beta = 2\,\text{sen}\,\frac{1}{2}(\alpha \pm \beta)\cos\frac{1}{2}(\alpha \mp \beta)$

Série Polinomial

$(1 \pm x)^n = 1 \pm \dfrac{nx}{1!} + \dfrac{n(n-1)x^2}{2!} + \cdots \ (x^2 < 1)$

$(1 \pm x)^{-n} = 1 \mp \dfrac{nx}{1!} + \dfrac{n(n+1)x^2}{2!} \mp \cdots \ (x^2 < 1)$

Série Exponencial

$e^x = 1 + x + \dfrac{x^2}{2!} + \dfrac{x^3}{3!} + \cdots$

Série Logarítmica

$\ln(1 + x) = x - \frac{1}{2}x^2 + \frac{1}{3}x^3 - \cdots \ (|x| < 1)$

Séries Trigonométricas (ângulo θ em radianos)

$\text{sen}\,\theta = \theta - \dfrac{\theta^3}{3!} + \dfrac{\theta^5}{5!} - \cdots$

$\cos\theta = 1 - \dfrac{\theta^2}{2!} + \dfrac{\theta^4}{4!} - \cdots$

$\text{tg}\,\theta = \theta + \dfrac{\theta^3}{3} + \dfrac{2\theta^5}{15} + \cdots$

Derivadas e Integrais

Nas fórmulas que se seguem, as letras u e v representam quaisquer funções de x, e as letras a e m representam constantes. A cada uma das integrais indefinidas deve ser adicionada uma constante de integração arbitrária. O *Handbook of Chemistry and Physics* (CRC Press Inc.) fornece uma relação mais completa.

1. $\dfrac{dx}{dx} = 1$
2. $\dfrac{d}{dx}(au) = a\dfrac{du}{dx}$
3. $\dfrac{d}{dx}(u + v) = \dfrac{du}{dx} + \dfrac{dv}{dx}$
4. $\dfrac{d}{dx}x^m = mx^{m-1}$
5. $\dfrac{d}{dx}\ln x = \dfrac{1}{x}$
6. $\dfrac{d}{dx}(uv) = u\dfrac{dv}{dx} + v\dfrac{du}{dx}$
7. $\dfrac{d}{dx}e^x = e^x$
8. $\dfrac{d}{dx}\operatorname{sen} x = \cos x$
9. $\dfrac{d}{dx}\cos x = -\operatorname{sen} x$
10. $\dfrac{d}{dx}\operatorname{tg} x = \sec^2 x$
11. $\dfrac{d}{dx}\operatorname{cotg} x = -\operatorname{cosec}^2 x$
12. $\dfrac{d}{dx}\sec x = \operatorname{tg} x \sec x$
13. $\dfrac{d}{dx}\operatorname{cosec} x = -\operatorname{cotg} x \operatorname{cosec} x$
14. $\dfrac{d}{dx}e^u = e^u\dfrac{du}{dx}$
15. $\dfrac{d}{dx}\operatorname{sen} u = \cos u\dfrac{du}{dx}$
16. $\dfrac{d}{dx}\cos u = -\operatorname{sen} u\dfrac{du}{dx}$

1. $\displaystyle\int dx = x$
2. $\displaystyle\int au\,dx = a\int u\,dx$
3. $\displaystyle\int (u + v)\,dx = \int u\,dx + \int v\,dx$
4. $\displaystyle\int x^m\,dx = \frac{x^{m+1}}{m+1} \quad (m \neq -1)$
5. $\displaystyle\int \frac{dx}{x} = \ln|x|$
6. $\displaystyle\int u\frac{dv}{dx}\,dx = uv - \int v\frac{du}{dx}\,dx$
7. $\displaystyle\int e^x\,dx = e^x$
8. $\displaystyle\int \operatorname{sen} x\,dx = -\cos x$
9. $\displaystyle\int \cos x\,dx = \operatorname{sen} x$
10. $\displaystyle\int \operatorname{tg} x\,dx = -\ln\cos x$
11. $\displaystyle\int \operatorname{sen}^2 x\,dx = \tfrac{1}{2}x - \tfrac{1}{4}\operatorname{sen} 2x$
12. $\displaystyle\int \cos^2 x\,dx = \tfrac{1}{2}x + \tfrac{1}{4}\operatorname{sen} 2x$
13. $\displaystyle\int e^{-ax}\,dx = -\frac{1}{a}e^{-ax}$
14. $\displaystyle\int xe^{-ax}\,dx = -\frac{1}{a^2}(ax + 1)e^{-ax}$
15. $\displaystyle\int x^2e^{-ax}\,dx = -\frac{1}{a^3}(a^2x^2 + 2ax + 2)e^{-ax}$
16. $\displaystyle\int x^ne^{-ax}\,dx = \frac{n!}{a^{n+1}}$
17. $\displaystyle\int_0^\infty x^{2n}e^{-ax^2}\,dx = \frac{1\cdot 3\cdot 5\cdots(2n-1)}{2^{n+1}a^n}\sqrt{\frac{\pi}{a}}$
18. $\displaystyle\int \frac{dx}{\sqrt{(x^2 \pm a^2)^3}} = \frac{\pm x}{a^2\sqrt{x^2 \pm a^2}}$

APÊNDICE J

PRÊMIOS NOBEL EM FÍSICA*

1901	Wilhelm Konrad Röntgen	1845–1923	pela descoberta dos raios X
1902	Hendrik Antoon Lorentz	1853–1928	por suas pesquisas na influência do magnetismo
	Pieter Zeeman	1865–1943	nos fenômenos de radiação
1903	Antoine Henri Becquerel	1852–1908	por sua descoberta da radioatividade espontânea
	Pierre Curie	1859–1906	por suas pesquisas conjuntas sobre os fenômenos
	Marie Sklowdowska-Curie	1867–1934	de radiação descobertos pelo Professor Henri Becquerel
1904	Lord Rayleigh (John William Strutt)	1842–1919	por suas investigações sobre as massas específicas dos gases mais importantes e por sua descoberta do argônio
1905	Philipp Eduard Anton von Lenard	1862–1947	por seu trabalho sobre raios catódicos
1906	Joseph John Thomson	1856–1940	por suas investigações teóricas e experimentais da condução elétrica dos gases
1907	Albert Abraham Michelson	1852–1931	por seus instrumentos ópticos de precisão e investigações metrológicas conduzidas com a ajuda destes
1908	Gabriel Lippmann	1845–1921	por seu método de reproduzir cores fotograficamente, com base nos fenômenos de interferência
1909	Guglielmo Marconi	1874–1937	por suas contribuições no desenvolvimento da telegrafia
	Carl Ferdinand Braun	1850–1918	sem fio
1910	Johannes Diderik van der Waals	1837–1923	por seu trabalho na equação de estado para gases e líquidos
1911	Wilhelm Wien	1864–1928	por suas descobertas referentes às leis que governam a irradiação do calor
1912	Nils Gustaf Dalén	1869–1937	por sua invenção de reguladores automáticos para uso em conjunto com acumuladores gasosos para faróis e bóias luminosas
1913	Heike Kamerlingh Onnes	1853–1926	por suas investigações sobre as propriedades da matéria em baixas temperaturas, as quais levaram, *inter alia*, à produção do gás hélio
1914	Max von Laue	1879–1960	por sua descoberta da difração dos raios de Röntgen por cristais
1915	William Henry Bragg	1862–1942	por seus serviços na análise da estrutura cristalina
	William Lawrence Bragg	1890–1971	através de raios X
1917	Charles Glover Barkla	1877–1944	por sua descoberta dos raios X característicos dos elementos
1918	Max Planck	1858–1947	por sua descoberta dos *quanta* de energia
1919	Johannes Stark	1874–1957	por sua descoberta do efeito Doppler em raios canalizados e o desdobramento de linhas espectrais em campos elétricos
1920	Charles-Édouard Guillaume	1861–1938	pelo serviço prestado às medições de precisão em física, através de sua descoberta de anomalias em aços-liga com níquel.

*Veja *Nobel Lectures Physics* 1901–1970, Elsevier Publishing Company, para as biografias dos laureados e as conferências apresentadas por eles na entrega do prêmio. Para maiores informações, veja *http:// www.nobel.se/physics/laureates/index.html*.

1921	Albert Einstein	1879–1955	por seus serviços a física teórica, e especialmente pela descoberta da lei do efeito fotoelétrico
1922	Neils Bohr	1885–1962	pela investigação da estrutura dos átomos e das radiações emitidas por eles
1923	Robert Andrews Millikan	1868–1953	por seu trabalho nas cargas elementares da eletricidade e no efeito fotoelétrico
1924	Karl Manne Georg Siegbahn	1886–1978	por suas descobertas e pesquisa no campo da espectroscopia de raios X
1925	James Franck Gustav Hertz	1882–1964 1887–1975	por suas descobertas das leis que governam o impacto de um elétron em um átomo
1926	Jean Baptiste Perrin	1870–1942	por seu trabalho sobre a estrutura descontínua da matéria, e especialmente por sua descoberta do equilíbrio de sedimentação
1927	Arthur Holly Compton	1892–1962	por sua descoberta do efeito que, posteriormente, recebeu seu nome
	Charles Thomson Rees Wilson	1869–1959	por seu método de tornar visíveis as trajetórias de partículas carregadas eletricamente através da condensação de vapor
1928	Owen Willans Richardson	1879–1959	por seu trabalho sobre o fenômeno termoiônico e especialmente pela descoberta da lei que, posteriormente, recebeu seu nome
1929	Prince Louis-Victor de Broglie	1892–1987	por sua descoberta da natureza ondulatória dos elétrons
1930	Sir Chandrasekhara Venkata Raman	1888–1970	por seu trabalho sobre o espalhamento da luz e pela descoberta que, posteriormente, recebeu seu nome
1032	Werner Heisenberg	1901–1976	pela criação da mecânica quântica, cuja aplicação, entre outras, conduziu à descoberta das formas alotrópicas do hidrogênio
1933	Erwin Schrödinger Paul Adrien Maurice Dirac	1887–1961 1902–1984	pela descoberta de novas formas produtivas da teoria atômica
1935	James Chadwick	1891–1974	por sua descoberta do nêutron
1936	Victor Franz Hess	1883–1964	pela sua descoberta da radiação cósmica
	Carl David Anderson	1905–1991	por sua descoberta do pósitron
1937	Clinton Joseph Davisson George Paget Thomson	1881–1958 1892–1975	por sua descoberta experimental da difração dos elétrons em cristais
1938	Enrico Fermi	1901–1954	por sua demonstração da existência de novos elementos radioativos produzidos pela irradiação de nêutrons, e pela descoberta associada das reações nucleares realizadas por nêutrons lentos
1939	Ernest Orlando Lawrence	1901–1958	pela invenção e pelo desenvolvimento do ciclotron e pelos resultados obtidos com ele, especialmente os elementos radioativos artificiais
1943	Otto Stern	1888–1969	por sua contribuição ao desenvolvimento do método do raio molecular e sua descoberta do momento magnético do próton
1944	Isidor Isaac Rabi	1898–1988	por seu método de ressonância para gravar as propriedades magnéticas de núcleos atômicos
1945	Wolfgang Pauli	1900–1958	por sua descoberta do Princípio de Exclusão (Princípio de Pauli)
1946	Percy Williams Bridgman	1882–1961	pela invenção do aparelho para gerar pressões extremamente elevadas, e por suas descobertas com ele no campo da física de elevadas pressões
1947	Sir Edward Victor Appleton	1892–1965	por suas investigações na física das camadas atmosféricas superiores, especialmente pela descoberta da chamada camada de Appleton

1948	Patrick Maynard Stuart Blackett	1897–1974	por seu desenvolvimento do método da câmara de nuvens de Wilson, e as descobertas provenientes dela na física nuclear e na radiação cósmica.
1949	Hideki Yukawa	1907–1981	por sua previsão da existência de mésons baseada em trabalho teórico sobre forças nucleares
1950	Cecil Frank Powell	1903–1969	por seu desenvolvimento do método fotográfico para o estudo de processos nucleares e por suas descobertas referentes aos mésons feitas através de seu método
1951	Sir John Douglas Cockcroft Ernest Thomas Sinton Walton	1897–1967 1903–1995	por seu trabalho pioneiro na transmutação de núcleos atômicos através de partículas atômicas aceleradas artificialmente.
1952	Felix Bloch Edward Mills Purcell	1905–1983 1912–1997	por seu desenvolvimento de novos métodos para métodos magnéticos de precisão nuclear e descobertas correlatas
1953	Frits Zernike	1888–1966	por sua demonstração do método de contraste de fase, especialmente por sua invenção do microscópio de contraste de fase
1954	Max Born	1882–1970	por sua pesquisa fundamental em mecânica quântica, especialmente por sua interpretação estatística da função de onda
	Walther Bothe	1891–1957	pelo método da coincidência e pelas descobertas realizadas com ele
1955	Willis Eugene Lamb	1913–	por suas descobertas relativas à estrutura fina do espectro de hidrogênio
	Polykarp Kusch	1911–1993	por sua determinação precisa do momento magnético do elétron
1956	William Shockley John Bardeen Walter Houser Brattain	1910–1989 1908–1991 1902–1987	por sua pesquisa sobre semicondutores e sua descoberta do efeito transistor
1957	Chen Ning Yang Tsung Dao Lee	1922– 1926–	por sua profunda investigação das leis de paridade, que levaram a importantes descobertas relativas às partículas elementares
1958	Pavel Aleksejecič Ĉerenkov Il'ja Michajlovič Frank Igor Yevgenyevich Tamm	1904–1990 1908–1990 1895–1971	pela descoberta e interpretação do efeito Cerenkov
1959	Emilio Gino Segrè Owen Chamberlain	1905–1989 1920–	por sua descoberta do antipróton
1960	Donald Arthur Glaser	1926–	pela invenção da câmara de bolhas
1961	Robert Hofstadter	1915–1990	por seus estudos pioneiros do espalhamento de elétrons nos núcleos atômicos e por suas descobertas, delas decorrentes, da estrutura dos núcleos
	Rudolf Ludwig Mössbauer	1929–	por suas pesquisas concernentes à absorção por ressonância dos raios γ e sua descoberta do efeito que posteriormente recebeu seu nome
1962	Lev Davidovič Landau	1908–1968	por suas teorias pioneiras sobre a matéria condensada, especialmente o hélio líquido
1963	Eugene P. Wigner	1902–1995	por sua contribuição à teoria do núcleo atômico e partículas elementares, especialmente através da descoberta e da aplicação de princípios fundamentais de simetria
	Maria Goeppert Mayer J. Hans D. Jensen	1906–1972 1907–1973	por suas descobertas concernentes à estrutura da casca nuclear
1964	Charles H. Townes Nikolai G. Basov Alexander M. Prochorov	1915– 1922– 1916–	pelo trabalho fundamental no campo da eletrônica quântica, que levou à construção de osciladores e amplificadores baseados no princípio maser-laser

1965	Sin-itiro Tomonaga	1906–1979	por seu trabalho fundamental em eletrodinâmica quântica, com conseqüências profundas para a física de partículas elementares
	Julian Schwinger	1918–1994	
	Richard P. Feynman	1918–1988	
1966	Alfred Kastler	1902–1984	pela descoberta e pelo desenvolvimento de métodos ópticos para o estudo de ressonância hertziana em átomos
1967	Hans Albrecht Bethe	1906–	por suas contribuições à teoria de reações nucleares, especialmente suas descobertas referentes à produção de energia nuclear nas estrelas
1968	Luis W. Alvarez	1911–1988	por sua contribuição decisiva à física de partículas elementares, em particular à descoberta de um grande número de estados de ressonância que se tornou possível pelo desenvolvimento da técnica de uso da câmara de bolhas de hidrogênio e análise de dados
1969	Murray Gell-Mann	1929–	por sua contribuição e descobertas referentes à classificação de partículas elementares e suas interações
1970	Hannes Alfvén	1908–1995	pelo trabalho fundamental e descobertas em magneto-hidrodinâmica com profícuas aplicações em diferentes partes da física de plasma
	Louis Néel	1904–	pelo trabalho fundamental e pelas descobertas referentes ao antiferromagnetismo e ferromagnetismo, que levaram a importantes aplicações na física do estado sólido
1971	Dennis Gabor	1900–1979	por sua descoberta dos princípios da holografia
1972	John Bardeen	1908–1991	por seu desenvolvimento da teoria da supercondutividade
	Leon N. Cooper	1930–	
	J. Robert Schrieffer	1931–	
1973	Leo Esaki	1925–	por sua descoberta do efeito túnel em semicondutores
	Ivar Giaever	1929–	por sua descoberta do efeito túnel em supercondutores
	Brian D. Josephson	1940–	por sua previsão teórica das propriedades de uma supercorrente através de uma barreira em túnel
1974	Antony Hewish	1924–	pela descoberta de pulsares
	Sir Martin Ryle	1918–1984	por seu trabalho pioneiro em radioastronomia
1975	Aage Bohr	1922–	pela descoberta da correlação entre os movimentos coletivos e de partículas e pelo desenvolvimento da teoria sobre a estrutura dos núcleos atômicos baseada nesta correlação
	Ben Mottelson	1926–	
	James Rainwater	1917–1986	
1976	Burton Richter	1931–	por sua descoberta (independente) de uma partícula fundamental importante
	Samuel Chao Chung Ting	1936–	
1977	Philip Warren Anderson	1923–	por suas investigações teóricas fundamentais da estrutura eletrônica de sistemas magnéticos e desordenados
	Nevill Francis Mott	1905–1996	
	John Hasbrouch Van Vleck	1899–1980	
1978	Peter L. Kapitza	1894–1984	por suas invenções básicas e descobertas na física de baixas temperaturas
	Arno A. Penzias	1926–	por sua descoberta da radiação geradora de microondas cósmicas
	Robert Woodrow Wilson	1936–	
1979	Sheldon Lee Glashow	1932–	por seu modelo unificado da ação das forças fracas e eletromagnéticas e pela previsão da existência de correntes de nêutrons
	Abdus Salam	1926–1996	
	Steven Weinberg	1933–	
1980	James W. Cronin	1931–	pela descoberta de violações dos princípios de simetria fundamental no decaimento de K-mésons neutros
	Val L. Fitch	1923–	
1981	Nicolaas Bloembergen	1920–	por sua contribuição para o desenvolvimento de espectroscopia laser
	Arthur Leonard Schawlow	1921–1999	
	Kai M. Siegbahn	1918–1999	por sua contribuição para a espectroscopia eletrônica de alta resolução

1982	Kenneth Geddes Wilson	1936–	por seu método de análise para fenômenos críticos inerentes às mudanças na matéria sob influência de pressão e temperatura
1983	Subrehmanyan Chandrasekhar	1910–1995	por seus estudos teóricos da estrutura e da evolução das estrelas
	William A. Fowler	1911–1995	por seus estudos da formação dos elementos químicos do universo
1984	Carlo Rubbia	1934–	por suas contribuições decisivas ao grande projeto que
	Simon van der Meer	1925–	levou à descoberta dos campos de partículas W e Z, intermediários das interações fracas
1985	Klaus von Klitzing	1943–	por sua descoberta da resistência quântica de Hall
1986	Ernst Ruska	1906–1988	por sua invenção do microscópio eletrônico
	Gerd Binnig	1947–	por sua invenção do microscópio eletrônico de
	Heinrich Rohrer	1933–	varredura-túnel
1987	Karl Alex Müller	1927–	por sua descoberta de uma nova classe de
	J. Georg Bednorz	1950–	supercondutores
1988	Leon M. Lederman	1922–	pelos experimentos com raios de neutrinos e a
	Melvin Schwartz	1932–	descoberta do neutrino múon
	Jack Steinberger	1921–	
1989	Hans G. Dehmelt	1922–	por seu desenvolvimento da técnica de captura de
	Wolfgang Paul	1913–1993	átomos individuais
	Norman F. Ramsey	1915–	por suas descobertas na espectroscopia de ressonância atômica, que levaram aos maser de hidrogênio e aos relógios atômicos
1990	Richard E. Taylor	1929–	por seus experimentos na dispersão de elétrons do
	Jerome I. Friedman	1930–	núcleo, que revelaram a presença de quarks no
	Henry W. Kendall	1926–1999	seu interior
1991	Pierre-Gilles de Gennes	1932–	pelas descobertas de ordenação das moléculas em substâncias como os cristais líquidos, supercondutores e polímeros
1992	George Charpak	1924–	por sua invenção de detectores eletrônicos rápidos para partículas de alta energia
1993	Joseph H. Taylor	1941–	pela descoberta e interpretação do primeiro pulsar binário
	Russell A. Hulse	1950–	
1994	Bertram N. Brockhouse	1918–	pelo desenvolvimento de técnicas de espalhamento
	Clifford G. Shull	1915–	de nêutrons
1995	Martin L. Perl	1927–	pela descoberta do tau lépton
	Frederick Reines	1918–1998	pela detecção de neutrino
1996	David M. Lee	1931–	por sua descoberta do superfluido em He_3
	Douglas M. Osheroff	1945–	
	Robert C. Richardson	1937–	
1997	Steven Chu	1948–	pelo desenvolvimento de métodos para resfriar e capturar
	Claude Cohen-Tannoudji	1933–	átomos com laser
	William D. Phillips	1948–	
1998	Robert B. Laughlin	1950–	por sua descoberta de uma nova forma de fluido quântico
	Horst L. Stormer	1949–	com excitações por cargas fracionárias
	Daniel C. Tsui	1939–	
1999	Gerardus 't Hooft	1946–	pela elucidação da estrutura quântica das interações
	Martinus J. G. Veltman	1931–	eletrônicas fracas na física
2000	Zhores I. Alferov	1930–	pelo desenvolvimento de heteroestruturas de
	Herbert Kroemer	1928–	semicondutores usadas em óptica-eletrônica de alta velocidade
	Jacks S. Kilby	1923–	por sua contribuição à invenção do circuito integrado

RESPOSTAS DOS EXERCÍCIOS E PROBLEMAS ÍMPARES

CAPÍTULO 1

Exercícios

3. 52,6 min; 5,2 %. **5.** −0,44%. **7.** 3,33 ft. **9.** 55 s. **11.** 2,2 dias. **13.** (*a*) 100 m; 8,56 m; 28,1 ft. (*b*) 1 mi é maior em 109 m ou 358 ft. **15.** $1{,}88 \times 10^{22}$ cm^3. **17.** (*a*) $4{,}00 \times 10^4$ km. (*b*) $5{,}10 \times 10^8$ km^2. (*c*) $1{,}08 \times 10^{12}$ km^3. **19.** $2{,}86 \times 10^{-3}$ anos-luz/século. **21.** (*a*) $4{,}85 \times 10^{-6}$ pc; $1{,}58 \times 10^{-5}$ anos-luz. (*b*) $9{,}48 \times 10^{12}$ km; $3{,}08 \times 10^{13}$ km. **23.** $5{,}98 \times 10^{26}$. **25.** Nova York. **27.** 840 km. **29.** 605,780211 nm. **31.** m/s. **33.** $(ch/G)^{1/2} = 5{,}46 \times 10^{-8}$ kg.

Problemas

1. 7 h 44 min 50 s da tarde. **3.** (*a*) 31 m. (b) 22 m. (*c*) Lago de Ontário. **5.** Aproximadamente 1 lb. **7.** 0,260 kg. **9.** (*a*) 282 pm. (*b*) 416 pm.

CAPÍTULO 2

Exercícios

1. (*a*) Sendo paralelos. (*b*) Sendo antiparalelos. (*c*) Sendo perpendiculares. **3.** (*a*) 4,5; 52° a Nordeste. (*b*) 8,4, 25° a Sudeste. **5.** 4,76 km. **7.** (a) $2\hat{\mathbf{i}} + 5\hat{\mathbf{j}}$. (*b*) 5,4 a 68° com o eixo *x*. **9.** (*a*) 5,0; 323°. (*b*) 10,0; 53,1°. (*c*) 11,2; 26,6°. (*d*) 11,2; 79,7°. (*e*) 11,2; 260°. **11.** (*a*) 370 m, 57° a Nordeste. (*b*) 370 m, 420 m. **13.** (*a*) 16,0 cm, 45,0° no sentido horário a partir da direção vertical para baixo. (*b*) 22,6 cm, verticalmente para cima. (*c*) Zero. **15.** 33.900 ft, 0,288° abaixo em relação à horizontal. **17.** (*a*) $(6\text{ m})\hat{\mathbf{i}} - (106\text{ m})\hat{\mathbf{j}}$. (*b*) $(19\text{ m/s})\hat{\mathbf{i}} - (224\text{ m/s})\hat{\mathbf{j}}$. (*c*) $(24\text{ m/s}^2)\hat{\mathbf{i}} - (336\text{ m/s}^2)\hat{\mathbf{j}}$. **19.** (*a*) $-(18\text{ m/s}^2)\hat{\mathbf{i}}$. (*b*) 0,75 s. (*c*) Nunca. (*d*) 2,2 s. **21.** (*a*) 11,5 h. (*b*) 5,5 h. (*c*) Oceano Atlântico Norte. **23.** 31 km. **25.** 2 cm/ano. **27.** 1 h 13 min. **29.** 48 km/h. **31.** 100 m. **33.** −20 m/s^2. **35.** (*a*) *AO*: +, 0; *AB*: +, −; *BC*: 0,0; *CD*: −, +. (*b*) Não. **39.** (*a*) m/s^2; m/s^3. (*b*) 2 s. (*c*) 24 m. (*d*) −16 m. (*e*) 3,0; 0,0, −9,0; −24 m. (*f*) 0,0; −6,0; −12, −18 m/s^2. (*g*) −10 m/s. **41.** (*a*) $3{,}1 \times 10^6$ s. (*b*) $4{,}7 \times 10^{13}$ m. **43.** 10,4 cm. **45.** 21*g*. **47.**(*a*) 5,00 s. (*b*) 61,5 m. **49.** (*a*) 34,7 ft. (*b*) 41,6 s. **51.** 183 m/s. **53.** (*a*) 29,4 m. (*b*) 2,45 s. **55.** (*a*) 3,19 s. (*b*) 1,32 s. **57.** (*a*) 27,4 m/s. (*b*) 5,33 m/s. (*c*) 1,45 m. **59.** 1,52 s. **61.** 0,39 m.

Problemas

1. (*a*) 28 m. (*b*) 13 m. **3.** (*a*) $(10\text{ ft})\hat{\mathbf{i}} + (12\text{ ft})\hat{\mathbf{j}} + (14\text{ ft})\hat{\mathbf{k}}$. (*b*) 21 ft. (*c*) Igual ou maior do que, não menor do que. (*d*) 26 ft. **5.** (*a*) 45,0 mi/h. (*b*) 42,8 mi/h. (*c*) 43,9 mi/h. **7.** (*a*) Um número infinito. (*b*) 87 km. **9.** (*a*) 28,5 cm/s. (*b*) 18,0 cm/s. (*c*) 40,5 cm/s. (*d*) 28,1 cm/s. (*e*) 30,3 cm/s. **11.** (*a*) 14 m/s; 18 m/s^2. (*b*) 6 m/s, 12 m/s^2; 24 m/s, 24 m/s^2. **13.** Não, sua velocidade foi ≤ 24 mi/h. **15.** (*a*) 0,75 s. (*b*) 50 m. **17.** (*a*) 3,40 s. (*b*) 16,2 m. **19.** 1,23; 4,90; 11,0; 19,6; 30,6 cm. **21.** (*a*) 110 km. (*b*) 330 s. **23.** (*a*) 8,85 m/s. (*b*) 0,999 m. **25.** 96*g*. **27.** 0,3 s. **29.** 20,4 m. **31.** Aproximadamente $3{,}6h^{1/2}$, com *h* expresso em metros.

CAPÍTULO 3

Exercícios

1. 6,3 anos. **3.** $1{,}0 \times 10^{-15}$ N. **5.** 0,080 m/s^2. **7.** 1,9 mm. **9.** (*a*) 4,55 m/s^2. (*b*) 2,59 m/s^2. **11.** (*a*) 9,9 N. (*b*) 2,1 m/s^2. **13.** (*a*) 646 kg, 6320 N. (*b*) 412 kg, 4040 N. **15.** (*a*) 12,2 N; 2,65 kg. (*b*) Zero; 2,65 kg. **17.** 1600 lb. **19.** $1{,}19 \times 10^6$ N. **21.** (*a*) 5400 N. (*b*) 5,5 s. (*c*) 15 m. (*d*) 2,7 s. **23.** (*a*) 210 m/s^2. (*b*) $1{,}8 \times 10^4$ N. **25.** Baixando-o com aceleração superior a 1,3 m/s^2. **27.** 33 m/s. **29.** (*a*) $5{,}0 \times 10^5$ N. (*b*) $1{,}4 \times 10^6$ N. **31.** (*a*) $2{,}2 \times 10^5$ N. (*b*) $5{,}0 \times 10^4$ N.

Problemas

1. (*a*) 0,28 μm. (*b*) 37 μm. **3.** (*a*) 1,8 m/s^2. (*b*) 3,8 m/s^2. (*c*) 4,0 m. **5.** (*a*) 3260 N. (*b*) 2.720 kg. (*c*) 1,20 m/s^2. **7.** (*a*) 0,97 m/s^2. (*b*) 1,2 N. (*c*) 3,5 N. **9.** (*a*) 1,23 N; 2,46 N; 3,69 N, 4; 92 N. (*b*) 6,15 N. (*c*) 0,250 N. **11.** (*a*) $P/(m + M)$. (*b*) $PM/(m + M)$.

CAPÍTULO 4

Exercícios

1. (*a*) 2,4 ms. (*b*) 2,7 mm. (*c*) 9600 km/s, 2300 km/s. **3.** (*a*) $(2Bt)\hat{\mathbf{j}} + C\hat{\mathbf{k}} = (8{,}0\text{ m/s}^2)t\hat{\mathbf{j}} + (1{,}0\text{ m/s})\hat{\mathbf{k}}$. (*b*) $2B\hat{\mathbf{j}} = (8{,}0\text{ m/s}^2)\hat{\mathbf{j}}$. (*c*) Uma parábola. **5.** $(0{,}83\text{ m/s}^2)\hat{\mathbf{i}} + (0{,}71\text{ m/s}^2)\hat{\mathbf{j}}$. **7.** (*a*) 2,2 m/s^2. (*b*) 120 N. (*c*) 21 m/s^2. **9.** 11 m. **11.** 6800 N a 21° da linha do movimento. **13.** (*a*) 0,514 s. (*b*) 9,94 ft/s. **15.** (*a*) 0,18 m. (*b*) 1,9 m. **19.** (*a*) 11 m. (*b*) 23 m. (*c*) 17 m/s, 63° abaixo da horizontal. **21.** 1 cm mais adiante. **23.** 78 ft/s, 65°. **25.** (*a*) 0,20 m. (*b*) Não. **27.** 115 ft/s. **29.** 1,47 N. **31.** $(m/b)\ln 2$. **33.** (*a*) 257 kN. (*b*) 1,06°. **35.** (*a*) 19 m/s. (*b*) 35 rev/min. **37.** (*a*) 130 km/s. (*b*) 790 km/s^2. **39.** 36 s; não. **41.** O vento sopra na direção leste a 55 mi/h. **43.** (*a*) 0,71 s. (*b*) 2,3 ft. **45.** (*a*) 46,8° Nordeste. (*b*) 6 min 35 s.

Problemas

1. 60°. **3.** (*a*) 8,44 km. (*b*) 59,0 km. **5.** (*a*) 1,16 s. (*b*) 13,0 m. (*c*) 18,8 m/s; 5,56 m/s. (*d*) Não. **7.** (*a*) 99 ft. (*b*) 90 ft/s. (*c*) 180 ft. **9.** 31° a 63° acima da horizontal. **13.** 1,30 m/s. **15.** (*a*) *g*. (*b*) $(mg/b)^{1/2}$. (*c*) 0,75*g*. **17.** (*a*) $ge^{-bt/m}$; *g*; 0. (*b*) $(mg/b)[t + m/b)(e^{-bt/m} - 1)]$. **19.** (*a*) 15 km. (*b*) 77 km/h. **21.** 220 m/s^2. **23.** (*b*) Máximo: $v_x = 2\omega R$, $v_y = 0$; $a_x = 0$, $a_y = -\omega^2/R$. Mínimo: $v_x = v_y = 0$; $a_x = 0$, $a_y = \omega^2 R$. **25.** $(2{,}976 \text{ a } 2{,}991) \times 10^8$ m/s. **27.** 98,1 km/h, 15,1°.

CAPÍTULO 5

Exercícios

1. (*a*) 0,0018 N. (*b*) 0,0033 N. **3.** (*a*) 7,3 kg. (*b*) 89 N. **5.** (*a*) 6,8 m/s. (*b*) Subir a corda. **7.** 18 kN. **9.** 2°. **11.** 9,3 m/s^2. **13.** 900 N. **15.** (*a*) 9,1 kN. (*b*) 9,0 kN. **17.** (*b*) 219 N. (*c*) 81 N. **19.** 0,040;

0,026. **21.** 0,487. **23.** (*a*) 3,2 m/s^2, plano abaixo. (*b*) 2,9 m. (*c*) Ele fica parado. **25.** (*a*) 70 lb. (*b*) 4,6 ft/s^2. **27.** 155 N. **29.** (*a*) Zero. (*b*) 13,4 ft/s^2, plano abaixo. (*c*) 4,27 ft/s^2, plano acima. **31.** (*a*) 7,6 m/s^2. (*b*) 0,87 m/s^2. **33.** (*a*) 730 lb (3200 N). (*b*) 0,3. **35.** (*a*) 0,67 m/s. (*b*) 1,8 m/s^2. (*c*) 0,53 N. **37.** (*a*) 2,2 $\times$ 10^6 m/s. (*b*) 9,1 $\times$ 10^{22} m/s^2. (*c*) 8,3 $\times$ 10^{-8} N. **39.** $(Mgr/m)^{1/2}$. **41.** (*a*) 0,23. (*b*) 128 km/h. **43.** 0,162; 0,295. **45.** (*a*) 9,5 m/s. (*b*) 20 m. **47.** (*a*) 0,0337 N. (*b*) 9,77 N.

Problemas

1. (*b*) −1,73 m/s^2; 23,4 N. (*c*) $m_2 < 2{,}60$ kg; $m_2 > 2{,}60$ kg; $m_2 =$ 2,60 kg. **5.** (*a*) 11,1 N. (*b*) 47,3 N. (*c*) 40,1 N. **7.** (*a*) $\mu_d mg/(\text{sen}\,\theta - \mu_d \cos\theta)$. (*b*) $\text{tg}^{-1}\,\mu_e$. **9.** 490 N. **13.** (*a*) 0,46. (*b*) 0,92. **15.** (*a*) 30 cm/s. (*b*) 1,7 m/s^2, direcionada para o centro. (*c*) 2,9 mN. (*d*) 0,40. **17.** (*a*) 8,74 N. (*b*) 37,9 N. (*c*) 6,45 m/s. **19.** (*b*) 45°; 1,72 mrad. (*c*) Zero; zero.

CAPÍTULO 6

Exercícios

1. (*a*) 52,0 km/h. (*b*) 178 km/h. **3.** 205 kg · m/s; para cima, perpendicular à placa. **5.** (*a*) $2mv/\Delta t$. (*b*) 560 N. **7.** 3,29 kN. **9.** 930 N. **11.** 8,8 m/s. **13.** 1,95 $\times$ 10^5 kg · m/s para qualquer direção do empuxo. **15.** 2,0 s. **17.** Aumenta em 4,54 m/s. **19.** 3960 km/h. **21.** 5,6 m/s para a esquerda. **23.** 1,77 m/s. **25.** (4,0 m/s)$\hat{\mathbf{i}}$ + (5,0 m/s)$\hat{\mathbf{j}}$. **27.** 3,43 m/s, direcionada a 17,3° para a esquerda. **29.** 100 g. **31.** 1,2 kg. **33.** 120°. **35.** 2,44 m/s para a esquerda.

Problemas

1. 2 μu. **3.** (*a*) 2,20 N·s. (*b*) 212 N. **5.** (*a*) 0,480 g. (*b*) 7,2 kN. **7.** $mgR[(2h/g)^{1/2} + t]$; 41,0 N. **9.** (*a*) 130 t. (*b*) 0,88 in. (*c*) elástica. **11.** 37,1 mi/h, 63,6° ao Sul da direção Oeste. **13.** 28,0°. (*b*) 7,44 m/s. **15.** (*a*) 74,4 m/s. (*b*) 81,5 m/s; 84,1 m/s. **17.** v_2 e v_3 fazem 30,0° com v_0 e possuem intensidade de 6,93 m/s; v_1 é oposta a v_0 e possui intensidade de 2,00 m/s. **19.** (*a*) 746 m/s. (*b*) 963 m/s. **21.** (*a*) *A*: 4,57 m/s; *B*: 3,94 m/s. (*b*) 7,53 m/s.

CAPÍTULO 7

Exercícios

1. 4640 km (1730 km abaixo da superfície da Terra). **3.** 75,2 km/h. **5.** (*a*) O centro de massa não se move. (*b*) 1,23 m. **7.** 14,5 ft. **9.** 33,4 m. **11.** 6,75 $\times$ 10^{-12} m do átomo de nitrogênio sobre o eixo de simetria. **13.** $L/5$ da barra mais pesada, ao longo do eixo de simetria. **15.** $x_{cm} = y_{cm} = 20$ cm; $z_{cm} = 16$ cm. **17.** 27. **19.** (*a*) 3,2 m/s. (*b*) 3,2 m/s. **21.** (*a*) 2,72. (*b*) 7,39. **23.** 1,33 km/s. **25.** 1,29 m/s.

Problemas

1. (*a*) Para baixo; $mv/(m + M)$. (*b*) O balão fica novamente estacionário. **3.** $g(1 - 2x/L)$. **5.** $(HM/m)[(1 + m/M)^{1/2} - 1]$. **7.** (*a*) 540 m/s. (*b*) 40,4°. **9.** 60 N. **11.** Barcaça rápida; 49,5 N a mais; barcaça lenta: nenhuma variação.

CAPÍTULO 8

Exercícios

1. $n(n + 1)/2$. **3.** (*a*) $a + 3bt^2 - 4ct^3$. (*b*) $6t(b - 2ct)$. **5.** (*a*) $\omega_0 + at^4 - bt^3$. (*b*) $\omega_0 t + at^5/5 - bt^4/4$. **7.** 14. **9.** (*a*) 4,8 m/s. (*b*) Não. **11.** $1/T_S = 1/T_P - 1/T_T$. **13.** (*a*) 8140 rev/min^2. (*b*) 425 rev. **15.** (*a*) −1,28 rad/s^2. (*b*) 248 rad. (*c*) 29,5 rev. **17.** (*a*) 2,0 rev/s. (*b*) 3,8 s. **19.** (*a*) 369 s. (*b*) −3,90 $\times$ 10^{-3} rad/s^2. (*c*) 108 s. **21.** 0,132 rad/s. **23.** (*a*) 2,48 $\times$ 10^{-3} rad/s. (*b*) 19,7 m/s^2. (*c*) Zero. **25.** (*a*) 7,27 $\times$ 10^{-5} rad/s. (*b*) 355 m/s. (*c*) 7,27 $\times$ 10^{-5} rad/s; 463 m/s. **27.** (*a*) 310 m/s. (*b*) 340 m/s. **29.** (*a*) $r\alpha^2 t^2$. (*b*) $r\alpha$. (*c*) 44,1°. **31.** Sim; +0,16. **33.** (*a*) (−26,2 m/s)$\hat{\mathbf{i}}$. (*b*) (4,87 m/s^2)$\hat{\mathbf{i}}$ − (375 m/s^2)$\hat{\mathbf{j}}$. (*c*) 1,83 m.

Problemas

1. (*a*) 4,0 rad/s; 28 rad/s. (*b*) 12 rad/s^2. (*c*) 6,0 rad/s^2; 18 rad/s^2. **3.** (*b*) 23 h 56 min. **5.** (*a*) 0,92 rev. (*b*) 6,0 rad/s. **7.** (*a*) 1,99 $\times$ 10^{-7} rad/s. (*b*) 29,9 km/s. (*c*) 5,94 mm/s^2. **9.** (*a*) 3800 rad/s. (*b*) 190 m/s. **11.** (*a*) 22,4 rad/s. (*b*) 5,38 km. (*c*) 1,15 h. **13.** (*a*) $\omega b/\cos^2\omega t$ em qualquer direção no plano perpendicular a $\vec{\omega}$. (*b*) $\pi/2\omega$.

CAPÍTULO 9

Exercícios

1. (*a*) 15 N·m (*b*) 10 N · m. (*c*) 15 N·m. **5.** 27 unidades, direção $+\hat{z}$. **7.** a^2b sen ϕ, $\pi/2 - \phi$. **9.** (−4,8 N·m)$\hat{\mathbf{i}}$ + (−0,85 N·m)$\hat{\mathbf{j}}$ + (3,4 N·m)$\hat{\mathbf{k}}$. **11.** (*a*) 0,14 kg · m^2. (*b*) 91 rad/s^2. **13.** (*a*) 2,6 $\times$ 10^{-2} kg · m^2. (*b*) Sem alteração. **15.** (*a*) 482 kN. (*b*) 11,2 kN · m. **17.** $M(a^2 + b^2)/3$. **19.** $5mL^2 + (8/3)mL^2$. **23.** (*a*) 2,5 m. (*b*) 7,3°. **25.** 10,4 m. **27.** 340 lb; 420 lb. **29.** $W[h(2r - h)]^{1/2}/(r - h)$. **31.** (*a*) 47,0 lb. (*b*) 21,3 lb; 10,9 lb. **33.** 7,63 rad/s^2, para fora da página. **35.** (*a*) 28,2 rad/s^2. (*b*) 338 N · m. **37.** 690 rad/s. **39.** 1,73 $\times$ 10^5 g · cm^2. **41.** (*a*) 56,5 rad/s. (*b*) −8,88 rad/s^2. (*c*) 69,2 m. **43.** (*a*) 1,13 s. (*b*) 13,6 m.

Problemas

1. (*a*) Desliza; 31°. (*b*) Tomba: 34°. **3.** (*a*) $W(1 + r^2/L^2)^{1/2}$. (*b*) Wr/L. **5.** (*a*) 269 N. (*b*) 874 N; 10,7° acima da escada. **7.** $F_1 = W$ sen θ_2/sen $(\theta_2 - \theta_1)$; $F_2 = W$ sen θ_1/sen $(\theta_2 - \theta_1)$; normal aos planos. **9.** (*a*) $L/2$, $L/4$, $L/6$. (*c*) $N = n$. **15.** (*a*) $dm/M = 2r\,dr/R^2$. (*b*) $dI = 2Mr^3dr/R^2$. (*c*) (1/2) MR^2. **17.** 1,73 m/s^2; 6,92 m/s^2. **19.** (*a*) $(2/3)\mu MgR$. (*b*) $(3/4)\omega_0 R/4\mu g$. **21.** (*a*) 10,7°. (*b*) 0,186*g*. **25.** (*a*) A esfera. (*b*) Não.

CAPÍTULO 10

Exercícios

1. 0,62 kg · m^2/s. **5.** 2,49 $\times$ 10^{11} kg · m^2/s. **9.** (*a*) 0,521 kg · m^2/s. (*b*) 4080 rev/min. **13.** $v_f = 2{,}90$ m/s na direção do impulso; $\omega_f =$ 10,7 rad/s em relação ao centro de massa. **15.** $R_1R_2I_1\omega_0/(R_1^2I_2 + R_2^2I_1)$. **17.** 3,0 min. **19.** 354 rev. **21.** 171 rev/min. **23.** (*a*) 9,66 rad/s, no sentido horário visto de cima. (*b*) O movimento final é idêntico ao do item (*a*). **25.** 0,739 rad/s. **27.** 1,90 min.

Problemas

1. (*a*) 14,1 kg · m^2/s, para fora da página. (*b*) 1,76 N · m, para fora da página. **7.** (*a*) 1,18 s. (*b*) 8,6 m. (*c*) 5,18 rev. (*d*) 6,07 m/s. **9.** O dia será mais longo em 0,4 s. **11.** (*a*) $(I\omega - mRv)/(I + mR^2)$. (*b*) $(1/2)m(v + R\omega)^2/(1 + mR^2/I)$.

Capítulo 11

Exercícios

1. (*a*) 580 J. (*b*) 0. (*c*) 0. **3.** (*a*) 430 J. (*b*) −400 J. (*c*) 0. **5.** (*a*) 2160 J. (*b*) −1430 J. **7.** 22,2°. **9.** −19. **11.** 720 W. **13.** 24 W. **15.** 25 hp. **17.** (*a*) 0,77 mi. (*b*) 71 kW. **19.** 2,66 hp. **21.** 800 J. **23.** (*a*) 23 mm. (*b*) 45 N. **27.** 1200 km/s. **29.** (*a*) $2{,}88 \times 10^7$ m/s. (*b*) 1,32 MeV. **31.** (*a*) 493 J. (*b*) 168 W. **33.** (*a*) $2{,}5 \times 10^5$ ft · lb (340 kJ). (*b*) 14 hp (10 kW). (*c*) 28 hp (20 kW). **35.** $6{,}75 \times 10^{12}$ rad/s. **37.** 1,36 kW. **39.** (*a*) $2{,}57 \times 10^{29}$ J. (*b*) 1,32 giga-anos. **41.** 12,9 t.

Problemas

1. $2{,}1 \times 10^{-10}$ N. **3.** (*a*) 215 lb. (*b*) 10.100 ft · lb. (*c*) 48,0 ft. (*d*) 10.300 ft · lb. **5.** (*a*) $2{,}45 \times 10^5$ ft · lb. (*b*) 0,619 hp. **9.** (*a*) 10,0 kW. (*b*) 2,97 kW. **11.** $3F_0x_0/2$. **13.** $15W_0$. **17.** Homem: 2,41 m/s; menino: 4,82 m/s. **19.** (*a*) $9{,}0 \times 10^4$ megatons de TNT. (*b*) 45 km. **23.** 0,0217. **25.** 0,792. **27.** $K_a = 97{,}5$ J; $K_b = 941$ J. **31.** (*a*) $mv_i/(m + M)$. (*b*) $M/(m + M)$. **33.** 700 J ganhos. **35.** (*a*) $m_1v_{1i}^2/2$. (*b*) $m_1^2v_{1i}^2/2(m_1 + m_2)$. (*c*) $m_2/(m_1 + m_2)$. (*d*) $m_1m_2v_{1i}^2/2(m_1 + m_2)$; zero; um; sim.

Capítulo 12

Exercícios

1. (*a*) $U(x) = -Gm_1m_2/x$. (b) $Gm_1m_2d/x_1(x_1 + d)$. **3.** $U(x) = -(\alpha/2\beta)e^{-\beta x^2}$ com $U(\infty) = 0$. **5.** 110 MN/m. **7.** 2,15 m/s. **9.** (a) v_0. (*b*) $(v_0^2 + gh)^{1/2}$. (*c*) $(v_0^2 + 2gh)^{1/2}$. **11.** (*a*) 7,63 N/cm. (*b*) 57,4 J. (*c*) 73,8 cm. **13.** (*a*) $K = \frac{1}{2}mg^2t^2$; $U = mg(h - \frac{1}{2}gt^2$. (*b*) $K = mg(h - y)$; $U = mgy$. **15.** 4,24 m. **19.** 1,25 cm. **21.** $d[m_1/(m_1 + m_2)]^2$. **23.** $[2hmg/(m + I/r^2 + 2M/3)]^{1/2}$. **25.** (*a*) 3,43 m. (*b*) 2,65 s. (*c*) 23,1. **27.** $v_0(5/7)^{1/2}$. **29.** (*a*) 4,7 N. (*b*) $x = 1{,}2$ m até $x = 14$ m. (*c*) 3,7 m/s. **31.** (*a*) $F_x = -kx$; $F_y = -ky$; $\vec{\mathbf{F}}$ orientada para a origem. (*b*) $F_r = -kr$; $F_\theta = 0$.

Problemas

1. (*a*) $k/(z + 1) - k/(z - 1)$. **3.** (*a*) 105 cm. (*b*) 322 cm/s. **5.** (*a*) 8,06mg, 82,9° à esquerda medido em relação à vertical. (*b*) $5R/2$. **7.** (*a*) 26,9 J. (*b*) 19,7 m/s. **13.** $(9g/4L)^{1/2}$. **15.** $(2gr \sec \theta_0)^{1/2}$.

Capítulo 13

Exercícios

1. 740 m. **3.** 0,41 m/s. **5.** (*a*) 3,86 m/s. (*b*) 0,143 J. **7.** (*a*) $2{,}56 \times 10^{12}$ J. (*b*) $3{,}82 \times 10^8$ J. **9.** 54%. **11.** 4,19 m. **13.** 6,55 m/s. **15.** 1,34 m/s; 0,981 m/s. **17.** (*a*) 862 N. (*b*) 2,42 m/s. **19.** (*a*) 22,4 kN. (*b*) 12,5 kJ. **21.** $[2E(M + m)/Mm]^{1/2}$.

Problemas

3. (*a*) 3,02 m/s. (*b*) 1,60 km/s. **5.** (*a*) $\frac{1}{2}ke^2(1/r_2 - 1/r_1)$. (*b*) $-ke^2(1/r_2 - 1/r_1)$. (*c*) $-\frac{1}{2}ke^2(1/r_2 - 1/r_1)$. **7.** (*a*) 0,298 J. (*b*)0,008 J.

CRÉDITOS DAS FOTOS

Capítulo 1
Página 3: Cortesia do National Institute of Standards and Technology, Boulder Laboratories, Departamento de Comércio dos Estados Unidos. Página 6: Cortesia do National Institute of Standards and Measures. Página 13: © Stephen Pitkin.

Capítulo 2
Página 34: Cortesia de T. M. Niebauer, Micro-g Solutions. Página 37: Cortesia da NASA. Página 37: Cortesia de Baltimore Office of Promotion and Tourism. Página 42: Cortesia de Marriott Marquis, Cidade de Nova Iorque. Página 45 (direita): E. H. Wallop/ The Stock Market. Página 46 (esquerda): © Photo de Jonh Tlumacky, The Boston Globe. Reproduzido com permissão.

Capítulo 3
Página 52: Cortesia de Vernier Software & Technology. Página 61: Cortesia da NASA. Página 62: Robert Markowitz/Foto Fantasies. Página 68: Cortesia da NASA. Página 69 (superior à esquerda): Cortesia do Arquivo Nacional. Página 69 (centro à direita): Cortesia de Hale Observatories. Página 71 (direita): Jerry Schad/Photo Researchers. Página 72 (esquerda): Cortesia do Departamento de Defesa dos Estados Unidos. Página 72 (direita): Foto de Eugenio P. Redmond. Cortesia de USA ADIA. Página 73 (esquerda): Cortesia da Boeing Corporation. Página 73 (direita): Cortesia da NASA.

Capítulo 4
Páginas 79, 80: PSSC Physics © 1965, Education Development Center, Inc.; D. C. Heath and Company.

Capítulo 5
Página 111: © F. B. Bowden and D. Tabor 1950. Reimpresso com a permissão de The *Friction and Lubrication of Solids*, de F. P. Bowden e D. Tabor (1950), com a permissão de Oxford University Press. Página 119: © PhotoDisc, Inc. Página 126: © Shilo Sports/FPG International. Página 128: © PhotoDisc.

Capítulo 6
Página 134 (esquerda): © Harold and Esther. Edgerton Foundation, 2002. Cortesia de Palm Press, Inc. Página 134 (direita): Fig. de Blackett, Proc. Roy. Soc. Lond. A107, p. 349 (1925), The Royal Society. Página 135 (acima, à direita): Cortesia da CERN. Página 135 (acima, à esquerda): Cortesia da NASA. Página 135 (inferior): H. P. Merten/The Stock Market. Página 151: George Gerster/Comstock, Inc. Página 155: Cortesia da Arbor Scientific.

Capítulo 7
Página 156 : Foto de Manfred Bucher e Randy Dotta-Dovidio. Página 173: © Lois Greenfield.

Capítulo 8
Página 179: K. Bendo. Traduzido com a permissão de John Wiley and Sons, Inc. Todos os direitos reservados. Página 186: Reimpressa com permissão de The Courier-Journal e The Louisville Times, © The Courier-Journal. Páginas 191 e 195: Cortesia da NASA.

Capítulo 9
Página 217: PSSC Physics © 1965, Education Development Center, Inc.; D. C. Heath and Company. Página 218: Cortesia de Alice Halliday. Página 227: Corbis-Bettmann. Página 228: Cortesia de Lawrence Livermore Laboratory.

Capítulo 10
Página 245: NASA/Photo Researchers.

Capítulo 11
Página 261: William Sallaz/Duomo/Corbis. Página 282: © UPI/ Corbis-Bettman.

Capítulo 12
Página 295: Joseph Nettis/Photo Researchers.

Capítulo 13
Página 332: Cortesia da NASA.

ÍNDICE

V

W

Pré-impressão, impressão e acabamento

GRÁFICA SANTUÁRIO

grafica@editorasantuario.com.br
www.graficasantuario.com.br

Aparecida-SP

20 11 12 13 14 15 16 17 18 19
2019

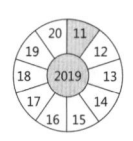